**FINAL** | PROFESSIONAL ENGINEER SOIL ... TION

# 토질 및 기초

## 과년도 문제해설

이춘석 저

PROFESSIONAL
ENGINEER

예문사

# Preface

1. 건설과 관련된 구조물들이 대형화·복잡화·지하화됨에 따라 지반공학 기술자의 역할이 과거보다 중요하고 업무수행 영역이 넓어지고 있습니다.

2. 기술자로의 성장이 필연적으로 겪어야 할 과정이라고 생각할 때 자격증 취득과 내실을 다지는 것이 중요하고 필요한 일이라 판단됩니다.

3. 본 도서는 기실시된 과년도 문제해설로 시험을 준비하시는 분들께 조금이나마 도움이 되고자 마련되었습니다.

4. 유형별로 문제를 요약 정리하여 공부방향, 중요도, 출제경향을 판단하는 데 도움이 되도록 하였습니다.

5. 문제해설 내용이 모범답안으로 부족한 점이 많다고 판단되고 부분적으로는 주관적인 것도 있다고 여겨지므로 보시는 여러분께서 이해해 주시길 바라며 공부하신 내용과 경험하신 것을 바탕으로 보다 훌륭한 내용이 되도록 발전시키는 기초 자료가 될 것으로 확신합니다.

6. 기술사자격 취득은 기술자들이 숙명적으로 가야 할 가시밭길이라고 생각하며 본 도서를 보시는 모든 분들에게 큰 영광이 있으시기를 진심으로 바랍니다.

7. 출판의 기회를 주시고 도와주신 도서출판 예문사 직원 여러분께 깊은 감사를 드립니다.

이 춘 석 올림

# Contents

# 유형별
# 과년도문제

# 1. 흙의 성질

| 구 분 | | 문 제 |
|---|---|---|
| 71회 | 1 | 유효입경을 가지고 얻을 수 있는 지반정보 |
| 72회 | 1 | 통일분류과정 |
| | 2 | CH와 CL의 공학적 거동차이 |
| 75회 | 1 | 연경도시험, 이용 |
| 77회 | 1 | $75\mu m$ 체 통과량과 배수조건 판단 |
| 78회 | 1 | 점토광물 판별 |
| 80회 | 1 | 활성도와 강도정수 |
| 81회 | 1 | 점토흡착수막 |
| 82회 | 1 | 점토광물 종류와 소성도 표시 |
| 84회 | 1 | 점토구조 |
| 86회 | 1 | 2중층 |
| | 2 | 해성점토와 일반 점토 비교 |
| | 3 | 동형치환 |
| 90회 | 1 | 소성지수의 공학적 의미와 활용 |
| | 2 | 점토지반 성토 시 함수비 변화와 공학적 특성변화 |
| 92회 | 1 | 홍적 점토와 충적 점토 공학적 차이 |
| | 2 | 흙의 물리적 특성과 역학적 특성 관계 |
| 93회 | 1 | 이산구조점토 특성, 확인시험과 활용 |
| | 2 | 다른 건설재료와 구별되는 흙 특성과 기초적용 물성치 |
| 95회 | 1 | 점토 광물 판별 |
| 98회 | 1 | 액성한계증가 시 압축성 증가 이유 |
| 99회 | 1 | 흙실시험 점토분류, 현장경험적 판별방법 |
| 101회 | 1 | 면모, 이산구조 차이 |
| | 2 | 액성지수와 OCR의 관계 |
| 102회 | 1 | 애추(Talus) |
| 104회 | 1 | 액성지수와 유효연직응력의 관계 |
| | 2 | 점토 탈염 영향 |

| 구 분 | | 문 제 |
|---|---|---|
| 107회 | 1 | Fall Cone 시험 |
| | 2 | 교축이방성 |
| 110회 | 1 | 생성 기원에 따른 토질 분류와 공학적 특성 |
| 111회 | 1 | 유기질토의 특성과 가도설계 시 고려사항 |
| 113회 | 1 | 화학적 풍화지수 |
| 115회 | 1 | 점토광물과 물의 점토영향 |
| | 2 | A, B 시료 분류와 A 시료 특성치 결정 고려사항 |
| | 3 | 붕괴성 흙 |
| | 4 | 흙과 암반 이방성 |
| 116회 | 1 | 통일 흙 분류 |
| 119회 | 1 | 확산이중층 |
| | 2 | 점토광물 : 구조와 종류 |
| 121회 | 1 | 조립토와 세립토의 공학적 특성 |
| | 2 | 붕괴포텐셜 |
| 122회 | 1 | 흙의 소성도 |
| | 2 | 테일러스 지층에 갱구부 조성 시 문제, 비탈면 보강대책 |
| 123회 | 1 | 붕적토 |
| 124회 | 1 | 혼합토의 정의와 거동 |
| 125회 | 1 | 비소성의 공학적 특성 |
| | 2 | 조립토와 세립토 분류방법과 공학적 활용 |
| 127회 | 1 | 실내풍화가속시험 |
| | 2 | 소성지수와 점토의 압축성 |

## 2. 다짐

| 구 분 | | 문 제 |
|---|---|---|
| 73회 | 1 | 암성토 : 지반반력계수 산정방법, 관리방법 의견 제시 |
| 75회 | 1 | 점성토다짐 영향인자 및 Core재 다짐방안 |
| 77회 | 1 | 적정두께 포설다짐 이유 |
| 79회 | 1 | 건조측 다짐과 점토성질 |
| 81회 | 1 | 건조, 습윤다짐 시 UU시험 응력 − 변형 |
| 83회 | 1 | 함수비 변화 시 다진 점토 구조 |
| 84회 | 1 | 영공기 간극곡선과 다짐 |
| 85회 | 1 | 세립토다짐 특성 |
| 86회 | 1 | 심벽 Arching과 영향 |
| 89회 | 1 | 세립토의 에너지와 함수비 영향, 다짐시험 이용 |
| 91회 | 1 | 점토다짐효과 |
| 93회 | 1 | 수압할렬 |
| | 2 | 연성과 강성 포장거동과 관련 시험 |
| 94회 | 1 | 영공기 간극곡선, 최적함수비선, 공기함유율선, 흙종류별 다짐특성, 다짐 후 지중응력 |
| 95회 | 1 | 동평판재하시험 |
| 98회 | 1 | 다짐 시 지중응력과 수평응력 변화 |
| 99회 | 1 | 다짐점토의 구조와 공학적 특성 |
| | 2 | 과다짐과 과압밀 |
| 100회 | 1 | 최적함수비와 투수계수의 관계 |
| 101회 | 1 | 실내, 현장, 설계, 수정 CBR |
| 104회 | 1 | 수압 파쇄 원인, 대책 |
| 105회 | 1 | 다짐 시 지중응력 변화 |
| 108회 | 1 | 다짐 점토의 공학적 특성 |
| 110회 | 1 | 압밀과 다짐 차이 |
| | 2 | 수압파쇄 원인과 대책 |
| | 3 | 다짐에너지와 다짐곡선, 다짐에너지와 건조단위중량 |

| 구 분 | | 문 제 |
|---|---|---|
| 112회 | 1 | 점토다짐 구조와 함수비 |
| | 2 | 회복탄성계수 |
| 113회 | 1 | 수압파쇄현상 |
| 119회 | 1 | 함수비, 에너지, 토질의 다짐영향 |
| 120회 | 1 | 토량환산계수 |
| 121회 | 1 | 다짐에너지와 흙종류가 다짐에 미치는 영향, 다짐함수비에 따른 점토구조와 압축성 비교 |
| 123회 | 1 | 수정 CBR |
| 126회 | 1 | CBR 결정방법, 설계 CBR과 수정 CBR 비교 |
| | 2 | 다짐함수비에 따른 점토구조, 투수계수, 압축성, 전단강도 |
| 127회 | 1 | 다짐조건에 따른 점성토공학적 특성 |

## 3. 투수 · 댐

| 구 분 | | 문                                                                        제 |
|------|----|-----------------------------------------------------|
| 71회 | 1  | Rock Fill Dam에서 Core Zone의 역할 |
|      | 2  | 투수계수 산정방법 |
| 72회 | 1  | 코어다짐 |
|      | 2  | 표면차수댐 재료 3가지 장단점 |
|      | 3  | 침윤선 작도 및 유량계산 |
| 73회 | 1  | 동상과 융해 |
|      | 2  | Quick Clay와 Quick Sand |
|      | 3  | 침투압과 침투력 |
|      | 4  | 하천제방 : 설계검토사항, 축제재료 판단(입도, 분류 근거) |
|      | 5  | 석괴댐 : 장점, 형식 고려사항, 기초지반 평가, 표준도 |
| 74회 | 1  | 수두, 유효응력, 전응력계산 |
| 75회 | 1  | 점토건조작용 |
| 76회 | 1  | 차수벽 재료, 다짐, 관리 |
| 77회 | 1  | 비정상류 |
|      | 2  | Heave |
|      | 3  | 제방 보축 시 지반조사와 설계 |
| 78회 | 1  | 침투와 압밀거동 차이 |
|      | 2  | 풍화암코어 부근 누수 관리와 대책 |
| 79회 | 1  | 침투압, 분사, 파이핑, 히빙현상 |
| 80회 | 1  | 입경과 필터 |
|      | 2  | 흙댐과 석괴댐 차이 |
|      | 3  | 하천제방 안정성 |
| 81회 | 1  | 산악지 도로 동결 발생 시 설계, 시공 문제점 |
| 82회 | 1  | Boiling이 점토지반에 생기지 않는 이유 |
|      | 2  | 유출속도와 침투속도 |
| 83회 | 1  | 불포화토 전단강도 |
|      | 2  | 유효응력, 간극수압계산 |
| 84회 | 1  | 동결지수와 심도 |

| 구  분 | | 문                                           제 |
|---|---|---|
| 84회 | 2 | 불포화토 투수성 |
|      | 3 | 필터조건 |
|      | 4 | 침투수력 |
|      | 5 | 널말뚝 근입부 보일링 방지 필터두께와 유효응력계산 |
| 85회 | 1 | 석회암지역 사력댐조사, 설계 |
|      | 2 | Quick Condition |
|      | 3 | 널말뚝 유량, 간극수압, Boiling 검토, 대책 |
| 86회 | 1 | 모관력과 영향요소 |
|      | 2 | 융해침하, 융해압밀 |
|      | 3 | 프린스제원 |
|      | 4 | 유효응력원리, 수위 변화 시 침하, 강도영향 |
|      | 5 | 흙댐, 석괴댐 비교 |
| 87회 | 1 | 투수계수 결정방법 |
|      | 2 | 수두차, 유효응력, 침투압계산 |
|      | 3 | 실트층 Boiling 원인 |
| 88회 | 1 | Quick Clay 인자, 생성과정 |
|      | 2 | 후진세굴대책 |
| 89회 | 1 | 다층지반투수계수 |
|      | 2 | 침윤선 요령 |
| 90회 | 1 | 댐거동, 기초 고려, 침투검토 |
| 91회 | 1 | Quick Clay와 Quick Sand |
|      | 2 | 심벽재료와 관련시험 |
| 92회 | 1 | 기존제방 안정성 검토, 조사, 설계시공 |
| 93회 | 1 | 가중크립비 |
|      | 2 | 세굴 예측과 방지공법 |
| 94회 | 1 | 유출속도와 침투속도 |
|      | 2 | 평형간극수압비 |
|      | 3 | 분사현상과 액상화 |
|      | 4 | 연직과 수평방향 전응력, 유효응력, 간극수압계산 |
|      | 5 | 사력댐과 석괴댐 |

| 구 분 | | 문 제 |
|---|---|---|
| 95회 | 1 | 제체 Piping 검토 3가지 방법 |
| | 2 | 제방침투보강공법 |
| 96회 | 1 | 수위 급강하 시 과잉간극수압 분포 |
| | 2 | 점토 및 대수층 분포 시 Sheet Pile 발생 현상과 대책 |
| 97회 | 1 | 침투수력 |
| | 2 | 배수통문에 의한 제방붕괴의 유형, 원인, 대책 |
| | 3 | Boiling 원리 및 대책, 안정성 계산 |
| | 4 | 댐과 제방구조물의 파이핑 검토방법 |
| 98회 | 1 | 동상시험 민감성 판단기준 |
| | 2 | 느슨모래 위 댐 축조 시 문제와 지반개량공법 |
| 99회 | 1 | Dupit-Forcheimer 가정 |
| 100회 | 1 | Quick Clay 형성 |
| | 2 | 차수재 품질평가 기준 |
| 101회 | 1 | 열사이폰 |
| 102회 | 1 | 동결지수와 동결심도 |
| | 2 | 침투수력 |
| | 3 | CFRD와 ECRD : 역학, 수리특성과 경제, 시공성 비교 |
| | 4 | 침투유량, 전응력, 유효응력, 간극수압 계산 |
| 103회 | 1 | Laplace 방정식과 가정 |
| | 2 | 유량, 간극수압, 출구 동수경사 계산 |
| | 3 | 동결융해 노상강도 |
| 104회 | 1 | 점토 탈염 영향 |
| | 2 | Frost Jacking |
| | 3 | 동결, 비동결토 비교, 동결 처리토 역학 특성 |
| 105회 | 1 | 투수계수 영향인자 |
| | 2 | 하천제방 안정성 검토사항 |
| | 3 | 흙댐 Filter 조건 |
| | 4 | 절리발달암 그라우팅 종류, 목적과 투수성 평가방법 |
| 106회 | 1 | 제방 Piping 원인, 검토방법 |
| 107회 | 1 | 유량, 간극수압, 동수경사, 침투력 계산 |

| 구 분 | | 문 제 |
|---|---|---|
| 108회 | 1 | 성토재하, 수위저하, 진공압밀 시 유효응력 변화 |
| | 2 | Terzaghi, 한계동수경사, 크립비 방법, 대책 |
| 109회 | 1 | 유선망 |
| | 2 | 점토건조작용 |
| | 3 | Quick Clay |
| | 4 | 수정동결지수 |
| 110회 | 1 | 층상 지반투수계수 산정 |
| 111회 | 1 | 1차원 압밀방정식과 2차원 침투방정식 |
| | 2 | 유선망, 침윤선 개념과 작도방법 |
| | 3 | 피압 대수층 |
| | 4 | 수중보 건설 물막이 Sheet Pile 설계 시 고려사항 |
| | 5 | 댐 계측 경시 변화로 안정성 평가방법 |
| | 6 | 제방 기초 하부에 발생문제, 보강공법 |
| 112회 | 1 | 모관 상승 |
| 113회 | 1 | Quick Clay와 Quick Sand |
| 115회 | 1 | 투수계수 : 산정방법, 실내시험 신뢰도 저하 이유 |
| | 2 | Darcy 가정과 활용 |
| | 3 | 유출속도와 침투속도 |
| 116회 | 1 | 유선망이용 : 유량, 간극수압, 동수경사, 침투압산정 설명 |
| | 2 | 하천제방 붕괴원인, 누수조사, 대책 |
| 117회 | 1 | 1차원 압밀방정식과 2차원 침투방정식 설명 |
| | 2 | 부동수 |
| | 3 | 석괴댐계측 : 착안, 항목, 목적 |
| 118회 | 1 | 코어부 기초처리 |
| 119회 | 1 | 투수계수영향 인자 |
| | 2 | 동해와 대책 |
| 119회 | 1 | 투수계수에 영향을 미치는 요소 |
| 120회 | 1 | 모관상승과 모관수, 모관영역에서 포화도에 따른 간극수압, 모관 포텐셜 영향인자 |
| | 2 | 흐름방향에 따른 유효응력 변화, 이를 토대로 한계동수경사와 히빙 설명 |
| | 3 | 암석의 동결작용 |

| 구 분 | | 문 제 |
|---|---|---|
| 120회 | 4 | 동결융해에 의한 연화현상 |
| 121회 | 1 | 분산성 점토 |
| 122회 | 1 | 가중크리프비 |
| 123회 | 1 | 대규격제방의 정의와 설계 시 고려사항 |
| 124회 | 1 | 투수계수 결정방법 |
| | 2 | 투수방정식, 유선망 작도와 유량 계산, 등가투수계수 |
| | 3 | 각 수두 계산, 속도 계산 |
| | 4 | 침투수력 |
| | 5 | 파이핑 원인, 평가, 대책과 하류와 상류에 차수벽 설치 시 비교 |
| | 6 | 지수주입과 밀착주입 |
| 125회 | 1 | 유선망의 유선과 등수두선 특징 |
| | 2 | 필댐의 안정성 검토방법 |
| | 3 | 필댐의 균열, 변위 종류와 원인 |
| 126회 | 1 | 투수계수 결정방법과 영향요소 |
| | 2 | 필댐의 필터 정의와 조건 |
| 127회 | 1 | 모관 포텐셜에 의한 표면장력 |

## 4. 전단강도

| 구 분 | | 문                                              제 |
|------|---|---------------------------------------------|
| 71회 | 1 | 간극수압계수 활용 |
|      | 2 | Vane 문제점과 일축압축시험 비교 |
| 72회 | 1 | 압밀배수시험 유효응력경로 |
|      | 2 | 간극수압계수 |
|      | 3 | 과압밀점토 사면붕괴의 설계 잘못과 합리적 방법 |
| 73회 | 1 | 평면변형률 조건과 평면응력조건 |
|      | 2 | 간극수압계수 |
|      | 3 | 응력경로 |
|      | 4 | 잔류강도 결정방법 |
|      | 5 | 응력경로, $\phi$, $K_f$ 기울기, $K_o$ |
| 74회 | 1 | 직접전단, 삼축시험의 Mohr원과 주응력방향 |
|      | 2 | 비등방삼축압축시험 |
|      | 3 | 수정파괴포락선과 파괴포락선 |
|      | 4 | 소성흐름법칙 |
| 75회 | 1 | 응력체계시험, 응력경로 |
|      | 2 | 수직, 전단응력, Mohr원의 관계 |
|      | 3 | $\phi$ 영향요소, $\phi_p$, $\phi_{cs}$ 관계 |
|      | 4 | 견고점토 전단특성 |
|      | 5 | 수치해석, 경계조건, Mesh, 단계, 검토 |
| 76회 | 1 | 잔류강도 의미, 토사와 암반사면 적용 |
|      | 2 | PFC |
|      | 3 | 불연속체, 연속체 : 특징, 입력치, 적용 |
| 77회 | 1 | 배압과 확인방법 |
|      | 2 | 비배수강도 측정방법 |
|      | 3 | 진행성 파괴 |
|      | 4 | 잔류계수 |
|      | 5 | 더치콘시험 관입속도 |
| 79회 | 1 | NC, OC 응력경로와 설명 |
| 80회 | 1 | 주동, 수동, 기초하중 시 응력경로 |
|      | 2 | 응력경로 4가지, 안전율, 경시변화 |

| 구 분 | | 문　　　　　　　　　　　　　　제 |
|---|---|---|
| 81회 | 1 | 강도증가율 |
| | 2 | 전단응력과 수직응력 계산 |
| | 3 | 구속응력, 축하중, Mohr원, 전단강도계산 |
| 82회 | 1 | 수정파괴포락선과 파괴포락선 |
| | 2 | CU시험에서 정규, 과압밀점토 구분 : 축변형률－축차응력, 간극수압, 응력경로 |
| | 3 | 퇴적점토와 성토 후 제거 시 함수비, 점착력, 강도증가율 |
| 83회 | 1 | 평면기점 |
| | 2 | 성토 시, 성토 방치 후 추가 성토 시 적용시험 |
| 84회 | 1 | 한계상태응력경로와 상태경계면 |
| | 2 | 과잉간극수압 공식조건 등 |
| 85회 | 1 | 강도증가율과 활용 |
| | 2 | 정규압밀점토 점착력 |
| | 3 | 소성유동법칙 |
| | 4 | $\pi$평면의 Mohr－Coulomb 파괴조건 |
| | 5 | 전단파괴면의 주응력면과 파괴각 |
| | 6 | 제방응력경로 작성 |
| 86회 | 1 | 강도회복현상, 예민비와 활성도 연계 등 |
| 87회 | 1 | 점토 전단강도영향 인자 |
| | 2 | 직접전단시험 계산 |
| 88회 | 1 | Henkel의 간극수압계수 |
| | 2 | NCL, CSL 작성과 과압밀점토 CSL 도달응력경로 |
| | 3 | 불포화토 체적함수비 사용 이유 |
| 89회 | 1 | 파괴각 |
| | 2 | 8면체 M－C 파괴조건 |
| | 3 | 응력－변형식, 체적탄성계수, 정지토압계수식 등 |
| | 4 | 삼축압축, 인장시험, 응력경로 등 |
| 90회 | 1 | 주응력 |
| | 2 | 삼축응력경로, 정규·과압밀점토 응력경로 및 특성 |
| | 3 | 함수특성곡선, 투수곡선, 불포화토전단강도 특성 |
| | 4 | 간극수압계수 A |

| 구 1분 | | 문                                                    제 |
|---|---|---|
| 91회 | 1 | Cam-Clay 매개변수 |
| | 2 | 응력경화 |
| | 3 | 축차응력, 내부마찰각, 간극수압계수, 응력경도, $K_f$선 기울기 계산 |
| | 4 | 함수특성곡선, 불포화토 파괴기준 |
| 92회 | 1 | 응력경로 |
| | 2 | 비배수강도계산, 안정해석 적용 |
| | 3 | 준설심도와 폭 결정을 위한 조사, 응력경로, 인근 구조물 안정검토 |
| 93회 | 1 | 강도증가율 개념, 산정과 적용방법 |
| | 2 | 구속압 증가 시, 파괴 시 간극수압 영향인자와 적용 |
| | 3 | 불포화토의 현장흡입력 시험 |
| 94회 | 1 | 마찰저항과 엇물림 효과 |
| | 2 | 전단응력과 전단강도 |
| | 3 | $K_o$ 압밀시험, 성토에서 파괴 시 응력경로, 파괴 후 시험 |
| 95회 | 1 | 조밀모래시험 시 부간극수압 발생되나 실제 그렇지 않은 이유 |
| 96회 | 1 | 진행성 파괴 |
| | 2 | 터널굴착면 전단강도 감소 해석 |
| 97회 | 1 | 간극수압계수 |
| | 2 | 흡인력 |
| | 3 | 등방압축시험 |
| | 4 | 유한요소법 |
| | 5 | 현장응력 조건 고려한 구조물 예시, 응력경로, 시험방법 |
| | 6 | 점성 없는 흙 : 전단강도 성질, 전단 시 거동, 강도 영향 요소 |
| 98회 | 1 | 탄성응력과 변형률 대칭 이유 |
| | 2 | 퇴적토와 풍화토응력 경로 |
| | 3 | 사면에서 현장응력체계시험 |
| 99회 | 1 | 취성지수 |
| | 2 | SHANSEP : 개념, 시험, 장단점 |
| | 3 | 불포화토 유효응력과 현장흡인력 측정방법 |
| | 4 | 사질토와 점성토 공학적 특성, 하중에 따른 거동 |
| | 5 | 교란시료의 제작과 단면적 결정 |
| 100회 | 1 | 소성유동법칙 |

| 구 분 | | 문　　　　　　제 |
|---|---|---|
| 100회 | 2 | 간극수압계수 B, D 설명, A계수 유도 |
| | 3 | 불포화토 전단강도와 유효응력 |
| | 4 | FEM과 FDM 원리와 활용 |
| | 5 | 압밀비배수 $\phi$, 배수 $\phi'$, 배수시험 시 축차응력 계산 |
| 101회 | 1 | 모관흡수력 |
| | 2 | Psychrometer |
| | 3 | 응력경로, 삼축압축시험과 현장재하조건 |
| | 4 | 등방압밀과 $K_o$압밀응력경로, 응력－변형률 관계 |
| 102회 | 1 | 내부마찰각과 벽마찰각 차이 |
| | 2 | 점토전단강도 영향인자 |
| 103회 | 1 | 모래 전단강도 영향인자 |
| 104회 | 1 | 시료 포화방법, 확인방법, 3축시험결과 활용 |
| 106회 | 1 | 단순전단시험 |
| | 2 | 모래 전단강도 영향인자 |
| | 3 | 간극수압계수 A, B |
| 107회 | 1 | 잔류강도 |
| | 2 | 최대, 한계상태, 잔류 전단 저항각 정의와 이용 |
| | 3 | 함수특성곡선 |
| 108회 | 1 | $\phi = 0$ 시 파괴각, $\phi \neq 0$ 시 파괴각, 수동토압이 주동토압보다 큰 이유 |
| | 2 | 3축시험 활용 |
| | 3 | 정규압밀점토 cu전단 특성 |
| | 4 | $\pi$(파이)평면에 Mohr－coulomb 기준 표시 |
| 109회 | 1 | 상축시험 결과 최적강도정수 결정 |
| | 2 | 포화토, 불포화토 전단특성 |
| | 3 | 소성이론 구성 기본요소 |
| 110회 | 1 | 모래 전단강도의 중간 주응력 영향 |
| | 2 | 정규, 과압밀 검토 : 물리적 성질, 축차응력－변형률, 간극수압－변형률 |
| | 3 | Henkel 간극수압계수 |
| 111회 | 1 | 틱소트로피 현상 |
| | 2 | 간극수압계수 |
| | 3 | 함수특성곡선 |
| | 4 | 응력 불변량 |

| 구 분 | | 문 제 |
|---|---|---|
| 112회 | 1 | 일반적 전단강도 실내시험 3가지 |
| | 2 | 응력경로 |
| 113회 | 1 | Mohr원 |
| | 2 | 일축압축시험 |
| | 3 | 평면변형률 조건 |
| | 4 | 한계 간극비 |
| | 5 | 모래전단강도 영향요소 |
| 115회 | 1 | UU, CK$_o$U, CIU 시험 : 응력경로, 실무적용 등 |
| | 2 | 간극수압계수 : 종류, 산정방법, 결과이용 |
| 116회 | 1 | 주응력과 주응력면 |
| | 2 | 모래전단강도 영향인자 |
| 117회 | 1 | 강성과 강도 |
| | 2 | 취성지수 |
| 118회 | 1 | 모래전단강도 영향인자 |
| | 2 | 함수특성 곡선 |
| | 3 | 수치해석 : 종류와 특징, 구성모델 |
| 119회 | 1 | 사질토 겉보기 점착력 |
| 121회 | 1 | 모래의 마찰저항과 엇물림효과 |
| 122회 | 1 | SHANSEP 방법 |
| | 2 | 재성형 삼축압축시험 시료 제작방법과 시험 중 단면적 보정방법 |
| | 3 | 불포화사면의 안정해석에 의한 원위치 흡인력 측정방법 |
| 123회 | 1 | 잔류강도 |
| | 2 | 응력-변형률곡선에서 얻는 계수 종류와 활용방안 |
| | 3 | 소성흐름법칙 |
| 124회 | 1 | 점토와 모래의 전단거동 |
| | 2 | 정규압밀점토의 강도증가율 |
| | 3 | 구속압 증가와 파괴 시 간극수압 영향인자 |
| | 4 | 계수의 종류와 특성 |
| 127회 | 1 | 응력불변량 |
| | 2 | 평면기점 |

## 5. 토압 · 옹벽

| 구 분 | | 문 제 |
|:---:|:---:|:---|
| 72회 | 1 | 측방유동원인과 대책 |
| 73회 | 1 | 옹벽뒤채움 범위 |
| 74회 | 1 | 흙, 암반의 수압 고려방법 |
| 75회 | 1 | 정지토압이 주동토압보다 큰 이유 |
| 77회 | 1 | 측방유동 판정법 |
|  | 2 | 신장성, 비신장성 보강재 |
| 78회 | 1 | 측방유동보강 전후강도 판정방법 |
|  | 2 | 보강토 설계 고려, 사면활동대책 |
|  | 3 | 보강토 우각부 균열대책 |
| 80회 | 1 | 연직배수수압, 작용압력 |
| 81회 | 1 | 수동토압계산 쿨롱 적용 불가 이유 |
|  | 2 | 보강토 옹벽우각부의 설계, 시공 시 문제와 대책 |
| 82회 | 1 | 옹벽 배수공 중요성 |
| 83회 | 1 | 경사배면 Rankine 토압계수 |
|  | 2 | 영구앵커옹벽 토압, 해석, 계측 |
| 84회 | 1 | 측방유동 판정, 대책 |
|  | 2 | 옹벽 뒤채움 하향배수 시 옹벽 작용힘 |
| 85회 | 1 | 유동화 채움재 |
|  | 2 | 매설관의 하중인자 |
| 86회 | 1 | 옹벽 배수재 조건별 수평력 비교 |
| 88회 | 1 | Rankine, Coulomb 토압 차이 |
|  | 2 | Sheet Pile 전면 추가 굴착 시 문제 및 대책 |
| 89회 | 1 | 측방유동 판단방법 |
|  | 2 | 옹벽배수조건별 수평력 |
| 90회 | 1 | 주동보다 수동토압 큰 이유, 토압계수식 유도 |
| 91회 | 1 | 토압정의 Rankine과 Coulomb 비교, 흙막이 토압 |
| 92회 | 1 | Coulomb 토압 적정성 |

| 구 분 | | 문 제 |
|---|---|---|
| 93회 | 1 | 변위-토압분포도, 정지에서 주동과 수동 변화 시 응력경로 |
| | 2 | 석축 종류, 작용토압 안정검토, 안정영향요인 |
| 94회 | 1 | Arching 개념과 사례 |
| | 2 | 점토 토압식 유도 및 Mohr원 |
| 95회 | 1 | 중력식과 캔틸레버식 옹벽 수압분포, 수압 고려 안전율식 |
| 97회 | 1 | 측방유동 3가지 계산, 대책공법 선정 시 유의사항 |
| | 2 | 가시설 침하원인, 수평변위 원인과 Caspe 방법 |
| 98회 | 1 | 강선관과 연성관의 파괴형태 |
| | 2 | Arching Effect |
| 101회 | 1 | Marche and Chapuis와 Tschebotarioff의 측방유동 판정방법 |
| 104회 | 1 | 벽마찰각 유무 시 파괴면, 수동토압 적정 산정방법 |
| 105회 | 1 | 정지 토압계수 산정방법 |
| 106회 | 1 | 토압계산, 지하수 고려방법, 배수대책 |
| 108회 | 1 | R.C 토압 기본 가정과 문제점 |
| | 2 | C토압벽 마찰각 고려 이유 |
| 109회 | 1 | Rankine 주동토압 정리 |
| | 2 | 측방 유동 요인, 대책 |
| | 3 | 매설관 작용 토압 |
| 110회 | 1 | 암반 경험 토압 문제와 적용방법 |
| | 2 | 구조물 토압과 겉보기 토압 |
| 113회 | 1 | 암반 경험토압 분포 |
| | 2 | 측방 유동 정의, 판정, 대책 |
| 115회 | 1 | 상재하중전후 벽체시공 토압 |
| | 2 | Rankine 토압식 유도 |
| | 3 | 다짐 시 토압 |
| | 4 | 토류벽 : Rankine, Coulomb 토압을 적용하지 못하는 이유, 굴착 중과 완료 시 토압적용 |
| | 5 | 측방유동 시 신축이음 등 손상원인, 대책 |
| 116회 | 1 | 석축안정 |
| | 2 | 측방유동판정과 대책 |
| | 3 | 매설관토압, 연약지반관로 파괴원인과 대책 |

| 구 분 | | 문 제 |
|---|---|---|
| 118회 | 1 | 석축전도안정조건 |
| | 2 | 점토수직굴착 가능 이유, 중력식 옹벽토압 |
| | 3 | $K_o$ 유도와 토압합력 |
| 119회 | 1 | 토압변화, 토압계수계산, 변위관계도 |
| | 2 | 지진 시 토압, 위치 계산 |
| | 3 | 활동방지 메커니즘 |
| | 4 | 측방이동지수와 판정수 |
| 120회 | 1 | 석축안정성에서 시력선의 역할 |
| | 2 | 물에 의한 옹벽파괴 메커니즘, 연직과 경사배수재 효과 |
| 121회 | 1 | 경사배수재의 간극수압＝0 증명, 토압 산정방법, 배수 유무에 따른 토압 비교 |
| | 2 | 구조물별로 발생하는 지반공학적 Arching 현상 |
| 123회 | 1 | 정지토압계수 산정방법 |
| | 2 | 측방유동교대의 기초말뚝 설계절차 |
| 124회 | 1 | Mohr원을 이용하여 주동과 수동토압계수 산정 |
| 125회 | 1 | 옹벽 안정성 검토방법, 불안정 요인과 대책 |
| 126회 | 1 | 측방유동 검토와 대책 |

## 6. 흙막이, 보강토

| 구 분 | | 문 제 |
|---|---|---|
| 71회 | 1 | 개착터널 근접 시공, 양압력 BOX설계, 시공 시 고려사항 |
| 72회 | 1 | 보강토 옹벽 장단점 |
| | 2 | 모멘트 감소 방법 |
| | 3 | 도심지 느슨한 모래지반의 근접 시공 토류벽 3가지 및 장단점 |
| | 4 | Anchor, 보강토, Soil Nailing 벽체거동을 토압과 변위로 설명 |
| 73회 | 1 | 버팀판 위치, 매설깊이별 저항력 |
| 75회 | 1 | 연약지반 Sheet Pile 문제 대책 |
| | 2 | 앵커 파괴 메커니즘 |
| 76회 | 1 | Sheet Pile 설계, 시공의 문제점 |
| | 2 | 가상지지점 |
| 77회 | 1 | Caspe 방법 |
| | 2 | 혼합토층 수평토압 |
| 79회 | 1 | 지반변위, 수위 변화 영향 |
| 81회 | 1 | 지중연속벽체 두께 형성방법 |
| 82회 | 1 | 강성과 연성보강재 강도식 차이 |
| 83회 | 1 | 앵커 정착조건과 마찰응력 분포 |
| | 2 | 토류공법 선정 시 고려, 지반침하, 인접 구조물 평가 등 |
| | 3 | 토류벽 탄소성 해석 |
| | 4 | 널말뚝 근입부 토압 |
| | 5 | 지오그리드 장기 설계 허용강도 개념과 시험 |
| | 6 | 근입부 안정 검토 |
| | 7 | 보강토 옹벽 강재보강재 단면과 길이 산정 |
| 85회 | 1 | 가시설의 측면, 저면에 해당 삼축시험 적용 |
| | 2 | 보강토 옹벽 안정 시 검토사항 |
| | 3 | 연약점토 지반 근입깊이와 공법 제시 |
| 86회 | 1 | 경험토압 적용, 다층지반 토압처리 등 |
| | 2 | 사질토 굴착 시 문제 및 대책 |
| | 3 | 지하연속벽 : 안정액 수위, Filter Cake 영향 |
| | 4 | SGR, LW 비교 |

| 구 분 | | 문                                                                    제 |
|--------|---|--------------------------------------------------------|
| 87회 | 1 | 흙막이 벽체 Arching |
|        | 2 | 굴착 시 배면 침하 예측 |
|        | 3 | 보강토 이론, 설계개념 등 |
| 89회 | 1 | 관측설계법 |
|        | 2 | 다단식 옹벽 설계방법 |
|        | 3 | 보강효과 겉보기 접착력식 |
|        | 4 | 암반토류벽 하중, 연약대 토류공법 |
| 90회 | 1 | 연약지반도로 옆 굴착 시 설계 · 시공 · 주변대책 |
| 93회 | 1 | 배면침하 예측 |
|        | 2 | 흙막이 : 말뚝지지력, 근입부 토압균형, 보일링과 히빙현상 |
| 94회 | 1 | 토류벽 변위 발생 원인과 대책 |
|        | 2 | 굴착 시, 완료 시 토압과 제시조건의 가시설 공법 |
| 96회 | 1 | 계단식 보강토 옹벽 설계법 비교 및 설계, 시공 시 고려사항 |
|        | 2 | 개착터널가시설 Sheet Pile 조사, 시험, 문제와 대책 |
| 97회 | 1 | 보강토옹벽 설계, 시공문제와 대책 |
| 98회 | 1 | 보강토옹벽 외적, 내적 안정성 및 인발저항 평가 |
|        | 2 | 토류벽 수평변위원인과 대책, 침하영향거리 및 침하량 산정방법 |
| 100회 | 1 | 흙막이 배면토압 산정과 변위에 따른 토압분포 |
|        | 2 | 보강토 : 뒤채움시방, 인발저항력, 파단과 인발 검토 |
| 101회 | 1 | 앵커 : 내적 안정, 초기 긴장력, 지압판 설계 내용 |
|        | 2 | 보강토 옹벽의 허용응력 설계와 한계상태 설계 |
|        | 3 | 보강토 옹벽 : 마찰쐐기와 복합중력식법 |
|        | 4 | 계곡부 강우 시 토류벽 변형의 원인과 대책 |
| 102회 | 1 | 연약지반과 일반지반에서 흙막이 파괴면 차이 |
|        | 2 | 옹벽과 버팀 굴착 토압분포 차이 이유 |
| 103회 | 1 | Anchor 내적 안정 |
| 105회 | 1 | 보강토 인발강도 평가방법 |
|        | 2 | 굴착바닥 안정 검토, 대책 |

| 구 분 | | 문 제 |
|---|---|---|
| 107회 | 1 | 보강재 강도감소계수, Creep 계수 |
| | 2 | 토류벽 공기 연장 시 안정검토 내용 |
| | 3 | 앵커 과다변위 원인, 대책 |
| | 4 | 계측 목적과 항목 |
| | 5 | 연약지반 지하철 조사, 설계 유의사항 |
| 108회 | 1 | 근입장 산정 원리 |
| | 2 | 굴착 따른 주변구조물 영향, 대책 |
| 109회 | 1 | Anchor 파괴 Mechanism |
| 110회 | 1 | 보강토 보강개념과 응력전달기구 |
| | 2 | 토류벽 소단 |
| 111회 | 1 | 토목섬유 보강재 설계인장감도 |
| | 2 | 경사버팀대 지지블럭 안정성 |
| | 3 | 인장형, 압축형 Anchor |
| 112회 | 1 | 보강토 파괴면, 토압분포, 보강재 산정성 |
| | 2 | 기존 고가교 인근 흙막이 공사 |
| 113회 | 1 | 토류벽 소단 규모 결정 |
| 115회 | 1 | 보강재 구비 조건과 내구성 영향 요소 |
| | 2 | 네일과 앵커차이, 각 검토항목 |
| | 3 | 인접구조물 손상 예측 절차와 방법 |
| 116회 | 1 | 보강토옹벽 배수시설 |
| | 2 | 해안매립지 앵커시공문제, 시공관리사항 |
| | 3 | Peck, Caspe, O'Rourke 침하예측 방법 |
| 117회 | 1 | 보강토옹벽 : 원리와 안정성 검토항목 |
| | 2 | 다층지반토압 적용 |
| | 3 | 근접굴착 시 고려, 주변지반영향 |
| 118회 | 1 | 굴착영향범위와 근접도 평가 |
| | 2 | 상부 anchor, 하부 Rock bolt 시 하부 붕괴원인 |
| 119회 | 1 | 보강토 옹벽의 외적과 내적 안정, 인발시험 |
| | 2 | Sheet Pile 인발 시 침하원인과 대책 |

| 구 분 | | 문　　　　　제 |
|---|---|---|
| 120회 | 1 | 흙막이 인근 구조물 파괴 원인과 대책 |
| | 2 | 지하연속벽 특징, 슬라임 제거, 설계와 시공 시 고려사항 |
| 121회 | 1 | 흙막이의 다층지반 지반물성치 평가, 암반의 경험토압 적용 |
| | 2 | Bentonite 용액의 정의와 기능 |
| | 3 | 탄성법과 탄소성법, 탄소성에서 소성변위 고려 시 토압 적용 |
| | 4 | 앵커의 진행성 파괴 |
| | 5 | 계측 수립의 검토항목, 계측기 종류와 특성, 관리와 평가기준 |
| 122회 | 1 | 그리드와 말뚝간섭 시 문제와 대책 |
| | 2 | 급경사지 흙막이 시공 시 근입깊이 부족 시 문제와 보강방안 |
| | 3 | 토류벽의 계측관리 |
| 123회 | 1 | 보강토의 보강재 선정 시 고려사항 |
| | 2 | 토목섬유의 장기설계인장강도 산정 시 강도감소계수 |
| | 3 | 흙막이 시공 시 인접구조물 침하원인과 대책 |
| 124회 | 1 | 고성토위 보강토옹벽의 설계와 시공 시 문제점 및 대책 |
| | 2 | 흙막이 인접구조물의 안정성 평가방법 |
| | 3 | 가시설 계획 시 고려사항 |
| 125회 | 1 | Peck와 Tschebotarioff의 경험토압 |
| | 2 | 흙막이 인접침하의 Peck, Clough, Caspe 방법 |
| 126회 | 1 | 보강토 옹벽파괴 단면과 토압분포 |
| | 2 | 띠형과 그리드형 보강재의 인발저항 개념 |
| | 3 | 보강토 옹벽의 결함종류별 원인과 대책 |
| | 4 | 흙막이 굴착저면의 안정검토방안 |
| | 5 | 흙막이 주변침하 영향범위 산정 |
| | 6 | Sheet Pile 인발 시 침하원인과 대책 |
| 127회 | 1 | 지하연속벽의 안정액시험 |
| | 2 | 토류벽의 근입깊이 결정 시 고려사항 |
| | 3 | 지중경사계 |

## 7. 사면안정

| 구 분 | | 문 제 |
|---|---|---|
| 71회 | 1 | 습윤대 |
| | 2 | 침투수 고려 사면안정 |
| 73회 | 1 | 토석류 |
| | 2 | 강우 시 사면 : 발생기구, 강도정수 추정방법 |
| | 3 | 한계평형 해석 : 고려사항, 해석방법 선택, 문제점 |
| 74회 | 1 | 함수특성곡선 |
| 76회 | 1 | 전응력과 유효응력의 해석입력치 |
| 77회 | 1 | Nailing 원리, 적용, 곤란 지반 |
| 78회 | 1 | 장기절취사면 토질정수 |
| | 2 | 산사태 : 하중, 지중응력, 전단강도 중심원인과 대책 |
| 79회 | 1 | 집중호우 산사태 발생기구 |
| 80회 | 1 | 수중사면, 급강하사면 안전율 |
| | 2 | 해석방법, 한계평형 해석, 활동면, 입출사각 |
| | 3 | 우기시 절토파괴 설계와 현장 차이, 대안 |
| 81회 | 1 | 이암의 시간 경과 시 사면 불안 이유 |
| | 2 | 사면안정 검토 시 : 시료채취와 시험, 안전율 변화 |
| 82회 | 1 | 암반 사면 안전율식과 보강력 |
| | 2 | 무한사면에서 건조, 수중 모래사면 안전율식 |
| 83회 | 1 | Land Creep |
| 84회 | 1 | 점토의 건조, 수중 무한사면 안전율식 |
| | 2 | 불포화토 사면안정 |
| 86회 | 1 | 붕괴된 토사사면대책 |
| | 2 | 화강풍화대 우기 시 붕괴원인 및 대책 |
| 87회 | 1 | 강우 시 사면해석방법 |
| | 2 | 저성토 문제 및 대책 |
| 89회 | 1 | Soil Nailing과 Rock Bolt 비교 |
| | 2 | 건기, 우기 시 안전율 계산과 수위의 사면안정 영향 |
| | 3 | 억지말뚝 설계과정 |

| 구 분 | | 문 제 |
|---|---|---|
| 90회 | 1 | 토석류 |
| | 2 | 강우 시 붕적토 사면검토와 설계정수 |
| 91회 | 1 | 전단강도 감소기법 |
| | 2 | 산사태한계선, 대피선, 경보선 |
| | 3 | 사면검토항목, 역해석, 잔류강도시험 |
| | 4 | 토사사면 붕괴대책 |
| 92회 | 1 | 비탈면 안정 기본요건과 파괴요인 |
| 93회 | 1 | 한계해석 |
| | 2 | Bishop 간편법 문제 |
| 94회 | 1 | 사면안전율 개념 장단점과 파괴확률 개념 적용성 |
| | 2 | 강우 시 : 간극수압 변화, 투수성 영향, 파괴유형 |
| 95회 | 1 | 사면침식 |
| | 2 | 첨두토석유량 |
| | 3 | 붕괴성 지반 비탈면 문제, 안정지배 요인 |
| 96회 | 1 | 토석류 정의, 형태, 방지구조물 |
| | 2 | 산마루측구, 소단배수구, 종배수구, 수평배수공문제, 개선안 |
| | 3 | 억지말뚝 보강 전후 사면계산 과정과 말뚝, 사면을 동시에 만족하는 말뚝간격 결정 |
| | 4 | 지반보강 전후 측방유동을 유동압에 의한 배수, 비배수 조건 |
| 97회 | 1 | 중력식과 압력식 Soil Nailing |
| | 2 | Soil Nailing 원리와 Anchor 공법의 차이점 |
| | 3 | 강우 시 침투깊이 고려사항 |
| 98회 | 1 | $\phi=0$ 해석과 유효응력 해석 비교 |
| | 2 | 전단강도 감소기법과 한계평형 해석 비교 |
| | 3 | 수위 급강하 시 사면 $\overline{B}=B$ 적용 시 안전 측 여부 |
| | 4 | 강우사면에서 붕괴, 습윤대 변화 |
| 99회 | 1 | 일반한계 평형법 |
| | 2 | 토사사면과 암반사면 잔류강도 |
| 100회 | 1 | 하이브리드공법(Nailing+Anchor) 하중전이 |
| | 2 | 이암절취 안전율 경시 변화 |

| 구 분 | | 문 제 |
|---|---|---|
| 101회 | 1 | 설계토석량 |
| | 2 | 억지말뚝 : 보강 전후 안전율 산정방법, 말뚝간격비 결정 |
| | 3 | 침투 고려 수위 산정방법과 지표수위 비교, 토석류 조사, 대책 개선 |
| 102회 | 1 | 우기 시 사면 : 설계조건과 현장상황이 다른 이유 |
| | 2 | 무한사면 : 점착력 유무 시 안전율 차이 |
| | 3 | 토석류 위험도 평가방법과 저감대책 |
| 104회 | 1 | 토사 붕괴 요인 |
| 106회 | 1 | 무한사면 자유 물체도, 안정율식 |
| | 2 | 습윤대에 의한 지하수위 산정 |
| | 3 | 절토, 성토사면 거동과 삼축시험 적용 |
| 107회 | 1 | 절토사면 조사 문제, 개선 |
| 109회 | 1 | 토석류 설명 |
| 110회 | 1 | 강도 감소법 |
| | 2 | 전응력, 유효응력 해석 |
| 111회 | 1 | Land Creep |
| | 2 | 무한사면 사질토 : 건기 시, 연직 침투 시 안전율 |
| 112회 | 1 | Land Creep |
| 113회 | 1 | Bishop 사면 방법 |
| 115회 | 1 | 네일과 앵커 차이, 각 검토항목 |
| 117회 | 1 | 토사사면 붕괴원인과 대책(전단강도와 전단응력 용어로 설명) |
| 118회 | 1 | 무한사면계산 |
| | 2 | 성토, 절토 : 강도와 안전율 변화 |
| 120회 | 1 | 포화점토 위에 도로 건설 시 착공~완공, 공사완료 후 전단응력, 전단강도, 안전율 변화 |
| 121회 | 1 | 소일네일링공법과 록볼트공법 |
| | 2 | 부분수중사면에서 유효응력 해석 시 물영향 고려방법과 전응력 해석 시 입력자료 |
| 122회 | 1 | 깎기비탈면 시공 후 산마루측구 인장균열과 붕괴원인 및 보강방안 |
| | 2 | 무한사면에서 지하수 지표평행과 수중 시 안전율 계산 |
| | 3 | 토석류 |
| 123회 | 1 | 점토굴착사면의 전단응력, 전단강도, 간극수압, 안전율 변화 |

| 구 분 | | 문 제 |
|---|---|---|
| 124회 | 1 | 불포화토의 사면문제와 유효응력 경로 |
| | 2 | 토석류의 특성값, 토석류 원인과 대책 |
| 125회 | 1 | 사면 형성이 어려운 지반에서 안정 지배요인과 문제점 및 대책 |
| 126회 | 1 | 산성배수 원인과 대책 |
| | 2 | 사면대책인 억지말뚝공법 |
| 127회 | 1 | 4m 연직굴착 시 사면 안전율 계산 |

## 8. 진동, 내진, 지중응력, 폐기물

| 구 분 | | 문 제 |
|---|---|---|
| 71회 | 1 | 양이온 교환능력 |
| | 2 | 오염 복원기술 |
| | 3 | 진동직접기초 : 연약지반 시 설계, 시공 시 유의사항 |
| 72회 | 1 | 2 : 1 분포 장단점 |
| | 2 | 미소변형률 물성치 시험 |
| | 3 | 항타, 발파, 기계, 지진의 탁월진동수와 전단변형률 |
| | 4 | 액상화 기본개념과 평가과정 |
| 73회 | 1 | 액상화 : 정의, 지반조건, 예측방법, 대책 |
| | 2 | 내진해석 종류 설명 |
| 74회 | 1 | 감쇠 |
| | 2 | 철도노반, 사면진동 안정성 |
| | 3 | 매집지 이용 시 문제, 지반조사 |
| 75회 | 1 | 등가 선형해석 |
| 76회 | 1 | 지반운동 |
| | 2 | 부지응답평가 물성치 |
| | 3 | 반응벽체공법 |
| | 4 | 토양증기 추출공법 |
| 77회 | 1 | 액상화거동, 평가 |
| 78회 | 1 | 5층, 30층 건물 : 풍화암과 연약지반 지진 기록 시 진동거동 |
| | 2 | 동적물성치 결정 |
| | 3 | 임계전단변형률 |
| | 4 | 탄성파 콘관입시험과 크로스홀 비교 |
| | 5 | SPT 액상화 평가방법 |
| | 6 | 반응벽체공법 |
| | 7 | HDPE 요구 성질, 두께 결정 |
| 79회 | 1 | 하중분산각 |
| 80회 | 1 | 등가선형 해석 |
| | 2 | SASW 기법 |
| 81회 | 1 | 유동액상화와 반복변동 |

| 구 분 | | 문                                                                제 |
|---|---|---|
| 81회 | 2 | 모래의 정상상태선과 상태변수 |
| 82회 | 1 | 오염지반 정화기술 |
| 84회 | 1 | 토양오염공법과 개념 |
|      | 2 | 최종 복토층 설계·시공 |
| 85회 | 1 | 암반과 연약지반 지진 특성과 고층, 저층 내진 적용 |
| 87회 | 1 | 진동저항응력비 |
| 88회 | 1 | 토양오염 복원기술과 최종복토 |
|      | 2 | 유동액상화, 반복변동 |
|      | 3 | 지진응답 해석 이유 |
| 89회 | 1 | 공진주시험 |
|      | 2 | 투수성 반응벽 |
|      | 3 | 폐기물 분해과정, 계곡부 매립장 대책 |
|      | 4 | 암반, 연약지반 입력지진 |
| 90회 | 1 | Kogler 응력분포 |
|      | 2 | 액상화 : 유효응력 개념, 지반조건, 대책 |
| 91회 | 1 | 진도와 규모 |
|      | 2 | 액상화 가능지수 |
|      | 3 | 액상화 개념, 모래배수와 비배수 거동 |
|      | 4 | 지진응답 해석 시 지반정수와 시험 |
| 93회 | 1 | 뉴마크영향원 |
|      | 2 | 저류계수 |
|      | 3 | 지연계수 |
|      | 4 | 오염사질토 특성, 오염원 분석, 토양증기추출법 |
| 94회 | 1 | 진도와 규모 |
|      | 2 | 설계응답 스펙트럼 |
|      | 3 | 감쇠비 |
|      | 4 | 파장과 쓰나미의 차이 |
|      | 5 | 구제역 매몰지 문제, 오염확산방지 정화, 복원 |
| 95회 | 1 | 지진 시 조밀 모래거동 |
|      | 2 | 쓰나미 전달 변이과정 |

| 구 분 | | 문                                              제 |
|---|---|---|
| 96회 | 1 | 토양증기 추출공법 |
| | 2 | 연약지반 폐기물 매립 시 응력 − 간극비 변화와 침하예측 모델 |
| 97회 | 1 | Bioventing |
| | 2 | 매립지 표면차수공과 연직차수공 분류와 특징 비교 |
| 98회 | 1 | 오염이동 원리 |
| | 2 | 동적해석의 Deconvolution |
| | 3 | 폐기물 매립장 설계, 시공 고려사항 |
| | 4 | 자유진동과 강제진동 설명, 고유진동수 계산방법 |
| 99회 | 1 | 액상화 가능지수 |
| | 2 | 투수성반응벽체 |
| | 3 | 공기 주입 확산 공법 개념, 주입압과 운영시간 |
| 100회 | 1 | Boussinesq와 Westergard 방법 |
| | 2 | 토양오염 복원 절차 |
| | 3 | GCL과 다짐점토 차수층 차이 |
| 101회 | 1 | 폐기물 안정화 5단계 |
| 102회 | 1 | 파장과 쓰나미 |
| | 2 | 지진 시 주동토압과 위치 |
| | 3 | 매립장 저류구조물 제방과 차수시설 설계, 시공 |
| | 4 | 중요구조물 내진설계법 |
| | 5 | 흙의 Hysteresis Loop Modulus 설명 |
| 103회 | 1 | 응답 스펙트럼 |
| 104회 | 1 | 감쇠 이론 |
| | 2 | 액상화 영향인자, 평가과정 |
| | 3 | 폐기물 매립 공학적 특성 |
| 107회 | 1 | 오염 처리기술 분류별 특징 |
| 108회 | 1 | 응답스펙트럼과 설계응답 스펙트럼 |
| | 2 | 사력댐 내진성능 평가 |
| 109회 | 1 | 지진 시 상대밀도 따른 모래거동 |
| | 2 | Kögler 응력분포 |
| 111회 | 1 | Cross Hole 시험 |

| 구  분 | | 문                                    제 |
|---|---|---|
| 111회 | 2 | 교량기능 수행 수준 |
| | 3 | 유동 액상화 |
| | 4 | 액상화 개념, 가능지반, 대책 |
| 113회 | 1 | 표면파 특성, SASW 시험과 이용 |
| | 2 | 파랑에 의한 케이슨 침하 개념 |
| 115회 | 1 | 지중구조물 진동특성과 내진 설계 |
| | 2 | 액상화 전단응력비 산정절차 |
| | 3 | 지중응력계수와 압력구근 |
| 116회 | 1 | 재료감쇠 |
| | 2 | 설계응답 스펙트럼 |
| 117회 | 1 | 진동전파특성과 방진대책 |
| | 2 | 매립부지 활용문제, 검토사항과 지반처리 |
| 118회 | 1 | 지진규모 |
| | 2 | 지하매설관로 내진 |
| | 3 | 뉴마크 영향원 |
| 119회 | 1 | 기계기초 고유진동수 |
| | 2 | 지진 시 옹벽토압, 위치 계산 |
| | 3 | 지하구조물 진동특성, 변형양상, 터널내진 설계방법 |
| | 4 | 압력구근 |
| | 5 | 폐기물침하곡선, 침하산정, 계측방법 |
| | 6 | 오염이동개념 |
| 120회 | 1 | 이력곡선 |
| | 2 | 터널의 지진피해 형태와 안정성 검토방법 |
| | 3 | 액상화 평가 생략조건 |
| | 4 | 제방의 지중응력 계산 |
| 121회 | 1 | 회복탄성계수와 동탄성계수 |
| | 2 | 지반응답해석 |
| | 3 | 토양오염 복원방법 |
| 123회 | 1 | 액상화 가능 지수 |
| | 2 | 액상화 정의, 평가대책 |

| 구 분 | | 문                                                    제 |
|---|---|---|
| 124회 | 1 | 매립지 활용 시 설계와 시공 시 문제점 및 대책 |
| 125회 | 1 | Carbon Capture and Storage |
| | 2 | 육상과 해상매립장 비교, 해상 시 지반조사와 유지관리 |
| 126회 | 1 | Downhole Test |
| | 2 | 터널의 내진해석방법 |
| | 3 | 교량기초의 강성을 고려한 내진해석절차 |
| 127회 | 1 | 동하중에 의한 모래와 점토의 물성치 특성 |
| | 2 | 콘크리트옹벽과 보강토옹벽의 내진적용토압 |
| | 3 | 콘관입시험에 의한 액상화 간편예측 |
| | 4 | 말뚝기초, 얕은 기초, 지중구조물의 액상화 문제와 대책 |
| | 5 | 매립장 건설부지 활용 시 문제점 및 검토사항 |

## 9. 압밀, 준설

| 구 | 분 | 문 제 |
|---|---|---|
| 71회 | 1 | 선행압밀하중 영향요소 |
| | 2 | 간섭침강 |
| | 3 | 델타점토 압밀특성, 기초설계 관련 문제점 |
| | 4 | 수위 급강하, 급상승 시 간극수압 |
| | 5 | Terzaghi 압밀, 유한변형률 |
| 72회 | 1 | 압밀침하량, 시간계산 |
| 73회 | 1 | 등시곡선 |
| | 2 | 2차 압축지수 |
| | 3 | 압밀상태 평가방법 |
| | 4 | 과압밀토 침하량계산 |
| 74회 | 1 | Mandel – cryer 효과 |
| | 2 | 미압밀 평가, 문제 |
| | 3 | 교란 시 간극비 변화, 원위치 압밀거동시험 |
| 75회 | 1 | 선행압밀하중 발생원리 |
| | 2 | 준설점토, 원지반침하, 계산, 지반조사 |
| 76회 | 1 | 광역, 국부적 수위 저하 시 침하계산 |
| 77회 | 1 | 압밀교란 보정 |
| 78회 | 1 | 과소압밀 중 도로성토의 지반조사, 침하량 산정 |
| | 2 | 침강압밀과정 |
| 79회 | 1 | 2차 압밀 고려 해석 |
| | 2 | 교란 판정과 전단 및 압밀 영향 |
| 80회 | 1 | 과잉 간극수압 예측방법 |
| | 2 | 선행압밀응력과 과압밀점토 |
| | 3 | 계수와 지수, 압축계수와 압축지수 이용 설명, 계수와 지수 실무 이용 시 주의사항 |
| | 4 | 무한, 유한 재하 시 즉시 침하 |
| | 5 | 과압밀 점토침하, 시간계산 |
| | 6 | 불교란시료 유효응력 |
| | 7 | 계측기기 목적, 종류, 측정, 분석 |
| | 8 | Terzaghi 간극비, 유효응력 가정 문제점 |

| 구 분 | | 문                                                          제 |
|---|---|---|
| 81회 | 1 | 압밀곡선 보정과 압밀시험영향 요인 |
| | 2 | 일축압축시험으로 교란판정과 충적점토와 홍적점토 차이 |
| | 3 | 간주수압계 측정으로 배수조건과 배수거리 계산, 성토시기 추정방법 |
| | 4 | 해성점토와 그 위에 준설된 점토의 설계 차이 |
| | 5 | 유한분포하중의 침하계산 시 층 구분 이유 |
| 82회 | 1 | 전단강도와 압밀의 교란 영향 |
| | 2 | Aging 설명, 여성토량 결정과 기간 |
| 83회 | 1 | 방조제와 내수면 매립 시 문제, 대책 |
| | 2 | 압밀곡선 영향 인자, 보정 |
| 84회 | 1 | 과잉간극수압 분포, 동수경사, 침하량, 침투수압계산 |
| 85회 | 1 | 침하량, 간극수압계산, 지하차도 기초 |
| 86회 | 1 | 시료채취 → 시험 시 응력경로, 잔류유효응력식 |
| 87회 | 1 | 2차 압축지수와 2차 압축비 |
| | 2 | 피압 시 점토특성과 압밀영향 |
| | 3 | 자중압밀 |
| | 4 | 침하량 산정, Sand Seam 영향 |
| 88회 | 1 | 하중증가율과 압밀계수 |
| | 2 | Ko 압밀 |
| | 3 | 미압밀 평가 및 문제 |
| | 4 | 침강압밀 개념과 영향인자 |
| | 5 | 깊이 증가 시 유효응력 감소 경우와 검토항목 |
| 89회 | 1 | 카사그란드와 슈머트만 선행압밀하중 비교 |
| | 2 | 일차원 압밀과 Ko 압밀, 침하량, 압밀도 계산 |
| 90회 | 1 | 배수 및 비배수 하중조건 |
| | 2 | 항복강도와 선행압밀하중 |
| | 3 | 비배수상태 점토 침하가 없는 이유 |
| 91회 | 1 | 압밀거동 A, B |
| | 2 | Perfect Sampling 잔류응력, 응력경로 |
| | 3 | 시간계수, 압밀도, 과잉간극수압, 침하량 등 계산 |
| 92회 | 1 | 2차 압축지수와 2차 압축비 |

| 구 분 | | 문 제 |
|---|---|---|
| 92회 | 2 | 미소변형과 유한변형 |
| | 3 | 실내시험 압밀계수가 현장보다 적은 이유 |
| | 4 | 준설매립지 압밀침하, 공기단축 추가 성토, 수평방향 압밀계수 산정 |
| 93회 | 1 | 압밀곡선의 재압축곡선 평행성과 곡선 초기부분이 곡선인 이유 |
| | 2 | 1차원, 다차원 압밀이론과 적용 |
| | 3 | 점증재하곡선, 2차 압밀침하량식 |
| 94회 | 1 | 준설토사 유보율 |
| | 2 | 정규 · 과압밀점토 압밀특성 |
| | 3 | 준설토 물량 산정방법 |
| 95회 | 1 | 무한분포와 국부재하의 압밀시험과 관련 설명 |
| 97회 | 1 | 점토 Creep에 따른 간극수압과 강성 |
| | 2 | Mandel – Cryer 효과 |
| | 3 | 시료채취에서 전단시험까지 응력경로, 문제, 대책 |
| 98회 | 1 | 양면배수에서 일면배수로 변경 시 최종침하량과 임의 침하량 소요시기 |
| | 2 | 정규압밀과 과압밀점토 1차압밀 침하량식 유도 |
| 99회 | 1 | 점토연대 효과 |
| | 2 | 준설점토에 석탄재 혼합 시 침강, 자중압밀 특성 |
| | 3 | Terzaghi와 Rendulic 압밀과 현장 적용성 |
| 100회 | 1 | 세립토 준설매립, 침강 현상 |
| | 2 | 기초침하량 계산 |
| | 3 | 정규, 과압밀 영역 침하량 계산 |
| 101회 | 1 | 지하수위 변동과 과압밀 원리 |
| | 2 | 연약지반 성토 시 전단양상과 제방폭과 연약층 두께 다른 침하양상 |
| 102회 | 1 | EOP 시험 시 압밀계수 |
| | 2 | 압밀시험 영향요소 |
| 103회 | 1 | 잔류응력, 체적변형률, 압밀곡선 이용 교란 판단 |
| 104회 | 1 | 침하층 구분 이유, 단층과 다층 시 침하속도 차이 |
| | 2 | 무한, 유한 분포 침하 |
| | 3 | 표준, EOP, CRS 압밀시험 |
| | 4 | 압밀계수 산정과 적용 |

| 구 분 | | 문 제 |
|---|---|---|
| 105회 | 1 | 현장 흙과 시료 흙의 응력 |
| | 2 | 침투, 자중 2차, 점증재하 압밀 |
| 106회 | 1 | Lambe 침하 |
| 107회 | 1 | 교란 원인과 영향 |
| | 2 | Rowe Cell 시험 |
| 108회 | 1 | 미압밀 원인과 대책 |
| | 2 | Lambe 침하 |
| | 3 | 교란 원인과 평가 |
| 109회 | 1 | A, B 가정 |
| | 2 | 선행압밀하중 |
| 110회 | 1 | 압밀과 다짐 차이 |
| | 2 | 무한, 유한 분포 시 즉시 침투 발생 유무와 이유 |
| | 3 | 실측과 설계 침하량 차이 이유 |
| | 4 | 점토지반 Sand Seam |
| 111회 | 1 | 과소압밀점토 설명 |
| 112회 | 1 | 슈머트만 정규점토 e−logP 곡선 보정 |
| 113회 | 1 | 평균압밀도 |
| | 2 | logt 법 |
| 115회 | 1 | 2차 압밀침하 |
| | 2 | 압밀시간과 침하량계산 |
| 116회 | 1 | 아이소크론 |
| | 2 | 피압의 압밀영향 |
| 117회 | 1 | 연대효과 |
| | 2 | 압밀방정식 가정과 산출방법 |
| | 3 | 교란평가방법 |
| | 4 | silt pocket |
| | 5 | 점토＋석탄재매립 시 자중압밀 |
| 118회 | 1 | Terzaghi 가정과 문제점 |
| | 2 | 침하량과 시간계산 |

| 구 분 | | 문 제 |
|---|---|---|
| 118회 | 3 | 현장, 실내시험으로 교란평가 |
| | 4 | 과압밀비로 구분된 점토 특성 |
| 119회 | 1 | 압밀계수산정과 적용방법 |
| | 2 | Schmertmann 정규, 과압밀곡선 수정 |
| | 3 | 유보율 결정방법 |
| 120회 | 1 | 현시점의 압밀도, 1차 압밀 후 간극비, 5년 후 2차 압밀침하량 계산 |
| 122회 | 1 | 압밀침하량, 2년 후의 시간계수, 압밀도, 침하량 계산 |
| 123회 | 1 | 압밀 진행에 따른 투수계수와 체적압축계수의 변화 |
| | 2 | 2차 압축지수와 2차 압축비의 관계 |
| 124회 | 1 | 교란도 평가방법 |
| | 2 | 준설물량 산정과 매립 시 문제점 및 개선사항 |
| | 3 | 유한변형률 압밀 |
| 125회 | 1 | 압밀계수 결정방법 |
| | 2 | 설계침하량과 실제침하량 차이 발생 시 추가지반조사와 계측을 통한 분석 |
| 126회 | 1 | 자중압밀, 침투압밀, 진공압밀의 원리, 효과, 문제점 |
| 127회 | 1 | 표준압밀시험 결과로 물성치 결정방법 |
| | 2 | 압밀 진행에 따른 투수계수와 체적압축계수의 변화 |
| | 3 | 교란원인과 실내시험에 이용하는 교란도 평가방법 |
| | 4 | 고함수비 준설점토의 침강과 자중압밀 |

## 10. 조사 · 시험

| 구 분 | | 문 제 |
|---|---|---|
| 72회 | 1 | 해상교량 지반조사 |
| 73회 | 1 | Slaking 발생기구 |
| | 2 | 암성토 : 지반반력계수 산정방법, 관리방법 의견 제시 |
| | 3 | Vane시험 : 점착력식, 이방강도 결정방법 |
| 74회 | 1 | DTM 지반정보 |
| 75회 | 1 | SPT 효율, 보정 |
| 76회 | 1 | 심층재하시험 |
| | 2 | 지지력, 침하, 지반반력계수 산정 시 적용문제 |
| 77회 | 1 | SPT로 전단강도 결정 시 모래, 점토 유의사항 |
| | 2 | 팽윤성 지반 |
| 78회 | 1 | 팽윤성 지반 |
| 79회 | 1 | 지반개량효과를 CPTu로 판정 |
| | 2 | 원심모형시험 |
| | 3 | 흙댐 안전진단 접근방법과 후진, 평가 |
| 81회 | 1 | 평판재하시험 적용 |
| | 2 | 평판재하시험 이력곡선 |
| 82회 | 1 | 피조콘의 간극수압 소산 곡선 |
| | 2 | Dilatometer 시험, 보정, Index, 이용 |
| 84회 | 1 | Perfect Sampling |
| | 2 | 원심모형시험 원리, 장점, 적용 |
| 86회 | 1 | Vane 시험강도식 |
| | 2 | CBR과 PBT 이용 |
| | 3 | 피조콘시험 결과 |
| | 4 | 콘시험의 상대밀도 평가 |
| 88회 | 1 | TSP 탐사 |
| | 2 | 원심모형 시험 원리, 적용 |
| 90회 | 1 | 피조콘시험지반 정수와 부간극수압 발생지반 특성 |
| 91회 | 1 | Slaking 개념 |

| 구 분 | | 문 제 |
|---|---|---|
| 91회 | 2 | 표준관입시험 적용문제, 개선방향 |
| | 3 | Vane식 보정 이유, 이방전단강도 |
| 94회 | 1 | 표준관입시험의 에너지 사정방법과 N치 에너지 보정 |
| 96회 | 1 | 원심모형시험 |
| | 2 | TSP 탐사 |
| 98회 | 1 | TDR 활용 |
| | 2 | Lugeon 시험 |
| 99회 | 1 | 슬레이크지수 |
| | 2 | 팽창성 활성영역 |
| | 3 | 암반사면 지표지질조사 |
| 100회 | 1 | Vane시험 보정 |
| 101회 | 1 | 암의 내구성 |
| | 2 | DMT 원리와 활용 |
| 103회 | 1 | 팽창성토 특성과 기초설계 고려 |
| 104회 | 1 | 토사, 풍화암 강도정수 산정 |
| | 2 | Jar Slake 시험 |
| 106회 | 1 | Shale의 Slaking 현상 |
| 107회 | 1 | 평판재하시험 지지력 산정식, 이용 시 주의사항 |
| | 2 | Lugeon시험의 유의사항 |
| | 3 | 팽윤성 |
| 109회 | 1 | BHTV와 BIPS 차이 |
| | 2 | 팽창성 흙 특성, 가능성 판단방법 |
| 110회 | 1 | 평판재하시험 결과 적용 시 유의사항 |
| | 2 | Sounding 의미와 종류별 결과 적용 |
| 111회 | 1 | 시추코어 불연속면 방향 |
| | 2 | 원전 지반조사 설명 |
| 112회 | 1 | GPR 탐사 |
| 114회 | 1 | 베인시험의 보정방법과 보정 이유 |
| 115회 | 1 | 평판재하시험 지지력과 침하산정 |

| 구 분 | | 문                                        제 |
|-------|---|---|
| 116회 | 1 | 공내재하시험 |
|       | 2 | 평판재하시험 scale effect |
| 117회 | 1 | lugeon 시험 |
| 118회 | 1 | 폐공처리 |
|       | 2 | 건습반복강도 저하현상과 암반평가 방법 |
| 119회 | 1 | 터널의 전기비저항 탐사 |
|       | 2 | GPR 탐사 |
|       | 3 | 베인시험보정 이유 |
|       | 4 | 석회암지대 교량기초지반조사 |
| 120회 | 1 | 동적 콘관입시험의 현장적용성 |
|       | 2 | 표준관입시험의 $N$치 보정항목과 방법 |
| 121회 | 1 | 산악장대터널지반조사 시 절차와 주요 착안사항 |
| 122회 | 1 | 포항지역의 이암지반을 성토재로 이용 시 문제와 활용 시 고려사항 |
| 123회 | 1 | SPT의 $N$치를 이용한 지반설계 활용방안 |
| 125회 | 1 | 연약지반도로에서 시추주상도로의 지반 특성, 분석내용과 필요한 실내, 현장시험 |
| 126회 | 1 | 원심모형시험 원리와 상사법칙 |
|       | 2 | 셰일의 공학적 특성과 Slaking 현상 |

## 11. 얕은 기초

| 구 분 | | 문                                                   제 |
|---|---|---|
| 71회 | 1 | 팽창성 지반특성과 기초처리방안 |
|       | 2 | 양압력 대책공법 |
| 72회 | 1 | 지반반력계수 |
|       | 2 | 슈머트만 침하계산 방법 |
|       | 3 | 강성기초 접지압 분포와 이를 토압론으로 설명 |
| 74회 | 1 | 부력과 양압력 |
|       | 2 | 붕괴성, 팽창성 흙식별시험과 기초설계 고려 |
| 75회 | 1 | 강성기초접지압과 침하 |
|       | 2 | 경사하중 지지력, 모래와 점토지반 영향 |
|       | 3 | Plug 침하 |
|       | 4 | 석회공동지반 보강공법 |
| 76회 | 1 | 기초의 탄성, 소성 침하량 |
|       | 2 | Doline, Sinkhole |
| 77회 | 1 | 기초폭−하중강도 의미 |
| 78회 | 1 | 점토지반 지하차도 기초형식 |
| 79회 | 1 | 파괴형태, 지지력 산정원리, 영향인자 |
| 80회 | 1 | 접지압, 강성, 지반, 깊이, 하중크기 영향 |
| 81회 | 1 | 점토지반 지지력의 $N_c$ 값 |
|       | 2 | 공동지역 조사에서 토모그라피 탐사원리와 조사계획 |
| 82회 | 1 | 변형계수 종류와 특징 |
|       | 2 | Sinkhole과 Trough 침하 |
|       | 3 | 폐광지역 기초침하 검토와 대책 |
| 83회 | 1 | 보상기초 |
|       | 2 | 얕은기초 Schmertmann 방법 |
|       | 3 | 폐광산지역 조사와 지반보강 |
| 84회 | 1 | 말뚝지지 전면기초 |
| 85회 | 1 | 지지력계수 |
|       | 2 | 터널 내 교각기초 간섭 시 대책 |

| 구　분 | | 문　　　　　　　　　제 |
|---|---|---|
| 85회 | 3 | 기초형식별 핵심 2가지와 구비조건 |
| 86회 | 1 | 다층지반 지지력 산정 |
| 88회 | 1 | 지반반력계수 |
| 89회 | 1 | 지지력 개념과 영향인자 |
| 91회 | 1 | 지지력안전율, 전단강도안전율 |
| 92회 | 1 | 얕은 기초 지지력 차이 이유 |
| 93회 | 1 | 양압력 대책 |
| 94회 | 1 | 얕은 기초 침하 원인, 종류, 인접구조물 영향 |
| 95회 | 1 | 다층지반 응력 감소 |
| | 2 | 기초 굴착 시 토질별 배수방법 |
| | 3 | 얕은 기초 한계 깊이 |
| 97회 | 1 | 모래, 점토 지반에서 지반과 구조물거동(얕은 기초) |
| 98회 | 1 | 얕은 기초 탄성침하계산 |
| | 2 | 지지력식에서 지지력계수가 다른 이유 |
| 100회 | 1 | 정거장 구조물 부력대책 |
| 102회 | 1 | 얕은 기초지지력에서 Terzaghi와 Meyerhof 모델 차이 |
| | 2 | 교량기초 세굴방지공 문제, 대책 |
| | 3 | 도심지형 싱크홀 |
| | 4 | 지반변형계수 측정과 산출방법 |
| 103회 | 1 | 지지력의 지하수 영향 |
| | 2 | 경사 암반에서 교대 기초 안정 검토 |
| 105회 | 1 | 순하 중 개념과 침하 이용 |
| | 2 | 현장시험 이용 지지력 산정방법 |
| | 3 | Sinkhole과 지반함몰 |
| 107회 | 1 | 탄성계수와 변형계수 |
| | 2 | 도심지형 침하 원인, 탐사, 대책 |
| 108회 | 1 | 층상지반 파괴형태, 지지력 산정방법 |
| | 2 | 앵커군 효과 |
| | 3 | 연약지반 Box기초 |

| 구 분 | | 문  제 |
|---|---|---|
| 109회 | 1 | 기초별 지지 Mechanism |
| | 2 | 사질토 탄성 침하량 산정방법 |
| | 3 | 기초부등침하 원인, 대책 |
| | 4 | 각 변위 |
| 110회 | 1 | 부분 보상 기초 지지력, 침하 |
| | 2 | 지지력 계산, 기초 안정 검토 |
| | 3 | 폐광산 채굴적 충전공법 |
| 111회 | 1 | 순지지력 개념 |
| 112회 | 1 | 점토원료 파괴 시 지지력식 |
| | 2 | 암석과 암반탄성계수 비교 |
| | 3 | 양압력 원인, 대책 |
| 113회 | 1 | 연약점토 위 모래층 지지개념 |
| | 2 | 접지압 분포 |
| | 3 | 부력계산, 대책 |
| 114회 | 1 | 강성기초와 연성기초의 차이 |
| | 2 | 지반 함몰, 지반 침하 |
| | 3 | 전면기초의 강성법과 연성법 설계 |
| | 4 | 굴착공사의 지하수 관리문제와 대책 |
| 115회 | 1 | 원형기초지지력 계산 |
| 116회 | 1 | Bell 지지력 |
| 117회 | 1 | 부력검토방법과 대책 |
| 118회 | 1 | 지반함몰 종류, 수위조건에 따른 하수관 함몰 형태 |
| 119회 | 1 | 중공블록공법 |
| 120회 | 1 | 지반반력계수와 탄성계수 |
| 121회 | 1 | 지오그리드로 보강한 기초의 파괴형태, 임의위치의 전단응력 |
| | 2 | Meyerhof 지지력 결정방법과 실제와의 일치성 |
| | 3 | 석회암 공동지역의 기초설계를 위한 현장조사와 보강방안 |
| 123회 | 1 | 얕은 기초의 전단파괴 양상 |
| | 2 | 지하수위 조건에 따른 허용지지력과 허용하중 계산 |
| | 3 | 사질토의 Schmermann and Hartman 방법 |

| 구 분 | | 문 제 |
|---|---|---|
| 123회 | 4 | 석회암 공동지역의 교량 설계 시 고려사항 |
| 125회 | 1 | 보상기초 |
| | 2 | 석회암 공동지역의 기초지반 보강공법 |
| 126회 | 1 | 「지하안전관리에 관한 특별법」의 지하안전점검 대상과 방법 |
| | 2 | 지반함몰 정의와 요인 |
| | 3 | 매설강관의 유지관리 시 유의사항 |
| | 4 | 지하안전영향평가에서 지반안전성 확보방안 |
| 127회 | 1 | 부력의 정의, 대책, 설계 시 고려사항 |

## 12. 깊은 기초

| 구 분 | | 문 제 |
|---|---|---|
| 71회 | 1 | Suction Pile |
| | 2 | 말뚝지지력 : 기준 안전율 적용과 낮은 안전율 적용의 경우 |
| 72회 | 1 | ENR 항타식 |
| | 2 | 말뚝침하 항목 |
| | 3 | 현장타설말뚝 지지개념 |
| | 4 | $\alpha$방법의 범위 |
| 73회 | 1 | 점토지반말뚝 : 무리말뚝 축방향지지력, 인발지지력 계산 |
| 74회 | 1 | Osterberg시험 |
| | 2 | 케이슨기초 |
| | 3 | 부마찰력 발생조건, 중립점 위치, 말뚝안정성 |
| 75회 | 1 | PDA식, 파형 |
| | 2 | 검측공, 비검측공 건전도시험 비교 |
| 76회 | 1 | 군말뚝지지력 침하 |
| | 2 | 파동이론 분석방법 |
| | 3 | Suction Device 공법 |
| 77회 | 1 | 장대교 기초형식 |
| 78회 | 1 | 주면하중전이함수 형상에 따른 지지력 |
| | 2 | 수동말뚝 |
| | 3 | 말뚝허용응력과 한계상태 비교 |
| | 4 | 보통조밀사질토 지지력 배분 |
| 79회 | 1 | 점토지반천공 말뚝지지력 발현 |
| | 2 | 50ton → 30ton 지지력 이유, 대책 |
| | 3 | 말뚝전면 기초개념, 설계 |
| 81회 | 1 | 말뚝지지력 감소 원인과 대책(포항지역 암반) |
| | 2 | 우물통 상부 슬래브 침하 시 문제 |
| 82회 | 1 | 말뚝지지력 시간변화 |
| | 2 | 말뚝의 잔류응력과 축력분포 |
| | 3 | 우물통기초를 대구경 말뚝 변경 시 의견 |
| | 4 | 동재하시험 : F파, V파, 비례성식, 파형 설명 |

| 구 분 | | 문 제 |
|---|---|---|
| 83회 | 1 | Davisson 방법 |
| | 2 | Intermediate Geomaterial |
| | 3 | 연직지지력 고려사항, 시험 |
| 84회 | 1 | 말뚝하중 – 침하곡선 |
| | 2 | Suction Pile |
| 85회 | 1 | 연약지반 정재하, 동재하 시험 |
| 86회 | 1 | IGM |
| | 2 | 파동비례성 원칙 |
| | 3 | 항타분석과 파형태 예시 |
| 87회 | 1 | LRFD |
| | 2 | 말뚝지지전면기초 |
| | 3 | 현수교 교대기초 |
| | 4 | 현장타설말뚝 결함, 지지력 영향 |
| 88회 | 1 | 복합말뚝 |
| | 2 | 양방향재하와 일방향재하 비교 |
| | 3 | Piled Raft 기초 |
| | 4 | 강관말뚝 → PHC 말뚝 변경 시 검토 |
| 89회 | 1 | 점토지반 말뚝지지력 감소대책 |
| 90회 | 1 | Piled Raft 기초개념과 적용성 |
| 91회 | 1 | 양방향재하를 두부재하로 변경하는 방법 |
| 92회 | 1 | 말뚝변위법과 문제점 |
| | 2 | 말뚝 주면저항력, 부착계수, 주면지지력계산 |
| 93회 | 1 | Socketed Pler 지지력과 침하영향인자 |
| 95회 | 1 | 말뚝주면지지력 |
| | 2 | 해상 풍력발전 모노파일 |
| | 3 | 재하시험, 현장시험 이용, 항타방법 지지력 산정 |
| | 4 | 매입말뚝지지력, 주어진 조건의 안정성 평가 |
| 96회 | 1 | 에너지 파일 |
| | 2 | 해상 풍력구조물 기초의 종류 |
| | 3 | 말뚝시간 초과 |

| 구 분 | | 문                                                                 제 |
|---|---|---|
| 97회 | 1 | 말뚝 휨방향 지지력 산정 |
|      | 2 | 무리말뚝 Shadow Effect |
| 98회 | 1 | 말뚝수평지지력 계산 |
|      | 2 | 부마찰력 고려 시 지반과 말뚝침하, 하중전이곡선, 지지력 파괴 시 부마찰력 영향 |
| 99회 | 1 | 주동말뚝과 수동말뚝 |
|      | 2 | 무리말뚝 지지력과 침하량 산정 |
|      | 3 | 부마찰력 : 중립면, 크기와 말뚝침하량, 설계방향 |
|      | 4 | 석회암지대 말뚝기초 |
| 100회 | 1 | 말뚝장경비 |
|       | 2 | 암반선단지지력과 Goodman식 계산 |
|       | 3 | 연약지반말뚝 : 파괴원인과 대책, 재항타 시 지지력 증가 원인 |
| 101회 | 1 | IGM |
|       | 2 | 동재하시험의 Case와 CAPWAP, 지지력 확인 내용 |
|       | 3 | 해상 풍력 기초 형식과 설계기준 |
|       | 4 | Broms 수평지지력 방법 |
| 102회 | 1 | 연약지반 PHC 말뚝항타 : 응력파문제, 지반영향 등 |
| 103회 | 1 | 폐색효과 |
|       | 2 | CSL 시험 |
|       | 3 | 항만잔교 기초 설계 안정검토 내용 |
| 104회 | 1 | 매입말뚝 주입범위, 배합비, 시공재하시험 유의 |
|       | 2 | 타격콘 관입시험 |
| 105회 | 1 | 원주 공동이론 |
|       | 2 | 주동 말뚝과 수동말뚝, 거동방정식 설명 |
| 106회 | 1 | 수평재하시험과 결과 적용 시 유의 |
|       | 2 | 단일 현장타설 말뚝 |
| 107회 | 1 | 양방향 재하시험 |
|       | 2 | Micro Pile, 선회석말뚝지지력 |
| 108회 | 1 | 주면저항계수 |
|       | 2 | 현장타설 말뚝지지 개념, 지지력 산정방법 등 |
|       | 3 | 부주면 마찰력과 중립면 |

| 구 분 | | 문 제 |
|---|---|---|
| 110회 | 1 | 두부구속조건에 따른 수평지지력 |
| 111회 | 1 | 사질토 선단, 주면 지지력 |
| | 2 | 뉴메틱케이슨 계측과 침설관리 |
| 112회 | 1 | 말뚝시간 효과 |
| | 2 | 군말뚝 효율 |
| | 3 | 1GM |
| 113회 | 1 | 주동, 수동말뚝 |
| | 2 | 항타, 천공말뚝 지반거동, 장단점 |
| | 3 | 기초 LRFD |
| 114회 | 1 | 한계 상태 설계법과 허용응력 설계법 |
| | 2 | 수평재하말뚝 설계 개념 |
| | 3 | 현장 타설말뚝의 설계, 시공 시 고려사항 |
| | 4 | 부마찰력과 중립점 정의, 부마찰력 계산, 허용지지력 |
| | 5 | 지반반력계수 정의, 선형과 비선형 반력계수 적용 |
| | 6 | 군말뚝의 침하량 산정 |
| 115회 | 1 | 폐색효과 |
| 116회 | 1 | 양방향재하시험 |
| | 2 | 강봉파동변화 |
| | 3 | 부마찰력과 부간극수압 |
| 117회 | 1 | 주면마찰력 |
| 118회 | 1 | 모래, 점토, 암반의 무리말뚝효과 |
| | 2 | 케이슨 : 지반반력, 침하, 치수고려사항 |
| 119회 | 1 | PHC 말뚝 LRFD |
| | 2 | 중립면, 부마찰력과 침하, 설계방향 |
| 120회 | 1 | 초고층 건물의 말뚝기초에 필요한 설계 개념과 계산한 주면지지력의 신뢰성 |
| | 2 | 그물망식 뿌리말뚝 |
| | 3 | 낙동강 지역의 대구경 현장타설 말뚝의 경제적 설계절차 |
| 121회 | 1 | 무리말뚝의 지지력 산정방법 |
| 122회 | 1 | 매입말뚝의 한계상태설계법 |
| | 2 | 항타와 매입말뚝의 지반응력 변화, 시공방법의 장단점, 지지력 산정방법 |

| 구 분 | | 문 제 |
|---|---|---|
| 122회 | 3 | 부마찰력 |
| | 4 | 매립점토지반에 말뚝기초의 연직지지력 산정 시 고려사항, 필요한 시험, 문제점 |
| | 5 | 해상과 육상교량기초의 지반재해 원인과 대책방안 |
| | 6 | 고성토부 말뚝기초의 수평변위인자와 변위 최소화 방안 |
| 123회 | 1 | 정재하시험의 결과분석방법 |
| 124회 | 1 | 말뚝기초의 LRFD 방법 |
| | 2 | 인발말뚝의 파괴 개념과 지지력 산정 |
| | 3 | 현장타설말뚝 지지 개념, 산정방법, 실무 유의사항 |
| 125회 | 1 | Broms의 수평지지력 산정방법 |
| 126회 | 1 | 양방향 재하시험에서 Cell 위치에 따른 적용성 |
| 127회 | 1 | 배토, 소배토, 비배토말뚝 |
| | 2 | 강관말뚝의 선단지지면적과 주면장 결정방법 |
| | 3 | 지반 조건에 따른 무리말뚝의 허용인발력 산정방법 |
| | 4 | 케이슨 기초의 침하 발생요인, 침하량 산정방법 |

## 13. 지반개량

| 구 분 | | 문                                     제 |
|---|---|---|
| 71회 | 1 | 드레인보드의 Clogging |
| | 2 | 경량 혼합토 공법 |
| | 3 | 전기침투공법 |
| | 4 | 표층처리공법의 종류, 설계와 시공 유의사항 |
| | 5 | 연약지반 유류탱크 지반개량공법 선정, 설계와 시공 시 유의사항 |
| | 6 | PBD 공법 설계 시 유의사항 |
| 73회 | 1 | 최적 성토고 |
| 74회 | 1 | Pack Drain 문제와 대책 |
| | 2 | 선행재하 시 압밀도와 하중 결정, 등시곡선 의미 |
| | 3 | X-선 회절 |
| | 4 | 필터기능 시 토목섬유 Clogging, Blocking, Blinding |
| 76회 | 1 | 굴패각 |
| | 2 | SCP 복합지반효과, 압밀, 직경 미달 이유 |
| | 3 | 진동현, 전기식 간극수압계 원리와 설치, 측정 시 유의사항 |
| 77회 | 1 | 침하안정관리 |
| | 2 | 기존 도로 확장대책 |
| 78회 | 1 | 연직배수 통수능력 |
| | 2 | 심층혼합처리 |
| 79회 | 1 | 연직배수재 조건, 시험, 장심도 고려사항 |
| | 2 | 쇄석말뚝 파괴 메커니즘 |
| | 3 | 침투 주입, 할렬 주입, 주입재, 주입방법, $75\mu m$, 15% 사질토 주입공법 |
| 81회 | 1 | 간극수압계 시간 지체 이유 |
| | 2 | 연약지반의 도로 확장 시 문제와 대책 |
| 82회 | 1 | 연직배수재 통수능 측정방법 |
| | 2 | 토목섬유의 기본적 기능 |
| | 3 | 연직배수재의 Clogging |
| | 4 | 선행재하공법 대체공법 |
| 83회 | 1 | Desiccation과 Cementation |
| | 2 | 선행재하공법 시 중간층 압밀도 사용 이유 |

| 구 분 | | 문 제 |
|---|---|---|
| 84회 | 1 | 매립공사 시 문제, 대책 |
| | 2 | Sand Drain 자유 및 균등변형률, 교란영향과 웰 저항 |
| | 3 | 자중압밀, 침투압밀, 진공압밀, 원리, 효과, 문제점 |
| 85회 | 1 | 1.5 Shot |
| | 2 | 석탄회로 샌드드레인 모래 대체 |
| | 3 | 실내모의 주입시험 |
| | 4 | MSG공법 |
| 87회 | 1 | 심층혼합처리 개량률과 지반강도 |
| | 2 | 필터 유효구멍크기 |
| | 3 | 샌드매트 두께 결정 |
| 88회 | 1 | Silt Pocket |
| | 2 | 굴폐각(Oyster Shell) |
| | 3 | PBD 간격 좁을 시 배수저항 |
| 89회 | 1 | PVD 공법영향인자 |
| | 2 | DCM 원리 및 적용 등 |
| 90회 | 1 | 유압다짐, 동다짐, 동압밀 개념 |
| | 2 | 침하관리, 안정관리 개념 |
| | 3 | PBD의 Smear Zone 측정방법, 압밀영향 |
| | 4 | 정보화 시공목적, 계측기 매설위치 |
| 91회 | 1 | 안벽배면개량공법 |
| 92회 | 1 | 강제치환 깊이 |
| | 2 | 압밀촉진 4가지 공법과 지중응력 |
| | 3 | Preloading과 Surcharge 차이, 평균압밀도 적용 시 문제, 제거시기 결정 |
| | 4 | 성토지지말뚝 |
| | 5 | 연약지반도로 옆 공동구 계측 |
| 93회 | 1 | 연약점토 위 준설모래지반 개량공법과 검토사항 |
| 95회 | 1 | 프리로딩 : 침하곡선, 평균압밀도, 제거시기 |
| 96회 | 1 | 동전기 현상 |
| | 2 | 연직배수재 배수저항 요인 |
| 97회 | 1 | 연약지반 흙쌓기 설계 및 시공 시 문제 |

| 구 분 | | 문 제 |
|---|---|---|
| 97회 | 2 | 연약지반 개량공법 선정 시 고려사항 |
| 98회 | 1 | Vibroflotation 원리와 특징 |
| | 2 | New Channel 공법 |
| | 3 | 연동침하 |
| | 4 | 기존 도로 확장 시 문제와 대책 |
| 99회 | 1 | 스미어 현상 |
| | 2 | 선행재하공법원리, 제거 시기 결정방법 |
| | 3 | 심하게 경사진 연약층 위에 도로 성토 시 문제 및 대책 |
| 100회 | 1 | 연직배수재 : 시공영향, 배수재 영향, 이종배수재 영향 |
| 101회 | 1 | 동결차수벽 공법 |
| 102회 | 1 | 석회안정처리의 빠른 반응과 느린 반응 |
| | 2 | 연직배수 : Carillo식, Batton식과 고려 요소 |
| | 3 | 인공섬 조성 시 계측계획 |
| 103회 | 1 | CGS 특징, 배합 시 유의사항 |
| 104회 | 1 | 준설 압밀, 추가성토재하, 수평압밀계수 산정 |
| | 2 | 호안 밑 미개량부 부등침하설계, 시공 |
| | 3 | 연약층 다층구분 검토 이유 등 |
| 105회 | 1 | 안정관리 |
| | 2 | 장재침하량 추정 |
| 106회 | 1 | 배수저항요인 |
| | 2 | 무보강, 보강 시 성토지지말뚝 |
| 107회 | 1 | Hansbo식, 간격, 교란, 흐름저항 영향 |
| | 2 | 수평진공 배수공법 |
| 108회 | 1 | 흐름저항영향, 산정방법 |
| | 2 | 토목섬유 장기 설계인장강도 |
| 109회 | 1 | Sand Mat 접지압 필요두께 계단 |
| 111회 | 1 | SCP 공법 융기량 산정 |
| | 2 | 압성토 공법 |
| | 3 | 유기질토 특성과 가도설계 고려 |

| 구 분 | | 문 제 | |
|---|---|---|---|
| 112회 | 1 | 쇄석 말뚝 파괴거동 | |
| | 2 | 동치환공법 | |
| | 3 | 성토지지말뚝 | |
| 113회 | 1 | P/C 제거시기, 제거의 과잉간극수압 분포 | |
| 114회 | 1 | Well Resistance, Smear Zone | |
| 115회 | 1 | EPS 특성, 적용, 검토사항 | |
| 116회 | 1 | 성토지지 말뚝 | |
| 117회 | 1 | preloading 공법 | |
| | 2 | 토목섬유 종류, 기능, 특징, 적용 시 문제 | |
| | 3 | 장래 침하량 추정방법 | |
| | 4 | 확장도로 설계 시 고려사항 | |
| 118회 | 1 | SCP 개량 후 형상 예측 | |
| | 2 | 강제치환 특징, 깊이 산정 | |
| 119회 | 1 | geotube | |
| 120회 | 1 | PBD 공법의 웰저항에 대한 내·외적 요인 | |
| | 2 | 토목섬유의 흙필터층에서 고체필터 구조 형성 메커니즘 | |
| | 3 | 연약지반에 고속도로 확장 시 재료수급 불리조건에서 공법과 설계 시 유의사항, 시공 시 고려사항 | |
| 121회 | 1 | 점토의 SCP 공법 치환율 결정, 파괴 형태, 압밀침하량 산정 | |
| | 2 | Sand Mat 설계와 시공 시 고려사항, 기능 저하 시 문제점 및 대책 | |
| | 3 | 침하 예측방법 중 쌍곡선방법 | |
| | 4 | 낙동강 대심도 연약지반의 피압대수층 시 연직배수공법의 문제점과 대책 | |
| 123회 | 1 | 배수재의 복합통수능시험 | |
| | 2 | 저유동성 모르타르공법 | |
| | 3 | 강제치환공법의 설계 시 고려사항 | |
| | 4 | 토목섬유 장기설계 인장강도의 강도감소계수 | |
| 124회 | 1 | 단계성토 시 안정관리 | |
| 125회 | 1 | 연직배수재의 ASTM과 Delft 시험방법 | |
| | 2 | 동다짐과 동치환공법 | |
| | 3 | Stone Column 공법 설명, 시공과 품질관리 | |
| | 4 | 심층혼합처리공법의 부상토 처리와 고려사항 | |

| 구 분 | | 문 제 |
|---|---|---|
| 125회 | 5 | 강제치환공법의 설계와 시공 시 문제점, 해결방안 |
| | 6 | 성토지지말뚝의 종류와 특징, 종류별 하중 전달메커니즘 |
| | 7 | 토목섬유매트의 Grab와 Strip 시험 |
| 126회 | 1 | Smear Effect와 Well Resistance |
| 127회 | 1 | 심층혼합처리의 강도열화와 오염대책 |
| | 2 | 내진보강 시 저유동성 모르타르 주입공법의 품질관리 |
| | 3 | 토목섬유의 주요 기능 |
| | 4 | 샌드매트 두께 계산과 실무 유의사항 |

## 14. 암반·터널

| 구 분 | | 문                                          제 | |
|---|---|---|---|
| 71회 | 1 | Point Load Test 결과 활용 | |
| | 2 | 막장 Mapping 활용 | |
| | 3 | 토사터널 굴착방법, 유의사항 | |
| | 4 | 지보단계별 지반반응곡선 | |
| | 5 | 단층파쇄대의 터널, 사면, 댐의 문제점 | |
| 72회 | 1 | 층리 발달 퇴적암의 사면파괴 유형, 대책 | |
| | 2 | 암반사면 안전점검 내용과 붕괴 예측방법 | |
| | 3 | SMR을 RMR로 변경 시 고려사항 | |
| | 4 | 단층파쇄대 터널의 지반조사와 보강대책 | |
| | 5 | 하저터널의 시공 및 운영 중 지하수 처리 개념 | |
| 73회 | 1 | Decoupling Effect | |
| | 2 | Frame Slab 공법 | |
| | 3 | Hoek-brown 파괴기준을 이용한 사면해석방법 | |
| | 4 | 미고결 저토피 터널설계, 시공 시 고려사항, 지표침하원인과 대책 | |
| | 5 | Talus층 터널갱구 설계 시 고려사항 | |
| 74회 | 1 | 응력해방법 | |
| | 2 | 평사투영 개념, 설계와 현장 적용 주의점, 고려사항 | |
| | 3 | 방수개념, 문제점, 누수원인대책 | |
| | 4 | 갱구부 위치 선정, 갱문형식 | |
| | 5 | 광섬유센서, Bassett, DTL 원리, 차이점, 활용 | |
| 75회 | 1 | 벽개 | |
| | 2 | Single Shell과 NATM 비교 | |
| | 3 | 이수, 토압식 Shield공법 선정 | |
| | 4 | 미고결지반 굴착, 보강공법 | |
| | 5 | 터널붕괴유형, 대책 | |
| | 6 | TDR | |
| 76회 | 1 | Trend, Plunge | |
| | 2 | Tilt 시험 | |
| | 3 | 암사면 유지관리 | |
| | 4 | 암사면 풍화 고려 설계 | |

| 구 분 | | 문                                     제 |
|---|---|---|
| 76회 | 5 | 지보재 적정성 판단 |
| | 6 | 저토피 계곡부 붕괴대책 |
| | 7 | 도로, 철도 등 하부통과공법 |
| 77회 | 1 | Q 분류 : 유효크기, 지보설계, 볼트길이 |
| | 2 | 평사투영, 한계평형, 변위, 변위보강 |
| | 3 | Lining 역할 |
| | 4 | 배수 개념 |
| | 5 | 침매터널 |
| | 6 | 선균열발파 |
| 78회 | 1 | 평사투영, SMR 가정, 한계, 실제거동 차이 |
| | 2 | 지보재곡선 |
| | 3 | 이수식 쉴드 |
| | 4 | 진행성 여굴 |
| | 5 | 지하상가 하부신설 터널공법 |
| 79회 | 1 | 단층조사, 단층점토조사, 터널보강 |
| | 2 | 암반초기응력 |
| | 3 | 절리면강도 축척효과 |
| | 4 | 충전물 불연속면 암사면 조사, 설계 |
| | 5 | 상향, 하향 볼록아치 |
| | 6 | 아칭 원인, 지반강성 관계, 막장전방 예측 |
| | 7 | 내공변위제어 개념, 3차원 계측 |
| | 8 | Tail Void |
| | 9 | 유입량, 막장침투압, 배수재 통수능력 |
| | 10 | 숏크리트 국부 변형의 원인 및 대책 |
| | 11 | Decoupling Index |
| | 12 | 외향각 천공 원인 및 대책 |
| | 13 | 터널 상부 회차로 |
| 80회 | 1 | 암석의 시간 의존적 거동 |
| | 2 | 암반공학의 단위체적 개념 |
| | 3 | 스캔라인, 윈도우 샘플링 |
| | 4 | 트랜드, 플랜지, 블록 구속 유무 거동 |
| | 5 | 초기지압 원리, 특성 |

| 구 분 | | 문　　　　　　　　　　　제 | |
|---|---|---|---|
| 80회 | 6 | 토사터널과 암반터널 거동 | |
| | 7 | 단면 크기, 지보, 굴착, 발파, 배수, 단면 예시 | |
| | 8 | 내압개념, 수동볼트 개념 | |
| | 9 | 경사터널 | |
| 81회 | 1 | 암석경도와 강도 간이시험 | |
| | 2 | 쉴드터널의 Gap Parameter | |
| | 3 | Hydraulic Jacking | |
| | 4 | 천단보다 지표침하 과다 터널 : 이유와 지표침하대책 | |
| | 5 | 함탄층 통과 터널 조사방법, 문제, 대책 | |
| 82회 | 1 | 숏크리트 실리카 흄 첨가제 | |
| | 2 | 터널해석 2차원 모델링 개념과 방법 | |
| | 3 | 암반사면 확률론적 해석 | |
| | 4 | 수압파쇄 시험원리, 방법, 한계 | |
| | 5 | 2-Arch 터널 설계와 시공의 문제 및 대책 | |
| 83회 | 1 | Daylight Envelope | |
| | 2 | 숏크리트 잔류강도 등급 | |
| | 3 | 합경도 | |
| | 4 | 라이닝 변상원인, 형태 | |
| | 5 | 하저통과터널 설계시공 | |
| 84회 | 1 | 암반의 압착성 | |
| | 2 | Patton의 톱니 모델 | |
| | 3 | 인버트 정의, 활용 | |
| | 4 | Single Shell Tunnel | |
| | 5 | 하저터널의 그라우팅 두께 따른 유량과 변위 | |
| | 6 | 터널 인장력 이유, 순간격 2D 이상 이유 등 | |
| | 7 | 포화점토지반 터널 문제, 대책 | |
| 85회 | 1 | 암반사면해석 | |
| | 2 | 블록전도파괴 | |
| | 3 | 한강 인접 터널 | |
| | 4 | RMR, SMR 적용문제 | |
| | 5 | 비배수터널 | |

| 구 분 | | 문                                  제 |
|---|---|---|
| 86회 | 1 | 터널과 댐암반 분류 차이 |
| | 2 | 지반반응곡선 |
| 87회 | 1 | SMR |
| | 2 | 습곡터널영향 |
| | 3 | 터널의 한계변형률 |
| | 4 | 수로터널 근접 시 대책 |
| | 5 | 대단면 터널 |
| | 6 | 대심도 터널 |
| 88회 | 1 | RMi 분류 |
| | 2 | 침매, Shield 터널 |
| | 3 | 산성수 지보재 대책 |
| | 4 | 암반압축성 |
| | 5 | 암반사면 안전율 계산 |
| | 6 | 미고결저토피터널 |
| 89회 | 1 | 낙반위험평가 |
| | 2 | Decoupling Index |
| | 3 | 깊은 해저터널 지하수 처리 |
| 90회 | 1 | Gap Parameter |
| | 2 | 막장안정성 |
| | 3 | Hoek-Brown 파괴기준 |
| | 4 | RQD에 의한 지보 |
| | 5 | Shield, TBM 기종 선정 시 고려 |
| | 6 | 암석 취성, 연성거동과 간극수압 영향 |
| | 7 | 2차 Lining 설계하중 |
| | 8 | 단층대 터널지표 함몰보강 |
| | 9 | Q, ESR, 지보량, Q와 RMR 비교 |
| 91회 | 1 | Heim Rule |
| | 2 | Rock Cycle 개념 |
| | 3 | Lining 하중 |
| | 4 | 갱구부 설계 · 시공 |
| | 5 | 굴착 직후와 Shotcrete 타설 후 붕괴, 대책 |

| 구 분 | | 문                                                    제 |
|---|---|---|
| 92회 | 1 | 수압파쇄시험의 문제, 대책 |
| | 2 | Pillar |
| | 3 | Forepoling과 Pipe Roof |
| | 4 | Lining 균열 |
| | 5 | Q, RMR 설명, 장·단점 |
| | 6 | 왕복 2차로 터널 환기, 지반조사 |
| | 7 | 배수조건별 Lining 하중 |
| | 8 | 연직갱공법 |
| | 9 | 초기수평응력계수 분포와 터널영향 |
| 93회 | 1 | 등가직경과 굴착지보비 |
| | 2 | Rock Bolt 설치각 따른 응력, 변형과 인장력 최소되는 각도 |
| | 3 | 절리각 변화 따른 응력분포와 보강 |
| | 4 | TBM 장비 선정조건, Open과 Shield TBM 비교 |
| 94회 | 1 | Face Mapping |
| | 2 | 자유면과 최소저항선 |
| | 3 | 노후터널 : 배수공 막힘 영향, 침전물 원인, 배수공 막힘 대책 |
| | 4 | 필라부 : 원지반, 보강, 굴착, 필라부 가압 등의 응력 변화 |
| 95회 | 1 | 팽창성 연암 |
| | 2 | 근접터널 안정영역 |
| | 3 | 미소파괴음 활용 |
| | 4 | 가축성 지보재 |
| | 5 | 갱구부 검토항목 |
| | 6 | 셰일특성과 비탈면 기울기 유의사항 |
| | 7 | 초근접터널 문제, 대책 |
| | 8 | 상하 근접 터널 시 통과방안 |
| | 9 | 되메움 토사 고결방안과 시공안정 방안 |
| | 10 | 핵석층 조사, 지반정수 산정방법 |
| 96회 | 1 | Single Shell과 NATM 비교 |
| | 2 | 배수·비배수 터널 비교 |
| | 3 | 점하중 강도와 일축강도의 관계 |
| | 4 | 초기지압시험 종류와 원리 |
| | 5 | 토피 두꺼운 하저통과 터널 설계, 시공 시 검토사항 |

| 구 분 | | 문 제 | |
|---|---|---|---|
| 96회 | 6 | 장대산악 도로터널 설계 고려사항과 공기단축방안 | |
| | 7 | 터널 붕락사고 문제와 대책 | |
| | 8 | 수직갱공법의 종류와 특징 | |
| | 9 | 조절발파 4가지 공법 설명 | |
| | 10 | Lining 변형 원인, 대책과 Lining 기능 | |
| | 11 | 법선선형 빈도계산과 RMR이나 Q분류 시 적용 유의점 | |
| 97회 | 1 | 깎기부 표준발파공법 | |
| | 2 | 터널방재등급 | |
| | 3 | 갱내발파와 노천발파 시 설계고려와 발파영향요소 | |
| | 4 | 여굴원인, 대책과 국내허용기준 | |
| | 5 | 터널 이완하중의 산정방법 | |
| 99회 | 1 | 평면파괴와 쐐기 파괴 | |
| | 2 | Lining, Invert, Shotcrete 역할과 Lining 파괴유형 | |
| | 3 | 장대도로터널 환기방식과 환기 장단점 | |
| 100회 | 1 | NATM Composite Lining | |
| | 2 | Griffith 파괴기준 | |
| | 3 | ISRM 불연속면 조사 | |
| | 4 | 터널굴착방법과 진동경로에 의한 감쇠대책 | |
| | 5 | 저토피, 편경사지형 터널굴착, 보강, 막장안정공법 | |
| 101회 | 1 | 도로터널 정량적 위험도 평가 | |
| | 2 | 암석 일축압축, 점하중, 간접인장시험 등 | |
| | 3 | 암깎기비탈면 시험 발파목적, 절차 | |
| | 4 | 말뚝기초 옆터널, 터널 위 말뚝기초 시 고려사항 | |
| 102회 | 1 | SMR | |
| | 2 | Gap Parameter | |
| | 3 | 2개 절리군 시 터널배치 방향과 원형, 타원형 시 작용응력 | |
| | 4 | 점토지반 Shield Tunnel 지반거동 | |
| 103회 | 1 | 단층과 주응력 | |
| | 2 | Patton 불연속면 강도 | |
| | 3 | 발파원리 | |
| 104회 | 1 | 터널 쐐기 파괴 원인, 대책 | |

| 구 분 | | 문 제 |
|---|---|---|
| 104회 | 2 | 발파 주변 이완 |
| | 3 | 지보재 설계 및 시공 시 결정방법 |
| | 4 | Squeezing |
| 105회 | 1 | 암시간의 존성 |
| | 2 | Q 분류 |
| | 3 | 터널 굴착에서 붕괴과정 |
| | 4 | Rock Bolt 정착력 확인 |
| | 5 | 연약점토터널 문제, 대책 |
| 106회 | 1 | 암시간 의존성 |
| | 2 | 취성, 연성 파괴 |
| | 3 | Barton, Patton 불연속면 강도 |
| | 4 | Q, RMR, Ripperbility 분류 |
| | 5 | 핵석 갱구부 조사, 물성치 산정 |
| | 6 | 계측 설치시기와 계측빈도 |
| 107회 | 1 | 초기지압비 산정, 터널 영향 |
| | 2 | TBM 굴진성능 예측 |
| | 3 | 터널 해석 결과 평가, 계측 활용 |
| 108회 | 1 | 초기응력 |
| | 2 | 절리면 전단강도 |
| | 3 | 평사투영법, 암사면 대책 |
| | 4 | 탄성지반, 탄소성지반 응력거동 |
| | 5 | 지반반응곡선 |
| | 6 | Terzaghi 암반하중 |
| | 7 | 배수터널 실패 대책, 배수형식 특징 |
| 109회 | 1 | JCS(절리면 압축강도) |
| | 2 | 암사면 계측기 |
| | 3 | Tail void |
| | 4 | Shield TBM 설계 시 고려사항 |
| | 5 | Single Shell 터널 설계 시 고려사항 |
| 110회 | 1 | 암석원위치, 실내시험강도 차이 이유 |
| | 2 | 구속압, 재하속도, 공시체 크기의 강도 특성 |

| 구 분 | | 문 제 |
|---|---|---|
| 110회 | 3 | 암반사면 파괴 형태 |
| | 4 | 터널 연성, 취성파괴 조건 |
| | 5 | 지반 반응곡선, 지보재 특성곡선 이용 지보재 압력작용 |
| | 6 | 암비탈면 발파 |
| | 7 | Lining 잔류수압 |
| 111회 | 1 | 초기지압 시험 |
| | 2 | 하중 분담률 |
| | 3 | NATM 붕괴유형, 원인, 대책 |
| 112회 | 1 | Brazilian 시험 |
| | 2 | 암석 강도 영향인자 |
| | 3 | 계곡, 습곡 초기 연직응력 |
| | 4 | 터널 블록파괴 평가 |
| | 5 | 내공변위 제어 3요소 |
| | 6 | 이수식, 토압식 Shield 선정 |
| | 7 | 터널발파 손상영역 |
| | 8 | 숏크리트 잔류강도 등급 |
| | 9 | 각력암층 터널 굴착공법, 보조공법 |
| | 10 | Lining 변상원인, 형태 |
| | 11 | 굴착 중 붕괴유형 |
| 113회 | 1 | 불연속면 표시방법 |
| | 2 | 평사투영 개념, 파괴형태와 조건 |
| | 3 | Shield 특징, 막장안정방법, 침하요인과 대책 |
| | 4 | 보조공법 목적, 분류, 적용 |
| | 5 | Decoupling Index |
| | 6 | 핵석 정의, 분포조사, 강도평가 |
| 114회 | 1 | 도심지 복합지반 Shield TBM문제, 관리항목, 대책 |
| | 2 | 노후터널의 배수공 막힘 원인과 대책 |
| 115회 | 1 | 암반 Creep |
| | 2 | 석화 |
| | 3 | 초기응력계산 |
| | 4 | 유연성비, 압축성비 |
| | 5 | 각 변위와 처짐비 |

| 구 분 | | 문 제 | |
|---|---|---|---|
| 116회 | 1 | 초기지중응력 | |
| | 2 | Patton, Barton, M-C 모델 | |
| | 3 | 암반사면 파괴형태와 불연속면영향 | |
| | 4 | 막장 Arching 효과 | |
| | 5 | 숏크리트 측벽기초 | |
| | 6 | NMT 원리, 지보패턴결정 | |
| | 7 | 발파 시 응력파 전파 | |
| 117회 | 1 | 불연속면의 공학적 특성 | |
| | 2 | 습곡의 터널영향 | |
| | 3 | 불연속면 전단강도모델 | |
| | 4 | Q, RMR 분류 | |
| | 5 | 록볼트 인발시험 | |
| | 6 | 하저터널 Lining 수압 | |
| | 7 | 핵석지반갱구부 : 문제, 조사, 강도정수 | |
| 118회 | 1 | 점하중시험 | |
| | 2 | 불연속면 방향에 따른 터널굴착영향 | |
| | 3 | Cable Bolt | |
| | 4 | 천층터널 | |
| 119회 | 1 | 카이저효과 | |
| | 2 | 터널 2차원 모델링 사용이유와 장단점 | |
| | 3 | 평사투영과 SMR 가정, 한계, 실제와 차이 | |
| 120회 | 1 | 암석의 동결작용 | |
| | 2 | 제어발파의 Decoupling 방법 | |
| | 3 | 미고결점토지반에 터널 운영 중 포장변형 발생 시 변형원인, 지반조사방법, 대책방안 | |
| 121회 | 1 | 틸트시험 | |
| | 2 | 활성단층 | |
| | 3 | 플레이트 잭 시험 | |
| | 4 | NATM과 NMT 터널의 기본원리 | |
| 122회 | 1 | 습곡지역 댐과 터널 설계 시 고려사항 | |
| | 2 | 상향볼록 아치와 하향오목 아치 | |
| | 3 | 쉴드터널의 세그먼트 두께 결정인자 | |

| 구 분 | | 문 제 |
|---|---|---|
| 122회 | 4 | 터널 각부 보강공법 |
| | 5 | 터널 붕괴 원인과 대책을 지반공학적 메커니즘으로 설명 |
| | 6 | 테일러스 지층에 갱구부 조성 시 문제점, 비탈면 보강대책 |
| | 7 | Shield TBM 공법의 특징, 막장안정방법, 지반침하의 원인과 대책 |
| 123회 | 1 | 암석 크리프 거동 3단계 |
| | 2 | 암반의 묵시적 모델링 |
| | 3 | 라이닝 하중 종류, 계산방법, 적용방법 |
| | 4 | 쉴드터널의 피난연락갱 공사 중 붕괴 시 원인과 보강방안 |
| 124회 | 1 | 측압계수 산정방법과 문제점 |
| | 2 | Barton 전단강도 산정, 거칠기계수 산정 |
| | 3 | RMR과 Q 이용 터널지보, RMR과 Q 비교, ESR |
| | 4 | 쉴드 굴진 시 붕락메커니즘 |
| | 5 | 도심지 NATM 터널에서 지반 침하원인과 대책 |
| | 6 | 폐탄광 지역의 장대터널설계 시 검토사항 |
| 125회 | 1 | 암반변형시험 |
| | 2 | 석회 공동과 화산암 공동 |
| | 3 | TBM 굴진율의 경험적 예측모델 |
| | 4 | 라이닝의 기능 |
| | 5 | Squeezing의 경험적 예측과 대책 |
| 126회 | 1 | 토사와 암반사면 해석 차이, 암반파괴 형태 |
| | 2 | 막장면 자립공법 |
| | 3 | 종방향과 횡방향의 터널보조공법 |
| | 4 | 세그먼트 두께 결정 시 고려 하중 |
| | 5 | 과지압지반의 터널파괴 유형 |
| | 6 | 터널붕괴 유형을 지보재 설치 전과 후로 구분하여 설명 |
| 127회 | 1 | 2차원 모델링기법, 응력분배법과 강성변화법 |
| | 2 | 테일보이드 뒤채움 주입방식 |
| | 3 | 록볼트를 소성영역에 설치 경우와 탄성영역까지 설치 경우 시 축력분포 차이, 지반강도 증가효과, 지반반응곡선 |

# 제114회
# 과년도 출제문제

## 114 회 출 제 문 제

## 1 교 시 ( 13문 중 10문 선택, 각 10점 )

【문제】

1. 지진 시 기초 구조물의 해석방법

2. 강성기초와 연성기초의 차이

3. 압축곡선과 압밀곡선의 차이

4. 한계상태 설계법과 허용응력 설계법

5. 수평재하 말뚝의 설계개념

6. 지반함몰(지반침하)

7. 철도에서의 분니현상(Mud Pumping)

8. 평균압밀도와 시간계수 관계

9. 액상화 평가 시 제외조건 및 영향요소

10. Well Resistance, Smear Zone

11. 이온교환능력

12. 동결현상, 동상현상, 동결심도

13. 사면안정해석법 중 절편법에서의 부정정차수

## 2 교 시 ( 6문 중 4문 선택, 각 25점 )

【문제 1】
현장타설 말뚝의 설계와 시공 시 고려사항을 설명하시오.

【문제 2】
불포화토 사면 내 집중강우로 인한 사면파괴는 얕은 사면파괴와 하부 깊은 사면파괴로 나눌 수 있다. 각
각의 경우에 대하여 한계평형법에 의한 안전율 계산 시 고려사항을 설명하시오.

【문제 3】
도심지 복합지반에서 쉴드 TBM 설계 시 발생되는 문제점, 관리항목 및 대책에 대하여 설명하시오.

【문제 4】
현장 베인 전단시험으로 측정된 점토질 흙의 비배수 전단강도($S_u$) 보정방법을 설명하고 보정이 필요한
이유를 설명하시오.

【문제 5】
점성토와 사질토 지반의 전단강도 특성과 함수비가 높은 점성토 지반의 처리대책에 대하여 설명하시오.

【문제 6】
말뚝시공 공사와 관련하여 다음 사항에 대하여 설명하시오.
1) 말뚝의 부마찰력과 중립점을 정의하시오.
2) 선단지지된 단독말뚝에서 $S_u$(일축압축강도) = 20kN/m², $D$(말뚝의 직경) = 0.5m, $L_c$(관입 깊이) =
   15m일 때 부마찰력을 계산하시오.
3) 부마찰 작용 시 말뚝의 축방향 허용지지력 산정방법을 설명하시오.

## 3 교 시 ( 6문 중 4문 선택, 각 25점 )

【문제 1】

지반반력계수(Modulus of Subgrade Reaction)를 정의하고 선형 또는 비선형 반력계수가 기초 구조물 해석 시 어떻게 사용되는지 설명하시오.

【문제 2】

이상기후로 인한 집중강우로 해마다 장마철이 되면 산사태로 인한 피해가 빈번하게 발생하고 있다. 다음 사항에 대하여 설명하시오.

1) 산사태의 발생 강우조건 및 지반/지질조건

2) 발생 가능한 토석류

3) 산사태와 토석류의 재해방지대책

【문제 3】

운영 중인 도로, 지하철 노후터널의 배수공 막힘 원인, 문제점 및 방지대책에 대하여 설명하시오.

【문제 4】

국내 보강토 옹벽의 설계, 시공 및 유지관리에 대한 문제점 및 대책방법에 대하여 설명하시오.

【문제 5】

필댐에서의 내부 침식에 의한 사면붕괴 및 파이핑의 원인 및 대책에 대하여 설명하시오.

【문제 6】

느슨하고 포화된 사질토 지반에서 진동이나 지진하중 등에 의해 발생하는 액상화 현상의 판정방법 및 대책에 대하여 설명하시오.

## 4 교 시 ( 6문 중 4문 선택, 각 25점 )

【문제 1】
강성법과 연성법에 의한 전면기초(Mat Foundation)의 설계방법에 대하여 설명하시오.

【문제 2】
비배수 전단 시 체적팽창(Dilative) 시료와 체적압축(Contractive) 시료의 거동을 비교 설명하시오.

【문제 3】
최근 도심지에서 지하철, 전력구, 대형 건축공사 등의 지반굴착으로 인해 지하수 유출 및 지반 침하가 발생하고 있다. 이에 대한 지반공학적 측면에서의 지하수 관리 문제점 및 대책을 설명하시오.

【문제 4】
현재 지하수위는 지표면에 위치하여 있으나 과거에는 지하수위가 지표면으로부터 최대 3m 아래 있었던 점토지반의 단위중량($\gamma_t$)은 17kN/m³이다. 이때, 현재 유효상재하중($P_o{'}$), 선행압밀하중($P_c{'}$) 및 과압밀비(OCR)에 대하여 심도 10m까지 심도별 분포도를 작성하시오.

【문제 5】
군말뚝의 침하량 산정방법에 대하여 설명하시오.

【문제 6】
지반공학적 측면에서 폐기물 매립장 설계 시 고려사항을 설명하시오.

# 114회 출제문제

## 1 교 시 ( 13문 중 10문 선택, 각 10점 )

### 1 지진 시 기초구조물의 해석방법

**1. 내진해석방법**

  (1) 내진해석방법은 크게 진도법, 응답변위법, 동적 해석으로 구분됨

  (2) 기초구조물은 진도법과 동적해석으로 적용하여 내진검토할 수 있음

**2. 진도법(유사 정적해석)**

  (1) 상시조건의 하중에 지진관성력(F)을 추가하고 정적인 지반 물성치

    (예 $c$, $\phi$)로 안정성 평가

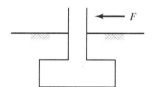

  (2) $F = m\alpha = \dfrac{w}{g}\alpha = Kw$, $K = \dfrac{\alpha}{g}$ 로 표시되며 지진계수임

**3. 동적해석**

  (1) **입력지진** : 단주기, 장주기의 Scale 조정된 실지진파, 설계응답 스펙트럼에서 구한 인공지진파

  (2) **지반 물성치** : 전단탄성계수($G$), 감쇠비($D$)의 이력곡선

  (3) 수치해석에 의해 안정성 평가

**4. 평가**

  진도법은 예비적 검토에 이용하고 중요 구조물이나, 대형 구조물은 동적해석을 병행함

## 2 강성기초와 연성기초의 차이

(1) 연성기초(휨성기초, 탄성기초)

점토 지반                       모래 지반

① 연성기초에서는 기초가 유연하므로 접촉압력이 전 기초바닥에 걸쳐서 균등하게 작용한다.

② 점성토 지반에서는 침하형상이 접시처럼 오목하며 점착력에 의하여 재하면적의 바깥부분에까지 침하가 발생한다.

③ 모래 지반에서는 구속압의 증가에 따라 변형계수가 증가하기 때문에 재하 중심에서 더 크고 양단에서는 작다. 따라서 중앙부에 비하여 양단부에서 구속응력과 탄성계수가 작으므로 중앙부보다 모서리에서 침하가 더 크게 나타난다.

(2) 강성기초

점토 지반                       모래 지반

① 강성기초에서는 기초가 강성이므로 기초 아래 지반은 균등침하가 발생한다.

② 등분포하중을 받는 강성기초판에서는 균등침하를 유발시켜야 하므로 연성기초에서 침하량이 큰 부분에서는 압력이 작아야 하고 침하량이 작은 부분에서는 압력이 커야 한다.

③ 따라서, 접촉압력이 점성토에서는 양단에서 크고 중앙부에서 작게 나타나며, 모래 지반에서는 양단에서는 작고 중앙부에서는 크게 나타난다.

(3) 차이

| 구분 | 강성기초 | 연성기초 |
|------|---------|---------|
| 장점 | • 접지압 분포계산 간편<br>• 상대적으로 기초강성이 큰 경우 타당함 | • 지반−구조물 상호작용 고려<br>• 접지압 분포 합리적 산출<br>• 탄성기초, Winkler 기초라고 함 |
| 단점 | • 지반−구조물 상호작용 무시<br>• 지반반력을 단순화<br>• 침하 검토 병행해야 함 | • 지반반력계수 필요<br>• 지반지지력 만족되어야 함<br>• Spring을 독립적으로 취급 |
| 적용 | • 독립기초<br>• 단경간 Box<br>• 옹벽기초 | • 전면기초<br>• 다경간 Box<br>• 지하철 정거장 |

### ③ 압축곡선과 압밀곡선의 차이

#### 1. 압축곡선

   (1) 간극비$(e)$ − 유효응력$(P)$ 관계곡선

   (2) 압축계수$(a_\nu) = \dfrac{\Delta e}{\Delta P}$

   (3) 체적압축계수$(m_\nu) = \dfrac{a_\nu}{1+e}$

   (4) 침하량$(S) = m_\nu \Delta PH$

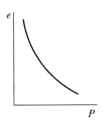

#### 2. 압밀곡선

   (1) 간극비$(e)$ − 유효응력$(\log P)$ 관계곡선

   (2) 압축지수$(C_c) = \dfrac{\Delta e}{\Delta \log P}$

   (3) 침하량$(S) = \dfrac{C_c}{1+e} H \log \dfrac{P_o + \Delta P}{P_o}$ (정규압밀 점토조건)

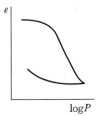

#### 3. 차이

   (1) 좌표축이 다름

   (2) 산정되는 압밀정수가 다름

   (3) 침하량 계산식이 다름

   (4) 침하량이 산정되는 것에서는 같음

## 4 한계상태 설계법과 허용응력 설계법

### 1. 허용응력 설계법(Allowable Stress Design)

(1) 개요

① 외력, 즉 하중에 대해 허용응력과의 비교로 구조물의 안정을 판단하는 설계방법

② 허용응력 $= \dfrac{\text{항복 또는 극한강도}}{\text{안전율}}$

여기서, 안전율의 의미는 지반강도, 설계방법, 시공오차 등에 대한 불확실성을 반영하기 위한 경험과 판단에 대한 계수임

(2) 방법

① 사용하중을 단순히 조합

② 지반강도를 경험적 안전율로 나누어 허용응력 산정

③ 허용응력 ≥ 사용하중조합이면 안정으로 판단

(3) 특징

① 사용하중을 응력 – 변형(Stress – Strain) 관계에서 탄성 범위에 둠을 기초로 함

② 하중과 지반강도의 불확실성을 구분하여 적용하지 않고 전체 안전율로 적용함

③ 보수적 평가로 한계상태 설계보다 비경제적일 수 있음

### 2. 한계상태 설계(Limit State Design)

(1) 상태 정의

| 한계상태 | 정의(기준) | 요구성능 |
|---|---|---|
| 극한한계상태 | 파괴되지 않고 구조물이 전체 안정을 유지하는 한계상태 | 파괴 또는 과도한 변형의 발생이 없어야 함 |
| 사용한계상태 | 구조물의 기능이 확보되는 한계상태 | 유해한 변형의 발생이 없어야 함 |

(2) 하중저항계수법(LRFD ; Load and Resistance Factor Design)

① 목표신뢰도 지수로 표현되는 안정성을 보장하기 위해 공칭저항($R_n$)에 저항계수(1보다 작음), 하중에 하중계수를 적용함

② 예시 : $\phi R_n \geq \gamma_D Q_D + \gamma_L Q_L = \sum \gamma_i Q_i$

여기서, $\phi$ = 저항계수, $R_n$ = 공칭저항, $\gamma_D$ = 사하중계수, $\gamma_L$ = 활하중계수,

$\gamma_i$ = 하중계수, $Q_D$ = 고정하중, $Q_L$ = 활하중, $Q_i$ = 작용하중

(3) 특징

① 균열, 침하 등 소성변형을 고려함

② 저항계수, 하중계수의 변동성, 발생가능성 등 불확실성을 신뢰도에 의거해 평가함

③ 허용응력보다 향상된 설계법으로 신뢰성이 크고 경제적 설계가 가능함

(4) 비교

| 구분 | 허용응력 설계 | 한계상태 설계 |
|---|---|---|
| 방법 | 안전율 개념 | 신뢰도 지수, 파괴확률 개념 |
| 장점 | 사용성<br>경험 풍부 | 신뢰성 확보<br>최적 설계 |
| 단점 | 경험적 안전율<br>변위 고려 곤란 | 통계분석 필요<br>시험시공, 모형시험 등 |

## 5 수평재하말뚝의 설계개념

### 1. 수평재하말뚝 기본조건
(1) 말뚝에 발생하는 휨응력이 말뚝재료의 허용휨응력을 넘어서는 안 된다.

(2) 말뚝머리의 변위량이 허용변위량을 넘어서는 안 된다.

(3) 지반의 수평지지력을 넘어서는 안 된다.

### 2. 말뚝거동
(1) 짧은 말뚝(지반저항에 지배)

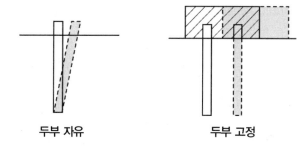

두부 자유            두부 고정

(2) 긴 말뚝(지반저항과 말뚝 휨강도에 지배)

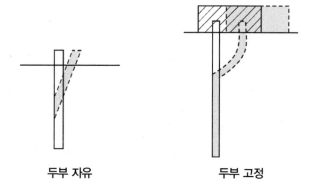

두부 자유            두부 고정

## 3. 산정방법과 특징

| 구분 | 장점 | 단점 |
|---|---|---|
| 재하시험 | • 실물시험 → 신뢰성<br>• 지반 비선형 거동<br>• $K_h$ 산정 | • 대표성 문제<br>• 설계 단계 적용 어려움<br>• 군말뚝 조건 시험 어려움 |
| 극한평형<br>(Broms) | • 단말뚝, 긴말뚝 적용<br>• 계산 간단 | • 사질토, 점성토 단일층<br>• 변위 고려 곤란 |
| 탄성지반반력<br>(Chang) | • 지반 양호 시 선형 거동<br>• $C-\phi$토 가능 | • 긴말뚝 적용<br>• 비선형 거동 곤란 |
| $p-y$ | • 지반 비선형 거동<br>• 연약 지반 거동 | 지반 Model에 따라 결과 차이 |

## 6 지반 함몰(지반 침하)

### (1) 개요

① 함몰형 침하, 즉 Sinkhole은 좁은 지역에 국한되어 큰 연직변위가 발생되는 형태로 석회암 지대, 폐광지역, 도심지 등에서 발생됨

② 도심지형은 자연적보다 인위적 영향으로 발생이 유력함

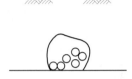  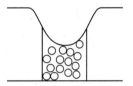

### (2) 원인

① 도심지 개발에 의한 지하수 저하

② 터널 등 지하공사에 의한 지반 붕괴

③ 상하수도관 등 누수에 의한 지반 약화

④ 발파충격에 의한 지반 붕괴

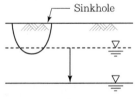
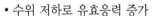

- 수위 저하로 유효응력 증가
- 물자리에 토사 이동

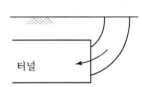

- 터널막장 붕괴

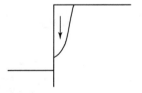

- 과거 토류벽 또는 벽체 되메우기 구간
- 다짐, 토사 유실

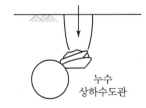

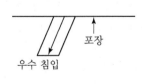

### (3) 조사

① 시추조사

② 물리탐사 : GPR, Geotomography, 전기비저항탐사 등

③ 관련되는 지반 관련 시험

④ 조사 흐름

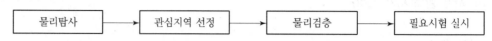

| 물리탐사 | → | 관심지역 선정 | → | 물리검층 | → | 필요시험 실시 |

**(4) 대책**

① 조사결과와 지역 여건을 감안한 대책 수립

② 강제함몰 후 토사 등 투입

③ 고압분사공법, CGS 공법

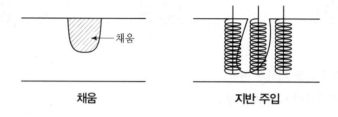

채움                    지반 주입

참고   고유동성 채움재

1. 개요

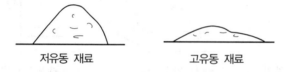

저유동 재료              고유동 재료

고유동성 재료로 임의의 형태 공동 및 되메우기시 다짐불필요, 저강도로 재굴착 시 용이성 확보

2. 배합 및 특징

(1) 모래, 소량시멘트, 다량의 물, 혼화제, 현장토 혼합

(2) 강도 약 2MPa, 투수계수 $10^{-6}$cm/s

(3) 고유동성으로 공극 채움성 양호

(4) 다짐 불필요

(5) 저강도로 재굴착 시 용이

(6) 투수계수 작아 유수 이동에 유리

3. 이용

(1) Sinkhole, 도심지형 지반함몰 채움

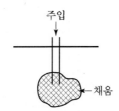

(2) 관로(하수관, 상수도관 등 뒤채움)

    ① 기존에 관로 주변에 모래로 시공되어 관로 손상, 지하수 흐름으로 유실되어 공동 발생

    ② 공동으로 지반함몰 사례가 빈번함

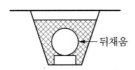

## 7 철도에서의 분니현상(Mud Pumping)

### 1. 정의

반복되는 열차진동에 의해 도상(Ballast) 표면에 세립분(泥土)이 물과 함께 분출하는 현상

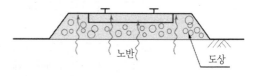

### 2. 종류 및 원인

  (1) 도상 분니

      ① 도상(Ballast)이 열차 반복하중으로 마모된 세립분

      ② 열차의 탄분, 오물 등

      ③ 바람에 운반된 흙 또는 먼지 등

  (2) 노반 분니

      ① 노반토의 우수 또는 지하수에 의한 연약화

      ② 노반토의 세립자

### 3. 분니 영향

  (1) 도상이 노반토 속에 관입

  (2) 도상 또는 노반의 연약화

  (3) 궤도틀림, 침하

  (4) 승차감 저하, 철도사고 유발

### 4. 대책

  (1) **도상** : 세립분은 제외하고 풍화에 강한 재료 사용

  (2) **노반** : 세립분 적은 재료, 투수성 재료

  (3) **배수** : 우수, 융설수, 지하수가 침투되지 않도록 배수시설

  (4) **유지관리** : 도상재료 교체

## 8 평균압밀도와 시간계수 관계

### 1. 평균압밀도

(1) 그림은 깊이에 따른 임의시간에서 과잉간극수압(Excess pore-Water Pressure) 분포도, 즉 등시곡선임

(2) 위치에 따라 압밀도가 다르므로 전 층에 대해 평균한 압밀도를 평균압밀도라 함

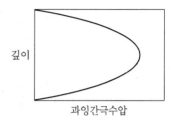

### 2. 시간계수

(1) $t = \dfrac{TD^2}{C_v}$

$T$ : 시간계수로 압밀도와 관계되는 시간 고려 인자

(2) 관계식 $T = \dfrac{\pi}{4} u^2$

$u$ : 평균압밀도($u < 60\%$)

### 3. 관계도

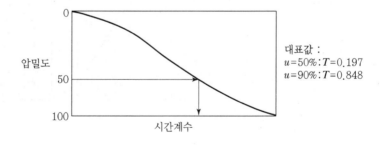

대표값 :
$u = 50\% : T = 0.197$
$u = 90\% : T = 0.848$

참고

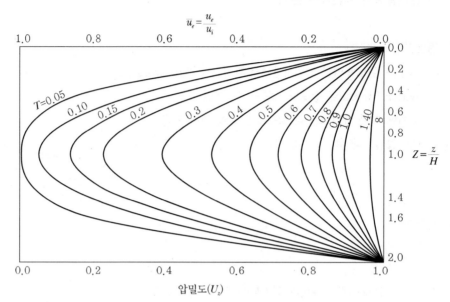

압밀방정식의 해(양면배수의 경우)

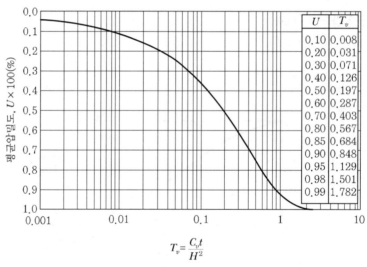

$$T_v = \frac{C_v t}{H^2}$$

평균 압밀도 – 시간계수 곡선

## ⑨ 액상화 평가 제외조건 및 영향요소

### 1. 액상화(Liquefaction)

(1) 느슨, 포화된 모래지반이 지진 시 비배수조건이 될 수 있음

(2) (−)Dilatancy 성향으로 (+)과잉간극수압이 발생됨

(3) 지진의 반복으로 간극수압이 그림처럼 누적되어 전단강도를 상실하는 현상

(4) 즉, $S = (\sigma - u)\tan\phi'$에서 $\sigma = u$이면 $S = 0$이 됨

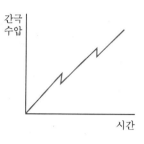

### 2. 평가 제외조건

(1) 지하수위 상부 지반

(2) 지반심도가 20m 이상인 지반

(3) 상대밀도가 80% 이상인 지반

(4) 주상도상의 표준관입저항치에 기초하여 산정된 $(N_1)_{60}$이 25 이상인 지반

(5) 주상도상의 콘관입저항치에 기초하여 산정된 $q_{c1}$가 13MPa 이상인 지반

(6) 주상도상의 전단파속도에 기초하여 산정된 $V_{s1}$이 200m/s 이상인 지반

(7) 소성지수($PI$)가 10% 이상이고 점토 성분이 20% 이상인 지반

(8) 세립토 함유량이 35% 이상인 경우, 원위치시험법에 따른 액상화 평가 생략조건은 다음과 같다.

　① $(N_1)_{60}$이 20 이상인 지반

　② $q_{c1}$가 7MPa 이상인 지반

　③ $V_{s1}$이 180m/s 이상인 지반

　즉, 지하수위 지반, 깊은 심도, 조밀한 모래, 모래에 세립분이 적당히 있고 느슨하지 않은 지반

### 3. 영향요소

(1) **하중조건** : 지진 크기에 영향 큼

(2) **지반조건** : 느슨한 경우, 즉 상대밀도(Relative Density)가 작은 경우에 영향이 큼

(3) **응력조건** : 구속응력이 크면 가능성 적어짐

### 🔟 Well Resistance와 Smear Zone

## 1. Well Resistance

### (1) 정의

배수재의 통수능력이 감소하여 원활한 흐름이 되지 못하는 흐름저항 현상

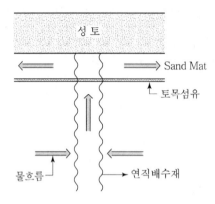

### (2) 원인

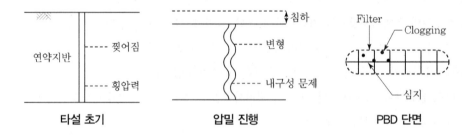

| 타설 초기 | 압밀 진행 | PBD 단면 |

### (3) 문제

① 원지반에서 수평흐름의 물량보다 연직 배수재와 Sand Mat에서 물량처리능력, 즉 통수능력이 충분해야 함

② 통수능력이 부족하게 되면 압밀로 인한 간극수 배제가 원활하지 못하게 되고 개량기간이 지연됨

## 2. Smear Zone

### (1) Smear Effect

점토에 지반개량을 위해 Casing 또는 Mandrel 사용으로 주변이 교란되는 현상

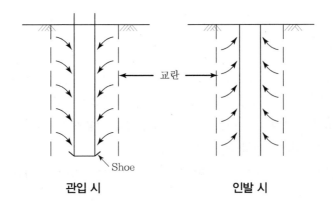

관입 시                              인발 시

(2) Smear Zone

① 교란영향(Smear Effect)으로 형성되는 범위로 정의됨

② 교란 시 압밀계수가 작아져 압밀지연이 발생됨

③ Smear Zone : 대략 (3~4)타입기 직경

3. 평가

(1) 흐름저항과 교란영향은 연직배수공법에서 압밀지연이 되는 중요한 현상임을 인식해야 함

(2) 합리적 고려를 위해 교란범위, 교란 시 압밀계수 파악과 Well저항으로 인한 통수능 확보가 중요함

## 🔟 이온교환능력

### 1. 개요

(1) 이중층 내에 존재하는 양이온은 보통 Na, Ca, Mg 등이고 이들은 상호 교환이 가능함

(2) 지반의 흡착능력을 표시하기 위해 양이온 교환능력을 이용하며 양이온 흡착능력은 건조중량 100g의 흙에 흡착되는 오염물 mg으로 표시함

(3) 이온 교환능력이 25mg/100g 이상이면 흡착능력이 양호한 것으로 평가함

### 2. 이온교환과정

토립자 표면에 흡착되어 있는 교환성 Na이온이 간극수 내에 존재하는 Pb이온으로 교환됨

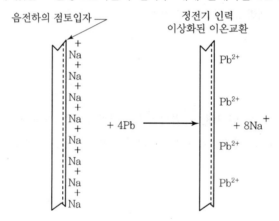

### 3. 평가

이온교환능력은 오염지반의 복원능력과 관련이 있으며 Kaolnite, Illite보다 Montmorillonite가 교환능력이 양호함

## 🖸 동결현상, 동상현상, 동결심도

### 1. 동결현상

(1) 지반의 간극에 있는 물이 얼어 Ice Lense를 형성하는 현상

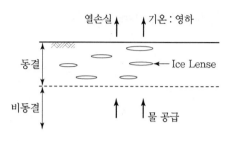

(2) 조건

① 동결되기 쉬운 흙(실트)

② 물공급(모관상승)

③ 동결온도 지속(동결깊이)

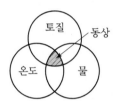

### 2. 동상현상(Frost Heave)

동결로 형성된 얼음결정(Ice Lense)으로 지표가 융기되는 현상

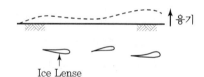

### 3. 동결심도

(1) 동결일수, 동결지수

① 일기온을 누계한 그림에서 동결일수와 동결지수 산정

② 20년간 기상자료에서 추웠던 2년간 자료에 의함

(2) 동결깊이

① 설계동결지수($F$)

$$F = 동결지수 + 0.5 \times 동결기간 \times \frac{현장지반고 - 측후소지반고}{100}$$

② 동결깊이($Z$)

$$Z = c\sqrt{F}, \quad c : 설계동결지수 따른 보정계수$$

## 13 절편법에서 부정정차수

### 1. 절편법(Slice Method)

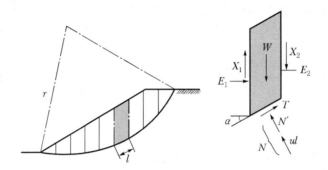

(1) 원리

절편법(Slice Method)은 한계평형상태에 기초하여 활동면에 대한 활동력 또는 활동모멘트와 저항력 또는 저항모멘트의 비, 즉 안전율을 산출함

(2) 방법

① 지층 구분과 수위조건 파악

② 각 지층의 물성치 파악($\gamma$, $C$, $\phi$)

③ 적당한 간격의 절편으로 나누고 활동파괴면에 대한 안전율을 산정

④ 여러 위치에서 활동파괴면 크기에 대한 최소안전율 산정

(3) 특징

① 평형조건을 만족하기 위해 $2n-2$($n$ : 절편수)개의 미지수가 발생되므로 여러 방법에 따라 가정조건이 다름

② 적정 안전율이 확보된 사면은 변형에 대한 문제가 없는 것으로 간주함

### 2. 부정정차수

(1) 기지값

평형방정식 : $3n$(연직, 수평, 모멘트)

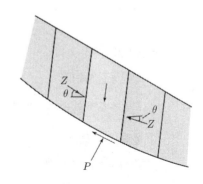

(2) 미지값

안전율 : 1

$P : n$

$P$의 작용위치 : $n$

절편력 $Z : n-1$

절편력 경사각 : $n-1$

절편력 작용위치 : $n-1$

(3) **필요한 가정수** : $2n-2$

## 2 교 시 ( 6문 중 4문 선택, 각 25점 )

**【문제 1】**
현장타설 말뚝의 설계와 시공 시 고려사항을 설명하시오.

### 1. 개요

(1) 현장타설말뚝(Cast in Situ Pile)은 소요깊이까지 천공하고 철근
    망 삽입, 콘크리트 타설로 형성하는 깊은 기초

(2) 보통, 대구경으로 1.0~1.5m 직경이 많고 3m까지 실적이 있으
    며 최근 5m 직경까지 가능함

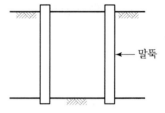

← 말뚝

### 2. 설계 시 고려사항

(1) 공법 선정

① 현장타설말뚝공법은 지층굴진 가능과 공벽 유지의 관점에서 선정되어야 함

② 공법 종류는 Benoto, RCD, Earth Drill, 심초공법, 전선회식 공법 등이 있음

③ 비교

| 구분 | Benoto | 전선회식 | RCD | Earth Drill | 심초 |
|------|--------|----------|-----|-------------|------|
| 장점 | 공벽 붕괴 없음<br>토사층 적합 | 공벽 붕괴 없음<br>전석, 암반 가능 | 대구경 가능<br>수상 가능 | 점토 효과적 | 소형 장비 운영<br>지반 직접 확인 |
| 단점 | 암반 곤란<br>수상 곤란 | 비트 마모 굴진<br>곤란 | 공벽 붕괴<br>Pipe 막힘 | 공벽 붕괴<br>자갈, 암반 곤란 | 장대말뚝 곤란<br>시간 소요 |
| 적용성 | 공벽붕괴지반 | 전석, 암반지반<br>큰 지지력 | 장대말뚝<br>수상 가능 | 점토지반 | 장비진입 곤란 시<br>유리 |

(2) 지지력과 침하

① 정역학식

$$Q_u = Q_p + Q_s = q_p A_p + \Sigma f_s A_s$$

$$q_p = C N_c + \gamma D_f N_q, \ f_s = C_a + K_s \sigma_v' \tan\delta$$

② 현장시험 이용(일축압축강도, 불연속면 간격, 틈새 고려)

1) 선단 $Q_a = K_{sp} \cdot \sigma_c \cdot d$

2) 주면, $Q_a = \pi D f_s, \ f_s = 5\% \times \sigma_c$

여기서, $K_{sp}$ : 경험계수 0.1~0.4

$\sigma_c$ : 암석일축압축강도

$d$ : 깊이 고려 계수

③ 하중전이 곡선

1) 주면지지력

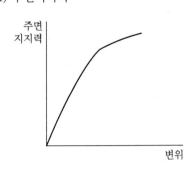

2) 선단지지력

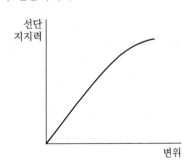

④ 재하시험 : 정재하, 동재하, 양방향재하 시험

(3) **그 외 고려사항**

① 말뚝재료 : 압축, 인장, 휨응력. 특히, 현장타설말뚝은 지반지지력보다 말뚝재료의 안정이 더 중요할 수 있음

② 장경비 : 직경에 비해 길이가 매우 길면 장주효과가 생기고 편심에 크게 영향을 받음

③ 무리말뚝 : Single Pile보다 지지력 감소, 침하 증가할 수 있음

④ 부주면마찰력(Negative Skin Friction) : 연약지반에서 지반침하로 하향의 작용력 발생됨을 고려함

## 3. 시공 시 고려사항

(1) **굴착 중, 굴착완료, 말뚝시공**

| 구분 | 문제 | 원인 | 대책 |
|---|---|---|---|
| 굴착 | 연직도 | • 지반 상태 다름<br>• 지반 경사 | • 수시로 연직도 확인<br>• 호박돌 등 제거 |
| | 공벽 붕괴 | • 케이싱 길이 부족<br>• 수두 및 안정액 관리 불량<br>• 이상토질 분포 | • 케이싱 깊게 설치<br>• 수두 및 안정액 관리<br>• Pregrouting |
| | 지반 연약화 | Boiling, Heaving | • 케이싱 깊게 설치<br>• 안정액 농도 증가 |

| 구분 | 문제 | 원인 | 대책 |
|---|---|---|---|
| 굴착 완료 | Slime<br>지지 부족 | • 굴착토사 미배출<br>• 경사로 일부 지지층 도달 안 됨<br>• 공상현상 | • 철저한 Slime 제거<br>• Post Grouting 실시<br>• 재하시험 |
| 말뚝시공 | 품질불량<br>단면 변화 | • Slime 처리 미흡, 재료 분리<br>• 지반 연약 | • Slime 처리<br>• 간격재, 혼화재,<br>• Tremi관 깊이 유지 |
| | 철근망 | • 편심, 휨<br>• 공상현상 | • 간격재와 연직도 관리<br>• 휨방지 철근, 공상방지 철근 |
| | 건전도 | • 직경 축소, 확대, 재료 분리<br>• 균열, Slime 잔류 | • 건전도 확인<br>• 적정 보강대책<br>• 재하시험 |

(2) 건전도

① 방법 : 비파괴검사(검측공, 비검측공 방법), Core Boring

② 확인 : 재하시험(동재하, 정재하, 양방향재하시험)

③ 보강 : 고압분사공법, Grouting, Micro Pile, CGS, Post Grouting

【문제 2】
불포화토 사면 내 집중강우로 인한 사면파괴는 얕은 사면파괴와 하부 깊은 사면파괴로 나눌 수 있다. 각
각의 경우에 대하여 한계평형법에 의한 안전율 계산 시 고려사항을 설명하시오.

## 1. 불포화토 사면 검토 흐름도

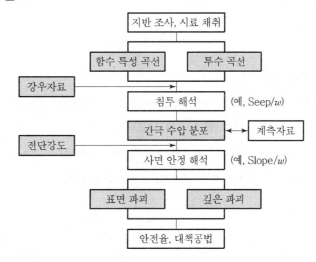

## 2. 상부 얕은 파괴

  (1) 파괴 원인

     ① 강우전에는 불포화로 (−)간극수압

     ② 강우로 침윤전선하강(습윤대 형성)으로 부간극수압(Negative Porewater Pressure) 감소

     ③ 이에 따라 유효응력(Effective Stress) 감소

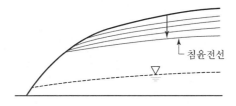

  (2) 고려사항

     ① 습윤대(Wetting Band) 형성으로 무한사면 형태

     ② 강우자료 : 실측자료, 확률강우자료, 특히 선행 강우가 있을 시 반드시 고려함

③ 지반자료 : 함수특성곡선, 투수계수곡선, 불포화토 전단강도

㉠ 함수특성곡선

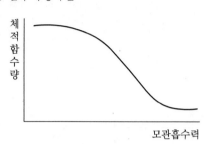

㉡ 투수계수곡선

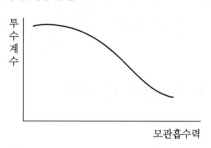

㉢ 불포화토 전단강도

- 불포화토의 전단강도(Shear Strength)는 유효점착력 $C'$, 순수직응력$(\sigma - u_a)$, 모관흡수력$(u_a - u_w)$의 3가지 항의 상태로 표현됨

- $\tau = c' + (\sigma - u_a)\tan\phi' + (u_a - u_w)\tan\phi^b$이면 $\phi' = \phi^b$이면 $\tau = c' + (\sigma - u_w)\tan\phi'$

  ($\phi^b$ : 모관흡수력에 따라 증가하는 겉보기 점착각)

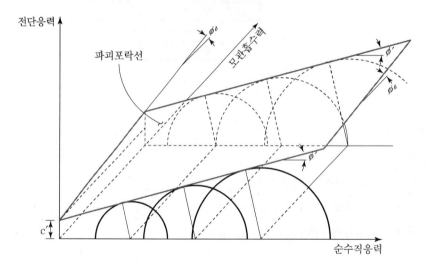

## 3. 하부 깊은 파괴

(1) 파괴 원인

① 충분한 강우 또는 강우 후에 주변에서의 물 유입으로 원래 지하수위 상승

② 지하수 상승 시 양의 간극수압이 증가하여 유효응력 감소

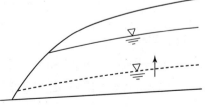

(2) 고려사항

① 유한사면인 원호활동사면 형태 유력

② 강우자료 : 얕은 파괴와 같음

③ 지반자료 : 얕은 파괴와 같음

④ 단, 지하수위 아래 부분은 포화로하여 포화조건 적용

【문제 3】
도심지 복합지반에서 쉴드 TBM 설계 시 발생되는 문제점, 관리항목 및 대책에 대하여 설명하시오.

1. 개요

(1) 굴착된 단면은 강제원형통(Skin Plate)에 의해 지지하게 되며 Tail부에서 토압이나 수압에 의해 설계된 Segment를 조립해 지반침하나 변형을 억제하게 됨

Shild에서는 반드시 Tail Void가 발생하게 되고 Shield 굴착 중 막장지반 이완, Shield 굴진의 마찰교란이 되므로 조기에 주입되어야 함

(2) 주요구조(토압식 기계)

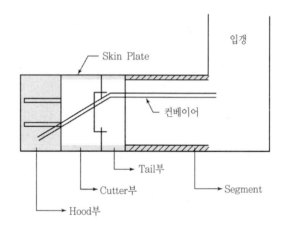

① Hood : 굴착과 막장 안정 유지      ② Cutter부 : 동력, 배토, Jack 등 장비

③ Tail부 : Segment 조립, Grouting      ④ Skin Plate : 굴진 중 토압, 수압 저항

2. 도심지 복합지반의 특징

(1) 도심지 터널로 토피가 비교적 작으며 지상 및 지하에 인접구조물이 있음

(2) 지층은 복합으로 여러 층이 터널단면과 만나게 되며 지하수의 영향이 있게 됨

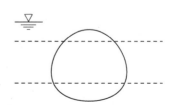

## 3. 문제점

(1) **모래자갈층** : 토압식인 경우 투수층 분포로 인한 용수발생으로 막
장안정에 불리

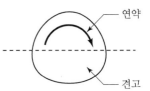

(2) **점토층** : 이수식인 경우 점성이 커 개구부 막힘으로 굴진 곤란

(3) **굴진사행 및 여굴 발생** : 복합지반으로 보다 약한 지반으로 Head
가 선행되므로 굴진사행과 이로 인한 여굴이 발생

(4) **굴진 bit 조기 마모 또는 편마모** : bit 회전 시 연약에서 견고지반으로 이동에 따라 편마모 발생,
또한 같은 층이면 마모 정도가 비슷하나 복층으로 마모가 심하게 됨

## 4. 관리항목

(1) 기계식 터널은 비교적 고속으로 원하는 터널단면 형성이 중요하므로 위험요소를 최소화해야 함

(2) 관리항목 : 위의 문제점을 고려함

① 용수                          ② 막장압 관리

③ 점성                          ④ 개구부 막힘

⑤ 굴진사행                      ⑥ 여굴

⑦ 굴진 bit 마모                 ⑧ 굴진속도

⑨ 주변 지반, 구조물 변위        ⑩ 수위관리 등

## 5. 대책

(1) **용수 발생** : 첨가제 투입, 차수 Grouting

(2) **점성 과다 발생** : 분산제 투입

(3) **굴진사행, 여굴** : 고압분사공법

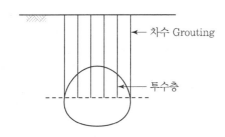

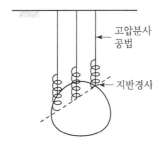

　(4) bit 마모 : bit 마모관찰로 조기 교체

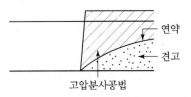

고압분사공법

## 5. 평가

　(1) 도심지 복합지반에 대한 이해가 필요하며 지반조건 변화를 사전에 파악하도록 함이 중요함

　(2) 적정 대책의 판단이 다소 곤란하므로 기존 사례에 대한 검토가 필요함

　(3) 기계식은 사람과 같은 감각이 없으므로 조건변화에 대해 예비시나리오가 구상이 되어야 함

【문제 4】
현장 베인 전단시험으로 측정된 점토질 흙의 비배수 전단강도($S_u$) 보정방법을 설명하고 보정이 필요한 이유를 설명하시오.

## 1. Vane 시험

### (1) 개요

4개의 날개가 달린 Vane을 회전시켜 현장비배수 전단강도를 측정하기 위한 원위치시험

### (2) 점착력 산정방법

흙이 전단될 때의 모멘트를 측정하여 점착력(비배수전단강도)을 산정한다.

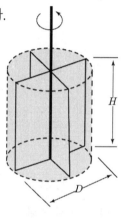

$$M_{\max} = C\pi DH\frac{D}{2} + 2C\pi\frac{D^2}{4}\frac{D}{2}\frac{2}{3}$$

$$C_u = \frac{M_{\max}}{\dfrac{\pi D^2 H}{2} + \dfrac{\pi D^3}{6}} = \frac{M_{\max}}{\pi D^2\left(\dfrac{H}{2} + \dfrac{D}{6}\right)}$$

여기서, $M_{\max}$ : 모멘트

$H$ : Vane의 높이

$D$ : Vane의 직경

$C_u$ : 비배수전단강도

**베인전단시험기**

## 2. 보정방법

(1) Vane 시험 실시

(2) 비배수전단강도, 즉 점착력 산정($C_u = S_u$)

(3) 액상한계, 소성한계시험에서 소성지수

   (PI : Plasticity Index, $PI = LL - PL$) 산정

(4) 그림에서 PI에 따른 보정계수($\mu$) 산정

(5) 보정 : $S_u$보정 $= \mu \cdot Su$

   여기서, $S_{ui}$ : Vane 시험에 의한 점착력

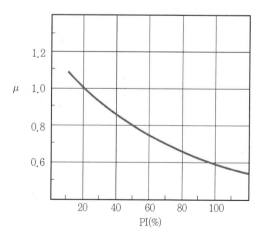

## 3. 보정 이유

  (1) 배경

    ① 현장 Vane 시험값과 실내시험인 uu삼축압축시험에 의한 값이 차이가 나고 보통 Vane 시험값이 큼

    ② 이에, 소성지수와 연관시켜 보정계수 고려하여 보정함

  (2) 시험심도

    ① 지상에서 회전력을 가함으로 심도가 깊어지면 회전력이 낮은 심도에 비해 감소함

    ② 즉, 깊은 심도 시 측정값의 과다 평가가 가능하게 됨

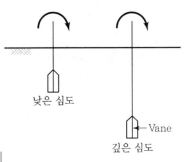

낮은 심도

Vane

깊은 심도

  (3) 전단속도

    ① 전단속도가 빠르면 전단강도가 크게 됨

    ② 이는 전단으로 인한 과잉간극수압이 충분히 발휘되지 못하기 때문임

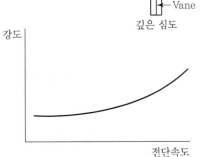

강도 / 전단속도

  (4) 이물질 혼재

    ① 시험위치에 조개껍질 또는 Sand Seam, Silt 존재 시 전단강도가 크게 산정됨

    ② 이는 보다 강도가 큰 물질이 있거나 Silt는 압밀이 빨라 강도가 증가되기 때문임(예 서해안 점토)

## 4. 평가

  (1) Vane 시험은 현장시험으로 시료채취가 필요없음, 시료교란문제 해결 등에 유용한 시험임

  (2) 실내시험과 방법 다름, 보정의 비완벽 문제로 실내시험과 비교로 상관성 분석으로 적용함이 타당함

【문제 5】
점성토와 사질토 지반의 전단강도 특성과 함수비가 높은 점성토 지반의 처리대책에 대하여 설명하시오.

## 1. 전단강도 특성

(1) 전단강도 원리

① Coulomb은 흙의 전단강도를 응력과 관계가 없는 성분, 즉 접착제와 같이 흙을 결합시키는 성분과 응력과 관계있는 성분, 즉 흙입자 사이에 작용하는 마찰 성분의 합으로 표시

② 이를 식으로 표현하면

$\tau = c + \sigma \tan\phi$

여기서, $\tau$ : 전단강도(Shear Strength)

$c$ : 점착력(Cohesion)

$\sigma$ : 수직응력(Normal Stress)

$\phi$ : 전단저항각(Angle of Shearing Resistance)

또는 내부마찰각(Internal Friction Angle)

$C, \phi$ : 강도정수(Strength Parameter)

(2) 사질토 전단강도

① 전단저항

• 마찰저항 : 회전마찰, 활동마찰

• Interlocking(엇물림)

• 느슨할 때 : 활동

• 조밀할 때 : 회전, 엇물림

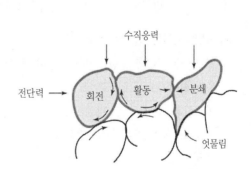

② 전단강도

$\tau = \sigma \tan\phi$

즉, 모래, 자갈의 전단강도는 유효수직응력에 크게 영향 받음

③ • 지층 전체가 $\phi = 30°$ 가정

• A위치가 B위치보다 전단강도가 큼

• 이는, 수직응력이 A위치가 크기 때문임

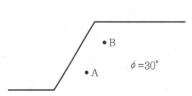

(3) 점토 전단강도

① 전단저항 원리 : 흙입자의 점착성분

② 전단강도 : 배수조건에 따라 다름

- UU(Unconsolidated-Undrained, 비압밀비배수)
- CU(Consolidated-Undrained, 압밀비배수)
- CD(Consolidated-Drained, 압밀배수)

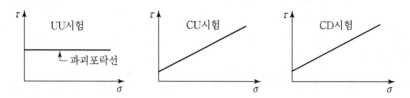

③ 점토는 배수조건, 즉 전단전과 전단 시 배수조건에 전단강도(Shear Strength)가 지배적임

## 2. 고함수 비점성토 대책

### (1) 고함수 비점성토

① Kaolinite → Illite → Montmorillonite가 고함수비임

② 같은 점토광물 시 함유량이 많은 조건임

③ 보통, 통일흙 분류 시 CH에 해당

④ 따라서, 압밀침하가 크게 되고 압밀소요시간이 길게 되며 전단강도가 비교적 매우 작음

### (2) 처리대책(도로등 쌓기조건 설정)

① 연약지반 원리별 공법 : 지하수 저하, 탈수, 다짐, 재하, 고결, 치환, 보강원리공법임

② 조건 설정
  - 연약층 20m
  - 성토 : 낮은 경우, 높은 경우

③ 낮은 성토
  - 표층처리 : 저면토목섬유＋배수Mat
  - 심층처리 : 연직배수공법＋재하공법

④ 높은 성토
  - 표층처리 : 저면토목섬유＋배수Mat＋고강도 토목섬유
  - 심층처리 : 연직배수공법＋재하공법의 단계성토
              복합지반공법＋재하공법

⑤ 교대부
  - 심층혼합처리공법
  - 성토지지말뚝공법

【문제 6】

말뚝시공 공사와 관련하여 다음 사항에 대하여 설명하시오.

1) 말뚝의 부마찰력과 중립점을 정의하시오.

2) 선단지지된 단독말뚝에서 $S_u$(일축압축강도)$=20kN/m^2$, $D$(말뚝의 직경)$=0.5m$, $L_c$(관입깊이)$=$ 15m일 때 부마찰력을 계산하시오.

3) 부마찰 작용 시 말뚝의 축방향 허용지지력 산정방법을 설명하시오.

## 1. 부주면마찰력(Negative Skin Friction)과 중립면

(1) 부주면마찰력은 지반변위가 말뚝변위보다 큰 구간에서 작용되는 하향의 마찰력임

(2) 중립면은 지반과 말뚝 변위가 같아서 상대변위가 없는 위치임. 즉, 부마찰과 정마찰의 경계위치가 됨

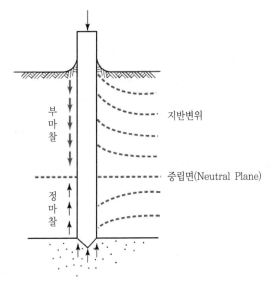

(3) **중립면 산정**

지반의 압밀침하와 말뚝의 침하가 같아서 상대적 이동이 없는 위치가 있게 되며 이와 같이 부주면마찰력이 정주면 마찰력으로 변화하는 위치를 중립면이라고 한다.

① 힘의 균형에 의한 방법

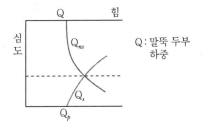

② 침하균형에 의한 방법

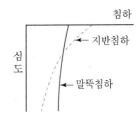

③ 경험적 방법

중립면의 두께 $= n \cdot H$

여기서, $n$ : 지반에 따른 계수 $0.8 - 1.0$

$H$ : 압밀층의 두께

## 2. 부주면마찰력 계산

(1) 조건 : 단말뚝, $q_u = 20\text{kN/m}^2$, $D = 0.5\text{m}$, $L = 15\text{m}$

(2) 계산방법 : $\alpha$방법과 $\beta$방법이 있으며 조건으로부터 $\alpha$방법 적용

(3) 계산식 : $Q_{ns} = f_n \cdot A_s = \alpha C_u A_s$

(4) 계산

- $\alpha = 0.5$ 가정
- $C_u = \dfrac{q_u}{2} = \dfrac{20}{2} = 10\text{kN/m}^2$
- $A_s = \pi Dl = 3.14 \times 0.5\text{m} \times 15\text{m} = 23.55\text{m}^2$

따라서 $Q_{ns} = 0.5 \times 10\text{kN/m}^2 \times 23.55\text{m}^2 = 117.55\text{kN/본}$

## 3. 부주면마찰력 시 말뚝허용지지력 산정방법

- $Q_a = \dfrac{Q_p + Q_{ps} - Q_{ns}}{F_s}$ : 어느 정도 침하조건

- $Q_a = \dfrac{Q_p + Q_{ps}}{F_s} - Q_{ns}$ : 암반근입현장타설말뚝(안전 측 고려)

- $R_a = \dfrac{f_y A_p}{F_s} - Q_{ns}$ : 말뚝안정조건

여기서, $Q_a$ : 지반에 의한 허용지지력

$Q_p$ : 선단지지력          $Q_{ps}$ : 정마찰지지력

$Q_{ns}$ : 부주면마찰력        $F_s$ : 기준안전율

$R_a$ : 말뚝허용력          $F_y$ : 말뚝항복강도

$A_p$ : 말뚝단면적

## 4. 최근의 경향

### (1) 부주면마찰력 크기와 말뚝침하량

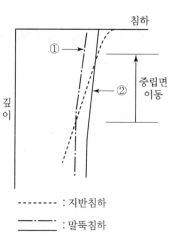

① 그림에서 ①보다 ②가 말뚝침하량이 큼

② 여기서, 말뚝침하량이 크면 중립면이 위로 올라감을 알 수 있음

③ 중립면이 위로, 즉 지표면 방향으로 이동은 부주면마찰력
(Negative Skin Friction) 감소함을 의미함

④ 따라서, 부주면마찰력 크기는 말뚝침하량과 관계가 있으며
말뚝의 침하량이 크면 부주면마찰력은 감소하고 당연히 허
용침하량(Allowable Settlement)을 만족해야 함

### (2) 설계방향(Unified Design Method)

① 지반침하 초기에는 중립면은 말뚝 상단에 위치하며 침하가 진행되면 중립면은 아래로 이동함

② 말뚝이 상대적으로 더 침하하면 중립면은 위로 올라가 말뚝 침하가 크면 부주면마찰력이 감소함
을 의미함

③ 부주면마찰력은 중립면에서 최대가 되므로 고정하중과 부주면마찰력에 대해 안정해야 함
(말뚝허용강도＞고정하중＋부주면마찰력)

④ 중립면은 고정위치가 아니라 말뚝과 지반의 변위에 따라 변함

⑤ 부주면마찰력 문제는 지반지지력보다 말뚝하중과 침하의 문제임

## 3 교 시 ( 6문 중 4문 선택, 각 25점 )

---

**【문제 1】**
지반반력계수(Modulus of Subgrade Reaction)을 정의하고 선형 또는 비선형 반력계수가 기초 구조물
해석 시 어떻게 사용되는지 설명하시오.

---

### 1. 지반반력계수

(1) 정의

기초에 하중이 작용할 때 침하량에 대한 작용하중의 비

즉, $K = \dfrac{P}{S}$ (ton/m³, kN/m³)를 지반반력계수

(Subgrade Reaction Modulus)라 함

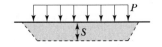

(2) 산정(예 공내재하시험)

① 공내재하시험 실시

② $K_h = \dfrac{\Delta P}{\Delta \gamma} = \dfrac{P_y - P_o}{\gamma_y - \gamma_o}$

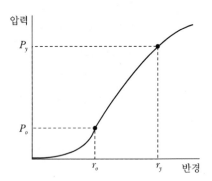

### 2. 선형 지반반력계수 적용

(1) 기본 개념

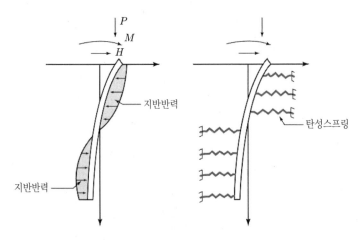

**해석 모델**

① 수평력이 작용하면 지표부는 하중작용방향으로 수동상태 형태가 되고 적정 깊이에서는 하중 반대 방향으로 수동상태 양상이 됨

② 이에 대한 하중 – 변위관계를 지반반력계수(Subgrade Reaction Modulus)를 이용하여 수평변위 – 깊이관계를 파악함

(2) 선형지반반력계수 적용

① 수평력($p$)작용시 수평변위($y$)의 관계가 선형 즉 탄성비례함

② 즉, 수평력이 커지면 수평변위도 수평력에 비례하여 커짐

③ 이는 지반의 항복 또는 연약지반에서 과다한 변위 발생을 예측할 수 없게 됨을 의미함

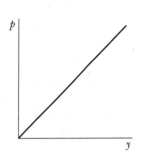

## 3. 비선형 지반반력계수 적용

(1) 기본 개념

① 말뚝의 허용수평지지력을 구하는 경우 보통 지반반력해석법(Chang)을 사용하고 있으며 이 방법은 지반반력을 선형탄성으로 거동함을 전제로 함

② $p-y$ 곡선방법은 지반저항과 말뚝변위의 관계를 비선형(Nonlinear)으로 취급하는 것으로 수평지지력과 변위의 거동을 보다 정확히 고려할 수 있음

(2) 적용 방법

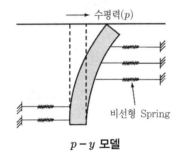

$p-y$ 모델

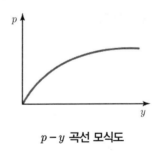

$p-y$ 곡선 모식도

(3) 비선형 지반반력계수 적용

① 그림에서 $p-y$관계가 곡선형태로 비선형(Non – linear)임

② 수평력이 커지면 수평변위가 커지는데 초기 부분을 벗어나면 수평력 증가에 대해 수평변위가 급증함을 나타냄

③ 즉, 연약지반에서 변위를 정확히 파악할 수 있게 됨

【문제 2】

이상기후로 인한 집중강우로 해마다 장마철이 되면 산사태로 인한 피해가 빈번하게 발생하고 있다. 다음 사항에 대하여 설명하시오.

1) 산사태의 발생 강우조건 및 지반/지질 조건

2) 발생 가능한 토석류

3) 산사태와 토석류의 재해방지대책

## 1. 산사태 발생조건

### (1) 산사태(Landslide)

① 집중호우로 산지의 급사면이 하부로 급격히 이동하는 현상

② 발생은 강우, 지반조건에 지배됨

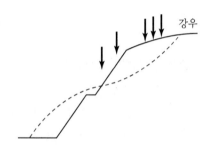

### (2) 발생 강우조건

① 누적강우량 : 전일 + 당일 강우량

② 즉, 누적강우량이 크고 시간 최대강우량이 크면 대규모 산사태가 발생됨

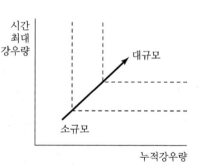

### (3) 지반조건

① 견고층(암반)과 경계

　• 토사와 암반경계면이 수평에 가까운 경우보다 큰 경사 시 발생 유력

　• 이는 경사각이 크게 되기 때문

② 토질

　• 점성토가 적은 잔류토, 즉 사질토 토질은 강우 침투가 용이하기 때문

　• 붕적토는 느슨하고 투수성이 크므로 발생 유력

## 2. 발생 가능 토석류

### (1) 토석류(Debris Flow)

경사가 급한 산지, 특히 계곡에서 물과 토석이 혼합하여 빠르게 이동하여 흐르는 현상

① 시작부 : 산사태 발생

② 이동부 : 토석과 물이 충분하여 하류로 이동(토석 : 30~80%의 물 농도)

③ 퇴적부 : 경사가 완만(10° 미만)하거나 계곡 폭이 넓어짐

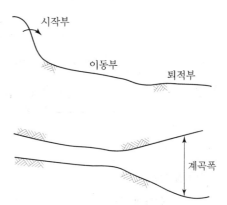

### (2) 발생가능 토석류

① 붕괴 토석류

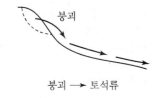

붕괴 ⟶ 토석류

② 침식 토석류

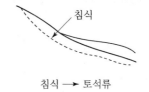

침식 ⟶ 토석류

## 3. 방지대책

### (1) 산사태

① 사면보호공법(억제공법)

 ㉠ 표층안정공법   ㉡ 식생공법

 ㉢ 블록공법    ㉣ 뿜기공법

② 사면보강공법(억지공법)

 ㉠ 절토공법(배토공 포함) ㉡ 압성토공법

 ㉢ 옹벽 또는 돌쌓기공법 ㉣ 억지말뚝공법

 ㉤ 앵커공법    ㉥ Soil Nailing 공법

③ 배수처리

 ㉠ 지표수 처리   ㉡ 지하수 처리

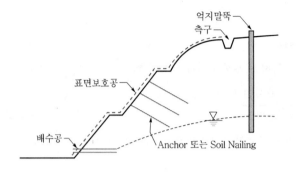

④ 계측

(2) **토석류**

① 산사태 대책

㉠ 이동부 대책

| 구분 | 형태 | 특징 |
|---|---|---|
| 콘크리트 사방댐 |  | • 토석류 차단, 최적 구조물<br>• 중력구조물로 차단성 양호<br>• 하류측 세굴<br>• 수질 악화<br>• 생태계 차단 |
| 철제 사방댐 |  | • 투과형으로 차단용량 큼<br>• 생태계 유리<br>• 집중호우 시 과다 유출수 발생<br>• 부식 손상 |
| Ring Net |  | • 투과형, 유연차단 시설<br>• 설치, 유지관리 간편<br>• 집중호우 시 과다 유출수 발생<br>• 부식 손상 |

㉡ 퇴적부 대책

• 자연과 조화

• 비구조물로 파손 경미

• 유지관리 중요

• 안전사고 고려

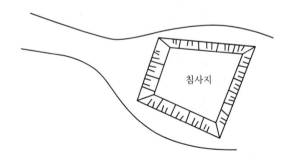

ⓒ 배수구조물 보호시설

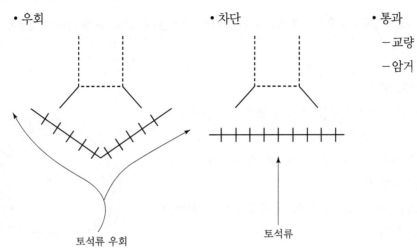

- 우회
- 차단
- 통과
  - 교량
  - 암거

토석류 우회

토석류

---

**【문제 3】**

운영 중인 도로, 지하철 노후터널의 배수공 막힘 원인, 문제점 및 방지대책에 대하여 설명하시오.

---

## 1. 배수공 막힘 원인

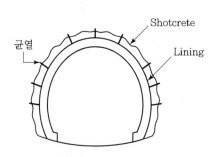

(1) 노후터널로 재료적 열화, 지속적 하중, 운행 차량 진동 등으로 균열 등 발생 가능

(2) 지하수 이동과 함께 터널 주변 지반의 토입자가 이동하여 배수공에 퇴적

(3) 지반보강 Grouting, 숏크리트의 급결재 등이 용탈되어 배수공에 퇴적

(4) 이런, 퇴적물이 제거되지 않으면 배수공 막힘 또는 배수가 원활하지 못하게 됨

## 2. 배수공 막힘의 터널 영향

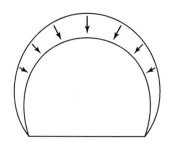

(1) 배수공이 막힘에 따라 터널 주변의 지하수가 원활히 배수되지 못하면

(2) 터널 Lining에 수압이 작용하게 됨

(3) 배수터널에서 기본적으로 수압이 없는 개념이므로 무근콘크리트 복공형식인 경우 터널의 내구성이 저하됨

(4) 심한 경우 수압에 의해 휨응력에 대한 Lining의 균열, 파손 등이 발생됨

## 3. 방지대책

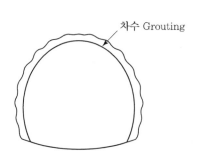

(1) 터널주변 차수 Grouting으로 터널 내로 지하수 유입의 감소를 위해 차수 Grouting

(2) 유지관리용 배수공 점검구 설치

(3) 배수관 직경 증가

(4) 배수관 구배 증가

(5) 유지관리 차원에서 침전물 제거

(6) Grouting, 급결제 등의 혼화제를 용탈이 적은 비알칼리계 약액 사용

**【문제 4】**
국내 보강토 옹벽의 설계, 시공 및 유지관리에 대한 문제점 및 대책방법에 대하여 설명하시오.

## 1. 보강토 옹벽 구조

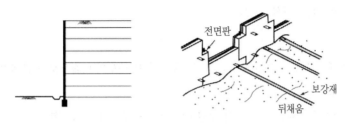

**보강토 옹벽의 구조**

## 2. 공법의 원리

성토 시 흙다짐층에 인장력이 큰 강재 또는 합성섬유재질의 보강재를 흙 속에 매설하여 자중이나 외력에 의한 토립자 이동을 보강재와 토립자 간의 마찰력에 의하여 횡방향변위를 구속함으로써 점착력을 가진 것과 같은 동일한 효과를 갖게 하여 강화된 흙을 만드는 것이 공법의 원리이다.

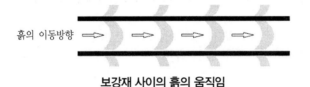

**보강재 사이의 흙의 움직임**

## 3. 설계 측면

(1) 안정검토 항목 누락

① 안정검토는 외적(전도, 활동, 지지력, 전체사면안정, 침하, 액상화, 측방유동 등)과 내적(보강재 파단, 인발 등) 안정이 있음

② 많은 경우 전체 사면안정이 누락되어 절토부 혹은 연약지반에서 문제점이 발생되며 침하검토 생략으로 배면침하, 전면 벽체에 균열 등 발생함

(2) 보강재 장기 인장 감소 평가

① 재질별로 시공 여건 등에 따라 장기 인장강도가 평가되어야 하나 일률적 또는 근거가 미약하게 적용되어 신뢰성 저하 등 발생

② 기본적으로 생산업체에서 시험값 제공에 의해 되도록 해야 함

(3) 지반조사 미흡, 침하 평가

① 본선 또는 주요 구조물 위치에 지반조사하며 보강토 옹벽은 등한시하는 사례가 많고 그로 인해 안정문제가 대두됨

② 적어도 100m 정도 간격으로 지반조사가 되어야 함

③ 유연한 구조물이나 부등침하의 배려가 필요하므로 침하를 검토함(옹벽 길이에 대해 전면벽식은 1% 이내, 블록식은 0.5% 이내)

(4) 배수시설

① 지표배수나 계곡부 또는 하천변 주위의 보강토는 하부 배수의 미흡으로 수압에 의해 강우 시 피해 사례가 빈번함

② 여건을 감안한 배수시설과 필요 시 수압 적용으로 구조안정을 검토함

## 4. 시공 측면

(1) 재료 검토

① 보강재의 품질시험자료와 반입재료에 차이가 있으므로 이에 대한 확인이 철저해야 함

② 특히, 뒤채움재가 시방규정에 미달되는 사례가 많은데 이는 심각한 문제를 유발함

③ 불량토사로 토압 증가 및 활동면 영역 확대로 내적 안정에 큰 영향을 미침에 유의함

(2) 기초 지반 확인

평판재하시험 등에 의해 기초지반 확인토록 함

(3) 우각부 균열

① 오목우각부에서는 포설형태는 포설되지 않는 구간이 생김

② 따라서 비포설구간이 없게 그림과 같이 포설함

③ 볼록우각부에서는 보강재가 겹치는 부분이 생김. 이때, 보강재끼리 맞닿으면 마찰력 발휘가 곤란함

④ 따라서 보강재 상호 간에 이격거리가 필요하고 그 사이에 뒤채움재가 있어 마찰력이 발휘되도록 함(이격거리 : 7.5cm 이상)

⑤ 보통보강재는 벽체에 수직하게 포설되어 직선부는 문제가 없으나 Corner부에선 포설방향과 토압작용방향이 다를 수 있음

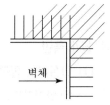

벽체

5. 유지관리 측면

   (1) 보강토 옹벽 시공 후 유지관리 미실시 또는 미흡하게 시행됨

   (2) 유지관리지침에 의해 외관조사, 기초지반 관련 검토, 주변지반 변화, 강우 시 누수위치 등에 대해 안전점검 또는 진단 시행

   (3) 필요 시, 응력, 변위, 지하수 관련 계측 실시

【문제 5】
필댐에서의 내부 침식에 의한 사면붕괴 및 파이핑의 원인 및 대책에 대하여 설명하시오.

## 1. 내부 침식

(1) 원인

① 제체 등의 흙재료가 굵은 입자와 작은 입자 사이에서 Self Filtering이 만족되지 못하면 세립자가 굵은 입자 사이를 통해 이동하는 현상임

② 제체 자체 또는 기초지반에서 발생 시작, 내부침식이 계속되고, 영역이 확대되면 치명적인 구조물 붕괴에 이르게 됨

**침식 전**　　　**침식 후**

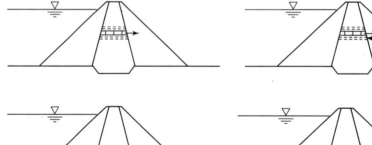

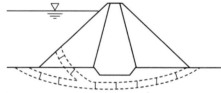

(2) 대책

① 내부 침식이 되지 않는 입도분포재료 사용

- 임의의 입경에 대한 통과율 선정
- $4D$되는 입경에 대한 통과율 선정
- 예 $\dfrac{H}{F} = \dfrac{28\%}{23\%} = 1.2 > 1$

  ∴ 안정

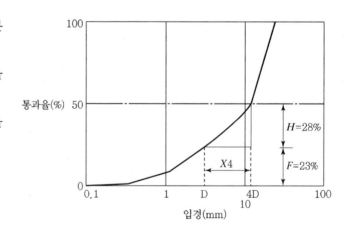

② 양호한 Filter층 설치

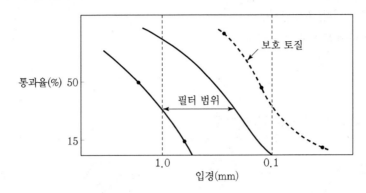

2. Piping

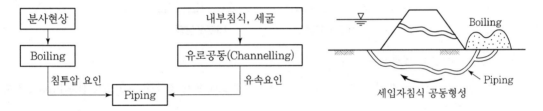

(1) 원인

① 제체 원인

- 단면 부족
- 앞비탈면이나 중심부에 지수벽 없음
- Filter층 잘못 설계, 누락
- 수압파쇄(응력전이, 부등침하)
- 다짐불량, 투수성 큰 재료, 입도 불량
- 지진에 의한 균열, 두더지나 게 구멍

② 기초지반 원인

- 투수층 존재
- 파쇄대, 풍화대 기초처리 없음
- Grouting(간격, 주입압 등) 불량
- 제체와 기초지반 접촉불량
- 누수에 의한 세굴
- 기초처리 불량(밀착 주입)

③ 구조물(또는 원지반 접촉부)접촉부

- 접촉부 밀착 유지 불량
- 원지반에 투수성 지반 존재
- 침투대책 미흡

**(2) 대책**

① 배수로, 심벽+Filter, 포장형 제체

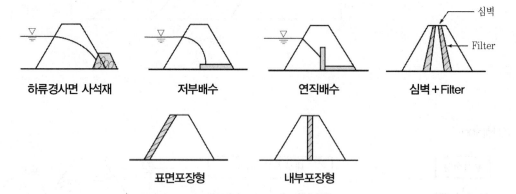

② 적정 규격의 축제 재료 사용

  ㉠ 세사 → 자갈 섞인 모래 또는 실트 → 점토 섞인 모래 또는 조약돌 → 고소성 점토(Piping 저항
    큰 순서)

  ㉡ 코어재료

  - 투수계수 : $1 \times 10^{-5}$cm/sec 이하
  - 입도 : 적정 입도 사용
  - 다짐 : 습윤측 다짐
  - 소성지수 : 15% 이상인 점성토
  - 적합 토질 : GC, SC, CL, GM, SM

  ㉢ 필터 재료

  - 75$\mu$m체 5% 이내
  - 적정 입도 사용
  - K : $10^{-2} \sim 10^{-3}$cm/sec
  - GW, GP, SW, SP

$$\frac{(D_{15})_f}{(D_{85})_s} < 5 \qquad 4 < \frac{(D_{15})_f}{(D_{15})_s} < 20 \qquad \frac{(D_{50})_f}{(D_{50})_s} < 25$$

③ Curtain Grouting(지수 주입) 등 지수공 설치

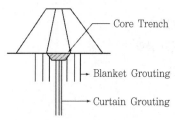

④ 파쇄대, 단층처리

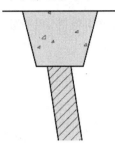

연약부분 제거 → 콘크리트 채움, 균열과 단층부는 고압분사 Grouting

⑤ 블랭킷 또는 전면포장형 지수($K = 1 \times 10^{-5}$cm/s 이하)

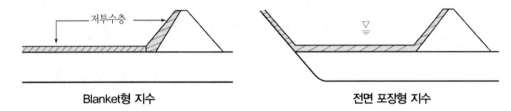

**Blanket형 지수**　　　　　　　　　**전면 포장형 지수**

⑥ 감압정(Relief Well)

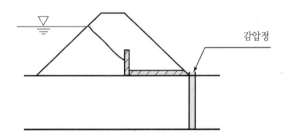

【문제 6】

느슨하고 포화된 사질토 지반에서 진동이나 지진하중 등에 의해 발생하는 액상화 현상의 판정방법 및 대책에 대하여 설명하시오.

## 1. 정의

(1) 느슨하고 포화된 모래지반이 진동이나 충격 시 비배수조건이 될 수 있음

(2) (−)Dilatancy 성향으로 (+)과잉간극수압이 발생됨

(3) 반복진동으로 간극수압이 누적되어 지반이 액체처럼 강도를 잃게 됨

(4) 즉, $s = c' + (\sigma - u)\tan\phi' \rightarrow s = (\sigma - u)\tan'\phi'$이고, $\sigma = u$이면 $s = 0$이 되게 됨

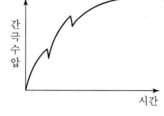

## 2. 판정방법

(1) 간편 예측

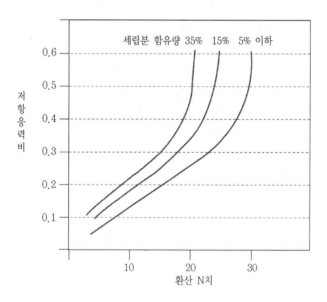

① 안전율

$$F_s = \frac{\text{저항응력비}}{\text{전단응력비}}, \text{ 기준 안전율 } 1.5$$

② 저항응력비 : 환산 $N$치와 세립분 함유량 관계에서 산정

$$환산 N = 측정 N \sqrt{\frac{10}{\sigma_v'}} \ , \ \sigma_v' : t/m^2$$

③ 전단응력비

$$0.65 \frac{\alpha_{깊이}}{g} \cdot \frac{\sigma_v}{\sigma_v'}$$

### (2) 상세 예측

① 전단응력비 : 간이예측법과 같음

② 저항응력비 : 진동삼축압축시험 결과를 이용하여 지진규모에 해당하는 진동재하횟수($M = 6.5$일 때 10회 적용)에 대해 구함

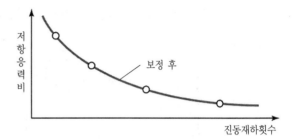

③ 안전율

$$F_s = \frac{저항응력비}{전단응력비} \ , \ 기준 안전율 1.0$$

### (3) 진동대 시험

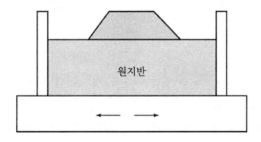

원지반

## 3. 대책

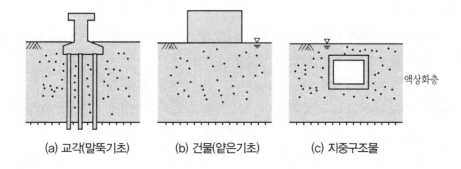

(a) 교각(말뚝기초)    (b) 건물(얕은기초)    (c) 지중구조물

액상화층

(1) 말뚝기초

① 예상 피해

㉠ 말뚝기초의 경우 축방향지지력은 문제가 없으나 액상화로 전단강도가 작아지거나 없어지게 되면 말뚝의 수평지지력이 크게 작아짐

㉡ 과도한 수평변위가 생길 수 있음

② 대책

㉠ 수평저항이 큰 기초로 함 : 대구경 말뚝, 경사말뚝 적용

㉡ Sand Compaction Pile로 전단강도를 증가시켜 액상화 억제함

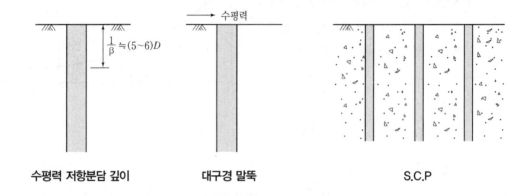

**수평력 저항분담 깊이**　　　**대구경 말뚝**　　　**S.C.P**

(2) 얕은기초

① 예상 피해

㉠ 사질토 전단강도 $\tau = \overline{\sigma} \tan \phi'$에서 $\overline{\sigma} = \sigma - u$이므로 간극수압 증가로 유효응력이 감소되고 결국 전단강도가 감소됨

㉡ 지지력 부족에 의해 국부 전단파괴, 관입파괴가 발생될 수 있으며 이때 침하는 계산식에 의해 예측이 곤란함

㉢ 침하에 수반하여 부등침하가 발생되어 구조적 피해, 계획고 유지 곤란, 문 개폐 등의 지장을 초래함

② 대책

㉠ 액상화 시 지지력이 상부 구조물을 지지되도록 하는 것이 중요하므로 Gravel Drain에 의한 배수로를 설치함(즉, 간극수압의 발생을 억제함)

㉡ S.C.P나 동다짐공법에 의한 간극비 감소로 전단강도를 증가시킴

㉢ 지지력이 얕은기초로 크게 부족되는 경우 말뚝기초, 약액 주입에 의한 지반개량을 실시함

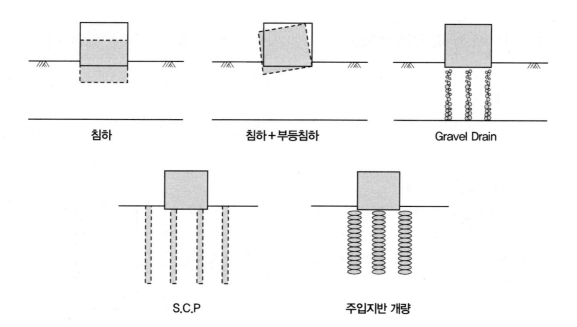

침하 　　　　침하+부등침하 　　　　Gravel Drain

S.C.P 　　　　　　주입지반 개량

(3) 지중구조물

　① 예상 피해

　　㉠ 지중구조물은 비교적 하중이 적으므로 정수압과 액상화 시 발생되는 과잉 간극수압에 의해 구조물이 부상되거나 부상이 안 되면 큰 양압력이 구조물 저판에 작용하게 됨

　　㉡ 부상으로 구배, 계획고 유지가 곤란하고 상부 포장면 등에 균열 등의 피해가 발생되며 양압력 작용 시 구조물에 치명적인 피해가 발생함

　② 대책

　　㉠ 간극수압이 발생되지 않도록 Gravel Drain을 설치함

　　㉡ 마찰말뚝에 의해 부상을 방지토록 함

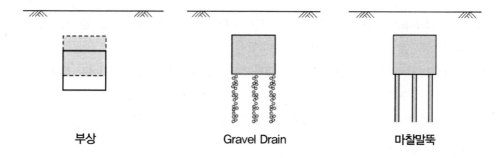

부상 　　　　Gravel Drain 　　　　마찰말뚝

## 4 교 시 ( 6문 중 4문 선택, 각 25점 )

【문제 1】
강성법과 연성법에 의한 전면기초(Mat Foundation)의 설계방법에 대하여 설명하시오.

### 1. 전면기초(Mat Foundation)

(1) 여러 개의 기둥과 벽을 저지하는 기초형식으로 기초 크기가 구조
물 바닥면적과 같음

(2) 상대적으로 지지력이 작은 지반이나 구조물에 의한 침하를 감소시
키기 위해 사용함

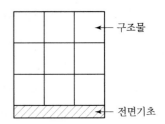

### 2. 강성기초와 연성기초 개념

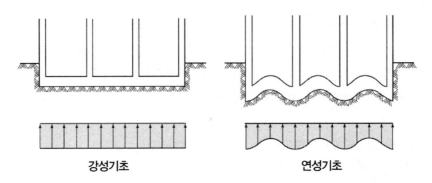

| 강성기초 | 연성기초 |

(1) 강성기초(Rigid Foundation)는 기초판 자체의 변형이 발생하지 않으므로 침하량이 균등하게 발생

(2) 또한, 접지압 분포는 직선적으로 단순화함

(3) 연성기초(Flexible Foundation)는 상부하중이 작용되는 기둥 등의 위치에서 침하가 크고 접지압
이 크게 분포함

(4) 이는 연성기초로 작용하중에 의해 기초판 자체가 변형하기 때문임

(5) 판별식

① 기둥간격 $< \dfrac{1.75}{\beta}$ : 강성기초

② 기둥간격 $\geq \dfrac{1.75}{\beta}$ : 연성기초. 단, $\beta = 4\sqrt{\dfrac{KB}{4EI}}$

## 3. 강성기초

(1) **접지압 분포** : $q = \dfrac{Q}{B}\left(1 \pm \dfrac{6e}{B}\right)$

(2) 발생된 접지압은 기초의 허용지지력보다 작아야 하고 발생 침
하량도 허용잔류침하량보다 작아야 함

(3) 구조물 하중과 접지압 분포도로 전단력과 모멘트 계산하고 이
로부터 기초두께, 철근량 산정

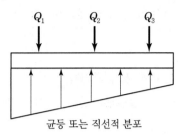

균등 또는 직선적 분포

## 4. 연성기초

(1) **접지압 분포** : $q = K \cdot S$

여기서, $K$ : 지반반력계수

$S$ : 침하량

(2) 기초의 지지력, 침하안정과 기초제원은 강성기초와 같음

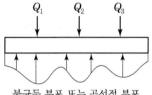

불균등 분포 또는 곡선적 분포

## 5. 적용성

(1) **강성기초** : 독립기초, 단경간 Box, 옹벽기초

(2) **연성기초** : 전면기초, 다경간 Box, 지하철정거장

【문제 2】
비배수 전단 시 체적팽창(Dilative) 시료와 체적압축(Contractive) 시료의 거동을 비교 설명하시오.

## 1. 배수 시 전단거동

(1) 압밀배수 삼축압축시험(CD ; Consolidated – Drained)을 하면 변형률에 따른 체적 변화는 그림과 같음

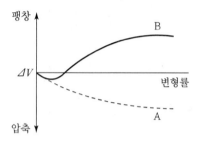

(2) 곡선 A에 해당하는 토질이 체적압축(Contractive) 성향이며 곡선 B에 해당하는 토질이 체적팽창(Dilative) 성향임

(3) 곡선 A는 느슨한 모래, 정규압밀점토에 해당되며 전단변형에 따라 체적이 감소(압축함)

(4) 곡선 B는 조밀한 모래, 과압밀점토에 해당되며 전단변형에 따라 체적이 증가(팽창함)

(5) 이는 곡선 A토질은 배수로 체적 감소, 즉 간극비(Void Ratio)가 감소하며 곡선 B는 변형률 증가에 따라 전단 시 입자를 타넘어야 하므로 체적이 증가. 즉 간극비가 감소함

## 2. 비배수 전단거동

(1) 압밀비 배수삼축압축시험($\overline{CU}$ ; Consolidated – Undrained)을 하면 변형률에 따른 간극수압 변화는 오른쪽 그림과 같음

(2) **곡선 A** : 토질이 체적압축 성향이나 비배수전단하므로 체적변화가 없게 됨. 즉 체적변화 대신 간극수압이 발생되고 양(+)의 간극수압이 됨

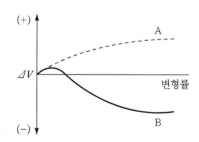

(3) **곡선 B** : 토질이 체적 팽창 성향이나 비배수전단으로 체적 변화가 없게 됨. 즉 체적 변화 대신 간극 수압이 발생되고 음($-$)의 간극수압이 됨

## 3. 비교거동

(1) **체적팽창시료**

    ① 배수 시 : 체적팽창, 간극수압 발생 없음

    ② 비배수 시 : 일정체적, ($-$)의 간극수압 발생

(2) **체적압축시료**

    ① 배수 시 : 체적압축, 간극수압 발생 없음

    ② 비배수 시 : 일정 체적, ($+$)의 간극수압 발생

**참고** 모래배수, 비배수 거동

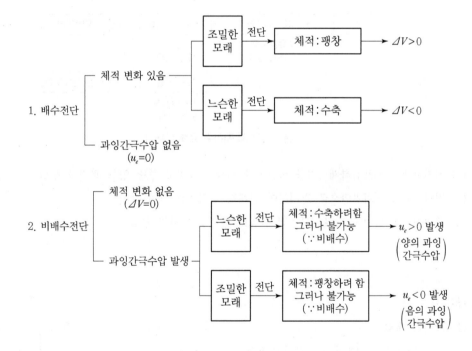

---

**【문제 3】**

최근 도심지에서 지하철, 전력구, 대형건축공사 등의 지반굴착으로 인해 지하수 유출 및 지반 침하가 발생하고 있다. 이에 대한 지반공학적 측면에서의 지하수관리 문제점 및 대책을 설명하시오.

---

## 1. 개요

(1) 주로 노후된 상하수도관에 의한 토사 유출로 발생되는 지반함몰과 더불어 굴착공사와 관련된 지하수, 토사 유출에 의한 지반침하(예 석촌동 터널, 용산 인도)로 안전문제가 제기됨

(2) 굴착공사와 관련된 지하수 관리부실로 주변 지반 영향의 관리 및 대책이 필요함

## 2. 지하수 유출 문제점과 관리문제

(1) 지하수 하강으로 유효응력(Effective Stress) 증가로 지반침하 발생

(2) 지하수와 함께 토사 유출 시 지반함몰 발생

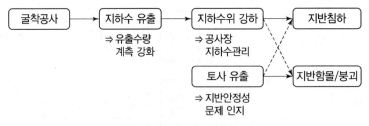

**굴착공사 시 지하수 유출 문제점**

(3) 지하수계나 지표침하계측기를 굴착공사 외곽부 배치로 주변 영향 관리가 부실

(4) 지하수위의 변화량만으로 관리하여 전체적 수위하강 관리 부실

(5) 주변침하의 단편적 자료 취득 및 관리로 주변영향 관리 부실

## 3. 대책

(1) 계측기 배치

① 지하수위계, 침하계의 설치위치 확대

② 범위는 굴착 깊이만큼 거리 또는 지하수 영향 구간(수위 강하 1m 되는 지점)의 10%만큼 거리

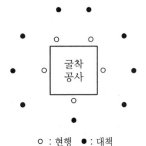

○ : 현행  ● : 대책

(2) **지하수 하강 누적관리**

    ① 일별 변화가 아니고 공사 전 지하수 영향조사, 평가에 의한 관리수위 설정

    ② 설정된 관리수위와 누적강하량도 함께 관리

(3) **종합 침하선도 관리**

    ① 지하수위계, 침하계로 침하선도 작성

    ② 침하선도에 의해 주변지반, 구조물 영향평가

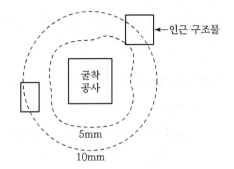

(4) **문제위치**

    GPR 탐사, 관로 CCTV 실시

[자료] 공사장 지하수 관리 매뉴얼(2016.12. 서울시)

【문제 4】

현재 지하수위는 지표면에 위치해 있으나, 과거에는 지하수위가 지표면으로부터 최대 3m 아래 있었던 점토지반의 단위중량($\gamma_t$)은 17kN/m³이다. 이때, 현재 유효상재하중($P_o{'}$), 선행압밀하중($P_c{'}$) 및 과압밀비(OCR)에 대하여 심도 10m까지 심도변 분포도를 작성하시오.

## 1. 유효상재하중($P_o{'}$)

(1) 정의

현재의 토피하중으로 유효응력(Effective Stress)으로 산정됨

즉 $P_o{'} = \sum \gamma H$

여기서, $\gamma$ : 유효응력의 단위중량

$H$ : 토층두께

(2) 계산

① 심도 1m : $P_o{'} = 1\text{m} \times 7\text{kN/m}^3 = 7\text{kN/m}^2$

(단, $\gamma_t = \gamma_{sat}$하고 $\gamma_{sub} = \gamma_{sat} - \gamma_w$ 적용)

② 심도 3m : $P_o{'} = 3\text{m} \times 7\text{kN/m}^3 = 21\text{kN/m}^2$

③ 심도 5m : $P_o{'} = 5 \times 7 = 35\text{kN/m}^2$

④ 심도 7m : $P_o{'} = 7 \times 7 = 49\text{kN/m}^2$

⑤ 심도 10m : $P_o{'} = 10 \times 7 = 70\text{kN/m}^2$

## 2. 선행압밀하중($P_c{'}$)

(1) 정의

과거로부터 받았던 압밀하중 중에서 최대하중으로 유효응력임

(2) 계산(과거 : 지하수위 지표하 3m)

① 심도 1m : $P_c{'} = 1\text{m} \times 17\text{kN/m}^3 = 17\text{kN/m}^2$

② 심도 3m : $P_c{'} = 3\text{m} \times 17\text{kN/m}^3 = 51\text{kN/m}^2$

③ 심도 5m : $P_c{'} = 3 \times 17 + 2\text{m} \times 7\text{kN/m}^3 = 65\text{kN/m}^2$

④ 심도 7m : $P_c{'} = 3 \times 17 + 4 \times 7 = 79\text{kN/m}^2$

⑤ 심도 10m : $P_c{'} = 3 \times 17 + 7 \times 7 = 100\text{kN/m}^2$

3. 과압밀비(OCR ; Over Consolidation Ratio)

  (1) 정의

$$OCR = \frac{P_c{}'}{P_o{}'}$$

  (2) 계산

    ① 심도 1m : OCR= $\dfrac{17}{7}$ = 2.43

    ② 심도 3m : OCR= $\dfrac{51}{21}$ = 2.43

    ③ 심도 5m : OCR= $\dfrac{65}{35}$ = 1.85

    ④ 심도 7m : OCR= $\dfrac{79}{49}$ = 1.61

    ⑤ 심도 10m : OCR= $\dfrac{100}{70}$ = 1.43

4. 분포도

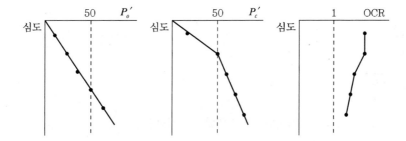

【문제 5】
군말뚝의 침하량 산정방법에 대하여 설명하시오.

## 1. 정의

(1) **단말뚝** : 인접 말뚝의 지중응력이 중복되지 않는 말뚝

(2) **군말뚝** : 인접 말뚝의 지중응력이 중복되는 말뚝

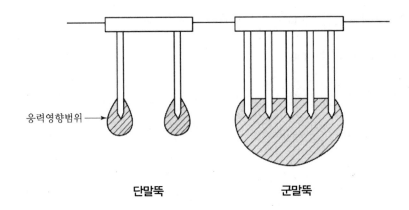

**단말뚝**   **군말뚝**

## 2. 사질토 지반

(1) 관련 식

$$S_g = S_0 \sqrt{\frac{B_g}{B}}$$

여기서, $S_g$ : 무리말뚝의 침하량   $S_o$ : 외말뚝의 침하량

$B_g$ : 무리말뚝의 폭   $B$ : 외말뚝의 직경

$\sqrt{\dfrac{B_g}{B}}$ : 군말뚝 침하계수

(2) 단말뚝 침하

$$S = S_1 + S_2 + S_3$$

여기서, $S$ : 말뚝의 총침하, $S_1$ : 말뚝 자체의 변형량 : 말뚝 변형

$S_2$ : 말뚝선단하중에 의한 말뚝의 침하 ㄱ
지반 변형
$S_3$ : 주면하중에 의한 말뚝의 침하 ㄴ

(3) 산정방법

    ① 말뚝변형과 지반변형으로부터 외말뚝침하량 산정

    ② 말뚝배치로부터 무리말뚝 폭 산정

    ③ 관련식에 의해 침하량 산정

    ④ 예 $S_g = S_o \sqrt{\dfrac{B_g}{B}} = 0.5\text{cm} \times \sqrt{\dfrac{8\text{m}}{0.5\text{m}}} = 2\text{cm}$

## 3. 점성토 지반

(1) 관련 식(정규압밀점토 전제)

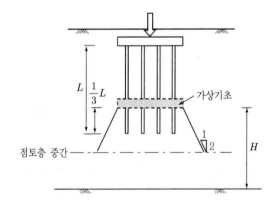

정규압밀점토의 침하량은 다음과 같다.

$$S = \frac{C_c}{1+e_o} \cdot H \cdot \log\frac{P_o + \Delta p}{p_o}$$

    여기서, $H$ : 침하토층 깊이

           $p_o$ : 침하토 층의 중앙까지의 유효 토피하중

           $\Delta p$ : 침하토 층의 중앙까지의 증가응력

(2) 산정방법

    ① 시추주상도, 정적 Sounding 결과와 실내시험으로부터 압밀층 두께 설정

    ② 압밀시험에서 간극비($e_o$), 압축지수($c_c$) 등 산정

    ③ 가상기초를 말뚝선단에서 $\dfrac{1}{3}L(L : 말뚝길이)$에 위치

    ④ 점토층 중간을 고려하여 $P_o$, $\Delta p$를 구해 관련 식으로 계산

    ⑤ 이때, 점토층이 두꺼우면 3~5m 간격으로 층을 세분함

【문제 6】
지변공학적 측면에서 폐기물 매립장 설계 시 고려사항을 설명하시오.

## 1. 개요

(1) 폐기물 매립장공사는 쓰레기 매립을 위한 준비시설인 기반시설공사와 쓰레기를 매립하는 매립공사로 구분할 수 있음

(2) 매립장은 공사단계별로 구조적으로 안정한 시설의 붕괴나 환경오염이 발생되지 않게 하므로 일반건설공사보다 환경 측면이 강조되고 세심한 배려가 필요함

## 2. 검토항목

(1) 기반시설공사

① 사면안정시설      ② 집·배수시설

③ 우수배제시설      ④ 차수시설

(2) 매립공사

① 복토(매일, 중간, 최종 복토)      ② 악취 및 해충 서식

③ Gas 발생      ④ 처리수질 관리

⑤ 조경      ⑥ 오염감시체계

## 3. 기반시설 공사 시 검토내용

(1) 사면안정

① 매립장은 국내의 경우 곡간(谷間) 매립과 해안가의 평지매립 형태로 구분됨

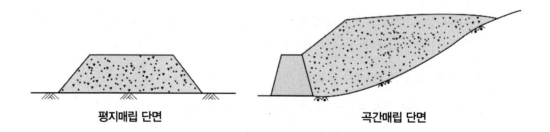

평지매립 단면          곡간매립 단면

② 사면안정이 되기 위해서는 매립높이와 관련하여 사면안정 검토를 수행하여 적정구배로 법면이 처리되어야 하고, 옹벽과 같은 구조물로 하는 경우는 매립량을 더 많이 할 수 있음

③ 해안가 등의 연약지반인 경우 옹벽시설은 전체적 사면안정(Slope Stability)이 확보되어야 하므로 지반개량 등이 필요함

## (2) 집·배수시설

발생되는 침출수를 신속히 집수·배수하여 매립장 내의 수위의 상승을 억제토록 해야 함. 수위가 올라가면 사면안정에 크게 불리하게 되므로 계획 시 침출수 발생량을 분석하여 침출수위를 고려한 사면안정 검토가 되어야 함

## (3) 우수배제시설

우리나라는 우기에 연강우량의 70% 가량이 집중되므로 매립장 사면안정은 물론 침출수 발생을 최소화하기 위해 우수를 침출수와 구분하여 배제해야 함

## (4) 차수시설

① 환경오염 측면에서 가장 중요한 사항으로 점토차수재, 혼합재차수재, Geomembrane차수재, GCL차수재, 토질안정차수재와 같은 수평차수시설과 Sheet Pile, 지하연속벽, Grouting과 같은 연직차수시설이 있음

② 국내 법규에 의하면 차수시설은 합성수지차수막, 점토 사용 및 이와 동등 이상으로 규정되어 있으며, 투수계수는 $1 \times 10^{-7}$ cm/sec 이하로 엄격함에 유의해야 함

# 4. 매립공사 시 검토내용

## (1) 복토(Cover Soil)

① 매일복토는 쓰레기 노출 방지, 비산, 악취 저감을 위해 실시함

② 중간복토는 진입로, 부지정리, 우수배제구배 유지, 매일복토기능을 위해 실시함

③ 최종복토는 매립장 폐쇄 후 식생, 우수침투방지, 가스확산 억제를 위해 실시함

## (2) 악취 및 해충 서식

① 악취 감소를 위해 대기자료, 바람골, Wind Rose 등을 고려하여 매립순서 결정, 악취저감제 살포, 신속한 복토 실시

② 해충 서식 방지를 위해 신속한 복토, 살충제를 포설함

③ 악취와 해충 서식은 민원사항과 가장 직결됨을 유의해야 함

### (3) Gas 발생

Gas 발생으로 악취 증가, 인체부작용으로 호흡기나 피부에 문제가 되므로 소각하거나 포집하여 발전(Power Generation)으로 활용방안을 검토함

### (4) 처리수질 관리

법적 기준을 만족하도록 침출수 발생량과 연계하여 Process를 검토해야 함

### (5) 조경

시각적 효과, 악취 이동, 비산방지 역할에 필요함

### (6) 오염감시체계

① 수질관리가 가장 중요하므로 매립장 주변에 지하수 감시정을 설치하고, 주기적으로 지하수 오염농도, 오염거리 등을 관리함

② 악취, 해충, 수질 등에 대해 지속적으로 사후영향평가를 하여 주민생활에 피해가 되지 않도록 계획함

# 제115회
# 과년도 출제문제

## 115 회 출 제 문 제

## 1 교 시 ( 13문 중 10문 선택, 각 10점 )

【문제】

1. 붕괴성 흙

2. 점토광물과 물의 상호작용이 점토에 미치는 영향

3. 옹벽에서 다짐유발응력

4. Darcy 법칙의 가정조건 및 활용성

5. 지중응력 영향계수 및 압력구근

6. 2차 압밀침하

7. 보강토옹벽 보강재의 구비조건 및 내구성에 영향을 미치는 요소

8. 평판재하시험에 의한 지지력과 침하량 산정방법

9. 지반침하 시 구조물의 각 변위와 처짐비

10. 말뚝 폐색효과

11. 암석 Creep 현상

12. 석화(Lithification)

13. 터널라이닝에서 유연성비(Flexibility Ratio)와 압축성비(Compressibility Ratio)

## 2 교 시 ( 6문 중 4문 선택, 각 25점 )

【문제 1】

포화된 흙 속을 통해 흐르는 물의 유출속도(Discharge Velocity)와 침투속도(Seepage Velocity)의 관계를 유도하여 설명하시오.

【문제 2】

간극수압계수의 종류와 삼축압축시험을 통한 산정방법 및 결과이용에 대하여 설명하시오.

【문제 3】

정규압밀점토에서 $\sigma'_o = 50kN/m^2$, $e_o = 0.81$이고 $\sigma'_o + \Delta\sigma' = 120kN/m^2$일 때 $e = 0.7$로 주어졌다. 앞의 하중범위 내에서 다음을 구하시오.(단, 점토의 투수계수 $k = 3.1 \times 10^{-7}m/sec$, $\gamma_w = 10kN/m^3$)

1) 현장에서 4m 두께의 점토(양방향 배수)가 50% 압밀되는 데 걸리는 시간

2) 50% 압밀 시 침하량

【문제 4】

UU, CK$_o$U, CIU 삼축압축시험에 대해 다음 질문에 답하시오.

1) 각 시험에 대한 응력경로를 p-q diagram 도시

2) 현장 흙의 응력 상태를 재현하기 위해 UU, CIU 시험에서 가정한 조건과 실제와의 차이점

3) UU, CK$_o$U, CIU 시험의 실무적용

【문제 5】

굴착벽체 배면의 지표면에 상재하중이 작용하게 될 경우 아래 1), 2) 조건에서 굴착 벽체에 추가적으로 발생하는 수평압력을 Boussinesq 탄성해와 비교하여 설명하시오.

1) 상재하중 전 굴착벽체 설치

2) 상재하중 후 굴착벽체 설치

**【문제 6】**

A시료, B시료에 대하여 입도분석시험 결과가 아래와 같을 때, 다음 질문에 답하시오.

| 구분 | 통과 백분율(%) | | | | | | | | LL<br>(%) | PI<br>(%) |
| --- | --- | --- | --- | --- | --- | --- | --- | --- | --- | --- |
| | NO.10<br>(2.0mm) | NO.40<br>(0.425mm) | NO.60<br>(0.250mm) | NO.100<br>(0.150mm) | NO.200<br>(0.075mm) | 0.05mm | 0.01mm | 0.002mm | | |
| A시료 | 98 | 85 | 72 | 56 | 42 | 41 | 20 | 8 | 44 | 0 |
| B시료 | 99 | 94 | 89 | 82 | 76 | 74 | 38 | 9 | 40 | 12 |

1) A시료, B시료를 통일분류법으로 분류

2) A시료와 같은 기초지반의 공학적 특성치 결정 시 고려사항

## 3 교 시 ( 6문 중 4문 선택, 각 25점 )

【문제 1】
흙과 암반의 이방성이 지반공학적 특성에 미치는 영향에 대하여 설명하시오.

【문제 2】
투수계수에 대하여 다음 질문에 답하시오.
1) 투수계수 산정방법
2) 실내시험을 통해 얻은 투수계수 결과치의 신뢰성이 떨어지는 이유
3) 암반의 투수성 평가 시 투수계수를 사용하지 않고 루전값을 활용하는 이유

【문제 3】
연성벽체에 작용하는 토압에 대하여 다음 질문에 답하시오.
1) 연성벽체(가설 흙막이구조물)에 Rankine, Coulomb 토압을 적용하지 않는 이유
2) 굴착단계별 적용토압과 굴착완료된 후의 적용토압
3) 실무설계에서 연성벽체에 작용하는 토압 적용 시 고려사항

【문제 4】
사면보강공법 중 소일네일링 공법과 어스앵커공법의 공학적 차이점과 설계 시 검토사항에 대하여 설명하시오.

【문제 5】
액상화 상세평가법에서 전단응력비 산정 세부절차에 대하여 설명하시오.

【문제 6】
원형기초의 직경은 2m이다. 이 기초를 지지하고 있는 기초지반의 내부마찰각($\phi$)은 30°이고 점착력($c$)은 20kN/m²이다. 이 기초의 근입깊이($D_f$)는 2m이고 지하수위는 지표면 아래 3m에 위치해 있다. 지하수위 상부 흙의 단위중량($\gamma_t$)은 18kN/m³이고 지하수위 아래의 흙의 포화단위중량($\gamma_{sat}$)은 20kN/m³일 때, 상기 원형기초에 작용할 수 있는 전 허용하중을 결정하시오.
(단, $F_S = 3.0$, 전반전단파괴를 가정하며, $N_c = 33$, $N_q = 20$, $N_r = 18$ 사용)

## 4 교 시 ( 6문 중 4문 선택, 각 25점 )

【문제 1】
EPS 공법의 특성 및 적용분야, 설계 시 검토사항에 대하여 설명하시오.

【문제 2】
Mohr 원을 이용하여 Rankine의 주동토압을 유도하시오.

【문제 3】
지반굴착 시 인접구조물 손상예측 절차와 방법에 대하여 설명하시오.

【문제 4】
지중구조물의 진동특성과 내진설계 방법에 대하여 설명하시오.

【문제 5】
화강암에서 수압파쇄시험을 2회 실시하여 결과가 아래와 같을 때, 각각의 지점에서 초기응력 및 초기 지중응력 계수를 구하시오.(단, 암석의 단위중량 27kN/m³, 암석의 인장강도 10MPa)

| 깊이(m) | 균열발생 시의 압력($P_B$), MPa | Shut-in pressure($P_S$), MPa |
|---|---|---|
| 500 | 14.0 | 8.0 |
| 1000 | 24.5 | 16.0 |

【문제 6】
아래 그림과 같이 시공된 교대 기초에서 신축이음(A) 및 교량받침(B)에 손상이 발생되었다. 지반공학적 측면에서 손상 원인 및 대책에 대하여 설명하시오.

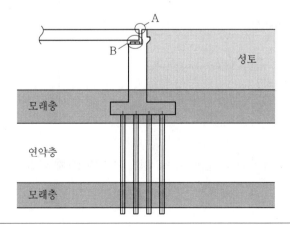

## 115회 출 제 문 제

## 1 교 시 ( 13문 중 10문 선택, 각 10점 )

### 1 붕괴성 흙

#### 1. 정의

(1) 비소성(Non-plastic) 실트나 가는 모래가 바람에 운반·퇴적된 토질

(2) 풍적토(loess)의 특성으로 봉소구조를 가짐

#### 2. 특성

(1) 붕소구조로 벌집형태의 쇠사슬 모양

(2) 건조 시 연직균열

(3) 단위중량이 작고($r_t \fallingdotseq 1.5t/m^3$), 간극비가 큼

(4) 또한, 투수성이 크며 침수 시 붕괴 가능성이 큼

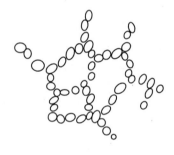

#### 3. 관련 시험

(1) 하중증가하여 간극비 산정

(2) $2kg/cm^2$에서 물 침수시킴

(3) 붕괴성 $= \dfrac{e_1 - e_2}{1 + e_o} \times 100(\%)$

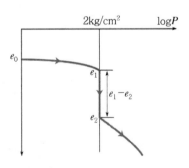

#### 4. 평가

(1) 쌓기나 기초지반 시 침수에 의한 붕괴, 즉 침하 대비 필요(예 다짐)

(2) 시료채취 시 교란되지 않게 유의하여 채취

## ❷ 점토광물과 물의 상호작용이 점토에 미치는 영향

### 1. 점토광물과 물의 상호작용

(1) 점토광물은 동형치환으로 (−) 성질이 우세하여 전기적 평형을 위해 주변에 물이 모이게 됨

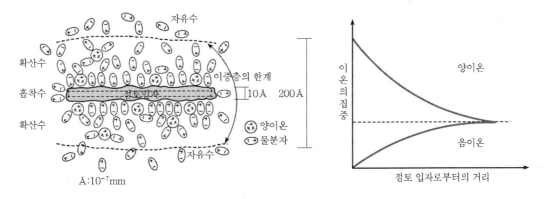

(2) 흡착수와 확산수를 이중층수라 하며 점토에 영향을 미침

### 2. 점토에 미치는 영향

(1) 점토가 점성, 즉 점착력(Cohesion)을 보유하게 함

(2) 점토구조 형태

① 면모구조(Flocculent structure)

이중층 두께가 얇을 때 전기적 인력 우세로 형성

② 이산구조(Dispersed structure)

이중층 두께가 두꺼울 때 전기적 반발력 우세로 형성

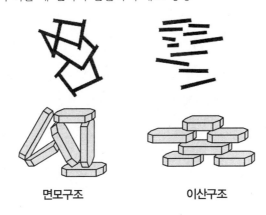

면모구조        이산구조

참고　면모구조와 이산구조 비교

| 구분 | 면모구조 | 이산구조 |
|---|---|---|
| 이중층 두께 | 얇음 | 두꺼움 |
| 전기력 | 인력 중심 | 반발력 중심 |
| 형성환경 | 자연 퇴적<br>건조측 다짐 | 교란, 습윤측 다짐<br>압밀 시 |
| 전단강도 | 큼(강한 결합) | 작음 |
| 압축성 | 작음 | 큼 |
| 투수성 | 큼(무질서 배열) | 작음(층배열) |

### ❸ 옹벽에서 다짐유발응력

## 1. 개요

(1) 그림과 같이 옹벽의 뒤채움재를 다짐시공함에 따라 장비의 하중으로 옹벽
에 토압발생

(2) 즉, 다짐으로 인한 추가의 토압을 다짐유발응력(compaction-induced
stress)이라 함

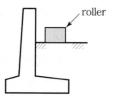

## 2. 다짐유발응력

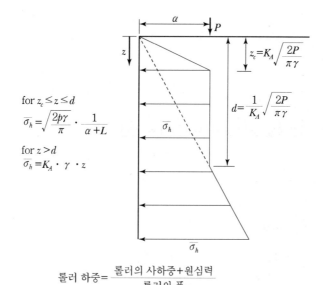

$z_c = K_A \sqrt{\dfrac{2P}{\pi \gamma}}$

$d = \dfrac{1}{K_A} \sqrt{\dfrac{2P}{\pi \gamma}}$

for $z_c \leq z \leq d$

$\overline{\sigma}_h = \sqrt{\dfrac{2p\gamma}{\pi}} \cdot \dfrac{1}{\alpha + L}$

for $z > d$

$\overline{\sigma}_h = K_A \cdot \gamma \cdot z$

$$\text{롤러 하중} = \frac{\text{롤러의 사하중} + \text{원심력}}{\text{롤러의 폭}}$$

여기서, $\alpha$ : 벽체로부터 롤러의 거리
$L$ : 롤러의 길이

## 3. 평가

(1) 일반적으로 실무에서 적용하고 있지 않으나 벽체 상부에서 토압이 증가하므로 필요시 반영해
야 함

(2) 예로, 높은 옹벽이나 장비규모가 큰 경우에 해당됨

## ④ Darcy 법칙의 가정조건 및 활용성

### 1. Darcy 법칙

① 식 : $v = Ki$,  $Q = vA = KiA = K\dfrac{\Delta h}{L}A$

② 의미

- 유량은 통수단면과 수두차에 비례
- 물이 흐르는 거리에 반비례
- 투수계수는 비례상수 역할

③ 식에서,  $v = Ki$를 Darcy법칙이라 함

### 2. 가정조건

① 흙이 물로 포화

② 층류

③ 정상류(Steady state flow)

④ 따라서, 불포화, 고압흐름, 지반균열 시 등 적용 곤란

### 3. 활용성

① 1차원 흐름에서 유량 산정

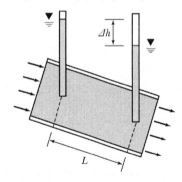

여기서,  $Q = KiA$

$K$ : 투수계수

$i$ : 동수경사$(\dfrac{\Delta h}{L})$

$A$ : 통수단면적

② 침투속도 산정

- $v = Ki$
- 침투속도 $v_s = \dfrac{v}{n}\,(n$ : 간극률$= \dfrac{V_V}{V} \times 100\%)$
- 한계유속과 비교로 세굴, Piping 안정 판단

## 5 지중응력 영향계수 및 압력구근

### 1. 지중응력영향계수

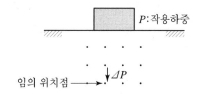

(1) 지표 또는 지중의 하중으로 지반 내에 임의의 위치에 생기는 응력이며 작용하중에 대한 지중응력의 비를 지중응력 영향계수(Influence Factor)라 함

(2) 즉, $I = \dfrac{\Delta P}{P}$

　　여기서, $\Delta P$ : 지중응력, $I$ : 영향계수, $P$ : 작용하중

### 2. 압력구근

(1) 지중응력은 재하위치에서 깊을수록, 모서리 쪽으로 갈수록 감소하여 그림과 같이 되며 직사각형, 원형기초는 약 $2B(B$ : 기초폭), 연속기초는 약 $4B$까지 작용하중의 약 10% 하중이 미침

(2) $I = 0.1$인 구를 압력구(Pressure bulb)라 함

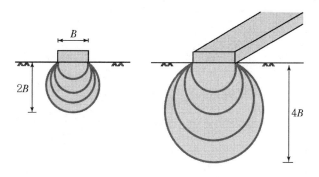

### 3. 이용

(1) 임의 위치의 증가응력으로 응력, 변위 안정 검토

(2) 임의 위치에 대한 응력 범위, 간섭 등 파악

## 6 2차 압밀침하

### 1. 정의

2차 압밀침하란 과잉간극수압이 소산된 후에, 즉 1차 압밀이 끝난 후에 지속하중에 의하여 점토의 Creep 변형에 의한 체적변화가 계속되어 침하가 발생하는 현상

### 2. 특성

(1) 점토층의 두께가 두꺼울수록

(2) 연약한 점토일수록

(3) 소성이 클수록

(4) 유기질이 많이 함유된 흙일수록 2차 압밀침하는 크게 나타난다.

### 3. 계산식

(1) 압밀시험 시 공시체의 두께가 2cm이고 양면배수라면 2차 압밀까지 발생한다.

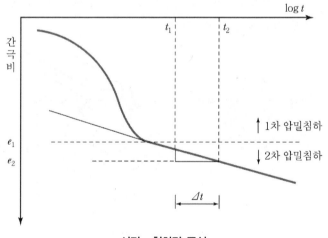

**시간-침하량 곡선**

(2) 그림에서와 같이 1차 압밀이 끝난 다음에 2차 압밀은 거의 직선을 보인다. 이 직선의 기울기로부터 2차 압축지수를 구하여 2차 압밀침하량을 계산한다.

$$S = \frac{C_\alpha}{1+e_p} \cdot H_p \cdot \log\frac{t_2}{t_1} \quad \left(\frac{C_\alpha}{1+e_p} : 2차 \ 압축비\right)$$

여기서, $C_\alpha$(2차 압축지수) : $C_\alpha = \dfrac{e_1 - e_2}{\log t_2 - \log t_1}$

$H_p$ : 1차 압밀이 완료된 후의 압밀층의 두께

$e_p$ : 1차 압밀이 끝난 후의 간극비

$t_1$ : 1차 압밀이 끝난 시간

$t_2$ : 1차 압밀이 끝난 후 $\Delta t$가 경과한 시간

## 4. 평가

(1) 통일분류 CH, 유기질토에서 2차 압밀침하는 적용되어야 하고, 또한 점성토에서 침하민감구조물, 허용침하 엄격 조건 시 반드시 적용

(2) 2차 압밀침하의 유효대책은 preloading 공법으로 지반을 과압밀(over consolidated) 영역에 설정하는 것임

> **참고**  Creep 현상
>
> (1) 하중의 증감 없이 지속적으로 작용하고 있을 때 시간의 경과에 따라 변형되는 현상
>
> (2) 이를 그림으로 표현하면 다음과 같음

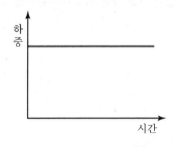
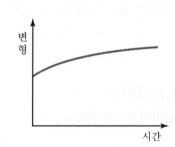

## 7 보강토옹벽 보강재의 구비조건 및 내구성에 영향을 미치는 요소

### 1. 보강재구비조건

  (1) 인장파단

    ① 작용토압($\gamma z K_a S_v S_H$)에 대해 인장력 부족으로 파단되지 않게 함

    ② 즉, 작용토압 < 허용인장강도

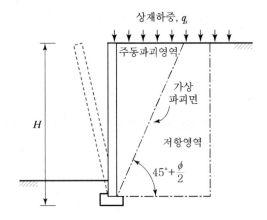

  (2) 인발파괴

    ① 작용토압에 대해 저항영역에서의 인발력이 확보되어야 함

    ② 이때, 흙-보강재마찰각($\phi_{SG}$)은 경험값을 보통 적용하나 시험에 의해 결정되어야 함에 유의함

### 2. 내구성 영향요소

  (1) 관련식(설계인장강도)

$$T_d(설계인장강도) = \frac{T_{ult}}{RF_{ID} \times RF_{CR} \times RF_{CD} \times RF_{BD}}$$

    여기서, $T_d$ : 설계인장강도

           $T_{ult}$ : 최대인장력

           $RF$ : 변위, 설계와 시공오차를 고려한 감소계수

           $RF_{ID}$ : 설치 시 감소계수(Installation Demage)

           $RF_{CR}$ : Creep 감소계수

           $RF_{CD}$ : 화학적 감소계수(Chemical Demage)

           $RF_{BD}$ : 생물학적 감소계수(Biological Demage)

(2) **영향요소**

① 설치 시 감소 : 시험실 강도가 보강재 포설시공으로 손상됨

② Creep 감소 : 토목섬유제품으로 장기 시 변형으로 인한 강도 감소

③ 화학적 및 생물학적 감소 : 뒤채움에 화학성분과 박테리아 등 미생물에 의한 강도 손상

## ⑧ 평판재하시험에 의한 지지력과 침하량 산정방법

### 1. 평판재하시험(Plate Bearing Test)

    (1) 하중－침하 관계로 지지력, 침하를 파악하는 시험

    (2) 하중을 단계적으로 재하하면서 침하량 측정

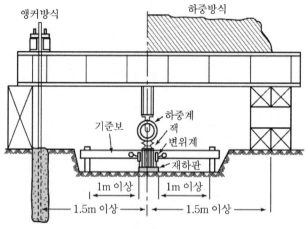

**반력장치 및 재하보의 설치 예**

### 2. 지지력 산정

    (1) 점토의 극한지지력 : $q_{u(f)} = q_{u(p)}$

    (2) 모래의 극한지지력 : $q_{u(f)} = q_{u(p)} \cdot \dfrac{B_f}{B_p}$

    (3) 문제 : 모래지지력에 있으며 대부분 혼합토로 크기에 단순비례하지 않음

    (4) 대책 : 크기가 다른 2~3개 재하판결과 분석

### 3. 침하량 산정

    (1) 점토의 즉시침하량 : $S_f = S_p \cdot \dfrac{B_f}{B_p}$

    (2) 모래의 즉시침하량 : $S_f = S_p \cdot \left( \dfrac{2B_f}{B_f + B_p} \right)^2$

    (3) 문제 : 모래침하량에 있으며 식과 같이 4에 접근하지 않는 경우 발생

    (4) 대책 : 느슨 또는 중간 조밀 사질토는 침하량이 크게 산정되도록 보정 그림 이용

**참고**  침하량 보정 그림

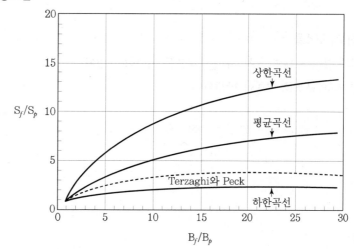

1) 하한선 : 매우 조밀한 모래(N ≥ 50)
2) Terzaghi 곡선 : 조밀한 모래(30 < N < 50)
3) 평균선 : 중간밀도 모래(10 < N < 20)
4) 상한선 : 매우 느슨한 모래

## 9 지반침하 시 구조물의 각 변위와 처짐비

### 1. 지반침하 시 구조물

(1) 그림과 같이 토류벽 굴착 시 인근구조물 지반이 변형됨

(2) 이에 따라 구조물 변형이 발생됨

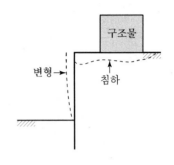

### 2. 각 변위

(1) 두 점 간의 부등침하량비

(2) 즉, $\dfrac{\Delta S}{L}$이며 구조적 문제 또는 외관상 문제가 됨

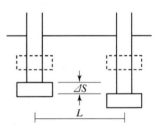

### 3. 처짐비

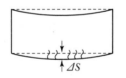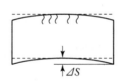

(1) 두 점 간의 휨변형에 의한 것으로, 즉 $\dfrac{\Delta S}{L}$

(2) 각 변위와 다르게 구조물에 휨이 발생되고 균열 발생과 관련됨

## 🔟 말뚝 폐색효과

### 1. 정의

말뚝선단이 개방되어 있어도 부분 또는 완전폐색된 것처럼 되어 선단지지력이 발휘되는 현상

### 2. 폐색효과에 따른 지지력

(1) 완전개방 또는 부분폐색인 경우

$$Q = Q_{s0} + Q_{si} + Q_{pt}$$

여기서, $Q_{s0}$ : 외주면 마찰력

$Q_{si}$ : 내주면 마찰력

$Q_{pt}$ : 선단부 지지력

한편, $Q_{si}$는 말뚝선단으로부터 $3{\sim}4D(D$ : 말뚝직경) 이내의 마찰에 의해 발휘됨

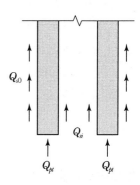

(2) 완전폐색인 경우

$$Q = Q_{s0} + Q_p$$

여기서, $Q_{s0}$ : 외주면 마찰력

$Q_p$ : 선단부 지지력

즉, 폐단말뚝과 같은 하중지지 machanism으로 가정함

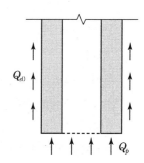

### 3. 개방말뚝과 폐색말뚝 비교

| 구분 | 개방말뚝 | 폐색말뚝 |
|---|---|---|
| 관입성 | 용이 | 곤란 |
| 주변영향 | 변형 적음 | 변형 큼 |
| 주면지지력 | 점토지반에서 큼 | 모래지반에서 큼 |
| 선단지지력 | 작음 | 큼 |

## 11 암석 Creep 현상

### 1. 암시간의존성

(1) 개요

① 시간 경과에 따라 암반성질이 변화되는 특성을 시간의존성(Time-dependent Property)이라 함

② 시간의존성에 따라 전단강도 감소, 압축량 증가, 투수성 증가 등 악영향을 미치게 됨

(2) 시간의존성 종류

① 풍화(Weathering)

② Creep

③ Swelling

④ Slaking

### 2. Creep 현상

① 정의 : 하중이 일정하게 작용하고 시간의 경과에 따라 변형이 발생하는 현상

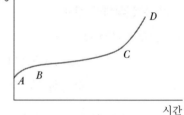

② 단계

• 1차 Creep : $AB$ 구간으로 변형이 적음

• 2차 Creep : $BC$ 구간으로 변형률이 일정함

• 3차 Creep : $CD$ 구간으로 변형이 증가하고 파괴됨

③ 일축압축강도의 60% 이상 하중에 대해 Creep 현상은 현저하며 Creep 변형을 감안해야 함

④ 점판암, 이암, 편암, 석회암, 간극률이 큰 사암 등에서 발생이 유력함

### 3. 평가

(1) 양호한 암반에서는 Creep 변형량이 매우 적으므로 실무적으로 무시 가능함

(2) 그러나 2. ④에서 언급한 취약한 암에 상대적으로 큰 하중에 지속적으로 재하되면 고려가 필요함

## ⑫ 석화(Lithification)

### 1. 퇴적암의 생성과정

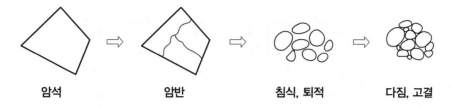

암석       암반       침식, 퇴적       다짐, 고결

### 2. 석화작용

(1) 퇴적된 미고결 토사가 암석으로 변화하는 과정으로 크게 다짐과 고결이 있음

(2) 다짐(Compaction) : 계속하여 퇴적이 발생하면 아래에 있는 부분은 상재하중으로 입자간격이 좁아지는 현상

(3) 고결(Cementation) : 퇴적물의 광물, 외부에서 이동된 광물, 고결물질들이 퇴적물을 굳게 만드는 현상

### 3. 역암 퇴적층 예시

(1) 중생대 말기에 울산단층대에 화강암 관입

(2) 정단층이 발생하고 낮아진 부분에 토사 퇴적

(3) 다짐, 탈수, 고결화로 역암 형성(최대 200m 이상)

### 4. 평가

(1) 석화 정도에 따라 전단강도, 압축성, 투수성이 다르게 됨

(2) 역과 기질함량, 함수비, 투수성에 따라 암반평가 필요

### 13 터널라이닝에서 유연성비(Flexibility Ratio)와 압축성비(Compressibility Ratio)

## 1. 터널 Lining 거동

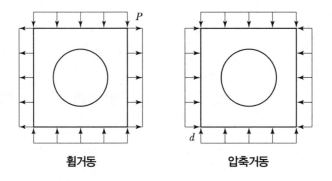

**휨거동**                        **압축거동**

(1) 터널 Lining의 거동은 주변지반과 Lining의 상호작용에 따라 영향을 받음
(2) 이를 평가하기 위한 개념으로 유연성비와 압축성비가 있음

## 2. 유연성비(Flexibilityh Ratio)

(1) $F = \dfrac{\text{지반압축강성}}{\text{Lining 압축강성}}$

(2) 지반압축강성이 상대적으로 작으면 휨거동, 상대적으로 크면 압축거동

## 3. 압축성비(Compressibility Ratio)

(1) $C = \dfrac{\text{지반압축강성}}{\text{Lining hoop 강성}}$

(2) 지반강성이 상대적으로 작으면 휨거동, 상대적으로 크면 압축거동

## 2 교 시 ( 6문 중 4문 선택, 각 25점 )

【문제 1】

포화된 흙 속을 통해 흐르는 물의 유출속도(Discharge Velocity)와 침투속도(Seepage Velocity)의 관계를 유도하여 설명하시오.

### 1. Darcy 법칙

흙 속이 물로 포화되고 층류상태일 때 침투유량 $Q$는 동수구배 $i$ 및 투수단면적 $A$에 비례한다. 이러한 관계를 Darcy의 법칙이라고 하며 다음 식과 같이 표시한다.

$v = k \cdot i, \quad Q = k \cdot i \cdot A$

여기서, $V$ : 유출속도(cm/sec)

$k$ : 투수계수(cm/sec)

$i$ : 동수구배 $\left( i = \dfrac{\Delta h}{L} \right)$

($L$ : 물이 흐른 거리, $\Delta h$ : 물이 흐른 거리에 대한 수두손실, 즉 전수두차)

$A$ : 흐름방향에 직교하는 흙의 단면적

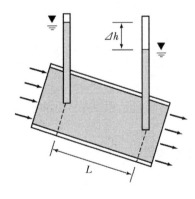

## 2. 유출속도와 침투속도

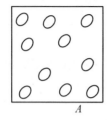
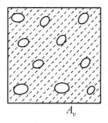

| Darcy 법칙에서 단면적 | 침투속도에서 단면적 |

(1) 접근속도 또는 유출속도는 Darcy 법칙에서 유량을 구하기 위한 속도로 위의 좌측 그림과 같이

(2) 겉보기 단면적, 즉 흙입자와 간극을 포함한 면적으로 함

(3) 실제, 흙 속에 물이 흐르는 것은 간극으로 가능하므로 위의 우측 그림과 같이 흙입자를 제외한 면적이 적용되고

(4) 따라서, 유량이 같으므로 유출속도보다 침투속도가 빠르게 됨

## 3. 관계식

(1) $Q = V \cdot A = V_S A_V$

$$V_S = V\frac{A}{A_V} = V\frac{AL}{A_L L} = V\frac{V}{V_V}$$

간극률 $n = \dfrac{V_V}{V}$ 이므로 $V_S = \dfrac{V}{n}$ 이 됨

(2) 즉, 침투속도는 유출속도를 간극률로 나눈 값이며 지반의 간극률은 100% 이하이므로 침투속도가 유출속도보다 크게 됨

(3) 예로, $n = 50\%$ 이면 $V_S = 2V$ 가 됨

## 4. 평가

(1) 유출속도는 Darcy 법칙에서 유출량 산정에 적용됨

(2) 침투속도는 한계유속과의 비교로 Piping 가능성 판단에 적용됨

(3) 이 두 속도를 적정하게 구하기 위해서는 투수계수 간극률이 값이 신뢰도 있게 산정되어야 함

【문제 2】
간극수압계수의 종류와 삼축압축시험을 통한 산정방법 및 결과이용에 대하여 설명하시오.

## 1. 간극수압계수

(1) 정의

① 점토에 비배수조건으로 하중에 재하되면 과잉간극수압(Excess Porewater Pressure)이 발생

② 전응력 증가량에 대한 간극수압 변화량의 비로 정의됨

③ 즉, 간극수압계수 $= \dfrac{\Delta u}{\Delta \sigma}$

(2) 종류

① $A$계수 : $A = \dfrac{\Delta u}{\Delta \sigma_1} = \dfrac{간극수압변화}{축차응력변화}$

② $B$계수 : $B = \dfrac{\Delta u}{\Delta \sigma_3} = \dfrac{간극수압변화}{구속응력변화}$

③ $C$계수 : $C = \dfrac{\Delta u}{\Delta \sigma} = \dfrac{간극수압변화}{압밀시험 \ 시 \ 하중변화}$

④ $D$계수 : $D = \dfrac{\Delta u}{\Delta \sigma_1 - \Delta \sigma_3} = \dfrac{간극수압변화}{일축압축응력변화}$

## 2. 삼축압축시험에서 산정방법

(1) 간극수압 산정식

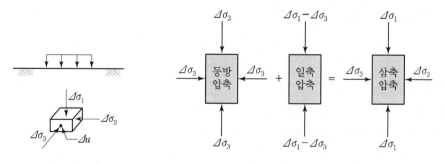

현장의 응력상태          삼축압축 시의 응력상태

$$\Delta u = B\Delta\sigma_3 + D(\Delta\sigma_1 - \Delta\sigma_3)$$
$$= B\Delta\sigma_3 + AB(\Delta\sigma_1 - \Delta\sigma_3)$$
$$= B[\Delta\sigma_3 + A(\Delta\sigma_1 - \Delta\sigma_3)]$$

(2) $A$값 산정

① 구속압력을 일정하게 유지하고 축차응력을 증가시켜 간극수압 측정

② $\Delta u = B[\Delta\sigma_3 + A(\Delta\sigma_1 - \Delta\sigma_3)]$, $B=1$

$A = \dfrac{\Delta u - \Delta\sigma_3}{\Delta\sigma_1 - \Delta\sigma_3}$ 이고 $\Delta\sigma_3 = 0$이므로 $A = \dfrac{\Delta u}{\Delta\sigma_1}$ 이 됨

③ 예

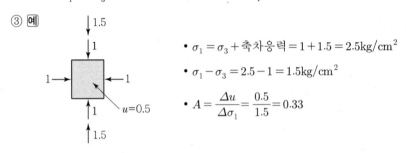

- $\sigma_1 = \sigma_3 + 축차응력 = 1 + 1.5 = 2.5\text{kg/cm}^2$
- $\sigma_1 - \sigma_3 = 2.5 - 1 = 1.5\text{kg/cm}^2$
- $A = \dfrac{\Delta u}{\Delta\sigma_1} = \dfrac{0.5}{1.5} = 0.33$

(3) $B$값 산정

① 등방구속상태에서 구속압력을 증가시키고 간극수압 측정

② $B = \dfrac{\Delta u}{\Delta\sigma_3}$ 로 $B$계수 산정

③ 예

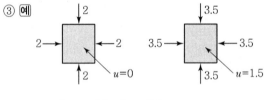

- $B = \dfrac{\Delta u}{\Delta\sigma_3} = \dfrac{1.5 - 0}{3.5 - 2.0} = \dfrac{1.5}{1.5} = 1.0$

## 3. 결과 이용

(1) 간극수압계수 $A$

① 과잉간극수압 산정 : $\Delta u = B[\Delta\sigma_3 + A(\Delta\sigma_1 - \Delta\sigma_3)]$

② 압밀상태 판단

- 예민점토 : $A_f > 1$
- 정규압밀점토 : $A_f \fallingdotseq 1$
- 과압밀점토 : $A_f < 1$

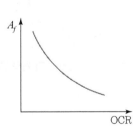

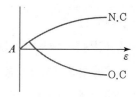

- 정규압밀점토 : 증가
- 과압밀점토 : 초기 증가 후 감소
- Dilatancy 성질에 기인

(2) 간극수압계수 $B$

① 간극수압계수 $B$ : $\Delta u = B[\Delta\sigma_3 + A(\Delta\sigma_1 - \Delta\sigma_3)]$

② 배압 시 포화도 확인

- $B = 0$ : 완전건조
- $B = 0 \sim 1$ 사이 : 불포화
- $B = 1$ : 완전포화

【문제 3】

정규압밀점토에서 $\sigma'_o = 50\text{kN/m}^2$, $e_o = 0.81$이고 $\sigma'_o + \Delta\sigma' = 120\text{kN/m}^2$일 때 $e = 0.7$로 주어졌다. 앞의 하중범위 내에서 다음을 구하시오.(단, 점토의 투수계수 $k = 3.1 \times 10^{-7}\text{m/sec}$, $\gamma_w = 10\text{kN/m}^3$)

1) 현장에서 4m 두께의 점토(양방향 배수)가 50% 압밀되는 데 걸리는 시간

2) 50% 압밀 시 침하량

## 1. 50% 압밀 소요시간

(1) 관련식 : $t = \dfrac{TD^2}{C_v}$

여기서, $T$ : 해당 압밀도의 시간계수

$\quad\quad\quad D$ : 배수거리

$\quad\quad\quad C_v$ : 압밀계수(Coefficient of consolidation)

(2) $C_v$ 산정

① $a_v$(압축계수) $= \dfrac{\Delta e}{\Delta p} = \dfrac{0.81 - 0.7}{120 - 50} = 1.57 \times 10^{-3}\text{m}^2/\text{kN}$

② $m_v$(체적압축계수) $= \dfrac{a_v}{1+e} = \dfrac{1.57 \times 10^{-3}}{1 + 0.81} = 8.67 \times 10^{-4}\text{m}^2/\text{kN}$

③ $C_v = \dfrac{K}{m_v \cdot \gamma_w} = \dfrac{3.1 \times 10^{-7}}{8.67 \times 10^{-4} \times 10} = 3.58 \times 10^{-5}\text{m}^2/\text{s}$

(3) $t_{50}$ 산정

① 50% 압밀도 시 시간계수 $T = 0.197$

② 배수거리($D$)는 양면배수로 2m

③ $t_{50} = \dfrac{0.197 \times 2^2}{3.58 \times 10^{-5}} = 22,011$초 ≒ 6.1시간

## 2. 50% 압밀 시 침하량

(1) 관련식 : $S = m_v \Delta p H$

① $m_v = 8.67 \times 10^{-4}\text{m}^2/\text{kN}$

② $\Delta p = \Delta\sigma' = 120 - 50 = 70\text{kN/m}^2$

③ $H = 4\text{m}$

（주의 : 배수거리는 2m로 적용되나 침하량산출 시는 전체 압밀층 두께 적용)

(2) 최종침하량

① $S_f = m_v \cdot \Delta p \cdot H$

$\qquad = 8.67 \times 10^{-4} \times 70 \times 4 = 0.243 \text{m} = 243 \text{mm}$

② 50% 압밀침하량

$\quad S_{50} = S_f \times 50\% = 243 \times 50\% = 121.5 \text{mm}$

참고    1. $C_c$(압축지수, Compression index)

$$C_c = \frac{\Delta e}{\Delta \log p} = \frac{0.81 - 0.7}{\log 120 - \log 50} = 0.29$$

2. 최종침하량

$$S = \frac{C_c}{1 - e_o} H \log \frac{p_o + \Delta p}{p_o} = \frac{0.29}{1 + 0.81} \cdot 4 \cdot \log \frac{120}{50} = 0.243 \text{m}$$

【문제 4】
UU, CK₀U, CIU 삼축압축시험에 대해 다음 질문에 답하시오.

1) 각 시험에 대한 응력경로를 p−q diagram 도시
2) 현장 흙의 응력 상태를 재현하기 위해 UU, CIU 시험에서 가정한 조건과 실제와의 차이점
3) UU, CK₀U, CIU 시험의 실무적용

## 1. 응력경로

### (1) UU 시험

① UU 시험 : 비압밀비배수시험으로 Mohr 원 크기 일정
② $k_f$선 : 수평선

### (2) CK₀U 시험

① CK₀U 시험 : 압밀비배수시험이며 압밀 시 $K_o$ 압밀 적용
② 출발점 : $k_o$선에 위치
③ $k_f$선 : 압밀압력 증가로 $k_f$선 증가 직선

### (3) CIU 시험

① CIU 시험 : 압밀비배수시험이나 압밀 시 등방압밀 적용
② 출발점 : $p$축에 위치
③ $k_f$선 : 압밀압력 증가로 $k_f$선 증가 직선

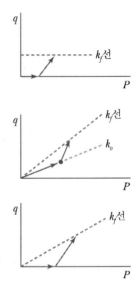

## 2. UU, CIU 시험 가정조건과 실제 차이점

### (1) UU 시험

① 비압밀비배수(Unconsolidated−Undrained) 조건으로 시험하여 점착력 산정
② 즉, 성토 등의 하중이 일시에 재하되는 형태의 시험으로 압밀을 고려하지 않음
③ 실제 현장에서는 점증재하 또는 단계재하가 되어 압밀현상이 발생됨
④ UU 시험의 결과로 안정성검토 시 보수적 검토가 됨

### (2) CIU 시험

① 압밀비배수(Consolidated−Undrained) 조건으로 시험하여 전단강도정수(Shear Strength parameter) 산정

② 이때 압밀 시 등방조건으로 압밀하여 시험하는 데 실제 현장은 비등방조건이 보다 타당함

③ CIU 시험결과는 전단강도는 과다하게 평가하는 결과가 됨

## 3. UU, CK₀U, CIU 시험의 실무적용

(1) UU 시험

① 비교적 급속재하 시 재하단계에서 비배수 취급

② 이에 대한 안정성 검토에 적용

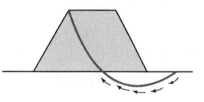

(2) CK₀U 시험

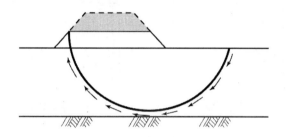

① 재하에 대해 압밀되고 파괴 시 비배수조건에 대한 안정성 검토에 적용

② 간극수압을 파악하여 유효응력해석 가능

③ 현장조건에 부합됨

(3) CIU 시험

① 기본적으로 CK₀U 시험과 같음

② 압밀압력과다로 전단강도(Shear strength)가 과다 평가됨

③ 따라서, 실무적용성을 위해 등방압밀 시 연직응력에 대해 약 60% 수준을 적용한 결과로 안정성 검토가 필요함

【문제 5】
굴착벽체 배면의 지표면에 상재하중이 작용하게 될 경우 다음 1), 2) 조건에서 굴착 벽체에 추가적으로
발생하는 수평압력을 Boussinesq 탄성해와 비교하여 설명하시오.
1) 상재하중 전 굴착벽체 설치
2) 상재하중 후 굴착벽체 설치

## 1. 기본개념

### (1) 일반토압(Rankine 중심)

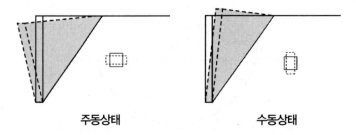

주동상태          수동상태

① Rankine 토압은 횡방향으로 팽창 또는 압축에 의해 소성파괴 상태에 따른 토압임
② 실제 옹벽은 변위에 따른 벽마찰각이 발생하는데 Rankine 토압은 벽마찰각을 무시하고 Mohr−
  coulomb 파괴기준으로 토압을 산출함

### (2) Boussinesq 토압

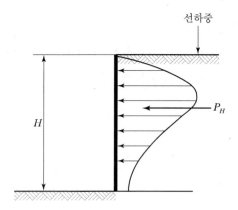

Boussinesq 토압은 지반이 탄성이고 등방조건이며 벽체가 강성에 따른 고전토압임

## 2. 상재하중 전 굴착벽체 설치조건

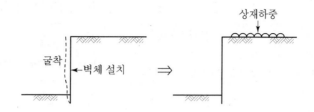

① 벽체설치와 굴착이 이루어지게 되며 이에 따라 배면토에 의해 변위가 발생됨
② 배면토 변위 후 상재하중이 작용하게 되면 상대적으로 상재하중에 의한 변위는 작게 됨
③ 따라서, Boussinesq 토압과 근사하게 될 것임

## 3. 상재하중 후 굴착벽체 설치조건

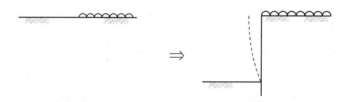

① 상재하중을 재하하고 굴착벽체를 형성하므로 배면토와 상재하중에 의한 변위가 발생됨
② 변위는 위의 2. 조건보다 크게 되며 따라서 변위가 커짐에 따라 Boussinesq 토압보다 작게 될 것임

【문제 6】

A시료, B시료에 대하여 입도분석시험 결과가 아래와 같을 때, 다음 질문에 답하시오.

| 구분 | 통과 백분율(%) | | | | | | | | LL (%) | PI (%) |
|------|------|------|------|------|------|------|------|------|------|------|
| | NO.10 (2.0mm) | NO.40 (0.425mm) | NO.60 (0.250mm) | NO.100 (0.150mm) | NO.200 (0.075mm) | 0.05mm | 0.01mm | 0.002mm | | |
| A시료 | 98 | 85 | 72 | 56 | 42 | 41 | 20 | 8 | 44 | 0 |
| B시료 | 99 | 94 | 89 | 82 | 76 | 74 | 38 | 9 | 40 | 12 |

1) A시료, B시료를 통일분류법으로 분류

2) A시료와 같은 기초지반의 공학적 특성치 결정 시 고려사항

# 1. 통일흙분류(USCS ; Unified Soil Classification System)

(1) 개요

① 입도분포곡선 : 조립토(사질토)와 세립토(점성토) 구분

② 조립토 구체적 분류 : 입도분포곡선 + 소성도에 의함

③ 세립토 구체적 분류 : 소성도에 의함

④ 분류기호

| 구분 | 제1문자 | | 제2문자 | | 비고 |
|------|------|------|------|------|------|
| | 기호 | 설명 | 기호 | 설명 | |
| 조립토 | G | Gravel | W | 입도분포 양호 | 입도 |
| | | | P | 입도분포 불량 | 입도 |
| | S | Sand | M | 실트질 혼합토 | 소성 |
| | | | C | 점토질 혼합토 | 소성 |
| 세립토 | M | 무기질 실트 | L | 점성이 낮은 흙 | 압축성 |
| | C | 무기질 점토 | H | 점성이 높은 흙 | 압축성 |
| | O | 유기질 실트 및 점토 | | | |
| | Pt | 이탄 및 고유기질토 | – | – | |

(2) 분류 과정

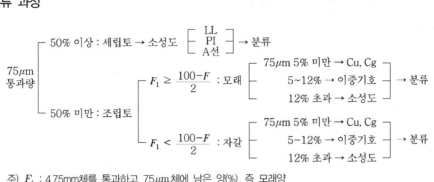

주) $F_1$ : 4.75mm체를 통과하고 75$\mu$m체에 남은 양(%), 즉 모래양

  $F$ : 75$\mu$m체 통과량(%), 즉 세립토량

(3) A시료

① 75$\mu$m 통과량 : 50% 이하로 조립토

② 모래, 자갈 구분

• $F_1 = 100(추정) - 42 = 58\%$

• $\dfrac{100 - F}{2} = \dfrac{100 - 42}{2} = 29\%$

• $F_1 \geq \dfrac{100 - F}{2}$ 이므로 모래

③ 75$\mu$m 통과량이 12% 이상이므로 SM 또는 SC

④ PI(소성지수, Plasticity index)가 0%로 SM

(4) B시료

① 75$\mu$m 통과량 : 50% 이상으로 세립토

② LL(액성한계, Liquid limit)이 50% 이하로 CL 또는 ML

③ CL과 ML 구분

• A선 $= 0.73(LL - 20) = 0.73(40 - 20) = 14.6\%$

• 시료의 PI $= 12\%$로 A선 아래

④ 따라서, B시료는 ML(소성도에 직접 plot해서 구할 수 있음)

## 2. A시료의 공학적 특성치 결정 시 고려사항

### (1) 사질토 특성

① 배수조건으로 과잉간극수압(Excess Porewater Pressure)이 발생되지 않음

② 체적 압축으로 침하되고 전단강도가 즉시 증가

### (2) 점성토 특성

① 비배수조건으로 과잉간극수압 발생

② 긴 시간이 소요되면서 체적압축으로 침하되고 전단강도 장기적 증가

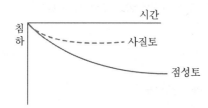

### (3) A시료 고려사항

① $75\mu m$ 통과율이 50% 이하나 42%로 높으며 $2\mu m$ 통과율이 B시료와 비슷함

② 분류상으로 사질토로 배수전단강도(Drained Shear Strength)가 적용되며 압밀침하가 아닌 즉시 침하개념이 적용됨

③ 따라서, AASHTO 분류에 적용되는 35%를 적용하여 세립토로 공학적 특성치(예 전단강도, 압축성, 투수성)를 평가함이 타당함

## 3 교 시 ( 6문 중 4문 선택, 각 25점 )

【문제 1】
흙과 암반의 이방성이 지반공학적 특성에 미치는 영향에 대하여 설명하시오.

### 1. 정의

(1) 이방성은 작용 방향에 따라 지반 성질이 다른 현상

(2) 종류

① 고유이방성 : 지반의 생성과 관련된 이방성

② 유도이방성 : 생성 후 응력 작용에 따른 응력 체계 변화와 관련된 이방성

### 2. 토질이방성

(1) 전단강도(Shear Strength)

① 압밀상태

- 정규압밀점토 : 연직방향 점착력 > 수평방향 점착력

- 과압밀점토 : 수평방향 점착력 > 연직방향 점착력

② 응력체계

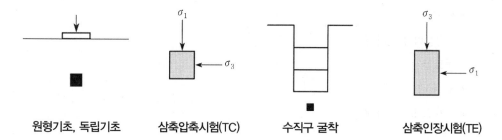

| 원형기초, 독립기초 | 삼축압축시험(TC) | 수직구 굴착 | 삼축인장시험(TE) |

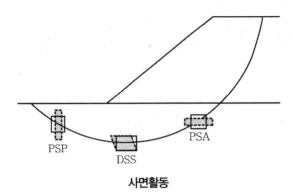

PSA : 평면변형주동시험
DSS : 단순전단시험
PSP : 평면변형수동시험

**사면활동**

주) TC ; Triaxial Compression
TE ; Triaxial Extension
PSA ; Plane Strain Active
DSS ; Direct Simple Shear
PSP ; Plane Strain Passive

(2) **압밀계수**

① $C_h > C_v$

② 수평적 퇴적이 원인

(3) **투수계수**

① $K_h > K_v$

② 수평적 퇴적이 원인

(4) **토압**

① 주동토압계수

  • $K_a < 1$

  • 수평응력 감소가 원인

② 수동토압계수

  • $K_p > 1$

  • 수평응력 증가가 원인

## 3. 암반이방성

### (1) 전단강도

① $\beta = 0°$ 하중재하 시 단면적이 유효하게 작용

② $\beta = 90°$ 조건은 단면적의 결손으로 강도가 작음

③ $\beta ≒ 60°$ 시 전단 파괴면 발생으로 전단강도 최소 가능

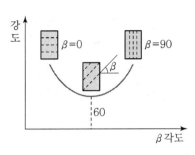

### (2) 압축성

① $\beta = 0°$ 불연속면 수평으로 변형량이 커짐에 따라 변형계수(Deformation Modulus)가 작음

② $\beta = 90°$인 경우 불연속면 연직으로 암석 자체 변형 우세로 변형계수 큼

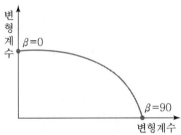

### (3) 특수성

① ㉠ 방향 흐름 시 암반투수성이 지배

② ㉡ 방향 흐름 시 파쇄대 투수성에 지배

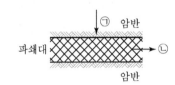

### (4) 초기 지압비

① 지표 근처 : $K > 1$인 경우가 많으며 이는 지체 구조응력(Tectonic Stress)에 기인함

② 지표 심부 : $K ≒ 1$인 경우가 많으며 이는 깊은 심도로 평형 유지를 위해 변형이 수반되고 연직과 수평응력이 비슷해지는 것이 가능

【문제 2】

투수계수에 대하여 다음 질문에 답하시오.

1) 투수계수 산정방법

2) 실내시험을 통해 얻은 투수계수 결과치의 신뢰성이 떨어지는 이유

3) 암반의 투수성 평가 시 투수계수를 사용하지 않고 루전값을 활용하는 이유

## 1. 투수계수 산정방법

투수시험 ┌ 실내 : 정수위, 변수위, 압밀, 삼축투수시험
         └ 현장 : 수위 변화, 수압, 관측정, CPTu, DTM

(1) 정수위 시험(Constant head test)

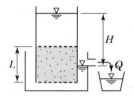

① 적용 : $K = 10^{-3} \text{cm/s}$ 이상인 조립토

　예 sand drain, filter재, 토목섬유, 뒤채움재

② 방법 : 수두차를 일정하게 유지하고 침투수량($Q$) 측정

③ 식 : $Q = KiAt = K\dfrac{H}{L}At$에서 $K = \dfrac{QL}{AHt}$ ($t$ : 시간)

(2) 변수위 시험(Falling head test)

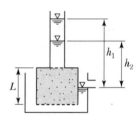

① 적용 : $K = 10^{-3} \text{cm/s}$ 이하인 세립토 예 core재, 차수재, 성토재

② 방법 : 시간에 따른 수위변화량 측정

③ 식 : $K = \dfrac{aL}{A(t_2 - t_1)} \ln\left(\dfrac{h_1}{h_2}\right)$ ($a, A$ : 파이프, 시료의 단면적)

(3) 압밀시험결과 이용

① 적용 : $K = 10^{-6} \text{cm/s}$ 이하인 세립토

② 방법 : 압밀시험결과 이용

③ 식 : $K = C_v m_v \gamma_w = C_v \dfrac{a_v}{1+e} \gamma_w$

(4) 삼축 투수 시험

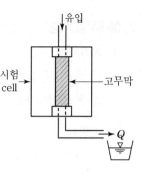

　① 적용 : $K = 10^{-6} \text{cm/s}$ 이하 세립토 예 차수재

　② 시험 : 현장응력을 고려하여 연성벽으로 시간에 따라 침투유량 측정

　③ 식 : 정수위식과 같음

(5) 수위 변화 시험

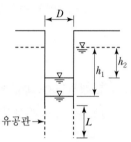

　① 적용 : 토질현장투수시험

　② 시험 : 양수 또는 주수하여 시간에 따른 수위 변화량 측정

　③ 식 : $K = \dfrac{D^2}{8L(t_2 - t_1)} \ln\left(\dfrac{2L}{D}\right) \ln\left(\dfrac{h_1}{h_2}\right)$

(6) 수압 시험

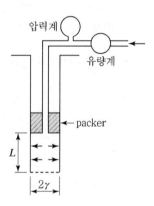

　① 적용 : 암반현장투수시험

　② 시험 : 압력으로 주수하여 시간에 따른 유압량과 압력 측정

　③ 식 : $K = \dfrac{Q}{2\pi LH} \ln\left(\dfrac{L}{r}\right)$ ($H$ : 수두)

(7) 관측정법

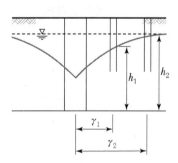

　① 적용 : 토질현장투수시험

　② 시험 : 양수로 정상 상태(steady state) 조건으로 수위 측정

　③ 식 : $K = \dfrac{Q}{\pi(h_2{}^2 - h_1{}^2)} \ln\dfrac{\gamma_2}{\gamma_1}$

## 2. 실내시험을 통한 투수계수의 신뢰도 저하 이유

  (1) 시료채취

    ① 시료 교란으로 지반상태 변화 가능

    ② 불포화토 가능

  (2) 시험기

    ① 시험면적이 현장보다 작음

    ② 측면에서 누수 발생

## 3. 암반에서 Lugeon값 활용 이유

  (1) Lugeon 시험 목적 : grouting 필요성과 그라우팅의 효율성 판단을 위함

  (2) 토질과 암반의 차이 : 토질은 상대적으로 균질하고 다공성인데 반해 압반은 비균질하며 부분적으로 투수성임

토질              암반

  (3) $P-Q$ 관계도로 grouting 효과 판정

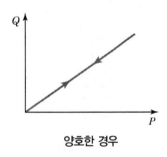
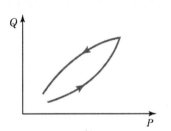
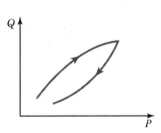

양호한 경우        수압 파쇄, 충전물 이동 : 효과 불량        간극 막힘 : 다소 불량

【문제 3】

연성벽체에 작용하는 토압에 대하여 다음 질문에 답하시오.

1) 연성벽체(가설 흙막이구조물)에 Rankine, Coulomb 토압을 적용하지 않는 이유

2) 굴착단계별 적용토압과 굴착완료된 후의 적용토압

3) 실무설계에서 연성벽체에 작용하는 토압 적용 시 고려사항

## 1. Rankine 또는 Coulomb 토압 적용 곤란 이유

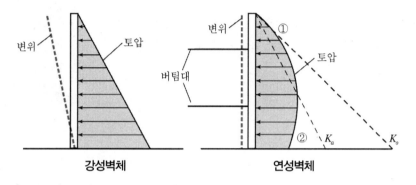

(1) 강성벽체의 경우 옹벽하단을 중심으로 그림과 같이 변위가 발생되게 되며(주동상태) 이때의 토압분포는 실용적으로 Rankine 또는 Coulomb 토압을 적용하여 구할 수 있음

(2) 연성벽체의 경우 벽체의 종류에 따른 강성에 따라, 버팀방식과 버팀시기에 따라, Pre-stressing 유무에 따라 변위형태가 강성벽체와 달라 Rankine 또는 Coulomb 토압의 적용이 곤란함

(3) 토압분포도 대체로 포물선 형태가 일반적이며, Arching의 영향을 크게 받아 그림과 같이 ① 부분은 정지토압에 근접하며, ② 부분은 변위가 커지므로 주동상태보다 적게 될 수 있음. 그러나, 전체토압력은 토압의 재분포로 크기는 같음

## 2. 단계별 토압과 완료 후 토압

(1) 버팀굴착 시 변위와 토압분포

① 1단계 굴착

벽체는 캔틸레버 지지형태로 두부 변위가 그림과 같이 되어 주동토압 상태 정도로 됨

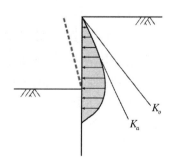

② 1단 버팀 설치

변위를 다소 회복하려는 버팀 반력으로 버팀대 부근에서
변위가 감소되는 반면 토압은 정지상태 정도로 크게 되며
하부는 변위가 비교적 허용되어 주동상태보다 적게 됨

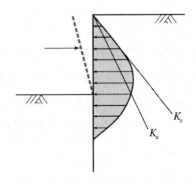

③ 2단계 굴착

버팀대 부근은 정지상태로 있으며, 하부굴착으로 변위가
커져 하부는 주동상태보다 적게 되고 정지상태 토압은 하
부로 다소 감소됨

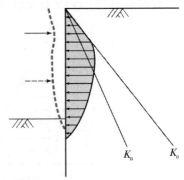

④ 2단 버팀 설치

2단 버팀으로 다소 변위가 회복되므로 버팀 반력 때문에 2
단 버팀 근처에서 토압이 2단 굴착 시보다 정지상태 쪽으
로 커지게 됨. 따라서, 3단계 굴착, 3단 버팀 설치 등 굴착
이 깊어짐에 따라 반복현상이 발생됨

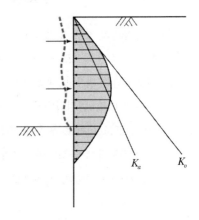

(2) 굴착단계별 토압

(1)의 변위와 토압분포에 따라 실무적으로 삼각형토압(예 Rankine-resal)을 적용함

(3) 완료 후 토압

① 굴착이 완료되면 연성벽은 Arching으로 토압 재분포하게 됨

② 이에 따라 삼각형 토압분포와 다르게 되며 사각형, 사다리꼴형태 분포에 유사함

③ 따라서, 경험토압을 굴착완료 후 토압을 적용함

## 3. 연성벽토압적용 고려사항

(1) 굴착단계 검토 : 삼각형 토압분포 적용

(2) 굴착 및 버팀구조 완료 : 경험토압 적용

(3) 따라서, 안정성과 부재단면검토 시 위에 두 가지 토압분포에 대해 안정성이 확보되도록 함

(4) 경험토압은 계측에 의한 토압분포이며 사질토는 간극수가 없는 조건, 즉 배수조건임. 따라서, 사질토나 자갈층에 차수를 실시하면 토압에 수압을 별도 고려해야 함

(5) 상재하중 분포 시 별도 고려함

(6) **탄소성 해석 적용 필요성과 계산과정**

- 합리적인 지반-구조물 상호작용(Soil—Structure Interaction) 고려
- 토류벽은 물론 벽체 배면지반의 변위 파악
- 굴착 단계별 해석
- 깊은 굴착해석
- 다층 지반조건 해석
- 변위와 연관된 토압 적용

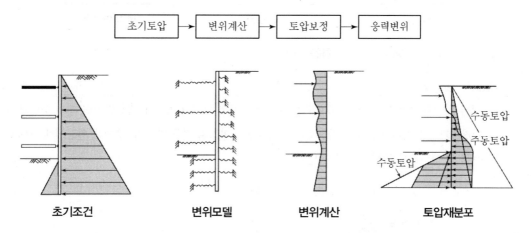

【문제 4】
사면보강공법 중 소일네일링 공법과 어스앵커공법의 공학적 차이점과 설계 시 검토사항에 대하여 설명하시오.

## 1. 공법 개요
(1) Soil nailing
① Soil nailing 공법은 NATM과 유사한 지반보강공법으로 원지반의 강도를 최대한 이용하면서 보강재를 설치하며 복합 보강지반을 형성하여 전단강도 증대와 발생 변위를 억제, 지반 이완을 막는 공법임

**흙막이**          **사면보강**          **기존옹벽보수**

② 시공 : 굴착 → Shotcrete → 천공 → Nail 설치

(2) Ground anchor
① 앵커 : 시멘트 페이스트 혹은 시멘트모르타르 주입에 의해서 지중에 매설된 인장재의 선단부에 앵커체가 만들어지고 그것이 인장재와 앵커두부로 연결된 것을 말하며, 앵커의 인장재에 가해지는 힘은 앵커체를 통해 지중에 전달된다.

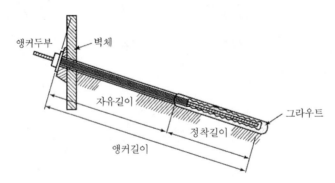

② 앵커두부 : 토류벽에 작용하는 횡방향 토압을 인장재에 전달시키기 위한 부분
③ 인장재 : 인장력을 지반 내의 앵커체에 전달하는 부분
④ 앵커체 : 작용되는 인장력을 지반에 전달시키기 위하여 설치되는 저항부분

## 2. 공학적 차이점

| Anchor | Soil Nailing |
|---|---|
| 토류벽 설치(H-Pile+토류판, C.I.P, S.C.W, Slurry Wall, 띠장) | Shotcrete 타설 |
| Earth Anchor 구조체 | Soil nailing 보강재 |
| Prestressing, 자유장 있음 | 긴장 안함. 자유장 없음 |
| 수량 적고, 간격 넓음(2~3m) | 수량 많고, 간격 좁음(1~1.5m) |
| PS 강선 | 철근 |
| 변위 적음 | 변위 다소 발생 |
| 인장력에 의한 구조체 개념 | 복합지반 및 중력식 구조체 개념 |

(1) Soil nailing

① 토입자이동은 보강재에 의해 변위가 억제되어 겉보기점착력(apparent cohesion) 발휘

② 즉, 벽체인 Shotcrete에 큰 하중 전달이 안 됨

(2) Ground anchor

① 힘 전달 : 토압이 토류벽에 작용 → PS강선 → grouting → 지반의 정착력에 의해 안정

② 토류벽에 상대적으로 큰 토압이 전달됨

## 3. 검토사항

(1) Nailing

① 원호활동에 의한 안정검토

• 여러 개의 많은 활동면을 가정하여 최소안전율이 기준안전율(예 1.5)을 만족하도록 해야 됨

• Nail은 간격, 길이, 설치각도를 변화시켜 최적이 되도록 해야 하고 많은 경우의 수를 취급하므로 전산 해석에 의함(예 Talren Program)

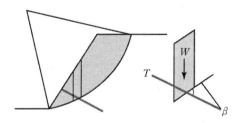

$$F_s = \frac{c'l + (W\cos\alpha - ul)\tan\phi' + T\cos\beta}{W\sin\alpha}$$

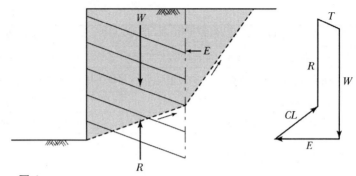

$$\text{안전율} = \frac{\sum tl}{T} \geq 1.5$$

여기서, $t$ : Nail 인장력

$l$ : 활동면 밖의 Nail 길이

② 외적 안정 검토 : 중력식 구조물과 같이 검토함

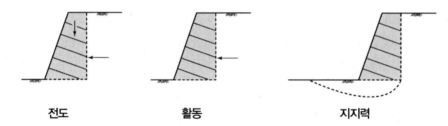

**전도**  **활동**  **지지력**

③ 변위 검토

Soil nailing은 Anchor와 달리 Prestressing을 주지 않기 때문에 어느 정도 변위가 발생해야 인장력이 생기게 되므로 발생변위를 반드시 검토해야 하며, 기준은 $\left(\dfrac{1}{250} \sim \dfrac{1}{300}\right)$ 굴착 깊이임

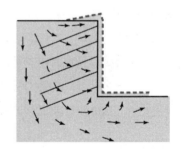

④ 내적 안정 검토 : Nail 강도, grouter 부착, 지반과 정착

(2) Anchor

① 인장재 안정

㉮ 인장재 본수

$$n = \frac{T}{P_a}$$

여기서, $T$ : 앵커축력

$P_a$ : 앵커의 허용인장력

⑭ 앵커축력$(T) = \dfrac{P \cdot a}{\cos \alpha}$

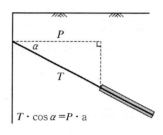

$$T \cdot \cos \alpha = P \cdot a$$

여기서, $P$ : 작용하중

$a$ : 앵커 수평간격

$\alpha$ : 앵커 경사각

② 부착 안정

$L_a = \dfrac{T}{\pi \cdot d \cdot n \cdot \tau_b}$ : PS강재와 grout재 부착

여기서, $d$ : 인장재 직경

$n$ : 인장재 본수

$\tau_b$ : 허용 부착응력

③ 정착 안정

$L_b = \dfrac{T \cdot F_s}{\pi \cdot D \cdot \tau}$ : 앵커체와 지반마찰

여기서, $F_s$ : 안전율

$D$ : 앵커체 직경

$\tau$ : 앵커체 주면마찰력(현장인발시험으로 구할 수 있으며 설계 시는 보통 경험치를 적용함)

④ 자유길이

자유길이는 최소 $4.5$m 이상으로 하되 $45° + \dfrac{\phi}{2}$(이론치)에 $0.15H$를 더한 값과 $1.5$m 중 큰 값으로 한다.

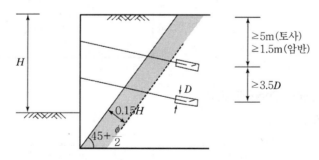

【문제 5】
액상화 상세평가법에서 전단응력비 산정 세부절차에 대하여 설명하시오.

## 1. 액상화(Liquefaction)

(1) 느슨하고 포화된 모래지반이 진동이나 충격 시 비배수조건이 될
수 있음

(2) (−)Dilatancy 성향으로 (+)과잉간극수압이 발생됨

(3) 반복진동으로 간극수압이 누적되어 지반이 액체처럼 강도를 잃
게 됨

(4) 즉, $s = c' + (\sigma - u)\tan\phi' \rightarrow s = (\sigma - u)\tan'\phi'$이고,
$\sigma = u$이면 $s = 0$이 됨

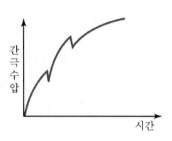

## 2. 상세예측방법

(1) 전단응력비 : $0.65 \dfrac{\alpha_{깊이}}{g} \cdot \dfrac{\sigma_v}{\sigma_v'}$

(2) 저항응력비 : 진동삼축압축시험 결과를 이용하여 지진규모에 해당하는 진동재하횟수($M = 6.5$일
때 10회 적용)에 대해 구함

(3) 안전율

$$F_s = \frac{저항응력비}{전단응력비}, \text{기준 안전율 } 1.0$$

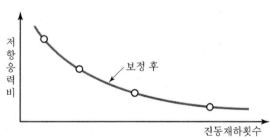

## 3. 전단응력비(CSR ; Cyclic Shear Ratio)

(1) 설계지진파 적용

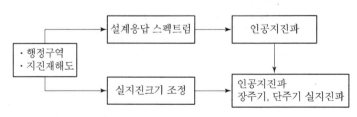

① 기반암 노두 가속도 결정

　　0.11g×1.4＝0.154g(행정구역)과 0.145g(재해도)에서 0.154g 적용을 전제함

② 설계지진파 결정

　• 장주기, 단주기 실측지진파에 대해 설계지진파 조정

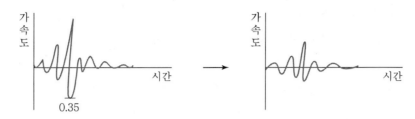

　• 예로, $\dfrac{0.154}{0.35}$ 비율로 조정함

　• 설계응답 스펙트럼에 적합한 인공지진파 작성

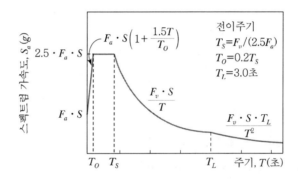

　　－인공지진파(SIMQKE 프로그램 이용)

(2) **지반물성치**

　① 실내시험

　　• $G \sim \gamma$

　　• $D \sim \gamma$

② 현장시험

- $V_S -$ 깊이 → 지반구분

- $G_{max}$

③ $G/G_{max} - \gamma,\ D - \gamma$

- 실내시험 : 교란, 현장재현 어려움

- 현장시험 : $G_{max}$ 산정 → 변형률에 대한 비선형 산정 불가

④ 요령

- 현장시험으로 각 층의 최대 전단탄성계수($G_{max}$) 결정

- 실내시험으로 변형률에 따른 전단탄성계수와 감쇠비 결정

- 현장, 실내시험으로 결합된 $G/G_{max} - \gamma$ 관계 도출

- 실내시험으로 $D - \gamma$ 관계 도출

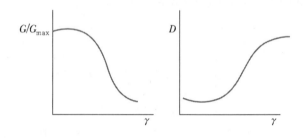

(3) **지반응답해석(예 SHAKE 프로그램)**

① 검토 대상지 등을 적당한 두께(1~2m)로 분할

② 각 지층에 대해 전단변형률에 대한 $G,\ D$값

③ 기반암 노두 설계지진파를 기반암 설계지진파로 프로그램에 의해 변경(Deconvoultion)

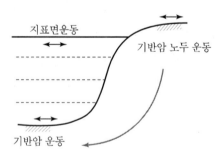

(4) 깊이별 가속도값

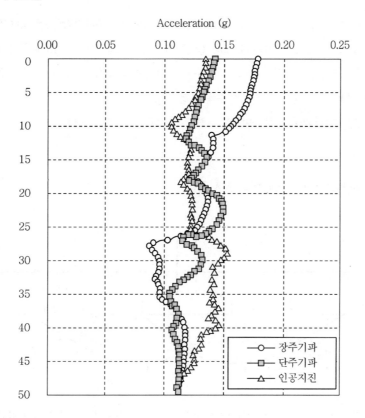

(5) 산정 예

① 전단응력비(CSR) : $0.65\dfrac{\alpha_{\text{깊이}}}{g}\cdot\dfrac{\sigma_v}{\sigma_v'}$

② 조건

　• 10m 깊이, $\gamma_{sat}=20\text{kN/m}^3$, $\gamma_w=10\text{kN/m}^3$

　• $\alpha_{10\text{m}}=0.13\text{g}$(가정)

③ $CSR=0.65\times\dfrac{0.13\text{g}}{\text{g}}\times\dfrac{20\text{kN/m}^3\times10\text{m}}{10\text{kN/m}^3\times10\text{m}}=0.169$

【문제 6】

원형기초의 직경은 2m이다. 이 기초를 지지하고 있는 기초지반의 내부마찰각($\phi$)은 30°이고 점착력($c$)은 20kN/m²이다. 이 기초의 근입깊이($D_f$)는 2m이고 지하수위는 지표면 아래 3m에 위치해 있다. 지하수위 상부 흙의 단위중량($\gamma_t$)은 18kN/m³이고 지하수위 아래의 흙의 포화단위중량($\gamma_{sat}$)은 20kN/m³일 때, 상기 원형기초에 작용할 수 있는 전 허용하중을 결정하시오.

(단, $F_S = 3.0$, 전반전단파괴를 가정하며, $N_c = 33$, $N_q = 20$, $N_r = 18$ 사용)

## 1. 지지력 산정 mechanism(Terzaghi)과 지지력식

### (1) 지반거동

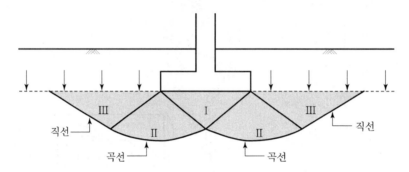

① 지반이 파괴될 정도의 하중이 작용하면 지반 내의 흙은 소성평형상태로 되고 파괴는 활동면을 따라 발생하며 지표는 융기하게 됨

② 하중으로 기초 바로 밑의 흙쐐기는 주동상태, 즉 재하로 침하되며 수평방향으로 팽창이 됨(Ⅰ영역 : 주동영역)

③ Ⅰ영역의 수평팽창으로 Ⅱ영역은 곡선의 활동면을 따라 전단영역이 발생됨(Ⅱ영역 : 전단영역)

④ Ⅱ영역의 전단으로 Ⅲ영역은 수동상태가 되고 파괴 시 지표의 융기를 수반하며 활동면은 직선이 됨(Ⅲ영역 : 수동영역)

⑤ Ⅰ영역은 주동상태로 파괴각은 수평면에 대해 $45 + \dfrac{\phi}{2}$이며 Ⅲ영역은 수동상태로 파괴각은 수평면에 대해 $45 - \dfrac{\phi}{2}$임

⑥ 기초 위의 근입깊이에 대한 흙무게는 상재하중 $q = \gamma D_f$로 취급함. 즉, 근입깊이에 대해서는 전단저항을 무시

### (2) 지지력식

$$q_u = \alpha \cdot c \cdot N_c + \beta \cdot \gamma_1 \cdot B \cdot N_r + \gamma_2 \cdot D_f \cdot N_q = 점착력영향 + 자중영향 + 상재하중영향$$

여기서, $q_u$ : 극한지지력(ton/m²)

$\alpha,\ \beta$ : 형상계수

$c$ : 기초저면의 흙의 점착력(ton/m²)

$N_c,\ N_r,\ N_q$ : 전단저항각에 따른 지지력계수

$\gamma_1$ : 기초밑면 흙의 단위중량(ton/m³)

$\gamma_2$ : 근입깊이부분 흙의 단위중량(ton/m³)

$B$ : 기초의 폭(m)

$D_f$ : 기초의 근입깊이(m)

## 2. 계산

### (1) 조건

• 직경 2m, $\phi = 30°$, $C = 20\text{kN/m}^2$, $D_f = 2\text{m}$, 수위 GL$-$3m

• $\gamma_t = 18\text{kN/m}^3$, $\gamma_{sat} = 20\text{kN/m}^3$

• $S_1F = 3$, $N_c = 33$, $N_r = 18$, $N_q = 20$

### (2) 계산

① $\alpha,\ \beta$ : 원형기초 $\alpha = 1.3$, $\beta = 0.3$

② $\gamma_1$

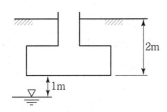

• 기초 밑에서 기초폭과 같은 깊이까지 지하수 영향 고려

• $\gamma_1 = \dfrac{18\text{kN/m}^3 \times 1\text{m} + 10\text{kN/m}^3 \times 1\text{m}}{2\text{m}} = 14\text{kN/m}^3$

③ $\gamma_2$ : 지하수위 위로 $\gamma_t = 18\text{kN/m}^3$

### (3) $q_u = \alpha C N_c + \beta \gamma_1 B N_r + \gamma_2 D_f N_q$

$= 1.3 \times 20\text{kN/m}^2 \times 33 + 0.3 \times 14\text{kN/m}^3 \times 2\text{m} \times 18 + 18\text{kN/m}^3 \times 2\text{m} \times 20$

$= 1{,}729.2\text{kN/m}^2$

### (4) 허용하중

$\dfrac{q_u}{S_1F} = \dfrac{1{,}729.2}{3} = 576.4\text{kN/m}^2$

## 4 교 시 ( 6문 중 4문 선택, 각 25점 )

【문제 1】
EPS 공법의 특성 및 적용분야, 설계 시 검토사항에 대하여 설명하시오.

### 1. 개요

EPS란 Expanded Polystyrene의 약자로 중량이 흙의 약 $\frac{1}{100}$ 정도로 극히 가벼움에도 적당한 강도를 가지고 있다. 따라서 연약지반의 침하대책, 사면활동 방지대책, 옹벽 등의 토압경감대책인 경량성 토공법이다.

### 2. EPS의 특성

(1) **경량성** : 단위 중량이 극히 작아 성토하중 절감으로 침하, 사면안정문제 해결 가능

(건조 시 : $0.015 \sim 0.03 ton/m^3$, 침수 시 : $0.06 \sim 0.08 \fallingdotseq 0.1 ton/m^3$)

(2) **자립성** : 자립성이 있어서 자립벽으로 가능

(3) **내수성** : 물과 결합하지 않으므로 지하수위하에서 변화가 없음

(4) **압축강도** : 허용강도 $5 \sim 15 ton/m^2$

(5) **시공성** : 시공속도가 빠르고 인력시공이 가능(장비진입문제 해결)

(6) **열특성** : 변형, 강도저하가 되지 않게 70℃ 이하의 온도범위 내에서 사용

(7) **내구성** : 산이나 살충제에는 안정하나 페놀류, 가솔린에는 용해

(8) **Creep 변형** : 안정상태 하중은 압축강도의 $\frac{1}{2}$ 이하

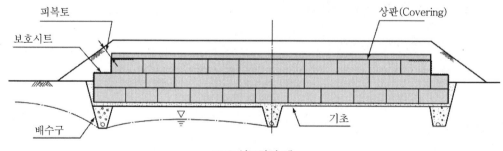

**EPS 성토단면 예**

## 3. 적용분야

### (1) 성토

① 침하경감

② 사면 안전율 확보

③ 도로, 철도, 택지, 활주로, 확폭성토

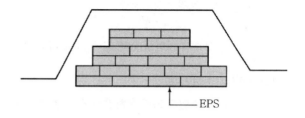

### (2) 배면성토

① 토압경감

② 측방유동 경감

③ 교대, 옹벽, 호안배면, U형 옹벽

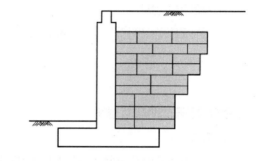

### (3) 가설, 복구

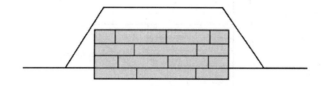

## 4. 하중경감공법에 대한 설계

### (1) EPS 부재응력검토

$$\sigma = \sigma_1 + \sigma_2 < 허용응력$$

여기서, $\sigma_1$ : EPS 상부 포장＋성토 등의 하중

$\sigma_2$ : 윤하중 분포

### (2) EPS 치환두께($D$) : 잔류침하 배제 목적

① EPS 시공 전 토피하중 $P_0 = \gamma D$

② EPS 시공 후 작용하중 $P =$ 교통하중＋포장·성토하중＋EPS 자중

③ $P_0 = P$ 로 하여 치환깊이 $D$ 산출함

(3) 부력검토

$$F_S = \frac{P}{U} = \frac{\text{포장} + \text{성토하중}}{\gamma_W \cdot h'} \geq 1.2$$

($h'$ : 지하수위 이하의 EPS 두께, 교통하중, EPS 자중 무시 )

(4) **지반의 침하 검토**

증가 하중이 있게 되면 침하량식에 의해 계산하고 허용침하량과 비교한다.

(5) **사면안정 검토**

이때 EPS는 전단강도를 무시하고 하중으로만 고려하며 사면안전율 검토

## 5. 토압경감공법에 대한 설계

(1) **토압**

① $i$가 성토안정구배보다 클 때 : 시행쐐기법으로 토압계산

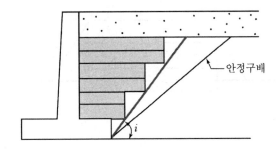

② $i$가 성토안정구배보다 작을 때 : 토압 무시

(2) **활동, 전도, 지지력에 대한 안정**

옹벽과 같이 검토함

**【문제 2】**

Mohr 원을 이용하여 Rankine의 주동토압을 유도하시오.

## 1. 기본개념

### (1) Mohr 원

① 최대주응력($\sigma_1$)과 최소주응력($\sigma_3$)의 차를 직경으로 하는 응력상태 표현 원(Mohr 응력원)

② 표현

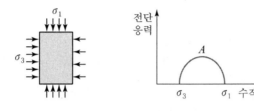

③ 좌표($A$점)

$$중심좌표 : \frac{\sigma_1 + \sigma_3}{2}, \ 반경좌표 : \frac{\sigma_1 - \sigma_3}{2}$$

### (2) 벽체의 변위에 따른 토압

① 토압의 크기는 벽체의 변위와 깊은 관계가 있으며 변위상태에 따라 그림과 같이 주동상태, 정지상태와 수동상태로 구분됨

② 토압의 크기는 주동상태, 정지상태, 수동상태 순서로 크게 됨

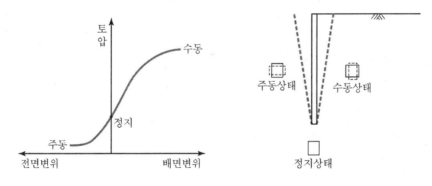

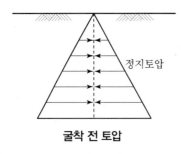

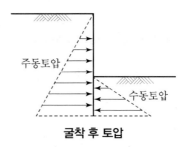

## 2. 토압식

### (1) 주동토압

① 주동토압은 횡방향으로 팽창하여 파괴가 되는 형태로 파괴 시 토압으로 정의됨

② 변형 후 연직응력보다 수평응력이 작게 됨

③ 즉, $\sigma_v > \sigma_h$가 되어 $\sigma_v$ : 최대주응력($\sigma_1$), $\sigma_h$ : 최소주응력($\sigma_3$)이 됨

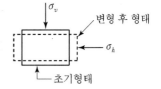

### (2) 토압식

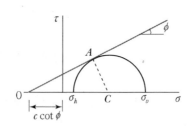

① $\sin\phi = \dfrac{AC}{OC} = \dfrac{\dfrac{1}{2}(\sigma_v - \sigma_h)}{c\cot\phi + \dfrac{1}{2}(\sigma_v + \sigma_h)}$

$2\sin\phi\, c\,\cot\phi + \sigma_v\sin\phi + \sigma_h\sin\phi = \sigma_v - \sigma_h$

② $\sigma_h(1+\sin\phi) = \sigma_v(1-\sin\phi) - 2\,c\cos\phi$

$\sigma_h = \dfrac{1-\sin\phi}{1+\sin\phi}\sigma_v - \dfrac{2\,c\cos\phi}{1+\sin\phi}$

③ $\therefore \sigma_{ha} = K_a\gamma Z - 2c\sqrt{K_a}$

여기서, $K_a$ : 주동토압계수, $\gamma$ : 단위중량, $Z$ : 임의깊이, $c$ : 점착력

**【문제 3】**
지반굴착 시 인접구조물 손상예측 절차와 방법에 대하여 설명하시오.

## 1. 개요

(1) 근접시공은 시설물을 시공하는 과정에서 지반을 변형 또는 붕괴시키고 이로 인해 인접 구조물에 유해한 영향을 줄 가능성이 있는 공사라 할 수 있음

(2) 근접시공은 신설구조물, 지반, 기존 구조물의 상호작용 문제이며, 특히 지반과 기존구조물에 대한 상황판단 또는 파악이 매우 중요함

(3) 근접시공 시 계측에 의한 시공관리는 필수적이며 정밀하게 시행되어야 하고 유사공사에 대한 시공실적 참고, 경험 있는 기술자의 공학적 판단(Engineering Judgement) 등이 필요함

## 2. 인접구조물 영향

(1) 지반거동

① 지반굴착으로 굴착저면 융기, 굴착면 수평변위 발생과 더불어 굴착배면의 침하가 발생됨

② 물론, 변형의 규모가 크고 응력거동이 불안정할 경우 붕괴가 될 수 있음

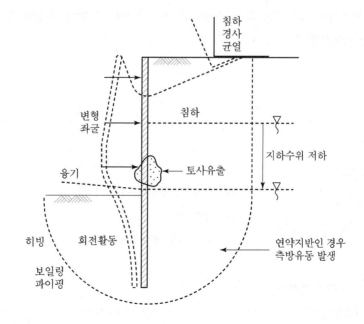

(2) 구조물 영향

① 인접구조물에 침하(Settlement) 유발, 부등침하, 단차

② 전도, 취약부에 구조물 균열, 마감재 등의 탈락이 발생됨

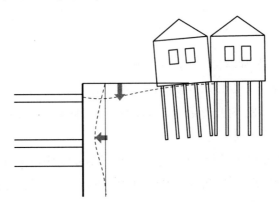

## 3. 손상예측 절차

(1) 지반조사로부터 지층구성, 각 지층의 물성치, 지하수위 파악. 이때, 지반의 경사와 불량지층 파악
   이 중요함

(2) 지반침하 예측은 경험적, 수치해석을 병행하여 평가함

(3) 예측된 지반침하로 인근구조물의 전체 침하량, 부등침하량, 각 변위, 처짐비, 전도, 수평인장변형
   률에 대한 적정성을 검토함

## 4. 지반침하 예측

(1) Peck 방법

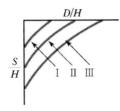

여기서, $D$ : 굴착면으로부터 임의 거리

$H$ : 굴착깊이

$S$ : 거리 $D$에 대한 침하량

① 계측결과로부터 작성됨

② 먼저 지반상태를 구분($\mathrm{I} \rightarrow \mathrm{II} \rightarrow \mathrm{III}$ 순으로 지반조건이 불량함)

③ $D/H$별로 $\dfrac{S}{H}$를 구하고 $S = \dfrac{S}{H} \times H$로 침하량을 구함

(2) Caspe 방법

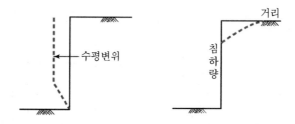

① 토류벽 수평변위체적과 배면의 침하량체적이 같다고 가정함

② 굴착심도와 지반조건에 따라 영향거리($D$)를 구함

③ $S = S_w \left( \dfrac{D-X}{D} \right)^2$ 으로 $X$ 거리별 침하량 구함

　　여기서, $S_w = \dfrac{2V_s}{D}$

(3) 수치해석

① 지반조건, 수위조건, 굴착 및 보강순서를 적용하여 수치해석함

② 수치해석으로 변위량, 변위방향 등의 자료를 얻게 됨

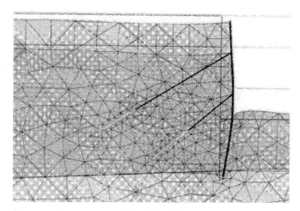

**수치해석 예시**

## 5. 구조물 영향 평가

상기의 지표침하 형태 및 크기에 따라 굴착 중, 굴착완료 시에 대해 다음과 같은 영향의 검토가 필요함

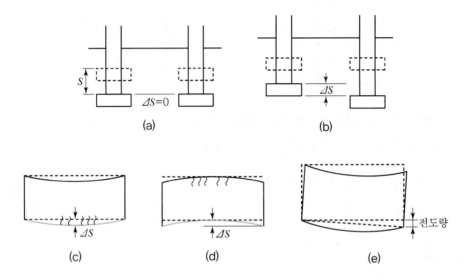

① 전체침하량 : 그림 (a)와 같이 균일침하로 사용성에 문제가 되며 구조물기능에 따라 억제되어야 함(약 2.5~5.0cm)

② 부등침하량 : 그림 (b)와 같이 두 점 간 침하량의 차로, 이 값이 크면 구조물 손상이 가능함(약 전체 침하량의 60% 수준)

③ 각 변위 : 그림 (b)와 같이 두 점 간의 부등침하량비로 구조적 위험과 외관상 문제와 관련됨(보통 구조물 $\frac{1}{500}$ 기준)

④ 처짐비($\frac{\Delta S}{거리}$) : 그림 (c), (d)와 같이 두 점 간의 휨변형에 의한 것으로 구조물의 휨과 균열발생과 관계되며, 보통 후술하는 수평인장변형률과 함께 영향 평가함

⑤ 전도 : 그림 (e)와 같이 구조물의 전도에 대한 것

⑥ 수평인장 변형률

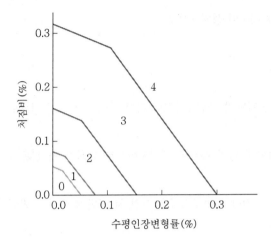

| 구간 | 피해의 심각성 |
|------|-------------|
| 0 | 무시할 수 있는 수준 |
| 1 | 아주 약간 |
| 2 | 약간 |
| 3 | 보통 |
| 4 | 심각~매우 심각 |

## 6. 평가

(1) 설계 시 지반굴착에 따른 변형이나 침하요인을 고려하여 안정한 구조물이 되도록 해야 하고 성실 시공하여 시공의 잘못으로 인한 유해한 침하가 없도록 해야 함

(2) 주변침하 예측은 여러 가지로 분석하여 종합 평가하며 거리별 침하량, 경사도 등을 구해 표준적인 허용치와 구조물의 노후도, 재질, 침하허용치 등을 고려해서 영향을 평가해야 함

(3) 시공 시 계측을 하여 설계 예측치의 확인, 예기치 못한 영향을 평가하여 안전시공이 되도록 해야 함

【문제 4】
지중구조물의 진동특성과 내진설계 방법에 대하여 설명하시오.

## 1. 지중구조물의 진동특성

(1) 지중구조물의 겉보기 단위중량은 주변지반의 단위중량보다 작아 관성력이 작게 되므로 구조물을 진동시키려는 힘이 작음

(2) 지중구조물은 주변이 지반으로 둘러싸여 있기 때문에 주변지반으로 감쇠가 커 진동이 발생해도 짧은 시간 내에 진동이 정지함

(3) 따라서, 지상구조물은 관성력이 중요하지만 지하구조물은 지진 시 지반에 생기는 변위가 중요하게 됨

## 2. 응답변위법

(1) 내진설계방법

① 진도법, 동적해석, 응답변위법

② 지중구조물 : 응답변위법 적용

③ 응답변위법 적용 이유

· 관성력이 작음

· 발산감쇠가 큼

· 관성력 중심의 지상구조물과 달리 지하구조물은 지진 시 변위가 중요

(2) **지반물성치**

① 주상도

매립층

점토층

풍화 잔류토

풍화암

암반

② 깊이 $- V_s$

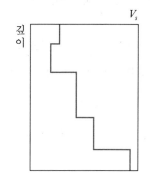

③ 전단탄성계수, 감쇠비

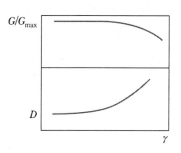

④ 이를 위해 시추조사, 현장공내점층, 실내 공진주/비틂전단시험 등이 필요함

(3) **설계지진파**

① 국내 기준에 대해 지진크기가 조정된 장주기지진파, 단주기지진파

② 행정구역, 지진재해도에 기초한 설계응답 스펙트럼에 부합한 인공지진파

(4) **지반변위 및 지진력 산정**

① 지반물성치, 설계지진파에 대해 지반응답해석(예 SHAKE program)하여 구조물 깊이별 변위 산정

② 지반반력계수에 의해 지진력 산정

즉, $K = \dfrac{P}{S}$ 에서 $P = K \cdot S$ ($D$ : 지반반력계수, $S$ : 변위량)

③ 구조물 중량에 대해 관성력 산정

즉, $F = K_h \cdot w$ ($w$ : 구체중량)

④ model 개념도

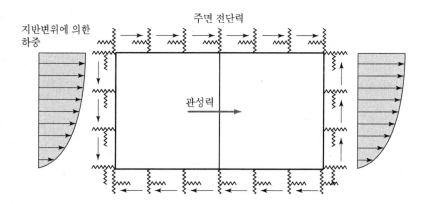

## 3. 평가

(1) 응답변위법 : 지중구조물 거동에 부합되는 방법으로 지진 시 지반변위에 대한 하중과 구조물관성력을 고려하는 방법

(2) 내진지반물성치와 지반반력계수의 적정한 값이 매우 중요하므로 관련시험에 의해 산정되도록 함

(3) 단면이 복잡하거나, 비대칭, 지반조건이 급변하는 위치 등은 동적해석과 병행함

【문제 5】

화강암에서 수압파쇄시험을 2회 실시하여 결과가 아래와 같을 때, 각각의 지점에서 초기응력 및 초기 지중응력 계수를 구하시오.(단, 암석의 단위중량 27kN/m³, 암석의 인장강도 10MPa)

| 깊이(m) | 균열발생 시의 압력($P_B$), MPa | Shut-in pressure ($P_S$), MPa |
|---|---|---|
| 500 | 14.0 | 8.0 |
| 1,000 | 24.5 | 16.0 |

## 1. 초기응력개념

### (1) 초기응력(initial ground stress)

① 초기응력은 터널 등 굴착전에 작용하고 있는 지반응력으로

② 원인은 암석결합력, 조산운동(단층, 습곡), 침식, 풍화, 지형 등임

### (2) 초기지압비($K_o$)형태

① 초기지압비($K_o$)

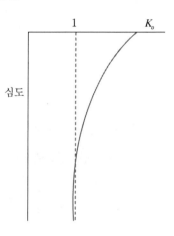

$K_o = \dfrac{\sigma_h}{\sigma_v}$ 로 토질의 정지토압 계수와 같게 정의됨

② $K_o > 1$이면 수평응력이 연직응력보다 큼을 의미함

③ 일반 토압개념과 다른 것은 (1)항의 원인과 같으며 주로 지질
구조응력(tectonic stress)에 기인하여 지표부에서 $K_o$가 1
보다 커 2~3까지 분포

## 2. 수압파쇄법(Hydraulic Fracturing)

### (1) 측정원리 및 방법

① 시추

② 측정 Packer 삽입

③ 수압파쇄시험

④ 균열측정(Impression Packer)

⑤ 균열방향 측정

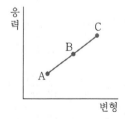

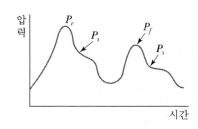

- $P_c$ : 한계 압력(Critical Pressure) – 균열 발생
- $P_s$ : 평형압력(Shut in Pressure) – 균열 일정
- $P_f$ : 균열확대압력(Flow Out Pressure) – 균열 확대

## 3. 계산

### (1) 관련식

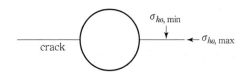

$\sigma_{ho,\min} = P_s$,  $\sigma_{ho,\max} = 3\sigma_{ho,\min} + \sigma_t - P_c$

$\sigma_t$ : 인장강도로 Brazilian 시험, $P_c - P_f$

$\sigma_{ho}$평균 $= \dfrac{\sigma_{ho,\min} + \sigma_{ho,\max}}{2}$,  $K = \dfrac{\sigma_{ho}평균}{\sigma_{vo}}$,  $\sigma_{vo} = \gamma Z$

### (2) 500m 위치

① $\sigma_{ho,\ \min} = P_s = 8.0\text{MPa} = 8,000\text{kPa}$

② $\sigma_{ho,\ \max} = 3\sigma_{ho,\ \min} + \sigma_t - P_c = 3 \times 8,000 + 10,000 - 14,000 = 20,000\text{kPa}$

③ $\sigma_{ho,\ 평균} = \dfrac{8,000 + 20,000}{2} = 14,000\text{kPa}$

④ $\sigma_{vo} = \gamma z = 27\text{kN/m}^3 \times 500\text{m} = 13,500\text{kN/m}^2 = 13,500\text{kPa}$

⑤ $K = \dfrac{\sigma_{ho}}{\sigma_{vo}} = \dfrac{14,000}{13,500} = 1.04$

즉, $\sigma_{ho} = 14,000\text{kPa}$, $\sigma_{vo} = 13,500\text{kPa}$, $K = 1.04$

(3) 1,000m 위치

    ① $\sigma_{ho,\,min} = P_s = 16.0\text{MPa} = 16{,}000\text{kPa}$

    ② $\sigma_{ho,\,max} = 3\sigma_{ho,\,min} + \sigma_t - P_c = 3 \times 16{,}000 + 10{,}000 - 24{,}500 = 33{,}500\text{kPa}$

    ③ $\sigma_{ho,\,평균} = \dfrac{16{,}000 + 33{,}500}{2} = 24{,}750\text{kPa}$

    ④ $\sigma_{vo} = \gamma z = 27\text{kN/m}^3 \times 1{,}000\text{m} = 27{,}000\text{kN/m}^2 = 27{,}000\text{kPa}$

    ⑤ $K = \dfrac{\sigma_{ho}}{\sigma_{vo}} = \dfrac{24{,}750}{27{,}000} = 0.92$

    즉, $\sigma_{ho} = 24{,}750\text{kPa}$, $\sigma_{vo} = 27{,}000\text{kN/m}^2$, $K = 0.92$

(4) $K$값이 심도가 깊어짐에 따라 감소함

【문제 6】

아래 그림과 같이 시공된 교대 기초에서 신축이음(A) 및 교량받침(B)에 손상이 발생되었다. 지반공학적 측면에서 손상 원인 및 대책에 대하여 설명하시오.

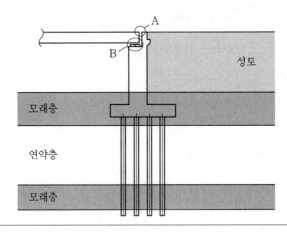

## 1. 측방유동과 원인

(1) 측방유동

연약지반 위에 설치된 교대나 옹벽과 같이 성토재하중을 받는 구조물에서는 배면성토중량이 하중으로 작용하여 연약지반이 붕괴되어 지반이 수평방향으로 이동하는 현상

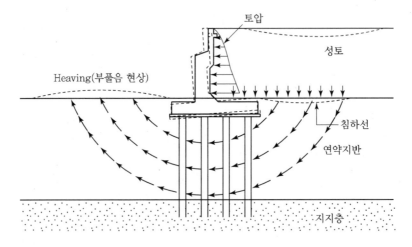

(2) 원인

　① 사면불안정

　　• 활동력에 대해 지반의 전단저항과 말뚝저항이 부족하
　　　여 큰 변위 발생

　　• 근본적이고 적극적 대책이 필요함

　② 과도한 침하

　　• 사면안정이 되더라도 교대시공 전에 침하를 감안하지
　　　않을 경우 큰 침하와 측방유동 발생

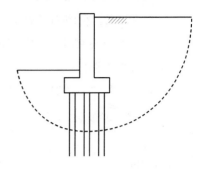

## 2. 대책

(1) 종류

| | |
|---|---|
| ① 소형교대 | ② Box 설치 |
| ③ 경량성토 | ④ 교량연장 |
| ⑤ 주입공법 | ⑥ SCP 등 |
| ⑦ preloading | ⑧ 압성토 |
| ⑨ 성토지지말뚝 등 | |

(2) 적용대책

　① 시공이 완료된 구조물로 신축이음과 교량받침은 손상정도에 따라 보수 또는 교체함

　② 경량성토, 주입공법, 압성토, 성토지지말뚝 등이 고려대상 공법이 됨

　③ ②의 공법은 단독 또는 조합하여 효율을 높일 수 있을 것임

(3) 경량 성토(EPS, 슬래그)

　① 편재하중을 타 공법에 비하여 상당히 경감시킬 수 있어 성토부의 지
　　반 침하도를 상당 부분 줄일 수 있다.

　② 구조물과의 접속부에 있어서 단차방지 효과가 크다.

　③ 시공이 간단하고 공사기간이 짧다.

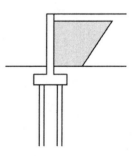

(4) 주입공법(고압분사, CGS)

① 주입재를 혼합하여 지반을 고결시킴으로써 강도를 향상시키는 공법

② 주입공법 중에서는 시멘트 그라우트가 가장 사용하기 쉽고 신뢰성이 높으며 경제적

③ 지반개량의 불확실성, 주입효과의 판정방법, 주입재의 내구성 등 문제점을 내포

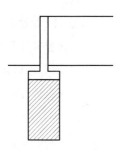

(5) 압성토

① 교대 전면에 압성토를 실시하여 배면성토에 의한 측방토압에 대처하도록 하는 공법이다.

② 비교적 공사기간이 짧고 공사비가 저렴하다.

③ 측방토압이 큰 경우에는 별로 효과가 없다.

④ 압성토 부지 확보가 가능한 곳에 적용 가능하다.

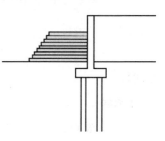

(6) 성토지지말뚝

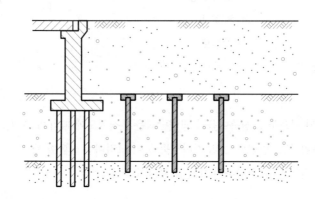

# 제116회
# 과년도 출제문제

## 116 회 출 제 문 제

## 1 교 시 ( 13문 중 10문 선택, 각 10점 )

【문제】

1. 석축 안정해석

2. 아이소크론(Isochrone)

3. 부간극수압(Negative Pore Water Pressure)과 부마찰력(Negative Skin Friction)

4. 재료감쇠(Material Damping)

5. 통일분류법

6. 이차 압밀침하

7. 프레셔미터시험(Pressuremeter Test)

8. 설계응답스펙트럼

9. 주응력과 주응력면

10. 아칭효과(터널굴착의 막장면 부근에서)

11. 강봉 경계조건을 따라 전파되는 압축파의 파동변화

12. 암반역학에서 초기지중응력(Initial Geostatic Stress)

13. 토사터널에서 숏크리트 측벽기초의 안정성

## 2 교 시 ( 6문 중 4문 선택, 각 25점 )

【문제 1】
암반사면의 파괴형태와 사면안정에 영향을 미치는 불연속면의 특성에 대하여 설명하시오.

【문제 2】
흙 평판재하시험의 Scale Effect에 대하여 설명하시오.

【문제 3】
모래의 전단강도에 영향을 미치는 요소에 대하여 설명하시오.

【문제 4】
모래자갈로 구성된 피압대수층의 상부에 연약점토지반이 존재한다. 지반개량을 위해서 연직배수재를 부분관입 시켰을 경우 피압이 점토지반의 압밀거동에 미치는 영향에 대하여 설명하시오.

【문제 5】
지하 터파기 과정에서 발생하는 흙막이공 배면지반침하를 예측하는 경험공식 중 Peck 방법, Clough와 O'Rourke 방법, Caspe 방법에 대하여 설명하시오.

【문제 6】

사질토 지반(강도정수 $c$, $\phi$)에서 다음 그림처럼 쐐기형태의 파괴가 일어났다. 직접기초의 극한지지력($q_{ult}$)을 구하는 데 사용되는 아래의 'Bell의 공식'을 유도하고 이에 대하여 설명하시오.

$$q_{ult} = c \cdot N_c + q \cdot N_q + \frac{1}{2}\gamma B N_r$$

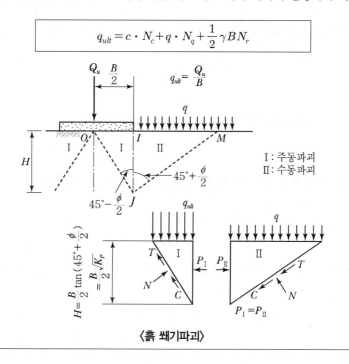

I : 주동파괴
II : 수동파괴

〈흙 쐐기파괴〉

## 3 교 시 ( 6문 중 4문 선택, 각 25점 )

【문제 1】
도심지 연약지반에 시공하는 지하매설관에 작용하는 토압과 매설관의 파괴원인 및 대책에 대하여 설명하시오.

【문제 2】
대구경 현장타설말뚝기초의 양방향재하시험에 대하여 설명하시오.

【문제 3】
해안매립지에서 흙막이 구조물을 지반앵커로 지지하면서 굴착하는 경우에 예상되는 문제점과 시공 중 중점관리 사항에 대하여 설명하시오.

【문제 4】
유선망을 이용하여 파악할 수 있는 지하수 흐름 특성(유량, 간극수압, 동수경사, 침투수압)에 대하여 설명하시오.

【문제 5】
터널설계에서 NMT 방법의 기본 원리와 표준지보패턴 결정방법에 대하여 설명하시오.

【문제 6】
보강토 옹벽에서 보강토체와 그 주변에 설치하는 배수시설에 대하여 설명하시오.

## 4 교 시 ( 6문 중 4문 선택, 각 25점 )

【문제 1】
말뚝이음과 장경비에 따른 말뚝의 지지력 감소에 대하여 설명하시오.

【문제 2】
성토 하중으로 인하여 연약지반이 소성변형을 일으켜서 지반이 측방으로 크게 변형하는 현상을 측방유동이라고 한다. 측방유동 판정법과 대책공법에 대하여 설명하시오.

【문제 3】
도심지 중앙으로 통과하는 하천제방의 붕괴원인과 누수조사 방법 및 대책에 대하여 설명하시오.

【문제 4】
연약지반상에 축조하는 도로 및 제방의 지지력보강과 침하방지를 위하여 설치하는 성토지지말뚝 공법에 대하여 설명하시오.

【문제 5】
발파공으로부터 거리에 따른 발파 응력파의 전파형태에 대하여 설명하시오.

【문제 6】
암반 불연속면 전단강도 모델에서 Patton의 Bilinear 모델, Barton의 비선형모델, Mohr-Coulomb 모델에 대하여 설명하시오.

## 116회 출제문제

## 1 교 시 ( 13문 중 10문 선택, 각 10점 )

### **1** 석축 안정해석

**1. 석축**

   (1) 석축은 배면의 원지반이 단단한 경우나 배후의 성토재가 양호한 경우에 사용되며, 토압이 작을 것으로 예상되는 경우에 한하여 높이 5m 정도까지 적용되는 옹벽이다.

   (2) 석축은 메쌓기와 찰쌓기가 있고 시공 시 콘크리트나 모르타르의 사용유무로 구분되며 개요도는 다음과 같음

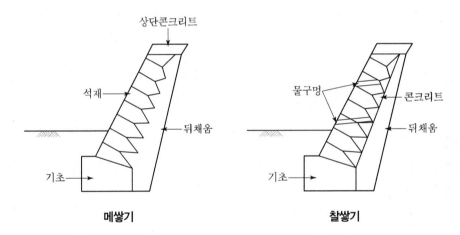

**메쌓기**                   **찰쌓기**

**2. 토압에 의한 안정검토 방법**

   (1) 석축의 임의의 위치에서 자중과 토압의 합력이 나타내는 선(시력선)이 석축두께의 중앙 1/3(Middle Third) 내에 위치하면 안정으로 판정함

   (2) 토압은 뒷굽이 없는 형태이므로 Coloumb 토압을 적용함

   (3) 시력선 위치

      ① $A$ : Middle Third 내로 안정

      ② $B$ : 전면으로 밀리는 불안정

      ③ $C$ : 배면으로 밀리는 불안정

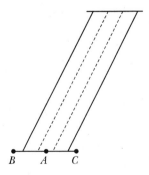

3. 석축안정요인

   (1) 전도 : 계획선에서 이탈되어 굴곡이 생기고 심하면 전도 발생

   (2) 수평활동 : 작용토압에 대해 수평력 부족으로 발생

   (3) 지지력 : 작용연직력에 대해 지반강도 부족 시 발생되어 붕괴

   (4) 전체 사면 안정 : 배면부지반이나 기초지반이 매우 불량한 경우 사면활동발생 가능

   (5) 침하 : 지반불량, 세굴 등에 발생되며 심하면 전도 발생

   (6) 액상화 : 모래지반이 느슨하고 포화 시 발생 가능

   (7) 배수불량 : 측압과다로 안정요인 저하

## ② 아이소크론(Isochrone)

### 1. 정의

① 압밀 방정식

$$\frac{\partial u}{\partial t} = C_v \frac{\partial^2 u}{\partial z^2}$$

의미 : 임의 시간에 $z$깊이에서 과잉간극수압분포는 압밀계수 $C_v$에 의존

② 지표면에 하중이 가해졌을 때 시간의 경과에 따라 과잉간극수압이 소산되므로 깊이에 따라 과잉간극수압도 변화한다. 임의의 같은 시간에서 깊이에 따른 과잉간극수압을 연결한 선을 등시곡선이라고 한다.

### 2. 배수조건에 따른 등시곡선

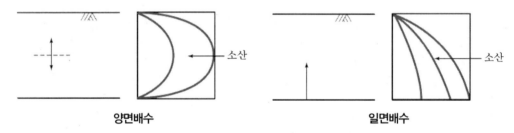

**양면배수**  **일면배수**

### 3. 이용

(1) **배수조건 판단** : 과잉간극수압이 소산되는 형태로부터 양면배수 또는 단면배수조건을 판단함

(2) **압밀진행과정 파악** : 시공 시 간극수압계의 계측으로부터 지반의 압밀이 원활하게 진행되는지의 여부를 파악함

(3) **압밀도 판단**

$$u = u_i(1 - \overline{U}) \text{ 에서 } \overline{U} = 1 - \frac{u}{u_i}$$

**㈜** $ABCD$ 면적 : 20cm$^2$

$AED$ 면적 : 12cm$^2$

$$\overline{U} = 1 - \frac{12}{20} = 40\%$$

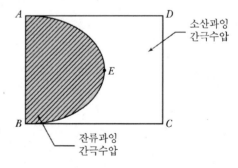

### ❸ 부간극수압(Negative Pore Water Pressure)과 부마찰력(Negative Skin Friction)

#### 1. 부간극수압(Negative Pore Water Pressure)

(1) 정의

대기압보다 작은 상태의 간극수압(Pore Water Pressure)으로 모관작용, 체적팽창 또는 점토의 건조작용(Desiccation)에 의해 형성됨

(2) 발생원인

① 모관작용 : 표면장력에 의해 흡수되어 모관 상승고까지 부압 형성

② 체적팽창 : 조밀한 모래나 견고한 점토의 전단 시 체적팽창성향으로 부압 형성

③ 점토건조작용 : 지표점토의 수분증발로 흡수력에 의해 부압 형성

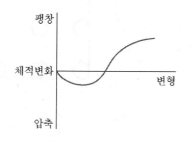
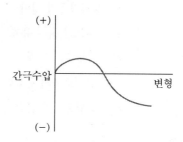

(3) 유효응력(Effective Stress) 관계

① 정의 간극수압 발생 시 : $\sigma' = \sigma - u$

② 부의 간극수압 발생 시 : $\sigma' = \sigma - (-u) = \sigma + u$이므로 유효응력이 전응력보다 크게 됨

③ 부의 간극수압은 $u = -S\gamma_w h$($S$ : 포화도, $h$ : 모관상승고)로 산출할 수 있음

#### 2. 부주면마찰력(Negative Skin Friction)

(1) 정의

① 부주면마찰력은 지반변위가 말뚝변위보다 큰 구간에서 작용되는 하향의 마찰력임

② 중립면은 지반과 말뚝 변위가 같아서 상대변위가 없는 위치임. 즉, 부마찰과 정마찰의 경계위치가 됨

(2) 원인과 대책

① 원인 : 성토 등으로 점토층 압밀, 주변수위저하로 침하 발생

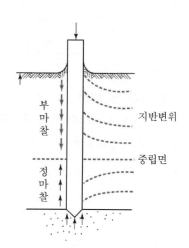

② 대책 : 말뚝지지력 증가, 부마찰력 저감

(3) 부주면마찰력의 산정방법

① 단말뚝

- $Q_{ns} = f_n \cdot A_s = \alpha C_u \cdot A_s$

- $Q_{ns} = f_n \cdot A_s = \sigma_h{'} \cdot \tan\delta \cdot A_s = \sigma_v{'} \cdot k \cdot \tan\delta \cdot A_s = \beta \sigma_v{'} A_s$

② 무리말뚝

무리말뚝에 작용하는 부주면 마찰력의 최댓값은 무리말뚝으로 둘러싸인 흙과 그 위의 성토 무게를 합한 것으로 한다.

$Q_{gn} = B \cdot L(\gamma_1{'} \cdot D_1 + \gamma_2{'} \cdot D_2)$

여기서, $B$ : 무리말뚝의 폭

$L$ : 무리말뚝의 길이

$\gamma_1{'}$ : 성토된 흙의 유효단위 중량

$D_1$ : 성토층의 두께

$\gamma_2{'}$ : 압밀토층의 유효단위 중량

$D_2$ : 중립층위의 압밀토층 두께

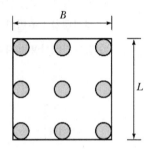

(4) 중립면

① 지반의 압밀침하와 말뚝의 침하가 같아서 상대적 이동이 없는 위치가 있게 되며 이와 같이 부주면 마찰력이 정주면 마찰력으로 변화하는 위치를 중립면이라고 한다.

② 힘의 균형에 의한 방법

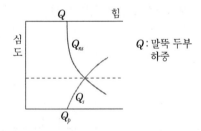

③ 침하균형에 의한 방법

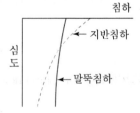

(5) 설계개선방향

현재 지지력 개념으로 취급하나 말뚝하중저항력 확보와 상부하중과 부주면마찰력에 의한 침하문제로 적용되야 함

## 4 재료감쇠(Material Damping)

### 1. 정의

(1) 진동 또는 파에너지가 시간이나 거리의 증가에 따라 진폭이 감소하거나 에너지 크기가 손실되는 현상

(2) 기하감쇠(Geometrical Damping) : 파동면이 확장되면서 에너지가 전달되는 토체의 부피가 증대해서 에너지 강도가 감소되는 현상

(3) 재료감쇠(Material Damping : 내부감쇠) : 토립자 운동으로 발생되는 마찰로 인하여 에너지 일부가 열로 전환되어 감소되는 현상

### 2. 감쇠비 결정

① 공진주시험 : Half Power Bandwidth법

감쇠비 $D = \dfrac{f_2 - f_1}{2f_r}$

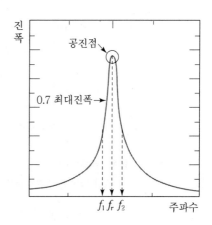

② 공진주시험 : 자유진동감쇠법(대수감쇠법)

공진상태에서 정상진동을 하다가 가진력을 차단하여 감쇠곡선을 얻음

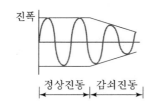

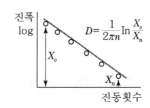

③ 공진주/비틀림전단, 반복3축압축, 반복단순전단 : 응력
－변형 이력곡선법
시료에 진동시스템을 이용하여 진동파로 비틀력을 가해
응력－변형 이력곡선(Hysteresis Loop)을 얻음

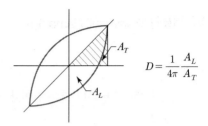

$$D = \frac{1}{4\pi} \frac{A_L}{A_T}$$

## 3. 전단변형률에 따른 감쇠비

① 변형률이 크면 감쇠비가 크게 됨
② 이는, 진동력을 많이 흡수함을 의미함

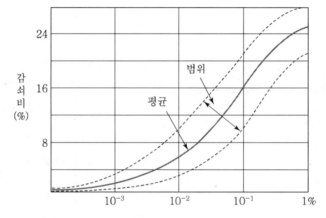

참고  동적 물성치 계산

1. 공진주/비틀 전단시험에서 $G$는?

$$G = \frac{\tau}{r} = \frac{200}{0.012} = 16,666\text{kPa}$$

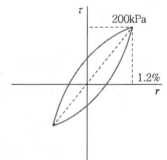

2. 반복삼축압축시험에서 다음 조건일 때 $G$, $D$는?
조건 : $\nu = 0.5$, loop 면적 : 4.52kPa, 3각형 면적 : 1.65kPa
(1) $G$

$$E_d = \frac{\sigma}{\varepsilon} = \frac{236}{0.014} = 16,857\text{kPa}$$

$$G = \frac{E_d}{2(1+\nu)} = \frac{16,857}{2(1+0.5)} = 5,619\text{kPa}$$

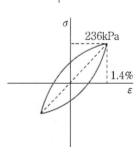

(2) $D$

$$D = \frac{1}{4\pi} \frac{A_L}{A_T} = \frac{1 \times 4.52}{4\pi \times 1.65} = 0.22$$

3. 공내검증시험에서 $V_s = 250\text{m/s}$, $V_p = 500\text{m/s}$ 일 때 $\nu_d$는 얼마인가?

$$\nu_d = \frac{1 - 2\left(\dfrac{V_s}{V_p}\right)^2}{2 - 2\left(\dfrac{V_s}{V_p}\right)^2} = \frac{1 - 2\left(\dfrac{250}{500}\right)^2}{2 - 2\left(\dfrac{250}{500}\right)^2} = 0.33$$

4. $V_s = 300\text{m/s}$ 일 때 $G$는 얼마인가? 단, $r_t = 20\text{kN/m}^3$

$$G = \rho V_s^2 = \frac{r_t}{g} V_s^2 = \frac{20}{9.81} \times (300)^2 = 183,486\text{kN/m}^2$$

$$(\rho = \frac{m}{V}, \ m = \frac{w}{g} \quad \therefore \rho = \frac{\dfrac{w}{g}}{V} = \frac{w}{Vg} = \frac{r}{g})$$

5. 공진주시험 결과 $D$는 얼마인가?

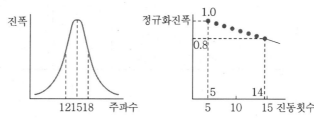

(1) Half Power Bandwidth법

$$D = \frac{f_2 - f_1}{2f_r} = \frac{18 - 12}{2 \times 15} = 0.2$$

(2) 자유진동감쇠

$$D = \frac{1}{2\pi n} \ln \frac{x_o}{x_n} = \frac{1}{2 \cdot \pi \cdot 9} \ln \frac{1.0}{0.8} = 0.39\% (\text{단}, \ n = 14 - 5 = 9)$$

### 5 통일분류법

## 1. 개요

① 입도분포곡선 : 조립토(사질토)와 세립토(점성토) 구분

② 조립토 구체적 분류 : 입도분포곡선 + 소성도에 의함

③ 세립토 구체적 분류 : 소성도에 의함

④ 분류기호

| 구분 | 제1문자 | | 제2문자 | | 비고 |
|---|---|---|---|---|---|
| | 기호 | 설명 | 기호 | 설명 | |
| 조립토 | G | Gravel | W | 입도분포 양호 | 입도 |
| | | | P | 입도분포 불량 | 입도 |
| | S | Sand | M | 실트질 혼합토 | 소성 |
| | | | C | 점토질 혼합토 | 소성 |
| 세립토 | M | 무기질 실트 | L | 점성이 낮은 흙 | 압축성 |
| | C | 무기질 점토 | H | 점성이 높은 흙 | 압축성 |
| | O | 유기질 실트 및 점토 | | | |
| | Pt | 이탄 및 고유기질토 | − | − | |

## 2. 분류 과정

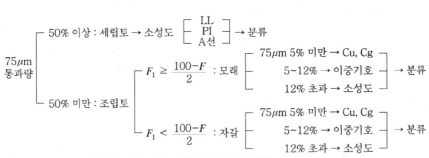

주) $F_1$ : No. 4.75mm체를 통과하고 75$\mu$m체에 남은 흙의 양(%)

　 $F$ : 75$\mu$m체 통과량(%)

### 3. 적용 및 유의사항

| 구분 | 내용 |
|---|---|
| 그룹화 | 공학적으로 유사 거동하는 범위로 구분하여 판단 기초 자료화 |
| 역학성질 | 물리적 시험에 의해 역학 성질 예측, 추정, 확인 |
| 객관성 | 정량적 시험에 의한 분류로 객관화, 신속·확실의사 전달 |
| 시험계획 | 흙성질에 부합하는 실내시험, 현장시험 |
| 시공계획 | 흙성질에 부합하는 시공기계, 시공방법, 문제점 예측 |

① $75\mu m$ 50% 이상 시 세립토로 분류하나 35% 이상 사질토도 세립토 거동 가능에 유의한다.

② $75\mu m$ 50% 이상인 세립토가 비소성 특성으로 사질토 거동 가능에 유의한다.

## 6 이차 압밀침하

### 1. 정의

2차 압밀침하란 과잉간극수압이 소산된 후에, 즉 1차 압밀이 끝난 후에 지속하중에 의하여 점토의 Creep 변형에 의한 체적변화가 계속되어 침하가 발생하는 현상

### 2. 특성

(1) 점토층의 두께가 두꺼울수록

(2) 연약한 점토일수록

(3) 소성이 클수록

(4) 유기질이 많이 함유된 흙일수록 2차 압밀침하는 크게 나타난다.

### 3. 산정방법

$$S = \frac{C_\alpha}{1+e_p} \cdot H_p \cdot \log\frac{t_2}{t_1}$$

여기서, $C_\alpha$(2차 압축지수) : $C_\alpha = \dfrac{e_1 - e_2}{\log t_2 - \log t_1}$

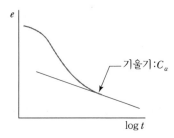

    $H_p$ : 1차 압밀이 완료된 후의 압밀층의 두께

    $e_p$ : 1차 압밀이 끝난 후의 간극비

    $t_1$ : 1차 압밀이 끝난 시간

    $t_2$ : 1차 압밀이 끝난 후 $\Delta t$가 경과한 시간

### 4. 평가

(1) 통일분류 CH, 유기질토에서 2차 압밀침하는 적용되어야 하고, 점성토에서 침하민감구조물, 허용 침하 엄격 조건 시 반드시 적용

(2) 2차 압밀침하의 유효대책은 Preloading 공법으로 지반을 과압밀(Over Consolidated)영역에 설정하는 것

## 7 프레셔미터시험(Pressuremeter Test)

### 1. 목적
공내수평재하시험은 수평지반 반력계수, 지반의 변형계수, 기초의 지지력 등을 알기 위한 시험으로 터널, 기초의 변형과 지지력 및 토류벽에 많이 이용되고 있다.

### 2. 방법
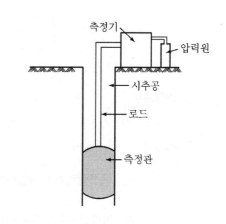

(1) 시추공 천공 후 측정관 삽입

(2) 측정관 시추공벽에 밀착

(3) 단계적으로 가압하면서 변위량 측정

### 3. 보정
보정압력＝측정치－membrane 저항＋수압

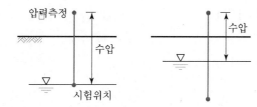

### 4. 특징
(1) 흙이나 암반에 적용된다.

(2) Boring 공을 이용하므로 원하는 깊이에서 시험을 할 수 있다.

(3) 지반에 갈라진 틈이나 잔금이 많은 경우에 유효하다.

(4) 다른 시험방법을 적용하기 어려운 자갈층, 연암층, 동결토 등에서도 시험이 가능하다.

(5) Boring 시 Boring 구멍 주변의 시료가 교란된다.

(6) 공벽 붕괴 시 이수 등 사용 필요

(7) 수형방향 재하로 이방성 문제

(8) 시추공 이용으로 불연속면이 충분히 고려되지 못하는 문제

## 5. 결과

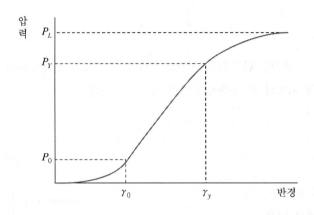

(1) 변형계수

$E = (1+\nu) \cdot r_m \cdot K$

여기서, $\nu$ : 푸아송비

$r_m$ : 초기압력과 항복압력에서의 측정관의 평균반경 $\left(r_m = \dfrac{(r_o + r_y)}{2}\right)$

$K$ : 지반의 수평반력계수$(\text{kg/cm}^3)$ $\left(K = \Delta P / \Delta r = \dfrac{P_o - P_y}{r_o - r_y}\right)$

(2) 얕은 기초, 깊은 기초 지지력

## 8 설계응답스펙트럼

### 1. 운동방정식

(1) 관계식 $m\ddot{z}+c\dot{z}+kz=F(t)$

즉, 관성력 + 감쇠력(마찰력) + 탄성복원력 = 외력(지진)

(2) 의미는 동적하중 시 좌변과 우변이 평형상태가 될 때까지 변위함

### 2. 응답스펙트럼

(1) 지진과 같은 동하중(Dynamic Load)에 대해 구조물 고유주기에 따른 응답(여기서는 가속도에 대한 것)

(2) 동일한 지진이라도 응답은 주기에 영향을 받음을 나타냄

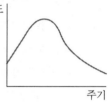

### 3. 표준설계응답스펙트럼

(1) 해당 지역의 많은 지진파에 대해 내진 효율화를 위해 작성한 것

(2) 특징

① 각기 다른 지진 고려 가능

② 특정지진에 의한 위험성 배제

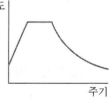

### 4. 평가

(1) 의미

① 단주기 : 변형이 작지만 가속도가 큼

② 장주기 : 변형이 크지만 가속도가 작음

(2) 설계응답스펙트럼은 설계지진력, 변위 산정의 기초자료임

(3) 미국기준 준용으로 국내 지진과 지반에 따른 개선이 필요하였으나 최근(내진설계기준 공통적용사항, 2017.3)에 보완됨

## 9 주응력과 주응력면

### 1. 수직응력과 전단응력

(1) **수직응력(Normal Stress)** : 임의의 평면에 수직(90°)으로 작용하는 응력(법선응력) 즉, 그림에서 $\sigma_x$, $\sigma_y$가 됨

(2) **전단응력(Shear Stress)** : 임의의 평면과 평행하게 작용하는 응력(접선응력). 즉, 그림에서 $\tau_{xy}$, $\tau_{yx}$가 됨

### 2. 주응력과 주응력면

(1) **주응력면** : 전단응력, 즉 $\tau=0$인 면을 주응력면으로 정의

(2) **주응력(Principal Stress)** : 주응력면에 작용하는 수직응력으로 정의됨

(3) **주응력 크기에 따라**

- $\sigma_1$ : 최대 주응력
- $\sigma_2$ : 중간 주응력
- $\sigma_3$ : 최소 주응력

### 3. Mohr 원과 관계

(1) $(\sigma_x,\ \tau_{xy})$와 $(\sigma_y,\ \tau_{yx})$가 Mohr 원에 있으므로 두 좌표로 Mohr 원 작도

(2) 평면기점 선정

(3) 평면기점(Origin of Plane)에서 Mohr 원의 가로축 교점 연결

(4) $\sigma_1$(최대 주응력), $\sigma_3$(최소 주응력)이 파악되고 $O_P$점과 $\sigma_1$과의 면이 최대 주응력면임

(5) 또한, $O_P$점과 $\sigma_3$과의 면이 최소 주응력면이 됨

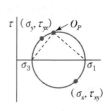

## 10 아칭효과(터널굴착의 막장면 부근에서)

### 1. 아칭의 형성

(1) Arching

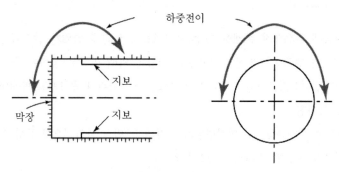

**터널막장에서 3차원 거동**

① 터널을 굴진하면 무지보 막장부에서 가장 불안정한 상태가 됨

② 이어서 지보재가 설치됨에 따라 점차 안정되는데 무지보 터널막장부가 일정시간 동안 자립 가능한 것은 하중전이효과 때문임

③ 터널에서 위 그림과 같이 종방향, 횡방향으로 3차원적 아칭이 발생됨

(2) 형성원인

① Arching은 터널굴착에 따른 적정변위가 발생되고

② 상대적으로 변위가 작은 막장전방, 지보된 막장후방, 횡단면상에서 측벽으로 하중이 이동

③ 이동한 하중을 지지하게 되면서 Arching이 형성됨

④ 따라서, Arching이 형성되기 위해서는 적정변위와 주변부에서 하중지지 가능이 필요함

### 2. 가상 지반압력

① 지반반응곡선에 의한 필요지보력보다 지보재 특성곡선에 의한 발휘지보력이 작음

② 이는, Arching에 한 가상 지반압력이 작용되기 때문임

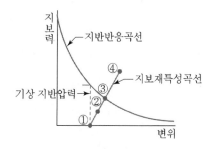

3. 막장면 전방의 불연속면 영향 예시

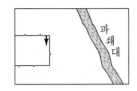 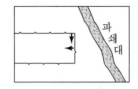 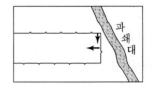

① 그림은 막장전방에 파쇄대가 존재할 때 하중전이효과에 의해 변위가 달라짐을 보여줌

② 적당 거리 유지 시 연직변위가 발생하고 Arching에 의해 막장부 응력이 증가됨

③ 파쇄대로 막장이 좀 더 접근되면 Arching 미약으로 연직변위가 증가되고 파쇄대 응력구속 감소로 종방향 변위도 증가함

④ 파쇄대와 근접하면 이완하중으로 연직변위가 증가되고, 막장 불안정으로 종방향 변위도 커지는데, 이때 연직변위보다 종방향 변위가 더 크게 됨

**11** **강봉 경계조건을 따라 전파되는 압축파의 파동변화**

## 1. 강봉경계조건

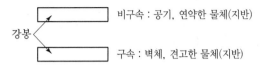

## 2. 압축파의 파동변화

(1) 압축파를 작용시키면 비구속 시 점선화살표 방향으로 힘이 작용하여 강봉이 늘어남. 즉, 인장형태

(2) 구속 시 실선화살표 방향으로 힘이 작용하여 강봉이 압축됨

## 3. 말뚝과의 관계

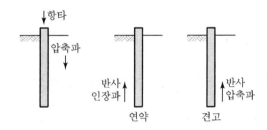

(1) 해머로 타격하면 압축파가 발생하고 이 파는 말뚝선단부로 이동

(2) 말뚝선단부 지반이 연약한 경우 반사파의 성질은 인장파가 되어 두부로 이동

(3) 말뚝선단부 지반이 견고한 경우 반사파의 성질은 압축파가 되어 두부로 이동

(4) 추가 항타로 선행파와 추가파의 혼합되어 에너지가 소진될 때까지 파동이 계속됨

(5) 즉, 파동은 시간, 위치에 따라 계속 변하는 에너지 또는 진폭임

(6) 관련 Program : WEAP(Wave Equation Analysis of Pile driving)

### 12 암반역학에서 초기지중응력(Initial Geostatic Stress)

## 1. 초기응력(Initial Ground Stress)

    (1) 정의 : 터널 등 굴착 전에 작용하고 있는 지반응력

    (2) 원인 : 암석결합력, 조산운동(단층, 습곡), 침식, 풍화, 지형 등

## 2. 초기지압비($K_o$) 형태

    (1) 초기지압비($K_o$)

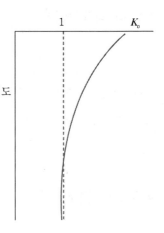

$$K_o = \frac{\sigma_h}{\sigma_v}$$ 로 토질의 정지토압 계수와 같게 정의됨

    (2) $K_o > 1$이면 수평응력이 연직응력보다 큼을 의미함

    (3) 일반 토압개념과 다른 것은 1항의 원인과 같으며 주로 지질구
조응력(Tectonic Stress)에 기인하여 지표부에서 $K_o$가 1보다
커 2~3까지 가는 경우도 있음

## 3. 초기응력영향

    터널의 변형형태, 변위량, 붕괴, 보강영역, 취성파괴인 과지압지반과 깊은 관계가 있음

## 4. 평가

    (1) 초기응력은 추정하지 말고 반드시 시험에 의해 평가되어야 함

    (2) 시험은 응력해방, 응력회복, 수압파쇄, AE, DRA 등이 있음

## ⑬ 토사터널에서 숏크리트 측벽기초의 안정성

### 1. 측벽기초의 불안

(1) 토사터널로 강지보(Steel Rib)가 필요하며 H형강 또는 격자지보재가 많이 사용됨

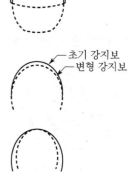

(2) 이들은 저면지반과 접촉면이 크지 못함

(3) 천장부터 이완하중으로 강지보 침하

(4) 측벽부의 토압, arching에 의한 전이하중으로 수평변위 발생

### 2. 측벽기초의 안정성 조건

(1) 저면폭을 넓힌 확대기초처럼 연직방향 접지압(Contact Pressure) 감소
(2) 저면폭이 크므로 저면 전단저항(Shear Resistance)에 의해 수평변위 억제

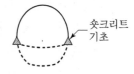

**2 교 시 ( 6문 중 4문 선택, 각 25점 )**

【문제 1】
암반사면의 파괴형태와 사면안정에 영향을 미치는 불연속면의 특성에 대하여 설명하시오.

### 1. 암반사면의 파괴형태

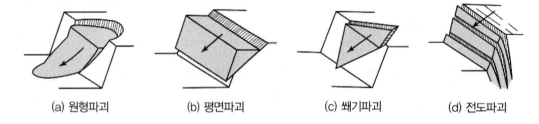

(a) 원형파괴    (b) 평면파괴    (c) 쐐기파괴    (d) 전도파괴

  (1) 원형파괴

      ① 암반에서 불연속면이 불규칙하게 많이 발달할 때

      ② 뚜렷한 구조적인 특징이 없을 때

      ③ 풍화가 심한 암반

      ④ 풍화암, 파쇄대, 각력암

  (2) 평면파괴

      ① 불연속면의 경사방향이 절개면의 경사방향과 평행

      ② 불연속면이 한 방향으로 발달 우세

      ③ 절개면과 절리면의 주향차가 $\pm20°$ 이내일 때

      ④ 절개면의 경사 > 불연속면의 경사 > 불연속면의 전단강도

      ⑤ 붕괴되는 암괴의 양쪽 측면이 절단되어서 암괴가 무너지는 데 영향이 없을 때

  (3) 쐐기파괴

      ① 2개의 불연속면이 2방향으로 발달하여 불연속면이 교차

      ② 2개의 불연속면의 교선이 사면의 표면에 나올 때

      ③ 절개면의 경사 > 암석블록 교선의 경사 > 불연속면의 전단강도

  (4) 전도파괴

      ① 절개면의 경사방향과 불연속면의 경사방향이 반대일 때

      ② 절개면과 불연속면의 주향 차이가 $\pm30°$ 이내일 때

(5) 기타 형태 : 침식, 풍화, 낙석

## 2. 사면안정영향의 불연속면

(1) 충전물(Filling)

① 불연속면의 틈새에 있는 충천물의 물질(점토, 실트, 암편 등)에 따라 전단강도, 변형률, 투수성에
영향을 줌

② 대체로 충전물이 있는 경우 절리면 전단강도가 작고 변형량이 큼

(2) 불연속면의 종류수(Number of Sets)

- 한방향 : 평면파괴, 전도파괴

- 2~3방향 : 쐐기파괴

- 다방향이고 간격이 좁은 경우 : 원형파괴

(3) 암괴크기(Block Size) : 3차원

(4) 주향, 경사(Strike, Dip)

붕괴위험　　　　　　　　　안정

(5) 연속성(Persistence)

① 연속성이 크면 위험하고 절리면 전단강도가 작음

② 절리면은 보통 점착력은 없고 내부마찰각만 고려하나 연속성이 작으면 점착력도 고려할 수 있음

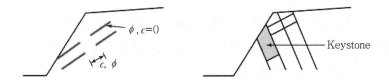

(6) 간격(Spacing)

　① 간격이 좁으면 낙석 발생이 쉬움

　② 간격이 넓으면서 파괴조건이 되면 큰 붕괴형태 가능

(7) 투수성(Seepage)

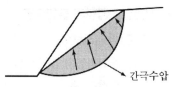

간극수압

　① 암석 자체보다 절리면의 투수성이 지배적임

　② 수압으로 유효응력이 감소하여 사면안정성이 감소함

(8) 틈새크기(Aperture)

　① 틈새크기는 절리면 전단강도에 영향을 줌

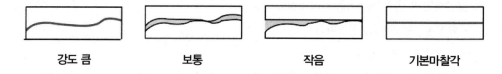

| 강도 큼 | 보통 | 작음 | 기본마찰각 |

　② 틈새에는 보통 충전물이 있게 됨

　③ 틈새로 풍화가 시작됨

(9) 면거칠기(Roughness)

　① 면거칠기는 절리면 전단강도에 영향이 큼

　② 조사 : Profile Gauge, Tilt Test

(10) 면강도(Wall Strength)

　① 면강도가 크면 절리면 전단강도가 큼

　② 풍화, 변질에 의해 보통 모암강도보다 작음

　③ Schmidt Hammer 측정

　④ 약한 경우 변위에 따라 굴곡도가 적어짐

변위발생

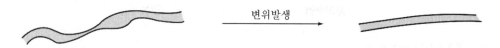

## 3. 평가

(1) 암반사면의 파괴형태는 불연속면과 절취면의 형상, 즉 기하학적 조건에 크게 지배됨

(2) 파괴형태에 따른 안정 여부는 불연속면(discontinuites) 충전물, 연속성, 면거칠기, 면강도 등 불연속면의 전단강도에 영향을 받게 됨

(3) 따라서, 현장조사, 시험 등 기초자료인 지반조사가 중요하게 됨

【문제 2】
흙 평판재하시험의 Scale Effect에 대하여 설명하시오.

## 1. 평판재하시험(Plate Bearing Test)

### (1) 목적

하중 – 침하관계로부터 허용지지력, 변형계수, 지반반력계수, 침하특성을 파악하기 위한 시험

### (2) 시험방법

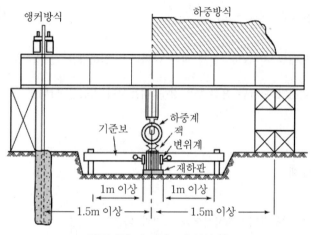

**반력장치 및 재하보의 설치 예**

① 일정한 압력으로 단계적으로 재하하면서 침하량 측정

(1회의 재하압력은 목표시험하중의 1/8로 8단계로 재하)

② 각 단계의 침하량이 15분에 1/100mm 이하가 되면 다음 단계의 하중을 가함

③ 시험의 종료

- 원칙적으로 극한지지력이 나타날 때까지
- 항복지지력이 나타날 때까지
- 재하판 직경의 10% 침하가 발생될 때

## 2. 기초 크기에 대한 보정(Scale Effect) 제안식

### (1) 기초의 지지력

① 점토의 극한지지력 : $q_{u(f)} = q_{u(p)}$

② 모래의 극한지지력 : $q_{u(f)} = q_{u(p)} \cdot \dfrac{B_f}{B_p}$

### (2) 기초의 즉시침하량

① 점토의 즉시침하량 : $S_f = S_p \cdot \dfrac{B_f}{B_p}$

② 모래의 즉시침하량 : $S_f = S_p \cdot \left( \dfrac{2B_f}{B_f + B_p} \right)^2$

### (3) 제안식에 비해 모래의 지지력은 실제 작게 나타나고 침하량은 큰 경우도 많음

### (4) 이는 순수한 모래지반이 아닌 혼합토인 경우 적용성이 작음을 나타냄

## 3. Scale Effect 문제 대책

### (1) 지지력

① 절편과 기울기 이용방법 : 재하시험을 크기가 다른 2~3개에 대해 같은 지반에 실시하여 크기효과를 판단함

$$q = M + N\frac{B_f}{B_p}$$

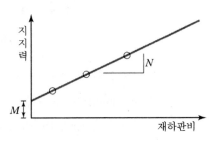

② 계산식 이용 : 2개의 재하판 크기에 대해 시험하고 점착력, 전단저항각을 구해 이론식으로 계산함

• 1재하판 : $q_{ult} = \alpha C N_c + \beta \gamma_1 B_1 N_\gamma$

• 2재하판 : $q_{ult} = \alpha C N_c + \beta \gamma_1 B_2 N_\gamma$

③ 근입깊이만 고려

$$q_a = q_t + \frac{1}{3}\gamma D_f N_q$$

여기서, $q_a$ : 허용지지력

$q_t$ : 재하시험에 의한 허용지지력

## (2) 침하량

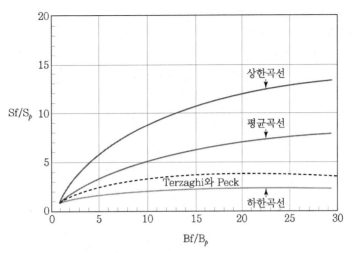

1) 하한선 : 매우 조밀한 모래($N \geq 50$)
2) Terzaghi 곡선 : 조밀한 모래($30 < N < 50$)
3) 평균선 : 중간 밀도 모래($10 < N < 20$)
4) 상한선 : 매우 느슨한 모래

**참고** 재하시험으로 $c$, $\phi$ 산정

### 1. 점토

(1) 기본식 : $Q_u = \alpha C N_c + \beta B \gamma_1 N_r + \gamma_2 D_f N_q$

(2) 점토이고 지표재하 : $Q_u = \alpha C N_c$

(3) $Q_u$ : 재하시험결과, $\alpha = 1.3$   $N_c = 5.7$

(4) $Q_u = \alpha C N_c$에서 $C = \dfrac{Q_u}{\alpha N_c}$

### 2. 모래

(1) 기본식 : $Q_u = \alpha C N_c + \beta B \gamma_1 N_r + \gamma_2 D_f N_q$

(2) 모래이고 지표재하 : $Q_u = \beta B \gamma_1 N_r$

(3) $Q_u$ : 재하시험결과, $\beta = 0.3$   $B = 0.3\text{m}$

(4) $Q_u = \beta B \gamma_1 N_r$에서 $N_r = \dfrac{Q_u}{\beta B \gamma_1}$ , $N_r \rightarrow \phi$

### 3. 혼합토

(1) 기본식 : $Q_u = \alpha C N_c + \beta B \gamma_1 N_r + \gamma_2 D_f N_q$

(2) 지표재하 : $Q_u = \alpha C N_c + \beta B \gamma_1 N_r$

(3) 1재하판 : $30\text{t/m}^2 = 1.3 C N_c + 0.3 \times 0.3 \times 2 \times N_r$ ······························ ①

$2$재하판 : $50\text{t/m}^2 = 1.3CN_c + 0.3 \times 0.6 \times 2 \times N_r$ ················································ ②

($1$재하판 : $0.3$m, $2$재하판 $0.6$m, $\gamma = 2\text{t/m}^3$)

(4) $N_r$ : ② 식 − ① 식

(5) $N_r \rightarrow \phi \rightarrow N_c$

(6) $c$ : ① 또는 ② 식에 $N_c$, $N_r$를 대입해서 산출

【문제 3】
모래의 전단강도에 영향을 미치는 요소에 대하여 설명하시오.

## 1. 흙의 전단강도

(1) Coulomb은 흙의 전단시험을 하여 응력과 관계가 없는 성분, 즉 접착제와 같이 흙을 결합시키는 성분과 응력과 관계있는 성분, 즉 흙입자 사이에 작용하는 마찰성분의 합으로 전단강도를 표시함. 이를 식으로 표현하면

$$\tau = c + \sigma \tan\phi$$

여기서, $\tau$ : 전단강도

$c$ : 점착력(Cohesion)

$\sigma$ : 수직응력(Normal stress)

$\phi$ : 전단저항각(Angle of shearing resistance)

또는 내부마찰각(Internal Friction Angle)

$C, \phi$ : 강도정수(Strength Parameter)

(2) 모래, 자갈

① 전단저항원리

- 마찰저항 : 회전마찰, 활동마찰
- Interlocking(엇물림)
- 느슨할 때 : 활동
- 조밀할 때 : 회전, 엇물림

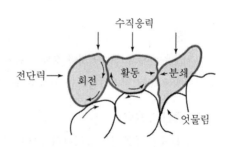

② 전단강도

$$\tau = \sigma \tan\phi$$

즉, 모래, 자갈의 전단강도는 유효수직응력에 크게 영향을 받음

## 2. 영향요소

(1) 상대밀도(Relative Density)

상대밀도$\left( D_r = \dfrac{e_{\max} - e}{e_{\max} - e_{\min}} \right)$가 클수록, 간극비$\left( e = \dfrac{V_v}{V_s} \right)$가 작을수록 저항각이 큼

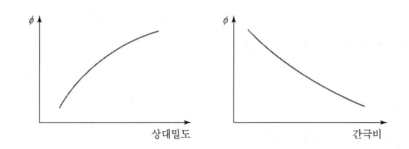

(2) **입자 크기**

간극비가 일정하면 입자 크기에 별로 영향을 끼치지 않는데, 그 이유는 입자가 큰 경우 Interlocking
도 크나, 접촉 부분에서 받는 하중이 크기 때문에 입자가 부서지는 강도가 커 저항효과가 상쇄되어
내부마찰각은 대략 비슷하기 때문임

(3) **입자의 형상과 입도분포**

① 둥근 입자에 비해 모난 입자가 전단저항각이 큼
② 입도가 양호한 흙은 균등한 입도보다 전단저항각이 큼

(4) **물**

물은 윤활효과는 있지만 흙의 전단저항에 거의 영향이 없어 간극비가 일정한 포화모래와 건조한 모
래에 대해 전단시험하면 포화조건이 2~3° 정도 작아짐

(5) **중간 주응력**

① 중간 주응력을 고려하여 평면변형전단시험으로 시험한 $\phi$ 값은 구속조건의 차이로 표준압축시험
으로 구한 $\phi$ 값보다 큼
② 평면변형조건인 옹벽, 줄기초 계산 시 전단시험값을 $1.1\phi$로 사용함

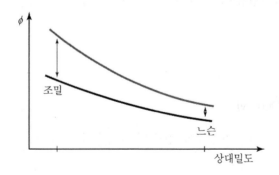

⑹ **구속압력**

구속압력을 증가시키면서 삼축압축시험을 실시하면 Mohr 원에 접하는 포락선은 구속압력이 작을 때에는 직선이지만 구속압력이 증가하면 포락선은 아래로 처진다. 따라서, 구속압력이 커질수록 입자 간의 접촉점에서 모서리 부분이 부서지며 입자 자체가 깨지므로 전단저항각은 점점 작아진다.

① 작은 구속압력 : 직선 증가
② 큰 구속압력 : 기울기 감소

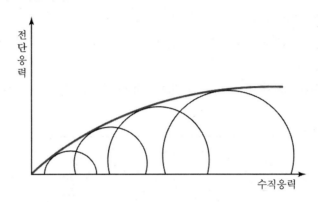

【문제 4】
모래자갈로 구성된 피압대수층의 상부에 연약점토지반이 존재한다. 지반개량을 위해서 연직배수재를 부분관입 시켰을 경우 피압이 점토지반의 압밀거동에 미치는 영향에 대하여 설명하시오.

## 1. 피압수두

(1) 지하수위를 갖는 대수층을 자유대수층(Free Aquifer)이라 하며 불투수층 밑의 대수층이 상부의 불투수층 영향으로 압력을 받은 상태를 피압이라 하고 이때의 대수층을 피압대수층(Confined Aquifer)이라 함

(2) 피압대수층은 피압 정도에 따라 지하수위면보다 더 큰 수위를 갖게 됨. 이때의 수두를 피압수두라 함

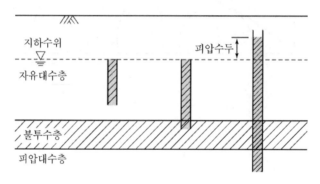

## 2. 연직배수재(Vertical Drainage)

(1) 배수재의 역할

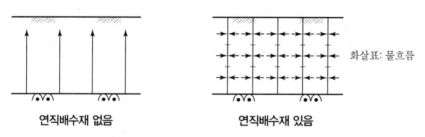

연직배수재 없음            연직배수재 있음

① 연직배수설치 시 물의 흐름이 변경되며 배수재간격에 따라 배수거리가 크게 단축됨

② 압밀시간은 배수거리의 제곱에 비례하므로 연직배수 공법은 개량원리가 배수거리 단축에 있음을 의미함

(2) 배수원리

① 관계식

$$t = \frac{TD^2}{C_v}$$

여기서, $t$ : 압밀소요시간(초), $T$ : 시간계수, $D$ : 배수거리(cm), $C_v$ : 압밀계수(cm²/sec)

② 압밀소요시간($T$, $C_v$ : 동일)

- $D = 10$m이면, $t = \dfrac{100T}{C_v}$

- $D = 1$m이면, $t = \dfrac{1T}{C_v}$

- 배수거리 10m → 1m로 단축하면 소요시간은 100배 단축됨

  즉, $D = 10$m일 때, $t = 100$년이라면 $D = 1$m로 하면 $t = 1$년

## 3. 압밀침하영향

(1) 연직배수공법이 없는 경우 피압에 따른 침하량

① 압밀하중＝유효상재압－피압이므로 피압을 무시하면 압밀하중이 유효상재압과 같게 되고 피압을 고려하면 압밀하중이 유효상재압보다 피압만큼 작게 됨

② 정규압밀 점토 침하량 $S = \dfrac{C_c}{1+e_o} H \log \dfrac{P_0 + \Delta P}{P_0}$ 에서 피압을 무시한 경우가 $P_0$(유효상재압＝압밀하중)가 크게 되어 압밀층 두께, 지반의 압밀특성이 같다면 침하량이 실제보다 적게 예측됨

예 1. 조건 : $C_c = 0.6$, $e = 1.5$, $P_0 = 9$ton/m², $\Delta P = 6$ton/m², $H = 5$m, 피압 : 3ton/m²

2. 피압 무시 : $S = \dfrac{0.6}{1+1.5} \times 500\log\dfrac{9+6}{9} = 26.6$cm

3. 피압 고려 : $P_0 = 9 - 3 = 6$, $S = \dfrac{0.6}{1+1.5} \times 500\log\dfrac{6+6}{6} = 36.1$cm

(2) 연직배수공법 시 침하량

① 피압을 무시할 때 침하량

$$S = \frac{C_c}{1+e_o} H\log\frac{P_0 + \Delta P}{P_0}$$

② 피압을 고려할 때 침하량

$P_0 = P_0 -$ 피압이 되고 $\Delta P$는 상재하중＋피압(피압제거로 상재하중 효과발생)이 되어

$P_0 + \Delta P = P_0 -$ 피압＋상재하중＋피압 $= P_0 + \Delta P$

③ 즉, 피압 고려일 경우 $\log\dfrac{P_0+\Delta P}{P_0}$가 크게 되어 피압을 고려할 때 침하량이 큼

예 1. 피압 무시 : 앞의 계산에서 $S=26.6$cm

  2. 피압 고려

  $P_0=9-3=6$ton/m$^2$

  $P_0+\Delta P=9+6=15$ton/m$^2$

  $S=\dfrac{0.6}{1+1.5}\times 500 \log\dfrac{9+6}{6}=47.8$cm

## 4. 평가

(1) 불투수층 밑에 대수층이 있으면 피압조건이 발생될 수 있으며 국내 김해, 양산 등지에서 피압이 $2\sim5$ton/m$^2$ 존재하는 것으로 나타남

(2) 피압을 무시하면 침하예측이 적게 되므로 실제 공사 시 더 큰 침하량이 발생되어 토량증가, 개량기간지연, 준공 후 문제점이 발생될 수 있음

(3) 피압지반인 경우 피압을 고려한 침하량 산정이 필요하고 피압은 Stand Pipe, Piezo Cone 관입시험으로 측정할 수 있음

(4) 양산지역 사례에 의하면 피압을 무시한 경우 실측침하량의 70% 정도가 발생하는 것으로 계산되었고 피압을 고려하는 경우 실측치와 일치하였음

(5) 연직배수공법 적용 시(피압층 관통) 피압에 따라 침하가 더 크게 발생됨에 유의해야 함

【문제 5】

지하 터파기 과정에서 발생하는 흙막이공 배면지반침하를 예측하는 경험공식 중 Peck 방법, Clough와 O'Rourke 방법, Caspe 방법에 대하여 설명하시오.

## 1. 개요

  (1) 근접시공은 시설물을 시공하는 과정에서 지반을 변형 또는 붕괴시키고 이로 인해 인접 구조물에 유해한 영향을 줄 가능성이 있는 공사라 할 수 있음

  (2) 근접시공은 신설구조물, 지반, 기존 구조물의 상호작용 문제이며, 특히 지반과 기존구조물에 대한 상황판단 또는 파악이 매우 중요함

  (3) 근접시공 시 계측에 의한 시공관리는 필수적이며 정밀하게 시행되어야 하고 유사공사에 대한 시공실적 참고, 경험 있는 기술자의 공학적 판단(Engineering Judgement) 등이 필요함

    ① 지반굴착으로 굴착저면 융기, 굴착면 수평변위 발생과 더불어 굴착배면의 침하가 발생됨

    ② 물론, 변형의 규모가 크고 응력거동이 불안정할 경우 붕괴가 될 수 있음

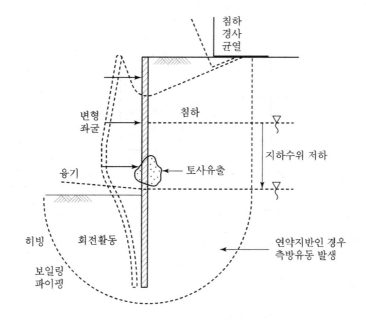

## 2. 배면침하예측

### (1) Peck 방법

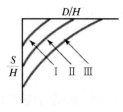

여기서, $D$ : 굴착면으로부터 임의 거리

$H$ : 굴착깊이

$S$ : 거리 $D$에 대한 침하량

① 계측결과로부터 작성됨

② 먼저 지반상태를 구분($I \rightarrow II \rightarrow III$ 순으로 지반조건 불량함)

③ $D/H$별로 $\dfrac{S}{H}$를 구하고 $S = \dfrac{S}{H} \times H$로 침하량을 구함

### (2) Caspe 방법

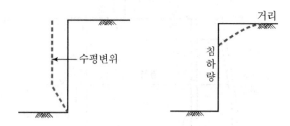

① 토류벽 수평변위체적($V_s$)과 배면의 침하체적이 같다고 가정함

② 굴착심도와 지반조건에 따라 영향거리($D$)를 구함

③ $S = S_w \left( \dfrac{D-X}{D} \right)^2$ 으로 $X$ 거리별 침하량 구함

여기서, $S_w = \dfrac{2V_s}{D}$

$S_w$ : 지표면 최대 침하량

(3) Clough와 O'Rourke 방법

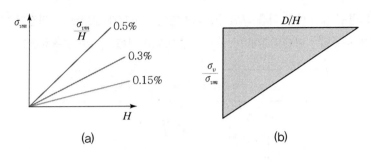

(a)                                    (b)

(a)도에서 굴착깊이에 대한 $\dfrac{\sigma_{vm}}{H}$ 에서 $\sigma_{vm}$(최대침하량)을 구하고

(b)도에서 $D/H$일 때 $\dfrac{\sigma_v}{\sigma_{vm}}$ 에서 해당거리의 $\sigma_v$(침하량)를 구함

## 3. 평가

(1) 설계 시 지반굴착에 따른 변형이나 침하요인을 고려하여 안정한 구조물이 되도록 해야 하고 성실 시공하여 시공의 잘못으로 인한 유해한 침하가 없도록 해야 함

(2) 주변침하 예측은 여러 가지로 분석하여 종합 평가하며 거리별 침하량, 경사도 등을 구해 표준적인 허용치와 구조물의 노후도, 재질, 침하허용치 등을 고려해서 영향을 평가해야 함

(3) 시공 시 계측을 하여 설계 예측치의 확인, 예기치 못한 영향을 평가하여 안전시공이 되도록 해야 함

**【문제 6】**

사질토 지반(강도정수 $c$, $\phi$)에서 다음 그림처럼 쐐기형태의 파괴가 일어났다. 직접기초의 극한지지력($q_{ult}$)을 구하는 데 사용되는 아래의 'Bell의 공식'을 유도하고 이에 대하여 설명하시오.

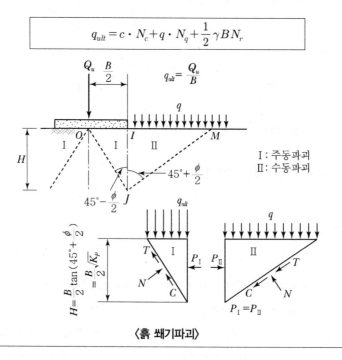

〈흙 쐐기파괴〉

## 1. 파괴모델

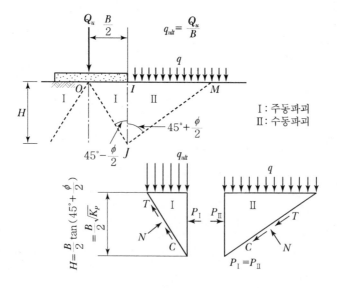

## 2. 공식유도

그림으로부터 영역 II에서 파괴 때의 $P$는 수동토압이므로

$$P = q_s \cdot \tan^2\left(45° + \frac{\phi}{2}\right) + \frac{1}{2}\gamma \cdot H^2 \cdot \tan^2\left(45 + \frac{\phi}{2}\right) + 2c \cdot H \cdot \tan\left(45° + \frac{\phi}{2}\right)$$

$$= q_s \cdot H \cdot K_p + \frac{1}{2}\gamma \cdot H^2 \cdot K_p + 2c \cdot H \cdot \sqrt{K_P} \quad\cdots\cdots\cdots\cdots\cdots (2.1)$$

여기서, $q_s$는 상재하중이고 $K_p$는 수동토압계수이다.

그런데,

$$H = \frac{B}{2}\tan\left(45° + \frac{\phi}{2}\right) = \frac{B}{2}\sqrt{K_p} \quad\cdots\cdots\cdots\cdots\cdots (2.2)$$

식 (2.2)를 식 (2.1)에 대입하면,

$$P = \frac{B}{2} \cdot q_s \cdot (K_p)^{\frac{3}{2}} + \frac{1}{8}\gamma \cdot B^2 \cdot K_p^{\,2} + c \cdot B \cdot K_p \quad\cdots\cdots\cdots\cdots\cdots (2.3)$$

영역 I에서

$$P = \frac{Q_u}{B}H\tan^2\left(45° - \frac{\phi}{2}\right) + \frac{1}{2}\gamma H^2 \tan^2\left(45° - \frac{\phi}{2}\right) - 2cH\tan\left(45° - \frac{\phi}{2}\right)$$

$$= \frac{Q_u}{B}HK_A + \frac{1}{2}\gamma H^2 K_A - 2cH\sqrt{K_a}$$

$$\frac{Q_u}{B} = \frac{P}{HK_A} - \frac{\gamma H^2 K_A}{2HK_A} + \frac{2cH\sqrt{K_A}}{HK_A}$$

$$= \frac{P}{HK_A} - \frac{\gamma H}{2} + \frac{2c}{\sqrt{K_A}} \quad\cdots\cdots\cdots\cdots\cdots (2.4)$$

식 (2.2)를 식 (2.4)에 대입하면,

$$\frac{Q_u}{B} = \frac{2P}{B\sqrt{K_p}K_A} - \frac{\gamma B}{4}\sqrt{K_p} + \frac{2c}{\sqrt{K_A}}$$

$$= \frac{2P}{B}\sqrt{K_P} - \frac{\gamma B}{4}\sqrt{K_P} + 2c\sqrt{K_P} \quad\cdots\cdots\cdots\cdots\cdots (2.5)$$

$$\left(\because\ K_A = \frac{1}{K_P}\right)$$

식 (2.3)을 식 (2.5)에 대입하면,

$$\frac{Q_u}{B} = q_{ult} = \frac{2\sqrt{K_P}}{B}\left(\frac{B}{2}q_s K_P^{\frac{3}{2}} + \frac{1}{8}\gamma B^2 K_P^{\,2} + cBK_P\right) - \frac{\gamma B}{4}\sqrt{K_P} + 2c\sqrt{K_P}$$

$$= c\left(2K_P^{\frac{3}{2}} + 2K_P^{\frac{1}{2}}\right) + \frac{\gamma B}{2}\left(\frac{1}{2}K_P^{\frac{5}{2}} - \frac{1}{2}K_P^{\frac{1}{2}}\right) + q_s K_P^{\,2} \quad\cdots\cdots\cdots (2.6)$$

여기서 상재하중 $q_s$는 기초저면이 지표면 아래에 위치한다면 흙의 무게 $\gamma D_f$와 같다.

위의 식 (2.6)을 간단한 형식으로 고치면

$$\frac{Q_u}{B} = q_{ult} = cN_c + \frac{\gamma B}{2}N_\gamma + \gamma D_f N_q \quad \cdots\cdots\cdots\cdots\cdots\cdots\cdots\cdots\cdots\cdots\cdots (2.7)$$

여기서, $Q_u$ : 전극한지지력

$q_{ult}$ : 단위극한 지지력

$\gamma$ : 흙의 단위중량

$D_f$ : 지표면에서 기초바닥까지의 깊이

$c$ : 점착력

$B$ : 기초의 폭

$N_c = 2\left[K_P^{\frac{3}{2}} + K_P^{\frac{1}{2}}\right]$

$N_\gamma = \frac{1}{2}\left[K_P^{\frac{5}{2}} - K_P^{\frac{1}{2}}\right]$

$N_q = K_P^{2}$

## 3. 설명

(1) 파괴영역 : 두 부분으로 나누고 파괴면을 직선으로 설정, 즉 I영역은 주동, II영역은 수동영역

(2) 거동 : 기초에 하중이 작용하면 주동영역은 하향과 횡방향으로 밀리고 수동영역은 횡방향과 상향으로 밀림

(3) 실제와 차이 : 실제는 파괴면이 곡선이고 파괴면에서 전단저항 무시로 지지력이 적게 산정됨

(4) 지지력계수 $N_c$, $N_\gamma$, $N_q$는 전단저항각에만 의존

(5) 적용기초형식 : 옹벽기초와 같은 평면변형구조물

## 3 교 시 ( 6문 중 4문 선택, 각 25점 )

**【문제 1】**

도심지 연약지반에 시공하는 지하매설관에 작용하는 토압과 매설관의 파괴원인 및 대책에 대하여 설명하시오.

### 1. 작용토압의 개념

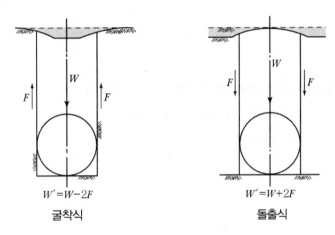

$$W' = W - 2F$$
굴착식

$$W' = W + 2F$$
돌출식

**지하매설관에 작용하는 토압**

### 2. 강성관

 (1) **굴착식**

   ① 원지반에서 굴착하고 관을 매설한 형태로 원지반보다 되메우기한 부분이 다소 침하가 크게 됨

   ② 침하 차이로 굴착양면에 그림과 같이 상향의 마찰력($F$)이 작용하게 됨

   ③ 이는, 상대변위에 따른 Arching 현상의 결과임

   ④ 따라서, 토피작용하중보다 관로에 작용토압이 마찰력만큼 감소하여 작용됨

 (2) **돌출식**

   ① 원지반에 관을 매설하고 관 주변과 상부를 쌓기하는 형태로 관상부보다 주변부가 다소 침하가 크게 됨

   ② 침하 차이로 굴착 양면에 그림과 같이 하향의 마찰력($F$)이 작용하게 됨

   ③ 이는, 쌓기부의 침하가 더 크게 되는 부주면마찰력(Negative Skin Friction)이 작용되기 때문임

④ 따라서, 토피작용하중보다 관로에 작용토압이 마찰력만큼 증가하여 작용하게 됨

## 3. 연성관

### (1) 변위형태

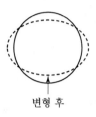

변형 후

### (2) 작용토압

① 강성관과 달리 연성관은 변형이 되어 상대적 변위가 없게 됨

② 따라서, 관매설 형식과 무관하게 마찰력 발생이 없음

③ 즉, 관상부의 토압이 작용하게 됨

## 4. 파괴원인

(1) 양질의 지반에 설치되는 매설관은 작용하는 하중(토압, 상재하중, 윤하중 등)과 단면방향의 큰 변위로 파괴됨

(2) 연약지반에서는 지반의 부등침하에 의한 축방향 변형, 인장응력, 접합부이탈 또는 전단파괴가 가능함

(3) **일단고정과 부등침하**

관로의 한쪽이 구조물이나 맨홀에 고정되어 침하발생으로 상대침하 발생

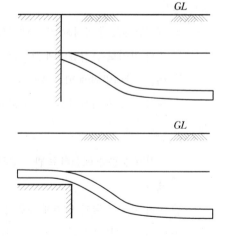

GL

(4) **양단자유와 부등침하(Differential Settlement)**

긴 연속구간에서 지반이 비균등하여 상대침하 발생

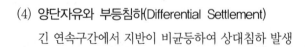

GL

(5) 국부적하중에 의한 변형

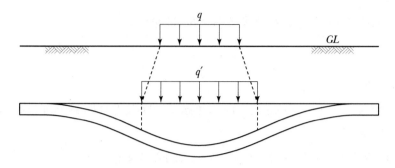

## 5. 대책

(1) 철근콘크리트 Bedding

(2) 치환토 + 보강방식

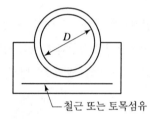

(3) 치환토방식

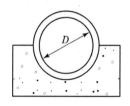

(4) 대책 결정방법

① 지반구분, 경계조건, 관재질, 직경, 변형량, 인장력 등 검토

② 적합한 대책을 수치해석하여 채택함

---

**【문제 2】**
대구경 현장타설말뚝기초의 양방향재하시험에 대하여 설명하시오.

---

## 1. 개요

  (1) 양방향재하시험(Bi-directional Pile Load Test)은 기존의 두부재하시험과 달리 양방향으로 재
    하하는 시험임

  (2) 최근, 대구경의 현장타설말뚝(인천대교, 가덕교 등)에 적용성이 큼

## 2. 시험방법과 정리

  (1) **시험방법**

    ① 재하중 : 설계용은 극한하중 이상, 사공관리용은 항복하중 이상으로 함

    ② 하중은 말뚝선단에서 상향과 하향의 양방향재하

    ③ 하중, 잭 상·하부변위, 말뚝두부변위, 말뚝응력 측정

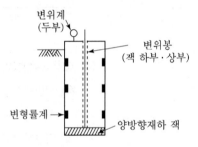

  (2) **정리**

    ① 양방향시험 결과

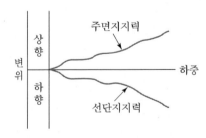

    ② 두부재하 시 변위량은 하중에 의한 지반변형과 말뚝의 압축변형의 합임

③ 양방향재하 시 주면지지에 의한 변형은 두부변위계로, 선단지지에 의한 변형은 재하부 변위봉으로 측정하며

④ 말뚝의 압축변형은 잭 상단부의 변위봉과 말뚝두부변형의 차로 산정함

⑤ 두부재하 결과로 수정

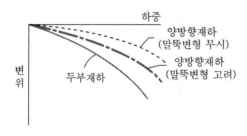

## 3. 지지력 판정

### (1) 극한지지력 판정

① 하중침하곡선에서 세로축과 평행하게 될 때의 하중 (a)

② Hansen의 90% 개념 (b)

③ 침하량이 말뚝경의 10%일 때

④ Davisson 방법 : 말뚝의 탄성침하량 $+ x(3.81 + \dfrac{D}{120}$, 말뚝직경 $D$가 600mm 이상 시 $\dfrac{D}{30}$, mm)에 해당하는 하중 (c)

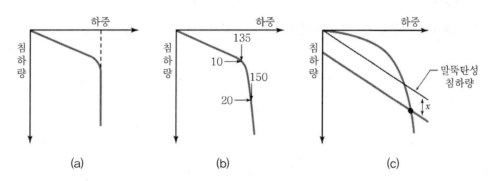

### (2) 항복지지력 판정

① $S - \log t$ 방법 : 각 하중단계의 관계선이 직선이 되지 않을 때의 하중

② $\dfrac{ds}{d(\log t)} - P$ 방법 : 일정시간(10분 이상)당의 침하속도와 하중관계선에서 급하게 변화되는 점의 하중

③ $\log P - \log S$ 방법 : $\log P - \log S$ 곡선에서 연결선의 꺾이는 점의 하중

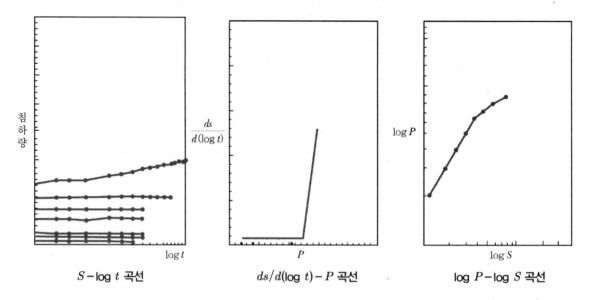

| $S - \log t$ 곡선 | $ds/d(\log t) - P$ 곡선 | $\log P - \log S$ 곡선 |

## 4. 평가

(1) 양방향재하시험은 시간, 비용이 크게 되므로 많은 양의 시험이 곤란하므로 시험말뚝의 선정에 유의해야 함

(2) 지반구성의 파악은 필수이고 일축압축시험, 공내재하시험, 급경사지 등에서는 시추공 영상촬영을 수행함

(3) 결함으로 내구성 감소를 대비하기 위한 건전도시험도 병행되어야 함

【문제 3】
해안매립지에서 흙막이 구조물을 지반앵커로 지지하면서 굴착하는 경우에 예상되는 문제점과 시공 중 중점관리 사항에 대하여 설명하시오.

## 1. 해안매립지 지반설정

그림과 같이 상부로부터 매립층(사질토 또는 점성토), 연약한 점토층, 양호 지반(모래, 자갈, 풍화토 등)으로 설정

## 2. 지반 Anchor 시 문제점

(1) 천공 Hole 유지 및 직선성 유지 곤란

① 문제
- 천공 시 일직선 유지 곤란
- 부적절한 위치에 앵커체 설치

② 대책
- Rod 강성이 큰 장비 사용
- 천공직경을 확대

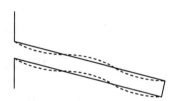

(2) 경사지층 시 정착길이 확보 곤란

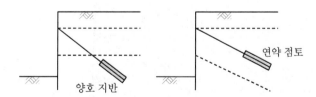

① 정착부 확보 곤란
② 사전에 지층경사 파악 및 천공 시 지층 확인

(3) 사면안정성 불안

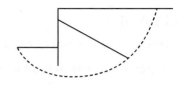

① 문제 : 전체적인 사면붕괴 형태

② 대책 : 사면안전율이 확보되도록 함

(4) 긴장력 도입 시 배면부로 변위

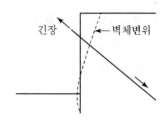

① 역변위로 Anchor에 긴장력 도입 곤란

② 작은 긴장력을 여러 번에 나누어 도입 또는 배면지반 보강

(5) 토류벽 변위과다 발생

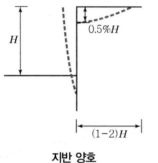
지반 양호

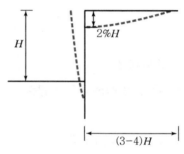
지반 불량

① 수평변위, 지반침하, Heaving 등으로 변위과다 또는 흙막이 붕괴

② 강성이 큰 토류벽 채택, Anchor 분담력 감소, 충분한 근입깊이 유지, 필요시 배면 또는 저면에 지반보강 적극 도입

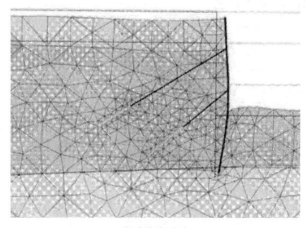
수치해석 예시

## 3. 시공 중 중점관리

(1) 지반조건 확인 및 변화 파악

(2) 변화지반에 따른 Anchor 길이 또는 타설각도 관리

(3) 주입압, 주입량 관리

(4) 관련시험 준수 및 평가

| 시험종류 | 시험목적 | 시험방법 |
|---|---|---|
| 인발시험 | 앵커체와 지반의 극한인발력을 알고자 할 때 | ① 극한앵커력의 0.2배 간격으로 5단계로 나누어서 재하 – 제하를 되풀이<br>② 인발될 때까지 또는 항복강도의 90%까지 |
| 인장시험 | • 앵커의 변위, 반력장치의 변위 및 긴장력을 알고자 할 때<br>• 확인 시험 시의 판정 기준으로 사용 | ① 설계앵커력의 1.2~1.3배의 하중을 계획 최대하중으로 하여 그 힘의 0.2배 간격으로 5단계로 나누어 재하 – 제하를 되풀이 한다.<br>② 재하 시, 제하 시의 하중속도는 가능한 한 일정하게 유지한다. |
| 확인시험 | 설계하중(설계앵커력)에 대한 안정성을 확인하고자 할 때 | ① 설계앵커력의 1.0~1.2배의 긴장력으로 1회 재하한다.<br>② 최대 재하 시에는 충분한 시간 동안 동일하중을 유지한다. |

(5) 계측관리

① 토압계, 하중계 등 응력관련계측은 물론, 지중경사계, 지표침하 등 변형 관련 계측을 더 중점적으로 관리

② 이는 사전에 과도한 변형발생 방지와 붕괴를 감지하고 필요시 조치하기 위함

【문제 4】
유선망을 이용하여 파악할 수 있는 지하수 흐름 특성(유량, 간극수압, 동수경사, 침투수압)에 대하여 설명하시오.

## 1. 유선망(Flow Net)

(1) 정의

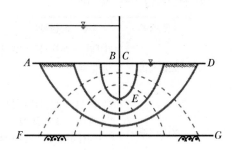

① 유선망 : 유선(Flow Line)과 등수두선(Equipotential Line)으로 이루어진 망

② 유선 : 침투하는 유로(Flow Channel)의 경계선

③ 등수두선 : 흐름의 전수두 높이가 같은 선

(2) 유선망의 의미

① 방정식 $K_x \dfrac{\partial^2 h}{\partial_x^2} + K_z \dfrac{\partial^2 h}{\partial_z^2} = 0$

② 각 유로의 침투유량은 같다.

③ 인접해 있는 2개의 등수두선 간의 손실수두는 일정하다.

④ 유선과 등수두선은 서로 직교한다.

## 2. 유량

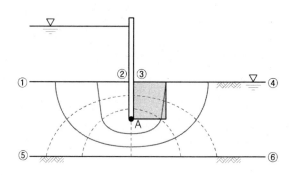

(1) 유선망

① 유선경계조건 2개

· ② → A → ③점          · ⑤ → ⑥점

② 등수두선 경계조건 2개

· ① → ②점          · ③ → ④점

③ 유선을 작도하고 등수두선을 작도하며 2~3회 반복하여 완성함

(2) 침투유량

$$Q = KH\frac{n_f}{n_d}$$

여기서, $Q$ : 유량

$K$ : 투수계수

$H$ : 수차

$n_f$ : 유선으로 나눈 간격수

$n_d$ : 등수두선으로 나눈 간격수

## 3. 간극수압(Porewater Pressure)

### (1) 수두의 정의

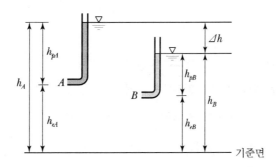

① 전수두($H$) : 임의의 기준면에서 위치수두와 압력수두의 합

② 위치수두($H_e$) : 임의의 기준면에서 pipe를 꽂은 위치까지 높이

③ 압력수두($H_p$) : Pipe에서 pipe 속으로 올라간 수위높이

④ 관계 : $H = H_e + H_p$, 즉 $H_p = H - H_e$

### (2) 간극수압

① 임의점 전수두= 수두차 $-\dfrac{n_{d1}}{n_d} \times$ 수두차

여기서, $n_{d1}$ : 상류면에서 임의점까지 등수두선 간격수

$n_d$ : 전체 등수두선 간격수

② 위치수두 : 하류면기준의 위치

③ 압력수두 : 전수두 − 위치수두

④ 간극수압 : 압력수두×물의 단위중량, 즉 $H_p \cdot \gamma_w$

## 4. 동수경사(Hydraulic Gradient)

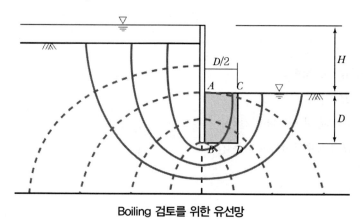

**Boiling 검토를 위한 유선망**

(1) $i = \dfrac{h}{D}$, $h$ : 수두차

(2) $h = \left( \dfrac{n_{d1}}{n_d} + \dfrac{n_{d2}}{n_d} \right) \times \dfrac{1}{2} \times H$

　　　여기서, $n_{d1}$ : 하류면과 $B$점의 등수두선 간격수

　　　　　　　$n_{d2}$ : 하류면과 $D$점의 등수두선 간격수

　　　　　　　$n_d$ : 전체의 등수두선 간격수

## 5. 침투수압(Seepage Pressure)

(1) 정의

　　① 그림과 같이 상향의 흐름이 발생하게 되면 유효응력이 변화하게 됨

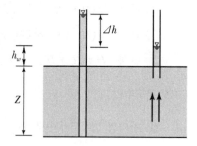

　　　　• $\sigma = h_w \gamma_w + Z \gamma_{\mathrm{sat}}$

　　　　• $u = h_w \gamma_w + Z \gamma_w + \Delta h \gamma_w$

　　　　• $\overline{\sigma} = \sigma - u = Z \gamma_{\mathrm{sub}} - \Delta h \gamma_w$

　　② 유효응력 식에서 $\Delta h \cdot \gamma_w$를 침투압이라 함

　　③ $i = \dfrac{\Delta h}{Z}$ 이므로 $\Delta h \gamma_w = i Z \gamma_w$가 됨

(2) **침투수압**

① 4. 동수경사의 (2)에 표시된 $h(=\Delta h)$에 물의 단위중량을 곱하여 구함

② 즉, $\Delta h \gamma_w$

**참고** 침투수압 계산

조건 : 전체 수두차 : 8m

근입깊이 : 3m,

전체 등수두선 간격수 : $n_d$ : 16, $n_{d1}$ : 6, $n_{d2}$ : 3.5

〈계산 1〉

- 수두손실 $\Delta h = \left(\dfrac{n_{d1}}{n_d} + \dfrac{n_{d2}}{n_d}\right) \times \dfrac{1}{2} \times H$

$$= \left(\dfrac{6}{16} + \dfrac{3.5}{16}\right) \times \dfrac{1}{2} \times 8\text{m} = 2.375\text{m}$$

- 침투압 $= \Delta h \cdot \gamma_w = 2.375 \times 10\text{kN/m}^3 = 23.75\text{kN/m}^2$

〈계산 2〉

- $i = \dfrac{\Delta h}{Z} = \dfrac{2.375}{3} = 0.792$

- 침투압 $= iZ\gamma_w = 0.792 \times 3\text{m} \times 10\text{kN/m}^3 = 23.76\text{kN/m}^2$

---

**【문제 5】**
터널설계에서 NMT 방법의 기본 원리와 표준지보패턴 결정방법에 대하여 설명하시오.

---

## 1. 개요

(1) 지반과 일체화된 주지보재의 복합구조로 하여 지보 간략화 및 시공단계 축소(공기 단축)

(2) 과지보 방지와 지반조건에 따른 융통성 확보(공사비 절감)

(3) 고성능, 고내구성 지보 도입과 열화와 내화지보로 터널 안정성 확보(내구성)

(4) 따라서, 1차 지보재인 Shotcrete와 Rock Bolt의 성능을 향상시켜 영구지보재로 사용하며 NATM의 콘크리트 Lining을 기본적으로 생략함이 싱글쉘 터널의 개념임

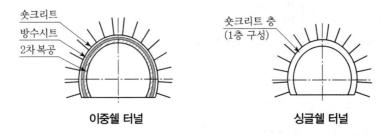

이중쉘 터널          싱글쉘 터널

## 2. 기본원리

(1) **조사 및 설계**

① Q분류와 확정설계개념을 갖기 위해 지반조사 철저. 즉, 노두나 막장관찰로 알 수 있는 절리군 수, 빈도, 간격, 주향경사, 거칠기, 기본마찰각, 주응력 등 세부조사 필요 및 전제

② Q분류에 의한 지보패턴을 수립하고 연속체, 불연속체에 대한 수치해석적 검증

(2) **지보**

① Rock Bolt와 Shotcrete를 영구지보재로 하여 고성능 지보재 적용

② 숏크리트

• 고강도 : 주요 지보재인 숏크리트의 고강도를 위한 재료, 배합, 시공방법

• 고인성 : 균열이 극소화되어야 하고 발생될 균열은 인성이 커 발전되지 않아야 함

• 고내구성 : 구조물에 유해한 변형, 열화 등이 없는 내구성이 높게 요구됨

• 재료 : 강섬유 숏크리트, 철근보강 숏크리트

③ 록볼트

• 고내력 : 축력에 대해 내력이 크고 장기적으로 유지되어야 함

- • 내부식성 : 터널 주변에서 부식이 적은 재질, 방식 등이 요구됨
- • 재료 : FRP 볼트, GRP 볼트, Ct Bolt, Swellex Bolt

④ 물처리

- • 근본적으로 방수재가 미설치되므로, 숏크리트가 수밀해야 하며 부분적 용수는 도수처리 필요
- • 투수성이 큰 지반은 차수공법이 적용되어야 함

⑤ 계측 : 선택적으로 취약, 중요구간에만 실시

## 3. 표준지보패턴 결정

(1) **방법** : Q분류 이용, 수치해석, 기존경험사례, 계측반영

(2) **Q분류에 의한 지보**

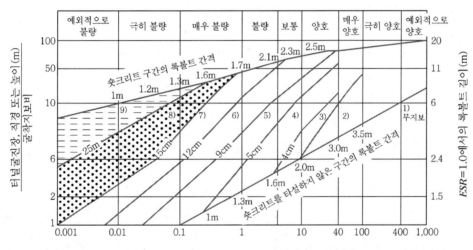

- 1) 무지보
- 2) 랜덤볼트
- 3) 시스템 볼트
- 4) 시스템 볼트, 숏크리트(4~10cm)
- 5) 강섬유보강 숏크리트(5~9cm)와 록볼트
- 6) 강섬유보강 숏크리트(9~12cm)와 록볼트
- 7) 강섬유보강 숏크리트(12~15cm)와 록볼트
- 8) 강섬유보강 숏크리트>15cm, 록볼트, 강지보재
- 9) 콘크리트라이닝

여기서 $Q$ :

· 인자 : RQD, 불연속면거칠기, 지하수 상태, 불연속면 종류수, 불연속면 풍화도, 응력저감계수

· 식 : $Q(\text{Rock Mass Quality}) = \dfrac{RQD}{Jn} \times \dfrac{Jr}{Ja} \times \dfrac{Jw}{SRF} = \dfrac{RQD}{\text{종류수}} \times \dfrac{\text{거칠기}}{\text{풍화도}} \times \dfrac{\text{지하수 상태}}{\text{응력저감계수}}$

위의 식 중 $\dfrac{RQD}{Jn}$ 는 암반을 형성하는 Block의 크기

$\dfrac{Jr}{Ja}$ 는 절리의 전단강도

$\dfrac{Jw}{SRF}$ 는 암반의 응력상태를 나타낸다.

(3) **수치해석** : Modelling 방법

지반불균질, 비등방조건에 적용

· 토사터널, 등방균질조건과 유사한 경우 : 연속체

· 비등방조건, 블록거동의 경우 : 불연속체

**단면, 지보패턴**

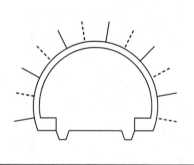

| 굴착공법 | | | 반단면 분할굴착 |
|---|---|---|---|
| 굴진장(m) | | | 1.2 |
| 숏크리트 두께(cm) | | | 16cm(강섬유보강) |
| 록볼트 | 길이(m) | | 4.0 |
| | 간격(m) | 종방향 | 1.2 |
| | | 횡방향 | 1.5 |
| 내부 라이닝 두께(cm) | | | 30 |
| 보조공법 | | | 필요시 Fore Poling |

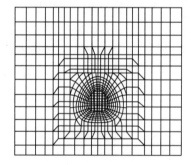

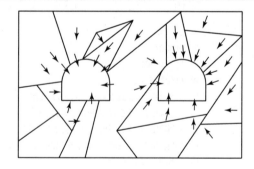

(4) **계측**

계측결과에 의거하여 시공방법이나 지보재 변경 없이 진행, 설계변경 또는 시공방법 변경 등 실시

## 3. 평가

(1) Single Shell 터널 적용과 안정을 위해 기본개념이 1차 지보재인 Shotcrete와 Rock Bolt가 영구 지보재로 기존의 콘크리트 Lining이 생략됨을 인식해야 함

(2) 국내 경우 시행초기에는 RMR이 I, II등급인 비교적 양호 지반인 산악의 도로나 철도터널에 적용이 바람직함

(3) 적용여부는 양호 암반과 불량 암반 비율을 고려하여 경제성 평가 후 결정함

(4) 지보재가 고품질이어야 하므로 공급가격의 저렴화가 적용범위의 확대에 영향을 미침

(5) 시행초기로 계측을 적정수준 실시하여 사례나 기술축적과 개발이 필요함

【문제 6】
보강토 옹벽에서 보강토체와 그 주변에 설치하는 배수시설에 대하여 설명하시오.

## 1. 보강토 옹벽

(1) 보강토 옹벽구성

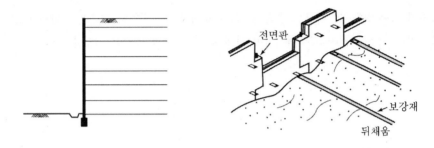

(2) 공법원리

　① Arching

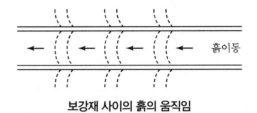

**보강재 사이의 흙의 움직임**

　• 토입자 이동은 보강재의 마찰에 의해 횡변위 억제

　• 점착력(Cohesion) 가진 효과 발생

　② 겉보기 점착력(Apparent Cohesion)

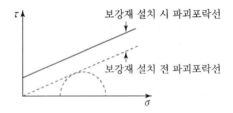

## 2. 보강토체 배수시설

(1) 전면벽체 배면에 자갈, 쇄석, 토목섬유 배수시설 : 배수처리 및 뒤채움재 유실 방지

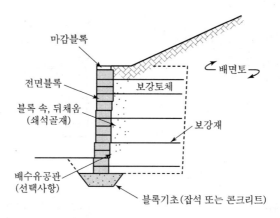

(2) 배면용출수 배수시설 : 원지반 굴착 후 계곡부

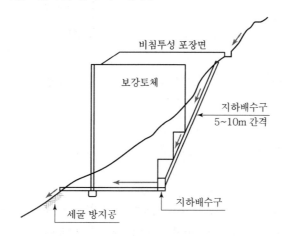

(3) 침수 시 배수시설 : 하천변, 호수가

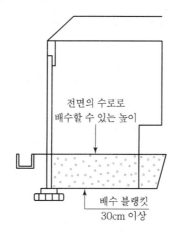

### 3. 주변에 설치하는 시설

(1) 보강토옹벽 인접

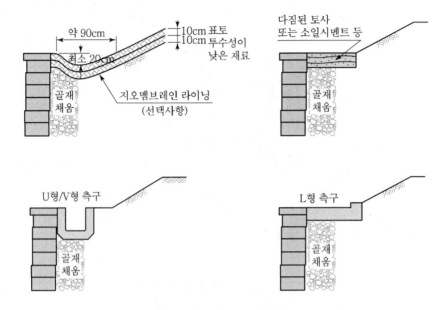

(2) 집수면적이 큰 경우에 호우 시 옹벽으로 유입량이 크므로 외곽에 배수로를 설치하여 유도배수시설함

### 4. 평가

(1) 보강토옹벽이 부실요인에서 물과 관련된 내용이 많으며 피해사례도 빈번함

(2) 피해종류는 누수, 백화, 세굴, 과도변위, 전면벽탈락, 붕괴 등임

(3) 기본적으로 외부에서 물이 들어오지 못하게 하고 침투된 물은 원활히 배수되도록 해야 함

(4) 특히, 수압이 크게 걸리면 보강토에 치명적이므로 우각부, 계곡부, 집중호우에 대한 대비가 필요함

## 4 교 시 ( 6문 중 4문 선택, 각 25점 )

**【문제 1】**
말뚝이음과 장경비에 따른 말뚝의 지지력 감소에 대하여 설명하시오.

## 1. 말뚝기초

(1) 말뚝은 보통 지중에 설치되어 압축, 인발, 수평력에 저항하는 구조체임

(2) 기본적으로 지지력과 변위에 안정해야 함

(3) 고려사항은 압축과 인장, 이음부, 장경비, 무리말뚝영향, 부식, 부주면마
찰력(Negative Skin Friction), 간격 등임

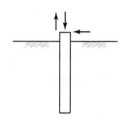

## 2. 이음에 의한 말뚝 지지력 감소

(1) 운반제약으로 길이가 제한되며 보통 15m까지 공장제작

(2) 기성말뚝이 길면 이음이 필요함

(3) 이음부는 접촉면 불균질과 응력집중, 단면감소가 생기며

(4) 휨저항이 감소하고 인장에 취약하게 됨

(5) 고려방법

① 말뚝허용응력에 적절한 감소율로 감안함

(예) 용접식 5%, 볼트식 10%, 개소당)

② 예로, 말뚝허용응력이 150t이고 용접식 2개소이면
150t×90%=135t이 됨

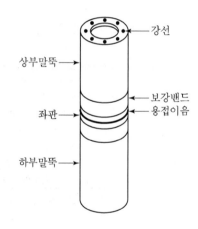

강선

상부말뚝

보강밴드
용접이음

좌판

하부말뚝

### 3. 말뚝의 장경비에 의한 지지력 감소

(1) 정의

① 장경비 $= \dfrac{L}{D}$

여기서, $L$ : 말뚝길이, $D$ : 말뚝직경

② 즉, 말뚝직경에 대한 말뚝길이의 비로 장경비가 크다는 것은 세장한 형태를 의미함

(2) 장경비의 영향

① 설치 시 편심 가능

② 휨응력 발생

③ 항타 시 재질손상

④ 특히, 대심도 지지층조건 시 중요

(3) 고려방법

① 장경비가 말뚝재질에 따라 일정 이상이 되면 말뚝재료의 허용응력을 감소시킴

$(\mu.\% = \dfrac{L}{D} - \overline{n},\ \overline{n}$ : 장경비 한계값)

② 지반의 지지력에 적용되는 것은 아님에 주의함

| 참고 | 장경비에 의한 허용응력 감소의 한계치 |

| 말뚝종류 | $\overline{n}$ | 장경비의 상한계[주] |
|---|---|---|
| RC 말뚝 | 70 | 90 |
| PSC 말뚝 | 80 | 105 |
| PHC 말뚝 | 85 | 110 |
| 강관 말뚝 | 100 | 130 |
| 현장타설 콘크리트말뚝 | 60 | 80 |

주) 장경비에 의한 말뚝재료의 허용응력 감소를 감안하더라도, 장경비의 상한계 이상의 긴 말뚝은 설계하지 않는 것이 좋다.

**【문제 2】**

성토 하중으로 인하여 연약지반이 소성변형을 일으켜서 지반이 측방으로 크게 변형하는 현상을 측방유동이라고 한다. 측방유동 판정법과 대책공법에 대하여 설명하시오.

## 1. 정의

연약지반 위에 설치된 교대나 옹벽과 같이 성토재하중을 받는 구조물에서는 배면성토중량이 하중으로 작용하여 연약지반이 붕괴되어 지반이 수평방향으로 이동하는 현상

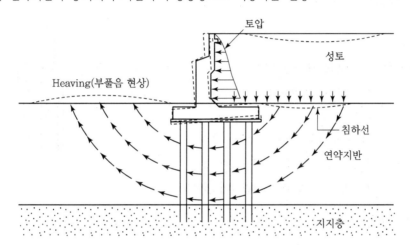

## 2. 판정 방법

### (1) 안정수(Tschebotarioff)

안정수 : $N_s = \dfrac{\gamma h}{c}$

여기서, $\gamma$, $h$ : 쌓기의 단위중량과 높이

$c$ : 연약지반의 비배수전단강도, 즉 점착력(Cohesion)

안정수가 크면 수평변위가 크게 됨

($N_s = 3$에 해당 변위 50mm, $N_s = 5.14$에 해당 변위 100mm 정도 : 국내 연직배수공법 적용된 200개소 계측분석자료 결과)

### (2) 원호활동의 안전율에 의한 방법

• $F_s < 1.5$(말뚝 무시) : 발생
• $F_s < 1.8$(말뚝 고려) : 발생

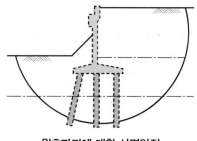

**원호파괴에 대한 사면안정**

(3) 측방유동지수

$$F = \frac{\bar{c}}{\gamma HD}$$

여기서, $\bar{c}$ : 연약층의 평균점착력

$\gamma$ : 성토의 단위중량

$H$ : 성토의 높이

$D$ : 연약층의 두께

$F \geq 0.04$ : 측방유동 위험성이 없음

$F < 0.04$ : 측방유동 위험성이 있음

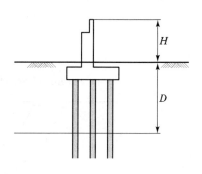

(4) 측방유동 판정수

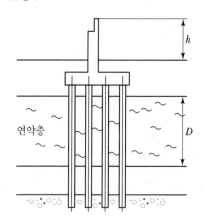

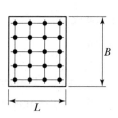

$$I = \mu_1 \cdot \mu_2 \cdot \mu_3 \cdot \frac{\gamma h}{c}$$

- $I \leq 1.2$ : 측방유동의 위험성이 없음

- $I > 1.2$ : 측방유동의 위험성이 있음

여기서, $I$ : 측방유동 판정수

$\mu_1$ : 연약층 두께에 관한 보정계수 ($\mu_1 = D/l$)

$D$ : 연약층의 두께

$l$ : 말뚝의 근입깊이

$\mu_2$ : 말뚝 자체 저항폭에 관한 보정계수($\mu_2 = b/B$)

$b$ : 교축직각방향 말뚝지름의 합계

$B$ : 교축직각방향 기초의 길이

$\mu_3$ : 교대길이에 대한 보정계수($\mu_3 = D/L \leq 3.0$)

$L$ : 교축방향기초의 길이

$\gamma$ : 성토의 단위중량

$h$ : 성토의 높이

$\bar{c}$ : 연약층의 평균점착력

## 3. 대책

### (1) 소형 교대공법

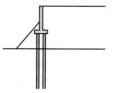

① 성토 내에 푸팅을 가지는 소형 교대를 설치하여 배면토압을 경감시키는 공법이다.

② 본 공법은 Preloading에 유리하고 압성토 시공이 용이하다.

③ 교대에 작용하는 토압을 완화시킬 수 있다.

④ 성토층에 의한 부마찰력이 증가한다.

### (2) Box 및 Pipe 매설공법

① Box

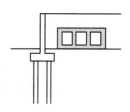

㉠ Box의 부등침하가 문제될 수 있다.

㉡ 작용하중이 불균일하게 되며 다짐작업이 곤란하다.

㉢ 내진성이 부족하다.

㉣ 지하수위가 높은 경우 부력에 대한 대비가 필요하다.

② Pipe

㉠ 교대배면에 파이프, 흄관, PC관 등을 매설하여 편재하중을 경감시키는 공법이다.

㉡ 성토하중을 경감시켜 편재하중을 줄이는 데 효과적이다.

㉢ 교대배면의 다짐이 곤란하다.

㉣ 파이프 사용 시에는 휘어질 우려가 있어 뒤채움 재료의 선택 및 다짐에 유의하여야 한다.

㉤ 지반에 작용하는 하중이 불균일하게 된다.

(3) 경량 성토(EPS, 슬래그)

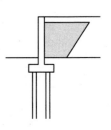

① EPS

㉠ 타 공법에 비하여 편재하중을 상당히 경감시킬 수 있어 성토부의 지반 침하도 상당 부분 줄일 수 있다.

㉡ 구조물과의 접속부에 있어서 단차방지 효과가 크다.

㉢ 시공이 간단하고 공사기간이 짧다.

② 슬래그

㉠ 단위중량이 EPS보다는 무거우나 일반토사보다 가벼워 성토하중을 경감시킬 수 있다.

㉡ 시공이 간단하고 공사기간이 짧다.

(4) 교량 연장

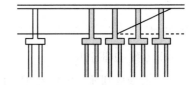

① 측방유동이 생기지 않는 안정구배로 토공처리

② 교량연장이 길어짐

③ 효과가 큼

(5) 주입공법

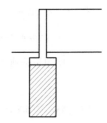

① 주입재를 혼합하여 지반을 고결시킴으로써 강도를 향상시키는 공법

② 주입공법 중에서는 시멘트 그라우트가 가장 사용하기 쉽고 신뢰성이 높으며 경제적

③ 지반개량의 불확실성, 주입효과의 판정방법, 주입재의 내구성 등 문제점을 내포

(6) SCP 말뚝

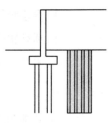

① 연약층에 충격하중 또는 진동하중으로 모래를 강제 압입시켜 지반 내에 다짐모래기둥을 설치하여 지반의 강도를 증가시켜 측방유동을 방지한다.

② 해성점토층에서는 지반의 교란에 의한 강도저하 현상이 크고 강도회복이 늦어지는 경우가 많다.

③ 시공 시 소음, 진동이 발생한다.

④ 효과가 크다.

(7) Preloading

① 교대 설치위치에 성토하중을 미리 가하여 잔류침하를 저지시키고 압밀에 의하여 지반의 강도 증가를 꾀하는 공법이다.

② 상부 모래층이 두꺼운 경우에는 부적합하다.

③ 공사비가 저렴하다.

④ 최저 6개월 정도의 방치기간이 요구되므로 공사기간이 충분하여야 한다.

⑤ Preloading에 따른 용지 확보가 필요하다.

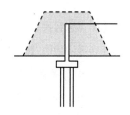

(8) 압성토

① 교대 전면에 압성토를 실시하여 배면성토에 의한 측방토압에 대처하도록 하는 공법이다.

② 비교적 공사기간이 짧고 공사비가 저렴하다.

③ 측방토압이 큰 경우에는 별로 효과가 없다.

④ 압성토 부지 확보가 가능한 곳에 적용 가능하다.

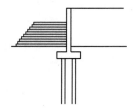

(9) 성토지지말뚝

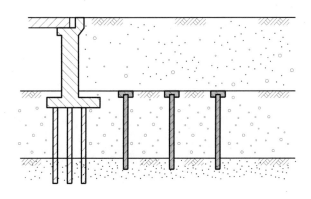

## 4. 평가

(1) 판정방법 : 여러 가지로 하여 종합 평가함이 바람직하며 가장 신뢰도 있는 방법은 원호활동방법임

(2) 원호활동 : 응력해석이므로 수치해석하여 변위를 함께 평가하도록 함

(3) 대책방향

① 경감대책 : 소형교대, Box 및 Pipe 매설, 경량성토, 교량연장

② 저항대책 : 주입, 복합지반, 선행재하, 압성토, 성토지지말뚝

③ 주요대책 : 경량성토, 복합지반, 성토지지말뚝이며 조합 가능

(4) **측방유동**

① 지반 : 점착력, 연약층두께, 지반경사

② 구조물 : 성토중량, 기초제원, 성토속도

③ 간과하기 쉬운 영향인자 : 지반경사, 성토속도

(5) **계측** : 유지관리개념 도입으로 내구성에 대한 안정평가가 되도록 함

【문제 3】
도심지 중앙으로 통과하는 하천제방의 붕괴원인과 누수조사 방법 및 대책에 대하여 설명하시오.

## 1. 하천제방 붕괴원인

### (1) 침투 관련

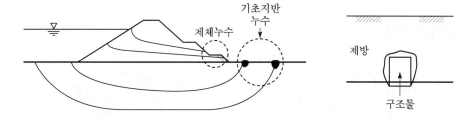

① 제체 원인
- 단면부족
- 앞비탈면이나 중심부에 지수벽 없음
- Filter 층 잘못 설계, 누락
- 수압파쇄(응력전이, 부등침하)
- 다짐불량, 투수성 큰 재료, 입도불량
- 지진에 의한 균열, 두더지, 게 구멍

② 기초지반 원인
- 투수층 존재
- 파쇄대, 풍화대 기초처리 없음
- Grouting(간격, 주입압 등) 불량
- 제체와 기초지반 접촉불량
- 누수에 의한 세굴
- 기초처리 불량(밀착 주입)

③ 구조물(또는 원지반 접촉부) 접촉부
- 접촉부 밀착 유지 불량
- 침투대책 미흡
- 원지반에 투수성지반 존재

④ Piping 발생개념

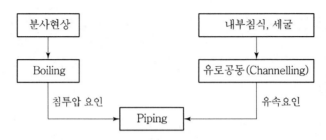

(2) **사면안정성 관련**

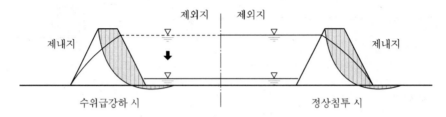

① 정상침투 시

- 홍수위가 지속된다면 정상침투(Steady State Seepage)가 될 수 있음
- 정상침투가 발생된다고 하면 가상 활동면상에 간극수압이 분포하게 됨
- 간극수압으로 유효응력 = 전응력 – 간극수압이 되고 전단강도의 감소를 유발함
  즉, $\tau = c' + (\sigma - u)\tan\phi'$
- 또한, 점착력(Cohesion) 성분은 포화에 가깝게 될수록 감소하게 됨
- 사면안정성은 간극수압을 고려한 유효응력해석으로 할 수 있고 이때 전단강도는 $\overline{CU}$시험에 의한 $c'$, $\phi'$를 적용함
- 또한, 침윤선 위의 토사단위중량은 습윤단위중량 $\gamma_t$를, 침윤선 아래는 포화단위중량 $\gamma_{sat}$를 적용함

② 수위급강하 시

- 수위급강하로 완전한 비배수는 아니지만 위험 측으로 하여 간극수압소산을 무시한다면 제체에 잔류간극수압이 크게 됨
- 제외지 측 수압으로 인한 안정성 부분이 없어져 안정성에 불리하게 됨
- 즉, 사면이 불안해질 수 있으며 간극수압 또는 수위급강하 시 간극수압비를 고려한 유효응력해석이 적용됨
- 완전비배수로 하면 전응력해석도 가능하며 이 경우 간극수압은 무시함

(3) **기타** : 월류, 유수에 의한 침식 등

2. 누수조사 : 현장조사(시추, 물리탐사), 현장시험, 실내시험, 계측

  (1) 시추조사

    ① 시추조사에 의해 시료채취에 의한 실내시험(함수비, 강도, 투수계
      수 등)

    ② 표준관입시험으로 N치 측정

    ③ 함수비, 강도, 투수계수 등 변화로 누수위치를 파악함

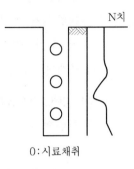

  (2) 전기비저항탐사(Resistivity Survey)

    ① 각 한 쌍의 전류와 전위전극 설치

    ② 누수가 되면 함수비 증가와 물흐름으로 비저항치가 건전한 위치보
      다 낮게 됨

    ③ 즉, 저비저항구간을 탐지하는 것임

  (3) 추적자 시험(Tracer Test)

    ① 주입정에서 추적자(예 염료)를 투입하고 관측정에서 회수함

    ② 흐름속도나 경로를 파악함

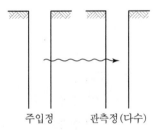

  (4) 유향유속시험

    ① 시추공 내에 측정기를 설치하고 열원으로부터 발산되는 열이동상태로
      흐름의 방향과 속도를 측정함

    ② 열원에서 열이 발생하고 열감지기에서 측정함

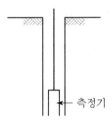

  (5) TDR(시간영역반사 측정기, Time Domain Reflectometry)

    ① 동축 Cable에 의해 전기신호에 변화되는 것을 측정함

    ② 함수 상태나 지하수위를 파악함

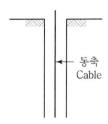

## 3. 대책

### (1) 제체단면공법

① 침투 억제, 제체보유수배수 원활

② 침투로장 증대로 동수경사 감소

③ 축재재료 선택에 주의

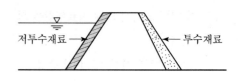

### (2) 앞비탈면 피복공법

① 침투 억제

② 침윤선 하강

③ 불투수재료 : 점성토, Sheet, 콘크리트

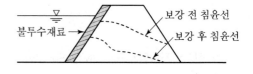

### (3) 기초지반 차수공법

① 침투수량 억제

② 침투로장 증대로 동수경사 감소

③ 차수공법 : 차수 Grouting, Sheet Pile, 심층혼합
  공법

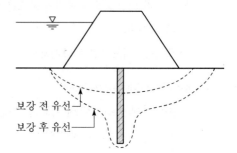

### (4) 피복공법

① 침투수량 억제

② 유선연장으로 동수경사 감소

③ 피복재 : 점성토, Sheet, 콘크리트

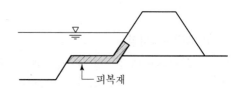

【문제 4】
연약지반상에 축조하는 도로 및 제방의 지지력보강과 침하방지를 위하여 설치하는 성토지지말뚝 공법에 대하여 설명하시오.

## 1. 개요

(1) 성토지지말뚝(Embankment Pile)은 말뚝 위 성토지반 속에 발달하는 지반아칭효과(Ground Arching Effect)에 의해 연약지반에 작용하는 하중을 경감하는 기초 형태임

(2) 하중경감으로 성토체의 침하 저감, 안정성 증대 및 측방유동 등에 효과적임

| 말뚝슬래브공법 | 캡보말뚝공법 | 단독캡말뚝공법 |

## 2. 원리

(1) 지반개량과 구조물 형식의 중간형태임

(2) 말뚝으로 성토하중 지지시킴 → 사면 Sliding 방지, 측방유동 방지

(3) Arching 현상으로 침하량 저감

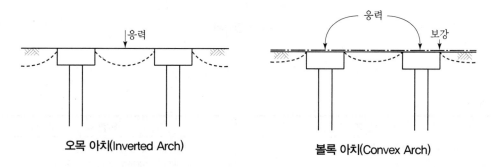

오목 아치(Inverted Arch)                볼록 아치(Convex Arch)

## 3. 검토내용

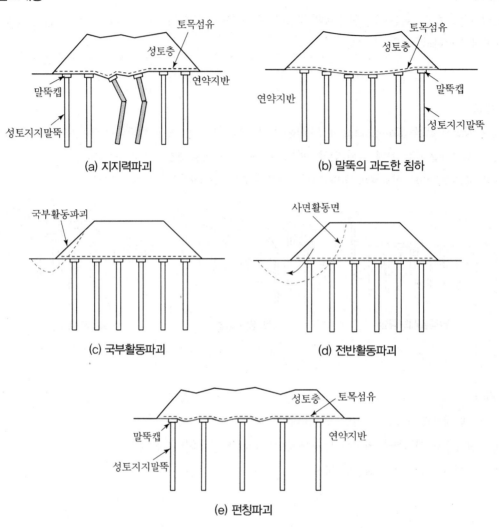

(a) 지지력파괴

(b) 말뚝의 과도한 침하

(c) 국부활동파괴

(d) 전반활동파괴

(e) 펀칭파괴

## 4. 특징

| 장점 | 단점 |
|---|---|
| • 사면활동이나 측방유동 방지<br>• 침하량 감소<br>• 공사기간이 타 개량보다 짧음 | • Cap 사이로 성토재 빠짐 우려<br>• 부등침하 발생 → 저성토 곤란<br>• 경사지반 전체 Sliding 가능 우려 |

5. 적용

　① 유기질토

　② 확장도로

　③ 측방유동

　④ 침하 엄격 조건

　⑤ 급속시공

【문제 5】
발파공으로부터 거리에 따른 발파 응력파의 전파형태에 대하여 설명하시오.

## 1. 발파공 주변의 암반상태

① 발파 시 충격파와 고압가스로 주위의 암반상태가 변함
② 분쇄, 파쇄, 균열, 탄성영역으로 구분됨

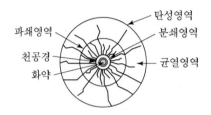

**발파 후 발파공 주위의 암반 상태**

## 2. 응력파 전파와 영향

① 폭발에 의해 압축파가 발생하고 암석에 직접적인 파괴는 발생하지 않음
② 압축파로 미세한 균열이 형성됨

③ 자유면에 도달하면 반사되어 인장파로 변환됨
④ 인장파는 자유면과 발파공 사이의 암석에 인장균열을 발생시킴

⑤ 폭굉에 의한 가스압이 급속히 균열 사이로 확산되어 균열의 간격을 확대시킴
⑥ 가스압은 암석을 자유면 전방으로 이동시키는 힘으로 작용함

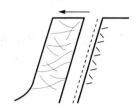

## 3. 터널 주변 손상영역

① 터널 외곽에 배치된 외곽공의 발파로 그림과 같이 이완영역이 발생됨

② 이완범위는 장약량, 화학 종류, 발파방법, 암질 등에 따라 영향을 받음

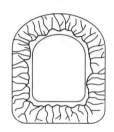

## 4. 이완범위

① 발파 후 현장에서 탄성파탐사, BHTV나 Bips 등을 이용하여 발파전의 암반상태와 비교

② 시료채취하여 일축압축강도, 절리상태 등을 발파 전 상태와 비교

③ PFC(Particle Flow Code)로 발파 모사하여 수치해석

④ 일반적으로 30∼70cm 정도 손상됨

【문제 6】

암반 불연속면 전단강도 모델에서 Patton의 Bilinear모델, Barton의 비선형모델, Mohr−Coulomb 모델에 대하여 설명하시오.

## 1. 불연속면 전단강도 개념

① 암반(Rock Mass)은 암석(Intact Rock)에 불연속면(Discontinuities in Rock Mass)이 포함된 것

② 현장에 분포되는 암반은 절리, 층리, 엽리나 단층, 파쇄대를 포함하며 불연속면 전단강도가 암석 자체의 강도보다 작게 됨

③ 터널, 사면, 암반상의 기초와 같이 암반을 대상으로 하는 경우 불연속면 전단강도가 결정적 영향을 미치게 됨

④ 암석, 불연속면, 암반의 강도개념을 그림으로 나타내면 다음과 같음

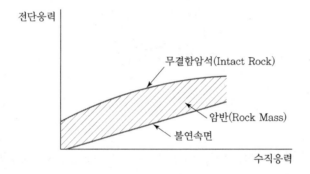

## 2. Barton식(Nonlinear 모델)

① 인공적으로 제작한 불연속면(톱니모양)에 대한 직접전단시험 결과로부터 경험식 제안

② 충전물이 있는 경우 전단강도가 충전물 특성에 지배

③ 수직응력, 거칠기, 압축강도, 전단저항각을 고려한 것으로 널리 사용

$$\tau = \sigma \tan\left(JRC \log\left(\frac{JCS}{\sigma}\right) + \phi_b\right)$$

여기서, $\tau$ : 전단강도

$\sigma$ : 수직응력

JRC : 불연속면 거칠기 계수(Joint Roughness Coefficient)

JCS : 불연속면의 압축강도(Joint Compression Strength)

$\phi_b$ : 기본전단저항각

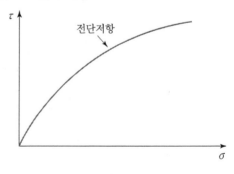

## 3. Patton식(Bilinear 모델)

① 전단강도식을 수직응력 수준에 따라 2개의 직선식으로 표현

② 수직응력이 작을 경우 돌기를 타넘게 되고 수직응력이 크게 되면 돌기는 더 이상 전단저항력에 기여하지 못하고 파괴됨

③ 관계식

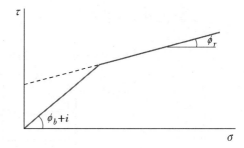

$$\tau = \sigma \tan(\phi_b + i) : \sigma \leq \sigma_T \text{(과도응력)}$$

$$\tau = c + \sigma \tan \phi_r : \sigma > \sigma_T$$

여기서, $\tau$ : 전단강도

　　　$\sigma$ : 수직응력

　　　$\phi_b$ : 기본전단저항각

　　　$\phi_r$ : 잔류전단저항각

　　　$i$ : 거칠음각(Dilation angle)

④ Dilation Angle($i$)

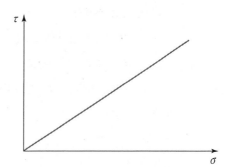

• 암반의 불연속면에서 전단거동이 발생되면 절리면을 타넘으면서 팽창하게 됨

• 즉, 타넘는 각을 Dilation Angle이라 하며 거칠음각 또는 팽창각이라 함

• Dilation Angle 효과

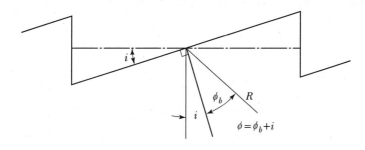

## 4. Mohr – Coulomb식

① 불연속면이 평평하여 거칠기가 낮은 절리에 잘 맞음

② 관계식

$$\tau = C + \sigma \tan \phi$$

## 5. 평가

### (1) 적용 시 절리면 전단시험 실시

① 절리면에 대해 직접 전단시험

② $\sigma - \tau$ 관계도 작성

③ 절리면의 $c$, $\phi$ 산정

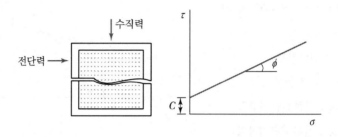

### (2) 절리면 축적효과 반영

① 절리면 전단강도는 표면의 거칠기에 따른 절리면의 크기에 따라 성질이 변함

② 표면형상이나 실제 접촉면적에 따라 전단강도가 달라짐

③ 작은 치수의 시험체에서는 현저한 Peak 강도를 보이는 경우에도 큰 치수에서는 Peak 강도를 보이지 않고 평활한 절리면과 유사한 전단특성을 보임

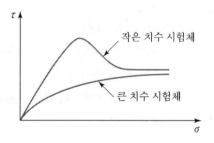

④ 전단강도도 작은 치수의 시험체의 잔류강도에 접근될 수 있음

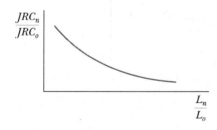

여기서, $L_o$ : 측정길이

$JRC_o$ : 측정거칠기계수

$JCS_o$ : 측정압축강도

$JRC_n$, $JCS_n$ : $L_n$(현장길이)에 대한 보정치

# 제117회
# 과년도 출제문제

## 117 회 출 제 문 제

## 1 교 시 ( 13문 중 10문 선택, 각 10점 )

【문제】

1. 부동수(Unfrozen Water)

2. 합경도

3. 탄성파 지오토모그래피 탐사

4. 불연속면의 공학적 특성

5. Q분류(Rock Mass Quality), RMR

6. 프리로딩 공법(Preloading Method)

7. 습곡이 터널구조물에 미치는 영향

8. 지반의 강성과 강도

9. 록볼트의 인발시험

10. 루전시험(Lugeon Test)

11. 준설매립지의 실트포켓(Silt Pocket)

12. 점토의 연대효과(Aging Effect)

13. 흙의 취성지수(Brittleness Index, $I_B$)

## 2 교 시 ( 6문 중 4문 선택, 각 25점 )

【문제 1】
기설구조물에 근접하여 가설구조물을 설치하기 위하여 지반을 굴착하고자 한다. 지반굴착 시 고려사항과 주변지반의 영향을 설명하시오.

【문제 2】
불교란 시료를 채취하여 실내시험을 하고자 한다. 채취된 시료에 대한 실내시험으로부터 교란도를 평가하는 방법을 설명하시오.

【문제 3】
하저구간을 통과하는 터널 라이닝 설계 시 라이닝에 작용하는 수압에 대하여 방배수 개념을 이용하여 설명하시오.

【문제 4】
보강토옹벽의 보강원리와 안정성 검토사항에 대하여 설명하시오.

【문제 5】
말뚝의 주면마찰력에 대하여 설명하시오.

【문제 6】
연약지반에서 장래 침하량 추정방법에 대하여 설명하시오.

## 3 교 시 ( 6문 중 4문 선택, 각 25점 )

【문제 1】
암반 불연속면의 전단강도 모델 평가방법에 대하여 설명하시오.

【문제 2】
2차원 흐름 기본방정식과 Terzaghi 1차원 압밀방정식의 기본 가정조건과 산출방법에 대하여 설명하시오.

【문제 3】
토사 사면붕괴 원인과 대책을 전단응력 및 전단강도로 설명하시오.

【문제 4】
콘크리트 표면 차수벽형 석괴댐(CFRD) 계측 설계 시 착안사항과 계측의 항목 선정 및 목적에 대하여 설명하시오.

【문제 5】
연약지반의 표층처리를 위해 토목섬유를 이용하고자 한다. 토목섬유의 종류, 기능, 특징 그리고 적용 시 문제점에 대하여 설명하시오.

【문제 6】
폐기물 매립지를 건설부지로 활용하고자 한다. 매립부지 재활용상의 문제점과 지반환경 공학적 검토사항 그리고 구조물기초 및 매립지반 처리방안에 대하여 설명하시오.

## 4 교 시 ( 6문 중 4문 선택, 각 25점 )

【문제 1】
연약지반상의 기존도로를 편측으로 확장하고자 한다. 설계 시 고려사항에 대하여 설명하시오.

【문제 2】
구조물을 설치하기 위한 부력 검토방법과 안정화 대책을 설명하시오.

【문제 3】
건설공사 시 인위적으로 발생되는 지반진동의 진동전파 특성과 방진대책에 대하여 설명하시오.

【문제 4】
고함수비의 준설점토에 석탄재를 혼합하여 투기할 때 침강특성과 자중압밀 특성에 대하여 설명하시오.

【문제 5】
핵석 풍화대에 터널 갱구부를 설계하고자 한다. 예상되는 문제점과 합리적인 조사방법 및 강도정수 평가 방법에 대하여 설명하시오.

【문제 6】
다층지반에서의 흙막이 가시설 설계 시 경험토압 적용의 문제점과 합리적인 토압 산정 방법에 대하여 설명하시오.

## 117회 출제문제

## 1 교시 ( 13문 중 10문 선택, 각 10점 )

### 1 부동수(Unfrozen Water)

#### 1. 정의

    (1) 부동수(Unfrozen Water)는 0℃ 이하에서도 얼지 않는 수분으로 열전도와 함께 동토성질의 기본인자임

    (2) 부동수량은 비표면적, 입자배열, 온도, 염분 등에 지배됨

○ : 토입자
/// : 동결수
● : 부동수

#### 2. 측정

    (1) 공시체의 온도를 변화시켜 TDR(Time Domain Reflectometry) 계측기로 부동수량 측정

    (2) 모래, 실트보다 점토가 많음

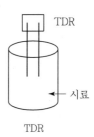

TDR

시료

TDR

    (3) 온도 변화에 따른 부동수량(예시)

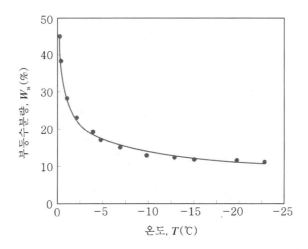

## 3. 강도 비교

(1) 부동수가 적으면 강도가 커짐

(2) 염분농도가 높으면 부동수 증가로 강도가 저하됨

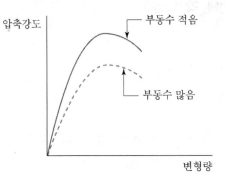

[자료] 1. 국토해양부(2009.12.) 시베리아 동토지역 진출을 위한 미래건설기술개발 − 동토의 공학적 특성분석과 Pipe line 설계, 시공기술을 중심으로
2. 건설기술연구원 2011.11.) 광역주파수대역을 이용한 동토지반정수검층 및 평가기법연구

## ② 합경도

### 1. 정의

합경도(Total Hardness, Ht)는 터널의 기계굴착 시 굴진속도를 고려하기 위한 하나의 물성치로서 Schmidt Hammer에 의한 반발경도(Rebound Hardness)와 마모경도(Taber Abrasion Hardness)를 측정하여 산정할 수 있음

### 2. 합경도 산정방법

(1) 마모경도(Taber Abrasion Hardness, Ha) 측정

마모경도는 Tarkoy(1982)가 제안한 마모실험으로부터 Taber Abraser : Modified Taber Abraser Model 5130)를 이용하여 암석시편을 일정한 속도로 회전시키면서 Abraser Wheel에 의해 마모되는 정도를 측정함(ASTM, 1996)

(2) 반발경도(Rebound Hardness, Hr) 측정

Schmidt Hammer를 이용하여 측정하고자 하는 암반에서 타격에너지를 가하면 암반의 경도에 따라 반발경도를 측정함(반발경도 보정치에 의하여 반발경도 타격각도(방향)에 따른 보정치(dR)를 반영하여야 함)

(3) 합경도 산정

(1)에서 구한 마모경도와 (2)에서 구한 반발경도를 이용하여 합경도를 아래 식으로 구함

$$\text{Total hardness}\,(H_T) = H_r \times \sqrt{H_a}$$

### 3. 평가

(1) 합경도는 RMR, 일축압축강도 등과 함께 굴진속도를 판단하고 기계화 시공의 적용성 여부를 판단함

(2) 터널의 기계굴착 시공 시 굴착속도 및 커터소모율과 상관성이 높음

(3) 국내외 연구결과에 따르면 합경도가 높을수록 굴착속도가 불량한 것으로 보고 되고 있음

(4) 합경도로 나타나는 값은 기계굴착 시 회전력, 커터의 마모도, 암반의 절리특성, 지하수 상태 등 다양한 인자들을 고려하지 못하고 있는 단점을 가지고 있음

### ❸ 탄성파 지오토모그래피 탐사

### 1. 개요
지오토모그래피는 의학에서 단층촬영(CT : Computerized Tomography) 기술을 지반 분야에 응용한 것으로 두 시추공 사이의 기하학적 지층구조를 파악하는 정밀 지반조사임

### 2. 측정방법
(1) 송신 시추공에 송신기를, 수신 시추공에 수신기를 설치하고 측정함
(2) 측정방법은 탄성파, 레이더, 전기비저항 토모그래피 기술이 있음

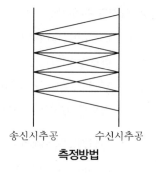

송신시추공    수신시추공
**측정방법**

### 3. 특징
(1) 해상도가 높은 영상처리로 정밀 지반조사 가능
(2) CT 촬영과 같이 모든 방향에서의 투시는 곤란
(3) 향후 토목 분야에 전망이 있으며 자동측정기술, 공내수의 영향보정, 지하매질의 이방성, 전문인력에 의한 해석 등 연구 및 보완이 필요함

### 4. 이용
(1) 정밀지반조사
(2) 터널 지반구조 판단(연약대, 파쇄대, 단층)
(3) 교량기초의 공동 유무, 폐광지역의 폐갱도 탐사
(4) 댐, 제방 누수 부위 탐지
(5) 지하수 이동, 매립장 침출수 오염

## 4 불연속면의 공학적 특성

### 1. 불연속면(Discontinuites in Rock Mass) 정의

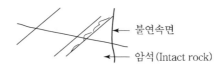

모든 암반 내에 존재하는 절리, 퇴적암에 존재하는 층리, 변성암에 존재하는 엽리, 대규모 지질구조와 관련된 단층과 파쇄대 등 암반 내에 있는 연속성이 없는 면

### 2. 공학적 특성

(1) **전단강도(Shear Strength)** : 사면, 터널 등에서 구조물의 붕괴와 관련되며 영향요소는 불연속면의 충전물, 종류수, 암괴 크기, 주향경사, 면거칠기, 면강도 등임

(2) **압축성** : 붕괴는 되지 않더라도 변형 또는 변위가 발생되는 것과 관련되며 불연속면의 충전물, 암괴 크기, 연속성, 간격, 틈새 크기 등에 영향을 받음

(3) **투수성** : 지하수 유입, 수압작용과 관련되며 영향인자는 틈새 크기, 투수성, 간격, 암괴 크기 등임

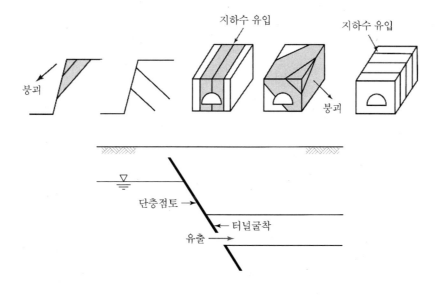

## 3. 불연속면 조사 항목(10대 요소)

(1) 충전물

(2) 불연속면종류수

(3) 암괴 크기

(4) 주향, 경사

(5) 연속성

(6) 간격

(7) 투수성

(8) 틈새 크기

(9) 면거칠기

(10) 면강도

따라서 불연속면의 공학적 특성으로 인한 암반거동 파악을 위해 불연속면 조사가 매우 중요함

## 5 Q분류(Rock Mass Quality), RMR

### 1. 암반 분류 목적

(1) 공학적 성질의 비슷한 영역으로 그룹화

(2) 역학적 거동요소 확인

(3) 기술자 간 객관적 의사 전달

(4) 시공효율성

(5) 설계 정량화

### 2. Q분류

(1) **인자** : RQD, 불연속면거칠기, 지하수 상태, 불연속면 종류수, 불연속면 풍화도, 응력저감계수

(2) **식** : $Q(\text{Rock Mass Quality}) = \dfrac{RQD}{Jn} \times \dfrac{Jr}{Ja} \times \dfrac{Jw}{SRF} = \dfrac{RQD}{\text{종류수}} \times \dfrac{\text{거칠기}}{\text{풍화도}} \times \dfrac{\text{지하수 상태}}{\text{응력저감계수}}$

위의 식 중 $\dfrac{RQD}{Jn}$ 는 암반을 형성하는 Block의 크기

$\dfrac{Jr}{Ja}$ 는 절리의 전단강도

$\dfrac{Jw}{SRF}$ 는 암반의 응력상태를 나타낸다.

(3) **암반 등급**

① 9등급(불량~보통~양호)

② $Q = 0.1$ 이하 : 매우 나쁜 상태

③ $Q = 0.1 \sim 40$ : 보통 상태

④ $Q = 40$ 이상 : 양호 상태

### 3. RMR 분류

(1) **분류 인자와 보정**

① 인자 : 암석 강도, RQD, 불연속면 간격, 불연속면 상태, 지하수 조건

② 보정 : 불연속면 방향성 보정

③ 식 : RMR = 분류인자에 대한 점수합 − 보정치

(2) 분류결과

평점에 따른 암반의 등급

| 평점 | 100~81 | 80~61 | 60~41 | 40~21 | < 20 |
|---|---|---|---|---|---|
| 암반등급 | I | II | III | IV | V |
| 기술 | 매우 양호<br>(Very good rock) | 양호<br>(Good rock) | 보통<br>(Fair rock) | 불량<br>(Poor rock) | 매우 불량<br>(Very poor rock) |

## 4. 분류 비교

| 구분 | RMR | Q |
|---|---|---|
| 인자 | 강도, RQD, 간격, 상태, 지하수 | $\dfrac{RQD \times 거칠기 \times 지하수}{종류수 \times 풍화도 \times 응력저감계수}$ |
| 보정 | 불연속면 방향 | 터널 크기 : 굴착지보비 |
| 주된 분류·<br>적용 | 불연속면(간격, 거칠기, 연속성, 틈새, 충전물,<br>풍화)<br>연·경암 소단면(불연속체) | 전단강도(거칠기, 풍화도)응력 상태<br>대단면, 취약지반(연속체) |
| 장점 | 불연속면 거동 효과적<br>분류 쉽고 개인차 작음 | 취약지반<br>대단면터널 |
| 단점 | 취약지반 곤란<br>대단면 곤란<br>터널 크기 고려 안 됨 | 불연속면 고려 미흡<br>막장 관찰 필요<br>개인차 큼 |
| 이용 | 암반 $C$, $\phi$, $E_s$<br>지보 ┬ 하중<br>    ├ 무지보 길이<br>    └ 형태 | 암반 $E_s$<br>지보 ┬ 하중<br>    ├ 무지보 길이<br>    └ 형태 |

## 6 프리로딩 공법(Preloading Method)

### 1. 개요

(1) 개요

① 성토하중이나 구조물을 축조하기 전에 계획 하중보다 큰 하중을 미리 재하하여 잔류침하를 없애고 압밀에 의하여 지반강도를 증가시키는 공법

② 이 공법의 목적은 (i) 압밀침하 촉진, (ii) 시공 후의 잔류침하 감소, (iii) 전단강도 증진 등이다.

(2) 공법의 원리

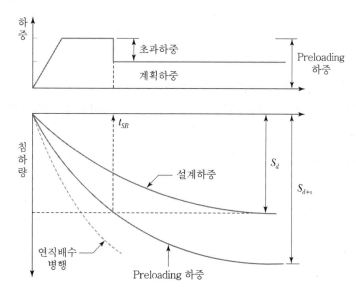

여기서, $t_{SR}$ : Preloading 제거시기

$S_d$ : 설계하중침하량 및 Preloading 제거 시 침하량

$S_{d+s}$ : 설계하중과 초과하중에 대한 침하량

### 2. 선행하중 제기시기 결정

(1) 침하에 의한 방법

① 허용침하량 설정

② 잔류침하량 = 최종침하량 − 현재발생침하량 < 허용침하량

③ 최종침하량이 계측에 의해 정확히 산정되는 것이 중요함

(2) 압밀도에 의한 방법

① 소요압밀도 설정

② $U = \dfrac{S_t}{S_f}$ 에 의해 압밀도 판단

③ 간극수압계에 의해 $u = u_i(1 - U_z)$ 에서 $U_z$(압밀도) 판단

(3) 강도에 의한 방법

① 현장 : Vane, CPTu 등

② 실내 : 일축, 삼축압축시험 등

## 3. 적용성

(1) 연약층의 두께가 얇은 경우, 적당히 두껍더라도 압밀계수가 큰 지반

(2) 보통은 연직배수공법과 병행되는 경우가 많으며 단순 Preloading은 공사기간이 중요한 변수가 될 것임

(3) 제거시기 결정을 최종적으로 판단하기 위해 시공 시 침하계측과 지반개량 확인 절차가 필수적으로 수행되어야 함

## 7 습곡이 터널구조물에 미치는 영향

### 1. 습곡(Folding)

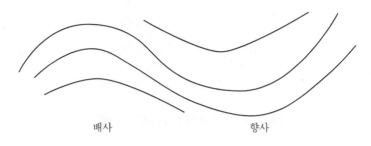

배사            향사

암반에 작용되는 큰 횡방향의 압력에 의해 파상으로 변형된 구조

### 2. 습곡이 터널에 미치는 영향

(1) 습곡이 터널축의 지압분포에 미치는 영향

① 터널이 배사축면을 횡단하여 굴착되는 경우에는 아치(Arch)작용으로 갱문 부근에 지압이 집중
된다.

② 터널이 향사축면을 횡단하여 굴착되는 경우에는 터널의 중앙부에 지압이 집중된다.

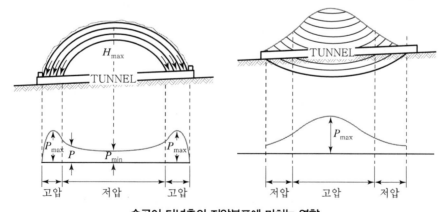

**습곡이 터널축의 지압분포에 미치는 영향**

(2) 습곡이 터널의 측압 및 용수편압에 미치는 영향

① 터널이 향사축 부근에서 축과 평행하여 터널을 굴착하는 경우에는 터널의 측벽에 횡압이 크게 작
용하여 측벽 지보에 어려움이 있으며 또한 지하수위 집중으로 용수량이 많다.

② 터널이 배사축과 향사축의 중간에 위치하여 축과 평행하게 터널을 굴착하는 경우에는 편압이 크게 작용한다.

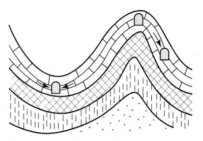

**습곡이 터널의 측압 및 용수에 미치는 영향**

## 8 지반의 강성과 강도

### 1. 응력 – 변형(Stress–Strain) 관계

(1) 응력이 증가함에 따라 변형이 발생되며 어떤 변형률에서 최대응력이 발생됨

(2) 즉, 지반의 최대응력값을 강도(strength)라 하며 보통, 지반은 전단강도로 표현됨

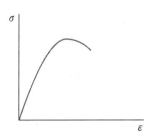

### 2. 강성(Rigidity, Stiffness)과 강도

(1) 강성은 변형에 저항하는 능력으로 강도와 달리 변형개념이 포함됨

(2) 지반에서 강성을 나타내는 정수는 변형계수, 지반반력계수, 전단탄성계수, 수직 및 전단강성계수 등이 있음

(3) 강도는 지반파괴가 되느냐 안 되느냐와 깊은 관련이 있으며 강성은 어떤 하중이 작용할 때 변형의 크기와 관계됨

(4) 그래프의 A보다 B 유형이 강성이 적어 변형이 더 쉬움을 나타냄. 즉, 강도는 같다는 조건임

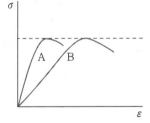

## 9 록볼트의 인발시험

### 1. Rock Bolt 인발저항과 시험

(1) Rock Bolt는 인장력 도입 시 Rock Bolt 자체, 록볼트와 Grouting 부분의 부착, Grouting과 주변지반의 마찰에 의해 최소가 되는 저항력으로 결정됨

(2) 시험방법

① 가능한 한 불량한 암반에 시험 Bolt를 선정함

② 시험용 Bolt에는 Shotcrete 부착영향을 없애야 함

③ 반력판은 Bolt 축에 직각으로 부착시킴

④ Pump로 재하속도 1t/분으로 Bolt에 하중을 가하여 변위와 하중과의 관계를 구함

⑤ 시험은 Rock Bolt 시공 후 경화의 시간이 경과한 시점에서 실시

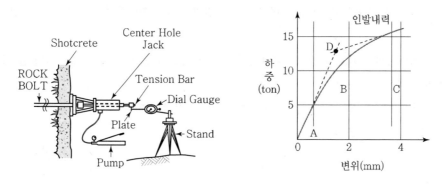

### 2. 확인방법

(1) 평가방법은 그림과 같이 하중－변위곡선을 그려 인발내력을 구함

(2) 인발내력은 하중－변위곡선에서 A영역 직선부의 접선과 C영역 접선과의 교점 D임. 즉, C영역은 Bolt의 정착효과를 기대할 수 없는 영역으로 기대할 수 있는 영역은 D까지임

## 🔟 루전시험(Lugeon test)

### 1. 개요

(1) 암반에서 투수계수 또는 Lugeon치를 구해 지반의 투수성 평가, Grouting 계획 및 결과를 판단하기 위해 시추공 내에 Packer를 설치하고 주수량과 주입압력을 측정하는 현장투수시험임

(2) 현장투수시험

① 수위변화법(주수 또는 양수)

② 수압시험(Lugeon 시험)

③ 관측정법

### 2. 시험방법

(1) 시추공에 시험관을 5m 정도로 하여 Packer 설치

(2) 압력을 가하여 물 주입

(압력단계 예 $1 \to 3 \to 5 \to 7 \cdots 7 \to 5 \to 3 \to 1\text{kg/cm}^2$)

(3) 각 단계압력은 약 10분 정도 유지

(4) 주입압력과 주수량 측정

(5) Packer 방식

① Single 방식

② Double 방식

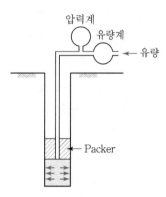

모식도 : single packer 예

(6) $L_u$치 : $L_u = \dfrac{10Q}{Pl}$ ($L_u$치 : 압력 10kg/cm²로 1m 길이의 주입량(L/분))

$Q$ : 유량, L/분, $P$ : 압력, kg/cm², $l$ : 시험구간, m

### 3. 결과 적용

(1) 투수성 판단

① $K = \alpha \times 10^{-3}\text{cm/s}$ : 보통투수

② $K = \alpha \times 10^{-5}\text{cm/s}$ : 저투수

③ $K = \alpha \times 10^{-7}\text{cm/s}$ : 거의 불투수

(2) $P - Q$ 관계도(또는 Lugeon Pattern)로 그라우팅 효과 판단

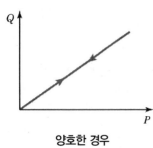  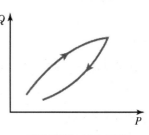

양호한 경우　　　　수압파쇄, 충전물 이동 : 효과 불량　　　　간극 막힘 : 다소 불량

(3) 터널, 댐 기초부의 누수량 산정

① 유선망 또는 침투해석 Program(예 SEEP/W) 이용

② Grouting 필요성 판단

(4) 댐 그라우팅 범위와 그라우팅 후 차수효과 확인

① $L_u$치 분포도 예

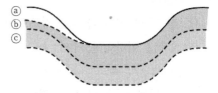

ⓐ : $L_u = 5$ 이상

ⓑ : $L_u = 3 \sim 5$

ⓒ : $L_u = 1 \sim 2$

② 기초지반 Grouting

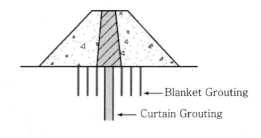

## 11 준설매립지의 실트포켓(Silt Pocket)

### 1. 정의

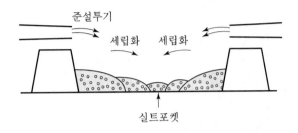

실트포켓

준설투기 시 토출관 인근에는 굵은 입경이 형성되고 거리가 멀어짐에 따라 세립화가 되어 가는 입자가 모인 곳을 Silt Pocket이라 함

### 2. 문제

(1) 대부분 $75\mu m$ 통과에 해당되는 입경이 되므로 연약지반을 형성

(2) 연약지반으로 지지력 작음, 침하량 과대 등 문제 발생

(3) 특히, 인근매립지와 토질이 다르므로 인한 지반불균질, 부등침하가 예상됨

### 3. 대책

(1) 근본적으로 세립분이 적은 준설재를 선정함

(2) 토출관 위치를 자주 변경하여 Silt Pocket 형성을 최소화함

(3) 두께에 따라 씻기방법, 양질토와 혼합, 굴착 후 양질토로 치환함

(4) Pocket이 불가피한 경우 가급적 중요위치에 발생되지 않도록 하고 필요시 부분적 Preloading, 연직배수공법 등을 실시함

## ⑫ 점토의 연대효과(Aging Effect)

### 1. 경시효과

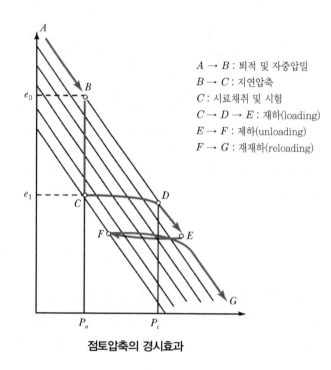

$A \rightarrow B$ : 퇴적 및 자중압밀
$B \rightarrow C$ : 지연압축
$C$ : 시료채취 및 시험
$C \rightarrow D \rightarrow E$ : 재하(loading)
$E \rightarrow F$ : 제하(unloading)
$F \rightarrow G$ : 재재하(reloading)

**점토압축의 경시효과**

퇴적 종료 후 시간의 경과에 따라 Creep 또는 2차 압밀에 의해 간극비가 $e_0$에서 $e_1$으로 감소, 즉 침하되는 현상을 경시효과, 지연압축(Delayed Compression), 유사선행압밀효과, 2차 압밀의 선행 압밀하중영향이라 함

### 2. Aged normal Consolidated clay

(1) 경시효과에 의해 과압밀거동을 하는 점토를 Aged Normal Consolidated Clay라 하며 경시영향 이 없는 점토를 Young Normal Consolidated Clay라 함

(2) 경시점토는 유효상재하중 $P_o$보다 선행압밀하중 $P_c$가 크므로 OCR$=\dfrac{P_c}{P_o}>1$이 됨

## 3. 평가

(1) 경시효과는 토피하중 제거와 같은 응력변화, 지하수위 강하 후 수위회복 같은 간극수압 변화, 고결 등과 같은 과압밀 상태가 되는 큰 선행압밀하중의 발생원인임

(2) 경시효과는 소성지수(Plasticity Index)가 큰 점토에서 영향이 큼

(3) 정규 압밀점토는 유효상재하중 $P_o$와 선행압밀하중 $P_c$가 거의 같아 OCR=1인 상태가 될 것임

## ⑬ 흙의 취성지수(Brittleness Index, $I_B$)

### 1. 정의

$$I_B = \frac{\tau_p - \tau}{\tau_p}$$

여기서, $I_B$ : 취성지수(Brittleness Index)

$\tau_p$ : 최대 강도(Peak Strength)

$\tau$ : 임의의 변형에 따른 강도

(예) $I_B = \dfrac{10-5}{10} = 0.5, \ \dfrac{10-2}{10} = 0.8$)

### 2. 연성과 취성거동

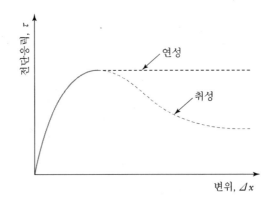

### 3. 진행성 파괴(Progressive Failure)

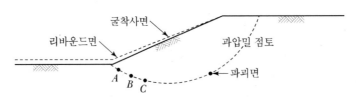

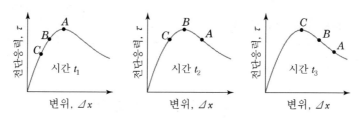

**과압밀 점토지반 굴착사면의 점진성 파괴**

## 4. 평가

(1) 취성지수가 클수록 진행성파괴현상이 나타나게 되며 최대강도에 의한 안정검토에 해당되지 않음

(2) 과압밀점토, 균열부, 활동경력으로 교란된 지역등의 경우 잔류강도(Residual Strength) 개념에 의한 방법이 타당함

(3) 잔류강도는 기본적으로 Ring 전단시험에 의해 산정할 수 있음

[자료] 1. Soil Strength and Slope Stability, 조성하 역, 이엔지북, 2007.
2. Geotechnical Engineering of The Stability of Natural Slopes, and Cuts and Fills in Soil, Robin Fell 등(구글 Internet 자료)

## 2 교 시 ( 6문 중 4문 선택, 각 25점 )

【문제 1】
기설구조물에 근접하여 가설구조물을 설치하기 위하여 지반을 굴착하고자 한다. 지반굴착 시 고려사항과 주변지반의 영향을 설명하시오.

### 1. 개요

  (1) 근접시공은 시설물을 시공하는 과정에 있어서 지반을 변형 또는 붕괴시키고 이와 관련으로 인접의 구조물에 유해한 영향을 줄 가능성이 있는 공사라 할 수 있음

  (2) 근접시공은 신설구조물, 지반, 기존구조물의 상호작용 문제이며, 특히 지반과 기존구조물에 대한 상황판단 또는 파악이 매우 중요함

  (3) 근접시공 시 계측에 의한 시공관리는 필수적이며 정밀하게 시행되어야 하고 유사공사에 대한 시공실적 참고, 경험 있는 기술자의 공학적 판단(Engineering Judgement) 등이 필요함

### 2. 지반굴착고려사항

  (1) 지하매설물 확인 및 조치

    ① 굴착 위치에 있을 수 있는 각종 지하매설물의 위치를 확인하기 위해 매설물도면, GPR 탐사, 터파기 시행

    ② 필요시 매달기 등 조치함

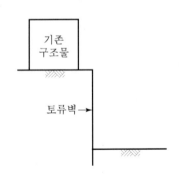

  (2) 과굴착 방지

    ① 굴착깊이가 수평하지 못하고 한쪽을 깊게 굴착하면

    ② 편토압 발생, 토류벽이나 지지공에 과도한 토압으로 변형 또는 붕괴 가능

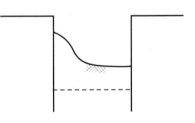

(3) 배면공극, 이음부

토류판 설치 시 배면공극, Sheet Pile의 이음 불량, 차수벽의 연결성 불량, 지하수 유출을 고려하면서 굴착함

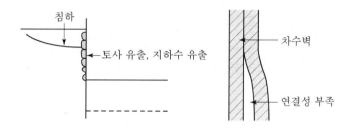

(4) 근입부 안정성

토압균형, 토질에 따른 Boiling, Heaving 고려

(5) 지층분포와 상태

① 설계조건인 지층분포를 확인하고 상태도 고려함

② 수평조건의 설계와 다르게 경사진 지반에서 문제발생 가능성이 큼에 유념해야 함

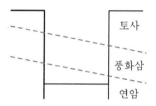

## 3. 주변지반 영향

(1) 응력해방

굴착으로 터파기됨에 따라 응력이 해방되어 지반변형 발생

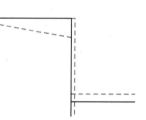

(2) 흙막이 공법의 변형

토류벽, 지지공법의 변형에 따른 주변지반 침하

(3) 지하수 배수 또는 유출

① 지하수 저하로 인한 토입자 유실

② 수위 저하 시 유효응력(Effective Stress) 증가로 침하 발생

(4) 주변지반의 변형

① 수평변위, 침하 등이 발생되어 인근 기존 시설물에 침하, 균열, 파손 등이 발생

② 하수관 등에서는 국부적 함몰이 발생한 사례도 있음

## 4. 평가

(1) 지반굴착에 따른 변형이나 침하요인에 대해 설계 시 이들을 고려하여 안정한 구조물이 되도록 해야 하고 시공 시 성실 시공하여 시공 잘못으로 인한 유해한 침하가 없도록 해야 함

(2) 주변침하 예측은 여러 가지로 분석하여 종합 평가하며 거리별 침하량, 경사도 등을 구해 표준적인 허용치와 구조물의 노후도, 재질, 침하허용 등을 고려해서 영향을 평가해야 함

(3) 시공 시 계측을 하여 설계 예측치의 확인, 예기치 못한 영향 평가를 하여서 안전시공이 되도록 해야 함

【문제 2】
불교란 시료를 채취하여 실내시험을 하고자 한다. 채취된 시료에 대한 실내시험으로부터 교란도를 평가하는 방법을 설명하시오.

## 1. 응력변화와 교란원인

### (1) 응력변화

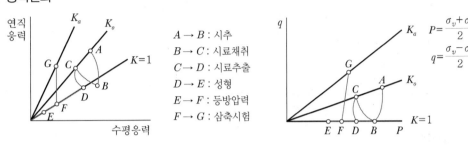

$A \to B$ : 시추
$B \to C$ : 시료채취
$C \to D$ : 시료추출
$D \to E$ : 성형
$E \to F$ : 등방압력
$F \to G$ : 삼축시험

$P = \dfrac{\sigma_v + \sigma_h}{2}$

$q = \dfrac{\sigma_v - \sigma_h}{2}$

### (2) 기계적인 교란

① 시추 시 압력수 : 흡수 팽창

② Sampler 관입, 시료인입, Sampler 내부마찰

③ 채취 시 회전

④ 채취기 인발

⑤ 운반 및 보관

⑥ 시료추출 및 성형

### (3) 지중응력 해방에 의한 교란

지중응력이 해방됨에 따라 지중상태의 응력이 평형을 유지하고 있던 시료는 응력이 해방되어 전응력이 없는 상태로 됨

## 2. 교란평가

### (1) 일축압축시험, 삼축압축시험에 의한 방법

응력－변형곡선에서 곡선의 형상 특징으로부터 교란의 정도를 다음과 같이 판정한다.

① 응력－변형　　　　　　　② 심도－전단강도　　　　③ $\dfrac{E_s}{q_u} \geq 50$ : 불교란

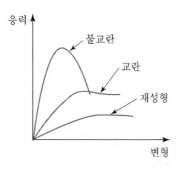
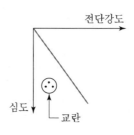

### (2) 압밀시험

① $e - \log P$ 곡선　　　　　② $\log C_v - \log P$ 곡선

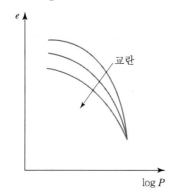
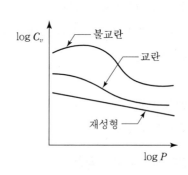

### (3) 체적변형률 방법

① 초기간극비($GW = Se$)계산

② 유효상재하중($P_o$)에 대해 시험한 $e - \log P$ 곡선에서 간극비 구함($e_1$)

③ 체적변형률 계산

$$\varepsilon_v = \frac{e_o - e_1}{1 + e_o} \times 100(\%),\ 4\% \text{ 이하 시 불교란시료}$$

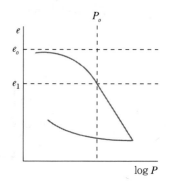

## 3. 정리

(1) 응력해방에 따른 교란은 피할 수 없으며 대책은 비등방압밀, 현장수직응력의 60% 수준 등방압밀, SHANSEP, 교란도에 의한 보정방법이 있음

(2) 시추에서 시험까지 일련의 작업과 관련된 기계적 교란은 정성스런 작업과 규정된 장비로부터 줄일 수 있음을 명심해야 하며 교란영향이 응력해방에 의한 것보다 크다고 알려져 있음

(3) 교란영향을 최소화하기 위해 시료를 대형 크기로 채취함이 요망되고 지표는 Block Sampling, 지중심부는 대구경 Sampler(직경 20~40cm)의 사용이 필요함

(4) 국내에서도 한국건설기술연구원, 건설회사 등에서 여러 대구경 Sampler가 개발되었으며 사례를 통해 대구경 Sampler가 시료교란 감소에 효과적인 것으로 확인되고 있음

(5) 물성치 산정 시 교란이 큰 것은 배제하거나 보정하여 사용

(6) **체적변형률에 의한 보정 예**

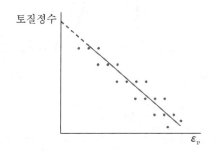

- $\varepsilon_v = \dfrac{e_o - e_1}{1 + e_o} \times 100(\%)$

- 여러 체적변형률에 대해 시험된 전단, 압밀시험값 plot

- 예 $P_c$, $C_c$, $C_v$, $m_v$, $C$, $q_u$

【문제 3】
하저구간을 통과하는 터널 라이닝 설계 시 라이닝에 작용하는 수압에 대하여 방배수 개념을 이용하여 설명하시오.

## 1. 방배수 개념

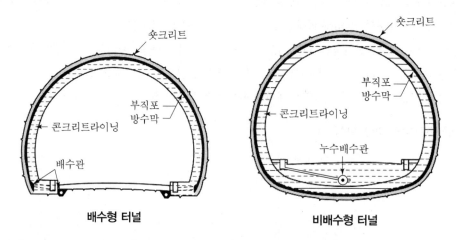

| 구분 | 배수형 터널 | | 비배수형 터널 |
|---|---|---|---|
| | 완전 배수개념 | 침투를 고려한 배수개념 | 비배수 개념(완전방수 개념) |
| 개념 | | | |
| 지하수위 | 배수에 의한 강하 | 변동 없음 | 변동 없음 |
| 침투 | 발생 | 발생 | 발생 없음 |
| 해석조건 해석 경계부 | 유효응력(＝전응력) | 유효응력＋정수압 | 유효응력＋정수압 |
| 해석조건 지중응력 | 유효응력(＝전응력) | 유효응력＋침투수압 | 유효응력＋정수압 |
| 해석조건 라이닝에 작용하는 수압 | 0 | 0 | 정수압 |

## 2. Lining 수압

### (1) 배수설계의 실제적 개념

①  : 완전배수로 유량 최대, 수압 없음

②  : 실제배수로 유량 감소, 수압 발생

③  : 완전비배수로 유량 없음, 수압 최대

④  : 실제비배수로 유량 증가, 수압 감소

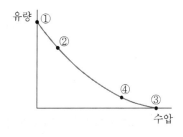

### (2) 터널주변 Grouting 시 수압변화

① 하천, 해저와 같이 유입량이 거의 무한대인 경우 배수터널로 하면 유입량이 너무 많게 되고 비배수터널로 하면 수압이 크게 걸리므로 구조물이 커지거나 공학적 입장에서 불가할 수 있음

② 따라서, 터널 주위를 Grouting 하여 터널 내로 유입되는 지하수 양을 최소로 하고 유입되는 양만 유출시키는 개념에서 터널 주변에 Grouting을 실시함

③ 수압변화

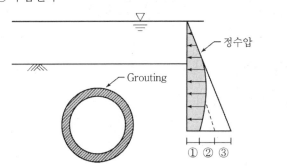

① Lining 부담수압
② Grouting 부분부담 수압
③ Grouting 외부지반 부담수압

- 터널 주변 Grouting으로 투수성이 감소하여 유입수가 감소하고 Lining에 작용되는 수압이 크게 저감됨

- 터널 주위로 두꺼운 Grouting을 하면 Grouting 하지 않은 지반보다 상대적으로 불투수성층이 되므로 정수압이 작용하게 됨에 유의해야 함

- 정수압이 큰 경우 그라우팅 Zone에 작용되는 수압으로 변위가 크게 되므로 유입량과 발생변위를 함께 고려해야 함

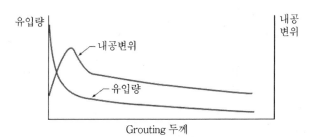

**Grouting 두께에 따른 유입량, 내공변위 모식도**

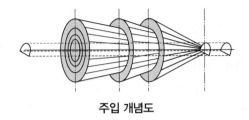

**주입 개념도**

(3) 침투고려한 배수터널(지하수위 변화 없거나 적음)

① 지중응력

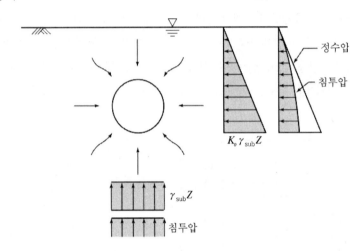

② Lining 수압

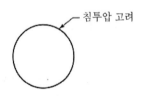

③ 지중응력이 유효응력과 침투압이므로 이에 대한 터널지보를 고려해야 함

④ 따라서, Lining에는 정수압보다 작은 침투압이 작용함

【문제 4】
보강토옹벽의 보강원리와 안정성 검토사항에 대하여 설명하시오.

## 1. 보강원리(Mechanism)

### (1) 보강토 옹벽구조

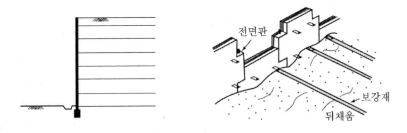

### (2) 공법 원리

① Arching

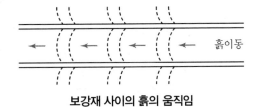

**보강재 사이의 흙의 움직임**

- 토입자 이동은 보강재의 마찰에 의해 횡변위 억제
- 점착력(Cohesion)을 가진 효과 발생

② 겉보기 점착력(Apparent Cohesion)

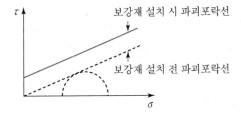

## 2. 외적 안정성

### (1) 항목 : 전도, 활동, 지지력

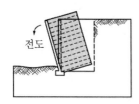
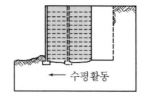
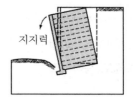

전도     ← 수평활동     지지력

**보강토 옹벽의 파괴 유형**

### (2) 전도

$$F_s = \frac{w \cdot a}{P_h \cdot y - P_v \cdot B}$$

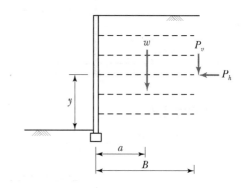

### (3) 활동

$$F_s = \frac{R_v \cdot \tan\delta + C_a B}{R_h}$$

여기서, $R_v$ : 보강토무게 $+ P_v$

### (4) 지지력

$$q_{\max, \min} = \frac{R_v}{B}\left(1 \pm \frac{6e}{B}\right)$$

### (5) 전체안정성

① 보강토옹벽의 전반활동에 대한 사면안정성 검토로, 보강토체를 통과하지 않는 것으로 하여 기초지반에 대한 안정성 평가

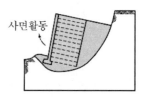

사면활동

② 개념적으로 Fellenius식으로 표시하면

$$F_s = \frac{cl + (w\cos\alpha - ul)\tan\phi}{w\sin\alpha}$$

## 3. 내적 안정성

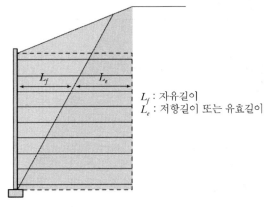

**내적 안정해석을 위한 파괴면**

$L_f$ : 자유길이
$L_e$ : 저항길이 또는 유효길이

(1) 보강띠 절단에 대한 안전율 $F_{s(B)}$

$$F_{s(B)} = \frac{보강띠의\ 항복강도}{보강띠\ 작용력} = \frac{W t f_y}{\gamma z K_a S_v S_H} \rightarrow 두께\ t\ 산출$$

(2) 보강띠 인발에 대한 안전율 $F_{s(P)}$

$$F_{s(p)} = \frac{보강띠에\ 작용하는\ 마찰력}{보강띠\ 작용력} = \frac{2 l_e W \gamma z \tan \phi_{SG}}{\gamma z K_a S_v S_H} = \frac{2 l_e W \tan \phi_{SG}}{K_a S_v S_H}$$

→ 보강띠 유효길이 $l_e$ 산출

## 4. 평가

(1) 지반조건에 따라 필요시 침하, 액상화, 측방유동 등도 추가로 검토해야 함

(2) 제반검토를 위한 지층파악, 지반물성치(점착력, 전단저항각 등)를 반드시 조사해야 하고, 특히 보강재와 뒤채움재의 마찰각($\phi_{SG}$)시험이 필요함

【문제 5】
말뚝의 주면마찰력에 대하여 설명하시오.

## 1. 하중전이(Load Transter)

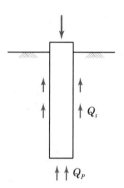

(1) 말뚝 지지력의 개념

① $Q_{ult} = Q_p + Q_s$

여기서, $Q_{ult}$ : 극한지지력

$Q_p$ : 선단지지력

$Q_s$ : 주면마찰력

② 주면마찰저항을 발휘하는 데 필요한 변위량은 1~2cm를 초과하지 않음

③ 선단저항을 발휘하는 데 변위는 타입말뚝은 직경의 10%, 천공말뚝은 직경의 20~30%의 변위가 필요함

(2) 하중전이

① 하중재하 초기단계에는 전체하중이 주면저항으로 부담함

② 하중이 증가하여 주면저항 초과 시 하중전이(Load Transfer)는 선단으로 이동하여 선단저항으로 분담하게 됨

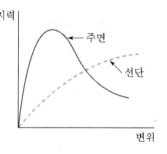

## 2. 주면지지력 산정

(1) 정역학적 방법

① 일반식

$$Q_u = Q_p + Q_s = q_p A_p + \Sigma f_s A_s$$

여기서, $q_p$ : 단면적당 선단지지력

$f_s$ : 단면적당 주면지지력

② $f_s$값 산정

$$f_s = C_a + k_s \sigma_v' \tan\delta$$

여기서, $C_a$ : 부착력

$\delta$ : 마찰각

$k_s$ : 말뚝 관련 토압계수

(2) 하중전이곡선 이용

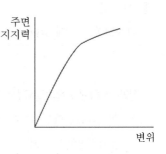

① 변위에 따른 주면지지력의 하중전이곡선을 이용하는 방법

② 특히, 암반에 근입되는 현장타설말뚝에 유용함

③ 이는, 암반에서 정역학적 방법에 적용해야 하는 물성치 산정
   이 곤란하기 때문임

(3) 재하시험방법

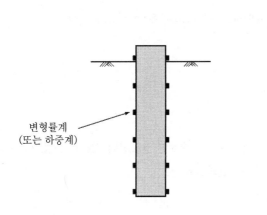

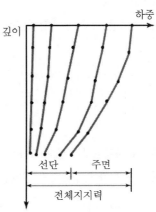

① 재하시험에 의해 하중전이 개념이 반영되도록 지중부 말뚝에 계측기 부착이 필수

② 특히, Preboring 형태의 말뚝은 시공방법, 수준, 시멘트풀 등에 따라 지지력 범위가 크게 되므로
   재하시험이 중요함

## 3. 평가

(1) 하중전이(Load Transfer)를 고려하면 주면 마찰저항력의 비중이 크게 될 수 있음

(2) 국내의 경우 주면 마찰력을 무시하고 선단지지만으로 지지력을 계산하는 경향이 있음

(3) 실제 말뚝지지력의 발휘는 주면저항력이 크게 분담하고 재하중의 대부분을 주면 마찰저항으로 지
   지되는 경향임

(4) 말뚝의 경시효과는 대부분 주면마찰력의 변화에 따른 것으로 시간에 따라 지지력이 증가되는 Set
   Up 현상과 지지력이 저하되는 Relaxation을 정확하게 예측한다면 경제적이고도 과대설계가 되
   지 않는 말뚝을 설계할 수 있음

【문제 6】
연약지반에서 장래 침하량 추정방법에 대하여 설명하시오.

## 1. 장래 침하량 산정 필요성(개념)

(1) 설계 시에 압밀시험을 통해 압밀물성치로부터 침하량을 산정

(2) 실제지반에서 시료채취, 시험심도의 대표성, 연약지반 두께변화 등에 따라 계산값과 상이한 것이 보편적으로 발생

(3) 따라서, 계측을 통해 설계침하량을 확인하고 최종침하량을 확정하기 위함

## 2. 침하관리

(1) 개요

관측된 실측자료로부터 장래 침하량을 추정하는 방법으로는 쌍곡선법, Hoshino법, Asaoka법 등이 있으며 시간에 따른 성토고와 침하량의 관측결과를 이용함

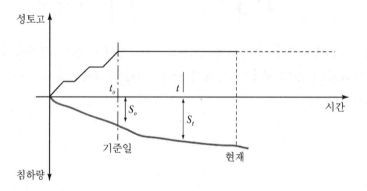

(2) 쌍곡선법(Miyagawa)

① 계산식

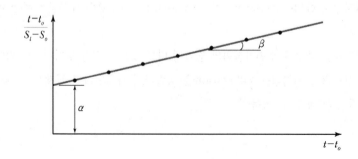

$$\frac{t-t_o}{S_t-S_o}=\alpha+\beta(t-t_o)$$

$$S_t-S_o=\frac{t-t_o}{\alpha+\beta(t-t_o)}$$

$$S_t=S_o+\frac{(t-t_o)}{\alpha+\beta(t-t_o)}$$

여기서, $S_t$ : 경과시간 $t$에서의 침하량

$S_o$ : 성토 종료 직후의 침하량

$t_o$ : 성토 종료 직후까지의 경과시간

$t$ : 임의의 경과시간

$\alpha,\ \beta$ : 실측침하량 값으로부터 구한 계수

② 최종침하량($S_f$)

$$S_f=S_o+\frac{1}{\beta}$$

(3) $\sqrt{t}$ 법(Hoshino법)

① 관계식

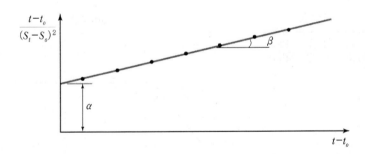

$$\frac{t-t_o}{(S_t-S_o)^2}=\alpha+\beta(t-t_o)$$

$$(S_t-S_o)^2=\frac{t-t_o}{\alpha+\beta(t-t_o)}$$

$$S_t=S_o+\sqrt{\frac{t-t_o}{\alpha+\beta(t-t_o)}}$$

② 최종침하량($S_f$)

$$S_f=S_o+\frac{1}{\sqrt{\beta}}$$

(4) 직선법(Asaoka법)

① 관계식

$$S_i = \beta_0 + \beta_1 S_{i-1}$$

여기서, $S_i$ : 시간 $t_i$에서의 침하량

$S_{i-1}$ : 시간 $t_{i-1}$에서의 침하량

$\beta_0$, $\beta_1$ : 실측침하량으로 구한 계수

② 최종침하량($S_f$)

$$S_f = \beta_0 + \beta_1 S_f$$

$$S_f(1 - \beta_1) = \beta_0$$

$$S_f = \frac{\beta_0}{1 - \beta_1}$$

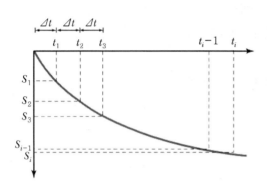
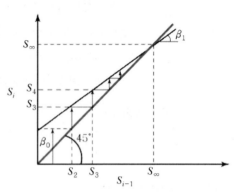

**참고** 계산예

침하현황

| 경과일<br>(day) | 침하량<br>(cm) | 성토고<br>(m) |
|---|---|---|
| 0 | 0 | 0.0 |
| 15 | 40 | 1.5 |
| 30 | 60 | 3.0 |
| 50 | 80 | 5.0 |
| 80 | 90 | 5.0 |
| 110 | 95 | 5.0 |
| 140 | 98 | 5.0 |
| 170 | 100 | 5.0 |
| 211 | 103 | 5.0 |
| 250 | 105 | 5.0 |

침하곡선

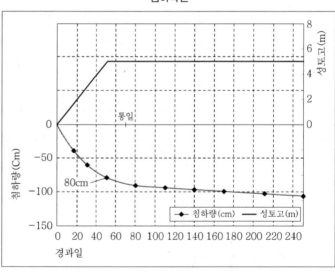

(1) 계산

| 경과일 | $t-50$ | $\dfrac{t-50}{S_t-80}$ |
|---|---|---|
| 80 | $80-50=30$ | $\dfrac{80-50}{90-80}=3$ |
| 110 | $110-50=60$ | $\dfrac{110-50}{95-80}=4$ |
| 140 | $140-50=90$ | $\dfrac{140-50}{98-80}=5$ |
| 170 | $170-50=120$ | $\dfrac{170-50}{100-80}=6$ |
| 211 | $211-50=161$ | $\dfrac{211-50}{103-80}=7$ |
| 250 | $250-50=200$ | $\dfrac{250-50}{105-80}=8$ |

(2) Graph

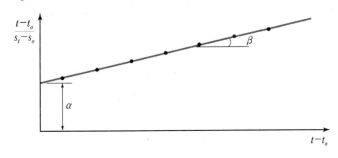

## 3 교 시 ( 6문 중 4문 선택, 각 25점 )

【문제 1】
암반 불연속면의 전단강도 모델 평가방법에 대하여 설명하시오.

### 1. 불연속면 전단강도

(1) 암반(Rock Mass)은 암석(Intact Rock)에 불연속면(Discontinuities in Rock Mass)이 포함된 것

(2) 현장에 분포되는 암반은 절리, 층리, 엽리나 단층, 파쇄대를 포함하며 불연속면 전단강도가 암석 자체의 강도보다 작게 됨

(3) 터널, 사면, 암반상의 기초와 같이 암반을 대상으로 하는 경우 불연속면 전단강도가 결정적 영향을 미치게 됨

(4) 암석, 불연속면, 암반의 강도개념을 그림으로 나타내면 다음과 같음

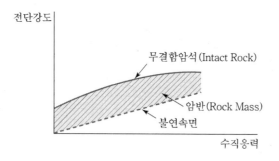

### 2. 전단강도 관계식

(1) Barton식(Nonlinear 모델)

① 인공적으로 제작한 불연속면(톱니모양)에 대한 직접전단시험 결과로부터 경험식 제안

② 충전물이 있는 경우 전단강도가 충전물 특성에 지배

③ 수직응력, 거칠기, 압축강도, 전단저항각을 고려한 것으로 널리 사용

$$\tau = \sigma \tan\left( JRC \log\left(\frac{JCS}{\sigma}\right) + \phi_b \right)$$

여기서, $\tau$ : 전단강도

$\sigma$ : 수직응력

JRC : 불연속면 거칠기 계수(Joint Roughness Coefficient)

JCS : 불연속면의 압축강도(Joint Compression Strength)

$\phi_b$ : 기본전단저항각

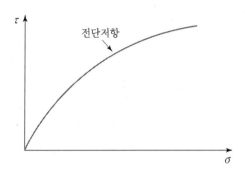

(2) Patton식(Bilinear 모델)

① 전단강도식을 수직응력 수준에 따라 2개의 직선식으로 표현

② 수직응력이 작을 경우 돌기를 타넘게 되고 수직응력이 크게 되면 돌기는 더 이상 전단저항력에 기여하지 못하고 파괴됨

③ 관계식

$\tau = \sigma \tan(\phi_b + i)$ : $\sigma \leq \sigma_T$ (과도응력 : Transition Stress)

$\tau = c + \sigma \tan \phi_r$ : $\sigma > \sigma_T$

여기서, $\tau$ : 전단강도

$\sigma$ : 수직응력

$\phi_b$ : 기본전단저항각

$\phi_r$ : 잔류전단저항각

$i$ : 거칠음각(Dilation angle)

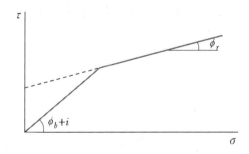

(3) Dilation Angle, $(i)$

① 암반의 불연속면에서 전단거동이 발생되면 절리면을 타넘으면서 팽창하게 됨

② 즉, 타넘는 각을 Dilation Angle이라 하며 거칠음각 또는 팽창각이라 함

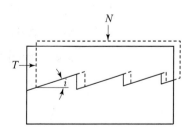

③ DilaTion Angle 효과

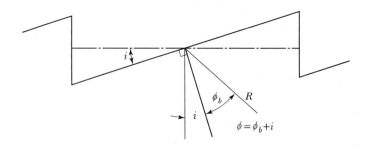

$$\phi = \phi_b + i$$

## (4) 평가

① 불연속체 거동에서 안정성 평가 시 불연속면의 전단강도는 매우 중요함

② model을 이용하기 위해 JRC, JCS, $\phi_b$, 거칠음각 측정이 신뢰도 있게 되어야 하고 필요한 보정 실시

③ 절리면 전단강도 축척효과

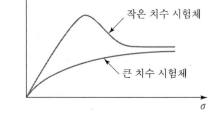

- 절리면 전단강도는 표면의 거칠기에 따른 절리면의 크기에 따라 성질이 변함
- 표면형상이나 실제 접촉면적에 따라 전단강도가 달라짐
- 작은 치수의 시험체에서는 현저한 Peak 강도를 보이는 경우에도 큰 치수에서는 Peak 강도를 보이지 않고 평활한 절리면과 유사한 전단특성을 보임
- 전단강도도 작은 치수의 시험체의 잔류강도에 접근될 수 있음

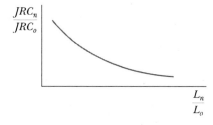

여기서, $L_o$ : 측정길이

　　　$JRC_o$ : 측정거칠기계수

　　　$JCS_o$ : 측정압축강도

　　　$JRC_n$, $JCS_n$ : $L_n$(현장길이)에 대한 보정치

④ 한편, 절리면 전단시험을 실시하여 종합평가 필요함

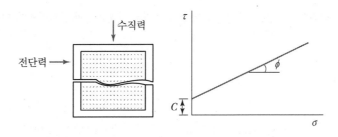

- 절리면에 대해 직접 전단시험
- $\sigma - \tau$ 관계도 작성
- 절리면의 $c$, $\phi$ 산정

【문제 2】
2차원 흐름 기본방정식과 Terzaghi 1차원 압밀방정식의 기본 가정조건과 산출방법에 대하여 설명하시오.

## 1. 2차원 흐름방정식

### (1) 기본가정

2차원 흐름의 기본 방정식을 유도하기 위하여 다음과 같은 가정을 설정한다.

① 지층은 완전포화상태이다.

② 지층은 균질하다.

③ 물의 흐름은 Darcy 법칙을 따른다(흐름은 층류이다).

④ 물과 흙의 부피는 물의 흐름에 의하여 변하지 않는다(물과 흙은 비압축성이다).

### (2) 침투방정식

① 지반 내 물의 흐름을 규명하기 위한 것으로 유선망을 통해 Piping, 침투유량, 간극수압을 파악하는 관련식임

② $K_x\dfrac{\partial^2 h}{\partial x^2} + K_z\dfrac{\partial^2 h}{\partial z^2} = 0$

③ 의미
- 각 유로의 침투유량은 같다.
- 인접해 있는 2개의 등수두선 간의 손실수두는 일정하다.
- 유선과 등수두선은 서로 직교한다.
- 유선망으로 되는 사각형은 이론상 정사각형이다.

④ 오류의 예

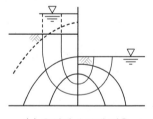
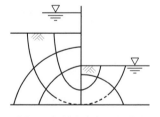

(a) 유선이 수중에 있음　　　(b) 유선이 하부바닥과 접함

## 2. 압밀방정식

(1) **기본가정**

① 흙은 균질하고 완전히 포화되어 있다.

위치와 깊이에 따라 흙은 비균질할 수 있으며 지하수위 아래 지반이라도 기포가 존재하므로 포화도는 100% 이하일 수 있다.

② 흙입자와 물은 비압축성이다.

실제는 미소한 양의 압축성은 있으나 실용적으로 비압축성이다.

③ 압밀침하는 1차원으로 연직방향으로만 일어난다.

$K_o$ 압밀상태에 대해서는 타당하며 도로성토, 방파제와 같은 대상하중은 2차원, 사각형기초는 3차원으로 변위가 발생된다.

④ 투수계수, 체적변화계수, 압밀계수는 일정하다.

하중증가에 따라 이 값들은 변화하므로 실무적으로 하중범위에 대한 평균적인 값을 적용한다.

(2) **압밀방정식**

① 지반 내 과잉간극수압(Excess Porewater Pressure) 발생에 따라 물의 흐름이 생기고 그에 따른 체적변화(침하), 시간에 의존하는 압밀도를 파악하는 관련식임

② $\dfrac{\partial u}{\partial t} = C_v \dfrac{\partial^2 u}{\partial z^2}$ (임의시간에 $z$ 깊이에서 과잉간극수압 분포는 압밀계수 $C_v$ 에 의존됨)

③ 주요내용

• 깊이 – 압밀도 – 시간계수의 관계

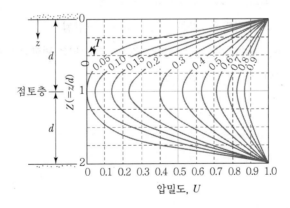

• 압밀시간 : $t = \dfrac{TD_2}{C_v}$

• 압밀계수 : $C_v = \dfrac{K}{m_v \cdot \gamma_w}$

## 3. 침투(Seepage)와 압밀(Consolidation) 비교

| 구분 | 침투 | 압밀 |
|---|---|---|
| 체적 변화 | 체적변화 없음<br>$Q_{out}$ ↑<br>$Q_{in}$ ↑ | $Q_{out}$ ↑<br>체적변화 |
| 흐름 이유 | 전수두차 | 과잉간극수압 수두차 |
| 전단강도 | 같음 | 증가 |
| 관련 현상 | Boiling, Piping, 침식 | 압밀침하 |

### (1) 공통점

① Darcy 법칙

② 등방성, 균질

③ 포화, 모관현상 무시

④ 입자나 물의 비압축성

### (2) 차이점

① 침투는 유입량과 유출량이 같으며 그에 따라 체적변화도 없음

② 압밀은 유입량과 유출량의 차이가 체적변화를 수반함

③ 침투는 1, 2차원 고려, 압밀은 1차원, 즉 $K_o$ 조건에 해당됨

④ 흐름에 대해 침투는 투수계수, 간극비 일정 조건이고 압밀은 변화되는 조건임

⑤ 침투는 압밀과 달리 전단강도의 변화 없음

【문제 3】
토사 사면붕괴 원인과 대책을 전단응력 및 전단강도로 설명하시오.

## 1. 깎기비탈면

### (1) 발생원리

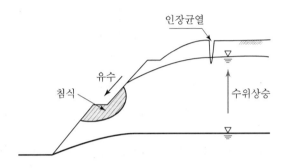

① 전단응력 증가와 전단강도 감소에 따른 안전율 저하부분과 우수에 의한 침식, 세굴부분으로 발생 원리가 형성됨

② 사질토지반은 우수침식, 우수침투에 의한 간극수압의 증가로 산사태(Land Slide)가 발생함

③ 점성토사면은 미세균열, 인장균열, 수위상승에 따른 간극수압으로 사면붕괴(Land Creep) 발생 이 유력함

④ 따라서, 위의 발생개념에 따라 안정한 상태가 되어야 함

### (2) 붕괴원인

① 전단응력 증가요인(외적 요인)

- 인위적 절토                    • 유수 침식
- 함수비 증가                    • 인장균열 발생
- 지진

② 전단강도 감소요인(내적 요인)

- 수분증가로 점토 팽창(Swelling)        • 균열 발생
- 진행성 파괴                    • 간극수압 상승
- 동결 · 융해                    • 지진

(3) 대책

  ① 사면보호공법

    • 표층안정공            • 식생공

    • Block공             • 뿜기공

  ② 사면보강공법

    • 절토                 • 압성토

    • 옹벽 또는 Gabion      • 억지말뚝

    • 앵커                 • Soil Nailing

  ③ 배수처리

    • 지표수              • 지하수

(4) 평가

  ① 안전율(정성적 표현)$=\dfrac{전단강도}{전단응력}$ 이며 전단강도(Shear Strength)가 감소하거나 전단응력 (Shear Stress)가 증가하면 안전율이 저하함

  ② 두 가지가 불리한 쪽으로 되면 안전율은 급격히 감소함

  ③ (2)의 붕괴원인과 같이 전단응력증가, 전단강도감소로 구분됨

  ④ 대책에서 사면보호공법은 정성적으로 전단강도감소 방지, 전단응력증가 방지에 해당되며, 절토, 압성토공법은 전단응력증가 방지, 옹벽, 억지말뚝은 구조물 개념임

  ⑤ Soil Nailing은 지반보강으로 전단강도증가, Anchor는 전단응력감소와 수직응력(Normal Stress)에 의한 전단강도증가에 해당됨

  ⑥ 배수처리는 간극수압감소 또는 발생억제도 전단강도의 감소방지에 관계됨

## 2. 쌓기비탈면

(1) 발생원리

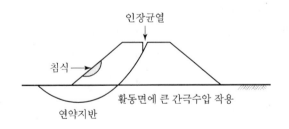

  ① 유수침식에 의한 표면유실 부분과 원지반의 비배수조건에서 과잉간극수압(Excess Porewater Pressure)의 발생원리가 형성됨

② 별도의 대책공법이 적용되지 않은 경우 기초지반의 전단강도에 따른 한계성토고준수 또는 강도증가를 기대한 단계성토 등이 필요함

(2) 붕괴요인

① 전단응력 증가요인

- 지반강도에 비해 높은 성토나 급구배사면
- 유수에 의한 표면침식과 이의 발전
- 외적 하중 증가
- 인장균열 발생

② 전단강도 감소요인

- 변형, 응력집중에 의한 진행성 파괴
- 성토에 의한 과잉간극수압 상승
- 성토재료 불량, 다짐시공 불량

(3) 대책

① 사면보호공법 : 절토사면과 같음

② 사면보강공법

- 탈수공법 : 연직배수공법(PBD, SD 등)
- 다짐공법 : SCP, GCP
- 재하공법 : Preloading, 진공압밀
- 고결공법 : 심층혼합, 고압분사
- 보강공법 : 토목섬유

(4) 평가

① 붕괴원인에 대한 것은 깎기비탈면과 같은 흐름임

② 대책에서

- 탈수공법 : 전단강도 증가, 재하방치기간 필요
- 다짐공법 : 전단강도 증가, 재하방치기간 불필요 가능
- 재하공법 : 전단강도 증가
- 고결공법 : 적극적 전단강도 증가
- 보강공법 : 인장력에 의한 전단강도 증가

【문제 4】

콘크리트 표면 차수벽형 석괴댐(CFRD) 계측 설계 시 착안사항과 계측의 항목 선정 및 목적에 대하여 설명하시오.

## 1. 표면차수 석괴댐

(1) 단면구성 : 차수벽, 완화층, 사석, 기초(Plinth)

(2) 차수벽 : 저류의 기능을 하므로 균열방지를 위해 수밀한 콘크리트, 철근보강, 이음 등이 설치되어야 함

(3) 완화층 : 차수벽 시공 시 기초지반과 차수벽 기초기능이므로 압축성과 다짐성이 양호해야 함

(4) 기초 : 차수벽기초, 댐 하부 누수차단을 위해 침하나 변형이 되지 않게 기초처리가 필요함

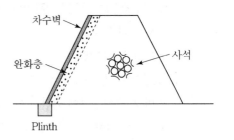

## 2. 계측설계 시 착안사항

(1) 댐체, 기초지반, 차수벽 및 댐체주변에 필요한 계측항목

(2) 각 부위에서 응력, 압축과 인장 등 변형, 투수 및 기타 항목 착안

(3) 시공 중, 시공 후 안정성 분석 감안

(4) 즉, 시공관리, 댐거동 분석, 안정성 평가가 되도록 계측 설계위치, 항목 등 착안

(5) 계측기 매설위치 예시

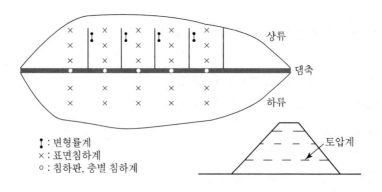

## 3. 계측항목과 목적

CFRD의 계측항목 및 목적

| 구분 | 계측항목 | 계측기기명 | 측정되는 물리량 | 단위 | 계측목적 |
|---|---|---|---|---|---|
| 댐체 | 변형 | 측량점 | 댐마루 및 상·하류 사면의 변위량 | cm | 댐체의 외부변형 상태 파악 |
| | | 경사계 | 설치지점의 표고별 수평변위량 | cm | 댐체의 내부변형 상태 파악 |
| | | 층별 침하계 | 설치지점의 표고별 변위량(침하량) | cm | 댐체의 내부변형 상태 파악 |
| | | 수평변위계 | 동일표고상에서 상대적인 수평변위량 | cm | 댐체의 내부변형 상태 파악 |
| | 응력 | 토압계 | 댐체 자중 및 담수에 의한 응력 | $kN/m^2$ | 각 존별 응력분포 파악에 의한 댐체의 안정성 검토 |
| | 침투량 | 침투량계 | 댐체 및 기초를 통과한 침투수의 양 | $l$/분 | 침투수에 대한 제체의 안정성 파악 |
| | 지진 | 지진계 | 댐체 및 댐 주변의 지진 가속도 | $cm/s^2$ | 지진 시 댐체의 거동특성 파악 |
| 기초 | 간극수압 | 간극수압계 | 기초암반의 간극수압 | $kN/m^2$ | 커튼 그라우팅의 차수효과 파악 |
| 차수벽 | 변형 | 변위계 | 콘크리트 차수벽의 변위량 | mm | 담수에 따른 차수벽의 변형거동 파악 |
| | | 개도계 | 차수벽 이음부의 수평변위량 | mm | 하중변동에 따른 차수벽의 변형거동 파악 |
| | | 주변이음부 변위계 | 차수벽과 프린스 이음부의 연직 및 수평 변위량 | mm | 하중변동에 따른 차수벽의 변형거동 파악 |
| | 응력 | 응력계 | 차수벽 내의 응력 | $kN/m^2$ | 저수위 변동 등에 따른 댐체의 응력분포 및 거동상태 파악 |
| | | 무응력계 | 수화열만에 의한 콘크리트 응력 | $kN/m^2$ | 응력계 측정결과의 보정 |
| 댐체주변 | 지하수위 | 지하수위계 | 댐 양안부의 지하수위 | cm | 댐 양안부를 통한 누수 가능성 판단 |

※ CFRD(Concrete Face Rockfill Dam) : 콘크리트 표면차수벽형 석괴댐

**【문제 5】**

연약지반의 표층처리를 위해 토목섬유를 이용하고자 한다. 토목섬유의 종류, 기능, 특징 그리고 적용 시 문제점에 대하여 설명하시오.

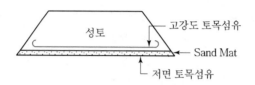

## 1. 저면 토목섬유

(1) 기능

① 분리기능 : Sand Mat

연약지반인 점토의 분리, 즉 점토가 Sand Mat에 혼입됨을 방지하여 Sand Mat의 배수성 감소 억제

② 시공 시 지반보강기능

• 토목섬유포설로 장비진입 시 지반보강으로 장비 접지압 분산

• 즉, Sand Mat 두께 감소 기능

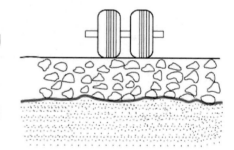

(2) 특징

① 재질이 PP(Polypropylen)로 강도가 비교적 작고 자외선에 내구성 감소

② 물과 접촉 시 성능유지력이 큼

(3) 적용 시 문제점

① 자외선에 약하므로 조기(예 10일 이내) 토사로 복토함이 필요함

② 연직배수공법 등 적용으로 Punching 되므로 강도저하 및 찢어짐 발생으로 장기적 강도유지 곤란

## 2. 고강도 토목섬유

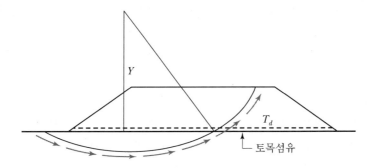

$$F_s = \frac{M_R + T_d \cdot y}{M_D}$$

여기서, $M_R$ : 지반저항모멘트

$T_d$ : 설계인장강도

$M_D$ : 지반활동모멘트

$y$ : 원호활동 중심에서 토목섬유의 연직거리

### (1) 기능

① 사면안정성, 즉 토목섬유포설로 사면안전율이 증가되는 보강기능

② 부수적으로 인장력에 의한 부등침하 감소

### (2) 특징

① 재질이 PET(Polyester)로 신율이 작고 강도가 크며 자외선에 내구성이 있음

② 친수성으로 물에 장기간 접촉되면 강도저하가 큼

### (3) 적용 시 문제

① 설치 시 조립재에 의한 손상 가능, 장기적 강도저하인 Creep 발생

② 인장력이 크게 소요되는 경우 변형으로 성토체 부실

③ 인발길이의 적절한 확보가 필요함

【문제 6】
폐기물 매립지를 건설부지로 활용하고자 한다. 매립부지 재활용상의 문제점과 지반환경 공학적 검토사항 그리고 구조물기초 및 매립지반 처리방안에 대하여 설명하시오.

## 1. 부지 활용문제

(1) 매립장을 부지로 사용하기 위해서는 안정화가 이루어진 후나 조기 안정화를 실시한 후 사용해야 함

(2) 예상되는 문제는 악취, 가스발생, 지하수 오염, 지반침하, 지지력 부족 등과 부식 등이 있음

    ① 지반 측면 : 지반침하, 지지력, 사면안정, 부식고려 설계

    ② 환경 측면 : 악취, 가스발생량, 포집, 지하수 오염, 부식성

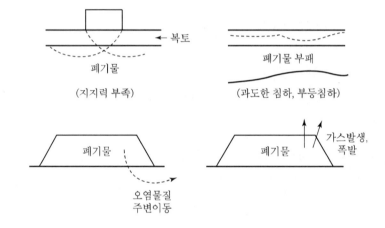

(3) 따라서, 지반측면과 환경측면에서 구조물, 매설물, 가스, 침출수 등에 대한 해결이 필요함

## 2. 공학적 검토사항

| 구분 | 고려사항 | 대책 | 비고 |
|------|----------|------|------|
| 구조물 | • 과다 지반침하<br>• 연약층 심도<br>• 구조물 부식 | • 큰 구조물은 말뚝기초 사용<br>• 작은 구조물은 얕은 기초 사용<br>• 허용 침하량을 넘는 경우에는 주입공법 적용<br>• 공사 중 가스, 악취문제, 가스탐지기 설치 | 부마찰력 고려 |
| 도로 | • CBR 값<br>• 지반 균일성<br>• 주행에 따른 폐기물 이동<br>• 부등침하 | • 폐기물층을 2m 정도 굴착 후 모래층을 깔아 지지층을 만듦<br>• 경사면 보호 | 부등침하 고려 |

| 구분 | 고려사항 | 대책 | 비고 |
|---|---|---|---|
| 지중매설관 | • 부등침하<br>• 기초형식 | • 공동구 형식을 취함<br>• 전단, 균열방지를 위해 말뚝기초로 지지된 구조물에 강선 등으로 연결시킴<br>• 이음부를 연성 리브 등으로 연결시킴 | 수도관, 가스관, 전선, 하수도, 상수도 등 |
| 가스 | • 폭발, 화재<br>• 악취<br>• 통기방법 | • 건물 밑에 매설된 가스추출관 주위에 쇄석 및 차수 사이트 포설<br>• 가스탐지기 설치, 강제 흡입장치 설치 | |
| 침출수 | • 매립지반 내로 강우 침투<br>• 지반 내의 침출수 이동<br>• 침출수관 침하, 균열 | • 복토층 다짐<br>• 지표에 아스팔트 포설<br>• 증발량이 큰 초목류 식재 | 표면유출을 크게 함 |
| 식생 | • 객토층 두께, 토양개량제<br>• 식물종류 | • 표면 복토층 1m 위에 30cm 객토 후 식재<br>• 불량토에 식종 선정 | |

## 3. 지반처리방안

| 공법 | | | 장점 | 단점 | 비고 |
|---|---|---|---|---|---|
| 침하, 지지력 대책 공법 | 고밀도화 사전 압축 | 기계적 압축 | 압축, 고결화공법 | 30% 정도 체적이 감소하며 반영구적 | 플랜트 필요 | |
| | | 재하, 충격력 | 동다짐공법 | 시공이 단순, 20~30% 체적 감소 | 개량심도가 한정 | 개량공기가 짧을 때 유효 |
| | | | 여성토공법 | 시공이 확실 | 리바운드 가능성 있음 | |
| | | 치환, 압축 | 진동다짐공법 | 심층개량 가능, 말뚝효과 | 타입이 어려움 | 주대책공으로는 취약 |
| | 간극충진 | | 그라우트공법 | 개량심도 선택 가능 | 적용성의 검토 필요 | 부분적 개량에 적합 |
| | 무기화 (無機化) | | 소각공법 | 안정화에 효과적 | 반출, 매립대책 필요 | 소각잔회 처리방안 검토 필요 |
| | 양질재 치환 | | 치환공법(반출) | 공법이 확실 | 반출장소 필요 | 보조수단 고려 |
| 환경 대책 방안 | 용출방지 | | 압축, 고결화공법 | 침하, 지지력 대책효과 있음 | 시공이 복잡 | |
| | | | 주입공법 | 지반 강화에도 효과적 | 효과의 확인이 곤란 | 시험시공 필요 |
| | 무해화 | | 소각, 고결화공법 | 안정화면에 효과적 | 중금속의 유무 검토 필요 | |
| | | | 산화촉진공법 | 조기안정화 효과적 | 플랜트설비 필요 | |
| | | | 악취제거공법 | 악취제거에 효과적 | 플랜트설비 필요 | |
| | | | 굴착, 자원화공법 | 매립폐기물의 재활용 가능 | 플랜트설비 필요 | |
| | 밀봉 | | 그라우트커튼 | 지수효과 확실 | 부식에 약함 | 시험시공 필요 |
| | | | 주입, 고화벽공법 | 시공성이 좋음 | 효과의 확인이 곤란 | |
| | | | 지중연속벽공법 | 효과 확실 | 벽체의 장기안정이 불안 | |

참고

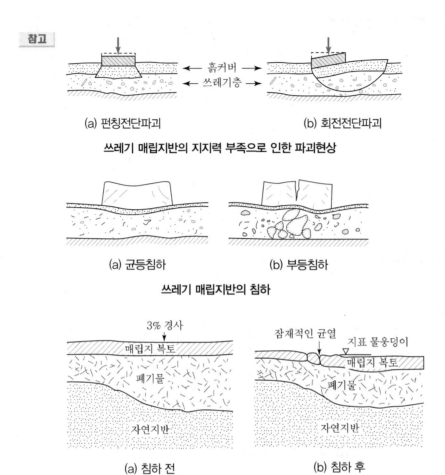

(a) 펀칭전단파괴       (b) 회전전단파괴

**쓰레기 매립지반의 지지력 부족으로 인한 파괴현상**

(a) 균등침하       (b) 부등침하

**쓰레기 매립지반의 침하**

(a) 침하 전       (b) 침하 후

**쓰레기층의 침하에 의한 최종복토층의 파손**

## 4 교 시 ( 6문 중 4문 선택, 각 25점 )

【문제 1】
연약지반상의 기존도로를 편측으로 확장하고자 한다. 설계 시 고려사항에 대하여 설명하시오.

1. 안정검토

   (1) 기존도로 상황 설정

      기존도로는 폭이 좁고 저성토이며 시간이 경과하여 침하가 완료된 것으로 전제함

   (2) 지반조사

      기존도로는 압밀진행으로 확장도로부와 압밀, 특히 전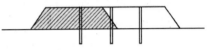

      단특성이 다르므로 시추조사를 횡단방향으로 시행하고

      물리시험, 압밀시험, 전단관련시험을 실시하여 지반정

      수를 결정해야 함

   (3) 사면안정

      ① 성토단면이 커짐에 따라 사면활동선이 커지게 되어 하부연약층까지 미치게 됨

      ② 확장도로를 고려하여 사면안정 해석하고 안전율(예 1.3)이 부족하면 단계성토, 모래다짐말뚝

        (S.C.P), 압성토, 심층혼합처리 등을 검토함

      ③ 기존도로와 확장도로의 접촉부에서 사면활동 가능성이 있으므로 이에 대해 사면안정 검토를 함

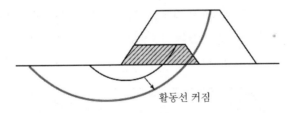

활동선 커짐

   (4) 침하

      ① 성토고가 높고 폭이 크므로 연약지반에 대한 지중응력이 커져 기존 도로부에 추가 침하가 발생되

        게 됨

      ② 검토해서 허용침하량(예 10~20cm)에 만족하면 좋으나, 만족하지 못하는 경우가 대부분으로 판

        단됨

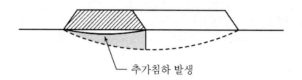

추가침하 발생

③ 연약층 두께, 압밀계수 등에 따라 다르겠으나 침하 촉진을 위해 Preloading, Paper Drain, Pack Drain, Sand Drain, Menard Drain 등과 같은 압밀촉진공법을 검토함

## 2. 개량검토

### (1) 기존도로 존치 또는 우회도로 개설 여부 검토

기존도로를 존치하고 지반개량 시는 Auger 등으로 기존도로를 Preboring 하고 지반개량할 수 있으며, 기존도로 제거하고 지반개량 시는 우회도로를 임시로 만들어야 함. 따라서, 시공기계능력, 용지임대, 시공성, 경제성 등을 검토하여 결정토록 함. 기존도로 존치 시 기존도로부의 압밀배수층이 없는 경우 적용이 곤란할 수 있음

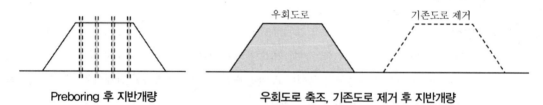

Preboring 후 지반개량      우회도로 축조, 기존도로 제거 후 지반개량

### (2) 기존도로 존치 시 다짐

기존도로 방치 시 기존도로와 확장도로 경계부에서 사면활동 가능성이 있게 되므로 시방규정에 따라 층따기를 하고 다짐을 잘 해야 함. 성토는 기존도로 옆부터 하고 그 다음은 기존도로, 확장도로를 함께하여 시공 중 성토가 안정토록 함

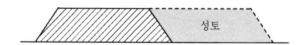

성토

### (3) 계측과 측방유동

① 침하계, 경사계, 간극수압계 등의 계측기를 매설하고 침하·안정관리를 하며 그에 따른 시공계획을 변경 또는 적정성 여부를 분석해야 함

② 주변지반에 시설물이 있는 경우 계측결과 측방유동이 생기게 되면 성토속도를 조절하거나 Sheet Pile, Slurry Wall, 심층 혼합처리공법 등 차단벽을 설치하여 지반침하 영향을 저감토록 함. 이 경우 차단벽이 사면활동을 근본적으로 해결한다는 개념은 무리임에 주의 요망

## 3. 평가

(1) 국토개발 및 사회간접자본 확충 등으로 이와 같은 사례가 많으며 지반조사, 설계, 시공 시 문제의
식을 갖고 적절히 대처토록 인식되어야 할 것임

(2) 사면안정, 성토시공성, 원활한 압밀배수 촉진을 위해 기설도로를 제거하고 P.P Mat＋Sand Mat
포설하고 지반개량과 성토시공함이 합리적으로 판단됨

> **참고**  • 성토지지말뚝

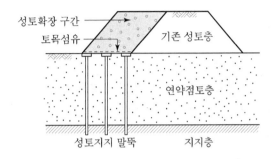

• EPS(경량성토)
• 기존도로 존치 사례(남해고속도로 냉정 – 부산 간)

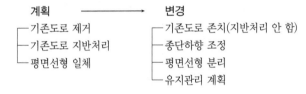

| 계획 ———————→ | 변경 |
| --- | --- |
| ┌ 기존도로 제거 | ┌ 기존도로 존치(지반처리 안 함) |
| ├ 기존도로 지반처리 | ├ 종단하향 조정 |
| └ 평면선형 일체 | ├ 평면선형 분리 |
| | └ 유지관리 계획 |

【문제 2】

구조물을 설치하기 위한 부력 검토방법과 안정화 대책을 설명하시오.

## 1. 부력 검토방법

물속에 잠겨 있는 체적에 대한 상향의 물압력과 구조물의 자중, 흙하중에 의한 저항력을 비교해서 검토하며 기준안전율은 1.2를 적용함

즉, $F_s = \dfrac{W+Q}{B} \geq 1.2$

여기서, $F_s$ : 안전율

$W$ : 구조물 자중(흙하중이 있는 경우 고려)

$Q$ : 구조물 측면과 흙과의 마찰저항

$B$ : 부력($\gamma_w V$)

$\gamma_w$ : 물단위중량

$V$ : 물속의 구조물체적

## 2. 대책

### (1) 사하중 증가방법

① 구조물 자중을 증가시키기 위해 기초를 MAT 기초로 하거나 지하실에 공간을 확보하여 잡석 등으로 채우는 방법임

② 구조물 측면에 저판크기를 크게 돌출시켜 흙하중 증가와 토사와 토사의 마찰저항에 의한 방법임

③ 이 방법의 적용성은 부력에 대한 안전율이 크게 부족한 경우는 단면이 커지고 굴착깊이 증가가 있게 되므로 안전율이 크게 부족하지 않은 경우에 적합함

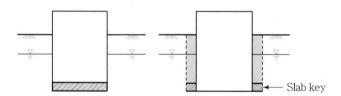

### (2) 부력 Anchor 방법

① 부력에 대한 부족분을 Anchor의 마찰력으로 저항하는 방법임

② Ground Anchor와 같이 PS 강선 파괴, Anchor체와 지반의 인발파괴, PS 강선과 Grout재의 부

착파괴 등 3가지 조건에 안정하도록 해야 함

③ 부력에 크게 안전율이 작은 경우에 적합하며 Anchor 간격에 따라 Slab에 작용하는 모멘트 감소 효과가 큼

④ 부력 Anchor는 영구앵커 개념으로 해야 하며, 특히 부식에 대한 이중처리가 필요함

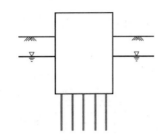

(3) 외부 배수처리방법

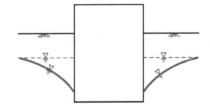

① 지하벽체 외부에 배수층을 만들고 집수정으로 유공관에 의해 집수한 후 Pump로 배수처리하는 방법임

② 영구적으로 계속 수위를 유지하기 위해 Pumping 되어야 하고 유지관리가 필요하며 지하수 저하로 인한 인접부지의 지반침하 우려가 있음

(4) 기초바닥 배수방법

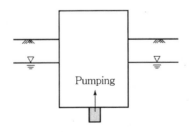

① 기초 슬래브에 배수층을 설치하여 집수정에서 배수처리하는 방법임

② 저면이 투수성이 작은 지반에 위치하는 경우 효과적임

③ 유입수만 처리하므로 수위 저하로 인한 침하문제가 없게 됨

## 3. 평가

(1) 부력에 대한 대책은 부력크기, 지반의 투수성, 유입량, 인근부지조건 등을 고려해서 선정되어야 함

(2) 부력은 공사완료 후는 물론 공사 중에도 발생되지 않게 해야 하며 지하수조, 건축물의 처리 예는 다음과 같음

① 호우 시 양수작업만으로 우수처리가 곤란할 가능성이 크므로 지하수조 상부에 토사 등으로 하중을 증가시킴

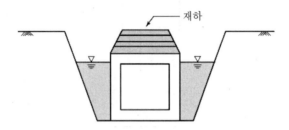

② 지하부를 시공하고 뒤채움을 실시하면 지하수위가 회복하게 되며 지상부 구조물이 축조되기 전이므로 부력에 의해 구조물이 뜨게 될 수 있음. 따라서, 뒤채움부에 관 등을 설치하여 양수하여 처리함

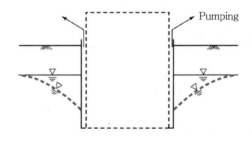

【문제 3】
건설공사 시 인위적으로 발생되는 지반진동의 진동전파 특성과 방진대책에 대하여 설명하시오.

## 1. 지반진동전파의 특성

지반진동의 전파양상은 그림과 같이 진동원 – 지반, 지중전파와 지반 – 수진구조물로 구분할 수 있으며 지반진동문제를 일으키는 지반은 일반적으로 상부지층이 비교적 연약지층으로 구성되어 있고 하부의 견고한 지층까지 깊이가 어느 이상이 되어 지반진동의 탁월주파수(10~30Hz)에 근접한 고유진동수를 갖는 지반이다. 또한 상, 하부 지층이 굳은 지층일지라도 상부두께가 얼마 안 되어 연약층으로 입사된 파의 에너지가 먼 곳까지 쉽게 전파될 수 있다[연약층은 파동안내(wave guide)하게 됨].

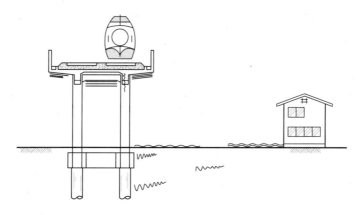

### (1) 진동원 – 진반전파

진동원의 기진력과 주파수의 가진조건이 같더라도 지반에 전달되는 진동강도나 에너지의 주파수 분포는 다르게 되며 어떤 주파수에서는 에너지가 지반의 저항을 받아 억제당하는 반면, 어떤 주파수에서는 지반의 순응 때문에 신장된다. 따라서, 에너지 분포특성은 진동원 – 지반시스템 간의 동적 억제(임피던스, Impedance) 또는 동적 순응(컴플라이언스 Compliance)에 따라 다르게 된다.

### (2) 지반 내 전파

① 기진점을 떠난 지반진동파는 지반 내로 확산되면서 기진점으로부터 거리가 멀어질수록 파에너지 강도가 점점 감소한다.

② 실제로는 비균질지반, 지형요철, 각종 구조물과 지하매설물 등의 상황에 따라 지반내 전파가 다르게 되므로 사전에 진동측정시험을 하여야 한다.

### (3) 지반 – 수진구조물 전파

① 수진구조물까지 전파된 지반진동에너지는 지반 – 구조물기초시스템의 임피던스(FI : Foundation Impedance)와 상부구조와 관련된 임피던스(SI : Superstructure Impedance) 특성에 따라 다르게 된다.

② 상부구조와 지반조건이 같은 경우 말뚝기초가 확대기초로 지지된 건물보다 진동에 덜 민감하게 반응하는데, 이는 말뚝기초가 지반구속력이 크므로 기초로 전달되는 입력 진동크기가 확대기초에 비해 작기 때문이다.

③ 기초를 통해 상부구조에 전달되는 에너지는 기둥, 보로 전달되면서 과도응력이 생기면 균열 및 피로파괴가 생기게 되며, 각부재로 전달되는 에너지는 부재고유의 재료감쇠로 열손실되거나 고체소음 형태로 소실된다. 예로, 고체소음은 건물내부로 50~100Hz 이상의 고주파성분이 많이 전달될 때 가능성이 크다.

## 2. 방진대책(터널로 예시)

### (1) 진동원 대책

① 지발당 장약량 축소
- 분할단면 발파
- 천공장 축소
- 다단발파기 이용

② 심빼기
- 무장약공(Cylinder – Cut)
- 다자유면(심빼기부 4각형 연속천공)
- 파쇄기 이용

③ 외곽공
- Smooth 발파
- Line Dilling

④ 발파에 영향이 크고 조절 가능한 방법을 선택하고 자유면을 미리 형성하여 진동발생을 적게 함

### (2) 진동 전파경로 대책

① 진동원에서 감쇠대책을 적극적으로 수립함

② 진동원에서 지반을 통해가는 경로에서의 대책임

③ 탄성파의 파장보다 긴 방진구를 설치하여 방진효율이 증가됨을 적용함

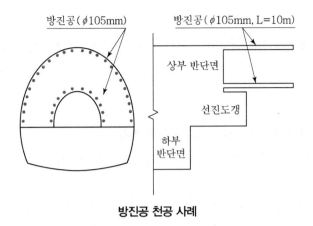

**방진공 천공 사례**

[자료] 1. 터널설계기준해설서, 한국터널공학회, 2009.
   2. 근립철도터널의 굴착계획 및 설계사례, 정동호 외, 유신회보.
   3. 발파진동이 구조물에 미치는 영향에 관한 연구, 김성호 서울시립대 석사논문, 2005.

【문제 4】
고함수비의 준설점토에 석탄재를 혼합하여 투기할 때 침강특성과 자중압밀 특성에 대하여 설명하시오.

## 1. 침강압밀 개념

(1) 초기단계 : 침전은 발생하지 않고 Floc(응집)의 형성과정임

(2) 중간단계 : Floc이 점차로 침전하여 압밀이 시작되고 침전물이 점진적으로 증가하면서 상부의 침전영역은 점점 얇아져 없어지게 됨

(3) 최종단계 : 모든 침전물이 자중압밀하에 있게 되며, 자중압밀이 완료된 상태에 도달함

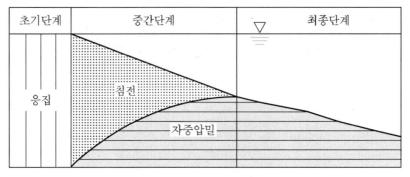

**침강-압밀의 Mechanism**

## 2. 침강특성

(1) **석탄재 함유율에 따른 속도**

석탄재의 함유율이 클수록 침강속도가 빠름. 이는 점토에 조립재가 혼합되었기 때문임

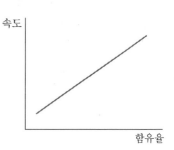

(2) **침강압밀계수**

① 침강압밀계수

$$C_s = \frac{\log(H_o/H_f)}{\log(t_f/t_o)}$$

여기서, $t_o$, $t_f$ : 자중압밀시점과 종점 시간

$H_o$, $H_f$ : $t_o$와 $t_f$에서 계면고

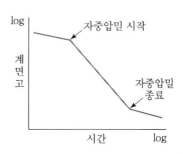

② 석탄재 함유율에 따른 침강압밀계수

함유율이 클수록 침강압밀계수가 작아지며 이는 점토보다

조기에 자중압밀됨을 의미함

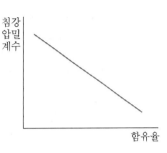

## 3. 자중압밀특성

### (1) 자중압밀단계

① 1.의 침강압밀 개념과 같이 점토는 침강과 자중압밀이 중간단

계에서 중복됨

② 혼합토는 침강과 자중압밀(Self-Weight Consolidation)이

보다 확실하게 구분됨

즉, 구간침강의 형태를 보임

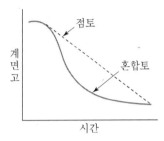

### (2) 침하와 시간

혼합률이 많을수록 침하량이 적고 시간이 단축되는 것은 침강특성에서와 같음

> **참고** │ 침강형태
>
> 1. 분산침강 : 입자 간에 서로 영향 없이 자유로이 침강, 즉 굵은 입자가 가는 입자보다 먼저 침강
>    함 ↔ 간섭(방해)침강
> 2. 응집침강 : 입자들이 모여서 큰 크기의 Floc을 형성하고 큰 Floc이 먼저 침강함
> 3. 구간침강 : 응집단계, 침강단계, 압밀단계가 명확하게 구분되는 침강형태
> 4. 압밀침강 : 농도가 클 경우 주로 자중압밀에 의한 침강으로 침전구간은 명확하지 않음

**점토 + 석탄재의 혼합토 사례**

1. 점토(CH)

| 액성한계(%) | 소성한계(%) | 소성지수 | 비중 | 200번체 통과율(%) | 통일분류법상 분류 |
|---|---|---|---|---|---|
| 61 | 29.67 | 31.36 | 2.55 | 99.80 | CH |

2. 석탄회(SP)

| | | | |
|---|---|---|---|
| 최대건조밀도($\gamma_{dmax}$, g/cm$^3$) | 1.337 | $D_{30}$(mm) | 0.13 |
| 최소건조밀도($\gamma_{dmin}$, g/cm$^3$) | 1.03 | $D_{60}$(mm) | 0.45 |
| 비중($G_s$) | 2.17 | 균등계수 $C_u$ | 6 |
| $D_{10}$(mm) | 0.075 | 곡률계수 $C_g$ | 0.5 |

| Test Pattern | Coefficient of Permeability K (cm/sec) |
|---|---|
| $\gamma_{dmax}$ (1.3g/cm³) | $1.6 \times 10^{-2}$ |
| $\gamma_{dmin}$ (1.03g/cm³) | $9.4 \times 10^{-3}$ |

3. 혼합토

〈인공혼합토의 기본적 물성(점토 70% + 석탄재 30%)〉

| | 액성한계(%) | 소성한계(%) | 소성지수 | 비중 | 200번체 통과율(%) | 통일분류법상 분류 |
|---|---|---|---|---|---|---|
| 인공 혼합토 | 44 | 24.04 | 2.93 | 2.51 | 73.58 | CL |

[자료] 1. 조립토가 혼합된 준설토의 퇴적 및 압밀특성, 이송 외, 한국지반공학의 논문집 제18권 2호, 2002. 4.
　　　2. 혼합토매립지반의 압밀특성, 채덕호, 단국대 석사논문, 2010.

【문제 5】
핵석 풍화대에 터널 갱구부를 설계하고자 한다. 예상되는 문제점과 합리적인 조사방법 및 강도정수 평가
방법에 대하여 설명하시오.

## 1. 핵석(Core Stone) 지반

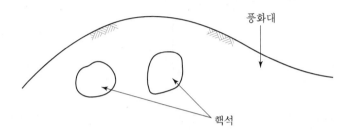

(1) 신선한 모암이 불연속면(Discontinuities in Rock Mass)을 따라 물의 이동, 건습 반복, 동결 시
    팽창 등을 통해 풍화가 진행됨
(2) 불연속면 부근이 가장 풍화되기 쉬우므로 이 부분은 풍화암이나 풍화토가 됨
(3) 반면, 아직 남아 있는 암괴는 풍화가 덜 되어 둥근 형태의 연암 또는 경암의 암석이 되는데, 이를
    핵석이라 함

## 2. 예상 문제점

(1) 굴착에 따라 핵석이 빠지거나 미끄러져 주변지반이 붕락되어 갱구부사면, 터널내부 붕괴 가능

(2) 지반의 불규칙성으로 부등침하가 발생되어 터널 lining 변형, 균열, 포장파손 등 문제 가능
(3) 사면에서 세굴에 의한 침식, 핵석주변으로 지하수의 흐름에 따라 풍화대지반 유실문제

## 3. 합리적 조사방법

(1) **착안사항** : 핵석과 기질의 구성비 파악

(2) **시추조사** : NX구격으로 기질시료 채취가 잘 되도록 Tripple 채취기 사용

(3) **지표노두조사** : 핵석과 기질분포 파악

(4) **BHTV, BIPS** : 핵석과 기질분포 파악

(5) **공내탄성파탐사** : 미시추 구간의 핵석 분포 파악

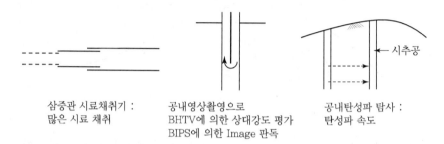

삼중관 시료채취기 :       공내영상촬영으로                  공내탄성파 탐사 :
많은 시료 채취            BHTV에 의한 상대강도 평가        탄성파 속도
                        BIPS에 의한 Image 판독

(6) 지표와 지하부에 대해 여러 조사방법에 의해 핵석(Core Stone)과 기질(풍화대)의 분포비율을 구간별로 파악함

## 4. 지반정수

(1) **단위중량(Unit Weight)**

① 기질에 대해 들밀도시험, Block Sampling에 의하고 핵석은 시추코어로 단위중량 측정

② 분포비율에 따라 단위중량 산정

(2) **점착력(Cohesion)과 전단저항각(Angle of Shearing Resistance)**

① 기질부에 대한 전단시험 결과를 핵석비율에 따라 보정함

② 기질과 핵석을 함께 대형 전단시험하는 것이 가장 바람직하나 현실적이지 못함

(3) 핵석지반 전단강도 : 기질부 시험 후 보정

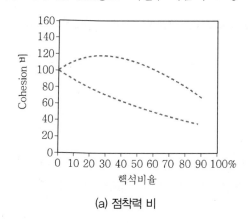

(a) 점착력 비

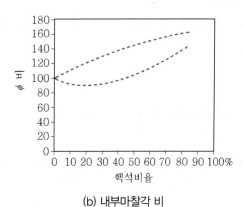

(b) 내부마찰각 비

(4) 기질부 전단시험 : $C$, $\phi$ 산정

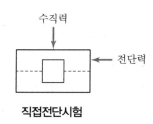

**직접전단시험**

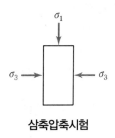

**삼축압축시험**

(5) 산정방법

① 점착력 : 핵석비율에 의한 보정값 × $C$(기질시험값)

② 전단저항각 : 핵석비율에 의한 보정값 × $\phi$(기질시험값)

【문제 6】
다층지반에서의 흙막이 가시설 설계 시 경험토압 적용의 문제점과 합리적인 토압 산정방법에 대하여 설명하시오.

## 1. 다층지반에 경험토압 적용 시 문제점

### (1) 경험토압

① 연성벽에 작용하는 측방토압은 흙막이벽의 변형상태, 변형량 등에 크게 영향을 받기 때문에 이론적으로 구하기가 용이하지 않다. 흙막이의 변형은 버팀보나 앵커에 의해 변형이 억제되어 발생하여 옹벽의 변형조건과는 다르다.

② 이러한 이유 때문에 버팀벽에 작용하는 실제의 토압분포는 Rankine이나 Coulomb의 이론으로는 설명할 수 없다. 따라서 실제적으로는 현장 실측자료로부터 경험적으로 얻어 제안된 측방토압분포를 사용하고 있다.

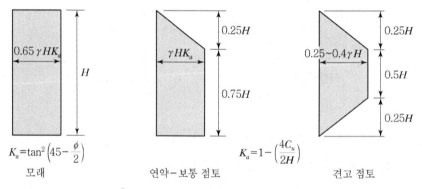

[Terzaghi-Peck의 수정 토압 분포도]

### (2) 적용 시 문제점

① 경험토압은 단일층에 대한 토압분포로 다층지반일 경우 모래 또는 점토지반으로 고려해야 하는데 토압분포가 부정확할 수 있다.

② 단일토층으로 할 때 점착력이나 전단저항각 무시로 토압이 과다해질 수 있다.

③ 지층구성이 동일토층이 아닌 이질토층으로 구성되어 있는 경우 지반물성치의 평가가 어렵다.

④ 경험토압분포식은 암반층을 사질토로 가정하므로 암반층에서의 점착력을 무시하여 과다토압이 산정될 우려가 있으며 점착력을 고려하는 경우는 토압분포가 과소하게 추정될 수 있다.

⑤ 토사지반을 대상으로 제안된 식이므로 굴착깊이가 깊고 암반이 상부에서부터 존재할 경우 경험토압분포식을 사용 시 암반에서의 토압이 작용하는 깊이를 적용하는 데 어려움이 있다.

⑥ 암반을 토사취급에 따라 양호한 암반은 토압이 실제보다 크게, 불량한 암반이나 불연속면이 발달한 경우 실제보다 작게 평가될 수 있음

## 2. 다층지반 토압분포

### (1) 삼각형토압

위층의 지반을 상재하중처리

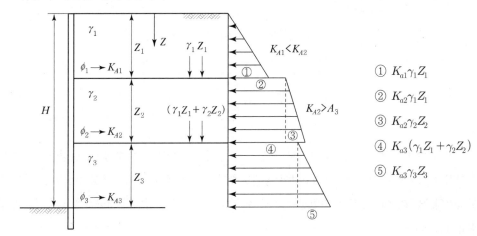

① $K_{a1}\gamma_1 Z_1$

② $K_{a2}\gamma_1 Z_1$

③ $K_{a2}\gamma_2 Z_2$

④ $K_{a3}(\gamma_1 Z_1 + \gamma_2 Z_2)$

⑤ $K_{a3}\gamma_3 Z_3$

### (2) 경험토압

① 각 토층별 토압계수, 단위중량 적용

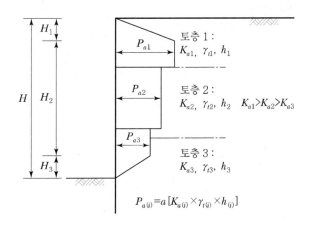

$$P_{a(i)} = a\,[K_{a(i)} \times \gamma_{t(i)} \times h_{(i)}]$$

② 토압계수, 단위중량 평균값 적용

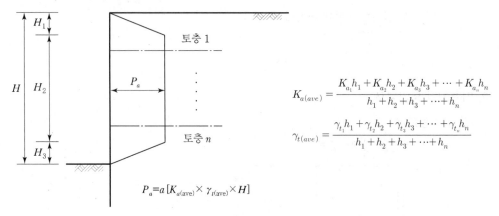

$$K_{a(ave)} = \frac{K_{a_1}h_1 + K_{a_2}h_2 + K_{a_3}h_3 + \cdots + K_{a_n}h_n}{h_1 + h_2 + h_3 + \cdots + h_n}$$

$$\gamma_{t(ave)} = \frac{\gamma_{t_1}h_1 + \gamma_{t_2}h_2 + \gamma_{t_3}h_3 + \cdots + \gamma_{t_n}h_n}{h_1 + h_2 + h_3 + \cdots + h_n}$$

$$P_a = a\,[K_{a(ave)} \times \gamma_{t(ave)} \times H]$$

## 3. 정리

(1) 이론적인 방법은 지층이 여러 층으로 구성되어 있어도 일반적으로 수평토압산정이 가능하다.

(2) 경험적인 방법으로 산정 시 지층구성이 동일토층이 아닌 이질토층으로 구성되어 있는 경우 지반 물성치의 평가가 어려우므로 지반정수를 각 토층별로 산정하는 방법과 평균값을 적용하는 방법을 적용하고 있음

(3) 암반토압은 암반의 상태 강도, 풍화도, 불연속면 주향, 경사, 절리면 전단강도 등에 크게 좌우됨

(4) 특히, 특정불연속면이나 불연속면 적당조건인 경우 암반사면안정에 의한 토압, 불연속체에 의한 토압, 변형 등 파악이 필요함

# 제118회
# 과년도 출제문제

## 118 회 출 제 문 제

## 1 교 시 ( 13문 중 10문 선택, 각 10점 )

【문제】

1. 지진규모(M)

2. 흙막이 벽체의 가상지지점

3. 뉴마크(Newmark)의 영향원

4. 케이블볼트

5. 석축옹벽의 전도에 대한 안정조건

6. 함수특성곡선

7. Terzaghi 압밀방정식의 기본가정과 문제점

8. 암석에서의 점하중 강도시험

9. 불연속면의 방향성이 터널굴착에 미치는 영향

10. 해상풍력 기초형식 중 모노파일의 트랜지션 피스(Transition Piece)

11. 모래다짐말뚝의 지반개량 후 형상 예측

12. 필댐 코어부의 기초처리방법

13. 시추조사 후 폐공처리방법

## 2 교 시 ( 6문 중 4문 선택, 각 25점 )

---

### 【문제 1】
터널해석에 사용되는 수치해석과 관련하여 다음 사항에 대하여 설명하시오.
(1) 수치해석 기법의 종류와 특징
(2) 유한요소법에서 토사지반 및 암반의 구성모델

---

### 【문제 2】
점토지반에서 수직굴착이 가능한 이유와 중력식 옹벽에 작용하는 이론 및 실제토압에 대하여 설명하시오.

---

### 【문제 3】
점토를 과압밀비(OCR)로 구분하고 그에 대한 역학적 특성을 비교 설명하시오.

---

### 【문제 4】
최근 지반함몰이 사회적 이슈가 되고 있다. 다음에 대하여 설명하시오.
(1) 인위적 영향에 의한 지반함몰의 종류와 특징
(2) 파손된 하수도관을 기준으로 지하수위가 위, 동일, 아래에 존재할 경우에 발생하는 지반함몰 메커니즘

---

### 【문제 5】
현장 및 실내시험에 의한 시료의 교란도 평가에 대하여 설명하시오.

---

### 【문제 6】
어떤 자연사면의 경사가 $20°$로 측정되었고 지표면에서 5m 아래에 암반층이 있다. 흙과 암반의 경계면에서 점착력$(c) = 10kN/m^2$이고 내부마찰각$(\phi) = 25°$이며, 흙의 단위중량$(\gamma_t) = 17kN/m^3$, 흙의 포화단위중량$(\gamma_{sat}) = 19kN/m^3$, 물의 단위중량$(\gamma_w) = 9.8kN/m^3$일 때, 다음을 구하시오.
(1) 지하수 영향이 없는 경우의 안전율
(2) 지하수위가 지표면과 동일한 경우의 안전율
(3) 정지해 있는 물속에 잠겨 포화되어 있는 경우의 안전율

## 3 교 시 ( 6문 중 4문 선택, 각 25점 )

【문제 1】
점토질 암반에서 건조습윤 반복에 의한 강도저하 현상과 암반 평가방법에 대하여 설명하시오.

【문제 2】
모래의 전단강도에 영향을 미치는 요소에 대하여 설명하시오.

【문제 3】
지표면이 수평이고 균질하며 반무한인 지층 내에 있는 한 요소에 대하여 정지토압계수를 탄성론으로 구하고, 정지토압의 합력에 대하여 설명하시오.

【문제 4】
포화점토 지반에서 성토 및 절토사면의 시간경과에 따른 강도특성과 안전율 변화에 대하여 설명하시오.

【문제 5】
케이슨 기초의 설계 시 다음 사항에 대하여 설명하시오.
(1) 지반반력 및 침하량 결정 시 고려사항
(2) 케이슨의 형상 및 치수 설계 시 고려사항

【문제 6】
강제치환공법의 특징과 치환깊이 산정방법에 대하여 설명하시오.

## 4 교 시 ( 6문 중 4문 선택, 각 25점 )

---

【문제 1】

지하매설관로에 대하여 내진설계 시 고려할 사항을 설명하시오.

---

【문제 2】

흙막이 벽체에서 발생할 수 있는 지반침하 영향범위와 인접구조물과의 간섭을 판정하기 위한 개략적인 근접정도를 파괴포락선을 이용하여 설명하시오.

---

【문제 3】

사질토 및 점성토지반, 암반에서의 무리말뚝 효과에 대하여 설명하시오.

---

【문제 4】

점토층은 정규압밀점토이며, 지표면에는 $150\text{kN/m}^2$의 하중이 작용하고 있다. 다음 물음에 답하시오.
(단, $\gamma_w = 10\text{kN/m}^3$ 적용)

(1) 점토층의 압밀침하량

(2) 점토층의 압밀침하량이 45cm에 도달했을 때의 평균압밀도와 소요일수

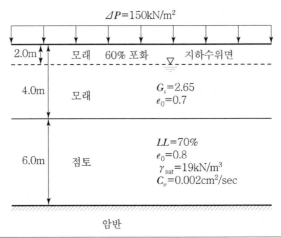

---

【문제 5】

철도운행으로 진동이 심한 지역에서 흙막이 벽체(H – Pile + 토류판)를 설치하고, 지지공법으로 상부에는 인장형 앵커(Ground Anchor), 하부에는 암반 록볼트로 시공하였으나 최종 굴착심도 GL(−)37m를 2m 남겨 둔 상태에서 흙막이 벽체가 붕괴되었다. 붕괴의 주된 원인을 지반공학적 측면에서 설명하시오.

【문제 6】
터널의 안정성을 위해서는 적정 토피의 확보가 중요함에도 불구하고 도심지 지하철에서는 토피가 점점 작아지는 경향이 있다. 이처럼 도심지 지하철의 천층화가 지속될 것으로 예상되는 이유와 지반특성에 따른 천층터널의 공사 중 고려할 사항에 대하여 설명하시오.

118회 출제문제

1 교 시 ( 13문 중 10문 선택, 각 10점 )

**1 지진규모($M$)**

1. 정의

지진발생 시 지진의 크기를 숫자로 표현하여 에너지 크기를 나타냄

예 $M=3$은 약진, $M=5$는 중진, $M=7$은 강진에 속함

2. 측정

(1) 여러 지진관측소에서 지진기록으로부터 진앙과 최대 진폭으로 Magnitude 산정

(2)
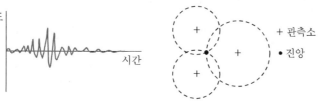

식 : $M = \log A + 1.731 \log \Delta - 0.83$

여기서, $A$ : 진폭(mm)

$\Delta$ : 진앙거리(km)

3. 이용

(1) 내진설계 시 유사정적해석, 지반응답해석의 기초자료

(2) 액상화 검토(국내기준은 $M=6.5$ 적용)

## 4. 평가

(1) $M=1$ 증가하면 지진에너지는 약 30배 증가함

   예 $M=5$와 $M=7$은 에너지가 약 1,000배 차이남

(2) 지진의 다른 표현방법으로 진도(Intensity)가 있으며 사람이 느끼는 정도나 물체흔들림으로 지진 결과 및 피해파악이 용이함

(3) 규모와 진도를 함께 표현함이 타당함

## ② 흙막이 벽체의 가상지지점

### 1. 정의

(1) 흙막이 벽체를 조성하고 굴착하게 되면 변위가 그림과 같이 발생함

(2) 근입깊이가 적정하면 변위가 0이 되는 위치가 있으며 이를 가상지지
   점이라 함

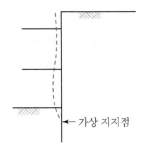

### 2. 산정방법

(1) 토류벽에 대해 변위해석을 하여 변위=0인 위치 산정

(2) 최하단 버팀대에 대해 주동과 수동토압 모멘트균형으
   로 근입깊이를 산정하고 수동토압 작용위치를 가상지
   지점으로 함

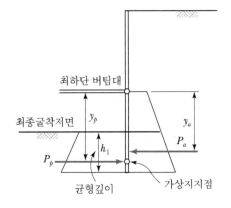

### 3. 이용 및 평가

(1) 가상지지점이 지점역할을 하므로 벽체나 버팀대의 부재력 산정

(2) 가급적 변위 해석하여 가상지지점을 산정함이 요망됨

## 3 뉴마크(Newmark)의 영향원

### 1. 지중응력

지표 또는 지중에 하중이 작용할 때 이 하중으로 말미암아 지반 내에 생기는 응력이며 작용하중에 대한 지중응력의 비를 지중응력영향계수라 함

즉, $\Delta P = I \cdot P$

여기서, $\Delta P$ : 지중응력

$I$ : 영향계수

$P$ : 작용하중

### 2. Newmark의 영향원

(1) 재하면의 형태가 원형 또는 4각형, 집중하중, 도로와 같은 사다리꼴 하중은 관계도표를 이용하여 쉽게 지중응력을 구할 수 있음

(2) 그러나, 재하면이 불규칙한 경우는 적용되지 못하므로 임의 평면에 대해 지중응력을 구하려면 Newmark의 영향원을 이용해야 함

### 3. 구하는 방법

(1) 지중응력을 구하려는 깊이 $Z$를 기본 축척으로 하여 재하면적을 작도함. 이때 구하는 위치를 영향원의 중심과 일치시킴

(2) 영향원의 Block 수를 세어 $n$이라 하면

$\Delta P = n \cdot I \cdot P$(여기서, $I = 0.005$)

### 4. 이용

(1) 지중응력을 구해 하중증가로 인한 응력증가, 침하량 산정

(2) 특히, 비정형 구조물에 적용됨

## 4 케이블볼트

### 1. 개요

(1) Cable Bolt는 강선을 꼬아서 만든 강연선(Steel Strand)임

(2) 터널교차부나 대단면 터널에서 Bolt의 길이 또는 인장강도가 크게
요구될 때 적용됨

### 2. 특징

(1) 일반 철근 Rock Bolt에 비해 쉽게 구부릴 수 있으므로 장공설치가 가능하여

(2) 암반깊숙이 큰 체적의 암반보강

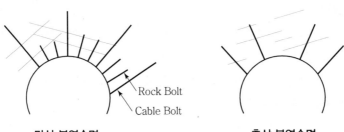

**망상 불연속면**          **층상 불연속면**

(3) 지하공간의 붕락, 변위 억제로 안정화 유도

### 3. 평가

(1) 최근 들어 대단면 터널이나 지하공간(Underground Space) 개발이 대두됨에 따라 유용한 지보재임

(2) 설계, 시공 등 국내기술의 축적이 필요함

## 5 석축옹벽의 전도에 대한 안정조건

### 1. 석축

   (1) 석축은 배면의 원지반이 단단한 경우나 배후의 성토재가 양호한 경우에 사용되며, 토압이 작을
      것으로 예상되는 경우에 한하여 높이 5m 정도까지 적용되는 옹벽이다.

   (2) 석축은 메쌓기와 찰쌓기가 있고 시공 시 콘크리트나 모르타르의 사용유무로 구분되며 개요도는
      다음과 같음

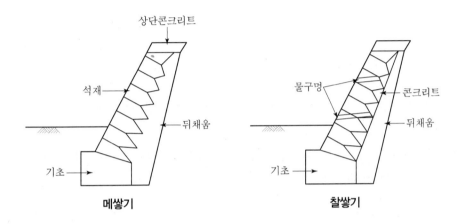

### 2. 토압에 의한 안정검토 방법

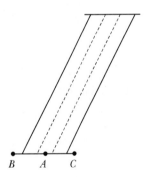

   (1) 석축의 임의의 위치에서 자중과 토압의 합력이 나타내는 선(시력선)
      이 석축두께의 중앙 1/3(Middle Third) 내에 위치하면 안정으로
      판정함

   (2) 토압은 뒷굽이 없는 형태이므로 Coloumb 토압을 적용함

   (3) 시력선 위치

      ① $A$ : Middle Third 내로 안정

      ② $B$ : 전면으로 밀리는 불안정

      ③ $C$ : 배면으로 밀리는 불안정

### 3. 평가

   (1) 불안정으로 판정 시 높이 축소, 다른 형식 옹벽, 석재 크기 증가, 뒤채움콘크리트 두께 증가 등
      조치가 필요함

   (2) 불량지반의 경우 지지력, 침하, 특히 전체 사면안정(Grobal Slope Stability) 조건이 필요함

## 6 함수특성곡선

### 1. 정의

(1) 흡수력(Matric Suction)에 따른 체적함수량

$(\theta = n \cdot s = \dfrac{V_w}{V})$의 변화곡선

(2) 불포화로 갈수록, 즉 흡수력이 클수록 체적함수량은 감소함

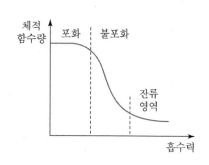

### 2. 특성

(1) 흡수력에 따라 포화·불포화 영역의 경계에서 체적함수량의 변화가 크며 경계의 흡수력을 공기함 입치라 함

(2) 흡수력이 크더라도 물이 유출되지 않는 경계가 생기고 체적함수량은 일정하게 되며 경계의 흡수 력을 잔류함수량 상태라 함

(3) 이력현상(Hysteresis)

① 건조과정에서는 흙의 작은 간극에 영향이 크고 습윤과정에서 는 큰 간극에 영향이 큼(잉크병 효과)

② 같은 흡수력 상태에서는 건조의 경우가 체적함수량이 큼

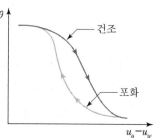

(4) 토질 특성

① 세립토로 갈수록 체적함수량이 큼

② 세립토로 갈수록 공기함입치와 잔류함수량이 큼

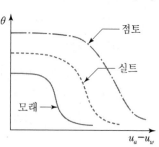

### 3. 이용

(1) 불포화토의 흐름, 투수계수, 간극수압, 전단강도 산정의 기본요소임

(2) 시험 시 이력현상을 고려한 자료가 되어야 함

## 7 Terzaghi 압밀방정식의 기본가정과 문제점

### 1. 압밀방정식

$$\frac{\partial u}{\partial t} = C_v \frac{\partial^2 u}{\partial z^2}$$

의미 : 임의 시간에 $z$깊이에서 과잉간극수압분포는 압밀계수 $C_v$에 의존

### 2. 기본가정과 문제점

(1) 흙은 균질하고 완전히 포화되어 있다.

위치와 깊이에 따라 흙은 비균질할 수 있으며 지하수위 아래 지반이라도 기포가 존재하므로 포화도는 100% 이하일 수 있다.

(2) 흙입자와 물은 비압축성이다.

실제는 미소한 양의 압축성은 있으나 실용적으로 비압축성이다.

(3) 압밀침하는 1차원으로 발생

① $K_o$ 압밀조건, 즉 무한하중에 타당하며 2차원 변형의 대상구조물과 3차원 변형의 부분재하하중에 적용성이 결여됨

② 따라서, 다차원적 해석적용, 간극수압계수(Pore Pressure Parameter) A값에 따른 보정(Skempton-Bjerrum), 삼축압축시험의 응력경로(Stress Path) 방법(Lambe) 등이 있음

(4) 투수계수, 체적변화, 압밀계수 일정

① 압밀 중 이들 값이 일정하거나 선형적 변화로 함

② 하중 증가나 압밀에 따라 값이 변화하는 비선형(Non Linear)을 나타내므로 이에 대한 고려 필요

(5) 1차 압밀 발생, 2차 압밀 침하 무시

① 과잉간극수압(Excess Pore Water Pressure)의 발생, 소산에 지배적인 침하로 규정함

② 과잉간극수압 소산 후 Creep 거동에 따른 2차 압밀 침하가 발생

③ $K_o$ 조건이므로 즉시 침하가 발생할 수 없음

④ 실제는 다차원적 변형이 발생되고 무한재하 형태도 시공 시는 부분재하 형상이 되므로 반영이 필요함

(6) 미소변형 취급

① 자중영향이 무시된 미소변형에 대한 침하개념임

② 준설점토와 같이 대변형, 자중압밀에 대한 고려가 필요함

(7) 순간재하로 하중재하 완료 시까지 침하 미발생

① 재하하중을 순간, 즉시 재하로 간주함

② 현장은 단계적 또는 점증적 재하로 보정이 필요함

(8) 1차 압밀과 2차 압밀의 발생 시기(A가정, B가정)

① 1차 압밀 후 2차 압밀이 발생한다고 판단하나 두꺼운 점토층인 경우는 상이한 현상이 발생됨

② 즉, 1차 압밀 중에도 2차 압밀이 발생하는 형태의 시간 – 침하 관계가 형성됨

## 8 암석에서의 점하중 강도시험

### 1. 시험방법

시료에 점하중(Point Load)을 가하여 암석의 일축압축강도를 추정하는 시험

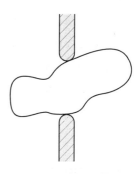

### 2. 일축압축강도 산정

(1) 점하중 강도지수($I_s = \dfrac{P}{D_e^2}$, $D_e$ : 등가직경)로 Data Base 또는 압축강도관계식(압축강도 = 24 × 점하중 강도지수)으로 산정

(2) 이때, 가급적 현장 암석에 대한 압축강도와 점하중 강도지수의 관계를 미리 설정함이 필요함

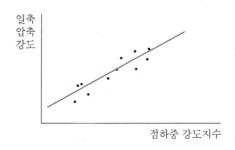

### 3. 이용

(1) 암석압축강도 추정

(2) 암반분류 RMR 인자의 한 요소

(3) 암석의 강도에 의한 분류

## 9 불연속면의 방향성이 터널굴착에 미치는 영향

### 1. 불연속면

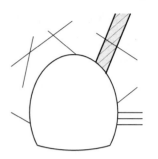

(1) 암반(Rock Mass) 내에 연속성이 없는 면(Discontinuities in Rock Mass, Discontinuity)으로

(2) 절리, 층리, 엽리, 단층과 파쇄대를 포함함

(3) 공학적으로 전단강도, 압축성, 투수성 등이 연속하지 않음

### 2. 터널굴착에 미치는 영향

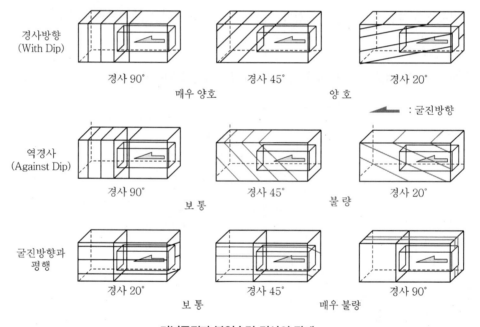

**터널굴진과 불연속면 경사의 관계**

(1) 불연속면의 방향과 굴진방향에 따라 터널 붕괴, 과다변형, 집중용수 등이 발생

(2) 굴진방향 선정 시 불연속면 방향성으 감안하고 필요시 보강이 되도록 함

### 3. 평가

신뢰성 있는 안정성을 파악하기 위해 불연속면에 대한 조사가 잘 되어야 함

## 10 해상풍력 기초형식 중 모노파일의 트랜지션 피스(transition piece)

### 1. Mono Pile

(1) 수심이 중간 정도(약 30m 내외)인 조건에 사용하는 기초형식

(2) 기초는 대구경 현장타설말뚝이 주로 적용됨

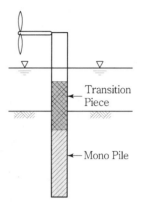

### 2. Transition Piece

(1) Transition Piece는 상부의 Tower와 하부의 기초를 연결하는 접속구조물임

(2) **역할**

① 상부타워의 수직도 조정, 일치

② 장비운반, 작업자 통로

③ 선박접안장치

### 3. 평가

(1) Transition Piece는 상부구조물의 하중, 풍하중, 지진하중, 날개의 작동하중 등에 대해 안정성이 확보되고

(2) 작용되는 하중을 기초에 전달하는 구조임

> **참고**   1. 개요
>
> 해상풍력 기초는 바람, 파도, 조류 등의 환경적·동적인 요인들에 의하여 육상풍력 기초와 형식이 다르며, 특히 해저지반이 연약한 경우에는 기초의 안정, 지반의 침하, 지진 시의 액상화 등을 검토한 뒤에 기초 형식을 결정할 필요가 있고, 파랑이 큰 지역이나 조류가 빠른 지역에서는 세굴에 대한 고려도 필요하다.

### 2. 중력식 기초(Gravity-based Foundation)

(1) 수심 10m 이내 지역의 해상풍력 발전단지에 많이 사용되는 기초이며 강재나 콘크리트를 이용하여 자중에 의해 전복되지 않도록 하는 방식이다.

(2) 하중을 지반으로 직접 전달하는 기초 형식으로 육상에서 제작된 해저 기초구조물은 해저면과 접촉을 유지하도록 충분히 무겁게 설계되어야 하며 해저면은 부등침하 등에 안정해야 한다.

(3) 중력식 기초의 특성

① 기초 구조물의 자중을 이용하여 전복 방지

② 블록(Block) 기초, 케이슨(Caisson) 기초 형태도 가능

③ 주로 강재나 콘크리트 재료 사용

④ 적용수심 : 10m까지 가능

⑤ 시공방법 : 콘크리트 및 강재 적용(하부기초 직경 15.0m, 높이 16.3m), 강재 설치 후 콘크리트 충진 가능

⑥ 단단한 지반 위에 설치 가능

⑦ 해저지반 정리 및 세굴 보호공 필요

⑧ 토사 이동이 많은 지역에는 적용하기 어려움

### 3. 모노파일(Mono Pile) 기초

(1) 수심이 약 30m 이내의 해상지역에서 사용하는 방식으로 미리 해상지역을 20~30m 정도 선행굴착(Pre-Drilling)을 실시하여 그라우팅을 하고 말뚝을 고정시키는 방식으로 제작과 설치가 간단하고 어느 정도 깊은 해상에서도 적용이 가능하다는 장점이 있다.

(2) 구조가 간단하여 현재 건설되고 있는 대부분의 해상풍력 발전단지에 적용되고 있다.

(3) 모노파일 기초의 특성

① 가장 일반적으로 사용, 국내외적으로 상용화

② 타 기초 형식에 비하여 경제적인 공법

③ 적용수심 : 30m까지 가능

④ 시공방법 : 강관말뚝 직경(4.5~5.0m), 항타 및 굴착 시공 가능

⑤ 해저지반을 정리할 필요 없이 시공 가능하며 제작이 상대적으로 간단함

⑥ 호박돌 분포 시 항타가 불가능하며, 설치를 위한 특수장비가 필요함

### 4. 재킷(Jacket) 기초

(1) 현재 해상풍력 발전단지 보유국에서 많은 관심을 보이고 있는 기초 형식으로 수심 20~80m에 설치가 가능하다.

(2) 이 형식은 재킷식 구조물로 지지하고 말뚝으로 해저에 고정하는 방식이다. 대수심 해양 구조물이고 실적이 많아 신뢰도가 높은 편이며 모노파일 타입과 마찬가지로 대단위 단지 조성에 이용하는 경우 경제성이 좋다.

(3) 사전에 제작된 재킷을 이용하므로 공사기간 단축이 가능하다.

(4) 재킷 기초의 특성

① 터빈탑을 지지하는 재킷식 구조물을 말뚝으로 해저면에 고정

② 인장력과 압축력을 동시에 받으며 유수의 영향을 각각의 말뚝에 분할하여 지지

③ 적용수심 : 20~80m

④ 시공방법 : 사전에 제작된 재킷 이용

⑤ 대단위 단지 조성에 이용하는 경우 경제성이 좋음

⑥ 대수심 해양 구조물 실적이 많아 신뢰도가 높음

## 5. 석션 케이슨(Suction Caisson) 기초

(1) 해저에 기초를 안착시킨 후 케이슨(Caisson) 내부에 부압을 걸어주면 내부에 구속된 물이 펌핑(Pumping)되면서 케이슨 상부의 배출구를 통해 밖으로 배출되며 이와 동시에 케이슨 기초는 지반 속으로 기초가 내려가게 된다.

(2) 이 방법은 이전의 모노파일이나 콘크리트 중력식 기초와 다르게 시공시간과 재료비용 면에서 상당한 장점이 있는 반면 단단한 지반이 아닌 점토 지반에서는 편차가 발생되어 침하된다는 문제점이 있다.

(3) 석션 케이슨 기초의 특성

① 석션 압력을 이용한 버킷(Bucket) 형식 기초

② 압력 작용 정도에 따라 상이한 거동 특성 발현

③ 적용수심 : 30~60m

④ 시공방법 : 자중과 석션 압력을 이용하여 설치(직경 : 12~16m), 해저에 착지 후 압력을 이용하여 관입

⑤ 설치비용이 저렴하고, 설치가 간단하여 중장비 불필요

⑥ 시공경험 부족(cf. 유럽지역에서 실패경험)

⑦ 거동에 대한 상세 분석 필요

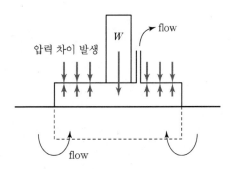

[자료] 해상풍력기초시스템개발을 위한 해저지반조사 및 평가 기법개발, 교육과학기술부. 2011.4.

## 6. 설계기준

국내에서는 아직 해상풍력 발전에 대한 전용 설계기준이 정립되어 있지 않으며, 에너지 기술개발 사업에 대한 국가정책 연구과제가 진행 중에 있으므로 향후 해상풍력 발전 기초구조물의 설계기준과 시방서 등이 제정될 것으로 기대되고 있다. 따라서 현재 풍력발전 설계에 참고되고 있는 국내외 설계 기준과 그 특징을 요약하면 다음과 같다.

| 외력 | | 검토 Case | 재킷식 기초 | | 비고 |
|---|---|---|---|---|---|
| | | | 폭풍 시 | 지진 시 | |
| 기초 | | 자중 | ○ | ○ | • 폭풍 시 항외방향으로부터 항내방향에 파력, 풍압력을 작용시킨다.<br>• 지진 시 설치위치에 의해 지배적인 방향으로, 지진력, 풍압력을 작용시킨다.<br>• 지진 시의 풍속은 지진과 바람의 조우확률을 고려한 뒤 평균 또는 정격 풍속으로 한다. |
| | | 파력 | ○ | - | |
| | | 지진력 | - | ○ | |
| 풍차 | | 자중 | ○ | ○ | |
| | 풍하중 | 폭풍 시 풍속 | ○ | - | |
| | | 지진 시 풍속 | - | ○ | |
| | | 파력 | ○ | - | |
| | | 지진력 | - | ○ | |

[자료] 1. 해상풍력 발전의 기초설계와 시공 남상진, 2012.4 서울기술이야기, 서울시
　　　2. 해상 풍력구조물을 위한 말뚝기초 설계기법, 류대영 외, 2011.9 지반, 한국지반공학회
　　　3. 해상풍력기초 구조물 설계기준현황 및 수평지력해석기법, 한진태 외, 2012.4 지반환경, 한국지반환경공학회

## 🔟 모래다짐말뚝의 지반개량 후 형상 예측

### 1. Sand Compaction Pile 개요

① 점토지반에 모래기둥을 형성하여 모래와 점토의 복합지반강도에 의해 전단강도를 증가시킴

② Arching으로 모래에 응력집중이 발생하고 점토에는 응력저감되므로 발생침하량이 경감됨

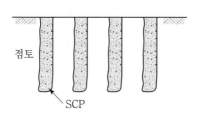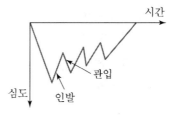

### 2. 형상변화의 원인

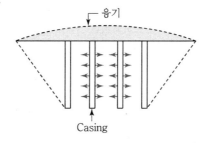

(1) SCP 타설을 위한 Casing의 선단이 폐색된 말뚝과 같으므로 관입 시 배토말뚝(Displacement Pile) 조건이 됨

(2) Casing 관입, 모래투입이 비교적 단기간에 실시되므로 점토의 배수조건은 비배수조건에 가까운 상태가 됨

(3) 완전비배수 시 점토의 체적변화(Volume Change)는 간극수 배출이 허용되지 않으므로 체적변화는 없는 일정체적 상태임

(4) 즉, 모래로 치환된 부분만큼 측방과 상향(하부는 견고지반 간주)으로 변형이 생기게 됨

(5) 실제 현장에서는 완전비배수조건이 아닌 어느 정도 부분배수(Partial Drainage Condition), 기설치된 모래기둥에 의한 구속, 불포화 등으로 측방과 상향 이동된 체적이 적게 발생됨

## 3. 융기량 예측

$$H = \frac{\mu V_s}{B + L\tan\theta}$$

여기서, $H$ : 융기높이

$\mu$ : 융기율(투입모래량에 대한 융기량)$= 2.803\left(\dfrac{1}{L}\right) + 0.356\,a_s + 0.112$

$V_s$ : 투입모래량

$B$ : 개량부 폭

$L$ : 개량깊이

$a_s$ : 치환율

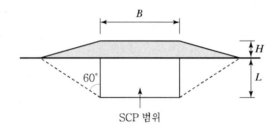

## 12 필댐 코어부의 기초처리방법

### 1. Fill Dam 개요

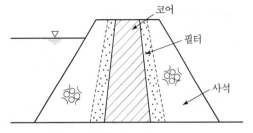

(1) 단면구성 : 외곽사석, Filter, Core 층

(2) 사석 : 사면안정 유지로 단면 형성을 위해 무겁고 전단강도가 크며 풍화나 침식 등에 내구성 큰 재료여야 함

(3) Filter : 간극수압발생 억제, Core 재의 유실방지를 위해 Filter로서의 입도가 중요함

(4) Core : 담수와 차수기능을 위해 중요한 부위로 투수계수가 비교적 작아야 함(Dam 시설기준 $1 \times 10^{-5}$cm/s 이하)

### 2. 기초처리

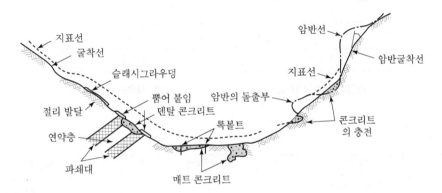

| 구분 | 내용 | |
|---|---|---|
| Slash Grouting | • 개구절리 많은 암반 | • 침투에 의한 침식 저항 증가 |
| 뿜어 붙임 | • 풍화 방지 | • 표면 탈락 방지 |
| Dental Concrete | • 국부적 불량부 처리 | • 필요시 Bolt 병행 |
| Mat Concrete | • 넓은 범위 요철 처리 | • 넓은 범위 절리 처리 |
| Concrete 충전 | • 양안부 요철 처리 | • 필요시 Anchor 병행 |

### 3. 평가

Fill Dam에서 Core 부가 가장 중요하다고 해도 과언이 아니므로 기초처리가 잘 되도록 지반조사, 특히 굴착 후 지표지질조사(Face Mapping)가 잘 되어야 함

### 13 시추조사 후 폐공처리방법

## 1. 폐공 정의

현재 또는 미래에 이용계획이 없고 오염방지를 위한 별도조치 없이 방치되어 있는 지층을 굴착한 공

## 2. 폐공 절차

```
┌─────────────────┐        ┌─────────────────┐
│   주변환경검토    │        │   주변환경검토    │
└────────┬────────┘        └────────┬────────┘
         │                          │
┌────────┴────────┐        ┌────────┴────────┐
│   폐공제원조사    │        │   폐공제원조사    │
└────────┬────────┘        └────────┬────────┘
         │                          │
┌────────┴──────────────┐  ┌────────┴────────┐
│ 폐공 내 이물질 제거 및 우물소독 │  │ 폐공 내 이물질 제거 │
└────────┬──────────────┘  └────────┬────────┘
         │                          │
┌────────┴────────┐        ┌────────┴────────┐
│   투수성재료 주입  │        │  불투수성재료 주입 │
└────────┬────────┘        └────────┬────────┘
         │                          │
         │                 ┌────────┴────────┐
         │                 │    케이싱 제거    │
         │                 └────────┬────────┘
         │                          │
         │                 ┌────────┴────────┐
         │                 │   지표부 표면처리  │
         │                 └────────┬────────┘
         │                          │
┌────────┴────────┐        ┌────────┴────────┐
│     주변정리      │        │     주변정리      │
└─────────────────┘        └─────────────────┘

  토사층 시추공의 폐공          암반층 시추공의 폐공
```

## 3. 폐공 단면

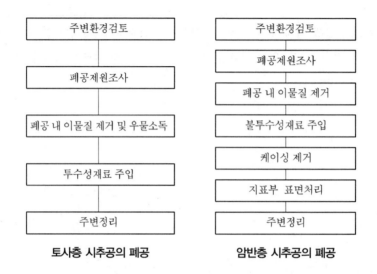

| 구분 | 1단계 | 2단계 | 3단계 |
|---|---|---|---|
| 폐공<br>처리<br>모식도 | | | |
| 폐공<br>처리<br>방법 | • 공매재료의 양 결정 : 시추공의 직경, 깊이 및 지하수위 파악<br>• 시추공 내 오염요소 제거 : 케이싱 및 PVC Pipe 제거 | • 공매재료의 충전(하부구간) : 불투수성 재료(시멘트＋물)를 암반 대수층 구간 및 케이싱 미설치 구간에 주입<br>• 공매재료의 충전(상부구간) : 자연함몰되게 하거나 투수성 재료(주변토양)를 상부 일정구간까지 주입 | • 상부구간 마무리 : 주변 환경에 어울리게 주변정리와 작업 중 발생한 케이싱 및 폐자재는 운반하여 폐기 처분 |

## 2 교 시 ( 6문 중 4문 선택, 각 25점 )

【문제 1】

터널해석에 사용되는 수치해석과 관련하여 다음 사항에 대하여 설명하시오.

(1) 수치해석 기법의 종류와 특징

(2) 유한요소법에서 토사지반 및 암반의 구성모델

---

1. 수치해석(Nemerical Analysis)의 종류와 특징

```
┌─ 유한요소법 ┐
│           ├─ 연속체
├─ 유한차분법 ┘
│
└─ 개별요소법 ── 불연속체
```

(1) 유한요소법(FEM ; Finite Element Method)

① 개요

지반은 무수한 요소로 구성되고 개개 요소는 무수한 절점으로 결합되어 있으나 유한개의 요소와

절점으로 Modelling하여 응력 – 변위거동을 해석하는 방법임

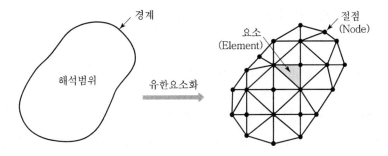

② 특징

• 탄성, 탄소성 해석 가능

• 복합재료로 이루어진 연속체 해석 가능

• 기하학적 형태, 하중제약 없음

• 유한차분법보다 해석시간이 오래 걸림

• 복잡한 단면, 대형 단면은 컴퓨터 용량이 커야 함

• 불연속체 해석 불가

③ 대표적 Program
- PENTAGON
- MIDAS

(2) 유한차분법(FDM ; Finite Difference Method)

① 개요

유한요소법과 같이 유한한 요소로 Modelling 하며 전체방정식을 필요로 하지 않고 운동방정식을 이용해 응력－변위거동을 해석하는 방법임

② 특징
- Time Step 별로 응력, 변위를 구하고 비선형해석에 유리
- 유한요소법에 비해 적은 용량 PC, 시간절약
- 불연속체 해석 불가
- 초보자 사용 불편(숙달과 전산지식 필요)

③ 대표적 Program : FLAC

(3) 개별요소법(DEM ; Distinct Element Method) : Block 거동

① 개요

지반을 연속체로 간주하는 유한요소법, 유한차분법과 달리 지반을 개개의 Block으로 Modelling 하여 Block 거동을 해석하는 방법

② 특징
- Block 자체보다 Block 경계면의 거동이 중요한 경우 적합함
- 연속체보다 불연속체의 거동이 실제에 부합됨
- 불연속면의 방향, 연장성, 간격 등 기하학적 조건이 필요함
- 잔류마찰각, 거칠기계수, 암석압축강도는 물론 절리면의 수직강성, 전단강성 등이 필요함

③ 대표적 Program : UDEC

④ 해석 예

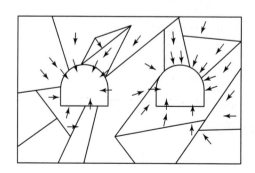

(4) 개별요소법 : 입자거동

    ① 개요

        지반을 개별 요소로 하여 작은 입자의 집합체로 모델링

    ② 특징

        • 심한 파쇄대, 붕락 등 유동적 거동 해석

        • 액상화, 터널, 발파에 의한 암반손상 등 검토

        • 대표적 Program : PFC(Particle Flow Cold)

## 2. 토사와 암반지반 구성 모델

(1) 모델의 종류

       ┌─ 선형 탄성모델(Linear Elastic Model) : 탄성침하, 지중응력, Mohr-Coulomb 기준
       ├─ 비선형 탄성모델(부분적 선형탄성모델, Non-linear Elastic Model) : Hoek-Brown 기준
       ├─ 탄소성 모델(Elasto-plastic Model) ┬─ 완전소성 : Mohr-Coulomb 기준
       │                                   ├─ 변형경화(Hardening) ┐
       │                                   └─ 변형연화(Softening) ┘ Cam-Clay 기준
       └─ 점탄성 모델(Visco-elastic Model) : 2차 압일

(2) 탄소성 모델

    ① 탄성과 소성을 변형에 따라 고려하는 해석모델로 지반해
        석문제에 많이 사용되고 있음

    ② 탄성변형과 소성변형의 경계가 되는 항복점으로 정의되는
        파괴기준과 소성변형증분을 계산할 수 있는 소성흐름법칙
        이 필요함

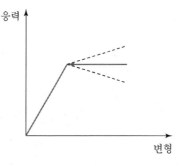

(3) 점탄성 모델

    점탄성 모델은 시간을 고려한 해석모델로 크리프효과를 해석할 수 있음

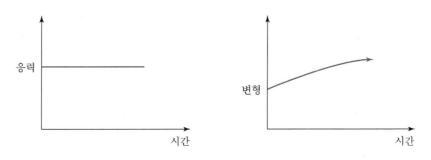

## 3. 평가

(1) 토사나 암반은 기본적으로 응력-변형(Stress-Strain) 관계가 비선형이므로 비선형 탄성모델이
   적용 가능하며 응력크기에 따라 탄소성 Model이 타당함

(2) 점토지반이나 팽창 또는 압착성 암반지반은 점탄성 모델이 보다 실제와 부합됨

(3) 수치해석은 근사해라는 견지에서 경험적 사례, 공학적 판단(Engineering Judgement)으로 종합
   적 판단이 필요함

【문제 2】
점토지반에서 수직굴착이 가능한 이유와 중력식 옹벽에 작용하는 이론 및 실제토압에 대하여 설명하시오.

## 1. 수직굴착이 가능한 이유

(1) 인장균열깊이

① 점성토의 경우 지표면에서 어느 깊이까지 부의 토압(인장력)이 작용하게 되며, 부의 토압이 작용하는 깊이를 인장균열깊이($Z_c$)라 함

② 인장균열깊이는 주동토압 시에 해당되며, 수평토압을 0으로 놓고 계산함

$$\sigma_h = \gamma_t \cdot Z_c \cdot K_a - 2 \cdot c \cdot \sqrt{K_a} = 0$$

$$\therefore Z_c = 2 \cdot \frac{c}{\gamma_t} \frac{1}{\sqrt{K_a}} \qquad 여기서, \ K_a = \frac{1-\sin\phi}{1+\sin\phi}$$

(2) 한계깊이

① 점성토에서 정(+)토압과 부(−)토압이 발생하게 되는데 정토압과 부토압이 같아져서 작용하는 전 토압이 어느 깊이에서 0이 됨

② 이론상으로 이보다 작은 깊이까지는 연직으로 굴토하여도 굴착면이 안정을 유지할 수 있으며, 이와 같이 흙막이 등의 토류공이 없이 연직으로 굴착 가능한 깊이를 한계깊이라 함

③ 한계깊이는 주동토압의 전토압을 0으로 놓고 계산함

$$P_a = \frac{1}{2}\gamma_t \cdot H^2 \cdot K_a - 2 \cdot c \cdot H \cdot \sqrt{K_a} = 0$$

$$H_c = 4 \cdot \frac{c}{\gamma_t} \frac{1}{\sqrt{K_a}}$$

④ 즉, 한계깊이 $H_c = 2 \cdot Z_c$와 같게 되며, Terzaghi는 경험을 토대로 $H_c \fallingdotseq 1.3 \cdot Z_c$로 제안하였음

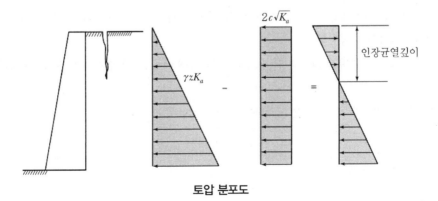

토압 분포도

## 2. 중력식 옹벽의 이론과 실제토압

### (1) 중력식 옹벽의 이론토압

① Coulomb 토압은 흙쐐기에 의한 강체거동으로 벽마찰각이 발생되는 개념임

② 중력식 옹벽은 비교적 뒷굽길이가 짧거나 없으므로 벽체 배면에서 벽마찰이 발생되어 Coulomb
토압이 적용됨

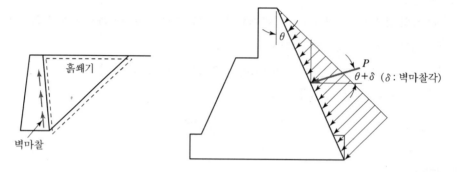

③ 토압 크기

$$P_a = \frac{1}{2} K_a \gamma H^2$$

### (2) 실제토압(개량형 시행 쐐기법)

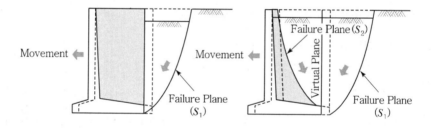

① 좌측 그림은 뒷굽이 긴 경우로 역 T형 옹벽과 같이 뒷굽상의 흙은 옹벽과 일체거동하여 옹벽 끝단
에서 가상배면이 형성됨

② 뒷굽이 짧은 경우 우측 그림과 같이 가상배면의 전후에서 2개의 활동면이 원심모형시험으로 확
인됨

③ 따라서, 배면의 2개 활동면을 고려하는 토압의 적용이 필요함

④ Coulomb 토압과 비교

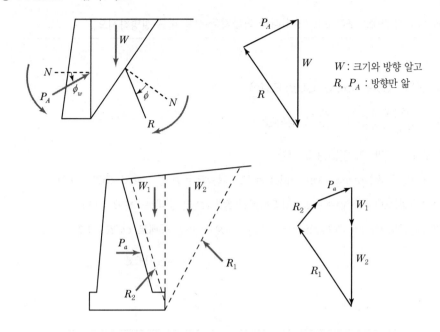

$W$ : 크기와 방향 알고
$R, P_A$ : 방향만 앎

## 3. 평가

(1) 점토지반에서 수직굴착이 가능한 이유는 점착력(Cohesion) 성분에 의한 부의 토압에 의한 것이며 실제 적용 시 Terzaghi 경험 반영, 사면안정해석으로 종합함이 요망됨

(2) 중력식 옹벽에 대한 고전적 Coulomb 토압이 보통 적용되며 원심모형시험에 의한 시행쐐기법이 보다 실제에 부합되는 토압으로 판단됨

【문제 3】
점토를 과압밀비(OCR)로 구분하고 그에 대한 역학적 특성을 비교 설명하시오.

## 1. 과압밀비(OCR ; Over Consolidation Ratio)

(1) $OCR = \dfrac{\text{선행압밀응력}}{\text{유효상재응력}} = \dfrac{P_c}{P_o}$ 로 정의됨

(2) OCR에 의한 점토의 압밀상태 구분

① 정규압밀점토(Normal Consolidated Clay)는 $P_c = P_o$인 상태로 $OCR = 1$임

② 과압밀점토(Over Consolidated Clay)는 $P_c > P_o$인 상태로 $OCR > 1$임

③ 미압밀점토(Under Consolidated Clay)는 $P_c < P_o$인 상태로 $OCR < 1$임

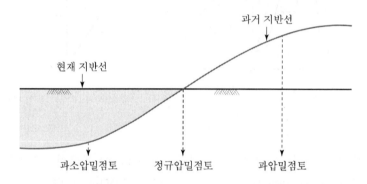

④ 따라서, 점토의 압밀상태는 3가지로 구분되며 정규압밀점토, 과압밀점토, 과소압밀점토가 있음

## 2. 3가지 점토의 역학적 특성비교

(1) 전단특성

① 변형률-체적변화(Dilatancy)

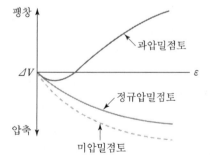

• 정규압밀점토는 배수시험 시 체적이 감소, 즉 압축
되며

• 과압밀점토는 초기에 체적이 감소하나, 변형률이 증
가하면 균열발생으로 체적이 증가한다.

• 미압밀점토는 성향이 정규압밀점토와 같으나 압축
량이 보다 크게 됨

② 변형률–간극수압
  - 정규압밀점토에서는 전단변형이 진행되는 동안 과잉 간극수압은 계속하여 증가하며 정(+)의 간극수압이 발생하고
  - 과압밀점토에서는 초기에는 정의 간극수압이 증가되다가 시간이 지남에 따라 시료가 팽창하려는 성향으로 인하여 부(−)의 간극수압이 발생
  - 미압밀점토는 압밀진행 중으로 간극수압이 보다 큼

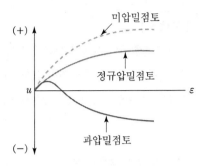

③ 비배수전단강도(UU 시험)
  - 압밀상태에 따라 비배수조건의 파괴포락선(Failure Envelope)으로
  - 과압밀점토가 점착력이 가장 큼

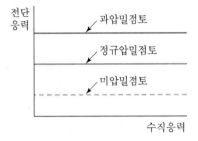

## (2) 압밀특성

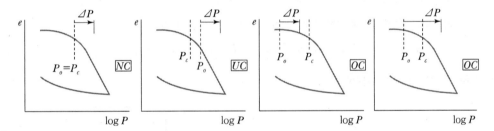

① 위 그림은 압밀상태에 따른 $e$–$\log P$ 곡선으로 같은 하중변화에 대해 과압밀, 정규압밀, 과소압밀 쪽으로 간극비($e$ : Void Ratio) 변화, 즉 침하량이 큼을 나타냄

② 선행압밀하중(Preconsolidation Pressure) 이전은 $C_r$(재압축지수), 이후는 $C_c$(압축지수)와 관련되며 미압밀점토는 실제적 유효상재하중이 $P_o$가 아니고 보다 작은 $P_c$에 해당됨

③ 압밀계수는 정규압밀에 비해 미압밀은 압밀진행 중으로 간극비 및 투수성이 커서 압밀계수가 크며 과압밀은 팽창과 균열존재로 압밀계수가 크게 됨

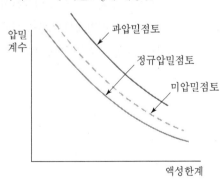

【문제 4】
최근 지반함몰이 사회적 이슈가 되고 있다. 다음에 대하여 설명하시오.

(1) 인위적 영향에 의한 지반함몰의 종류와 특징

(2) 파손된 하수도관을 기준으로 지하수위가 위, 동일, 아래에 존재할 경우에 발생하는 지반함몰 메커니즘

## 1. 지반함몰의 종류와 특징

### (1) 지중매설물의 파손

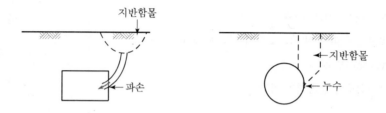

① 파손으로 지하수, 지표수가 관로 내부로 유입됨에 따라 주변토사가 이동, 유실함

② 규모는 비교적 소규모이고 처음에는 천천히 발생되고 함몰 시에 급격히 발생됨

③ 파손부로 누수됨에 따라 주변토사가 유실되어 지반함몰이 발생됨

④ 상수도관은 압력이 크므로 비교적 규모도 크고 급진적으로 발생됨

### (2) 지하구조물 건설 중 지반함몰

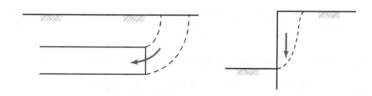

① 터널막장부에서 안정성 부족으로 막장붕괴 시 지반함몰이 발생됨

② 규모는 크게 되고 갑자기 발생하여 위험성이 크다고 평가됨

③ 흙막이 벽체 배면에서 토류벽 변형, 근입부 불안정, 수위저하 등으로 발생됨

④ 규모는 대형붕괴가 아니면 작으며 비교적 장시간에 걸쳐 발생됨

(3) 지하수 변화

① 구조물 터파기, 지하철 등 시공으로 수위가 저하하면 지하수
유동과 함께 토입자 유실

② 유효응력(Effective Stress) 증가로 침하 발생

③ 비교적 천천히 발생되며, 완만한 경사로 범위가 커 함몰형태는
아니어서 지반침하라 표현

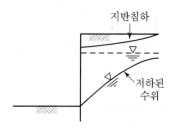

## 2. 하수관과 지하수 위치 따른 지반함몰 형태

(1) 지하수위가 관로보다 위인 조건

① 지하수위가 관로보다 높으므로 파손부위로 지하수가 유입되어
함몰 발생

② 지하수 저하로 추가적 함몰 형성

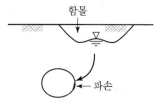

(2) 지하수위가 관로 위치와 동일한 조건

① 수위가 관로와 비슷하여 유입 또는 유출량이 적음

② 따라서, 비교적 지반함몰 위험성이 적음

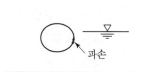

(3) 지하수위가 관로보다 아래인 조건

① 파손부위로 하수가 유출되어 지하수위에 도달하게 되며 이로
인한 함몰 발생

② 지속적 유출과 주변토사 유실로 관로파손 부위의 확장이 가능
하며 지표까지 깊은 함몰이 형성됨

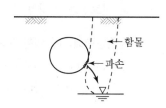

【문제 5】
현장 및 실내시험에 의한 시료의 교란도 평가에 대하여 설명하시오.

## 1. 응력변화

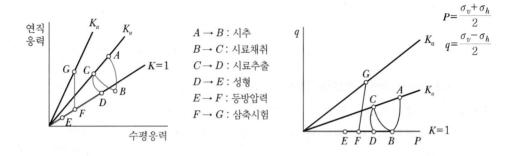

$A \to B$ : 시추
$B \to C$ : 시료채취
$C \to D$ : 시료추출
$D \to E$ : 성형
$E \to F$ : 등방압력
$F \to G$ : 삼축시험

$$P = \frac{\sigma_v + \sigma_h}{2}$$
$$q = \frac{\sigma_v - \sigma_h}{2}$$

## 2. 교란원인

(1) 기계적인 교란

① 시추 시 압력수 : 흡수팽창

② Sampler 관입, 시료인입, Sampler 내부마찰

③ 채취 시 회전

④ 채취기 인발

⑤ 운반 및 보관

⑥ 시료추출 및 성형

(2) 지중응력해방에 의한 교란

① 지중응력이 해방됨에 따라 지중상태의 응력이 평형을 유지하고 있던 시료는 응력이 해방되어 전
응력이 없는 상태로 됨

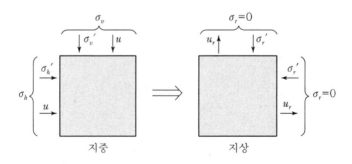

② 시료의 팽창으로 부의 간극수압이 발생되며 이를 잔류간극수압이라 하고 그 크기는 잔류유효응력과 같게 됨($\sigma_r' = \sigma_r - u_r = 0 - (-u_r) = u_r$)

③ 응력해방으로 교란이 생기고 잔류간극수압은 작게 되고 그에 따라 전단강도가 감소하며, 교란의 정도에 영향을 미침

④ 따라서, 응력해방은 전단강도의 감소와 변형의 증대를 수반하게 됨

## 3. 교란도 평가

### (1) 현장시험

① 현장시험은 불교란상태에서 시험이 가능하므로 현장의 지반정수(Soil Parameter)를 나타내게 됨

② 적용시험은 Piezocone 관입시험, Dilatometer 시험, Vane 시험 등이 있음

### (2) 실내시험

① 실내시험 시 반드시 시료가 필요하고 응력상태 변화를 겪게 되며 시료채취 → 시험과정에서 교란과 응력해방을 발생시킴

② 적용시험은 일축압축강도, 삼축압축강도, 압밀시험 등이 있음

### (3) 평가방법

① 피조콘과 Dilatometer 시험으로 점착력(Cohesion), 압밀계수, 투수계수를 구할 수 있음

② 또한, Vane 시험으로 점착력을 구할 수 있음

③ 실내시험으로 점착력, 압밀계수, 투수계수를 구할 수 있으며 이들 시험을 대비하여 평가함

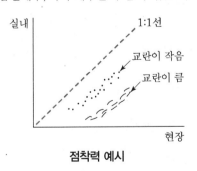

**점착력 예시**

④ 교란도가 클수록 점착력, 압밀계수, 투수계수가 감소하게 됨

【문제 6】

어떤 자연사면의 경사가 20°로 측정되었고 지표면에서 5m 아래에 암반층이 있다. 흙과 암반의 경계면에서 점착력($c$)=10kN/m²이고 내부마찰각($\phi$)=25°이며, 흙의 단위중량($\gamma_t$)=17kN/m³, 흙의 포화단위중량($\gamma_{sat}$)=19kN/m³, 물의 단위중량($\gamma_w$)=9.8kN/m³일 때, 다음을 구하시오.

(1) 지하수 영향이 없는 경우의 안전율

(2) 지하수위가 지표면과 동일한 경우의 안전율

(3) 정지해 있는 물속에 잠겨 포화되어 있는 경우의 안전율

## 1. 무한사면 정의

(1) 그림과 같이 무한사면은 활동면의 길이가 활동 사면의 깊이에 비해 비교적 긴 사면으로 정의됨

(2) 실무적으로, 활동면 길이가 깊이의 10배 이상인 사면으로 취급할 수 있음

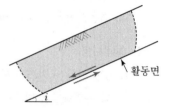

활동면

## 2. 지하수위의 영향이 없는 경우

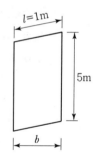

- $W = \gamma bh = \gamma l \cos i h$

$$= 17\text{kN/m}^3 \times 1\text{m} \times \cos 20° \times 5\text{m} = 79.9\text{kN/m}$$

- 수직응력  $\sigma = W \cos i = 79.9 \times \cos 20°$

$$= 75.1\text{kN/m}$$

- 전단응력  $\tau = W \sin i = 79.9 \times \sin 20°$

$$= 27.3\text{kN/m}$$

- 전단강도  $S = c' + (\sigma - u) \tan \phi'$

$$= 10\text{kN/m}^2 + (75.1 - 0)\tan 25°$$

$$= 45\text{kN/m}$$

∴ 안전율  $S.F = \dfrac{S}{\tau} = \dfrac{45}{27.3} = 1.65$

[참고]  $S.F = \dfrac{c' + (\gamma h \cos^2 i - \gamma_w h_w \cos^2 i)\tan \phi'}{\gamma h \sin i \cos i}$

$$= \frac{10 + (17 \times 5 \times \cos^2 20° - 0)\tan 25°}{17 \times 5 \times \sin 20° \times \cos 20°} = 1.65$$

## 3. 지하수위가 지표면과 동일 : 지표와 평행한 침투 발생

- $W = \gamma l \cos ih = 19 \text{kN/m}^3 \times 1\text{m} \times \cos 20° \times 5\text{m} = 89.3 \text{kN/m}$

- $\sigma = W \cos i = 89.3 \times \cos 20° = 83.9 \text{kN/m}$

- $\tau = W \sin i = 89.3 \times \sin 20° = 30.5 \text{kN/m}$

- $u = \gamma_w h_w \cos^2 i = 9.8 \text{kN/m}^3 \times 5\text{m} \times \cos^2 20° = 43.2 \text{kN/m}$

- $S = c' + (\sigma - u) \tan\phi'$

   $= 10 + (83.9 - 43.2) \tan 25° = 29.0 \text{kN/m}$

$\therefore \ S.F = \dfrac{S}{\tau} = \dfrac{29.0}{30.5} = 0.95$

[참고] $S.F = \dfrac{c' + (\gamma h \cos^2 i - \gamma_w h_w \cos^2 i) \tan\phi'}{\gamma h \sin i \cos i}$

$= \dfrac{10 + (19 \times 5 \times \cos^2 20° - 9.8 \times 5 \times \cos^2 20°) \tan 25°}{19 \times 5 \times \sin 20° \times \cos 20°} = 0.95$

## 4. 정지해 있는 물속의 포화조건

- $W = \gamma l \cos ih = (19 - 9.8) \text{kN/m}^3 \times 1\text{m} \times \cos 20° \times 5\text{m} = 43.2 \text{kN/m}$

- $\sigma = W \cos i = 43.2 \times \cos 20° = 40.6 \text{kN/m}$

- $\tau = W \sin i = 43.2 \times \sin 20° = 14.8 \text{kN/m}$

- $S = c' + (\sigma - u) \tan\phi'$

   $= 10 + (40.6 - 0) \tan 25° = 28.9 \text{kN/m}$

$\therefore \ S.F = \dfrac{S}{\tau} = \dfrac{28.9}{14.8} = 1.95$

[참고] $S.F = \dfrac{c' + (\gamma h \cos^2 i - \gamma_w h_w \cos^2 i) \tan\phi'}{\gamma h \sin i \cos i}$

$= \dfrac{10 + (9.2 \times 5 \times \cos^2 20 - 0) \tan 25°}{9.2 \times 5 \times \sin 20° \times \cos 20°} = 1.95$

## 5. 평가

수중조건 → 지하수 영향이 없는 경우 → 지표지하수 조건으로 안전율이 감소

**3 교 시 ( 6문 중 4문 선택, 각 25점 )**

【문제 1】
점토질 암반에서 건조습윤 반복에 의한 강도저하 현상과 암반 평가방법에 대하여 설명하시오.

1. Slaking 정의
    (1) 자연상태의 고결력을 가진 암석이 지하수 변동, 지반굴착과 흡수팽창, 풍화 등에 의해 암석고결력
       을 잃게 될 수 있음
    (2) 연한 암석에서 건조, 흡수 반복에 의해 급격히 고결력을 잃어 세편화되어 붕괴되는 현상임

2. Slaking 개념(Mechanism)
    (1) 암석이 비교적 가까운 시기(수천만 년~수백만 년)에 형성되고 점토성분이 많고 고결력이 작음
    (2) 건습반복, 동결융해, 응력해방으로 팽창수축이 되고 팽창 시 함수비 증가로 전단강도(Shear
       Strength)가 감소함
    (3) 수축 시 균열이 발생되고 물침투 시 공기압력으로 균열발전(Air Breakage)으로 조각조각 부서지
       는 세편화, 즉 Slaking이 발생됨

3. 강도저하현상
    (1) 최대전단강도
       건습반복횟수가 증가함에 따라 점착력과 전단저항각이 감소

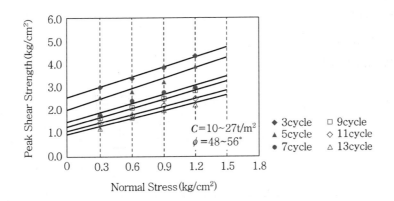

(2) **잔류전단강도(Residual Shear Strength)**

건습 반복에 따라 잔류강도정수도 감소함

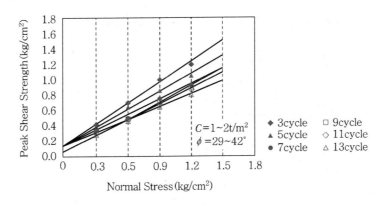

## 4. 암반평가 방법

(1) **마모저항시험**

① 50g 암석 10개를 철망에 넣고 110℃ 노건조시킴

② 수조에 넣고 10분간(20rpm) 회전시킨 후 노건조시킴

③ ②를 2회 반복

④ 내 Slaking지수 $= \dfrac{\text{시험 후 시료중량}}{\text{초기 시료중량}} \times 100\%$

- 80% 이상 : 내구성 있음

- 50~80% : 보통

- 50% 이하 : 내구성 낮음

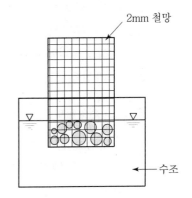

(2) Jar Slake 시험

① 시간에 따른 세편화

② 세편화 정성적 판단

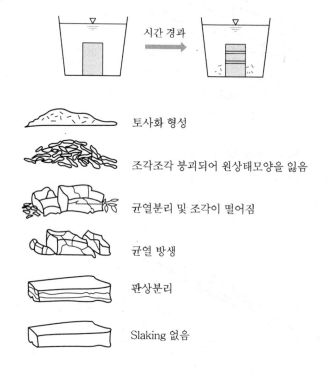

토사화 형성

조각조각 붕괴되어 원상태모양을 잃음

균열분리 및 조각이 떨어짐

균열 방생

판상분리

Slaking 없음

## 5. 평가

(1) Slaking 현상은 미고결된 암인 이암(Mudstone), Shale, 응회암 등에서 발생이 유력함

(2) 자연상태의 전단강도보다 사면절취 후 6개월~1년 후에 Slaking으로 사면 표면이 흘러내리고, 전단강도가 감소하므로 이에 대한 고려가 필요함

(3) 국내 사례에 의하면 마모저항시험 시 2회 반복보다 5~7회 적용이 타당성이 있음

(4) 또한, 최대전단강도보다 잔류강도 개념에 의한 사면설계가 필요함

**참고** 이암의 문제

1. 절토사면

(1) 소규모 사면 붕괴 : 사면노출로 Slaking되어 연약화로 세편화, 전단강도가 감소됨

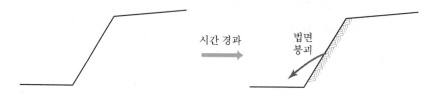

(2) 대규모 붕괴 : 투수성이 큰 사암 또는 사력층, 각
   력암이 이암 상부에 분포하는 경우 대규모 붕괴
   가능, 이는 이암의 불투수층으로 경계면이 활동
   면으로 작용하기 때문임

(3) 층리면 붕괴

   층리면이 사면 내 노출(Daylighting)되어, 특히 집중호
   우 시 불연속면의 전단강도 감소로 사면활동 발생

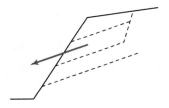

## 2. 성토사면

(1) 소규모 붕괴 : 사면노출로 Saking되어 연약화로 세편화, 전단강도가 감소됨

(2) 성토 압축 침하

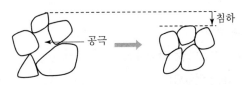

① 암괴 세편화 : 점토화로 공극으로 이동하여 성토부 침하가 발생됨. 시공 시 파쇄전압하여
   공극이 작게 되도록 해야 함
② 노상 연약화 : 연약, 세편화로 강도저하가 발생, 양질재료 또는 시멘트 등으로 안정처리
   필요

## 3. 터널

(1) 투수성 지반 밑 이암
   이암경계면이 활동면 작용으로 막장 붕괴

(2) 층리면 붕괴
   층리면의 전단강도 부족으로 층리면을 따라 막장 붕괴

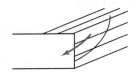

【문제 2】
모래의 전단강도에 영향을 미치는 요소에 대하여 설명하시오.

## 1. 모래전단저항의 원리

(1) Coulomb은 흙의 전단시험을 하여 응력과 관계가 없는 성분, 즉 접착제와 같이 흙을 결합시키는 성분과 응력과 관계있는 성분, 즉 흙입자 사이에 작용하는 마찰성분의 합으로 전단강도를 표시하는데, 이를 식으로 표현하면

$\tau = c + \sigma \tan\phi$

여기서, $\tau$ : 전단강도

$c$ : 점착력(Cohesion)

$\sigma$ : 수직응력(Normal Stress)

$\phi$ : 전단저항각(Angle of Shearing Resistance)

또는 내부마찰각(Internal Friction Angle)

$C, \phi$ : 강도정수(Strength Parameter)

(2) 모래, 자갈

① 전단저항의 원리

• 마찰저항 : 회전마찰, 활동마찰

• Interlocking(엇물림)

• 느슨할 때 : 활동

• 조밀할 때 : 회전, 엇물림

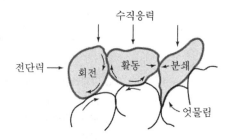

② 전단강도

$\tau = \sigma \tan\phi$

즉, 모래, 자갈의 전단강도는 유효수직응력에 크게 영향을 받음

## 2. 영향요소

(1) 상대밀도(Relative Density)

상대밀도$\left(D_r = \dfrac{e_{\max} - e}{e_{\max} - e_{\min}}\right)$가 클수록, 간극비$\left(e = \dfrac{V_v}{V_s}\right)$가 작을수록 저항각이 큼

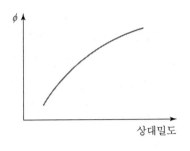 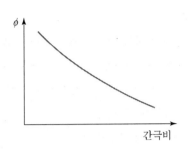

## (2) 입자 크기

간극비가 일정하면 입자 크기는 별로 영향을 끼치지 않는데, 그 이유는 입자가 큰 경우 Interlocking 도 크나 접촉 부분에서 받는 하중이 크기 때문에 입자가 부서지는 정도가 커 저항효과가 상쇄되어 내 부마찰각은 대략 비슷하기 때문임

## (3) 입자의 형상과 입도분포

① 둥근 입자에 비해 모난 입자가 전단저항각이 큼

② 입도가 양호한 흙은 균등한 입도보다 전단저항각이 큼

## (4) 물

물은 윤활효과는 있지만 흙의 전단저항에 거의 영향이 없어 간극비가 일정한 포화모래와 건조한 모 래에 대해 전단시험하면 포화조건이 2~3° 정도 작아짐

## (5) 중간 주응력

① 중간 주응력을 고려하여 평면변형전단시험으로 시험한 $\phi$값은 구속조건의 차이로 표준압축시험 으로 구한 $\phi$값보다 큼

② 평면변형 조건인 옹벽, 줄기초계산 시 전단시험값을 $1.1\phi$로 사용함

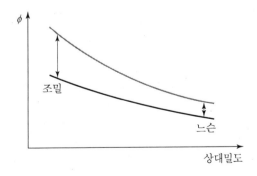

(6) **구속압력**

구속압력을 증가시키면서 삼축압축시험을 실시하면 Mohr 원에 접하는 포락선은 구속압력이 작을 때에는 직선이지만 구속압력이 증가하면 아래로 처진다. 따라서, 구속압력이 커질수록 입자 간의 접촉점에서 모서리 부분이 부서지며 입자 자체가 깨지므로 전단저항각은 점점 작아진다.

① 작은 구속압력 : 직선 증가

② 큰 구속압력 : 기울기 감소

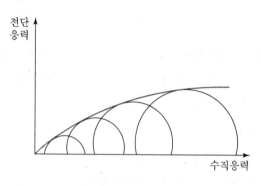

【문제 3】
지표면이 수평이고 균질하며 반무한인 지층 내에 있는 한 요소에 대하여 정지토압계수를 탄성론으로 구하고, 정지토압의 합력에 대하여 설명하시오.

## 1. 벽체의 변위에 따른 토압과 정지토압

   (1) 토압의 크기는 벽체의 변위에 깊은 관계가 있으며 변위상태에 따라 그림과 같이 주동상태, 정지상 태와 수동상태로 구분됨

   (2) 토압의 크기는 주동상태, 정지상태, 수동상태 순서로 크게 됨

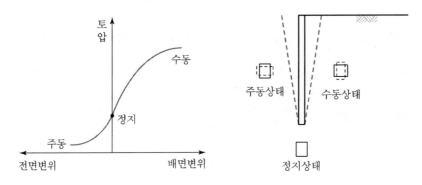

   (3) 그림은 지반 내 한 요소에 작용하는 응력을 보여주며 이들은 수평면과 연직면에 작용하므로 모두 주응력이다. 이 요소가 수평방향으로 전혀 변위가 없을 때의 횡방향 토압이다.

$$\sigma_h = K_o \cdot \gamma \cdot z = K_o \cdot \sigma_v$$

여기서, $\sigma_h$는 수평방향으로 변위가 없을 때의 토압이므로 이것을 정지토압(Lateral Earth Pressure at Rest)이라고 한다.

## 2. 정지토압계수식 산정

   (1) 조건

      ① 등방탄성조건으로 각 방향에서 탄성계수가 같음

      ② 축대칭조건으로 두 횡방향응력이 같다고 가정함($\sigma_y = \sigma_x$)

   (2) 식 정리

      ① $E = \dfrac{\sigma}{\varepsilon}$     $\therefore \ \varepsilon = \dfrac{\sigma}{E}$

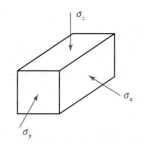

따라서, $\varepsilon_x = \dfrac{\sigma_x}{E}$, $\varepsilon_y = \dfrac{\sigma_y}{E}$, $\varepsilon_z = \dfrac{\sigma_z}{E}$

여기서, $E$ : 탄성계수

$\sigma$ : 수직응력

$\varepsilon$ : 변형률

② 변형률을 푸아송 비 함수로 표시하면

- $\mu = -\dfrac{\varepsilon_l}{\varepsilon_a}$    $\therefore \varepsilon_l = -\mu\varepsilon_a$

- $\sigma_x$ 작용 : $\varepsilon_x = \dfrac{\sigma_x}{E}$ ················ ①    ($\varepsilon_x \to \varepsilon_a$ 의미)

- $\sigma_y$ 작용 : $\varepsilon_x = -\mu\varepsilon_y = -\mu\dfrac{\sigma_y}{E}$ ··· ②    ($\varepsilon_x \to \varepsilon_l$, $\varepsilon_y \to \varepsilon_a$ 의미)

- $\sigma_z$ 작용 : $\varepsilon_x = -\mu\varepsilon_z = -\mu\dfrac{\sigma_z}{E}$ ··· ③    ($\varepsilon_x \to \varepsilon_l$, $\varepsilon_z \to \varepsilon_a$ 의미)

여기서, $\mu$ : 푸아송 비 $\dfrac{\text{횡방향 변형률}(\varepsilon_l)}{\text{축방향 변형률}(\varepsilon_a)}$

－ 부호 : 축방향으로 길이가 감소함을 의미

③ 중첩하면

$$\varepsilon_x = \dfrac{\sigma_x}{E} - \mu\dfrac{\sigma_y}{E} - \mu\dfrac{\sigma_z}{E} = \dfrac{1}{E}\left[\sigma_x - \mu(\sigma_y + \sigma_z)\right]$$

$K_o$로 횡변위 $\varepsilon_x = 0$가 되고 두 횡방향응력이 같다고 가정하면

$$\sigma_x - \mu\sigma_x - \mu\sigma_z = 0$$

$$\sigma_x(1-\mu) = \mu\sigma_z$$

$$\therefore K_o = \dfrac{\sigma_x}{\sigma_z} = \dfrac{\mu}{1-\mu}$$

## 3. 정지토압 합력

### (1) 토압분포도

① $\sigma_h = K_o\gamma z$이므로 $z$(깊이)에 비례함

② 합력은 삼각형 면적이므로

$$P_o = \dfrac{1}{2}HK_o\gamma H = \dfrac{1}{2}K_o\gamma H^2$$

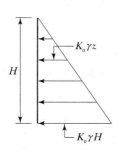

【문제 4】
포화점토 지반에서 성토 및 절토사면의 시간경과에 따른 강도특성과 안전율 변화에 대하여 설명하시오.

## 1. 사면안정

① 전단파괴면에서 발휘하는 전단강도(Shear Strength)와
전단응력(Shear Stress)을 비교하여 안정성 판단

② 안전율이 부족 시 파괴 또는 불안정으로 함

③ 개념적으로 Fellenius식으로 안전율 표시하면

$$S.F = \frac{c'l + (W\cos\alpha - ul)\tan\phi'}{W\sin\alpha}$$

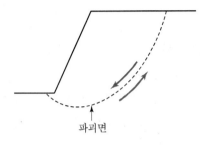

## 2. 성토

### (1) 전단응력

① 성토완료 시까지 성토고 증가

② 즉, 전단응력(Shear Stress)이 증가되고 성토완료 후
일정

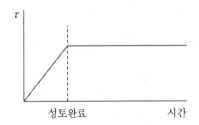

### (2) 간극수압

① 급속성토 시 비배수로 과잉 간극수압 발생

② 성토완료 후 압밀 진행에 따라 소산되어 정수압 상태
로 됨

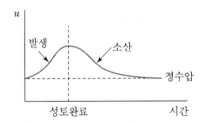

### (3) 전단강도

① 성토완료까지 비배수로 간주 시 전단강도 일정

② 성토 완료 후 압밀로 전단강도(Shear Strength)가 서서
히 증가

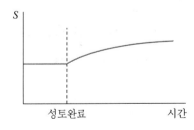

(4) 안전율

① 성토완료 시점에서 최소안전율을 나타냄

② 안정점토는 성토완료 시에 비배수 전단강도를 적용하는 UU 조건에 해당됨

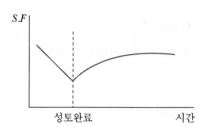

## 3. 절토

(1) 전단응력

① 절토완료 시까지 절토고 증가

② 즉, 전단응력이 증가되고 절토완료 후 일정 유지

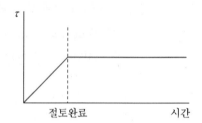

(2) 간극수압

① 절토 중에 배수로 간극수압 감소

② 절토 후 정상침투(Steady State Seepage)로 평형 유지

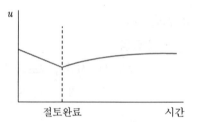

(3) 전단강도

① 비교적 짧은 시간에 절토하면 전단강도 일정으로 간주

② 절토로 응력해방, 팽창, 균열 등으로 전단강도 감소

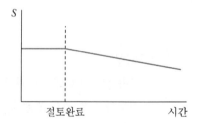

(4) 안전율

① 절토완료 후 안전율은 감소하여 장기 시 최소안전율이 발생

② 안정검토는 장기 시에 배수조건에 해당되어 $\overline{CU}$ 시험과 간극수압을 고려함

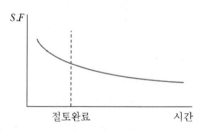

【문제 5】
케이슨 기초의 설계 시 다음 사항에 대하여 설명하시오.
(1) 지반반력 및 침하량 결정 시 고려사항
(2) 케이슨의 형상 및 치수 설계 시 고려사항

## 1. Caisson 기초

수상 또는 육상에서 제작한 우물통을 자중이나 적재하중으로 지지층까지 침하시키고 바닥 콘크리트 타설 및 속채움한 기초

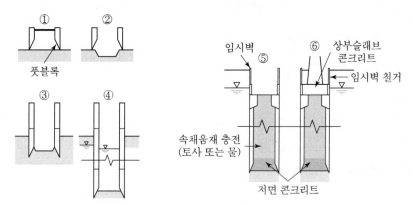

**Open Caisson 시공**

## 2. 지반반력과 침하량

(1) 지반반력($q$)

① 편심이 없는 경우

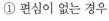

$$q = \frac{P}{A}$$

② 편심이 있는 경우

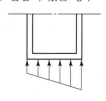

$$q = \frac{P}{A}\left(1 \pm \frac{6e}{B}\right)$$

여기서, $P$(하중) : 케이슨 상단 작용 하중 + 케이슨 자중(속채움 포함) − 저면작용부력

$A$(면적) : 케이슨 저면적

$e$(편심) : $\dfrac{M}{P}$($M$ : 모멘트)

(2) 침하량

① 침하량 : 케이슨 저면지반침하＋케이슨 자체변형침하

② 지반침하(예)

$$S_i = qB\frac{1-\nu^2}{E_s}$$

여기서, $E_s$ : 지반변형계수(Deformation Modulus)

③ 본체침하

$$S_c = \frac{P}{A_c E_c}$$

여기서, $P$(하중) : 케이슨 상단작용하중＋$\dfrac{케이슨자중}{2}-\dfrac{저면부력}{2}$

$A_c$ : 케이슨 실단면

$E_c$ : 케이슨 탄성계수

(3) 고려사항

① 케이슨 제원 : 단면크기, 재질, 탄성계수

② 하중 : 작용하중, 케이슨 자중, 부력, 편심

③ 지반 : 변형계수, 푸아송 비

# 3. 케이슨 형상과 치수

(1) 형상

① 원형      ② 사각형      ③ 타원형

(2) 치수

① 외곽치수

② 내부치수

(3) 고려사항

① 하중 : 하중크기(연직력, 수평력, 수압, 지진력 등)

② 지반 : 지반지지력, 변형 특성

③ 기타 : 유수조건, 교각기초형태

【문제 6】
강제치환공법의 특징과 치환깊이 산정방법에 대하여 설명하시오.

## 1. 강제치환공법

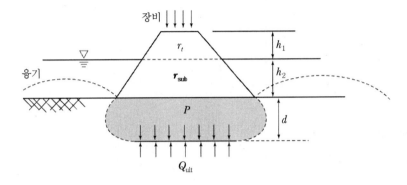

① 사면안정 확보, 잔류침하량을 최소화하기 위해 강제적으로 치환하는 공법
② 즉, 지반파괴를 유도하여 하부로 사석 등을 매몰하는 형태

## 2. 공법의 특징

### (1) 장점

① 다른 지반개량과 달리 적극적으로 지반파괴를 유도하여 치환 깊이 확보

② 비교적 시공이 단순하며 경제적임

③ 조기에 사면안정(Slope Stability) 확보

### (2) 단점

① 강제적 치환으로 주변지반에 Heaving 발생

② 주변영향 가능, 측방유동 발생 가능

③ 치환심도 예측이 다소 곤란 → 치환깊이 시공 시 확인

## 3. 치환깊이 산정

### (1) 지지력 방법

극한지지력과 하중이 평형되는 깊이, 즉 안전율이 1인 깊이로 함

$$P = Q_{ult}$$

$$P = \gamma_t \cdot h_1 + \gamma_{sub}(h_2 + d) + 장비하중의\ 영향$$

$$q_{ult} = 5.7c + \gamma_{sub} \cdot d$$

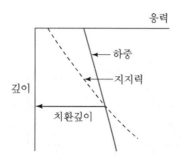

### (2) 사면활동 방법

사면 안전율이 1이 되는 깊이로 함

### (3) 수치해석 방법

치환깊이, 융기범위, 치환형태 산정

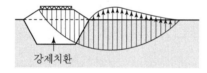

## 4. 평가

(1) 강제치환깊이는 시공방법, 지반교란, 성토재와 치환융기토 사이의 측면마찰, 점토의 소성유동시간 등 계산과 실제치가 달라질 요인이 많으므로 시공 시 확인시추, 탄성파 탐사, Geotomography 등 조사가 요망됨

(2) 강제치환깊이를 고려해서 사면안정 검토를 한 경우는 계획대로 치환이 생기지 않으면, 사면안정에 문제될 수 있으므로 반드시 확인되어야 함

(3) 미치환에 따른 대책에는 일시적 재하중량 증가, 지반개량(SCP, 고압분사, CGS : Compaction Grouting System) 등이 있음

## 4 교 시 ( 6문 중 4문 선택, 각 25점 )

---

### 【문제 1】
지하매설관로에 대하여 내진설계 시 고려할 사항을 설명하시오.

## 1. 내진 개요

(1) **내진등급** : 구조물의 중요도에 따른 등급

① 내진특등급 : 매우 큰 재난발생, 기능마비 시 영향이 매우 큰 시설(방송국, 원전, 댐 등)

② 내진 1등급 : 큰 재난 발생, 기능마비 시 영향이 큰 시설(지하철, 터널, 상수도 등)

③ 내진 2등급 : 작은 재난 발생, 기능마비 시 영향이 작은 시설(지하보도, 하수도 등)

(2) **내진성능수준**

① 기능수행수준 : 지진 시에도 구조물의 기능유지 성능수준

② 즉시복구수준 : 피해가 크지 않고 단기간에 복구로 기능유지 성능수준

③ 장기복구/인명보호수준 : 큰 피해 발생, 장기복구로 기능유지 및 인명손실이 없는 성능수준

④ 붕괴방지수준 : 구조물이 붕괴되지 않고 인명피해를 최소화하는 성능수준

(3) **내진설계기준**

① 지진구역계수 : 발생빈도와 규모 고려

  • I구역 : 0.11

  • II구역 : 0.07

② 위험도 계수 : 재현주기보정

  • 500년 재현 주기 : 1

  • 500년 이상 재현 주기 : 1 이상

  [예] 붕괴방지수준 1등급 : 1.4 적용

③ 지반증폭계수 : 기반암 깊이와 전단파속도로 지반을 구분하여 지반증폭계수 선정, 불량 모래, 점토지반은 지반응답해석함에 유의해야 함

## 2. 지반조사

(1) **현장조사** : 시추조사, 공내검층(Down hole, Crosshole 등)

(2) **현장시험** : 표준관입시험, 피조콘관입시험, 단위중량시험 등

(3) **실내시험** : 기본물성시험, 공진주/비틂전단, 반복3축압축시험 등

① 주상도

② 깊이 – $V_s$

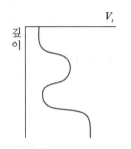

③ 전단탄성계수 감쇠비

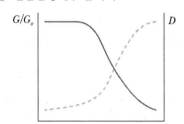

④ 액상화 저항응력비

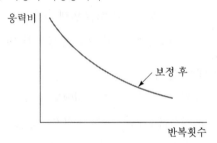

## 3. 액상화검토(Liquefaction)

(1) 지반조사결과로 액상화 평가 생략지반 판정

(2) **간편예측** : 가능지반에 대해 $N$, $q_c$, $V_s$ 방법으로 검토

이때, 전단응력비 : $0.65 \dfrac{\alpha_{깊이}}{g} \cdot \dfrac{\sigma_v}{\sigma_v'}$ 임

(3) **상세예측** : 간편예측 시 불안정 판정 후 진동삼축압축결과로 검토, 전단응력비는 간편예측과 같음

(4) 전단응력비에서 깊이별 가속도 산정을 위해 지반조사결과와 설계지진파에 대해 지반응답해석 (Ground Response Analysis)을 실시함에 유의함

(5) **설계지진파**

① 국내 기준에 대해 지진 크기가 조정된 장주기지진파, 단주기지진파

② 행정구역, 지진재해도에 기초한 설계응답 스펙트럼에 부합한 인공지진파

## 4. 응답변위법

### (1) 내진설계방법

① 진도법, 동적해석, 응답변위법

② 지중구조물 : 응답변위법 적용

③ 응답변위법 적용 이유

- 관성력이 작음

- 발산감쇠가 큼

- 관성력 중심의 지상구조물과 달리 지하구조물은 지진 시 변위가 중요

### (2) 지반변위 및 지진력 산정

① 지반물성치, 설계지진파에 대해 지반응답해석(예 SHAKE Program)하여 구조물 깊이별 변위 산정

② 지반반력계수에 의해 지진력 산정

즉, $K = \dfrac{P}{S}$ 에서 $P = K \cdot S$($K$ : 지반반력계수, $S$ : 변위량)

③ 구조물 중량에 대해 관성력 산정

즉, $F = K_h \cdot w$($w$ : 구체중량)

④ Model 개념도

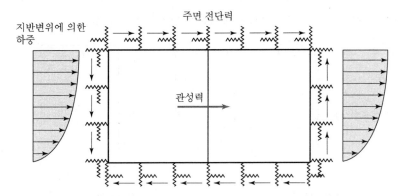

## 5. 평가

(1) **응답변위법** : 지중구조물 거동에 부합되는 방법으로 지진 시 지반변위에 대한 하중과 구조물 관성력을 고려하는 방법

(2) 내진지반물성치와 지반반력계수의 적정한 값이 매우 중요하므로 관련 시험에 의해 산정되도록 함

(3) 단면이 복잡하거나 비대칭, 지반조건이 급변하는 위치 등은 동적해석과 병행함

(4) 내진검토는 횡방향과 종방향에 대해 수행함

[참고] 내진설계기준 공통 적용사항(2017년)을 반영하여 기술하였음

**【문제 2】**
흙막이 벽체에서 발생할 수 있는 지반침하 영향범위와 인접구조물과의 간섭을 판정하기 위한 개략적인
근접정도를 파괴포락선을 이용하여 설명하시오.

## 1. 개요

(1) 근접시공은 시설물을 시공하는 과정에 있어서 지반을 변형 또는 붕괴시키고 이와 관련으로 인접
의 구조물에 유해한 영향을 줄 가능성이 있는 공사라 할 수 있음

(2) 근접시공은 신설구조물, 지반, 기존구조물의 상호작용 문제이며, 특히 지반과 기존구조물에 대한
상황판단 또는 파악이 매우 중요함

(3) 근접시공 시 계측에 의한 시공관리는 필수적이며 정밀하게 시행되어야 하고 유사공사에 대한 시
공실적 참고, 경험 있는 기술자의 공학적 판단(Engineering Judgement) 등이 필요함

## 2. 지반침하의 영향범위

(1) 굴착지반이 연약한 점성토 또는 느슨한 사질토일 경우 굴착에 따른 토류벽 변위가 크게 되므로
주변지반의 침하량이 크고 영향범위도 불량한 지반일수록 크게 됨

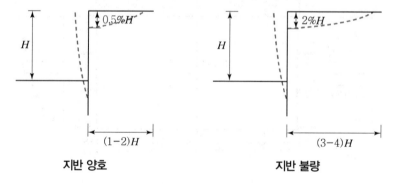

**지반 양호**        **지반 불량**

(2) 벽체 강성이 클수록 변위가 작게 되며 벽체 강성은 다음 순서로 커짐

H-Pile+토류판 → Sheet Pile → SCW → CIP → 지중연속벽

(3) 산정방법

① Peck 방법

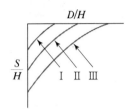

여기서, $D$ : 굴착면으로부터 임의 거리

$H$ : 굴착깊이

$S$ : 거리 $D$에 대한 침하량

- 계측결과로부터 작성됨
- 먼저 지반상태를 구분($\text{I} \rightarrow \text{II} \rightarrow \text{III}$ 순으로 지반조건이 불량함)
- $D/H$별로 $\dfrac{S}{H}$를 구하고 $S = \dfrac{S}{H} \times H$로 침하량을 구함

② 수치해석

- 지반조건, 수위조건, 굴착 및 보강순서를 적용하여 수치해석함
- 수치해석으로 변위량, 변위방향 등의 자료를 얻게 됨

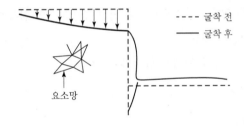

3. 인접구조물 간섭 판정

(1) 작성방법

① 구조물 폭($B_1$)의 1배, 3배 되는 위치에서 연직
선 작도

② 구조물 저면에서 수평선을 그림

③ 구조물 저면 수평선과 $B_1$의 연직선 교점에서
그림과 같이 수평기준 $45 + \dfrac{\phi}{2}$ 선 작도

④ 구조물 저면에서 수평기준 $45 + \dfrac{\phi}{2}$ 선 작도

⑤ 구조물 저면에서 5m 위치선과 연직선 작도

⑥ 작도가 완료되면 그림에서 I, II, III 영역이 발생됨(예시된 신설구조물은 II 영역에 있음)

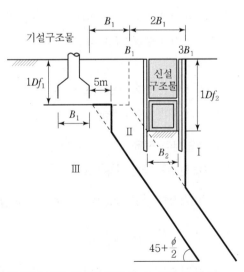

### (2) 영역 구분

① Ⅰ영역 : 무조건 범위

- 특별한 주의가 필요 없음
- 필요시 계측

② Ⅱ영역 : 요주의 범위

- 기설구조물에 영향 최소화 필요, 필요시 대책
- 계측 필수로 시행

③ Ⅲ영역 : 제한 범위

- 신설구조물 지반에 대책 실시
- 계측 필수로 시행

## 4. 근접시공 시의 고려사항

(1) **기설구조물이 토류벽에 끼치는 영향** : 기설구조물 하중의 지중응력상태를 고려한 토압 적용

(2) **굴착에 의한 주변지반의 영향** : 토류벽 변위에 따른 주변지반의 침하예측, 토류벽 사이의 지하수 유출 등에 의한 지반거동을 고려

(3) 인접 기설구조물의 침하, 경사 등에 관한 허용치 평가

(4) 장비나 발파에 의한 진동, 소음

(5) **개략적인 영향거리, 침하량**

① 영향거리

- 지반 양호 : $L \fallingdotseq 2H(H : 굴착깊이)$
- 지반 불량 : $L \fallingdotseq 4H$

② 침하량

- 지반 양호 : 0.5%H
- 지반 불량 : 2%H

(6) **토압계수 적용**

① 변위를 약간 허용 : $K = K_a$

② 시설물 근접거리$(d)$ > 터파기 깊이$(H)$의 $\dfrac{1}{2}$ : $K = 0.5(K_a + K_0)$

③ $d < \dfrac{H}{2}$ : $K = K_0$

④ 기존 시설물 기초깊이 $\geq$ 터파기 깊이 : $K = K_a$

5. 평가

(1) 지반굴착에 따른 변형이나 침하요인에 대해 설계 시 이들을 고려하여 안정한 구조물이 되도록 해야 하고 시공 시 성실시공하여 시공 잘못으로 인한 유해한 침하가 없도록 해야 함

(2) 주변침하 예측은 여러 가지로 분석하여 종합 평가하며 거리별 침하량, 경사도 등을 구해 표준적인 허용치와 구조물의 노후도, 재질, 침하허용 등을 고려해서 영향을 평가해야 함

(3) 시공 시 계측을 하여 설계 예측치의 확인, 예기치 못한 영향 평가를 하여서 안전시공이 되도록 해야 함

【문제 3】
사질토 및 점성토지반, 암반에서의 무리말뚝 효과에 대하여 설명하시오.

## 1. 정의

지반 중에 박은 2개 이상의 말뚝이 하중을 받을 경우 서로 영향을 미치지 않을 정도로 떨어져 있어서
말뚝에 의한 지중응력이 거의 중복되지 않는 말뚝을 단항 또는 외말뚝이라 하고, 서로 영향을 미칠
정도로 근접하게 있어 지중응력이 중복되는 경우 군항 또는 무리말뚝이라고 한다.

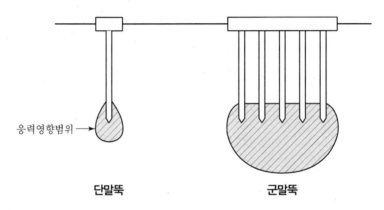

단말뚝          군말뚝

## 2. 무리말뚝효율

$$\eta = \frac{Q_{g(u)}}{\sum Q_u}$$

여기서, $\eta$ : 무리말뚝효율

$Q_{g(u)}$ : 무리말뚝의 극한지지력

$\sum Q_u$ : 외말뚝들의 지지력 합

## 3. 무리말뚝 지지력

(1) 사질토 지반

모래 자갈층에 타입된 선단지지 말뚝의 경우에는 지지층 내의 응력집중이 크게 문제될 것이 없으므
로 무리말뚝의 효과를 고려하지 않으며 모래층에 타입된 마찰말뚝의 경우에는 말뚝관입 시에 주변
모래를 다져서 전단강도를 증가시키게 되는데 이렇게 증가한 지지력과 무리말뚝의 효과에 의하여 감
소되는 지지력이 상쇄되어 역시 무리말뚝 효과를 고려하지 않는 것이 일반적이다.

(2) 점성토 지반

점성토 지반에서 무리말뚝의 지지력을 외말뚝 지지력의 합($\sum Q_u$)과 말뚝무리의 바깥면을 연결한 가상 케이슨의 극한지지력($Q_{g(u)}$)을 구하여 그중 작은 쪽을 택한다. 이 가상 케이슨의 지지력은 케이슨 바닥 면에서의 극한지지력과 케이슨 벽면 마찰저항력의 합으로 구한다.

즉, $Q_{g(u)} = q_p A_g + \sum f_s A_s$

여기서, $Q_{g(u)}$ : 무리말뚝의 극한지지력

$q_p$ : 바닥면의 극한지지력($C N_c + q' N_q$)

$A_g$ : 바닥면의 면적($a \times b$)

$A_s$ : 주면적 $[2(a \times b)L]$

$f_s$ : 주면지지력

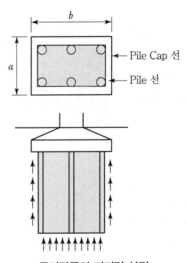

**무리말뚝의 지지력 산정**

(3) 암반

경사진 암반에 무리말뚝이 시공된 경우에는 기초저면 암반의 활동파괴에 대한 검토가 필요하며 지지력에 대해서는 무리말뚝 효율을 고려하지 않는다.

## 4. 무리말뚝 침하

(1) 점성토 지반

무리말뚝의 침하량은 균질한 토층인 경우에 기초바닥은 말뚝머리로부터 $\dfrac{2l}{3}$ 의 위치에 있다고 가정하여 그 위치에서 지중응력은 2 : 1로 분포된다고 가정하여 침하량을 산정한다.

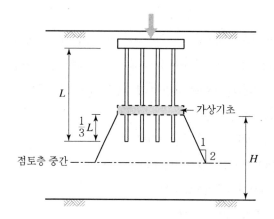

정규압밀점토의 침하량은 다음과 같다.

$$S = \frac{C_c}{1+e_0} \cdot H \cdot \log\frac{P_0 + \Delta P}{p_0}$$

여기서, $H$ : 침하토층 깊이

$P_0$ : 침하토층의 중앙까지의 유효 토피하중

$\Delta P$ : 침하토층의 중앙까지의 응력 증가분

(2) **사질토지반**

$$S_g = S_0 \sqrt{\frac{B_g}{B}}$$

여기서, $S_g$ : 무리말뚝의 침하량

$S_0$ : 외말뚝의 침하량

$B_g$ : 무리말뚝의 폭

$B$ : 외말뚝의 직경

## 5. 평가

(1) 말뚝 설치 시 군말뚝의 영향에 대한 검토가 필요함

(2) 해당 조건에 따른 군말뚝 효율을 알면 효율적 말뚝설계 시공에 바람직함

(3) 관련 시험, 해석 등으로 신뢰성 있는 효율 설정이 요구됨

【문제 4】

점토층은 정규압밀점토이며, 지표면에는 150kN/m²의 하중이 작용하고 있다. 다음 물음에 답하시오.

(단, $\gamma_w = 10 \text{kN/m}^3$ 적용)

(1) 점토층의 압밀침하량

(2) 점토층의 압밀침하량이 45cm에 도달했을 때의 평균압밀도와 소요일수

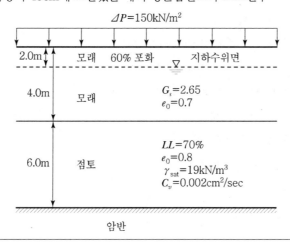

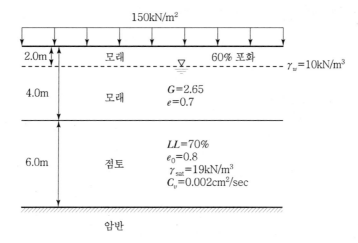

## 1. 압밀침하량

(1) 관련 식

정규압밀 : $S = \dfrac{C_c}{1+e_o} H \cdot \log \dfrac{P_o + \Delta P}{P_o}$

(2) 물성치

① 모래의 $\gamma_t = \dfrac{G+se}{1+e}\,\gamma_w = \dfrac{2.65+0.6\times 0.7}{1+0.7}\times 10\mathrm{kN/m^3}$

$\qquad\qquad = 18.1\mathrm{kN/m^3}$

② 모래의 $\gamma_{sat} = \dfrac{G+e}{1+e}\,\gamma_w = \dfrac{2.65+0.7}{1+0.7}\times 10\mathrm{kN/m^3}$

$\qquad\qquad = 19.7\mathrm{kN/m^3}$

③ 모래의 $\gamma_{sub} = \gamma_{sat}-\gamma_w = 19.7-10.0 = 9.7\mathrm{kN/m^3}$

④ 점토의 $\gamma_{sub} = \gamma_{sat}-\gamma_w = 19.0-10.0 = 9\mathrm{kN/m^3}$

⑤ 압축지수(경험식 이용) $C_c = 0.009(LL-10) = 0.009(70-10)$

$\qquad\qquad\qquad\qquad = 0.54$

⑥ $P_o$(유효상재하중으로 점토층 중간까지 계산)

$\quad P_o = \sum \gamma z = 18.1\times 2 + 9.7\times 4 + 9.0\times 3$

$\qquad = 102\mathrm{kN/m^2}$

⑦ $\Delta P$(증가하중)$ = 150\mathrm{kN/m^2}$

(3) 침하량 계산

$$S = \frac{0.54}{1+0.8}\times 600\log\frac{102+150}{102} = 70.7\mathrm{cm} = 707\mathrm{mm}$$

## 2. 45cm에 도달되는 소요시간(일수)

(1) 관련 식

$$t = \frac{TD^2}{C_v}$$

(2) 계산

① 시간계수 $T$ : 압밀도$ = \dfrac{45}{70.7} = 63.6\%$이므로

$\quad T = \dfrac{\pi}{4}u^2 = \dfrac{\pi}{4}0.636^2 = 0.32$

② 배수거리 $D$ : 불투수암반으로 설정하여 6m 적용

③ 시간 $t = \dfrac{0.32\times 600^2}{0.002\times 60\times 60\times 24} = 667$일

④ 만일, 암반이 배수층 역할을 하면 시간이 4배 단축되어 약 167일이 됨

【문제 5】
철도운행으로 진동이 심한 지역에서 흙막이 벽체(H-Pile+토류판)를 설치하고, 지지공법으로 상부에
는 인장형 앵커(Ground Anchor), 하부에는 암반 록볼트로 시공하였으나 최종 굴착심도 GL(-)37m를
2m 남겨 둔 상태에서 흙막이 벽체가 붕괴되었다. 붕괴의 주된 원인을 지반공학적 측면에서 설명하시오.

## 1. 현황

(1) 철도운행으로 진동이 심함

(2) H-Pile+토류판, 상부 : Ground Anchor, 하부 : Rock Bolt

(3) GL-35m 굴착 후 벽체 붕괴 발생

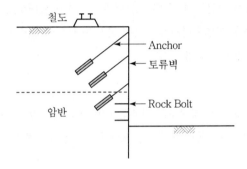

## 2. 설계내용(추정)

(1) 지층조건과 지지공법

① 상부 : 토사, 풍화암으로 Ground Anchor 적용

② 하부 : 연암 이상으로 불리한 불연속면이 없는 비교적 양호암반으로 Rock Bolt로 표면공법 적용

(2) 지하수위

차수공법이 없는 것으로 보아 지하수위는 비교적 깊은 것으로 추정

## 3. 붕괴 형상

(1) 약 35m 굴착 후 붕괴가 벽체에서 발생하였고 이는 지지공법의 역할이 미미함을 의미

(2) 또한, 35m 전후는 암반의 분포 위치이고 지지공법이 효과적으로 작용하지 못함

## 4. 붕괴원인

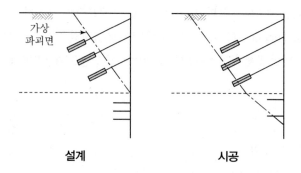

설계         시공

(1) 파괴면 상이

① 설계 시 양호암반으로 판단하여 위 왼쪽 그림과 같이 파괴면(Failure Surface)이 깊지 않음

② 시공 시 암반의 단층 등 불연속면의 방향성이 굴착면에 Daylighting(굴착면 노출)되고 이에 연관되어 상부지층에서 깊은 파괴면 형성

(2) 지지공 부실 역할

① Rock Bolt는 물론 Anchor 정착부가 파괴면 내로 또는 정착부 길이 부족이 발생

② 즉, 토류벽을 지지하는 지지공이 발생되는 토압에 적정성이 부족하게 되어 전체적 붕괴가 발생됨

(3) 열차진동

① 반복적 진동으로 불연속면의 틈새가 커지고 미끄러짐이 발생되어 불연속면(Discontinuities in Rock Mass)의 전단강도를 감소시킴에 일조함

② 진동으로 Anchor 주입부와 지반과 틈새 발생도 가능하여 정착력 부족이 발생

## 5. 평가

(1) 암반불연속면에 의한 평면파괴(Plane Failure)는 발생 시 규모가 크고 전체적 붕괴로 나타남을 인식해야 함

(2) 따라서, 이런 가능성이 있는 지반에 변성암이나 퇴적암 분포 위치에서는 불연속면에 대한 조사가 매우 중요함

(3) 지반조사 시 BIPS(Borehole Image Processing System), BHTV(Borehole Televiewer) 등을 실시하고 굴착 시 Face Mapping을 철저히 하여야 할 것임

【문제 6】
터널의 안정성을 위해서는 적정 토피의 확보가 중요함에도 불구하고 도심지 지하철에서는 토피가 점점 작아지는 경향이 있다. 이처럼 도심지 지하철의 천층화가 지속될 것으로 예상되는 이유와 지반특성에 따른 천층터널의 공사 중 고려할 사항에 대하여 설명하시오.

## 1. 천층터널 정의

   (1) 천층터널(Shallow Tunnel)은 터널 자체의 안정은 물론, 지표의 시설물에 미치는 영향을 고려해야 하는 터널로 정의할 수 있음

   (2) 대체로, 토피고가 20m 이내인 지반에 설치되는 터널임

## 2. 지속적 발생이유

   (1) 사회적 요인

      ① 이용 편의, 접근성

      ② 개착정거장공사비 절감

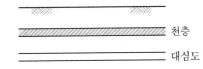

천층

대심도

   (2) 터널 관련 기술 발전

      ① 막장보강기술

      ② 제어발파

      ③ 수치해석

      ④ 안전관리기술

      ⑤ 지하철 등 경험 축적

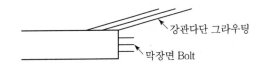

강관다단 그라우팅

막장면 Bolt

## 3. 지반특성과 고려사항

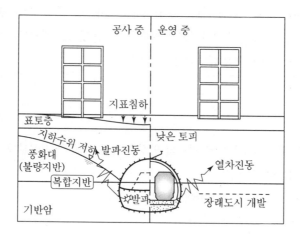

### (1) 낮은 심도

① 높은 수준의 터널안정 필요 : 터널의 파괴는 지표까지 영향이 미치게 되므로 변형억제를 위한 충분한 지보가 요구됨

② 굴착 중 발파진동 : 터널과 기존 구조물 간의 이격거리 부족으로 진동문제가 발생되므로 허용진동치를 고려한 장약량 감소, 제어발파, 굴진장 감소가 요구됨

③ 운영 중 열차진동 : 진동으로 사람, 구조물 피해가 예상되는 바 진동원 저감방법(방진패드, 중량 증가), 진동전파경로차단(방진구, 강성벽체)이 요구됨

④ 장래 시설물 근접시공

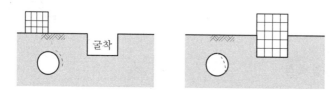

　　┌─ 터파기 공사 : 응력 해방 → 외향변위, 인장력 발생
　　└─ 건물 축조공사 : 응력 추가 → 내향변위, 압축력 발생

### (2) 불량지반(Poor Ground)

① 충적층은 보통 모래~자갈 등으로 투수성이 크므로 지하수 유입, 터널붕괴가 가능함

② 풍화토, 풍화암층은 비교적 강도가 작고 변형이 크게 되고 지하수 유입 시 연약화되기 쉬움

③ 따라서, 차수보강과 지반강도 보강이 거의 필수적으로 요구됨

④ 지표침하

• 굴착원인

・수위저하원인

⑤ 계측은 갱내천단침하보다 지표침하관리가 중요함

　　이는 굴착 외에 수위저하 등 지반변화가 포함되기 때문임

(3) **복합지반**

① 양호한 막장임에도 굴진 등 천장부에서 붕괴 가능함

　　따라서, 막장 및 연직방향 지층변위에 주의 요함

② 불량지층의 두께 증가로 막장 붕괴 가능함

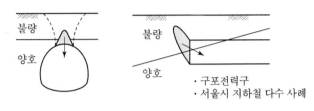

③ 복합지반 굴착과 지보

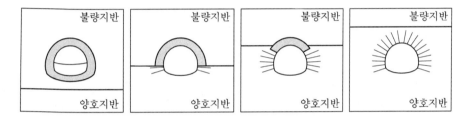

## 4. 평가

(1) 천층터널은 지층불량, 지하수위 높음, 지표에 기존 시설물이 있게 되므로 터널안정은 물론, 변위로 인한 영향에 주의해야 함

(2) 설계 시 이들을 고려한 굴착과 지보가 필요하고 지반 및 차수보강이 필수적임

(3) 발파진동, 열차진동의 영향을 고려하고 지표침하에 대한 계측이 중요함

# 제119회
# 과년도 출제문제

## 119 회 출 제 문 제

## 1 교 시 ( 13문 중 10문 선택, 각 10점 )

【문제】

1. 베인전단시험(Vane Shear Test) 값의 보정 이유

2. 지오텍스타일 튜브(Geotextile Tube)

3. PHC 말뚝의 LRFD 설계

4. 확산이중층(Diffuse Double Layer)

5. 지중에서 오염물질의 이동 메커니즘

6. 터널 설계 시 전기비저항 탐사

7. 압력구근(Pressure Bulb)

8. 교대의 측방이동 판정법 중 측방이동지수와 판정수에 의한 방법

9. 사질토의 겉보기 점착력(Apparent Cohesion)

10. 카이저효과(Kaiser Effect)

11. 지표투과레이더(GPR) 탐사의 원리 및 특징

12. 연약지반 기초보강 시의 콘크리트 중공블록 공법

13. 옹벽의 활동방지 메커니즘

## 2 교 시 ( 6문 중 4문 선택, 각 25점 )

**【문제 1】**

사질토지반에서 토목구조물에 작용하는 주동토압, 수동토압, 정지토압 상태의 변화를 설명하고, 사질토의 내부마찰각이 30도일 때 토압계수 크기와 수평변위와의 관계도를 설명하시오.

**【문제 2】**

압밀계수의 정의, 실내시험에서 압밀계수 결정방법 및 적용방법에 대하여 설명하시오.

**【문제 3】**

투수계수에 영향을 미치는 요소를 설명하시오.

**【문제 4】**

부마찰력이 작용하는 말뚝기초에 대한 다음 사항에 대하여 설명하시오.

1) 중립면의 결정

2) 부마찰력의 크기와 말뚝침하량의 관계

3) 부마찰력을 받는 말뚝기초의 설계방향

**【문제 5】**

지하구조물의 진동특성 및 지하구조물의 지진 시 변형양상을 설명하고 산악을 관통하는 600m 길이의 NATM 터널을 예를 들어 구간별 내진해석법을 설명하시오.

**【문제 6】**

폐기물매립에 따른 침하특성은 폐기물과 매립지반의 침하로 일반적인 지반침하와 다른 양상을 나타낸다. 즉, 폐기물이 매립되어 안정화되는 데에는 많은 시간이 소요된다. 이러한 과정을 경과시간에 따른 침하곡선모델을 이용하여 초기단계에서 잔류침하단계까지 구분하여 설명하고, 침하량 산정 방법 및 현장계측을 통한 장기침하량 예측방법에 대하여 설명하시오.

## 3 교 시 ( 6문 중 4문 선택, 각 25점 )

---

### 【문제 1】

준설매립지역에 지하철공사를 위해 타입된 Sheet Pile 인발 시 침하원인 및 대책을 설명하시오.

---

### 【문제 2】

Schmertmann의 원지반 간극비 – 하중곡선 결정방법에 대하여 다음 사항을 설명하시오.

1) 정규압밀점토의 경우                    2) 과압밀점토의 경우

---

### 【문제 3】

흙의 동해와 방지대책을 설명하시오.

---

### 【문제 4】

터널 설계 시 2차원 모델링 기법을 사용하는 이유와 장단점에 대하여 설명하시오.

---

### 【문제 5】

암반사면의 안정성을 평사투영법과 SMR 분류법으로 검토하였다. 이 해석결과로 사면설계를 수행할 때 각 방법의 가정 및 적용한계를 고려하여 실제 발생할 수 있는 사면거동과의 차이점을 설명하시오.

---

### 【문제 6】

지진 시 아래 그림과 같은 옹벽에 대하여 $k_v = 0$, $k_h = 0.3$일 때 다음을 구하시오.

1) $P_{ae}$

2) 옹벽의 바닥에서부터 합력의 작용위치 $\overline{z}$

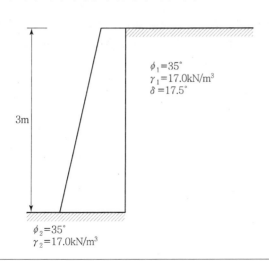

$\phi_1 = 35°$
$\gamma_1 = 17.0 \text{kN/m}^3$
$\delta = 17.5°$

3m

$\phi_2 = 35°$
$\gamma_2 = 17.0 \text{kN/m}^3$

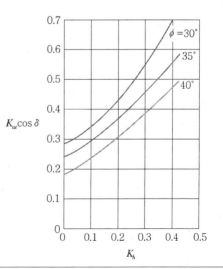

## 4 교 시 ( 6문 중 4문 선택, 각 25점 )

---

**【문제 1】**

준설매립토량 산정을 위하여 항만 및 어항 설계기준에 제시하는 유보율 결정방법과 침강자중 압밀시험에 의한 유보율 결정방법에 대하여 설명하시오.

---

**【문제 2】**

석회암지대를 통과하는 교량기초에 대한 지반조사 방법에 대하여 설명하시오.

---

**【문제 3】**

흙의 다짐에 영향을 미치는 요소와 관련하여 다음 사항을 설명하시오.

1) 함수비가 다짐에 미치는 영향

2) 다짐에너지 크기가 다짐에 미치는 영향

3) 흙의 종류에 따른 다짐 효과

---

**【문제 4】**

점토광물을 구성하는 기본구조와 2층 구조 및 3층 구조 점토광물에 대하여 설명하시오.

---

**【문제 5】**

진동기계기초는 기계진동으로 인해 발생할 수 있는 공진의 영향이 최소화하도록 설계한다. 공진상태를 파악하기 위한 기계－기초－지반계의 고유진동수 결정방법에 대하여 설명하시오.

---

**【문제 6】**

국내 보강토옹벽 현장에서는 양질의 토사확보가 어려워 현장에 있는 흙을 종종 사용한다. 현장에 존재하는 흙이 대부분 화강풍화토인 점을 고려하여, 현장조건에 적합한 인발시험을 통해 보강재의 인발저항 평가 및 설계가 이루어져야 한다. 아래 사항에 대하여 설명하시오.

1) 외적 안정성 검토사항

2) 내적 안정성 검토사항

3) 인발시험에 의한 인발저항 평가방법

## 119회 출제문제

## 1 교 시 ( 13문 중 10문 선택, 각 10점 )

### 1 베인전단시험(Vane Shear Test) 값의 보정 이유

#### 1. Vane 시험

(1) 개요

4개의 날개가 달린 Vane을 회전시켜 현장비배수 전단강도를 측정하기 위한 원위치시험

(2) 점착력 산정방법

흙이 전단될 때의 모멘트를 측정하여 점착력(비배수전단강도)을 산정한다.

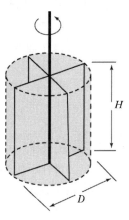

$$M_{\max} = C\pi DH\frac{D}{2} + 2C\pi\frac{D^2}{4}\frac{D}{2}\frac{2}{3}$$

$$C_u = \frac{M_{\max}}{\dfrac{\pi D^2 H}{2} + \dfrac{\pi D^3}{6}} = \frac{M_{\max}}{\pi D^2\left(\dfrac{H}{2} + \dfrac{D}{6}\right)}$$

여기서, $M_{\max}$ : 모멘트

$H$ : Vane의 높이

$D$ : Vane의 직경

$C_u$ : 비배수전단강도

베인전단시험기

#### 2. 보정 이유

(1) 배경

① 현장 Vane 시험값과 실내시험인 UU 삼축압축시험에 의한 값이 차이가 나고 보통 Vane 시험값이 큼

② 이에, 소성지수와 연관시켜 보정계수를 고려하여 보정함

(2) 시험심도

　① 지상에서 회전력을 가함으로써 심도가 깊어지면 회전력
　　 이 낮은 심도에 비해 감소함

　② 즉, 깊은 심도 시 측정값의 과다 평가가 가능하게 됨

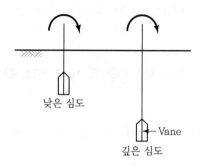

낮은 심도

Vane

깊은 심도

(3) 전단속도

　① 전단속도가 빠르면 전단강도가 크게 됨

　② 이는 전단으로 인한 과잉간극수압이 충분히 발휘되지
　　 못하기 때문임

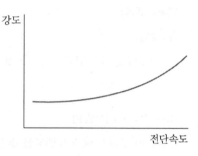

강도

전단속도

(4) 이물질 혼재

　① 시험위치에 조개껍데기 또는 Sand Seam, Silt 존재 시 전단강도가 크게 산정됨

　② 이는 보다 강도가 큰 물질이 있거나 Silt는 압밀이 빨라 강도가 증가되기 때문임(예 서해안 점토)

## 3. 평가

(1) Vane 시험은 현장시험으로 시료채취가 필요 없음, 시료교란문제 해결 등에 유용한 시험임

(2) 실내시험과 방법이 다름, 보정의 비완벽 문제로 실내시험과 비교로 상관성 분석으로 적용함이 타
　 당함

## ② 지오텍스타일 튜브(Geotextile Tube)

### 1. 개요
(1) Geotube는 토목섬유(Geosynthetics)를 튜브 형태로 만들어 내부를 채움한 것으로
(2) 침식방지 구조물, 제방 등 형성, 오염물질처리 등에 적용됨

### 2. 시공(가도 예)
(1) 1단 튜브 설치
(2) 튜브 내 채움
(3) 튜브 사이 쌓기
(4) 2단 튜브 설치, 채움, 튜브 사이 쌓기

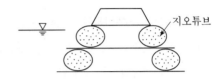

지오튜브

### 3. 요구조건
(1) 튜브의 적정 인장강도 필요
(2) 튜브의 Filter 기능 필요

### 4. 특징
(1) 급사면 형성
(2) 하천오염 방지
(3) 하상토 유용 가능
(4) 이음부처리 중요(압력배송 시 터짐)
(5) 선형 유지 필요(설치 후 이동 곤란)

### 5. 적용
(1) 가도축조(일산대교 건설공사)
(2) 호안축조(부산신항남 컨테이너 부두준설토 투기장)
(3) 침식방지(강원도 연곡동 해안)

## ③ PHC 말뚝의 LRFD 설계

### 1. 상태 정의

| 한계상태 | 정의(기준) | 요구성능 |
|---|---|---|
| 극한한계상태 | 파괴되지 않고 구조물이 전체 안정을 유지하는 한계상태 | 파괴 또는 과도한 변형이 발생되지 않음 |
| 사용한계상태 | 구조물의 기능이 확보되는 한계상태 | 유해한 변형이 발생되지 않음 |

### 2. 하중저항계수법(LRFD ; Load and Resistance Factor Design)

(1) 목표 신뢰도 지수로 표현되는 안정성을 보장하기 위해 공칭저항($R_n$)에 저항계수(1보다 작음), 하중에 하중계수를 적용함

(2) 예시

$$\phi R_n \geq \gamma_D Q_D + \gamma_L Q_L = \sum \gamma_i Q_i$$

여기서, $\phi$ : 저항계수    $R_n$ : 공칭저항

$\gamma_D$ : 사하중계수    $\gamma_L$ : 활하중계수

$\gamma_i$ : 하중계수    $Q_D$ : 고정하중

$Q_L$ : 활하중    $Q_i$ : 작용하중

### 3. 허용응력설계와 비교

| 구분 | 허용응력설계 | 한계상태 설계 |
|---|---|---|
| 방법 | 안전율 개념 | 신뢰도 지수, 파괴확률개념 |
| 장점 | 사용성, 경험 풍부 | 신뢰성 확보, 최적 설계 |
| 단점 | 경험적 안전율 | 합리적 저항계수 산정 중요 |

### 4. 평가

(1) 경제적 · 합리적 설계 측면에서 한계상태가 타당함

(2) 보다 합리적 접근으로 성실시공이 요구되며 기초는 보수가 어렵고 비용이 많이 들게 됨

**참고** 계산 예(하중계수, 지지력, 저항계수, 침하량은 구했다고 가정한 것임)

1. 조건
   (1) 하중 : 고정하중 700kN, 활하중 100kN
   (2) 허용응력 설계하중 : $700 + 100 = 800$kN
   (3) LRFD 설계하중 : $\gamma_D Q_D + \gamma_L Q_L = 1.25 \times 700 + 1.75 \times 100 = 1,050$kN
   (4) 정역학 지지력 : 4,200kN

2. 극한한계상태
   (1) 허용응력설계
   $$\frac{4,200}{S.F} = \frac{4,200}{3} = 1,400\text{kN} > 800\text{kN} \qquad \therefore \text{O.K}$$
   (2) LRFD 설계(극한한계상태)
   $$\phi R_n = 0.45 \times 4,200 = 1,890 > 1,050\text{kN} \qquad \therefore \text{O.K}$$

3. 사용한계상태
   (1) 설계하중 : 800kN
   (2) 계산침하량 : 12mm < 25mm    ∴ O.K

## 4 확산이중층(Diffuse Double Layer)

### 1. 정의

(1) 점토는 동형치환으로 전기적으로 (−) 성질을 가지므로 주변의 물을 끌어들이고 양이온(Si, Al, Mg, Fe 등)으로 흡착층이 형성됨

(2) 거리가 멀수록 약한 결합이 되어 확산층이 형성되며 양이온과 음이온이 평형되는 범위로 정의됨

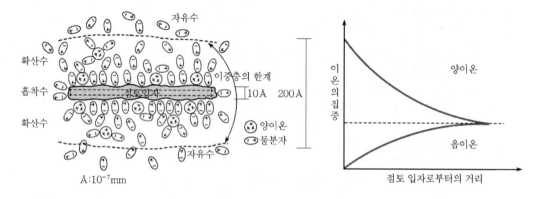

### 2. 구성(이중층수)

(1) 흡착수 : 강한 결합

(2) 확산수 : 상대적 약한 결합

(3) 한편, 이중층 밖에 있는 물은 자유수(중력수)

### 3. 역할

(1) 점토가 점성을 보유하게 함

(2) 이중층 두께가 얇으면 면모구조, 두꺼우면 이산구조 형성

### 4. 점토구조와의 관계

(1) **면모구조(Flocculent Structure)**

이중층 두께가 얇을 때 전기적 인력 우세로 형성

(2) **이산구조(Dispersed Structure)**

이중층 두께가 두꺼울 때 전기적 반별력 우세로 형성

면모구조             이산구조

## 5 지중에서 오염물질의 이동 메커니즘

### 1. 이류

① 이류는 수리적 경사에 의해 물의 흐름에 따라 오염물질이 이동하는 현상임

② 이동속도는 물의 흐름과 같게 됨

③ 오염농도는 이동거리에 따라 일정함

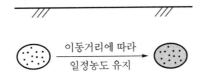

④ 이동속도는 $V_s = \dfrac{v}{n}$

여기서, $v$ : 유출속도

$n$ : 간극률 $\left(\dfrac{V_V}{V} = \dfrac{e}{1+e}\right)$

### 2. 분산

① 분산은 오염물질이 이동되면서 유로 밖으로 퍼져 나가는 현상임

② 분산에 의해 오염영역은 확대되고 농도는 희석되어 낮아짐

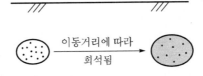

### 3. 확산

① 확산은 농도경사에 의해 농도가 높은 곳에서 낮은 지역으로 이동하면서 분포영역을 넓히는 현상임

② 확산은 동수경사가 없어도 발생하며 농도경사가 평형을 이룰 때까지 발생함

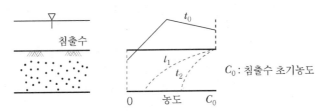

## 4. 흡착

① 흡착은 토립자에 오염물질이 달라붙는 현상임

② 흡착이 되면 오염물질의 이동이 지연되고 거리에 따라 희석됨

## 5. 거리 – 농도관계

① 이류현상만에 의한 흐름은 오염물질의 농도가 어느 지점이나 일정함

② 분산작용이 있으면 오염물질의 농도가 희석됨

③ 확산작용이 있으면 오염물질의 농도가 희석됨

④ 흡착이 되면 추가로 오염물질의 농도가 더욱 희석됨

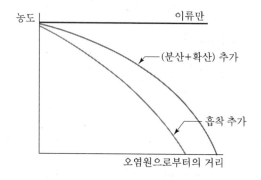

## 6 터널 설계 시 전기비저항 탐사

### 1. 전기비저항 탐사

(1) 각 한 쌍의 전류와 전위전극 설치

(2) 수평이동 또는 간극간격을 벌리면서 지반의 비저항치 산정

(3) 비저항치가 너무 낮으면 측정 곤란

(4) 지층이 다르더라도 전기적 성질이 같으면 구별 곤란

(5) 가탐심도 : 전류, 전위전극 간격의 5배 정도, 즉 전극간격이 50m이면 심도 약 250m까지 탐사 가능

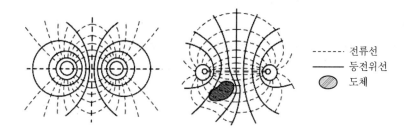

### 2. 터널 설계 적용

(1) 불량 지반위치 파악

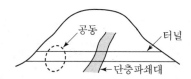

전기비저항 탐사로 공동, 단층파쇄대, 연약암반 등 위치 파악으로 굴착, 지보 설계 반영

(2) 구간별 지보 Pattern 설정

시추조사로 RMR, Q 분류하고 비저항값과 연계하여 지보 Pattern 구간별로 설계 반영

## 7 압력구근(Pressure Bulb)

### 1. 지중응력개념

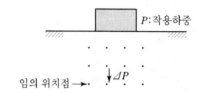

(1) 지표 또는 지중에 하중이 작용할 때 이 하중으로 말미암아 지반 내에 응력이 생기게 되는데 작용하중에 대한 지중응력의 비를 지중응력 영향계수(Influence Factor)라 함

(2) 즉, $\Delta P = I \cdot P$

여기서, $\Delta P$ : 지중응력, $I$ : 영향계수, $P$ : 작용하중

### 2. 압력구근

(1) 지중응력은 재하위치에서 깊을수록, 모서리 쪽으로 갈수록 감소하여 그림과 같이 되며 직사각형, 원형기초는 약 $2B(B$ : 기초폭), 연속기초는 약 $4B$까지 작용하중의 약 10% 하중이 미침

(2) $I = 0.1$인 구를 압력구(Pressure Bulb)라 함

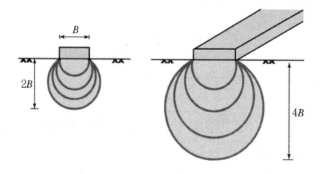

### 3. 이용

(1) 임의 위치의 증가응력으로 응력, 변위 안정 검토

(2) 임의 위치에 대한 응력 범위, 간섭 등 파악

(3) 공학적으로 압력구 밖의 범위는 영향을 무시하는 영역임

## 8 교대의 측방이동 판정법 중 측방이동지수와 판정수에 의한 방법

### 1. 측방유동

연약지반 위에 설치된 교대나 옹벽과 같이 성토재하중을 받는 구조물에서는 배면성토중량이 하중으로
작용하여 연약지반이 붕괴되어 지반이 수평방향으로 이동하는 현상

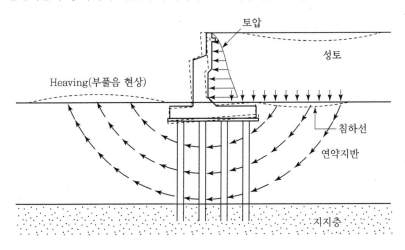

### 2. 측방유동 판정수

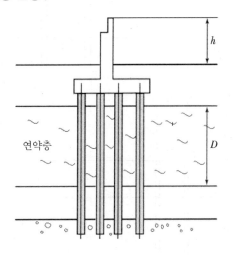
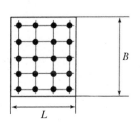

$$I = \mu_1 \cdot \mu_2 \cdot \mu_3 \cdot \frac{\gamma h}{c}$$

- $I \leq 1.2$ : 측방유동의 위험성이 없음
- $I > 1.2$ : 측방유동의 위험성이 있음

여기서, $I$ : 측방유동 판정수

$\mu_1$ : 연약층 두께에 관한 보정계수($\mu_1 = D/l$)

$D$ : 연약층의 두께, $l$ : 말뚝의 근입깊이

$\mu_2$ : 말뚝 자체 저항폭에 관한 보정계수($\mu_2 = b/B$),

$b$ : 교축직각방향 말뚝지름의 합계

$B$ : 교축직각방향 기초의 길이

$\mu_3$ : 교대길이에 대한 보정계수($\mu_3 = D/L \leq 3.0$)

$L$ : 교축방향기초의 길이, $\gamma$ : 성토의 단위중량

$h$ : 성토의 높이, $\bar{c}$ : 연약층의 평균점착력

## 3. 측방유동지수

$$F = \frac{\bar{c}}{\gamma HD}$$

여기서, $\bar{c}$ : 연약층의 평균점착력

$\gamma$ : 성토의 단위중량

$H$ : 성토의 높이

$D$ : 연약층의 두께

$F \geq 0.04$ : 측방유동 위험성이 없음

$F < 0.04$ : 측방유동 위험성이 있음

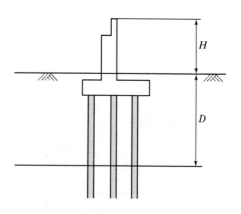

참고  계산 예

흙쌓기층
$\gamma_t = 19\text{kN/m}^3$
$\phi = 28°$  교대

6.0m

사질토층      $\gamma_t = 18\text{kN/m}^3$
              $\phi = 28°$
11.0m

점성토층      $\gamma_t = 17\text{kN/m}^3$
              $C_u = 20\text{kN/m}^2$
21.0m

사질토층      $\gamma_t = 19\text{kN/m}^3$
              $\phi = 35°$
26.0m

말뚝($\phi 500 \times 9\text{mm}$)
(총 6본 설치, $l = 20\text{m}$)

1. 측방유동지수

$$F = \frac{c}{\gamma HD} = \frac{20}{19 \times 6 \times 10} = 0.018 < 0.04 \qquad \therefore \text{유동 가능}$$

여기서, $D$ : 연약층 두께

2. 측방유동 판정수(교대의 $L = 6\text{m}$, $B = 10\text{m}$)

$$I = \mu_1 \cdot \mu_2 \cdot \mu_3 \frac{\gamma H}{C}$$

$$\mu_1 = \frac{D}{l} = \frac{10}{20} = 0.5 \qquad \text{여기서, } l : \text{말뚝길이}$$

$$\mu_2 = \frac{b}{B} = \frac{0.5 \times 6본}{10} = 0.3$$

$$\mu_3 = \frac{D}{L} = \frac{10}{6} = 1.67$$

$$I = 0.5 \times 0.3 \times 1.67 \times \frac{19 \times 6}{20} = 1.43 > 1.2 \qquad \therefore \text{유동 가능}$$

## 9 사질토의 겉보기 점착력(Apparent Cohesion)

### 1. 겉보기 점착력(Apparent Cohesion)

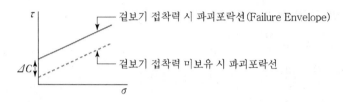

(1) 겉보기 점착력은 어떤 조건이 주어지면 나타나고 조건이 없어지면 사라지는 점착력으로 정의됨

(2) 즉, 겉보기 점착력은 항상 일정하게 작용되는 것이 아님을 의미함

(3) 따라서, 겉보기 점착력이 발휘되면 지반안정성이 보다 유리하게 됨

### 2. 용적팽창(Bulking)

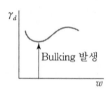

① Bulking 시 표면장력에 의해 모래에서 팽창이 생겨 건조단위중량이 작음

② 이에, 반력으로 입자결합력에 의한 겉보기 점착력이 발생

③ 그러나, 포화나 건조 시 겉보기 점착력이 없어지게 됨

### 3. 불포화토

① 불포화토의 전단강도는 $S = c' + (\sigma - u_a)\tan\phi' + (u_a - v_w)\tan\phi^b$로 표현됨

② $(u_a - u_w)\tan\phi^b$는 불포화 시 가능하므로 겉보기 점착력에 해당됨

③ 즉, 불포화 시 전단강도가 커짐을 의미함

## 🔟 카이저효과(Kaiser Effect)

### 1. 개요
(1) Kaiser 효과를 이용하여 암석시료에 하중을 가해 AE가 급증하는 하중을 측정함
(2) AE(Acoustic Emission) : 암석이 하중을 받으면 미소균열이 발생되고 이때 생기는 미소파괴음
(3) Kaiser 효과 : 이전에 작용했던 최대 응력을 초과할 때까지 AE의 발생이 적고 초과 응력에 대해
    AE가 크게 발생되는 현상

### 2. 활용
(1) 암석시료에 하중을 가해 AE 측정으로 초기지압비 산출

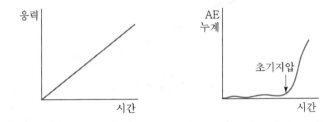

(2) 과지압 암반
① 대체로 낮은 응력이 발생하는 저심도 구간에 발생하는 암반의 안정은 구조적 블록거동이 주된 문
    제이나 대심도 구간에서는 불연속 거동이 높은 지압에 대해 억제되므로 과지압에 의한 암반거동
    이 문제가 됨
② 과지압 암반(Over-Stressed Rock Mass)은 연직, 수평응력의 차이가 커 불안정할 수 있는 지
    반으로 암반강도의 일정비율(예 40~60%) 이상인 지압작용으로 취성파괴가 생길 수 있는 지반임

(3) 사면유지관리
계측으로 사면붕괴 조짐을 감지함

### 3. 평가
(1) 미소파괴음기술은 주로 실내시험에 한정적으로 적용됨
(2) 현장에 적용을 위한 기술개발로 지반구조물의 시공과 유지관리에 대한 관심과 연구가 요망됨

## 11 지표투과레이더(GPR) 탐사의 원리 및 특징

### 1. 개요
GPR(Ground Penetration Radar) 탐사는 전자파를 송신원으로 하여 매질의 물성이 바뀌는 경계면에서 반사된 전자파가 수진기까지 도달하는 데 걸리는 시간을 측정하여 지반구조 및 지하에 존재하는 각종 구조물의 위치와 형상을 해석하는 탐사법임

### 2. 탐사방법

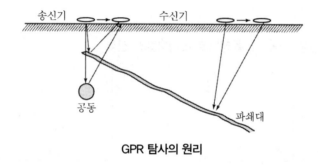

**GPR 탐사의 원리**

(1) 지표 또는 터널과 같은 지하에서 측선을 따라 송·수신 안테나를 함께 이동시키면서 자료를 획득
(2) 조사대상의 심도에 따라 다양한 주파수의 안테나가 사용되며 주파수가 높을수록 가탐심도는 감소하고 해상도는 향상됨

### 3. 특징
(1) 일반물리탐사에 비해 장비가 간편하고 작업이 용이함
(2) 고주파를 사용하므로 해상도가 월등함
(3) 전도도가 높은 지역에서는 심한 감쇠로 적용성이 결여됨
(4) 10m 이상의 가탐심도를 확보하기에 곤란함

### 4. 이용
(1) 파이프, 지중케이블 등 지하매설물조사
(2) 천부 정밀 지반조사
(3) 토목구조물의 비파괴검사
(4) 지반오염조사
(5) 지반함몰조사

## 12 연약지반 기초보강 시의 콘크리트 중공블록 공법

### 1. 개요

    (1) 기초지반을 보강하기 위해 콘크리트 재질의 가운데가 빈 블록형태 공법임

    (2) 시공으로 응력 저감, 침하를 감소시키는 효과가 있음

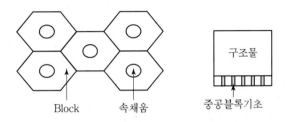

### 2. 효과

    (1) 응력 저감 : 구조물하중을 분산하여 작용하중 경감

    (2) 침하 경감 : 지중응력분포 범위 감소로 침하량 감소

### 3. 특징

    (1) 공장제작으로 단순 시공

    (2) 소규모장비로 시공성 확보

    (3) 비교적 소규모구조물에 기초보강 적용

## 13 옹벽의 활동방지 메커니즘

### 1. 활동에 대한 안정

(1) 옹벽은 기본적으로 전도, 활동, 지지력에 대해 안정해야 하며

(2) 활동은 배면토압에 대해 수평으로 이동에 대한 안정임

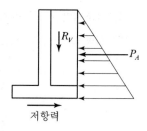

### 2. 활동방지 Mechanism

(1) 수평토압 < 수평의 저면 마찰저항력이 되어야 함

(2) Shear Key가 없는 조건 저항력

저항력 $= C_a B + R_v \tan\delta$

여기서, $C_a$ : 부착력

$\delta$ : 마찰각

$B$ : 저면폭

$R_v$ : 연직하중의 합

(3) Shear Key가 있는 조건저항력

① 그림에서 $a$구간 : 흙과 흙의 전단구간으로

$CB_1 + R_v \tan\phi$

여기서, $C$ : 점착력

$\phi$ : 전단저항각

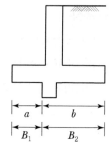

② 그림에서 $b$구간 : 흙과 콘크리트의 전단구간으로 (2)의 Shear Key가 없는 조건저항력과 같음

## 2 교 시 ( 6문 중 4문 선택, 각 25점 )

【문제 1】
사질토지반에서 토목구조물에 작용하는 주동토압, 수동토압, 정지토압 상태의 변화를 설명하고, 사질토의 내부마찰각이 30도일 때 토압계수 크기와 수평변위와의 관계도를 설명하시오.

1. 토압상태변화

   (1) 벽체의 변위에 따른 토압

   ① 토압의 크기는 벽체의 변위와 깊은 관계가 있으며 변위상태에 따라 그림과 같이 주동상태, 정지상태 및 수동상태로 구분됨

   ② 토압의 크기는 주동상태, 정지상태, 수동상태 순서로 크게 됨

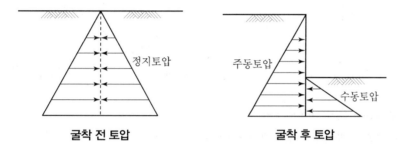

| 굴착 전 토압 | 굴착 후 토압 |

   ③ 굴착 전에는 양측에 동일한 크기의 정지토압(Lateral Earth Pressure at Rest)이 작용하여 응력이나 변형의 변화가 없음

   ④ 굴착 후

   • 배면 측 : 굴착에 따른 토류벽 변형으로 토압이 감소하여 주동토압상태가 됨

   • 굴착 측 : 배면 측에서 굴착 측으로 변위됨에 따라 토압이 증가하여 수동토압상태가 됨

2. $\phi = 30°$일 때 토압계수 크기

   (1) 조건 : Rankine 토압 적용

   (2) 주동토압계수

   $$K_a = \frac{1-\sin\phi}{1+\sin\phi} = \frac{1-\sin35°}{1+\sin35°} = \frac{1-0.574}{1+0.574} = 0.271$$

(3) 정지토압계수(경험식 적용)

$K_0 = 1 - \sin\phi = 1 - 0.574 = 0.426$

(4) 수동토압계수

$K_p = \dfrac{1}{K_a} = \dfrac{1+\sin\phi}{1-\sin\phi} = \dfrac{1+0.574}{1-0.574} = 3.695$

(5) 토압계수 크기 비교 : 주동 < 정지 < 수동토압계수


## 3. 수평변위관계도

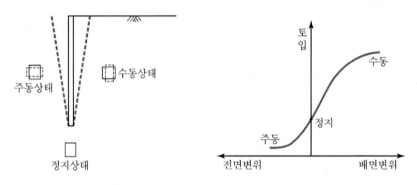

(1) 주동토압(Active Earth Pressure)

벽체가 외측으로 변위하여 흙이 팽창하여 발생되는 토압

(2) 수동토압(Passive Earth Pressure)

벽체가 내측으로 변위하여 흙이 압축하여 발생되는 토압

(3) 정지토압(Lateral Earth Pressure at Rest)

벽체가 외측 또는 내측으로 변위가 없는 상태로 흙이 압축 또는 팽창이 없는 상태에서 발생되는 토압


## 4. 평가

(1) 토압은 벽체 변위에 밀접한 관계가 있으며 토압 크기는 주동 < 정지 < 수동토압 상태임

(2) 주동토압은 돌출된 벽체의 하중, 정지토압은 지중구조물의 하중, 수동토압은 저항력의 성분임

(3) 수동토압은 수동변위가 발생되기 위해서는 큰 변위가 필요하므로 변위를 고려한 토압을 적용하거나 적정한 안전율(예 2~3)을 적용해야 함

【문제 2】

압밀계수의 정의, 실내시험에서 압밀계수 결정방법 및 적용방법에 대하여 설명하시오.

## 1. 정의

(1) 압밀계수는 압밀침하의 시간적인 영향, 즉 압밀진행의 속도를 나타내는 계수로 다음과 같이 표시한다.

$$C_v = \frac{k}{m_v \cdot \gamma_w} = \frac{k(1+e)}{a_v \cdot \gamma_w}$$

(2) 압밀방정식

$\dfrac{\partial u}{\partial t} = C_v \dfrac{\partial^2 u}{\partial z^2}$, 임의의 시간에 대한 깊이($z$)에서 과잉간극수압(Excess Porewater Pressure)의 소산은 압밀계수(Coefficient of Consolidation)에 지배됨

## 2. 압밀계수 결정

(1) $\sqrt{t}$ 법(Taylor)

① 압밀시험에 의한 시간-압축량 곡선을 그린다.

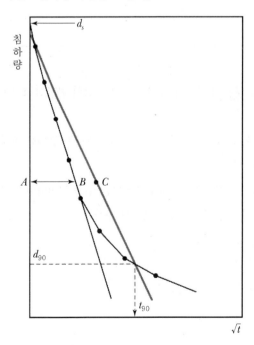

② 실측곡선 부분 중 초기직선에 해당하는 부분의 연장선을 긋고 세로축과 만나는 점 $d_s$를 구한다.

③ $\overline{AC} = 1.15\,\overline{AB}$ 되게 $C$점을 잡은 후 $d_s$에서 $C$선을 연장하여 그리면 실측곡선과 만나는 점이 압밀도가 90% 되는 점이다.

④ $d_{90}$에 대응하는 $t_{90}$을 결정하여 압밀도 90%에 해당하는 시간계수 $T_v$를 이용하여 아래의 식으로 압밀계수를 구한다.

$$C_v = \frac{T_v \cdot D^2}{t_{90}} = \frac{0.848 \cdot D^2}{t_{90}}$$

(2) log $t$법(Casagrande)

① 압밀시험에 의한 시간 – 압축량 곡선을 그린다.

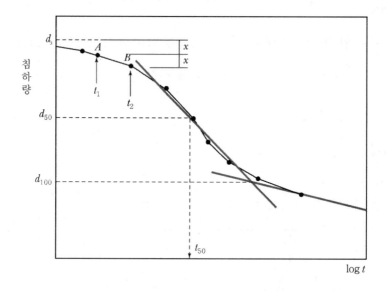

② 실측 곡선에서 중간 부분의 직선과 마지막 부분 직선의 연장선 교점을 압밀도가 100% 되는 $d_{100}$을 정한다.

③ $t_2 = 4t_1$이 되도록 $A$, $B$점을 잡은 후 $x$거리만큼 $A$점에서 동일한 거리를 이동시켜 $d_s$점을 정하여 수정영점(零點)으로 한다.

④ $d_s$와 $d_{100}$ 거리의 반이 $d_{50}$이므로 이 값에 대응하는 $t_{50}$을 결정하여 압밀도 50%에 해당하는 시간계수 $T_v$를 이용하여 아래의 식으로 압밀계수를 구한다.

$$C_v = \frac{T_v \cdot D^2}{t_{50}} = \frac{0.197 \cdot D^2}{t_{50}}$$

## 3. 압밀계수의 평가 및 적용

(1) $\sqrt{t}$ 법과 $\log t$ 법으로 구한 압밀계수는 일치하지 않을 수 있으며 정규압밀 구간에서 $\log t$ 방법으로 구한 압밀계수가 보다 작다.

(2) $\log t$ 법이 실제와 더 부합한다는 주장도 있고 $\sqrt{t}$ 법이 실제와 부합된다는 사례가 있어 우열의 판단이 곤란하다.

(3) 시료교란으로 인한 실내시험결과는 그림과 같이 압밀계수가 작게 나타난다.

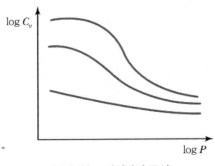

**압밀계수 – 압밀압력 곡선**

(4) 압밀계수 적용방법

① $\log P - \log C_v$ 곡선에서 $P_o + \dfrac{\Delta P}{2}$에 해당되는 값 사용

(도로토공연약지반설계와 시공, 건설문화사, 1984. p.33, p.187)

② 침하가 예상보다 빠르다는 견지에서 $P_c$ 값 이상의 하중, 즉 정규압밀영역에서 최댓값 사용

(지반공학시리즈, 연약지반, 한국지반공학회, 1995. p.158)

③ 평균압밀계수 사용

(연약한 지반의 조사 · 설계의 시공, 건설부, 1980. p.125)

(5) 층별로 압밀계수가 다른 경우의 취급

$$H = H_1 \sqrt{\frac{C_v}{C_{v1}}} + H_2 \sqrt{\frac{C_v}{C_{v2}}} + ...$$

여기서, $H$ : 환산연약층 두께

$H_1$, $H_2$ : 각 층의 두께

$C_{v1}$, $C_{v2}$ : $H_1$, $H_2$에 대한 압밀계수

$C_v$ : 임의의 기준 압밀계수

(6) 평가

① 보통 $\sqrt{t}$ 법을 주로 사용하고 있으나 $\sqrt{t}$ 법과 $\log t$ 법에 의한 압밀계수의 평가가 필요하다.

② 시료 교란을 최소로 해야 하며 교란된 시험값은 배제토록 한다.

③ 설계단계에서 다소 안전 측이 되는 값을 사용하고 계측성과를 분석하여 조정함이 실무적으로 바람직하다.

> **참고** 환산 연약층 두께 계산
>
> $$H = H_1 \sqrt{\frac{C_v}{C_{v1}}} + H_2 \sqrt{\frac{C_v}{C_{v2}}} \,,\ 기준\ C_v = C_{v_1} = 8 \times 10^{-4} \mathrm{cm}^2/\mathrm{sec}$$
>
> $$H = 1,000 \sqrt{\frac{8 \times 10^{-4}}{8 \times 10^{-4}}} + 1,000 \sqrt{\frac{8 \times 10^{-4}}{5 \times 10^{-3}}} = 1,400 \mathrm{cm}$$
>
> 주) $H_1,\ H_2,\ C_{v2}$ : 가정된 수치임

【문제 3】
투수계수에 영향을 미치는 요소를 설명하시오.

## 1. 투수계수 정의

### (1) Darcy 법칙

① 식 : $v = Ki$,  $Q = vA = KiA = K\dfrac{\Delta h}{L}A$

② 의미

- 유량은 통수단면과 수두차에 비례
- 물이 흐르는 거리에 반비례
- 투수계수는 비례상수 역할

③ 조건

- 흙이 물로 포화
- 층류
- 정상류

(고압흐름, 지반균열 시, 지반 체적 변화 시 적용 곤란)

### (2) 동수경사(Hydrautic Gradient)

① 식 : $i = \dfrac{\Delta h}{L}$

② 의미

- 동수경사는 수두차에 비례
- 유로길이에 반비례

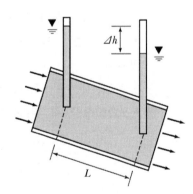

### (3) 투수계수(Permeability Coefficient)

$v = Ki$에서 $i = 1$일 때 물의 유속으로 되며 지반에 따라 일정한 값이 됨

## 2. 영향요소

### (1) 흙 영향

① 입경

- 조립토

- $K = (100 - 150) D_{10}^2$에서 유효경이 2배 커지면 투수계수가 4배 커짐

- $D_{10}$ : 입도분포곡선에서 10% 통과율에 해당하는 입경(cm)

② 구조

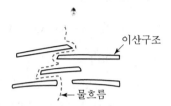

- 세립토

- 면모구조가 이산구조보다 투수성이 더 큼

- 이산구조는 유로가 구불구불하게 되어 면모구조보다 투수계수가 작음

③ 간극비

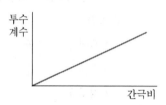

- 조립토, 세립토

- 간극비 $\left( e = \dfrac{V_v}{V_s} \right)$가 커지면 투수계수가 커짐

### (2) 물 영향

① 점성계수(온도)

- 온도 증가 시 물이 활성화됨

- 즉, 온도 증가 시 투수계수가 커짐

② 포화도

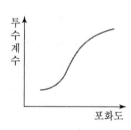

- 불포화 시 기포가 물흐름을 방해

- 포화도가 클수록 투수계수가 커짐

【문제 4】
부마찰력이 작용하는 말뚝기초에 대한 다음 사항에 대하여 설명하시오.

1) 중립면의 결정

2) 부마찰력의 크기와 말뚝침하량의 관계

3) 부마찰력을 받는 말뚝기초의 설계방향

## 1. 부주면마찰력(Negative Skin Friction)과 중립면

(1) 부주면마찰력은 지반변위가 말뚝변위보다 큰 구간에서 작용되는 하향의 마찰력임

(2) 중립면은 지반과 말뚝 변위가 같아서 상대변위가 없는 위치임. 즉, 부마찰과 정마찰의 경계위치
가 됨

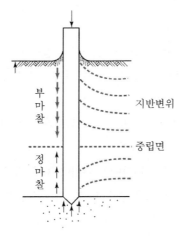

(3) 중립면 산정

지반의 압밀침하와 말뚝의 침하가 같아서 상대적 이동이 없는 위치가 있게 되며 이와 같이 부주면마
찰력이 정주면 마찰력으로 변화하는 위치를 중립면이라고 함

① 힘의 균형에 의한 방법

② 침하균형에 의한 방법

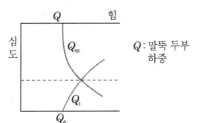

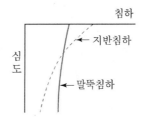

## 2. 부주면마찰력 크기와 말뚝침하량

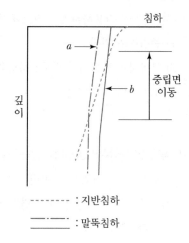

① 그림에서 $a$보다 $b$가 말뚝침하량이 큼

② 여기서, 말뚝침하량이 크면 중립면이 위로 올라감을 알 수 있음

③ 중립면이 위로, 즉 지표면 방향으로 이동은 부주면마찰력이 (Negative Skin Friction) 감소함을 의미함

④ 따라서, 부주면마찰력 크기는 말뚝침하량과 관계가 있으며 말뚝의 침하량이 크면 부주면마찰력은 감소하고 당연히 허용침하량(Allowable Settlement)을 만족해야 함

-------- : 지반침하

—·—·— : 말뚝침하

## 3. 설계방향(Unified Design Method)

① 지반침하 초기에는 중립면은 말뚝 상단에 위치하며 침하가 진행되면 중립면은 아래로 이동함

② 말뚝이 상대적으로 더 침하하면 중립면은 위로 올라가고, 말뚝침하가 크면 부주면마찰력이 감소함을 의미함

③ 부주면마찰력은 중립면에서 최대가 되므로 고정하중과 부주면마찰력에 대해 안정해야 함 (말뚝허용강도＞고정하중＋부주면마찰력)

④ 중립면은 고정위치가 아니라 말뚝과 지반의 변위에 따라 변함

⑤ 부주면마찰력 문제는 지반지지력보다 말뚝하중과 침하의 문제임

【문제 5】
지하구조물의 진동특성 및 지하구조물의 지진 시 변형양상을 설명하고 산악을 관통하는 600m 길이의 NATM 터널을 예를 들어 구간별 내진해석법을 설명하시오.

# 1. 지하구조물 내진

## (1) 개념

내진설계란 지진 시나 지진이 발생된 후에도 구조물이 안정성을 유지하고 그 기능을 발휘할 수 있도록 설계 시에 지진하중을 추가로 고려하여 설계를 수행하는 것을 의미한다. 지하터널 내진설계는 성능에 기초한 내진설계 개념을 도입하였으며 설계 기본원칙은 비교적 큰 규모의 지진에 의한 지반진동에 의해서도 구조물의 전부 또는 일부가 붕괴되어서는 안 되며, 가능하면 지진에 의한 피해예측이 가능하고 피해조사와 보수를 위해 현장접근이 가능하도록 설계해야 한다.

## (2) 내진설계대상 지역 및 구조물

① 토피의 두께가 얇고 지반이 연약한 터널의 갱구부, 주요 구조물 접속부 구간
② 대규모 단층대 및 파쇄대 통과구간, 지층구조가 급변하는 계곡부
③ 천층터널 및 편경사 지형으로 지진 시 터널의 안정성이 취약하다고 판단되는 구간
④ 지반의 자립이 어려운 연약한 지층에 터널이 위치한 구간
⑤ 액상화가 우려되는 연약지반 내 터널구간

# 2. 지하구조물의 진동특성

(1) 지중구조물의 겉보기 단위중량은 주변지반의 단위중량보다 작아 관성력이 작게 되므로 구조물을 진동시키려는 힘이 작음
(2) 지중구조물은 주변이 지반으로 둘러싸여 있기 때문에 주변지반으로 감쇠가 커 진동이 발생해도 짧은 시간 내에 진동이 정지함(발산감쇠)
(3) 따라서 지상구조물은 관성력이 중요하지만 지하구조물은 지진 시 지반에 생기는 변위가 중요함

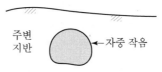

## 3. 지진 시 변형양상

### (1) 압축 또는 인장

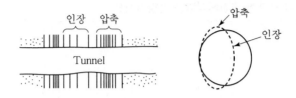

### (2) 휨(Bending)

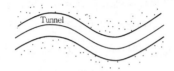

### (3) 흔들림(Rocking)

## 4. 터널구간별 내진해석

### (1) 조건

① 산악지의 600m NATM 터널

② 600m로 비교적 장대터널은 아니지만 아주 짧은 터널도 아님

③ 지상돌출구조물, 즉 갱구부, 비교적 양호한 지반구간, 지반변화 또는 취약지반구간을 설정할 수 있음

### (2) 갱구부 : 유사정적해석, 즉 진도법 적용

① 개요

지진 시 정적인 하중에 지진으로 인한 지진관성력을 추가하는 방법으로 유사정적해석(Pseudo-static Analysis)이라고도 함

② 지진관성력

$$F = m\alpha = \left(\frac{W}{g}\right)\alpha = kW$$

여기서, $F$ : 지진관성력

$m$ : 질량

$\alpha$ : 지진가속도

$W$ : 구조물중량

$g$ : 중력가속도

$k = \dfrac{\alpha}{g}$ 로 표시되며 진도(지진계수)

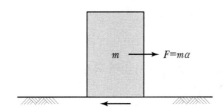

(3) **비교적 양호한 지반 : 응답변위법 적용**

① 지반물성치, 설계지진파에 대해 지반응답해석(예 SHAKE program)하여 구조물 깊이별 변위 산정

② 지반반력계수에 의해 지진력 산정

즉, $K = \dfrac{P}{S}$ 에서 $P = K \cdot S(K :$ 지반반력계수, $S :$ 변위량)

③ 구조물중량에 대해 관성력 산정

즉, $F = K_h \cdot w(w :$ 구체중량)

④ Model 개념도

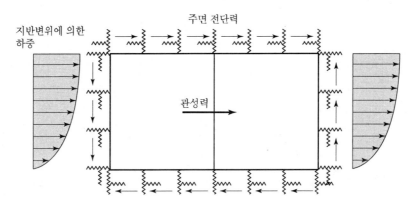

(4) **취약조건위치 : 동적해석 적용**

① 단면이 복잡한 위치, 비대칭 형태, 단층파쇄대 지반조건 급변위치 등

② 지진 등과 같은 동하중의 특성과 지반의 동적 물성치로부터 구조물, 댐, 사면 등의 변형－응력관계를 해석하는 방법임

③ 해석방법

- 수치해석을 하기 위한 Modelling
- 실내 및 현장시험하여 전단탄성계수($G$), 감쇠비($D$) 등을 구함
- 실제 동하중 시간이력이나 설계응답스펙트럼으로 동하중 입력
- 수치해석
- 시간, 시공단계별 응력, 변위량을 구함

④ 특징

설계가속도 입력으로 복잡한 지진 특성 고려 가능

- 동하중에 의한 응력, 변형거동 파악
- 입력치(설계적용지진파, 지반 동적 물성치) 및 해석 Model에 따라 해석 결과 상이

【문제 6】
폐기물매립에 따른 침하특성은 폐기물과 매립지반의 침하로 일반적인 지반침하와 다른 양상을 나타낸다. 즉, 폐기물이 매립되어 안정화되는 데에는 많은 시간이 소요된다. 이러한 과정을 경과시간에 따른 침하곡선모델을 이용하여 초기단계에서 잔류침하단계까지 구분하여 설명하고, 침하량 산정 방법 및 현장계측을 통한 장기침하량 예측방법에 대하여 설명하시오.

## 1. 폐기물침하 개념

  (1) **역학적 작용** : 다짐, 압밀

  (2) **화학적, 생물학적 작용** : 분해, 부패

## 2. 침하곡선모델

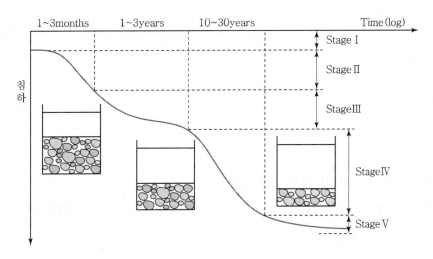

  (1) **1단계(초기침하)** : 변형되기 쉬운 폐기물 침하

  (2) **2단계(초기잔류침하)** : 지속적 변형, 위치이동에 의한 침하

  (3) **3단계(분해)** : 유기물의 초기 분해에 의한 침하

  (4) **4단계(분해 완료)** : 유기물의 적극적 분해에 의한 침하

  (5) **5단계(최종잔류침하)** : 지속적 침하

## 3. 침하량 산정방법

### (1) 즉시침하

$$S = C_1 C_2 \Delta P \sum \frac{I_z}{E_s} \Delta Z$$

### (2) 압밀침하량

$$S = \frac{C_c}{1+e} H \log \frac{P_0 + \Delta P}{P_0}$$

압밀시험 : 직경 25cm, 높이 40cm 등의 대형시험실시

### (3) 부패침하량

$$S = \frac{C_\alpha}{1+e} H \log \frac{t_1}{t_2}$$

$C_\alpha$[급속분해 : $0.09e$, 완속분해 : $0.03e$]

### (4) 매립지반의 침하구분

| 구분 | 원인 | 기간 | 매립높이 대비 침하량 | 침하량 계산 |
|---|---|---|---|---|
| 초기침하 | 하중증가에 의한 탄성침하 | 수개월 | 약 5% | 탄성계수, N치 |
| 압밀침하 | 하중에 대한 압밀침하 | 1년 정도 | 약 5% | 압밀시험 |
| 부패침하 | 분해에 따른 침하 | 10~15년 | 약 25% | 2차 압밀 |

## 4. 계측을 통한 장기침하 예측(쌍곡선법 예시함)

쌍곡선법은 침하의 속도가 쌍곡선적으로 감소한다는 가정하에 초기의 실측침하량으로부터 장래의 침하량을 예측하는 방법

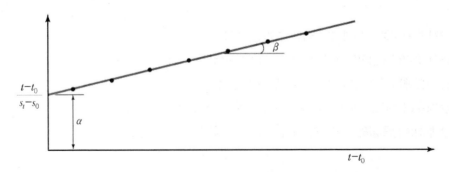

(1) 계산식

$$\frac{t-t_0}{s_t - s_0} = \alpha + \beta(t-t_0) \qquad s_t - s_0 = \frac{t-t_0}{\alpha + \beta(t-t_0)} \qquad S_t = S_0 + \frac{(t-t_0)}{\alpha + \beta(t-t_0)}$$

여기서, $S_t$ : 경과시간 $t$에서의 침하량

$S_0$ : 성토 종료 직후의 침하량

$t_0$ : 성토 종료 직후까지의 경과시간

$t$ : 임의의 경과시간

$\alpha$, $\beta$ : 실측침하량 값으로부터 구한 계수

(2) 최종침하량($S_f$)

$$S_f = S_0 + \frac{1}{\beta}$$

## 3 교 시 ( 6문 중 4문 선택, 각 25점 )

**【문제 1】**
준설매립지역에 지하철공사를 위해 타입된 Sheet Pile 인발 시 침하원인 및 대책을 설명하시오.

### 1. 시공단면

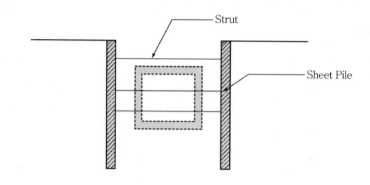

### 2. 문제점

(1) 인발공극

① 인발 시 지반에 공극이 발생되며 Sheet Pile c 체적에 해당되는 공극이 발생됨

② 점성토지반으로 강재에 토사가 부착되어 따라 올라오게 됨

③ 따라서 인발공극은 강널말뚝의 체적에 부착토 사량의 합이 될 것이며 공극발생에 따른 주변침 하 모식도는 그림과 같음

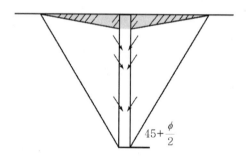

(2) 인발 시 진동

인발 시 Vibro – Hammer 장비에 의한 진동으로 지반이 교란되고 과잉간극수압 발생으로 압밀이 발생하여 지표침하가 생기게 됨

## 3. 대책

### (1) 매몰

현장 바로 옆에 구조물이나 지하매설물이 있어 인발로 문제가 판단되는 경우 시행될 수 있으며 가장 확실하나 자재의 활용성이 없게 됨

### (2) 절단

근입된 Sheet Pile을 절단하고 상부만 인발하는 것으로 영향거리를 줄이려는 목적임

### (3) 고주파 장비 사용

인발 시 고주파 해머로 여러 번 나누어 천천히 인발해야 하고 강재는 신재료를 써서 변형이 적은 것을 사용함

### (4) 충전 실시

① 설치 시 미리 주입파이프를 Sheet Pile에 설치하여 인발과 함께 공극을 충전함

② 인발 후 즉시 모르타르, 모래 등으로 충전함

### (5) 배면보강

배면에 강도보강 및 차단용 Grouting(예 JSP)으로 보강 후 인발함

### (6) 유압인발기 사용

진동으로 문제가 크므로 유압잭에 의한 정적인 방법으로 인발함

배면보강→

## 4. 평가

(1) 인발로 인한 공극, 진동으로 주변지반 이완과 지표침하 등의 거동을 정확히 예측하기는 상당히 어려움

(2) 주변여건에 따라 상기 대책을 검토해야 하며 침하량, 침하영향범위에 대해 사용장비 또는 방법에 따른 시험시공(Pilot Test)을 시행함이 요망됨

【문제 2】
Schmertmann의 원지반 간극비－하중곡선 결정방법에 대하여 다음 사항을 설명하시오.
1) 정규압밀점토의 경우
2) 과압밀점토의 경우

## 1. 개요

   (1) 시료채취와 관련된 교란과 응력해방(Stress Relief)에 의해 그림의 실내시험곡선과 같이 됨

   (2) 점선은 현장상태의 $e - \log P$ 관계도임

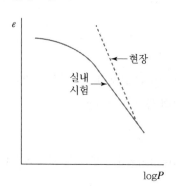

## 2. 교란에 의한 $e - \log P$ 곡선영향

   (1) 교란은 함수비, 간극비, 흙구조 변화로 역학적 성질이 변화되는 현상으로 정의됨

   (2) 압밀곡선 영향은 결합력 상실로 선행압밀하중 감소로 그림과 같이 왼쪽으로 이동됨

   (3) 또한, 교란 유무와 관계없이 $0.42e_0$($e_0$ : 초기 간극비)에 경험적으로 곡선이 만남

   (4) 따라서, 압축지수 $\left( C_c = \dfrac{\Delta e}{\Delta \log P} \right)$의 기울기가 현장보다 감소하게 됨을 의미함

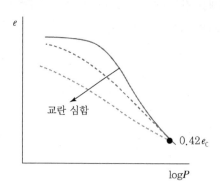

## 3. 보정방법

(1) **정규압밀점토(Normal Consolidated Clay)**

① 압밀시험 결과인 $e-\log P$ 곡선 작성

② $Gw=se$에서 초기간극비($e_0$)를 구함

③ 정규압밀점토이므로 $P_0=P_c$가 되므로 압밀시험

　에서 선행압밀하중(Preconsolidation Pressure)

　을 구함

④ $e_0$의 수평선과 $P_c$의 연직선 교점을 구함

⑤ ④의 교점과 $0.42e_0$ 점과 연결

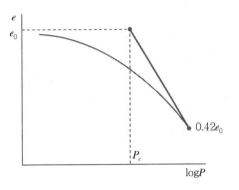

(2) **과압밀점토(Over Consolidated Clay)**

① $e_0$와 $P_0$선의 교점 $B$점 선정

② 재압축지수선과 평행한 선과 $P_c$와의 교점 $C$ 선정

③ $0.42e_0$인 $D$점 선정

④ $BCD$ 선이 보정된 압축곡선이 됨

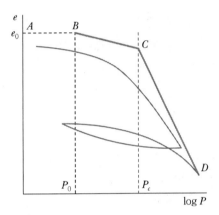

## 4. 평가

(1) 기본적으로 교란이 되지 않게 시료채취, 운반, 취급되어야 하고 가급적 대구경 Sampler 사용해
　야 함

(2) 교란평가하여 $e-\log P$ 곡선을 수정함

(3) 최근 체적변형률에 의한 보정이 신뢰도가 높다고 평가되고 있음

- $\varepsilon_v = \dfrac{e_0-e_1}{1+e_0} \times 100 (\%)$

- $\varepsilon_v = 0$인 $C_c$ 값 선정

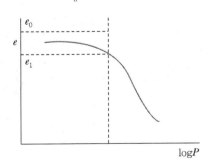

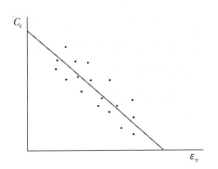

【문제 3】
흙의 동해와 방지대책을 설명하시오.

## 1. 동해

(1) 동결에 따라 구조물에 피해를 주는 것으로 동상(Frost Heave), 동결압 작용, 재료파손, 구조물변형 등이 발생될 수 있음

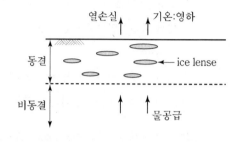

(2) 동결조건

① 동결되기 쉬운 흙(실트)

② 물공급(모관상승)

③ 동결온도 지속(동결깊이)

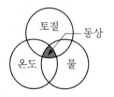

## 2. 사면

(1) 피해

① 사면의 부풂

② 격자 Block, 앵커 Pin의 들뜸

③ 해빙기 사면표층유실

④ 소단배수구 변형

⑤ 낙석

(2) 대책

① 지하수, 지표수 배수시설

② 돌망태(용수 많은 사면)

③ 식생기반공＋배수 Mat

④ 단열재＋배수재

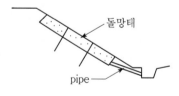

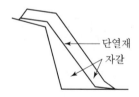

## 3. 옹벽

### (1) 피해

① 동결압

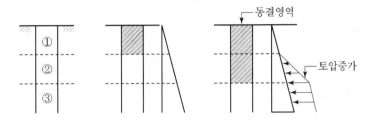

- ①층 동결 시 : 동상으로 초기토압과 같음
- ②층 동결 시 : ①층 구속으로 하향연직응력 증가로 수평토압 추가 발생함

② 벽체 파손, 백태

### (2) 대책

① 동결팽창압을 고려한 설계 시공

② 벽체 배면에 비동결 재료 설치

③ 표면배수공

## 4. 기초

### (1) 문제

① 동상(Frost Heave)

② 동상압작용

③ 융해 시 지지력 저하, 융해침하

④ 융해압밀(융해속도가 빠르면 과잉간극수압(Excess Porewater Pressure)에 의한 압밀침하 발생)

### (2) 대책(자갈기초, 고상식기초)

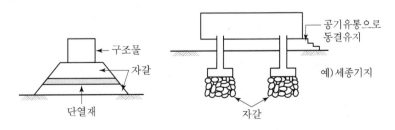

## 5. 터널

### (1) 피해

| 구분 | 현황 |
|---|---|
| 터널기능 저하 | • 유해수에 의한 콘크리트라이닝의 열화<br>• 동결에 의한 콘크리트라이닝 재료의 열화<br>• 터널 주변지반의 동상압에 의한 변상<br>• 토사유입, 퇴적 등에 의한 배수 불량 |
| 차량운행 저해 | • 고드름, 결빙 등의 낙하<br>• 누수 흩날림<br>• 차바퀴의 공회전 및 미끄러짐 |
| 기타 | • 통로, 맨홀 동결<br>• 부대시설 부식 |

### (2) 대책

① 누수방지 : 지수판, 배수
② 동결방지 : 단열재

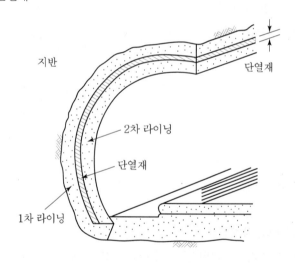

【문제 4】
터널 설계 시 2차원 모델링 기법을 사용하는 이유와 장단점에 대하여 설명하시오.

## 1. 터널굴착 시 Arching

(1) 터널굴착 시 그림과 같이 종방향과 횡방향 Arching이 발생

(2) 발생되는 3차원 아칭을 고려하기 위해 3차원 해석을 하여야 함

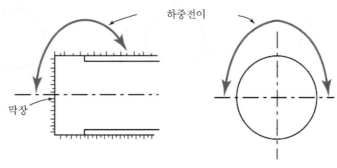

**터널막장에서 3차원 거동**

## 2. 터널 Modelling

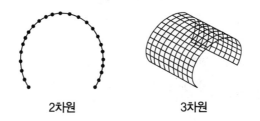

2차원        3차원

(1) 2차원 모델링

① 횡방향 Arching은 2차원으로 고려

② 종방향 Arching은 하중분담률이나 강성변화방법으로 고려

(2) 3차원 모델링

① 횡방향과 종방향 Arching을 3차원 해석으로 고려

② 지형이 급변하는 갱구부, 막장전방의 연약대, 단층대에서 적용성이 큼

## 3. 2차원 사용 이유와 장단점

### (1) 2차원 사용 이유

① 시간과 노력 단축(3차원 절점은 2차원 절점 수의 약 10배)

② 상당히 근접한 경과로 실용적임

③ 3차원을 고려하는 방법적용 가능

• 하중분담률방법

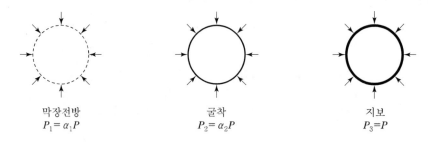

|막장전방<br>$P_1 = \alpha_1 P$|굴착<br>$P_2 = \alpha_2 P$|지보<br>$P_3 = P$|

• 강성변화방법

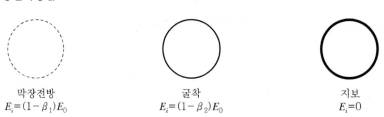

|막장전방<br>$E_i = (1-\beta_1)E_0$|굴착<br>$E_i = (1-\beta_2)E_0$|지보<br>$E_i = 0$|

여기서, $E_0$ : 터널외부 변형계수

$E_i$ : 터널내부 변형계수

$\beta$ : 강성감소계수(0~1 사이), $\beta_1 < \beta_2$

### (2) 장점

① 모델링 단순

② 작업시간이 비교적 짧음

③ 실무적으로 타당한 결과를 얻음

### (3) 단점

① 종방향지형이 급하게 변화되는 구간에는 적용 곤란

② 횡갱, 연직갱 등 3차원 조건 시 고려 곤란

③ 하중분담률, 강성변화 계수의 정확한 값 산정이 어려움

## 4. 평가

(1) 본선구간에 적용

(2) 3차원 구조인 횡갱, 수직갱, 중요구간인 갱구부, 단층대 등은 3차원 해석함

참고  해석순서에 따른 하중분담률의 개념

| STEP | 시공순서 | 하중분담률 | 시공단면 | |
|------|----------|------------|----------|---|
| 0 | 원지반 초기응력 | 100% | | |
| 1 | 상행선 상반굴착 | 40% | | |
| 2 | Soft Shotcrete<br>+Rock Bolt | 30% | | |
| 3 | Hard Shotcrete | 30% | | |
| 4 | 상행선 하반굴착 | 40% | | |
| 5 | Soft Shotcrete<br>+Rock Bolt | 30% | | |
| 6 | Hard Shotcrete | 30% | | |
| 7 | 하행선 상반굴착 | 40% | | |
| 8 | Soft Shotcrete<br>+Rock Bolt | 30% | | |
| 9 | Hard Shotcrete | 30% | | |

【문제 5】
암반사면의 안정성을 평사투영법과 SMR 분류법으로 검토하였다. 이 해석결과로 사면설계를 수행할 때 각 방법의 가정 및 적용한계를 고려하여 실제 발생할 수 있는 사면거동과의 차이점을 설명하시오.

## 1. 개요

(1) 평사투영법

① 개요
- 암반 사면안정 해석 시 일차적인 평가단계에서 사면의 안전성 여부를 평가하는 방법임
- 불연속면의 3차원적인 형태를 Stereo Net에 Pole을 2차원적인 평면상에 투영하여 안정성을 평가하는 방법임

② 작도방법
- 불연속면의 Pole을 Net에 투영
- 절취면의 주향과 경사를 나타내는 대원(Great Circle)과 Daylight Envelope를 작도
- 암반의 내부마찰각을 반경으로 하여 Friction Cone을 작도
- 사면의 경사각에서 내부마찰각을 뺀 값을 경사각으로 하는 대원을 작도하여 Toppling Envelope 작도
- Pole의 위치에 따라 안정성을 검토

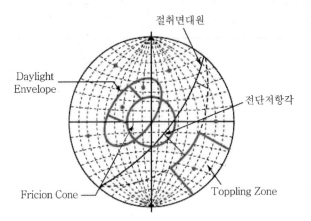

(2) SMR(Slope Mass Rating)

① 인자
- RMR, 암반사면과 불연속면의 경사방향 차($F_1$)
- 불연속면의 경사각($F_2$)

• 암반사면과 불연속면의 경사각 차($F_3$)

② 보정 : 굴착방법 보정($F_4$)

③ 식 : $SMR = RMR + (F_1 \times F_2 \times F_3) + F_4$

## 2. 가정과 적용한계

### (1) 평사투영법

① 기하학적 형태로 파괴가능성 가정

② 사면의 안정성 평가에 암반의 단위중량, 점착력, 간극수압, 사면의 높이 등이 반영되지 않는다.

③ 사면안전율이 구해지지 않는다.

④ 절리연속성, 암괴 크기 고려가 곤란하다.

### (2) SMR 가정과 한계

① SMR은 암반평가인 RMR에 사면과 불연속면의 기하학적 형태와 굴착방법을 고려하여 전체 사면 안정성을 평가하는 가정임

② 등급이 양호 → 불량으로 갈수록 '붕괴 없음 → 블록, 쐐기 파괴 → 평면, 대규모 쐐기파괴 → 대규모 평면, 원호파괴'로 붕괴형태를 제시함

③ 평가는 5개 등급으로 하므로 실제 평가와 현장에서의 안정성과 다소 차이가 발생 가능함

④ 불연속면의 전단강도, 수직응력, 사면높이 등의 직접적인 고려가 없음

⑤ 평사투영법과 같이 예비적 평가로 적용이 제한됨

## 3. 예비평가와 실제 사면거동의 차이

### (1) 파괴평가인데 실제는 안정되는 경우

불연속면의 연장성이 작아 점착력이 충분한 경우 실제 사면은 안정됨

### (2) 안정평가인데 실제는 파괴되는 경우

① 완경사 시 Daylight되지만 안정 가능

② 급경사 시 Daylight되지 않지만 복합작용으로 파괴됨

③ 불연속면에 대한 안정한 경우도 수압작용 시 파괴 가능함

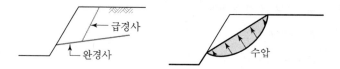

(3) 위험가능성이 같게 평가되는 경우

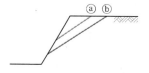

   ① 평가는 ⓐ와 ⓑ가 같게 됨

   ② 활동력과 전단강도에 의한 구체적 계산으로 평가되야 함

## 【문제 6】

지진 시 아래 그림과 같은 옹벽에 대하여 $k_v = 0$, $k_h = 0.3$일 때 다음을 구하시오.

1) $P_{ae}$

2) 옹벽의 바닥에서부터 합력의 작용위치 $\overline{z}$

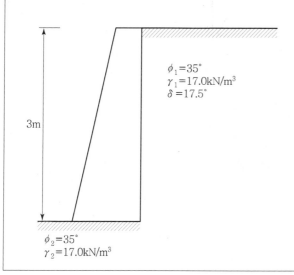

$\phi_1 = 35°$
$\gamma_1 = 17.0\text{kN/m}^3$
$\delta = 17.5°$

3m

$\phi_2 = 35°$
$\gamma_2 = 17.0\text{kN/m}^3$

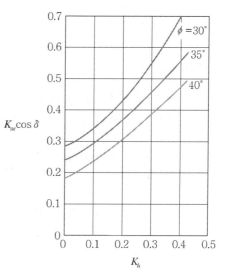

## 1. 지진 시 토압기본개념

### (1) 주동토압

정적작용력 외에 추가적인 등가정적력($K \cdot W$)을 고려하여

$P_{AE} = P_A + \Delta P_{AE}$가 됨

여기서, $P_A$ : 정적토압

$\Delta P_{AE}$ : 동적토압 증분

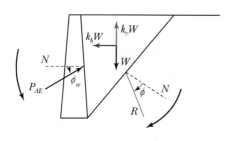

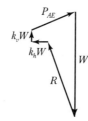

$W$, $K_h \cdot W$, $K_v W$ : 크기와
방향 알고
$R$, $P_{AE}$ : 방향만 앎

### (2) 수동토압

수동상태의 동적토압 증분을 등가정적력으로 고려하며

$P_{PE} = P_P - \Delta P_{PE}$가 됨

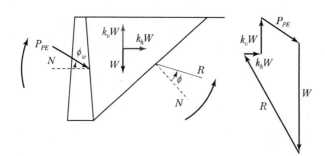

$W,\ K_h \cdot W,\ K_v W$ : 크기와
방향 알고
$R,\ P_{PE}$ : 방향만 앎

(3) 작용위치

① 주동 : $\dfrac{P_A \cdot \frac{1}{3}H + \Delta P_{AE} \cdot 0.6H}{P_A + \Delta P_{AE}}$ , $\Delta P_{AE} = P_{AE} - P_A$

② 수동 : $\dfrac{P_P \cdot \frac{1}{3}H - \Delta P_{PE} \cdot 0.6H}{P_P - \Delta P_{PE}}$ , $\Delta P_{PE} = P_P - P_{PE}$

③ 최근 경향 : 옹벽저면에서 $\dfrac{1}{3}H$ 위치

## 2. 지진 시 주동토압($P_{ae}$)

(1) 관련 식

$$P_{ae} = \frac{1}{2} K_{ae} \gamma H^2$$

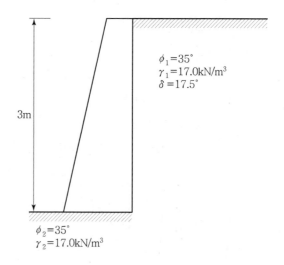

$\phi_1 = 35°$
$\gamma_1 = 17.0 \text{kN/m}^3$
$\delta = 17.5°$

3m

$\phi_2 = 35°$
$\gamma_2 = 17.0 \text{kN/m}^3$

(2) $K_{ae}$

    ① 조건 : $K_h = 0.3$, $\phi_1 = 35°$

    ② 그림에서 $K_{ae}\cos\delta = 0.46$

    ③ $K_{ae} = \dfrac{0.46}{\cos 17.5°} = 0.482$

(3) $P_{ae} = \dfrac{1}{2} \times 0.482 \times 17\text{kN/m}^3 \times (3\text{m})^2 = 36.87\text{kN/m}$

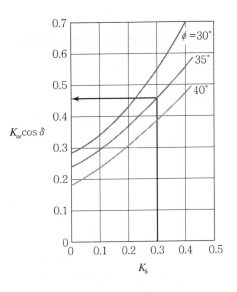

## 3. 작용위치($\overline{Z}$)

(1) 일반적용 : $0.6H = 0.6 \times 3\text{m} = 1.8\text{m}$

(2) 최근 경향 : $H/3 = 3\text{m}/3 = 1.0\text{m}$

(3) 최근 경향은 원심모형시험에 의해 제시된 값으로 AASHTO 등에서 채택

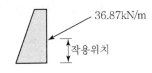

36.87kN/m

작용위치

> **참고** 우리나라 옹벽의 내진설계 및 동적토압 산정과 관련하여 내진선진국의 최신 연구동향 및 내진설계 기준을 고려하여 다음과 같이 개선이 필요한 내진설계기준 방향을 제시하였다.
>
> **1. 변위허용 및 높이에 따른 설계지진계수($k_h$) 보정**
> - 변위 허용에 따라 최대 50%까지 감하여 사용 가능
> - 지반종류뿐만 아니라 옹벽의 중요도 및 높이에 따른 지반응답해석 권고
>
> **2. 동적토압 분포 및 작용점**
> - 동적토압 분포는 정적토압과 동일한 삼각형 형태로 간주
> - 지진 시 외적안정 평가에 정적+동적토압의 작용점은 $H/3$로 평가
>
> **3. 옹벽 구조물의 관성력 고려**
>     지진 시 외적안정 평가에 옹벽구조물의 자중 관성력을 포함
>
> [자료] 국내 옹벽의 유사정적 내진 설계기준 개선방향에 대한 고찰, 한국지진공학회 논문집, 2015. 3. 19권 2호

## 4 교 시 ( 6문 중 4문 선택, 각 25점 )

**【문제 1】**
준설매립토량 산정을 위하여 항만 및 어항 설계기준에 제시하는 유보율 결정방법과 침강자중 압밀시험에 의한 유보율 결정방법에 대하여 설명하시오.

### 1. 개요

(1) 경제성장으로 공업용지, 주거용지, 공항, 항만 등의 수요가 날로 늘어가고 있고 국토가 좁은 사정으로 해안을 매립하게 되었으며 매립 초기에는 주로 쇄석이나 산토가 이용되었음

(2) 매립에 바람직한 재료는 투수성이 좋고 압축성이 작은 조립토이지만 매립량 확보, 운반, 환경피해, 산사태 등 문제로 바다 근처에서 쉽게 구할 수 있는 점성토가 많이 사용되어 가고 있음

(3) 준설점토는 고함수비이고 압축성이 크고 장기간에 걸쳐 압밀이 진행되므로 침강, 자중압밀, 매립에 따른 준설량 산정, 전단강도의 특성파악이 매우 중요함

(4) 사례로는 울산항 저탄장, 마산항 공유수면매립, 여천 용성단지, 광양항, 부산항, 마산공단, 가덕도 신항만, 율촌 산업단지, 송도 공유수면매립, 새만금개발사업 등이 있음

### 2. 준설물량 산정방법

(1) 유보율 개념에 의한 방법

① 준설투기 시 초기함수비가 800~1,500% 정도이며 토사함유율이 10~15% 정도이고 토사가 부유되어 계획된 매립지 외부로 유출하게 되는데 이를 유실이라 함

② 준설토사에 대한 유실의 비율을 유실률이라 하고 매립지 내에 쌓이게 된 양을 유보량이라 하며 준설토사에 대한 유보량의 비를 유보율로 정의함

③ 준설토량($V$)

$$V = \frac{V_o}{P}$$

여기서, $V_o$ : $\dfrac{매립체적}{1-자체수축률} \times (1+침하율)$, $P$ : 평균 유보율

④ 자체수축률
- 사질토 : 층두께 5% 이하
- 점성토 : 층두께 20% 이하

• 점성토와 사질토 혼합 : 10~15% 정도

⑤ 침하율 : Terzaghi의 압밀침하량으로 구함

⑥ 유보율 : 점토 및 점토질 실트 70% 이하

　　　　　모래질 실트 70~95%

　　　　　자갈 95~100%

⑦ 유실률 : 1.2mm 이상 : 없음 1.2~0.6mm : 5~8%

　　　　　0.6~0.3mm : 10~15%

　　　　　0.3~0.15mm : 20~27%

　　　　　0.15~0.075mm : 30~35%

　　　　　0.075mm : 30~100%

⑧ 유보율을 높이기 위해 여수토를 높게 하고 침사지 면적을 크게 해야 함

## (2) 체적비에 의한 방법

① 침강 · 압밀시험으로부터 시간에 대한 계면고의 침강곡선 작도

② 자중압밀의 시점 · 종점을 추정하고 침강압밀계수를 산정

③ 계면고($H$)와 실질 토량고($H_s$) 관계에서 $A$, $B$ 계수를 구하여

　　$\log H = A + B \log H_s$ 관계 산정

④ $\log H = \log H_o - C_s \log t$ 식으로 자중압밀 중 계면고 산정

⑤ 임의시간 $t$에 대한 간극비를 구함

　　간극비 $= \dfrac{V_v}{V_s} = \dfrac{H - H_s}{H_s}$

⑥ 체적비 $= \dfrac{1 + e_t}{1 + e_0}$ 로 시간에 대해 구함

⑦ 체적비 개념은 유보율을 100%로 하여 환경피해가 없도록 하며 준설토량을 최소화하는 방법임

⑧ 준설투기된 점토가 여수로로 흘러가는 동안 충분히 침강이 진행되도록 최소 매립면적이 필요함.

　　즉, $A = \dfrac{Q}{V}$ ($Q$ : 유입량, $V$ : 침강속도)

⑨ 침강 중에 토사와 해수가 월류되어 바다로 방류되지 않게 가토제의 적정높이가 확보되어야 함

## 3. 평가

(1) 준설매립토의 방치기간에 따른 체적변화량, 즉 체적비는 준설투기량을 결정짓는 중요한 요소임

(2) 준설매립토층의 표층에 가까울수록 함수비가 크고 매우 연약하며 방치기간을 길게 유지하더라도

5~10m 이하 부분은 함수비를 100% 이하로 낮추는 것은 곤란할 것임

(3) 사례에 의하면 1년 방치 후 전단강도는 $0.2ton/m^2$ 정도이므로 표층부처리가 필요할 것임

(4) 준설점토의 압밀특성은 자중압밀 완료 후에 준설토 원지반의 압축지수와 압밀계수를 적용할 수 있고 일본에서 이와 같이 설계함

(5) 실내시험에 의한 방법은 넓은 지역에서 장기간에 걸친 준설은 투기에 대한 효과를 반영치 못하므로 현장의 대형 토조에 의해 실내시험을 검증하고 계측을 통해 준설토 침하량, 매립량, 물성치 변화 등을 시공에 반영해야 함

【문제 2】
석회암지대를 통과하는 교량기초에 대한 지반조사 방법에 대하여 설명하시오.

1. 석회암지대의 특징과 문제점

(1) 특징

① 용식구조 : 용식작용으로 연직절리와 층리를 통해 공동, Sinkhole 형성

② 불규칙 기반암선 : 차별풍화, Sinkhole로 기반암선 불규칙 분포(Pinnacled Rock Head)

③ 지질구조 : 여러 차례 습곡, 단층작용 관련으로 연약대가 형성되고 층리, 파쇄대분포, 경사각이 다양

(2) 공학적 문제점

① 압축강도, 변형계수 등 물성치의 편차가 큼

② 공동위치, 분포형태 크기 다양

③ 층리나 절리간격, 방향성, 파쇄대위치와 범위 파악

④ 지반암의 불규칙 형태

⑤ 수위변동 시 지반침하(수위가 상대적으로 낮은 곳은 공동가능성)

⑥ 돌발용수

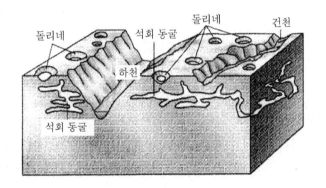

2. 지반조사

(1) 조사착안사항

① 기반암의 복잡한 구조

② 공동분포와 크기의 다양화

③ 공동 내 퇴적물

④ 따라서, 기초위치에서

- 기반암과 공동의 기하학적 분포 형태 파악
- 기반암까지 지층구성
- 각 지층과 공동 내 물질의 공학적 특성치
- 지지층 하부 상태

(2) **조사내용**

① 현장조사

- 지표지질조사
- 전기비저항 탐사
- Geotomography
- 시추조사
- GPR
- Cross Hole

② 현장시험

- 지하수위측정
- 공내재하시험
- 초기지압측정시험
- 수압시험
- 공내전단시험
- BHTV 시험

③ 실내시험

- 토질시험(물성시험, 일축압축, 삼축압축, 전단시험 등)
- 암석시험(일축압축, 삼축압축, 절리면전단, 점하중, 탄성파시험 등)

(3) **방법**

① 순서

- 물리탐사 → 시추조사 → 물리탐사, 현장시험
- 구조물과 지반을 고려하여 필요위치의 시료채취로 실내시험 실시

② 시추 전 물리탐사는 교량기초위치에 공동 등 현황 파악을 위해 실시하며, 시추위치 또는 현장시험 위치를 결정하기 위함

③ 시추 후 물리탐사는 공동규모, 형태, 분포 등을 상세히 파악하기 위한 것임

④ 현장시험과 실내시험으로 파악된 지반의 공학적 물성치로 기초형식, 기초깊이에 따른 안정성 검토가 되도록 시험함

## 3. 평가

(1) 기초안정성을 검토하고 보강대책을 수립하기 위해서는 공동위치·크기, 공동주변 암반상태, 충전물, 지하수위 등에 대해 자료가 선행적으로 확보되어야 함

(2) 보강부위는 평판재하시험, 말뚝재하시험, 공내재하시험, 시추조사에 의한 시료채취, 압축강도, 투수시험, 공내검층을 통해 반드시 확인하고 필요시 추가 보강이 되어야 함

【문제 3】
흙의 다짐에 영향을 미치는 요소와 관련하여 다음 사항을 설명하시오.
1) 함수비가 다짐에 미치는 영향
2) 다짐에너지 크기가 다짐에 미치는 영향
3) 흙의 종류에 따른 다짐 효과

## 1. 개요

(1) 다짐(Compaction) 정의

① 다짐이란 흙의 함수비를 변화시키지 않고 흙에 인위적인 압력을 가해서 간극 속에 있는 공기만을 배출하여 입자 간의 결합을 치밀하게 함으로써 단위중량을 증가시키는 과정을 말한다.

② 다짐은 전압뿐만 아니라 충격력이나 진동으로서도 이루어지며 결과적으로 공기의 부피가 감소하여 투수성이 저하되고 흙의 밀도가 증가하게 되어 전단강도가 증가한다.

(2) 다짐곡선(Compaction Curve)

① 다짐곡선 : 여러 함수비로 다져진 토질의 함수비와 건조단위중량(Dry Unit Weight)과의 관계 곡선

② 최적함수비(OMC ; Optimum Moisture Content) : 최대 건조단위중량을 얻을 수 있는 함수비로 변형 최소 조건의 함수비를 의미

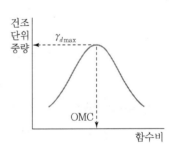

## 2. 함수비 영향

(1) $w - \gamma_d$ 관계도($w$ : 함수비, $\gamma_d$ : 건조단위중량)

① 다짐 시 함수비 변화에 대해 건조단위중량이 다름

② 조건 : 같은 토질에 같은 에너지

③ 이는, 다짐 시 물이 수화($A$점), 윤활($B$점), 팽창($C$점), 포화($D$점) 작용하기 때문

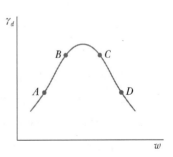

(2) 다짐곡선 형성 이유

① 건조 측 함수비 : 입자 다짐, 즉 조밀화 기여로 건조단위중량 증가

② 최적 함수비 : 조밀화 극대로 건조단위중량 최댓값 형성

③ 습윤 측 함수비 : 물 과다로 인한 토입자 느슨화로 건조단위중량 감소

## 3. 다짐에너지 크기 영향

다짐에너지를 달리하면 다짐곡선이 다르게 그려지는데 다짐에너지가 클수록 최대건조단위중량이 커지고 최적함수비는 작아져서 다짐곡선이 왼쪽으로 이동하게 된다.

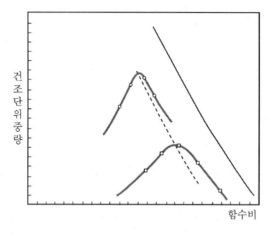

| 구분 | 최대건조단위중량 | 최적함수비 |
|---|---|---|
| 큰 에너지 | 큼 | 작음 |
| 작은 에너지 | 작음 | 큼 |

## 4. 토질종류 영향

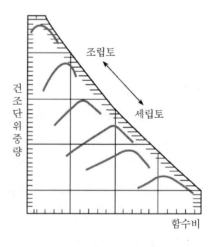

(1) 조립토가 세립토에 비하여 건조단위중량이 크게 나타나고 최적함수비는 작게 나타난다.
(2) 조립토에서는 입도분포가 양호할수록, 최대건조단위중량은 크고 최적함수비는 작다.
(3) 조립토일수록 다짐곡선은 급하고 세립토일수록 다짐곡선은 완만하게 나타난다.
(4) 점성토에서는 소성이 클수록 최대건조단위중량은 감소하고 최적함수비는 증가하며 다짐곡선의 형태가 완만하다.
(5) OMC보다 건조 측에서 최대 전단강도가 나타나고, 약간 습윤 측에서 최소 투수계수를 보인다.

| 구분 | 최대건조단위중량 | 최적함수비 |
|---|---|---|
| 조립토 | 큼 | 작음 |
| 세립토 | 작음 | 큼 |

【문제 4】
점토광물을 구성하는 기본구조와 2층 구조 및 3층 구조 점토광물에 대하여 설명하시오.

## 1. 점토광물의 정의

모래는 중력 작용에 의해 흙의 특성을 나타내나 점토는 중력 작용보다 입자 간의 전기화학적 힘과 관계된 확산이중층, 활성도, 면모 또는 이산과 같은 구조에 크게 지배되고 점토를 이루는 Kaolinite, Illite, Montmorillonite를 3대 점토광물이라 함

## 2. 기본단위

① 화학적 풍화로 형성되며 미세하고 층상조직을 갖는 광물

② 기본단위 : 사면체와 판면체

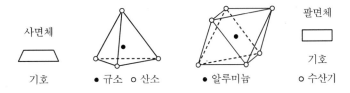

## 3. 점토광물의 종류

(1) Kaolinite

① 2층 구조로 이루어지고 수소결합을 하고 있으므로 다른 점토광물에 비해 안정된 구조임(표면적 15m²/g)

② 활성도($A$) < 0.75로 비활성점토임

③ 통일분류는 주로 ML로 분류됨

(2) Illite

① 3층 구조이며 중간 정도의 결합력을 보유함

② 활성도($A$)는 0.75~1.25로 보통 정도의 활성점토임(표면적 80m²/g)

③ 통일분류는 주로 CL로 분류됨

(3) Montmorillonite

① 결합구조는 Illite와 같으나 층 사이에 물분자와 치환성 양이온 결합이므로 결합력이 약함

② 활성도($A$) > 1.25로 활성점토이며 팽창과 수축이 큼(표면적 800m²/g)

③ 통일분류는 주로 CH로 분류됨

| 구분 | Kaolinite | Illite | Montmorillonite |
|---|---|---|---|
| 형태 | 2층 | 3층 | 3층 |
| 결합 | 강(수소결합) | 중(칼륨결합) | 약(물결합) |
| 표면적 | 15m²/g | 80m²/g | 800m²/g |
| 활성도 | 0.75 이하(비활성) | 0.75~1.25(보통) | 1.25 이상(활성) |
| 통일분류 | 주로 ML | 주로 CL | 주로 CH |
| 소성지수 | 15~20% | 30~50% | 150% 이상 |

## 4. 공학적 의미

(1) 소성도 표시

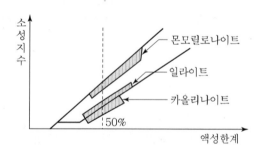

(2) 국내 점토 분포

① 서해안은 주로 Kaolinite, 남해안은 주로 illite가 분포함

② 남해안 점토가 함수비, 소성지수, 액성지수 등이 서해안보다 값이 크며, 분류도 CL, CH가 우세함

(3) 역학적 성질

① 상부 점착력

- 서해안 > 남해안($2 \sim 2.5 > 1.0 \sim 1.5 t/m^2$)

- UU 삼축압축 시험에 의한 전단강도(Shear Strength)임. 즉, 점착력

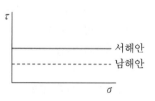

② 압밀상태
- 서해안 : 조류차가 커서 수위변화에 의한 유효응력(Effective Stress) 증가와 간조 시 하향침투에 의한 유효응력 증가로 상부층은 약간 과입밀상태임
- 남해안 : 정규압밀(Normal Consolidation) 상태에 있음

③ 압밀정수
- 압축지수 : 서해안 < 남해안(0.2 ~ 0.4 < 0.5 ~ 1.0)
- 압밀계수 : 서해안 > 남해안($\alpha \times 10^{-3} > \alpha \times 10^{-4} \text{cm}^2/\text{s}$)

④ 역학적 성질은 서해안 점토가 남해안 점토보다 공학적으로 더 안정성이 있음

**참고** 관련 구조물

1. 성토
  ① 성토높이 : 서해안 > 남해안
    이는 점토의 점착력(Cohesion)이 서해안 점토가 크기 때문이며 서해안은 약 5m, 남해안은 약 3m 정도가 한계성토고가 됨
  ② 압밀
    - 서해안 점토가 남해안 점토보다 같은 조건에서 침하량이 적고 압밀소요시간이 비교적 덜 소요됨
    - 이는 압밀과 관련된 특성인 압축지수와 압밀계수의 차이 때문임
    - 압밀침하량은 남해안이 약 2배, 압밀시간은 약 10배 더 걸리게 됨

2. 절토, 굴착
  ① 절토기울기 : 서해안보다 남해안이 완경사가 더 필요
  ② 굴착안전성 : 서해안과 남해안에서 Heaving 검토가 필요하며 서해안은 점토로 분류되더라도 토질 특성에 따라 Heaving이 아닌 Boiling 검토가 필요함(Boiling 문제가 발생된 사례가 있음에 유의해야 함)

---

**【문제 5】**

진동기계기초는 기계진동으로 인해 발생할 수 있는 공진의 영향이 최소화하도록 설계한다. 공진상태를 파악하기 위한 기계-기초-지반계의 고유진동수 결정방법에 대하여 설명하시오.

---

## 1. 개요

(1) 기계의 동하중은 자중 등의 정하중에 비해 작고 장기간 주기적으로 반복 작용하며 그에 따른 지반 반력은 지지력에 비해 작은 탄성범위 내에서 발생하게 된다.

(2) 따라서 기계기초는 정하중에 대해 전도, 활동, 지지력, 침하 등에 만족해야 하고 동하중에 대해 기계의 원활한 작동이 보장되어야 하며 유발되는 진동이 주변사람이나 시설물에 피해를 주지 않아야 한다.

(3) 동적해석의 설계방법

① 기계-기초-지반으로 형성되는 구조계의 자연진동수(Natural Frequency)를 구해 기계의 작동진동수(Operating Frequency)와 비교하여 같지 않게 함으로써 공진(Resonance)현상을 방지한다.

② 기계작동에 따른 진동의 최대진폭(Amplitude)을 계산하여 허용치 이내로 한다.

## 2. 고유진동수 결정방법

(1) 공진

지진, 기계와 같은 진동원에서 발생되는 가진진동수와 구조물이나 지반의 고유진동수와 같게 되면 변위가 기하급수적으로 증가하는데 이 현상을 공진(Resonance)이라 정의하며 이때의 진동수를 공진진동수라 함

(2) 고유진동수

① 기초자료 : 기초무게(기계포함, $m$), 기초등가반경($\gamma_o$)

② 지반자료 : 푸아송비($\nu$), 지반의 단위중량($p$), 전단탄성계수($G$)

③ 질량비($B_Z$) $= \dfrac{1-\nu}{4} \dfrac{m}{p\gamma_o^3}$

④ 스프링상수($K_Z$) $= \dfrac{4G\gamma_o}{1-\nu}$

⑤ 감쇠비($D$) $= \dfrac{0.425}{\sqrt{B_Z}}$

⑥ 자연진동수$(\omega_n) = \sqrt{\dfrac{k_z \cdot g}{m}}$

(3) 반응곡선관계

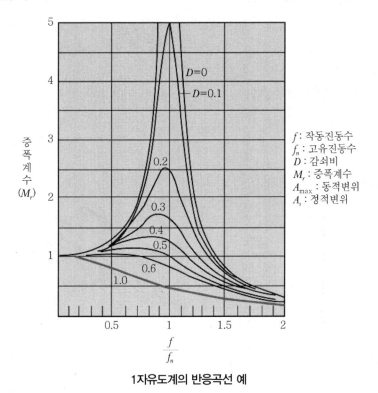

**1자유도계의 반응곡선 예**

$f/f_n$과 $D$에 대한 $M_r$을 구하고 $A_{\max} = M_r \times A_s$로 하여 동적최대변위를 구하여 허용치와 비교함

【문제 6】
국내 보강토옹벽 현장에서는 양질의 토사확보가 어려워 현장에 있는 흙을 종종 사용한다. 현장에 존재하는 흙이 대부분 화강풍화토인 점을 고려하여, 현장조건에 적합한 인발시험을 통해 보강재의 인발저항 평가 및 설계가 이루어져야 한다. 아래 사항에 대하여 설명하시오.
1) 외적 안정성 검토사항
2) 내적 안정성 검토사항
3) 인발시험에 의한 인발저항 평가방법

## 1. 개요

(1) 보강토 옹벽구조

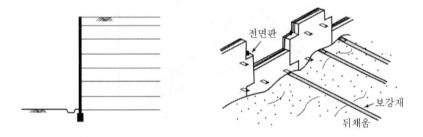

(2) 공법 원리

① Arching

**보강재 사이의 흙의 움직임**

- 토입자 이동은 보강재의 마찰에 의해 횡변위 억제
- 점착력(Cohesion)을 가진 효과 발생

② 겉보기 점착력(Apparent Cohesion)

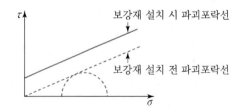

## 2. 외적 안정성

(1) 항목 : 전도, 활동, 지지력

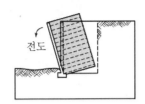 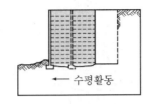 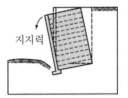

**보강토 옹벽의 파괴 유형**

(2) 전도

$$F_s = \frac{w \cdot a}{P_h \cdot y - P_v \cdot B}$$

여기서, $w$ : 자중

$P_h$, $P_v$ : 토압의 수평, 연직성분

$a$, $y$, $B$ : 작용거리

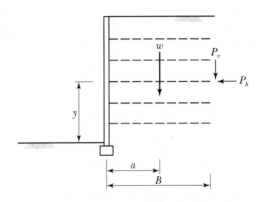

(3) 활동

$$F_s = \frac{R_v \cdot \tan\delta + C_a B}{P_h}$$

여기서, $R_v$ : 보강토무게$+ P_v$

(4) 지지력

$$q_{\max, \min} = \frac{R_v}{B}\left(1 \pm \frac{6e}{B}\right)$$

여기서, $e$ : 편심거리

(5) 전체안정성

① 보강토옹벽의 전반활동에 대한 사면안정 검토로 보강토체를 통과
하지 않는 것으로 하여 기초지반에 대한 안정성 평가임

② 개념적으로 Fellenius식으로 표시하면

$$F_s = \frac{cl + (w\cos\alpha - ul)\tan\phi}{w\sin\alpha}$$

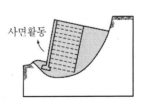

## 3. 내적 안정성

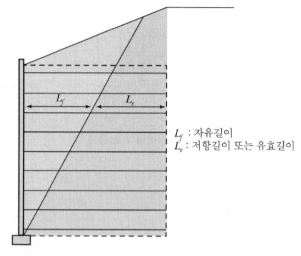

$L_f$ : 자유길이
$L_e$ : 저항길이 또는 유효길이

**내적 안정해석을 위한 파괴면**

(1) 보강띠 절단에 대한 안전율 $F_{s(B)}$

$$F_{s(B)} = \frac{보강띠의\ 항복강도}{보강띠\ 작용력} = \frac{Wtf_y}{\gamma z K_a S_v S_H} \rightarrow 두께\ t\ 산출$$

(2) 보강띠 인발에 대한 안전율 $F_{s(P)}$

$$F_{s(P)} = \frac{보강띠에\ 작용하는\ 마찰력}{보강띠\ 작용력} = \frac{2l_e W \gamma z \tan\phi_{SG}}{\gamma z K_a S_v S_H} = \frac{2l_e W \tan\phi_{SG}}{K_a S_v S_H}$$

$\rightarrow$ 보강띠 유효길이 $l_e$ 산출

## 4. 인발저항 평가방법

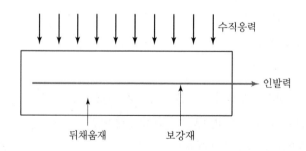

수직응력

인발력

뒤채움재     보강재

$F = 2l(C_a + \sigma \tan\phi_{SG})$ 에서 전단응력은 $\dfrac{F}{2l}$ 이고 수직응력별로 전단응력을 구하여 다음과 같이 평가함

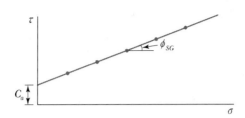

## 5. 평가

(1) 지반조건에 따라 침하, 액상화, 측방유동 등도 필요시 추가로 검토해야 함

(2) 제반 검토를 위한 지층파악, 지반물성치(점착력, 전단저항각 등)가 반드시 조사되어야 하고, 특히 보강재와 뒤채움재의 마찰각($\phi_{SG}$)시험이 필요함

> **참고** 조건 : 보강재 60kN, 연직간격 40cm로 grid 포설, 길이 7m, 뒤채움 $\gamma = 19kN/m^3$, $\phi = 30°$, $\phi_{SG} = 20°$, $q = 10kN/m^2$

### 1. 인장파단

① 설계인장강도($T_d$)

$$T_d = \frac{T_{ult}}{RF_{ID} \times RF_{CR} \times RF_{CD} \times RF_{BD}}$$

$$= \frac{60}{1.1 \times 2 \times 1.0 \times 1.1} = 24.8kN \ (RF값 : 가정 숫자임)$$

② 허용인장강도($T_a$) $= \dfrac{T_d}{SF} = \dfrac{24.8}{1.5} = 16.5kN$

③ 작용토압(5m 위치 조건)

$$(\gamma z K_a + K_a q) S_v S_H = (19kN/m^3 \times 5m \times 0.33 + 0.33 \times 10kN/m^2) \times 0.4m \times 1.0m$$

$$= 14.0kN$$

④ 안정성 : $14.0 < 16.5kN$ ∴ O.K

### 2. 인발

① 유효길이

- 자유길이 : $5m \tan30° = 2.9m$
- 유효길이 $= 7m - 2.9m = 4.1m$

② 인발저항력

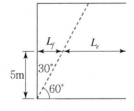

- $2l_e \gamma z \tan\phi_{SG} = 2 \times 4.1 \times 19kN/m^3 \times 5m \times \tan20°$

$$= 283.5kN$$

- 허용인발력 $= 283.5/2 = 141kN$

③ 안정성 : $14 < 141kN$ ∴ O.K

# 제120회
# 과년도 출제문제

## 120 회 출 제 문 제

## 1 교 시 ( 13문 중 10문 선택, 각 10점 )

【문제】

1. 동적콘관입시험(DCPT : Dynamic Cone Penetration Test)의 현장적용성

2. 토량환산계수($C$, $L$)

3. 암석의 동결작용(Frost Action)

4. 동결융해에 의한 지반의 연화(軟化)현상

5. 지반반력계수와 탄성계수

6. 그물망식 뿌리말뚝(Reticulated Root Piles)

7. 이력곡선(履歷曲線, Hysteresis Curve)

8. 석축의 안정성 검토 시 시력선(示力線)의 역할

9. 계면활성제 계열인 고성능 다기능 그라우트재의 공학적 특성

10. 제어발파의 디커플링(Decoupling) 방법

11. 기초구조물 설계 시 지반 액상화 평가를 생략할 수 있는 Case

12. PBD(Plastic Board Drain)의 웰저항에 영향을 미치는 내 · 외적 요인

13. 소할 발파방법 및 장약량 계산

## 2 교 시 ( 6문 중 4문 선택, 각 25점 )

【문제 1】
흙속에 토목섬유(Geosynthetics)와 같은 필터재가 설치되는 경우, 지하수와 같은 1차원적인 물의 흐름에서는 시간 경과에 따라 흙필터층(Soil Filter Layer)을 포함한 고체필터 구조가 형성된다. 이에 대한 메커니즘을 설명하시오.

【문제 2】
지반 내에서의 모관현상과 관련하여 다음 사항에 대하여 설명하시오.
1) 지반 내에 있는 물의 모관상승 및 모관수(Capillary Water)
2) 모관상승 영역에서의 포화도에 따른 간극수압
3) 모관수를 지지하는 힘인 모관 포텐셜(Capillary Potential)에 영향을 주는 인자

【문제 3】
초고층 건물의 기초를 말뚝기초로 설계하고자 할 때 필요한 설계 개념과 계산으로 산정된 주면마찰력의 신뢰성 평가에 대하여 설명하시오.

【문제 4】
낙동강 하구에 있는 지하수가 높은 지역에서 건물 신축을 위한 지하 터파기 작업 진행 중 인접건물(12층 건물)이 기울어지는 사고가 발생하였다. 이에 대한 원인을 규명하고 사전 평가할 수 있는 기법과 방지대책에 대하여 설명하시오.

【문제 5】
암반의 투수성 평가를 위한 루전시험법(Lugeon Test)을 설명하고, 일반적으로 투수계수보다 루전값을 이용하는 이유를 설명하시오.

【문제 6】
포화점토지반 위에 고성토의 6차로 고속도로 건설 시 성토체 하부의 점토지반을 통과하는 가상파괴면상의 임의의 점에 대한 공사기간 중(착공~완공), 공사 완료 후(완공~정상 침투상태까지) 전단응력, 전단강도, 안전율의 변화를 설명하시오.

## 3 교 시 ( 6문 중 4문 선택, 각 25점 )

【문제 1】

자연함수비($W_n$) 50%, 비중($G_s$) 2.7인 포화 점성토층이 8m 두께로 분포하고 있으며, 지반개량을 실시하여 1차 압밀 완료까지 걸리는 시간은 1.5년, 1차 압밀침하량은 150cm가 예측된다. 지반개량 후 현시점에서 함수비($W$)가 36%이고, 2차 압축수지($C_\alpha$)가 0.02인 경우 다음을 구하시오.

(단, 답은 소수점 셋째 자리에서 반올림하여 소수점 둘째 자리까지 구하시오.)

1) 지반개량 후 현시점에서의 평균압밀도($U_t$)

2) 1차 압밀 완료 후 간극비($e_p$)

3) 1차 압밀 완료 후 5년 경과 시 2차 압밀침하량($S_s$)

【문제 2】

표준관입시험(SPT)으로 측정한 $N$값은 여러 요인에 의해 영향을 받게 되어 오차가 발생할 수 있으므로 보정이 필요하다. 이러한 $N$값의 주된 보정항목과 보정방법에 대하여 설명하시오.

【문제 3】

최근 지진 발생으로 인한 피해 사례가 보고되고 있다. 터널 구조물의 지진하중에 대한 피해형태와 안정성(동적해석) 검토에 대하여 설명하시오.

【문제 4】

낙동강 하구지역에 대구경 장대 현장타설 말뚝시공을 계획하고 있다. 경제적인 설계절차에 대하여 설명하시오.

【문제 5】

평야지대를 통과하는 고속국도($B=23.4$m)의 교통량이 증가하여 왕복 6차로 도로($B=30.6$m)로 확장하고자 한다. 공사기간이 짧고 재료의 수급이 불리한 공사구간에 가장 적용이 유리한 연약지반처리공법과 설계 시 유의사항 및 시공 시 고려사항에 대하여 설명하시오.

【문제 6】

지하수위 상승 또는 지표수 침투에 의한 옹벽 붕괴사고 메커니즘, 배수재(경사재, 연직재) 설치효과와 방지대책에 대하여 설명하시오.

## 4 교 시 ( 6문 중 4문 선택, 각 25점 )

【문제 1】
기존에 운영 중인 지하철 노선에 근접하여 지하도로 시공을 위한 지하연속벽을 설치하고자 한다. 지하연속벽 공법의 특징, 슬라임 제거방식, 설계 및 시공 시 검토사항에 대하여 설명하시오.

【문제 2】
지하수위가 높은 연약지반 구간의 흙막이 시공 시 문제점 및 대책과 계측관리에 대하여 설명하시오.

【문제 3】
미고결 점토광물이 존재하는 구간에서 터널공사 후 공용 중인 터널 내 일부 구간에서 도로포장의 변형이 발생했다면, 이에 대한 변형 발생원인과 지반 조사방법, 대책방안에 대하여 설명하시오.

【문제 4】
도로의 노면에 발생되는 인위적인 지반함몰의 종류와 원인을 설명하고, 지하에 매설된 하수도관의 파손을 중심으로 지하수위 위치(파손된 하수도관의 상부, 중간부, 하부)에 따른 지반함몰 발생 메커니즘에 대하여 설명하시오.

【문제 5】
지반을 통과하는 물의 흐름 방향(상향, 하향, 정지)에 따른 지반 내 임의점에서의 유효응력 변화를 설명하고, 이를 토대로 한계동수경사와 분사현상(Quick Sand), 히빙(Heaving)에 대하여 설명하시오.

【문제 6】
아래 그림과 같이 높이 6m, 단위중량($\gamma$) 18kN/m³인 제방이 지표면 위에 설치되어 있을 때, 제방 하부 5m 깊이($z$)에 있는 점 $A_1$과 점 $A_2$ 위치에서의 수직응력 증가량을 각각 구하시오.(단, Osterberg의 영향계수($I_2$)값은 주어진 표의 값을 사용하고, 답은 소수점 셋째 자리에서 반올림하여 소수점 둘째 자리까지 구하시오.)

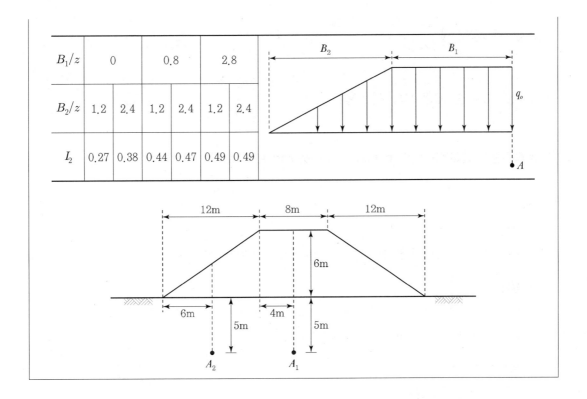

| $B_1/z$ | 0 | | 0.8 | | 2.8 | |
|---|---|---|---|---|---|---|
| $B_2/z$ | 1.2 | 2.4 | 1.2 | 2.4 | 1.2 | 2.4 |
| $I_2$ | 0.27 | 0.38 | 0.44 | 0.47 | 0.49 | 0.49 |

## 120 회 출제 문제

## 1 교 시 ( 13문 중 10문 선택, 각 10점 )

### 1 동적콘관입시험(DCPT : Dynamic Cone Penetration Test)의 현장적용성

1. 개요
  (1) 목적

    보링공과 공 사이의 개략적인 토층성상을 파악하고 원위치의 전단강도 측정

  (2) 방법

    선단콘을 부착한 로드를 일정한 무게의 해머로 자유낙하시켜 지반에 원추를 연속적으로 관입하면서
    30cm 깊이마다 타입에 요하는 타격횟수를 측정

  (3) 결과의 이용

    원위치에서 흙의 관입저항을 측정하여

    ① 상대적인 흙의 조밀도

    ② 다짐 정도

    ③ 토층의 구성을 판정하는 데 이용하며 모래 및 자갈 지반에서 $N$치를 아래와 같이 추정할 수 있다.

    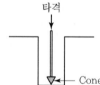

$$N_d ≒ 1.15 \times N$$

    여기서, $N_d$ : 동적콘관입시험에 의한 $N$치

  (4) 특징

    ① 장점

      • 연속적으로 관입할 수 있으므로 지표에서 최종 측정심도까지 연속적인 자료 획득

      • 보링을 하지 않고 원위치에서 시험하므로 작업이 신속하고 비용이 적게 소요

    ② 단점

      • 시료채취가 불가능

      • 관입심도가 증가하면 로드의 주면마찰이 증대하여 측정치가 과대

## 2. 현장적용성

   (1) 보링공 인근에 시험하여 표준관입시험값과 관계식 산정

   (2) 보링공 사이의 지반상태 평가

   (3) 모래지반의 현재 상태와 개량 후(ⓔ 액상화 지반) 평가

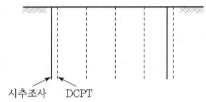

시추조사    DCPT

## ② 토량환산계수($C$, $L$)

### 1. 정의

(1) 자연상태의 흙을 운반하기 위해 흙은 흐트러지게 되고 운반된 흙을 다지며 체적이 감소되며, 자연상태의 토량에 대한 다져진 상태의 토량이나 흐트러진 상태의 토량을 토량변화율 또는 토량환산계수라고도 한다.

$$C = \frac{\text{다져진 상태의 토량}(\text{m}^3)}{\text{자연상태의 토량}(\text{m}^3)}$$

$$L = \frac{\text{흐트러진 상태의 토량}(\text{m}^3)}{\text{자연상태의 토량}(\text{m}^3)}$$

(2) 토량변화율은 다져진 상태일 때 소요흙량, 운반 시 중기 작업량, 다짐 전의 포설두께 등을 구할 때 적용된다.

### 2. 산정방법

(1) 관련 시험

① 현장에서 자연상태와 흐트러진 상태의 들밀도시험

② 실내에서 시료를 다짐하여 다져진 상태의 단위중량 측정

③ $\gamma_d = \dfrac{\gamma_t}{1+w}$ 관계식으로 건조단위중량 산정

(2) 산정

① 정의에서 $C$, $L$값은 토량기준으로 측정이 어려우므로 건조단위중량으로 계산

② $C$, $L$값 계산

(자연상태의 습윤단위중량 $\gamma_t = 1.9\text{t/m}^3$, 함수비 20%, 최대건조단위중량(다짐), $\gamma_{d\max} = 1.8\text{t/m}^3$, 흐트러진 상태의 건조단위중량=$1.3\text{t/m}^3$, $C$는 95% 다짐 시)

자연상태 $\gamma_d = \dfrac{\gamma_t}{1+w} = \dfrac{1.9}{1+0.2} = 1.58\text{t/m}^3$

$$C = \frac{\text{다져진 상태의 토량}(\text{m}^3)}{\text{자연상태의 토량}(\text{m}^3)} = \frac{\text{자연상태의 건조단위중량}}{\text{다져진 상태의 건조단위중량}} = \frac{1.58}{1.8 \times 0.95} = 0.92$$

$$L = \frac{\text{흐트러진 상태의 토량}(\text{m}^3)}{\text{자연상태의 토량}(\text{m}^3)} = \frac{\text{자연상태의 건조단위중량}}{\text{흐트러진 상태의 건조단위중량}} = \frac{1.58}{1.3} = 1.22$$

## 3 암석의 동결작용(Frost Action)

### 1. 정의

(1) 물의 유입으로 동결되어 얼음이 형성되며 팽창압력 발생

(2) 불연속면(Discontinuities)의 틈새 크기 확대, 녹은 물이
   배제되어 공기 유입 발생

### 2. 영향

(1) 팽창압력

   표면의 암석이 팽창압력으로 탈락하는 현상 발생

(2) 풍화(Weathering) 촉진

   틈새 크기 확대로 물과 공기가 접촉하여 풍화 촉진

### 3. 대책

(1) 물 유입을 억제하기 위해 표면 보호

(2) 탈락 위험이 있는 암석은 Rock Bolt 등으로 보강

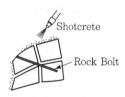

## 4 동결융해에 의한 지반의 연화(軟化)현상

### 1. 동결·융해 개념

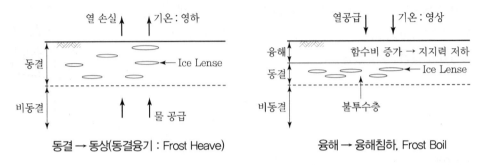

**동결 → 동상(동결융기 : Frost Heave)**  **융해 → 융해침하, Frost Boil**

(1) **동결** : 토질, 온도, 물 조건이 형성되면 Ice Lense 발생
(2) **융해** : 기온 상승으로 Ice Lense가 녹는 조건이 발생

### 2. 연화현상

(1) 정의

기온이 상승하면 동절기에 얼었던 지반의 동결층이 녹기 시작한다. 이때 융해의 속도가 배수의 속도보다 빨라지면 지반의 표면에 많은 수분이 발생하여 지반이 연약화되고 강도가 저하되면서 지지력을 잃게 된다. 이러한 현상을 연화현상이라고 한다.

(2) 조건 : 동결된 지반이 녹음

(3) 문제와 대책

| 문제 | 대책 |
|---|---|
| • 함수비 증가로 지반 연약화<br>• 지지력 감소, 융해침하<br>• 분니현상(Frost Boil) | • 배수시설<br>• 지표수 차단<br>• 비동결 처리 |

**포장 예**  **기초 예**

## 5 지반반력계수와 탄성계수

### 1. 정의

(1) 지반반력계수

기초에 하중이 작용할 때 침하량에 대한 작용하중의 비, 즉 $K = \dfrac{P}{S}$ (ton/m$^3$, kN/m$^3$)를 지반반력계수(Subgrade Reaction Modulus)라 함

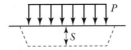

(2) 탄성계수(변형계수 : Deformation Modulus 개념으로 설명)

탄성과 소성거동을 포함한 응력과 변형 관계로 실무적으로 최대응력의 $\dfrac{1}{2}$ 에 해당하는 응력과 변형률로 정의함

### 2. 산정방법

(1) **실내시험** : 삼축압축시험, 진동삼축압축시험
(2) **현장시험** : 평판재하시험, 공내재하시험, Crosshole 시험 등

### 3. 차이와 상관성

(1) 지반반력계수는 응력과 변위량 관계이고 변형계수는 응력과 변형률 관계임
(2) 변형계수는 상수인 반면 지반반력계수는 크기에 영향을 받는 변수임
(3) 상관성 : 서로 호환관계가 있음

  예 $S = qB \dfrac{1 - \nu^2}{E_s} I$에서 $E_s = KB(1 - \nu^2)I$

## 6 그물망식 뿌리말뚝(Reticulated Root Piles)

### 1. 종류

(1) 보통 직경 30cm 이하의 소구경 말뚝으로 지반보강이나 구조물지지 말뚝으로 사용됨

(2) 천공구경이 작아 주변 지반이나 구조물에 영향이 적고 협소한 공간에서 시공 가능

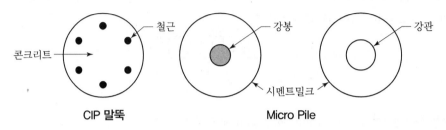

CIP 말뚝             Micro Pile

### 2. 공법원리

(1) 복합지반

① 보강재에 의해 원래의 지반 특성, 즉 전단강도와 변형계수가 증가하여 안정성 향상

② 원지반과 보강재에 의해 복합적으로 안정한 지반을 형성

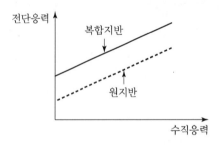

예 광안대교 기초 중 파쇄대 구간

- 지지력 만족
- 침하량 과다
- 변형계수 증가 필요

③ 지지력

$$Q_u = Q_p + Q_s = q_p A_p + \Sigma f_s A_s$$

$$q_p = q' N_q + c N_c$$

$$f_s = C_a + K_s \sigma_v' \tan\delta$$

예 서울시청 Underpinning : 연암 6.5m 근입

(2) 마찰말뚝

① 선단면적이 비교적 작으므로 실무적으로 무시하고 주변 지반과의 주변 마찰력으로 하중 전달 역할

② 압축 또는 인발에 대한 하중을 지지하는 구조물 개념

③ 암반근입 시 선단지지력 확보 가능

④ 좌굴 가능

## 3. 배치 방향

(1) 전단 또는 국부 파괴

**횡방향 변위 억제**

(2) 관입 파괴

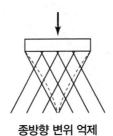

**종방향 변위 억제**

### 7 이력곡선(履歷曲線, Hysteresis Curve)

#### 1. 정의

동적하중을 받는 재료의 전단응력-변형률 관계를 그림으로 그렸을 때 처음 재하 시 곡선(OA, OC)을 골격곡선(Skeleton Curve)이라 하고, 한 Cycle 반복전단으로 생긴 방추형 곡선 ABCDA를 이력곡선 이라 함

#### 2. 전단탄성계수(Shear Modulus)

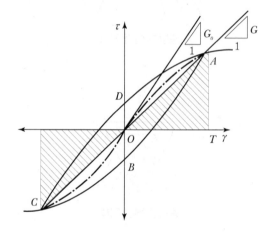

이력곡선의 양단을 이은 선의 기울기로 정의하며, $G = \dfrac{\tau}{\gamma}$로 표시됨

#### 3. 감쇠비($D$)

(1) 감쇠는 진동 또는 파에너지가 시간이나 거리의 증가에 따라 진폭이 감소하거나 에너지 크기가 손실되는 크기로 정의됨

(2) 감쇠에는 기하감쇠와 재료감쇠가 있음

(3) 감쇠비

$$D = \frac{1}{4\pi} \frac{A_L}{A_\tau}$$

여기서, $A_L$ : 이력곡선 ABCDA 면적, $A_\tau$ : AOT의 면적

## 4. 비선형 응력, 변형 특성

### (1) $G/G_o - \gamma$ 관계

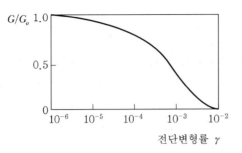

### (2) 감쇠비–전단변형률 관계

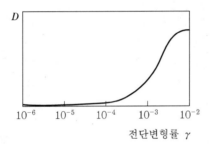

## 8 석축의 안정성 검토 시 시력선(示刀線)의 역할

### 1. 석축

(1) 석축은 배면의 원지반이 단단한 경우나 배후의 성토재가 양호한 경우에 사용되며, 토압이 작을 것으로 예상되는 경우에 한하여 높이 5m 정도까지 적용되는 옹벽

(2) 석축에는 메쌓기와 찰쌓기가 있고, 시공 시 콘크리트나 모르타르의 사용 유무로 구분되며 개요도 는 다음과 같음

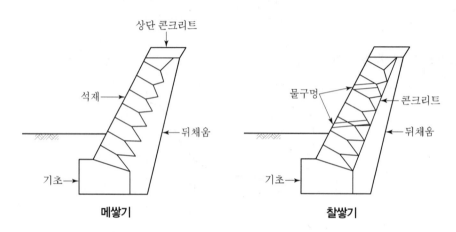

### 2. 토압에 의한 안정 검토방법

(1) 석축의 임의의 위치에서 자중과 토압의 합력이 나타내는 선(시력선) 이 석축두께의 중앙 1/3(Middle Third) 내에 위치하면 안정으로 판정함

(2) 토압은 뒷굽이 없는 형태이므로 Coloumb 토압을 적용함

(3) 시력선 위치

① $A$ : Middle Third 내로 안정

② $B$ : 전면으로 밀리는 불안정

③ $C$ : 배면으로 밀리는 불안정

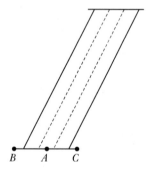

### 3. 평가

(1) 불안정으로 판정 시 높이 축소, 다른 형식의 옹벽 설치, 석재 크기 증가, 뒤채움 콘크리트 두께 증가 등의 조치가 필요함

(2) 불량지반의 경우 지지력, 침하, 특히 전체 사면안정(Grobal Slope Stability) 조건이 필요함

**9** **계면활성제 계열인 고성능 다기능 그라우트재의 공학적 특성**

## 1. 개요

(1) 계면활성제는 혼화제의 일종으로 기존의 그라우트(Grout)재에 혼합하여 성질을 개선하는 물질임

(2) 그라우트는 지반보강 또는 차수공법에 쓰이며, 시공 시나 시공 후에 성능을 개선하기 위해 사용됨

## 2. 공학적 특성

(1) **침투성** : 우수한 유동성으로 작은 간극에 침투하여 개량체 형성

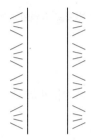

(2) **공벽 유지성** : 높은 점성으로 공벽 유지기능이 커 공벽 우려지반에 유효함

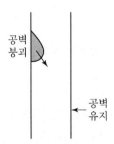

(3) **수중 불분리성** : 수중에서 분리되는 것을 막음으로써 시멘트의 희석이나 중금속 용출 현상 방지

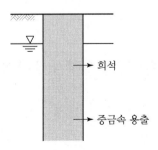

(4) **고유동성** : 저압으로도 유동성이 커 주입에 효과적임

## ⑩ 제어발파의 디커플링(Decoupling) 방법

### 1. 발파공 주변의 암반상태

(1) 발파 시 충격파와 고압가스로 주위의 암반상태가 변함

(2) 분쇄, 파쇄, 균열, 탄성 영역으로 구분됨

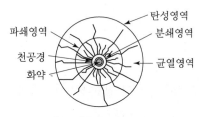

**발파 후 발파공 주위의 암반상태**

### 2. Decoupling

(1) 화약 주변에 공기 범위에 따라 발파효력이 완충되는 영향임

(2) **공기층 얇음** : 완충효과 작음

(3) **공기층 두꺼움** : 완충효과 큼

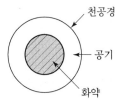

### 3. Decoupling Index

(1) Decoupling 효과를 평가하기 위한 값으로 정의됨

$$D.I = \frac{천공경}{화약경}$$

(2) **D.I값 작음** : 밀장약으로 발파효율이 크나 진동 영향도 큼

(3) **D.I값 큼** : 약장약으로 발파효율이 작고 진동 영향도 작음

### 4. Smooth Blasting 적용

(1) $D.I ≒ 2$

(2) 적정한 발파효율로 암반을 파쇄하므로 진동값이 적당하여 주변 구조물 보호가 가능

## 📘 기초구조물 설계 시 지반 액상화 평가를 생략할 수 있는 Case

### 1. 액상화(Liquefaction)

(1) 느슨, 포화된 모래지반이 지진 시 비배수조건이 될 수 있음

(2) (−)Dilatancy 성향으로 (+)과잉간극수압이 발생됨

(3) 지진의 반복으로 간극수압이 그림처럼 누적되어 전단강도를 상실하는 현상

(4) 즉, $S = (\sigma - u)\tan\phi'$에서 $\sigma = u$이면 $S = 0$이 됨

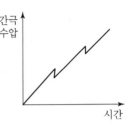

### 2. 평가 제외 조건

(1) 지하수위 상부 지반

(2) 지반심도가 20m 이상인 지반

(3) 상대밀도가 80% 이상인 지반

(4) 주상도상의 표준관입저항치에 기초하여 산정된 $(N_1)_{60}$이 25 이상인 지반

(5) 주상도상의 콘관입저항치에 기초하여 산정된 $q_{c1}$가 13MPa 이상인 지반

(6) 주상도상의 전단파속도에 기초하여 산정된 $V_{s1}$이 200m/s 이상인 지반

(7) 소성지수($PI$)가 10% 이상이고 점토성분이 20% 이상인 지반

(8) 세립토 함유량이 35% 이상인 경우, 원위치시험법에 따른 액상화 평가 생략조건은 다음과 같다.

  ① $(N_1)_{60}$이 20 이상인 지반

  ② $q_{c1}$가 7MPa 이상인 지반

  ③ $V_{s1}$이 180m/s 이상인 지반

  즉, 지하수위 지반, 깊은 심도, 조밀한 모래, 모래에 세립분이 적당히 있고 느슨하지 않은 지반

### 3. 정리

(1) 액상화는 지하수위, 모래의 상대밀도나 강도, 깊이, 세립분 함량에 크게 의존함

(2) 지하수위 상부지반은 느슨하더라도 평가에서 제외됨

(3) 세립분 함량이 크면(예 35% 이상) 강도가 다소 적어도 평가지반에서 제외됨

(4) 평가를 위해, $N$치는 물론 콘관입시험, 전단파속도 측정도 병행해야 함

**12** PBD(Plastic Board Drain)의 웰저항에 영향을 미치는 내·외적 요인

## 1. 개요

  (1) 연직배수공법(Vertical Drain Method)은 지반개량의 지하수 저하, 탈수, 다짐, 재하, 고결, 치환, 보강 원리 중에서 탈수, 즉 배수촉진임

  (2) 배수가 원활히 진행되기 위해서 Smear 영향, Well 저항에 대한 고려가 필수적임

## 2. Well Resistance 영향 요소

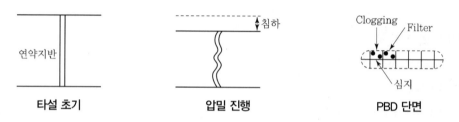

|타설 초기|압밀 진행|PBD 단면|

  (1) 내적 요인(PBD 자체)

    타설 시 찢어짐, 세립자에 의한 막힘(Clogging), 단면 부족, 내구성 부족

  (2) 외적 요인

    지층의 횡압력, 침하 시 변형

## 3. 압밀지연

  (1) 다음 그림과 같이 연직배수공법을 적용하면 물의 흐름은 원지반에서 수평흐름, 연직배수재에서 연직흐름, 배수층에서 수평흐름이 발생함

  (2) 원지반에서 수평흐름의 물량보다 연직배수재와 Sand Mat에서 물량 처리능력, 즉 통수능력이 충분해야 함

  (3) 통수능력이 부족하게 되면 압밀로 인한 간극수 배제가 원활하지 못하게 되고 개량기간이 지연됨

  (4) 개량기간 지연은 공기 지연, 준공 후 잔류침하의 지속적 발생 등 미치는 영향이 지대하므로 연직배수에서 중요성을 강조해도 지나치지 않음

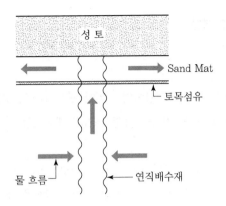

## 4. 정리

  (1) Well 저항 요소는 타설 관련 시공, PBD 재료, 압밀에 따른 변형, 특히 장심도 시 횡압력 등에
     관계됨

  (2) 압밀지연은 배수불량보다 개량기간 지연의 문제가 큼

  (3) 영향평가는 시험적 방법이 타당함

## 13 소할 발파방법 및 장약량 계산

### 1. 소할 발파

(1) 대발파로 설계된 폭파에서 생긴 바윗덩이의 크기가 커서 건설장비(Shovel)로 처리할 수 없을 경우, 즉 장비로 덤프트럭에 상하차가 불가능한 크기의 대전석인 경우에 소할하여 조각을 냄(잘게 쪼개기)

(2) 발파작업 시 소기의 목적보다 큰 크기의 암석이 발생되면 여러 문제가 생김(적재의 어려움, 운반의 문제, Crushing의 효율 저하 등). 따라서 큰 크기의 암석을 재차 발파하여 원하는 크기로 만드는 발파를 말함

(3) 조각을 내기 위한 발파를 2차 발파 또는 조각 발파라 함

### 2. 2차 폭파의 방법

(1) Block Boring 방법(천공법)

바윗덩어리의 중심부를 수직으로 천공하여 장약 후 흙으로 전색(채움)하는 것으로, 일반적으로 사용하는 방법

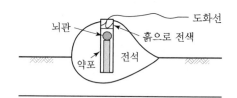

(2) Mud Caping(복토법) : 부착법

바윗덩어리의 직경이 짧은 곳에 폭약을 놓고 그 위를 굳은 점토로 덮어서 발파하는 방법

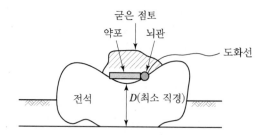

### 3. 장약량 산정

$L = CD^2$

여기서, $L$ : 약량(g), $C$ : 발파계수, $D$ : 암석의 짧은 쪽 직경(cm)

## 2 교 시 ( 6문 중 4문 선택, 각 25점 )

---

**【문제 1】**

흙속에 토목섬유(Geosynthetics)와 같은 필터재가 설치되는 경우, 지하수와 같은 1차원적인 물의 흐름에서는 시간 경과에 따라 흙필터층(Soil Filter Layer)을 포함한 고체필터 구조가 형성된다. 이에 대한 메커니즘을 설명하시오.

---

## 1. 개요

(1) **필터 기능** : 조립토와 세립토 사이에 설치하여, 세립토 이동 방지 및 물 통과 기능을 함

① 요구 성질
- 투수성
- 구멍 크기

② 적용
- 옹벽
- 호안
- 댐
- 유공관
- 제방

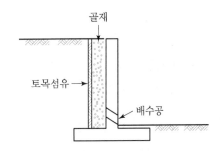

(2) **중요성**

① Filter, 분리, 배수 기능을 원활하게 하기 위해 물의 흐름이 양호해야 하며, 세립토가 손실되지 않아야 함

② 간극수압 발생 또는 세굴이 방지되어야 하며, 서로 상반된 규격을 요구하므로 적정한 선정이 중요함

## 2. 필터 구조 Mechanism

(1) Blocking

① 토목섬유의 크기보다 상대적으로 큰 토질에 의해서 구멍 크기(Opening Size)가 막히는 현상

② 토목섬유의 구멍 크기보다 주변 토질의 입경이 큰 경우 발생하여 Filter 기능 감소 유발

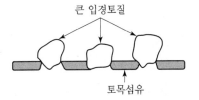

(2) Blinding

① 지하수와 함께 이동된 세립자가 토목섬유 표면에 달라붙어 Filter 기능을 차단

② Blinding이 심하면 기능을 상실할 수 있음

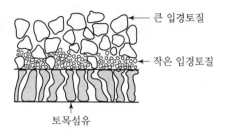

(3) Clogging

① 토목섬유 내로 들어온 세립자가 빠져나가지 못하고 내부에 붙어 있는 것

② 흐름속도가 비교적 느린 경우에 발생

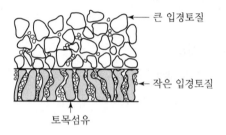

## 3. 관련 시험(대책)

(1) 유효구멍크기시험

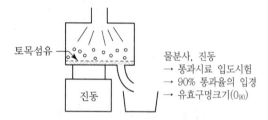

물분사, 진동
→ 통과시료 입도시험
→ 90% 통과율의 입경
→ 유효구멍크기($O_{90}$)

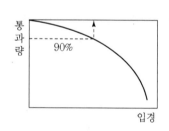

(2) 동수경사비시험

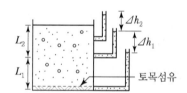

$$GR = \frac{\dfrac{\Delta h_1}{L_1}}{\dfrac{\Delta h_2}{L_2}}$$

$GR < 1$ : Piping

$1 \leq GR \leq 3$ : 양호

$GR > 3$ : 구멍 막힘

## 4. 평가

유효구멍크기는 물 흐름과 입자유실 방지의 상반된 조건이 필요하므로 해당 지반에 맞는 규격을 사용해야 하며, 이때 규격은 시험을 통해 결정되어야 함

【문제 2】

지반 내에서의 모관현상과 관련하여 다음 사항에 대하여 설명하시오.

1) 지반 내에 있는 물의 모관상승 및 모관수(Capillary Water)

2) 모관상승 영역에서의 포화도에 따른 간극수압

3) 모관수를 지지하는 힘인 모관 포텐셜(Capillary Potential)에 영향을 주는 인자

## 1. 모관상승과 모관수

(1) 모관상승(Capillary Height)

① 흙속의 간극에 표면장력이 작용하면 물이 일정 높이까지 상승하게 되는 현상

② 흙속의 모관상승고는 간극의 크기가 일정하지 않아 일률적으로 구하기는 힘드나 개략으로 다음과 같이 구할 수 있음

모관상승고 $h_c = \dfrac{0.3}{d}$

여기서, $d$ : 모관경(cm), $d = \dfrac{1}{5}D_{10}$

③ 의미 : 유효경($D_{10}$)이 작으면 모관상승고($h_c$)가 높음을 나타냄

(2) 모관수

① 모관상승으로 모관에 형성된 물을 모관수라 함

② 모관수는 포화 여부에 따라 포화대와 불포화대 형태로 존재함

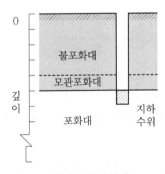

**포화대와 불포화대**

## 2. 간극수압(Porewater Pressure)

### (1) 간극수압

① 지하수에 포화된 지반의 간극수압은 물의 단위중량에 해당 깊이를 곱하여, 즉 $\gamma_w h$로 구할 수 있고 모관작용으로 모관포화대가 형성된 경우는 $-\gamma_w h$로 부압의 간극수압이 발생됨. 이는 물을 흡수하려는 흡수력 때문임

② 모관상승고가 부분포화된 경우

$$u = -S\gamma_w h$$

여기서, $S$ : 포화도

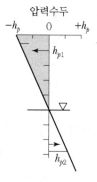

압력수두의 분포

### (2) 유효응력 영향

$$유효응력(\bar{\sigma}) = \sigma - (-u) = \sigma + u$$

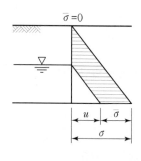

모관상승 없음

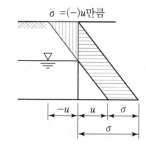

모관상승 있음

## 3. 모관 Potential 영향 요소

### (1) 함수비

① 흙에 함수비가 감소하면 모관상승고가 커지는데, 이는 함수비가 감소한 부분이 저포텐셜이 되기 때문임

② 즉, 물은 고포텐셜에서 저포텐셜로 흐르게 됨을 의미함

(2) 토입자 입경

토입자 입경이 미세해지면 표면적이 커져 모관상승고가 커지게 됨

**〈흙의 종류에 따른 모세관 상승고〉**

| 흙 종류 | 상승 높이(cm) |
|---|---|
| 굵은 모래 | 12~18 |
| 잔모래 | 30~120 |
| 실트 | 76~760 |
| 점토 | 760~2,300 |

(3) 간극비

간극비가 적어지면 표면장력이 증가하여 모관상승고가 커지게 됨

【문제 3】
초고층 건물의 기초를 말뚝기초로 설계하고자 할 때 필요한 설계 개념과 계산으로 산정된 주면마찰력의 신뢰성 평가에 대하여 설명하시오.

## 1. 말뚝기초 설계 개념

(1) 응력 개념

① $Q_{ult} = Q_p + Q_s$

여기서, $Q_{ult}$ : 극한지지력, $Q_p$ : 선단지지력, $Q_s$ : 주면마찰력

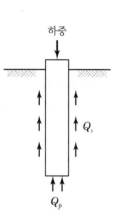

② 주면마찰저항을 발휘하는 데 필요한 변위량은 1~2cm를 초과하지 않음

③ 선단저항을 발휘하는 데 타입말뚝은 직경의 10%, 천공말뚝은 직경의 20~30%의 변위가 필요함

④ 보통 많이 사용하는 방법으로 주면과 선단부의 변위를 고려하지 못함

(2) 응력-변위 개념 : 하중전이개념(Load Transfer)

① 하중재하 초기단계에는 전체하중이 주면저항으로 부담함

② 하중이 증가하여 주면저항 초과 시 하중전이(Load Transfer)는 선단으로 이동하여 선단저항으로 분담하게 됨

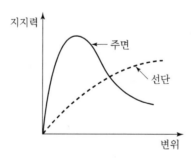

③ 형태

| 선단만 지지 | 상부 연약층 | 주면만 지지 |

## 2. 계산된 주면마찰력 신뢰성 평가

### (1) 계산식

① $Q_s = \Sigma f_s A_s$

여기서, $f_s$ : 단위주면마찰력$(kN/m^2)$

$A_s$ : 말뚝표면적$(m^2, \pi Dl)$

② 말뚝의 변위가 고려된 마찰력에 비해 신뢰성은 떨어짐

### (2) 신뢰성 확보 방향

① 재하시험

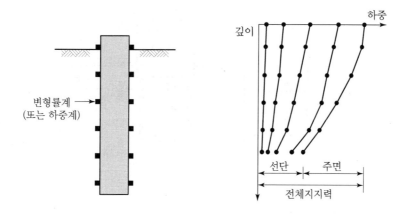

② 하중전이곡선 사용

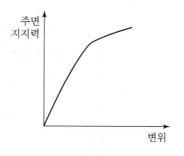

【문제 4】

낙동강 하구에 있는 지하수가 높은 지역에서 건물 신축을 위한 지하 터파기 작업 진행 중 인접건물(12층 건물)이 기울어지는 사고가 발생하였다. 이에 대한 원인을 규명하고 사전 평가할 수 있는 기법과 방지대책에 대하여 설명하시오.

## 1. 현장 상황 설정

(1) 문제 제시 : 낙동강 하구, 지하수위 높음, 인접건물 12층

(2) 설정 조건 : 지층 구성, 인접 건물 기초 : Pile, 신축 터파기 : 토류벽＋버팀대 형식

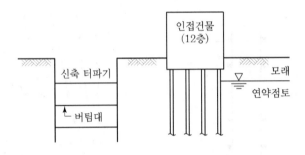

## 2. 원인 규명

(1) 지반거동

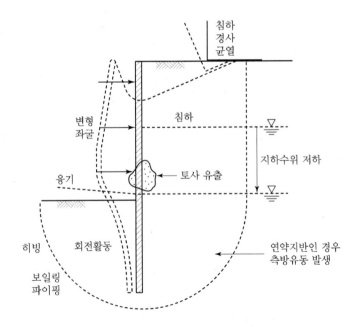

① 지반굴착으로 굴착저면 융기, 굴착면 수평변위 발생과 더불어 굴착배면의 침하가 발생됨

② 물론, 변형의 규모가 크고 응력거동이 불안정할 경우 붕괴될 수 있음

## (2) 구조물 영향

① 인접구조물에 침하(Settlement) 유발, 부등침하, 단차 발생

② 전도, 취약부에 구조물 균열, 마감재 등의 탈락 발생

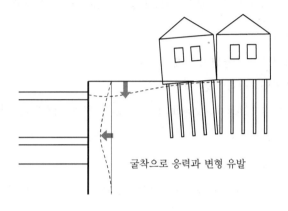

굴착으로 응력과 변형 유발

## 3. 사전평가기법

### (1) Peck 방법

① 계측결과를 이용해 작성

② 먼저 지반상태를 구분(Ⅰ→Ⅱ→Ⅲ 순으로 지반조건이 불량함)

③ $D/H$별로 $\dfrac{S}{H}$를 구하고 $S = \dfrac{S}{H} \times H$로 침하량을 구함

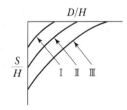

여기서, $D$ : 굴착면으로부터의 임의거리

$H$ : 굴착깊이

$S$ : 거리 $D$에 대한 침하량

### (2) 수치해석

① 지반조건, 수위조건, 굴착 및 보강순서를 적
용하여 수치를 해석함

② 수치해석으로 변위량, 변위 방향 등의 자료를
얻게 됨

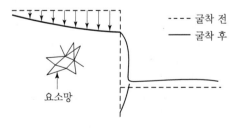

## 4. 방지대책

### (1) 기본 방향

① 근접시공은 신설구조물(흙막이공), 지반, 기존 구조물의 상호작용으로 신설구조물과 지반보강에 주력함

② 흙막이공은 굴착면 변위 및 굴착저면융기가 최소가 되도록 함

③ 지반보강은 지하수 저하 방지, 강도 보강으로 토압 경감과 지반거동을 억제토록 함

### (2) 흙막이공 대책

① 강성 벽체 사용 : 수평변위 억제

② 벽체 지지공법 : 규격이 큰 재료 사용

③ 근입깊이 안정 : Heaving, Boiling, 토압균형, 벽체 지지력 등 검토

### (3) 지반대책

① 차수공법 적용 : 지하수위 억제

② 심층혼합, 고압분사공법 : 지반변위 억제, 토류벽 보강, 보강위치는 배면과 저면의 검토가 필요함

### (4) 변위 검토

① 근접시공은 힘, 즉 응력 개념도 중요하지만 변위 개념이 보다 중요함을 인식해야 함

② 지반침하에 대해 Peck, Caspe의 경험적 방법과 다음의 수치해석에 의함

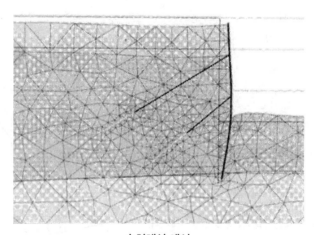

**수치해석 예시**

## 5. 평가

(1) 설계 시 지반굴착에 따른 변형이나 침하요인을 고려하여 안정한 구조물이 되도록 해야 하고, 성실 시공하여 시공의 잘못으로 인한 유해한 침하가 없도록 해야 함

(2) 주변침하 예측은 여러 가지로 분석하여 종합평가하며 거리별 침하량, 경사도 등을 구해 표준적인 허용치와 구조물의 노후도, 재질, 침하허용치 등을 고려해서 영향을 평가해야 함

(3) 시공 시 계측을 하여 설계 예측치의 확인, 예기치 못한 영향을 평가하여 안전시공이 되도록 해야 함

【문제 5】
암반의 투수성 평가를 위한 루전시험법(Lugeon Test)을 설명하고, 일반적으로 투수계수보다 루전값을
이용하는 이유를 설명하시오.

## 1. Lugeon 시험

### (1) 개요

① 암반에서 투수계수 또는 Lugeon치를 구해 지반의 투수성 평가, Grouting 계획 및 결과를 판단
하기 위해 시추공 내에 Packer를 설치하고 주수량과 주입압력을 측정하는 현장투수시험임

② 현장투수시험
- 수위변화법(주수 또는 양수)
- 수압시험(Lugeon 시험)
- 관측정법

### (2) 시험방법

① 시추공에 시험관을 5m 정도로 하여 Packer 설치

② 압력을 가하여 물 주입
(압력단계 예 $1 \rightarrow 3 \rightarrow 5 \rightarrow 7 \cdots 7 \rightarrow 5 \rightarrow 3 \rightarrow$
$1\text{kg/cm}^2$)

③ 각 단계 압력은 약 10분 정도 유지

④ 주입압력과 주수량 측정

⑤ Packer 방식
- Single 방식
- Double 방식

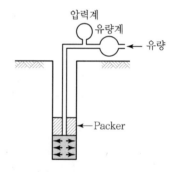

모식도 : Single Packer 예

### (3) 시험 시 유의사항

① Bentonite 이수 사용 시 투수계수가 적게 산출됨

② 공벽요철, 틈, 심한 파쇄대에서는 시험 실패 가능성이 큼

③ Rod 연결부분에 누수 확인이 필요함

④ 자연지하수위를 제대로 파악해야 함

⑤ $L_u = \dfrac{10Q}{Pl}$, 즉 압력 $10\text{kg/cm}^2$으로 1m 길이의 주입량(L/분)

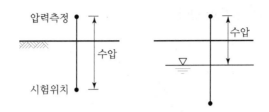

### (4) 이용

① 터널, 댐 기초부의 누수량 산정

- 유선망 또는 침투해석 Program(예 SEEP/W) 이용
- Grouting 필요성 판단

② 댐 그라우팅 범위와 그라우팅 후 차수효과 확인

- $L_u$치 분포도 예

  ⓐ : $L_u = 5$ 이상

  ⓑ : $L_u = 3\sim5$

  ⓒ : $L_u = 1\sim2$

- 기초지반 Grouting

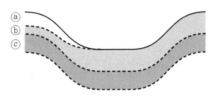

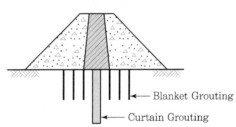

## 2. 암반에서 Lugeon값 활용 이유

(1) **Lugeon 시험 목적** : Grouting의 필요성과 효율성을 판단하기 위함

(2) **토질과 암반의 차이** : 토질은 상대적으로 균질하고 다공성인 데 반해 압반은 비균질하며 부분적으로 투수성임

(3) $P-Q$ 관계도로 Grouting 효과 판정

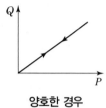

| 양호한 경우 | 수압 파쇄, 충전물 이동 : 효과 불량 | 간극 막힘 : 다소 불량 |

(4) 투수계수와 Lugeon치 적용

① 투수계수 : 토질재료, 풍화토, 풍화암, 파쇄대, 사암

② Lugeon치 : 연암, 경암

【문제 6】
포화점토지반 위에 고성토의 6차로 고속도로 건설 시 성토체 하부의 점토지반을 통과하는 가상파괴면상의 임의의 점에 대한 공사기간 중(착공~완공), 공사 완료 후(완공~정상 침투상태까지) 전단응력, 전단강도, 안전율의 변화를 설명하시오.

## 1. 현장 상황과 사면안정 개념

### (1) 현장 상황

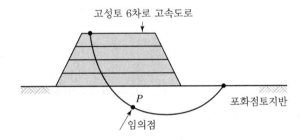

### (2) 사면안정 개념

① 전단파괴면에서 발휘하는 전단강도(Shear Strength)와 전단응력(Shear Stress)을 비교하여 안정성 판단

② 안전율 부족 시 파괴 또는 불안정으로 함

③ 개념적으로 Fellenius 식으로 안전율을 표시하면,

$$S.F = \frac{c'l + (W\cos\alpha - ul)\tan\phi'}{W\sin\alpha}$$

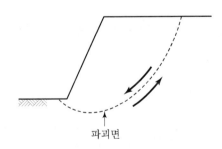

파괴면

## 2. 전단응력, 전단강도, 안전율 변화

### (1) 성토 축조 과정과 전단응력

① 성토 완료 시까지는 시간에 따라 성토고가 직선적으로 비례한다고 함

② 축조 과정 및 $P$점의 전단응력 변화

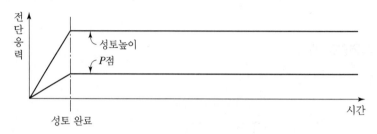

### (2) 간극수압

① 성토 완료 시까지는 급속성토로 비배수 조건이 되어 간극수압이 계속 상승하고 성토 완료 후 압밀의 진행과 더불어 간극수압이 서서히 감소함

② 간극수압 변화

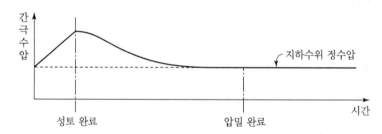

### (3) 전단강도

① 성토 완료 시까지는 비배수 조건으로 전단강도의 변화는 없고 성토 완료 후 압밀로 전단강도가 서서히 증가함

② 전단강도 변화

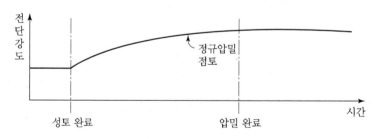

(4) 안전율

①  성토 완료 시까지 전단응력과 간극수압은 증가하고 전단강도는 일정하므로 안전율이 감소하고 성토 직후가 안전율이 최소가 됨

②  성토 완료 후 전단응력은 일정하나 압밀 진행에 따라 간극수압 감소, 전단강도 증가로 안전율은 시간의 경과와 함께 증가하게 됨

③  안전율 변화

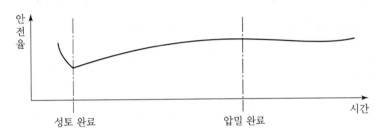

3. 평가

(1)  연약지반의 성토로 인한 사면안전율은 성토 완료 직후에 최소가 되므로 시공 직후 조건에 대해 검토해야 함

(2)  이때, 급속성토가 되어 비압밀비배수 조건으로 간주하여 전응력 해석을 하게 되며, 강도정수는 UU 삼축압축시험 결과를 사용함

**3 교 시 ( 6문 중 4문 선택, 각 25점 )**

---

**【문제 1】**

자연함수비($W_n$) 50%, 비중($G_s$) 2.7인 포화 점성토층이 8m 두께로 분포하고 있으며, 지반개량을 실시하여 1차 압밀 완료까지 걸리는 시간은 1.5년, 1차 압밀침하량은 150cm가 예측된다. 지반개량 후 현시점에서 함수비($W$)가 36%이고, 2차 압축수지($C_\alpha$)가 0.02인 경우 다음을 구하시오.

(단, 답은 소수점 셋째 자리에서 반올림하여 소수점 둘째 자리까지 구하시오.)

1) 지반 개량 후 현시점에서의 평균압밀도($U_t$)

2) 1차 압밀 완료 후 간극비($e_p$)

3) 1차 압밀 완료 후 5년 경과 시 2차 압밀침하량($S_s$)

---

## 1. 지반개량 후 현시점 평균압밀도

### (1) 평균압밀도(Average Degree of Consolidation)

① 지층의 깊이에 따라 압밀도가 다르므로 압밀층 전 두께에 대하여 과잉간극수압의 평균을 취한 압밀도를 평균압밀도라 함

② 침하의 관점에서 평균압밀도는 침하량으로 다음과 같이 나타낼 수 있다.

$$\overline{U} = \frac{S_t}{S_f} \times 100$$

여기서, $\overline{U}$ : 임의시간 $t$에서의 평균압밀도(%)

$S_f$ : 전 압밀침하량

$S_t$ : 임의시간 $t$에서의 침하량

③ 문제조건의 간극비(Voidratio)를 이용함

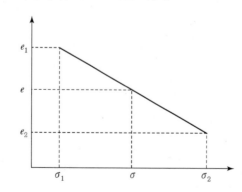

$$U_z = \frac{e_1 - e}{e_1 - e_2}$$

여기서, $U_z$ : 깊이 $z$의 임의시간에 대한 압밀도

$e_1$ : 압밀 전 초기간극비

$e$ : 압밀 중 임의시간 $t$에서의 간극비

$e_2$ : 압밀 완료 후 간극비

(2) 계산

① $e_1$ : $Gw = se$에서 $e = Gw = 2.7 \times 0.5 = 1.35$

② $e$ : $w = 36\%$이므로 $e = 2.7 \times 0.36 = 0.972 = 0.97$

③ $e_2$ : 압밀 완료 후 간극비로 압밀도 $= 100\%$가 됨

$$\frac{S}{H} = \frac{\Delta e}{1 + e_1}$$

$$\Delta e = \frac{S}{H}(1 + e_1) = \frac{1.5\text{m}}{8\text{m}}(1 + 1.35) = 0.44$$

$$e_2 = e_1 - \Delta e = 1.35 - 0.44 = 0.91$$

④ 압밀도 $U = \dfrac{e_1 - e}{e_1 - e_2} = \dfrac{1.35 - 0.97}{1.35 - 0.91} = 0.863 = 86.3\%$

## 2. 1차 압밀 후 간극비

1.의 압밀도 계산과정에서 $e_p = 0.91$

## 3. 2차 압밀침하량

(1) 계산식

$$S = \frac{C_\alpha}{1 + e_p} \cdot H_p \cdot \log\frac{t_2}{t_1} \quad \left(\frac{C_\alpha}{1 + e_p} : \text{2차 압축비}\right)$$

여기서, $C_\alpha$(2차 압축지수) : $C_\alpha = \dfrac{e_1 - e_2}{\log t_2 - \log t_1}$

$H_p$ : 1차 압밀이 완료된 후 압밀층 두께

$e_p$ : 1차 압밀이 끝난 후 간극비

$t_1$ : 1차 압밀이 끝난 시간

$t_2$ : 1차 압밀이 끝난 후 $\Delta t$가 경과한 시간

① $C_\alpha = 0.02$

② $e_p = 0.91$

③ $H_p = 8\text{m} - 1.5\text{m} = 6.5\text{m}$

④ $t_2 = 5$년, $t_1 = 1.5$년

⑤ $S = \dfrac{0.02}{1+0.91} \times 650\text{cm}\, \log \dfrac{5\text{년}}{1.5\text{년}} = 3.558 = 3.56\text{cm}$

【문제 2】
표준관입시험(SPT)으로 측정한 $N$값은 여러 요인에 의해 영향을 받게 되어 오차가 발생할 수 있으므로 보정이 필요하다. 이러한 $N$값의 주된 보정항목과 보정방법에 대하여 설명하시오.

## 1. 표준관입시험(Standard Penetration Test)

 (1) 개요

  ① $63.5 \pm 0.5$kg 추를 높이 $76 \pm 1$cm에서 낙하시켜 Sampler가 30cm 관입하는 데 필요한 타격 수를 측정하는 시험

  ② 토질 종류, 상태(연경도, 상대밀도), 교란 시료채취에 목적이 있음

  ③ 점성토, 풍화암, 연암, 자갈 지반에서는 적합하지 않고 사질토에 신뢰성 있는 시험임에 유의해야 함

 (2) 시험방법

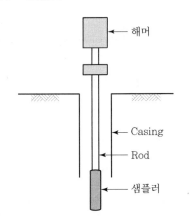

 • 소요깊이까지 천공
 • Slime 제거
 • Sampler 설치 및 타격
 • 예비타격 15cm 관입
 • 교란 시료채취 및 $N$치 측정
 • 표시 : $N = 30$, $N = 50/10$

## 2. $N$치 보정항목

$$N'_{60} = N \times C_N \times \eta_1 \times \eta_2 \times \eta_3 \times \eta_4$$

$$N_{60} = N \times \eta_1 \times \eta_2 \times \eta_3 \times \eta_4$$

  여기서, $N'_{60}$ : 해머효율 60%로 보정한 표준관입시험 결과

     $N_{60}$ : 유효응력 보정만을 제외하고 보정한 표준관입시험 결과

     $N$ : 각 장비별 표준관입시험 결과, $C_N$ : 유효응력에 대한 보정

     $\eta_1$ : 해머효율 보정계수, $\eta_2$ : 로드길이 보정계수

     $\eta_3$ : 샘플러 종류에 대한 보정계수, $\eta_4$ : 공경에 대한 보정계수

## 3. 보정방법

### (1) 유효응력 보정

① 사질토에 대해 보정하며 예로, 액상화 간편 예측 시 저항응력비를 산정할 때 적용

② 유효응력(Effective Stress)이 10t/m²에 대한 값으로 보정

③ 보정식

$$C_N = \sqrt{\frac{10}{\sigma_v{}'}} \,, \ \sigma_v{}' \ 단위 : t/m^2$$

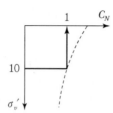

### (2) 해머효율 보정

① 가장 중요한 보정으로 자유낙하에너지보다 실제 관입에 사용된 에너지가 적게 되므로 이에 대한 보정임

② 보정식

$$\eta_1 = \frac{측정된\ 효율}{60}, \ 국제표준에너지비를\ 60\%로\ 함$$

### (3) Rod 길이 보정

① Rod 길이가 10m 이하이면 $N$치가 크게 측정됨

② 보정

| Rod 길이(m) | 효율 |
|---|---|
| 3~4 | 0.75 |
| 4~6 | 0.85 |
| 6~10 | 0.95 |
| 10 이상 | 1.0 |

### (4) Sampler 보정

① Liner가 있는 경우 $N$값이 크게 산정되는 경향임

② 보정

| 종류 | 효율 |
|---|---|
| Liner가 없는 경우 | 1.2 |
| Liner가 있는 경우 | 1.0 |

(5) 시추공경 보정

① 시추공경이 커지면 $N$값이 작게 측정되므로 이에 대한 보정

② 보정

| 직경(mm) | 효율 |
|---|---|
| 65~115 | 1.0 |
| 150 | 1.05 |
| 200 | 1.15 |

## 4. 평가

(1) 표준관입시험치는 장비, 시험자, 지반 조건에 따라 지반을 과소 또는 과대 평가할 수 있음

(2) 일관성 있고 합리적인 지반평가를 위해 보정한 $N$치 사용이 필요함

【문제 3】
최근 지진 발생으로 인한 피해 사례가 보고되고 있다. 터널 구조물의 지진하중에 대한 피해형태와 안정성
(동적해석) 검토에 대하여 설명하시오.

## 1. 지하구조물 내진

### (1) 개념
내진설계란 지진 시나 지진이 발생된 후에도 구조물이 안정성을 유지하고 그 기능을 발휘할 수 있도록 지진하중을 추가로 고려하여 설계를 수행하는 것을 의미한다. 지하터널 내진설계는 성능에 기초한 내진설계 개념을 도입하였으며, 설계의 기본 원칙은 비교적 큰 규모의 지진에 의한 지반진동이 발생해도 구조물의 전부 또는 일부가 붕괴되어서는 안 되며, 지진에 의한 피해예측이 가능하고 피해조사와 보수를 위해 현장 접근이 가능하도록 설계하는 것이다.

### (2) 내진설계대상 지역 및 구조물
① 토피의 두께가 얇고 지반이 연약한 터널의 갱구부, 주요 구조물 접속부 구간
② 대규모 단층대 및 파쇄대 통과구간, 지층 구조가 급변하는 계곡부
③ 천층터널 및 편경사 지형으로 지진 시 터널의 안정성이 취약하다고 판단되는 구간
④ 지반의 자립이 어려운 연약한 지층에 터널이 위치한 구간
⑤ 액상화가 우려되는 연약지반 내 터널구간

## 2. 지하구조물의 진동 특성

(1) 지중구조물의 겉보기 단위중량은 주변 지반의 단위중량보다 작아 관성력이 작게 되므로 구조물을 진동시키려는 힘이 작음
(2) 지중구조물은 주변이 지반으로 둘러싸여 있기 때문에 주변 지반으로 감쇠가 커 진동이 발생해도 짧은 시간 내에 진동이 정지함(발산 감쇠)
(3) 따라서 지상구조물은 관성력이 중요하지만 지하구조물은 지진 시 지반에 생기는 변위가 중요함

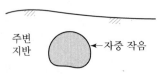

## 3. 파괴형태

### (1) 압축 또는 인장

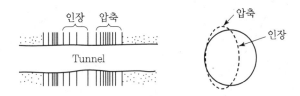

### (2) 휨(Bending)

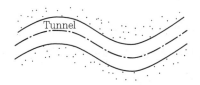

### (3) 흔들림(Rocking)

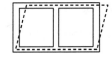

## 4. 동적해석(Dynamic Analysis)

### (1) 지반물성치 결정

① 현장조사 : 시추조사, 공내검층(Down Hole, Crosshole 등)

② 현장시험 : 표준관입시험, 피조콘관입시험, 단위중량시험 등

③ 실내시험 : 기본물성시험, 공진주/비틂전단, 반복삼축압축시험 등

• 주상도

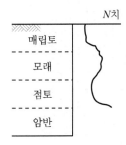

• 깊이 $- V_s$

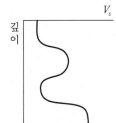

• 전단탄성계수 감쇠비

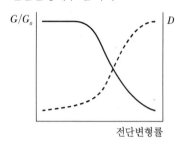

• 액상화 저항응력비

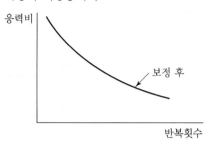

(2) **액상화 검토**(Liquefaction)

① 지반조사결과로 액상화 평가 생략지반 판정

② 간편예측 : 가능 지반에 대해 $N$, $q_c$, $V_s$ 방법으로 검토

이때, 전단응력비 : $0.65 \dfrac{\alpha_{깊이}}{g} \cdot \dfrac{\sigma_v}{\sigma_v'}$

③ 상세예측 : 간편예측 시 불안정 판정 후 진동삼축압축결과로 검토, 전단응력비는 간편예측과 같음

④ 전단응력비에서 깊이별 가속도 산정을 위해 지반조사결과와 설계지진파에 대해 지반응답해석 (Ground Response Analysis)을 실시함에 유의함

⑤ 설계지진파

• 국내 기준에 대해 지진 크기가 조정된 장주기지진파, 단주기지진파

• 행정구역, 지진재해도에 기초한 설계응답 스펙트럼에 부합한 인공지진파

(3) **안정성 검토**

① 수치해석을 위한 Modelling

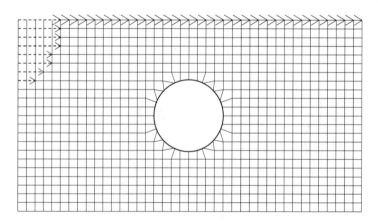

② 실제 동하중 시간이력, 인공지진파 적용

• 장주기, 단주기 실측지진파에 대해 설계지진파 조정

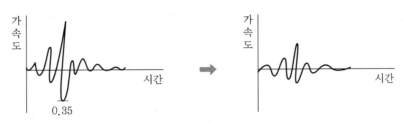

• 예로, $\dfrac{0.154}{0.35}$ 비율로 조정함

**인공지진파(SIMQKE 프로그램 이용)**

③ 동적물성치인 전단변형률에 따른 전단탄성계수, 감쇠비 적용

④ 응력-변위 산정, 안정성 확인

Max : 509.1kN  Max : 89.43kN·m  Max : 42.25kN  Max : 0.008%

【문제 4】
낙동강 하구지역에 대구경 장대 현장타설 말뚝시공을 계획하고 있다. 경제적인 설계절차에 대하여 설명하시오.

## 1. 개요

(1) 현장타설말뚝(Cast in Situ Pile)은 소요깊이까지 천공하고 철근망 삽입, 콘크리트 타설로 형성하는 깊은 기초

(2) 보통, 대구경으로 1.0~1.5m 직경이 많고, 3m까지 실적이 있으며, 최근 5m 직경까지 가능함

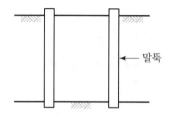

## 2. 경제적 설계절차의 필요성

(1) 낙동강 하구지역은 퇴적층이 두꺼운 지역이 대부분으로 기반암의 분포심도가 50~80m에 이름

(2) 대구경이고 장대 현장타설말뚝으로 공사비가 높은 기초이므로 경제적 설계가 필요함

(3) 이는 구조물이 안정한 가운데 공사비가 적정한 합리적 설계이고 이를 위해 설계가 정밀해야 함

## 3. 설계절차

(1) 재하시험에 의한 하중전이 분석을 한계상태인 하중저항계수법(LRFD : Load and Resistance Factor Design)에 적용함

(2) 하중전이(Load Transfer) 분석

① 하중재하 초기단계에는 전체하중이 주면저항으로 부담함

② 하중이 증가하여 주면저항 초과 시 하중전이는 선단으로 이동하여 선단저항으로 분담하게 됨

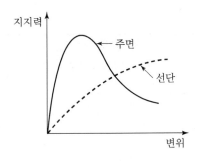

③ 재하시험

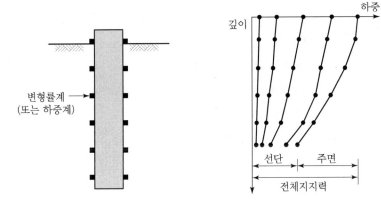

(3) LRFD 설계

① 기본 개념

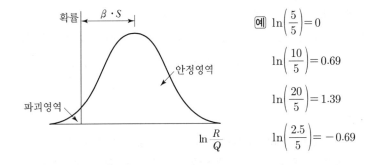

예  $\ln\left(\dfrac{5}{5}\right) = 0$

$\ln\left(\dfrac{10}{5}\right) = 0.69$

$\ln\left(\dfrac{20}{5}\right) = 1.39$

$\ln\left(\dfrac{2.5}{5}\right) = -0.69$

여기서, $\beta$ : 신뢰도 지수, $S$ : 평균, $R$ : 저항력, $Q$ : 하중

※ 확률분석으로 신뢰성을 부여한 설계 개념

② 상태 정의

| 한계상태 | 정의(기준) | 요구성능 |
|---|---|---|
| 극한한계상태 | 파괴되지 않고 구조물이 전체 안정을 유지하는 한계상태 | 파괴 또는 과도한 변형의 발생이 없어야 함 |
| 사용한계상태 | 구조물의 기능이 확보되는 한계상태 | 유해한 변형의 발생이 없어야 함 |

③ 방법

- 목표 신뢰도 지수로 표현되는 안정성을 보장하기 위해 공칭저항($R_n$)에 저항계수(1보다 작음), 하중에 하중계수를 적용함
- 예시

$$\phi R_n \geq \gamma_D Q_D + \gamma_L Q_L = \sum \gamma_i Q_i$$

여기서, $\phi$ : 저항계수, $R_n$ : 공칭저항

$\gamma_D$ : 사하중계수, $\gamma_L$ : 활하중계수

$\gamma_i$ : 하중계수, $Q_D$ : 고정하중

$Q_L$ : 활하중, $Q_i$ : 작용하중

## 4. 정리

(1) 하중전이 분석을 통해 주면 또는 선단지지력을 적정히 산정할 수 있으며, 허용응력보다 신뢰도가 큰 LRFD로 말뚝길이의 최적화를 산정할 수 있음

(2) 국내(인천대교, 울산대교, 호남고속철도 등)에서의 적용 사례가 증가하고 있음

(3) 이와 관련된 내용을 숙지하고 인식하여 경제적 설계가 되도록 해야 함

참고 사례 예
- 허용응력설계법 : 유효율(반력/지지력)=0.8~1.3으로 부분적 불안정
- LRFD 설계법 : 유효율=0.7~0.96으로 안정, 경제성은 약 20% 확보됨

【문제 5】
평야지대를 통과하는 고속국도($B = 23.4$m)의 교통량이 증가하여 왕복 6차로 도로($B = 30.6$m)로 확장하고자 한다. 공사기간이 짧고 재료의 수급이 불리한 공사구간에 가장 적용이 유리한 연약지반처리공법과 설계 시 유의사항 및 시공 시 고려사항에 대하여 설명하시오.

## 1. 연약지반 확장 시 문제

(1) 횡방향 지층 조건 다름

(2) 기울어지는 침하 형태

(3) 기존 성토에 추가 침하(연동침하)

(4) 접촉부, 성토체 사면 활동

## 2. 공법 선정

(1) **문제 조건** : 공기 촉박, 재료수급 불리

(2) **공법 선정**

① 연약지반개량공법은 원리적으로 지하수 저하, 탈수(연직 배수), 다짐, 재하, 고결, 치환, 보강공법임

② (1)의 조건에 따라 성토하중을 줄이거나 성토에 대해 적극적으로 대처하는 공법을 선택해야 함

③ 따라서, 재하공법인 경량성토나 보강공법인 성토지지말뚝이 적용성 있으며, 구체적 검토는 필요하나 성토지지말뚝을 유리한 공법으로 선정

④ 개략적으로 공사비 대비 구조물 안전성이 우수하기 때문임

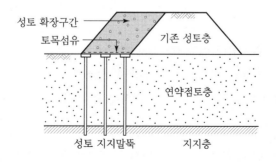

## 3. 설계 시 유의사항

(1) 성토지지말뚝(Embankment Pile)은 공법원리가 지반 Arching에 있으므로 이를 감안한 말뚝간격, 토목섬유강도 등이 결정되어야 함

(2) 말뚝지지력, 침하 산정 시 Arching에 의한 추가 하중을 감안함

(3) 토목섬유인장강도에 감소계수 적용

$$T_d(설계인장강도) = \frac{T_{ult}}{RF_{ID} \times RF_{CR} \times RF_{CD} \times RF_{BD}}$$

여기서, $T_d$ : 설계인장강도

$T_{ult}$ : 최대인장력

$RF$ : 변위, 설계와 시공오차를 고려한 감소계수

$RF_{ID}$ : 설치 시 감소계수(Installation Demage)

$RF_{CR}$ : Creep 감소계수

$RF_{CD}$ : 화학적 감소계수(Chemical Demage)

$RF_{BD}$ : 생물학적 감소계수(Biological Demage)

(4) Pile 사이에 발생될 수 있는 사면안정 검토에 유의

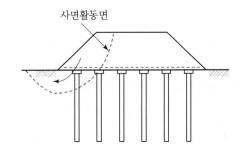

## 4. 시공 시 고려사항

(1) 말뚝은 설계조건 확인을 위해 재하시험 실시

(2) 규격에 맞는 토목섬유 반입 및 포설 시 필요하면 감소계수 재산정

(3) 안정성 확보 및 추가 검토를 위한 하중계, 침하계 등 관리

참고  성토지지말뚝 사례
- 익산-대아 복선전철공사
- Geogrid : 200kN/m, 2겹
- 말뚝 사이 침하 : 1~3mm
- 말뚝 : 간격 2×2m, 길이 약 25m
- 대부분 성토하중 : 말뚝으로 전이

【문제 6】
지하수위 상승 또는 지표수 침투에 의한 옹벽 붕괴사고 메커니즘, 배수재(경사재, 연직재) 설치효과와 방지대책에 대하여 설명하시오.

## 1. 물에 의한 옹벽 파괴

(1) 불포화 시 안정성

- 전도 : $S.F = \dfrac{w \cdot a}{P_h \cdot y - P_v \cdot f}$

- 활동 : $S.F = \dfrac{R_v \tan\delta + C_a B}{P_h}$

(2) 포화 시 안정성

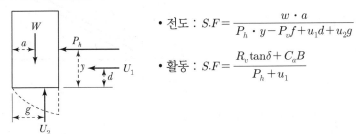

- 전도 : $S.F = \dfrac{w \cdot a}{P_h \cdot y - P_v f + u_1 d + u_2 g}$

- 활동 : $S.F = \dfrac{R_v \tan\delta + C_a B}{P_h + u_1}$

(3) 지하수 또는 지표수 침투에 의해 옹벽배수로의 배수기능이 원활하지 않으면 수압이 발생됨.
(1)과 (2)의 안전율에서와 같이 수압작용 시 전도, 활동의 안전율이 감소하게 됨

(4) 간단토압(수압 포함) 비교

① 조건 : $\gamma_t = 19\text{kN/m}^3$, $\gamma_{sub} = 10\text{kN/m}^3$, $H = 6\text{m}$, $K_a = 0.33(\phi = 30°)$

② 배면수위 없음 : $P_A = \dfrac{1}{2}\gamma K_a H^2 = \dfrac{1}{2} \times 19 \times 0.33 \times 6^2 = 113\text{kN/m}$

③ 배수수위 지표면 : $P_A = \dfrac{1}{2}\gamma_{sub} K_a H^2 + \dfrac{1}{2}\gamma_w H^2 = \dfrac{1}{2} \times 10 \times 0.33 \times 6^2 + \dfrac{1}{2} \times 10 \times 6^2 = 239\text{kN/m}$

④ 약 2배가 좀 넘게 됨을 알 수 있음

(5) 지하수위 고려방법

① 지하수위가 있으면 흙과 물 부분을 구분하여 계산하고 합산함

② 이때, 토압계수($K_a$)는 수중단위중량($\gamma_{sub}$ : Submerged Unit Weight)에 적용됨에 유의

③ 수압은 $K_w = 1$로 생각하여 $\gamma_w$에 적용하면 됨

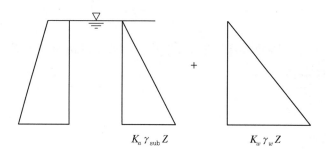

## 2. 배수재(경사재, 연직재) 설치효과

### (1) 배수로 경사 조건

유선과 등수두선이 각각 연직, 수평이므로 파괴면
의 모든 위치에서 간극수압은 0이다.

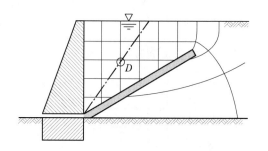

예 D점 전수두 $H - \dfrac{2}{4}H = \dfrac{2}{4}H$

위치수두 $= \dfrac{2}{4}H$

압력수두 $= 0$

$$P_a = \dfrac{1}{2} \cdot \gamma_{sat} \cdot H^2 \cdot K_a = \dfrac{1}{2} \times 2.03 \times 6^2 \times 0.292 = 10.7 \text{t/m}$$

### (2) 배수로 연직 조건

$$W = \dfrac{1}{2} \times 6 \times (6 \times \tan 30) \times 2.03 = 21.1 \text{t/m}$$

$u$ = 간극수압면적 $= 5.5 \text{ton/m}$ (면적으로 구했다고 가정함)

$W, \ u$ : 크기, 방향을 알고, $P, \ R$은 방향만 알고 있으므로 힘의 다각형으로 $P_A$를 구함

$P_A = 13 \text{ton/m}$

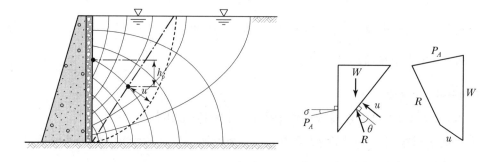

### (3) 경사재가 연직보다 유리함

## 3. 방지대책

(1) **지하수 대책** : 침투된 물은 원활히 배수되도록 함

(2) **지표수 대책** : 침투되지 못하게 차단

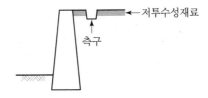

## 4. 평가

(1) 옹벽의 부실요인에는 물과 관련된 내용이 많으며 피해사례도 빈번함

(2) 피해 종류는 누수, 백화, 세굴, 과도변위, 전면벽 탈락, 붕괴 등임

(3) 기본적으로 외부에서 물이 들어오지 못하게 하고 침투된 물은 원활히 배수되도록 해야 함

(4) 특히, 수압이 크게 걸리면 치명적이므로 우각부, 계곡부, 집중호우에 대한 대비가 필요함

## 4 교 시 ( 6문 중 4문 선택, 각 25점 )

### 【문제 1】
기존에 운영 중인 지하철 노선에 근접하여 지하도로 시공을 위한 지하연속벽을 설치하고자 한다. 지하연속벽 공법의 특징, 슬라임 제거방식, 설계 및 시공 시 검토사항에 대하여 설명하시오.

### 1. 개요
트렌치의 붕괴를 방지하고 지하수의 유입을 막기 위하여 Slurry 안정액을 굴착부분에 채워 넣고 미리 준비한 철근망을 삽입하여 트레미 파이프를 이용하여 콘크리트를 타설하고 이러한 각각의 Pannel을 연속하여 일련의 지하벽을 만드는 공법이다.

### 2. 원리
(1) 지하연속벽(Diaghragm Wall)은 시공 중 굴착벽이 붕괴되지 않고 안정하게 유지되는 것이 가장 중요하다. 안정액의 주요 기능은 굴착벽면의 안정유지 기능, 굴착토사를 현탁액으로 부유시켜 침전을 방지하고 Slime을 운송하는 기능, 불투수막(Bentonite Cake)을 형성하여 지하수의 굴착부분 내 유입을 방지하는 기능이다.

(2) 안전율식

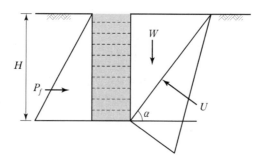

$$Fs = \frac{c'l + (W\cos\alpha - U + P_f\sin\alpha)\tan\phi'}{W\sin\alpha - P_f\cos\alpha}$$

$$P_f = \frac{1}{2}\gamma_f H^2$$

$$U = \frac{1}{2} \times \gamma_w H \frac{H}{\sin\alpha}$$

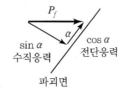

## 3. 특징

### (1) 장점

① 벽체 강성이 우수하여 토류벽과 지하층의 벽구조체로 역할 가능

② 완전차수가 가능하고 강성이 커서 주변 지반 이완 및 침하 극소화 가능

③ 소음·진동이 적어 근접시공, 도심지 공사에 유리

④ 연약지반, 대심도, 깊은 굴착인 경우 타 공법보다 안정성이 큼

### (2) 단점

① 공사비가 고가이고 장비규모 및 작업장이 넓어야 함($200 \sim 300m^2$)

② 계측과 안정액 관리 등 철저한 시공관리가 요구됨

③ 안정액 처리비용 발생

④ 지장물이 있는 경우 곤란하고 이음부 하자, Slab 이음부 처리가 잘 되어야 함

## 4. Slime 제거

### (1) Slime 발생

Slime은 두 가지로 생각할 수 있는데 한 가지는 주로 굴착토사 중에서 지상으로 배출되지 않고 공저 부근에 남아 있다가 굴착중지와 동시에 곧바로 침전된 것으로 이것은 큰 덩어리의 것도 많이 포함되어 있다. 또 한 가지는 순환수 혹은 공내수 중에 떠있던 미립자가 굴착 중지 후 시간이 경과함에 따라 서서히 공저에 침전한 것이다.

### (2) Slime 제거방법

제1차 처리는 굴착이 예정심도에 도달한 후 굴착토가 공저에서 거의 모두 제거될 때까지 배토작업을 계속하는 것이고, 제2차 처리는 철근망 건입 후 Concrete 타설 직전에 시행하는 것으로서 통상 Tremie Pipe를 이용한 Air Lift 또는 Suction Pump에 의한 배출방식이 많이 쓰이고 있다.

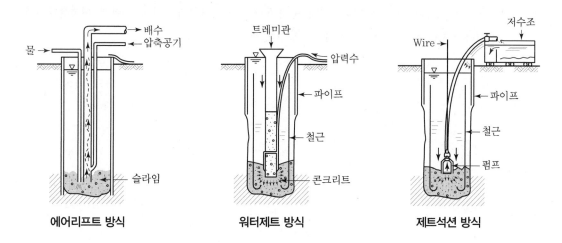

에어리프트 방식      워터제트 방식      제트석션 방식

## 5. 설계 및 시공 시 검토사항

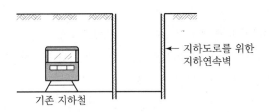

기존 지하철　지하도로를 위한 지하연속벽

### (1) 설계

① 기존 지하철 근접으로 연속벽에 작용하는 토압은 변위가 억제되는 정지토압 개념 적용

② 굴착에 따른 지반과 기존 지하철 변위를 파악하고, 필요시 연속벽 배면에 지반보강 Grouting 실시

③ 토류벽은 지반불량 시 근입부 안정이 중요한바, 토압균형, Boiling, Heaving을 검토하고 필요시 저면보강함

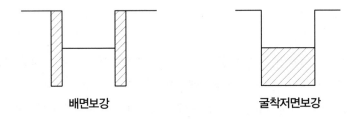

**배면보강**　　　　　　　**굴착저면보강**

### (2) 시공

① Guide Wall 설치 시 연직도를 준수하여 적정한 벽체 형성을 확보

② 굴착 안정액 관리가 제일 중요한바, 비중, 점성, 모래분을 관리하여 벽면붕괴를 방지해야 함

③ 인근 Pannel 이음부를 정밀시공하고 필요시 배면부 Grouting

④ Concrete 타설 전에 Slime을 제거하여 양질의 콘크리트를 제조하고, 벽체침하를 방지함

⑤ 주변 지반 침하계, 경사계, 지하수위계, 응력계 등 기존 지하철에 경사계, 균열계, 변형률계 등을 설치하여 지하철, 연속벽의 안전시공이 되도록 함

【문제 2】
지하수위가 높은 연약지반 구간의 흙막이 시공 시 문제점 및 대책과 계측관리에 대하여 설명하시오.

## 1. 연약지반 시 흙막이 변형

굴착지반이 연약한 점성토 또는 느슨한 사질토일 경우 굴착에 따른 토류벽 변위가 크게 되므로 주변
지역의 침하량이 크고 영향 범위도 불량한 지반일수록 크게 됨

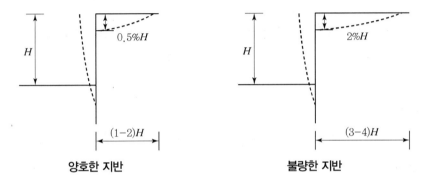

양호한 지반                 불량한 지반

## 2. 문제점과 대책

(1) 타입 시 진동

① 점성토는 진동에 의해 교란되며 교란 시 전단강도가 감소하여 토압이 크게 됨

② 또한, 과잉간극수압 발생으로 압밀침하가 배면에서 발생됨

③ 대책

• 천공 후 설치

• 진동이 적은 장비 사용

• 유압으로 정적 압입

(2) 근입부 파괴

① 토압에 의한 근입부 확보 곤란은 물론 Heaving이 발생될 수 있으며, 이 경우 전체적인 붕괴로 가
시설이 파괴될 수 있음

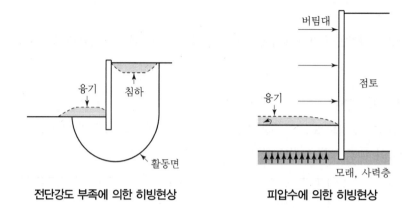

전단강도 부족에 의한 히빙현상        피압수에 의한 히빙현상

② 대책

- 근입깊이 연장
- 배면에 강도보강
- 굴착저면에 강도보강

(3) Strut의 경우

① 아래에서 왼쪽 그림은 좌굴 우려가 있음

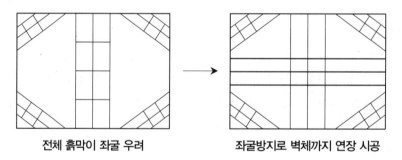

전체 흙막이 좌굴 우려        좌굴방지로 벽체까지 연장 시공

② Strut는 개별부재의 좌굴방지는 물론 흙막이공 전체 구조가 좌굴변형에 대해 안정되도록 해야 함
③ 특히, 연약지반, 점토지반인 경우 전체 좌굴변형 사례가 많이 발생됨에 유의함

(4) Anchor의 경우

① 감소량이 큰 경우는 허용인장력보다 긴장력이 클 수 있으므로 허용인장력 이내로 해야 함
② 지반이 연약한 경우 긴장력이 크면 토류벽 변형과 배면지반 측으로 변위가 발생하므로 배면지반의 상태를 고려해야 함
③ 초기긴장력은 설계앵커력의 50~60%로 하고 재긴장하는 것이 바람직함

(5) 과굴착

    ① 과굴착 시 토압이 급증하게 되어 Sheet Pile 지지공에 변위가 과대하게 될 수 있음

    ② 과굴착을 지양하고 가급적 가운데를 선굴착함이 필요함

(6) 인발 시 주변 침하

    ① 인발공극과 진동으로 주변 침하가 발생됨

    ② 대책에는 매몰, 절단, 고주파장비, 충전, 배면보강, 유압인발기 사용 등이 있음

## 3. 계측관리

(1) 계측 항목

    ① 응력 관련 : 토압계, 하중계, 변형률계

    ② 변형 관련 : 지중경사계, 지중침하계, 지표침하계

    ③ 물 관련 : 지하수위계, 간극수압계

    ④ 기타 관련 : 건물경사계, 균열계, 소음·진동 측정

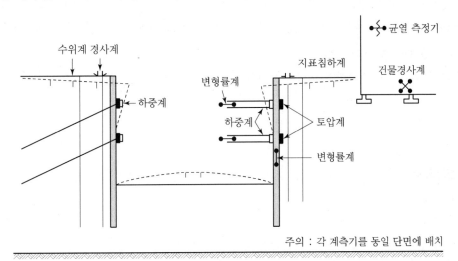

주의 : 각 계측기를 동일 단면에 배치

(2) 계측 목적

    ① 응력 관련 : 작용토압과 설계토압 비교, 각 부재의 응력 확인

    ② 변형 관련 : 수평변위 적정성, 배면침하 확인과 인근 구조물 영향 평가

    ③ 물 관련 : 수위변동, 차수재 효과 확인, 수압분포 확인

    ④ 기타 관련 : 주변 영향(구조물, 사람, 가축) 평가 및 관리

---

**【문제 3】**

미고결 점토광물이 존재하는 구간에서 터널공사 후 공용 중인 터널 내 일부 구간에서 도로포장의 변형이 발생했다면, 이에 대한 변형 발생원인과 지반 조사방법, 대책방안에 대하여 설명하시오.

---

## 1. 현장 상황

   (1) 포장 밑에 점토 존재

   (2) 포장변형 발생

점토 　 포장

## 2. 원인 파악

   (1) 터널 바닥의 파쇄대에 존재하는 점토에 계절적·지속적으로 지하수가 유입

   (2) 점토는 투수계수가 작아 배수되지 못하고 상향으로 수압작용 가능, 또한 파쇄대 점토는 팽창성인 경우가 많음

   (3) 이에 따라 상향의 팽창압작용으로 포장균열, 단차, 이음부 확대 등이 발생된 것으로 판단함

   (4) 함수로 지지력이 감소하여 침하가 발생되는 구간도 있을 것임

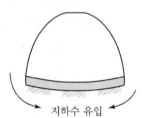

지하수 유입

## 3. 지반조사

   (1) **현장조사**

      ① Coring

      ② GPR

      ③ 목적 : 파손구간 공동 유무, 이완부분 확인, 두께 범위

   (2) **현장시험**

      ① 평판재하 시험

      ② 목적 : 지반반력계수 확인(설계조건 확인)

   (3) **실내시험**

      ① 기본 물성 시험

      ② 구속, 비구속 팽창 시험

③ 회복탄성계수 시험

④ 목적 : 팽창량, 팽창압, 회복탄성계수 확인

## 4. 대책

(1) 범위가 좁고 두께가 얇은 경우 : 양질의 재료로 치환

(2) 범위가 좁고 두께가 깊은 경우 : 심층혼합처리공법

(3) 범위가 크고 두께가 깊은 경우 : Invert 보강(Micro Pile 등)

(4) 포장균열, 단차부 등 보수

(5) 지하수 유입 차단은 현실적으로 어려우므로 배제함

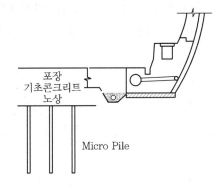

【문제 4】

도로의 노면에 발생되는 인위적인 지반함몰의 종류와 원인을 설명하고, 지하에 매설된 하수도관의 파손을 중심으로 지하수위 위치(파손된 하수도관의 상부, 중간부, 하부)에 따른 지반함몰 발생 메커니즘에 대하여 설명하시오.

## 1. 지반함몰의 종류와 원인

### (1) 지중매설물의 파손

① 파손으로 지하수, 지표수가 관로 내부로 유입됨에 따라 주변 토사가 이동, 유실함

② 비교적 소규모이고 처음에는 천천히 발생되고 함몰 시에 급격히 발생됨

③ 파손부로 누수됨에 따라 주변 토사가 유실되어 지반함몰이 발생됨

④ 상수도관은 압력이 크므로 비교적 규모도 크고 급진적으로 발생됨

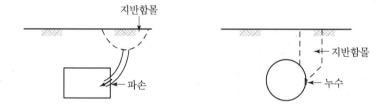

### (2) 지하구조물 건설 중 지반함몰

① 터널막장부에서 안정성 부족으로 막장붕괴 시 지반함몰이 발생됨

② 큰 규모로 갑자기 발생하여 위험성이 크다고 평가됨

③ 흙막이 벽체 배면에서 토류벽 변형, 근입부 불안정, 수위저하 등으로 발생됨

④ 규모는 대형붕괴가 아니며 비교적 장시간에 걸쳐 발생됨

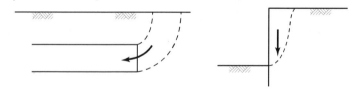

### (3) 지하수 변화

① 구조물 터파기, 지하철 등 시공으로 수위가 저하하면 지하수 유동과 함께 토입자 유실

② 유효응력(Effective Stress) 증가로 침하 발생

③ 비교적 천천히 발생되며, 완만한 경사로 범위가 커 함몰형태는 아니어서 지반침하라 표현

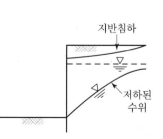

2. 하수관과 지하수 위치에 따른 지반함몰 형태

 (1) 지하수위가 관로보다 위인 조건

  ① 지하수위가 관로보다 높으므로 파손부위로 지하수가 유입되어
   함몰 발생

  ② 지하수 저하로 추가적 함몰 형성

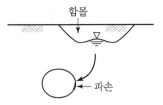

 (2) 지하수위가 관로 위치와 동일한 조건

  ① 지하수위가 관로와 비슷하여 유입 또는 유출량이 적음

  ② 비교적 지반함몰 위험성이 적음

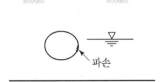

 (3) 지하수위가 관로보다 아래인 조건

  ① 파손부위로 하수가 유출되어 지하수위에 도달하게 되며 이로
   인한 함몰 발생

  ② 지속적 유출과 주변 토사 유실로 관로 파손부위의 확장이 가능
   하며 지표까지 깊은 함몰이 형성됨

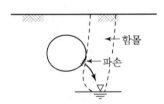

3. 조사대책

 (1) 조사

  ① 시추조사

  ② 물리탐사 : GPR, Geotomography, 전기비저항탐사 등

  ③ 관련되는 지반 관련 시험

  ④ 조사 흐름

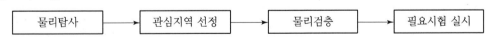

 (2) 대책

  ① 조사결과와 지역 여건을 감안한 대책 수립

  ② 강제함몰 후 토사 등 투입

  ③ 고압분사공법, CGS 공법

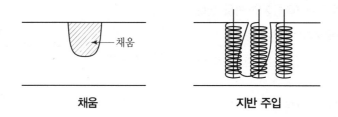

| 채움 | 지반 주입 |

참고 고유동성 채움재

### 1. 개요

고유동성 재료로 임의의 형태 공동 및 되메우기 시 다짐 불필요, 저강도로 재굴착 시 용이성 확보

| 저유동 재료 | 고유동 재료 |

### 2. 배합 및 특징

- 모래, 소량시멘트, 다량의 물, 혼화제, 현장토 혼합
- 강도 약 2MPa, 투수계수 $10^{-6}$cm/s
- 고유동성으로 공극 채움성 양호
- 다짐 불필요
- 저강도로 재굴착 시 용이
- 투수계수가 작아 유수 이동에 유리

### 3. 이용

- Sinkhole, 도심지형 지반함몰 채움
- 관로뒤채움

【문제 5】
지반을 통과하는 물의 흐름 방향(상향, 하향, 정지)에 따른 지반 내 임의점에서의 유효응력 변화를 설명하고, 이를 토대로 한계동수경사와 분사현상(Quick Sand), 히빙(Heaving)에 대하여 설명하시오.

## 1. 유효응력 변화

### (1) 정지 시

① 전응력은 흙과 물로 전달되는 압력이므로

$$\sigma_v = h \cdot \gamma_w + z \cdot \gamma_{sat}$$

② 물로 전달되는 압력, 즉 간극수압은

$$u = (h+z)\gamma_w$$

③ 흙입자로 전달되는 압력은 전 연직응력에서 간극수압만큼 뺀 압력이므로 유효응력은

$$\sigma' = \sigma_v - u = h\gamma_w + z\gamma_{sat} - (h+z)\gamma_w$$

$$= z(\gamma_{sat} - \gamma_w) = z\gamma_{sub}$$

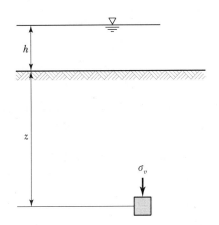

### (2) 하향침투 시

① $\sigma = h_w\gamma_w + Z\gamma_{sat}$

② $u = h_w\gamma_w + Z\gamma_w - \Delta h\gamma_w$

③ $\bar{\sigma} = \sigma - u = Z\gamma_{sub} + \Delta h\gamma_w = Z\gamma$

④ 정수압 시 유효응력($Z\gamma_{sub}$)보다 $\Delta h\gamma_w$만큼 큼

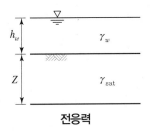

전응력

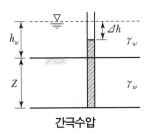

간극수압

(3) 상향침투 시

① $\sigma = h_w \gamma_w + Z \gamma_{sat}$

② $u = h_w \gamma_w + Z \gamma_w + \Delta h \gamma_w$

③ $\overline{\sigma} = \sigma - u = Z \gamma_{sub} - \Delta h \gamma_w = Z \gamma_{sub} - i Z \gamma_w$

④ 정수압 시 유효응력($Z \gamma_{sub}$)보다 $\Delta h \gamma_w$ 만큼 적음(주의 : $\sigma$는 물이 흐르든, 흐르지 않든 같음)

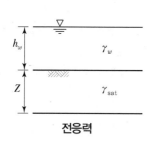

전응력

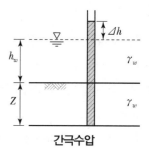

간극수압

(4) $\Delta h \gamma_w = i z \gamma_w$를 침투압(Seepage Pressure)이라 함

## 2. 한계동수경사와 분사현상

(1) $i_c = \dfrac{G-1}{1+e} = (G-1)(1-n)$

(2) 정리

$$\sigma = h_w \gamma_w + z \gamma_{sat}$$

$$u = h_w \gamma_w + z \gamma_w + \Delta h \gamma_w$$

$$\overline{\sigma} = \sigma - u = \gamma_{sub} z - \Delta h \gamma_w$$

$$\Delta h \gamma_w = \gamma_{sub} z$$

$$i = \frac{\Delta h}{z} = \frac{\gamma_{sub}}{\gamma_w} = \frac{\dfrac{G-1}{1+e} \gamma_w}{\gamma_w}$$

$$\therefore \ i_c = \frac{G-1}{1+e} = (G-1)(1-n)$$

동수경사가 한계동수경사의 값에 이르면 흙의 유효응력은 0이 되므로 점착력이 없는 흙은 전단강도를 가질 수 없다.

(3) 동수경사가 한계동수경사를 초과하게 되면 침투수압에 의하여 수중의 토립자가 부상하고 마침내 흙이 위로 솟구쳐 오르는 현상을 분사현상이라고 한다. 자연적으로 퇴적된 모래의 수중단위중량은 대략 1에 가깝고 물의 단위중량도 1이므로 한계동수경사는 약 1의 값을 갖는다.

(4) 분사현상이 잘 일어나는 흙은 전단강도가 유효응력에 비례하는 사질토이며, 점성토는 유효응력이 0이 되었다 하더라도 점착력이 있으므로 전단강도가 0이 되지 않는다.

(5) 문제점
   ① 근입부 지지력 상실
   ② 수동토압 상실
   ③ 토입자 유실
   ④ 배면지반 침하
   ⑤ 토류벽 붕괴

## 3. Heaving

(1) **침투력(Seepage Force)**

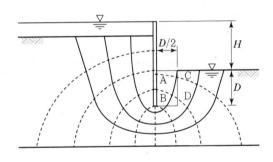

① $J = i\gamma_w V = i\gamma_w D\dfrac{1}{2}D$

② $i = \dfrac{h}{D}$

③ $h = \left(\dfrac{n_{d1}}{n_d} + \dfrac{n_{d2}}{n_d}\right) \times \dfrac{1}{2} \times H$

여기서, $n_{d1}$ : 하류면과 $B$점의 등수두선 간격 수

$n_{d2}$ : 하류면과 $D$점의 등수두선 간격 수

$n_d$ : 전체의 등수두선 간격 수

(2) **유효응력**

$w = \gamma_{sub}D\dfrac{1}{2}D$

(3) **안전율**

$S.F = \dfrac{W}{J}$

**【문제 6】**

아래 그림과 같이 높이 6m, 단위중량($\gamma$) 18kN/m³인 제방이 지표면 위에 설치되어 있을 때, 제방 하부 5m 깊이($z$)에 있는 점 $A_1$과 점 $A_2$ 위치에서의 수직응력 증가량을 각각 구하시오.(단, Osterberg의 영향계수($I_2$)값은 주어진 표의 값을 사용하고, 답은 소수점 셋째 자리에서 반올림하여 소수점 둘째 자리까지 구하시오.)

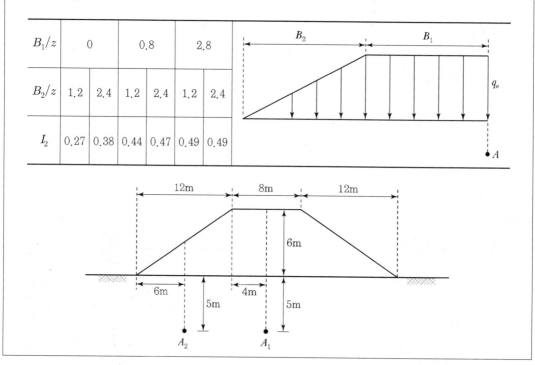

| $B_1/z$ | 0 | | 0.8 | | 2.8 | |
|---|---|---|---|---|---|---|
| $B_2/z$ | 1.2 | 2.4 | 1.2 | 2.4 | 1.2 | 2.4 |
| $I_2$ | 0.27 | 0.38 | 0.44 | 0.47 | 0.49 | 0.49 |

## 1. 지중응력

### (1) 정의

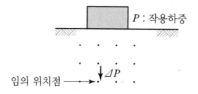

① 지표 또는 지중의 하중으로 지반 내 임의의 위치에 생기는 응력이며, 작용하중에 대한 지중응력의 비를 지중응력 영향계수(Influence Factor)라 함

② 즉, $I = \dfrac{\Delta P}{P}$

   여기서, $\Delta P$ : 지중응력, $I$ : 영향계수, $P$ : 작용하중

(2) 지중응력 분포 개념

    ① 지중응력은 재하위치에서 깊을수록, 모서리 쪽으로 갈수록 감소하여 그림과 같이 되며 직사각형,

       원형 기초는 약 $2B$($B$ : 기초폭), 연속기초는 약 $4B$까지 작용하중의 약 10% 하중이 미침

    ② $I = 0.1$인 구를 압력구(Pressure Bulb)라 함

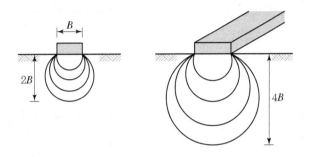

## 2. 지중응력 계산

(1) $A_1$ 위치

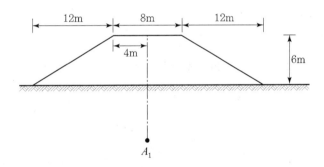

    ① 제방형 단면은 지중영향계수가 사다리꼴이므로 단면을 사다리꼴로 분할해야 함

    ② $B_1 = 4\text{m}$, $B_2 = 12\text{m}$, $Z = 5\text{m}$

    ③ $B_1/Z = 4/5 = 0.8$, $B_2/Z = 12/5 = 2.4$

    ④ 제방의 반단면 영향계수 $I_2 = 0.47$(문제 조건)

    ⑤ $\Delta P = 2PI = 2 \times 6\text{m} \times 18\text{kN/m}^3 \times 0.47$

           $= 101.52\text{kN/m}^2$

(2) $A_2$ 위치

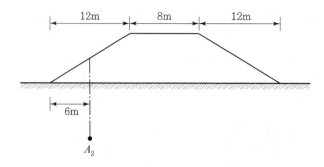

① 사다리꼴의 영향계수이므로 ABCD 단면으로 계산함. ㉠과 ㉡은 단면이 같아 상쇄됨

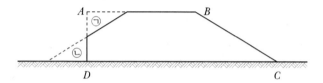

② $B_1 = 6\text{m} + 8\text{m} = 14\text{m}$, $B_2 = 12\text{m}$, $Z = 5\text{m}$

③ $B_1/Z = 14/5 = 2.8$, $B_2 = 12/5 = 2.4$

④ $I_2 = 0.49$(문제 조건)

⑤ $\Delta P = P.I = 6\text{m} \times 18\text{kN/m}^3 \times 0.49 = 52.92\text{kN/m}^2$

# 제121회
# 과년도 출제문제

## 121 회 출 제 문 제

## 1 교 시 ( 13문 중 10문 선택, 각 10점 )

【문제】

1. 붕괴포텐셜(Collapse Potential)

2. 틸트시험(Tilt Test)

3. 함수특성곡선(Soil-water Characteristic Curve)

4. 앵커(Anchor)의 진행성 파괴

5. 분산성 점토(Dispersive Clay)

6. 조립토와 세립토의 공학적 특성

7. 회복탄성계수(Resilient Modulus)와 동탄성계수(Dynamic Elastic Modulus)

8. 소일네일링(Soil Nailing) 공법과 록볼트(Rock Bolt) 공법

9. 모래의 마찰저항과 엇물림효과(Interlocking Effect)

10. 플레이트 잭 시험(Flat Jack Test)

11. 벤토나이트(Bentonite) 용액의 정의와 기능

12. 지반응답해석(Ground Response Analysis)

13. 활성 단층(Active Fault)

## 2 교 시 ( 6문 중 4문 선택, 각 25점 )

**【문제 1】**

석회암 공동지역의 기초설계를 위한 현장조사와 보강방안에 대하여 설명하시오.

**【문제 2】**

구조물별로 발생하는 지반공학적 Arching 현상에 대하여 설명하시오.

**【문제 3】**

흙막이 구조물 해석방법 중 탄성법과 탄소성법에 대하여 다음 사항을 설명하시오.

1) 탄성법과 탄소성법의 기본가정과 해석모델

2) 탄소성법의 소성변위 고려 여부에 따른 토압 적용방법

**【문제 4】**

보강띠(지오그리드)로 얕은 기초 하부지반을 보강한 경우 다음 사항을 설명하시오.

1) 기초지반 파괴형태

2) 기초 하부의 중심선에서 거리 $x$만큼 떨어진 깊이 $z$에서 발생하는 전단응력

**【문제 5】**

NATM(New Austrian Tunneling Method)과 NMT(Norwegian Method of Tunneling) 기본원리에 대하여 설명하시오.

**【문제 6】**

토양오염 복원방법에 대하여 설명하시오.

## 3 교 시 ( 6문 중 4문 선택, 각 25점 )

【문제 1】

흙막이 구조물 설계 시 경험토압 적용에 따른 다음 사항을 설명하시오.

1) 지층 구성이 동일한 토층이 아닌 다층지반에서의 지반물성치 평가방법

2) 암반지반 굴착에서 경험토압 적용방안

【문제 2】

부분수중사면이란 그림과 같이 사면 내외에 수평한 정수위가 형성되어 사면 일부가 물속에 잠겨 있는 경우를 말하는데, 절편법으로 부분수중사면의 안정해석을 할 경우 다음 사항을 설명하시오.

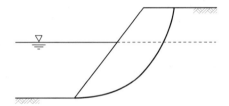

1) 유효응력해석법으로 해석할 경우 사면 밖에 있는 물의 영향을 고려하는 방법

2) 전응력해석법으로 해석할 경우 입력자료

【문제 3】

부산 낙동강 하류 대심도 연약지반 아래에 피압대수층이 존재하는 것으로 알려져 있다. 부지조성공사 시 이러한 지반조건에서 연약지반을 개량하기 위해 연직배수공법을 적용할 경우 예상 문제점 및 대책에 대하여 실무적 관점에서 설명하시오.

【문제 4】

무리말뚝의 지지력 결정방법에 대하여 설명하시오.

【문제 5】

국내에서는 해안가, 습지 주변으로 연약지반이 분포되어 있다. 연약지반 개량공사에서 Sand Mat 공법은 매우 중요한 역할을 하고 있다. Sand Mat 공법의 설계 및 시공 시 고려사항, 기능 저하 시 문제점 및 대책에 관한 사항을 설명하시오.

【문제 6】

산악 장대터널 지반조사 시 조사절차와 주요 착안사항에 대하여 설명하시오.

## 4교시 ( 6문 중 4문 선택, 각 25점 )

**【문제 1】**
국내에서 부산과 거제도를 연결한 거가대교의 일부 구간인 침매터널구간의 해저 연약지반을 개량하기 위해 모래다짐말뚝(SCP)을 시공한 사례가 있다. SCP 처리지반의 치환율 결정방법, 파괴형태, 복합지반의 압밀침하량 산정방법을 설명하시오.

**【문제 2】**
흙막이 공사의 시설물 안전을 확보하기 위한 계측계획 수립 시 검토항목, 계측기기의 종류 및 특성, 계측관리기법 및 평가기준에 대하여 설명하시오.

**【문제 3】**
흙의 다짐효과에 영향을 미치는 요소 중 다음 사항을 설명하시오.
1) 다짐에너지의 크기와 흙의 종류가 다짐에 미치는 영향
2) 다짐함수비에 따른 점토의 구조와 다져진 점토의 압축성 비교

**【문제 4】**
옹벽의 뒤채움에 지하수가 흘러들어와 지하수면이 형성되면 수압이 작용하여 주동토압이 크게 증가함으로써 옹벽이 불안정한 상태가 될 수 있다. 이러한 지하수면 형성을 방지하여 수압의 증가, 즉 주동토압의 증가를 막고자 경사 배수설비(Sloping Drain)를 설치할 경우 다음 사항을 설명하시오.
1) 유선망(Flow Net)을 작성하여 뒤채움 내의 간극수압이 0이 됨을 증명
2) 높이 H인 옹벽에 작용하는 주동토압의 합력($P_A$)을 구하는 방법
3) 배수설비 없이 뒤채움이 포화되었을 때와 경사 배수설비가 설치되었을 때의 주동토압 합력($P_A$)의 차이

**【문제 5】**
국제암반공학회(ISRM)에서 제시한 불연속면의 조사항목에 대하여 설명하시오.

**【문제 6】**
Meyerhof의 얕은 기초 지지력 결정방법과 실제와의 일치성에 대하여 설명하시오.

## 121 회 출제문제

## 1 교 시 ( 13문 중 10문 선택, 각 10점 )

### 1 붕괴포텐셜(Collapse Potential)

#### 1. 정의

침수 시 붕괴 가능성의 크기를 나타내며 다음 식과 같음

$$C_P = \frac{e_1 - e_2}{1 + e_o} \times 100(\%)$$

여기서, $C_p$ : 붕괴포텐셜

$e_o$ : 자연상태에서의 간극비

$e_1$ : 물을 공급하기 전 간극비

$e_2$ : 물을 공급한 후 간극비

※ $C_p$ : 5% 이하 → 약간

5~10% → 보통

10% 이상 → 큼

#### 2. 시험

(1) 하중증가하고 간극비 산정

(2) 2kg/cm²에서 침수시킴

(3) 붕괴성 $= \dfrac{e_1 - e_2}{1 + e_o} \times 100(\%)$

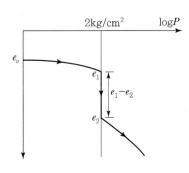

## 3. 관련 토질(붕괴성 흙)과 특성

(1) 비소성(Non-plastic) 실트나 가는 모래가 바람에 운반 · 퇴적된 토질

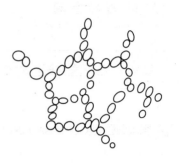

(2) 풍적토(Loess)의 특성으로 봉소구조를 가짐

(3) 봉소구조로 벌집형태의 쇠사슬 모양

(4) 건조 시 연직균열

(5) 단위중량이 작고($r_t \fallingdotseq 1.5t/m^3$), 간극비가 큼

(6) 투수성이 크며 침수 시 붕괴 가능성이 큼

## 4. 평가

(1) 쌓기나 기초지반 시 침수에 의한 붕괴, 즉 침하 대비 필요(예) 다짐)

(2) 시료채취 시 교란되지 않게 유의하여 채취

## ② 틸트시험(Tilt Test)

### 1. 시험방법

(1) 암반의 불연속면(Discontinuites in Rock Mass)의 전단저항
각 관련 시험
(2) 경사판에 하부암을 부착하고 상부에 다른 암석을 올려놓음
(3) 그림과 같이 경사판을 들게 되면 특정 각도에서 상부암이 밑으
로 떨어짐
(4) 이때의 경사각을 측정함

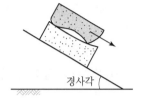

경사각

### 2. 결과 및 이용

(1) 불연속면의 전단저항각(Shear Risistance Angle) 산정
(2) 암반사면 안정성 검토 시 평사투영법, 한계평형 해석에 적용

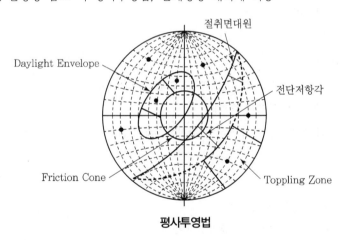

**평사투영법**

### 3. 평가

수직응력이 없어 터널, 기초 등에는 적용 곤란

### 3 함수특성곡선(Soil-water Characteristic Curve)

#### 1. 정의

(1) 흡수력(Matric Suction)에 따른 체적함수량

$$\left( \theta = n \cdot s = \frac{V_w}{V} \right)$$의 변화곡선

(2) 불포화로 갈수록, 즉 흡수력이 클수록 체적함수량은
   감소함

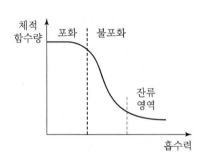

#### 2. 특성

(1) 흡수력에 따라 포화·불포화 영역의 경계에서 체적함수량의 변화가 크며, 경계의 흡수력을 공기
   함입치라 함

(2) 흡수력이 크더라도 물이 유출되지 않는 경계가 생기고 체적함수량은 일정하게 되며, 경계의 흡수
   력을 잔류함수량 상태라 함

(3) 이력현상(Hysteresis)

   ① 건조과정에서는 흙의 작은 간극에 영향이 크고 습윤과정에서
      는 큰 간극에 영향이 큼(잉크병 효과)
   ② 같은 흡수력 상태에서는 건조의 경우가 체적함수량이 큼

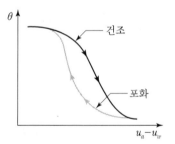

(4) 토질 특성

   ① 세립토로 갈수록 체적함수량이 큼
   ② 세립토로 갈수록 공기함입치와 잔류함수량이 큼

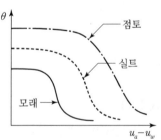

#### 3. 이용

(1) 불포화토의 흐름, 투수계수, 간극수압, 전단강도 산정의 기본요소임
(2) 시험 시 이력현상을 고려한 자료가 되어야 함

## 4 앵커(Anchor)의 진행성 파괴

### 1. 진행성 파괴(Progressive Failure)의 정의

(1) 응력 또는 변형 불균일로 전단강도 발휘가 위치(또는 토질)에 따라 달라 국부적으로 파괴가 진행 되는 파괴형태

(2) 응력-변형 표시

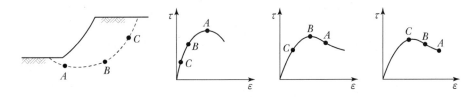

### 2. Anchor에서 영향

(1) 지표면에 가까운 쪽의 앵커체부터 인장력을 부담하고 인장력이 전단강도 초과 시 앵커 선단부로 인장력의 분포가 이동함

(2) 설계 시 동시파괴(General Failure) 개념으로 전체의 앵커정착길이가 유효한 것으로 고려하나 인장력에 따 라 진행성 파괴가 발생하게 됨

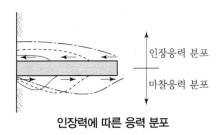

**인장력에 따른 응력 분포**

(3) 사례에 의하면 정착길이가 10m 이하일 때는 그림과 같이 인발력의 증가가 뚜렷함

(4) 10m 이상인 경우는 인발력 증가가 미약하거나 둔감 하게 됨

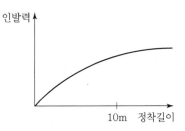

### 3. 평가(대책)

(1) 앵커 간격 축소 및 보다 양호한 지반에 정착

(2) 다른 형식의 앵커체 사용 예 영구앵커 시 압축형 앵커 사용

## 5 분산성 점토(Dispersive Clay)

### 1. 정의

(1) 비점성의 세사나 실트보다 침식성이 더 큰 점토가 존재하며, 침식성 점토에는 나트륨(Na) 이온의 양이 많음

(2) 나트륨이 침투류와 만나면 용탈(Leaching)되어 점토의 결합력 상실로 Piping이 유발될 수 있음

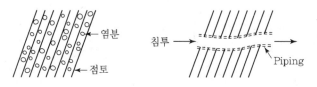

### 2. Pin Hole 시험

(1) 점토에 1mm 직경 Hole 형성

(2) 여러 수두조건에서 혼탁도, Hole 변화에 의해 판단

(3) 침식성은 통과수가 혼탁하며 Hole 직경이 침식되어 증가함

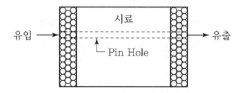

### 3. 평가

(1) 비침식성 점토재료 이용

(2) 양호한 Filter층 형성

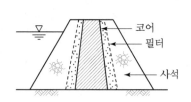

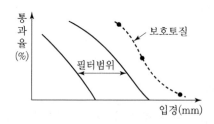

**참고**  Pin Hole 시험 결과 분류표

| 분류 | 수두 (mm) | 시험시간 (min) | 최종유속 (m/s) | 시험 후 탁도 | 시험 후 통로 크기 (mm) |
|---|---|---|---|---|---|
| D1 | 50 | 5 | 1.0~1.4 | 짙음 | ≥2.0 |
| D2 | 50 | 10 | 1.0~1.4 | 보통 짙음 | >1.5 |
| ND4 | 50 | 10 | 0.8~1.0 | 약간 짙음 | ≤1.5 |
| ND3 | 180 | 5 | 1.4~1.7 | 조금 보임 | ≥1.5 |
| | 380 | 5 | 1.8~3.2 | | |
| ND2 | 1,020 | 5 | >3.0 | 깨끗함 | <1.5 |
| ND1 | 1,020 | 5 | ≤3.0 | 매우 깨끗함 | 1.0 |

## 6 조립토와 세립토의 공학적 특성

## 1. 정의

### (1) 조립토

모래나 자갈로 이루어진 점착력이 없는 비점성토로 입도분포가 공학적 성질을 지배하며 $75\mu$m체 통과량이 50% 이하인 흙

### (2) 세립토

Silt나 Clay의 미세입자로 이루어진 흙으로 점토광물의 성분과 함유량에 따라 성질이 달라지고 연경도가 성질을 지배하며 $75\mu$m체 통과량이 50% 이상인 흙

## 2. 공학적 성질

### (1) 전단강도(Shear Strength)

① 전단강도는 점착성분과 마찰성분으로 구분할 때 사질토는 전단저항각이 우세함(상시 조건)
② 점성토는 점착성분이 우세함(단기 조건)

### (2) 압축성

① 사질토는 입자 이동으로 조기에 침하되고 양이 크지 않음
② 점성토는 입자 사이의 간극수 배제에 의해 장기에 걸쳐 침하되고 양이 큼

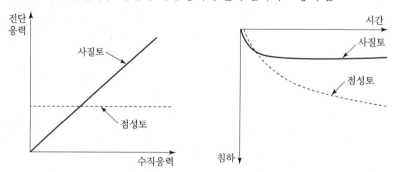

### (3) 투수성

① 사질토는 간극비에 따라 다르나 간극이 커 투수성이 큼
② 점성토는 간극비는 크나 입자의 비표면적이 커 투수성이 불량함

## 3. 평가

(1) 사질토라도 통과량이 크거나 소성이 크면 세립토 거동에 유의(침하)
(2) 세립토라도 비소성 성향이면 사질토 거동에 유의(Piping)

**7** 회복탄성계수(Resilient Modulus)와 동탄성계수(Dynamic Elastic Modulus)

## 1. 시험방법

(1) Resilient Modulus

① 시료에 구속압력을 가하고 반복적으로 축차응력(Deviator Stress) 재하

② 축차응력 – 변형률이 회복적 탄성 거동 시의 기울기 산정

③ $M_R = \dfrac{\sigma_d}{\varepsilon_r}$

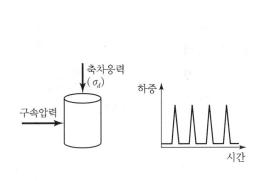
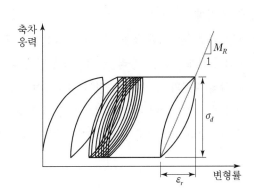

(2) Dynamic Elastic Modulus

① 시료에 구속응력을 가하고 반복적으로 축차응력 재하

② 응력–변형률이 압축적 탄성 거동의 기울기 산정

③ $E_d = \dfrac{\sigma_d}{\varepsilon}$

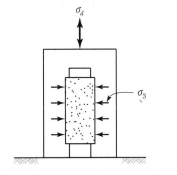
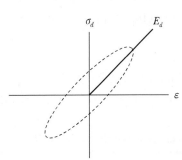

## 2. 비교

(1) 탄성적 거동의 응력–변형률 관계 표현인 물성치 : 공통

(2) $M_R$은 포장 관련 시험이고 $E_d$은 하중의 동재하 관련 시험

## 8 소일네일링(Soil Nailing) 공법과 록볼트(Rock Bolt) 공법

### 1. Soil Nailing

Soil Nailing 공법은 NATM과 유사한 지반보강공법으로 원지반의 강도를 최대한 이용하면서 보강재를 설치하며 복합 보강지반을 형성하여 전단강도 증대와 발생 변위를 억제, 지반 이완을 막는 공법임

### 2. Rock Bolt

비탈면 보강을 위한 록볼트는 소규모의 암괴 또는 쐐기구간을 보강하기 위해 적용함. 층리 및 절리가 발달된 암반비탈면의 경우에는 암석 자체의 강도에 상관없이 절리의 방향성에 의해 파괴가 발생할 수 있으며, 이 경우 록볼트는 암괴의 초기 변형을 억제하고 암반을 보다 일체화시키는 작용을 기대할 수 있음

균열암

### 3. 평가(비교)

(1) Soil Nailing과 Rock Bolt는 사면의 안정을 위한 보강공법임

(2) Soil Nailing은 기본적으로 지반의 전단강도 증대에 개념에 있고, 따라서 배치는 Pattern 형식으로 됨

(3) Rock Bolt는 하중지지의 구조체 개념으로 필요에 따라 Random 또는 Pattern 형식으로 됨

(4) 궁극적으로 비탈면의 붕괴방지, 변위억제를 위함

(5) 적용

① Soil Nailing : 토사 및 풍화암 지반

② Rock Bolt : 절리발달암반, 낙석지반(망 병행)

참고  Ahchor 공법과 Soil Nailing 공법 비교

|  | Ahchor | Soil Nailing |
|---|---|---|
| 원리 | 주동보강 | 수동보강 |
| 저항력 | Prestress | 변위에 의한 전단저항 |
| 변위 | 작음 | Ahchor보다 큼 |
| 벽체 | 구조부재, 근입부 안정 필요 | 비구조부재, 근입부 안정 불필요 |
| 불량지반 | 영향 없음 | 영향 큼(굴착 시 자립 곤란으로 붕괴) |

## ⑨ 모래의 마찰저항과 엇물림효과(Interlocking Effect)

### 1. 모래전단강도

(1) Coulomb은 흙의 전단시험을 하여 응력과 관계없는 성분, 즉 접착제와 같이 흙을 결합시키는 성분과 응력과 관계있는 성분, 즉 흙입자 사이에 작용하는 마찰성분의 합으로 전단강도를 표시함. 이를 식으로 표현하면

$$\tau = c + \sigma \tan\phi$$

여기서, $\tau$ : 전단강도

$c$ : 점착력(Cohesion)

$\sigma$ : 수직응력(Normal Stress)

$\phi$ : 전단저항각(Angle of Shearing Resistance)

또는 내부마찰각(Internal Friction Angle)

$c$, $\phi$ : 강도정수(Strength Parameter)

(2) 모래, 자갈

① 전단저항원리

- 마찰저항 : 회전마찰, 활동마찰
- Interlocking(엇물림)
- 느슨할 때 : 활동
- 조밀할 때 : 회전, 엇물림

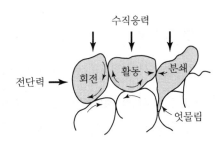

② 전단강도

$$\tau = \sigma \tan\phi$$

즉, 모래, 자갈의 전단강도는 유효수직응력에 크게 영향을 받음

### 2. 효과

(1) 마찰저항이 크면 회전과 활동이 억제되어 외력에 저항이 크게 됨. 이는 입자의 표면 형상과 거칠기에 영향을 받게 됨

(2) 엇물림은 변형과 전단에 대한 입자 간 상호의 구속력 증대로 입자 전체의 저항력 증대에 관계됨. 즉, 다짐 시 상대밀도(Relative Density) 증가에 의한 전단저항 증가의 원인이 됨

## 10 플레이트 잭 시험(Flat Jack Test)

### 1. 시험방법

(1) 암반굴착 전 계측기 설치

(2) 암반굴착

(3) Flat Jack을 통해 원위치로 회복되도록 가압

(4) 초기지압비 산정

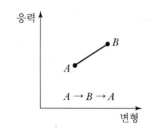

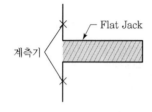

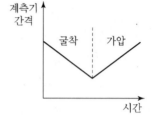

### 2. 결과와 이용

(1) 시공 시 시험으로 초기지압비 산정 $\left( K_o = \dfrac{\sigma'_h}{\sigma'_v} \right)$

(2) 설계 시 적용된 초기지압비와 대비

(3) 설계 시 미실시된 시험구간의 초기지압비 확인

(4) 터널의 응력-변형해석의 한 인자임

### 3. 정리

(1) 설계 시 수압파쇄, AE, DRA로 산정할 수 있고, 시공 시 응력해방, 응력회복방법을 추가할 수 있음

(2) 초기지압은 반드시 시험한 값을 적용해야 하고, 대표성과 신뢰성 향상을 위해 3~5회 정도 시험 되어야 함

(3) 터널 등 설계, 시공 시 변위 형태, 보강, 공동방향 등의 영향이 큼을 인지하고 신뢰성 있는 시험이 되어야 함

## 11 벤토나이트(Bentonite) 용액의 정의와 기능

### 1. 정의

(1) 몬모릴로나이트(Montmorillonite)의 점토광물을 주성분으로 하고 물을 혼합한 용액임

(2) 팽창성이 크고 친수성이며 비중은 1.02~1.07 수준임

$$\text{벤토나이트 분말} + \text{물} = \text{Bentonite 용액}$$

### 2. 기능

(1) 굴착공벽의 붕괴방지

① 공벽에 불투수막(Filter Cake) 형성으로 지하수 유입방지

② 용액의 압력으로 공벽 붕괴방지

③ 지하연속벽, 매입말뚝, 현장타설말뚝 등에 적용

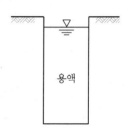

(2) 굴착토사 부유 유지

① 굴착된 토사를 용액 중에 떠 있게 하여 Slime 발생 억제

② Slime 처리 원활 작용

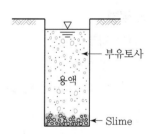

### 3. 평가

기능을 위해 비중 유지, 점성 유지, 물과 분리되지 않아야 함

## ⑫ 지반응답해석(Ground Response Analysis)

### 1. 개요

(1) 지진 시 지진파에 의해 지표면으로 전달되는 파특성에 지반이 응답(예 가속도, 변위, 속도, 전단력 등)하는 것을 구함(지반응답해석 : Ground Response Analysis, 부지응답해석 : Site Response Analysis)

(2) 지반응답해석으로 지진계수를 산정하여 유사정적 검토, 지반가속도로 액상화 평가, 지반변위로 응답변위법 적용, 동적해석의 적용, 물성치 산정 등에 이용됨

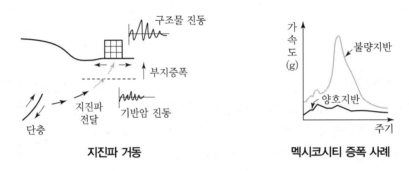

| 지진파 거동 | 멕시코시티 증폭 사례 |

### 2. 방법

(1) **자료**

① 지층 구성

② 각 지층의 단위중량, $G_{max}$, $G \sim \gamma$ 관계도, $D \sim \gamma$ 관계도

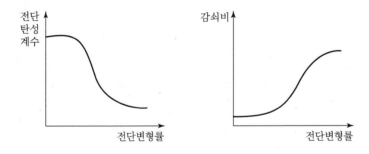

(2) **방법**

① 전단변형률이 작은 상태의 초기가정치 $G$, $D$ 산정

② 입력지진(장주기와 단주기의 실지진기록, 인공지진파)에 대해 유효변형률 산정(예 최대변형률의 65%). 이는, 그림과 같이 실지진과 시험 시 지진모사의 차이 보정임

③ 유효변형률의 $G$, $D$로 재계산하고 반복하여 수렴된 $G$, $D$ 확정

④ 최종 결정된 $G$, $D$로 지반응답해석하여 지반의 비선형을 간접 고려함

## 3. 적용

### (1) 지반증폭

지진계수 산정 시 보통 지반은 지반증폭계수로 산정할 수 있으나 불량한 사질토, 점성토, 기반암이 깊은 경우 지반응답해석을 통해 지반증폭을 파악함

### (2) 액상화(Liquefaction) 평가

① 액상화 평가 시 전단응력비 산정을 위한 깊이별 가속도 산정

② 전단응력비 : $0.65 \dfrac{\alpha_{깊이}}{g} \cdot \dfrac{\sigma_v}{\sigma_v'}$

### (3) 응답변위법

① 지중구조물의 내진해석방법을 적용하기 위해 지진으로 인한 지반변위가 파악되어야 함

② 지반응답해석으로 지반변위 산정

## 4. 평가

해석 신뢰도를 확보하기 위한 물성치 산정이 매우 중요하며, 현장과 실내시험을 반드시 병행 실시함

## 13 활성 단층(Active Fault)

### 1. 단층(Fault)

(1) 그림과 같이 지표 인근에서 지각판의 취성파괴(Brittle Failure)에 의한 지각변동현상

(2) 활동성 단층은 최근 단층현상이 발생된 것으로 지표부에 변위수반한 단층으로 재현성 있는 단층
(과거 5만 년 내 1회 이상, 50만 년 내 2회 이상 활동, 중규모 이상 진앙지가 단층과 관련된 조건)

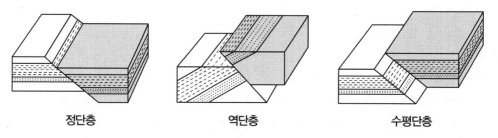

| 정단층 | 역단층 | 수평단층 |

### 2. 활동성 단층대책

(1) **내진설계 향상** : 구조물에 따라 지진 규모를 크게 고려하여 지진에 견디는 내력 향상

(2) **면진 및 제진 고려**

① 지진력이 구조물에 전달되지 않도록 전달차단장치 설치(예 유연성이 큰 고감쇠장치, 적층고무 System)

② 지반진동에 대해 진동력 감소, 공진을 피할 수 있도록 구조물 진동 변형(예 감쇠비) 흡수

(3) **내진, 면진, 제진 개념**

① 내진 : 지진력을 구조물의 내력으로 감당

② 면진 : 구조물에 지진력의 전달을 감소

③ 제진 : 제진장치를 이용해 지진에너지를 소산

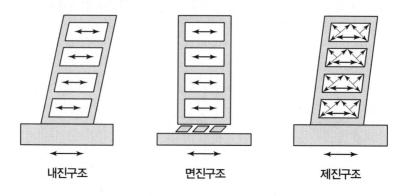

| 내진구조 | 면진구조 | 제진구조 |

## 2 교 시 ( 6문 중 4문 선택, 각 25점 )

【문제 1】
석회암 공동지역의 기초설계를 위한 현장조사와 보강방안에 대하여 설명하시오.

1. 지반조사

　(1) 조사 착안사항

　　　① 기반암의 복잡한 구조

　　　② 공동분포와 크기의 다양화

　　　③ 공동 내 퇴적물

　　　④ 따라서, 기초위치에서

　　　　• 기반암과 공동의 기하학적 분포형태 파악

　　　　• 기반암까지 지층 구성

　　　　• 각 지층과 공동 내 물질의 공학적 특성치

　　　　• 지지층 하부 상태

　(2) 조사내용

　　　① 현장조사

　　　　• 지표지질조사　　　　　　• 시추조사

　　　　• 전기비저항탐사　　　　　• GPR

　　　　• Geotomography　　　　　• Cross Hole

　　　② 현장시험

　　　　• 지하수위 측정　　　　　• 수압시험

　　　　• 공내재하시험　　　　　• 공내전단시험

　　　　• 초기지압 측정시험　　　• BHTV 시험

　　　③ 실내시험

　　　　• 토질시험(물성시험, 일축압축, 삼축압축, 전단시험 등)

　　　　• 암석시험(일축압축, 삼축압축, 절리면 전단, 점하중, 탄성파 시험 등)

## 2. 대책(보강방안)

### (1) 얕은 기초

① 소규모 공동 또는 홈

- 공동 내 충전물을 제거하고 시멘트밀크 주입
- 심부에 있는 것은 고압분사로 주입
- 지지력은 평판재하시험, 공내재하시험으로 확인

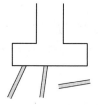

② 기초 밑에 얕은 위치 공동

- 지중응력의 압력구 이내인 경우로 기초 내림
- 충전물 제거가 곤란한 경우가 많으므로 고압분사공법, CGS 공법이 타당함. 1차 보강 후 공동의 천장부에 공극이 생기게 되므로 침투성이 양호한 Chemical Grouting을 추가해야 함
- 암반보다 Grouting된 부분의 강도가 더 약할 것으로 판단되므로 Grouting 재료에 대한 지지력, 변형 검토가 되어야 함

③ 기초 밑에 깊은 위치 공동

- 지중응력의 압력구 밖인 경우에 해당되며 이 경우 지지력은 확보가 가능할 것으로 판단됨
- 상부구조에 추가로 하중이 재하됨에 따라 공동에 변위가 생기고 이 변위로 인해 기초가 침하될 수 있으므로 수치해석에 의한 응력－변위 검토가 필요함
- 변위가 크게 되면 공동부를 Cement Milk Grouting해야 함

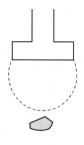

### (2) 말뚝기초

① 기초 밑에 얕은 위치 공동

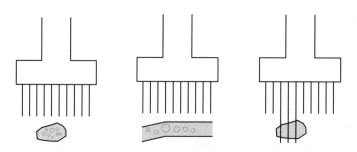

- 침하는 물론 지지력에 문제가 될 가능성이 크므로 말뚝길이를 연장하고 공동부를 Grouting으로 채움
- 말뚝길이는 적정하게 유지하고 CGS 공법, 고압분사공법으로 공동을 밀실하게 채우며, 2차로 천장부공동을 침투성이 양호한 Chemical Grouting으로 보강함

② 기초 밑에 깊은 위치 공동

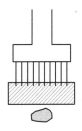

- 말뚝선단에서 공동까지 거리가 크므로 지지력 문제보다는 하중 증가에 따라 공동변형이 생김
- 이로 인해 말뚝침하, 부등침하가 발생될 수 있으므로 수치해석을 수행해야 함
- 보강은 공동부 상부에서 Arch 효과가 유지되도록 Micro Pile을 시행함
- 보강 후 침하 우려 시에는 공동을 고압분사, CGS 등으로 채워야 함

## 3. 평가

(1) 기초안정성을 검토하고 보강대책을 수립하기 위해서는 공동 위치 · 크기, 공동 주변 암반상태, 충전물, 지하수위 등에 대한 자료가 선행적으로 확보되어야 함

(2) 보강 부위는 평판재하시험, 말뚝재하시험, 공내재하시험, 시추조사에 의한 시료채취, 압축강도, 투수시험, 공내검층을 통해 반드시 확인하고 필요시 추가 보강이 되어야 함

---

**참고**  석회암지대의 특징과 문제점

### 1. 특징
- 용식구조 : 용식작용으로 연직절리와 층리를 통해 공동, Sinkhole 형성
- 불규칙 기반암선 : 차별풍화, Sinkhole로 기반암선 불규칙 분포(Pinnacled Rock Head)
- 지질구조 : 여러 차례 습곡, 단층작용 관련으로 연약대가 형성되고 층리, 파쇄대 분포, 경사각이 다양

### 2. 공학적 문제점
- 압축강도, 변형계수 등 물성치의 편차가 큼
- 공동 위치, 분포형태 크기 다양
- 층리나 절리간격, 방향성, 파쇄대 위치와 범위 파악
- 지반암의 불규칙 형태
- 수위 변동 시 지반침하(수위가 상대적으로 낮은 곳은 공동 가능성)
- 돌발용수

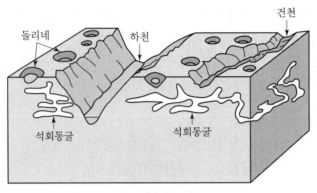

**석회암지대 지형**

【문제 2】
구조물별로 발생하는 지반공학적 Arching 현상에 대하여 설명하시오.

## 1. Arching 현상

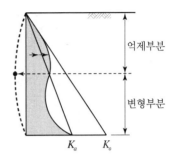

(1) 그림과 같이 토류벽이 변형을 하게 되면 변형하려는 부분과 안정된 부분(억제부분)의 접촉면에 전단저항이 생기게 됨

(2) 전단저항은 변형하려는 부분의 변형을 억제하기 때문에 변형부분의 토압은 감소하고 억제부분의 지반은 토압이 증가됨

(3) 이와 같이 변형과 관계하여 응력전이가 생기는 현상을 Arching 이라 함

## 2. 강성벽체와 연성벽체의 변위, 토압 비교

(1) 강성벽체의 경우 옹벽하단을 중심으로 그림과 같이 변위가 발생되게 되며(주동상태), 이때의 토압 분포는 실용적으로 Rankine 또는 Coulomb 토압을 적용하여 구할 수 있음

(2) 연성벽체의 경우 벽체의 종류별 강성에 따라, 버팀방식과 버팀시기에 따라, Pre-stressing 유무에 따라 변위형태가 강성벽체와 달라 Rankine 또는 Coulomb 토압의 적용이 곤란함

(3) 토압분포도 대체로 포물선 형태가 일반적이며, Arching의 영향을 크게 받아 그림과 같이 ⓐ 부분은 정지토압에 근접하며, ⓑ 부분은 변위가 커지므로 주동상태보다 적게 될 수 있음. 그러나 전체 토압력은 토압의 재분포로 크기는 같음

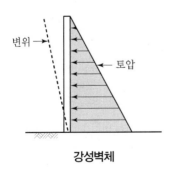

**강성벽체**

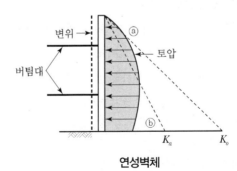

**연성벽체**

## 3. 수압파쇄현상

심벽형 댐시공 시 강성이 서로 다른 재료의 사용과 깊은 계곡의 凹형 지형 등의 이유로 응력전이와 부등침하가 발생한 상태에서 담수로 수위가 상승하면, Arching 효과로 감소된 최소 주응력 $\sigma_3$(즉, 수평토압)가 정수압보다 작아지는 곳에서 균열이 발생하는 현상

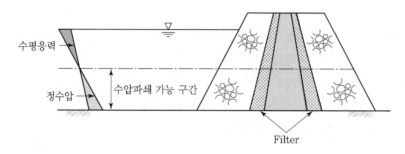

## 4. 복합지반효과

(1) Arching에 의한 침하저감

① 침하차로 Arching 현상이 발생되고 점토지반에는 응력이 저감하게 됨

② 저감된 크기만큼 발생되는 침하량은 작게 발생됨

③ 즉, $S = \mu_c S_c$

여기서, $\mu_c$ : 응력저감계수

$S_c$ : 계산 침하량

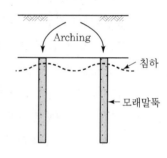

(2) 지반의 전단강도 증가

① 복합지반강도(Composite Shear Strength)

$\bar{c} = (1 - a_s)c$, $\bar{\phi} = \tan^{-1}(\mu_s a_s \tan \phi_s)$

여기서, $a_s$ : 치환율

$\mu_s$ : 응력집중계수

$\phi_s$ : 말뚝전단저항각

② 사면안정성 향상

③ 지반의 지지력 향상

## 5. 터널

### (1) Arching

① 터널을 굴진하면 무지보 막장부에서 가장 불안정한 상태가 됨

② 이어서 지보재가 설치됨에 따라 점차 안정되는데 무지보 터널막장부가 일정시간 동안 자립 가능한 것은 하중전이효과 때문임

③ 터널에서 다음 그림과 같이 종방향, 횡방향으로 3차원적 Arching이 발생됨

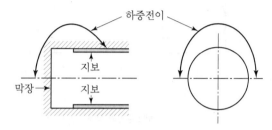

**터널막장에서 3차원 거동**

### (2) 형성 원인

① Arching은 터널굴착에 따른 적정 변위가 발생되고

② 상대적으로 변위가 적은 막장전방, 지보된 막장후방, 횡단면 상에서 측벽으로 하중이 이동

③ 이동한 하중을 지지하게 되면서 Arching이 형성됨

④ 따라서, Arching이 형성되기 위해서는 적정 변위와 주변부에서 하중지지 가능이 필요함

## 6. 평가

(1) 관련 구조물은 지하매설관토압, 성토지지말뚝 등에도 적용됨

(2) 지반구조물의 Arching 현상을 이해하는 것이 합리적 설계·시공에 필요함

(3) 보다 수치적 접근을 위해 모형시험, 수치해석, 계측분석 등이 필요함

참고    지하매설관 토압

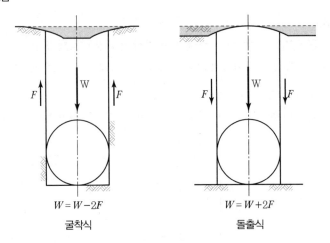

**지하매설관에 작용하는 토압**

1. 굴착식
   - 원지반에서 굴착하고 관을 매설한 형태로 원지반보다 되메우기한 부분이 다소 침하가 크게 됨
   - 침하 차이로 굴착 양면에 그림과 같이 상향의 마찰력($F$)이 작용하게 됨
   - 이는, 상대변위에 따른 Arching 현상의 결과임
   - 따라서, 토피작용하중보다 관로에 작용토압이 마찰력만큼 감소하여 작용됨

2. 돌출식
   - 원지반에 관을 매설하고 관 주변과 상부를 쌓기 하는 형태로 관상부보다 주변부가 다소 침하가 크게 됨
   - 침하 차이로 굴착 양면에 그림과 같이 하향의 마찰력($F$)이 작용하게 됨
   - 이는, 쌓기부의 침하가 더 크게 되는 부주면마찰력(Negative Skin Friction)이 작용되기 때문임
   - 따라서, 토피작용하중보다 관로에 작용토압이 마찰력만큼 증가하여 작용됨

【문제 3】
흙막이 구조물 해석방법 중 탄성법과 탄소성법에 대하여 다음 사항을 설명하시오.
1) 탄성법과 탄소성법의 기본가정과 해석모델
2) 탄소성법의 소성변위 고려 여부에 따른 토압 적용방법

## 1. 탄성법과 탄소성법의 기본가정과 해석모델

  (1) 탄성법

      외력을 받아 변형하고 외력을 제거하면 원래대로 변형을 회복하는 성질(Elasticity)

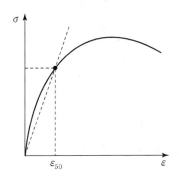

  (2) 탄소성법

      ① 응력이 항복점을 초과하는 큰 응력에서는 탄성은 없어지고 제하 시 영구 변형이 남게 되는 성질을
         소성이라 함
      ② 항복점 이전까지의 변형을 탄성영역, 이후의 변형을 소성영역이라 함

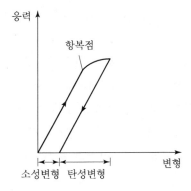

(3) 해석모델

탄성법은 그림에서 탄소성 스프링이 탄성 스프링이 됨

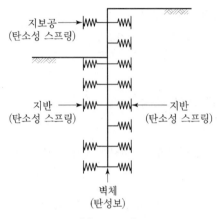

**기본구조 모델**

(4) 비교(정리)

① 응력과 변위관계 : 탄성과 탄소성으로 취급

② 토압 적용 : 탄성은 일회적으로, 탄소성은 반복계산으로 구함

③ 소성 고려 : 탄성은 소성 미고려로 토압 초과 및 큰 변위의 고려가 곤란하고 탄소성은 가능

## 2. 탄소성법의 소성변위 고려 여부에 따른 토압 적용방법

(1) 탄소성해석에서 벽체의 변위에 따른 토압의 크기는 소성변위 적용 여부에 따라 차이를 보임

(2) 다음 그림은 변위가 주동토압과 수동토압의 범위를 벗어나는 변위가 발생할 때 토압과 변위관계 곡선임

(3) 벽체의 변위가 증가하여 주동 측(또는 수동 측)의 한계소성변위를 초과할 경우 벽체에 작용하는 토압은 주동토압(또는 수동토압)으로 일정하게 작용하며 소성변위가 발생함

(4) 이때, 지보재 설치 등 외력작용으로 수동 측(또는 주동 측)으로 변위가 발생하면 소성변위를 무시할 경우 실선처럼 거동하고 소성변위를 고려할 경우 점선(또는 일점쇄선)을 따라 거동함

(5) 따라서, 소성변위 고려 여부에 따라 흙막이 벽체와 지보재에 작용하는 응력과 부재력 등의 영향이 있음

(6) 그러므로, 소성변위를 고려하는 경우가 실제에 더 근접한 거동분석방법임

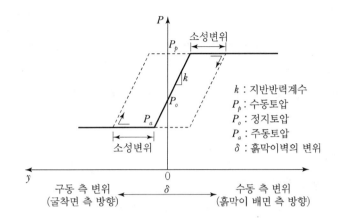

**참고** Terzaghi가 제안한 한계소성변위

| 흙의 종류 | 한계주동변위($y_a$) | 한계수동변위($y_p$) |
|---|---|---|
| 느슨한 모래 | 0.001~0.002H | 0.01H |
| 조밀한 모래 | 0.0005~0.001H | 0.005H |
| 연약한 점토 | 0.02H | 0.04H |
| 견고한 점토 | 0.01H | 0.02H |

【문제 4】
보강띠(지오그리드)로 얕은 기초 하부지반을 보강한 경우 다음 사항을 설명하시오.
1) 기초지반 파괴형태
2) 기초 하부의 중심선에서 거리 $x$만큼 떨어진 깊이 $z$에서 발생하는 전단응력

## 1. 기초지반 파괴형태

(1) 토목섬유 상부 활동 파괴

① 토목섬유가 기초 밑에서 멀리 위치하여 파괴면이 뒤에서 발생

② 이 경우 보강 안 한 경우와 지지력(Bearing Capacity)이 같게 됨

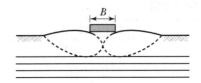

(2) 토목섬유 밖 활동 파괴

① 토목섬유가 포설되는 길이가 짧아 활동면이 토목섬유에 걸치지 못하게 됨

② 이 경우도 보강효과가 미미하게 됨

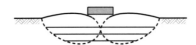

(3) 인장 파괴

① 기초하중에 비해 지오그리드의 강도가 작아 인장강도 부족으로 파단되는 파괴형태

② 구체적으로 검토하여 인장강도가 확보되도록 함

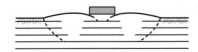

(4) 과다변형 파괴

① 기초하중에 비해 변형성이 큰 재질의 경우 침하 과다로 함몰형 파괴가 발생

② 기초침하를 감안한 지오그리드의 재질이 확보되어야 함

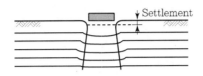

2. 기초 하부의 중심선에서 거리 $x$만큼 떨어진 깊이 $z$에서 발생하는 전단응력

(1) 임의의 $A$점에서 연직응력(Vertical Stress)

① 지중응력 개념으로 해당 위치에 대해 지중영향계수 산정

② 즉, $\Delta P = P.I$로 $\Delta P$인 연직응력을 구함

(2) $A$점에서 전단응력(Shear Stress)

① 전단응력은 파괴면과 평행한 응력임

② 전단응력$(\tau) = \Delta P \sin\alpha$로 해서 구할 수 있음

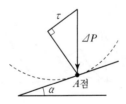

【문제 5】

NATM(New Austrian Tunneling Method)과 NMT(Norwegian Method of Tunneling) 기본원리에 대하여 설명하시오.

## 1. NATM

(1) 굴착과 동시에 초기응력과 동일한 응력을 굴착면에 작용시키면 변위는 발생하지 않음(㉠)

(2) 굴착면의 변위를 허용하면 변위가 증가하면서 하중은 감소하나(㉡) 어느 한계변위를 넘으면 지반은 이완되고 오히려 증가함(㉫)

(3) 변위가 한계치를 넘지 않도록 적절히 조치하여 지보재에 가해지는 응력을 최소화하여 굴착공동 안정을 도모함

(4) 지보가 강하면(㉢) 비경제적이고 너무 약하면(㉭) 위험을 초래하게 되므로 적절한 시기에 적절한 강성의 지보를 설치하는 것이 이상적임(㉣)

(5) 따라서, 가축성 지보재를 사용하여 변위를 허용하되 지반이 자체의 지보능력을 상실하지 않는 범위 내에서 평형상태가 되도록 설계함

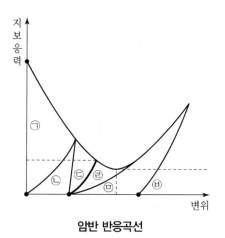

**암반 반응곡선**

## 2. NMT 특성

(1) 지반과 일체화된 주지보재의 복합구조로 하여 지보 간략화 및 시공단계 축소(공기 단축)

(2) 과지보 방지와 지반조건에 따른 융통성 확보(공사비 절감)

(3) 고성능, 고내구성 지보 도입 및 열화와 내화지보로 터널 안정성 확보(내구성)

(4) 따라서, 1차 지보재인 Shotcrete와 Rock Bolt의 성능을 향상시켜 영구지보재로 사용하며 NATM의 콘크리트 Lining을 기본적으로 생략함이 싱글셀 터널의 개념임

## 3. 기본원리

(1) **조사 및 설계**

① Q분류와 확정설계 개념을 갖기 위해 지반조사를 철저히 해야 함. 즉, 노두나 막장관찰로 알 수 있는 절리군 수, 빈도, 간격, 주향경사, 거칠기, 기본마찰각, 주응력 등 세부조사가 필요 및 전제됨

② Q분류에 의한 지보패턴을 수립하고 연속체, 불연속체에 대한 수치해석적 검증이 필요함

(2) **지보**

① Rock Bolt와 Shotcrete를 영구지보재로 하여 고성능 지보재에 적용

② 숏크리트

- 고강도 : 주요 지보재인 숏크리트의 고강도를 위한 재료, 배합, 시공방법

- 고인성 : 균열이 극소화되어야 하고 발생될 균열은 인성이 커 발전되지 않아야 함

- 고내구성 : 구조물에 유해한 변형, 열화 등이 없는 내구성이 높게 요구됨

- 재료 : 강섬유 숏크리트, 철근보강 숏크리트

③ 록볼트

- 고내력 : 축력에 대해 내력이 크고 장기적으로 유지되어야 함

- 내부식성 : 터널 주변에서 부식이 적은 재질, 방식 등이 요구됨

- 재료 : FRP 볼트, GRP 볼트, CT Bolt, Swellex Bolt

④ 물처리

- 근본적으로 방수재가 미설치되므로, 숏크리트가 수밀해야 하며 부분적 용수는 도수처리가 필요함
- 투수성이 큰 지반은 차수공법이 적용되어야 함

⑤ 계측 : 선택적으로 취약, 중요구간에만 실시

## 4. 평가

(1) 암반 반응곡선 개념은 양자에 적용되며 NATM은 Shotcrete, Rock Bolt의 내구성 문제로 Lining 타설함

(2) NMT는 고규격지보재로 Lining을 생략함

【문제 6】
토양오염 복원방법에 대하여 설명하시오.

## 1. 개요

(1) 토양오염 복원방법에는 물리 · 화학적 처리, 생물학적 처리와 조합방법이 있음

(2) 지반분야와 관계가 깊은 대표공법에 대해 서술함

## 2. 물리 · 화학적 방법

(1) **토양세정(Soil Flushing)**

① 원리 : 물리화학적 처리로 세정제를 이용하여 정화

② 방법

- 토양에 세정제 살포
- 지하수 흐름 이용
- 오염물 추출

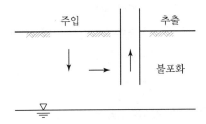

(2) **토양증기추출(Soil Vapor Extraction)**

① 원리 : 물리화학적 처리로 유증기 배출

② 방법

- 불포화 토양에 주입정, 추출정 등 설치
- 주입정에 청정공기 주입
- 오염물질의 증기 발생
- 추출정으로 배출
- 오염증기 처리(활성탄 흡착, 열적 처리) 후 대방출

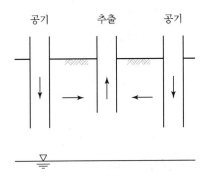

(3) **진공추출(Vaccum Extraction)**

① 원리 : 물리화학적 처리로 진공압 이용

② 방법

- 연직 배수재 설치
- 진공막 설치
- 휘발성 물질 진공 추출
- 추출물 처리 후 방출

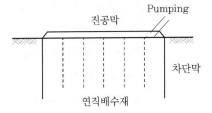

(4) 지반파쇄(Ground Fracturing)

① 원리 : 물리화학적 처리로 인공균열 발생

② 방법

- 토양에 수압 또는 공기압으로 균열 발생

- 통기성 향상

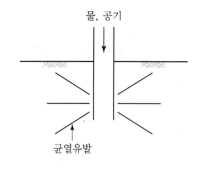

(5) 동전기(Electro Kinetic)

① 원리 : 물리화학적 처리로 동전기 성질

② 방법

- 전극 설치

- 전류에 의한 전기경사 유도

- 오염물질 이동

- 추출

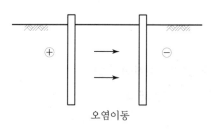

(6) 양수(Pumping)

① 원리 : 물리화학적 처리로 수위 저하를 통해 지하수 흐름 유도

② 내용

- 양수정 설치

- Pumping

- 수위 저하 형성

## 3. 생물학적 처리방법

(1) 통풍법(Bioventing)

① 원리 : 생물학적 처리로 생물학적 분해 이용

② 방법

- 적정량의 공기를 토양에 주입

- 생분해 조건 조성(온도 : 25~45°, 습도 : 30~90%, pH=7)

- 미생물 활성화로 정화

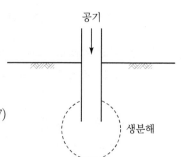

### 4. 조합 처리방법

(1) 생물학적 증기 추출(Bioslurping)

① 원리 : 복합처리로 SVE+BV 조합 공법

② 방법

- Pumping으로 수위를 저하시켜 불포화 조성
- SVE에 의해 휘발성 물질 추출
- BV에 의해 비휘발성 물질 생분해

(2) 공기주입 확산(Air Sparging Aeration)

① 원리 : 복합처리로 오염물질 추출과 생분해

② 방법

- 압축공기를 주입하여 휘발성, 수용성 물질 지표로 이동시켜 추출
- 비휘발성 물질, 비수용성 물질에 대해 생물학적 생분해 유도

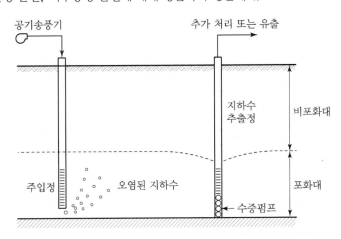

### 5. 평가

(1) 토양오염 복원방법을 선정하기 위해 토질조건인 사질토, 점성토, 지하 수위 위치, 지하수 흐름, 지반포화 여부와 오염물질 파악이 되어야 함

(2) 복원 시 시험시공, 실내시험을 통해 사전에 효율성을 확보함

## 3 교 시 ( 6문 중 4문 선택, 각 25점 )

【문제 1】
흙막이 구조물 설계 시 경험토압 적용에 따른 다음 사항을 설명하시오.
1) 지층 구성이 동일한 토층이 아닌 다층지반에서의 지반물성치 평가방법
2) 암반지반 굴착에서 경험토압 적용방안

### 1. 지층 구성이 동일한 토층이 아닌 다층지반에서의 지반물성치 평가방법

(1) 각 토층별 토압계수, 단위중량 적용

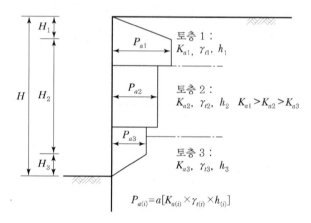

$$P_{a(i)}=a[K_{a(i)} \times \gamma_{t(i)} \times h_{(i)}]$$

(2) 토압계수, 단위중량 평균값 적용

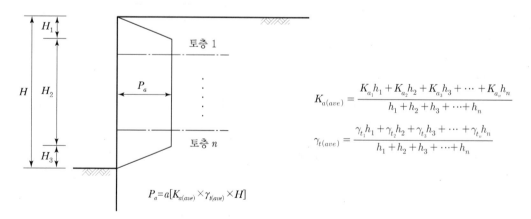

$$K_{a(ave)} = \frac{K_{a_1}h_1 + K_{a_2}h_2 + K_{a_3}h_3 + \cdots + K_{a_n}h_n}{h_1 + h_2 + h_3 + \cdots + h_n}$$

$$\gamma_{t(ave)} = \frac{\gamma_{t_1}h_1 + \gamma_{t_2}h_2 + \gamma_{t_3}h_3 + \cdots + \gamma_{t_n}h_n}{h_1 + h_2 + h_3 + \cdots + h_n}$$

$$P_a = a[K_{a(ave)} \times \gamma_{t(ave)} \times H]$$

## 2. 암반지반 굴착에서 경험토압 적용방안

### (1) 경암층의 약 $\frac{1}{2}$ 까지 토압 적용

추천 : TCR 90% 이상이고 RQD 60~80% 암반까지 함

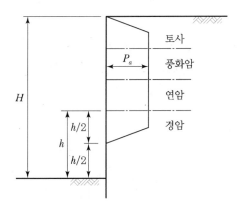

### (2) 경암층의 토압 무시

- 토압계산 시 전체 굴착깊이 적용

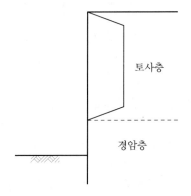

### (3) 일정 토압 적용(지하철 설계)

- 토압계산 시 전체 굴착깊이 적용

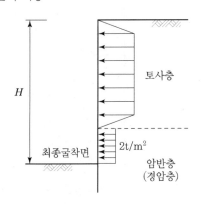

## 3. 평가

(1) 이론적인 방법은 지층이 여러 층으로 구성되어 있어도 일반적으로 수평토압 산정이 가능함

(2) 경험적인 방법으로 산정 시 지층 구성이 동일 토층이 아닌 이질 토층으로 구성되어 있는 경우 지반물성치의 평가가 어려우므로 지반정수를 각 토층별로 산정하는 방법과 평균값을 적용하는 방법을 적용하고 있음

(3) 암반토압은 암반의 상태 강도, 풍화도, 불연속면 주향, 경사, 절리면 전단강도 등에 크게 좌우됨

(4) 특히, 특정불연속면이나 불연속면 적당 조건인 경우 암반사면 안정에 의한 토압, 불연속체에 의한 토압, 변형 등 파악이 필요함

> **참고**  경험토압 발생 원리

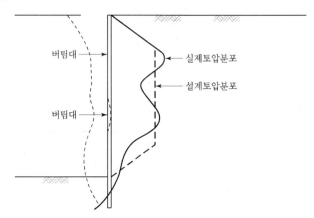

① 굴착이 완료되면 버팀위치에서 변위가 억제되어 변위가 발생되는 부분(버팀구조 사이)의 토압이 일부 전이됨

② 따라서, 그림과 같이 곡선적 분포가 되며 설계 적용을 위해 사다리꼴(또는 4각형, 3각형)로 단순화하여 적용, 즉 경험토압(겉보기토압)이 됨

③ 이러한 이유 때문에 버팀벽에 작용하는 실제의 토압분포는 Rankine이나 Coulomb의 이론으로는 설명할 수 없음. 따라서 실제적으로는 현장 실측자료로부터 경험적으로 얻어 제안된 측방토압분포를 사용함

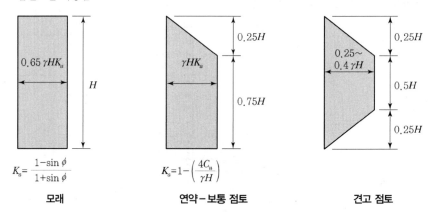

$$K_a = \frac{1-\sin\phi}{1+\sin\phi}$$
모래

$$K_a = 1 - \left(\frac{4C_u}{\gamma H}\right)$$
연약-보통 점토

견고 점토

【문제 2】

부분수중사면이란 그림과 같이 사면 내외에 수평한 정수위가 형성되어 사면 일부가 물속에 잠겨 있는 경우를 말하는데, 절편법으로 부분수중사면의 안정해석을 할 경우 다음 사항을 설명하시오.

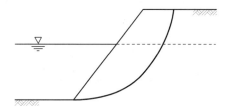

1) 유효응력해석법으로 해석할 경우 사면 밖에 있는 물의 영향을 고려하는 방법
2) 전응력해석법으로 해석할 경우 입력자료

## 1. 안정해석방법

### (1) 전응력해석

비배수강도시험으로 얻은 강도정수 $c_u$, $\phi_u$를 써서 해석하는 방법이며, 이때 간극수압은 고려하지 않음. 특히, 비배수 강도만으로 안정해석을 할 때 $\phi_u = 0$ 해석이라 함

### (2) 유효응력해석

유효응력으로 얻는 강도정수 $c'$, $\phi'$ 및 간극수압을 사용하여 안정해석을 실시함

### (3) 전응력해석과 유효응력해석의 일치성

① 사면에 대한 안정해석 시 원칙적으로 어떤 경우이든 간에 전응력해석법 또는 유효응력해석법으로 사면안정을 해석할 수 있음. 사면이 받고 있는 응력상태를 정확히 재현하여 시험을 하고 강도정수를 정확히 산정하였다면 전응력해석과 유효응력해석에 쓰일 강도정수가 다르다고 하더라도 두 해석결과는 본질적으로 동일함

② 어느 방법을 적용하든 동일한 사면에 대한 안전율은 이론상 그 결과는 일치하나, 적용하는 데 있어 강도정수, 간극수압, 단위중량 등 측정오차로 인하여 두 방법이 꼭 일치하지는 않을 수 있음

(4) 전응력과 유효응력해석 비교

| 구분 | 전응력해석 | 유효응력해석 |
|---|---|---|
| 전단강도 | 비배수강도 $S = c_u + \sigma \tan\phi_u$ | 배수강도 $S = c' + (\sigma - u)\tan\phi'$ |
| 강도정수 | $c_u$, $\phi_u$(UU시험) | $c'$, $\phi'(\overline{CU}$시험) $C_d$, $\phi_d$(CD시험) |
| 간극수압 | 미고려 | 고려 |
| 적용 | 절토 · 성토 시공 직후 | 절토 · 성토 장기 안정 |
| 결과 | 개념적으로 동일 | |

주) 배수조건 실무적 판단
- $K > 1 \times 10^{-4}$cm/s : 배수조건
- $K < 1 \times 10^{-7}$cm/s : 비배수조건

## 2. 사면 밖의 물영향 고려방법

활동원이 외수 위에도 통과한다고 가정하고, 외수 $\gamma_t = \gamma_w$, $c = 0$, $\phi = 0$인 흙으로 간주함

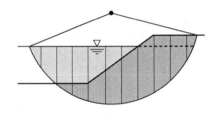

## 3. 전응력해석 시 입력자료

(1) 입력자료 항목

① 단위중량 : 토질의 포화단위중량, 습윤단위중량, 물단위중량

② 전단강도 정수 : 점착력, 전단저항각

(2) 입력자료 설명

① 전응력해석은 간극수압을 고려하지 않는 방법으로 내수위에 관한 간극수압의 영향을 무시함

② $\phi_u = 0$인 조건에서는 비배수강도 $c_u$만을 사용하고 불포화토의 경우는 UU시험에서 얻은 비배수강도 $c_u$, $\phi_u$를 사용함

③ 단위중량은 물 위는 습윤단위중량을, 물 아래는 포화단위중량($\gamma_{sat}$)을 쓰고, 지하수위가 제체 아래 있는 경우에는 포화단위중량 또는 수중단위중량($\gamma_{sub}$)을 쓸 수 있음

④ 전응력해석 시 $\gamma_{sub}$를 사용하는 경우는 $\phi_u = 0$ 조건에 한하며, $\phi \neq 0$이면 전수직응력에 대응하는 $S_A$를 써야 할 것을 유효수직응력에 대응하는 $S_B$를 쓰는 결과가 됨

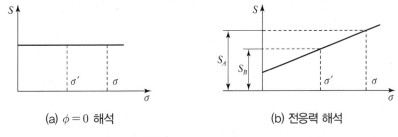

(a) $\phi = 0$ 해석    (b) 전응력 해석

**단위중량의 정확한 사용법**

## 4. 평가

(1) 전응력은 비배수조건에 대해 간극수압에 대한 별도의 고려 없이 검토하는 방법으로 UU삼축압축시험 형태의 전단강도 정수(Shear Strength Parameter)를 적용함. 즉, 단기 안정조건인 급속 성토 시에 유용한 방법임

(2) 유효응력해석은 전단강도의 기본개념에 충실한 것으로 간극수압을 고려하고 $\overline{CU}$, 또는 CD시험 상태의 전단강도를 적용함

(3) 예로, 정상침투 시, 완속 성토 등과 같이 장기안정에 유효한 방법임

【문제 3】
부산 낙동강 하류 대심도 연약지반 아래에 피압대수층이 존재하는 것으로 알려져 있다. 부지조성공사 시
이러한 지반조건에서 연약지반을 개량하기 위해 연직배수공법을 적용할 경우 예상 문제점 및 대책에 대
하여 실무적 관점에서 설명하시오.

## 1. 연직배수 공법 원리

(1) 연직배수 설치 시 물의 흐름이 변경되며 배수재 간격에 따라 배수거리가 크게 단축됨

(2) 압밀시간은 배수거리의 제곱에 비례하므로 연직배수 공법은 개량원리가 배수거리 단축에 있음을
의미함

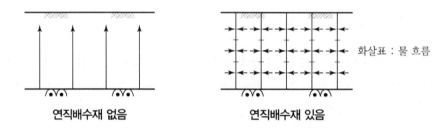

연직배수재 없음          연직배수재 있음          화살표 : 물 흐름

## 2. 예상 문제점 및 대책

(1) Smear Effect

① 시공으로 배수재 주변이 교란되어 압밀계수 감소로 압밀도, 개량기간이 지연됨

② 교란 범위, 교란 시 압밀계수 파악으로 Smear 영향 감안

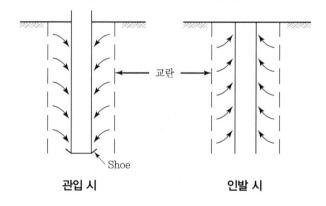

관입 시          인발 시

(2) Well Resistance

① 타설, 압밀 진행으로 배수재의 통수능력이 감소하여 물의 배출이 원활하지 못하는 현상

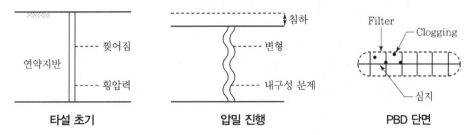

| 타설 초기 | 압밀 진행 | PBD 단면 |

② 관련 시험인 통수능력시험 실시로 배수능이 확보되는 제품 선정

(3) 압밀침하량 과소 발생

① 피압을 무시할 때 침하량

$$S = \frac{C_c}{1+e_o} H \log \frac{P_o + \Delta P}{P_o}$$

② 피압을 고려할 때 침하량

$P_o = P_o -$ 피압이 되고 $\Delta P$는 상재하중 + 피압(피압 제거로 상재하중 효과 발생)이 되어

$P_o + \Delta P = P_o -$ 피압 + 상재하중 + 피압 $= P_o + \Delta P$

③ 즉, 피압 고려일 경우 $\log \dfrac{P_o + \Delta P}{P_o}$ 가 크게 되어 피압을 고려할 때 침하량이 큼

예 1. 조건 : $C_c = 0.6$, $e_o = 1.5$, $P_o = 9\text{t/m}^2$, $\Delta P = 6\text{t/m}^2$, $H = 5\text{m}$, 피압 $= 3\text{t/m}^2$

2. 피압 무시 : $S = \dfrac{0.6}{1+1.5} \times 500 \log \dfrac{9+6}{9} = 26.6\text{cm}$

3. 피압 고려

$P_o = 9 - 3 = 6\text{ton/m}^2$

$P_o + \Delta P = 9 + 6 = 15\text{ton/m}^2$

$S = \dfrac{0.6}{1+1.5} \times 500 \log \dfrac{9+6}{6} = 47.8\text{cm}$

④ Piezo Cone, Stand Pipe로 피압의 크기를 측정하여 침하량 계산 시 반영함

(4) 연직도 유지

① 연직도 유지가 불량하면 대심도로 배수재 간격에 문제
가 생겨 압밀지연이 유발됨

② 보통시방규정(2°)보다 엄격한 조건의 적용이 필요함

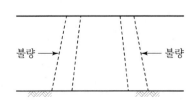

(5) 성토 등에 의한 지반 변형

① 성토로 부등적 침하에 의해 연직배수재 연직도 불량 가능

② 계측기의 기움으로 계측 곤란, 손상 문제 대비

(6) 계측

① 사면안정관리를 위한 계측은 물론 침하관리를 위해 계측도 성실하게 수행되어야 함

② 이는, 최종 침하량을 확정하여 현재 침하량, 잔류침하량을 분석하기 위함임

**【문제 4】**
무리말뚝의 지지력 결정방법에 대하여 설명하시오.

## 1. 무리말뚝(Group Pile)

지반 중에 박은 2개 이상의 말뚝이 하중을 받을 경우 서로 영향을 미치지 않을 정도로 떨어져 있어서 말뚝에 의한 지중응력이 거의 중복되지 않는 말뚝을 단항 또는 외말뚝이라 하고, 서로 영향을 미칠 정도로 근접하게 있어 지중응력이 중복되는 경우 군항 또는 무리말뚝이라고 함

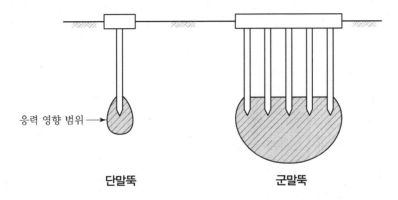

응력 영향 범위 →

**단말뚝**  　　　　　　　　**군말뚝**

## 2. 측방향 지지력 산정 고려

### (1) 기본 개념

① 군말뚝지지력이 단말뚝지지력의 합보다 크지 않아야 함

② 군말뚝 효율을 크게 하기 위해서는 말뚝간격이 넓어야 하고(예 간격 4D 정도) 너무 좁으면 지반교란, 시공오차, 작업성을 감안하여 적정 간격(예 2.5D 정도)이 필요함

③ 따라서, 군말뚝 효율, 침하량을 감안한 합리적 결정이 요구됨

④ 군말뚝 효율

$$\eta = \frac{Q_{g(u)}}{\sum Q_u}$$

여기서, $\eta$ : 무리말뚝 효율

　　　　　$Q_{g(u)}$ : 무리말뚝의 극한지지력

　　　　　$\sum Q_u$ : 외말뚝들의 지지력 합

⑤ 군말뚝지지력은 Block 기초 개념으로 말뚝군의 바깥 주면저항과 그 주면에 의해 정해지는 가상기초저면 저항의 합으로 구함

### (2) 사질토 지반

모래 자갈층에 타입된 선단지지 말뚝의 경우에는 지지층 내의 응력집중이 크게 문제될 것이 없으므로 무리말뚝의 효과를 고려하지 않으며, 모래층에 타입된 마찰말뚝의 경우에는 말뚝관입 시에 주변 모래를 다져서 전단강도를 증가시키게 되는데 이렇게 증가한 지지력과 무리말뚝의 효과에 의하여 감소되는 지지력이 상쇄되어 역시 무리말뚝 효과를 고려하지 않는 것이 일반적임

### (3) 점성토 지반

점성토 지반에서 무리말뚝의 지지력을 외말뚝 지지력의 합($\Sigma Q_u$)과 말뚝무리의 바깥면을 연결한 가상 케이슨의 극한지지력($Q_{g(u)}$)을 구하여 그중 작은 쪽을 선택함. 이 가상 케이슨의 지지력은 케이슨 바닥면에서의 극한지지력과 케이슨 벽면 마찰저항력의 합으로 구함

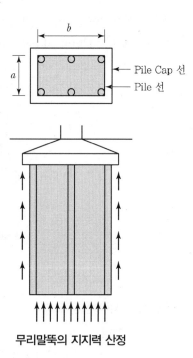

$$Q_{g(u)} = q_p A_g + \Sigma f_s A_s$$

여기서, $Q_{g(u)}$ : 무리말뚝의 극한지지력

$q_p$ : 바닥면의 극한지지력($C N_c + q' N_q$)

$A_g$ : 바닥면의 면적($a \times b$)

$A_s$ : 주면적 $[2(a \times b)L]$

$f_s$ : 주면지지력

**무리말뚝의 지지력 산정**

## 3. 침하량 산정방법

### (1) 사질토 지반

$$S_g = S_0 \sqrt{\frac{B_g}{B}}$$

여기서, $S_g$ : 무리말뚝의 침하량

$S_o$ : 외말뚝의 침하량

$B_g$ : 무리말뚝의 폭

$B$ : 외말뚝의 직경

$\sqrt{\dfrac{B_g}{B}}$ : 군말뚝 침하계수

(2) 점성토 지반

① 무리말뚝의 침하량 : 기초바닥은 말뚝머리로부터 $\frac{2l}{3}$의 위치에 있다고 가정하여 그 위치에서 지

중응력은 2 : 1로 분포된다고 보고 침하량을 산정한다.

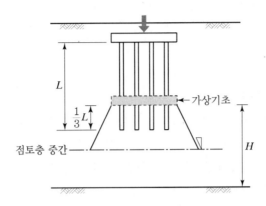

② 정규압밀점토의 침하량

$$S = \frac{C_c}{1+e_o} \cdot H \cdot \log\frac{P_o + \Delta P}{P_o}$$

여기서, $H$ : 침하토층 깊이

$P_o$ : 침하토층의 중앙까지의 유효 토피하중

$\Delta P$ : 침하토층의 중앙까지의 응력 증가분

## 4. 평가

(1) 실물크기 재하시험 사례에 의하면 사질토 지반은 군효율이 1보다 크며 점성토 지반은 1보다 좀
적음

(2) 지지력은 물론 허용침하를 고려해야 함

(3) 군말뚝의 재하시험은 사례가 적어(세계적으로 5~6개 정도 : 지반공학시리즈 깊은 기초) 연구가
필요하며 많은 수의 재하시험이 실시되어야 함

【문제 5】
국내에서는 해안가, 습지 주변으로 연약지반이 분포되어 있다. 연약지반 개량공사에서 Sand Mat 공법은 매우 중요한 역할을 하고 있다. Sand Mat 공법의 설계 및 시공 시 고려사항, 기능 저하 시 문제점 및 대책에 관한 사항을 설명하시오.

## 1. Sand Mat 기능

### (1) 지반개량에 따른 배수층

① 압밀을 촉진하므로 비교적 짧은 개량시간 동안에 점토층에서 배출되는 간극수를 원활히 배수해야 지반개량이 효과적으로 진행되며 배수층 역할을 함

② 입도 불량 또는 Sand Mat 층 내에 과잉간극수압이 생겨 배수역할에 문제가 있는 경우는 Sand Mat 층에 유공관 등 배수관을 포설함

### (2) 장비 진입성 확보

① 지반개량을 위해 타입기가 공사 초기에 투입되므로 원지반의 전단강도 부족으로 장비 진입이 곤란하게 됨

② 장비하중, 접지폭 등을 감안하여 적정 두께가 확보되어야 하고, 지지력 보강, 국부적 파괴, Sand Mat와 점토 혼입을 막기 위해 토목섬유의 직포를 포설함

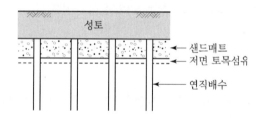

## 2. 설계 · 시공 시 유의사항

(1) Sand Mat의 주요 기능이 지반개량에 따른 원활한 배수, 시공장비 주행성 확보에 있으므로 연약지반의 표층부 전단강도와 시공장비의 접지압과 배수성을 고려하여 포설두께가 산정되어야 함

(2) Sand Mat와 원지반, 즉 점토와의 혼입으로 두께감소 방지, 국부적 침하, 성토하중 균등분포와 시공성 향상을 위해 저면에 토목섬유(재질 PP : Polypropylene, 폴리프로필렌)를 포설토록 계획함

(3) Sand Mat는 입도와 투수계수가 매우 중요한바 시방입도를 준수하며 $75\mu m$체 통과량이 15% 이하, 투수계수가 $1 \times 10^{-3}$cm/sec 이상인 재료를 사용토록 함

(4) Sand Mat는 배수단면을 위해 두께가 규정 이상이어야 하고 원활한 배수를 위해 단절됨이 없이 연속적으로 포설되어야 함

(5) 고성토 시 성토하중으로 Sand Mat가 압축되면 투수성이 저하되므로 사전에 현장밀도에 따른 투수계수관리가 필요함. 예로, 양산 택지개발 시 건조단위중량이 $1.4 \text{ton/m}^3$에서 $1.6 \text{ton/m}^3$로 증가할 때 10배의 투수계수가 감소되었음

(6) Sand Mat 두께는 시공사례에 의하면 서해안 군산 이북은 50cm, 서해안 남부, 남해안 등은 50~80cm가 많으며 P.P Mat는 자외선에 약하므로 포설 후 조기(예 고속도로전문시방서 : 10일 이내)에 Sand Mat를 포설하여 손상을 막도록 해야 함

## 3. 기능 저하 시 문제점 및 대책

(1) 배수기능

① 연직배수재로 이동된 물은 Sand Mat를 통해 성토체 밖 또는 집수정으로 배제되어야 함

② 투수성 불량으로 배수가 불량하면 지반의 침하가 지연됨

③ 개량기간이 계획보다 늦어지게 되며, 보다 중요한 것은 준공 후 장기침하로 포장 파손, 단차 등이 발생하게 됨

④ 유공관 포설
  • Sand Mat 내에 유공관을 설치하여 배수거리를 단축시킴
  • 유공관을 Filter로 보호하여 Clogging이 되지 않도록 유효구멍크기가 맞는 제품이 선정되어야 함

⑤ 쇄석 등 혼합
  • Sand Mat 내에 쇄석 등 조골재를 혼합하여 투수성을 증가시킴
  • 지면 토목섬유가 손상되지 않도록 재질을 선택해야 하고 투수성이 확보되는 자갈비율을 준수해야 함

⑥ Sand Mat 두께 증가
  • 지반개량에 따른 배수량을 감안하여 적정의 두께를 증가시킴

⑦ 토목섬유 이용
  • 토목섬유의 기능 중 하나인 배수기능용인 부직포 Geonet를 포설함
  • 이 경우 전수성과 유효구멍크기에 대한 요구 성질을 만족해야 함

(2) 지지기능

① 투입되는 장비하중에 대해 하중분산이 작게 되면 원지반, 즉 점토지지력보다 크게 됨

② 장비 진입이 곤란하게 되고 더욱 중요한 것은 연직배수재 설치 시 경사지게 타설하게 되며 지반개량 불량, 지연 등의 문제가 야기됨

③ 토목섬유 병행

  • 토목섬유 규격을 상향하여 고강도 재질 사용

④ 토사 병행 부설

  • 배수기능을 만족하는 두께로 Sand Mat 포설

  • 지지기능 부족 시 토사로 장비 진입성 확보

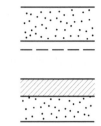

## 4. 평가

(1) 연직배수공법 적용 시 Smear Effect와 Well 저항은 중요하게 생각하나 Sand Mat의 투수성에 대해서는 간과하는 경우가 있음

(2) 최종적으로 배수기능을 담당하므로 중요하게 고려해야 함

(3) 설계 · 시공 시 유의사항을 준수하고 기능에 문제가 없도록 사전에 준비하도록 해야 함

【문제 6】
산악 장대터널 지반조사 시 조사절차와 주요 착안사항에 대하여 설명하시오.

## 1. 지반조사

지반조사는 설계 및 시공에 필요한 지반정보를 획득하는 수단으로 현장조사, 현장시험 실내시험으로 구성됨

## 2. 조사절차

(1) 순서

기존 자료, 현장답사 → 물리탐사 → 시추조사 → 물리탐사, 현장시험 → 실내시험

(2) 시추 전의 물리탐사는 전체적 지반파악, 시추조사 위치선정, 현장시험 종류와 위치를 결정하기 위함

(3) 시추조사 후 물리탐사는 시추조사와 더불어 취약구간, 갱구부 위치 등 주요 검토 대상을 위한 것임

(4) 검토, 해석을 위한 지반 물성치 산정을 위해 현장시험과 실내시험을 계획하고 실시함

(5) 즉, 조사절차의 핵심은 구간별 지반상태와 공학적 물성치를 파악하기 위한 것을 염두에 두면서 시행되어야 함

| 구분 | 단계 | 목적 | 조사내용 |
|---|---|---|---|
| 예비조사 | 계획 | 넓은 범위에 대해 개략적 지반 파악 | 기존 자료, 항공사진, 지형도, 지질도, 현장답사, 지반조사(개략) |
| 본조사 | 기본 및 실시설계 | 지층분포, 지질구조, 설계정수, 취약구간 정밀조사 | 현장조사, 현장시험, 시료채취 및 실내시험 |
| 보완조사 | 설계 시, 시공 시 | 시공 추가 확인 및 안정성 설계 변경 | 본조사와 같음 |

## 3. 주요 착안사항

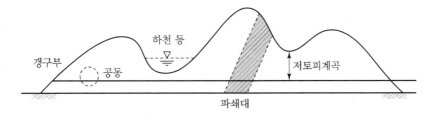

(1) 장대터널지반 특성

① 장대터널은 터널연장이 길어 여러 암반 종류, 풍화도 다름, 석회공동, 하천등 하부 통과, 저토피 구간 등 여러 조건과 만나게 됨

② 따라서, 위치별로 지반정보가 잘 파악되어야 함

(2) 착안사항

① 갱구부 : 갱구위치, 보강구간, 사면안정 고려

② 공동부 : 공동규모, 터널과 이격거리, 이격지반 상태

③ 하천등 : 터널과 이격거리, 이격지반 상태, 지층의 투수성, 보강계획

④ 파쇄대 : 파쇄대 분포구간, 상태, 단층구간 위치, 보강구간

⑤ 저토피 : Ground Arch, 지반상태, 보강구간

## 4 교 시 ( 6문 중 4문 선택, 각 25점 )

【문제 1】
국내에서 부산과 거제도를 연결한 거가대교의 일부 구간인 침매터널구간의 해저 연약지반을 개량하기
위해 모래다짐말뚝(SCP)을 시공한 사례가 있다. SCP 처리지반의 치환율 결정방법, 파괴형태, 복합지반
의 압밀침하량 산정방법을 설명하시오.

### 1. SCP 개요

개량대상 지반에 모래말뚝기둥을 형성하여 지반을 개량하는 공법으로 사질토와 점성토에 적용할 수
있으며, 모래지반은 다짐에 의해, 점토지반은 치환에 따른 복합지반에 의해 지반을 개량함

### 2. 치환율 결정방법

(1) 치환율

$$a_s = \frac{A_s}{A}$$

여기서, $A_s$ : SCP 면적

$A$ : 분담면적

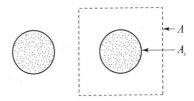

(2) 치환율 결정

① 사면안정성 또는 지지력 : 해당 구조물에 대한 사면안정성(Slope Stability) 또는 지지력이 확보
되는 복합지반 전단강도로 필요한 치환율 선정

② 압밀 : 압밀침하량 또는 개량기간이 만족되는 SCP 배치로 치환율 선정

③ ①, ② 조건에 만족하는 간격으로 치환율을 결정함

## 3. 파괴형태

### (1) Bulging(팽창파괴)

① 그림과 같이 쇄석말뚝이 파괴되려면 말뚝은 연약지반으로 밀리는 주동상태에 이르게 됨

② 한편, 연약점토는 쇄석말뚝의 팽창파괴(Bulging Failure)로 수동적 형태를 취하게 됨

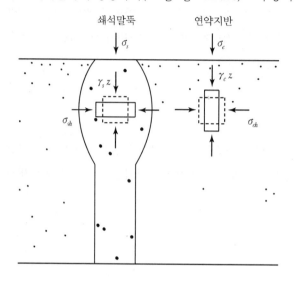

### (2) 사면활동 파괴

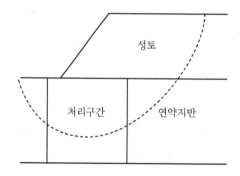

① 그림과 같이 복합지반에 의한 전단강도로 사면안전율이 확보되면 파괴에 대해 안정함

② 따라서, 처리구간 내 전단강도 평가가 중요함

③ 전단강도를 점착력으로 고려하는 방법(비배수 조건)

- $\tau = C = (1-a_s)(C_o + \Delta C) + (\gamma_s' Z + \mu_s \sigma_z)a_s \tan \phi_s \cos^2\theta$ 로 하여 전단강도 입력($\mu_s$ : 응력집중계수)

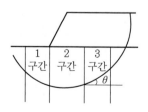

- 파괴경사각은 전체 사면에 대해 1개로 하는 것보다 시산에 의해 그림과 같이 최소 3구간으로 구분하여 적용함

- 모든 치환율에 적용 가능한 방법

④ 복합지반 전단강도 정수를 고려하는 방법(배수 조건)

- 복합지반의 점착력

$$\overline{C} = (1 - a_s)(C_0 + \Delta C)$$

$$\overline{\phi} = \tan^{-1} \mu_s a_s \tan \phi_s$$

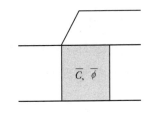

- 치환율 30% 이상에 적용되며 저치환율 시 사면
안전율 과다 평가 가능

## 4. 복합지반의 압밀침하량 산정방법

### (1) 침하량

① 복합지반에서 발생되는 침하량은 무처리 시보다 침하량은 $\dfrac{1}{3} \sim \dfrac{2}{3}$로 감소

② 이는 Arching에 의해 점토지반에 응력저감이 발생되기 때문임

③ 발생침하량($S$)

$$S = \beta S_c$$

- 치환율 50% 미만 시 $\beta = \mu_c$(응력저감계수)
- 치환율 50% 이상 시 $\beta = 1 - \alpha_s$

  여기서, $S_c$ : 쇄석말뚝 없을 시 침하량

  $\mu_c$ : 응력저감계수$\left( \mu_c = \dfrac{1}{1 + (n-1)a_s} \right)$

  $a_s$ : 치환율

  $n$ : 응력분담비$\left( n = \dfrac{\sigma_s}{\sigma_c} \right)$

④ 즉, 치환율 50% 미만 시는 응력분담효과, 치환율 50% 이상 시는 치환효과에 의함

### (2) 침하시간

① 침하시간은 PBD, SD와 같이 계산할 수 있음

② 지반교란으로 계산한 시간보다 지연될 수 있음

③ $C_{vp} = \alpha C_{vo}$

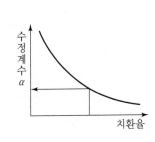

  $C_{vp}$ : 저감된 압밀계수

  $C_{vo}$ : 시험에서 구한 압밀계수

④ 치환율이 커질수록 침하속도가 늦어짐

【문제 2】
흙막이 공사의 시설물 안전을 확보하기 위한 계측계획 수립 시 검토항목, 계측기기의 종류 및 특성, 계측관리기법 및 평가기준에 대하여 설명하시오.

## 1. 계측 목적
(1) 설계 시의 가정조건과 지반의 불확정한 요소들에 대해 계측을 통해 지반거동을 정량적으로 확인
(2) 공사의 안정성 확보나 결과에 대한 불안을 해소하는 수단
(3) 따라서, 시공관리, 거동분석과 예측, 설계 및 시공기술 향상, 안전진단자료, 관리기준치 설정, 분쟁 시 객관적 자료에 있음

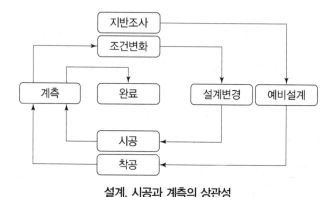

**설계, 시공과 계측의 상관성**

## 2. 계획 수립 시 검토항목(착안사항)
(1) 계측대상시설물(공사)의 개요 및 규모
(2) 계측대상시설물의 구조적 형태(여건, 환경 등의 자료조사 포함)
(3) 계측 목적, 계측항목, 계측범위, 계측위치, 계측방법 및 시스템의 구성
(4) 계측기기의 종류, 사양 및 수량
(5) 계측기의 설치, 유지 · 관리방법
(6) 계측결과의 수집방법
(7) 계측결과의 해석방법
(8) 계측자료의 보관 및 활용방법 및 체계
(9) 계측결과를 유지 · 관리에 활용하는 방법
(10) 계측관리방법(위탁 또는 직영), 직영관리 시 계측 요원의 교육방법

## 3. 계측기 종류 및 특성

| 종류 | 설치위치 | 설치방법 | 용도 |
|---|---|---|---|
| 지중경사계<br>(Inclinometer) | 토류벽 또는<br>배면지반 | 굴토심도보다<br>깊게 부동층까지<br>천공 | 지반의 심도별 수평변위의 위치, 방향, 크기 및 속도를 계측하여 설계상의 예상변위량과 비교·검토함으로써 지반의 이완영역 및 가설구조물의 안전도 및 피해영향권을 추정 |
| 지하수위계 | 토류벽 또는<br>배면지반 | 대수층까지<br>천공 | 공사 전 수위와 굴착, 그라우팅 등으로 인한 수위와 수압의 변동을 측정하여 주변 지반의 투수성과 거동을 예측 |
| 간극수압계 | 배면지반 | 깊이별로 설치 | 흙이나 암반에 있어서 간극수압의 변화를 측정하여 안정성을 판단 |
| 토압계 | 토류벽 또는<br>배면지반 | – | 하중으로 인한 토압의 변화를 측정하여 토류구조체의 안정 여부를 판단 |
| 하중계<br>(Load Cell) | Strut 또는<br>Anchor 부위 | 각 단계별로<br>굴토 시 설치 | 굴착진행에 따른 Anchor, Strut에 작용하는 축하중을 측정하여 이들 부재의 안정성 여부를 판단 |
| 변형률계<br>(Strain<br>Gauge) | 토류벽 심재, Strut,<br>띠장, 각종 강재 또는<br>콘크리트 | 용접 또는<br>접착제 | 강재 및 철골구조물 등에 부착하여 굴착작업 또는 주변작업 시 구조물의 응력을 측정하거나 콘크리트 속에 매설하여 콘크리트의 응력을 측정 |
| 건물경사계<br>(Tiltmeter)<br>균열측정기 | 인접구조물의 골조,<br>벽체 | 접착 또는<br>Bolting | 굴토공사로 인한 인접건물, 옹벽 등의 주요 구조물의 경사를 측정하여 구조물의 안전도 여부를 파악 |
| 지중침하계 | 토류벽 배면,<br>인접 구조물 주변 | 부동층까지<br>천공 | 심도별 침하량을 측정하여 침하량의 변동상태를 파악 후 보강대상 범위의 결정과 최종침하량을 예측 |
| 지표침하계 | 토류벽 배면,<br>인접 구조물 주변 | 동결심도보다<br>깊게 | 지표면의 침하량 변화를 측정하고 침하속도의 판단 및 침하허용치와 비교 및 안정상태를 예측 |
| 진동, 소음<br>측정기 | 주변 건물, 주거지,<br>축사 등 | – | 진동, 소음에 대한 법규정준수 및 민원 사전예방 |

## 4. 관리기법

(1) 정보화 시공이란 설계 시의 거동 예측치를 현장계측자료와 비교·검토함으로써 시공 중 안전상태를 판단하여 위험가능성이 있는 경우에는 신속하고 적절한 보강대책을 강구할 수 있는 수단임

(2) 또한, 설계 시 예측치 못했던 현장조건에 대해 설계를 변경하여 차기공사에 반영하고, 안전이 확보되는 경우 또한 변경하여 경제적으로 시공하는 안정관리임

(3) 절대치 관리

   ① 시공 전에 설정된 관리기준치와 실측치를 비교하여 안정성을 확인하는 방법

   ② 관리가 단순하고, 계측결과에 대해 즉각적인 대처가 가능함

   ③ 관리기준치 설정과 계측치가 관리기준치를 초과했을 때 대처가 문제됨

④ 예 허용응력에 대한 수준 또는 안전율을 사용

- 측정치 < 1차 관리기준치 : 계속 공사 시행
- 1차 관리기준치 < 측정치 < 2차 관리기준치 : 주의 시공 및 경향 분석
- 측정치 > 2차 관리기준치 : 공사를 중지하고 대책 수립

**(4) 예측치 관리**

① 기 공사의 계측자료를 활용하여 다음 단계 이후의 안정성을 확인하는 방법

② 공사 전에 지반거동, 부재력을 판단할 수 있고, 대책을 검토할 시간적 여유가 있음

③ Modelling, 지반정수 평가, Data 처리 등의 기술이 필요함

## 5. 평가기준

| 측정항목 | 안전 · 위험의 판정기준치 | 판정법 | | | |
|---|---|---|---|---|---|
| | | 지표(관리기준) | 위험 | 주의 | 안전 |
| 측압<br>(토압, 수압) | 설계 시에 이용한 토압분포<br>(지표면에서 각 단계 근입깊이) | $F_1 = \dfrac{\text{설계 시에 이용한 토압}}{\text{실측에 의한 측압(예측)}}$ | $F_1 < 0.8$ | $0.8 \leq F_1 \leq 1.2$ | $F_1 > 1.2$ |
| 벽체변형 | 설계 시의 추정치 | $F_2 = \dfrac{\text{설계 시의 추정치}}{\text{실측의 변형량(예측)}}$ | $F_2 < 0.8$ | $0.8 \leq F_2 \leq 1.2$ | $F_2 > 1.2$ |
| 토류벽 내 응력 | 철근의 허용인장응력 | $F_3 = \dfrac{\text{철근의 허용인장응력}}{\text{실측의 인장응력(예측)}}$ | $F_3 < 0.8$ | $0.8 \leq F_3 \leq 1.0$ | $F_3 > 1.2$ |
| | 토류벽의 허용 휨모멘트 | $F_4 = \dfrac{\text{허용 휨모멘트}}{\text{실측에 의한 휨모멘트(예측)}}$ | $F_4 < 0.8$ | $0.8 \leq F_4 \leq 1.0$ | $F_4 > 1.2$ |
| Strut 축력 | 부재의 허용축력 | $F_5 = \dfrac{\text{부재의 허용축력}}{\text{실측의 축력(예측)}}$ | $F_5 < 0.7$ | $0.7 \leq F_5 \leq 1.2$ | $F_5 > 1.2$ |

**【문제 3】**

흙의 다짐효과에 영향을 미치는 요소 중 다음 사항을 설명하시오.

1) 다짐에너지의 크기와 흙의 종류가 다짐에 미치는 영향

2) 다짐함수비에 따른 점토의 구조와 다져진 점토의 압축성 비교

# 1. 개요

## (1) 다짐(Compaction) 정의

① 다짐이란 흙의 함수비를 변화시키지 않고 흙에 인위적인 압력을 가해서 간극 속에 있는 공기만을 배출하여 입자 간의 결합을 치밀하게 함으로써 단위중량을 증가시키는 과정을 말함

② 다짐은 전압뿐만 아니라 충격력이나 진동으로서도 이루어지며 결과적으로 공기의 부피가 감소하여 투수성이 저하되고 흙의 밀도가 증가하게 되어 전단강도가 증가함

## (2) 다짐곡선(Compaction Curve)

① 다짐곡선 : 여러 함수비로 다져진 토질의 함수비와 건조단위중량(Dry Unit Weight)의 관계 곡선

② 최적함수비(OMC : Optimum Moisture Content) : 최대 건조단위중량을 얻을 수 있는 함수비로 변형 최소 조건의 함수비를 의미

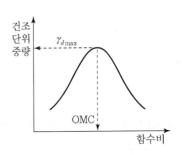

# 2. 다짐에너지 크기가 다짐에 미치는 영향

다짐에너지를 달리하면 다짐곡선이 다르게 그려지는데, 다짐에너지가 클수록 최대건조단위중량이 커지고 최적함수비는 작아져서 다짐곡선이 왼쪽으로 이동하게 됨

| 구분 | 최대건조단위중량 | 최적함수비 |
|---|---|---|
| 큰 에너지 | 큼 | 작음 |
| 작은 에너지 | 작음 | 큼 |

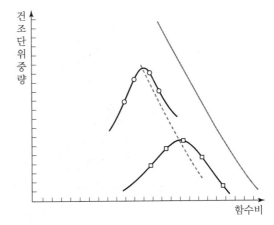

## 3. 토질의 종류가 다짐에 미치는 영향

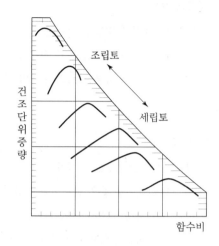

(1) 조립토가 세립토에 비하여 건조단위중량이 크게 나타나고 최적함수비는 작게 나타남

(2) 조립토에서는 입도분포가 양호할수록, 최대건조단위중량은 크고 최적함수비는 작음

(3) 조립토일수록 다짐곡선은 급하고 세립토일수록 다짐곡선은 완만하게 나타남

(4) 점성토에서는 소성이 클수록 최대건조단위중량은 감소하고 최적함수비는 증가하며 다짐곡선의 형태가 완만함

(5) OMC보다 건조 측에서 최대전단강도가 나타나고, 약간 습윤 측에서 최소투수계수를 보임

| 구분 | 최대건조단위중량 | 최적함수비 |
|------|------------------|------------|
| 조립토 | 큼 | 작음 |
| 세립토 | 작음 | 큼 |

## 4. 다짐함수비에 따른 점토의 구조

(1) 점토구조

① 면모구조(Flocculent Structure) : 이중층 두께가 얇을 때 전기적 인력 우세로 형성

② 이산구조(Dispersed Structure) : 이중층 두께가 두꺼울 때 전기적 반발력 우세로 형성

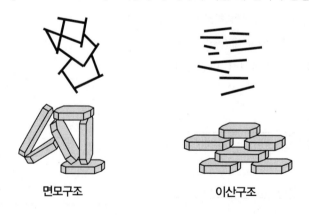

면모구조                    이산구조

(2) 다짐구조와 함수비

① (1)의 점토구조에 따라 건조 측은 면모구조가 됨

② 습윤 측은 이산구조가 됨

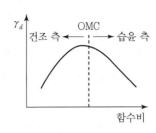

## 5. 다져진 점토의 압축성 비교

(1) 최적함수비의 건조 측 또는 습윤 측에서 다지고 포화시킨 후 압밀시험한 결과의 모식도는 그림과 같음

(2) 낮은 압력에서는 건조 측인 경우가 결합력이 커 압축성이 적고 높은 압력에서는 입자의 재배열로 오히려 압축성이 커짐

(3) 습윤 측 다짐은 압력이 커지면 더 차곡차곡한 이산구조로 압축성이 감소됨

(4) 압력이 매우 크다면 건조 측과 습윤 측의 간극비는 대략 동일함

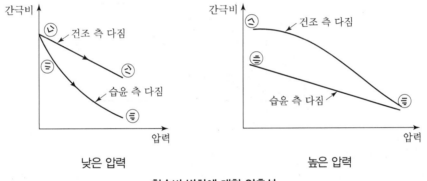

**함수비 변화에 대한 압축성**

【문제 4】

옹벽의 뒤채움에 지하수가 흘러들어와 지하수면이 형성되면 수압이 작용하여 주동토압이 크게 증가함으로써 옹벽이 불안정한 상태가 될 수 있다. 이러한 지하수면 형성을 방지하여 수압의 증가, 즉 주동토압의 증가를 막고자 경사 배수설비(Sloping Drain)를 설치할 경우 다음 사항을 설명하시오.

1) 유선망(Flow Net)을 작성하여 뒤채움 내의 간극수압이 0이 됨을 증명
2) 높이 $H$인 옹벽에 작용하는 주동토압의 합력($P_A$)을 구하는 방법
3) 배수설비 없이 뒤채움이 포화되었을 때와 경사 배수설비가 설치되었을 때의 주동토압 합력($P_A$)의 차이

## 1. 유선망 작성 및 간극수압=0 증명

### (1) 유선망(Flow Net) 작성

유선망은 유선과 등수두선으로 구성되며 먼저 유선을 그리고 정방형이 되도록 등수두선을 그림

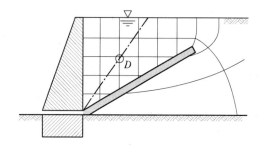

### (2) 간극수압=0인 이유

① 간극수압=압력수두×$\gamma_w$로 압력수두=0이면

간극수압=0이 됨

② 유선과 등수두선이 연직, 수평으로 임의점에서 간극수압=0

예 $D$점 전수두 $H-\dfrac{2}{4}H=\dfrac{2}{4}H$

위치수두=$\dfrac{2}{4}H$

압력수두=0

## 2. 높이 $H$ 옹벽에 작용하는 $P_A$ 계산방법

### (1) 토압분포도 작성

① $P_a = \gamma z K_a$이므로 전단저항각(Shear Resistance Angle)으로 $K_a \left( \dfrac{1-\sin\phi'}{1+\sin\phi'} \right)$ 계산

② 여러 깊이 $z$에 대해 $P_a$(단위주동토압) 계산

③ 합력($P_A$)은 삼각형 면적으로 $P_A = \dfrac{1}{2} \times H \times \gamma H K_a = \dfrac{1}{2}\gamma H^2 K_a$가 됨

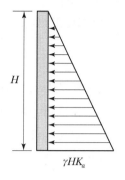

## 3. 배수재 유무에 따른 $P_A$의 차이

### (1) 지하수위 고려방법

① 지하수위가 있으면 흙과 물 부분을 구분하여 계산하고 합산함

② 이때, 토압계수($K_a$)는 수중단위중량($\gamma_{sub}$ : Submerged Unit Weight)에 적용됨에 유의해야 함

③ 수압은 $K_w = 1$로 생각하여 $\gamma_w$에 적용하면 됨

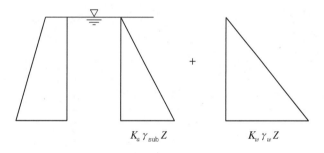

### (2) 주동토압 합력

$$P_A = \frac{1}{2}K_a\gamma_{sub}H^2 + \frac{1}{2}\gamma_w H^2$$

### (3) 차이

① 주동토압계수는 약 0.3 정도이고 물에는 토압계수가 적용되지 않으므로 수압부분이 상대적으로 커 합력은 약 2배 정도 차이가 발생함

② 간단토압(수압 포함) 비교

- 조건 : $\gamma_t = 19\text{kN/m}^3$, $\gamma_{sub} = 10\text{kN/m}^3$, $H = 6\text{m}$, $K_a = 0.33(\phi = 30°)$

- 배면수위 없음 : $P_A = \dfrac{1}{2}\gamma K_a H^2 = \dfrac{1}{2} \times 19 \times 0.33 \times 6^2 = 113\text{kN/m}$

- 배수수위 지표면 : $P_A = \dfrac{1}{2}\gamma_{sub}K_a H^2 + \dfrac{1}{2}\gamma_w H^2 = \dfrac{1}{2} \times 10 \times 0.33 \times 6^2 + \dfrac{1}{2} \times 10 \times 6^2 = 239\text{kN/m}$

---

**【문제 5】**
국제암반공학회(ISRM)에서 제시한 불연속면의 조사항목에 대하여 설명하시오.

---

## 1. 불연속면(Discontinuities in Rock Mass)

    (1) 모든 암반에 존재하는 절리(Joint), 퇴적암에 있는 층리(Bedding), 변성암의 엽리(Foliation), 대규모 지질구조와 관련된 단층과 파쇄대 등 암반 내에 존재하는 연속성 없는 면

    (2) 즉, 역학적 특성인 전단강도, 압축성, 투수성과 관련된 성질의 불연속성을 의미함

## 2. 불연속면의 조사항목

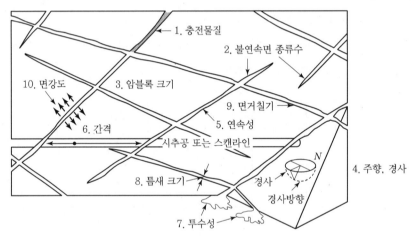

**불연속면 조사항목**

    (1) 충전물(Filling)

        ① 불연속면의 틈새에 있는 충전물은 물질(점토, 실트, 암편 등)에 따라 전단강도, 변형률, 투수성에 영향을 줌

        ② 대체로 충전물이 있는 경우 절리면 전단강도가 작고 변형량이 큼

        ③ 충전물 두께가 "A"의 30~50% 이상이면 충전물 전단강도가 지배적임

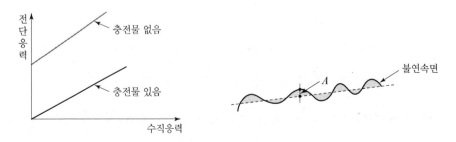

(2) 불연속면의 종류수(Number of Sets)

　① 암반사면 형태

　　• 한 방향 : 평면파괴, 전도파괴

　　• 2~3방향 : 쐐기파괴

　　• 다방향이고 간격이 좁은 경우 : 원형파괴

　② 터널붕괴 영향

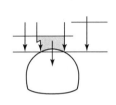 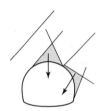

(3) 암괴 크기(Block Size) : 3차원

　① 사면

　② 터널

 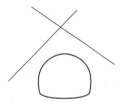

(4) 주향, 경사(Strike, Dip)

　① 사면

**붕괴 위험**　　　　　　**안정**

　② 터널

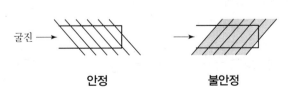

**안정**　　　　　　**불안정**

### (5) 연속성(Persistence)

① 연속성이 크면 위험하고 절리면 전단강도가 작음

② 절리면은 보통 점착력은 없고 내부마찰각만 고려하나 연속성이 적으면 점착력도 고려할 수 있음

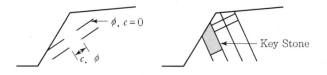

### (6) 간격(Spacing)

① 크기에 따라 암반굴착 정도, 투수성에 영향을 줌

② 크기에 따라 터널 붕괴요인에 영향을 줌

### (7) 투수성(Seepage)

① 암석 자체보다 절리면의 투수성이 지배적임

② 수압으로 유효응력이 감소하여 사면안정성이 감소함

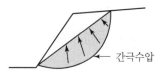

### (8) 틈새 크기(Aperture)

① 틈새 크기는 절리면 전단강도에 영향을 줌

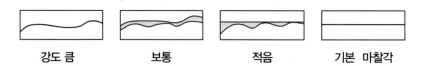

② 틈새에는 보통 충전물이 있게 됨

③ 틈새로 풍화가 시작됨

### (9) 면거칠기(Roughness)

① 면거칠기는 절리면 전단강도에 영향이 큼

② 조사 : Profile Gauge, Tilt Test

### (10) 면강도(Wall Strength)

① 면강도가 크면 절리면 전단강도가 큼

② 풍화, 변질에 의해 보통 모암강도보다 적음

③ Schmidt Hammer로 측정

④ 약한 경우 변위에 따라 굴곡도가 적어짐

3. 평가

(1) 전단강도(Shear Strength)

사면, 터널 등에서 구조물의 붕괴와 관련되며 영향 요소는 불연속면의 충전물, 종류수, 암괴 크기, 주향경사, 면거칠기, 면강도 등임

(2) 압축성

붕괴는 되지 않더라도 변형 또는 변위가 발생되는 것과 관련되며 불연속면의 충전물, 암괴 크기, 연속성, 간격, 틈새 크기 등에 영향을 받음

(3) 투수성

지하수 유입, 수압작용과 관련되며 영향 인자는 틈새 크기, 투수성, 간격, 암괴 크기 등임

【문제 6】

Meyerhof의 얕은 기초 지지력 결정방법과 실제와의 일치성에 대하여 설명하시오.

## 1. Meyerhof 지지 개념

(1) 지반이 파괴될 정도의 하중이 작용하면 지반 내 흙은 소성평형상태로 되고 파괴는 활동면을 따라 발생하며 지표는 융기하게 됨

(2) 하중으로 기초 바로 밑의 흙쐐기는 주동상태, 즉 재하로 침하되며 수평방향으로 팽창됨(Ⅰ영역 : 주동영역)

(3) Ⅰ영역의 수평팽창으로 Ⅱ영역은 곡선의 활동면을 따라 전단영역이 발생됨(Ⅱ영역 : 전단영역)

(4) Ⅱ영역의 전단으로 Ⅲ영역은 수동상태가 되고 파괴 시 지표의 융기를 수반하며 활동면은 직선이 됨(Ⅲ영역 : 수동영역)

(5) Terzaghi 가정과 다른 점은 $\alpha = 45 + \dfrac{\phi}{2}$(Terzaghi : $\alpha = \phi$), 근입깊이부분 전단저항 고려 (Terzaghi : 근입깊이의 전단전항 무시)

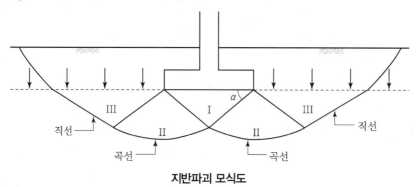

**지반파괴 모식도**

## 2. 지지력 산정방법

(1) 관련 식

$$q_u = CN_c S_c d_c i_c + 0.5\gamma_1 BN_r S_r d_r i_r + \gamma_2 D_f N_q S_q d_q i_q$$

(2) 각 계수 산정

① $c$, $\phi$

- 토질조건에 따라 배수성을 고려한 시험으로 결정
- $\phi$값으로 지지력 계수 $N_c$, $N_r$, $N_q$ 산정

② $\gamma_1$, $\gamma_2$

수중이면 $\gamma_{sub}$, 수상이면 $\gamma_t$ 적용을 기본으로 기초폭만큼의 하부지반까지 지하수위의 영향을 고려함

③ $S$, $d$, $i$ 계수

- $S$(Shape) : 형상계수, $d$(Depth) : 깊이계수, $i$(Incline) : 경사계수
- $S$는 기초의 가로세로, $d$는 기초폭과 근입깊이, $i$는 작용하중의 경사 고려

(3) 지지력 산정

① 지반조건에 따른 $c$, $\phi$, $\gamma$ 적용

② 기초형상, 근입깊이, 하중경사로 관련 계수 산정

③ 지지력 계산

## 3. 실제와의 일치성

(1) 검증방법

① 이론식에 의한 계산결과의 타당성을 확인하는 방법은 현장 재하시험에 해당되며, 얕은 기초는 평판재하시험이 됨

② 계산값과 현장 재하시험결과로 일치성을 평가할 수 있음

(2) 일치성

① 그림에서와 같이 계산값과 재하시험의 값은 일치하지 않음

② 그러나, 차이는 10% 정도로 실무적으로 일치성이 있다고 판단할 수 있음

③ 참고로, Terzaghi 방법은 다소 보수적으로 결정되는 경향임

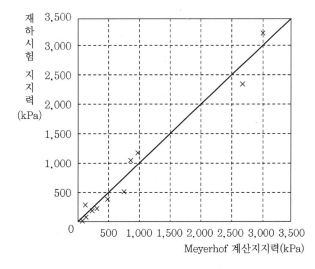

# 제122회
# 과년도 출제문제

## 122 회 출 제 문 제

## 1 교 시 ( 13문 중 10문 선택, 각 10점 )

【문제】

1. 일면 전단시험 시 다일러턴시(Dilatancy) 보정

2. 가중크리프비(Weighted Creep Ratio)

3. SHANSEP 방법

4. 흙의 소성도(Plasticity Chart)

5. 토석류(Debris Flow)

6. 연약지반 침하 예측방법 중 쌍곡선 방법

7. 매입말뚝의 한계상태설계법

8. GCP(Gravel Compaction Pile)

9. 말뚝의 부마찰력(Negative Skin Friction)

10. 토류벽의 계측관리(Monitoring)

11. 상향볼록 지반아치와 하향볼록 지반아치

12. 터널 각부 보강방법

13. 쉴드터널 세그먼트 두께 결정인자

## 2 교 시 ( 6문 중 4문 선택, 각 25점 )

### 【문제 1】
교란된 흙을 이용하여 삼축압축시험용 공시체를 만들고자 한다. 공시체 제작방법과 시험 중 발생하는 공시체의 단면적 변화에 대한 보정방법을 설명하시오.

### 【문제 2】
경사도가 $30°$인 무한사면이 존재한다. 이 무한사면의 파괴가능면까지의 깊이는 $2.0m$이고 $c = 15kN/m^2$, $\phi = 30°$, $\gamma_t = \gamma_{sat} = 20kN/m^3$이다. 지하수가 없을 때, 지하수가 표면까지 차오르고 사면에 평행하게 침투가 일어날 때, 수중무한사면일 때의 안전율을 각각 구하시오.

### 【문제 3】
매립된 점토지반에 말뚝기초로 교량을 설계하고자 한다. 말뚝의 연직지지력 산정 시 고려사항과 필요한 시험 종류, 예상 문제점에 대하여 설명하시오.

### 【문제 4】
습곡이 형성된 지역에서 댐과 터널 설계 시 지반공학적으로 고려해야 할 사항에 대하여 각각 설명하시오.

### 【문제 5】
급경사지에 흙막이 시공 시 근입깊이가 부족한 경우 예상되는 문제점 및 보강방안에 대하여 설명하시오.

### 【문제 6】
포항지역의 이암지반을 성토재료로 사용 시 문제점 및 활용을 위한 고려사항에 대하여 설명하시오.

# 3 교 시 ( 6문 중 4문 선택, 각 25점 )

## 【문제 1】

매우 조밀한 모래나 과압밀된 점성토 시료로 비배수삼축압축시험을 수행하면 부의 간극수압과 다일러턴시현상이 발생한다. 그러나 이러한 지반에 실제 구조물을 축조하면 이와 같은 현상이 발생하지 않는 경우가 일반적이다. 그 이유를 설명하시오.

## 【문제 2】

그림과 같이 지표면에 무한대로 넓은 범위로 $q = \Delta\sigma = 100\mathrm{kN/m^2}$의 하중이 작용되었다.

$C_v = 1.25\mathrm{m^2/yr}$, $e = 0.88 - 0.32\log\dfrac{\sigma'}{100}$(단, $\sigma'$단위는 $\mathrm{kN/m^2}$)이다. 단, 점토하부는 불투수층이다.

1) Terzaghi 식을 이용하여 전체 압밀침하량을 구하시오.

2) Terzaghi 근사식을 이용하여 재하 2년 후의 시간계수, 압밀도, 침하량을 구하시오.

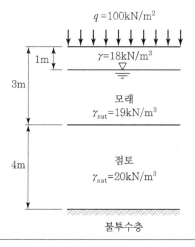

## 【문제 3】

해상 및 육상 교량 기초에 지반재해가 발생되고 있다. 지반재해 발생 원인과 대책방법에 대하여 각각 설명하시오.

## 【문제 4】

터널 붕괴의 원인과 대책을 지반공학적 메커니즘으로 설명하시오.

【문제 5】

고성토부에 말뚝기초로 설계된 교대의 수평변위 발생인자와 수평변위 최소화 방안에 대하여 설명하시오.

【문제 6】

테일러스 지층의 대단면 비탈면에 터널 갱구부를 조성하려고 한다. 이때 예상되는 문제점 및 비탈면 보강 대책에 대하여 설명하시오.

## 4 교 시 ( 6문 중 4문 선택, 각 25점 )

【문제 1】
불포화사면의 안정해석을 위한 원위치 흡입력(Matric Suction) 측정방법을 설명하시오.

【문제 2】
간극률이 0.4인 모래를 구속압력($\sigma_3$) 200kN/m²로 통상의 배수삼축압축시험을 수행하여 그림과 같은 결과를 얻었다. 이 시험조건에서 푸아송비에 대한 식을 유도하고 푸아송비를 구하시오.(이때 시료는 선형탄성거동을 보이는 것으로 가정한다.)

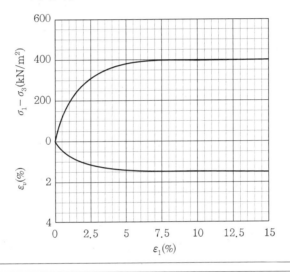

【문제 3】
항타말뚝과 매입말뚝 시공방법에 따른 지반응력 변화와 시공방법별 장단점, 지지력 산정방법에 대하여 설명하시오.

【문제 4】
Shield TBM 공법의 특징과 막장안정방법, 지반침하 원인 및 대책에 대하여 설명하시오.

【문제 5】
보강토 옹벽 배면부에 말뚝기초가 설계되어 있어 보강토 옹벽의 그리드와 말뚝기초가 간섭이 예상되고 있다. 이에 대한 문제점 및 대책방법에 대하여 설명하시오.

【문제 6】
깎기비탈면을 굴착 완료한 후 비탈면의 산마루 측구 인접부에 인장균열과 슬라이딩이 발생하였다. 발생원인 및 보강방안을 설명하시오.

## 122 회 출 제 문 제

## 1 교 시 ( 13문 중 10문 선택, 각 10점 )

### 1 일면 전단시험 시 다일러턴시(Dilatancy) 보정

1. 일면 전단시험(직접 전단시험)

    (1) 여러 개(3~4개)의 수직응력을 가하고 수직응력에 해당하는 전단응력
       을 구함

    (2) 수직응력－전단응력도에서 점착력(Cohesion)과 전단저항각(Angle of
       Shear Resistance)을 구하는 시험임

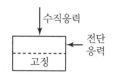

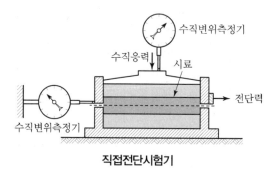

**직접전단시험기**

2. Dilatancy

    (1) 전단 시 체적 변화현상을 다일러턴시(Dilatancy)라 함

    (2) 수축하여 압축되는 것을 (－)Dilatancy, 느슨해져 팽창되는 것을 (＋)Dilatancy라 함

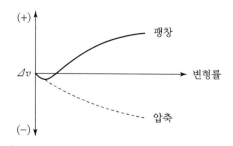

## 3. 보정

### (1) 이유

전단 중에 팽창으로 전단응력의 일부가 소모되므로 순수한 강도정수(Shear Strength Parameter)를 구하기 위해 필요함

### (2) 방법

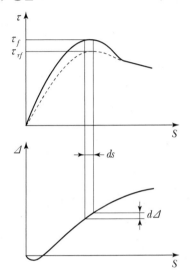

$\tau_f$ : 시험측정값

$\tau_{rf}$ : Dilatancy 영향 고려값

$ds$ : 미소전단변형량

$d\Delta$ : 연직변형량

$\tau_d ds = \sigma d\Delta$

$\tau_d$ : Dilatancy 위한 전단응력

$\sigma$ : 수직응력

직접 전단시험에서 Dilatancy에 의해 소모된 전단응력

따라서 $\tau_{rf} = \tau_f - \tau_d = \tau_f - \sigma \dfrac{d\Delta}{ds}$

## 2 가중크리프비(Weighted Creep Ratio)

### 1. 개요

(1) $C_R = \dfrac{l_w}{h_1 - h_2} = \dfrac{\dfrac{l_h}{3} + \Sigma l_v}{h_1 - h_2}$

여기서, $C_R$ : Creep Ratio

$h_1 - h_2$ : 상·하류면의 수두차

$l_w$ : 유선이 구조물 아래 지반을 흐르는 최소거리(가중 Creep 거리)

$l_h$ : 구조물의 폭(수평방향의 접촉길이)

$l_v$ : 차수벽이 투수층과 접촉하는 연직길이

(2) 위 식에서 만일 가장 짧은 유선이 45°보다 더 가파르면 연직거리로 간주하고, 45°보다 더 완만하면 수평거리로 간주하여 유선의 최소거리로 계산함

(3) 위 식에서 계산된 크리프비가 아래 표에 제시한 값보다 크다면 Piping에 대해 안전한 것으로 판단함

### 2. Creep Ratio에 대한 안전율

| 구분 | 안전율 |
|---|---|
| 1. 대단히 가는 모래나 실트 | 8.5 |
| 2. 중간 모래 | 6.0 |
| 3. 굵은 모래 | 5 |
| 4. 조약돌 섞인 굵은 자갈 | 3 |

### 3. 평가

(1) 댐과 제방구조물에서 Piping 검토방법에는 Terzaghi, 유선망, 한계동수경사, Creep비, 한계유속, 수압 파쇄방법이 있음

(2) Creep비 방법은 구속흐름, 즉 Concrete댐, 여수로, 배수통문 등에 적용됨을 유의함

(3) 수평흐름은 Piping에 저감 영향이 적어 가중치를 부여하여 가중Creep비라 함

참고  계산 예

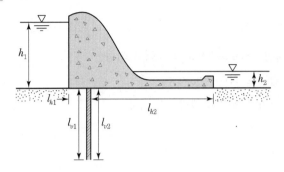

$h_1 - h_2 = 10\text{m},\ l_{h1} = 5\text{m},\ l_{h2} = 40\text{m},\ l_{v1} = l_{v2} = 15\text{m}$

$\sum l_h = 45\text{m},\ \sum l_v = 30\text{m}$

$$\therefore\ C_R = \frac{\dfrac{45}{3} + 30}{10} = 4.5$$

## 3 SHANSEP 방법

### 1. UU 형태시험 문제

(1) 일축압축시험, UU 삼축압축시험 : 시료교란으로 과소평가 가능

(2) CU 삼축압축시험 : 보통 등방압밀로 과다평가 가능

(3) 현장 Vane 시험 : 전단속도, 깊이 영향으로 과다평가 가능

### 2. SHANSEP 정의

(1) Stress History And Normalized Soil Engineering Properties Method

(2) 점토시료의 교란 영향은 현 위치 응력보다 더 큰 응력하에서는 소멸

(3) 점토의 강도는 압밀압력에 대해 정규화거동(Normalized Behavior)을 나타낸다는 사실을 바탕으로 교란 영향을 제거한 비배수 전단강도를 구하는 방법

### 3. 시험방법과 결과

(1) 시료의 압밀

• 정규 압밀점토의 압밀압력 : $(1.5\sim4)P_o$

• 과압밀점토의 압밀압력 : $P_c$보다 크게 함

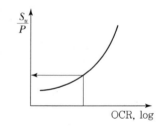

(2) 원하는 OCR만큼 축하중을 제거하여 시료 준비

(3) $\overline{CK_oU}$ 단순전단시험을 실시

(4) OCR에 대한 $S_u/P_o$ 관계도를 그림

(5) 현 위치 OCR에 대한 $S_u/P$를 구하고 $S_u=\{(S_u/P\times(현\ 위치\ \overline{P_o})\}$로 구함

### 4. 특징

| 장점 | 단점 |
|---|---|
| • 일축압축, 삼축압축, Vane 시험보다 신뢰성 있는 시험 | • UU시험조건만 가능<br>• Aging 효과 반영 곤란<br>• 현장응력 파악 필요($K_o$, $P_c$) |

## 4 흙의 소성도(Plasticity Chart)

### 1. 정의

액성한계(Liquid Limit)와 소성지수(Plasticity Index)를 이용하여 흙의 분류 및 특성을 파악하도록 작성된 도표(Arther Casagrande)

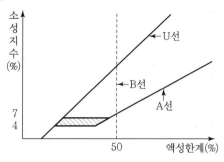

### 2. 소성도 설명

(1) A선

① 실트와 점토 구분선(CL과 ML, CH와 MH)

② 관계식

- LL ≥ 25.5% : PI＝0.73(LL－20)
- LL < 25.5% : PI＝4%인 수평선

(2) U선

① 액성한계와 소성지수 관계에서 상한선(Upper Limit)

② 관계식 PI＝0.9(LL－8)

(3) B선

① 액성한계 50% 해당 선으로 압축성 크기 구분선

② LL 50% 미만 : 저압축성

③ LL 50% 이상 : 고압축성

## 3. 통일흙분류 표시

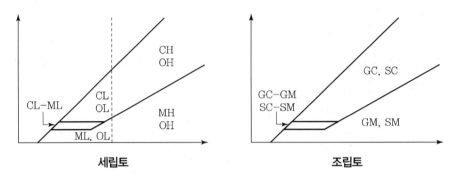

## 4. 소성도 특성

(1) 압축성 : LL에 지배적

(2) LL이 같고 PI가 증가하면 PL 감소로 점토 성향 증가

(3) LL이 증가하고 PI가 같으면 PL 증가로 모래 성향 증가

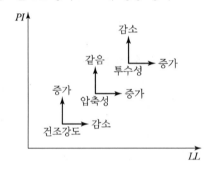

## 5 토석류(Debris Flow)

### 1. 정의

경사가 급한 계곡에 짧은 기간 많은 비가 집중될 때, 계곡에 모인 빗물이 쌓여 높은 수위의 홍수파를 형성한 후 순식간에 낮은 지역까지 흘러감. 돌발홍수는 첨단부에서의 높은 수위와 빠른 유속으로 흙, 자갈, 바위, 나무 등과 함께 유동하는데 이러한 흐름을 토석류(土石流)라 함

### 2. 형태

(1) **계곡바닥** : 계곡바닥에 퇴적되어 있는 토사가 우수에 유동화하여 토석류 발생

(2) **사면붕괴** : 계곡 위의 사면이 붕괴, 즉 산사태가 발생하여 유동화되어 토석류 발생

(3) **퇴적물 붕괴** : 기존 퇴적물이 우수의 흐름을 억제하다가 파괴되어 세력이 증가하는 토석류 발생

### 3. 방지구조물

(1) **차단시설** : 사방댐(콘크리트, 철재, 링네트)

(2) **저류지** : 유사지(경사, 비탈면 보호)

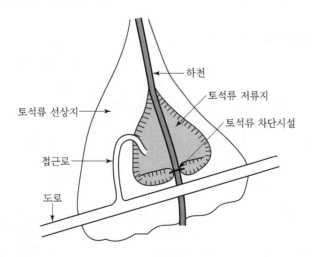

### 4. 평가

(1) 지구온난화와 집중호우로 산사태, 토석류 발생빈도가 증가할 것으로 예상되며, 국내에서 토석류에 대한 관심과 기술력 향상이 필요함

(2) 토석류 대책은 크게 발생 억제, 토석류 방어, 배수시설임

## 6 연약지반 침하 예측방법 중 쌍곡선 방법

### 1. 장래 침하량 산정의 필요성(개념)
(1) 설계 시에 압밀시험을 통해 압밀물성치로부터 침하량을 산정
(2) 실제 지반에서 시료채취, 시험심도의 대표성, 연약지반 두께 변화 등에 따라 계산값과 상이한 것이 보편적으로 발생
(3) 따라서 계측을 통해 설계침하량을 확인하고 최종 침하량을 확정하기 위함

### 2. 방법
(1) 기초자료

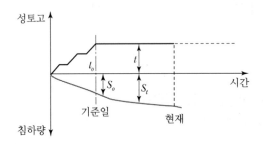

(2) 쌍곡선(Miyagawa) 방법

① 계산식

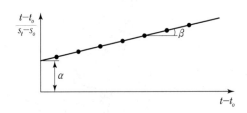

$$\frac{t-t_o}{S_t-S_o}=\alpha+\beta(t-t_o) \qquad S_t-S_o=\frac{t-t_o}{\alpha+\beta(t-t_o)} \qquad S_t=S_o+\frac{(t-t_o)}{\alpha+\beta(t-t_o)}$$

여기서, $S_t$ : 경과시간 $t$에서의 침하량

$S_o$ : 성토 종료 직후의 침하량

$t_o$ : 성토 종료 직후까지의 경과시간

$t$ : 임의의 경과시간

$\alpha,\ \beta$ : 실측 침하량값으로부터 구한 계수

## 3. 적용

(1) 설계계산 침하량의 적정성 판단

(2) 최종 침하량 수정

(3) 잔류침하 예측, Preloading 제거 등 후속 공정계획

(4) 설계계산 침하시간(압밀도)의 적정성 판단

(5) 시간별 압밀도 변경

(6) 방치 기간, 제거 시기, 개량 확인, 개량 진행상황

(7) 잔여 공사구간의 사전 계획 변경에 활용

**7 매입말뚝의 한계상태설계법**

### 1. 상태 정의

| 한계상태 | 정의(기준) | 요구 성능 |
|---|---|---|
| 극한한계상태 | 파괴되지 않고 구조물이 전체 안정을 유지하는 한계상태 | 파괴 또는 과도한 변형이 발생 안 됨 |
| 사용한계상태 | 구조물의 기능이 확보되는 한계상태 | 유해한 변형이 발생 안 됨 |

### 2. 하중저항계수법(LRFD : Load and Resistance Factor Design)

(1) 목표 신뢰도 지수로 표현되는 안정성을 보장하기 위해 공칭저항($R_n$)에 저항계수(1보다 작음), 하중에 하중계수를 적용함

(2) 예시

$$\phi R_n \geq \gamma_D Q_D + \gamma_L Q_L = \sum \gamma_i Q_i$$

여기서, $\phi$ : 저항계수, $R_n$ : 공칭저항

$\gamma_D$ : 사하중계수, $\gamma_L$ : 활하중계수

$\gamma_i$ : 하중계수, $Q_D$ : 고정하중

$Q_L$ : 활하중, $Q_i$ : 작용하중

### 3. 허용응력설계와 비교

| 구분 | 허용응력설계 | 한계상태설계 |
|---|---|---|
| 방법 | 안전율 개념 | 신뢰도 지수, 파괴확률 개념 |
| 장점 | 사용성, 경험 풍부 | 신뢰성 확보, 최적 설계 |
| 단점 | 경험적 안전율 | 합리적 저항계수 산정 중요 |

### 4. 평가

(1) 경제적 · 합리적 설계 측면에서 한계상태가 타당함

(2) 보다 합리적 접근으로 성실한 시공이 요구되며 기초는 보수가 어렵고 비용이 많이 소요됨

참고　계산 예(하중계수, 지지력, 저항계수, 침하량은 구했다고 가정한 것임)

### 1. 조건

- 하중 : 고정하중 700kN, 활하중 100kN
- 허용응력 설계하중 : $700 + 100 = 800$kN
- LRFD 설계하중 : $\gamma_D Q_D + \gamma_L Q_L = 1.25 \times 700 + 1.75 \times 100 = 1,050$kN
- 정역학 지지력 : 4,200kN

### 2. 극한한계상태

- 허용응력설계

$$\frac{4,200}{S.F} = \frac{4,200}{3} = 1,400\text{kN} > 800\text{kN} \qquad \therefore \text{ O.K}$$

- LRFD 설계(극한한계상태)

$$\phi R_n = 0.45 \times 4,200 = 1,890 > 1,050\text{kN} \qquad \therefore \text{ O.K}$$

### 3. 사용한계상태

- 설계하중 : 800kN
- 계산침하량 : 12mm < 25mm $\qquad \therefore$ O.K

## 8 GCP(Gravel Compaction Pile)

### 1. 개요

지반개량공법(Ground Improvement)인 Sand Drain, Sand Compaction Pile은 모래를 사용하나 GCP 공법은 모래 대신 쇄석을 사용함

### 2. 적용성

(1) Sand Drain 대용

① 압밀을 촉진하여 지반개량 기간 단축

② 압밀에 따른 전단강도 증가

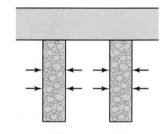

(2) Sand Compaction Pile 대용

① 모래지반 : 다짐원리에 의한 지반 조밀화, 액상화 대책

② 점토지반 : 복합지반 강도 확보, Arching에 의한 침하량 저감

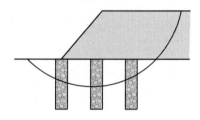

### 3. 장점

(1) 모래 부족에 대한 수급문제 해결

(2) 쇄석 사용으로 Arching 효과가 우수하여 침하 저감, 복합지반 형성

(3) 액상화 대책 유리

### 4. 단점

(1) 쇄석 입도 및 최대 크기 제한 필요(25mm)

(2) 점토에 의한 쇄석 막힘인 Clogging 고려

(3) 국내 실적 적음

### 5. 평가

(1) 모래재료의 대체기술이며 쇄석으로 경제적인 공법임

(2) 배수용인 경우 Clogging 시험으로 설계 목적에 부합하는지 확인토록 함

## 9 말뚝의 부마찰력(Negative Skin Friction)

### 1. 정의
(1) 부주면마찰력은 지반변위가 말뚝변위보다 큰 구간에서 작용되는 하향의 마찰력임
(2) 중립면은 지반과 말뚝 변위가 같아서 상대변위가 없는 위치임. 즉, 부마찰과 정마찰의 경계위치가 됨

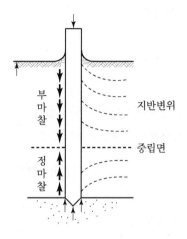

### 2. 원인과 대책
(1) 원인 : 성토 등으로 점토층 압밀, 주변 수위 저하로 침하 발생
(2) 대책 : 말뚝지지력 증가, 부마찰력 저감

### 3. 부주면마찰력의 산정방법
(1) 단말뚝
- $Q_{ns} = f_n \cdot A_s = \alpha C_u \cdot A_s$
- $Q_{ns} = f_n \cdot A_s = \sigma_h{'} \cdot \tan\delta \cdot A_s = \sigma_v{'} \cdot k \cdot \tan\delta \cdot A_s = \beta \sigma_v{'} A_s$

(2) 무리말뚝
무리말뚝에 작용하는 부주면마찰력의 최댓값은 무리말뚝으로 둘러싸인 흙과 그 위의 성토 무게를 합한 것으로 함

$$Q_{gn} = B \cdot L (\gamma_1' \cdot D_1 + \gamma_2' \cdot D_2)$$

여기서, $B$ : 무리말뚝의 폭

$L$ : 무리말뚝의 길이

$\gamma_1'$ : 성토된 흙의 유효단위 중량

$D_1$ : 성토층의 두께

$\gamma_2'$ : 압밀토층의 유효단위 중량

$D_2$ : 중립층위의 압밀토층 두께

## 4. 중립면

지반의 압밀침하와 말뚝의 침하가 같아서 상대적 이동이 없는 위치가 있게 되며, 이와 같이 부주면마찰력이 정주면마찰력으로 변화하는 위치를 중립면이라고 함

**(1) 힘의 균형에 의한 방법**

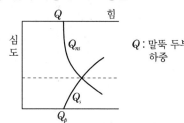

$Q$ : 말뚝 두부 하중

**(2) 침하균형에 의한 방법**

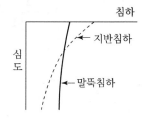

## 5. 설계 개선 방향(평가)

현재 지지력 개념으로 취급하나 말뚝하중저항력 확보와 상부하중과 부주면마찰력에 의한 침하문제로 적용되어야 함

## 🔟 토류벽의 계측관리(Monitoring)

### 1. 계측 항목

   (1) **응력 관련** : 토압계, 하중계, 변형률계

   (2) **변형 관련** : 지중경사계, 지중침하계, 지표침하계

   (3) **물 관련** : 지하수위계, 간극수압계

   (4) **기타 관련** : 건물경사계, 균열계, 소음 · 진동 측정

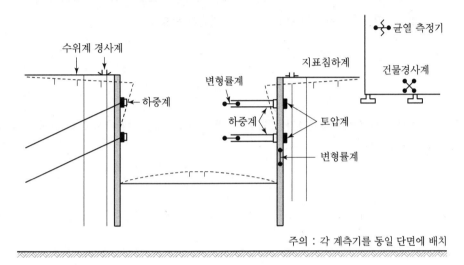

### 2. 계측 목적

   (1) **응력 관련** : 작용토압과 설계토압 비교, 각 부재의 응력 확인

   (2) **변형 관련** : 수평변위 적정성, 배면침하 확인과 인근 구조물 영향 평가

   (3) **물 관련** : 수위변동, 차수재 효과 확인, 수압분포 확인

   (4) **기타 관련** : 주변 영향(구조물, 사람, 가축) 평가 및 관리

### 3. 관리방법

   (1) **절대치 관리**

     ① 시공 전에 설정된 관리기준치와 실측치를 비교하여 안정성을 확인하는 방법

     ② 관리가 단순하고, 계측결과에 대해 즉각적인 대처가 가능함

     ③ 관리기준치 설정과 계측치가 관리기준치를 초과했을 때 대처가 문제됨

예 허용응력에 대한 수준 또는 안전율을 사용

- 측정치 < 1차 관리기준치 : 계속 공사 시행
- 1차 관리기준치 < 측정치 < 2차 관리기준치 : 주의 시공 및 경향 분석
- 측정치 > 2차 관리기준기준치 : 공사를 중지하고 대책 수립

## (2) 예측치 관리

① 기 공사의 계측자료를 활용하여 다음 단계 이후의 안정성을 확인하는 방법

② 공사 전에 지반거동, 부재력을 판단할 수 있고, 대책을 검토할 시간적 여유가 있음

③ Modelling, 지반정수 평가, Data 처리 등의 기술이 필요함

## 4. 평가

계측을 통한 정보화 시공으로 공사안정성 확보, 주변 영향 최소화, 설계 · 시공 변경 및 기술 축적과 발전에 있음

## 11 상향볼록 지반아치와 하향볼록 지반아치

### 1. 정의

(1) Arching은 주변과의 상대변위에 따라 응력이 이동, 즉 전이되는 현상임

(2) 변위의 크기에 따라 응력분포 형태가 달라지며 비교적 큰 변위에선 오목아치, 적정변위에선 볼록아치 형태가 됨

(3) 따라서 구조물 안정 측면에서 볼록아치가 유리함

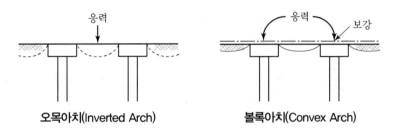

오목아치(Inverted Arch)　　　볼록아치(Convex Arch)

### 2. 지반반응곡선 관계

(1) 터널굴진에 따른 지반반응곡선에서 최저점 좌측은 볼록아치 구간임

(2) 최저점 우측은 오목아치 구간으로 과변위로 이완하중에 의해 상대적으로 큰 지보력이 요구됨

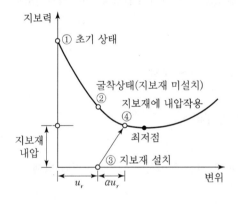

## 12 터널 각부 보강방법

### 1. 터널보조공법

터널굴진 중 안정과 굴착 후 일반 지보재로 터널의 안정을 도모하기 곤란하고 주변 지반의 변형 억제, 시설물을 보호하기 위한 공법

(1) 터널 주변 지반의 전단강도 증가

(2) 터널 및 주변 지반 침하 방지

(3) 투수성 저감으로 터널 내 지하수 유입, 지반 침하 방지

(4) 터널 내구성과 주변 구조물 보호

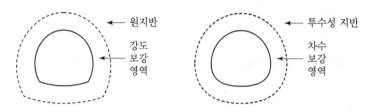

### 2. 각부 보강 필요성

(1) 토사터널로 강지보(Steel Rib)가 필요하며 H형강 또는 격자지보재가 많이 사용됨

(2) 이들은 저면지반과 접촉면이 크지 못함

(3) 천장부터 이완하중으로 강지보 침하

(4) 측벽부의 토압, Arching에 의한 전이하중으로 수평변위 발생

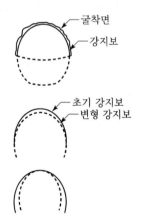

### 3. 각부 보강공법

| | |
|---|---|
| 개요 | 터널측벽부 변위 억제, 지지력 확보, 지하수 유입 차단<br> |
| 적용 | 토사지반, 대단면 터널 |
| 특징 | 측벽부의 안정 유도, 천공 주입으로 지반이 교란되지 않게 함 |

## 13 쉴드터널 세그먼트 두께 결정인자

### 1. Shield 개요

(1) 기계굴착공법인 Shield는 굴착 중에 막장이 붕괴되지 않고 안정해야 하고 적당히 지보되어 단면이 유지되어야 함

(2) 막장안정공법에 따라 이수식과 토압식으로 대별할 수 있음

(3) 시공순서

① 막장안정을 유지하면서 굴착

② 굴착토사 배출

③ 굴착 중 Skin Plate로 토압과 수압 등 지지

④ Segment 조립으로 지보

⑤ Segment 배면 Grouting

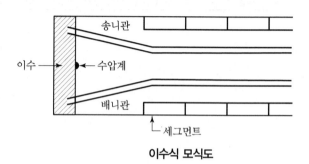

**이수식 모식도**

### 2. 세그먼트와 작용토압, 수압개념도

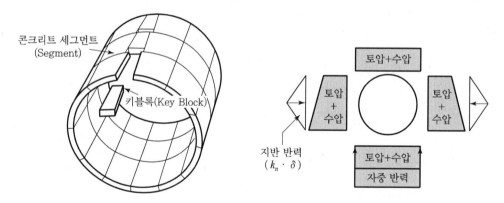

### 3. 두께 결정인자

(1) 토압, 수압, Segment 자중, 분포 시 상재하중, 지진하중

(2) Segment 압축강도, 피복두께

(3) 위 (1), (2) 조건에 대해 휨모멘트, 축력, 전단력 검토로 두께를 결정함

## 2 교 시 ( 6문 중 4문 선택, 각 25점 )

**【문제 1】**

교란된 흙을 이용하여 삼축압축시험용 공시체를 만들고자 한다. 공시체 제작방법과 시험 중 발생하는 공시체의 단면적 변화에 대한 보정방법을 설명하시오.

### 1. 삼축압축시험

(1) 시료를 3~4개의 원통형으로 준비함, 이때 높이는 직경의 2~2.5배로 함

(2) Membrane(고무막)을 씌워 압밀 · 배수 조건에 따라 UU(비압밀비배수 : Unconsolidated Undrained), CU(압밀비배수 : Consolidated Undrained, 간극수압 측정 시 $\overline{CU}$ 시험임), CD(압밀배수 : Consolidated Drained) 시험을 함

(3) 구속압력($\sigma_3$)을 달리하고, 수직응력 – 전단응력 관계도에 Mohr원을 그린 후 파괴포락선을 그려 전단강도 정수를 구함

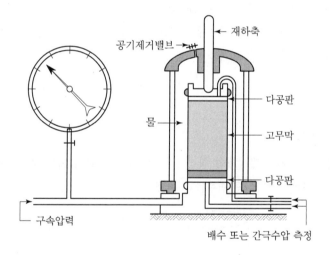

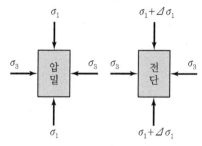

$CK_oU$ 시험 : $\sigma_3 = K_o\sigma_1$

## 2. 공시체 제작방법

### (1) 자중압밀 시료준비

① Slurry 상태(함수비＝액성 한계의 약 2배)로 교반

② 용기에 넣고 자중압밀시킴

← 점토

### (2) 예비압력작용

① 예비압력 가함

② 시료성형 확보하기 위함

③ 필요시 배압적용(포화를 위해)

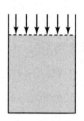

### (3) 현장 조건으로 압밀

① 시료성형

② 현장 조건에 부합하는 연직, 수평 유효응력으로 압밀

③ $\sigma_1 = \sigma_v' = \Sigma\gamma_{sub} \cdot z$(다층이고 지표에 수위조건)

④ $\sigma_3 = \sigma_v' = K_o\sigma_v'(K_o : 정지토압계수)$

## 3. 시험 중 단면적 보정방법

(1) 시험중 시료상태는 초기 시료상태의 직경보다 증가하고 시료 높이는 초기 시료상태보다 감소함

(2) 직경 및 높이의 변화는 시험 중 변형률과 관계됨

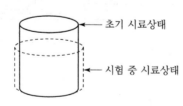

(3) 보정식

$$A = \frac{A_o}{1 - \varepsilon}$$

　　　여기서, $A$ : 변형률에 따른 보정 단면적

　　　　　　$A_o$ : 초기 시료의 단면적

　　　　　　$\varepsilon$ : 변형률($\frac{\Delta l}{l}$, %)

(4) 식 정리

$$A_o H_o = AH = A(H_o - H_o \varepsilon) \text{에서}$$

$$A = \frac{A_o}{1 - \varepsilon}$$

**참고**　배수전단 시 단면적 보정

$$A = \frac{V}{H} = \frac{V_o - \Delta V}{H_o - \Delta z} = \frac{V_o \left(1 - \dfrac{\Delta V}{V_o}\right)}{H_o \left(1 - \dfrac{\Delta z}{H_o}\right)} = \frac{A_o(1 - \varepsilon_p)}{1 - \varepsilon_1}$$

　　　여기서, $A$ : 보정 단면적

　　　　　　$V_o,\ H_o$ : 초기 체적, 높이

　　　　　　$\Delta V,\ \Delta z$ : 체적 감소, 높이 감소량

　　　　　　$\varepsilon_p$ : 체적 변형률

　　　　　　$\varepsilon_1$ : 축 변형률

【문제 2】

경사도가 30°인 무한사면이 존재한다. 이 무한사면의 파괴가능면까지의 깊이는 2.0m이고 $c = 15\text{kN/m}^2$, $\phi = 30°$, $\gamma_t = \gamma_{sat} = 20\text{kN/m}^3$이다. 지하수가 없을 때, 지하수가 표면까지 차오르고 사면에 평행하게 침투가 일어날 때, 수중무한사면일 때의 안전율을 각각 구하시오.

## 1. 무한사면 정의

(1) 그림과 같이 무한사면은 활동면의 길이가 활동 사면의 깊이에 비해 비교적 긴 사면으로 정의됨

(2) 실무적으로, 활동면 길이가 깊이의 10배 이상인 사면으로 취급할 수 있음

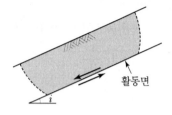

## 2. 지하수가 없을 때

(1) 중량 $w = \gamma b h = \gamma l \cos i h$

$\qquad = 20\text{kN/m}^3 \times (1\text{m} \times \cos 30°) \times 3\text{m} = 34.64\text{kN/m}$

(2) 수직응력 $\sigma = w \cos i$

$\qquad = 34.64 \times \cos 30° = 30.0\text{kN/m}$

(3) 전단응력 $\tau = w \sin i$

$\qquad = 34.64 \times \sin 30° = 17.32\text{kN/m}$

(4) 전단강도 $S = c' + (\sigma - u)\tan\phi'$

$\qquad = 15\text{kN/m}^2 + (30.0 - 0)\tan 30° = 32.31\text{kN/m}$

(5) 안전율 $= \dfrac{S}{\tau} = \dfrac{32.31}{17.32} = 1.865$

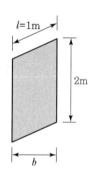

> **참고** $S.F = \dfrac{c' + (\gamma h \cos^2 i - \gamma_w h_w \cos^2 i)\tan\phi'}{\gamma h \sin i \cos i}$
>
> $\qquad = \dfrac{15 + (20 \times 2 \times \cos^2 30° - 0)\tan 30°}{20 \times 2 \times \sin 30° \times \cos 30°} = \dfrac{32.31}{17.32} = 1.865$

## 3. 지하수위가 지표면이고 평행침투일 때

$\gamma_t = \gamma_{sat}$ 조건으로 중량 $w$는 2.의 경우와 같음

(1) $w = 34.64\text{kN/m}$

(2) $\sigma = 30.0\text{kN/m}$

(3) $\tau = 17.32 \text{kN/m}$

(4) $S$ : 간극수압  $U = \gamma_w h_w \cos^2 i = 10 \text{kN/m}^3 \times 2\text{m} \times \cos^2 30° = 15 \text{kN/m}\,(\gamma_w = \text{kN/m}^3 \text{ 적용})$

$S = c' + (\sigma - u)\tan\phi' = 15 + (30 - 15)\tan 30° = 23.66 \text{kN/m}$

(5) 안전율 $= \dfrac{S}{\tau} = \dfrac{23.66}{17.32} = 1.366$

> **참고**  $S.F = \dfrac{c' + (\gamma h \cos^2 i - \gamma_w h_w \cos^2 i)\tan\phi'}{\gamma h \sin i \cos i}$
>
> $= \dfrac{15 + (20 \times 2 \times \cos^2 30° - 10 \times 2 \times \cos^2 30°)\tan 30°}{20 \times 2 \times \sin 30° \times \cos 30°} = \dfrac{23.65}{17.32} = 1.365$

## 4. 수중무한사면일 때

$\gamma_{sub} = \gamma_{sat} - \gamma_w = 20 \text{kN/m}^3 - 10 \text{kN/m}^3 = 10 \text{kN/m}^3$

(1) $w = \gamma b h = \gamma l \cos i h = 10 \text{kN/m}^3 \times (1\text{m} \times \cos 30°) \times 2\text{m} = 17.32 \text{kN/m}$

(2) $\sigma = w \cos i = 17.32 \times \cos 30° = 15.0 \text{kN/m}$

(3) $\tau = w \sin i = 17.32 \times \sin 30° = 8.66 \text{kN/m}$

(4) $S = c' + (\sigma - u)\tan\phi' = 15 + (15 - 0)\tan 30° = 23.66 \text{kN/m}$

(5) 안전율 $= \dfrac{S}{\tau} = \dfrac{23.66}{8.66} = 2.732$

> **참고**  $S.F = \dfrac{c' + (\gamma h \cos^2 i - \gamma_w h_w \cos^2 i)\tan\phi'}{\gamma h \sin i \cos i}$
>
> $= \dfrac{15 + (10 \times 2 \times \cos^2 30° - 0)\tan 30°}{10 \times 2 \times \sin 30° \times \cos 30°} = \dfrac{23.65}{8.66} = 2.731$

## 5. 평가

(1) 안전율은 수중 조건 → 지하수 없는 조건 → 지표평행 흐름으로 안전율 감소

(2) 사질토의 경우 지하수 없음과 지하수 지표평행 침투 시 후자의 안전율이 약 $\dfrac{1}{2}$ 감소하나 본 문제

시 $\dfrac{1.366}{1.865} = 0.73$임. 이는 점착력(Cohesion) 성분이 있기 때문임

【문제 3】
매립된 점토지반에 말뚝기초로 교량을 설계하고자 한다. 말뚝의 연직지지력 산정 시 고려사항과 필요한 시험 종류, 예상 문제점에 대하여 설명하시오.

## 1. 개요

(1) 연직지지력은 선단지지력과 주면지지력의 합으로 산정됨

즉, $Q_u = Q_p + Q_s$

(2) 고려사항

지지력 침하, 압축(인장, 휨 포함), 이음, 장경비, 무리말뚝 영향, 부마찰력, 부식, 간격 등임

(3) 문제 조건에 따라 부마찰력에 대해 검토함

## 2. 부주면마찰력(Negative Skin Friction)과 중립면

(1) 부주면마찰력은 지반변위가 말뚝변위보다 큰 구간에서 작용되는 하향의 마찰력임

(2) 중립면은 지반과 말뚝변위가 같아서 상대변위가 없는 위치임. 즉, 부마찰과 정마찰의 경계위치가 됨

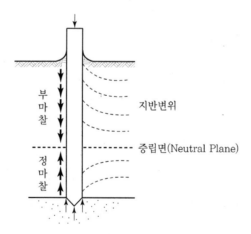

### 3. 부주면마찰력의 산정방법

(1) 단말뚝

① $Q_{ns} = f_n \cdot A_s = \alpha C_u \cdot A_s$

② $Q_{ns} = f_n \cdot A_s = \sigma_h' \cdot \tan\delta \cdot A_s = \sigma_v' \cdot k \cdot \tan\delta \cdot A_s = \beta \sigma_v' A_s$

(2) 무리말뚝

무리말뚝에 작용하는 부주면마찰력의 최댓값은 무리말뚝으로 둘러싸인 흙과 그 위의 성토 무게를 합한 것으로 함

$Q_{gn} = B \cdot L(\gamma_1' \cdot D_1 + \gamma_2' \cdot D_2)$

여기서, $B$ : 무리말뚝의 폭

$L$ : 무리말뚝의 길이

$\gamma_1'$ : 성토된 흙의 유효단위 중량

$D_1$ : 성토층의 두께

$\gamma_2'$ : 압밀토층의 유효단위 중량

$D_2$ : 중립층위의 압밀토층 두께

### 4. 필요한 시험 종류

(1) 3.의 부마찰력 산정방법에 따라 다음과 같은 실내시험과 현장시험이 필요함

(2) **점토지반**

① 실내시험

- 일축압축강도시험
- UU 삼축압축시험
- $\overline{CU}$ (또는 CD) 삼축압축시험

② 현장시험

- Vane 시험
- Dutch 콘관입시험
- Piezo 콘관입시험
- Dilatometer 시험

(3) **매립지반**

① 실내시험

- $\overline{\text{CU}}$(또는 CD) 삼축압축시험
- 직접전단시험

② 현장시험

- Piezo 콘관입시험
- Dilatometer 시험
- 표준관입시험

## 5. 예상 문제점

(1) 부주면마찰력을 하중으로 간주하는 경우 말뚝지지력이 부족하게 될 수 있으며 침하가 과도할 수 있음

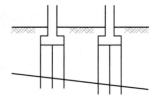

(2) 기초 간 지반상태가 다른 경우 부등침하가 발생하여 교량에 유해할 수 있음

(3) 특히, 지반의 경사가 심한 경우 부등침하는 상당히 클 수 있음

(4) 교대위치에서 측방유동 문제가 발생 가능함

연약지반 위에 설치된 교대나 옹벽과 같이 성토재하중을 받는 구조물에서는 배면성토중량이 하중으로 작용하여 연약지반이 붕괴되어 지반이 수평방향으로 이동하는 현상

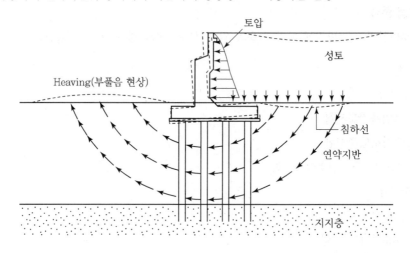

(5) 콘크리트 말뚝인 경우 항타 시 인장응력의 발생으로 말뚝중간부에서 인장균열이 발생 가능함

【문제 4】
습곡이 형성된 지역에서 댐과 터널 설계 시 지반공학적으로 고려해야 할 사항에 대하여 각각 설명하시오.

## 1. 습곡(Folding)

암반에 작용되는 큰 횡방향의 압력에 의해 파상으로 변형된 구조

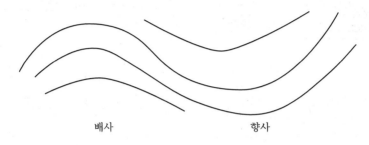

배사                                              향사

## 2. 댐

### (1) 향사 구조에 위치

① 향사 구조는 배사 구조보다 Dam 위치가 양호함

② 지압분포가 댐방향이고 물의 유출이 적음

③ 불연속면의 계곡방향으로 상류 측이면 누수 적음

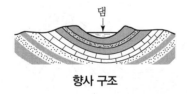

**향사 구조**

### (2) 배사 구조

① 양안으로 누수 발생 가능

② 지압분포가 댐 바깥으로 지반이동 시 댐에 균열 발생

③ 불연속면의 계곡방향으로 하류 측이면 누수량 과다 발생

**배사 구조**

## 3. 터널

(1) **습곡이 터널축의 지압분포에 미치는 영향**

① 터널이 배사축면을 횡단하여 굴착되는 경우에는 아치(Arch) 작용으로 갱문 부근에 지압이 집중됨

② 터널이 향사축면을 횡단하여 굴착되는 경우에는 터널의 중앙부에 지압이 집중됨

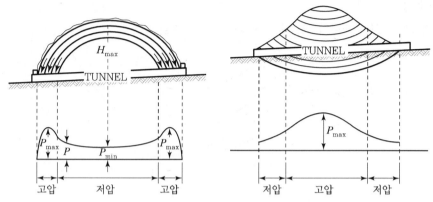

**습곡이 터널축의 지압분포에 미치는 영향**

(2) **습곡이 터널의 측압 및 용수편압에 미치는 영향**

① 터널이 향사축 부근에서 축과 평행하여 터널을 굴착하는 경우에는 터널의 측벽에 횡압이 크게 작용하여 측벽 지보에 어려움이 있으며 또한 지하수위 집중으로 용수량이 많음

② 터널이 배사축과 향사축의 중간에 위치하여 축과 평행하게 터널을 굴착하는 경우에는 편압이 크게 작용함

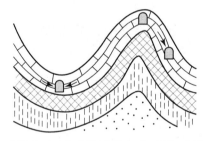

**습곡이 터널의 측압 및 용수에 미치는 영향**

---

**【문제 5】**

급경사지에 흙막이 시공 시 근입깊이가 부족한 경우 예상되는 문제점 및 보강방안에 대하여 설명하시오.

---

## 1. 현장 상황

(1) 굴착바닥면의 불안정은 수동토압 상실, 벽체수평변위 과
　다 촉진, 지표침하의 추가적 발생 등 흙막이벽 구조의
　위험요소임

(2) 안정항목에는 근입부토압 균형, Boiling 현상, Heaving
　현상 등이 있음

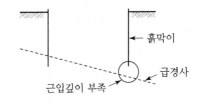

## 2. 근입부토압의 안정

### (1) 현상

① 최하단 버팀대를 중심으로 토압에 의한 모멘트 균형
　이 주동 측이 수동 측보다 크게 됨

② 이로 인한 근입부의 과도변위 또는 지반파괴 현상이 발
　생됨

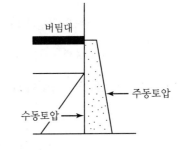

### (2) 검토방법

① 주동토압, 수동토압을 산정하고 원칙적으로 수동토압
　은 계산토압에 대해 2~3의 안전율을 고려함

② 최하단 버팀대를 중심으로 모멘트를 취하여 안전율 계
　산으로 판정

### (3) 토압식

① 주동토압 : $P_a = rzk_a - 2c\sqrt{k_a}$

② 수동토압 : $P_p = rzk_p + 2c\sqrt{k_p}$

### (4) 대책

① 최하단 버팀대 위치 하향 조정(필요시 Anchor로 변경)

② 굴착 측 심층혼합처리로 지반 보강

③ 근입깊이를 깊게 조정

## 3. Boiling 안정

### (1) 현상

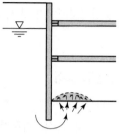

**토류벽 보일링 현상**

① 물의 상향침투력에 의해 모래가 전단강도를 잃고 지표면 위로 치솟아 지반이 파괴되는 현상

② 즉, 굴착저면 침투수의 상향력이 지반의 유효응력보다 크게 되어 Quick Sand 조건이 됨

### (2) 검토방법

① 유선망으로부터 $B$점 $D$점의 평균 손실수두를 구한다.

$$h_{ave} = \left( \frac{n_{d1}}{N_d} + \frac{n_{d2}}{N_d} \right) \times \frac{1}{2} \times H$$

여기서, $n_{d1}$ : 하류면과 $B$점의 등수두선 간격 수

$n_{d2}$ : 하류면과 $D$점의 등수두선 간격 수

$N_d$ : 전체의 등수두선 간격 수

② 동수경사를 구한다.$(i_{ave} = \frac{h_{ave}}{D})$

③ 침투력을 구한다.$(J = i_{ave} \cdot \gamma_w \cdot V = i_{ave} \cdot \gamma_w \cdot D \cdot \frac{1}{2} D)$

④ 유효응력을 구한다.$(W = \gamma_{sub} \cdot D \cdot \frac{D}{2})$

⑤ 안전율을 구한다.$(F_s = \frac{W}{J} = \frac{\gamma_{sub}}{i_{ave} \cdot \gamma_w})$

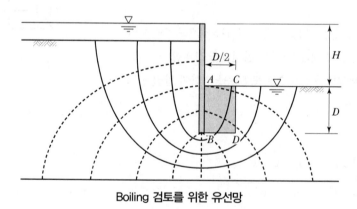

**Boiling 검토를 위한 유선망**

### (3) 대책

① 근입깊이를 길게 조정

② 배면부 지반주입 Grouting

③ 굴착저면 지반주입 Grouting

④ 배면 측 수위 저하

## 4. Heaving 안정

(1) 현상

전단강도 부족으로 굴착면이 위로 융기되며 배
면은 침하하게 됨

(2) 전단강도 부족

$$M_d = (\gamma H + q)x \cdot \frac{x}{2}$$

$$M_r = x\left(\frac{\pi}{2} + \alpha\right)x \cdot S_u$$

$$F_s = \frac{(\pi + 2\alpha)S_u}{(\gamma H + q)}$$

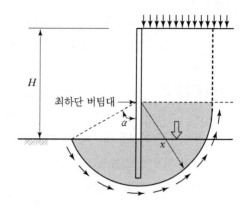

(3) 대책

① 근입깊이를 깊게 조정      ② 점착력 증대를 위한 지반개량

③ 배면주입 Grouting 보강      ④ 저면주입 Grouting 보강

## 5. 말뚝지지력

(1) 말뚝지지력은 다음 식으로 구할 수 있음

$$Q_{ult} = q_p A_p + \Sigma f_s A_s$$

$$q_p = cN_c + \gamma d_f N_q, \ f_s = c_a + K_s \sigma_v{}' \tan\delta$$

(2) 주면마찰력은 엄지말뚝과 중간말뚝 형태에 따라 달리 적용됨(다음 그림의 점선부분에서 주면저항
이 발휘됨)

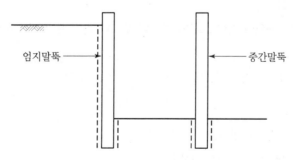

(3) 대책

① 말뚝을 연결함

② 말뚝 선단부에 고압분사를 실시하여 지반보강

【문제 6】
포항지역의 이암지반을 성토재료로 사용 시 문제점 및 활용을 위한 고려사항에 대하여 설명하시오.

## 1. 이암의 형성

(1) 미고결된 이암은 퇴적물이 암석이 되어가는 과정에 지반의 융기로 고화작용이 중단되어 암석과 퇴적물의 특성을 동시에 나타냄

(2) 또한 지표에 노출 시 내구성이 급격히 저하되는 Slaking 경향을 나타내며, 근본적으로 구성재료가 세립토로 되어 있음

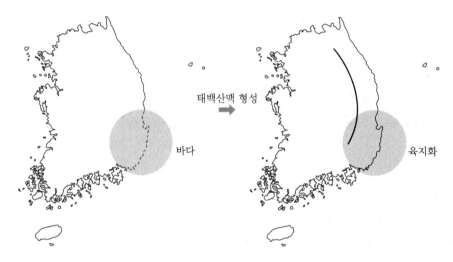

## 2. 공학적 문제점

(1) 급속풍화

① 고결도가 낮으나 균열이 적어 고결된 암같이 보이나 깎기 등 응력해방에 급속히 풍화되고 점토화됨

② 풍화로 토사와 같은 정질을 나타냄

(2) 차별풍화

① 다른 퇴적압과 교대로 구성되는 경우가 많음

② 사암과 Shale 교대 시 사암에서 지하수 용출

③ 이암, Shale의 급속풍화로 사암 동반 붕괴

(3) Swelling

① 팽윤성 점토광물로 응력해방 및 균열이 발생하여 지표수나 지하수 침투

② 점토광물이 팽윤되어 강도 약화

③ Swelling에 따른 터널 등의 팽창유압 유발

(4) Slaking

건조, 습윤 반복에 세편화되기 쉬움

## 3. 매립재료와 이암의 적용

(1) 기본적으로 매립재료는 공학적 특성인 전단강도가 크고 압축성이 적은 재료여야 하고, 시간에 따른 내구성이 있는 재료여야 함

(2) 이암의 특성에 따라 구성재료가 세립분이 대부분으로 매립재료로서의 강도나 변형에 취약하여 지반붕괴, 침하, 각종 구조물에 유해한 영향을 주게 됨

(3) 구체적으로 매립계획고 유지 곤란, 배수 곤란, 포장 균열, 단차, 매설물 파손과 구조물의 변형이 예상됨

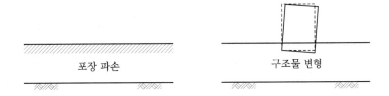

포장 파손                    구조물 변형

## 4. 대책

(1) 공학적 특성을 개선하기 위해 사질토, 즉 모래를 적정하게 혼합하여 흙의 기본 성질을 개선할 필요가 있음

(2) 그렇게 되면 강도, 변형 등에 바람직하고 CBR치 등이 커지게 되며 다짐이 양호하여 건조단위중량의 증가가 예상됨

(3) 또한 고화제 등에 의한 개량도 고려의 대상이 되나 경제성 등으로 사용에 제한이 따름

(4) 따라서 시험시공이나 모래혼입률 결정을 위한 배합설계가 필요하게 됨

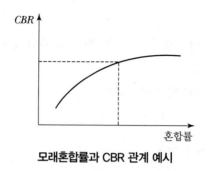

**모래혼합률과 CBR 관계 예시**

## 5. 평가

(1) 이암의 특성을 이해하고 매립재료의 기능에 부합된 재료의 성질이 개선되어야 함

(2) 매립재료의 부족화가 가속되므로 이에 대한 연구 · 검토의 체계화가 필요함

## 3 교 시 ( 6문 중 4문 선택, 각 25점 )

【문제 1】
매우 조밀한 모래나 과압밀된 점성토 시료로 비배수삼축압축시험을 수행하면 부의 간극수압과 다일러턴시현상이 발생한다. 그러나 이러한 지반에 실제 구조물을 축조하면 이와 같은 현상이 발생하지 않는 경우가 일반적이다. 그 이유를 설명하시오.

### 1. 배수조건에 따른 지반거동

재하에 따라 기초지반은 크게 배수조건(Drained Condition)과 비배수조건(Undrained Condition)으로 구별할 수 있으며 실무적으로 널리 이용됨

(1) 배수조건

① 재하에 대해 지반의 투수성이 크게 되며 배수조건이 되어 재하로 인한 과잉간극수압이 발생되지 않음

② 배수로 체적 변화가 발생되며 그로 인해 유효응력(Effective Stress)과 전단강도의 증가가 발생됨

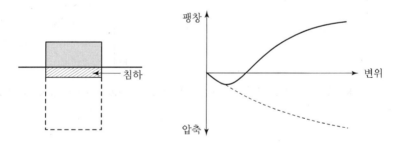

(2) 비배수조건

① 재하에 대해 지반의 투수성이 작은 경우 비배수조건으로 간주할 수 있으며 압축, 즉 (−)Dilatancy 성향으로 (+)과잉간극수압이 발생됨

② 또한 팽창, 즉 (+)Dilatancy 성향으로 (−)과잉간극수압이 발생됨

③ 일반적으로 압축되는 지반이 문제되므로 비배수조건인 경우 유효응력 증가 또는 전단강도의 증가를 기대할 수 없음

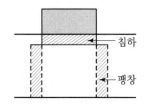

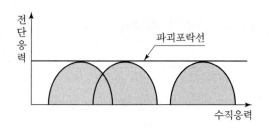

## 2. 매우 조밀모래, 과압밀점토거동

(1) 배수조건 시 Dilatancy

① 배수조건은 전단 시 체적 변화를 허용함

② Dilatancy는 팽창 중심임

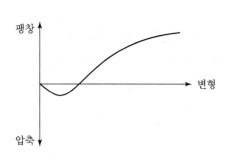

(2) 비배수조건 시 간극수압

① 비배수로 체적 팽창으로 물을 흡수하려 함

② 이에, $(-)$간극수압이 발생 중심임

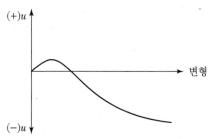

(3) 그러나 작은 변형에선 느슨한 모래나 정규압밀점토와 같이 Dilatancy는 압축, 간극수압은 $(+)u$ 가 발생됨

## 3. 실제 구조물 축조 조건

(1) 구조물 축조에 의한 하중재하로 수평방향의 응력도 증가함

(2) 많은 구조물이 안정한 상태에 있다는 것은 구조물 하중에 지반이 지지하고 있음을 의미하여 파괴 상태가 되지 못함

## 4. 이유

(1) 매우 조밀한 모래나 과압밀점토지반이므로 공용상태의 구조물이 재하되는 경우 시험에서 나타나는 파괴 시 음($-$)의 간극수압이 나타나지 않게 됨

(2) 이는, 양($+$)의 간극수압을 유발하는 구속압력이 축응력과 함께 증가하게 되어 상쇄효과가 있어 전체적으로 양($+$)의 간극수압이 유발됨

(3) 또한 음($-$)의 간극수압은 파괴 시에 해당되므로 구조물이 파괴되는 극단적 상황이 아니라면 양($+$)의 간극수압이 우세함

(4) 따라서 양($+$)의 간극수압이 발생된다는 것은 하중재하 시 지반압밀침하가 생겨 압축하게 됨을 나타냄

【문제 2】

그림과 같이 지표면에 무한대로 넓은 범위로 $q = \Delta\sigma = 100\text{kN/m}^2$의 하중이 작용되었다.

$C_v = 1.25\text{m}^2/\text{yr}$, $e = 0.88 - 0.32\log\dfrac{\sigma'}{100}$ (단, $\sigma'$ 단위는 $\text{kN/m}^2$)이다. 단, 점토하부는 불투수층이다.

1) Terzaghi 식을 이용하여 전체 압밀침하량을 구하시오.

2) Terzaghi 근사식을 이용하여 재하 2년 후의 시간계수, 압밀도, 침하량을 구하시오.

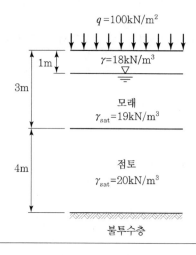

## 1. 전체 압밀침하량

특이사항이 없으므로 정규압밀점토(Normal Consolidated Clay)로 계산

(1) 관련 식

$$S = \frac{C_c}{1+e_o} H\log\frac{P_o + \Delta P}{P_o}$$

의미 : 점토압축성+토층두께+응력조건

(2) $C_c$(압축지수) : $e = 0.88 - 0.32\dfrac{\sigma'}{100}$ 에서

$$C_c = 0.32$$

(3) $e_c$(초기 간극비)

① $P_o = \Sigma\gamma z$(점토층 중간 적용)

   =수위 위 모래+수위 아래 모래+점토층 중간

   $= 18\text{kN/m}^3 \times 1\text{m} + (19-10)\text{kN/m}^3 \times 2\text{m} + (20-10)\text{kN/m}^3 \times 2\text{m} = 56\text{kN/m}^2$

   (단, $\gamma_w = 10\text{kN/m}^3$ 적용)

$$② \ e_o = 0.88 - 0.32\log\frac{56}{100} = 0.94$$

(4) $\ S = \dfrac{0.32}{1+0.94} \times 4{,}000 \times \log\dfrac{56+100}{56}$

$\qquad = 298.2\text{mm}$

## 2. 재하 2년 후 시간계수, 압밀도, 침하량

(1) 시간계수

① $t = \dfrac{TD^2}{C_v}$ 에서 $\ T = \dfrac{t \cdot C_v}{D^2}$

② $T = \dfrac{2년 \times 1.25\text{m}^2/년}{(4\text{m})^2} = 0.156$

③ 주의 : 하부가 불투수층으로 배수거리는 점토층 두께가 되는 일면 배수조건임

(2) 압밀도

① $T = \dfrac{\pi}{4}U^2$ 에서 $\ U = \sqrt{\dfrac{4T}{\pi}}$

② $U = \sqrt{\dfrac{4 \times 0.156}{\pi}} = 0.446 = 44.6\%$

(3) 침하량

$S_{2년} = S_f \times U$

$\qquad = 298.2\text{mm} \times 0.446 = 133.0\text{mm}$

---

【문제 3】

해상 및 육상 교량 기초에 지반재해가 발생되고 있다. 지반재해 발생 원인과 대책방법에 대하여 각각 설명하시오.

---

## 1. 개요

(1) 해상과 육상의 교량기초는 기초의 안정성이 확보되어야 하고, 시공을 위해 토류벽(물막이 포함)의 안정도 확보되어야 함

(2) 기초는 크게 얕은 기초와 깊은 기초로 구분되며, 지지력(Bearing Capacity), 침하(Settlement)가 주된 검토내용임

(3) 토류벽은 토류벽형식, 근입깊이, 지지형식이 주된 검토내용임

## 2. 지반재해 원인과 대책

(1) **지반조사 부실**

① 지반조사는 지층 구성과 상태, 여러 검토를 위한 지반물성치 등을 파악하는 것임

② 시추조사와 표준관입시험 시행만으로는 ①의 내용을 제대로 파악하기 곤란함

③ 따라서 다음의 시험이 요구된다.

- 현장조사 : 시추조사, 물리탐사
- 현장시험 : 정적·동적 Sounding, 투수시험
- 실내시험 : 전단강도, 압축성, 투수성 관련 시험
- 별도시험 : 내진설계물성치시험, 특수토지반시험

④ 취약지반, 지지층경사, 연약지반 등에 대해 상세조사가 필요함

(2) **안정성 검토 항목 누락 또는 부실**

① 기초에 대해 지지력, 침하, 동결, 팽창성 흙, 붕괴성 흙, 인접구조물 간섭, 세굴, 지하수 영향, 급경사지, 공동의 검토항목에 대해 적정성 있게 검토해야 함

② 가시설에 대해 적정토압, 수압에 대해 토류벽의 안정성, 시공 가능성, 근입깊이, Boiling, Heaving 등 해당 조건에 대한 안정성을 확보해야 함

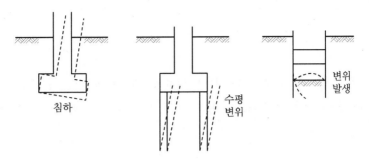

침하    수평변위    변위발생

### (3) 설계조건 확인 및 시공관리 부실

① 설계조건 파악으로 현장조건이 상이하면 수정 후 시공토록 함

② 재하시험, 계측 등으로 시공 및 구조물의 안정성을 확인해야 함

③ 특히, 설계 시 지반조건과 다른 경우를 염두에 두고 필요시 파악하여 지반재해가 발생되지 않도록 해야 함

④ 투입자재의 규격, 품질 확보, 시공되는 기초의 안정성 확보가 되어 지반재해가 일어나지 않도록 철저한 관리가 필요함

【문제 4】
터널 붕괴의 원인과 대책을 지반공학적 메커니즘으로 설명하시오.

## 1. 개요

터널의 붕괴는 부적절한 지보의 형식이나 지보재 설치 및 설치시간의 지연 등 외에도 갑작스러운 지하수 유입, 풍화가 발달한 편마암 지반에서 불균질하고 이방성인 지반 특성에 큰 영향을 받게 됨

## 2. 상반 굴착 시(무지보 상태)

### (1) 붕괴 유형

① 가장 빈번히 발생하는 붕괴 유형으로 막장면 붕괴를 들 수 있음. 지하수 유입, 지반 붕괴 등의 원인으로 발생하며 작은 여굴에서부터 함몰 붕괴에 이르기까지 다양한 형태로 발생

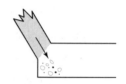

② Sliding Failure(또는 Wedge Failure)

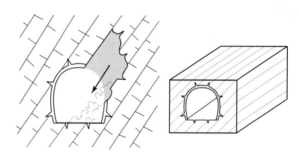

불연속면의 경사진 방향이 터널축과 거의 직교하고 경사가 20~40° 상향으로 발달된 지층을 굴착할 경우, 막장 상부 및 측벽의 주변 지반이 붕락될 가능성이 있음

### (2) 대책

① 지지코어 방식을 채택

② 막장면에 Sealing 숏크리트를 타설

③ 휘폴링, 강관 다단 Grouting

④ 수발공을 설치하여 지하수 배제

⑤ 기타 지하수 차단의 차수주입공 적용

## 3. 상반 굴착 시(지보 완료 상태)

### (1) 붕괴 유형

① 지반조건에 비해 지보가 부족한 경우로 당초 설계지반보다 불량한 경우

② 풍화가 발달한 편마암으로 이방의 편토압에 의한 경우

③ 저면 지반의 지지력이 부족하여 침하 발생

④ 공사 중 배수불량에 의한 지반 연약화로 침하 발생

### (2) 대책

① 상반 측벽 하부 확대기초 설치

② 측벽 하부에 Anchor를 설치하여 침하 방지

③ 측벽 하부에 보강 Grouting을 적용

④ 가인버트를 설치하여 링폐합하여 구조적인 안정성을 증진

## 4. 하반 굴착 시(무지보 상태)

### (1) 붕괴 유형

① 하반을 굴착하게 되면 터널 직경은 상반 굴착 후의 직경보다 2배 정도 커지므로 막장, 하부 측벽의 불안, 저면 융기의 가능성이 있음

② 막장은 상반 굴착 시 붕괴 가능성이 있던 것이 단면이 커져 발전할 수 있고 하부 측벽, 저면의 지반 불량으로 하반 굴착에 따른 지보재의 침하, 변형이 예상됨

### (2) 대책

① 보조공법을 적용하여 막장 안정성 확보

② 측벽 하부에 주입 보강

③ 신속한 배수처리

④ 막장 관찰을 실시하고 이에 따른 지보 대책 수립

⑤ 조속한 링(Ring) 폐합

## 5. 하반 굴착 시(지보 완료 상태)

### (1) 붕괴 유형

① 1차 지보에 의해 Ring 폐합이 되면 터널을 안정하게 됨

② 따라서 일반적으로는 붕괴 발생이 적게 되나 지반불량으로 Creep 변형에 의한 장기변형, 변위가 수렴되지 않을 수 있음

### (2) 대책

① 이와 같은 계속적 변형은 있어서는 안 되며 1차 지보재가 지반조건에 적합지 못하거나 시공이 불량한 상태로 대규모의 보강이 필요하게 됨

② 터널 주변 지반에 대해 우레탄 주입, 강관다단 Grouting 등으로 Arch가 형성되도록 함

③ 계측관리를 철저히 하고 변형 수렴 후 2차 Lining이 설치되도록 함

---

**【문제 5】**

고성토부에 말뚝기초로 설계된 교대의 수평변위 발생인자와 수평변위 최소화 방안에 대하여 설명하시오.

---

## 1. 현장 상황

(1) 고성토의 경우 일정 높이를 성토하고 말뚝 설치 후 교대 시공함

(2) 일정 높이, 전체 성토 높이나 교대 규모 등에 따라 수평 변위가 발생하며, 적정 변위(䄁 15mm)보다 크면 최소 화 방안이 필요함

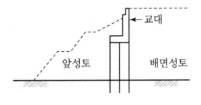

## 2. 수평변위 발생인자

(1) **성토 높이와 성토재 토질**

① 성토 높이가 크면 침하량이 커지고 이로 인해 수평변 위 증가

② 토질이 점성토일수록, 즉 세립분의 비율이 클수록 변 위가 증가함

(2) **교대 높이** : 교대 높이가 크면 배면의 주동토압(Active Earth Pressure)이 $P_A = \dfrac{1}{2} K_a \gamma H^2$으로

높이($H$)의 제곱에 비례하여 증가하므로 변위를 유발함

(3) **말뚝길이, 근입깊이**

① 말뚝길이가 길고 근입깊이가 짧으면 선단부 고정효과 감소함

② 이에 따라 수평변위 발생

(4) **앞성토 규모** : 폭과 비탈면 기울기에 따라 변위 크기가 다르게 됨

(5) **원지반 조건**

① 상대적 불량지반에서 변위가 크게 발생

② 연약지반이라면 측방유동으로 큰 변위가 발생

(6) **성토시간** : 급속시공 시 성토층이 안정되지 못한 상태에서 상부하중이 작용하면 변위 발생

### 3. 최소화 방안

고성토로 인해 사면안정, 측방유동, 수평변위에 대해 안정해야 함

(1) 교대부 선재하·굴착 후 교대 시공

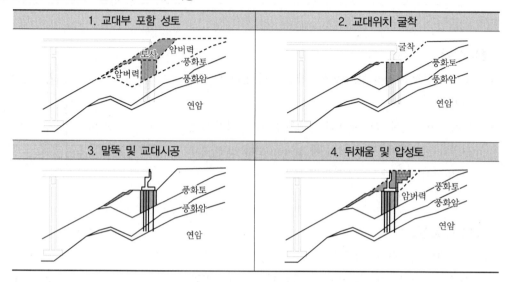

(2) 말뚝 수 증가 : 수평변위 억제

(3) 경량성토 방법

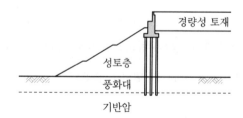

(4) 구조물 대책 : 이음장치, Shoe 변위가 흡수되도록 함

(5) 유지관리계측 : 수평변위량 측정 후 최소화 방안 수립

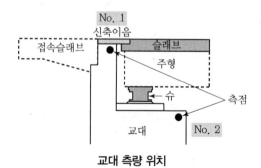

**교대 측량 위치**

【문제 6】
테일러스 지층의 대단면 비탈면에 터널 갱구부를 조성하려고 한다. 이때 예상되는 문제점 및 비탈면 보강 대책에 대하여 설명하시오.

## 1. 현장 상황

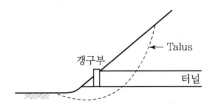

## 2. Talus

(1) Talus는 암반이 풍화에 의한 절리발달로 붕괴된 원추형의 붕적층(애추, 崖錐)으로 다양한 입경, 공극 상태, 느슨한 상태로 분포함

(2) 안식각을 형성하므로 안정성이 있으나 하부 제거 등으로 붕괴 가능성이 큼. 대체로 투수성이 크고 느슨한 상태밀도(Relative Density)를 가짐

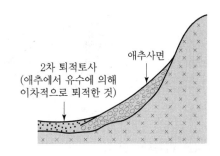

## 3. 예상 문제점

(1) 터널 갱구부 시공

① 갱구부 시공으로 하단부 제거 시 연속적 붕괴 가능

② 토피 부족으로 Ground Arch 형성이 곤란해 붕괴 가능

③ 집중호우 시 다량 침투로 터널단면 형성 곤란

(2) 터널 갱구부 시공 후

① 변위 및 붕괴

② 침하, 전도, Lining 균열

(3) 비탈면 붕괴

무한사면 형태로 대단면 비탈면에 집중호우 발생 시 붕괴 유력

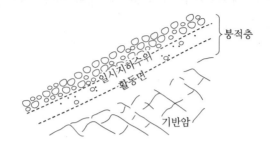

## 4. 비탈면 보강대책

(1) 절토부 옹벽

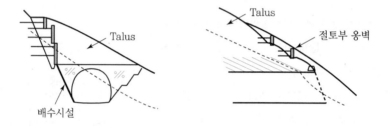

(2) 인공지반 조성

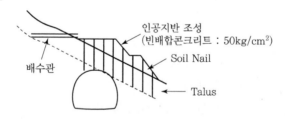

## 5. 평가

(1) Talus는 취약지반으로 붕괴 가능성이 크고 지하수 유출과 집중호우 시 붕괴 발생

(2) 적정 대책 수립을 위해 분포 범위, 두께, 지층 구성 파악 등의 지반조사가 필요함

(3) 전단강도를 알기 위해 대형전단시험 실시가 요구됨

## 4 교 시 ( 6문 중 4문 선택, 각 25점 )

---

**【문제 1】**
불포화사면의 안정해석을 위한 원위치 흡입력(Matric Suction) 측정방법을 설명하시오.

---

## 1. 개요

(1) 일반적으로 지반은 포화토 또는 건조토로 구분하여 취급하였으나 강우 시 사면안정과 같이 불포 화토(Unsaturated Soil)가 많이 존재함

(2) 부분적 포화상태는 물과 공기의 영향으로 역학적 성질이 다르게 됨

(3) 포화토는 간극수압이 0 이상의 값을 가지므로 유료응력에 불리한 영향을 미침

(4) 불포화토는 간극수압이 음으로 작용하여 유효응력 증가, 즉 전단강도의 증가를 유발하게 됨

(5) 부간극수압은 모관흡수력(Capillary Suction)에 의해 발생됨

## 2. 모관흡수력 정의와 불포화토 물성치 관계

(1) 정의

모관흡수력(Matric Suction)은 간극공기압과 간극수압의 차로 정의되며 $(u_a - u_w)$로 표현됨 (Kelvin 식). 예로, 모관흡수력이 50kPa이면 간극공기압은 대기압과 같게 취급 가능하므로 불포 화토의 간극수압은 $(-)$50kPa이 됨

(2) 불포화토 전단강도

- 불포화토의 전단강도(Shear Strength)는 유효점착력 $C'$, 순수직응력$(\sigma - u_a)$, 모관흡수력 $(u_a - u_w)$의 3가지 항의 상태로 표현됨

- $\tau = c' + (\sigma - u_a)\tan\phi' + (u_a - u_w)\tan\phi^b$, $\phi' = \phi^b$이면 $\tau = c' + (\sigma - u_w)\tan\phi'$

  ($\phi^b$ : 모관흡수력에 따라 증가하는 겉보기 점착각)

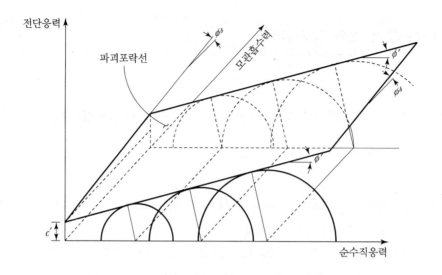

(3) 함수특성곡선

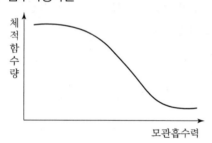

(4) 투수계수곡선

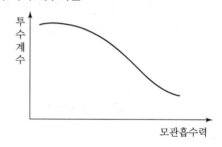

## 3. 모관흡수력 측정

(1) Tensiometer

① 장비

- 장력계(Tensiometer)는 흙속의 부간극수압(Negative Porewater Pressure)을 측정하는 장치

- 다공성 세라믹 튜브 안에 있는 물을 흙이 흡수함으로써 압력이 평형되어 부간극수압을 측정

② 설치

- 천공 후 장력계를 넣고 주변 흙을 잘 다져 넣음

- 지표수의 유입을 막기 위해 장력계 주변을 잘 보호함

- 시간별로 자동기록 측정

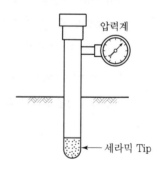

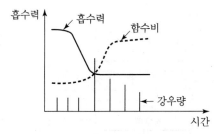

**강우에 따른 흡수력과 함수비 변화**

(2) TDR(Time Domain Reflectometry) : 시간영역 반사측정기

① 함수비 측정

② 체적함수량 산정

$$\theta = n \cdot s = \frac{e}{1+e}s = \frac{Gw}{1+e}$$

③ 흡수력 산정(SWCC 이용)

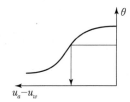

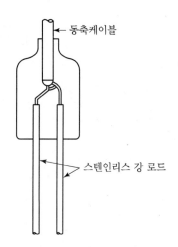

동축케이블

스텐인리스 강 로드

## 4. 평가

(1) 강우 시 사면붕괴는 지하수위 상승보다는 강우의 침투로 발생하는 포화깊이에 따른 얕은 파괴가 원인이 됨

(2) 이는, 전단강도를 증가시키는 음의 간극수압(흡수력)이 감소하여 전단강도도 감소함에 기인함

(3) 따라서 불포화토에 대한 검토가 요구되며, 불포화토는 모관흡수력에 큰 영향을 받음

참고   불포화토 사면 검토 흐름도

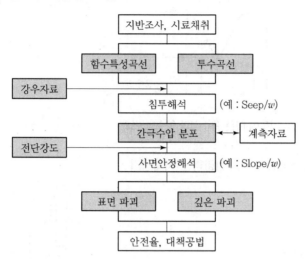

【문제 2】

간극률이 0.4인 모래를 구속압력($\sigma_3$) 200kN/m²로 통상의 배수삼축압축시험을 수행하여 그림과 같은 결과를 얻었다. 이 시험조건에서 푸아송비에 대한 식을 유도하고 푸아송비를 구하시오.(이때 시료는 선형 탄성거동을 보이는 것으로 가정한다.)

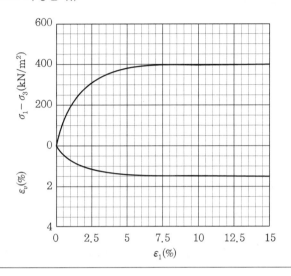

## 1. 식 정리

(1) 체적 변형률($\varepsilon_v$)

$$\varepsilon_v = \varepsilon_x + \varepsilon_y + \varepsilon_z$$

여기서, $\varepsilon_x = \dfrac{\Delta X}{X}$  $\varepsilon_y = \dfrac{\Delta Y}{Y}$  $\varepsilon_z = \dfrac{\Delta Z}{Z}$

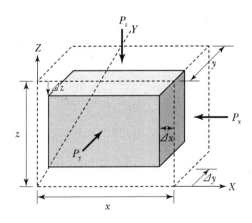

(2) 푸아송비($\nu$)

$$\nu = \frac{\text{횡방향 변형률}}{\text{종방향 변형률}} = -\frac{\varepsilon_r}{\varepsilon_1}(-:\text{횡방향이 늘음 의미})$$

① 삼축시험은 축대칭 조건이므로

$$\varepsilon_x = \varepsilon_y = 2\varepsilon_x \Rightarrow 2\varepsilon_r$$

$$\varepsilon_v = \varepsilon_1 + 2\varepsilon_r (\varepsilon_z \rightarrow \varepsilon_1)$$

$$\therefore \varepsilon_r = \frac{\varepsilon_v - \varepsilon_1}{2}$$

② $\nu = -\dfrac{\varepsilon_r}{\varepsilon_1} = -\dfrac{\varepsilon_v - \varepsilon_1}{2\varepsilon_1} = \dfrac{\varepsilon_1 - \varepsilon_v}{2\varepsilon_1}$

## 2. 푸아송비 계산

(1) $\varepsilon_v$, $\varepsilon_1$ 산정

선형탄성 조건으로 $\dfrac{\sigma_1 - \sigma_3}{2} = \dfrac{400}{2} = 200\text{kN/m}^2$에 대한 변형률을 그림에서 산정

즉, $\varepsilon_v = 0.8\%$, $\varepsilon_1 = 1.25\%$

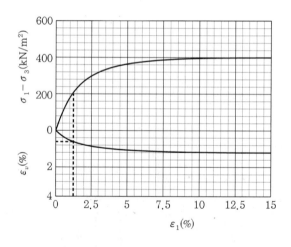

(2) 푸아송비 계산

$$\nu = \frac{\varepsilon_1 - \varepsilon_v}{2\varepsilon_1} = \frac{1.25 - 0.8}{2 \times 1.25} = 0.18$$

【문제 3】
항타말뚝과 매입말뚝 시공방법에 따른 지반응력 변화와 시공방법별 장단점, 지지력 산정방법에 대하여 설명하시오.

## 1. 시공방법에 따른 지반거동

### (1) 항타 시 지반거동

① 항타로 지반 안에 말뚝이 관입시공되므로 주변 지반을 바깥 방향으로 밀리게 하는 형태

② 즉, 배토말뚝(Displacement Pile)으로 정의됨

③ 주면부 느슨 모래 : 항타로 조밀하게 되어 주면지지력이 증가되며 다소의 침하 발생

④ 주면부 연약점토 : 항타로 교란에 의한 전단강도 감소, 과잉간극수압 발생으로 압밀 발생

⑤ 선단부 지반 : 지반의 팽창 또는 느슨화로 당초의 지지력 감소

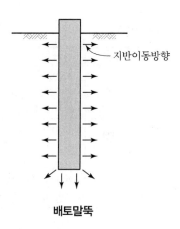

**배토말뚝**

### (2) 천공 시 지반거동

① 천공으로 말뚝이 시공되므로 주변 지반을 공내방향으로 밀리게 하는 형태

② 즉, 비배토말뚝(Non-displacement Pile)으로 정의됨

③ 주면부 느슨 모래 : 자립성과 점착력 부족으로 공벽 붕괴 가능, 주면지지력 감소

④ 주면부 연약점토 : 자립성이 있으므로 공벽 붕괴보다 천공경 안쪽으로 팽창이 발생하면서 주면지지력 감소

⑤ 선단부 지반 : 지반에 따라 다르나 상향으로 융기 가능

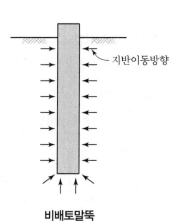

**비배토말뚝**

## 2. 시공방법별 장단점

### (1) 말뚝 주변지반

배토말뚝

비배토말뚝

### (2) 비교

| 구분 | | 항타말뚝 | 매입말뚝 |
|------|------|---------|---------|
| 거동 | • 교란영역 : D–2D<br>• 연약점토 : 강도 저하 후 회복, 융기<br>• 느슨 모래 : 강도 증가, 침하, 액상화 | | • 교란영역 : 1D 이하<br>• 연약점토 : 강도 저하, 팽창<br>• 느슨 모래 : 이완 공벽 붕괴 |
| 장점 | • 지지력이 큼<br>• 시공이 용이(타입) | | • 저소음, 저진동<br>• 주변 지반의 변위 영향 적음 |
| 단점 | • 진동, 소음이 큼<br>• 자갈층 시공 곤란<br>• 주변 지반 침하, 융기 발생 | | • 지지력이 적음<br>• 굴착 중 공벽 붕괴<br>• 침하량이 큼 |

## 3. 지지력 산정방법

연직지지력 산정방법에는 정역학식, 현장시험 이용, 파동해석, 재하시험, 동역학 방법 등이 있음

### (1) 정역학식

항타말뚝에서 신뢰도가 작은 편이고 매입말뚝은 시공에 따라 편차가 큼

### (2) 현장시험 이용

① 표준관입시험, 콘관입시험, 공내재하시험에 해당되며 국내의 경우 표준관입시험이 많이 이용됨

② 항타말뚝보다 매입말뚝은 지지력이 작게 나오도록 적용함. 신뢰도는 다소 떨어진다고 평가됨

### (3) 파동해석

지반, 말뚝, 장비조건을 고려하는 방법으로 입력치의 적정성에 따라 지지력이 다름

### (4) 재하시험

① 기성말뚝으로 정재하, 동재하시험이 해당되며 타 방법보다 신뢰도가 큼

② 특히, 매입말뚝은 반드시 재하시험이 필요함

(5) **동역학 방법**

시공관리용으로만 사용되는 방법임

(6) **한계상태설계법**

① 재하시험을 기반으로 한 신뢰도 분석결과를 적용하는 방법임

② 재하시험을 제외하고 설계 측면에서 신뢰도가 있는 방법임

【문제 4】
Shield TBM 공법의 특징과 막장안정방법, 지반침하 원인 및 대책에 대하여 설명하시오.

## 1. 개요

(1) 굴착된 단면은 강제원형통(Skin Plate)에 의해 지지하게 되며 Tail부에서 토압이나 수압에 의해 설계된 Segment를 조립해 지반침하나 변형을 억제하게 됨

(2) Shield에서는 반드시 Tail Void가 발생하게 되고 Shield 굴착 중 막장지반 이완, Shield 굴진으로 마찰교란이 되므로 조기에 주입되어야 함

## 2. Shield TBM 특성

(1) 장점

① 기계식으로 굴진속도가 빠르며 발파에 비해 진동의 영향이 적음

② 따라서 주변 지반의 이완, 변위, 지표침하 등에 유리

(2) 단점

① 굴진면(막장면)에 대한 직접적 관찰이 곤란하여 지반 변화에 대처가 부족

② 불량구간 예측 및 굴진 시 시공성 저하

## 3. 막장안정방법

(1) 이수식 Shield TBM

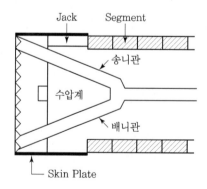

① 굴진면에 불투수성의 이막을 형성하여 멤브레인 역할로 이수압력을 유효하게 작용

② 굴진면에서 어느 정도의 범위에 침투하여 지반에 점착성 부여

③ 가압된 압력으로 굴진면의 토압·수압에 저항하여 안정을 도모하면서 변형을 억제하고 지반침하를 억제

④ 이수압이 작으면 지표침하, 막장면 붕괴가 발생될 수 있으며, 반대로 이수압이 크면 이수지반 침투, 할렬, 지반융기가 발생되어 적정 주입 압력이 중요함

⑤ 이수압

- 개념 : 작용이수압 > 소요지보압+정수압
- 실용 : 작용이수압 > 정수압+(20~30)kPa
- 주의 : 정지토압과 수압 정도로 클 필요 없음

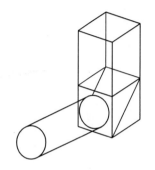

(2) **토압식 Shield TBM**

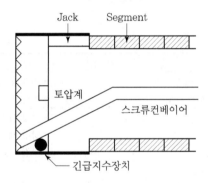

① 커터에 의해 굴착한 토사를 소성 유동화시키면서 챔버 내에 충만·압축시켜 굴진면을 지지

② 스크류컨베이어 및 배토조정장치로 배토량을 조정하여 굴착토량과 맞추면서 챔버 내의 토사에 압력을 갖게 하여 굴진면의 토압·수압에 저항

③ 챔버와 스크류컨베이어 내에 충만·압축시킨 토사로 지수

④ 작용토압이 작으면 지표침하, 막장면 붕괴가 발생될 수 있으며 반대로 작용토압이 크면 지반융기, 기계의 큰 부하작용, 토사배출이 곤란해짐

- 지하수 유입 없는 조건(투수계수가 작고 굴진속도 빠름) : 작용토압 > 소요지보압+정수압
- 지하수 유입 있는 조건(투수계수 적당히 크고 굴진속도 느림) : 작용토압 > 소요지보압+침투압

## 4. 지반침하 원인과 대책

### (1) 지반 변위 형태

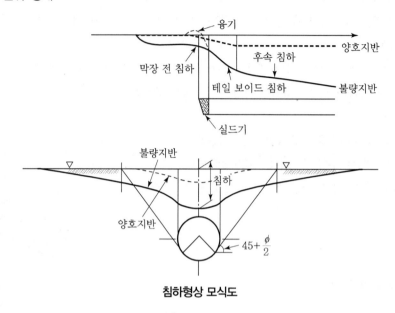

**침하형상 모식도**

### (2) 원인과 대책

| 구분 | 원인 | 대책 |
|------|------|------|
| 막장 전 침하 | • 막장면 안정 불량<br>• 지하수와 토사 유입 | • Shield 기종 적정 선정<br>• 막장 압력 관리 |
| 막장 | • 응력해방<br>• 기계사행<br>• 막장 변위 | • 막장 압력 관리<br>• 방향 제어<br>• 사전 Grouting |
| Tail Void | • 면판외주여굴<br>• Skin Plate 두께<br>• 쉴드 내경과 Segment 사이 공간<br>• Segment 이음부 변형 | • 사전 Grouting<br>• Tail Void 주입(동시 주입+추가 주입) |
| 후속 침하 | • 주입 불량<br>• 지하수 이동<br>• 교란 토사 이완 | • 철저히 주입<br>• 상태 파악 후 재주입<br>• 지반과 Segment 일체화 |

【문제 5】
보강토 옹벽 배면부에 말뚝기초가 설계되어 있어 보강토 옹벽의 그리드와 말뚝기초가 간섭이 예상되고
있다. 이에 대한 문제점 및 대책방법에 대하여 설명하시오.

# 1. 보강토 옹벽구조와 공법원리

## (1) 보강토 옹벽구조

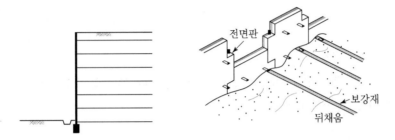

## (2) 공법 원리

### ① Arching

- 토입자 이동은 보강재의 마찰에 의해 횡변위 억제
- 점착력(Cohesion)을 가진 효과 발생

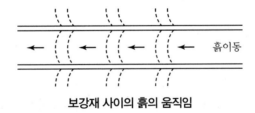

**보강재 사이의 흙의 움직임**

### ② 겉보기 점착력(Apparent Cohesion)

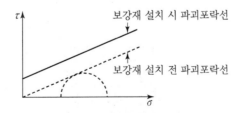

## 2. 그리드와 말뚝간섭

### (1) 현황

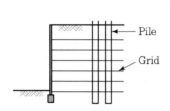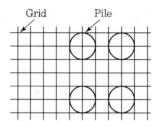

### (2) 문제점

① 보강토옹벽 안정성 사항

- 외적 안정 : 전도, 활동, 지지력, 전체 사면안정, 침하, 액상화, 측방유동
- 내적 안정 : 인장파단, 인발저항

② 간섭으로 인한 문제

- 간섭거리에 따라 내적 안정은 인발저항 또는 인장파단과 인발저항이 문제됨
- 이로 인해 공법원리가 상실되어 전도, 활동, 지지력, 전체 사면안정, 침하 등에 문제가 발생 가능함
- 즉, 보강토옹벽의 붕괴나 변형이 생겨 구조물로 기능 상실 또는 저하가 우려됨

## 3. 대책방법

### (1) 방향

지반과 구조물이 있는 경우 크게 지반보강, 구조물보강으로 구분되며 양자의 혼합도 가능함

### (2) 지반 보강방안

① 그림과 같이 고압분사공법으로 자립식이 되도록 지반개량

② 지반개량 후 말뚝시공

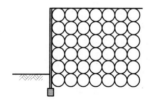

(3) 구조물 보강

① 지반을 구조물 형식으로 대체함

② Pile은 매입말뚝으로 시공하여 옹벽 보호

③ 간섭이 되지 않게 배치함

④ 지반 보강방안보다 경제성과 확실 성면에서 바람직함

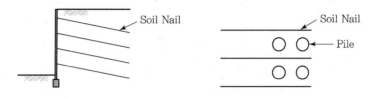

---

【문제 6】
깎기비탈면을 굴착 완료한 후 비탈면의 산마루 측구 인접부에 인장균열과 슬라이딩이 발생하였다. 발생
원인 및 보강방안을 설명하시오.

---

## 1. 현장 상황

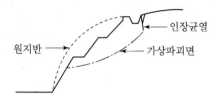

## 2. 사면활동 원인

(1) 외적 요인(전단응력 증가 요인)

① 인위적 절토

② 유수침식

③ 함수비 증가에 따른 단위중량 증가

④ 인장균열 발생

⑤ 지진

(2) 내적 요인(전단강도 감소 요인)

① 수분 증가로 점토 팽창

② 팽창 또는 노출로 인한 균열 발생

③ 진행성 파괴

④ 간극수압 상승

⑤ 동결

⑥ 지진

(3) 붕괴 원인 추정

① 지층 구성과 상태, 강우 등의 내용은 모르나 외적 요인과 내적 요인의 조합으로 판단 가능함. 보
통, 절토비탈면 붕괴 사례가 대부분 조합 원인임

② 외적 요인인 절토, 인장균열과 내적 요인인 강우에 의한 간극수압의 상승으로 판단함

## 3. 지반조사 및 응급대책

(1) 보다 정확한 원인분석을 위해 지반조사가 필수임

(2) 또는 붕괴사면으로 추가적 Sliding을 방지하기 위해 응급, 즉 임시대책이 필요함

(3) **필요 지반조사**

① 현장조사 : 지표지질조사, 물리탐사(전기비저항, 탄성파 탐사 등), 시추조사

② 현장시험 : 시추공 화상정보(BIPS, BHTV), 공내전단시험, 표준관입시험, 지하수 측정, 현장투수시험

③ 실내시험 : 단위중량, 전단강도, 절리면 전단시험

(4) **임시대책**

① 압성토 　　　　② 구배 완화

③ 배토 　　　　④ 강우 보호막

⑤ 점토로 인장균열부 충전

## 4. 대책

(1) **사면보호공법**

• 표층안정공 　　• 식생공

• Block공 　　• 뿜기공

(2) **사면보강공법**

• 절토 　　• 압성토

• 옹벽 또는 Gabion 　　• 억지말뚝

• 앵커 　　• Soil Nailing

(3) **배수처리**

• 지표수 　　• 지하수

(4) **계측**

(5) **적용 대책**

• 지반조사결과에 의한 안정성 분석에 따라 사면보호＋사면보강＋배수처리＋계측(필요시)

• 산마루 측구는 원지반과 잘 밀착되도록 현장타설 콘크리트로 함

# 제123회
# 과년도 출제문제

# 123 회 출제문제

## 1 교 시 ( 13문 중 10문 선택, 각 10점 )

【문제】

1. 저유동성 모르타르 주입공법

2. 붕적토(Colluvial Soil)

3. 보강토옹벽의 보강재 선정 시 고려사항

4. 잔류강도

5. 액상화 가능 지수(LPI : Liquefaction Potential Index)

6. 2차 압축지수와 2차 압축비의 상관관계

7. 말뚝지지 전면기초

8. 수정 CBR

9. 얕은 기초의 전단 파괴 양상

10. 정지토압계수 산정방법

11. 암석 크리프 거동의 3단계

12. 배수재의 복합통수능 시험

13. 암반의 암시적 모델링(Implicit Modelling)

## 2 교 시 ( 6문 중 4문 선택, 각 25점 )

【문제 1】
NATM 터널 라이닝 설계 시 작용하는 하중의 종류, 계산 및 적용방법에 대하여 설명하시오.

【문제 2】
사면 형성이 어려운 지반에서 깎기를 시행할 때 사면안정을 지배하는 요인과 발생될 수 있는 문제점 및 대책에 대하여 설명하시오.

【문제 3】
대규격제방(Super Levee)의 정의와 설계 시 고려사항에 대하여 설명하시오.

【문제 4】
준설토 투기장에 강제치환공법 설계 시 고려사항에 대하여 설명하시오.

【문제 5】
측방유동이 우려되는 연약지반에 시공되는 교대의 기초말뚝 설계 절차에 대하여 설명하시오.

【문제 6】
석회암 공동이 발달된 지역에 교량을 설계하고자 한다. 설계 시 고려사항에 대하여 설명하시오.

## 3 교 시 ( 6문 중 4문 선택, 각 25점 )

---

【문제 1】

아래 그림과 같이 점토지반을 굴착하여 사면을 조성하였다. 지하수위 아래 가상파괴선상의 $P$점에 대하여 시간 경과에 따른 전단응력, 간극수압, 전단강도, 안전율의 변화를 착공, 완공, 정상침투 상태로 구분하여 설명하시오.

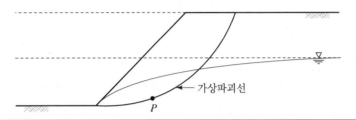

---

【문제 2】

사질토 지반에서 얕은 기초의 침하량을 구하는 Schmertmann and Hartman 공식을 설명하시오.

---

【문제 3】

기초 지반의 액상화 평가방법에 대하여 설명하시오.

---

【문제 4】

말뚝 정재하시험 결과의 분석방법을 설명하시오.

---

【문제 5】

흙의 응력−변형률 곡선으로부터 얻을 수 있는 계수의 종류 및 활용방안에 대하여 설명하시오.

---

【문제 6】

SPT 시험의 $N$ Value을 이용하여 지반설계에 활용하는 방법에 대하여 설명하시오.

## 4 교 시 ( 6문 중 4문 선택, 각 25점 )

【문제 1】

연약점토지반 투수계수 및 체적압축계수의 압밀 진행에 따른 변화 특성에 대하여 설명하시오.

【문제 2】

토목섬유의 장기설계 인장강도를 산정하기 위한 강도감소계수에 대하여 설명하시오.

【문제 3】

아래 그림은 하천 하부를 횡단한 쉴드 터널의 단면을 보여주고 있다. 지하수위는 지표에 위치하고 있으며 DCM 그라우팅으로 지반이 보강된 상태(15m×30m)에서 상·하행선 쉴드 터널을 관통하였고, 이후 상행선에서 하행선 방향으로 피난연락갱을 설치하던 중 붕락사고가 발생하였다. 붕락의 원인 및 보강 방안을 설명하시오.(단, DCM 그라우팅의 현장시공 압축강도는 1.5MPa 이하로 확인됨)

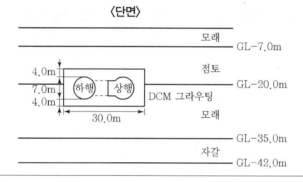

〈단면〉

【문제 4】

도심지 내 하천과 인접하여 SCW 벽체+STRUT 지지공법으로 시공된 소규모 지하 흙막이 현장에서 굴착과정 중 인접한 노후건물이 침하하여 붕괴되는 사고가 발생하였다. 침하의 원인 및 대책에 대하여 설명하시오.

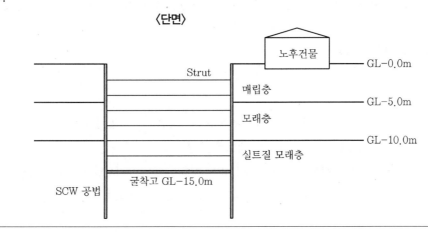

**〈단면〉**

【문제 5】

소성유동법칙(Plastic Flow Rule)에 대하여 설명하시오.

【문제 6】

Terzaghi의 전반전단파괴 지지력 공식을 사용하여 아래 그림과 같은 조건의 정방형 기초에 작용하는 허용지지력과 허용하중을 각각에 대하여 구하시오. (단, 안전율은 2.5, $\gamma_t = 18\text{kN/m}^3$, $\gamma_{sat} = 20\text{kN/m}^3$, $\gamma_w = 10\text{kN/m}^3$, $c = 18\text{kN/m}^2$, $N_c = 37.5$, $N_r = 19.6$, $N_q = 20.5$, $B = 4.0\text{m}$, $D_f = 3.0\text{m}$, $D = 2.0\text{m}$)

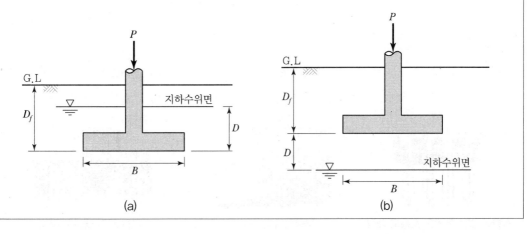

(a)　　　　　　　　　　　　　(b)

123 회 출 제 문 제

1 교 시 ( 13문 중 10문 선택, 각 10점 )

**1 저유동성 모르타르 주입공법**

1. 개요

(1) 이 공법은 낮은 Slump(예 5cm 이하)의 비유동성 모르타르로서 주입재의 유동성 확보를 위한 세립토와 전단강도 증대를 위한 모래질 조립토로 구성됨

(2) 지중에 원기둥 형태의 균질한 고결체를 형성하여 지중에 방사형으로 압력을 가함으로써 주변 지반을 압축시키고 간극 속의 물과 공기를 강제배출, 지반의 조밀화를 이루는 개량공법임

2. 주입재료

(1) 시멘트, 물

(2) 골재(10mm 이하), 세립토

(3) 세립분 함량이 지나치게 많거나 물의 양이 많으면 유동성이 커 고결체 형상 곤란

(4) 세립분이 너무 적고 골재의 양이 많으면 주입 시 펌핑이 곤란하고 재료분리가 생기게 됨

3. 적용성

(1) 지반강도 보강          (2) 말뚝기초          (3) 공동충전
(4) 구조물 복원          (5) 측방유동          (6) 근접시공 대책

심층에 있는 연약한 토층의 개량

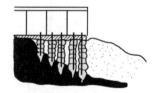
부등침하의 수정 가능

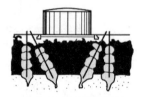
지진 시의 액상화 방지

## 4. 특징

### (1) 장점

① 고결체 강도가 큼(말뚝 대용 가능)

② 저Slump로 변위 작음(침하방지대책 유리)

③ 공동 등 충전용 적용

④ 비유동 모르타르로 부등침하 구조물 복원 적용

### (2) 단점

① 주입과 강도 확보를 위한 배합비 필요

② 강제치환으로 주변 지반의 변위 발생

③ 양생시간 소요

④ 구근 확보가 중요함

## ② 붕적토(Colluvial Soil)

### 1. 정의

애추(崖錐)와 같이 풍화쇄설물이 산기슭에 퇴적된 흙으로서 사면(斜面)상의 잔적토가 중력에 의하여 서서히 밀려내려 가거나 또는 풍화에 의해 약해진 절벽 등이 붕괴하여 인접지역에 쌓인 지반. 큰 투수성을 가지는 것이 특징임(Talus : 암편으로 주로 구성된 것)

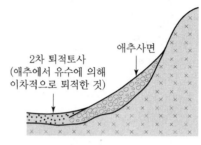

2차 퇴적토사
(애추에서 유수에 의해
이차적으로 퇴적한 것)

애추사면

**애추의 종단면 구조**

### 2. 공학적 성질

(1) 이동(활동)이 있던 곳은 깎기, 쌓기 시 대단히 위험
(2) 붕적층과 하부 지반의 경계부 상황, 지하수 이동을 파악해야 함(하부 말단부 : 평상시에도 지하수 유출)
(3) 일반적으로 기초지반으로 부적합
(4) 토질에 따른 상태는 다짐이 잘 안 된 매립층과 비슷한 경우가 많음
(5) 유수 영향이 적고, 운반거리가 짧아 분급(分級)이 적음에 따라 불규칙한 성층이 됨
(6) 터널갱구부에서 붕괴 등의 문제가 큼

### 3. 문제 및 대책

(1) 깎기비탈면(절토)

① 우기 시에 집중호우로 침투되며 지표와 평행한 흐름 발생으로 무한사면(Infinite Slope) 형태의 붕괴가 유력함

② $S.F = \dfrac{\gamma_{sub}}{\gamma_{sat}} \dfrac{\tan\phi'}{\tan i}$ 가 되어 건기 시보다 안전율이 약 $\dfrac{1}{2}$ 로 감소됨

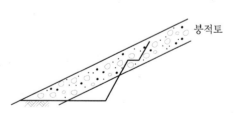

붕적토

③ 대책 : 배수로, 절토부 옹벽

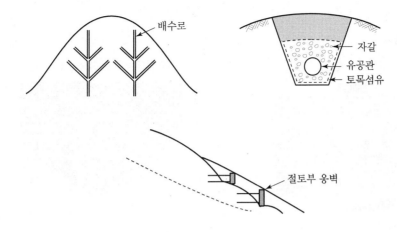

## (2) 터널

① 터널은 안정하기 위해 Ground Arching이 매우 중요함

② 작은 토피, 느슨함으로 Arching 형성 곤란

③ 우기 시 지하수 유출로 터널 붕괴나 큰 변형 유발 가능

④ 대책 : 보조공법 적용 및 보조공법과 함께 분할굴착공법으로 굴진함

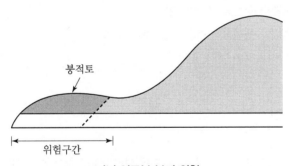

**터널 입구부 붕괴 위험**

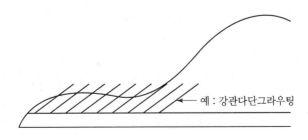

## ❸ 보강토옹벽의 보강재 선정 시 고려사항

### 1. 보강재의 종류

(1) 강재보강재(Strip, 철근)

(2) 토목섬유보강재(Geogrid, 직포)

### 2. 보강재 성능조건

(1) 보강 목적을 달성할 수 있는 인장강도를 보유해야 함

(2) 장기설계 인장강도($T_d$)에 해당하는 변형률은 5% 이내여야 함

(3) 흙과의 결속력은 토압에 저항할 수 있어야 함

(4) 시공 중 손상에 대한 저항성을 가져야 함

(5) 성토체 속에서 화학 및 생물학적 내구성을 가져야 함

(6) 금속성 보강재는 방식처리를 해야 함

### 3. 보강재 선정 시 고려사항

(1) 인장강도와 변형

　① 보강재는 인장부재로 토압, 수압 등의 외력에 인장강도를 확보해야 하며, 변형도 적정 수준에서 만족되어야 함

　② 또한 장기적 변형과 관련되는 Creep 변형을 고려함

(2) 시공 시 손상

　① 뒤채움시공 시 재료나 장비에 의한 손상으로 인장강도 저하나 파손을 예상하여 시공 중 손상저항성을 고려함

　② 기본적으로 시험시공을 하여 평가되도록 함

(3) 내구성 확보

　① 철재보강재는 장기적으로 부식이 되므로 부식 감안 또는 부식 방지처리를 고려함

　② 설계인장강도에 설치, Creep, 화학적·생물학적 내구성의 감소를 고려함

## 4 잔류강도

### 1. 정의

(1) 변형 증가로 최대강도 발휘 후에 추가적 변형으로 일정한 최소 강도에 도달되며 이를 잔류강도라 함

(2) 파괴포락선 표시

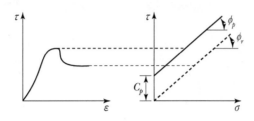

### 2. 진행성 파괴(Progressive Failure)

(1) 응력 또는 변형 불균일로 전단강도 발휘가 위치(또는 토질)에 따라 달라 국부적으로 파괴가 진행되는 형태

(2) 응력–변형 표시

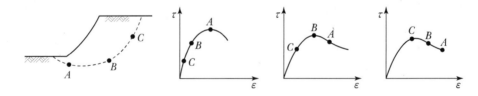

### 3. 시험방법(Ring 전단시험)

(1) 중공시료를 Disk형으로 만들고 시료를 준비하여 전단에 따른 응력분포가 일정하도록 함

(2) 수직응력은 현장조건을 고려해서 정하고 3~4개의 수직응력에 대해 전단시험을 함

(3) 최대전단강도가 지나가고 잔류전단강도가 나타날 때까지 변위를 계속하여 시험하고 시험결과로부터 잔류전단강도를 구함

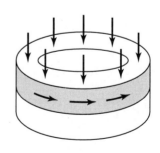

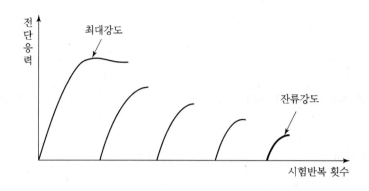

## 4. 적용

(1) 과압밀점토사면

(2) 균열부의 응력집중

(3) 연약지반 성토

(4) 활동경력으로 교란된 지역

(5) 기초의 국부전단 파괴

(6) Anchor 마찰력

## 5 액상화 가능 지수(LPI : Liquefaction Potential Index)

### 1. 액상화

(1) 느슨하고, 포화된 모래지반이 지진 시 비배수 조건이 될 수 있음

(2) (−)Dilatancy 성향으로 (+)과잉간극수압이 발생됨

(3) 지진의 반복으로 간극수압이 그림처럼 누적되어 전단강도를 상실하는 현상

(4) 즉, $S = (\sigma - u)\tan\phi'$에서 $\sigma = u$이면 $S = 0$이 됨

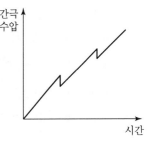

### 2. 액상화 가능성 지수($P_L$)

(1) 심도별 액상화 안전율을 합산해 대표지수로 산정

$$P_L = \sum_0^{20} F(z)\,W(z)$$

$F(z) = 1 - F_L$, $z$는 심도, $F_L$은 액상화 안전율, $W(z) = 10 - 0.5z$

주) $P_L$은 심도 20m까지 심도별 액상화 안전율과 지반의 심도를 고려

(2) 식의 의미

① 액상화가 가능한 토층이 두꺼우면 피해 규모가 큼

② 지표면 근처가 깊은 심도보다 피해 규모가 큼

(3) 예시

| 심도 | $F_L$ | $F(z)$ | $W(z)$ | $F(z) \cdot W(z)$ | $P_L$ |
|------|-------|--------|--------|-------------------|-------|
| 1m | 0.8 | 0.2 | 9.5 | 1.9 | $\sum_0^{20} F(z) \cdot W(z)$ |
| 2m | 0.7 | 0.3 | 9.0 | 2.7 | |
| ⋮ | ⋮ | ⋮ | ⋮ | ⋮ | $= 11.2$(가정) |
| ⋮ | 1.3 | 0 | — | 0 | |
| 19m | ⋮ | ⋮ | ⋮ | ⋮ | |
| 20m | ⋮ | ⋮ | ⋮ | ⋮ | |

주) $F_L$은 계산된 것으로 가정

## 3. 활용

   (1) 피해 예측

     ① 0 : 피해 없음

     ② 0~5 : 피해 적음

     ③ 5~15 : 피해 있음

     ④ 15 이상 : 피해 규모 큼

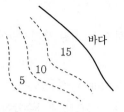

   (2) 액상화 시 침하량(예 $S = 0.0178 LPI + 0.0017 \,(\mathrm{m}))$

   (3) 액상화 위험지도 작성

## 6 2차 압축지수와 2차 압축비의 상관관계

### 1. 2차 압밀

2차 압밀침하란 과잉간극수압이 배제된 후, 즉 1차 압밀이 끝난 후에 지속하중에 의하여 점토의 Creep 변형에 의한 체적 변화가 계속되어 침하가 발생하는 현상

### 2. 2차 압축지수와 2차 압축비

(1) 세로축을 간극비로 한 것을 2차 압축지수라 함

즉, $C_\alpha = \dfrac{\Delta e}{\Delta \log t}$

(2) 세로축을 침하량비로 한 것을 2차 압축비라 함

즉, $C'_\alpha = \dfrac{\dfrac{\Delta H}{H}}{\Delta \log t}$

(3) 상관관계

$C'_\alpha = \dfrac{C_\alpha}{1+e}$　　여기서, $e$ : 1차 압밀 후 간극비

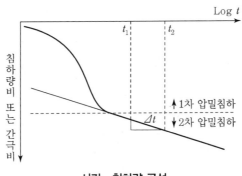

시간 – 침하량 곡선

## 3. 이용 및 평가

(1) 2차 압밀침하량 산정($S = \dfrac{C_\alpha}{1+e} \cdot H \cdot \log\dfrac{t_2}{t_1}$,  $S = C'_\alpha H \log\dfrac{t_2}{t_1}$)

(2) 무기질의 점토 보다 유기질점토, 이탄에서 그 값이 더 큼

(3) 소성이 큰 점토($CH$), 유기질토 등은 반드시 고려해야 함

**참고**

$$C'_\alpha = \frac{\dfrac{S_s}{H_p}}{\Delta \log t} \rightarrow S_s = C'_\alpha H_p \Delta \log t = C'_\alpha H_p \log\frac{t_2}{t_1}$$

$$S_s = \frac{C_\alpha}{1+c_p} H_p \log\frac{t_2}{t_1}$$

$$\therefore \; C'_\alpha = \frac{C_\alpha}{1+c_p}$$

## 7 말뚝지지 전면기초

### 1. 개요

(1) 말뚝 전면기초는 전면기초(Raft Foundation)만으로 충분한 지지력이 확보되나 과도한 침하가 발생하여 문제가 있을 경우 사용되는 기초형식임

(2) Raft는 구조물의 하중을 분산시키고 말뚝은 과도한 침하를 억제시켜 구조물을 지지하는 상호보완 역할을 함

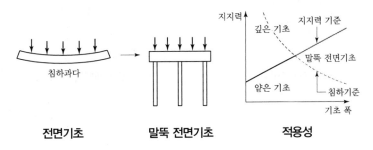

| 전면기초 | 말뚝 전면기초 | 적용성 |

### 2. 지지 개념

(1) 말뚝지지 전면기초는 말뚝, Raft, 기초지반 등으로 구성된 복합구조물로서 다음 식과 같이 Raft 와 말뚝이 동시에 지반에 전달하는 하중지지 개념임

(2) $Q = R_{raft} + \Sigma R_{pile}$

   여기서, $Q$ : 하중

   $R_{raft}$ : 지반과 Raft의 지지력

   $R_{pile}$ : 말뚝지지력

(3) 같은 하중작용 시 말뚝 전면기초가 침하량이 적으며 말뚝본수가 많을수록 효과가 큼

(4) 같은 침하량 시 하중이 커 지지능력이 크게 됨

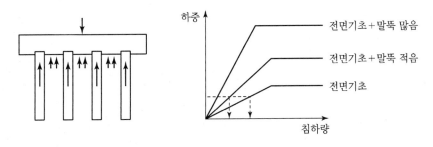

## 3. 검토

(1) 지지력 평가

① 말뚝 설치 간격이 조밀한 경우 : 블록 파괴 형태

② 말뚝 설치 간격이 넓은 경우 : Raft 및 개개말뚝 파괴 형식

③ 2가지 파괴 형태에 대해 지지력을 구하고 작은 지지력으로 평가함

**블록 파괴 형태**

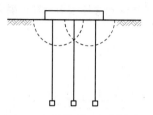

**Raft 및 개개말뚝 파괴 형태**

(2) 침하량 평가

$$S = \frac{V}{K_{pr}}$$

여기서, $S$ : 침하량

$V$ : 작용력

$K_{pr}$ : 말뚝 전면기초 강성

## 8 수정 CBR

### 1. (수침) CBR

(1) Califonia Bearing Ratio의 약자이며, 캘리포니아 쇄석을 100%로 기준함

(2) 직경 15cm 몰드에 채워 넣은 다짐흙 또는 교란되지 않은 상태로 현장에서 채취된 시료에 5cm의 강봉을 관입하였을 때 어느 깊이 관입에 있어서의 표준단위하중에 대한 시험단위하중의 비를 CBR이라 하며, 단위는 %로 함

(3) $CBR = \dfrac{\text{관입깊이에서의 시험하중}}{\text{관입깊이에서의 표준하중}} \times 100 (\%)$

- 표준하중 2.5mm 관입 : $70kg/cm^2$
- 표준하중 5.0mm 관입 : $105kg/cm^2$

### 2. 수정 CBR

(1) 최적함수비 상태로 다짐횟수를 변경하여 다짐
(예 D다짐 시 : 10, 25, 55회)

(2) 다짐곡선에서 소요다짐도의 건조단위중량에 대응하는 CBR 선정

(3) 즉, 수정 CBR은 현장 요구 다짐도에 대응하는 CBR 의미

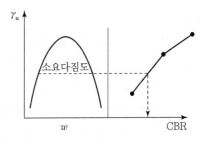

### 3. 적용

(1) 현장의 다짐도에 대응하는 수정 CBR을 깎기부나 토취장에 대해 여러 개를 시험함

(2) 일정 구간에 대해 설계 CBR을 산정해 포장두께 산정에 이용함

① 설계에 적용하기 위한 CBR

② 누적 백분율에서 90% 가능한 값으로 결정

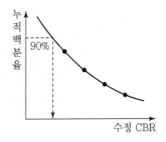

## 9 얕은 기초의 전단 파괴 양상

### 1. 전반 전단 파괴(General Shear Failure)

(1) 압축성이 낮은 흙, 즉 조밀한 사질토나 굳은 점성토 지반에서 발생

(2) 재하 초기에는 하중－침하량 곡선의 경사가 완만하고 직선적이지만 항복하중에 도달하면 침하가 급격히 커지고 주위 지반이 솟아오르며 지표면에 균열 발생

(3) 지표면까지 파괴면이 확장되어 흙 전체가 갑작스럽게 전단 파괴되는 것을 전반 전단 파괴라 함

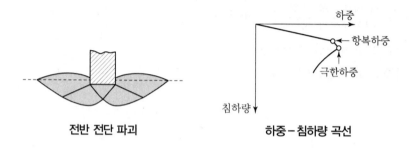

**전반 전단 파괴**            **하중－침하량 곡선**

### 2. 국부 전단 파괴(Local Shear Failure)

(1) 느슨한 사질토나 연약한 점성토 지반에서 발생

(2) 하중－침하량 곡선이 전반 전단 파괴에 비하여 곡선의 경사가 더 급하고 뚜렷한 항복점을 나타내지 않으며 활동파괴면은 명확하지 않음

(3) 소성영역의 발달이 지표면까지 도달하지 않고 지반 내에서만 발생하므로 약간의 융기현상이 생기며 흙속에서 국부적으로 전단 파괴되는 것을 국부 전단 파괴라 함

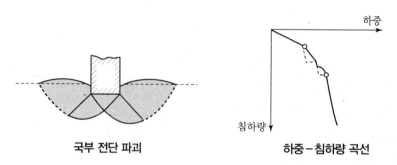

**국부 전단 파괴**            **하중－침하량 곡선**

3. 관입 전단 파괴(Punching Shear Failure)

(1) 대단히 느슨한 모래지반 또는 대단히 연약한 점토지반에서 발생

(2) 흙은 가라앉기만 하고 부풀어 오르지는 않으면서 상대적으로 큰 침하가 발생하여 흙이 전단 파괴되는 것을 관입 전단 파괴라 함

(3) 액상화 시 침하 형태, 준설 초기지반

(4) 연약지반 위 얇은 견고층

(5) 말뚝기초

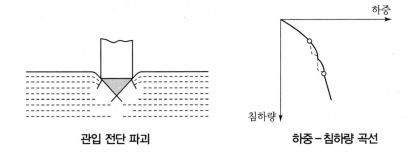

관입 전단 파괴      하중 – 침하량 곡선

### 🔟 정지토압계수 산정방법

#### 1. 정지토압(Lateral Earth Pressure At Rest)

(1) 그림과 같이 수평방향으로 변위가 발생되지 않을 때의 토압으로 정의됨

(2) 즉, 주동토압이나 수동토압과 같이 파괴상태가 아님

(3) 식으로 표현하면 $\sigma_h = K_o \sigma_v = K_o \gamma z$

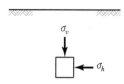

#### 2. 정지토압계수와 산정방법

(1) 1.의 식에서 $K_o$가 정지토압계수이며, $K_o = \dfrac{\text{수평응력}}{\text{연직응력}}$ 가 됨

(2) 시험적 방법(삼축압축시험, 공내재하시험)

① 연직응력을 가하면 수평변위가 발생하게 되며 수평변위가 안 생기도록 수평응력을 가함

② 여러 연직응력에 대해 변위가 없는 수평응력을 측정하여 기울기로 산정

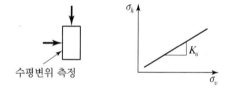

(3) 경험적 방법

① 모래, 정규압밀점토 $K_o = 1 - \sin\phi'$

② 과압밀점토 $K_o = K_{o(nc)}\sqrt{OCR}$

여기서, $\phi'$ : 배수전단저항각, 즉 $CD$삼축시험값

$OCR$ : 과압밀비$\left(\dfrac{P_c}{P_o}\right)$

(4) 푸아송비 이용(이론식)

$$K_o = \frac{\mu}{1-\mu}$$

여기서, $\mu$ : 푸아송비$\left(\dfrac{\varepsilon_1}{\varepsilon_a}\right)$

① 푸아송비 추정 또는 시험을 통해 정지토압계수 산정
② 등방탄성 조건과 축대칭 조건이므로 푸아송비 이용은 개략적인 값

## 3. 적용

(1) 정지토압계수는 변위 억제, 지중구조물토압의 중요한 인자임
(2) 이론과 경험식 제한으로 가급적 시험값을 작용토록 함

## 11 암석 크리프 거동의 3단계

### 1. 암석의 시간의존성

(1) 개요

① 시간 경과에 따라 암반 성질이 변화되는 특성을 시간의존성(Time-dependent Property)이라 함

② 시간의존성에 따라 전단강도 감소, 압축량 증가, 투수성 증가 등의 악영향을 미치게 됨

(2) 시간의존성 종류

① 풍화(Weathering)

② Creep

③ Swelling

④ Slaking

### 2. Creep 현상

(1) 정의

하중이 일정하게 작용하고 시간의 경과에 따라 변형이 발생하는 현상

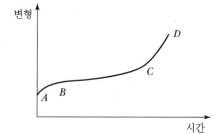

(2) 단계

• 1차 Creep : $AB$ 구간으로 변형이 적음

• 2차 Creep : $BC$ 구간으로 변형률이 일정함

• 3차 Creep : $CD$ 구간으로 변형이 증가하고 파괴됨

(3) 일축압축강도의 60% 이상 하중에 대해 Creep 현상은 현저하며 Creep 변형을 감안해야 함

(4) 점판암, 이암, 편암, 석회암, 간극률이 큰 사암 등에서 발생이 유력함

### 3. 평가

(1) 양호한 암반에서는 Creep 변형량이 매우 적으므로 실무적으로 무시 가능함

(2) 그러나 2.-(4)에서 언급한 취약한 암에 상대적으로 큰 하중에 지속적으로 재하되면 고려가 필요함

## ⑫ 배수재의 복합통수능 시험

### 1. 연직배수재의 흐름저항 요인

    (1) 연직배수공법(Vertical Drain Method)은 지반개량의 지하수 저하, 탈수, 다짐, 재하, 고결, 치환, 보강 원리 중에서 탈수, 즉 배수촉진임

    (2) 배수가 원활히 진행되기 위해서 Smear 영향, Well 저항에 대한 고려가 필수임

        ① 타설 시 찢어짐

        ② 지층의 횡압력

        ③ 침하 시 변형

        ④ 세립자에 의한 막힘(Clogging)

        ⑤ 단면 부족

        ⑥ 내구성 부족

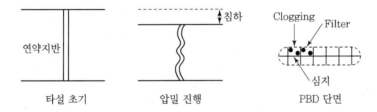

### 2. 통수능력시험

    (1) 배수재 주위를 고무 멤브레인으로 감쌈

    (2) 멤브레인 사이에 점토 채움

    (3) 타설심도 횡압의 2배를 측압으로 적용

    (4) 시험은 직립 조건과 20% 자유변형에 대해 실시

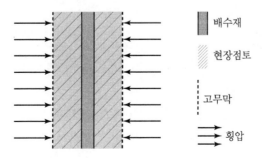

3. 평가

  (1) Well 저항 요소는 타설 관련 시공, PBD 재료, 압밀에 따른 변형, 특히 장심도시 횡압력 등에
     관계됨

  (2) 압밀지연은 배수불량보다 개량기간 지연의 문제가 큼

  (3) 영향평가는 가급적 시험적 방법이 타당함

## 13 암반의 암시적 모델링(Implicit Modelling)

### 1. 암반의 불연속면 형태

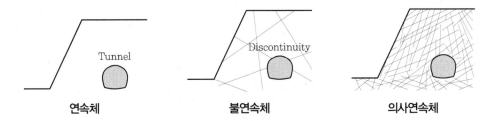

**연속체**　　　　　**불연속체**　　　　　**의사연속체**

(1) **연속체** : 토사지반이나 불연속면이 존재하지 않는 무결함 암반(Intact Rock)이 해당

(2) **불연속체** : 소수의 불연속면을 포함하는 암반으로 불연속면에 의해 분리된 암괴거동인 Block에 해당

(3) **의사연속체(준연속체)** : 절리암반과 같이 다수의 불연속면이 분포하는 경우로 각 불연속면을 고려하는 것은 곤란

### 2. Modelling

(1) **명시적(Explicit) 모델**

　① 불연속체에 해당하는 모델

　② 필요한 자료

　　• 각 불연속면의 경사 방향과 경사

　　• 각 불연속면의 간격과 빈도

　　• 각 불연속면의 연속성(길이 : 무한길이 또는 유한길이)

　　• 각 불연속면의 강성계수(수직강성, 전단강성)

　③ 예시

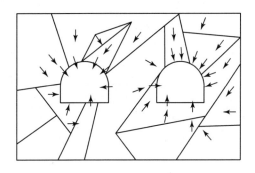

(2) 암시적(Implicit) 모델

① 준연속체에 해당되는 모델

② 필요한 자료

• 암석에서 평가절하된, 즉 불연속면을 고려한 암반물성치 필요

• 단위중량, 점착력, 전단저항각, 변형계수, 푸아송비, 초기 지압비

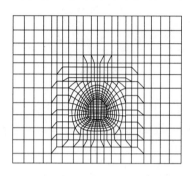

## 2 교 시 ( 6문 중 4문 선택, 각 25점 )

---

【문제 1】
NATM 터널 라이닝 설계 시 작용하는 하중의 종류, 계산 및 적용방법에 대하여 설명하시오.

---

### 1. Lining의 역할

    (1) 터널 내 각종 가설선, 조명, 환기 등의 시설 지지 또는 부착

    (2) 차량전조등 산란 균등성 확보

    (3) 운전자의 심리적 안정

    (4) 지반 불균일, 숏크리트 품질 저하, Rock Bolt 부식 등 기능 저하 시 안정성 증가

    (5) 사용 개시 후 주변 굴착, 하중 추가 등에 대한 내구성 향상

    (6) 비배수 터널 시 수압 지지

    (7) 배수터널에서 배수기능 저하 시 안정성 증가

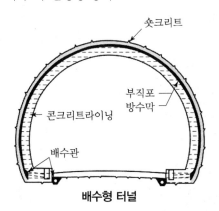

**배수형 터널**

### 2. Lining 설계하중

    (1) **설계하중**

        • 라이닝자중과 부착물         • 교통하중, 상부 구조물 하중

        • 지반이완하중         • 정수압 : 비배수터널

        • 잔류수압 : 배수터널         • 온도하중, 건조수축 등

### (2) 하중재하모식도

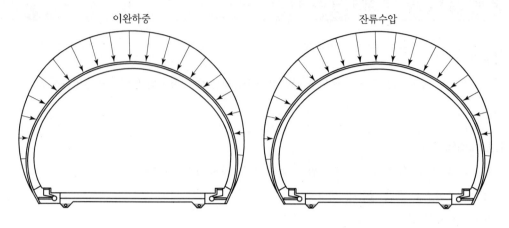

이완하중      잔류수압

## 3. 하중 계산

### (1) 이완하중

① Terzaghi 경험암반분류표      ② 계산식(아칭 고려)

③ RMR, Q 분류      ④ 수치해석(GLI)

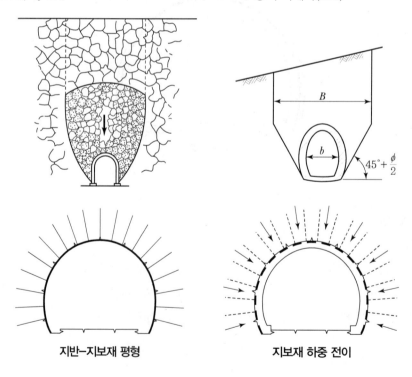

지반-지보재 평형      지보재 하중 전이

(2) **배수형 터널** : 침투를 고려한 침투압

① 지중응력

② Lining 수압

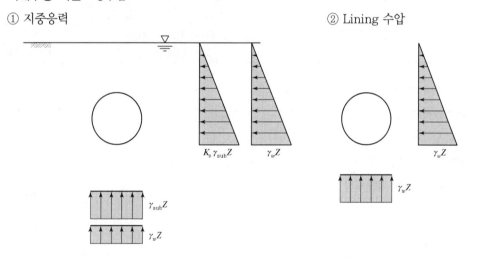

③ 지중응력이 유효응력과 침투압이므로 이에 대한 터널지보를 고려해야 함

(3) **비배수형 터널** : 정수압

① 지중응력

② Lining 수압

③ 비배수 개념은 지중응력을 유효응력과 정수압으로 하고 Lining에 정수압을 고려해야 함

## 4. 적용(해석)방법

### (1) 해석위치 선정

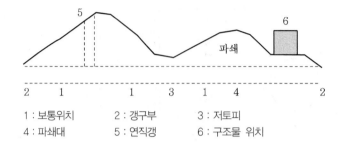

1 : 보통위치  2 : 갱구부  3 : 저토피
4 : 파쇄대  5 : 연직갱  6 : 구조물 위치

### (2) 단면, 지보 패턴

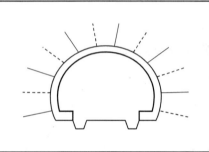

| 굴착공법 | | | 반단면 분할굴착 |
|---|---|---|---|
| 굴진장(m) | | | 1.2 |
| 숏크리트 두께(cm) | | | 16m(강섬유보강) |
| 록볼트 | 길이(m) | | 4.0 |
| | 간격(m) | 종방향 | 1.2 |
| | | 횡방향 | 1.5 |
| 내부 라이닝 두께(cm) | | | 30 |
| 보조공법 | | | 필요시 훠폴링 |

### (3) 해석영역 설정

### (4) 요소크기 분할

### (5) 지보재 모델링

### (6) 지반과 지보재 물성치 입력

### (7) 시공순서 모사 전산해석

## 5. 평가

(1) 기본적으로 라이닝의 역할을 이해하고 여러 하중을 감안하며, 이완하중은 여러 가지를 종합적으로 적용함

(2) 배수형 터널에서 완전배수가 되면 수압을 고려할 필요가 없으나 대부분 완전배수는 곤란하므로 침투해석하여 침투로 인한 수압을 적용해야 함

(3) 해석은 지보재, 보조공법, 굴착공법과 연계해서 안정한 터널이 되도록 함

【문제 2】
사면 형성이 어려운 지반에서 깎기를 시행할 때 사면안정을 지배하는 요인과 발생될 수 있는 문제점 및
대책에 대하여 설명하시오.

## 1. 사면 형성이 어려운 지반

(1) 점착력(Cohesion)이 없는 사질토, 용수가 발생되는 사질토

(2) 연약한 점성토

(3) 불연속면이 많이 분포되는 암반

(4) 특정의 불연속면(Discontinuities in Rock Mass)이 있는 암반

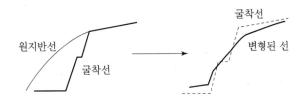

## 2. 점착력이 없거나 용수 구간의 사질토

(1) **사면안정 지배요인**

① 점착력이 없고 용수나 강우 시 수직응력이 작으면 전단강도(Shear Strength)가 거의 없게 됨

즉, $s = c + (\sigma - u)\tan\phi \fallingdotseq 0$

② 결합력이 없어 입자의 분리가 쉽게 발생

(2) **문제점**

① 비탈면 기울기가 급하면 안전율 부족으로 사면활동이 일어나고, 강우 시에는 습윤대 형성으로 무
한사면이 발생

② 침식, 세굴의 발생으로 비탈면 유실

(3) **대책**

① 비탈면 기울기 완화, 지표수와 지하수 배제시설 설치

② 법면의 식생, 블록 등으로 표면 유실 방지

## 3. 연약한 점성토

### (1) 사면안정 지배요인

① 전단응력(Shear Stress)

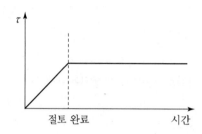

주 1) 절토 완료 시까지 절토고 증가
   2) 즉, 전단응력이 증가되고 절토 완료 후 일정하게 유지

② 전단강도

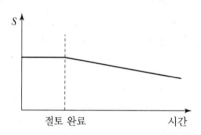

주 1) 비교적 짧은 시간에 절토하면 전단강도가 일정하다고 간주
   2) 절토로 응력해방, 팽창, 균열 등으로 전단강도 감소

③ 안전율

안전율은 개념적으로 $S.F = \dfrac{전단강도}{전단응력}$ 이므로 전단응력 증가로 안전율 저하

### (2) 문제점

① 인장균열 발생으로 전단강도 감소, 응력해방으로 팽창과 균열 발생

② 깎기가 커짐에 따라 원호활동 또는 비탈면의 큰 변형 발생

### (3) 대책

① 비탈면 기울기 완화

② 고결공법으로 점착력 증가

③ Soil Nailing 공법과 같은 사면보강 실시

4. 불연속면이 많은 암반

　(1) 사면안정 지배요인

　　　① 불연속면의 발달 정도, 방향성

　　　② 차별풍화의 정도나 고결도

　(2) 문제점

　　　① 불연속면의 방향에 따라 낙석, 전도 파괴 발생

　　　② 불연속면(Discontinuities)의 교차에 따른 쐐기 파괴 발생

　(3) 대책

　　　① 낙석예방과 낙석보호공 실시

　　　② Shotcrete 또는 Rock Bolt와 병행 실시

5. 특정불연속면 분포의 암반

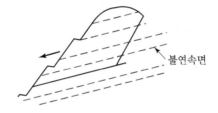

불연속면

　(1) 사면안정 지배요인

　　　① 불연속면의 방향성인 주향과 경사(Strike, Dip)

　　　② 절취면의 방향성인 주향과 경사

　　　③ 불연속면의 절리면 강도, 연속성

　(2) 문제점

　　　① 대규모의 평면 파괴 발생

　　　② 특히 단층파쇄대에서 발생 가능성이 큰 붕괴 형태임

　(3) 대책

　　　① 불연속면에 대한 조사와 관련 시험인 절리면 전단시험에 의한 안정성 검토

　　　② 불연속면경사로 비탈면 절취

　　　③ 사면보강인 Rock Anchor, 억지말뚝, 계측 등 시행

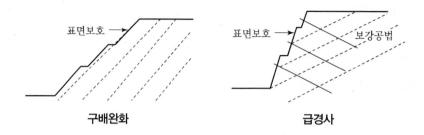

**구배완화**              **급경사**

## 6. 평가

(1) 시공 시나 시공 후에 사면이 형성되지 못하는 토질과 암반조건을 인식함이 중요함. 그래야 조사와 시험을 통해 분석하고 필요한 대책을 수립할 수 있음

(2) 사면의 안정성은 전단응력과 전단강도의 비로 판단되므로 안전율 저하요인을 확인하고 적절한 대책을 세워야 함

【문제 3】
대규격제방(Super Levee)의 정의와 설계 시 고려사항에 대하여 설명하시오.

## 1. 대규격제방 정의

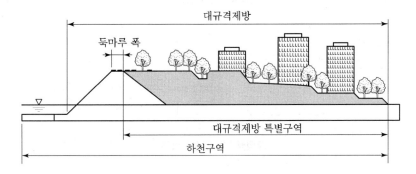

(1) 대규격제방은 제방단면을 대형으로 하여 토지 이용이 가능하도록 하는 형태로 대도시에서 적용 가능한 곳에 설치되는 제방임

(2) 일반의 제방과 다른 것은 단면이 크고 제방에 주거, 상가 등의 구조물의 설치가 가능함에 있음

## 2. 설계 시 고려사항

  (1) 고려사항

    ① 사면안정

    ② 제체와 기초지반의 침투

    ③ 제체토공

    ④ 연약지반(모래, 점토)

  (2) 사면안정(Slope Stability)

    ① 제방과 기초지반을 포함하여 성토 직후와 수위조건에 대해 사면안정해석

    ② 합리적 수위조건이 없는 경우 계획홍수위에 대한 정상침투조건, 합리적 수위조건이 있는 경우 비정상 침투해석에 의한 간극수압을 적용함

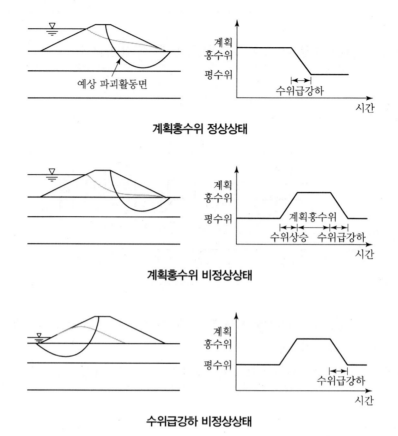

**계획홍수위 정상상태**

**계획홍수위 비정상상태**

**수위급강하 비정상상태**

(3) 제체와 기초지반 침투

① 한계동수경사 : 침투류 해석에 의해 산출한 동수경사가 한계동수경사의 $\frac{1}{2}$ 이하가 되도록 함

$$i_c = \frac{G-1}{1+e}$$

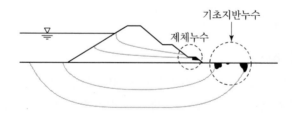

② 한계유속 : 침투류해석에 의해 산출한 침투유속이 한계유속의 $\frac{1}{100}$ 이하가 되도록 함

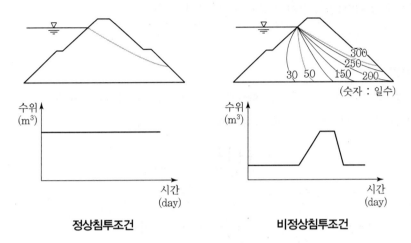

**정상침투조건**                    **비정상침투조건**

③ 침투유량 : 침투유량이 허용값보다 작아야 함(허용값 : $4.14 \times 10^{-4} m^3/s/m$ 미국 기준)

④ Creep비 : 콘크리트와 같은 불투수성 재료의 구조물 기초저면 또는 측면에서 Piping 검토방법으로 토질에 따른 안전율 확보가 필요함

$$C_R = \frac{\frac{\sum lh}{3} + \sum lv}{h_1 - h_2}$$

**(4) 토공**

일반 하천제방과 같이 다짐시공하며 도로부는 노상에 대해 노상재료와 노상다짐을 시행함

**(5) 연약지반**

① 느슨한 모래지반 : 지진 시 액상화(Liquefaction)를 검토하고 필요시 동다짐(Dynamic Compaction)을 실시함

② 연약점토지반 : 사면안정검토는 물론 상부구조물을 고려하여 침하를 검토하고 필요시 선행재하공법(Preloading) 등을 실시함

**3. 평가**

(1) 대규격제방은 제방의 안정성을 높이고 부지를 활용하는 형태의 제방임

(2) 일반제방과 같이 침투와 사면안정성을 고려해야 하고 추가로 토공 다짐 실시, 부지가 연약지반인 경우 침하에 대한 검토 및 고려가 필요함

【문제 4】
준설토 투기장에 강제치환공법 설계 시 고려사항에 대하여 설명하시오.

## 1. 강제치환공법

(1) 사면안정 확보, 잔류침하량을 최소화하기 위해 강제적으로 치환하는 공법

(2) 즉, 지반파괴를 유도하여 하부로 사석 등을 매몰하는 형태

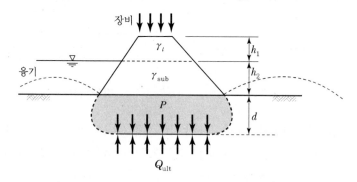

## 2. 공법의 특징

(1) 장점

① 다른 지반개량과 달리 적극적으로 지반파괴를 유도하여 치환깊이 확보

② 비교적 시공이 단순하며 경제적임

③ 조기에 사면안정(Slope Stability) 확보

(2) 단점

① 강제적 치환으로 주변 지반에 Heaving 발생

② 주변에 영향을 미침, 측방유동 발생 가능성이 있음

③ 치환심도 예측이 다소 곤란 → 치환깊이 시공 시 확인

## 3. 치환깊이 산정

### (1) 지지력 방법

극한지지력과 하중이 평형되는 깊이, 즉 안전율이 1인 깊이로 함

$P = Q_{ult}$

$P = \gamma_t \cdot h_1 + \gamma_{sub}(h_2 + d) +$ 장비하중의 영향

$q_{ult} = 5.7c + \gamma_{sub} \cdot d$

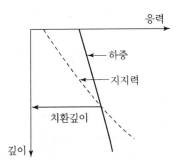

### (2) 사면활동 방법

사면 안전율이 1이 되는 깊이로 함

### (3) 수치해석 방법

치환깊이, 융기범위, 치환형태 산정

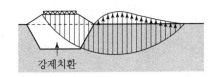 

## 4. 평가

(1) 강제치환깊이는 시공방법, 지반교란, 성토재와 치환융기토 사이의 측면마찰, 점토의 소성유동시간 등 계산과 실제치가 달라질 요인이 많으므로 시공 시 확인시추, 탄성파 탐사, Geotomography 등의 조사가 요망됨

(2) 강제치환깊이를 고려해서 사면안정 검토를 한 경우는 계획대로 치환이 생기지 않으면, 사면안정에 문제될 수 있으므로 반드시 확인되어야 함

(3) 미치환에 따른 대책에는 일시적 재하중량 증가, 지반개량(SCP, 고압분사, CGS : Compaction Grouting System) 등이 있음

【문제 5】
측방유동이 우려되는 연약지반에 시공되는 교대의 기초말뚝 설계 절차에 대하여 설명하시오.

## 1. 측방유동

연약지반 위에 설치된 교대나 옹벽과 같이 성토재하중을 받는 구조물에서는 배면성토중량이 하중으로 작용하여 연약지반이 붕괴되어 지반이 수평방향으로 이동하는 현상

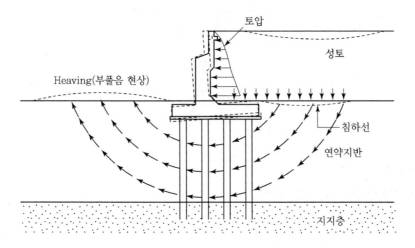

## 2. 설계 절차

측방유동 판정 → (불안정 시) 유동압 산정 → 말뚝과 사면안정성 검토 → 말뚝 추가(경미한 경우), 지반개량 등 대책 수립

### (1) 측방유동 판정

① 안정수(Tschebotarioff)

안정수 : $N_s = \dfrac{\gamma h}{c}$

여기서, $\gamma$, $h$ : 쌓기의 단위중량과 높이

$c$ : 연약지반의 비배수전단강도, 즉 점착력(Cohesion)

② 원호활동의 안전율에 의한 방법

• $F_s < 1.5$(말뚝 무시) : 발생

• $F_s < 1.8$(말뚝 고려) : 발생

③ 측방유동지수

$$F = \frac{\bar{c}}{\gamma H D}$$

      여기서, $\bar{c}$ : 연약층의 평균점착력

              $\gamma$ : 성토의 단위중량

              $H$ : 성토의 높이

              $D$ : 연약층의 두께

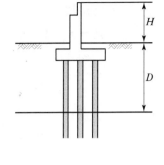

④ 측방유동 판정수

$$I = \mu_1 \cdot \mu_2 \cdot \mu_3 \cdot \frac{\gamma h}{c}$$

• $I \leq 1.2$ : 측방유동의 위험성이 없음

• $I > 1.2$ : 측방유동의 위험성이 있음

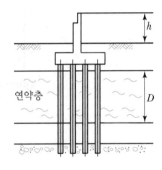

(2) 유동압력 산정

  ① 응력방법

$$P_{\max} = 0.8 \cdot \gamma \cdot H \cdot B$$

      여기서, $P_{\max}$ : 측방유동압(ton/m)

              $B$ : 말뚝의 중심간격(m)

              $\gamma$ : 성토의 단위중량(ton/m³)

              $H$ : 성토의 높이(m)

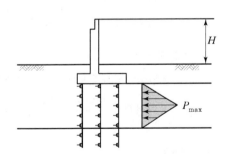

② 변위방법

$$P_z = K_h \cdot Y_z \cdot B$$

여기서, $P_z$ : z심도의 측방유동토압(ton/m)

$K_h$ : 횡방향 지반반력계수(ton/m³)

$Y_z$ : z심도의 측방변위량(m)

$B$ : 말뚝경(m)

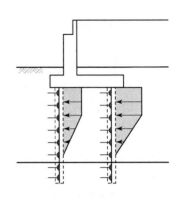

(3) 안정검토(말뚝과 사면안정성)

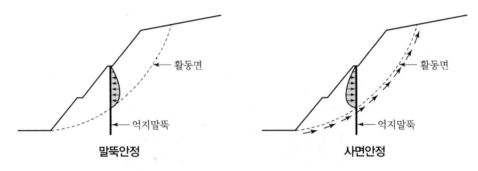

① 말뚝안정

• 말뚝안정이 사면안정에 우선하여야 하며 작용하는 측방토압에 대해 안전해야 함

• 허용휨응력 > 발생휨응력

• 허용전단력 > 발생전단력

• 허용수동토압 > 말뚝수평력

② 사면안정

• 말뚝안정이 확보되면 수평저항력을 부가하여 사면안정을 검토함

• 안전율 $= \dfrac{\text{지반저항력} + \text{말뚝저항력}}{\text{활동력}}$

(4) 대책

① 종류

㉠ 하중경감 : 소형교대, Box, 경량성토, 교량연장

㉡ 지반보강 : 주입공법, SCP, Preloading, 압성토, 성토지지말뚝

㉢ 하중경감과 지반보강 방법의 조합

② 주요 대책

　ㄱ 주입공법

　　• 심층혼합이나 고압분사공법

　　• 저강도 다수량이 바람직함

　　• 배합비, 균질한 개량체 조성이 되도록 시행

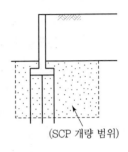

　ㄴ SCP

　　• 복합지반 개량공법 적용

　　• SCP, GCP, CGS 등

　　• SCP 시 치환율, 응력분담비, 복합지반 전단강도 평가가 중요함

　　• 효과가 커서 시공사례가 많음

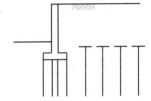

(SCP 개량 범위)

　ㄷ 성토지지말뚝

　　• 반구조물형식 공법

　　• 변위가 엄격한 구조물에 적용

　　• 견고층 경사가 심한 경우

## 3. 평가

(1) 측방유동 요인은 다양하므로 여러 경험적 · 이론적 방법으로 종합검토되어야 하고 특히 지반경사에 유의할 필요가 있음

(2) 시공 시 급속성토의 경우 예기치 못한 변위가 발생되므로 가급적 완속시공함. 또한 변위가 엄격한 구조물에 적용 시공 시 유지관리를 위해 계측(경사계, 변위말뚝, 구조물경사계 등)토록 함

---

**【문제 6】**
석회암 공동이 발달된 지역에 교량을 설계하고자 한다. 설계 시 고려사항에 대하여 설명하시오.

---

## 1. 지반조사

### (1) 조사 착안사항

① 기반암의 복잡한 구조

② 공동분포와 크기의 다양화

③ 공동 내 퇴적물

④ 따라서 기초위치에서 다음 사항을 조사해야 함

- 기반암과 공동의 기하학적 분포 형태 파악
- 기반암까지 지층 구성
- 각 지층과 공동 내 물질의 공학적 특성치
- 지지층 하부 상태

### (2) 조사내용

① 현장조사

- 지표지질조사
- 전기비저항 탐사
- Geotomography
- 시추조사
- GPR
- Cross Hole

② 현장시험

- 지하수위 측정
- 공내재하시험
- 초기지압측정시험
- 수압시험
- 공내전단시험
- BHTV 시험

③ 실내시험

- 토질시험(물성시험, 일축압축, 삼축압축, 전단시험 등)
- 암석시험(일축압축, 삼축압축, 절리면 전단, 점하중, 탄성파시험 등)

### (3) 조사절차

① 순서

- 물리탐사 → 시추조사 → 물리탐사, 현장시험
- 구조물과 지반을 고려하여 필요 위치의 시료채취로 실내시험 실시

② 시추 전 물리탐사는 교량기초위치에 공동 등 현황 파악을 위해 실시하며, 시추위치 또는 현장시험위치를 결정하기 위함

③ 시추 후 물리탐사는 공동규모, 형태, 분포 등을 상세히 파악하기 위한 것임

④ 현장시험과 실내시험으로 파악된 지반의 공학적 물성치로 기초형식, 기초깊이에 따른 안정성 검토가 되도록 시험함

## 2. 대책

### (1) 얕은 기초

① 소규모 공동 또는 홈
- ㉠ 공동 내 충전물을 제거하고 시멘트밀크 주입
- ㉡ 심부에 있는 것은 고압분사로 주입
- ㉢ 지지력은 평판재하시험, 공내재하시험으로 확인

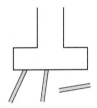

② 기초 밑에 얕은 위치 공동
- ㉠ 지중응력의 압력구 이내인 경우로 기초내림
- ㉡ 충전물 제거가 곤란한 경우가 많으므로 고압분사공법, CGS공법이 타당함. 1차 보강 후 공동의 천장부에 공극이 생기게 되므로 침투성이 양호한 Chemical Grouting을 추가해야 함
- ㉢ 암반보다 Grouting된 부분이 강도가 더 적을 것으로 판단되므로 Grouting 재료에 대한 지지력, 변형이 검토되어야 함

③ 기초 밑에 깊은 위치 공동
- ㉠ 지중응력의 압력구 밖인 경우에 해당되며 이 경우 지지력은 확보가 가능할 것으로 판단됨
- ㉡ 상부구조에 추가로 하중이 재하됨에 따라 공동에 변위가 생기고 이 변위로 인해 기초가 침하될 수 있으므로 수치해석에 의한 응력-변위 검토가 필요함
- ㉢ 변위가 크게 되면 공동부를 Cement Milk Grouting 처리해야 함

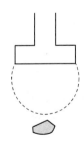

(2) 말뚝기초

① 기초 밑에 얕은 위치 공동

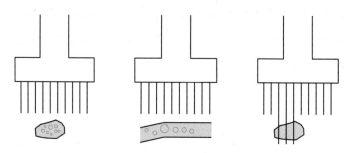

㉠ 침하는 물론 지지력에 문제가 될 가능성이 크므로 말뚝길이를 연장하고 공동부를 Grouting 으로 채움

㉡ 말뚝길이는 적정하게 유지하고 CGS, 고압분사공법으로 공동을 밀실하게 채우며 2차로 천장 부 공동을 침투성이 양호한 Chemical Grouting으로 보강함

② 기초 밑에 깊은 위치 공동

㉠ 말뚝선단에서 공동까지 거리가 크므로 지지력 문제보다는 하중 증가에 따라 공동변형이 생김

㉡ 이로 인해 말뚝침하, 부등침하가 발생될 수 있으므로 수치해석을 수행 해야 함

㉢ 보강은 공동부 상부에서 Arch 효과가 유지되도록 Micro Pile을 시행함

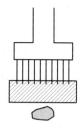

㉣ 보강 후 침하 우려 시는 공동을 고압분사, CGS 등으로 채워야 함

## 3. 평가

(1) 기초안정성을 검토하고 보강 대책을 수립하기 위해서는 공동위치·크기, 공동 주변 암반상태, 충전물, 지하수위 등에 대해 자료가 선행적으로 확보되어야 함

(2) 보강부위는 평판재하시험, 말뚝재하시험, 공내재하시험, 시추조사에 의한 시료채취, 압축강도, 투수시험, 공내검층을 통해 반드시 확인하고 필요시 추가 보강이 되어야 함

**3 교 시 ( 6문 중 4문 선택, 각 25점 )**

【문제 1】
아래 그림과 같이 점토지반을 굴착하여 사면을 조성하였다. 지하수위 아래 가상파괴선상의 $P$점에 대하여 시간 경과에 따른 전단응력, 간극수압, 전단강도, 안전율의 변화를 착공, 완공, 정상침투 상태로 구분하여 설명하시오.

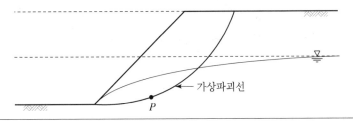

1. 사면안정 개념

   (1) 전단파괴면에서 발휘하는 전단강도(Shear Strength)와 전단응력(Shear Stress)을 비교하여 안정성 판단

   (2) 안전율 부족 시 파괴 또는 불안정으로 함

   (3) 개념적으로 Fellenius 식으로 안전율을 표시하면

   $$S.F = \frac{c'l + (W\cos\alpha - ul)\tan\phi'}{W\sin\alpha}$$

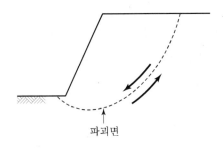

파괴면

## 2. 전단응력, 간극수압, 전단강도, 안전율 변화

### (1) 전단응력

① 절토 완료 시까지 절토고 증가

② 즉, 전단응력이 증가되고 절토 완료 후 일정 유지

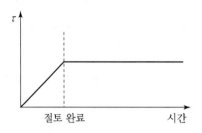

### (2) 간극수압

① 절토 중에 배수로 간극수압 감소

② 절토 후 정상침투(Steady State Seepage)로 평형 유지

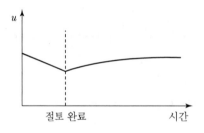

### (3) 전단강도

① 비교적 짧은 시간에 절토하면 전단강도가 일정한 것으로 간주

② 절토로 인한 응력해방, 팽창, 균열 등으로 전단강도 감소

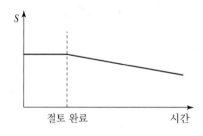

(4) 안전율

① 절토 완료 후 안전율은 감소하여 장기 시 최소안전율이 발생

② 안정검토는 장기 시에 배수조건에 해당되어 $\overline{CU}$ 시험과 간극수압을 고려함

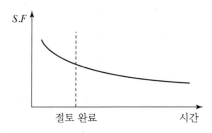

## 3. 시기별 변화

(1) 착공

계속되는 절토로 전단응력 증가, 간극수압(Porewater Pressure) 감소, 전단강도 변화 미미, 전단응력의 영향으로 안전율 저하

(2) 완공

절토 완료로 전단응력(Shear Stress) 최대, 간극수압 최소, 응력해방으로 전단강도 감소, 전단응력 최대로 안전율 감소

(3) 정상침투

절토 후 시간 경과의 시점으로 전단응력 최대로 일정, 간극수압 증가, 전단강도 감소, 전단응력 최대, 전단강도 감소로 안전율 저하

## 4. 평가

(1) 가장 위험한 상태는 굴착 후 정상침투 시 간극수압이 가장 커서 안전율이 최소가 되므로 안전율 계산에 쓰여질 강도정수는 간극수압을 고려한 $C'$와 $\phi'$를 사용함

(2) 이때 간극수압은 정상침투에 대한 유선망으로부터 결정할 수 있으며 $C'$와 $\phi'$의 결정은 배수조건이 압밀배수조건이므로 CD시험으로 구해야 하나 CD시험은 $\overline{CU}$결과와 같고 $\overline{CU}$시험에 비하여 시간과 노력이 많이 소요되므로 $\overline{CU}$시험으로 대체 가능함

【문제 2】
사질토 지반에서 얕은 기초의 침하량을 구하는 Schmertmann and Hartman 공식을 설명하시오.

## 1. 사질토 탄성침하 개념

(1) 사질토는 투수성이 커 재하 초기에 침하 발생

(2) 이는 배수로 체적이 감소하여 발생

(3) 즉, 점토는 비배수 침하인 반면 모래는 체적 변화를 수반한 변형임

(4) 탄성계수, 즉 변형계수(Deformation Modulus)로 산정하여 탄성침하라 함

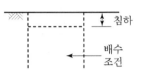

## 2. 배수에 의한 압축변형거동

(1) 정의

① 전단응력이 없이 수직응력(Normal Stress)이 작용하면 체적 변화를 수반하여 변형하는 것임

② 즉, 수직응력은 압축응력과 같으며 변형은 입자 자체가 아니고 입자의 이동에 의해 발생됨

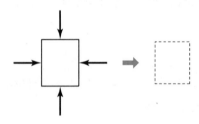

(2) 거동(Behavior)

① 압축으로 공기나 물이 배제되면서 체적이 감소하여 간극비$\left( \text{Void Ratio, } e = \dfrac{V_v}{V_s} \right)$가 감소함

② 따라서 변형이 증가됨에 따라 변형계수(Deformation Modulus)가 커짐

## 3. 침하량 공식

$$S_i = C_1 \cdot C_2 \cdot \Delta P \cdot \sum \cdot \frac{I_z}{E_s} \cdot \Delta z$$

$(C_1 = 1 - 0.5 \dfrac{q'}{q - q'}$ , $q$ : 하중, $q'$ : 토피압)

여기서, $C_1$ : 기초의 근입깊이에 대한 보정계수, $\Delta P$ : 기초에 작용하는 순하중

$C_2$ : 흙의 Creep에 대한 보정계수$\left(1 + 0.2\log\left(\dfrac{연}{0.1}\right)\right)$, $I_z$ : 변형률 영향계수

| 구분 | Z | $I_z$ | 구분 | Z | $I_z$ |
|---|---|---|---|---|---|
| 정사각형<br>원형 기초 | 0 | 0.1 | 연속기초 | 0 | 0.2 |
| | 0.5B | 0.5 | | B | 0.5 |
| | 2B | 0 | | 4B | 0 |

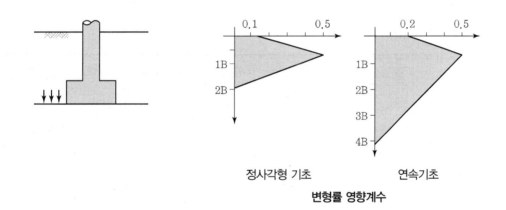

정사각형 기초 　　　　 연속기초

**변형률 영향계수**

## 4. 평가

(1) 기본적으로 침하량 산정에서 변형계수의 산정이 매우 중요하여 공내재하시험 등 현장시험에 의해 산정토록 해야 함

(2) 이론식에서 압축토층 두께, 근입깊이 효과가 반영된 Schmertmann 방법이 신뢰성이 큼

**참고** Schmertmann 침하량계산 예(기간 5년)

하중 $q = 16.32\text{ton/m}^2$, $3 \times 3\text{m}$

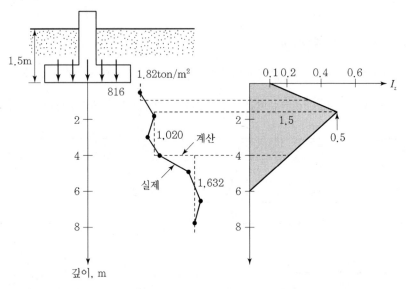

| 길이(m) | $\Delta Z$(m) | $E_s$(ton/m²) | 평균 $I_z$ | $\dfrac{I_z}{E_s} \cdot \Delta Z$(m³/ton) |
|---|---|---|---|---|
| 0~1 | 1 | 816 | 0.233 | $2.855 \times 10^{-4}$ |
| 1.0~1.5 | 0.5 | 1,020 | 0.433 | $2.123 \times 10^{-4}$ |
| 1.5~4 | 2.5 | 1,020 | 0.361 | $8.488 \times 10^{-4}$ |
| 4.0~6 | 2 | 1,632 | 0.111 | $1.360 \times 10^{-4}$ |
| | | | | $\Sigma = 14.826 \times 10^{-4}$ |

$$C_1 = 1 - 0.5\left(\frac{q'}{q-q'}\right) = 1 - 0.5\left(\frac{1.82 \times 1.5}{16.32 - (1.82 \times 1.5)}\right) = 0.9$$

$$C_2 = 1 + 0.2\log\left(\frac{5}{0.1}\right) = 1.34$$

$$\therefore S_i = (0.9)(1.34)\left[16.32 - (1.82 \times 1.5)\right](14.826 \times 10^{-4})$$

$$= 242.99 \times 10^{-4}\text{m} = 24.3\text{mm}$$

【문제 3】
기초 지반의 액상화 평가방법에 대하여 설명하시오.

## 1. 액상화(Liquefaction) 정의

(1) 느슨하고 포화된 모래지반이 진동이나 충격 시 비배수조건이 되어 반복진동으로 간극수압이 누적되어 지반이 액체처럼 강도를 잃게 되는 현상

(2) 즉, $s = c' + (\sigma - u)\tan\phi' \rightarrow s = (\sigma - u)\tan'\phi'$이고, $\sigma = u$이면 $s = 0$이게 됨

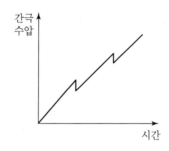

## 2. 액상화 원리(Mechanism)

(1) Dilatancy

① 전단 시 변형에 따른 체적 변화를 Dilatancy라 함

② 느슨한 모래에는 변형에 따라 체적이 압축되는 (-) Dilatancy가 발생됨

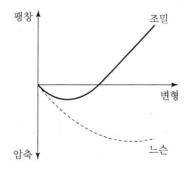

(2) 간극비 – 유효응력(Void Ratio–effective Stress) 관계

① A : 초기상태

② B : 배수조건에 해당되며 간극비가 감소됨

③ C : 비배수조건으로 지진 시 과잉간극수압이 발생되어 유효응력이 감소됨

④ 유효응력이 0이 되면 액상화가 발생됨

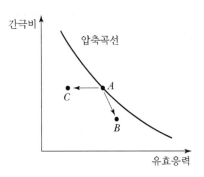

## 3. 평가방법

(1) 평가순서

① 액상화 검토 생략지반 판정

② 간편 예측 : 기준안전율(例 1.5)보다 적으면 상세 예측

③ 상세 예측 : 기준안전율(例 1.0)보다 적으면 대책 수립

④ 대책 수립 후 ②, ③ 과정으로 액상화 안정성 확인

(2) 평가 생략 지반

① 지하수위 상부 지반

② 지반심도가 20m 이상인 지반

③ 상대밀도가 80% 이상인 지반

④ 주상도상의 표준관입저항치에 기초하여 산정된 $(N_1)_{60}$이 25 이상인 지반

⑤ 주상도상의 콘관입저항치에 기초하여 산정된 $q_{c1}$가 13MPa 이상인 지반

⑥ 주상도상의 전파속도에 기초하여 산정된 $V_{s1}$이 200m/s 이상인 지반

⑦ 소성지수($PI$)가 10 이상이고 점토성분이 20% 이상인 지반

⑧ 세립토 함유량이 35% 이상인 경우, 원위치시험법에 따른 액상화 평가 생략조건

- $(N_1)_{60}$이 20 이상인 지반

- $q_{c1}$가 7MPa 이상인 지반

- $V_{s1}$이 180m/s 이상인 지반

(3) 간편예측법(표준관입시험으로 설명, 콘관입시험, 전단파속도방법도 있음)

① 안전율 : $F_s = \dfrac{\text{저항응력비}}{\text{전단응력비}}$, 기준안전율 1.5

② 저항응력비 : 환산 N치와 세립분 함유량 관계에서 산정

환산 $N = $측정 $N\sqrt{\dfrac{10}{\sigma_v'}}$ , $\sigma_v'$ : t/m$^2$

③ 전단응력비 : $0.65\dfrac{\alpha_{\text{깊이}}}{g} \cdot \dfrac{\sigma_v}{\sigma_v'}$

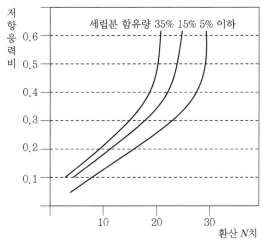

**저항응력비와 관입저항의 상관관계**

(4) 상세 예측법(진동삼축압축시험결과 이용)

① 전단응력비 : 간편예측법과 같음

② 저항응력비 : 진동삼축압축시험 결과를 이용하여 지진규모에 해당하는 진동재하횟수($M = 6.5$일 때 10회 적용)에 대해 구함

③ 안전율 : $F_s = \dfrac{\text{저항응력비}}{\text{전단응력비}}$, 기준안전율 1.0

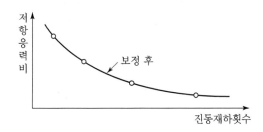

## 4. 평가

(1) 액상화 평가를 위해 현장에서 시추조사, 콘관입시험, 물리검층이 필요하며, 실내시험으로 입도, 연경도, 반복삼축압축시험, 공진주/비틂전단시험이 실시되어야 함

(2) 이들로부터 지층 구성과 상태, $N$치, 콘저항치, 전단파속도, 액상화저항응력비, 지반응답해석 (Ground Response Analysis)에 필요한 전단탄성계수와 감쇠비가 시험되어야 함

(3) 중요한 구조물은 진동대시험에 의한 모형시험을 병행하여 평가의 신뢰도를 확보함

**【문제 4】**
말뚝 정재하시험 결과의 분석방법을 설명하시오.

## 1. 정재하시험(Static Pile Load Test)

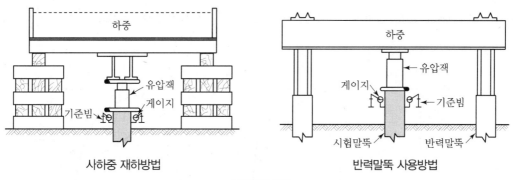

사하중 재하방법      반력말뚝 사용방법

**재하시험장치**

(1) 총 재하하중에 대해 단계별 하중은 25% 크기로 하여 각 단계의 하중에서 침하율이 0.25mm/시간 미만이거나 최대 2시간까지 재하함. 즉, 200t을 재하하고 설계하중이 100t이면 25, 50, 75, 100 … 200t으로 재하(예시에선 8단계 재하가 됨)

(2) 총 재하하중은 설계용 재하시험인 경우 극한하중 이상, 시공관리용인 경우는 항복하중 이상으로 함

(3) 검증시험과 확인시험

| 구분 | 검증시험 | 확인시험 |
|------|----------|----------|
| 목적 | 최적 설계 | 지지력 확인 |
| 하중 | 극한하중, 최소 항복하중 | 설계하중×2배 이상 |
| 시기 | 설계 시, 시공 초기 | 시공 중 |
| 지반조사 | 지층분포, 물성치 시험 | – |

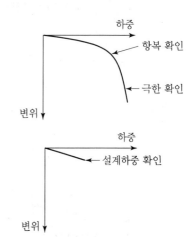

## 2. 결과분석

### (1) 극한지지력 판정

① 하중침하곡선에서 세로축과 평행하게 될 때의 하중 (a)

② Hansen의 90% 개념 (b)

③ 침하량이 말뚝경의 10%일 때

④ Davisson 방법 : 말뚝의 탄성침하량 $+ x(3.81 + \dfrac{D}{120}$, 말뚝직경 $D$가 600mm 이상 시 $\dfrac{D}{30}$, mm)

에 해당하는 하중 (c)

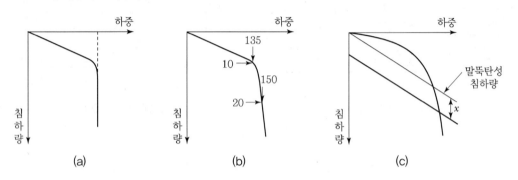

### (2) 항복지지력 판정

① $S - \log t$ 방법 : 각 하중단계의 관계선이 직선이 되지 않을 때의 하중

② $\dfrac{ds}{d(\log t)} - P$ 방법 : 일정 시간(10분 이상)당의 침하속도와 하중관계선에서 급하게 변화되는 점의 하중

③ $\log P - \log S$ 방법 : $\log P - \log S$ 곡선에서 연결선의 꺾이는 점의 하중

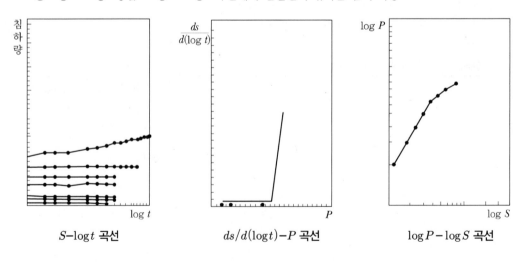

$S - \log t$ 곡선  　　$ds/d(\log t) - P$ 곡선  　　$\log P - \log S$ 곡선

## 3. 평가

(1) 정재하시험은 시험시간이 길고 큰 하중 재하 시 시험 곤란과 수량의 제한에 따른 대표성 문제는 있지만 다른 방법에 기준이 되는 역할로 검증의 방법이 되는 시험임

(2) 설계시공단계법 적용

① 설계 시 정역학적 방법, 현장시험결과 이용, WEAP 전산해석을 하여 종합검토하고 항타시공성을 고려한 말뚝지지력을 결정함. 한편, 설계 시 하중전이를 측정한 정재하시험 실시가 요구되며 시공 초기에 반드시 실시해야 함

② 시공초기단계 시 정재하시험으로 설계지지력을 확인해야 하며, 규모가 큰 현장에서 동재하시험을 활용하고자 하는 경우는 사전에 정재하와 비교시험을 하여 상관성을 분석해야 함

③ 동역학적 방법은 동재하시험으로 해머효율을 측정해서 현장의 항타장비, 말뚝과 지반조건이 고려된 식으로 관리시험하는 것이 합리적인 방법임

【문제 5】
흙의 응력-변형률 곡선으로부터 얻을 수 있는 계수의 종류 및 활용방안에 대하여 설명하시오.

## 1. 산출되는 계수의 종류

- 변형계수
- 지반반력계수
- 전단탄성계수
- 동탄성계수

## 2. 변형계수(Deformation Modulus) 산정과 활용

### (1) 산정방법

① 실내시험 : 일축압축강도, 삼축압축시험

$$E_s = \frac{\dfrac{\text{최대응력}}{2}}{\varepsilon}$$

여기서, $\varepsilon$ : $\dfrac{\text{최대응력}}{2}$에 해당하는 변형률

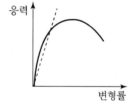

② 현장시험

- 평판재하시험 : $S = qB\dfrac{1-v^2}{E_s}I$

- 공내재하시험
  직선구간의 기울기로부터 산정

$$E_s = (1+v)K\gamma_m \ , \ K = \frac{\Delta P}{\Delta \gamma} \ , \ \gamma_m = \frac{\gamma_0 + \gamma_y}{2}$$

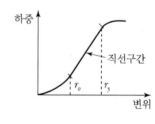

### (2) 활용

① 기초의 침하량 계산

$$S_i = q \cdot B \cdot \frac{1-\mu^2}{E_s} \cdot I_s$$

여기서, $q$ : 기초에 작용하는 순하중, $B$ : 기초의 최소폭

$E_s$ : 지반의 평균탄성계수, $\mu$ : Poisson비

$I_s$ : 침하에 의한 영향계수

② 지반반력계수 계산

$$K_v = K_{VO}\left(\frac{B_V}{30}\right)^{-3/4} = \frac{1}{30}\alpha E_0\left(\frac{B_V}{30}\right)^{-3/4}$$

여기서, $K_V$ : 연직방향 지반반력계수$(kg/cm^3)$

$K_{VO}$ : 지름 30cm의 평판재하시험에 의한 연직방향 지반반력계수

$B_V$ : 기초의 환산재하폭(cm) $B_V = \sqrt{A_V}$

$E_0$ : 지반의 변형계수$(kg/cm^2)$

$\alpha$ : 변형계수 시험방법에 대한 보정계수

$A_V$ : 연직방향의 재하면적$(cm^2)$

## 3. 지반반력계수(Subgrade Reaction Modulus) 산정과 활용

(1) 산정방법

① 평판재하시험

- 평판재하시험 실시

- 항복하중의 $\frac{1}{2}$ 하중$(P_1)$과

  그때의 침하량$(S_1)$ 산정

- $K_V = \dfrac{P_1}{S_1}(t/m^3,\ kN/m^3)$

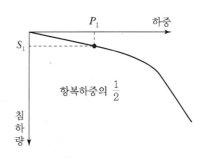

② 공내재하시험

- 공내재하시험 실시

- $K_h = \dfrac{\Delta P}{\Delta \gamma} = \dfrac{P_y - P_o}{\gamma_y - \gamma_o}$

③ 변형계수로 산정

$$K_v = K_{VO}\left(\frac{B_V}{30}\right)^{-3/4} = \frac{1}{30}\alpha E_0\left(\frac{B_V}{30}\right)^{-3/4}$$

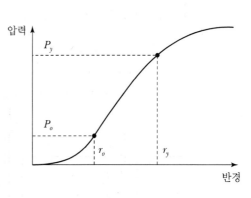

(2) 활용

① 변형계수 산정

② 연성기초접지압 : 변위량을 구하고 지반반력계수를 곱하여 계산

③ 말뚝수평지지력 : 말뚝특성치와 허용수평변위로 수평지지력 계산

$$\left(\delta = \frac{H}{4EI\beta^3},\ \beta = \sqrt[4]{\frac{K_h \cdot D}{4EI}}\right)$$

④ 토류벽탄소성해석 : 변위에 따른 토압보정계산

⑤ 응답변위법 : 지중구조물 내진 시 변위에 대한 하중계산

## 4. 동전단탄성계수(Dynamic Shear Modulus) 산정과 활용

### (1) 산정방법

① 실내시험 : 공진주/비틂전단시험, 반복단순전단시험

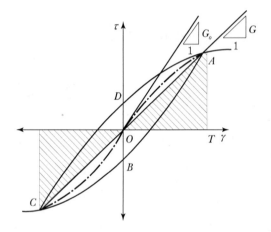

이력곡선의 양단을 이은 선의 기울기로 정의하며 $G = \frac{\tau}{\gamma}$로 표시됨

② 현장시험 : Down Hole, Cross Hole, SPS 시험

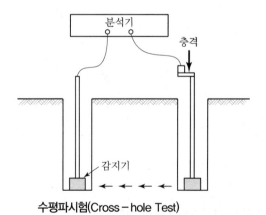

수평파시험(Cross-hole Test)

동전단탄성계수 $G = \rho V_s^2 = \dfrac{E_d}{2(1+\nu)}$

(2) 활용

① 내진과 관련되는 지반응답해석과 구조물의 동적해석의 변형에 대한 전단저항관계 계산

② 이때 전단탄성계수는 상수가 아니고 전단변형률에 따른 비선형관계가 필요함

## 5. 동탄성계수

(1) 산정방법

① 실내시험 : 반복삼축압축시험

② 현장시험 : 동전단탄성계수와 같음

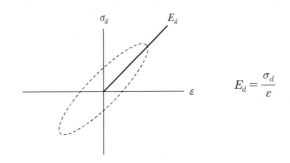

$$E_d = \frac{\sigma_d}{\varepsilon}$$

(2) 활용

지하철 등 진동을 받는 구조물의 진동하중에 대한 변형량 계산

## 6. 평가

위의 각종 응력-변형 관계를 파악하는 지반물성치는 지반거동 파악에 매우 중요하므로 관련 시험을 통해 산정해야 함

【문제 6】
SPT 시험의 $N$ Value을 이용하여 지반설계에 활용하는 방법에 대하여 설명하시오.

## 1. 표준관입시험(Standard Penetration Test)

### (1) 개요

① 63.5±0.5kg 추를 높이 76±1cm에서 낙하시켜 Sampler가 30cm 관입하는 데 필요한 타격 수를 측정하는 시험

② 토질 종류, 상태(연경도, 상대밀도), 교란시료 채취에 목적이 있음

③ 점성토, 풍화암, 연암, 자갈지반에는 적합하지 않고 사질토에 신뢰성 있는 시험임에 유의해야 함

### (2) 방법

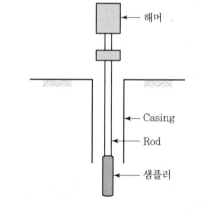

- 소요깊이까지 천공
- Slime 제거
- Samper 설치 및 타격
- 예비타격 15cm 관입
- 교란시료채취 및 $N$치 측정
- 표시 : $N=30$, $N=50/10$

### (3) $N$치 보정

① 관계식

$$N'60 = N \cdot C_N \cdot \eta_1 \cdot \eta_2 \cdot \eta_3 \cdot \eta_4$$

여기서, $N'60$ : 해머효율 60%로 보정한 $N$치, $N$ : 시험치, $C_N$ : 유효응력 보정

$\eta_1$ : 해머효율 보정, $\eta_2$ : Rod 길이 보정, $\eta_3$ : 샘플러 종류 보정, $\eta_4$ : 시추공경 보정

② 해머효율의 보정이 가장 중요하며, 실제 사용되는 장비별로 동재하시험 등으로 확인하여 적용해야 함

$\eta_1 = \dfrac{측정된\ 효율}{60}$, 국제표준에너지비를 60%로 함

③ 유효응력보정은 사질토에 대해 실시함 $\left( C_N = \sqrt{\dfrac{10}{P_o}},\ P_o : \mathrm{t/m^2} \right)$

④ 표준관입시험치는 장비, 시험자, 지반조건에 따라 지반을 과소 또는 과대평가할 수 있음

⑤ 일관성 있고 합리적 지반평가를 위해 보정한 $N$치 사용이 필요함

## 2. 지반설계 활용방법

### (1) 사질토지반의 상대밀도(Relative Density)

① $N$치가 10 이하 : 느슨한 상태

② $N$치가 10~30 : 보통 조밀한 상태

③ $N$치가 30 이상 : 조밀한 상태

### (2) 액상화 평가 생략지반 : $(N_1)_{60}$이 25 이상인 지반

$(N_1)_{60}$ : 유효응력과 에너지비에 대해 보정한 값

### (3) 액상화(Liquefaction) 간편예측

① 안전율

$$F_s = \frac{저항응력비}{전단응력비}, \ 기준안전율 \ 1.5$$

② 저항응력비 : 환산 $N$치와 세립분 함유량 관계에서 산정

환산 $N$=측정 $N\sqrt{\dfrac{10}{\sigma_v'}}$ , $\sigma_v'$ : t/m$^2$

③ 전단응력비

$$0.65\frac{\alpha_{깊이}}{g} \cdot \frac{\sigma_v}{\sigma_v'}$$

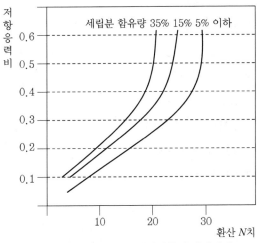

**저항응력비와 관입저항의 상관관계**

(4) 얕은 기초의 지지력

① 얕은 기초의 지지력(Bearing Capacity)에는 정역학(Terzaghi, Hansen, Meyerhof) 방법, 현장시험 이용(표준관입시험, 콘관입시험, 공내재하시험), 재하시험방법이 있음

② $N$치를 이용한 허용지지력 도표

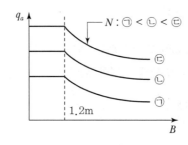

(5) 깊은 기초의 지지력

① 깊은 기초의 지지력에는 정역학, 현장시험 이용, 파동해석, 재하시험, 동역학방법이 있음

② $N$치를 이용한 말뚝지지력

$$Q_u = 30NA_p + 0.2N_s A_s + 0.5N_c A_c$$

　　여기서, $Q_u$ : 말뚝의 극한지지력(ton)

　　　　　　$N$ : 말뚝선단부의 $N$치

　　　　　　　$N = C_n \cdot N'$

　　　　　　　$C_n = 0.77\log\dfrac{20}{\sigma_v{'}}\,(\sigma_v^{'} \geq 0.25\mathrm{kg/cm^2})$

　　　　　　$N'$ : 측정치

　　　　　　$A_p$ : 말뚝의 선단면적$(\mathrm{m^2})$

　　　　　　$N_s$ : 사질토의 주면 $N$치

　　　　　　$A_s$ : 사질토의 주면적$(\mathrm{m^2})$

　　　　　　$N_c$ : 점성토의 주면 $N$치

　　　　　　$A_c$ : 점성토의 주면적$(\mathrm{m^2})$

## 4 교 시 ( 6문 중 4문 선택, 각 25점 )

【문제 1】
연약점토지반 투수계수 및 체적압축계수의 압밀 진행에 따른 변화 특성에 대하여 설명하시오.

## 1. 압밀시험

공시체를 성형하여 압밀상자에 시료를 넣은 후 가압판을 시료 위에 올려놓고 변형량 측정장치를 설치함. 압밀하중(0.05~12.8kg/cm²)을 한 단계의 재하시간을 24시간으로 하여 단계적으로 재하하고 각 하중단계에 대한 압밀침하량을 측정함

(1) 시료준비(보통 직경 6cm, 높이 2cm)

(2) 하중재하 : $\dfrac{\Delta P}{P} = 1$

(3) 각 하중재하시간 : 24시간

(4) 각 하중재하에 대해 시간 – 침하량 측정

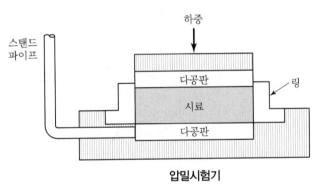

**압밀시험기**

## 2. 투수계수(Coefficient Of Permeability)와 체적압축계수(Coefficient Of Volume Change) 산정

(1) 투수계수

① 1.의 압밀시험 결과에 따른 투수계수를 다음 식으로 산정함

$$K = C_v m_v \gamma_w = C_v \frac{a_v}{1+e} \gamma_w$$

② 압밀응력에 대한 투수계수의 변화모식도

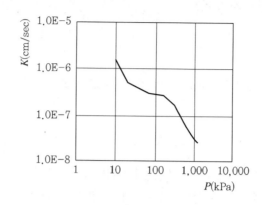

## (2) 체적압축계수

① 1.의 압밀시험 결과에 따라 다음 식으로 체적압축계수를 산정

$$m_v = \frac{\dfrac{\Delta V}{V}}{\Delta P} = \frac{\Delta V}{\Delta P V} = \frac{a_v}{1+e}$$

$$a_v = \frac{\Delta V}{\Delta P} \, (\text{압축계수})$$

② 압밀응력에 대한 체적압축계수의 변화모식도

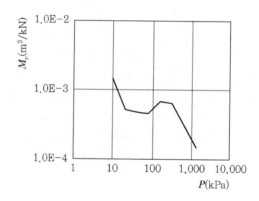

3. 압밀 진행인 하중 증가에 따른 점토의 성질 변화

   (1) 압밀에 따라 면모구조 상태에서 하중에 순응하기 위해 이산구조 형태로 변화

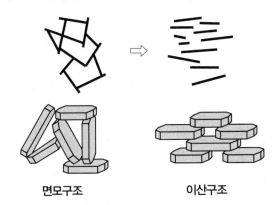

면모구조                        이산구조

   (2) 압밀로 물이 배출되어 간극이 감소하면서 간극비(Void Ratio)가 작아짐

   (3) 따라서 위의 이유로 투수계수와 체적압축계수가 예시된 그림과 같이 감소함

4. 평가

   (1) 투수계수는 압밀의 진행 속도와 관련되며 압밀 진행에 따라 압밀이 서서히 발생됨을 나타냄

   (2) 체적압축계수는 침하량의 크기와 관련되며 하중 증가에 따라 침하량의 증가가 감소함을 의미함.

      예로 5m 성토 시 1m 침하하면 10m 성토 시 2m보다 작게 발생됨

---

**【문제 2】**
토목섬유의 장기설계 인장강도를 산정하기 위한 강도감소계수에 대하여 설명하시오.

---

## 1. 개요

(1) 토목섬유(Geosynthetics)는 토목 등 건설분야에서 흙이나 다른 재료와 복합적으로 사용되는 섬유로 주요 기능은 필터, 분리, 배수, 차수와 보강이 있음

(2) 인장강도는 보강기능과 관계가 깊으며 해당 구조물은 보강토옹벽과 보강성토공법임

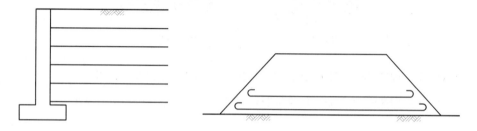

## 2. 장기설계 인장강도

(1) 관련식

$$T_d = \frac{T_{ult}}{RF_{ID} \times RF_{CR} \times RF_{CD} \times RF_{BD}}$$

여기서, $T_d$ : 설계인장강도($T_d$)

$T_{ult}$ : 최대인장응력

$RF$ : 변위, 설계와 시공오차를 고려한 감소계수

$RF_{ID}$ : 설치 시 감소계수(Installation Demage)

$RF_{CR}$ : Creep 감소계수

$RF_{CD}$ : 화학적 감소계수(Chemical Demage)

$RF_{BD}$ : 생물학적 감소계수(Biological Demage)

(2) 인장강도시험(최대인장응력시험)

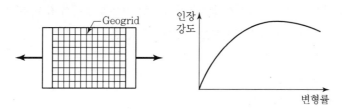

## 3. 강도감소계수

(1) 설치 시 감소계수

그림과 같이 포설시험을 실시하여 포설 전과 후의 강도 변화로 강도감소계수 산정

$$\text{설치 시 감소계수} = \frac{\text{포설 전 인장강도}}{\text{포설 후 인장강도}} \quad \left(\boxed{\text{예}} \ \frac{30}{25} = 1.2\right)$$

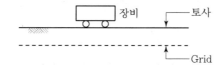

(2) Creep 감소계수

① Creep는 하중 일정조건에서 시간경과에 따른 강도저하와 변형이 수반되는 현상

② 산정방법 : 일정온도와 습도를 유지하고 여러 재하중에 대해 재하시간에 따른 강도변화 측정

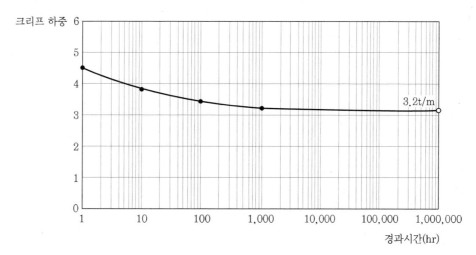

$$\text{③ Creep 감소계수} = \frac{\text{시험 전 인장강도}}{\text{Creep 시험 후 인장강도}}$$

(3) 화학적 · 생물학적 감소계수

① 화학약품, 산성수 등에 일정시간 동안(5시간) 토목섬유를 넣어서 감소계수를 산정

② Geosynthetics에 미생물을 투입하고 감소계수를 산정

③ 화학적 감소계수 또는 생물학적 감소계수

$$\frac{\text{시험 전 인장강도}}{\text{시험 후 감소된 인장강도}}$$

## 4. 평가

(1) 해당 시험에 의거 적용토록 해야 하며 양질의 Data Base가 확보되면 효율적일 것임

(2) 또한 안정검토 시 변위에 대한 배려도 필요함

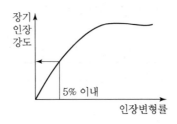

【문제 3】

아래 그림은 하천 하부를 횡단한 쉴드 터널의 단면을 보여주고 있다. 지하수위는 지표에 위치하고 있으며 DCM 그라우팅으로 지반이 보강된 상태(15m×30m)에서 상·하행선 쉴드 터널을 관통하였고, 이후 상행선에서 하행선 방향으로 피난연락갱을 설치하던 중 붕락사고가 발생하였다. 붕락의 원인 및 보강 방안을 설명하시오.(단, DCM 그라우팅의 현장시공 압축강도는 1.5MPa 이하로 확인됨)

〈단면〉

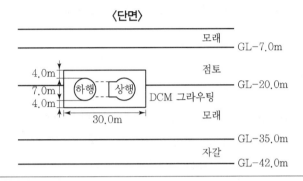

## 1. 개요(현장 상황)

- 지반 : 모래, 점토, 모래, 자갈층으로 40여 m(지반 상태는 모름)
- 지하수위 : 지표
- 피난갱 위치지반 : 상부는 점토, 하부는 모래(피난갱 크기는 모름)
- DCM으로 보강(직경, 간격, 개량률은 모름)
- 피난갱굴착 중 붕락(붕락 규모는 모름)

## 2. 본선과 피난연락갱 터널 시공방법

(1) 본선터널

① 지반이 토질이고 하천으로 지하수위 하부로 Shield를 굴착함

② 막장은 이수나 토압식으로 막장 안정성을 유지하고 터널주면은 Skin Plate로 토압과 수압을 지
지하여 굴착했을 것임

③ 따라서 터널이 관통되어 시공 중 문제가 없음으로 판단함

(2) **피난연락터널**

① DCM(Deep Cement Mixing 공법)으로 보강 후 본선을 시공하고 연락갱을 시공함

② 연락갱은 본선의 기계식인 Shield가 아닌 일반굴착으로 했을 것임

## 3. 붕락원인 파악

(1) 터널은 굴착 중에 전단강도(Shear Strength) 부족, 과도한 변형의 지속, 물 유입에 따른 토사유
실로 붕락 발전, Ground Arching 형성 곤란 등으로 붕괴가 발생함

(2) 이런 내용을 감안하여 DCM으로 보강한 것으로 판단됨

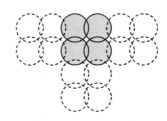

(3) **원인**

① DCM의 불량 : 강도보강에 치중하여 빈 공간 발생 가능

② DCM의 손상 : 시공순서에 따라 DCM 후 쉴드굴진 시 부분적 파손 가능

③ 점토층 밑의 모래에 피압이 분포하여 예상보다 큰 수압작용으로 주변 지반 유실로 붕락으로 진행
가능

④ 정리하면 지하수 유출에 따른 토사 이동, 공동 발생, 토사 붕괴로 사고가 발생되므로 원인을 규명함

## 4. 임시 보강 방안

(1) **임시 보강**

붕괴가 되어 영구보강이 실시되기 전에 추가적 붕괴나 재해로 되지 않게 임시대책을 실시함

(2) **갱외부**

붕락된 구간을 토사 등으로 되메움

(3) 갱내부

　토사, 콘크리트 등으로 측벽과 천장이 붕괴되지 못하게 하고 배수관 설치로 수압을 경감시킴

(4) 임시 대책 예시

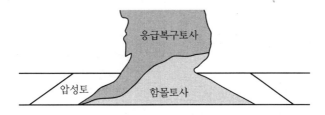

## 5. 복구(영구) 보강 방안

(1) DCM의 시공상태, 파손부위, 피압크기 등을 파악하고 차수 Grouting을 계획하여 침투해석으로
　적정성을 확인함

(2) 차수그라우팅의 규모가 크면 비배수조건이 되어 터널에 큰 수압으로 변형이 유발되므로 전단강도
　보강을 고압분사그라우팅, Soil Nailing 등으로 추가하여야 함

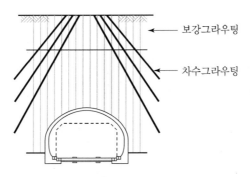

## 6. 평가

(1) 공사 중에 붕괴가 발생되는 경우 원인분석을 위한 제반조사가 매우 중요하며 필요시 추가로 지반
　조사를 하여 보강방안이 확실하게 되도록 함

(2) 임시대책을 반드시 수립하여 붕괴가 더 진행되지 않게 해야 하며, 소규모 또는 짧은 구조물이라도
　본 구조물과 같은 중요도를 감안한 설계시공이 되어야 함

(3) 시행되는 보강공법은 규격과 품질을 관리하여 안정한 구조물이 되도록 함

【문제 4】

도심지 내 하천과 인접하여 SCW 벽체+STRUT 지지공법으로 시공된 소규모 지하 흙막이 현장에서 굴착과정 중 인접한 노후건물이 침하하여 붕괴되는 사고가 발생하였다. 침하의 원인 및 대책에 대하여 설명하시오.

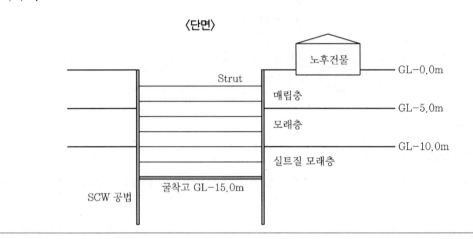

〈단면〉

## 1. 개요(현장 상황)

- 하천과 인접
- 지반 : 매립, 모래, 실트질 모래층으로 분포(지반상태는 모름)
- 흙막이공법 : SCW 벽체, STRUT 지지

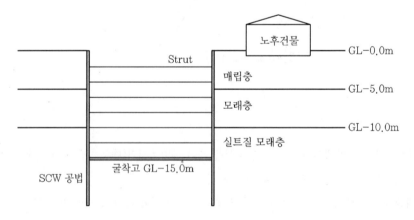

## 2. 원인 규명

### (1) 지반거동

① 지반굴착으로 굴착저면 융기, 굴착면 수평변위 발생과 더불어 굴착배면의 침하가 발생됨

② 물론, 변형의 규모가 크고 응력거동이 불안정할 경우 붕괴될 수 있음

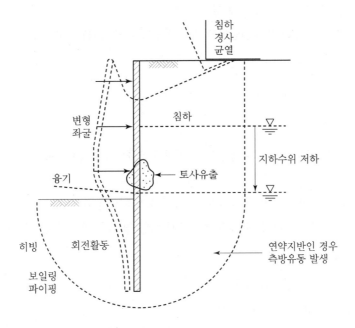

### (2) 구조물 영향

① 인접구조물에 침하(Settlement) 유발, 부등침하, 단차

② 전도, 취약부에 구조물 균열, 마감재 등의 탈락이 발생됨

③ 침하가 과도하여 부등침하가 크면 전도로 구조물 붕괴

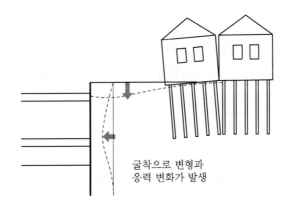

(3) 원인 판단

① 하천 주변으로 토압과 수압을 동시에 토류할 수 있는 Soil Cement Wall로 시공됨으로 판단됨

② 굴착에 따른 응력해방, 흙막이공법의 변형, 지하수 저하나 유출, 근입부 불안정, 지보재 설치 지연, 과굴착 등으로 흙막이와 주변 구조물에 영향을 주게 됨

③ SCW의 강성 부족도 원인이 될 수 있으나 이음부의 겹침부분 불량에 따른 지하수 저하와 토사 유출로 과도한 침하 발생이 주원인이고, 노후건물이 쉽게 붕괴됨으로 판단됨

## 3. 대책

(1) 기본 방향

① 근접시공은 신설구조물(흙막이공), 지반, 기존 구조물의 상호작용으로 신설구조물과 지반보강에 주력함

② 흙막이공은 굴착면 변위 및 굴착저면융기가 최소가 되도록 함

③ 지반보강은 지하수 저하 방지, 강도 보강으로 토압 경감과 지반거동을 억제시킴

(2) 흙막이공 대책

① 강성 벽체 사용 : 수평변위 억제

② 벽체지지공법 : 규격이 큰 재료 사용

③ 근입깊이 안정 : Heaving, Boiling, 토압균형, 벽체 지지력 등 검토

(3) 지반대책

① 차수공법 적용 : 지하수위 억제

② 심층혼합, 고압분사공법 : 지반변위 억제, 토류벽 보강, 보강위치는 배면과 저면의 검토가 필요함

(4) 변위 검토

① 근접시공은 힘, 즉 응력 개념도 중요하지만 변위 개념이 보다 중요함을 인식해야 함

② 지반침하에 대해 Peck, Caspe의 경험적 방법과 수치해석에 의함

## 4. 평가

(1) 설계 시 지반굴착에 따른 변형이나 침하요인을 고려하여 안정한 구조물이 되도록 해야 하고 성실 시공하여 시공의 잘못으로 인한 유해한 침하가 없도록 해야 함

(2) 주변침하 예측은 여러 가지로 분석하여 종합 평가하며 거리별 침하량, 경사도 등을 구해 표준적인 허용치와 구조물의 노후도, 재질, 침하허용치 등을 고려해서 영향을 평가해야 함

(3) 시공 시 계측을 하여 설계 예측치의 확인, 예기치 못한 영향을 평가하여 안전시공이 되도록 해야 함

(4) **사전평가방법**

① Peck 방법

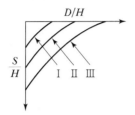

여기서, $D$ : 굴착면으로부터 임의거리

$H$ : 굴착깊이

$S$ : 거리 $D$에 대한 침하량

• 계측결과로부터 작성됨

• 먼저 지반상태를 구분($I \to II \to III$ 순으로 지반조건이 불량함)

• $D/H$별로 $\dfrac{S}{H}$를 구하고 $S = \dfrac{S}{H} \times H$로 침하량을 구함

② 수치해석

• 지반조건, 수위조건, 굴착 및 보강순서를 적용하여 수치해석함

• 수치해석으로 변위량, 변위방향 등의 자료를 얻게 됨

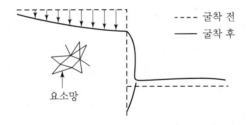

【문제 5】
소성유동법칙(Plastic Flow Rule)에 대하여 설명하시오.

## 1. 지반해석모델 종류

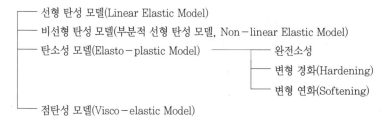

- 선형 탄성 모델(Linear Elastic Model)
- 비선형 탄성 모델(부분적 선형 탄성 모델, Non-linear Elastic Model)
- 탄소성 모델(Elasto-plastic Model)
  - 완전소성
  - 변형 경화(Hardening)
  - 변형 연화(Softening)
- 점탄성 모델(Visco-elastic Model)

## 2. 지반해석모델 선정

(1) 지반-구조물 상호거동을 정확히 해석하려면 응력-변형률 관계를 잘 모델링할 수 있는 수치구성식 모델이 사용되어야 하며, 구조물 재료는 지반에 비해 변형이 작기 때문에 선형탄성모델 사용이 가능함

(2) 지반은 고체, 유체 등에 의해 미시적으로 불연속체이며 응력-변형률이 비선형을 나타내고 흙 종류, 밀도, 응력 크기, 응력 이력, 물의 영향, 시간, 환경 등의 조건에 따라 거동이 다름

(3) 따라서 시공단계별 하중 조건을 고려하고 지반거동을 정확히 해석하려면 선형, 비선형 탄성모델 보다는 탄소성 모델을 사용토록 함

(4) 시간 종속적인 지반 성질을 고려하기 위해서는 점탄성 모델을 사용함

## 3. 소성과 소성흐름 법칙의 필요성

(1) 소성(Plasticity)

① 응력이 항복점을 초과하는 큰 응력에서 탄성은 없어지고 제하 시 영구 변형이 남게 되는 성질을 소성이라 함

② 항복점 이전까지의 변형을 탄성영역, 이후의 변형을 소성영역이라 함

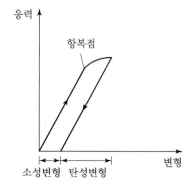

(2) 소성흐름법칙의 필요성

응력수준이 항복점에 도달하기까지는 탄성모델로 묘사되나 항복점에 도달된 이후는 소성거동을 하게 됨. 따라서, 탄소성거동을 위해서는 항복이 시작되는 응력수준을 결정하는 파괴규준(Failure Criteria)과 항복 후 거동을 묘사하기 위한 유동법칙이 필요함

## 4. 소성흐름법칙(Plastic Flow Rule)

(1) 정의

소성영역에서 큰 변형이 일어나는 것을 소성흐름이라 하며, 소성 증분의 응력 변형관계를 지배하는 개념으로 변형률 대신 변형률 증분(Strain in Crement)을 사용함

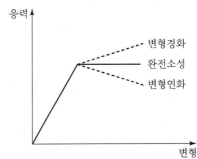

(2) 변형경화(Strain Hardening)

소성변형이 증가함에 따라 응력도가 증가하는 것을 변형경화(소성경화, 가공경화)라 함

$$\frac{\Delta\sigma}{\Delta\varepsilon} > 0$$

(3) 변형연화(Strain Softening)

소성변형이 증가함에 따라 응력이 감소하는 것을 변형연화(소성연화, 가공연화)라 함

$$\frac{\Delta\sigma}{\Delta\varepsilon} < 0$$

(4) 한계상태 개념의 상태경계면(해석모델 예)

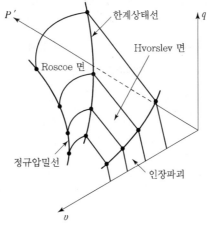

$P'$, $q$, $\nu$ 공간의 상태경계면

【문제 6】

Terzaghi의 전반전단파괴 지지력 공식을 사용하여 아래 그림과 같은 조건의 정방형 기초에 작용하는 허용지지력과 허용하중을 각각에 대하여 구하시오.(단, 안전율은 2.5, $\gamma_t = 18\text{kN/m}^3$, $\gamma_{sat} = 20\text{kN/m}^3$, $\gamma_w = 10\text{kN/m}^3$, $c = 18\text{kN/m}^2$, $N_c = 37.5$, $N_r = 19.6$, $N_q = 20.5$, $B = 4.0\text{m}$, $D_f = 3.0\text{m}$, $D = 2.0\text{m}$)

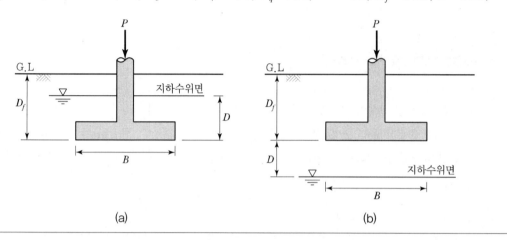

(a)                                    (b)

## 1. 얕은 기초지반 거동과 지지력 식

(1) 지반파괴 모델

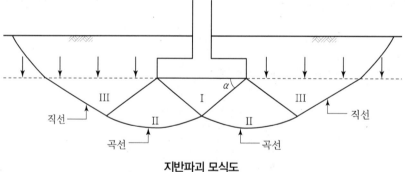

**지반파괴 모식도**

① I 영역 : 주동상태

② II 영역 : 전단상태

③ III 영역 : 수동상태

(2) 지지력 식

$$q_u = \alpha \cdot c \cdot N_c + \beta \cdot \gamma_1 \cdot B \cdot N_r + \gamma_2 \cdot D_f \cdot N_q : \text{점착력 영향} + \text{자중 영향} + \text{상재하중 영향}$$

여기서, $q_u$ : 극한지지력(ton/m$^2$)

$\alpha$, $\beta$ : 형상계수

$c$ : 기초 저면의 흙의 점착력(ton/m$^2$)

$N_c$, $N_r$, $N_q$ : 전단저항각에 따른 지지력계수

$\gamma_1$ : 기초밑면 흙의 단위중량(ton/m$^3$)

$\gamma_2$ : 근입깊이부분 흙의 단위중량(ton/m$^3$)

$B$ : 기초의 폭(m)

$D_f$ : 기초의 근입깊이(m)

2. (a)조건

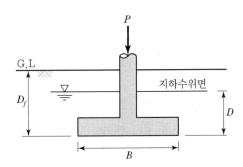

(1) 극한지지력(Ultimate Bearing Capacity) : $q_v = \alpha C N_c + \beta \gamma_1 B N_r + \gamma_2 D_f N_q$

① $1.3 \times 18\text{kN/m}^2 \times 37.5 + 0.4 \times 4\text{m} \times 10\text{kN/m}^3 \times 19.6 + (18\text{kN/m}^3 \times 1\text{m} + 10\text{kN/m}^3 \times 2\text{m})$

　$\times 20.5 = 1,970.1\text{kN/m}^2$

② 정사각형으로 $\alpha = 1.3$, $\beta = 0.4$이고 $\gamma_1 = $수중단위중량$=$포화 $\gamma -$ 물 $\gamma$

③ $\gamma_2$는 수위 위는 습윤단위중량, 수위 아래는 수중단위중량 적용

(2) 허용지지력

극한지지력/안전율$= 1,970.1/2.5 = 788.04\text{kN/m}^2$

(3) 허용하중

허용지지력$\times$기초면적$= 788.04 \times 4\text{m} \times 4\text{m} = 12,608.64\text{kN} = 12.61\text{Mn}$

## 3. (b)조건

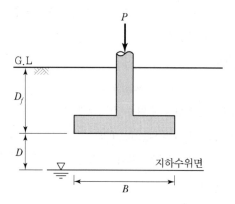

(1) 극한지지력 : $q_u = \alpha C N_c + \beta \gamma_1 B N_r + \gamma_2 D_f N_q$

    ① $1.3 \times 18\text{kN/m}^2 \times 37.5 + 0.4 \times 4\text{m} \times 14\text{kN/m}^3 \times 19.6 + 3\text{m} \times 18\text{kN/m}^3 \times 20.5$

       $= 2,423.54\text{kN/m}^2$

    ② $\gamma_1$은 지하수 영향을 기초폭의 깊이만큼 고려하는데, 이유는 파괴면이 약 기초폭깊이까지 발생되기 때문임

    ③ $\gamma_1 = \dfrac{2\text{m} \times 18\text{kN/m}^3 \times 2\text{m} \times 10\text{kN/m}^3}{4\text{m}} = 14\text{kN/m}^3$ 적용

(2) 허용지지력(Allowable Bearing Capacity)

    극한지지력/안전율 $= \dfrac{2,423.54}{2.5} = 969.42\text{kN/m}^2$

(3) 허용하중

    허용지지력 $\times$ 기초면적 $= 969.42 \times 4\text{m} \times 4\text{m} = 15,510.72\text{kN} = 15.51\text{Mn}$

## 4. 평가

(a)조건보다 (b)조건의 경우가 허용하중이 크게 산출된 이유는 지하수위가 지표로부터 더 깊게 분포하기 때문임

# 제124회
# 과년도 출제문제

# 124 회 출제문제

## 1 교 시 ( 13문 중 10문 선택, 각 10점 )

【문제】

1. 인발말뚝의 파괴메커니즘(Mechanism)과 인발저항력 산정방법

2. 유한변형률 압밀이론

3. 혼합토의 정의와 지반공학적 거동

4. 말뚝기초의 LRFD 설계법

5. 점토와 모래의 전단 시 거동 특성

6. 불포화토 사면의 안전성 문제 및 그에 따른 유효응력 경로

7. 정규압밀점토(NC)의 강도증가율

8. 계수(Modulus)의 종류 및 특성

9. 침투수력(Seepage Force)

10. 쉴드 TBM 굴진 시 붕락 발생 메커니즘(Mechanism)

11. 측압계수($K_o$)를 산정하는 방법과 문제점

12. 가시설 흙막이 굴착 시 인접구조물 안전성 평가기준

13. 지수주입(Curtain Grouting) 및 밀착주입(Consolidation Grouting)

## 2 교 시 ( 6문 중 4문 선택, 각 25점 )

### 【문제 1】

폐기물 매립 지반을 건설부지로 사용할 경우에 다음 항목에 대하여 지반공학적 측면에서 설명하시오.

1) 매립지 건설부지 활용을 위한 설계 시 고려사항

2) 건설부지 활용 시 문제점 및 대책

### 【문제 2】

포화된 연약지반에서의 구속압 증가 시와 파괴 시 간극수압 영향인자에 대하여 설명하시오.

### 【문제 3】

수리구조물 하류부에 발생하는 파이핑(Piping) 발생원인, 안전성 평가방법 및 방지대책에 대하여 설명하고, 다음 두 경우의 파이핑에 대한 안전성을 비교 설명하시오.

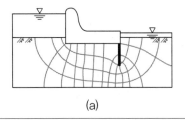

(a)

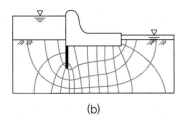

(b)

### 【문제 4】

암반 불연속면의 전단강도를 Barton이 제안한 $S = \sigma_n \tan\left[JRC\log\left(\dfrac{JCS}{\sigma_n}\right) + \phi_b\right]$ 을 이용하여 구할 때, 전단강도 산정방법과 JRC(거칠기 계수)를 프로파일러측정기(Profilometer)를 이용하여 구하는 경우 발생할 수 있는 문제점에 대하여 설명하고, 이를 개선하기 위해 암반 불연속면의 거칠기 데이터를 정량화하여 사용하는 경우 거칠기 계수 산정방법과 그 특징에 대하여 설명하시오.

### 【문제 5】

도심지 NATM 터널공사 중 지반침하(막장침하 포함)의 원인 및 방지대책에 대하여 설명하시오.

### 【문제 6】

지반조사 시 채취된 시료의 교란도 평가방법에 대하여 설명하시오.

## 3 교 시 ( 6문 중 4문 선택, 각 25점 )

【문제 1】
고성토 토사지반 위에 보강토 옹벽을 계획하는 경우 설계, 시공 시 문제점 및 대책에 대하여 설명하시오.

【문제 2】
개착구조물 시공을 위한 지하터파기공법 중 주변지반의 변형을 억제하기 위해 적용하는 흙막이 및 지보공을 이용한 굴착공법 가시설 구조물의 계획 수립 시 고려해야 할 주요 항목에 대하여 설명하시오.(단, 아래 그림을 참조하여 설명)

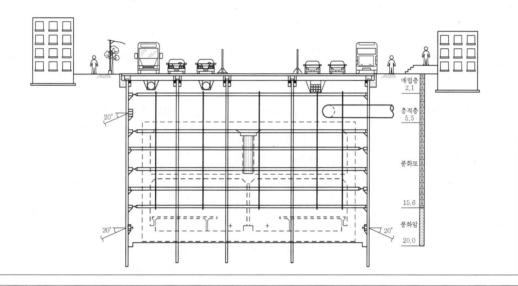

【문제 3】
흙의 투수계수 결정방법에 대하여 설명하시오.

【문제 4】

다음 그림과 같이 2종류의 흙을 통과하여 물이 아래로 흐르고 있는 세로방향의 튜브(Tube)에 대하여 다음 물음에 답하시오.(단, Soil Ⅰ의 단면적 $A=0.37m^2$, 간극률 $n=1/2$, 투수계수 $k=1.0cm/sec$, Soil Ⅱ의 단면적 $A=0.185m^2$, 간극률 $n=1/3$, 투수계수 $k=0.5cm/sec$이다.)

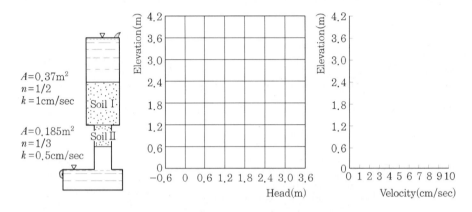

1) 튜브 각 위치별 압력수두(점선), 위치수두(일점쇄선), 전수두(실선)를 그래프에 표시하시오.

2) (Soil Ⅰ)에 흐르는 평균유속과 침투유속을 구하시오.

3) (Soil Ⅱ)에 흐르는 평균유속과 침투유속을 구하시오.

4) 튜브 각 위치별 유속의 크기를 그래프에 표시하시오.

【문제 5】

준설토를 매립하여 필요한 면적의 부지를 조성하고자 할 때, 매립에 필요한 준설물량을 산정하는 방법을 설명하고, 준설매립 공사 시 발생할 수 있는 문제점과 개선방안에 대하여 설명하시오.

【문제 6】

폐탄광지역을 통과하는 장대터널을 계획하고 있다. 터널구조물 설계 시 검토하여야 할 주요 사항에 대하여 설명하시오.

## 4 교 시 ( 6문 중 4문 선택, 각 25점 )

【문제 1】

최근 우리나라는 아열대성 기후로 변화하고 있어 국지성 집중호우가 빈번해짐에 따라 산사태로 인한 시설물과 인명 피해가 발생하고 있다. 다음 사항에 대하여 설명하시오.

1) 설계 시 토석류 특성값 산정방법

2) 토석류 발생원인 및 보강대책 공법

【문제 2】

연약지반 위에 단계별 성토 시 안정관리 방법에 대하여 설명하시오.

【문제 3】

지반 내 물의 2차원 흐름에 대하여 정상류 흐름의 기본방정식은 $k_x \dfrac{\partial^2 h}{\partial x^2} + k_z \dfrac{\partial^2 h}{\partial z^2} = 0$으로 유도된다. 이때 다음을 설명하시오.

1) 유선망을 이용한 이방성 흙의 투수문제에 적용할 수 있도록 위의 기본방정식을 이방성투수방정식으로 변환하시오.

2) 변환된 투수방정식을 이용한 유선망의 작도방법과 침투수량 산정방법에 대하여 설명하시오.

3) 등가투수계수 $k_e = \sqrt{k_x k_z}$ 임을 증명하시오.

【문제 4】

현장타설말뚝이 풍화암 및 암반(연암 이상)에 각각 근입된 경우 다음에 대하여 설명하시오.

1) 연직하중 지지 개념

2) 말뚝의 지지력 산정방법

3) 실무 적용 시 유의사항

【문제 5】

Mohr원을 이용하여 Rankine의 주동토압계수, 수동토압계수 산정방법에 대하여 설명하시오.(단, 내부마찰각이 $\phi$인 사질토이며, 지표면 경사를 $\alpha$가 되도록 뒤채움한 옹벽 기준)

**【문제 6】**

다음의 RMR(Rock Mass Rating), Q시스템 도표는 터널지보 설계에 일반적으로 이용되고 있는 Bieniawski(1976), Barton(1993)이 제시한 도표이다. 다음을 설명하시오.

1) RMR, Q시스템에 대한 비교 분석 및 개선방안(현장 실무 적용 시)

2) ESR(Excavation Support Ratio) 정의

3) RMR=50, Q=5.0일 때 도표를 이용하여 철도터널(폭=10m, $H$=9m)에 요구되는 터널의 지보량을 결정하시오.

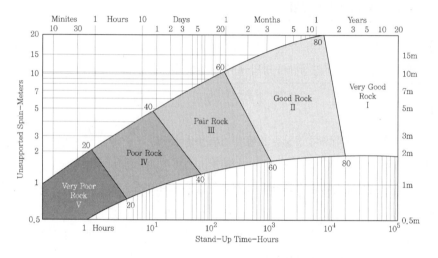

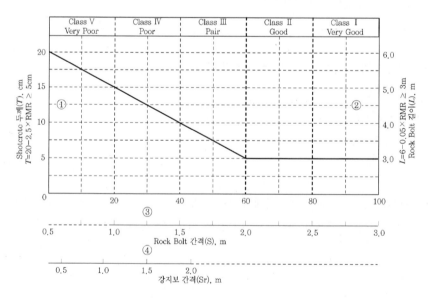

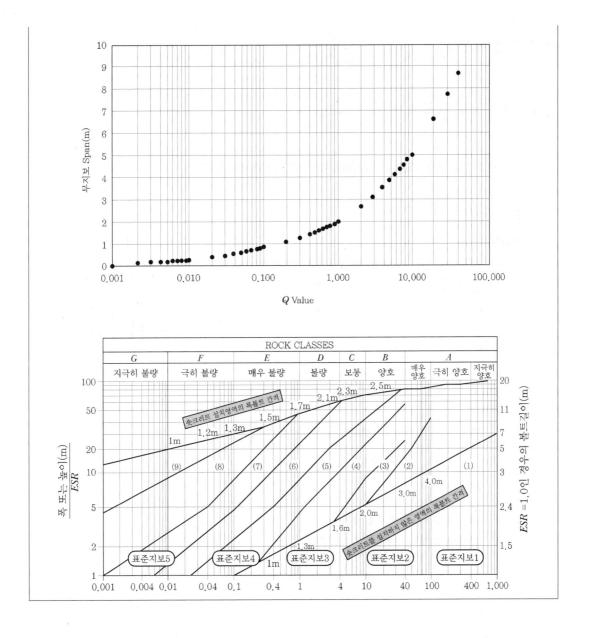

## 124 회 출 제 문 제

## 1 교 시 ( 13문 중 10문 선택, 각 10점 )

### 1 인발말뚝의 파괴메커니즘(Mechanism)과 인발저항력 산정방법

#### 1. 사질토(Sandy Soil)

(1) 파괴메커니즘

상향력 작용에 대해 모래의 마찰저항과 엇물림
(Interlocking)으로 저항하게 되며, 그림과 같이 경사
지게 인발파괴가 발생하게 됨(군말뚝 조건임)

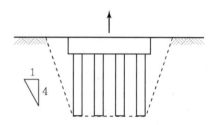

(2) 산정방법

① 외말뚝허용인발저항력

$$\frac{Q_s + W}{\text{안전율}}$$

　　여기서, $Q_s$ : 극한주면마찰력($K_s \sigma_v' \tan\delta A_s$)

　　　　　　$W$ : 말뚝무게

② 군말뚝 : 다음 중 작은 값을 적용함

• 외말뚝허용인발저항력 × 말뚝본수

• 1 : 4 경사 내의 흙, 말뚝무게 ÷ 안전율

#### 2. 점성토(Clayey Soil)

(1) 파괴메커니즘

인발력에 대해 점착력으로 저항하게 되며,
말뚝의 주면지지력 중심으로 뽑히는 형태의
파괴가 발생함

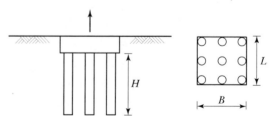

(2) 산정방법

　① 외말뚝

$$\frac{Q_s + W}{\text{안전율}}$$

　　　여기서, $Q_s = (\alpha C_u) A_s$

　　　　　　$C_u$ : 점착력

　② 군말뚝 : 다음 중 작은 값을 적용함
- 외말뚝의 허용인발저항력 × 말뚝본수
- 무리말뚝의 극한 인발저항력($T_u$) ÷ 안전율

$$T_u = 2H(B+L)C_u + W$$

　　　여기서, $W$ : 흙, 말뚝무게

## 3. 재하시험 : 사질토와 점성토에 적용

(1) 총하중에 대해 각 단계하중은 설계하중의 25%로
하여 재하

(2) 인발저항력 산정

(3) 부마찰력 판단

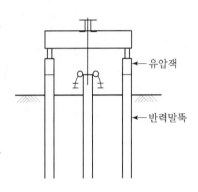

유압잭

반력말뚝

## 4. 평가

(1) 설계 시에는 정역학적 방법으로 산정할 수 있으며 마찰각, 점착력 등의 물성치를 관련 시험에 의해 산정함

(2) 시공 초기에 인발재하시험을 실시하여 설계의 적정성을 확인하고 필요시 변경·계획함

## 2 유한변형률 압밀이론

### 1. 점토준설매립의 자중압밀(Self-weight Consolidation) 모식도

(1) 초기단계

   침전은 발생하지 않고 Floc(응집)의 형성과정임

(2) 중간단계

   Floc이 점차로 침전하여 압밀이 시작되고 침전물이 점진적으로 증가하면서 상부의 침전영역은 점점 얇아져 없어지게 됨

(3) 최종단계

   모든 침전물이 자중압밀하에 있게 되며, 자중압밀이 완료된 상태에 도달함

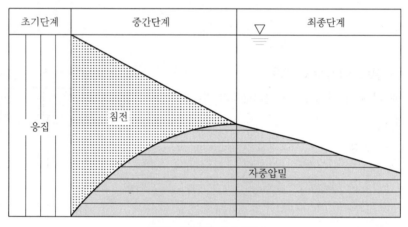

**침강 – 압밀의 메커니즘**

### 2. 유한변형률 압밀

(1) 배경

① Terzaghi 압밀이론의 한계

- 압밀 중 투수계수와 압밀계수가 일정함
- 시간에 따른 유효 연직응력 및 깊이에 따라 간극비가 일정함
- 압밀층의 두께는 일정하며 기준면으로부터의 거리도 항상 일정함

② 유한변형률 이론 적용 이유

- 자중압밀 또는 상재압에 의하여 초기 높이의 $\frac{1}{3} \sim \frac{1}{2}$로 변형이 크게 발생함
- 침하량이 크므로 임의점의 침하경로를 추적할 수 있는 새로운 좌표개념을 사용하여야 함

- 준설매립토의 압밀거동과 같이 자중압밀 또는 상재압에 의하여 초기 높이의 $\frac{1}{3} \sim \frac{1}{2}$로 변형이 크게 발생하는 경우에는 압밀에 따른 변형률의 영향이 고려된 유한변형 압밀이론의 사용이 요구됨
- 변형이 큼에 따라 투수계수, 체적변화계수, 압밀계수, 간극비 등이 변화함

(2) 해석방법

① 이류 좌표
- 미소변형 압밀이론은 압밀층 두께가 일정하고 기준면으로부터의 거리도 항상 일정한 상태에서 해석되므로 시간의 변화에 따른 좌표는 고정된 좌표에 의해 결정됨
- 움직이는 토립자에 기준을 두어 상대변위를 알 수 있는 좌표의 사용이 요구됨

② 유한변형률
- 압밀 진행에 따라 간극비가 변하게 되며 이에 따른 유효응력과 투수계수변화를 고려함
- 변경된 물성치를 다음 하중의 압밀 특성 분석에 적용함
  - 자중에 의한 압밀 검토
  - 상재하중에 의한 압밀 검토
  - 준설매립지반의 자중압밀을 비롯하여 매립지반의 상재하중에 따른 압밀, 연속적인 투기에 따라 매립층의 두께가 증가하는 압밀해석

## 3. 평가

(1) 미소변형은 압밀 중에 압밀계수, 유효응력, 간극비 등이 일정하다고 가정하나 유한변형은 변화됨으로 취급함

(2) 압밀층 두께의 변화로 변경되는 이류좌표가 적용되어야 함

## 3 혼합토의 정의와 지반공학적 거동

### 1. 혼합토의 정의
(1) 그림과 같이 모래와 점토가 섞여 있는 토질로 모래의 성질과 점토의 성질을 함께 보유하게 됨
(2) 순수 모래 또는 순수 점토와 거동인 공학적 특성이 다르게 됨

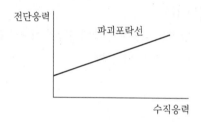

### 2. 지반공학적 거동
(1) 전단강도(Shear Strength)

보통 모래는 배수조건으로 전단저항각이 있으며 점토는 비배수조건으로 점착력(Cohesion)이 있는데 혼합토는 부분배수로 양자의 강도정수를 갖게 됨

(2) 압축성

모래보다는 변형이 크고 점토보다는 변형이 작으며 크기는 두 토질의 함유량에 따라 다르게 됨

(3) 투수성

모래보다는 투수성이 작고 점토보다는 크며 크기는 두 토질의 함유량에 따라 변화함

### 3. 평가
(1) 혼합토(Mixtured Soil)는 모래와 점토의 중간적 성질을 갖는 토질로 취급됨
(2) 검토하려는 내용과 관련되는 실내와 현장시험으로 거동 특성을 파악함이 중요함

## 4 말뚝기초의 LRFD 설계법

### 1. 상태 정의와 기본 개념

| 한계상태 | 정의(기준) | 요구 성능 |
|---|---|---|
| 극한한계상태 | 파괴되지 않고 구조물이 전체 안정을 유지하는 한계상태 | 파괴 또는 과도한 변형 발생 안 됨 |
| 사용한계상태 | 구조물의 기능이 확보되는 한계상태 | 유해한 변형이 발생 안 됨 |

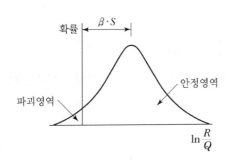

예 $\ln\left(\dfrac{5}{5}\right) = 0$

$\ln\left(\dfrac{10}{5}\right) = 0.69$

$\ln\left(\dfrac{20}{5}\right) = 1.39$

$\ln\left(\dfrac{2.5}{5}\right) = -0.69$

### 2. 하중저항계수법(LRFD : Load and Resistance Factor Design)

(1) 목표 신뢰도 지수로 표현되는 안정성을 보장하기 위해 공칭저항($R_n$)에 저항계수(1보다 작음), 하중에 하중계수를 적용함

(2) 예시

$$\phi R_n \geq \gamma_D Q_D + \gamma_L Q_L = \Sigma \gamma_i Q_i$$

여기서, $\phi$ : 저항계수, $R_n$ : 공칭저항

$\gamma_D$ : 고정하중계수, $\gamma_L$ : 활하중계수

$\gamma_i$ : 하중계수, $Q_D$ : 고정하중

$Q_L$ : 활하중, $Q_i$ : 작용하중

## 3. 허용응력설계와 비교

| 구분 | 허용응력설계 | 한계상태설계 |
|------|-------------|-------------|
| 방법 | 안전율 개념 | 신뢰도 지수, 파괴확률 개념 |
| 장점 | 사용성, 경험 풍부 | 신뢰성 확보, 최적 설계 |
| 단점 | 경험적 안전율 | 합리적 저항계수 산정 중요 |

## 4. 평가

(1) 경제적 · 합리적 설계 측면에서 한계상태가 타당함

(2) 보다 합리적 접근으로 성실한 시공이 요구되며 기초는 보수가 어렵고 비용이 많이 들게 됨

## 5 점토와 모래의 전단 시 거동 특성

### 1. 점토의 거동 특성

(1) 변형률 – 체적 변화(Dilatancy)

① 과압밀 : 처음에 약간 압축되고 이후는 계속 팽창함

② 정규압밀 : 변형률 증가에 따라 계속 압축함

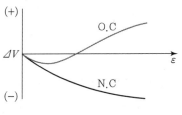

(2) 변형률 – 전단응력

① 과압밀 : 작은 변형률에서 전단응력이 정규압밀토보다 큼

② 정규압밀 : 변형률이 크며 Peak점이 불확실한 경우도 많음

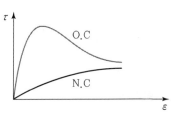

(3) 변형률 – 간극수압

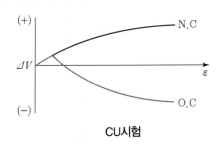

CU시험

CD시험

### 2. 모래의 거동 특성

(1) 변형률–체적 변화(Dilatancy)

① 조밀 : 처음에 약간 압축되고 변형률에 따라 팽창함

② 느슨 : 변형률에 따라 체적감소, 즉 압축함

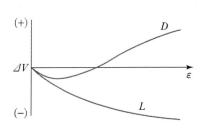

(2) 변형률 – 전단응력(Shear Stress)

① 조밀 : 변형률 증가에 따라 전단응력이 빠르게 증가하고 최대치 도달 후 감소함

② 느슨 : 변형률 증가에 따라 전단응력이 증가하고 그 이후 는 일정한 값을 유지함

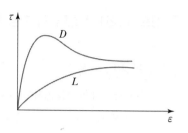

(3) 변형률 – 간극수압(Porewater Pressure)

모래는 배수가 양호하므로 전단 시 간극수압이 발생되지 않음

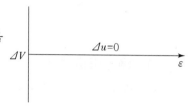

## 3. 평가

(1) 배수조건 시 체적 변화가 발생되며 간극수압(과잉간극수압의미, Excess Porewater Pressure) 은 발생하지 않음

(2) 조밀한 모래와 과압밀점토는 파괴 시 팽창거동, 느슨한 모래와 정규압밀점토는 압축거동을 나타냄

(3) 비배수조건인 경우 체적 변화(Dilatancy)는 발생하지 않으며 간극수압은 조밀한 모래와 과압밀점 토에서는 음의 수압, 느슨한 모래와 정규압밀점토에서는 양의 수압이 발생됨

## 6 불포화토 사면의 안정성 문제 및 그에 따른 유효응력 경로

### 1. 사면안정성 문제

    (1) 강우가 시작되면 지표면에서부터 침투하여 시간이 지남
에 따라 침윤전선이 아래로 이동함

    (2) 건기 시 불포화토로 (−)간극수압이 있어 유효응력을 유
지하고 있었는데 포화도가 증가하여 (−)간극수압 감소
또는 (+)간극수압이 생겨 유효응력의 감소를 수반함

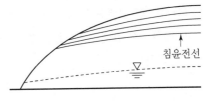

침윤전선

    (3) 점착력이 없거나 적은 사질토의 전단강도 $S = \sigma' + \tan\phi'$에서 유효응력 감소로 전단강도가 크게
저하됨

    (4) 강우강도가 크면 지반으로의 침투는 일정하고 표면으로 유출이 생겨 침식, 세굴이 발생하여 진행
성 파괴로 사면이 붕괴됨

### 2. 유효응력 경로(Effective Stress Path)

    (1) 강우에 의해 1~2m 깊이 이내에서 사면파괴가 주로 발
생됨

    (2) 강우 시 단위중량이 약간 증가하나 큰 변화는 없음

    (3) 강우로 지반의 간극수압이 증가하는 것이 지배적 인자임

    (4) 비등방상태에서 축차응력의 변화는 거의 없고 모관흡수
력 상실에 따라 간극수압 증가로 유효응력이 감소하는
응력경로 형태임

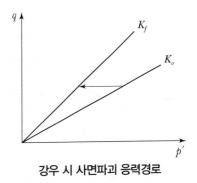

**강우 시 사면파괴 응력경로**

### 3. 평가

    (1) 불포화 시는 음의 간극수압으로 유효응력이 큰 상태이나 강우로 (−)간극수압 감소, 포화 시 (+)
간극수압으로 유효응력(Effective Stress)이 감소함

    (2) 유효응력 감소는 전단강도(Shear Strength)의 감소로 사면안정성이 작아지게 됨

## ⑦ 정규압밀점토(NC)의 강도증가율

### 1. 강도 증가의 원인

(1) 점토는 비배수 시 강도 증가가 없으며 배수 시 강도가 증가함

(2) 배수 시 간극수 배출로 유효응력이 증가하고 전단강도가 증가함

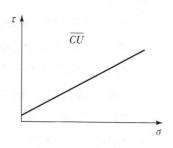

### 2. 산정방법

(1) 비배수전단강도에 의한 방법

점착력($C_u$)의 깊이방향($z$)의 직선분포성을 이용하여 추정하는 방법으로 다음 식과 같다.

$$C_u = K \cdot z, \ p = \gamma' \cdot z$$

$$\frac{C_u}{p} = \frac{K \cdot z}{\gamma' \cdot z} = \frac{K}{\gamma'}$$

여기서, $K$ : 깊이방향에 대한 점착력의 기울기

$\gamma'$ : 수중단위중량

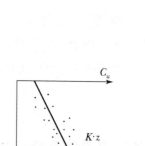

(2) $\overline{CU}$ 시험에 의한 방법

$$\alpha = \frac{\sin\phi'}{1 + \sin\phi'}$$

(3) CU 시험에 의한 방법

$$\alpha = \frac{C_u}{p} = \tan\phi_{cu}$$

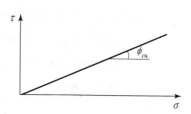

(4) 소성지수로부터 추정하는 방법(Skempton)

$$\frac{C_u}{p} = 0.11 + 0.0037 \cdot PI \ (\text{단}, \ PI > 10)$$

(5) 액성한계에 의한 방법(Hansbo)

$$\frac{C_u}{p} = 0.45LL$$

## 3. 평가

(1) 일축압축시험결과 : 과소평가(이유 : 시료교란 영향)

(2) CU, $\overline{CU}$ 시험결과 : 과대평가(이유 : 등방압밀), 적용 85~90%

(3) 소성지수로부터 경험식에 의하여 추정하는 경우에는 일반적으로 원위치시험의 값과 근사적으로 일치

(4) 소성지수가 낮은 정규압밀점토에서는 삼축압축시험의 결과가 원위치 시험의 결과보다 크며 원위치 시험의 값과 Skempton의 실험식과는 근사적으로 일치

(5) 합리적 시험방향

① 현장응력조건을 고려한 $\overline{CK_oU}$ 삼축시험

② 교란영향 배제, 현장응력 조건 고려한 SHANSEP(Stress History and Normalized Soil Engineering Properties Method)

(6) 최근 국내 분석결과

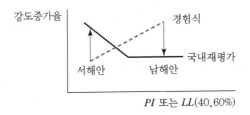

## 8 계수(Modulus)의 종류 및 특성

### 1. 변형계수(Deformation Modulus)

(1) 응력–변형률 관계에서 할선탄성계수이며 탄성과 소성변형을 포함함

(2) 얕은 기초의 즉시침하 산정 등에 적용됨

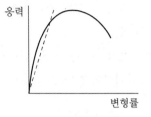

$$E_s = \dfrac{\dfrac{최대응력}{2}}{\varepsilon}$$

여기서, $\varepsilon : \dfrac{최대응력}{2}$에 해당하는 변형률

### 2. 지반반력계수(Subgrade Reaction Modulus)

(1) 하중–침하량 관계에서 탄성구간의 압력과 변형의 비임

(2) 연성기초, 말뚝수평지력, 응답변위법 등에 적용됨

① 평판재하시험

② 항복하중의 $\dfrac{1}{2}$ 하중($P_1$)과 그때의 침하량($S_1$) 산정

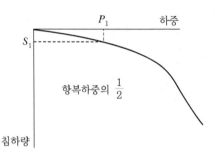

③ $K_V = \dfrac{P_1}{S_1}(\text{t/m}^3,\ \text{kN/m}^3)$

### 3. 동전단탄성계수(Dynamic Shear Modulus)

(1) 전단응력–전단변형률 관계에서 기울기로 정의됨

(2) 내진 관련의 지반응답해석에 적용됨

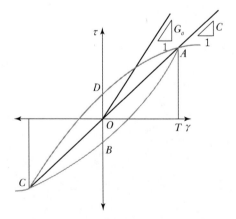

## 4. 평가

(1) 위의 내용 외에 동탄성계수, 수직강성계수와 전단강성계수 등이 있음

(2) 산정되는 방법에 따른 지반거동과 연계된 특성을 고려하여 지반해석에 합리적으로 적용되어야 함

## 9 침투수력(Seepage Force)

### 1. 침투압

(1) 그림과 같이 상향의 흐름이 발생하게 되면 유효응력이 변화하게 됨

$$\sigma = h_w \gamma_w + Z \gamma_{sat}$$

$$u = h_w \gamma_w + Z \gamma_w + \Delta h \gamma_w$$

$$\overline{\sigma} = \sigma - u = Z \gamma_{sub} - \Delta h \gamma_w$$

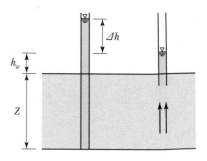

(2) 유효응력 식에서 $\Delta h \cdot \gamma_w$를 침투압(Seepage Pressure)이라 함

### 2. 침투력

침투압은 단면적당 작용하는 압력이며 침투력(Seepage Force)은 체적에 대한 침투힘의 크기임

침투압 × 단면적 $= \Delta h \cdot \gamma_w \cdot A$

$V = A \cdot Z$에서 $A = \dfrac{V}{Z}$

$$\Delta h \cdot \gamma_w \cdot A = \Delta h \cdot \gamma_w \cdot \dfrac{V}{Z} = \dfrac{\Delta h}{Z} \cdot \gamma_w \cdot V = i \cdot \gamma_w \cdot V$$

### 3. 결정방법

(1) $J = i \gamma_w V = i \gamma_w D \dfrac{1}{2} D$

(2) $i = \dfrac{h}{D}$

(3) $h = \left( \dfrac{n_{d1}}{n_d} + \dfrac{n_{d2}}{n_d} \right) \times \dfrac{1}{2} \times H$

여기서, $nd_1$ : 하류면과 $B$점의 등수두선 간격 수

$nd_2$ : 하류면과 $D$점의 등수두선 간격 수

$nd$ : 전체 등수두선 간격 수

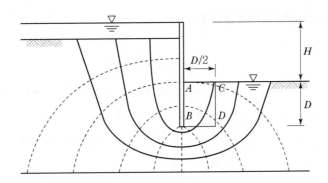

## 4. 평가

(1) 침투력이 크면 수두차에 의해 Boiling이 발생되어 굴착저면의 수동토압이 감소하고, 토입자 유실
   이 생김

(2) 또한 배면침하로 유해하므로 차수주입 등의 대책이 필요함

## 🔟 쉴드 TBM 굴진 시 붕락 발생 메커니즘(Mechanism)

### 1. Shield TBM

(1) 굴착된 단면은 강제원형통(Skin Plate)에 의해 지지하게 되며 Tail부에서 토압이나 수압에 의해 설계된 Segment를 조립해 지반침하나 변형을 억제하게 됨

(2) Shield에서는 반드시 Tail Void가 발생하게 되고 Shield 굴착 중 막장지반 이완, Shield 굴진으로 마찰교란이 되므로 조기에 주입되어야 함

### 2. 이수식 붕락 발생

(1) 가압된 이수로 굴진면의 토압과 수압에 저항하여 안정을 도모하는 방법임

(2) 작용외력보다 이수압력이 작으면 붕괴하게 됨

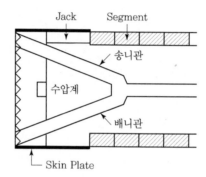

### 3. 토압식 붕락 발생

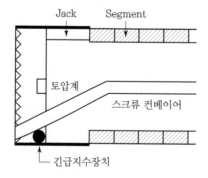

(1) 굴진면의 커터회전속도와 배토장치에 의한 배토량속도로 압력을 주어 안정을 도모하게 됨

(2) 작용외력인 토압과 수압에 대해 굴착된 토사에 작용되는 압력이 작게 되면 굴진면에서 붕락이 발생됨

(3) 천단, 측벽과 바닥부는 Skin Plate로지지(Support)되므로 붕락은 굴진면에서 주로 발생 가능하게 됨(이수식도 같음)

## 4. 평가

(1) 토압, 수압과 상재하중 등에 대한 작용력을 산정하여 소요지보압력을 산정해야 함

(2) 시공굴진 시 수압계, 토압계를 측정하여 굴진면이나 지표면의 변형을 고려하여 관리하여야 함

## 11 측압계수($K_o$)를 산정하는 방법과 문제점

### 1. 측압계수(초기지압비)

(1) 초기응력은 터널이 굴진되기 전에 작용하고 있는 지반응력으로 정의됨

(2) 이와 관련되어 수평방향응력에 대한 연직방향응력을 측압계수 또는 초기지압비라 함

(3) $K_o = \dfrac{\sigma_h}{\sigma_v}$ 로 토질의 정지토압 계수와 같은 개념으로 정의됨

### 2. 응력해방법(overcoring)

(1) 산정방법

※ 변형 측정 → 응력 산정

(2) 문제점

① 응력을 간접 측정

② 시공 전 측정 곤란

### 3. 응력회복법(Stress Relief)

(1) 산정방법

※ 원응력 상태로 회복

(2) 문제점

① Jack의 작용력 제한

② 시공 전 측정 곤란

4. 수압파쇄법(Hydraulic Fracturing)

   (1) 산정방법

                                ※ 가압 → 중지 → 재가압

   (2) 문제점

      ① 균열방향

      ② 연직을 주응력으로 취급

5. AE(Acoustic Emission, 미소파괴음방법)

   (1) 산정방법

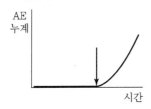

   (2) 문제점

      ① 암석시료 필요

      ② 최댓값, 최솟값 측정 곤란

6. 변형률차방법(DRA : Deformation Rate Analysis)

   (1) 산정방법

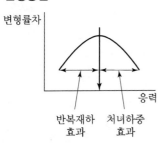

   (2) 문제점 : AE방법과 같음

## 7. 평가

  (1) 설계 시 수압파쇄, AE, DRA로 산정할 수 있고 시공 시 응력해방, 응력회복방법을 추가할 수 있음

  (2) 초기지압은 반드시 시험한 값을 적용해야 하고 대표성과 신뢰성 향상을 위해 3~5회 시험되어야 함

  (3) AE, DRA는 응력방향은 모르고 최대치~최소치 사이로 시험됨

  (4) 터널 등 설계 · 시공 시 변위 형태, 보강, 공동방향 등의 영향이 큼을 인지하고 신뢰성 있는 시험이 되어야 함

## 12 가시설 흙막이 굴착 시 인접구조물 안전성 평가기준

### 1. 지반침하 시 구조물 영향

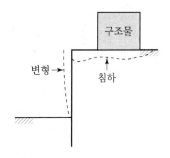

(1) 그림과 같이 토류벽 굴착 시 인근 구조물 지반이 변형됨

(2) 이에 따라 구조물 변형이 발생됨

### 2. 평가기준

지표침하 형태 및 크기에 따라 굴착 중, 굴착 완료 시에 대해 다음과 같은 영향의 검토가 필요함

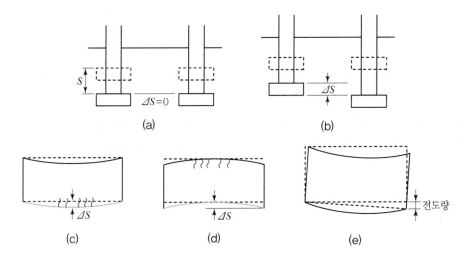

(1) **전체침하량** : 그림 (a)와 같이 균일침하로 사용성에 문제가 되며 구조물 기능에 따라 억제되어야 함(약 2.5~5.0cm)

(2) **부등침하량** : 그림 (b)와 같이 두 점 간 침하량의 차로, 이 값이 크면 구조물 손상이 가능함(약 전체 침하량의 60% 수준)

(3) **각 변위** : 그림 (b)와 같이 두 점 간의 부등침하량비로 구조적 위험과 외관상 문제와 관련됨 $\left(\text{보통 구조물 } \dfrac{1}{500} \text{ 기준}\right)$

(4) **처짐비**$\left(\dfrac{\Delta S}{거리}\right)$ : 그림 (c), (d)와 같이 두 점 간의 휨변형에 의한 것으로 구조물의 휨과 균열 발생에 관계되며, 보통 후술하는 수평인장 변형률과 함께 영향을 평가함

(5) **전도** : 그림 (e)와 같이 구조물의 전도에 대한 것

(6) 수평인장 변형률

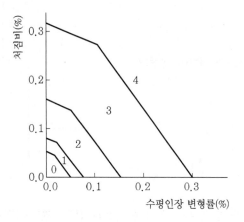

| 구간 | 피해의 심각성 |
|------|--------------|
| 0 | 무시할 수 있는 수준 |
| 1 | 아주 약간 |
| 2 | 약간 |
| 3 | 보통 |
| 4 | 심각~매우 심각 |

## 3. 정리

(1) 구조물의 영향평가를 위해 지표침하 형태와 크기 설정이 매우 중요하며, 이는 경험적 방법, 수치해석, 모형시험, 현장계측에 의해 파악될 수 있음

(2) 통상은 구조물이 존재하지 않는 조건, 즉 Green Field 상태로 지반거동을 예측하나 구조물의 종류 감안 시 고려되는 방법의 적용과 연구가 필요함. 물론 Green Field 조건이 보다 안전 측 방법임

## 13 지수주입(Curtain Grouting) 및 밀착주입(Consolidation Grouting)

### 1. 지수주입(Curtain Grouting)

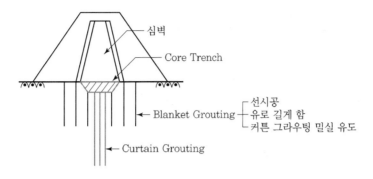

#### (1) 목적

기초지반을 통한 누수 방지, 양압력 감소, Piping 방지

#### (2) 주입

- 주입압 : 저수깊이 수압의 2~3배
- 방법 : 다단식 그라우팅
- 주입재 : 주입재 입경은 암반 틈새의 1/3 이하이어야 하고, 투수계수가 $10^{-4} \sim 10^{-5}$cm/sec이므로 Micro Cement를 사용함. 시멘트를 절약하고 지수효과를 크게 하기 위해 벤토나이트, 점토 등 혼합

### 2. 밀착주입(Consolidation Grouting)

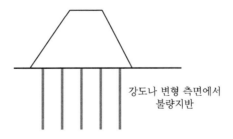

#### (1) 목적

불연속면이 발달된 암반의 밀착, 지지력 보강, 변형억제와 굴착으로 인한 암반이완 보강을 목적으로 하며 지수효과도 얻게 됨(주로 콘크리트 댐에서 사용)

(2) 주입

① 주입압 : 극한 압력을 넘으면 암반이 들뜨게 되며 적으면 그라우팅 효과가 저하되므로 극한 압력

  을 초과하지 않는 범위에서 극한 압력에 가까운 압력으로 현장시공상황을 판단하여 실시함

② 방법 : 다단식 그라우팅

③ 주입재 : 주로 시멘트

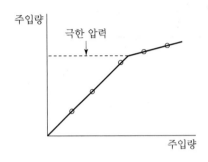

## 3. 평가

(1) 지수주입은 사질토, 불연속면발달된 암반에서 투수문제인 Piping, 과다 누수량 발생 시 적용되며

  주열식으로 시공되어 차수효과가 있도록 함

(2) 밀착주입은 강도 부족이나 변형량 과다 시 보강하는 것으로 일반적으로 격자형식으로 시공됨

## 2 교 시 ( 6문 중 4문 선택, 각 25점 )

【문제 1】
폐기물 매립 지반을 건설부지로 사용할 경우에 다음 항목에 대하여 지반공학적 측면에서 설명하시오.
1) 매립지 건설부지 활용을 위한 설계 시 고려사항
2) 건설부지 활용 시 문제점 및 대책

## 1. 설계 시 고려사항

| 구분 | 고려사항 | 대책 | 비고 |
|------|----------|------|------|
| 구조물 | • 과다 지반침하<br>• 연약층 심도<br>• 구조물 부식 | • 큰 구조물은 말뚝기초 사용<br>• 작은 구조물은 얕은 기초 사용<br>• 허용침하량을 넘는 경우에는 주입공법 적용<br>• 공사 중 가스, 악취문제, 가스탐지기 설치 | 부마찰력 고려 |
| 도로 | • CBR 값<br>• 지반 균일성<br>• 주행에 따른 폐기물 침하<br>• 부등침하 | • 폐기물 층을 2m 정도 굴착 후 모래층을 깔아 지지층을 만듦<br>• 경사면 보호 | 부등침하 고려 |
| 지중매설관 | • 부등침하<br>• 기초형식 | • 공동구 형식을 취함<br>• 전단, 균열방지를 위해 말뚝기초로 지지된 구조물에 강선 등으로 연결시킴<br>• 이음부를 연성 리브 등으로 연결시킴 | 수도관, 가스관, 전선, 하수도, 상수도 등 |
| 가스 | • 폭발, 화재<br>• 악취<br>• 통기방법 | • 건물 밑에 매설된 가스추출관 주위에 쇄석 및 차수 시트 포설<br>• 가스탐지기 설치, 강제 흡입장치 설치 | – |
| 침출수 | • 매립지반 내로 강우 침투<br>• 지반 내의 침출수 이동<br>• 침출수관 침하, 균열 | • 복토층 다짐<br>• 지표에 아스팔트 포설<br>• 증발량이 큰 초목류 식재 | 표면유출을 크게 함 |
| 식생 | • 객토층 두께, 토양개량제<br>• 식물종류 | • 표면 복토층 1m 위에 30cm 객토 후 식재<br>• 불량토에 식종 선정 | – |

## 2. 활용 시 문제점

(1) 매립장을 부지로 사용하기 위해서는 안정화가 이루어진 후나 조기 안정화를 실시한 후여야 함

(2) 예상되는 문제는 악취, 가스 발생, 지하수 오염, 지반침하, 지지력 부족 등과 부식 등이 있음

    ① 지반 측면 : 지반침하, 지지력, 사면안정, 부식 고려 설계

    ② 환경 측면 : 악취, 가스발생량, 포집, 지하수 오염, 부식성

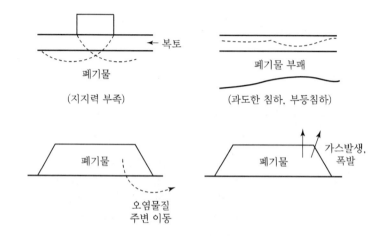

## 3. 활용시 대책

(1) **동다짐공법(Dynamic Compaction)**

    ① 해머(10~40ton), 낙하고(10~30m) 조절로 개량에너지 조절 용이

    ② 압축효과가 커 20~30% 체적이 감소됨

    ③ 폐기물 지반개량의 사례(상계동, 대전 갑천도로 등)도 많고 강력한 수단임

(2) **선행재하공법(Preloading)**

    ① 폐기물 층 위에 필요높이로 성토하고 방치기간이 지난 후 제거함

    ② 침하 또는 압축개량이 주된 것으로 전단강도 증가는 부수적 효과임

    ③ 개량효과는 10~15% 정도 압축됨

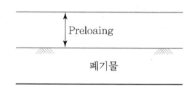

(3) **고결공법**

① 점토, 시멘트, 모르타르 등을 가압 주입함

② 심층개량이 가능함

③ 말뚝효과

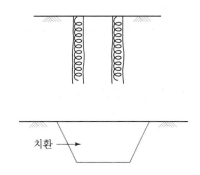

(4) **치환공법**(Replacement)

폐기물 층을 소요 깊이까지 굴착하여 제거하고 양질토로
다짐 시공함

## 4. 평가

(1) 지지력(Bearing Capacity) 문제는 물론 침하문제가 보다 심각할 수 있음

(2) 구체적인 해당 구조물에 대한 검토로 안정성을 파악하고 대책공법을 적용해야 함

(3) 설계검토를 위해 매립두께, 매립물질, 경과시간 등과 지반물성치인 전단강도(Shear Strength),
압축성 관련 정수산정이 중요함을 인식함

【문제 2】
포화된 연약지반에서의 구속압 증가 시와 파괴 시 간극수압 영향인자에 대하여 설명하시오.

## 1. 구속압력 증가 시 간극수압

### (1) 정의

압밀비배수삼축압축시험 시 등방압축 때의 구속응력 증가량($\Delta\sigma_3$)에 대한 간극수압변화($\Delta u$)의 비로 정의됨. 즉, $B = \dfrac{\Delta u}{\Delta\sigma_3}$

### (2) 산정방법

구속응력을 가하고 시료를 압밀시킨 다음 비배수 상태로 구속응력을 증가시키고 그때의 간극수압을 측정해서 구할 수 있음

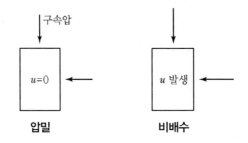

### (3) 적용

① 포화도 판단

② 간극수압 계산 시 이용($\Delta u = B[\Delta\sigma_3 + A(\Delta\sigma_1 - \Delta\sigma_3)]$)

③ 시료를 포화시키기 위해 배압(Back Pressure)을 가하는 경우 포화가 되었는지 안 되었는지를 $B$ 계수로 판단함

### (4) 영향인자

① 정의와 산정방법에서와 같이 시료가 포화되었다면 구속압 증가만큼 간극수압이 증가하여 $B$계수가 1이 됨

② 즉, 구속압 증가 시 간극수압은 포화도에 의존됨

## 2. 파괴 시 간극수압

### (1) 정의

① 압밀비배수삼축압축시험 시 축차응력의 증가량에 대한 간극수압의 변화량비로 정의됨

② 즉, $\Delta u = B[\Delta\sigma_3 + A(\Delta\sigma_1 - \Delta\sigma_3)]$에서 $\Delta\sigma_3 = 0$으로 하면

$$A = \frac{\Delta u}{\Delta\sigma_1}$$

여기서, $\Delta u$ : 간극수압, $\Delta\sigma_1$ : 축차응력

### (2) 산정방법

구속응력을 일정하게 유지하고 축차응력을 증가시켜 간극수압변화량 측정

### (3) 적용

① 과잉간극수압 산출

$$\Delta u = B[\Delta\sigma_3 + A(\Delta\sigma_1 - \Delta\sigma_3)]$$

② 전단강도 증가율 산정

$$\frac{C_u}{P} = \frac{\sin\phi'[K_0 + A_f(1-K_0)]}{1 + (2A_f - 1)\sin\phi'} \xrightarrow{A_f = 1} \frac{\sin\phi'}{1 + \sin\phi'}$$

③ 압밀상태 및 정도 판단

### (4) 영향인자

① 정의, 구하는 방법, $A$값 특성에 따라 시료의 체적 변화 성향에 의존됨

② Dilatancy에서 정규압밀점토나 느슨한 모래는 배수 시 압축거동, 과압밀점토나 조밀한 모래는 팽창거동임

③ 따라서 비배수 전단 시는 그 영향으로 압축거동 성향 시 양의 간극수압, 팽창거동 시 음의 간극수압이 발생됨

④ 또한 시료의 포화도에도 영향이 있음

【문제 3】

수리구조물 하류부에 발생하는 파이핑(Piping) 발생원인, 안전성 평가방법 및 방지대책에 대하여 설명하고, 다음 두 경우의 파이핑에 대한 안전성을 비교 설명하시오.

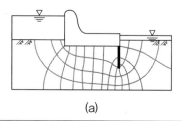

(a)

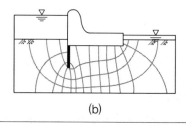

(b)

## 1. Piping 정의

(1) 사질토층에서 상향침투가 발생될 때 동수경사는 임계동수경사보다 커지면서 분사현상(Quick Sand)이 일어나고 사질토는 끓는 상태(Boiling)처럼 되어 쉽게 세굴됨

(2) 댐 하류에서 물이 상향침투할 때 유출부 동수경사가 너무 크면 이곳에서 세굴이 시작되고 상류 측을 향하여 후진하면서 발생되는 것을 후진세굴(Backward Erosion) 현상이라 함

(3) 그 결과 댐 아래 지반에는 파이프(Pipe)와 같은 공동이 형성되며, 이와 같이 파이프 같은 물의 통로가 형성되는 것을 파이핑(Piping) 현상이라 함

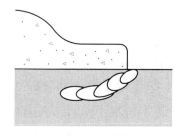

**파이핑 현상**

## 2. Piping 발생원인과 안정성 평가 및 방지대책

(1) Piping 발생원인

① 제체 원인

- 단면 부족
- 앞비탈면이나 중심부에 지수벽 없음
- Filter 층 잘못 설계, 누락
- 수압파쇄(응력전이, 부등침하)
- 다짐불량, 투수성 큰 재료, 입도불량
- 지진에 의한 균열, 두더지, 게 구멍

② 기초지반 원인
- 투수층 존재
- 파쇄대, 풍화대 기초처리 없음
- Grouting(간격, 주입압 등) 불량
- 제체와 기초지반 접촉불량
- 누수에 의한 세굴
- 기초처리불량(밀착 주입)

(2) 안정성 평가방법

① 평가방법은 Terzaghi, 유선망, 한계유속, Creep비, 한계동수경사, 수압파쇄방법이 있음

② 유선망(Flow Net)방법

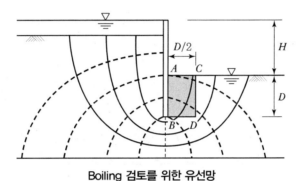

**Boiling 검토를 위한 유선망**

$$F_s = \frac{W}{J}$$

여기서, $F_s$ : 안전율, $W$ : 흙의 유효중량, $J$ : 침투력

$$\therefore F_s = \frac{w}{J} = \frac{\frac{1}{2} \cdot \gamma_{sub} \, D^2}{\gamma_w \cdot \frac{1}{2} D \cdot H_{ave}} = \frac{D \cdot \gamma_{sub}}{H_{ave} \cdot \gamma_w} = \frac{\gamma_{sub}}{i_{ave} \gamma_w} = \frac{i_e}{i}$$

여기서, $H_{ave}$ : 평균손실수두($\overline{BD}$ 면에서 유출면까지의 평균손실수두)

③ 한계유속방법

- 동수구배 $i = \dfrac{\Delta h}{L}$
- 유출속도 $v = ki$

- 침투속도 $v_s = \dfrac{v}{n}$
- 안전율 $= \dfrac{v_e}{v_s}$, $v_c$ : 한계유속

④ 한계동수경사방법

• 한계동수구배와 물이 흐르는 최단거리에 대한 동수구배로 검토함

• 한계동수구배식

$$i_e = \frac{G-1}{1+e} = (G-1)(1-n)$$

⑤ Creep비 방법

$$C_R = \frac{l_w}{h_1-h_2} = \frac{\dfrac{l_h}{3}+\Sigma l_v}{h_1-h_2}$$

구조물제원에 따라 Creep비를 구하고 토질 종류의 안전율과 비교로 평가

⑥ 수압파쇄방법

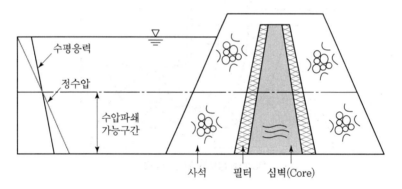

• 유효수평응력 : $\sigma_h' = K\sigma_v'$

    여기서, $K$ : 토압계수, $\sigma_h'$ : 감소된 유효연직응력

• 수압 : $\sigma_w = \gamma_w \cdot Z$

    여기서, $\gamma_w$ : 물단위중량, $Z$ : 깊이

• $\sigma_h' < \sigma_w$이면 수압파쇄 발생

(3) 대책

① 배수로, 심벽＋Filter, 포장형 제체

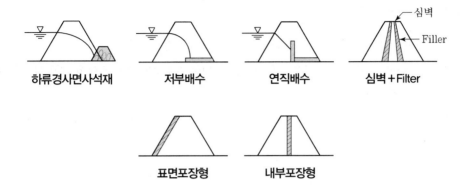

② Curtain Grouting(지수주입) 등 지수공 설치

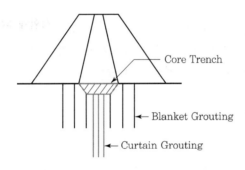

## 3. Piping 안정성 비교

(1) 차수벽 위치

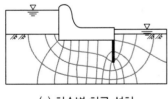

(a) 차수벽 하류 설치

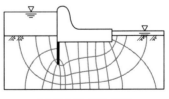

(b) 차수벽 상류 설치

(2) 안정성 비교

① Piping 현상에 대한 안전율 $= \dfrac{i_{critical}}{i_{exit}}$ 로 계산됨

② 한계동수경사 $(i_c) = \dfrac{\gamma_{sub}}{\gamma_w} = 1.0$ 이며 좌우단면이 같음

③ 하류 측 설치 시(그림 a) 출구의 동수경사$(i) = \dfrac{h_1}{l_1}$

④ 상류 측 설치 시(그림 b) 출구의 동수경사$(i) = \dfrac{h_2}{l_2}$

⑤ 출구의 동수경사는 $l_1 < l_2$이므로 하류 측 설치 시 동수경사가 작음

⑥ 따라서 출구의 동수경사가 작을수록 Piping에 대한 안정성이 크게 되어 하류에 설치한 경우가 Piping 안정성이 큼

## 4. 평가

(1) 수리구조물에서 Piping은 사면안정과 더불어 제체 안정의 핵심이므로 검토의 적정성이 확보되어야 함

(2) 검토와 관련되는 단위중량, 투수계수, 간극비, 입도 등이 시험에 의해 산정되어야 함

(3) 계산적 검토에 중요구조물과 대형구조물은 모형시험을 병행하여 평가함이 필요함. 이는 계산과 실제에서 차이가 크게 발생되는 경우가 많기 때문임

【문제 4】

암반 불연속면의 전단강도를 Barton이 제안한 $S = \sigma_n \tan\left[JRC\log\left(\dfrac{JCS}{\sigma_n}\right) + \phi_b\right]$ 을 이용하여 구할 때, 전단강도 산정방법과 JRC(거칠기 계수)를 프로파일러측정기(Profilometer)를 이용하여 구하는 경우 발생할 수 있는 문제점에 대하여 설명하고, 이를 개선하기 위해 암반 불연속면의 거칠기 데이터를 정량화하여 사용하는 경우 거칠기 계수 산정방법과 그 특징에 대하여 설명하시오.

## 1. 불연속면 전단강도

(1) 암반(Rock Mass)은 암석(Intact Rock)에 불연속면(Discontinuities in Rock Mass)이 포함된 것

(2) 현장에 분포되는 암반은 절리, 층리, 엽리나 단층, 파쇄대를 포함하며 불연속면 전단강도가 암석 자체의 강도보다 작게 됨

(3) 터널, 사면, 암반상의 기초와 같이 암반을 대상으로 하는 경우 불연속면 전단강도가 결정적 영향을 미치게 됨

(4) 암석, 불연속면, 암반의 강도 개념을 그림으로 나타내면 다음과 같음

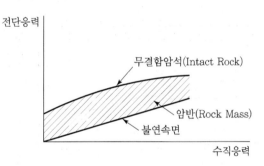

## 2. Barton 식을 이용한 전단강도 산정방법

(1) 관련식

$$\tau = \sigma \tan\left[JRC \log\left(\frac{JCS}{\sigma}\right) + \phi_b\right]$$

여기서, $\tau$ : 전단강도

$\sigma$ : 수직응력

$JRC$ : 불연속면 거칠기 계수(Joint Roughness Coefficient)

$JCS$ : 불연속면의 압축강도(Joint Compression Strength)

$\phi_b$ : 기본전단저항각

(2) 산정방법

① 거칠기 계수, 절리면 강도, 기본 마찰각을 시험하여 측정함

② 불연속면에 작용하는 연직응력(Vertical Stress)으로 수직응력(Normal Stress)을 계산함

③ 관련 식에 의해 전단강도(Shear Strength)를 산정함

## 3. Profilometer 이용 시 발생문제

(1) 측정과 거칠기 계수 산정

① 암반면 시험기 접촉

② 시험기로 거칠기 측정

③ 기준도에 의해 거칠기 정량화

| | |
|---|---|
| ——————————————— | JRC = 0~2 |
| ～～～～～～～ | JRC = 2~4 |
| ～～～～～～～ | JRC = 4~6 |
| ～～～～～～～ | JRC = 6~8 |
| ～～～～～～～ | JRC = 8~10 |
| ～～～～～～～ | JRC = 10~12 |
| ～～～～～～～ | JRC = 12~14 |
| ～～～～～～～ | JRC = 14~16 |
| ～～～～～～～ | JRC = 16~18 |
| ～～～～～～～ | JRC = 18~20 |
| 0        5        10cm | |

(2) 문제점

① 측정위치 : 대표적 위치나 안정성에 필요위치를 찾아서 측정위치를 정해야 하나 주관적인 부분이 작용함

② 측정길이 : 측정길이는 현장에서의 불연속면길이를 충분히 반영하여 감안되지 못함

③ 측정빈도 : 가급적 많은 위치에 대한 측정이 필요하나 제한적으로 측정 가능함

## 4. 거칠기 계수 산정과 특징

### (1) 산정

① 측정길이와 불연속면길이비로부터 감소비를 구함

② 측정거칠기 계수를 현장의 거칠기 계수로 변환함

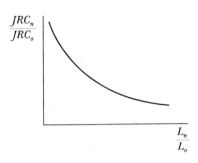

### (2) 특징

① 거칠기의 정도가 길이에 따라 다르게 되는 축적효과(Scale Effect)가 발생함

② 측정길이가 짧으면 상대적으로 큰 거칠기로 나타나게 됨

## 5. 평가

(1) 경험식을 이용하기 위해 관련 시험이 필요함

(2) 또한 절리면 전단강도시험을 함께 하여 불연속면 전단강도의 종합평가가 필요함

【문제 5】
도심지 NATM 터널공사 중 지반침하(막장침하 포함)의 원인 및 방지대책에 대하여 설명하시오.

## 1. 지반침하 원인

### (1) 전단강도 부족

전단강도가 작아 막장면이 안정되지 못하여 붕괴됨

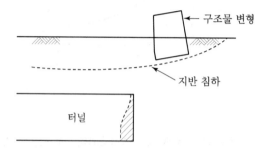

### (2) 작은 변형계수

변형계수(Deformation Modulus)가 작으면 같은 하중조건에서 변형, 예로 천단부에서 침하로 지표침하가 발생됨

### (3) 큰 투수계수

① 터널굴착으로 수위가 저하되어 유효응력(Effective Stress)의 증가로 지표침하가 발생함
② 수위저하 시 물 이동과 함께 토사의 유출로 공간이 형성되면서 침하 발생이 추가됨

### (4) 지반 Arching 형성 곤란

굴진 중에 형성된 Arching에 의한 하중전이를 주변 지반에서 지지가능해야 하나 지반불량으로 변형이 발생되어 침하하게 됨

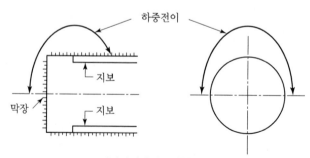

**터널막장에서 3차원 거동**

(5) 시공 관련

① 과도한 굴진길이 시 무지보 능력 부족으로 변형 발생

② 상하반 분할시공 시 상반지보재의 변형 또는 침하 발생

## 2. 지표침하 방지대책

(1) 보조공법

① 강관다단그라우팅 등 지반 보강

② 천단과 막장안정에 유효함

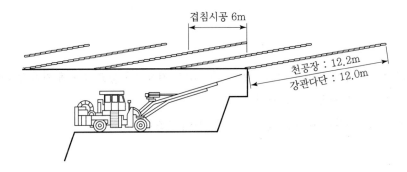

③ 차수그라우팅 : 사질토지반 분포 시 수위저하 방지, 터널 내 유입수 차단을 위해 적용

④ 각부(측벽)보강 : 터널 측벽부 변위 억제, 지지력 확보, 지하수 유입 차단

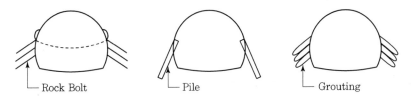

⑤ 필요시 막장안정과 가인버트 실시

(2) 굴착공법과 굴착방법

① Ring Cut(지지코어)을 기본으로 하고 상부 구조물 존재 시 연직분할굴착 등을 고려함

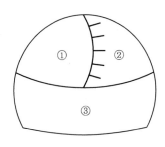

② 굴진길이를 짧게 하고 지반이완이 최소화되도록 소규모 분할, 조절발파, 진동차단 등 실시

### (3) 지보재

① Steel Rib(강지보)는 격자지보보다 변형에 유리한 H형강을 적용

② 숏크리트는 강섬유 Shotcrete로 하여 균열이 적고 잔류강도를 크게 함

③ Rock Bolt는 부분적으로 Swellex 등으로 하여 변형의 최소화를 유도함

### (4) 계측

공사안정성과 시공적합성을 위한 일상계측, 설계타당성 확인을 위한 대표계측을 기본으로 하고, 취약구간이나 구조물 구간에 3차원 계측을 반영함

## 3. 평가

(1) 도심지터널은 비교적 토피가 작고 지반이 불량하며, 지하수가 높고 주변에 기존 구조물이 분포하는 조건의 열악한 시공조건에 해당됨

(2) 이들을 감안한 계획을 세우고 계측으로 확인함이 필요함

**【문제 6】**

지반조사 시 채취된 시료의 교란도 평가방법에 대하여 설명하시오.

## 1. 응력변화와 교란 원인

### (1) 응력 변화

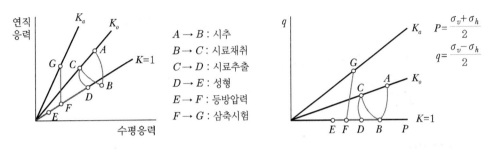

$A \rightarrow B$ : 시추
$B \rightarrow C$ : 시료채취
$C \rightarrow D$ : 시료추출
$D \rightarrow E$ : 성형
$E \rightarrow F$ : 등방압력
$F \rightarrow G$ : 삼축시험

$$P = \frac{\sigma_v + \sigma_h}{2}$$

$$q = \frac{\sigma_v - \sigma_h}{2}$$

### (2) 기계적인 교란

① 시추 시 압력수 : 흡수 팽창

② Sampler 관입, 시료인입, Sampler 내부마찰

③ 채취 시 회전

④ 채취기 인발

⑤ 운반 및 보관

⑥ 시료추출 및 성형

### (3) 지중응력 해방에 의한 교란

지중응력이 해방됨에 따라 지중상태의 응력이 평형을 유지하고 있던 시료는 응력이 해방되어 전응력이 없는 상태로 됨

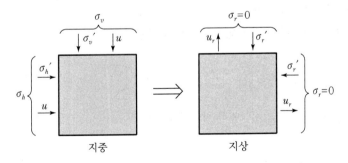

## 2. 교란도 평가방법

### (1) 일축압축시험, 삼축압축시험에 의한 방법

응력-변형 곡선에서 곡선의 형상 특징으로부터 교란의 정도를 다음과 같이 판정

① 응력-변형           ② 심도-전단강도       ③ $\dfrac{E_s}{q_u} \geq 50$ : 불교란

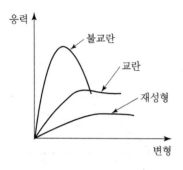 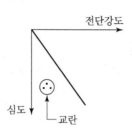

### (2) 압밀시험

① $e - \log P$곡선       ② $\log C_v - \log P$곡선

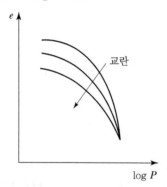 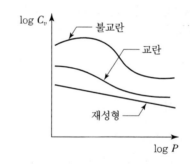

### (3) 체적 변형률 방법

① 초기간극비($GW = Se$) 계산

② 유효상재하중($P_o$)에 대해 시험한 $e - \log P$곡선에서 간극비 구함($e_1$)

③ 체적 변형률 계산

$$\varepsilon_v = \frac{e_o - e_1}{1 + e_o} \times 100(\%), \quad 4\% \text{ 이하 시 불교란시료}$$

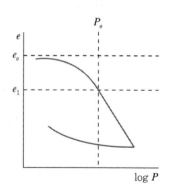

## 3. 평가

(1) 응력해방에 따른 교란은 피할 수 없으며 대책은 비등방압밀, 현장수직응력의 60% 수준 등방압밀, SHANSEP, 교란도에 의한 보정방법이 있음

(2) 시추에서 시험까지 일련의 작업과 관련된 기계적 교란은 정성스런 작업과 규정된 장비로부터 줄일 수 있음을 명심해야 하며 교란영향이 응력해방에 의한 것보다 크다고 알려져 있음

(3) 교란영향을 최소화하기 위해 시료를 대형 크기로 채취함이 요망되고 지표는 Block Sampling, 지중심부는 대구경 Sampler(직경 20~40cm)의 사용이 필요함

(4) 국내에서도 한국건설기술연구원, 건설회사 등에서 여러 대구경 Sampler가 개발되었으며 사례를 통해 대구경 Sampler가 시료교란 감소에 효과적인 것으로 확인되고 있음

(5) 물성치 산정 시 교란이 큰 것은 배제하거나 보정하여 사용

(6) **체적 변형률에 의한 보정 예**

① $\varepsilon_v = \dfrac{e_o - e_1}{1 + e_o} \times 100(\%)$

② 여러 체적 변형률에 대해 시험된 전단, 압밀시험값 Plot

　　예 $P_c,\ C_c,\ C_v,\ m_v,\ C,\ q_u$

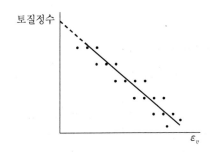

## 3 교 시 ( 6문 중 4문 선택, 각 25점 )

【문제 1】
고성토 토사지반 위에 보강토 옹벽을 계획하는 경우 설계, 시공 시 문제점 및 대책에 대하여 설명하시오.

### 1. 보강토 옹벽과 공법원리

(1) 보강토 옹벽구조

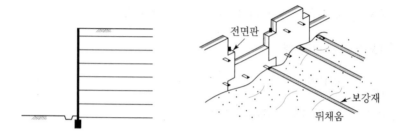

(2) 공법 원리

① Arching

- 토입자 이동은 보강재의 마찰에 의해 횡변위 억제
- 점착력(Cohesion)을 가진 효과 발생

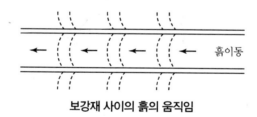

**보강재 사이의 흙의 움직임**

② 겉보기 점착력(Apparent Cohesion)

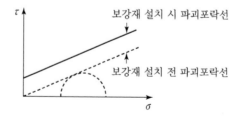

## 2. 현장 단면

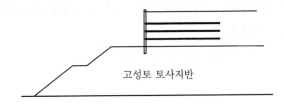

고성토 토사지반

## 3. 안정검토와 중점관리항목

### (1) 외적 안정

전도, 활동, 지지력, 전체사면안정, 침하, 측방유동, 액상화

### (2) 내적 안정

보강재인장파단과 과다변형, 보강재인발

### (3) 중점관리항목

| 파괴 유형 | 설계·시공 시 중점관리항목 |
|---|---|
| 전반활동 | • 설계 시 전반활동 검토(지층 및 강도정수 확인)<br>• 설계 시 보강재의 규격, 길이 검토<br>• 뒤채움 토사관리 및 시방기준에 의한 철저한 다짐관리 등 |
| 전면벽체 탈락 | • 배수시설 검토 및 시공관리<br>• 설계 시 내적, 외적, 연결부 검토 등 |
| 침하, 벽체 균열 및 변형 | • 기초지반조사에 의한 지지력 확보 검토<br>• 곡면부의 아칭효과 발휘를 위한 뒤채움 관리 등 |

## 4. 설계문제와 대책

### (1) 설계는 현장지반조건에 대해 안정한 구조물이 되도록 해야 하며 그러기 위해서 안정검토항목에 대해 안정성을 실시해야 함

### (2) 설계상 문제

① 고성토된 토사지반분포 파악 미흡

② 제 검토를 위한 전단강도정수(Shear Strength Parameter), 변형계수 등 추정

(3) 대책

① 검토를 위한 지반의 현황을 조사와 시험을 통해 결정하며 검토항목 중 전체사면안정, 지지력과 침하를 중요하게 고려해야 함

② 시공 후 문제가 없도록 뒤채움, 배수처리를 계획함

## 5. 시공문제와 대책

(1) 시공상 문제

① 검토누락항목에 대한 간과

② 설계조건과 다를 경우 무시

③ 이상징후 미발견 등

④ 재료와 시공의 부적절

(2) 대책

① 설계조건의 확인

② 적정재료 투입과 시방규정 준수

③ 특히 배수시설의 위치적정성 확인

④ 필요구간 계측 실시(토압, 벽체변위, 보강재 변형, 성토부 침하 등)

## 6. 평가

(1) 토사성토지반으로 다짐이나 토공재료가 불규칙할 수 있어 지반조사빈도를 높임이 필요함

(2) 관련 시험으로 안정성을 검토하며 흙-보강재 마찰각을 시험하고 시공 시 뒤채움재의 입도관리를 철저히 함

【문제 2】

개착구조물 시공을 위한 지하터파기공법 중 주변지반의 변형을 억제하기 위해 적용하는 흙막이 및 지보공을 이용한 굴착공법 가시설 구조물의 계획 수립 시 고려해야 할 주요 항목에 대하여 설명하시오.(단, 아래 그림을 참조하여 설명)

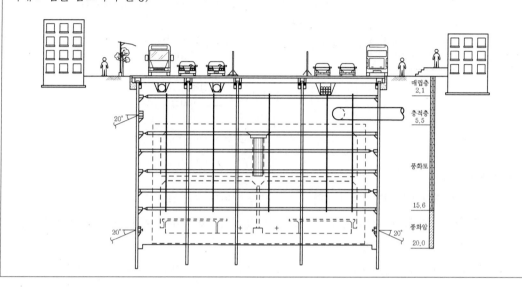

## 1. 현장 상황

  (1) 지층구성 : 매립＋충적층이 약 8m, 풍화토가 약 16m, 기초지반은 풍화암

  (2) 지하수위 : 표시 없음

  (3) 흙막이벽체 : 종류는 모름, 지보공 : Anchor＋버팀대

  (4) 주변 구조물 분포

  (5) 기타 : 복공 후 교통운행, 지하철정거장구조물

## 2. 흙막이 구조물 설계 시 고려사항

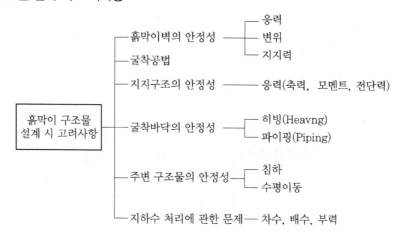

### (1) 흙막이벽체

① 지반이 불량하면 배면변형인 침하가 크고 영향 범위도 크게 됨

② 강성이 큰 벽체(CIP, Slurry Wall 등)로 하며 강성이 작은 경우는 풍화토지반까지 고압분사공법으로 강도보강을 계획함

③ 또한 지하수위는 없으나 공사기간이 비교적 길게 걸리므로 차수보강하여 토사유실을 방지하여 주변지반 변형을 최소화함

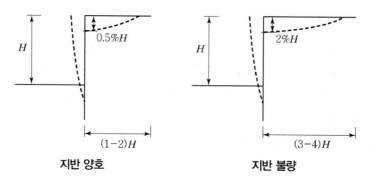

지반 양호                    지반 불량

### (2) 굴착공법

전단면으로 하고 한쪽이 과굴착되지 않도록 계획에 반영함

### (3) 지지구조 안정

① 응력적 부분의 검토는 물론 수치해석에 의한 변형을 분석함

② 지반조건, 수위조건, 굴착 및 보강순서를 적용하여 수치해석

③ 수치해석으로 변위량, 변위방향 등의 자료를 얻게 됨

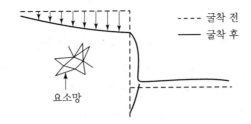

**(4) 굴착바닥의 안정성**

굴착저면에 대해 근입부길이 확보를 위한 토압균형, 벽체나 중간말뚝지지력, Heaving, Boiling 검토가 필요한데, 풍화암지반에서는 큰 문제가 없음

**(5) 주변 구조물 안정**

① 구조물이 지하실 포함 4~5층이고 얕은 기초로 되어 있음

② 굴착에 따른 지반 변형을 예측하여 영향평가를 하고 필요시 계획에 고려함

③ Peck, Caspe, 수치해석를 검토함

- Peck 방법 예시

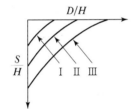

여기서, $D$ : 굴착면으로부터 임의거리

$H$ : 굴착깊이

$S$ : 거리 $D$에 대한 침하량

- 계측결과로부터 작성됨
- 먼저 지반상태를 구분($\mathrm{I} \to \mathrm{II} \to \mathrm{III}$ 순으로 지반조건이 불량함)
- $D/H$별로 $\dfrac{S}{H}$를 구하고 $S = \dfrac{S}{H} \times H$로 침하량을 구함

**(6) 지하수처리계획**

우기 시 차수와 부력검토를 실시함

**(7) 계측계획**

① 계측항목

- 응력 관련 : 토압계, 하중계, 변형률계
- 변형 관련 : 지중경사계, 지중침하계, 지표침하계
- 물 관련 : 지하수위계, 간극수압계
- 기타 관련 : 건물경사계, 균열계, 소음 · 진동 측정

② 계측목적
- 응력 관련 : 작용토압과 설계토압 비교, 각 부재의 응력 확인
- 변형 관련 : 수평변위 적정성, 배면침하 확인과 인근 구조물 영향평가
- 물 관련 : 수위변동, 차수재효과 확인, 수압분포 확인
- 기타 관련 : 주변 영향(구조물, 사람, 가축) 평가 및 관리

## 3. 평가

(1) 설계 시 지반굴착에 따른 변형이나 침하요인을 고려하여 안정한 구조물이 되도록 해야 하고 성실 시공하여 시공의 잘못으로 인한 유해한 침하가 없도록 해야 함

(2) 주변침하 예측은 여러 가지로 분석하여 종합평가하며 거리별 침하량, 경사도 등을 구해 표준적인 허용치와 구조물의 노후도, 재질, 침하허용치 등을 고려해서 영향을 평가해야 함

(3) 시공 시 계측을 하여 설계 예측치의 확인, 예기치 못한 영향을 평가하여 안전시공이 되도록 해야 함

참고 수치해석 예시

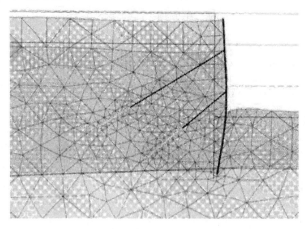

【문제 3】
흙의 투수계수 결정방법에 대하여 설명하시오.

## 1. 투수계수(Permeablity Coefficient) 정의

$v = ki$에서 동수경사=1일 때 흙에 흐르는 물의 유속으로, 포화 시에는 일정한 값이며 불포화 시에는 모관흡수력에 따라 값이 변화함

## 2. 투수계수 산정시험

투수시험 ┌ 실내 : 정수위, 변수위, 압밀, 삼축투수시험
          └ 현장 : 수위 변화, 수압, 관측정, CPTu, DTM

### (1) 정수위 시험(Constant Head Test)

① 적용 : $K = 10^{-3}$cm/s 이상인 조립토

  예 Sand Drain, Filter재, 토목섬유, 뒤채움재

② 방법 : 수두차를 일정하게 유지하고 침투수량($Q$) 측정

③ 식 : $Q = kiAt = K\dfrac{H}{L}At$에서 $K = \dfrac{QL}{AHt}$  ($t$ : 시간)

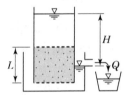

### (2) 변수위 시험(Falling Head Test)

① 적용 : $K = 10^{-3}$cm/s 이하인 세립토  예 Core재, 차수재, 성토재

② 방법 : 시간에 따른 수위변화량 측정

③ 식 : $K = \dfrac{aL}{A(t_2 - t_1)}\ln\left(\dfrac{h_1}{h_2}\right)$  ($a$, $A$ : 파이프, 시료의 단면적)

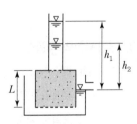

### (3) 압밀시험결과 이용

① 적용 : $K = 10^{-6}$cm/s 이하인 세립토

② 방법 : 압밀시험결과 이용

③ 식 : $K = C_v m_v \gamma_w = C_v\dfrac{a_v}{1+e}\gamma_w$

(4) 삼축투수시험

    ① 적용 : $K=10^{-6}$cm/s 이하 세립토  예  차수재

    ② 시험 : 현장응력을 고려하여 연성벽으로 시간에 따라 침투유량

       측정

    ③ 식 : 정수위 식과 같음

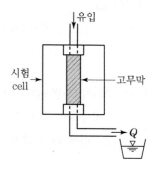

(5) 수위변화시험

    ① 적용 : 토질현장 투수시험

    ② 시험 : 양수 또는 주수하여 시간에 따른 수위 변화량 측정

    ③ 식 : $K=\dfrac{D^2}{8L(t_2-t_1)}\ln\left(\dfrac{2L}{D}\right)\ln\left(\dfrac{h_1}{h_2}\right)$

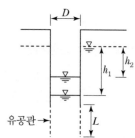

(6) 관측정법

    ① 적용 : 토질현장 투수시험

    ② 시험 : 양수로 정상 상태(Steady State) 조건으로 수위 측정

    ③ 식 : $K=\dfrac{Q}{\pi(h_2{}^2-h_1{}^2)}\ln\dfrac{\gamma_2}{\gamma_1}$

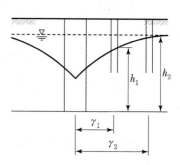

## 3. 현장시험의 적합성

  (1) 시료채취

    ① 시료교란으로 지반상태 변화 가능

    ② 불포화토 가능

  (2) 시험기

    ① 시험면적이 현장보다 작음

    ② 측면에서 누수 발생

4. 평가

   (1) 흐름방향별 투수계수가 산출되기 위해서는 투수계수가 다르게 되는 층 구분과 각 층의 투수계수가 적정해야 함

   (2) 이를 위해 연속된 시료채취에 의한 실내투수시험이 필요하며, 특히 투수계수는 현장시험값이 신뢰도가 크므로 실내시험보다 현장시험에 의함

   (3) 현장시험이 보다 정확한 것은 시료상태 유지, 시험 체적이 크기 때문임

**【문제 4】**

다음 그림과 같이 2종류의 흙을 통과하여 물이 아래로 흐르고 있는 세로방향의 튜브(Tube)에 대하여 다음 물음에 답하시오.(단, Soil Ⅰ의 단면적 $A=0.37\text{m}^2$, 간극률 $n=1/2$, 투수계수 $k=1.0\text{cm/sec}$, Soil Ⅱ의 단면적 $A=0.185\text{m}^2$, 간극률 $n=1/3$, 투수계수 $k=0.5\text{cm/sec}$이다.)

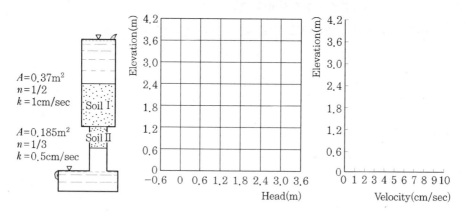

1) 튜브 각 위치별 압력수두(점선), 위치수두(일점쇄선), 전수두(실선)를 그래프에 표시하시오.

2) (Soil Ⅰ)에 흐르는 평균유속과 침투유속을 구하시오.

3) (Soil Ⅱ)에 흐르는 평균유속과 침투유속을 구하시오.

4) 튜브 각 위치별 유속의 크기를 그래프에 표시하시오.

## 1. 위치별 수두그래프 작성

(1) El 3.6m, El 2.4m 위치는 전수두는 같고 값은 3.6m임

두 위치에서 전수두가 같은 이유는 물만 있어서 손실수두가 없기 때문임

① El 3.6m

- 전수두 : 3.6m
- 위치수두 : 3.6m
- 압력수두 : 0m

② El 2.4m

- 전수두 : 3.6m
- 위치수두 : 2.4m
- 압력수두 : 1.2m

(2) El 1.2m

① 단면과 투수계수가 달라 전수두가 단순하게 직선적으로 감소하지 않음. 이는 Soil Ⅱ에서 물이 더 힘들게 빠져나가므로 손실수두가 크게 발생됨

② Soil Ⅰ과 Soil Ⅱ에서 유량은 같으므로

$$k_1 i_1 A_1 = k_2 i_2 A_2$$

③ El 1.2m에서 전수두를 $h_2$라 하면

$$i_1 = \frac{\Delta h_1}{\Delta l_1} = \frac{3.6 - h_2}{1.2}, \quad i_2 = \frac{\Delta h_2}{\Delta l_2} = \frac{h_2 - 0}{0.6}$$

④ $1 \times \frac{3.6 - h_2}{1.2} 0.37 = 0.5 \frac{h_2}{0.6} 0.185 \Rightarrow h_2 = 2.4\text{m}$

- 전수두 : 2.4m
- 위치수두 : 1.2m
- 압력수두 : 1.2m

(3) El 0.6m

- 전수두 : 0m
- 위치수두 : 0.6m
- 압력수두 : −0.6m

(4) El 0.0m

- 전수두 : 0m
- 위치수두 : 0m
- 압력수두 : 0m

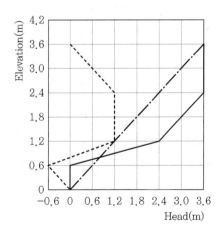

## 2. Soil Ⅰ 평균유속과 침투유속

(1) $i = \dfrac{\Delta h}{L} = \dfrac{3.6 - 2.4}{2.4 - 1.2} = 1$

(2) $v = ki = 1\text{cm/s} \times 1 = 1\text{cm/s}$

(3) $v_s = \dfrac{v}{n} = \dfrac{1}{0.5} = 2\text{cm/s}$

## 3. Soil Ⅱ 평균유속과 침투유속

(1) $i = \dfrac{\Delta h}{L} = \dfrac{2.4 - 0}{1.2 - 0.6} = 4$

(2) $v = ki = 0.5\text{cm/s} \times 4 = 2\text{cm/s}$

(3) $v_s = \dfrac{v}{n} = \dfrac{2}{0.33} = 6.1\text{cm/s}$

## 4. 튜브 각 위치별 유속 크기

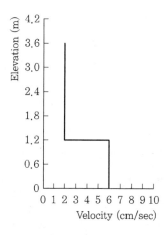

【문제 5】
준설토를 매립하여 필요한 면적의 부지를 조성하고자 할 때, 매립에 필요한 준설물량을 산정하는 방법을
설명하고, 준설매립 공사 시 발생할 수 있는 문제점과 개선방안에 대하여 설명하시오.

## 1. 개요

(1) 경제성장으로 공업용지, 주거용지, 공항, 항만 등의 수요가 날로 늘어가고 있고 국토가 좁은 사정
으로 해안을 매립하게 되었으며 매립 초기에는 주로 쇄석이나 산토가 이용되었음

(2) 매립에 바람직한 재료는 투수성이 좋고 압축성이 작은 조립토이지만 매립량 확보, 운반, 환경피
해, 산사태 등 문제로 바다 근처에서 쉽게 구할 수 있는 점성토가 많이 사용되어 가고 있음

(3) 준설점토는 고함수비이고 압축성이 크고 장기간에 걸쳐 압밀이 진행되므로 침강, 자중압밀, 매립
에 따른 준설량 산정, 전단강도의 특성 파악이 매우 중요함

(4) 사례로는 울산항 저탄장, 마산항 공유수면매립, 여천 용성단지, 광양항, 부산항, 마산공단, 가덕
도 신항만, 율촌 산업단지, 송도 공유수면매립, 새만금개발사업 등이 있음

## 2. 준설물량 산정방법

(1) 유보율 개념에 의한 방법

① 준설투기 시 초기함수비가 800~1,500% 정도이며 토사함유율이 10~15% 정도이고 토사가 부
유되어 계획된 매립지 외부로 유출하게 되는데 이를 유실이라 함

② 준설토사에 대한 유실의 비율을 유실률이라 하고 매립지 내에 쌓이게 된 양을 유보량이라 하며 준
설토사에 대한 유보량의 비를 유보율로 정의함

③ 준설토량($V$)

$$V = \frac{V_o}{P}$$

여기서, $V_o : \dfrac{\text{매립체적}}{1-\text{자체수축률}} \times (1+\text{침하율})$, $P$ : 평균 유보율

④ 자체수축률

• 사질토 : 층두께 5% 이하

• 점성토 : 층두께 20% 이하

• 점성토와 사질토 혼합 : 10~15% 정도

⑤ 침하율 : Terzaghi의 압밀침하량으로 구함

⑥ 유보율

- 점토 및 점토질 실트 70% 이하

- 모래질 실트 70~95%

- 자갈 95~100%

⑦ 유실률

- 1.2mm 이상 : 없음

- 1.2~0.6mm : 5~8%

- 0.6~0.3mm : 10~15%

- 0.3~0.15mm : 20~27%

- 0.15~0.075mm : 30~35%

- 0.075mm : 30~100%

⑧ 유보율을 높이기 위해 여수토를 높게 하고 침사지 면적을 크게 해야 함

## (2) 체적비에 의한 방법

① 침강·압밀시험으로부터 시간에 대한 계면고의 침강곡선 작도

② 자중압밀의 시점·종점을 추정하고 침강압밀계수를 산정

③ 계면고($H$)와 실질 토량고($H_s$) 관계에서 $A$, $B$ 계수를 구하여, $\log H = A + B \log H_s$ 관계 산정

④ $\log H = \log H_o - C_s \log t$ 식으로 자중압밀 중 계면고 산정

⑤ 임의시간 $t$에 대한 간극비를 구함

$$간극비 = \frac{V_v}{V_s} = \frac{H - H_s}{H_s}$$

⑥ 체적비 $= \dfrac{1 + e_t}{1 + e_o}$ 로 시간에 대해 구함

⑦ 체적비 개념은 유보율을 100%로 하여 환경피해가 없도록 하며 준설토량을 최소화하는 방법임

⑧ 준설투기된 점토가 여수로로 흘러가는 동안 충분히 침강이 진행되도록 최소 매립면적이 필요함.

즉, $A = \dfrac{Q}{V}$ ($Q$ : 유입량, $V$ : 침강속도)

⑨ 침강 중에 토사와 해수가 월류되어 바다로 방류되지 않게 가토제의 적정높이가 확보되어야 함

## 3. 문제점과 개선방안

### (1) 매립토사유실과 침강기간 장기소요

① 매립토사유실은 재료적 손실과 환경적 피해가 되므로 여수로를 높이고 침강되도록 면적 확보

② 침강을 촉진하기 위해 중간모래 포설 및 첨가제 투입을 실시함

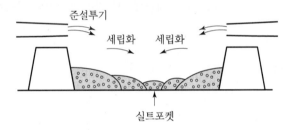

### (2) Silt Pocket 형성으로 지반불균질 형성

① 부분적 침하 과다, 큰 부등침하, 작은 지지력 발생

② 토출관 위치 변경, 매립 후 양질토 혼합 또는 치환 실시

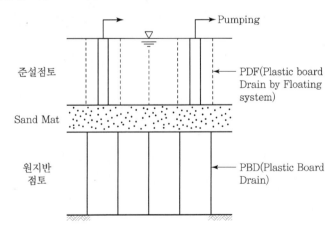

### (3) 매립부지 안정화시간 장기소요

① 향후 부지이용성 증대 및 매립용량 확보 필요

② 침투압밀공법 적용으로 개선

(4) **표층부 지지력이 작아 장비진입 등 문제**

　① 기존의 수평배수층을 사용하고 수평진공배수나 PTM(Progressive Trench Method)이 사용되나 시간이 소요됨

　② 시간적 여유가 부족한 경우 가열지반 개량공법을 적용함

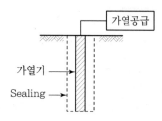

- 가열기 지층에 설치
- 가열로 지반 개량
- 원리 : 가열로 투수계수 증가, 간극수 증발

## 4. 평가

(1) 일반적으로 유보율 개념을 많이 적용하나 자중압밀시험에 근거하는 체적비로 물량산정이 실제 부합하므로 활용이 기대됨

(2) 준설매립은 부지이용성을 확대하고 빠른 시간에 가능함이 필요하고 사토장인 경우 용량 증가가 되도록 함

【문제 6】
폐탄광지역을 통과하는 장대터널을 계획하고 있다. 터널구조물 설계 시 검토하여야 할 주요 사항에 대하여 설명하시오.

## 1. 폐탄광지역과 장대터널 특성

(1) 폐탄광지역은 탄층이 분포되는 위치, 석탄을 캔 공간인 채굴적과 주변 암반으로 지층이 구성됨

(2) 보통 주변 암반에는 사암, Shale, 석회암 등이 주로 분포되어 지반공학적으로 불량, 취약한 지반으로 평가됨

(3) 장대터널은 연장이 길어 단층, 습곡, 파쇄대 등을 많이 교차하게 되며, 운영 측면에서 공기단축이 요구됨. 운영 시에는 안정한 구조물과 방재가 필요함

## 2. 설계 시 주요 검토사항

(1) 지반조사

① 지반조사는 현장조사, 현장시험과 실내시험으로 구성되며, 이들을 통해 지반분포, 이질지반의 경계, 각 지층의 공학적 물성치를 파악하는 것임

② 현장조사는 폐광지역의 특성을 감안하여 시추조사(필요시 수평, 경사 포함), 물리탐사(탄성파, 전기비저항, Geotomography 등)를 하여 분포를 파악해야 함

③ 현장과 실내시험은 전단강도(Shear Strength), 변형과 투수특성 관련 시험과 내진물성치가 도출되도록 검토함

(2) 터널공법 검토

① Single Shell 터널로 굴착면적 감소, Lining 배제로 공기 및 안정성 확보

② TBM＋NATM으로 공기단축, Pilot 터널로 지반파악 및 필요시 보강 수립

③ NATM 시 분할굴착을 적게 하기 위해 사전 지반보강 및 막장안정성 확보

(3) 보조공법과 굴착공법

　① 탄층위치는 굴착 전에 보조공법(강관다단 그라우팅, 고압분사공법 등)을 하여 Ground Arching
　　이 형성되어 굴착이 가능하게 함

　② 반단면시공 시 각부 보강, 필요시 막장면 보조공법을 검토함

　③ 굴착 시 폐광위치에는 공동채움을 실시함

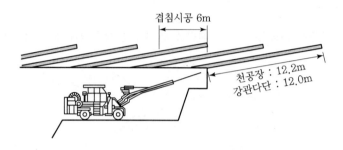

　④ 공기단축방안 검토

　　NATM+TBM공법조합, 상하반동시굴착, Lining 병행타설, 막장면 증가 등 반영함

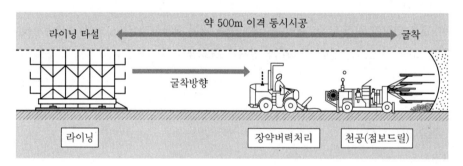

(4) 지보재

　① 강지보인 Steel Rib에는 응력에 유리한 H형강을 적용함

　② Shotcrete에는 조기지보와 내구성 확보를 위해 강섬유숏크리트를 적용함

　③ Rock Bolt에는 일반구간은 철근, 취약구간은 CTbolt, Swellex Bolt 등을 적용함

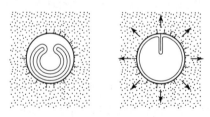

Swellex Bolt

(5) 계측

① 공사 중에 안정한 가운데 공기단축이 되어야 하므로 지반조건, 터널단면 크기, 장비운영을 감안해 결정하도록 함

② 암질불량, 파쇄대 등 예기치 못한 지반 출연 시 공기에 크게 영향을 미치므로 TSP(Tunnel Seismic Prediction), 선진시추 등으로 막장전방예측이 필요함

## 3. 평가

(1) 불량지반에 장대터널이므로 공사 중과 공사 후 안정한 터널이 되어야 하며 그러기 위해 기본적으로 지반조사가 신뢰성 있게 시행되어야 함

(2) 해석적 검토는 물론 기존의 사례분석과 반영을 통해 검토됨이 타당함

## 4 교 시 ( 6문 중 4문 선택, 각 25점 )

【문제 1】

최근 우리나라는 아열대성 기후로 변화하고 있어 국지성 집중호우가 빈번해짐에 따라 산사태로 인한 시설물과 인명 피해가 발생하고 있다. 다음 사항에 대하여 설명하시오.

1) 설계 시 토석류 특성값 산정방법

2) 토석류 발생원인 및 보강대책 공법

### 1. 토석류(Debris Flow) 정의

(1) 계곡 상부에서 산사태가 발생하고 토석류 발생조건이 되면 계곡 하부로 빠른 속도로 유하하는 토석의 흐름

(2) 주로, 계곡, 사면 등의 위치에서 발생

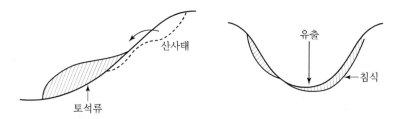

### 2. 토석류 특성값

(1) 설계토석량

① 토석류 대책의 수립에 있어서 대책공법의 규모와 설치위치, 구조물 개수 등을 결정하는 가장 기본적이면서 중요한 변수

② 산정방법

$$V_t = V_i + \sum (L_i \times B_i \times Y_i) - \sum (L_i \times B_i \times D_i)$$

여기서, $V_t$ : 토석 총부피($m^3$)

$V_i$ : 초기 파괴지역의 토석부피($m^3$)

$L_i$ : 계곡의 단위길이(m)

$B_i$ : 계곡의 폭(m)

$Y_i$ : 계곡의 침식두께(m)

$D_i$ : 계곡에서의 토석의 퇴적두께(m)

**(2) 첨두토석량**

① 기존 수로의 용량을 초과하는지 판단하고 토석류의 속도, 충격력 등을 결정하는 데 필요

② 산정방법

$$Q_p = vA$$

여기서, $Q_p$ : 첨두토석량($\text{m}^3/\text{s}$)

$v$ : 토석류 평균흐름속도(m/s)

$A$ : 계곡부 수로의 단면적($\text{m}^2$)

**(3) 토석류 유속**

① 토석류 흐름이 구조물에 가하는 충격력을 산정하는 데 필요한 값

② 산정방법 : 첨두토석량과 계곡단면적으로부터 산정

**(4) 흐름심도**

$$h = \frac{A}{B} = \frac{Q_p}{vB}$$

여기서, $h$ : 흐름심도(m)

$A$ : 계곡을 흐르는 토석류의
단면적($\text{m}^2$)

$B$ : 계곡 폭(m)

$Q_p$ : 첨두토석량($\text{m}^3/\text{s}$)

$v$ : 토석류 평균유속(m/s)

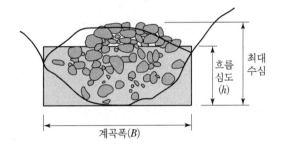

**(5) 동적충격력**

① 동적충격하중은 토석류 또는 거석이 구조물에 부딪히면서 가하는 하중으로서 충격 후 구조물에
발생하는 변위와의 상관성을 고려하여 산정

② 산정방법

$$F = \frac{Mv^2}{d}$$

여기서, $F$ : 동적충격하중(Dynamic Impact Force, kN)

$M$ : 거석의 중량(kg)

$v$ : 흐름의 평균유속(m/s)

$d$ : 충돌 후 구조물에 발생하는 변위(m)

### 3. 발생원인

(1) 발생조건

① 큰 유역면적 필요 : 다량의 유수가 동원되는 조건

② 급경사지형 필요 : 하부로 유동되는 조건

(2) 토석류의 메커니즘

① 이동 : 경사 및 수량 필요   예 10° 이상, 70% 이상 유체

② 퇴적 : ①의 이동조건 반대 및 계곡 폭이 넓어짐

### 4. 보강대책 공법

(1) 고려사항

① 토석 규모, 유량

② 계곡 입구와 도로 위치

③ 배수로 처리용량(기존)

④ 목표 : 파쇄, 방어, 퇴적, 여과, 다른 곳으로 유도

⑤ 계곡 입구와 도로 사이 퇴적공간

⑥ 토석류 구성재료

⑦ 장비 접근성

⑧ 유지관리

(2) 방어구조물 : 파쇄, 사방댐, Slot Dam, Ring Net

① 충격저항성

② 구조물 측면, 하부세굴 발생

③ 설치 위치, 형식, 규격

④ 방어토석량

⑤ 퇴적토 제거방법 등 고려

(3) 배수구조물 보호대책

    ① 입구 막힘

    ② 토석, 유목 종류, 구조형식, 규격, 첨두토석량 등 고려

(4) 감시시스템 : CCTV, 강우량계, 토석류 발생 감지센서

    ① 우회           ② 차단           ③ 통과

                                                                           • 교량

                                                                                  • 암거

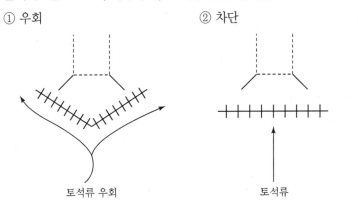

토석류 우회                              토석류

5. 평가

    (1) 지구온난화, 집중호우로 산사태, 토석류 발생빈도가 증가할 것으로 예상되며, 국내에서 토석류에 대한 관심과 기술력 향상이 필요함

    (2) 토석류 대책은 크게 발생 억제, 토석류 방어, 배수시설 보호임

【문제 2】
연약지반 위에 단계별 성토 시 안정관리 방법에 대하여 설명하시오.

## 1. 단계성토공법

(1) 점증재하성토공법과 함께 완속재하공법에 해당됨

(2) 단기간 내 연약지반 위에 급속성토하여 한계성토고 이상이 되면 활동파괴(Sliding)가 발생됨

(3) 따라서 1단계 성토하고 적당기간 방치하여 압밀이 진행되면 증가된 지반의 전단강도에 해당되는 2단계 성토를 하는 공법임

## 2. 단계성토 개념(방법)

(1) 연약지반의 비배수 전단강도로부터 한계 성토고 산정

(2) 시공 여건을 고려하여 방치기간 설정

(3) 방치기간에 따른 비배수 전단강도 증가량 산정

(4) 증가된 전단강도, 즉 초기전단강도와 전단강도 증가량으로 성토고 계산

(5) (4)에서 계산된 성토고에서 1단계 성토고(여기서는 한계 성토고)를 제외한 추가 성토고 계산

(6) 필요시 (2)~(5)를 반복하며, 단계성토 개념도는 다음과 같음

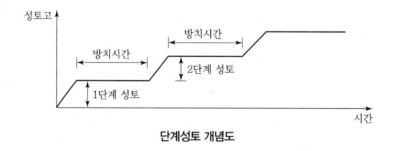

**단계성토 개념도**

## 3. 사면안정관리

성토 시공 중에 전단파괴와 측방유동에 관련된 연약지반 시공관리를 안정관리라 하며, 침하에 대한 수평 변위거동으로 판단함. 안정관리를 하기 위해서는 침하기록과 법면부의 수평변위가 필요하게 되며 재하 중 안정성을 평가하여 재하를 일시 중단하거나 필요한 경우 대책을 강구하도록 해야 함

(1) $\rho - \delta / \rho$ 방법 : 침하량 $-\dfrac{\text{수평변위}}{\text{침하량}}$ 방법(Matsuo – Kawamura 방법)

시공 중에 측정치를 $\rho - \delta / \rho$ 관계도에서 파괴 기준선에 근접하는지 멀어지는지에 따라 안정, 불안정으로 판단함

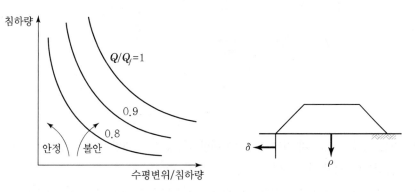

① $Q_f$ : 파괴 시의 성토하중, $Q$ : 임의 성토하중

② 성토에 균열이 생기는 $(Q/Q_f) = 0.85 \sim 0.9$

(2) $\delta - \rho$ 방법 : 수평변위 – 침하량방법(Tominaga – Hashimoto 방법)

성토하중이 낮은 초기단계의 $\delta$와 $\rho$값으로 기준선을 그리고 위쪽으로 멀어지면 위험하다고 판단함. 또한 기준선 아래쪽으로 진행되는 경우에도 $\rho$가 급증하면 위험함

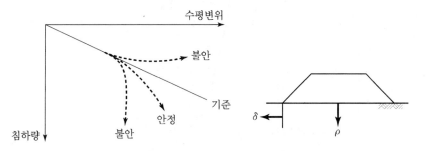

(3) 한계성토고방법(Shibata – Kurihara 방법)

일정속도로 재하하면 $\Delta q / \Delta \delta$의 관계가 직선적으로 감소하게 되며, $\Delta q / \Delta \delta - H$(성토고) 관계에서 한계성토고를 구해 관리함

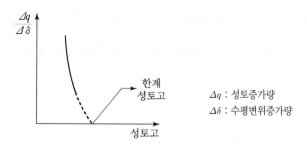

한계
성토고

$\Delta q$ : 성토증가량
$\Delta \delta$ : 수평변위증가량

## 4. 평가

(1) 안정관리는 시공 중 성토의 사면안정성에 대한 거동분석을 위한 것으로 형식적이 되어서는 안 되며 분석, 판단의 시기적인 면이 중요함

(2) 침하나 수평변위 관련 기록의 정확성이 필요하며 성토속도, 과잉간극수압 발생 등의 자료와 종합적으로 평가·관리해야 함

(3) 또한 개량확인지반조사인 현장시험과 실내시험으로 전단강도인 점착력(Cohesion) 값을 산정하여 사면안정해석으로 안정성을 확인함

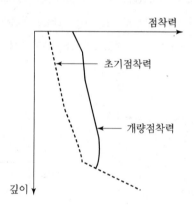

【문제 3】

지반 내 물의 2차원 흐름에 대하여 정상류 흐름의 기본방정식은 $k_x \dfrac{\partial^2 h}{\partial x^2} + k_z \dfrac{\partial^2 h}{\partial z^2} = 0$으로 유도된다. 이때 다음을 설명하시오.

1) 유선망을 이용한 이방성 흙의 투수문제에 적용할 수 있도록 위의 기본방정식을 이방성투수방정식으로 변환하시오.

2) 변환된 투수방정식을 이용한 유선망의 작도방법과 침투수량 산정방법에 대하여 설명하시오.

3) 등가투수계수 $k_e = \sqrt{k_x k_z}$ 임을 증명하시오.

## 1. 투수방정식

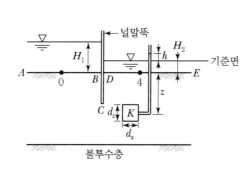
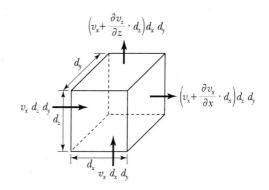

(1) K입자에 발생하는 유량증가량

$$\Delta q = q_{in} - q_{out}$$

$$= \left( K_x \frac{\partial^2 h}{\partial x^2} + K_z \frac{\partial^2 h}{\partial z^2} \right) dx\,dy\,dz$$

(2) K입자에 있는 물의 양

$$V_w = \frac{Se}{1+e} dx\,dy\,dz$$

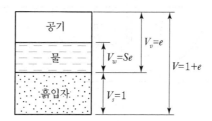

(3) 물의 시간당 양의 변화율

$$\Delta q = \frac{\partial V_w}{\partial t} = \frac{\partial}{\partial t}\left(\frac{Se}{1+e}\,dx\,dy\,dz\right)$$

(4) **투수방정식** : (1) 식과 (3) 식을 같게 하면

$$\left(K_x\frac{\partial^2 h}{\partial x^2} + K_z\frac{\partial^2 h}{\partial z^2}\right)dx\,dy\,dz = \frac{dx\,dy\,dz}{1+e}\,\frac{\partial(se)}{\partial t}$$

## 2. 유선망(Flow Net) 작도와 침투수량 산정

(1) 유선망 작도

① 정의

- 유선망 : 유선(Flow Line)과 등수두선(Equipotential Line)으로 이루어진 망
- 유선 : 침투하는 유로(Flow Channel)의 경계선
- 등수두선 : 흐름의 전수두 높이가 같은 선

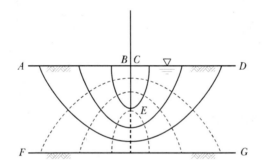

② 작성

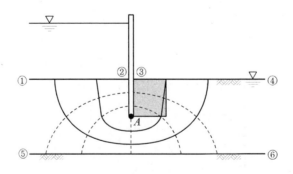

㉠ 유선 경계조건 2개

- ② → $A$ → ③점      • ⑤ → ⑥점

ⓒ 등수두선 경계조건 2개

　　• ① → ②점　　　　　• ③ → ④점

③ 유선을 작도하고 등수두선을 작도하며 2~3회 반복하여 완성함

(2) **침투유량 계산**

$$Q = KH\frac{n_f}{n_d}$$

　　여기서, $Q$ : 유량

　　　　　　$K$ : 투수계수

　　　　　　$H$ : 수두차

　　　　　　$n_f$ : 유선으로 나눈 간격수

　　　　　　$n_d$ : 등수두선으로 나눈 간격수

## 3. 등가투수계수

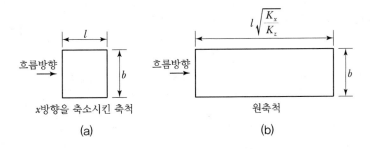

（a）$x$방향을 축소시킨 축척　　（b）원축척

다음 중 그림 (a)와 그림 (b)의 유량은 같음

• (a)의 유량 $\Delta q_T = K_e\dfrac{\Delta h}{l}b = K_e\Delta h$

• (b)의 유량 $\Delta q_N = K_x\dfrac{\Delta h}{l\sqrt{\dfrac{K_x}{K_z}}}b = K_x\dfrac{\Delta h}{\sqrt{\dfrac{K_x}{K_z}}}$

　　$\Delta q_T = \Delta q_N$이므로,

　　$K_e = \sqrt{K_x \cdot K_z}$

【문제 4】
현장타설말뚝이 풍화암 및 암반(연암 이상)에 각각 근입된 경우 다음에 대하여 설명하시오.
1) 연직하중 지지 개념
2) 말뚝의 지지력 산정방법
3) 실무 적용 시 유의사항

## 1. 하중전이(Load Transfer)

  (1) 말뚝지지력의 개념

    ① $Q_{ult} = Q_p + Q_s$

      여기서, $Q_{ult}$ : 극한지지력, $Q_p$ : 선단지지력

      $Q_s$ : 주면마찰력

    ② 주면마찰저항을 발휘하는 데 필요한 변위량은 1~ 2cm를 초과하지 않음

    ③ 선단저항을 발휘하는 데 변위는 타입말뚝은 직경의 10%, 천공말뚝은 직경의 20~30%의 변위가 필요함

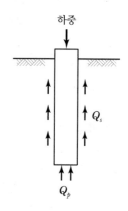

  (2) 하중전이

    ① 하중재하 초기단계에는 전체하중이 주면저항으로 부담함

    ② 하중이 증가하여 주면저항 초과 시 하중전이(Load Transfer)는 선단으로 이동하여 선단저항으로 분담하게 됨

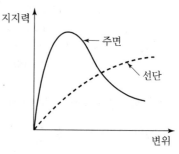

  (3) 지지력 분포

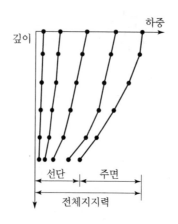

## 2. 풍화암 및 암반지지력 산정방법

### (1) 풍화암

① 풍화암은 보통 기준상 견고한 토사로 평가되나, IGM(Intermediate Geomaterial, 중간지반)으로 평가되어야 함

② 따라서 IGM 지지력 평가에 의함

예 • 한국형 타격콘관입시험 실시

• 관계도 이용

③ 재하시험, 즉 동재하, 정재하, 양방향 재하시험으로 산정

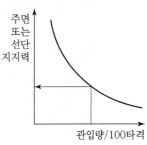

**IGM 관계도**

### (2) 암반

① 암반은 암반상태, 암석강도, 변형계수 등에 의해 단위면적당 주면지지력과 선단지지력을 산정하여 전체지지력을 산정함

② 풍화암과 같이 각종 재하시험으로 신뢰성 있는 지지력 산정 가능

　㉠ 정역학식

$$Q_u = Q_p + Q_s = q_p A_p + \Sigma f_s A_s$$

$$q_p = CN_c + \gamma D_f N_q, \quad f_s = C_a + K_s \sigma_v' \tan\delta$$

　㉡ 현장시험 이용(일축압축강도, 불연속면 간격, 틈새 고려)

　　• 선단 $Q_a = K_{sp} \cdot \sigma_c \cdot d$

　　• 주면 $Q_a = \pi D f_s, \quad f_s = 5\% \times \sigma_c$

　　　　　여기서, $K_{sp}$ : 경험계수 $0.1 \sim 0.4$

　　　　　　　$\sigma_c$ : 암석일축압축강도

　　　　　　　$d$ : 깊이 고려 계수

　㉢ 하중전이 곡선

　　• 주면지지력　　　　　　　　　　　　　• 선단지지력

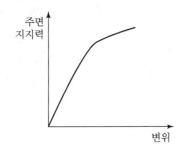
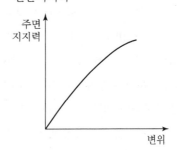

## 3. 실무 적용 시 유의사항

### (1) 공법 선정

① 현장타설말뚝공법은 지층굴진 가능과 공벽 유지의 관점에서 선정되어야 함

② 공법 종류에는 Benoto, RCD, Earth Drill, 심초공법, 전선회식 공법 등이 있음

③ 비교

| 구분 | Benoto | 전선회식 | RCD | Earth Drill | 심초 |
|------|--------|---------|-----|-------------|------|
| 장점 | • 공벽 붕괴 없음<br>• 토사층 적합 | • 공벽 붕괴 없음<br>• 전석, 암반 가능 | • 대구경 가능<br>• 수상 가능 | 점토에 효과적 | • 소형 장비 운영<br>• 지반 직접 확인 |
| 단점 | • 암반 곤란<br>• 수상 곤란 | 비트 마모 굴진 곤란 | • 공벽 붕괴<br>• Pipe 막힘 | • 공벽 붕괴<br>• 자갈, 암반 곤란 | • 장대말뚝 곤란<br>• 시간 소요 |
| 적용성 | 공벽붕괴지반 | 전석, 암반지반에 큰 지지력 | 장대말뚝 수상 가능 | 점토지반 | 장비진입 곤란 시 유리 |

### (2) 지지력 평가

정역학적 지지력식을 이용하는 경우 단위중량, 점착력, 전단저항각 등이 필요하고, 경험적 방법은 암반의 불연속면, 일축압축강도 등이 필요하므로 관련 조사와 시험을 통해 결정되어야 함

### (3) 말뚝재료

압축, 인장, 휨응력 특히 현장타설말뚝은 지반지지력보다 말뚝재료의 안정이 더 중요할 수 있음

### (4) 장경비

직경에 비해 말뚝길이가 매우 길면 장주효과가 생기고 편심으로 응력이 증가하게 됨

### (5) 부주면마찰력(Negative Skin Friction) 작용

주로 점토의 연약지반에서 지반침하로 하향의 작용력이 발생함에 유의해야 함

## 4. 평가

(1) 현장타설말뚝(Drilled Shaft)은 상부하중의 규모가 큰 구조물에 많이 적용되며, 말뚝의 본수가 적으므로 기성말뚝과 다르게 하나의 말뚝역할이 큼을 인식함

(2) 공법과 지지력을 지반조건 등 고려하여 결정되도록 하며, 특히 암반의 경사도를 파악하여 계획함

(3) 암반근입부의 주면 및 선단에서 암석의 일축압축강도시험을 수행하여야 하며, 필요시 공내재하시험을 수행하여 지반의 탄성계수를 측정하고, 급경사지 등 암반의 경사가 큰 위치에서는 시추공 영상촬영시험을 수행하여 암반의 절리면 방향 및 상태를 파악해야 함

【문제 5】
Mohr원을 이용하여 Rankine의 주동토압계수, 수동토압계수 산정방법에 대하여 설명하시오.(단, 내부 마찰각이 $\phi$인 사질토이며, 지표면 경사를 $\alpha$가 되도록 뒤채움한 옹벽 기준)

## 1. 주동토압계수

(1) 정의

① 횡방향 팽창에 의해 파괴될 때를 주동상태라 함

② 주동상태로 파괴될 때의 연직토압에 대한 수평토압(여기서는 지표면에 나란한 토압)의 비를 주동토압계수라 함

③ 즉, $K_a = \dfrac{\sigma_{ha}}{\sigma_v}$

(2) 주동토압계수식

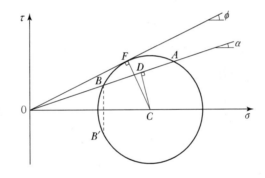

① $B$를 평면기점이라 하면 $\alpha$경사와 Mohr원과 만나는 $A$점의 좌표는 $(\sigma,\ \tau)$가 됨

② 따라서 $\sigma_v$는 $\sigma$와 $\tau$의 합력이 되고 Mohr원에서 $\overline{OA}$가 됨. 즉, $\overline{OA}=\sigma_v$임

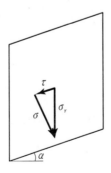

③ 또한 평면기점에서 연직선을 그어 만나는 점 $B'$ 점의 좌표는 $(\sigma_h,\ \tau_h)$가 됨

④ 따라서 $\sigma_{ha}$는 $\sigma_h$와 $\tau_h$의 합력이 되고 Mohr원에서 $\overline{OB'}=\overline{OB}=\sigma_{ha}$가 됨

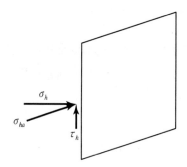

⑤ $K_A = \dfrac{\sigma_{ha}}{\sigma_v} = \dfrac{\overline{OB}}{\overline{OA}} = \dfrac{\overline{OD} - \overline{DB}}{\overline{OD} + \overline{DA}} = \dfrac{\overline{OD} - \overline{DA}}{\overline{OD} + \overline{DA}}$ ················································ ㉠

$\overline{OD}$와 $\overline{DA}$를 $\overline{OC}$의 항으로 표시하기로 함

$\overline{OD} = \overline{OC}\cos\alpha$ ························································································ ㉡

$\overline{DA} = \sqrt{\overline{CA}^2 - \overline{CD}^2} = \sqrt{\overline{CF}^2 - \overline{CD}^2}$

그런데 $\overline{CF} = \overline{OC}\sin\phi$, $\overline{CD} = \overline{OC}\sin\alpha$이므로

$\overline{DA} = \sqrt{\overline{OC}^2\sin^2\phi - \overline{OC}^2\sin^2\alpha} = \sqrt{\overline{OC}^2(\sin^2\phi - \sin^2\alpha)}$

$\quad = \overline{OC}\sqrt{\sin^2\phi - \sin^2\alpha} = \overline{OC}\sqrt{\cos^2\alpha - \cos^2\phi}$ ································ ㉢

⑥ 식 ㉡과 ㉢을 식 ㉠에 대입하면

$$K_A = \dfrac{\cos\alpha - \sqrt{\cos^2\alpha - \cos^2\phi}}{\cos\alpha + \sqrt{\cos^2\alpha - \cos^2\phi}}$$

## 2. 수동토압계수

(1) 정의

① 횡방향으로 압축에 의해 파괴될 때를 수동상태라 함

② 수동상태로 파괴될 때의 연직토압에 대한 수평토압의 비를 수동토압계수라 함

③ 즉, $K_p = \dfrac{\sigma_{hp}}{\sigma_v}$

(2) 수동토압계수식

① 수동토압은 수평토압이 연직토압보다 큰 상태이므로 주동과 반대로 됨

② 즉, $K_p = \dfrac{\sigma_{hp}}{\sigma_v} = \dfrac{\overline{OA}}{\overline{OB}}$

③ 주동과 같이 Mohr원 이용하여 정리하면 다음과 같음

$$K_p = \dfrac{\cos\alpha + \sqrt{\cos^2\alpha - \cos^2\phi}}{\cos\alpha - \sqrt{\cos^2\alpha - \cos^2\phi}}$$

## 【문제 6】

다음의 RMR(Rock Mass Rating), Q시스템 도표는 터널지보 설계에 일반적으로 이용되고 있는 Bieniawski(1976), Barton(1993)이 제시한 도표이다. 다음을 설명하시오.

1) RMR, Q시스템에 대한 비교 분석 및 개선방안(현장 실무 적용 시)

2) ESR(Excavation Support Ratio) 정의

3) RMR=50, Q=5.0일 때 도표를 이용하여 철도터널(폭=10m, $H$=9m)에 요구되는 터널의 지보량을 결정하시오.

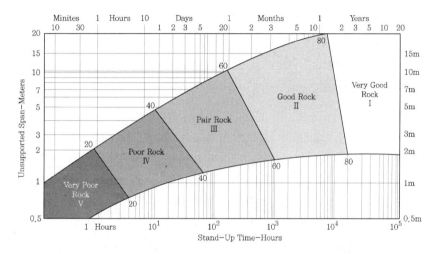

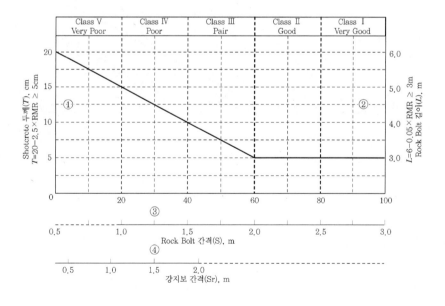

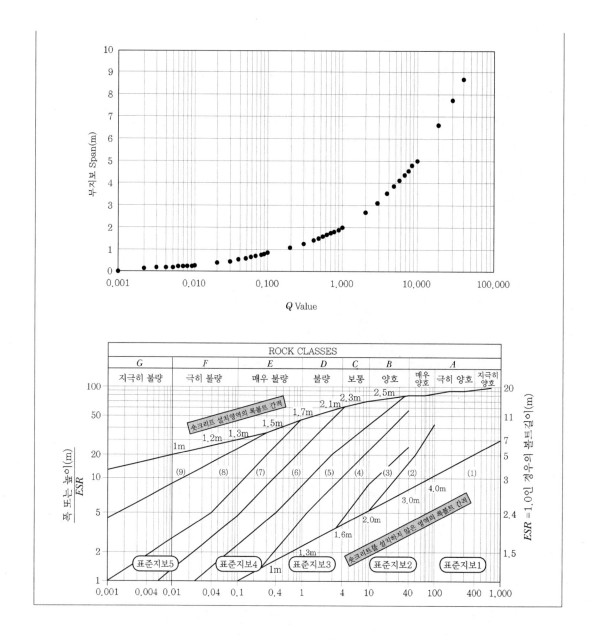

## 1. RMR, Q시스템의 비교 및 개선방안

### (1) 비교 분석

| 구분 | RMR | Q |
|------|-----|---|
| 인자 | 강도, RQD, 간격, 상태, 지하수 | $\dfrac{RQD \times 거칠기 \times 지하수}{종류수 \times 풍화도 \times 응력저감계수}$ |
| 보정 | 불연속면 방향 | 터널 크기 : 굴착지보비 |
| 주된 분류 · 적용 | • 불연속면(간격, 거칠기, 연속성, 틈새, 충전물, 풍화)<br>• 연 · 경암 소단면(불연속체) | • 전단강도(거칠기, 풍화도)응력 상태<br>• 대단면, 취약지반(연속체) |
| 장점 | • 불연속면 거동 효과적<br>• 분류 쉽고 개인차 작음 | • 취약지반<br>• 대단면터널 |
| 단점 | • 취약지반 곤란<br>• 대단면 곤란<br>• 터널 크기 고려 안 됨 | • 불연속면 고려 미흡<br>• 막장 관찰 필요<br>• 개인차 큼 |
| 이용 | • 암반 $C$, $\phi$, $E_s$<br>• 지보 ┬ 하중<br> ├ 무지보 길이<br> └ 형태 | • 암반 $E_s$<br>• 지보 ┬ 하중<br> ├ 무지보 길이<br> └ 형태 |

### (2) 개선방안

① 하위등급, 즉 불량암반에 대한 등급의 세분이 필요

- 불량암반에서 붕괴 가능성이 큼
- 같은 등급이라도 암질의 편차가 큼

② 물리탐사결과 이용 반영 필요

- 물리탐사가 터널, 사면 등에서 많이 시행되고 연속성이 있으므로 효율화 가능
- 물리탐사와 각 물성치 연계 필요 및 가능

③ 취약지반 별도 분류 필요

- 일반 암반과 같이 분류하나 분류값이 같더라도 응력 거동 다름
- 별도 또는 특수구간으로 분류 필요

## 2. ESR(Excavation Support Ratio) 정의

(1) 터널의 유효크기(Equivalent Dimension)는 터널의 규모와 용도의 함수이며 굴착스팬, 직경 또는 벽면높이를 굴착지보비(ESR)로 나누어서 구할 수 있음

$$유효크기 = \frac{굴착스팬, 직경 또는 높이(m)}{ESR}$$

(2) ESR은 굴착목적과 안정성 요구 정도에 따라 다음 표와 같이 주어짐

| 굴착용도 | 굴착지보비(ESR) |
|---|---|
| A. 일시적으로 유지되는 터널 | 약 3~5 |
| B. 영구적 광산터널, 도수터널(지하수로), 대단면 지하굴착을 위한 시험터널, 운반갱도 | 1.6 |
| C. 지하저장소, 소규모 고속도로 및 철도터널, 완충수조, 진입터널 | 1.3 |
| D. 지하발전소, 대규모 고속도로 및 철도터널, 터널교차부, 방공호 | 1.0 |
| E. 지하원자력발전소, 지하정류장, 지하경기장 | 0.8 |

## 3. RMR = 50일 때 터널지보량

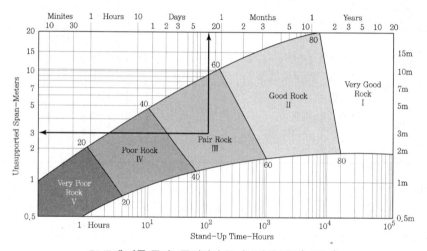

RMR에 따른 무지보굴진장과 무지보시간 관계(그림 1)

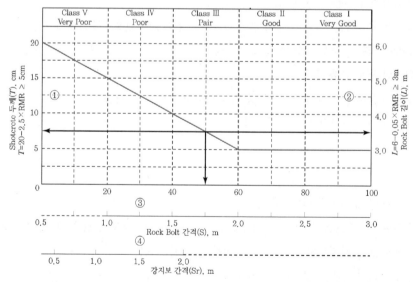

RMR에 따른 Shotcrete 두께, Rock Bolt 간격과 길이, 강지보간격 관계(그림 2)

(1) 그림 1에서 RMR＝50일 때 : 무지보굴진장＝3.0m, 무지보시간＝10일

(2) 그림 2에서 RMR＝50일 때 : Shotcrete 두께＝7.5cm, 록볼트 간격, 길이 : 1.75m, 3.5m

## 4. $Q$ = 5일 때 터널지보량

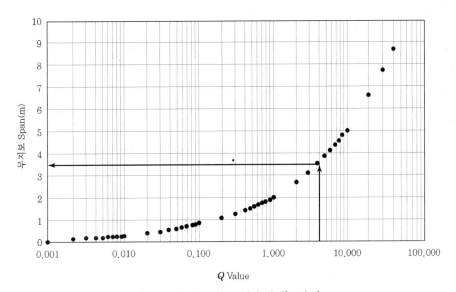

$Q$값에 따른 무지보굴진장 관계(그림 3)

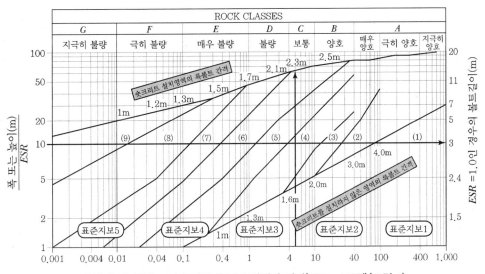

$Q$값과 터널유효크기에 따른 록볼트 간격과 길이(ESR＝1조건)(그림 4)

(1) 그림 3에서 $Q=5$일 때 : 무지보굴진길이 : 3.5m

(2) 그림 4에서 $Q=5$일 때 : (4) 영역으로 록볼트＋숏크리트지보

Rock Bolt 간격＝2.3m, 길이＝3.0m(ESR＝1일 때)

## 5. 지보량 결정

| 구분 | 지보형식 | 무지보 구간 | 숏크리트 두께 | 록볼트 간격 | 록볼트 길이 | 비고 |
|---|---|---|---|---|---|---|
| RMR분류 | － | 3.0m | 7.5cm | 1.75m | 3.5m | |
| Q분류 | 록볼트＋숏크리트 | 3.5m | － | 2.3m | 3.0m | |
| 적용 | 록볼트＋숏크리트 | 3.0m | 10.0cm | 1.5m | 2.5m | |

주) 1. Q분류에서 록볼트 길이는 ESR＝1로 가정한 값임

　　 2. 2차 지보재인 Lining은 이완하중, 배수형식에 따른 ㅅ수압 등을 고려하여 별도 검토 필요

# 제125회
# 과년도 출제문제

## 125 회 출제문제

## 1 교 시 ( 13문 중 10문 선택, 각 10점 )

【문제】

1. 비소성(NP : Non-Plastic)의 공학적 특성

2. 암반 변형시험의 종류

3. CCS(Carbon Capture and Storage)

4. 압밀계수 결정방법($\log t$법, $\sqrt{t}$ 법)

5. 유선망 도해법에서 유선과 등수두선의 특징

6. 터널에서 콘크리트 라이닝의 기능

7. 말뚝의 수평저항력 산정방법 중 Broms 방법

8. 보상기초

9. TBM 굴진율에 관한 경험적 예측모델

10. 토목섬유매트 시험방법 중 그랩(Grab)법과 스트립(Strip)법

11. 석회암지역의 공동과 화산암지역의 공동

12. 필댐(Fill Dam)의 안정성 검토항목

13. 동다짐(Dynamic Compaction)과 동치환(Dynamic Replacement)

## 2 교 시 ( 6문 중 4문 선택, 각 25점 )

【문제 1】
통일분류법(USCS)에서 조립토와 세립토의 분류방법과 공학적 활용방안에 대하여 설명하시오.

【문제 2】
연약지반상에 도로 구조물(흙성토, 배수구조물)을 설계할 때 아래 사항에 대하여 설명하시오.
1) 시추주상도에서 얻을 수 있는 지반공학적 특성과 분석내용
2) 필요한 실내 및 현장시험 종류와 공학적 특성

【문제 3】
연성암반(Soft Rock)에서 터널시공 중 발생할 수 있는 압착(Squeezing)에 대한 경험적 평가방법과 대책에 대하여 설명하시오.

【문제 4】
성토지지말뚝 공법의 종류 및 특징 그리고 각 공법별 하중전달 메커니즘에 대하여 설명하시오.

【문제 5】
필댐(Fill Dam)의 제체에 나타나는 주요 손상(균열, 변위 등)의 종류와 발생 원인에 대하여 설명하시오.

【문제 6】
도심지 지하굴착공사가 주변 지반에 미치는 영향 검토 방법 중 Peck 방법, Clough 방법, Caspe 방법에 대하여 설명하시오.

## 3 교 시 ( 6문 중 4문 선택, 각 25점 )

【문제 1】
해상공사에서 호안제체를 축조하기 위한 강제치환공법의 설계와 시공상 문제점 및 해결방안에 대하여 설명하시오.

【문제 2】
연약지반 개량에서 이론적 최종침하량 산정방법에 대하여 설명하시오. 또한 개량공사 중 이론침하량과 실제침하량이 다른 경우 추가 지반조사 내용과 이를 통한 차이점 분석방법, 계측결과를 이용한 차이점 분석방법에 대하여 설명하시오.

【문제 3】
스톤컬럼(Stone Column)공법에 대하여 설명하고 시공 및 품질관리방안에 대하여 설명하시오.

【문제 4】
터널 굴착 중 발생하는 지반침하의 특징과 인접구조물에 미치는 영향에 대하여 설명하시오.

【문제 5】
연약지반 개량을 위하여 사용하는 연직배수재(Plastic Board Drain)의 통수능 시험방법 중 ASTM 시험방법과 Delft 시험방법에 대하여 설명하시오.

【문제 6】
가설 흙막이 벽의 안정성 검토에 적용하는 경험 토압식 중에서 Peck 식, Tschebotarioff 식에 대하여 설명하시오.

## 4 교 시 ( 6문 중 4문 선택, 각 25점 )

【문제 1】

해상 심층혼합처리공법에서 시공 중 발생하는 부상토의 처리방법과 고려사항에 대하여 설명하시오.

【문제 2】

육상과 해상 폐기물매립장에 관한 아래 사항에 대하여 설명하시오.

1) 육상과 해상 폐기물 매립장의 비교

2) 해상 폐기물 매립장 조성에 필요한 지반공학적 특성

3) 해상 폐기물 매립장 운영 시 유지관리상 고려사항

【문제 3】

석회암 공동지역의 기초지반 보강공법에 대하여 설명하시오.

【문제 4】

건설현장에서 발생하는 산성배수와 피해 저감 대책에 대하여 설명하시오.

【문제 5】

건설공사 비탈면 보강을 위한 억지말뚝공법에 대하여 설명하시오.

【문제 6】

콘크리트 옹벽의 안정성 검토방법과 불안정하게 하는 원인 및 대책에 대하여 설명하시오.

**125 회 출 제 문 제**

**1 교 시 ( 13문 중 10문 선택, 각 10점 )**

### 1 비소성(NP : Non-Plastic)의 공학적 특성

#### 1. 연경도(Consistency)

(1) 세립토의 함수비(Water Content)에 따라 토질은 액체, 소성, 반고체, 고체 상태로 변하게 됨

(2) 이들 변화의 경계가 되는 특정 함수비를 연경도(또는 Atterberg 한계)라 함

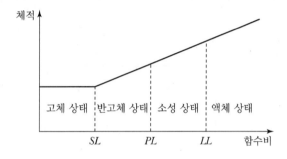

#### 2. 비소성(Non-Plastic) 정의

(1) 소성한계시험에서 적정지름인 3mm의 흙실을 만들기 전에 부서져 소성한계를 구할 수 없는 경우

(2) 소성지수(Plastic Index) = 액성한계 − 소성한계 = 0인 경우를 비소성으로 함

#### 3. 공학적 특성

(1) 비소성의 토질은 모래나 사질토로 실무적 표현이 되고, 소성의 토질은 점토나 점성토로 불리게 됨

(2) 전단강도

① 전단강도는 점착성분과 마찰성분으로 구분할 때 사질토는 전단저항각이 우세함(상시 조건)

② 점성토는 점착성분이 우세함(단기 조건)

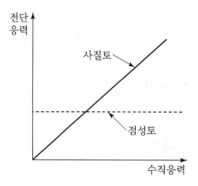

(3) 압축성

① 사질토는 입자이동에 의해 조기에 침하되고 양이 크지 않음

② 점성토는 입자 사이의 간극수 배제에 의해 장기에 걸쳐 침하되고 양이 큼

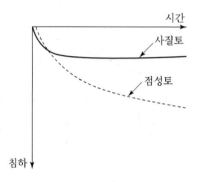

(4) 투수성

① 사질토는 간극비에 따라 다르나 간극이 커 투수성이 큼

② 점성토는 간극비는 크나 입자의 비표면적이 커 투수성이 불량함

## 4. 평가

(1) 비소성은 성형성이나 소성변형이 없는 상태로 공학적 특성이 모래인 토질에 해당됨

(2) 점성토로 예를 들어 ML로 분류되더라도 비소성이나 비소성에 가까우면 사질토 거동을 함에 유의
해야 함

## ② 암반 변형시험의 종류

### 1. 개요

(1) 암석(Intact Rock)은 신선한 암 또는 무결암(Fresh Rock)으로 표현되며 불연속면이 없는 암석 광물의 집합체임

(2) 암반(Rock Mass)은 암석에 불연속면이 다수 포함된 암석과 불연속면(Discontinuities)의 조합 형태임

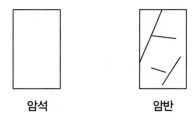

**암석**　　　　**암반**

(3) **변형계수(Deformation Modulus)**

탄성과 소성거동을 포함한 응력과 변형관계에서 실무적으로 최대응력의 $\frac{1}{2}$ 에 해당하는 응력과 변형 률로 정의함

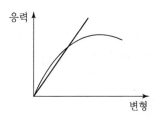

### 2. 시험의 종류

(1) **공내재하시험(Pressuremeter Test)**

직선구간의 기울기로부터 산정

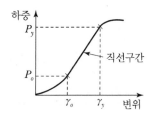

(2) Cross Hole 시험

① 본 시험은 압축파($V_p$)와 전단파($V_s$)를 구하는 현장 동적 물성치를 구하는 시험임

② 그림과 같이 근접하여 시추공(2~3m)을 이용해 파의 속도를 구함

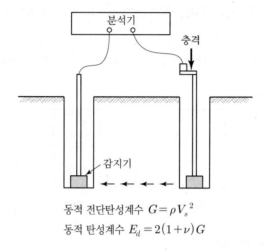

동적 전단탄성계수 $G = \rho V_s^2$

동적 탄성계수 $E_d = 2(1+\nu)G$

## 3. 평가

(1) 평판재하시험과 Down Hole 시험으로도 구할 수 있음

(2) 반복재하 시 그림 (a)와 같이 양호한 암반에서 변형계수가 증가하는 경우와 그림 (b)와 같이 불량한 암반에서 감소하는 경우가 있으므로 유의해야 함

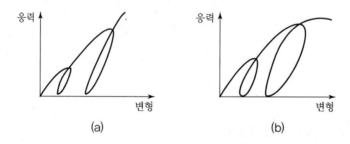

(a)　　　　　　　　(b)

### 3 CCS(Carbon Capture and Storage)

## 1. 개요

(1) 지구온난화의 가속요인으로 해수면 상승, 가뭄과 폭우 등 기상이변 발생, 사막화, 생태계 파괴나 교란 등이 세계적으로 큰 문제가 되고 있음

(2) 온실가스배출량을 최소화하여 온난화를 지연 또는 감소하는 방법이 필요한데, 이 중에서 이산화탄소를 포집하여 저장하는 기술에 해당됨

## 2. 방법

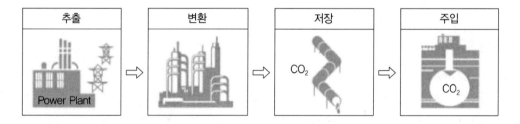

(1) 산업설비로부터 발생되는 탄소를 추출, 즉 포집함

(2) 체적을 줄이기 위해 압축하여 액체화함

(3) Pipe Line이나 운반장비를 이용해 저장시설로 운반

(4) 지하나 해양에 있는 저장공간에 저장하고 누출되지 않게 밀폐시킴

## 3. 평가

(1) 저장공간이 되는 지하공동, 진입터널 등의 위치는 단층대나 화산지역을 피함이 기본이므로 사전에 지반조사를 통한 입지 선정이 중요함

(2) 선정된 위치의 공간구조물이 안정해야 하므로 공학적으로 안정하도록 지반공학적 지반조사, 즉 현장조사, 현장시험, 실내시험 등에 의한 지반상태 파악, 토질과 암반의 물성치 도출로 파괴, 변형, 투수 관련 검토가 필요함

## ④ 압밀계수 결정방법($\log t$법, $\sqrt{t}$ 법)

### 1. 정의

(1) 압밀계수는 압밀침하의 시간적인 영향, 즉 압밀 진행의 속도를 나타내는 계수로 다음과 같이 표시함

$$C_v = \frac{k}{m_v \cdot \gamma_w} = \frac{k(1+e)}{a_v \cdot \gamma_w}$$

(2) 압밀방정식

$\dfrac{\partial u}{\partial t} = C_v \dfrac{\partial^2 u}{\partial z^2}$, 임의의 시간에 대한 깊이($z$)에서 과잉간극수압(Excess Porewater Pressure)의 소

산은 압밀계수(Coefficient of Consolidation)에 지배됨

### 2. 압밀계수 결정방법

(1) $\sqrt{t}$ 법(Taylor)

① 압밀시험에 의한 시간–압축량 곡선을 그린다.

② 실측곡선 부분 중 초기 직선에 해당하는 부분의
연장선을 긋고 세로축과 만나는 점 $d_s$를 구한다.

③ $\overline{AC} = 1.15\,\overline{AB}$ 되게 $C$점을 잡은 후 $d_s$에서 $C$
선을 연장하여 그리면 실측곡선과 만나는 점이
압밀도가 90% 되는 점이다.

④ $d_{90}$에 대응하는 $t_{90}$을 결정하여 압밀도 90%에 해
당하는 시간계수 $T_v$를 이용하여 아래의 식으로
압밀계수를 구한다.

$$C_v = \frac{T_v \cdot D^2}{t_{90}} = \frac{0.848 \cdot D^2}{t_{90}}$$

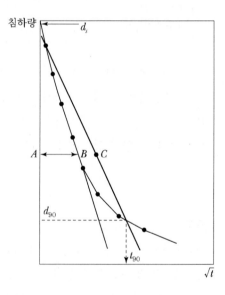

(2) $\log t$법(Casagrande)

① 압밀시험에 의한 시간–압축량 곡선을 그린다.

② 실측 곡선에서 중간 부분의 직선과 마지막 부분 직선의 연장선 교점을 압밀도가 100% 되는 $d_{100}$
을 정한다.

③ $t_2 = 4t_1$이 되도록 $A$, $B$점을 잡은 후 $x$거리만큼 $A$점에서 동일한 거리를 이동시켜 $d_s$점을 정하
여 수정영점(零點)으로 한다.

④ $d_s$와 $d_{100}$ 거리의 반이 $d_{50}$이므로 이 값에 대응하는 $t_{50}$을 결정하여 압밀도 50%에 해당하는 시간

계수 $T_v$를 이용하여 아래의 식으로 압밀계수를 구한다.

$$C_v = \frac{T_v \cdot D^2}{t_{50}} = \frac{0.197 \cdot D^2}{t_{50}}$$

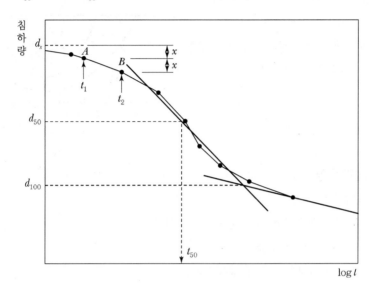

## 3. 평가

(1) 보통 $\sqrt{t}$ 법을 주로 사용하고 있으나 $\sqrt{t}$ 법과 $\log t$ 법에 의한 압밀계수의 평가가 필요함

(2) 시료교란을 최소로 해야 하며 교란된 시험값은 배제함

(3) 설계단계에서 다소 안전 측이 되는 값을 사용하고 계측성과를 분석하여 조정함이 실무적으로 바람직함

## 5 유선망 도해법에서 유선과 등수두선의 특징

### 1. 유선망(Flow Net)의 정의

(1) 유선망은 유선(Flow Line)과 등수두선(Equi-
potential Line)으로 이루어진 곡선군

(2) 유선은 물이 지반 내로 침투하는 경로의 경계

(3) 등수두선은 전수두의 높이가 같은 위치의 연
결선

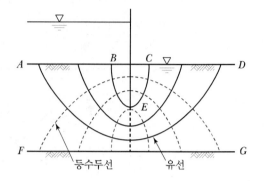

### 2. 유선과 등수두선의 특징

(1) 각 유로의 침투유량이 같음

(2) 인접해 있는 2개의 등수두선 간의 손실수두가 일정함

(3) 유선과 등수두선은 서로 직교함

(4) 유선망으로 되는 사각형은 이론상 정사각형임

(5) 특징의 오류작성 예시

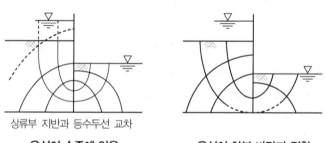

| 유선이 수중에 있음 | 유선이 하부 바닥과 접함 |

### 3. 평가

(1) 유선망의 특징을 고려하여 정확한 작성이 필요함

(2) 도해법으로 여러 번 반복하여 완성도를 높이도록 함

## 6 터널에서 콘크리트 라이닝의 기능

### 1. Lining 설치 개념

(1) NATM 개념에서는 숏크리트와 록볼트 등의 1차 지보재가 터널
의 내구연한 동안 충분한 지보역할을 한다면 콘크리트 라이닝에
는 지반이완하중이 작용하지 않을 수 있음

(2) 그러나 지반조건이 열악하거나 숏크리트의 열화 등 1차 지보재가
지보능력을 상실할 경우나 변위가 수렴되지 않는 상태에서 라이
닝을 타설할 경우에는 이를 고려해야 함

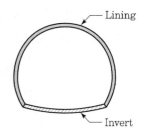

### 2. 라이닝의 기능

(1) **지보구조 측면**

① NATM 공법에서는 변위 수렴 후 복공을 타설하는 것을 원칙으로 하나, 변위 수렴이 장기간에 걸
쳐 발생하는 팽창성 지반, 토사지반에는 변위 수렴 전에 타설하여 터널안정성을 확보

② Lining 타설 후 수압, 침투압, 상재하중 등 외력지지

③ 지반 불균일, 숏크리트 품질 불균질, Rock Bolt 부식, 기능 저하 등 불확정 요소에 대한 안전율
증가

④ 사용 개시 후 외력의 변화, 지반이나 지보재 재료의 약화에 대비하고 구조물로서의 내구성 향상

(2) **공용성 측면**

① 지하수 누수가 적고 수밀성이 좋은 구조물

② 수로터널의 경우 조도계수를 향상시켜 유량이동 효율성 향상

③ 터널 내 각종 가설선, 조명, 환기등 시설지지 또는 부착

④ 차량전조등에 의한 산란균등 확보

⑤ 운전자의 심리적 안정

### 3. 평가

(1) 라이닝이 기능을 원활히 발휘하도록 설계 시 자중, 부착물, 상부하중, 지반하중, 침투압이나 정수
압, 온도와 건조수축하중 등을 고려함

(2) 시공 시 배면공간 발생 방지, 균열 방지, 내구성 있는 구조물이 되도록 함

## 7 말뚝의 수평저항력 산정방법 중 Broms 방법

### 1. 개요

지반을 점성토, 사질토로 구분하고 각 토질조건에 따라 짧은 말뚝과 긴 말뚝으로 나누며 말뚝머리
조건도 자유와 고정으로 하여 파괴형태를 가정하여 해석하는 방법

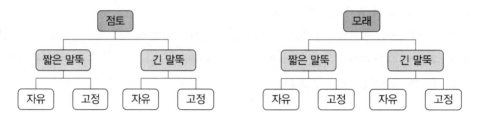

### 2. 말뚝변위거동

(1) 짧은 말뚝(지반 저항에 지배)

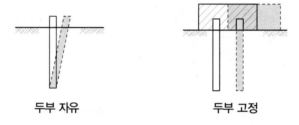

두부 자유                                    두부 고정

(2) 긴 말뚝(말뚝 휨강도에 지배)

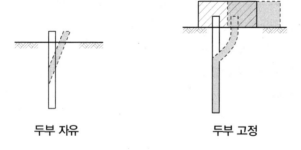

두부 자유                                    두부 고정

## 3. 적용성(조건)

   (1) 두부 자유인 짧은 말뚝, 긴 말뚝

   (2) 두부 고정인 짧은 말뚝, 긴 말뚝

   (3) 순수점토, 모래지반인 경우

## 4. 평가

   (1) Broms 방법은 극한평형법으로 허용변위량에 대한 추가적 검토가 필요함

   (2) 적용조건과 같이 단일층에 해당되므로 필요시 탄성지반반력법(Chang)을 검토함

   (3) 시공 시 수평재하시험에 의한 확인 및 평가가 필요함

### 8 보상기초

## 1. 보상기초(Compensated Foundation)

(1) 지지층이 깊은 경우, 기초가 설치되는 지반을 굴착하여 구조물로 인한 하중 증가를 감소 또는 완전히 제거시키는 형식으로 얕은 기초의 설계 개념(부력기초)

(2) $W_1 \geq W_2$ : 완전 보상기초, $W_1$ : 제거된 흙무게, $W_2$ : 구조물 무게

(3) $W_1 < W_2$ : 부분 보상기초

## 2. 지지력 산정

(1) 정의

① 총지지력(Gross Bearing Capacity)은 기초깊이에 해당하는 부분의 지지력을 포함하는 지지력임. 즉 Terzaghi 식으로 표시하면 $Q_{ult} = \alpha\, C N_c + \beta \gamma_1 B N_r + \gamma_2 D_f N_q$

② 순지지력(Net Bearing Capacity)은 총지지력에서 기초깊이의 상재하중을 제외한 지지력임. 즉, $Q_{net} = Q_{ult} - \gamma_2 D_f$

(2) 적용방법

① 총지지력

• 총하중($P$)은 안전율을 고려한 총지지력보다 적어야 함

• $\dfrac{Q_{ult}}{S \cdot F} > P$

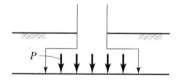

② 순지지력

• 순하중($P_{net} = P - \gamma_2 D_f$)은 안전율을 고려한 순지지력보다 적어야 함

• $\dfrac{Q_{net}}{S.F} = \dfrac{Q_{ult} - \gamma_2 D_f}{S.F} > P_{net}$

## 3. 침하량 산정

### (1) 침하량 산정식 예시

① 즉시 침하량 : $S_i = qB \dfrac{1-\mu^2}{E_s} I$

② 압밀침하량(정규압밀) : $S = \dfrac{C_c}{1+e_o} H \log \dfrac{P_o + \Delta P}{P_o}$

### (2) 침하량(Settlement) 산정

① 상기 식에서 $q$ 또는 $\Delta P$가 순하중에 해당됨. 즉, 총하중에서 근입깊이 부분의 흙무게를 제거한 하중증가량을 의미함

② 따라서 총하중이 증가되어도 순하중이 감소 또는 증가가 없으면 작은 침하 또는 침하 발생이 없게 됨

  예 총하중$(P) = 30\text{t/m}^2$이고 $\gamma D_f = 10\text{t/m}^2$이면

  순하중$(P_{net}) = P - \gamma D_f = 20\text{t/m}^2$을 계산식에 적용함

## 4. 평가(고려사항)

(1) 보상기초에 영향을 미치는 깊은 굴착 등이 인접한 경우 기존 보상기초에 대한 영향을 고려

(2) 굴착으로 제거된 흙과 축조될 구조물의 중량 균형이 되도록 함

(3) 지하수위의 저하에 따라 유효응력의 증가를 가져오지 않도록 유도

(4) 굴착에 의한 지반팽창과 건축물의 축조에 의한 재압축 고려

(5) 부등침하를 줄이기 위해 기초의 강성을 증대

(6) 수치해석 병행

(7) 계측(하중계, 침하계 등)

## 9 TBM 굴진율에 관한 경험적 예측모델

### 1. TBM 공법과 굴진율

(1) 벽면지지대를 터널벽면에 압착(기계지지대 오므림)

(2) 커터헤드부로 굴착

(3) 벽면지지대 제거, 기계지지대 정치

(4) 본체 이동(기계방향, 레이저광선 조정)

(5) (1)~(4)의 작업으로 계속 진행

(6) 굴진율 : 굴진거리/시간

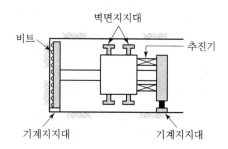

### 2. 예측모델(KICT-SNU 모델)

선형절삭시험(LCT : Line Cutting Test)에서 얻어진 커터작용하중, 절삭비에너지, 최적절삭조건, 압입길이와 DRI(굴삭용이지수, Drilling Rate Index, 취성시험과 천공저항시험에 의해 결정) CLI(커터수명지수, Cutter Life Index, 천공저항시험과 커터마모시험에 의해 결정) 등에 근거해 Cutter Head 설계 및 굴진성능 예측

### 3. 방법

(1) 예측모델로 S/P(Spacing Penetration)조건 → 임계 압입깊이 결정 → 커터작용력 계산

(2) 커터간격, 개수계산

(3) TBM 추력, 토크, 동력, RPM 계산

(4) 굴진속도 및 Cutter Head 설계

### 4. 평가

(1) TBM의 성능은 굴착이 가능하고 굴진 효율성이 적절해야 함이 기본사항임

(2) 이를 위해 커터 헤드 부분이 핵심이 되어 공사기간과 공사비의 산정에 큰 영향을 주게 됨

(3) 단순한 경험에 의하지 말고 관련 시험에 의한 적정한 장비투입으로 원활한 시공이 되도록 해야 하며 일단 투입된 장비는 교체, 변경이 용이하지 않음에 유념해야 함

(4) 국내에 TBM공법이 도입될 때 굴착 개념의 이해 부족 및 제작사에 지나친 의존이 문제가 됨. 직접·간접 방법을 통해 최적 사양과 굴진 성능을 개선하여 성공적 기계화 시공이 되도록 해야 함

**10** 토목섬유매트 시험방법 중 그랩(Grab)법과 스트립(Strip)법

## 1. 개요

(1) 토목섬유매트(Mat)는 주로 그림과 같이 분리기능이나 보강기능을 위해 사용됨

(2) 분리 및 보강 기능을 위해 인장강도와 인장신률에 대한 시험이 필요함

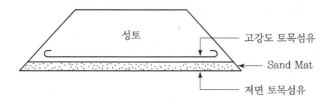

## 2. 시험방법

(1) Grab 시험

시편을 준비하고 그림과 같이 Clamp를 일부분에만 접촉하여 인장시험함

(2) Strip 시험

시편의 긴 길이 부분 전체에 Clamp를 접촉하여 인장시험함

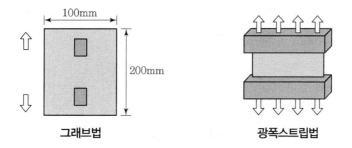

## 3. 비교 및 평가

(1) 시험방법에 따라 그래브 시험에 의한 인장강도가 다소 크게 측정됨

(2) 토목섬유매트 기능에 길이에 대한 또는 단위폭당 인장강도가 타당하여 시험 시 스트립 방법이 타당하며 보통 광폭방법으로 시험하고 있음

## 11 석회암지역의 공동과 화산암지역의 공동

### 1. 석회암지역의 공동

(1) Karst 공동은 석회암지대에서 지하수($CO_2$ 포함)에 의한 침식으로 형성되어 시간 경과에 따라 크기가 커지게 됨

(2) 공동 형성을 위해 불연속면, 단층대의 발달이 잘 되어야 하고 지하수 공급이 원활하여야 함

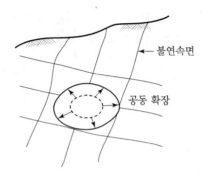

### 2. 화산암 지역의 공동

(1) 화산작용과 연계되어 분출된 용암이 흐르면서 주변부는 냉각되나 공동이 될 위치는 용암이 계속하여 흐름

(2) 따라서 용암흐름지역이 공동으로 형성됨

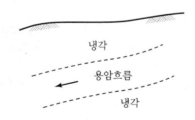

### 3. 비교

| 구분 | Karst 공동(석회공동) | 화산암 공동(용암공동) |
|------|------|------|
| 형성 | 석회암의 침식 | 용암 흐름 |
| 성장 | 형성 후 지속적 성장 | 지속적 성장 없음 |
| 형태 | 매우 불규칙 | 다소 불규칙 |
| 고려 | 건설공사의 설계·시공을 위해 공동규모, 형태, 분포의 파악, 구조물과 공동 사이의 지반조사 등이 중요함 | |

## 12 필댐(Fill Dam)의 안정성 검토항목

### 1. Core형 Fill Dam

(1) **단면 구성** : 외곽사석, Filter, Core층

(2) **사석** : 사면안정 유지로 단면 형성을 위해 무겁고 전단강도가 크며 풍화나 침식 등에 내구성이 큰 재료여야 함

(3) **Filter** : 간극수압 발생 억제, Core재의 유실 방지를 위해 Filter로서의 입도가 중요함

(4) **Core** : 담수와 차수기능을 위해 중요한 부위로 투수계수가 비교적 작아야 함(Dam 시설기준 $1 \times 10^{-5}$cm/s 이하)

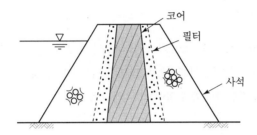

### 2. 안정성 검토항목

(1) **사면안정**

① 상류 측 사면 : 시공 중, 수위급강하 시와 지진 시에 대해 검토

② 하류 측 사면 : 시공 중, 정상침투상태(Steady State Flow)와 지진 시에 대해 검토

| 축제 직후 | 만수, 정상침투상태 | 수위급강하 시 |

(2) **변위 검토**

제체에 대한 침하와 수평변위를 검토하여 적정성 확인

### (3) 침투해석

① 제체와 기초지반으로의 침투해석으로 누수량, Piping 안정성 확인

② 내부침식과 수압파쇄현상 검토

③ 여수로와 같은 구조물에 대해 Creep Ratio 검토

### (4) 댐기초처리

① 침투나 침하의 요인이 되는 풍화대, 절리파쇄대, 연약대 등을 검토하고 충전, Grouting, Bolting 계획

② 심벽의 기초인 Core Trench로 침투 억제

③ 불연속면의 방향에 따라 굴착면의 시공 중 사면안정성 검토

### (5) 축제 재료

① 사석 : 전단저항각이 크고 압축강도가 있어 내구적 재료

② Filter : 입자유실, 간극수압 억제기능이 되도록 입도분포 선정

③ Core재 : 침투량을 감안하여 투수성이 작은 점성토 재료


## 3. 평가

안정검토항목에 따른 구조물의 안정을 확보하고 댐을 구성하는 재료의 적정성 확보가 되어야 함

## 13 동다짐(Dynamic Compaction)과 동치환(Dynamic Replacement)

### 1. 동다짐(Dynamic Compaction)

(1) 중량물(10~30ton)을 높은 위치(10~30m)에서 자유낙하시켜 지반을 개량하는 공법임

(2) 사질토와 점성토에 공히 적용 가능하며 폐기물, 건설폐재, 전석층 등의 개량에 적용 가능함

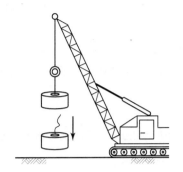

### 2. 동치환(Dynamic Replacement)

무거운 추를 크레인을 사용하여 낙하시켜 연약지반 위에 미리 포설하여 놓은 쇄석 또는 모래자갈 등의 재료를 타격 후 지반으로 관입시켜 큰 직경(0.6~1.0m)의 쇄석기둥을 지중에 형성하는 공법

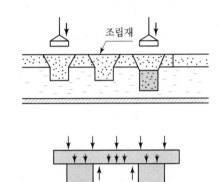

### 3. 비교

(1) **시공방법**

무거운 추를 낙하시키는 것은 두 공법이 같으나 동다짐은 원지반을 다짐하는 것이고 동치환은 조립토(자갈, 쇄석)를 지중에 관입시키는 것임

(2) **원리**

① 동다짐 : 모래의 다짐으로 상대밀도(Relative Density)를 증가시킴

② 동치환 : 원지반에 조립토기둥을 형성하여 복합지반을 조성시킴

(3) **필요 재료**

① 동다짐 : 원지반을 다지므로 별도재료가 필요 없으나 파인 부분을 메울 재료가 필요함

② 동치환 : 조립재 기둥 설치로 비교적 다량의 조립토가 필요함

(4) **적용성**

① 동다짐 : 느슨한 모래, 폐기물 등의 조밀화, 액상화(Liquefaction) 방지

② 동치환 : 복합지반으로 사면안정 유지, 경량구조물의 기초

## 2 교 시 ( 6문 중 4문 선택, 각 25점 )

---

**【문제 1】**
통일분류법(USCS)에서 조립토와 세립토의 분류방법과 공학적 활용방안에 대하여 설명하시오.

---

1. USCS(Unified Soil Classification System) 개요

  (1) 입도분포곡선

    조립토(사질토)와 세립토(점성토) 구분

  (2) 조립토의 구체적 분류

    입도분포곡선 + 소성도에 의함

  (3) 세립토의 구체적 분류

    소성도에 의함

  (4) 분류기호

| 구분 | 제1문자 | | 제2문자 | | 비고 |
|---|---|---|---|---|---|
| | 기호 | 설명 | 기호 | 설명 | |
| 조립토 | G | Gravel | W | 입도분포 양호 | 입도 |
| | | | P | 입도분포 불량 | 입도 |
| | S | Sand | M | 실트질 혼합토 | 소성 |
| | | | C | 점토질 혼합토 | 소성 |
| 세립토 | M | 무기질 실트 | L | 점성이 낮은 흙 | 압축성 |
| | C | 무기질 점토 | H | 점성이 높은 흙 | 압축성 |
| | O | 유기질 실트 및 점토 | | | |
| | Pt | 이탄 및 고유기질토 | - | - | |

## 2. 조립토와 세립토 분류방법

### (1) 필요자료

입도분포곡선과 연경도시험인 액성한계와 소성한계

### (2) 분류방법

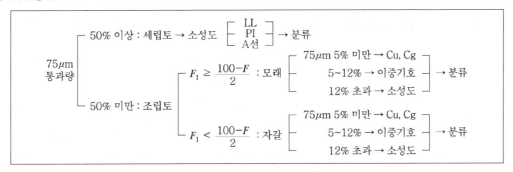

주) $F_1$ : 4.75mm체를 통과하고 75$\mu$m체에 남은 양(%), 즉 모래양

$F$ : 75$\mu$m체 통과량(%), 즉 세립토량

① 75$\mu$m체 통과량 50%를 기준하여 세립토와 조립토 구분

② 세립토는 액성한계와 소성지수 관계인 소성도를 이용하여 분류

③ 조립토는 모래와 자갈량에 따라 모래 또는 자갈로 구분

④ 모래 또는 자갈은 각각 75$\mu$m체 통과량 5% 미만, 5~12%, 12% 초과로 하여 구분

⑤ 5% 미만은 균등계수와 곡률계수를 이용하여 입도양호나 불량판정으로 구분하며, 입도양호는 두 계수의 조건이 동시에 만족됨에 유의해야 함

⑥ 12% 초과는 세립토와 같이 소성도를 이용하여 분류

⑦ 5~12%는 균등계수, 곡률계수와 소성도를 이용하여 2중 기호로 분류함

### (3) 관련 자료 내용

① 입도분포곡선 : 입경에 대한 통과율로부터 입경의 범위와 그 분포형태를 나타낸 곡선으로 관련 시험으로 체분석시험, 비중계분석시험이 있음

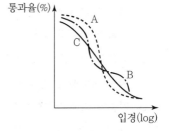

  • A곡선 : 입도불량(입도분포가 균등)

  • B곡선 : 입도불량(빈입도가 있는 계단입도)

  • C곡선 : 입도양호(분포범위와 분포형태 양호, 즉 균등계수와 곡률계수가 동시에 양호함을 의미)

② 균등계수와 곡률계수

$$C_u = \frac{D_{60}}{D_{10}}, \ Cg = \frac{(D_{30})^2}{D_{10} \times D_{60}}$$

③ 소성도(Plasticity Chart)

액성한계(Liquid Limit)와 소성지수(Plasticity Index)를 이용하여 흙 분류 및 특성 파악을 위해 작성된 도표(Arther Casagrande)

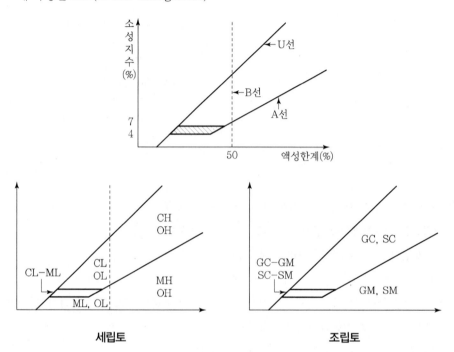

**세립토** **조립토**

## 3. 공학적 활용방안

(1) 흙 분류는 유사한 거동을 보이는 그룹으로 구분하여 개략적인 투수성, 압축성, 전단특성과 같은 공학적 성질과 동상 가능성, 토공재료의 품질, 다짐장비 선정 등을 판단할 수 있음

(2) 입도시험과 액성, 소성한계시험에 주로 근거한 분류로부터 경험적인 관계식 또는 경험치에 의거하여 물리시험 결과로부터 역학적 특성을 예측하고 추정할 수 있음

(3) 기준에 의해 분류함으로써 객관적인 자료가 되고 기술자들 간에 보고서로 의사전달 시 애매하거나 잘못 전달되는 일을 지양할 수 있음

(4) 분류시험에 의해 역학시험 종류, 방법 등의 시험계획에 활용되며 시공계획에 유용하여 업무의 효율성에 크게 기여함

(5) 적용 및 유의사항

| 구분 | 내용 |
|---|---|
| 그룹화 | 공학적으로 유사 거동하는 범위로 구분하여 판단 기초 자료화 |
| 역학성질 | 물리적 시험에 의해 역학 성질 예측, 추정, 확인 |
| 객관성 | 정량적 시험에 의한 분류로 객관화, 신속하고 확실한 의사 전달 |
| 시험계획 | 흙성질에 부합하는 실내시험, 현장시험 |
| 시공계획 | 흙성질에 부합하는 시공기계, 시공방법, 문제점 예측 |

① $75\mu m$ 50% 이상 시 세립토로 분류하나 35% 이상 사질토도 세립토 거동 가능에 유의함

② $75\mu m$ 50% 이상인 세립토가 비소성 특성으로 사질토 거동 가능에 유의함

## 4. 평가

(1) 통일흙분류가 제대로 되기 위하여 입도분석시험인 체분석과 비중계분석, 연경도시험인 액성한계와 소성한계시험이 잘 수행되어야 함

(2) 연경도시험에서 보다 정량화하기 위해 최근에는 Fall Cone 시험이 활용되고 있음

(3) 분류결과로 토질을 판단하고 역학적 시험인 전단강도시험, 압밀시험, 다짐시험, 투수시험으로 토질의 특성을 파악함

(4) 특히 3.-(5)-①, ②에 제시한 유의사항의 중요함을 인식해야 함

【문제 2】

연약지반상에 도로 구조물(흙성토, 배수구조물)을 설계할 때 아래 사항에 대하여 설명하시오.

1) 시추주상도에서 얻을 수 있는 지반공학적 특성과 분석내용

2) 필요한 실내 및 현장시험 종류와 공학적 특성

## 1. 문제의 구조물 현황

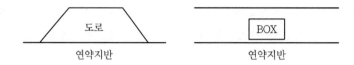

## 2. 주상도에서 취득자료와 분석내용

(1) 연약지반 주상도 예

| 심도(m) | 지층명 | 설명 | 시료채취 심도(m) | N치 | N치 분포도 10   20 |
|---|---|---|---|---|---|
| 1.0 | | 자갈 섞인 모래 | 0.5 | 15 | |
| 2.5 | | 실트질 모래 | 1.5 | 13 | |
| ⋮ | 퇴적토 | 실트질 점토 | 3.0 | 4 | |
| ⋮ | ⋮ | ⋮ | ⋮ | ⋮ | |
| ⋮ | ⋮ | ⋮ | ⋮ | ⋮ | |
| ⋮ | ⋮ | ⋮ | ⋮ | ⋮ | |
| ⋮ | ⋮ | ⋮ | ⋮ | ⋮ | |
| ⋮ | ⋮ | ⋮ | ⋮ | ⋮ | |

(2) 지반 특성과 분석내용

① 연약지반(Soft Ground) 상부와 하부의 지층 파악

- 상부지반 : 지중응력 분포, 배수층 역할 가능성, 장비 진입성(Trafficability)

- 하부지반 : 연약지반 두께, 배수층 역할 가능성

② 연약지반

- 표준관입시험치인 N치로 개략적 연약지반을 구분하여 자연시료 채취위치 결정

- 안정검토 : 사면안정성과 침하량, 침하소요시간산정을 위한 지층 구분

③ 지하수위

- 단위중량(Unit Weight) 적용 시 수중조건 파악

- 유효상재하중(Effective Vertical Pressure) 산정으로 과압밀비(OCR), 침하량 파악

④ 시료채취 : 표준관입시험 시 교란시료와 불교란시료 채취로 실내시험 준비

## 3. 필요한 실내 및 현장시험과 공학적 특성

### (1) 착안사항

① 지반을 개량하기 위해 성토재하로 인한 사면안정(Slope Stability)이 반드시 확보되어야 하며, 이를 위해 전단강도 관련 정수가 필요함

② 압밀촉진을 위한 배수재 간격, 길이의 적정성과 침하량, 침하시간 관련 압밀 관련 정수가 필요함

### (2) 실내시험

① 토성시험(함수비, 비중, 액, 소성한계, 입도분석) : 기본 성질 파악, 제물성치와 관계

② 일축, 삼축압축시험 : 점착력, 강도증가율

③ 압밀시험 : 과압밀비, 압축지수, 압밀계수, 간극비 등

### (3) 현장시험

① Vane, CPTu, DTM

- 비배수전단강도, 수평방향 압밀계수, 투수계수

- 연약층 분포

② Smear Zone 범위, 투수계수 시험 : 가급적 설계 시 시행하고 부득이한 경우 시공 초기에 실시

### (4) 사면안정

① Fellenius 식으로 표현할 경우

$$S.F = \frac{cl + (w\cos\alpha - ul)\tan\phi}{w\sin\alpha}$$

② 필요값 : 각 지층 구성과 두께에 따른 단위중량(포화, 습윤), 점착력, 전단저항각

③ 단계성토 시 강도증가율을 고려함

### (5) 침하량과 시간

① $S = \dfrac{C_c}{1+e_o} H \log \dfrac{P_o + \Delta P}{P_o}$ 에서

② 필요값 : 압축지수, 간극비, 연약층 두께, 유효상재하중, 과압밀점토 시 재압축지수, 선행 압밀하중 필요

③ 연직배수재 간격을 결정 위해 배수재 통수능력시험, Smear Zone 범위, 투수계수의 고려가 필요함

④ $U_h = 1 - \exp^{(-8T_h/\mu_{sw})}$

$\mu_{sw}$ : (타설간격 + Smear 영향 + Well 저항)함수

⑤ 소요기간에 따른 압밀도로 간격 결정에 활용

## 4. 평가

(1) 시추조사 시 심도를 정확히 측정하여 지층분포가 잘 파악되도록 함

(2) 실내와 현장시험은 착안사항을 고려하여 실시하며 제시험 간 상호관계를 분석함

(3) 연약지반설계를 위해 지층 구성과 각 지층의 공학적 특성을 정량화시켜 검토가 신뢰성 있게 되어
야 함

【문제 3】
연성암반(Soft Rock)에서 터널시공 중 발생할 수 있는 압착(Squeezing)에 대한 경험적 평가방법과 대책에 대하여 설명하시오.

## 1. 압착현상(Squeezing)

(1) 대체로 낮은 응력이 발생하는 저심도 구간에 발생하는 암반의 안정은 구조적 블록거동이 주된 문제이나 대심도 구간에서는 불연속 거동이 높은 지압에 대해 억제되므로 과지압에 의한 암반거동이 문제가 됨

(2) 암반의 취약구간에 하중재하 또는 응력 제거 시 치약 짜듯이 흘러나오는 현상

변형이 커져 잔류강도 상태가 되면 소성영역 증대로 점착력 상실에 따른 현상으로 터널에 큰 하중이 추가로 발생됨(Creep 변형)

## 2. 경험적 평가방법

(1) 암반분류 $Q$값과 토피고($H$) 이용

① 관계식 : $H = 350Q^{\frac{1}{3}}(\mathrm{m})$

② $Q$값을 산정하여 관계식으로 토피고 산정

③ 현장토피고가 산정된 토피고보다 크면 압착 가능으로 평가

(2) 계측에 의한 내공변위로 판단

① 내공변위/터널직경 : 1~3%이면 가능성 작음

② 내공변위/터널직경 : 3~5%이면 가능성 보통

③ 내공변위/터널직경 : 5% 이상이면 가능성 큼

(3) 지반강도비 이용방법

① 지반강도비 $= \dfrac{\text{암반일축압축강도}}{\text{토피하중}}$

② 지반강도비가 2.0 이상이면 가능성 없음

③ 지반강도비가 0.8~2.0이면 가능성 작음

④ 지반강도비가 0.4~0.8이면 가능성 보통

⑤ 지반강도비가 0.4 이하이면 가능성 큼

## 3. 문제

(1) 터널 굴착 중에 취약부에서 암반의 소성적 변형이 발생하여 붕괴 유발

(2) 지보재에 국부적 압력 증가로 지보능력 저하 또는 상실

(3) 운영 중 지보능력 상실로 변형 유발 및 Lining Concrete의 균열, 누수 문제 발생

(4) 규모가 큰 경우 터널 안정에 큰 구조적 문제 발생 가능

**굴진면 및 천단 변위 발생 경향**　　**내공변위 발생 경향**　　**굴진면 압출현상 발생 경향**

## 4. 대책

(1) 큰 지압작용에 대한 지보재 단면 증가 또는 간격 축소

**무보강 조건**　　**터널 하반 추가 록볼트 보강**　　**터널 상·하반 추가 록볼트 보강**

(2) Steel Rib의 간격 축소 및 사이에 철근콘크리트 등의 보강

(3) Invert의 폐합으로 변위 억제

(4) Lining에 철근 보강으로 내구성 확보

(5) 강도보강 주입이나 지하수 배수로 지반상태 안정 유도

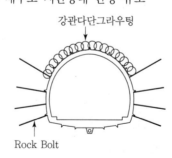

## 5. 평가

(1) 토피고가 크고 취약한 암반에서 발생 가능함을 인식해야 함

(2) 적정한 판단을 위해 암반분류인자, 암반일축압축강도 등 지반 특성이 파악되어야 함

(3) 경험적 평가방법은 물론 수치해석을 병행하여 종합적으로 평가 및 분석함

【문제 4】
성토지지말뚝 공법의 종류 및 특징 그리고 각 공법별 하중전달 메커니즘에 대하여 설명하시오.

## 1. 개요

(1) 성토지지말뚝(Embankment Pile)은 말뚝 위 성토지반 속에 발달하는 지반아칭효과(Ground Arching Effect)에 의해 연약지반에 작용하는 하중을 경감하는 기초 형태임

(2) 하중경감으로 성토체의 침하저감, 안정성 증대 및 측방유동 등에 효과적임

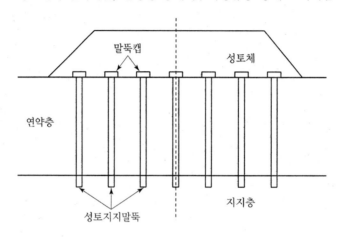

## 2. 공법의 종류와 특징

| 말뚝슬래브공법 | 캡보말뚝공법 | 단독캡말뚝공법 |

(1) 말뚝슬래브(Pile Slab) 공법

① 말뚝두부의 전체면적을 철근콘크리트슬래브로 연결하여 시공함

② 시공이 일반적이고 성토하중을 확실하게 지지층에 전달함

③ 공사비가 고가임

(2) 캡보말뚝(Cap Beam Pile) 공법

 ① 각각의 줄말뚝을 캡보로 연결하여 시공함

 ② 단독캡말뚝보다 하중지지 효과가 큼

 ③ 거푸집과 철근작업으로 단독캡말뚝보다 시공성이 다소 불량함

(3) 단독캡말뚝(Cap Pile) 공법

 ① 각각의 말뚝을 독립된 캡으로 시공함

 ② 공장제작이 가능하여 시공과 경제성이 우수함

 ③ 성토하중에 대한 말뚝의 지지효과 산정이 필요함

## 3. 각 공법의 하중전달 원리

(1) 기본 원리

 ① 지반개량과 구조물 형식의 중간형태임

 ② 말뚝으로 성토하중을 지지시킴 → 사면 Sliding 방지, 측방유동 방지

 ③ Arching 현상으로 침하량이 저감

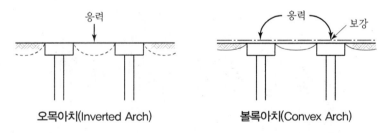

오목아치(Inverted Arch)      볼록아치(Convex Arch)

(2) 말뚝슬래브공법

 ① 슬래브가 전체적으로 있으므로 말뚝간격에 따라 분담면적의 성토하중을 분산하여 각 말뚝이 하중을 전달함

 ② 따라서 다른 공법과 달리 지반 Arching에 의한 하중전달은 없음

(3) 캡보말뚝공법

시공되는 단면에 따라 2차원적 지반아칭효과로 성토하중을 말뚝으로 전달하는 Mechanism이 됨

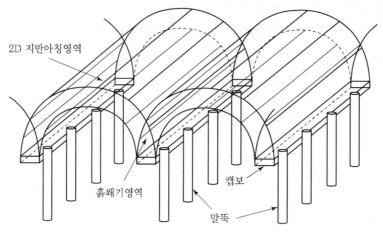

**캡보말뚝공법의 2차원 지반아치**

(4) 단독캡말뚝공법

시공되는 단면에 따라 3차원적인 아치 돔형식의 지반아칭이 발생됨

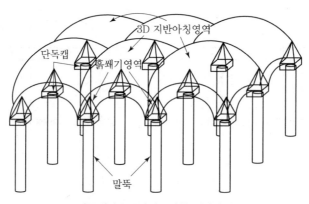

**단독캡말뚝공법의 3차원 지반아치**

## 4. 평가

(1) 지반아칭이 되기 위해서 말뚝 사이에 적당한 변위가 필요하며 이를 위해 토목섬유를 부설함

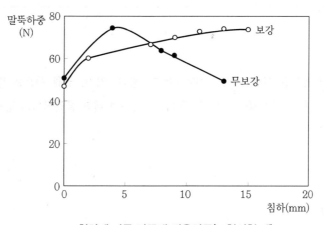

**침하에 따른 말뚝캡 작용하중(모형시험 예)**

(2) 구조물과 지반개량의 중간 정도인 반구조물 형태로 초연약지반성토, 측방유동대책, 유기질토, 공기촉박 시(연직배수공법 대비 시) 유용한 공법임

(3) Slab 형식이 아닌 경우 Arching이나 Punching 파괴 검토가 중요하며, 일반 지반개량보다 침하량을 크게 줄일 수 있음

【문제 5】
필댐(Fill Dam)의 제체에 나타나는 주요 손상(균열, 변위 등)의 종류와 발생 원인에 대하여 설명하시오.

## 1. 개요

(1) 필댐의 주요한 손상은 사면불안정, 변형, 누수, 침식, 지진, 월류 등으로 발생됨

(2) 특히, 균열과 변위에 관련되는 것은 사면활동과 침투에 대한 불안정으로 평가됨(댐사례분석자료의 약 40% 수준)

## 2. 손상 종류와 원인

(1) 종방향(댐축방향) 균열

① 수위급강하

• 수위급강하 시 상류사면의 단위중량이 수중에서 포화상태로 변하게 됨

• 이로 인해 하중의 증가로 침하(Settlement)가 발생하여 댐마루에 종방향 균열이 발생함

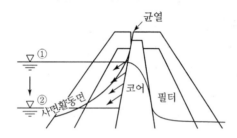

② 토질의 차이로 인한 균열

사석은 조기에 침하되고 심벽인 점토는 천천히 침하되어 먼저 침하되는 사석부가 Core부를 부주면마찰력처럼 끌어내려 발생함

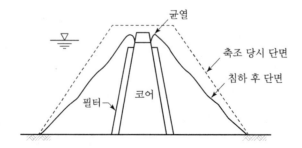

③ 압축성 지반

  - 기본적으로 댐 축조 시에 불량한 기초지반은 굴착하여 제거하거나 안정처리를 하여야 함

  - 심벽인 Core부는 잘 처리하였으나 상·하류부는 처리가 미흡하여 균열 발생

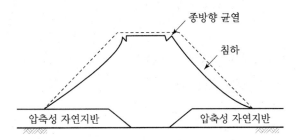

(2) **횡방향(댐축직각방향) 균열**

  ① 축제높이의 차로 인한 균열

  - 댐의 양안과 가운데 부분은 지형적으로 축제높이가 다르게 됨

  - 이로 인해 부등한 침하가 발생되고 변위를 수반하게 됨

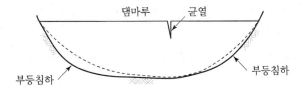

  ② 굴착면의 비대칭적 지형

  - 돌출부가 있어 변단면이 발생되어 침하의 크기가 다르게 됨

  - 따라서 침하차로 인해 횡방향으로 균열(Crack)이 생기게 됨

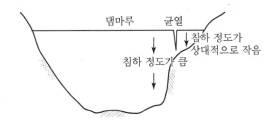

③ 콘크리트접속부

구조물 주변의 다짐불량으로 구조물과의 접촉부에서 발생됨

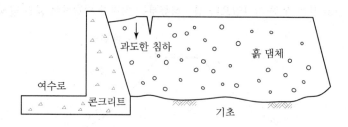

## 3. 평가

(1) 종방향의 균열이나 변위보다 횡방향이 더 위험하게 될 수 있음. 이는 누수가 집중되어 수압파쇄현상, Core부의 유실, Piping과 같은 침투류 문제로 댐의 안정성이 저감되기 때문임

(2) 반대로 종방향의 균열은 사면안정(Slope Stability)과 관련되므로 이에 대한 파악이나 추이관찰이 중요함

(3) 균열이나 변위가 발생 시에는 Grouting, 표면충전처리, 보수나 보강 등으로 해야 하며, 이를 위해 현황파악이 잘 되어야 함

(4) 운영 중인 댐은 변위, 침하, 경사, 누수량, 토압, 간극수압 등의 계측자료를 종합하여 판단의 자료로 활용해야 함

【문제 6】
도심지 지하굴착공사가 주변 지반에 미치는 영향 검토 방법 중 Peck 방법, Clough 방법, Caspe 방법에 대하여 설명하시오.

## 1. 개요

  (1) 근접시공은 시설물을 시공하는 과정에서 지반을 변형 또는 붕괴시키고 이로 인해 인접 구조물에 유해한 영향을 줄 가능성이 있는 공사라 할 수 있음

  (2) 근접시공은 신설구조물, 지반, 기존 구조물의 상호작용 문제이며, 특히 지반과 기존 구조물에 대한 상황 판단 또는 파악이 매우 중요함

  (3) 근접시공 시 계측에 의한 시공관리는 필수적이며 정밀하게 시행되어야 하고 유사공사에 대한 시공실적 참고, 경험 있는 기술자의 공학적 판단(Engineering Judgement) 등이 필요함

## 2. 인접지반과 구조물의 영향

  (1) 지반거동

    ① 지반굴착으로 굴착저면 융기, 굴착면 수평변위 발생과 더불어 굴착배면의 침하가 발생됨

    ② 물론, 변형의 규모가 크고 응력거동이 불안정할 경우 붕괴가 될 수 있음

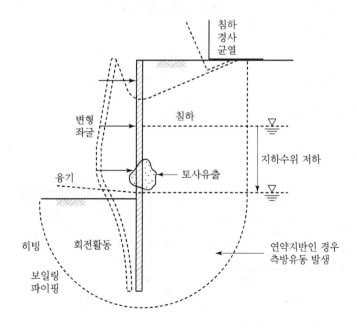

(2) 구조물 영향

① 인접구조물에 침하(Settlement) 유발, 부등침하, 단차

② 전도, 취약부에 구조물 균열, 마감재 등의 탈락이 발생됨

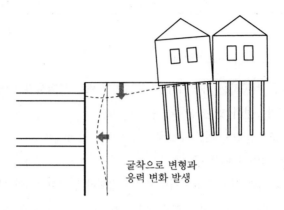

굴착으로 변형과
응력 변화 발생

## 3. 영향 검토방법

(1) Peck 방법

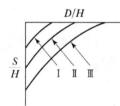

여기서, $D$ : 굴착면으로부터 임의거리

$H$ : 굴착깊이

$S$ : 거리 $D$에 대한 침하량

① 계측결과로부터 작성됨

② 먼저 지반상태를 구분(Ⅰ→Ⅱ→Ⅲ순으로 지반조건이 불량함)

③ $D/H$별로 $\dfrac{S}{H}$를 구하고 $S = \dfrac{S}{H} \times H$로 침하량을 구함

(2) Clough 방법

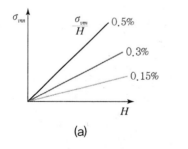

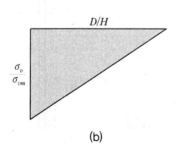

(a)                    (b)

그림 (a)에서 굴착깊이에 대한 $\dfrac{\sigma_{vm}}{H}$에서 $\sigma_{vm}$(최대침하량)을 구하고,

그림 (b)에서 $\dfrac{D}{H}$일 때 $\dfrac{\sigma_v}{\sigma_{vm}}$에서 해당 거리의 $\sigma_v$(침하량)를 구함

### (3) Caspe 방법

① 토류벽 수평변위 체적과 배면의 침하량 체적이 같다고 가정함

② 굴착심도와 지반조건에 따라 영향거리($D$)를 구함

③ $S = S_w \left( \dfrac{D-X}{D} \right)^2$ 으로 $X$ 거리별 침하량을 구함

여기서, $S_w = \dfrac{2V_s}{D}$

$S_w$ : 지표면 최대 침하량

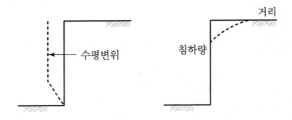

수평변위

침하량

거리

## 4. 평가

(1) 설계 시 지반굴착에 따른 변형이나 침하요인을 고려하여 안정한 구조물이 되도록 해야 하고, 성실 시공하여 시공의 잘못으로 인한 유해한 침하가 없도록 해야 함

(2) 주변 침하 예측은 여러 가지로 분석하여 종합평가하며 거리별 침하량, 경사도 등을 구해 표준적인 허용치와 구조물의 노후도, 재질, 침하허용치 등을 고려해서 영향을 평가해야 함

(3) 시공 시 계측을 하여 설계 예측치의 확인, 예기치 못한 영향을 평가하여 안전시공이 되도록 해야 함

(4) 수치해석과 병행하여 종합적으로 분석함

① 지반조건, 수위조건, 굴착 및 보강순서를 적용하여 수치해석함

② 수치해석으로 변위량, 변위방향 등의 자료를 얻게 됨

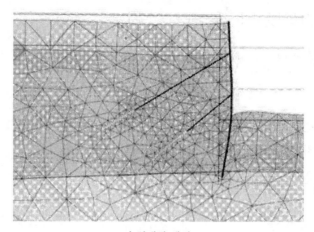

**수치해석 예시**

참고　Clough 방법 계산 예

- $H = 20\text{m}$, $\dfrac{\sigma_{vm}}{H} = 0.3\%$ 일 때 $\sigma_{vm} = 6\text{cm}$ 라면

- $D = 10\text{cm}$, $\dfrac{D}{H} = 0.5$이므로 $\dfrac{\sigma_v}{\sigma_{vm}} = 0.8$이라면

- $D = 10\text{cm}$ 거리에서 침하량 $= 6\text{cm} \times 0.8 = 4.8\text{cm}$

## 3 교 시 ( 6문 중 4문 선택, 각 25점 )

**【문제 1】**
해상공사에서 호안제체를 축조하기 위한 강제치환공법의 설계와 시공상 문제점 및 해결방안에 대하여 설명하시오.

## 1. 강제치환공법

   (1) 사면안정 확보, 잔류침하량을 최소화하기 위해 강제적으로 치환하는 공법

   (2) 즉, 지반파괴를 유도하여 하부로 사석 등을 매몰하는 형태

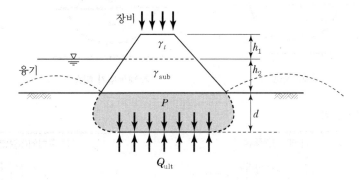

## 2. 설계상 문제와 해결방안

   (1) 치환깊이 산정방법

      ① 지지력 방법 : 극한지지력과 하중이 평형되는 깊이

         즉, 안전율이 1인 깊이로 함

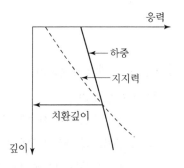

$$P = Q_{ult}$$

$$P = \gamma_t \cdot h_1 + \gamma_{sub}(h_2 + d) + 장비하중의\ 영향$$

$$q_{ult} = 5.7c + \gamma_{sub} \cdot d$$

      ② 사면활동 방법 : 사면안전율이 1이 되는 깊이로 함

      ③ 수치해석 방법 : 치환깊이, 융기범위, 치환형태 산정

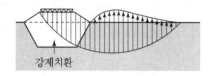

(2) 문제와 해결

① 계획된 단면에 대해 (1)의 치환깊이 산정방법으로 치환깊이를 산정할 수 있음

② 소요 또는 필요한 치환깊이는 사면안정이 유지되고 잔류침하량이 적정해야 함

③ 필요한 치환깊이가 클 경우는 치환깊이를 확보하든가 기초지반을 보강함

• 활동치환공법(압출공법)

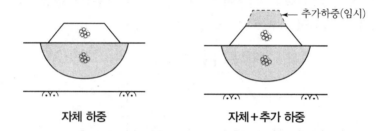

• 지반보강공법

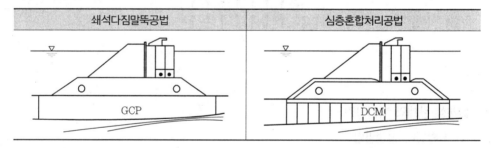

## 3. 시공상 문제와 해결방안

(1) 미치환 원인

① 초기에 투하된 사석의 완충역할로 나중에 투하되는 사석이 제대로 내려가지 않음

② 융기토의 압성과 같은 역할로 지지력과 사면안정이 확보됨

③ 사석투하를 일시에 하는 것이 아니고 시간이 필요하며, 시공중단 등으로 점착력(Cohesion) 증가 발생으로 치환깊이 부족 가능

(2) 해결방안

① 사석이 시공된 상태로 대책 시에 시공이 가능한 방법을 적용해야 함

② 일시적으로 단면확대, 설계대책인 압출공법 적용

③ GCP나 SCP, 심층혼합공법 등은 시공하기 곤란하므로 배제하고 고압분사공법이나 CGS 공법을 적용함

## 4. 평가

(1) 강제치환깊이는 시공방법, 지반교란, 성토재와 치환융기토 사이의 측면마찰, 점토의 소성유동시간 등 계산과 실제치가 달라질 요인이 많으므로 시공 시 확인시추, 탄성파 탐사, Geotomography 등의 조사가 요망됨

(2) 강제치환깊이를 고려해서 사면안정 검토를 한 경우는 계획대로 치환이 생기지 않으면, 사면안정에 문제될 수 있으므로 반드시 확인되어야 함

(3) 미치환에 따른 대책에는 일시적 재하중량 증가, 지반개량(SCP, 고압분사, CGS : Compaction Grouting System) 등이 있음

【문제 2】
연약지반 개량에서 이론적 최종침하량 산정방법에 대하여 설명하시오. 또한 개량공사 중 이론침하량과 실제침하량이 다른 경우 추가 지반조사 내용과 이를 통한 차이점 분석방법, 계측결과를 이용한 차이점 분석방법에 대하여 설명하시오.

## 1. 최종침하량 산정방법

### (1) 관계식

① 체적압축계수 이용

$$S = m_v \Delta PH$$

② 압축지수 이용

- 정규압밀점토 : $S = \dfrac{C_c}{1+e_o} H \log \dfrac{P_o + \Delta P}{P_o}$

- 과소압밀점토 : $S = \dfrac{C_c}{1+e_o} H \log \dfrac{P_o + \Delta P}{P_c}$

- 과압밀점토 : $P_o + \Delta P \leq P_c : S = \dfrac{C_r}{1+e_o} H \log \dfrac{P_o + \Delta P}{P_o}$

$$P_o + \Delta P > P_c : S = \dfrac{C_r}{1+e_o} H \log \dfrac{P_c}{P_o} + \dfrac{C_c}{1+e_o} H \log \dfrac{P_o + \Delta P}{P_c}$$

### (2) 산정방법

관계식에 필요한 지반물성치를 지반조사를 통해 결정하며 구체적 내용은 다음과 같음

① 시추주상도로 연약지반의 위치, 층두께, 지하수위 파악

② 실내시험으로 압밀정수를 도출

③ 과압밀비(OCR = 선행압밀하중/유효상재하중)로 압밀상태를 구분하여 식 적용

④ 유효상재하중($P_o$) : 점토층의 중간을 대상으로 주상도의 지층과 단위중량으로 산정

⑤ 증가하중($\Delta P$) : 점토층의 중간을 대상으로 지중영향계수를 감안하여 적용

⑥ 압밀물성치를 대입하고 침하량을 산정함. 이때 층두께가 두꺼우면 3~5m로 구분하여 계산하고 침하량을 합산함

## 2. 이론침하량과 실제침하량이 다를 경우 차이점 분석

(1) 추가 지반조사 내용과 이를 통한 차이점 분석방법

① 추가지반조사

- 설계 시와 같이 지반조사를 재실시할 수도 있으나 효율 측면에서 피조콘관입시험을 실시하고 계측과 함께 현장의 $e-\log p$ 곡선을 작성함
- 이 곡선으로 압축지수(Compression Index), 선행압밀응력 등을 현장값으로 산정하고 침하량을 재산정함
- 이때 피조콘시험은 압밀층 변화, Sand Seam 확인, 압밀도 등의 자료를 위한 것임

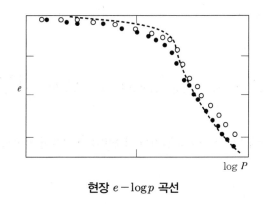

**현장 $e-\log p$ 곡선**

② 차이점 분석

설계 시 물성치와 현장조건에서 재산정된 물성치로 어떤 부분이 차이가 있었는지 분석함

(2) 계측결과를 이용한 차이점 분석방법

① 침하관리

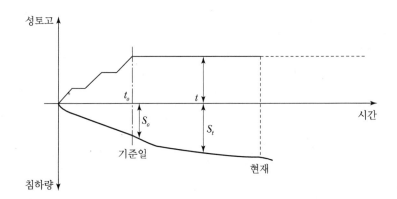

• 쌍곡선법예시

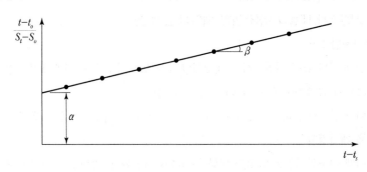

• 최종침하량($S_f$)

$$S_f = S_o + \frac{1}{\beta}$$

• 압밀침하량식에서 CR(Compression Ratio, 압축비)= $\dfrac{압축지수}{1+간극비}$ 로 하여 압축비를 구함

② 차이점 분석

설계 시의 압축비와 계측으로 산정된 압축비를 비교하여 차이점을 분석함

## 3. 평가

(1) 설계 시 시료의 개수나 대표성 문제, 시료교란, 지반의 불균일, 하중 등의 차이로 현장의 침하량과 상이한 경우가 빈번함

(2) 따라서 침하량에 대한 재분석을 통해 정량화하여 침하관리가 되도록 함

【문제 3】
스톤컬럼(Stone Column)공법에 대하여 설명하고 시공 및 품질관리방안에 대하여 설명하시오.

## 1. 스톤컬럼공법

### (1) 정의

지반개량공법(Ground Improvement)인 Sand Drain, Sand Compaction Pile은 모래를 사용하나 Stone Column은 모래 대신 쇄석을 사용함

### (2) 적용성

① Sand Drain 대용
- 압밀을 촉진하여 지반개량 기간 단축
- 압밀에 따른 전단강도 증가

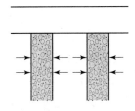

② Sand Compaction Pile 대체
- 모래지반 : 다짐원리에 의한 지반 조밀화, 액상화 대책
- 점토지반 : 복합지반 강도 확보, Arching에 의한 침하량 저감

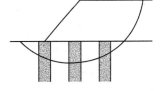

### (3) 장점

① 모래 부족에 대한 수급문제 해결
② 쇄석 사용으로 Arching 효과 우수하여 침하저감, 복합지반 형성
③ 액상화 대책 유리

### (4) 단점

① 쇄석입도 및 최대크기 제한 필요(25mm)
② 점토에 의한 쇄석막힘인 Clogging 고려

## 2. 시공 및 품질관리

### (1) 시공

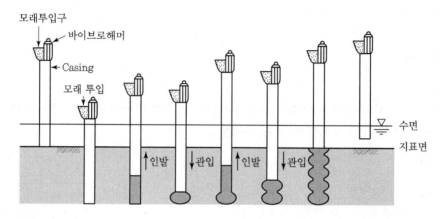

### (2) 품질관리

① 재료

- 설계조건에 맞는 재료여야 하며 전단저항각(Angle of Shear Resistance)이 만족되어야 함
- 세립토가 작아야 하며(0.08mm, No.200 통과량 3% 이하) 투수성이 큰($1 \times 10^{-2}$mm/s 이상) 재료

② 타설위치와 연직도 : 타설위치는 크게 벗어나지(0.3m) 않아야 하고 경사오차는 작게(2도 이내) 유지되어야 함

③ 타설심도 : 시험타설로 설계심도에 대한 $N$치-장비의 전류치 관계로 지반 변화에 따른 관리를 함

④ 타설기록 관리 예시

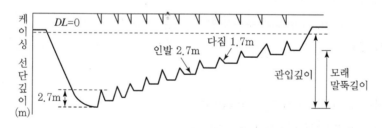

【문제 4】
터널 굴착 중 발생하는 지반침하의 특징과 인접구조물에 미치는 영향에 대하여 설명하시오.

## 1. 굴착 중 발생하는 지반침하

### (1) 개요

① 터널 굴착으로 인해 유발되는 지반변위는 구조물에 변형과 손상을 유발시킬 수 있음

② 이러한 문제를 극복하기 위해 미리 예측하여 최소화해야 하며 시공 시 계측으로 확인·관리하여야 함

### (2) 터널 굴착에 따른 지반거동

① 터널 굴진에 따라 응력이 3차원적으로 분배되어 터널막장위치, 굴진거리, 지반조건, 지보재, 시공방법 등에 따라 변위가 발생함

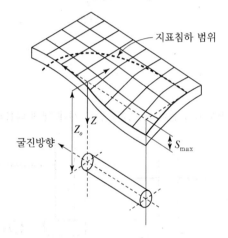

② 횡방향 지표침하

- 횡방향 지표침하는 터널 중심에서 멀어질수록 감소하는 형태임
- 침하분포는 '요'자 형으로 변곡점과 지반 손실에 대한 합리적 결정이 중요함

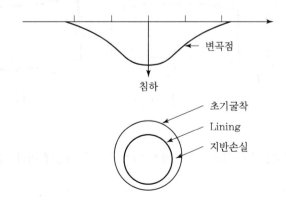

③ 종방향 지표침하

• 종방향 지표침하는 터널막장 위치를 기준으로 하여 앞쪽에서 침하가 시작되고 적당거리 뒤쪽에서 최대침하가 발생됨

• 무지보 시(약 $0.5S_{max}$)보다 지보 시(약 $0.25S_{max}$)의 침하가 막장부에서 적음

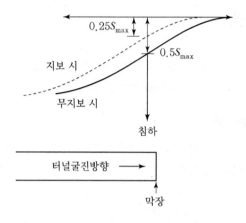

## 2. 인접구조물에 미치는 영향

상기의 지표침하 형태 및 크기에 따라 굴착 중, 굴착 완료 시에 대해 다음과 같은 영향의 검토가 필요함

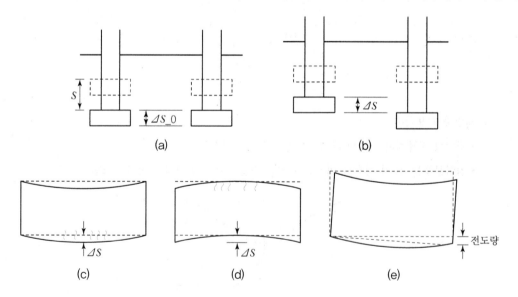

### (1) 전체침하량

그림 (a)와 같이 균일침하로 사용성에 문제가 되며 구조물 기능에 따라 억제되어야 함(약 $2.5 \sim 5.0$cm)

(2) **부등침하량**

그림 (b)와 같이 두 점 간 침하량의 차로, 이 값이 크면 구조물 손상이 가능함(약 전체침하량의 60% 수준)

(3) **각 변위**

그림 (b)와 같이 두 점 간의 부등침하량비로 구조적 위험과 외관상 문제와 관련됨(보통 구조물 $\frac{1}{500}$ 기준)

(4) **처짐비** $\left(\dfrac{\Delta S}{거리}\right)$

그림 (c), (d)와 같이 두 점 간의 휨변형에 의한 것으로 구조물의 휨과 균열 발생과 관계되며, 보통 후술하는 수평인장변형률과 함께 영향 평가함

(5) **전도** : 그림 (e)와 같이 구조물의 전도에 대한 것

(6) **수평인장 변형률**

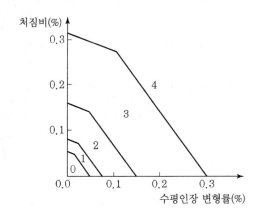

| 구간 | 피해의 심각성 |
|------|---------------|
| 0 | 무시할 수 있는 수준 |
| 1 | 아주 약간 |
| 2 | 약간 |
| 3 | 보통 |
| 4 | 심각~매우 심각 |

## 3. 평가

(1) 구조물 영향 평가를 위해 지표침하 형태와 크기 설정이 매우 중요하며, 이는 경험적 방법, 수치해석, 모형시험, 현장계측으로 파악 가능함

(2) 통상은 구조물이 존재하지 않는 조건, 즉 Green Field 상태로 지반거동을 예측하나 구조물의 종류 감안 시 고려되는 방법의 적용과 연구가 필요함. 물론 Green Field 조건이 보다 안전한 방법임

【문제 5】

연약지반 개량을 위하여 사용하는 연직배수재(Plastic Board Drain)의 통수능 시험방법 중 ASTM 시험
방법과 Delft 시험방법에 대하여 설명하시오.

## 1. 연직배수공법 개요

(1) 연직배수공법(Vertical Drain Method)은 지반개량의 지하수 저하, 탈수, 다짐, 재하, 고결, 치
환, 보강 원리 중에서 탈수, 즉 배수촉진임

(2) 배수가 원활히 진행되기 위해서 Smear 영향, Well 저항에 대한 고려가 필수적임

## 2. 통수능의 의미

(1) 그림과 같이 연직배수공법을 적용하면 물의 흐름은 원지반에서 수평흐름, 연직배수재에서 연직흐
름, 배수층에서 수평흐름이 발생함

(2) 원지반에서 수평흐름의 물량보다 연직배수재와 Sand Mat에서 물량처리능력, 즉 통수능력이 충
분해야 함

(3) 통수능력이 부족하게 되면 압밀로 인한 간극수 배제가 원활하지 못하게 되고 개량기간이 지연됨

(4) 개량기간 지연은 공기 지연, 준공 후 잔류침하의 지속적 발생 등 영향이 지대하므로 연직배수에서
중요성을 강조해도 지나치지 않음

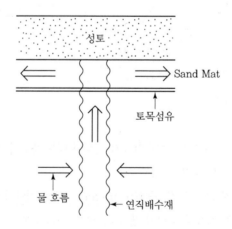

2. ASTM(American Society for Testing and Materials) 방법

(1) 시험장치에 연직배수재를 수평으로 설치하고 상부에서 구속압력을 작용

(2) 좌측 수조로부터 연직배수재를 통과해 우측 수조로 물을 이동시킴

(3) 통과유량을 산정함

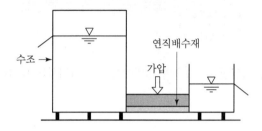

3. Delft 방법

(1) 시험장치에 연직배수재를 연직으로 설치하고 측면에서 구속압력을 작용

(2) 하부에서 연직배수재를 통과해 상부로 물을 이동시킴

(3) 통과유량을 산정함

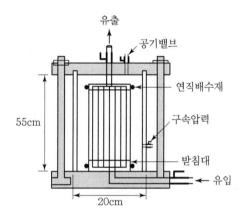

4. 두 시험의 비교

(1) 두 시험 모두 연직배수재의 통수능을 시험하는 방법임

(2) ASTM 방법은 현장에서 압밀로 인해 굴곡되었을 때 통수능을 감안할 수 없음

(3) 구속압력이 작용함에 따른 Filter부의 변형을 재현할 수 없음

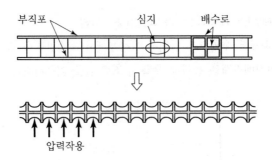

(4) Delft 시험은 이들을 감안할 수 있으며 일반적으로 국내에서는 Delft 방법을 사용하고 있음


## 5. 평가

(1) Well 저항 요소는 타설 관련 시공, PBD 재료, 압밀에 따른 변형, 특히 깊은 심도 시 횡압력 등에 관계됨

(2) 압밀지연은 배수불량보다 개량기간 지연의 문제가 큼

(3) 영향 평가는 가급적 시험적 방법이 타당함

【문제 6】
가설 흙막이 벽의 안정성 검토에 적용하는 경험 토압식 중에서 Peck 식, Tschebotarioff 식에 대하여 설명하시오.

## 1. 흙막이공사의 굴착에 따른 토압분포

(1) 버팀굴착 시 변위와 토압분포

① 1단계 굴착

벽체는 캔틸레버 지지형태로 두부 변위가 그림과 같이 되어 주동토압 상태 정도로 됨

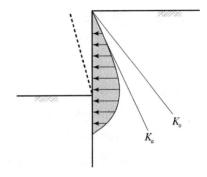

② 1단 버팀 설치

변위를 다소 회복하려는 버팀 반력으로 버팀대 부근에서 변위가 감소되는 반면 토압은 정지상태 정도로 크게 되며 하부는 변위가 비교적 허용되어 주동상태보다 적게 됨

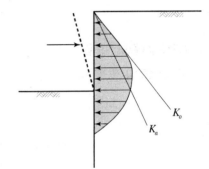

③ 2단계 굴착

버팀대 부근은 정지상태로 있으며, 하부굴착으로 변위가 커져 하부는 주동상태보다 적게 되고 정지상태 토압은 하부로 다소 감소됨

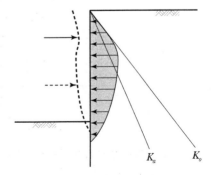

④ 2단 버팀 설치

2단 버팀으로 다소 변위가 회복되므로 버팀 반력 때문
에 2단 버팀 근처에서 토압이 2단 굴착 시보다 정지상
태 쪽으로 커지게 됨. 따라서 3단계 굴착, 3단 버팀 설
치 등 굴착이 깊어짐에 따라 반복현상이 발생됨

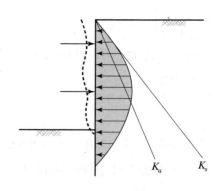

### (2) 굴착단계별 토압

(1)의 변위와 토압분포에 따라 실무적으로 삼각형 토압(예 Rankine-resal)을 적용함

### (3) 완료 후 토압

① 굴착이 완료되면 연성벽은 Arching으로 토압이 재분포하게 됨
② 이에 따라 삼각형 토압분포와 다르게 되며 사각형, 사다리꼴 형태 분포와 유사함
③ 따라서, 경험토압을 굴착 완료 후 토압을 적용함

## 2. 경험토압(겉보기토압)

### (1) 경험토압 발생원리

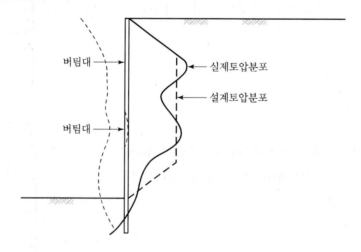

① 굴착이 완료되면 버팀위치에서 변위가 억제되어 변위가 발생되는 부분(버팀구조 사이)의 토압이
일부 전이됨

② 따라서 그림과 같이 곡선적 분포가 되며 설계 적용을 위해 사다리꼴(또는 4각형, 3각형) 형태로 단순화하여 적용, 즉 경험토압(겉보기토압)이 됨

③ 이러한 이유 때문에 버팀벽에 작용하는 실제의 토압분포는 Rankine이나 Coulomb의 이론으로는 설명할 수가 없음. 따라서 실제적으로는 현장 실측자료에서 경험적으로 얻어 제안된 측방토압 분포를 사용하고 있음

(2) Peck 토압

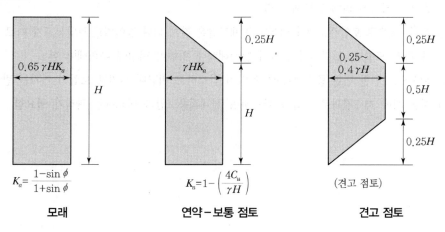

| 모래 | 연약-보통 점토 | 견고 점토 |

(3) Tschebotarioff 토압

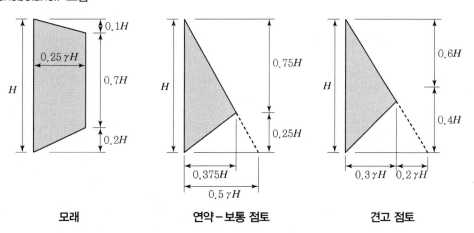

| 모래 | 연약-보통 점토 | 견고 점토 |

## 3. 평가

(1) 옹벽과 같은 강성벽체는 Rankine이나 Coulomb 토압을 적용할 수 있으며, 토류흙막이 벽체와 같은 연성벽체는 Arching, 변위에 따라 포물선 형태와 같은 토압 또는 이를 단순화한 경험토압이 적용됨

(2) 경험토압에는 Terzaghi-Peck, Tschebotarioff 등이 있으며 이 경우 굴착 완료 후 실측 토압이고, 굴착깊이 15m 이내이고 지층이 단순한 조건이므로 대규모 굴착, 다층지반, 시공단계별 토압은 탄소성법에 의해 검토해야 함

(3) Arching으로 토압재분배가 일어나 전체토압은 같게 되나 깊이별로 토압분포가 다르게 되어 위치에 따라 모멘트, 전단력이 달라져 설계해석에 영향이 미침에 유의해야 함

(4) 굴착으로 인한 변형 증가 때문에 토압이 감소하고 버팀대 설치로 토압이 커지는 반복현상이 됨

(5) 시공 시에 계측결과로 토압을 확인하여 설계적용토압과 비교하는 관리가 필요함

## 4 교 시 ( 6문 중 4문 선택, 각 25점 )

【문제 1】
해상 심층혼합처리공법에서 시공 중 발생하는 부상토의 처리방법과 고려사항에 대하여 설명하시오.

1. 심층혼합처리공법(DCM : Deep Cement Mixing)

(1) 지반개량 원리별 공법

지하수 저하, 탈수(압밀배수), 다짐, 재하, 고결, 치환, 보강공법

(2) 고결공법은 토립자 사이를 접착 일체화, 즉 고결시켜 지반을 개량하여 전단강도 증대, 압축성 감소, 투수성 감소, 진동저감 등을 목적으로 함

성토   연약지반

(3) 개량원리

① 시멘트는 간극수와 수화반응을 하며 토립자를 결합함
② 수화반응에 의한 경화가 대부분이고 포졸란 반응에 의해 장기강도가 증대함

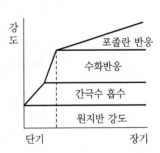

강도

포졸란 반응
수화반응
간극수 흡수
원지반 강도

단기   장기

2. 부상토의 처리방법

(1) 부상토

심층혼합처리공사 시에 원지반토사와 시멘트슬러리가 혼합된 일부가 지중에서 올라와 지표 부근에 형성되는 시멘트혼합층으로 정의됨

(2) 부상토 처리방법

| 구분 | 해상의 매립토사로 사용 | 기초사석 일부로 사용 | 외해투기 |
|------|----------------------|--------------------|---------|
| 특징 | DCM 부상토를 굴착 및 흡입에 의하여 준설하여 자연건조시킨 후 구조물의 뒤채움재로 사용 | DCM 시공 시 발생된 부상토를 강도 발현 시까지 방치하여 상부구조물 기초의 일부로 사용함 | DCM 부상토 그래브 또는 클램셀 등으로 준설하여 토운선에 적재한 후 예인선을 통해 준설지역 밖으로 운반하여 처리 |
| 장점 | • 매립토사량을 줄일 수 있음<br>• 준설토 야적장이 준설현장과 인접할 경우 부상토 처리비가 감소함 | • 공정이 단조로움<br>• 준설로 인한 주변 해역의 오염이 적음<br>• 기초사석 물량을 줄일 수 있음 | 별도의 처리 없이 외해에 투기하므로 공정이 단조로움 |
| 단점 | • 투기장이 현장 근처에 있을 경우 적용성이 있음<br>• 매립토사로서 적합성을 위한 시험 필요 | • 부상토의 물리적 특성 시험이 필요<br>• 일부 준설 시 개량체에 영향이 갈 수 있음<br>• 상부구조물의 형태에 따라 적용 가능 | • DCM 부상토의 환경영향 평가가 필요<br>• 외해 투기지역은 DCM 부산물로 인하여 주위가 혼탁해짐<br>• 외해 수심이 얕은 지역은 투기가 곤란함 |

## 3. 처리방법별 고려사항

(1) 제거 시 고려사항

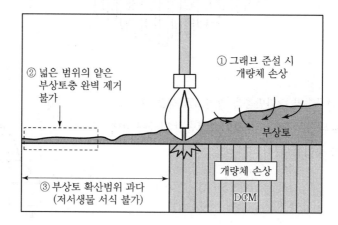

(2) 매립토사로 이용 시 고려

① 매립재료로서 적합성 확인 시험 필요

② 사석이나 고강도 요구 시에 배합시험으로 시멘트 추가

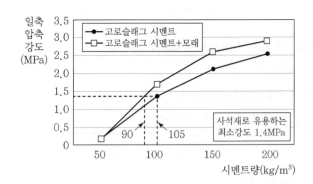

### (3) 투기 시 고려

투기장의 용량, 운반거리

참고   1. 심층혼합처리공법 장비 : 스크류형 교반비트

2. 심층혼합처리공법 품질관리

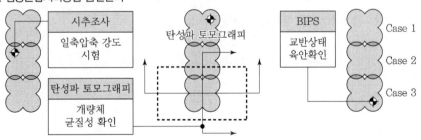

| 시험시공(9공) | Case 1 | 3공 | 배합비별 강도 확인 |
|---|---|---|---|
| | Case 2 | 3공 | 시공 중 인발속도 확인 |
| | Case 3 | 3공 | 선단 관리 |

【문제 2】

육상과 해상 폐기물매립장에 관한 아래 사항에 대하여 설명하시오.

1) 육상과 해상 폐기물 매립장의 비교

2) 해상 폐기물 매립장 조성에 필요한 지반공학적 특성

3) 해상 폐기물 매립장 운영 시 유지관리상 고려사항

## 1. 육상과 해상 폐기물 매립장 비교

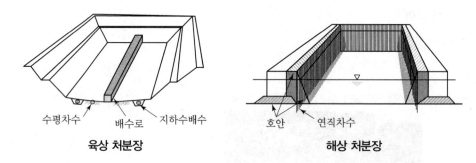

**육상 처분장**      **해상 처분장**

(1) 단면

① 육상 : 제방이나 옹벽, 차수시스템, 배수시설

② 해상 : 호안이나 케이슨, 차수시스템, 배수시설

(2) **침출수 배제**

① 육상 : 저면을 통한 자연배수로 처리장까지 이송

② 해상 : Pumping 후 정화하고 해상방류

## 2. 해상 폐기물 매립장 조성 시 필요한 지반공학적 특성

(1) 매립장 외곽의 형식에는 호안, 케이슨, Sheet Pile 등이 있으며, 지반구조물로서 안정해야 함

(2) **사면안정 등** : 기초지반을 포함한 원호활동에 안정해야 하고 호안도 전도, 활동, 지지력에 문제가 발생되지 않아야 함

(3) **변위** : 해일, 태풍, 토압, 매립재 등의 외력조건에 침하(Settlement)나 수평변위가 적정해야 내구성 있고 침출수의 유출이 없게 됨

(4) **투수문제** : 침출수가 매립장 외부로 나가면 해양오염이 유발되므로 차수시설이나 지반보강이 필요함

(5) 따라서 지반조사를 통해 지층 구성 상태, 각 지층의 지반공학적 물성치가 확보되어 적정성 있는 검토가 이루어져야 함

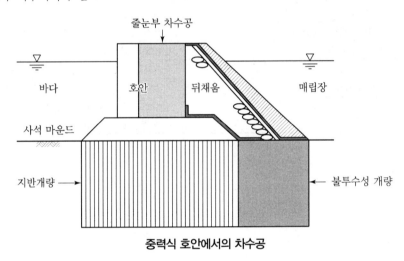

**중력식 호안에서의 차수공**

## 3. 해상 폐기물 매립장 운영 시 유지관리상 고려사항

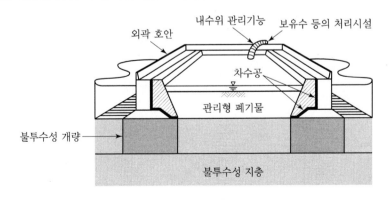

(1) **내수위관리** : 조류에 따라 내수위를 관리하여 바닷물 유입 차단, 침출수 외부 누출 차단이 필요함

(2) **계측** : 응력, 변위, 투수 관련 계측을 하여 시설의 내구성을 확인함

(3) **점검** : 주기적인 점검으로 상태안정성과 구조안정성을 확인함

**참고**    육상 처분장과 해상 처분장의 비교

| 구분 | 육상 처분장 | 해상 처분장 |
|---|---|---|
| 입지 | • 대상 후보지가 많음<br>• 선정 이후 제약조건 많음 | • 후보지가 한정됨<br>• 선정 이후 상대적으로 제약조건은 적음 |
| 규모 | 소규모 | 대규모 |
| 경제성 | • 부지확보 비용 큼<br>• 매립 후 부지활용 효과가 낮음 | • 초기 건설비용이 큼<br>• 매립 후 부지활용 효과가 큼 |
| 반입량 | 소량 반입 | 대량 반입 |
| 매립기간 | 단기~장기 가능 | 장기 |
| 안정화 기간 | 짧음 | 비교적 긺 |
| 부지 이용 | 녹지, 공원에 한정됨 | 다양함 |
| 주민 합의 | 토지소유권자 많은 경우 곤란 | 수면관리자, 어업권자 등 이해관계자와 조정 필요 |
| 시너지 | – | 해양 공간의 다양한 활용으로 새로운 해양 비즈니스를 창출(Eco-Energy Park) |

【문제 3】
석회암 공동지역의 기초지반 보강공법에 대하여 설명하시오.

## 1. 석회암지대의 특징과 문제점

### (1) 특징

① 용식구조 : 용식작용으로 연직절리와 층리를 통해 공동, Sinkhole 형성

② 불규칙 기반암선 : 차별풍화, Sinkhole로 기반암선 불규칙 분포(Pinnacled Rock Head)

③ 지질구조 : 여러 차례 습곡, 단층작용 관련으로 연약대가 형성되고 층리, 파쇄대 분포, 경사각이 다양함

### (2) 공학적 문제점

① 압축강도, 변형계수 등 물성치의 편차가 큼

② 공동위치, 분포형태 크기가 다양함

③ 층리나 절리간격, 방향성, 파쇄대 위치와 규모 파악

④ 지반암의 불규칙 형태

⑤ 수위변동 시 지반침하(수위가 상대적으로 낮은 곳은 공동 가능성)

⑥ 돌발용수

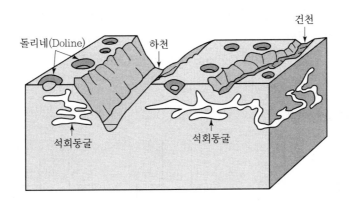

## 2. 기초지반 보강공법

 (1) 얕은 기초

  ① 소규모 공동 또는 홈

   ㉠ 공동 내 충전물을 제거하고 시멘트밀크 주입

   ㉡ 심부에 있는 것은 고압분사로 주입

   ㉢ 지지력은 평판재하시험, 공내재하시험으로 확인

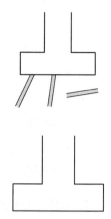

  ② 기초 밑에 얕은 위치 공동

   ㉠ 지중응력의 압력구 이내인 경우로 기초내림

   ㉡ 충전물 제거가 곤란한 경우가 많으므로 고압분사공법, CGS 공법이 타당함. 1차 보강 후 공동의 천장부에 공극이 생기게 되므로 침투성이 양호한 Chemical Grouting을 추가해야 함

   ㉢ 암반보다 Grouting된 부분이 강도가 더 적을 것으로 판단되므로 Grouting 재료에 대한 지지력, 변형 검토가 되어야 함

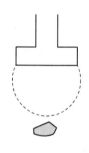

  ③ 기초 밑에 깊은 위치 공동

   ㉠ 지중응력의 압력구 밖인 경우에 해당되며 이 경우 지지력은 확보가 가능할 것으로 판단됨

   ㉡ 상부구조에 추가로 하중이 재하됨에 따라 공동에 변위가 생기고 이 변위로 인해 기초가 침하될 수 있으므로 수치해석에 의한 응력 – 변위 검토가 필요함

   ㉢ 변위가 크게 되면 공동부를 Cement Milk Grouting해야 함

 (2) **말뚝기초**

  ① 기초 밑에 얕은 위치 공동

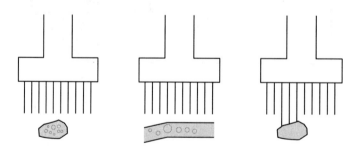

   ㉠ 침하는 물론 지지력에 문제가 될 가능성이 크므로 말뚝길이를 연장하고 공동부 Grouting으로 채움

ⓒ 말뚝길이는 적정하게 유지하고 CGS, 고압분사공법으로 공동을 밀실하게 채우며 2차로 천장부 공동을 침투성이 양호한 Chemical Grouting으로 보강함

② 기초 밑에 깊은 위치 공동

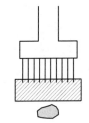

ⓐ 말뚝선단에서 공동까지 거리가 크므로 지지력 문제보다는 하중 증가에 따라 공동 변형이 생김

ⓑ 이로 인해 말뚝침하, 부등침하가 발생될 수 있으므로 수치해석을 수행해야 함

ⓒ 보강은 공동부 상부에서 Arch 효과가 유지되도록 Micro Pile을 시행함

ⓓ 보강 후 침하 우려 시에는 공동을 고압분사, CGS 등으로 채워야 함

## 3. 평가

(1) 기초안정성을 검토하고 보강대책을 수립하기 위해서는 공동위치 · 크기, 공동 주변 암반상태, 충전물, 지하수위 등에 대한 자료가 선행적으로 확보되어야 함

(2) 보강부위는 평판재하시험, 말뚝재하시험, 공내재하시험, 시추조사에 의한 시료채취, 압축강도, 투수시험, 공내검층을 통해 반드시 확인하고 필요시 추가 보강이 되어야 함

---

**참고**  지반조사

1. 조사 착안사항

① 기반암의 복잡한 구조

② 공동 분포와 크기의 다양화

③ 공동 내 퇴적물

④ 따라서 기초위치에서

• 기반암과 공동의 기하학적 분포 형태 파악

• 기반암까지 지층 구성

• 각 지층과 공동 내 물질의 공학적 특성치

• 지지층 하부 상태

2. 조사내용

① 현장조사

• 지표지질조사          • 시추조사

• 전기비저항 탐사       • GPR

• Geotomography       • Cross Hole

② 현장시험
- 지하수위 측정
- 공내재하시험
- 초기지압측정시험
- 수압시험
- 공내전단시험
- BHTV 시험

③ 실내시험
- 토질시험(물성시험, 일축압축, 삼축압축, 전단시험 등)
- 암석시험(일축압축, 삼축압축, 절리면 전단, 점하중, 탄성파시험 등)

3. 방법
① 순서
- 물리탐사 → 시추조사 → 물리탐사, 현장시험
- 구조물과 지반을 고려하여 필요 위치의 시료채취로 실내시험 실시

② 시추 전 물리탐사는 교량기초위치에 공동 등 현황 파악을 위해 실시하며, 시추위치 또는 현장시험위치를 결정하기 위함

③ 시추 후 물리탐사는 공동규모, 형태, 분포 등을 상세히 파악하기 위한 것임

④ 현장시험과 실내시험으로 파악된 지반의 공학적 물성치로 기초형식, 기초깊이에 따른 안정성 검토가 되도록 시험함

【문제 4】
건설현장에서 발생하는 산성배수와 피해 저감 대책에 대하여 설명하시오.

## 1. 개요

(1) 지하에 묻혀 있던 황화광물이 노출되어 산소나 물에 접하면 산성(pH 4~6 이하)이 되고 높은 황산염 발생과 중금속(철, 알루미늄, 망간, 카드뮴 등)이 용출됨

(2) 발생

$$Fe^{+3} + 3H_2O = Fe(OH)_3 + 3H^+$$

$Fe(OH)_3$ : 철수산화물로 침전물 생성과 산화제 역할

## 2. 발생 유력 위치와 피해

(1) 국내 발생 유력지

평안층군, 중생대화산암, 옥천대, 3기 퇴적암과 화산암

(2) 발생 모식도

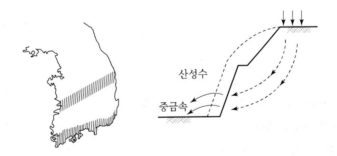

(3) 환경피해

토양, 지하수 오염, 생태계 파괴, 농작물과 식물 고사, 경관 훼손(흰색, 붉은색 침전물)

(4) 구조물 피해

암석의 풍화 촉진, 콘크리트 부식, 아스팔트 노후화

산성배수에 의한 오염

절토사면에서 암반부식

## 3. 발생가능성 평가

  (1) 현장

     • 황화광물 유무

     • 흰색, 붉은색 착색 여부(암석, 하천, 토양)

     • pH 측정

     • 과산화수소($H_2O_2$) 반응

  (2) 실내 : 물과 일정시간 반응시켜 산성배수량과 중금속 용출량 파악

## 4. 피해 저감 대책

  (1) 성토

    ① 중화제 Coating : 산성배수 발생 억제, 산소접촉 억제

    ② 배수층 : 지하수 상승 차단

    ③ 석회석 혼합 : 산성배수 발생 억제

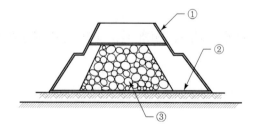

(2) 절토

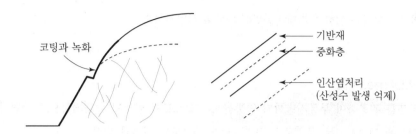

코팅과 녹화

기반재
중화층
인산염처리
(산성수 발생 억제)

(3) 터널

① 산성에 강한 록볼트 적용  예 코팅처리, 케이블 볼트, FRP 록볼트 등

② 산성에 강한 숏크리트 적용  예 내황산염 시멘트, 알루미나 시멘트 등

## 5. 평가

(1) 건설분야에서 다소 생소한 내용이나 최근 건설공사에서 가끔 발생하는 환경적 문제임

(2) 산성수에 대한 이해를 통해 피해가 발생하기 않게 미연에 방지함이 필요함

(3) 지반기술자로 부족한 부분은 환경 관련 기술자와 협업함

【문제 5】
건설공사 비탈면 보강을 위한 억지말뚝공법에 대하여 설명하시오.

## 1. 억지말뚝(Stabilized Pile)

(1) 활동토괴를 관통하여 부동지반까지 말뚝을 설치함으로써 말뚝의 수평저항으로 사면의 활동력을
    부동지반에 전달시키는 공법으로 시공순서와 개요도는 다음과 같음

(2) 시공순서

① 소요깊이까지 천공

② 말뚝삽입(보통 강말뚝 이용)

③ 콘크리트 또는 시멘트 그라우팅 말뚝피복

   (영구 구조물 부식 방지)

④ 두부연결(변위 억제)

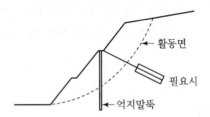

## 2. 측방토압 개념

(1) 억지말뚝 주변의 지반변형

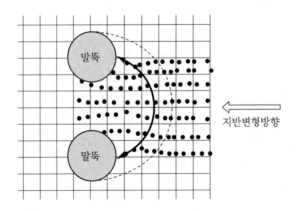

① 점선의 원호는 주변 지반의 흐름방향이 변경되기 시작하는 영역으로 평행하게 진행되던 변형의
   방향이 바뀜

② 이는 지중에 Arching이 발생함을 의미하며, 이로 인해 말뚝에는 응력전이가 발생하게 됨

(2) 측방토압개념적 식

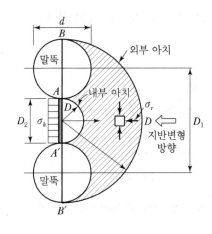 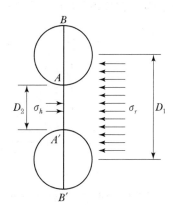

① 빗금 친 부분 : 소성영역

② $P = P_{BB'} - P_{AA'} = \sigma_r D_1 - \sigma_h D_2$

## 3. 안정 검토방법

(1) 말뚝안정

① 말뚝안정이 사면안정에 우선하여야 하며 작용하는 측방토압에 대해 안전해야 함

② 허용휨응력 > 발생휨응력

③ 허용전단력 > 발생전단력

④ 허용수동토압 > 말뚝수평력

(2) 사면안정

① 말뚝안정이 확보되면 수평저항력을 부가하여 사면안정을 검토함

② 안전율 = $\dfrac{\text{지반저항력} + \text{말뚝저항력}}{\text{활동력}}$

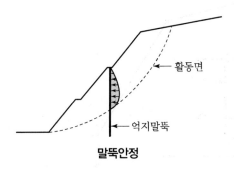 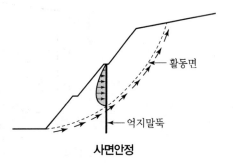

| 말뚝안정 | 사면안정 |

### 4. 말뚝간격, 열수, 위치의 사면안전율 영향

(1) 말뚝의 간격 영향(말뚝간격비 = $D_2/D_1$, $D_2$ : 말뚝순간격, $D_1$ : 말뚝중심간격)

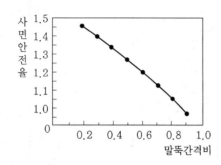

① 말뚝간격비가 작아지면 동일 직경 말뚝에 대해 말뚝간격이 좁아짐을 나타냄

② 따라서 사면안전율이 크게 됨

(2) 말뚝의 열수 영향

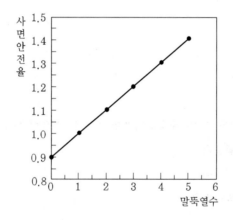

말뚝의 열수가 증가하면 사면의 활동에 대한 저항력이 커지게 되므로 안전율이 커짐

(3) 말뚝의 위치 영향

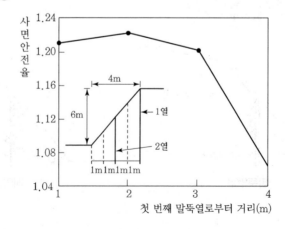

① 1열에 대해 1m 간격으로 위치를 변경하여 안전율을 계산하고 안전율이 상대적으로 큰 위치를 선정함

② 1열로 할 때에 기준안전율에 미달하여 2열을 배치하는데 1m 간격으로 2열도 위치를 변경하여 안전율이 큰 위치를 선정함

③ 1열과 2열의 간격이 2m일 때 안전율이 크게 됨

## 5. 평가

(1) 사면안정 효과가 커 보급이 많아지고 있는 공법임

(2) 적정한 측방토압 산정이 억지말뚝공법에서 매우 중요함

① 측방토압 크게 산정 시 : 말뚝 안전 측, 사면 위험 측이 초래됨

② 측방토압 작게 산정 시 : 말뚝 위험 측, 사면 안전 측이 초래됨

③ 두부를 구속하여 변위 억제 및 말뚝 일체거동 유도가 필요함

④ 보강효과 확인을 위해 지표변위말뚝, 경사계, 지하수위계, 토압계 등의 계측관리가 필요함

⑤ 관련 Program : SLOPILE

【문제 6】
콘크리트 옹벽의 안정성 검토방법과 불안정하게 하는 원인 및 대책에 대하여 설명하시오.

## 1. 옹벽과 안정조건

(1) 옹벽은 깎기나 쌓기부에서 급경사의 비탈면붕괴를 막기 위한 구조물임

(2) 안정조건

① 기본적 조건 : 전도, (수평)활동, 지지력

② 선택적 조건 : 전체사면안정, 침하, 액상화, 측방유동

## 2. 안정성 검토방법

(1) **전도** : $A$점의 모멘트로 산정

$$Fs = \frac{W \cdot a}{P_h \cdot y - P_v \cdot B}$$

여기서, $W$ : 옹벽무게 + 뒤 저판 위의 흙무게

$a$ : $W$ 작용면과 $A$점과의 거리

$P_h$ : 토압의 수평분력

$y$ : $P_h$의 작용거리

$P_v$ : 토압의 연직분력

$B$ : $P_v$의 작용거리

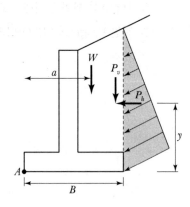

(2) **활동**

$$Fs = \frac{R_v \tan\delta + C_a B}{P_h}$$

여기서, $R_v$ : 옹벽무게 + 뒤 저판 위의 흙무게 + 토압연직분력$(P_v) = W + P_v$

$\delta$ : 지반과 옹벽 저면의 마찰각

$C_a$ : 지반과 옹벽 저면의 부착력

(3) **지지력**$\left(e \leq \dfrac{B}{6} \text{ 조건}\right)$

$$q = \frac{R_v}{B}\left(1 \pm \frac{6 \cdot e}{B}\right) < q_{all} : 허용지지력$$

(4) 상기의 (1), (2), (3)은 상시로 역T형 옹벽의 외적 안정으로 벽마찰이 무시되는 Rankine 토압을 적용함. 지진 시에는 옹벽과 뒤채움의 관성력 추가와 지진 시 토압(Mononobe-okabe 토압)으로 안정성을 검토함

## 3. 불안정하게 하는 원인과 대책

(1) 전도, 활동, 지지력

① 전도 : 저판폭 증가, 전단저항각 큰 뒤채움, 경량성토, 말뚝기초, 지반개량

② 활동 : 저판폭 증가, Shear Key 설치, 근입깊이 증가

③ 지지력 : 저판폭 증가, 치환 등 지반개량, 말뚝기초, 경량성토

(2) 전체사면안정(Slope Stability)

① 사면안정이 불안하면(안전율 1.5 이하) 옹벽을 포함한 전체적 붕괴가 발생함

② 절토부는 Soil Nailing나 Ground Anchor 등, 성토부는 지반개량, 말뚝기초로 대책을 수립함

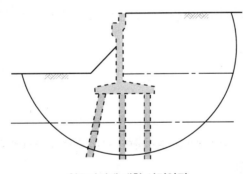

**원호파괴에 대한 사면안정**

(3) 침하(Settlement)

① 침하가 과도하면(2.5~5.0cm 이상) 전도위험, 옹벽균열 등 문제가 생기게 됨

② 침하토층의 두께에 따라 치환, 지반개량, 말뚝기초가 필요함

(4) 액상화(Liquefaction)

① 느슨하고 포화된 모래의 지반이 지진 시 비배수조건이 되면서 과잉간극수압(Excess Porewater Pressure) 발생으로 전단강도를 잃어 큰 지지력이 감소됨

② 치환, 다짐 등으로 대책을 수립함

### (5) 측방유동

① 연약지반에서 수평방향으로 밀리는 현상으로 교대에서 발생하기 쉬움

② 경량성토, Sand Compaction Pile 등의 개량으로 대처함

### (6) 배수시설

배수시설이 없거나 막혀 기능이 불량하면 물을 포함한 수압이 크게 증가됨. 배수되어야 하는 옹벽에서 배수시설의 유지관리는 매우 중요함

**배수시설**

### (7) 뒤채움

① 세립토가 많이 섞인 재료는 전단저항각이 작고 배수가 불량하여 옹벽불안정의 원인이 됨

② 뒤채움에 대한 재료와 다짐시방을 준수(일반옹벽 : 노상재, 중요옹벽 : 보조기층재, 수정다짐의 95% 이상)

## 4. 평가

(1) 안정한 구조물이 되도록 검토내용을 실시하며, 특히 선택적 조건에 해당되는 경우 반드시 관련 고려사항을 평가해야 함

(2) 취약조건인 선택적 검토항목을 위해 소형구조물이라도 지반조사가 적절히 수행되어야 함

(3) 옹벽에서 배수는 안정성 유지에 매우 중요하므로 간과하지 말아야 함

# 제126회
# 과년도 출제문제

## 126 회 출제문제

## 1 교 시 ( 13문 중 10문 선택, 각 10점 )

【문제】

1. Downhole Test

2. Geotechnical Centrifuge & Similarity Law

3. 셰일(Shale)의 지반공학적 특성과 Slaking

4. Smear Effect와 Well Resistance의 정의

5. 필댐의 필터재 정의 및 조건

6. 「지하안전관리에 관한 특별법」에서 지하안전점검 대상 및 방법

7. 지반함몰(침하)의 정의 및 원인

8. 지반굴착에 따른 주변 침하 영향범위 산정방법

9. 과지압 암반에서 터널의 파괴 유형

10. 보강토옹벽 내에서의 파괴단면과 토압분포

11. 터널구조물의 내진해석방법

12. IGM(Intermediate Geo-Material)의 정의

13. 터널공사 시 막장면 자립공

## 2 교 시 ( 6문 중 4문 선택, 각 25점 )

【문제 1】
교량기초의 강성을 고려한 내진설계 절차에 대하여 설명하시오.

【문제 2】
터널굴착 시 종단방향과 횡단방향에 대한 보조공법에 대하여 설명하시오.

【문제 3】
보강토 옹벽의 결함(손상) 종류별 원인 및 대책을 설명하시오.

【문제 4】
「지하안전관리에 관한 특별법」에 따른 지하안전영향평가에서 지반안전성 확보방안에 대하여 설명하시오.

【문제 5】
노상토의 지지력비(CBR) 결정방법을 설명하고, 설계 CBR과 수정 CBR을 비교·설명하시오.

【문제 6】
현장타설말뚝기초 양방향재하시험의 오스터버그 셀(Osterberg Cell) 설치위치에 따른 시험의 적용성에 대하여 설명하시오.

## 3 교 시 ( 6문 중 4문 선택, 각 25점 )

【문제 1】
지표 하부 매설강관의 유지관리 시 지반공학적 관점에서 유의사항을 설명하시오.

【문제 2】
점성토 지반에 Sheet Pile과 Strut로 흙막이 가시설을 설치하여 지하취수장 구조물을 축조하였다. Sheet Pile 토류벽의 강성을 높이기 위하여 배면에 H-pile을 용접 · 보강하여 구조물 밑면으로부터 3m 정도 더 근입하였다면, 구조물 완성 후 흙막이 가시설을 인발 시 발생되는 문제점과 대책에 대하여 설명하시오.

【문제 3】
Consolidation 중 Self-Weight Consolidation, Hydraulic Consolidation 및 Vaccum Consolidation 의 원리, 효과 및 문제점을 비교 · 설명하시오.

【문제 4】
투수계수 측정방법 및 투수계수에 영향을 미치는 요소를 설명하시오.

【문제 5】
연약지반이 분포하는 지역에서 말뚝으로 지지하는 교량설치 시 교대부에서 발생되는 측방유동 검토방법 및 대책방안에 대하여 설명하시오.

【문제 6】
보강토 옹벽 보강재 중 띠형 보강재와 그리드형 보강재의 극한인발저항력이 발휘되는 개념(Mechanism) 에 대하여 설명하시오.

## 4 교 시 ( 6문 중 4문 선택, 각 25점 )

【문제 1】

흙의 다짐 중 다짐함수비에 따른 점토의 구조와 특성 변화에 대한 다음 사항을 설명하시오.

1) 다짐함수비에 따른 점토의 구조 변화

2) 다짐함수비에 따른 투수계수의 변화

3) 다짐함수비와 다져진 점토의 압축성 비교

4) 다짐함수비에 따른 점토의 전단강도 변화

【문제 2】

Liquefaction의 정의, 평가방법 및 방지대책에 대하여 설명하시오.

【문제 3】

쉴드터널의 세그먼트 라이닝 구조해석 시 고려되는 하중에 대하여 설명하시오.

【문제 4】

터널의 붕괴 유형을 지보재 설치 전후로 구분하여 설명하시오.

【문제 5】

토사사면과 암반사면의 해석방법 차이점과 암반사면의 파괴형태에 대하여 설명하시오.

【문제 6】

흙막이 굴착 시 굴착저면의 안정검토 방안에 대하여 설명하시오.

**126 회 출 제 문 제**

**1 교 시 ( 13문 중 10문 선택, 각 10점 )**

### 1 Downhole Test

**1. 개요**

   (1) 그림과 같이 지표에서 충격을 가하고 시추공
      에서 파를 감지하여 필요깊이에 대한 동적인
      현장시험의 일종임

   (2) 시험결과로 압축파($V_p$)와 전단파($V_s$)의 속도
      를 산출함

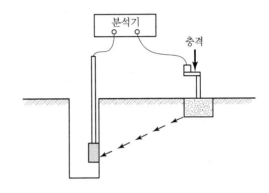

**2. 결과 이용**

   (1) 동적전단탄성계수 $G = \rho V_s^2$

   (2) 동적탄성계수 $E_d = 2(1+\nu)G$

   (3) $\gamma - G$ 곡선

      ① 현장시험으로 전단탄성계수의 최댓값,
         즉 $G_{max}$가 구해짐

      ② 전단변형률에 따른 비선형 곡선을 얻기 위
         해 실내시험과 병행 필요

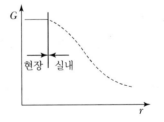

**3. 평가**

   (1) Cross Hole 시험에 비해 1개의 시추공을 이용

   (2) 시험위치가 깊어지면 파 경로가 길어지고 여러 지층으로 파가 전달됨

   (3) 각 층의 물성치를 구하기 위해 프로그램을 이용하여 간접적으로 구함

## ② Geotechnical Centrifuge & Similarity Law

### 1. 개요

(1) 원형구조물의 거동을 축소된 모형을 이용하며 원심기의 회전에 의해 원심력으로 자중을 증가시켜 현장의 응력을 재현하는 원심모형시험임

(2) 축소된 모형으로 실물시험과 같은 결과를 도출하는 것이 일반의 재하시험(예 평판재하시험 등)과 달라 치수효과(Scale Effect) 고려 문제가 해결됨

**원심모형시험기**

### 2. 결과 이용

(1) 매개변수 연구 : 지반구조물의 주요 인자를 여러 변수로 하여 변화시키면서 지반거동 분석

(2) 원형구조물 재현 : 응력－변형거동, 파괴메커니즘을 모형으로 측정 가능

(3) 수치모델 검증 : 수치적으로 제안된 해석모델을 시험결과와 검토하여 문제점과 차이점을 규명함

(4) 토류 구조물의 시공 단계별, 시간 변화에 따른 응력－변형거동을 측정함

### 3. 상사 법칙

(1) 축소모형으로 원형구조물의 상태를 재현하기 위해 상사법칙이 필요하게 됨

(2) 축소된 모형 크기와 중력 수준이 반비례하게 시료를 준비함. 즉, 축소모형 10%이면 중력을 10배로 증가시킴

(3) 침투의 경우는 점성재를 물에 혼합하여 시간을 조절하게 됨

### 4. 평가

(1) 원심모형시험으로 현장의 실물시험과 같은 응력, 변형, 침투거동을 해석할 수 있음

(2) 지반구조물의 거동예측, 새로운 프로그램의 검증 수단 등 유용한 시험수단임

(3) 국내 10대 미만의 고급시험으로 전문성이 필요한 시험임

**참고** 사례 예시

1. SCP 보강사면

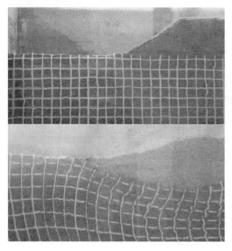

2. SCP 파괴 형상

3. 지하연속벽 변위

4. 연약지반성토

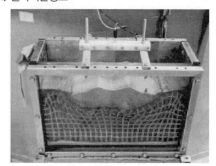

5. 항만안벽 안정성

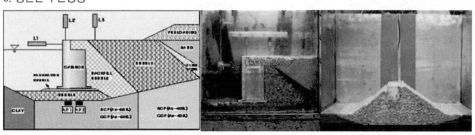

### ③ 셰일(Shale)의 지반공학적 특성과 Slaking

## 1. 개요

    (1) 셰일은 퇴적암에 속하며 성분은 실트나 점토입자가 대부분으로 구성됨

    (2) 퇴적과정에서 발생된 층리(Bedding)의 발달이 많고 연장성 있음

    (3) 지표면 노출 시 풍화속도가 빠르며 파쇄나 박리현상이 쉽게 발생함

    (4) 건습반복 시 결합력이 약화되거나 균열이 발생되고 결빙되면 부피팽창으로 균열이 확대됨

    (5) 환경오염에 따른 산성수의 영향을 받기 쉬움

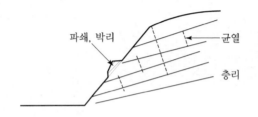

## 2. 지반공학적 특성

    (1) **급속풍화**

        고결 정도가 낮으면 깎기 등으로 응력이 해방되어 급속한 풍화 진행으로 점성토가 됨

    (2) **차별풍화**

        사암과 교대로 퇴적되는 경우가 많으며 셰일의 차별적 풍화로 사암도 붕괴됨

    (3) **Swelling(팽윤성)**

        팽윤성 점토광물을 함유하여 지하수의 영향으로 팽창이 발생, 팽창압이 유발됨

    (4) **Slaking(세편화)**

        건조와 습윤의 반복으로 세편화가 되기 쉬움

    (5) **이방성(Anisotropy)**

        층리(Bedding)의 발달로 방향에 따른 공학적 특성이 다름

## 3. Slaking

(1) 자연상태의 고결력을 가진 암석이 지하수 변동, 지반굴착과 흡수팽창, 풍화 등에 의해 암석고결력을 잃게 될 수 있음

(2) 연한 암석에서 건조, 흡수의 반복으로 급격히 고결력을 잃어 세편화되면서 붕괴되는 현상임

건습 반복, 풍화

## 4. 평가

전단, 압축, 투수와 관련된 기본 시험 외로 X선 회절시험, 주사전자현미경, 산성수, Swelling, Slaking 시험 등이 필요함

## 4 Smear Effect와 Well Resistance의 정의

### 1. Smear Effect(교란효과, 교란영향)

(1) 점성토에 지반개량을 하기 위해 Sand Drain, Pack Drain, Plastic Drain, Menard Drain을 타입할 때 케이싱 또는 Mandrel을 사용하게 됨. 이때 연직 배수재의 주변이 교란되는데, 이 영역을 Smear Zone이라 함

(2) Smear Zone은 교란의 영향으로 투수계수가 감소하여 압밀이 지연되는데, 이와 같은 현상을 Smear 영향이라 함

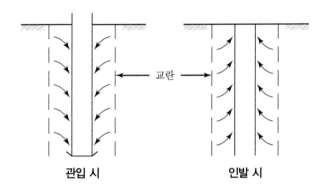

### 2. Well Resistance(흐름저항, 우물저항)

(1) 연직방향의 배수능력이 무한하다고 가정하면 실제 지반개량 시 간극수 배출이 원활하지 못해 압밀이 지연되는 현상으로 원인은 타설 시 찢어짐, 침하로 꺾임, 횡압력, 세립자에 의한 막힘(Clogging), 기포, 견고층에서 인장력 등이 있음

(2) 배수재 길이가 길고 개량지반의 투수성이 큰 경우가 보다 영향이 크게 됨에 유의해야 함

(3) 그림과 같이 연직배수공법을 적용하면 물의 흐름은 원지반에서 수평흐름, 연직배수제에서 연직흐름, 배수층에서 수평흐름이 발생함

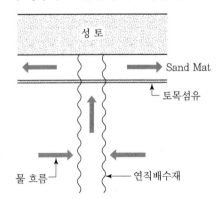

(4) 원지반에서 수평흐름의 물량보다 연직배수재와 Sand Mat에서 물량처리능력, 즉 통수능력이 충분해야 함

(5) 통수능력이 부족하게 되면 압밀로 인한 간극수 배제가 원활하지 못하게 되고 개량기간이 지연됨

3. 평가

(1) Smear Effect와 Well Resistane는 연직배수공법의 간격과 압밀시간과 깊게 관계되며, 교란영향의 적정성 평가를 위해 교란범위, 교란 시 압밀계수를 시험해야 함

(2) 또한 흐름저항을 위해 타설깊이를 고려한 배수재통수능력시험(Delf 시험)을 실시함

## 5 필댐의 필터재 정의 및 조건

### 1. 필터(Filter)의 정의

필터는 물의 흐름을 원활히 하여 간극수압(Porewater Pressure)의 발생을 막고 침투에 따른 토입자의 유실을 방지하는 재료임

#### (1) 상류층 Filter

흙 속을 통과하는 물이 굵은 입자로부터 가는 입자로 통과한다면 간극수압이 유발되므로 Filter 설치로 간극수압 발생을 막음

#### (2) 하류층 Filter

흙 속을 통과하는 물이 가는 입자로부터 갑자기 굵은 입자를 통과하면 가는 입자가 유실되므로 Filter 설치로 가는 입자층인 심벽을 보호함

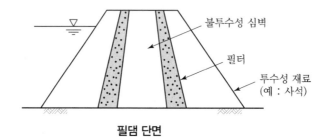

불투수성 심벽

필터

투수성 재료
(예 : 사석)

**필댐 단면**

### 2. 필터의 조건

#### (1) 간극의 크기가 충분히 작아 인접해 있는 흙의 유실이 방지되어야 함

$$\frac{(D_{15})_f}{(D_{85})_s} \leq 5, \quad \frac{(D_{15})_f}{(D_{15})_s} < 20, \quad \frac{(D_{50})_f}{(D_{50})_s} < 25$$

#### (2) 간극의 크기가 충분히 커서 Filter로 들어온 물이 빨리 빠져나가야 하며 침투압이나 수압이 발생되지 않도록 투수성이 좋아야 함

$$\frac{(D_{15})_f}{(D_{15})_s} > 4$$

## 3. 평가

(1) 댐붕괴 원인이 월류, Piping, 부등침하, 지진, 축제재료, 간극수압이라 할 때 Piping과 관련된 원인은 치명적임

(2) Piping이 생기지 않도록 적정 규격 Filter 설치, 선별된 심벽의 축제재료 사용으로 습윤 측 다짐 시공이 되어야 함

**참고**  필터 계산 예

### 1. 조건

$$D_{15} = 0.04\text{mm}, \ D_{50} = 0.13\text{mm}, \ D_{85} = 0.25\text{mm}$$

### 2. Filter 입도

(1) 간극의 크기가 충분히 작아 보호층의 유실, 즉 세굴을 방지해야 함

- $\dfrac{(D_{15})_f}{(D_{85})_s} < 5$ : $(D_{15})f < 5(D_{85})s = 5 \times 0.25 = 1.25\text{mm}$

- $\dfrac{(D_{15})_f}{(D_{15})_s} < 20$ : $(D_{15})f < 20(D_{15})s = 20 \times 0.04 = 0.8\text{mm}$

- $\dfrac{(D_{50})_f}{(D_{50})_s} < 25$ : $(D_{50})f < 25(D_{50})s = 25 \times 0.13 = 3.25\text{mm}$

(2) 간극의 크기가 충분히 커서 Filter로서 배수기능을 해서 간극수압이 발생되지 않아야 함

$$\dfrac{(D_{15})_f}{(D_{15})_s} > 4 : (D_{15})f > 4(D_{15})s = 4 \times 0.04 = 0.16\text{mm}$$

(3) Filter 입도

$(D_{15})_f < 1.25\text{mm}, \ (D_{15})_f < 0.8\text{mm}, \ (D_{50})_f < 3.25\text{mm}, \ (D_{15})_f > 0.16\text{mm}$

### 3. 입도곡선

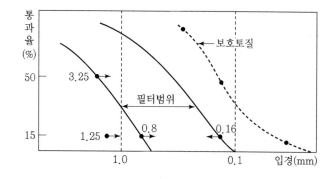

## 6 「지하안전관리에 관한 특별법」에서 지하안전점검 대상 및 방법

### 1. 「지하안전관리에 관한 특별법」의 개요

(1) 지하를 안전하게 개발하고 이용을 위한 안전관리를 하여 지반침하로 인한 위해를 방지하고 안전을 확보하기 위함

(2) 지하안전에 영향을 미치는 사업에서 지하안전의 영향을 미리 조사하고 예측·평가함

(3) 필요시 지반침하를 예방하거나 감소시킬 수 있는 방안을 수립함

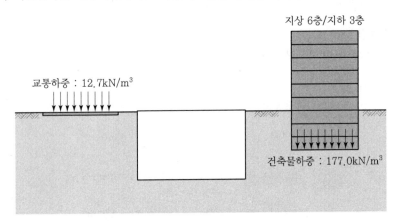

### 2. 지하안전점검 대상

도로와 철로의 아래에 설치된 지하구조물

(1) 직경 500mm 이상의 상수도관

(2) 직경 500mm 이상의 하수도관

(3) 직경 500mm 이상의 전기설비

(4) 직경 500mm 이상의 가스시설

(5) 직경 500mm 이상의 열병합수송관

(6) 공동구, 지하도로, 지하광장

(7) 도시철도, 철도

(8) 주차장, 지하도상가

3. 지하안전점검 방법

  (1) 안전점검 주변 지반 범위

    지하매설물 매설깊이의 $\frac{1}{2}$에 해당하는 범위의 지표면

  (2) **지표침하의 육안조사**

    연 1회 이상

  (3) **지표투과레이더(GPR 탐사)를 통한 공동조사**

    5년마다 1회 이상

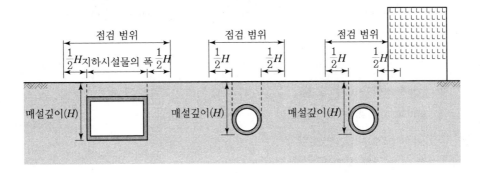

## 7 지반함몰(침하)의 정의 및 원인

### 1. 정의

(1) 함몰형 침하, 즉 Sinkhole은 좁은 지역에 국한되어 큰 연직변위가 발생되는 형태로 석회함지대, 폐광지역, 도심지 등에서 발생됨

(2) 도심지형은 자연적보다 인위적 영향으로 발생이 유력함

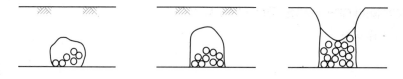

### 2. 원인

(1) 도심지 개발에 의한 지하수 고갈

(2) 터널 등 지하공사에 의한 지반 붕괴

(3) 상수도관 등 누수에 의한 지반 약화

(4) 발파충격에 의한 지반 붕괴

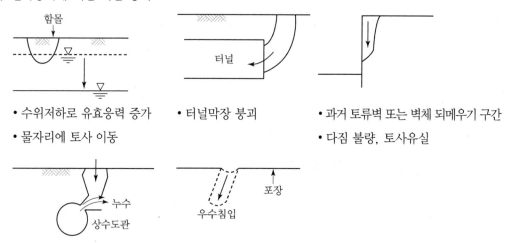

- 수위저하로 유효응력 증가
- 물자리에 토사 이동
- 터널막장 붕괴
- 과거 토류벽 또는 벽체 되메우기 구간
- 다짐 불량, 토사유실

### 3. 평가

(1) 발생원인에 유의하여 지반함몰이 생기지 않게 해야 함

(2) 발생 우려 시 시추조사, GPR, Geotomography, 전기비저항탐사 등 물리탐사 실시로 사전에 대책을 수립함

(3) 대책은 강제함몰, 그라우팅공법에 의한 충전, 고유동성 모르타르를 주입함

## 8 지반굴착에 따른 주변 침하의 영향 범위 산정방법

### 1. 굴착에 따른 지반거동

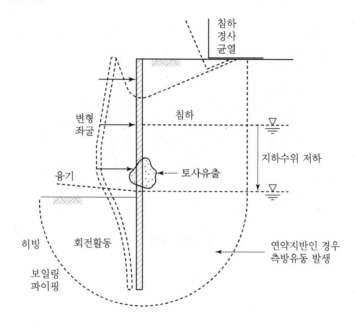

(1) 지반굴착으로 굴착저면 융기, 굴착면 수평변위 발생과 더불어 굴착배면의 침하가 발생됨
(2) 물론, 변형의 규모가 크고 응력거동이 불안정할 경우 붕괴가 될 수 있음

### 2. 영향범위 산정

(1) 경험적 방법(Peck, Caspe 등이 있으며 Peck 방법으로 설명)

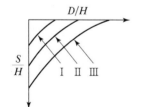

여기서, $D$ : 굴착면으로부터 임의거리

$H$ : 굴착깊이

$S$ : 거리 $D$에 대한 침하량

① 계측결과로부터 작성됨
② 먼저 지반상태를 구분(Ⅰ→Ⅱ→Ⅲ 순으로 지반조건이 불량함)
③ $D/H$별로 $\dfrac{S}{H}$를 구하고 $S = \dfrac{S}{H} \times H$로 침하량을 구함
④ 위의 과정을 통해 지반침하의 영향 범위를 산정함

(2) 수치해석적 방법

    ① 지반조건, 수위조건, 굴착과 지보공 순서를 적용하여 프로그램으로 해석함

    ② 해석 결과로 영향 범위를 파악함

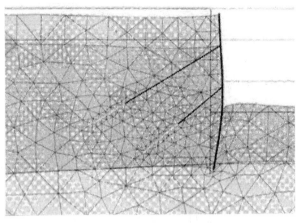

**수치해석 예시**

## 3. 평가

(1) 영향 범위와 침하 형태 그래프는 인접구조물의 안정성 평가에 중요한 자료임

(2) 예측된 자료나 현장의 계측자료로부터 인근구조물의 전체침하량, 부등침하량, 각변위, 처짐비로
    영향을 분석함

# 9 과지압 암반에서 터널의 파괴 유형

## 1. 과지압지반

(1) 대체로 낮은 응력이 발생하는 저심도 구간에 발생하는 암반의 안정은 구조적 블록거동이 주된 문제이나 대심도 구간에서는 불연속 거동이 높은 지압에 대해 억제되므로 과지압에 의한 암반거동이 문제가 됨

(2) 과지압 암반(Over-stressed Rock Mass)은 연직, 수평응력의 차이가 커 불안정할 수 있는 지반으로 암반강도의 일정비율(예 40~60%) 이상인 지압작용으로 취성파괴가 생길 수 있는 지반임

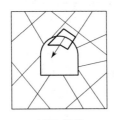

**낮은 응력**

불연속면들의 교차에 의해 해방된 블록 또는 쐐기가 중력에 기인하여 이탈되거나 활동을 일으킴

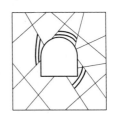

**높은 응력**

파괴는 암석블록의 파쇄(Crushing) 및 쪼개짐(Splitting)에 의해 발생됨

## 2. 터널파괴 유형

(1) **탈락(Spalling)** : 터널벽 암반이 조각상으로 떨어져 나가는 현상이고 판상으로 떨어지면 Slabbing이라 함

(2) **파열(Rock Burst)** : 암반이 지압에 의해 돌출적으로 떨어져 나가는 현상

(3) **압착(Squeezing)** : 변형이 커져 잔류강도 상태가 되면 소성영역 증대로 점착력 상실에 따른 현상으로 터널에 큰 하중이 추가로 발생됨 (Creep 변형)

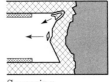

Squeezing

## 3. 평가

(1) 과지압지반의 붕괴는 갑작스럽게 발생되어 현장에서 대피나 조치가 어려움

(2) 초기지압비, AE 계측 등으로 사전예측이 중요함

### 🔟 보강토옹벽 내에서의 파괴단면과 토압분포

#### 1. 비신장성 보강재

(1) 중력식법(Coherent Gravity Method)에 의한 보강토 옹벽 설계법 적용

(2) 보강재의 극한인장강도에서 변형률이 흙의 변형률보다 작은 보강재

(3) 보강재의 설계하중에서의 축방향 변형률이 1% 미만에 해당되는 보강재

(4) 철제 보강재

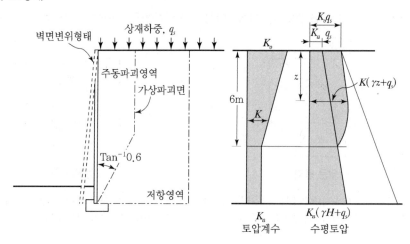

#### 2. 신장성 보강재

(1) 쐐기법(Tie−Back Wedge Method)에 의한 보강토 옹벽 설계법 적용

(2) 보강재의 극한인장강도에서 변형률이 흙의 변형률보다 큰 보강재

(3) 보강재의 설계하중에서의 축방향 변형률이 1% 이상에 해당되는 보강재

(4) 토목섬유제품 보강재

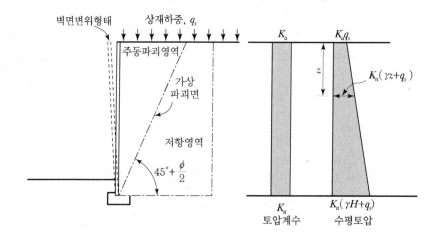

## 3. 평가

(1) 비신장성 보강재와 신장성 보강재는 파괴면의 형태가 달라 토압분포가 다름

(2) 비신장성 보강재가 지표 부근에서 토압이 크게 작용됨에 유의해야 함

---

**참고**　계산 예

- 조건 : $H=10\text{m}$, $\phi=30$, $K_0=0.5$, $K_a=0.3$, $r=2\text{t/m}^3$, $q=2\text{t/m}^2$
- 계산 :

### 1. 비신장성 보강재

① 지표 : $rzk+qk=2\times0\times0.5+2\times0.5=1\text{t/m}^2$

② 3m : $2\times3\times0.4+2\times0.4=3.2\text{t/m}^2$

③ 6m : $2\times6\times0.3+2\times0.3=4.2\text{t/m}^2$

④ 10m : $2\times10\times0.3+2\times0.3=6.6\text{t/m}^2$

### 2. 신장성 보강재

① 지표 : $2\times0\times0.3+2\times0.3=0.6\text{t/m}^2$

② 3m : $2\times3\times0.3+2\times0.3=2.4\text{t/m}^2$

③ 6m : $4.2\text{t/m}^2$(비신장성 보강재와 같음)

④ 10m : $6.6\text{t/m}^2$(비신장성 보강재와 같음)

### 3. 토압분포도

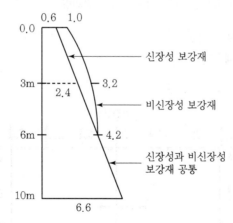

## 11 터널구조물의 내진해석방법

### 1. 지하구조물의 진동 특성

(1) 지중구조물의 겉보기 단위중량은 주변 지반의 단위중량보다 작아 관성력이 작게 되므로 구조물을 진동시키려는 힘이 작음

(2) 지중구조물은 주변이 지반으로 둘러싸여 있기 때문에 주변 지반으로 감쇠가 커 진동이 발생해도 짧은 시간 내에 진동이 정지함(발산감쇠)

(3) 따라서 지상구조물은 관성력이 중요하지만 지하구조물은 지진 시 지반에 생기는 변위가 중요함

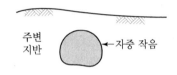

### 2. 응답변위법

(1) 지반물성치, 설계지진파에 대해 지반응답해석(예 SHAKE program)을 실시하여 구조물 깊이별 변위 산정

(2) 지반반력계수에 의해 지진력 산정

즉, $K = \dfrac{P}{S}$ 에서 $P = K \cdot S$ ($K$ : 지반반력계수, $S$ : 변위량)

(3) 구조물중량에 대해 관성력 산정

즉, $F = K_h \cdot w$ ($w$ : 구체중량)

(4) Model 개념도

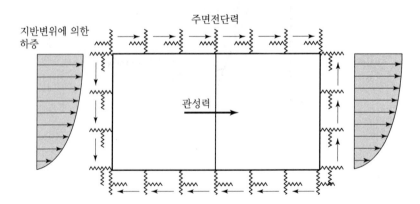

## 3. 평가

(1) 지중구조물형태구간은 응답변위법을 적용하며 갱구부와 같이 지상돌출된 경우는 관성력(Inertia Force) 중심의 진도법을 적용함

(2) 단면복잡한 위치, 비대칭형태구간, 지반층경사구간, 단층파쇄대 등은 동적해석에 의해 내진안정성을 검토함

## ⑫ IGM(Intermediate Geo-Material)의 정의

### 1. IGM의 정의

(1) IGM은 암과 토사의 중간영역의 지반으로 매우 조밀한 토사 또는 연약한 암에 해당

(2) 구체적으로 과압밀토, Shale, 이암, 연약사암, 조밀사질지반, 풍화암 등임

(3) 점성중간지반은 일축압축강도로 평가하며 강도는 Soil-cement나 심층혼합처리공법 정도임

(4) 사질중간지반은 표준관입시험에 의한 N치로 평가하며 견고한 풍화토, 풍화암에 해당됨

〈FHWA(1996)의 지반 분류 기준〉

| 구분 | 토사(Soil) | 중간토(IGM) | 암(Rock) |
|---|---|---|---|
| 일축압축강도 $q_u$(MPa) | 점성토(Cohesive Soil) $q_u < 0.5$ | 점성중간토(Cohesive IGM) $0.5 \le q_u \le 5$ | $q_u > 5$ |
| 표준관입시험 $N$치 (타격횟수/0.3m) | 사질토(Cohesionless Soil) $N < 50$ | 사질중간토(Cohesionless IGM) $50 \le N \le 100$ | $N > 100$ |

### 2. 평가

(1) 토사와 암반의 경계지반으로 국내 설계기준이 미비함

(2) 적용자에 따라 실제 지반의 지지력이 과소, 과다 평가됨

(3) IGM에 대한 설계기준이 필요하고, 국내사례(⑩ 광안대교 현장)에 의하면 말뚝지지력의 예측치와 재하시험 결과가 잘 일치한다고 함

(4) 국내 시공되는 기초의 지지층이 IGM에 시공되는 사례가 많게 되는 경향이므로 기준의 정립이 필요하며 도로교 설계기준에서 취급되고 있음

(5) 한국형 타격콘관입시험으로 단면적당 주면지지력이나 선단지지력을 산정함

(6) 이때 주의사항은 표준관입시험을 하되 100타격당 관입량을 측정함이 일반표준관입시험과 차이점임

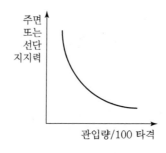

## 🔟 터널공사 시 막장면 자립공

### 1. 개요

(1) 절리가 많은 붕괴성 암반이나 연약한 지반에서 막장의 붕괴나 변형을 억제해야 함

(2) Core 설치(Ring Cut), 굴진면 숏크리트, 굴진면 Rock Bolt, 배수공, 그라우팅에 의한 지반보강 등이 있음

### 2. 막장면 자립공법

(1) Ring Cut

① 굴진면에서 일부 코어(Core)를 남겨둠

② 작업성(지보재 설치, 굴착장비)을 고려하여 단면 결정

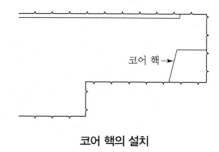

**코어 핵의 설치**

(2) 막장면 Shotcrete

① 굴진면에 숏크리트 타설(50mm 이상)

② 지지효과가 크며 장기간 굴진 중단 시 유효함

**굴진면 숏크리트 타설**

(3) 막장면 Rock Bolt

① 적정규격으로 설치(길이 : 1회 굴진장 3배, 1~2m² 당 1개)

② 굴착 시 절단이 용이한 재질 사용

**굴진면 록볼트 설치**

### 3. 평가

(1) 막장면의 큰 변위나 붕괴 방지를 위해 실시되는 보조공법임

(2) 보조공법은 굴착공법과의 상호조합에 의해 적정성이 수립되어야 함에 유의함

## 2 교 시 ( 6문 중 4문 선택, 각 25점 )

【문제 1】
교량기초의 강성을 고려한 내진설계 절차에 대하여 설명하시오.

### 1. 일반적 내진설계 절차

(1) 일반적인 설계기준에 의한 내진해석절차는 다음 그림과 같음

(2) 설계지진하중은 지진구역계수, 재현주기에 따른 위험도계수, 지반증폭계수를 고려하여 산정함

(3) 상부 구조물을 해석하여 기초의 필요한 반력을 산정하고 액상화 조건 시 액상화의 안정성을 평가함

(4) 관성력을 고려한 유사정적인 진도법으로 기초안정성을 검토하여 지지력, 침하량, 수평변위 등 만족 여부를 판단함

(5) 말뚝기초는 군말뚝을 검토하고 이 중 불리한 말뚝을 내진설계용 단말뚝으로 선정함

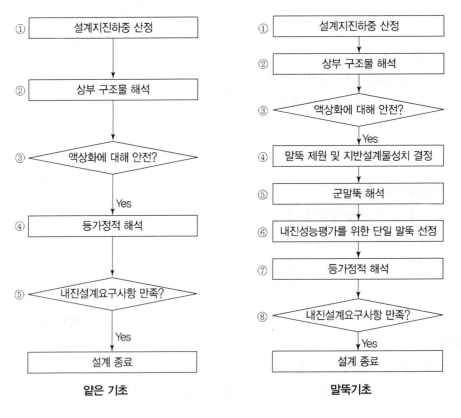

얕은 기초                    말뚝기초

## 2. 일반적 내진설계 절차의 제한사항

    (1) 상부 구조물은 기초 구조물의 강성에 영향을 받는데 이에 대한 고려가 미흡함

    (2) 즉, 기초 구조물의 영향을 무시하고 상부 구조물 하단을 고정 조건으로 가정함

    (3) 일반적으로 설계력은 증가되고 변위는 과소하게 산정됨

## 3. 기초 강성을 고려한 내진설계 절차

    (1) 기초 구조물의 강성을 모사하는 Spring을 상부 구조물의 하단에 적용함

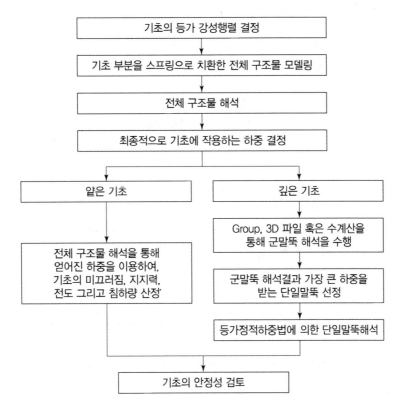

    (2) **기초의 강성결정 예시(얕은 기초)**

       ① 최대전단탄성계수

$$G_{max} = (\gamma/g) \times V_s^2$$

       ② 적용전단탄성계수(중약진지역)

$$G = 0.5 G_{max}$$

③ 긴변방향의 수평기초강성

$$\frac{GL}{2-\nu}\left[2+2.5\left(\frac{B}{L}\right)^{0.85}\right]-\frac{GL}{0.75-\nu}\left[0.1\left(1-\frac{B}{L}\right)\right]$$

여기서, $B$ : 기초의 폭

$L$ : 길이

$\nu$ : 지반푸아송비

④ 긴변방향의 수평근입효과계수

$$\left[1+0.15\left(\frac{2D}{L}\right)^{0.5}\right]\left\{1+0.52\left[\frac{\left(D-\frac{d}{2}\right)16(L+B)d}{LB^2}\right]^{0.4}\right\}$$

여기서, $D$ : 기초의 근입깊이

$d$ : 기초의 두께

⑤ 적용 기초 강성 : ③과 ④의 값을 곱하여 결정함
⑥ 강성에는 이외에도 짧은 변의 수평강성, 연직방향강성, 긴 변과 짧은 변의 회전강성이 있음

## 4. 평가

(1) 기초 강성을 고려하면 구조물의 상호작용이 감안되어 보다 정확한 검토가 됨
(2) 전단탄성계수와 푸아송비를 현장동적시험인 Cross Hole, Down Hole 시험 등으로 산정함이 중요함

참고  1. 국내기초의 내진설계현황 및 내진대책공법. 2011.9, 김성렬 등, 한국지진공학회추계워크샵발표논문집.
2. 기존구조물(기초 및 지반)내진성능평가요령. 2020.6, 한국시설안전공단.

【문제 2】
터널굴착 시 종단방향과 횡단방향에 대한 보조공법에 대하여 설명하시오.

## 1. 보조공법 개요

터널굴진 중 안정과 굴착 후 일반 지보재로 터널의 안정을 도모하기 곤란하고 주변 지반의 변형 억제, 시설물을 보호하기 위한 공법

(1) 터널 주변 지반의 전단강도 증가

(2) 터널 및 주변 지반 침하 방지

(3) 투수성 저감으로 터널 내 지하수 유입, 지반침하 방지

(4) 터널 내구성과 주변 구조물 보호

## 2. 보강 목적에 따른 분류

(1) 지반보강

　① 천단안정　　　② 측벽안정

　③ 바닥안정　　　④ 막장면 안정

(2) 지하수

　① 배수

　② 차수

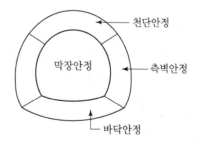

## 3. 종단방향 보조공법

(1) 천단부

굴착천단부의 안정을 도모하고 막장부의 지반 보강과 변형 억제, 차수 대책, 안정을 위한 Ground Arching 형성

- Pipe Roof
- Forepoling
- 보강 Grouting
- 강관다단 Grouting

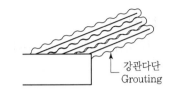

### (2) 막장부

토사와 같이 불량한 지반의 막장면 안정 유지

- 막장면 Shotcrete
- 막장면 Rock Bolt
- 지지 Core

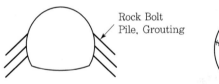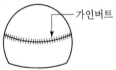

## 4. 횡방향 보조공법

### (1) 측벽부

터널측벽부의 지지력 확보, 변위 억제, 지하수 유입 차단

- 각부 보강 Rock Bolt
- 각부 보강 Shotcrete
- 가인버트
- 각부 보강 Pile
- 각부 보강 Grouting

### (2) 바닥부

바닥부의 지지력 보강, 터널내공으로 팽창 억제, 지하수 용출 방지

- 보강 Grouting
- Micro Pile
- Invert

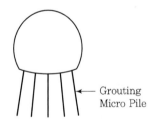

## 5. 평가

(1) 터널의 보조공법은 터널굴착과 굴착 후에 안정을 위한 것으로 다음의 경우에 주로 적용됨

① 횡단면상에 토피가 작게 설계된 경우

② 지반조사 결과 지반이 연약하여 자립성이 낮은 경우(단층대)

③ 터널 인접 구조물의 보호를 위하여 지표면 침하나 지중변위가 억제되어야 하는 경우

④ 용출수로 인하여 굴진면 붕괴, 숏크리트 부착 불량 및 지반 이완이 진행될 수 있어 터널의 안전성 확보가 필요한 경우

⑤ 기타 편토압 지역 및 심한 이방성 지반 혹은 특수 지형조건 등에 건설 예정인 경우

⑥ 병설터널 Pillar부

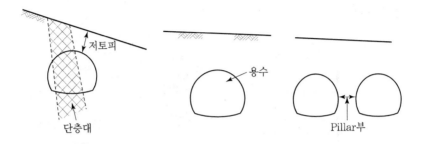

(2) 단면분할에 해당하는 굴착공법과 병행하여 적용공법을 선택해야 하며 수치해석을 통한 안정성이 확보되도록 함

(3) 시공 시 계측결과와 보강효과를 평가하여 관리되도록 함

【문제 3】
보강토 옹벽의 결함(손상) 종류별 원인 및 대책을 설명하시오.

## 1. 보강토 옹벽 개요

(1) 보강토 옹벽 구성

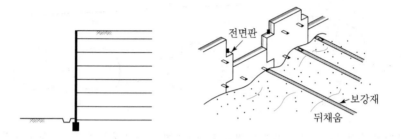

(2) 공법원리

① Arching

- 토입자 이동은 보강재의 마찰에 의해 횡변위 억제
- 점착력(Cohesion)을 가진 효과 발생

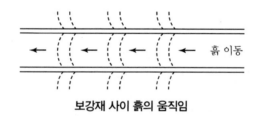

**보강재 사이 흙의 움직임**

② 겉보기 점착력(Apparent Cohesion)

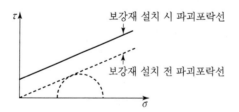

## 2. 전체 보강토 옹벽붕괴

### (1) 원인

① 설계 시 전반활동에 대한 안정성 검토 미흡

② 강우 시 지표수 처리 미흡

③ 보강토체 배면 배수처리 미흡

④ 세립분 많은 뒤채움흙 사용 및 다짐 불량

⑤ 기초 지반의 지지력 부족

### (2) 대책

① 강우 조건을 고려한 사면안정성 확보

② 충분한 배수시설(예시)

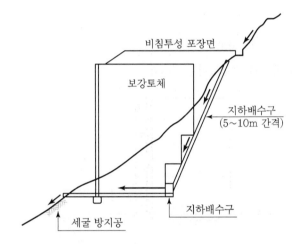

③ 지지력(Bearing Capacity) 계산 시 근입부 부분 제외, 즉

$$q_u = \alpha C N_c + \beta \gamma_1 B N_r$$

## 3. 전면 벽체 붕괴

### (1) 원인

① 강우 시 지표수 처리 미흡

② 보강토 옹벽 배면에 있는 수직배수층의 배수용량 과소설계

③ 보강토 옹벽 배면에 있는 수직배수층에 투수성 낮은 재료 사용

④ 보강토체 내에 설치된 배수관/오수관 연결부 이탈로 빗물과 오수 유입

⑤ 동절기 동상(凍上)에 의해 보강재 연결부 파단

(2) 대책

　　① 충분한 배수시설

　　② 벽체와 보강재 연결을 확실하게 함

## 4. 옹벽의 침하

(1) 원인

　　① 보강토 옹벽 하부 성토지반의 다짐불량

　　② 기초 지반의 부실한 처리로 지지력 부족

　　③ 보강토 옹벽 하부의 배수시스템 설계와 시공 미흡

(2) 대책

　　① 기초 지반에 대한 지지력 확보

　　② 필요시 하중분포 감안한 적절깊이를 치환함

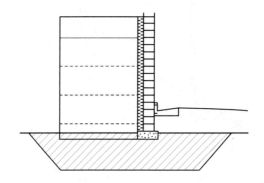

## 5. 전면 벽체의 균열

(1) 원인

　　① 압축강도가 작은 전면 벽체의 사용

　　② 전면 벽체 간의 연결상태 불량

　　③ 곡면부에서 과잉 인장응력의 유발

　　④ 기초 지반의 부등침하

(2) 대책

　　① 침하계산에 의한 치환 등 실시

　　② 우각부 처리 : 추가의 보강재 포설, 겹치는 경우는 보강재 상하 이격

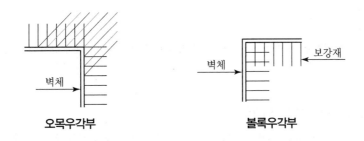

**오목우각부**  ·  **볼록우각부**

## 6. 전면 벽체의 변형

### (1) 원인

여러 원인인 배수불량에 의한 수압, 불량뒤채움재에 의한 토압 증가, 연결부의 느슨

### (2) 대책

그림과 같이 Anchor 등으로 보강

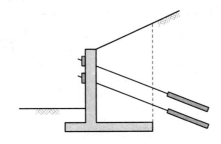

【문제 4】
「지하안전관리에 관한 특별법」에 따른 지하안전영향평가에서 지반안전성 확보방안에 대하여 설명하시오.

## 1. 「지하안전관리에 관한 특별법」의 개요

(1) 지하를 안전하게 개발하고 이용을 위한 안전관리를 하여 지반침하로 인한 위해를 방지하고 안전을 확보하기 위함

(2) 지하안전에 영향을 미치는 사업에서 지하안전의 영향을 미리 조사하고 예측·평가함

(3) 필요시 지반침하를 예방하거나 감소시킬 수 있는 방안을 수립함

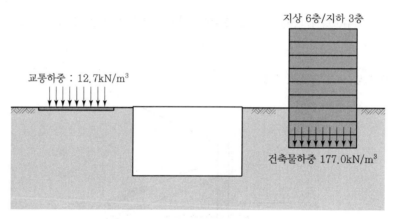

교통하중 : 12.7kN/m³

지상 6층/지하 3층

건축물하중 177.0kN/m³

**굴착 단면 예시**

## 2. 지하안전 확보방안 : 계측, 보강 및 차수, 현장안전관리

(1) **계측계획**

① 계측목적에 맞는 계측위치와 계측기, 계측빈도, 관리기준 설정, 이상 시 조치 등을 수립함

② 굴착공사계측 예시

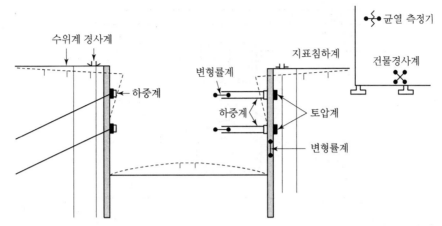

주의 : 각 계측기를 동일 단면에 배치

③ 터널공사계측 예시

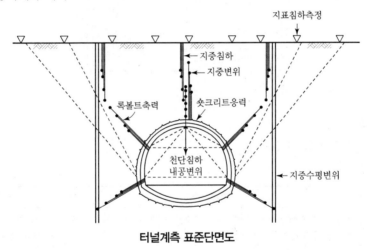

**터널계측 표준단면도**

(2) **지반침하 취약구간 보강 및 차수방안**

① 위치 선정

- 사업구간 중 최대굴착깊이 구간
- 지반조사 결과 지반조건이 가장 불리한 구간
- 인접구조물과 근접한 구간
- 중요도가 높은 매설물이 근접한 구간
- 지하수 저하량이 크며 이에 따른 침하량이 많게 평가된 구간
- 지반안전성 평가 시 지반 변형이 높게 평가된 구간
- 공동의심구간(지하안전영향평가)

② 터널 예시

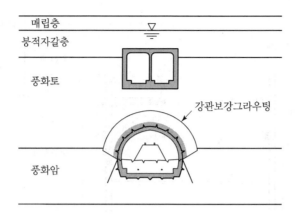

③ 굴착공사 예시

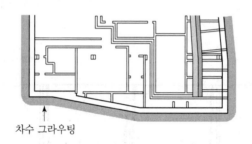

차수 그라우팅

(3) 현장안전관리

① 공사장 지하수와 토사유출관리

② 공동보강 및 관리

| 등급 | 분류기준 | 복구기준 |
|---|---|---|
| 긴급복구 | • AC 포장 두께 10cm 이내인 동공 중 동공 두께 20cm 이내인 동공<br>• 포장 균열 깊이가 50% 이상 진행된 모든 동공 | 탐사 중 동공상태 확인 즉시 복구(6시간 이내) |
| 우선복구 | • AC 포장 두께 10~20cm 이내인 동공 중 동공 두께 10~30cm 이내인 동공<br>• 동공 좁은 폭 150cm 이상인 모든 동공<br>• 포장 균열 깊이가 10~50% 진행된 모든 동공 | 신속한 조치계획 수립 및 복구 |
| 일반복구 | 긴급/우선/관찰 등급을 제외한 모든 동공 | 우기철 이전까지 복구 |
| 관찰 | AC 포장 두께 30cm 이상인 동공 또는 동공 두께 40cm 이상인 동공 중에서 동공 폭 80cm 미만인 동공 | 지속 관찰 후 반복탐사 시작연도 우기철 이전까지 복구 |

③ 시공 중 추가지반 조사계획(필요시)

현장 여건에 따라 시방서, 안전관리규정에 의해 관리방안 수립

참고  지하안전영향평가서표준매뉴얼, 2020.6, 국토교통부.

【문제 5】
노상토의 지지력비(CBR) 결정방법을 설명하고, 설계 CBR과 수정 CBR을 비교·설명하시오.

## 1. CBR 결정방법

(1) Califonia Bearing Ratio의 약자로 캘리포니아 쇄석을 100%로 기준함

(2) 직경 15cm 몰드에 채워 넣은 다짐흙 또는 교란되지 않은 상태로 현장에서 채취된 시료에 5cm의 강봉을 관입하였을 때 어느 깊이 관입에 있어서의 표준단위하중에 대한 시험단위하중의 비를 CBR이라 하며, 단위는 %로 함

(3) 즉, $CBR = \dfrac{관입깊이에서의\ 시험하중}{관입깊이에서의\ 표준하중} \times 100(\%)$

표준하중    2.5mm 관입 : $70kg/cm^2$

5.0mm 관입 : $105kg/cm^2$

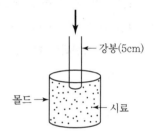

(4) 시료성형 후 4일간 수침시킨 다음 CBR 시험을 실시함

## 2. 설계 CBR

(1) 설계 적용을 위한 CBR

(2) 누적백분율에서 90% 가능한 값으로 결정

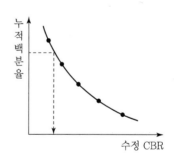

## 3. 수정 CBR

(1) 최적함수비 상태로 다짐횟수를 변경하여 다짐
  (예 D다짐 시 : 10, 25, 55회)

(2) 다짐곡선에서 소요다짐도의 건조단위중량에 대응하는 CBR 선정

(3) 즉, 수정 CBR은 현장요구다짐도에 대응하는 CBR 의미

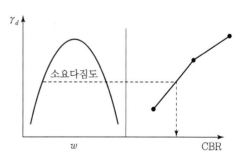

## 4. 설계 CBR과 수정 CBR 비교

(1) 수정 CBR은 설계 CBR을 산정하기 위한 것으로 실내다짐과 현장다짐의 차이를 극복하기 위해 현장소요다짐도로 수정한 CBR을 의미함

(2) 설계 CBR은 여러 개의 수정 CBR로부터 포장두께의 결정에 이용되는 것으로 설계 CBR이 8%라 하면 실제 현장에서는 8% 이하인 CBR이 통계적으로 10%는 나온다는 의미임

## 5. 평가

(1) CBR 시험 전에 다짐시험이 필요하며 최적함수비 상태로 시료를 성형함

(2) 최적함수비(Optimum Moisture Content)보다 현장함수비가 많이 큰 경우는 현장함수비 조건에서 시험됨이 타당함

【문제 6】
현장타설말뚝기초 양방향재하시험의 오스터버그 셀(Osterberg Cell) 설치위치에 따른 시험의 적용성에 대하여 설명하시오.

## 1. 개요

(1) 양방향재하시험(Bi-directional Pile Load Test)은 기존의 두부재하시험과 달리 양방향으로 재하하는 시험임

(2) 최근 대구경의 현장타설말뚝(인천대교, 가덕교 등)에 적용성이 큼

## 2. 시험방법과 정리

(1) 시험방법

① 재하중 : 설계용은 극한하중 이상, 사공관리용은 항복하중 이상으로 함

② 하중은 말뚝선단에서 상향과 하향의 양방향재하

③ 하중, 잭 상부 · 하부 변위, 말뚝두부변위, 말뚝응력 측정

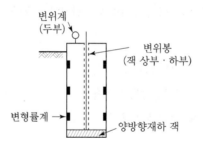

(2) 정리

① 양방향시험 결과(변위-하중곡선)

② 두부재하 시 변위량은 하중에 의한 지반변형과 말뚝의 압축변형의 합임

③ 양방향재하 시 주면지지에 의한 변형은 두부변위계로, 선단지지에 의한 변형은 재하부 변위봉으로 측정함

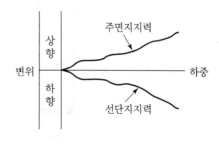

④ 말뚝의 압축변형은 잭 상단부의 변위봉과 말뚝두부변형의 차로 산정함

## 3. 재하장치 위치에 따른 시험의 적용성

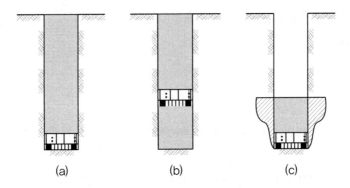

(a)        (b)        (c)

(1) **위치 (a)**

    ① 일반적으로 적용하는 방법으로 선단지지력이 주면지지력보다 큰 경우

    ② 주로 주면지지가 발휘되고 선단지지는 충분히 발휘되지 않음

    ③ 지지력(Bearing Capacity)이 다소 작게 산정됨

(2) **위치 (b)**

    ① 재하장치가 주면부에 있는 배치로 주면지지가 선단지지보다 많이 큰 경우

    ② Cell 위의 주면지지력이 Cell 아래의 주면지지력과 선단지지력이 같게 되는 위치에 배치

    ③ 주면과 선단이 극한발휘 가능하며 Cell의 위치선정이 중요함

(3) **위치 (c)**

    ① Cell 설치하고 일부만 콘크리트 타설

    ② 암반에 Socketing되는 현장타설말뚝에 적용

    ③ 암반의 주면과 선단지지력 산정에 적용됨

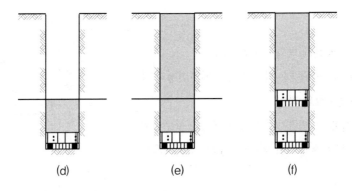

(d)        (e)        (f)

(4) **위치 (d)** : 현재의 지표면이 말뚝의 두부 높이보다 높은 경우

(5) 위치 (e)

① 하부에 재하장치를 설치하고 콘크리트 일부를 타설한 후 재하시험하여 하부주면지지를 구하고 콘크리트를 추가 타설함

② 다시 재하시험하여 상부의 주면지지력을 산정함

③ 주면부의 지지력이 지층에 따라 차이가 큰 경우에 적용됨

(6) 위치 (f)

① 하부잭을 통해 선단지지를 구하고 상부잭을 통해 상부잭의 상부와 하부의 주면지지를 구함. 이때 하부잭의 압력은 제거함

② 산단과 주면지지력을 잘 측정할 수 있음

## 4. 평가

(1) 지층조건과 말뚝길이에 따라 재하위치를 결정하여 효율적으로 재하시험을 하는 것임

(2) 위치선정을 위해 사전에 지반조사를 통해 지층의 분포, 전단강도(Shearstrength)를 파악하고 예비적으로 지지력을 산정해야 좋은 결과를 도출할 수 있음에 유의함

**3 교 시 ( 6문 중 4문 선택, 각 25점 )**

---

【문제 1】
지표 하부 매설강관의 유지관리 시 지반공학적 관점에서 유의사항을 설명하시오.

---

## 1. 매설강관 형태

(1) 가스, 상수도, 열수송, 전력 등 사용 목적에 따라 매설형식은 차이가 있지만 관을 매설하기 위해 터파기를 함

(2) 기초를 하고 관을 부설하고 모래 등의 양질토로 뒤채움을 하여 시공함

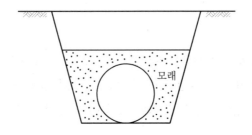

## 2. 유지관리(안전점검) 방법

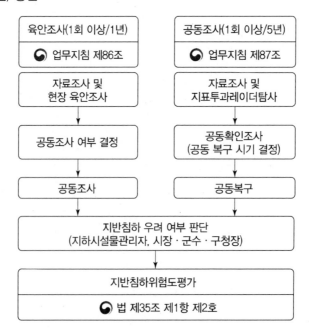

(1) **육안조사**

① 방법

㉠ 지하시설물관리자 또는 조사자는 지하시설물의 종류, 규모, 연장, 매설 위치, 매설 심도, 교체 및 이설 등을 조사·분석하여 육안조사 대상 주변 지반을 선정하고, 현장조사를 위한 효율적인 계획(조사노선 등)을 수립함

㉡ 조사대상을 지하시설물의 연결성과 조사의 효율성을 고려하여 세부 조사측선으로 구분하여 조사를 수행함. 조사측선은 시·군·구 단위 내에 위치하도록 구분함

㉢ 자료조사 결과, 기존 지반침하(공동) 발생 및 지하시설물 손상, 파손 등에 대한 보수·보강 구간, 기존 지하안전점검 결과에서 긴급·우선 평가 또는 공동 발생 구간에 대해서는 면밀한 현장조사가 수행될 수 있도록 조사계획을 수립함

② 유의사항

㉠ 지반침하(함몰) 원인은 내부적인 변화 요소(지하수 변화, 지하매설물 파손 등)부터 외부적인 변화 요소(차량 하중, 지진, 지반굴착 등)로 다양한 요인으로 발생하므로 조사자는 대상 지반의 지형, 지질 특성, 매설물의 설계, 시공, 유지관리 등의 충분한 자료조사 등을 취합하여 전문적인 관점에서 신중한 조사가 이루어져야 함

㉡ 다짐이 불량하여 나타나는 침하는 다짐이 시행된 지역 전체에 걸쳐 비교적 일정한 침하패턴을 나타내는 경우가 많으나, 공동에 의한 침하의 경우 부분적으로 나타나며 지표면에서 관찰되지 않을 수 있으므로 주의함

㉢ 또한 지하굴착 시 이완된 지반의 재배열 및 응력 재분배 과정에서 인접 지반의 국부적인 활동(함몰) 등에 의해서 침하범위가 확대될 수도 있으므로 인접 지역의 함몰 여부 등도 주의 깊게 조사하여야 함

㉣ 육안조사는 조사대상 지하시설물의 상부(도로 및 철도)에서 주변 지반의 상태를 조사하는 방법으로 지하시설물의 매설 현황과 현장 여건 등을 감안하여 보행식 조사와 주행식 조사 중 적절한 방법을 선택하거나 두가지 방법을 적절히 적용하여 수행할 수 있음

(2) **공동조사**

① 방법

㉠ 지하시설물관리자 또는 조사자는 지하시설물의 종류, 규모, 연장, 매설 위치, 매설 심도, 교체 및 이설 등을 조사·분석하여 공동조사 대상 주변 지반을 선정하고, 현장조사를 위한 효율적인 계획(조사노선 등)을 수립함

㉡ 조사대상을 지하시설물의 연결성과 조사의 효율성을 고려하여 세부 조사측선으로 구분하여 조사를 수행함. 조사측선은 시·군·구 단위 내에 위치하도록 구분함

ⓒ 자료조사 결과, 기존 지반침하(공동) 발생 및 지하시설물 손상, 파손 등에 대한 보수·보강 구간, 기존 지하안전점검 결과에서 긴급·우선 평가 또는 공동 발생 구간에 대해서는 면밀한 지표투과레이더(GPR) 탐사가 수행될 수 있도록 조사계획을 수립하여야 함

② 유의사항

㉠ 현장 여건, 현장조사 수행방법, 조사대상 물량 등을 고려하여 적절하게 공동조사 수행 인원과 지표투과 레이더(GPR) 탐사장비 등의 측정장비 및 기기의 투입계획을 수립하여야 함

㉡ 지표투과레이더(GPR) 탐사방법은 차량형과 핸디형으로 크게 구분할 수 있으며, 현장여건 등을 고려하여 적절한 방법으로 선택하여 조사대상 주변 지반에 대하여 현장조사를 수행함

㉢ 현장조사 기간과 일정은 투입인력 현장 여건 기후·온도·교통량 등을 고려하여 계획을 수립하며, 도로점용으로 인한 교통통제가 필요한 경우 교통량, 첨두시간(혼잡시간) 등의 분석을 통해 시민의 불편을 최소화할 수 있는 날짜·시간대를 선정함

㉣ 조사자는 안전사고 발생을 예방하기 위하여 위험요인 등에 대한 안전관리계획을 수립·시행하여야 함

㉤ 현장조사 시 교통통제와 조사공간 확보를 위하여 적절한 계획을 수립함

• 차량형 지표투과레이더(GPR) 탐사의 경우 교통안전표지(점멸 차단판) 또는 안전시설(회전 점멸등) 등을 탐사차량에 장착 운영하여야 하며, 교통흐름을 방해하지 않는 적정속도로 탐사를 수행함

• 핸디형 지표투과레이더(GPR) 탐사와 천공 등의 공동확인조사 시에는 충분한 교통안전시설물을 설치하여 주의구간과 완화구간, 작업구간을 확보하고 신호수를 배치하는 방식의 교통관리대책을 수립하여야 하며, 도로점용이 필요한 경우 사전에 도로점용허가를 관계기관에 득하도록 함

㉥ 도로에서의 안전관리계획은 「도로 공사장 교통관리 지침(국토교통부, 2018)」을 준용하도록 하며, 조사자는 「도로교통법」, 「도로법」, 「산업안전보건법」 등 관련 법규를 반드시 준수하여 작업 중 발생할 수 있는 각종 안전사고에 철저히 대비하여야 함

---

**참고** 지하안전점검표준매뉴얼, 2021.8, 국토안전관리원(구, 한국시설안전공단).

【문제 2】

점성토 지반에 Sheet Pile과 Strut로 흙막이 가시설을 설치하여 지하취수장 구조물을 축조하였다. Sheet Pile 토류벽의 강성을 높이기 위하여 배면에 H-pile을 용접ㆍ보강하여 구조물 밑면으로부터 3m 정도 더 근입하였다면, 구조물 완성 후 흙막이 가시설을 인발 시 발생되는 문제점과 대책에 대하여 설명하시오.

## 1. 시공 단면

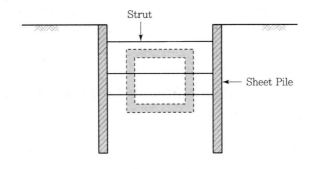

## 2. 문제점

(1) 인발공극

① 인발 시 지반에 공극이 발생되며 Sheet Pile 체적에 해당되는 공극이 발생됨

② 점성토 지반으로 강재에 토사가 부착되어 따라 올라오게 됨

③ 따라서 인발공극은 강널말뚝의 체적에 부착토사량의 합이 될 것이며 공극 발생에 따른 주변 침하 모식도는 다음 그림과 같음

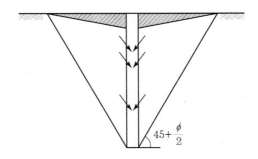

(2) 인발 시 진동

인발 시 Vibro-Hammer 장비에 의한 진동으로 지반이 교란되고 과잉간극수압 발생으로 압밀이 발생하여 지표침하가 생기게 됨

## 3. 대책

### (1) 매몰

현장 바로 옆에 구조물이나 지하매설물이 있어 인발로 문제가 판단되는 경우 시행될 수 있으며 가장 확실하나 자재의 활용성이 없게 됨

### (2) 절단

근입된 Sheet Pile을 절단하고 상부만 인발하는 것으로 영향거리를 줄이려는 목적임

### (3) 고주파 장비 사용

인발 시 고주파 해머로 여러 번 나누어 천천히 인발해야 하고 강재는 신재료를 써서 변형이 적은 것을 사용함

### (4) 충전 실시

① 설치 시 미리 주입파이프를 Sheet Pile에 설치하여 인발과 함께 공극을 충전함
② 인발 후 즉시 모르타르, 모래 등으로 충전함

### (5) 배면보강

배면에 강도보강 및 차단용 Grouting(예 JSP)으로 보강 후 인발함

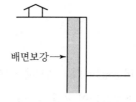

### (6) 유압인발기 사용

진동으로 문제가 크므로 유압잭에 의한 정적인 방법으로 인발함

## 4. 평가

(1) 인발로 인한 공극, 진동으로 주변 지반 이완과 지표침하 등의 거동을 정확히 예측하기는 상당히 어려움
(2) 주변 여건에 따라 상기 대책을 검토해야 하며 침하량, 침하영향 범위에 대해 사용장비 또는 방법에 따른 시험시공(Pilot Test)을 시행함이 요망됨

【문제 3】
Consolidation 중 Self-Weight Consolidation, Hydraulic Consolidation 및 Vaccum Consolidation의 원리, 효과 및 문제점을 비교 · 설명하시오.

## 1. 자중압밀(Self-weight Consolidation)

### (1) 원리

① 초기단계 : 침전은 발생하지 않고 Floc(응집)의 형성과정임

② 중간단계 : Floc이 점차로 침전하여 압밀이 시작되고 침전물이 점진적으로 증가하면서 상부의 침전영역은 점점 얇아져 없어지게 됨

③ 최종단계 : 모든 침전물이 자중압밀하에 있게 되며, 자중압밀이 완료된 상태에 도달함

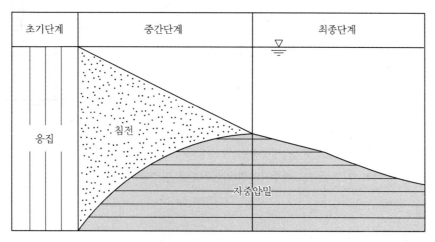

**침강 - 압밀의 Mechanism**

### (2) 효과

① 점토입자는 입자 크기가 매우 작고 중량이 적고 표면적이 크므로 침강하기보다는 자유로이 떠도는 형태, 즉 Brown 운동을 함

② 실제로는 토입자들이 응집(Floc)되어 중량이 커져 침강하게 되며 Stoke's 법칙$\left(v = \dfrac{\gamma_s - \gamma_w}{18 \cdot \eta} \cdot d^2\right)$보다 수십~수백 배의 큰 속도로 침강함

③ 현장 부근의 점성토를 이용하므로 매립재의 양적 확보 가능, 토취로 인한 환경피해, 산사태문제 해결이 가능하며 방류로 인한 피해방지가 됨

④ 국내 사례로 마신항공유수면매립, 율촌산업단지 등에서 자중압밀을 이용하여 부지를 조성하였음

(3) 문제점

① 초연약지반 형성으로 장비진입을 위한 표층처리공법의 필요

② 자중압밀시험, 현장 대형토조시험 등이 필요

③ 배토관 거리에 따라 입자 크기가 달라지므로 균질한 부지의 조성이 곤란함

## 2. 침투압밀(Hydraulic Consolidation)

(1) 원리

① 지반 중의 두 점 사이에 물이 흐르면 수두차가 발생하게 되어 침투수로 인해 유효응력의 변화가 생김

② 그림과 같이 하향흐름 시 유효응력은 정수상태보다 유효응력이 $\Delta h \cdot \gamma_w$ 만큼 증가됨

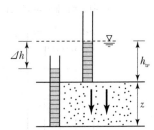

- 전응력$(\sigma) = h_w \cdot \gamma_w + z \cdot \gamma_{sat}$

- 간극수압$(u) = h_w \cdot \gamma_w + z \cdot \gamma_w - \Delta h \cdot \gamma_w$

- 유효응력$(\overline{\sigma}) = \sigma - u = z \cdot \gamma_{sub} + \Delta h \cdot \gamma_w$

(2) 효과

① 침투압을 이용하므로 성토 등 재하중이 필요 없음

② 배수층을 여러 층 포설하고 배수시키면 압밀시간을 단축할 수 있음

(3) 문제점

① 배수층 모래가 필요

② 연직으로 수직정과 배수 Pump 등 설치 필요

③ 특히 수직정 훼손, 배수층 기능 저하 시 대책 곤란

## 3. 진공압밀(Vaccum Consolidation)

(1) 원리

① : 지하수의 변동이 없으므로 간극수압은 당초와 같음

② : 진공압에 의한 유효응력 증가분

③ : 당초의 유효응력

④ : 진공압밀 후 전체 유효응력

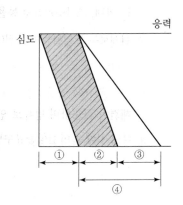

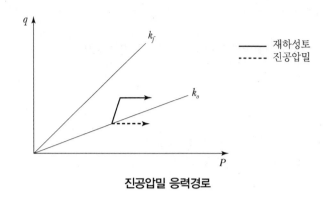

진공압밀 응력경로

(2) 효과

① 지반파괴위험성 없음(등방압밀)

② 장비 진입성 문제 적음

③ 침하소요시간 약 2배 단축

④ 잔류침하가 거의 없게 됨

⑤ 과잉간극수압 발생 없음

(3) 문제점

① 재하중 크기 제한(약 6ton/m²), 필요시 추가 성토 필요

② 정교한 시공, 진공막, 진공펌프 등 필요

③ 공기차단막 Sealing, 펌프효율 문제 발생 가능

---

【문제 4】
투수계수 측정방법 및 투수계수에 영향을 미치는 요소를 설명하시오.

---

## 1. 투수계수 산정방법

투수시험 ┬ 실내 : 정수위, 변수위, 압밀, 삼축투수시험
        └ 현장 : 수위 변화, 수압, 관측정, CPTu, DTM

### (1) 정수위 시험(Constant Head Test)

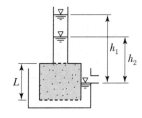

① 적용 : $K = 10^{-3}$cm/s 이상인 조립토

　　예 Sand Drain, Filter재, 토목섬유, 뒤채움재

② 방법 : 수두차를 일정하게 유지하고 침투수량($Q$) 측정

③ 식 : $Q = KiAt = K\dfrac{H}{L}At$ 에서 $K = \dfrac{QL}{AHt}$ ($t$ : 시간)

### (2) 변수위 시험(Falling Head Test)

① 적용 : $K = 10^{-3}$cm/s 이하인 세립토

　　예 Core재, 차수재, 성토재

② 방법 : 시간에 따른 수위변화량 측정

③ 식 : $K = \dfrac{aL}{A(t_2 - t_1)} \ln\left(\dfrac{h_1}{h_2}\right)$ ($a$, $A$ : 파이프, 시료의 단면적)

### (3) 압밀시험 결과 이용

① 적용 : $K = 10^{-6}$cm/s 이하인 세립토

② 방법 : 압밀시험 결과 이용

③ 식 : $K = C_v m_v \gamma_w = C_v \dfrac{a_v}{1+e} \gamma_w$

### (4) 삼축투수시험

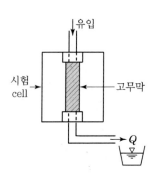

① 적용 : $K = 10^{-6}$cm/s 이하 세립토  예 차수재

② 시험 : 현장응력을 고려하여 연성벽으로 시간에 따라
　　침투유량 측정

③ 식 : 정수위 식과 같음

(5) 수위변화시험

   ① 적용 : 토질현장투수시험

   ② 시험 : 양수 또는 주수하여 시간에 따른 수위 변화량 측정

   ③ 식 : $K = \dfrac{D^2}{8L(t_2 - t_1)} \ln\left(\dfrac{2L}{D}\right) \ln\left(\dfrac{h_1}{h_2}\right)$

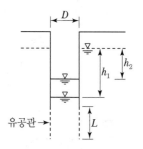

(6) 수압시험

   ① 적용 : 암반현장투수시험

   ② 시험 : 압력으로 주수하여 시간에 따른 유압량과 압력 측정

   ③ 식 : $K = \dfrac{Q}{2\pi LH} \ln\left(\dfrac{L}{r}\right)$ ($H$ : 수두)

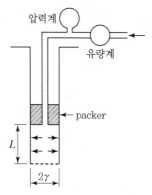

(7) 관측정법

   ① 적용 : 토질현장투수시험

   ② 시험 : 양수로 정상 상태(Steady State) 조건으로 수위 측정

   ③ 식 : $K = \dfrac{Q}{\pi(h_2{}^2 - h_1{}^2)} \ln\dfrac{\gamma_2}{\gamma_1}$

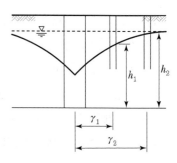

## 2. 영향 요소

(1) 흙 영향

   ① 입경

     • 조립토

     • $K = (100 - 150)D_{10}{}^2$에서 유효경이 2배 커지면 투수계수가 4배 커짐

     • $D_{10}$ : 입도분포곡선에서 10% 통과율에 해당하는 입경(cm)

   ② 구조

     • 세립토

     • 면모구조가 이산구조보다 투수성이 더 큼

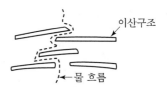

③ 간극비

- 조립토, 세립토

- 간극비 $\left(e = \dfrac{V_v}{V_s}\right)$가 커지면 투수계수가 커짐

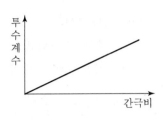

(2) **물 영향**

① 점성계수(온도)

- 온도 증가 시 물이 활성화됨

- 즉, 온도 증가 시 투수계수가 커짐

② 포화도

- 불포화 시 기포가 물 흐름을 방해

- 포화도가 클수록 투수계수가 커짐

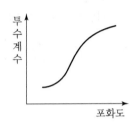

## 3. 평가

(1) 실내시험은 시료채취가 필요하며 그로 인한 시료교란으로 배열, 구조가 변화됨

(2) 또한 시험대상이 현장보다 작고 측면에서 누수도 발생 가능하여 현장시험과 병행 실시가 요망됨

(3) 사질토의 자연지반은 관측정법, 다짐 등 성형시료는 정수위 시험으로 점성토는 현장의 Piezo Cone 관입시험, 실내는 압밀시험결과를 적용함

(4) 차수재와 같이 엄격한 조건은 삼축투수시험이 타당함

(5) 암반은 현장시험인 수압시험으로 시험함

【문제 5】
연약지반이 분포하는 지역에서 말뚝으로 지지하는 교량설치 시 교대부에서 발생되는 측방유동 검토방법
및 대책방안에 대하여 설명하시오.

## 1. 정의

연약지반 위에 설치된 교대나 옹벽과 같이 성토재하중을 받는 구조물에서는 배면성토중량이 하중으로
작용하여 연약지반이 붕괴되어 지반이 수평방향으로 이동하는 현상

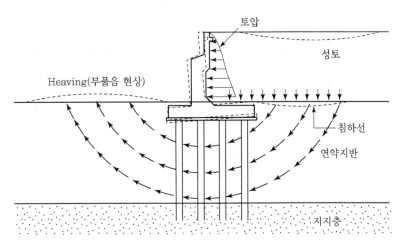

## 2. 판정 방법

### (1) 안정수(Tschebotarioff)

안정수 : $N_s = \dfrac{\gamma h}{c}$

여기서, $\gamma$ : 쌓기의 단위중량, $h$ : 높이

$c$ : 연약지반의 비배수전단강도, 즉 점착력(Cohesion)

안정수가 크면 수평변위가 크게 됨

($N_s = 3$에 해당 변위 50mm, $N_s = 5.14$에 해당 변위 100mm 정도 : 국내 연직배수공법 적용된 200
개소 계측분석자료 결과)

### (2) 원호활동의 안전율에 의한 방법

- $F_s < 1.5$(말뚝 무시) : 발생
- $F_s < 1.8$(말뚝 고려) : 발생

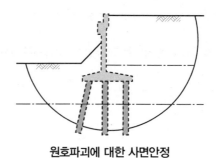

**원호파괴에 대한 사면안정**

(3) 측방유동지수

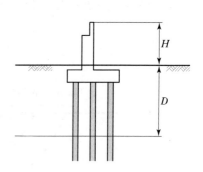

$$F = \frac{\bar{c}}{\gamma H D}$$

여기서, $\bar{c}$ : 연약층의 평균점착력

$\gamma$ : 성토의 단위중량

$H$ : 성토의 높이

$D$ : 연약층의 두께

$F \geq 0.04$ : 측방유동 위험성이 없음

$F < 0.04$ : 측방유동 위험성이 있음

(4) 측방유동 판정수

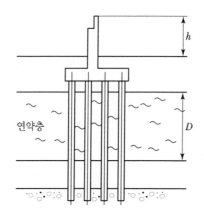 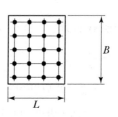

$$I = \mu_1 \cdot \mu_2 \cdot \mu_3 \cdot \frac{\gamma h}{c}$$

• $I \leq 1.2$ : 측방유동의 위험성이 없음

• $I > 1.2$ : 측방유동의 위험성이 있음

여기서, $I$ : 측방유동 판정수

$\mu_1$ : 연약층 두께에 관한 보정계수($\mu_1 = D/l$)

$\mu_2$ : 말뚝 자체 저항폭에 관한 보정계수($\mu_2 = b/B$)

$\mu_3$ : 교대길이에 대한 보정계수($\mu_3 = D/L \leq 3.0$)

## 3. 대책

### (1) 소형 교대공법

① 성토 내에 푸팅을 가지는 소형 교대를 설치하여 배면토압을 경감 시키는 공법

② 본 공법은 Preloading에 유리하고 압성토 시공이 용이함

③ 교대에 작용하는 토압을 완화시킬 수 있음

④ 성토층에 의한 부마찰력이 증가함

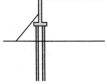

### (2) Box 및 Pipe 매설공법

① Box

㉠ Box의 부등침하가 문제될 수 있음

㉡ 작용하중이 불균일하게 되며 다짐작업이 곤란함

㉢ 내진성이 부족함

㉣ 지하수위가 높은 경우 부력에 대한 대비가 필요함

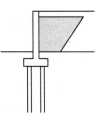

② Pipe

㉠ 교대배면에 파이프, 흄관, PC관 등을 매설하여 편재하중을 경감시키는 공법

㉡ 성토하중을 경감시켜 편재하중을 줄이는 데 효과적임

㉢ 교대배면의 다짐이 곤란함

㉣ 파이프 사용 시에는 휘어질 우려가 있어 뒤채움 재료의 선택 및 다짐에 유의하여야 함

㉤ 지반에 작용하는 하중이 불균일하게 됨

(3) 경량 성토(EPS, 슬래그)

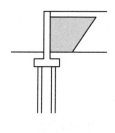

① EPS

㉠ 타 공법에 비하여 편재하중을 상당히 경감시킬 수 있어 성토부의 지반 침하도 상당 부분 줄일 수 있음

㉡ 구조물과의 접속부에 있어서 단차 방지효과가 큼

㉢ 시공이 간단하고 공사기간이 짧음

② 슬래그

㉠ 단위중량이 EPS보다는 무거우나 일반토사보다 가벼워 성토하중을 경감시킬 수 있음

㉡ 시공이 간단하고 공사기간이 짧음

(4) 교량 연장

① 측방유동이 생기지 않는 안정구배로 토공처리

② 교량연장이 길어짐

③ 효과가 큼

(5) 주입공법

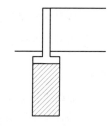

① 주입재를 혼합하여 지반을 고결시킴으로써 강도를 향상시키는 공법

② 주입공법 중에서는 시멘트 그라우트가 가장 사용하기 쉽고 신뢰성이 높으며 경제적임

③ 지반개량의 불확실성, 주입효과의 판정방법, 주입재의 내구성 등의 문제점을 내포하고 있음

(6) SCP 말뚝

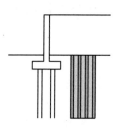

① 연약층에 충격하중 또는 진동하중으로 모래를 강제 압입시켜 지반 내에 다짐모래기둥을 설치하여 지반의 강도를 증가시켜 측방유동을 방지

② 해성점토층에서는 지반의 교란에 의한 강도저하 현상이 크고 강도회복이 늦어지는 경우가 많음

③ 시공 시 소음, 진동이 발생

④ 효과가 큼

(7) Preloading

    ① 교대 설치위치에 성토하중을 미리 가하여 잔류침하를 저지시키고 압밀에 의하여 지반의 강도 증가를 꾀하는 공법

    ② 상부 모래층이 두꺼운 경우에는 부적합함

    ③ 공사비가 저렴함

    ④ 최저 6개월 정도의 방치기간이 요구되므로 공사기간이 충분하여야 함

    ⑤ Preloading에 따른 용지 확보가 필요함

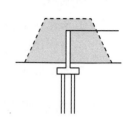

(8) 압성토

    ① 교대 전면에 압성토를 실시하여 배면성토에 의한 측방토압에 대처하도록 하는 공법

    ② 비교적 공사기간이 짧고 공사비가 저렴함

    ③ 측방토압이 큰 경우에는 별로 효과가 없음

    ④ 압성토 부지 확보가 가능한 곳에 적용 가능함

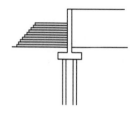

(9) 성토지지말뚝

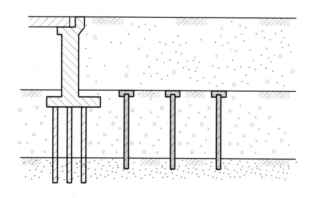

## 4. 평가

(1) 판정방법

    여러 가지로 하여 종합평가함이 바람직하며 가장 신뢰도 있는 방법은 원호활동방법임

(2) 원호활동

    응력해석이므로 수치해석하여 변위를 함께 평가하도록 함

(3) 대책방향

　① 경감 대책 : 소형교대, Box 및 Pipe 매설, 경량성토, 교량연장

　② 저항 대책 : 주입, 복합지반, 선행재하, 압성토, 성토지지말뚝

　③ 주요 대책 : 경량성토, 복합지반, 성토지지말뚝이며 조합 가능

(4) 측방유동 영향인자

　① 지반 : 점착력, 연약층 두께, 지반경사

　② 구조물 : 성토중량, 기초제원, 성토속도

　③ 간과하기 쉬운 영향인자 : 지반경사, 성토속도

(5) **계측** : 유지관리 개념의 도입으로 내구성에 대한 안정평가가 되도록 함

【문제 6】

보강토 옹벽 보강재 중 띠형 보강재와 그리드형 보강재의 극한인발저항력이 발휘되는 개념(Mechanism)
에 대하여 설명하시오.

## 1. 보강토 옹벽 구조

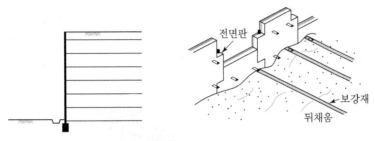

**보강토 옹벽 구조**

## 2. 보강(강도 증가) 개념

### (1) 흙의 전단강도(Shear Strength)

Coulomb은 흙의 전단시험을 하여 응력과 관계가 없는 성분, 즉 접착제와 같이 흙을 결합시키는 성
분과 응력과 관계있는 성분, 즉 흙입자 사이에 작용하는 마찰성분의 합으로 전단강도를 표시함. 이를
식으로 표현하면

$$\tau = c + \sigma \tan\phi$$

여기서, $\tau$ : 전단강도, $c$ : 점착력(Cohesion)

$\sigma$ : 수직응력(Normal Stress)

$\phi$ : 전단저항각(Angle of Shearing Resistance)

또는 내부마찰각(Internal Friction Angle)

$c, \phi$ : 강도정수(Strength Parameter)

### (2) 보강의 필요성

① 흙은 쉽게 분리되어 결속력이 약한데 변형이 작고 결속력이 큰 보강재를 넣게 되면 흙의 전단강도
가 개선됨

② 보강토옹벽

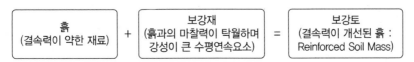

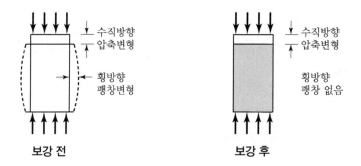

**보강 전**　　　　**보강 후**

### 3. 띠형 보강재

#### (1) 보강재 형태

#### (2) 인발저항발휘 원리

① 보강재의 변위에 따라 보강재 표면과 뒤채움재 사이에서 전단응력(Shear Stress)에 의해 인발저항이 발휘됨

② 이와 같은 저항을 마찰저항(Friction Resistance)이라 함

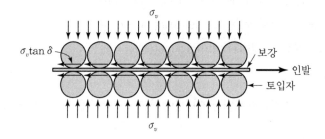

## 4. Grid형 보강재

### (1) 보강재 형태

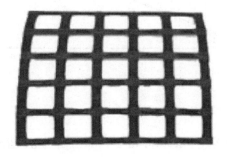

### (2) 인발저항발휘 개념

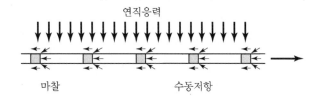

① 띠형 보강재와 같이 표면에서 마찰저항이 발생됨

② 그리드의 형태에 따라 보강토 벽체와 나란한 부재에는 변형에 저항하기 위한 수동저항(Passive Resistance)이 추가됨

## 5. 인발저항 관련 시험

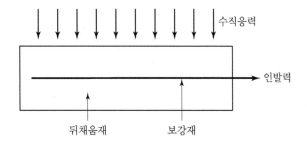

$F = 2l(C_a + \sigma \tan \phi_{SG})$에서 전단응력은 $\dfrac{F}{2l}$ 이고 수직응력별로 전단응력을 구하여 다음과 같이 평가함

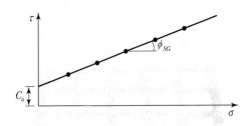

## 6. 평가

(1) 보강재의 인발저항은 흙의 전단강도(Shear Strength)와 수동토압으로 설명되며 이를 기초로 하여 보강 개념이 발휘됨

(2) 최근의 돌기가 있는 띠형과 'ㄷ'자형 띠형 보강재는 마찰저항 외에 수동저항도 발휘됨

## 4 교 시 ( 6문 중 4문 선택, 각 25점 )

【문제 1】

흙의 다짐 중 다짐함수비에 따른 점토의 구조와 특성 변화에 대한 다음 사항을 설명하시오.

1) 다짐함수비에 따른 점토의 구조변화

2) 다짐함수비에 따른 투수계수의 변화

3) 다짐함수비와 다져진 점토의 압축성 비교

4) 다짐함수비에 따른 점토의 전단강도 변화

## 1. 다짐함수비에 따른 점토의 구조 변화

(1) 점토구조

① 면모구조(Flocculent Structure) : 이중층 두께가 얇을 때 전기적 인력 우세로 형성

② 이산구조(Dispersed Structure) : 이중층 두께가 두꺼울 때 전기적 반발력 우세로 형성

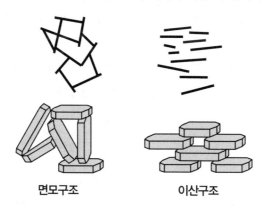

면모구조                    이산구조

(2) 함수비와 구조 변화

① (1)의 점토구조에 따라 건조 측은 면모구조

② 습윤 측은 이산구조가 됨

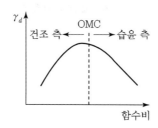

## 2. 다짐함수비에 따른 투수계수의 변화

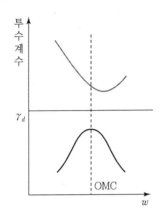

| 구분 | 투수계수 |
|------|---------|
| 건조 측 | 면모구조로 투수계수 큼 |
| 약간 습윤 측 | 이산구조로 투수계수 작음 |
| 과도 습윤 측 | 이산구조, 포화로 투수계수 큼 |

## 3. 다짐함수비와 다짐점토 압축성 비교

(1) 최적함수비의 건조 측, 또는 습윤 측에서 다지고 포화시킨 후 압밀시험한 결과의 모식도는 다음 그림과 같음

(2) 낮은 압력에서는 건조 측인 경우가 결합력이 커 압축성이 적고 높은 압력에서는 입자의 재배열로 오히려 압축성이 커짐

(3) 습윤 측 다짐은 압력이 커지면 더 차곡차곡한 이산구조로 압축성이 감소됨

(4) 압력이 매우 크다면 건조 측과 습윤 측의 간극비는 대략 동일함

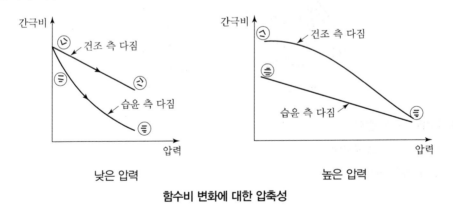

**함수비 변화에 대한 압축성**

## 4. 다짐함수비에 따른 전단강도 변화

①→②→③으로 다짐에너지가 큼

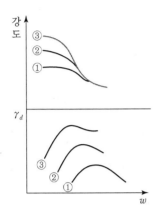

| 구분 | 강도 | 에너지 증가 시 강도 |
|------|------|------|
| 건조 측 | 면모구조로 큼 | 강도 증가 |
| 습윤 측 | 이산구조로 작음 | 입자파쇄, 더 이산화로 강도 비슷 |

## 5. 평가(요약)

| 구분 | 건조 측 | 습윤 측 |
|------|---------|---------|
| ① 구조 | 면모구조 | 이산구조 |
| ② 투수성 | 더 큼, 함수비 변화에 민감 | OMC 약간 습윤 측에서 최소, 함수비 변화에 둔감 |
| ③ 압축성 | 높은 압력에서 큼 | 낮은 압력에서 큼 |
| ④ 강도 | 큼 | 작음 |

【문제 2】
Liquefaction의 정의, 평가방법 및 방지대책에 대하여 설명하시오.

## 1. 정의

(1) 느슨하고 포화된 모래지반이 진동이나 충격 시 비배수조건
이 될 수 있음

(2) (−)Dilatancy 성향으로 (+)과잉간극수압이 발생됨

(3) 반복진동으로 간극수압이 누적되어 지반이 액체처럼 강도를
잃게 됨

(4) 즉, $s = c' + (\sigma - u)\tan\phi' \rightarrow s = (\sigma - u)\tan'\phi'$이고, $\sigma = u$이면 $s = 0$이 됨

## 2. 판정방법

(1) **간편 예측**

① 안전율

$$F_s = \frac{\text{저항응력비}}{\text{전단응력비}}, \text{ 기준 안전율 } 1.5$$

② 저항응력비 : 환산 $N$치와 세립분 함유량
관계에서 산정

환산 $N = $ 측정 $N\sqrt{\dfrac{10}{\sigma_v'}}$, $\sigma_v'$ : t/m²

③ 전단응력비

$$0.65\frac{\alpha_{\text{깊이}}}{g} \cdot \frac{\sigma_v}{\sigma_v'}$$

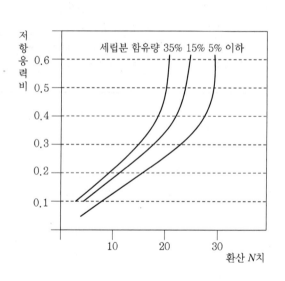

(2) **상세 예측**

① 전단응력비 : 간이예측법과 같음

② 저항응력비 : 진동삼축압축시험 결과를 이용하여 지진규모에 해당하는 진동재하횟수($M = 6.5$일
때 10회 적용)에 대해 구함

③ 안전율

$$F_s = \frac{\text{저항응력비}}{\text{전단응력비}}, \text{ 기준 안전율 } 1.0$$

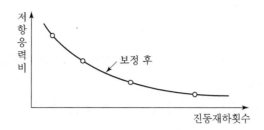

(3) 진동대 시험

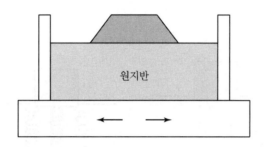

## 3. 대책방안

### (1) 말뚝기초

① 예상 피해

- 말뚝기초의 경우 축방향지지력은 문제가 없으나 액상화로 전단강도가 작아지거나 없어지게 되면 말뚝의 수평지지력이 크게 작아짐
- 과도한 수평변위가 생길 수 있음

② 대책

- 수평저항이 큰 기초로 함 : 대구경 말뚝, 경사말뚝 적용
- Sand Compaction Pile로 전단강도를 증가시켜 액상화를 억제함

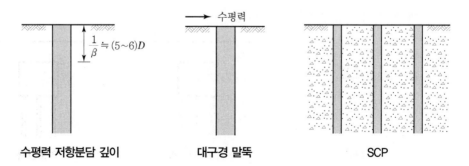

수평력 저항분담 깊이        대구경 말뚝        SCP

(2) 얕은 기초

① 예상 피해

- 사질토 전단강도 $\tau = \bar{\sigma} \tan \phi'$에서 $\bar{\sigma} = \sigma - u$이므로 간극수압 증가로 유효응력이 감소되고 결국 전단강도가 감소됨
- 지지력 부족에 의해 국부 전단파괴, 관입파괴가 발생될 수 있으며 이때 침하는 계산식에 의해 예측이 곤란함
- 침하에 수반하여 부등침하가 발생되어 구조적 피해, 계획고 유지 곤란, 문 개폐 등의 지장을 초래함

② 대책

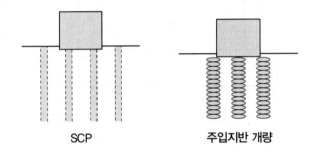

SCP              주입지반 개량

(3) 지중구조물

① 예상 피해

- 지중구조물은 비교적 하중이 적으므로 정수압과 액상화 시 발생되는 과잉 간극수압에 의해 구조물이 부상되거나 부상이 안 되면 큰 양압력이 구조물 저판에 작용하게 됨
- 부상으로 구배, 계획고 유지가 곤란하고 상부 포장면 등에 균열 등의 피해가 발생되며 양압력 작용 시 구조물에 치명적인 피해가 발생함

② 대책

- 간극수압이 발생되지 않도록 Gravel Drain을 설치함
- 마찰말뚝에 의해 부상을 방지토록 함

부상              Gravel Drain              마찰말뚝

【문제 3】
쉴드터널의 세그먼트 라이닝 구조해석 시 고려되는 하중에 대하여 설명하시오.

## 1. Shield 개요

(1) 기계굴착공법인 Shield는 굴착 중에 막장이 붕괴되지 않고 안정해야 하고 적당히 지보되어 단면 이 유지되어야 함

(2) 막장안정공법에 따라 이수식과 토압식으로 대별할 수 있음

(3) 시공순서

① 막장안정을 유지하면서 굴착

② 굴착토사 배출

③ 굴착 중 Skin Plate로 토압과 수압 등 지지

④ Segment 조립으로 지보

⑤ Segment 배면 Grouting

## 2. Segment Lining 설계하중

하중에는 자중, 연직토압, 수평토압, 수압, 상재하중, 지진하중, 주입압, 추진력, 부착물의 내부하중, 지반반력 등이 있으며 이들을 연직방향하중, 수평방향하중, 반력의 형태로 재하를 Modelling하게 됨

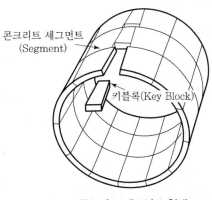

콘크리트 세그먼트
(Segment)

키블록(Key Block)

**콘크리트 세그먼트 형태**

(1) 토압

① 연직토압은 토피가 작으면 전체 토피를 적용하고 토피가 크면 Arching을 고려한 토압을 적용함 (토피적용은 약 3D, D는 직경)

② 전체 토피압 = 각 층의 유효단위중량 × 두께의 합이고 아칭을 고려한 토압모식도는 다음과 같음

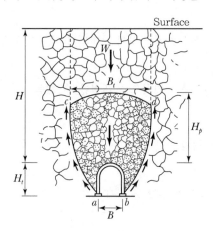

③ 수평토압은 연직토압(상재하중 포함)에 정지토압계수를 곱하여 산정함

(2) 수압

① 세그먼트는 방수형식이므로 정수압을 적용함

② 수위면의 높이 × 물의 단위중량

(3) 상재하중

① 지중응력분포를 고려하여 산정함

② 상재하중 × 지중응력계수

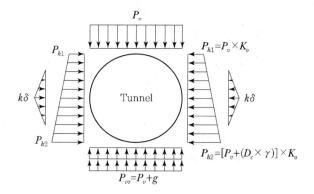

$P_v$ : 연직토압

$P_{vr}$ : 지반반력

$P_{h1}$ : 터널 상부의 수평토압

$P_{h2}$ : 터널 하부의 수평토압

$g$ : 세그먼트의 자중

$k$ : 지반반력계수

$\delta$ : 세그먼트의 수평반위

$\gamma$ : 지반의 단위중량

$K_o$ : 정지토압계수

$D_c$ : 터널의 도심선 직경

(4) 지진하중

응답변위법에 의한 구체관성력, 지진 시 변위에 해당되는 하중, 주면전단력이 적용됨

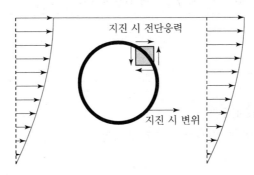

## 3. 평가

(1) 작용하중을 정확히 산정하기 위해 지층 구성을 위한 시추조사, 물리탐사가 필요하고 각 층의 단위중량, 공내재하시험에 의한 지반반력계수 등이 필요함

(2) 내진을 위해 동적물성치인 전단탄성계수, 감쇠비가 필요하고 설계가속도 등 지반응답해석을 하여야 함

【문제 4】
터널의 붕괴 유형을 지보재 설치 전후로 구분하여 설명하시오.

## 1. 지보재설치전 붕괴 유형

### (1) 벤치부

① 불연속면 발달로 벤치 붕괴

② 주향, 경사 및 불연속면 전단강도를 고려해 계획

### (2) 천장부

① 천장부에서 쐐기형 붕괴

② 천장부 보강공법, 굴착 후 조기 록볼트 및 숏크리트 타설

### (3) 막장부

① 막장부 붕락 형태

② Ring Cut, 막장면 Shotcrete, Rock Bolt

### (4) 막장면 전체

① 연약지반, 지하수 유출지반

② 그라우팅 보강, 강관다단 Grouting 공법

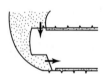

### (5) 연약대 붕괴

① 단층대 등 연약대가 경사져 붕괴

② Rock Bolt, 강관다단 Grouting 공법

단층 →

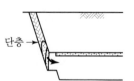

### (6) 지표면 함몰

① 토피가 적은 경우 이완영역 확대로 붕괴

② 철저한 지반조사에 의한 보강대책

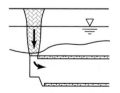

## 2. 지보재 설치 후 붕괴

### (1) 막장면부

① 연약지반, 지하수 존재 지반에서 막장 붕괴

② 차수 Grouting, Ring Cut, 강관다단 Grouting 공법

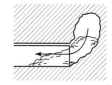

### (2) Shotcrete 기초침하

① 지반하중에 응력집중으로 기초부 침하

② 지지력 보강

### (3) 국부적 파괴

① 파쇄대, 국부적 과도압력으로 파괴

② 철저한 지반조사를 보강계획, 추가 Rock Bolt

### (4) Invert부 파괴

① 장비 등에 Invert 손상, 맹암거 설치를 위해 절단 시 파괴

② Invert 보호, 부분적 절단, 버팀 설치

### (5) Lining부 파괴

① 터널설계 오류, Lining의 구조적 문제, 시공 시 품질관리, 재료 등 문제, 유지관리 소홀로 붕괴

② 전단, 압축, 휨, Punching 파괴

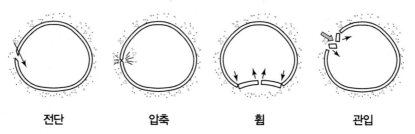

전단      압축      휨      관입

## 3. 평가

(1) 터널붕괴 위치는 천장부, 측벽부, 바닥부, 막장면으로 구분되며, 규모는 소규모 또는 대규모일 수 있음

(2) 원인은 지반조건 불량, 유입수, 불연속면, 지보시기 지연, 지보재 부적합 등임

(3) 추가적 붕락 방지를 위해 붕괴 시 임시조치가 필요하고 원인 분석 후 영구대책 수립이 필요함

(4) 영구대책은 지반의 강도나 차수보강이 있고 지보재 종류 변경 또는 규격강화가 있음

【문제 5】
토사사면과 암반사면의 해석방법 차이점과 암반사면의 파괴형태에 대하여 설명하시오.

## 1. 토사사면과 암반사면 해석방법 차이점

### (1) 연속체와 불연속체 개념

| 구분 | 특성 |
|------|------|
| 연속체<br>(응력지배) | • 입자의 결합이 약하여 불연속면의 영향을 크게 받지 않고 오히려 지반 자체가 파괴되거나 비교적 파쇄성이 심한 경우<br>• 불연속면의 간격이 넓어 구조물에 영향이 없는 경우<br><br>토사　　　　심한 파쇄층　　　불연속면 내에 위치 |
| 불연속체<br>(지질구조지배) | 강한 암반은 불연속면의 형태에 따라 파괴형태가 달라져 연속체로 가정한 경우와 다른 거동을 보이므로 불연속체 모델로 취급<br><br>절리　　　　절리　　　　단층대 |

### (2) 토사사면 해석

① 비교적 균질한 성토 또는 절토사면은 대부분 회전활동으로 붕괴가능성이 크며 토사사면에 대한 사면안정 해석방법은 한계평형법(Limit Equilibrium Method)을 이용하여 수행함

② 한계평형법은 가능한 활동면을 따라 파괴가 일어나려는 순간에 있는 토체의 안정성을 해석하는 것. 한계평형이론에 의한 사면안정해석방법은 Fellenius법, Bishop의 간편법, Janbu법, Spencer법 등 여러 가지가 있으나 그 정확성은 강도정수와 사면의 기하학적 조건의 정확도 및 각 해석방법, 정밀도에 따라 좌우됨

③ 대부분의 경우 토성과 기하학적 조건이 각 해석방법의 차이보다 결과에 더 큰 영향을 미치게 되므로 강도정수를 정확히 산정하는 것이 가장 중요한 사항이 됨

(3) 암반사면 해석

① 암반사면의 활동은 토사사면과는 달리 암석의 강도에 의한 것보다는 불연속면과 절취면의 주향, 경사에 따라 원형파괴, 평면파괴, 쐐기파괴, 전도파괴의 형상으로 나타남

② 암반사면의 안정해석은 평사투영법(Stereographic Projection)을 사용하여 암반사면의 안정성 분석을 실시한 후 위험하다고 판단되는 경우에 대하여 한계평형법으로 사면안정해석을 함. 그러나 리핑암이나 RQD가 0에 가까운 파쇄암은 토사와 같이 원형파괴가 발생하므로 토사로 취급하여 사면안정해석을 해야 함

③ 평사투영법이란 불연속면이나 절리면과 같은 3차원적인 형태를 2차원적인 평면상에 투영하는 방법(다음 3요소)으로 암반사면의 안정성을 평가함

• 절개면의 방향과 경사

• 불연속면의 방향과 경사

• 불연속면 전단강도

## 2. 암반사면 파괴형태

(1) 원형파괴

① 암반에서 불연속면이 불규칙하게 많이 발달할 때

② 뚜렷한 구조적인 특징이 없을 때

③ 풍화가 심한 암반

④ 풍화암, 파쇄대, 각력암

(2) 평면파괴

① 불연속면의 경사방향이 절개면의 경사방향과 평행

② 불연속면이 한 방향으로 발달 우세

③ 절개면과 절리면의 주향차가 $\pm 20°$ 이내일 때

④ 절개면의 경사 > 불연속면의 경사 > 불연속면의 전단강도

⑤ 붕괴되는 암괴의 양쪽 측면이 절단되어서 암괴가 무너지는 데 영향이 없을 때

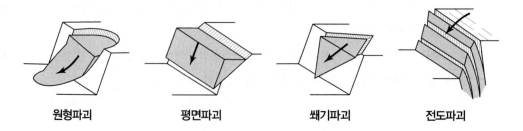

| 원형파괴 | 평면파괴 | 쐐기파괴 | 전도파괴 |

(3) 쐐기파괴

   ① 2개의 불연속면이 2방향으로 발달하여 불연속면이 교차

   ② 2개의 불연속면의 교선이 사면의 표면에 나올 때

   ③ 절개면의 경사 > 암석블록 교선의 경사 > 불연속면의 전단강도

(4) 전도파괴

   ① 절개면의 경사방향과 불연속면의 경사방향이 반대일 때

   ② 절개면과 불연속면의 주향 차이가 ±30° 이내일 때

## 3. 평가

(1) 토사사면은 연속체로 해석하여 응력이 지배요인이고 암반사면은 불연속면분포에 따라 연속체와 불연속체로 구분하여 적용해야 함

(2) 연속체는 직접전단시험, 삼축압축시험, 공내전단시험 등에 의해 전단강도정수(Shear Strength)를 산정할 수 있음

(3) 암반의 불연속체인 Block 거동을 위해 불연속면전단강도가 필요하여 절리면전단시험이나 Barton 모델 등을 적용함

(4) 암반파괴 형태를 파악하기 위해 불연속면의 주향과 경사 등 조사가 필요하고 암반파괴에 소규모적인 풍화, 침식, 낙석 등도 있음에 유의해야 함

---

【문제 6】
흙막이 굴착 시 굴착저면의 안정검토 방안에 대하여 설명하시오.

---

## 1. 개요

(1) 굴착바닥면의 불안정은 수동토압감소, 벽체수평변위 과다, 지하수 유입 증가, 지표침하의 추가적 발생 등 흙막이구조의 안정에서 중요한 위험요소임

(2) 안정검토내용은 근입부토압균형, Boiling 현상, Heaving 현상, 말뚝지지력 등임

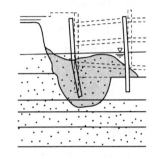

## 2. 근입부토압에 대한 안정

(1) 현상

① 최하단버팀대를 중심으로 토압에 의한 모멘트 균형이 주동 측이 수동 측보다 크게 됨

② 이로 인한 근입부의 과도변위 또는 지반파괴 현상이 발생됨

(2) 검토방법

① 주동토압, 수동토압을 산정하고 원칙적으로 수동토압은 계산토압에 대해 2~3의 안전율을 고려함

② 최하단 버팀대를 중심으로 모멘트를 취하여 안전율 계산으로 판정

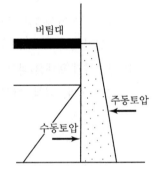

(3) 토압식

① 주동토압 : $P_a = rzk_a - 2c\sqrt{k_a}$

② 수동토압 : $P_p = rzk_p + 2c\sqrt{k_p}$

(4) 대책

① 최하단버팀대 위치 하향 조정(필요시 Anchor로 변경)

② 굴착 측 심층혼합처리로 지반보강

③ 근입깊이를 깊게 조정

## 3. Boiling 안정

(1) 현상

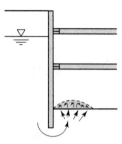

① 물의 상향침투력에 의해 모래가 전단강도를 잃고 지표면 위로 치솟아 지반이 파괴되는 현상

② 즉, 굴착저면 침투수의 상향력이 지반의 유효응력보다 크게 되어 Quick Sand 조건이 됨

**토류벽 보일링 현상**

(2) 검토방법

① 한계동수경사법

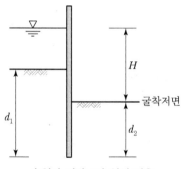

**수위가 지반보다 위인 경우**

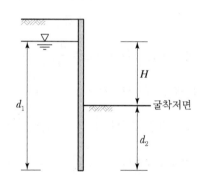

**수위가 지반보다 아래인 경우**

- 한계동수구배와 물이 흐르는 최단거리에 대한 동수구배로 Boiling을 판단하는 방법

- 동수구배 $i = \dfrac{H}{L} = \dfrac{H}{d_1 + d_2}$

- 안전율 $F_s = \dfrac{i_c}{i}$

- 한계동수경사 $i_c = \dfrac{G-1}{1+e} = (G-1)(1-n)$

② 유선망(Flow Net)

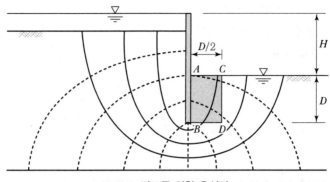

**Boiling 검토를 위한 유선망**

- 유선망으로부터 $B$점 $D$점의 평균손실수두를 구한다.

$$h_{ave} = \left( \frac{n_{d1}}{N_d} + \frac{n_{d2}}{N_d} \right) \times \frac{1}{2} \times H$$

여기서, $n_{d1}$ : 하류면과 $B$점의 등수두선 간격 수

$n_{d2}$ : 하류면과 $D$점의 등수두선 간격 수

$N_d$ : 전체의 등수두선 간격 수

- 동수경사를 구한다. $\left( i_{ave} = \dfrac{h_{ave}}{D} \right)$

- 침투력을 구한다. $\left( J = i_{ave} \cdot \gamma_w \cdot V = i_{ave} \cdot \gamma_w \cdot D \cdot \dfrac{1}{2}D \right)$

- 유효응력을 구한다. $\left( W = \gamma_{sub} \cdot D \cdot \dfrac{D}{2} \right)$

- 안전율을 구한다. $\left( F_s = \dfrac{W}{J} = \dfrac{\gamma_{sub}}{i_{ave} \cdot \gamma_w} \right)$

**(3) 대책**

① 근입깊이를 길게 조정

② 배면부 지반주입 Grouting

③ 굴착저면 지반주입 Grouting

④ 배면 측 수위저하

## 4. Heaving

(1) 전단강도 부족

$$M_d = (\gamma H + q)x \cdot \frac{x}{2}$$

$$M_r = x\left(\frac{\pi}{2} + \alpha\right)x \cdot S_u$$

$$F_s = \frac{(\pi + 2\alpha)S_u}{(\gamma H + q)}$$

$\alpha$ : 라디안

$$1\mathrm{Rad} = \frac{360}{2\pi} = 57.3°$$

$$90° = \frac{\pi}{2} = 1.57\mathrm{Rad}$$

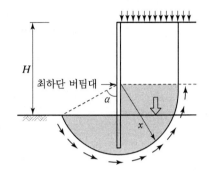

(2) 피압조건

$\overline{\sigma} = \sigma - u = 0$이면, Heaving이 발생됨

$\sigma = d \cdot \gamma_{sat} = (H - h)\gamma_{sat}$

$u = h_w \cdot \gamma_w$

$(H - h)\gamma_{sat} = h_w \cdot \gamma_w$

$$h = H - \frac{h_w \gamma_w}{\gamma_{sat}}$$

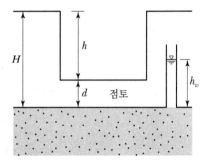

(3) 대책

① 근입깊이를 깊게 조정

② 점착력 증대를 위한 지반개량

③ 배면주입 Grouting 보강

④ 저면주입 Grouting 보강

## 5. 말뚝지지력

(1) 말뚝지지력은 다음 식으로 구할 수 있음

$$Q_{ult} = q_p A_p + \Sigma f_s A_s$$

$$q_p = cN_c + \gamma d_f N_q \ , \ f_s = c_a + K_s \sigma'_v \tan\delta$$

(2) 주면마찰력은 엄지말뚝과 중간말뚝 형태에 따라 달리 적용됨(다음 그림의 점선부분에서 주면저항이 발휘됨)

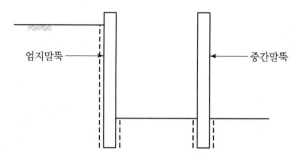

엄지말뚝        중간말뚝

(3) 작용하중은 상부차량하중 등, 말뚝 등 가시설자중, 지반침하에 따른 부마찰력(Negative Skin Friction), Ground Anchor의 연직반력 등임

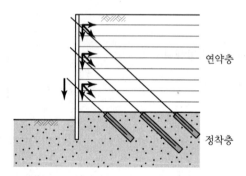

연약층

정착층

**앵커의 연직분력에 의한 흙막이벽의 침하**

## 6. 평가

(1) 근입부안정은 흙막이 붕괴 요인의 중요성을 인식해야 함

(2) 토압에 대한 안정에는 최하단지지공 설치 전과 최하단지지공 철거 시에도 검토함

(3) 보일링 검토에서 간극비(Void Ratio)의 적절함이 중요하며 함수비, 비중, 건조단위 중량을 통해 산정할 수 있음

(4) 히빙과 말뚝지지력은 연약점토나 불량지반에서 중요한 검토항목이 됨

# 제127회
# 과년도 출제문제

## 127 회 출 제 문 제

## 1 교 시 ( 13문 중 10문 선택, 각 10점 )

【문제】

1. 토목섬유의 주요 기능

2. 배토말뚝, 소배토말뚝, 비배토말뚝

3. 강말뚝의 선단지지면적 및 주면장의 결정 방법

4. 테일보이드(Tail Void) 뒤채움 주입 방식

5. 모관포텐셜에 의한 표면장력

6. 응력 불변량

7. Mohr 원상의 평면기점(Origin of Plane)

8. 소성지수와 점토의 압축성

9. 지중경사계(Inclinometer)

10. 심층혼합처리공법의 강도열화와 환경오염 대책

11. 지하연속벽 시공 시 안정액 시험

12. 콘관입시험에 의한 액상화 간편예측법

13. 실내풍화가속실험

## 2 교 시 ( 6문 중 4문 선택, 각 25점 )

---

**【문제 1】**

지반 조건에 따른 무리말뚝의 허용인발저항력 산정방법에 대하여 설명하시오.

---

**【문제 2】**

다음 그림과 같이 지반을 연직 굴착하여 높이 4m인 사면을 형성하였다. 임계 파괴면(AC)은 수평면과 45°를 이룬다고 할 때 다음 물음에 대하여 설명하시오.(단, $\gamma_t = 16\text{kN/m}^3$, $\phi_u = 0°$, $C_u = 32\text{kN/m}^2$)

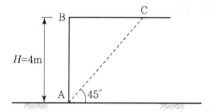

1) Culmann의 방법으로 이 사면의 안전율을 구하시오.

2) Fellenius의 방법으로 이 사면의 안전율을 구하시오.

3) Bishop 간편법으로 이 사면의 안전율을 구하시오.

4) Janbu 간편법으로 이 사면의 안전율을 구하시오.(단, $f_o$에 대한 보정은 실시하지 말 것)

5) Rankine 토압이론을 응용하여 높이에 대한 안전율을 구하시오.

---

**【문제 3】**

불교란 시료채취 시 교란의 원인과 실내시험을 활용한 교란도 평가방법에 대하여 설명하시오.

---

**【문제 4】**

해안매립지에 고함수비의 준설점토를 투기할 때 침강 특성 및 자중압밀 특성에 대하여 설명하시오.

---

**【문제 5】**

흙막이 벽체의 근입깊이 결정 시 검토해야 할 사항에 대하여 설명하시오.

---

**【문제 6】**

지진 시 콘크리트 옹벽과 보강토 옹벽에 대한 토압 적용방법에 대하여 설명하시오.

## 3 교 시 ( 6문 중 4문 선택, 각 25점 )

【문제 1】
다짐조건에 따른 점성토의 공학적 특성에 대하여 설명하시오.

【문제 2】
표준압밀시험 결과를 이용하여 흙의 물성치를 결정하는 방법에 대하여 설명하시오.

【문제 3】
구조물이 지하수위 아래에 건설된 경우 발생되는 양압력의 정의와 대책 방안 및 설계 시 고려사항에 대하여 설명하시오.

【문제 4】
터널 안정해석 시 굴착과정을 모사하기 위해서는 3차원 해석이 필요하지만 실무에서는 2차원 해석을 실시하기도 한다. 터널 안정해석의 2차원 모델링 기법의 개념과 2차원 해석을 위한 응력분배법 및 강성변화법에 대하여 설명하시오.

【문제 5】
액상화가 예상되는 지반에 교각 말뚝기초, 건물의 직접기초, 지중 박스구조물을 설치하고자 한다. 각 구조물에 대한 예상 문제점 및 대책에 대하여 설명하시오.

【문제 6】
폐기물 매립지를 건설부지로 활용 시 지반공학적 문제점과 지반환경공학적 검토사항에 대하여 설명하시오.

## 4 교 시 ( 6문 중 4문 선택, 각 25점 )

【문제 1】

연약지반의 비배수전단강도($C_u$)가 17.0kPa인 연약지반에 무한궤도장비의 주행성 확보를 위하여 Sand Mat를 포설하는 경우 적절한 두께를 산정하고 실무 적용 시 유의사항을 설명하시오.(단, 장비본체의 중량＝500kN, Leader 중량＝200kN, Casing 중량＝25kN, Vibro Hammer 중량＝25kN, 궤도 길이＝4.8m, 궤도 폭＝0.8m, 기준 안전율＝1.5, 하중분산각＝30°, $N_c$＝5.14, 형상계수 $\alpha$＝1, 한쪽 무한궤도에 작용하는 접지압을 이용하여 검토)

【문제 2】

동하중에 의해 발생되는 모래와 점토의 동적 물성치 특성에 대하여 설명하시오.

【문제 3】

케이슨 기초의 침하 발생 요인 및 침하량 산정방법에 대하여 설명하시오.

【문제 4】

전면접착형 록볼트(Rock Bolt)를 소성영역에 설치하는 경우와 탄성영역까지 확대 설치하는 경우, 축력 분포의 차이 및 지반의 강도 증가 효과와 지반반응곡선의 변화에 대하여 설명하시오.

【문제 5】

포화된 점토지반에 압밀이 발생하게 되면 강도 증가와 함께 토질 특성의 변화가 발생한다. 압밀 진행에 따른 투수계수와 체적압축계수의 변화 특성에 대하여 설명하시오.

【문제 6】

기존 시설물의 내진보강 공사에 사용되는 저유동성 모르타르 주입공법의 품질관리 방안에 대하여 설명하시오.

## 127 회 출제문제

## 1교시 ( 13문 중 10문 선택, 각 10점 )

### 1 토목섬유의 주요 기능

1. 필터기능 : 조립토와 세립토 사이에 설치하여 세립토 이동 방지 및 물 통과 기능

  (1) 요구 성질

    ① 투수성

    ② 구멍크기

  (2) 적용

    ① 옹벽      ② 유공관

    ③ 호안      ④ 제방

    ⑤ 댐

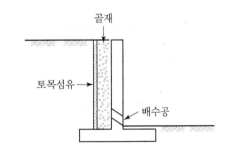

2. 분리기능 : 조립토와 세립토의 혼입 방지 기능

  (1) 요구 성질

    ① 인장강도      ② 인열강도

    ③ 파열강도      ④ 구멍크기

    ⑤ 꿰뚫림강도

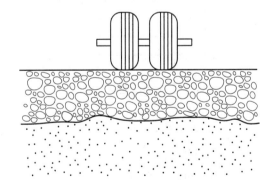

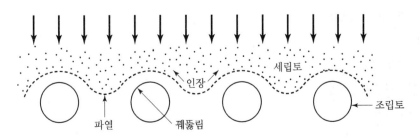

(2) **적용**

　① 철도도상과 노반

　② Sand Mat와 연약점토

(3) **배수기능** : 토목섬유의 평면을 통해 물을 배출하는 기능

　① 요구 성질

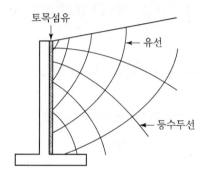

　　• 전수성　　　　• 구멍크기

　② 적용

　　• 옹벽　　　　　• 폐기물 매립장

　　• 댐　　　　　　• 터널

　　• Plastic Board Drain

(4) **차수기능** : 물의 유출 또는 이동을 차단하는 기능

　① 요구 성질

　　• 인장강도　　　• 차수성　　　• 지반과의 마찰력

　② 적용

　　• 매립장 Liner　　• 터널방수　　• 저수조 바닥

(5) **보강기능** : 인장강도에 의해 흙구조물 안정성 증대 기능

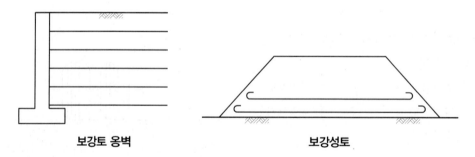

**보강토 옹벽**　　　　　　　　　　**보강성토**

　① 요구 성질

　　• 인장강도

　　• 지반과의 마찰력

　　• 인장강도 – 변형률

　② 적용

　　• 보강토 옹벽

　　• 연약지반 보강성토

　　• 보강사면

**참고**   비교

| 구분 | 필터 | 분리 | 배수 | 차수 | 보강 |
|---|---|---|---|---|---|
| 요구성질 | • 투수성<br>• 유효구멍크기 | • 인장, 인열, 파열,<br>  꿰뚫림<br>• 유효구멍크기 | • 전수성<br>• 유효구멍크기 | • 인장강도<br>• 차수성<br>• 지반마찰력 | • 인장강도<br>• 지반마찰력<br>• 변형률 |
| 적용 | • 옹벽, 유공관<br>• 호안, 제방, 댐 | • 도상과 노반<br>• 사석과 점토<br>• Sand Mat와 점토 | • 옹벽, 터널<br>• PBD | • Liner 방수 | • 보강토<br>• 보강성토 |

**참고**   기능과 관련된 시험

1. 수직투수계수

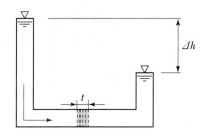

$$Q = KiA \qquad K = \frac{Q}{iA} \qquad i = \frac{\Delta h}{t} \qquad K = \frac{Qt}{\Delta h A}$$

2. 유효구멍크기

(1) 유효구멍크기 시험

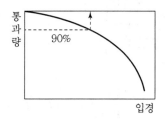

물분사, 진동<br>→ 통과시료 입도시험<br>→ 90% 통과율의 입경<br>→ 유효구멍크기($O_{90}$)

토목섬유

진동

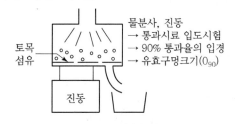

(2) 동수경사비 시험

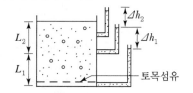

토목섬유

$$GR = \frac{\dfrac{\Delta h_1}{L_1}}{\dfrac{\Delta h_2}{L_2}}$$

$GR < 1$ : Piping

$1 \leq GR \leq 3$ : 양호

$GR > 3$ : 구멍 막힘

### 3. 인장강도

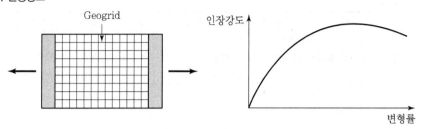

### 4. 인열강도(찢어진 부분의 재차로 찢어짐강도), 꿰뚫림강도

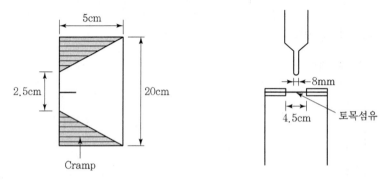

### 5. 파열강도(터짐에 대한 저항력)

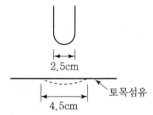

### 6. 수평투수성(전수성)

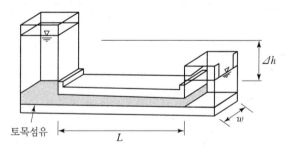

$$Q = KiA \qquad K = \frac{Q}{iA} \qquad i = \frac{\Delta h}{L} \qquad K = \frac{Qt}{\Delta h A} \ (A = tw) \qquad t : 두께$$

### 7. 지반과 마찰강도(직접전단시험, 인발시험)

(1) 여러 개(3~4개)의 수직응력을 가하고 수직응력에 해당하는 전단응력을 구함

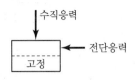

(2) 수직응력－전단응력도에서 점착력(Cohesion)과 전단저항각(Angle of Shear Resistance)을 구하는 시험임

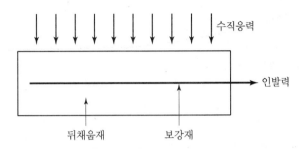

$F = 2l\left(C_a + \sigma \tan \phi_{SG}\right)$ 에서 전단응력은 $\dfrac{F}{2l}$ 이고 수직응력별로 전단응력을 구하여 다음과 같이 평가함

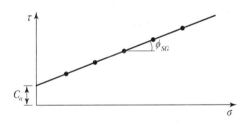

### 8. 설치 시 손상시험

(1) 손상 이유

① Geogrid : 재질, 제조방법

② 사용 토질 : 입도, 최대입경, 원마도

③ 시공 : 장비 규모, 다짐도, 다짐속도

(2) 산정방법

다음 그림과 같이 포설시험하여 포설 전과 후의 강도 변화로 강도감소계수 산정

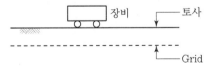

### 9. Creep 시험

(1) 일정온도와 습도를 유지하고 여러 재하중에 대해 재하시간에 따른 강도 변화 측정

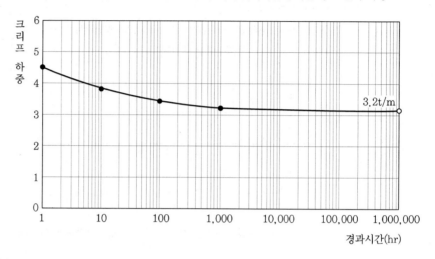

(2) Creep 감소계수

$$RF_{CR} = \frac{시험\ 전\ 강도}{시험\ 후\ 강도} \quad \left(예\ \frac{4.5}{3.2} = 1.41\right)$$

## 2 배토말뚝, 소배토말뚝, 비배토말뚝

### 1. 정의

(1) 말뚝을 타입하면 주변 지반과 선단지반이 밀려서 배토되므로 배토말뚝이라 함

(2) 비배토말뚝은 현장타설말뚝과 같이 굴착, 말뚝설치 시 주변 지반과 선단지반에서 배토가 이루어 지지 않는 말뚝임

(3) 소배토말뚝

선굴착 후 최종항타말뚝에 해당되며 지반거동은 배토와 비배토말뚝의 중간 형태가 됨

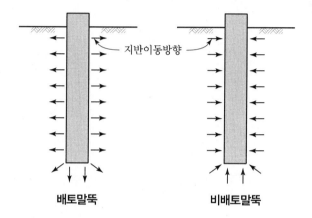

### 2. 특징과 비교

(1) 배토말뚝(Displacement Pile)

① 항타형식의 시공방법으로 시공이 용이하고 상대적으로 지지력이 큼

② 자갈층 등에서 관입이 곤란

③ 진동 특히 소음으로 주변 영향이 큼

(2) 비배토말뚝(Non-displacement Pile)

① 매입말뚝인 Preboring 시공방법으로 지지력이 작음

② 지하수 아래 조립토에서 공벽 붕괴 가능

③ 소음과 진동에 가장 유리함

   (3) 소배토 말뚝(Small Displacement Pile)

     ① Preboring 후에 최종항타의 시공방법으로 지지력은 셋 중에서 중간임

     ② 자갈층 등에서 관입이 가능하고 공벽 우려가 있음

     ③ 소음과 진동에 중간적인 영향을 미침

## 3. 평가

말뚝의 시공방법은 지지력 확보, 지반에 대한 시공 가능성과 소음 · 진동으로 인한 주변 영향을 감안하여 선정되어야 함

## ③ 강말뚝의 선단지지면적 및 주면장의 결정방법

### 1. 강말뚝의 선단지지면적

(1) 선단폐색말뚝인 경우는 선단지지면적이 $\frac{\pi}{4}D^2$($D$ : 부식공제된 직경)

(2) 선단개방말뚝인 경우는 선단지지면적이 강관의 실두께면적이 되어 그림에서 흙 충전 부위는 제외됨

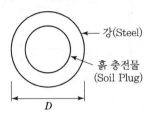

### 2. 주면장 결정

(1) 주면길이는 $\pi D$($D$ : 부식공제된 직경)로 부식으로 인한 두께를 감소시켜야 함

(2) 부식량은 육상, 해상, 지하수의 염분농도, 공장폐수지역 등 조건에 따라 다르나 육상에서 보통 2mm를 적용함

### 3. 평가

(1) 선단지지면적은 풍화암을 지지층으로 하고 직경이 작으면(예 600mm 이하) 실적에 의해 선단폐색조건으로 할 수 있음

(2) 대구경의 직경은 재하시험의 결과로부터 선단폐색효과 정도를 확인해야 함

(3) 부식이 심한 조건에선 부식 방지 대책(도장, 피복 등)을 고려하여야 함

## ④ 테일보이드(Tail Void) 뒤채움 주입 방식

### 1. 테일보이드

굴착에 따른 면판외주의 여굴, Skin Plate 두께, Plate 내경과 Segment 외경 사이 공간의 합

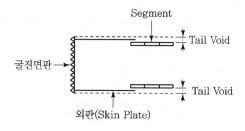

### 2. 테일보이드 영향(문제)

  (1) 지반이완으로 지반 변위, 전단강도 감소

  (2) 지하수 유동통로

  (3) Shield 기계 추진반력 상실

### 3. 주입방식

| 구분 | 동시주입 | 즉시주입 | 후방주입 |
|---|---|---|---|
| 개요도 | 쉴드테일<br>세그먼트 | 쉴드테일<br>세그먼트 | 쉴드테일<br>세그먼트 |
| 개요 | 테일보이드 발생과 동시에 뒤채움 주입 및 충전처리 시행 | 1링의 굴진 완료마다 뒤채움 주입 및 충전처리 시행 | 수링의 후방에서 뒤채움 주입 및 충전처리 시행 |
| 장단점 | • 침하 억제에 유리<br>• 사질지반에서 추진저항이 크고, 경제적으로 고가임 | • 시공이 편리<br>• 주변 지반을 이완시키기 쉬움 | • 시공이 간단하고 경제적으로 저가<br>• 테일보이드 처리가 어려움 |

### 4. 평가

테일보이드는 언급된 문제로 반드시 충전되어야 하고 지반이 불량 시 동시주입으로 함

**5** **모관포텐셜에 의한 표면장력**

## 1. 용어 정의

(1) 모관 Potential : 모관에서 모관수를 상승하려는 능력, 즉 힘

(2) 표면장력(Surface Tention) ; 물에서 끌어당기려는 인력으로 높은 곳으로 이동하게 함

## 2. 모관포텐셜에 의한 표면장력

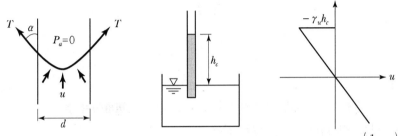

여기서, $T$ : 표면장력, $P_a$ : 대기압, $u$ : 부의 간극수압, $d$ : 모관직경$\left(\dfrac{1}{5}D_{10}\right)$

(1) **토입자의 입경**

입경이 작을수록 표면장력이 커져 모관상승고가 높아짐

| 흙 종류 | 상승 높이(cm) |
|---|---|
| 굵은 모래 | 12~18 |
| 잔모래 | 30~120 |
| 실트 | 76~760 |
| 점토 | 760~2,300 |

(2) **간극비(Void Ratio, $\dfrac{V_v}{V_s}$)**

간극비가 작아지면 표면장력이 증가하여 모관상승고가 높아짐

## 3. 평가

(1) 입경이 작을수록, 같은 입경 시 간극비가 작을수록 모관상승이 크게 됨

(2) 모관상승은 대기압보다 작으므로 부의 간극수압(Negative Pore Water Pressure)이 됨

## 6 응력 불변량

### 1. 응력(Stress)

(1) 외력에 대해 물체가 저항하는 힘을 압력단위로 표시한 것

(2) 하중의 종류에 따라 압축응력, 인장응력, 전단응력 등이 있음

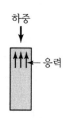

### 2. 응력 불변량

(1) 그림과 같이 좌표축이 변해도 변하지 않는 응력을 응력 불변량이라 함

(2) 주응력은 좌표축에 따라 변하지 않는 값임

(3) 주응력은 전단응력이 0인 면에 작용하는 수직응력(Normal Stress)임

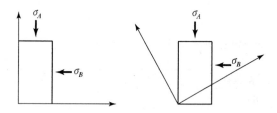

### 3. 항복면에서 표시

항복면의 모든 점에서 $\sigma_1$, $\sigma_3$은 다르지만 응력 불변량은 같음

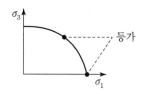

**7** Mohr 원상의 평면기점(Origin of Plane)

## 1. Mohr 원

(1) 최대주응력($\sigma_1$)과 최소주응력($\sigma_3$)의 차를 직경으로 하는 응력상태 표현 원(Mohr 응력원)

(2) 표현

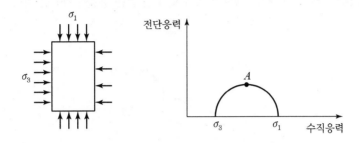

(3) 좌표($A$점) : 중심좌표 : $\dfrac{\sigma_1 + \sigma_3}{2}$, 반경좌표 : $\dfrac{\sigma_1 - \sigma_3}{2}$

## 2. 평면기점

(1) 극점(평면기점 : Origin of Plane)은 자기응력($\sigma_1$ 또는 $\sigma_3$)에서 자기면($\sigma_1$ 또는 $\sigma_3$작용면)과 평행선이 Mohr 원과 만나는 점

(2) 평면기점에서 임의 평면과 평행선을 그어 만나는 Mohr 원의 좌표가 그 면에 작용하는 응력이 됨(도해법)

(3) 이용 예시

① $\sigma_1$, $\sigma_3$을 이용해 Mohr 원 작도

② 극점작도($\sigma_3$인 점에서 $\sigma_3$ 작용면과 평행한 선과 Mohr 원이 만나는 점)

③ $O_P$점에서 구하고자 하는 평면과 나란히 그은 선이 Mohr 원과 만나는 $(\sigma,\ \tau)$ 좌표

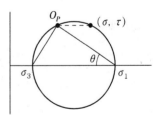

## 3. 평가

평면기점을 이용하여 임의 평면에 작용하는 수직응력과 전단응력을 구할 수 있으며, 또한 수식적 방법과 $2\theta$방법이 있음

## 8 소성지수와 점토의 압축성

### 1. 소성지수(Plasticity Index)
(1) 정의
  ① 소성지수는 액성한계에서 소성한계를 뺀 값($PI = LL - PL$)
  ② 의미 : 소성 상태에 존재하는 함수비 범위로 균열 없는 성형이 가능함 의미

(2) 성질

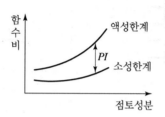

  ① 토질이 액성한계와 소성한계 범위에 있으면 소성거동
  ② 소성지수($PI$)가 크면 점토성분이 많음. 또 점토광물이 Kaolinite → Illite → Montmorillonite 쪽으로 많음

### 2. 점토의 압축성과의 관계
(1) 점토의 압축성은 압밀침하가 대표적이며 여러 조건(함수비, 간극비, 압밀 상태 등)이 같은 경우 압축성은 소성지수와 관계됨
(2) 소성지수의 성질에 따라 소성지수가 크면 압축성이 증가하게 됨
(3) 예시

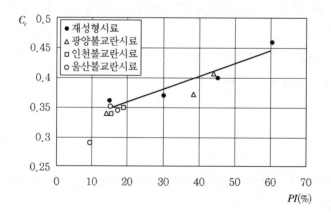

## 9 지중경사계(Inclinometer)

### 1. 개요
지중경사계는 지중의 수평변위의 크기, 방향, 변위속도를 측정하기 위한 계측의 하나임

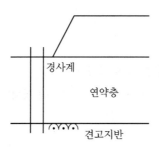

### 2. 설치 및 측정
(1) 설치
　① 천공 후 경사계관 삽입
　② 경사계관 주변 Grouting으로 주변 지반과 밀착

(2) 측정
　① 초기에 비교적 짧은 시간간격으로 측정
　② 이상 징후 시 측정빈도 축소

### 3. 적용 및 주의사항
(1) 적용
　① 하천제방, 댐　　② 토류벽
　③ 절토사면　　　　④ 연약지반성토
　⑤ 터널 등

(2) 주의사항
　① 설치 시 견고지반에 근입되고 주변 지반에 밀착되어야 함
　② 측정 시 변위량은 물론 변위의 시간 변화가 중요함
　③ 다층지반 시 지층 구성과 함께 분석되도록 함

## 10 심층혼합처리공법의 강도열화와 환경오염 대책

### 1. 심층혼합처리공법 개요

(1) 고결공법은 토립자 사이를 접착 일체화, 즉 고결시켜 지반을 개량하여 전단강도 증대, 압축성 감소, 투수성 감소, 진동 저감 등을 목적으로 함

(2) 공법원리

① 시멘트는 간극수와 수화반응을 하며 토립자 결합함

② 수화반응에 의한 경화가 대부분이고 포졸란 반응에 의해 장기강도 증대

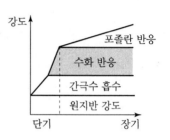

### 2. 강도열화 대책

(1) 염화물의 염소($Cl$)는 시멘트의 수화반응에 악영향으로 작용하여 열화나 침식으로 다공화를 유발함

(2) 황산염($SO_4$)은 개량체를 팽창시켜 균열이나 밀실도를 감소시킴

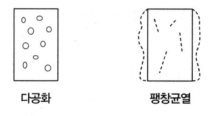

**다공화**          **팽창균열**

(3) 보통시멘트 대신 특수시멘트(내해수성 및 내화학성이 강한 고로슬래그시멘트)를 사용하여 강도저하를 감소시킴

### 3. 환경오염 대책

(1) 시멘트 제조과정에서 생성된 6가크롬산($Cr^{6+}$)에 고농도로 단기간 노출 시 피부염증, 위장, 신장, 간 등에 영향이 있으며, 폐암의 발암물질임

(2) 용출시험을 하여 기준(예 하천, 해역, 먹는 물 : 0.05mg/l)을 확인함

(3) 기준 초과 시 철($Fe$) 등을 첨가하여 안전한 3가크롬산으로 변경토록 함

## 11 지하연속벽 시공 시 안정액 시험

### 1. 지하연속벽의 안정액 기능

(1) Trench 벽면의 붕괴 방지 기능

① 안정액은 지반의 간극에 침투하여 겔화되며 시간경과와 함께 이 층은 지반에 단단히 밀착된 수밀한 막을 형성함

② 불투수막층은 지반에 따라 두께가 다르게 되며 지하수의 침입, 흙입자의 유출을 방지하여 벽면의 붕괴를 막게 됨

③ 안정액의 적정비중으로 토압과 수압에 저항하여 붕괴를 막음

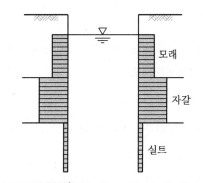

**불투수막 형성(Filter Cake, Bentonite Cake)**

(2) 안정액 중에 부유되어 있는 토사를 유지하는 기능

① 안정액에 혼합되어 있는 굴착토사를 부유시켜 침전을 방지함으로써 Slime 처리를 원활히 함

② 이렇게 함으로써 굴착능력을 유지하고 콘크리트 타설 시 재료분리, Slime 발생을 적게 할 수 있음

### 2. 관련 시험

(1) 비중시험(Mud Balance 장치 이용)

① 시료를 컵에 넣고 유동추를 움직여 눈금자가 수평이 되도록 함

② 눈금으로 비중을 측정함(적정값 : 1.02~1.07)

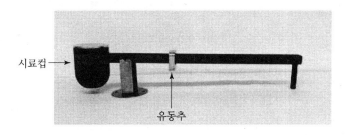

### (2) 점성시험(깔때기 이용)

깔때기(1,500cc)에 시료(946cc)를 부어 안정액이 통과하는 시간을 측정(적정값 : 27~45초)

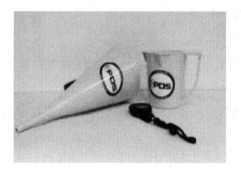

### (3) 모래분량

① 모래분측정용기에 시료(100cc)를 넣고 세척수가 맑아질 때까지 함

② 남은 모래량을 체적으로 측정함(적정값 : 2~5%)

### (4) 분리성 시험

용기에 안정액을 넣고 방치하여(10시간 이상) 상부에 생긴 분리수층의 높이를 측정함(적정값 : 전체 안정액의 높이에 5% 이하)

분리수
혼합수

## 3. 평가

안정액의 기능이 원활히 수행될 수 있도록 안정액 제조와 굴착 중에 수시로(3~5회/일) 관리하여야 함

## ⑫ 콘관입시험에 의한 액상화 간편예측법

### 1. 액상화(Liquefaction)

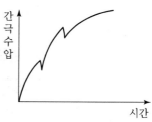

(1) 느슨하고 포화된 모래지반이 진동이나 충격 시 비배수조건
   이 될 수 있음

(2) $(-)$Dilatancy 성향으로 $(+)$과잉간극수압이 발생됨

(3) 반복진동으로 간극수압이 누적되어 지반이 액체처럼 강도를
   잃게 됨

(4) 즉, $s = c' + (\sigma - u)\tan\phi' \rightarrow s = (\sigma - u)\tan'\phi'$이고, $\sigma = u$이면 $s = 0$이 됨

### 2. 간편예측방법

(1) **종류** : 표준관입시험방법, 전단파속도방법, 콘관입시험방법

(2) 콘관입시험방법

① 저항응력비

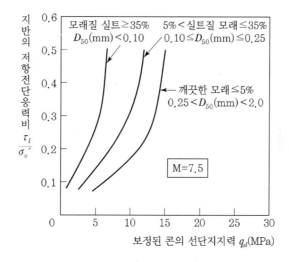

② 전단응력비

$$\frac{\tau_d}{\sigma_v{'}} = 0.65\left(\frac{\alpha_{depth}}{g}\right)\left(\frac{\sigma_v}{\sigma_v{'}}\right)$$

여기서, $\alpha_{depth}$ : 액상화 평가 대상지층의 지반가속도(지진응답해석 수행)

$g$ : 중력가속도

$\sigma_v$ : 액상화를 평가하고자 하는 깊이의 총 상재압

$\sigma_v{'}$ : 액상화를 평가하고자 하는 깊이에서의 유효 상재압

③ 안전율 $= \dfrac{\text{저항응력비}}{\text{전단응력비}}$ 가 됨

참고 콘의 선단지지력 보정계수

$$C_q = \frac{1.8}{0.8 + \dfrac{\sigma_v{'}}{\sigma_{ref}{'}}}$$

여기서, $\sigma_v{'}$ : 액상화를 평가하고자 하는 깊이의 총 상재압

$\sigma_{ref}{'}$ : 대기압(100kPa)

## 13 실내풍화가속실험

### 1. 개요

(1) 깎기비탈면 또는 자연비탈면과 같이 지표에 노출된 암석은 대기, 지하수, 강우 등의 영향에 의해 풍화작용이 가속되며, 풍화작용은 암석을 구성하는 광물의 화학적 성질을 변화시켜, 암석의 안정성을 저하시킴

(2) 풍화민감도 분석은 인위적으로 노출된 암석들이 지표환경에서 지하수, 강우, 대기오염물질 등 여러 가지 영향이 암석의 강도에 영향을 주는 정도를 정량적으로 산정하고 대응 방안을 도출하는 기법임

### 2. 시험방법

(1) 산성수에 침수시킴　예 증류수에 황산을 넣고 pH=2, 80℃, 6시간

(2) 동결시킴　예 −30℃, 3시간

(3) 융해시킴　예 120℃, 14시간

(4) (1)~(3)의 과정을 필요시까지 반복함(1과정 : 자연상태 5~6년)

| 산침수 | 동결 | 융해 |

### 3. 평가

(1) 설계 시에는 상대적으로 신선하였으나 시간이 지남에 따라 풍화에 민감하여 설계 당시 전단강도(Shear Strength)가 감소하여 사면이 붕괴할 수 있음

(2) 화산암과 퇴적암류에서 발생 가능성이 크므로 이를 반영한 설계나 유지관리가 필요함

## 2 교 시 ( 6문 중 4문 선택, 각 25점 )

【문제 1】
지반 조건에 따른 무리말뚝의 허용인발저항력 산정방법에 대하여 설명하시오.

### 1. 사질토(Sandy Soil)

(1) 저항개념

모래지반에서 전단저항은 마찰저항과 엇물림(Interlock-ing)으로 저항하게 되며 무리말뚝 시 그림과 같이 경사지게 인발거동하게 됨

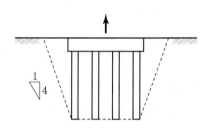

(2) 산정방법

① 외말뚝허용인발저항력 $\dfrac{Q_s + W}{안전율}$

여기서, $Q_s$ : 극한주면마찰력$(K_s \sigma_v' \tan\delta A_s)$

$W$ : 말뚝무게

② 군말뚝 : 다음 중 작은 값을 적용함

• 외말뚝허용인발저항력 × 말뚝본수

• 1 : 4 경사 내의 흙, 말뚝무게 ÷ 안전율

### 2. 점성토(Clayey Soil)

(1) 저항개념

인발력에 대해 점성토지반은 점착력(Cohesion)으로 저항하게 되며 무리말뚝 시에 그림과 같이 인발 거동하게 됨

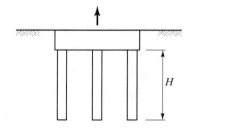
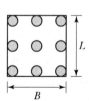

(2) 산정방법

① 외말뚝 $\dfrac{Q_s + W}{\text{안전율}}$

여기서, $Q_s = (\alpha C_u) A_s$

$C_u$ : 점착력

② 군말뚝 : 다음 중 작은 값을 적용함

• 외말뚝허용인발저항력 × 말뚝본수
• 무리말뚝극한 인발저항력$(T_u)$ ÷ 안전율

$T_u = 2H(B+L)C_u + W$

여기서, $W$ : 흙, 말뚝무게

## 3. 인발재하시험(사질토와 점성토 적용)

(1) 총하중에 대해 각 단계하중은 설계하중의 25%로 하여 재하
(2) 인발저항력 산정

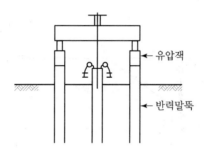

## 4. 평가

(1) 설계 시에는 정역학적 방법으로 산정할 수 있으며 마찰각, 점착력 등의 물성치를 관련 시험으로 산정함
(2) 시공 초기에 인발재하시험을 실시하여 설계의 적정성을 확인하고 필요시 변경을 계획함

【문제 2】

다음 그림과 같이 지반을 연직 굴착하여 높이 4m인 사면을 형성하였다. 임계 파괴면(AC)은 수평면과 45°를 이룬다고 할 때 다음 물음에 대하여 설명하시오.(단, $\gamma_t = 16\text{kN/m}^3$, $\phi_u = 0°$, $C_u = 32\text{kN/m}^2$)

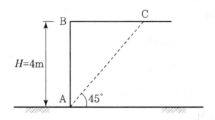

1) Culmann의 방법으로 이 사면의 안전율을 구하시오.

2) Fellenius의 방법으로 이 사면의 안전율을 구하시오.

3) Bishop 간편법으로 이 사면의 안전율을 구하시오.

4) Janbu 간편법으로 이 사면의 안전율을 구하시오.(단, $f_o$에 대한 보정은 실시하지 말 것)

5) Rankine 토압이론을 응용하여 높이에 대한 안전율을 구하시오.

## 1. 안전율 개념

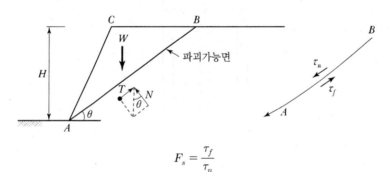

$$F_s = \frac{\tau_f}{\tau_n}$$

## 2. Culmann 방법의 안전율

(1) 관계식

$$H_C = \frac{4C}{\gamma} \times \frac{\sin\beta\cos\phi}{1 - \cos(\beta - \phi)}$$

(2) 계산

① $\sin 90 = 1$, $\cos 0 = 1$, $\cos(90 - 0) = 0$

② 한계높이 $= \dfrac{4c}{\gamma} = \dfrac{4 \times 32\text{kN/m}^2}{16\text{kN/m}^3} = 8\text{m}$ 로 문제의 높이가 4m이므로

③ 안전율은 2가 됨

## 3. Fellenius 방법의 안전율

(1) 관계식

$$F_s = \frac{\sum \{c'l + (W\cos\alpha - ul)\tan\phi'\}}{\sum W\sin\alpha}$$

(2) 계산

- $\tan 0 = 0$, $W = \dfrac{1}{2} \times 4\text{m} \times 4\text{m} \times 16\text{kN/m}^3 = 128\text{kN/m}$, $\sin 45 = 0.707$

- 안전율 $= \dfrac{32\text{kN/m}^2}{128 \times 0.707} \times 4\text{m} \times 1.414 = 2$

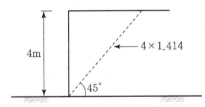

## 4. Bishop 방법의 안전율

(1) 관계식

$$F_s = \frac{\sum \{c'l + (P - ul)\tan\phi'\}}{\sum W\sin\alpha}$$

$$P = \left[ W - \frac{1}{F}\left( \frac{c'}{\sin\alpha} - ul\tan\phi'\sin\alpha \right) \right] \frac{1}{m_\alpha}$$

여기서, $m_\alpha = \cos\alpha \left( 1 + \tan\alpha \dfrac{\tan\phi'}{F} \right)$

(2) 계산

- $\tan\phi' = \tan 0 = 0$

- 안전율 $= \dfrac{32 \times 4 \times 1.414}{128 \times 0.707} = 2$

## 5. Janbu 방법의 안전율

(1) 관계식

$$F_s = f_o \frac{\sum\{c'l + (N - ul)\tan\phi'\}\sec\alpha}{\sum W \tan\alpha}$$

(2) 계산

- $\tan\phi' = \tan 0 = 0, \ \sec 45 = 1.414, \ \tan\alpha = \tan 45 = 1$

- 안전율 $= \dfrac{32 \times 4 \times 1.414 \times 1.414}{128 \times 1} = 2$

## 6. Rankine 토압 적용 시 안전율

(1) 관계식

$$P_A = \frac{1}{2}\gamma H^2 K_a - 2cH\sqrt{K_a}$$

$$K_a = \frac{1 - \sin\phi'}{1 + \sin\phi'}$$

(2) 계산

- 전단저항각 = 0이므로 주동토압계수 = 1

- 주동토압 $= \dfrac{1}{2} \times 16\text{kN/m}^3 \times 4^2\text{m} \times 1 - 2 \times 32\text{kN/m}^2 \times 4\text{m} \times 1 = -128\text{kN/m}$

- 전단응력 $= 128\text{kN/m} \times \cos 45 = 90.51\,\text{kN/m}$

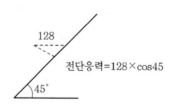

- 전단저항 $= 32\text{kN/m}^2 \times 4\text{m} \times 1.414 = 180.99\text{kN/m}$

- 안전율 $= \dfrac{180.99}{90.51} = 2$

【문제 3】
불교란 시료채취 시 교란의 원인과 실내시험을 활용한 교란도 평가방법에 대하여 설명하시오.

## 1. 응력 변화와 교란 원인

### (1) 응력 변화

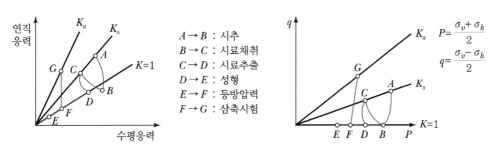

$A \to B$ : 시추
$B \to C$ : 시료채취
$C \to D$ : 시료추출
$D \to E$ : 성형
$E \to F$ : 등방압력
$F \to G$ : 삼축시험

$$P = \frac{\sigma_v + \sigma_h}{2}$$

$$q = \frac{\sigma_v - \sigma_h}{2}$$

### (2) 기계적인 교란

① 시추 시 압력수 : 흡수 팽창

② Sampler 관입, 시료인입, Sampler 내부마찰

③ 채취 시 회전

④ 채취기 인발

⑤ 운반 및 보관

⑥ 시료추출 및 성형

### (3) 지중응력 해방에 의한 교란

지중응력이 해방됨에 따라 지중상태의 응력이 평형을 유지하고 있던 시료는 응력이 해방되어 전응력이 없는 상태로 됨

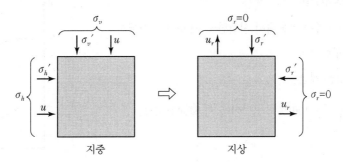

## 2. 교란평가

### (1) 일축압축시험, 삼축압축시험에 의한 방법

응력－변형곡선에서 곡선의 형상 특징으로부터 교란의 정도를 다음과 같이 판정한다.

① 응력－변형

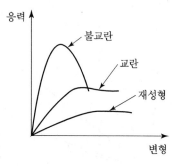

② 심도－전단강도

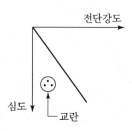

③ $\dfrac{E_s}{q_u} \geq 50$ : 불교란

### (2) 압밀시험

① $e - \log P$곡선

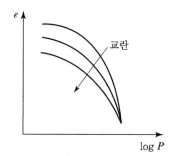

② $\log C_v - \log P$곡선

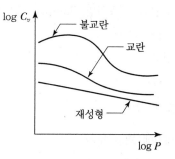

### (3) 체적변형률 방법

① 초기간극비($GW = Se$) 계산

② 유효상재하중($P_o$)에 대해 시험한 $e - \log P$곡선에서
간극비 구함($e_1$)

③ 체적변형률 계산

$$\varepsilon_v = \frac{e_o - e_1}{1 + e_o} \times 100(\%), \quad 4\% \text{ 이하 시 불교란시료}$$

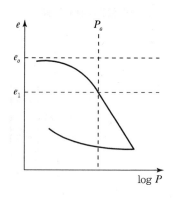

## 3. 정리

(1) 응력해방에 따른 교란은 피할 수 없으며 대책은 비등방압밀, 현장수직응력의 60% 수준 등방압밀, SHANSEP, 교란도에 의한 보정방법이 있음

(2) 시추에서 시험까지 일련의 작업과 관련된 기계적 교란은 정성스런 작업과 규정된 장비로부터 줄일 수 있음을 명심해야 하며, 교란의 영향이 응력해방에 의한 것보다 크다고 알려져 있음

(3) 교란의 영향을 최소화하기 위해 시료를 대형 크기로 채취함이 요망되고, 지표는 Block Sampling, 지중심부는 대구경 Sampler(직경 20~40cm)의 사용이 필요함

(4) 국내에서도 한국건설기술연구원, 건설회사 등에서 여러 대구경 Sampler가 개발되었으며 사례를 통해 대구경 Sampler가 시료교란 감소에 효과적인 것으로 확인되고 있음

(5) 물성치 산정 시 교란이 큰 것은 배제하거나 보정하여 사용

(6) **체적변형률에 의한 보정 예**

- $\varepsilon_v = \dfrac{e_o - e_1}{1 + e_o} \times 100(\%)$

- 여러 체적변형률에 대해 시험된 전단, 압밀시험값 Plot

  예 $P_c$, $C_c$, $C_v$, $m_v$, $C$, $q_u$

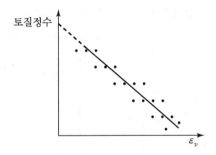

【문제 4】
해안매립지에 고함수비의 준설점토를 투기할 때 침강 특성 및 자중압밀 특성에 대하여 설명하시오.

## 1. 개요
  (1) 경제 성장으로 공업용지, 주거용지, 공항, 항만 등의 수요가 날로 늘어가고 있고, 국토가 좁은
     사정으로 해안을 매립하게 되었으며 매립 초기에는 주로 쇄석이나 산토가 이용되었음
  (2) 매립에 바람직한 재료는 투수성이 좋고 압축성이 작은 조립토이지만 매립량 확보, 운반, 환경피
     해, 산사태 등의 문제로 바다 근처에서 쉽게 구할 수 있는 점성토가 많이 사용되고 있음

## 2. 기본 개념(imai)
  (1) **초기단계** : 침전은 발생하지 않고 Floc(응집)의 형성과정임
  (2) **중간단계** : Floc이 점차로 침전하여 압밀이 시작되고 침전물이 점진적으로 증가하면서 상부의 침
     전영역은 점점 얇아져 없어지게 됨
  (3) **최종단계** : 모든 침전물이 자중압밀하에 있게 되며, 자중압밀이 완료된 상태에 도달함

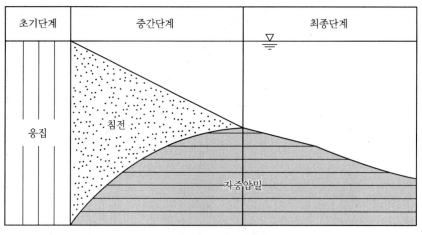

**침강-압밀의 메커니즘**

## 3. 침강 특성
  (1) 점토입자는 입자 크기가 매우 작고 중량이 적으며 표면적이 크므로 침강하기보다는 자유로이 떠
     도는 형태, 즉 Brown 운동을 함

(2) 실제로는 토입자들이 응집(Floc)되어 중량이 커져 침강하게 되며 Stoke's 법칙 $\left(v = \dfrac{\gamma_s - \gamma_w}{18 \cdot \eta} \cdot d^2\right)$

　　보다 수십~수백 배의 큰 속도로 침강함

(3) 개념에서 침강은 응집 이후의 중간단계에 해당됨

## 4. 자중압밀 특성

(1) 자중압밀은 침강 이후에 자중(Self-weight)으로 압밀되는 상태임

(2) 기본 개념에서 중간단계의 자중압밀은 침강이 일찍 발생된 토질에서 발생되는 것임

(3) 최종단계는 침강 완료 후 진행되는 자중압밀임

(4) 자중압밀을 파악하기 위해 침강압밀계수가 필요하며 시험을 통해 결정함

　① 시험방법

　　• 시료를 교반기로 교반 후 시험장치에 투기

　　• 압축공기를 주입하여 시료를 충분히 교반

　　• 시험시료는 각 함수비 변화에 대해 초기 시료높이를 설정하여
　　　여러 개를 준비함

　　　예 함수비 300, 400, 700, 1,000%, 높이 120, 100, 80, 60cm

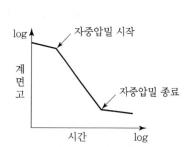

압축공기

　　• 시간경과에 따라 시료의 계면고를 측정

　② 침강압밀계수

$$C_s = \frac{\log(H_0/H_f)}{\log(t_f/t_0)}$$

　　　여기서, $t_0$, $t_f$ : 자중압밀시점과 종점시간
　　　　　　 $H_0$, $H_f$ : $t_0$와 $t_f$에서의 계면고

자중압밀 시작

자중압밀 종료

시간　　log

## 5. 평가

(1) 자중압밀이 완료되면 정규압밀(Normal Consolidated) 상태가 되어 준설토의 원지반에 대한 압축지수나 압밀계수를 적용할 수 있음

(2) 최근에 매립된 경우 정규로 판단하면 침하량을 과소하게 산정되므로 자중압밀을 고려하여 검토하여야 함

**【문제 5】**
흙막이 벽체의 근입깊이 결정 시 검토해야 할 사항에 대하여 설명하시오.

## 1. 개요

(1) 굴착바닥면의 불안정은 수동토압 상실, 벽체수평변위 과다 촉진, 지표침하의 추가적 발생 등 흙막이벽 구조의 위험요소임

(2) 안정항목에는 근입부토압 균형, Boiling 현상, Heaving 현상 등이 있음

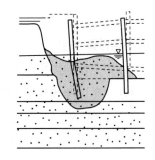

## 2. 근입부토압에 대한 안정

(1) **현상**

① 최하단 버팀대를 중심으로 토압에 의한 모멘트가 수동 측보다 주동 측이 크게 됨

② 이로 인한 근입부의 과도변위 또는 지반파괴의 현상이 발생됨

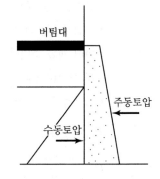

(2) **검토방법**

① 주동토압, 수동토압을 산정하고 원칙적으로 수동토압은 계산토압에 대해 2~3의 안전율을 고려함

② 최하단 버팀대를 중심으로 모멘트를 취하여 안전율 계산으로 판정

(3) **토압식**

① 주동토압 : $P_a = rzk_a - 2c\sqrt{k_a}$

② 수동토압 : $P_p = rzk_p + 2c\sqrt{k_p}$

(4) **대책**

① 최하단 버팀대 위치 하향 조정(필요시 Anchor로 변경)

② 굴착 측 심층혼합처리로 지반보강

③ 근입깊이를 깊게 조정

## 3. Boiling 안정

### (1) 현상

① 물의 상향침투력에 의해 모래가 전단강도를 잃고 지표면 위로 치솟아 지반이 파괴되는 현상

② 즉, 굴착저면 침투수의 상향력이 지반의 유효응력보다 크게 되어 Quick Sand 조건이 됨

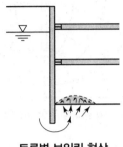

**토류벽 보일링 현상**

### (2) 검토방법

① 한계동수경사법

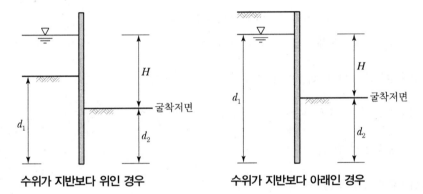

**수위가 지반보다 위인 경우**　　　　**수위가 지반보다 아래인 경우**

- 한계동수구배와 물이 흐르는 최단거리에 대한 동수구배로 Boiling을 판단하는 방법

- 동수구배 $i = \dfrac{H}{L} = \dfrac{H}{d_1 + d_2}$

- 안전율 $F_s = \dfrac{i_c}{i}$

- 한계동수경사 $i_c = \dfrac{G-1}{1+e} = (G-1)(1-n)$

② 유선망에 의한 방법

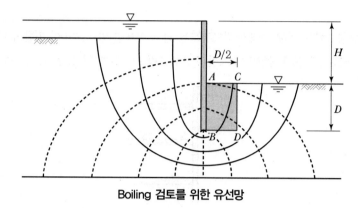

**Boiling 검토를 위한 유선망**

- 유선망으로부터 $B$점 $D$점의 평균손실수두를 구한다.

$$h_{ave} = \left( \frac{n_{d1}}{N_d} + \frac{n_{d2}}{N_d} \right) \times \frac{1}{2} \times H$$

여기서, $n_{d1}$ : 하류면과 $B$점의 등수두선 간격 수

$n_{d2}$ : 하류면과 $D$점의 등수두선 간격 수

$N_d$ : 전체의 등수두선 간격 수

- 동수경사를 구한다. $\left( i_{ave} = \dfrac{h_{ave}}{D} \right)$

- 침투력을 구한다. $\left( J = i_{ave} \cdot \gamma_w \cdot V = i_{ave} \cdot \gamma_w \cdot D \cdot \dfrac{1}{2}D \right)$

- 유효응력을 구한다. $\left( W = \gamma_{sub} \cdot D \cdot \dfrac{D}{2} \right)$

- 안전율을 구한다. $\left( F_s = \dfrac{W}{J} = \dfrac{\gamma_{sub}}{i_{ave} \cdot \gamma_w} \right)$

**(3) 대책**

① 근입깊이를 길게 조정

② 배면부 지반주입 Grouting

③ 굴착저면 지반주입 Grouting

④ 배면 측 수위저하

4. Heaving

(1) 전단강도 부족

$$M_d = (\gamma H + q)x \cdot \frac{x}{2}$$

$$M_r = x(\frac{\pi}{2} + \alpha)x \cdot S_u$$

$$F_s = \frac{(\pi + 2\alpha)S_u}{(\gamma H + q)}$$

$\alpha$ : 라디안

$$1\text{Rad} = \frac{360}{2\pi} = 57.3°$$

$$90° = \frac{\pi}{2} = 1.57\text{Rad}$$

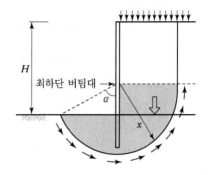

(2) 피압조건

$\overline{\sigma} = \sigma - u = 0$이면, Heaving이 발생됨

$$\sigma = d \cdot \gamma_{sat} = (H - h)\gamma_{sat}$$

$$u = h_w \cdot \gamma_w$$

$$(H - h)\gamma_{sat} = h_w \cdot \gamma_w$$

$$h = H - \frac{h_w \gamma_w}{\gamma_{sat}}$$

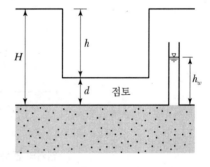

(3) 대책

① 근입깊이를 깊게 조정

② 점착력 증대를 위한 지반개량

③ 배면주입 Grouting 보강

④ 저면주입 Grouting 보강

5. 말뚝지지력

(1) 말뚝지지력은 다음 식으로 구할 수 있음

$$Q_{ult} = q_p A_p + \Sigma f_s A_s$$

$$q_p = c N_c + \gamma d_f N_q, \ f_s = c_a + K_s \sigma'_v \tan\delta$$

(2) 주면마찰력은 엄지말뚝과 중간말뚝 형태에 따라 달리 적용됨(다음 그림의 점선부분에서 주면저항이 발휘됨)

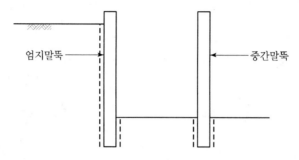

(3) 작용하중은 상부차량하중 등, 말뚝 등 가시설자중, 지반침하에 따른 부마찰력(Negative Skin Friction), Ground Anchor의 연직반력 등임

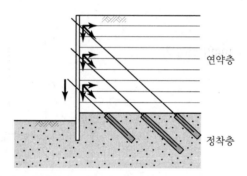

**앵커의 연직분력에 의한 흙막이벽의 침하**

## 6. 평가

(1) 근입부 안정은 흙막이 붕괴 요인의 중요성을 인식해야 함

(2) 토압에 대한 안정에는 최하단지지공 설치 전과 최하단지지공 철거 시에도 검토함

(3) 보일링 검토에서 간극비(Void Ratio)의 적절함이 중요하며 함수비, 비중, 건조단위 중량을 통해 산정할 수 있음

(4) 히빙과 말뚝지지력은 연약점토나 불량지반에서 중요한 검토항목이 됨

**【문제 6】**

지진 시 콘크리트 옹벽과 보강토 옹벽에 대한 토압 적용방법에 대하여 설명하시오.

## 1. 내진설계기준

(1) **지진구역계수($Z$)**

① 지진 재해도에서 분류된 지역을 지진발생빈도와 규모를 기준으로 2구역으로 구분함

② 지진구역계수(재현주기 500년, 보통암 기준)

- Ⅰ구역 : 0.11
- Ⅱ구역 : 0.07

| 지진구역 | | 행정구역 | 지진구역계수 |
|---|---|---|---|
| Ⅰ | 시 | 서울, 인천, 대전, 부산, 대구, 울산, 광주, 세종 | 0.11 |
| | 도 | 경기, 충북, 충남, 경북, 경남, 전북, 전남, 강원 남부* | |
| Ⅱ | 도 | 강원 북부**, 제주도 | 0.07 |

\* 강원 남부 : 강릉시, 동해시, 삼척시, 원주시, 태백시, 영월군, 정선군

\*\* 강원 북부 : 홍천, 철원, 화천, 횡성, 평창, 양구, 인제, 고성, 양양, 춘천, 속초

(2) **위험도계수($I$)**

지진구역계수가 500년 빈도기준이므로 다른 재현주기에 대한 보정계수임

〈위험도계수〉

| 재현주기 | 50년 | 100년 | 200년 | 500년 | 1000년 | 2400년 | 4800년 |
|---|---|---|---|---|---|---|---|
| 위험도 계수, I | 0.4 | 0.57 | 0.73 | 1.00 | 1.40 | 2.0 | 2.6 |

(3) **지반증폭계수($F_a$, $F_v$)**

지진구역계수가 보통암 기준이므로 다른 지반조건에 대한 보정계수임

〈지반의 분류〉

| 지반 종류 | 지반 종류의 호칭 | 분류 기준 | |
|---|---|---|---|
| | | 기반암 깊이, $H$(m) | 토층 평균 전단파속도, $V_{s,soil}$(m/s) |
| $S_1$ | 암반 지반 | 1 미만 | – |
| $S_2$ | 얕고 단단한 지반 | 4~20 이하 | 260 이상 |
| $S_3$ | 얕고 연약한 지반 | | 260 미만 |
| $S_4$ | 깊고 단단한 지반 | 20 초과 | 180 이상 |
| $S_5$ | 깊고 연약한 지반 | | 180 미만 |
| $S_6$ | 부지 고유의 특성 평가 및 지반응답해석이 요구되는 지반 | | |

- 전단파속도 760m/s 이상을 나타내는 지층
- ※ 기반암 깊이와 무관하게 토층 평균 전단파속도가 120m/s 이하인 지반은 $S_5$ 지반으로 분류

〈지반증폭계수〉

(단, $S = Z \cdot I$)

| 지반 분류 | 단주기 증폭계수, $F_a$ | | | 장주기 증폭계수, $F_v$ | | |
|---|---|---|---|---|---|---|
| | $S \leq 0.1$ | $S \leq 0.2$ | $S \leq 0.3$ | $S \leq 0.1$ | $S \leq 0.2$ | $S \leq 0.3$ |
| $S_2$ | 1.4 | 1.4 | 1.3 | 1.5 | 1.4 | 1.3 |
| $S_3$ | 1.7 | 1.5 | 1.3 | 1.7 | 1.6 | 1.5 |
| $S_4$ | 1.6 | 1.4 | 1.2 | 2.2 | 2.0 | 1.8 |
| $S_5$ | 1.8 | 1.3 | 1.3 | 3.0 | 2.7 | 2.4 |

## 2. 콘크리트옹벽

### (1) 주동토압(Active Earth Pressure at Earthquake)

정적작용력 외에 추가적인 등가정적력($K \cdot W$)을 고려하여

$P_{AE} = P_A + \Delta P_{AE}$가 됨

여기서, $P_A$ : 정적토압

$\Delta P_{AE}$ : 동적토압 증분

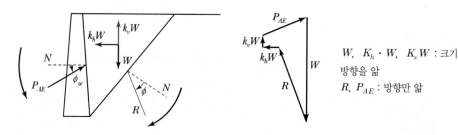

여기서, $K_h$는 지진계수로 지반증폭을 무시하면 '지진구역계수×위험도계수'가 되며 지진 시 변위를 허용하면 $K_h$의 50%를 적용함

예 1구역이고 1,000년 빈도 : $K_h = 0.11 \times 1.4 = 0.154$, 변위 허용 시 $K_h = 0.154/2 = 0.077$

### (2) 토압적용식(Mononobe-okabe, 정적토압+동적토압증분)

$$P_{AE} = \frac{1}{2} \cdot K_{AE} \cdot \gamma \cdot H^2$$

### (3) 관성력$= K_h \cdot W(W$ : 옹벽과 저판상부의 흙중량). 변위 허용 시 $K_h$의 50%

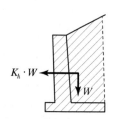

## 3. 보강토옹벽

### (1) 외적 안정검토

① 지진 시 토압은 Mononobe-okabe에 의한 동적토압증분의 50%와 정적토압의 합을 적용하고 보강토옹벽 자체의 관성력을 고려함

② 지진계수

- $K_h = A_m = (1.45 - A)A$, $A =$지진구역계수×위험도계수

- 변위 허용 시 변위에 따라 지진계수를 감소하여 적용함

$$K_h = 1.66 A_m \left(\frac{A_m}{d}\right)^{0.25}$$

  [예] $K_h = (1.45 - 0.154)0.154 = 0.2$, 변위 25mm 고려 시 $K_h = 0.099$, 변위 50mm 고려 시 $K_h = 0.083$

③ 토압적용식

$$P_{AE} = 0.5\gamma_f H^2 \Delta K_{AE}$$

$$\Delta K_{AE} = K_{AE} - K_A \ (K_A : 정적주동토압계수)$$

$$P_A = \frac{1}{2}\gamma H^2 K_A$$

④ 관성력

$$P_i = K_h W = 0.5 K_h \gamma H^2$$

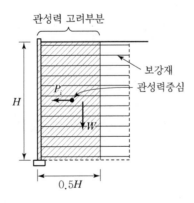

### (2) 내적 안정검토

① 정적토압과 활동영역에 대한 관성력을 고려함

② 지진계수의 적용은 외적 안정검토 시와 같음

③ 토압적용식

$$P_A = \frac{1}{2}\gamma H^2 K_A$$

④ 관성력 : $K_h W$ ($W$ : 활동영역의 중량)

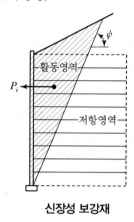

**신장성 보강재**

## 4. 평가

(1) 지진 시 콘크리트옹벽의 하중은 지진 시 토압(정적토압 포함됨)과 구체와 저판위 흙의 중량합에 대한 관성력이 되게 됨

(2) 보강토옹벽은 외적 안정 시 정적토압, 동적토압증분의 50%와 보강토옹벽의 관성력이 됨

(3) 보강토옹벽의 내적 안정 시 정적토압과 활동영역의 관성력이 됨

참고  1. 지진 시 토압계수

$$K_{AE} = \cfrac{\cos^2(\phi - \alpha - \theta)}{\cos\theta \cdot \cos^2\alpha \cdot \cos(\alpha + \delta + \theta) \cdot \left(1 + \sqrt{\cfrac{(\sin(\phi + \delta) \cdot \sin(\phi - \beta - \theta)}{\cos(\alpha + \delta + \theta) \cdot \cos(\alpha - \beta)}}\right)^2}$$

여기서, $K_{AE}$ : 지진 시 주동토압계수

$\theta$ : 지진 시 합성각($\theta = \tan^{-1}K_h$)

$\alpha$ : 옹벽배면과 연직면이 이루는 각

$K_h$ : 설계 수평 지진계수

$\delta$ : 벽면마찰각(°)

$\beta$ : 옹벽 상부의 흙쌓기비탈면각(°)

2. 계산 예

조건 : $\phi = 35$도, $\alpha = \delta = \beta = 0$, 1구역 1,000년 빈도, $\gamma = 20 \text{kN/m}^3$, 높이 $= 5$m

(1) 콘크리트옹벽

• 변위 허용 시 $K_h = 0.077$, $K_{AE} = 0.314$(1.의 지진 시 토압계수 계산값으로 구했다 전제)

• 지진 시 토압

$$P_{AE} = \frac{1}{2} \cdot K_{AE} \cdot \gamma \cdot H^2$$

$$= 0.5 \times 0.314 \times 20 \text{kN/m}^3 \times 5^2 = 78.5 \text{kN/m}$$

(2) 보강토옹벽(외적 안정조건)

• 변위 25mm 고려 시 $K_h = 0.099$, $K_{AE} = 0.327$(지진 시 토압계수 계산값으로 구했다 전제)

• $K_A = \cfrac{1 - \sin35°}{1 + \sin35°} = 0.271$

• $\Delta K_{AE} = K_{AE} - K_A = 0.327 - 0.271 = 0.056$

• 동적 토압증분

$$P_{AE} = 0.5\gamma_f H^2 \Delta K_{AE}$$

$$= 0.5 \times 20 \text{kN/m}^3 \times 5^2 \times 0.056 = 14.0 \text{kN/m}$$

적용토압 $= 14.0 \times 50\% = 7.0 \text{kN/m}$

• 정적 토압

$$P_A = \frac{1}{2} \cdot K_A \cdot \gamma \cdot H^2$$

$$= 0.5 \times 0.271 \times 20 \text{kN/m}^3 \times 5^2 = 67.8 \text{kN/m}$$

• 토압합계 : $7.0 + 67.8 = 74.8 \text{kN/m}$

## 3 교 시 ( 6문 중 4문 선택, 각 25점 )

【문제 1】
다짐조건에 따른 점성토의 공학적 특성에 대하여 설명하시오.

### 1. 다짐(Compaction)

(1) 다짐이란 흙의 함수비를 변화시키지 않고 흙에 인위적인 압력을 가해서 간극 속에 있는 공기만을 배출하여 입자 간의 결합을 치밀하게 함으로써 단위중량을 증가시키는 과정을 말함

(2) 다짐은 전압뿐만 아니라 충격력이나 진동으로써도 이루어지며 결과적으로 공기의 부피가 감소하여 투수성이 저하되고 흙의 밀도가 증가하게 되어 전단강도가 증가함

### 2. 전단강도

(1) 다짐에너지를 C→B→A로 크게 하고 여러 함수비에 대해 비배수전단강도를 시험한 그림은 다음과 같음

(2) 건조 측에서는 다짐에너지가 증가할수록 강도는 증가하나 습윤 측인 경우는 거의 비슷함

(3) 건조 측이 면모구조이기 때문이며 다짐의 목적이 전단강도 확보라면 건조 측이 유리함을 의미함

(4) 최적 함수비의 건조 측에서 강도가 크고 입자 방향성은 무질서(Random)하게 되며, 따라서 전단강도는 흙이 면모구조일 때, 즉 건조 측일 때 크게 됨

(5) 건조 측은 면모구조로 전단강도가 크고 탄성계수가 크며 변형이 적음. 한편, 습윤 측은 이산구조로 전단강도가 적고 탄성계수가 적어 변형이 크며 파괴 시 간극수압이 크게 될 수 있음

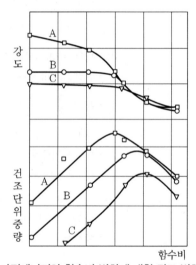

**다짐에너지와 함수비 변화에 대한 강도 변화**

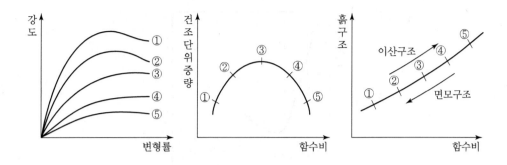

## 3. 압축성

(1) 최적함수비의 건조 측, 또는 습윤 측에서 다지고 포화시킨 후 압밀시험한 결과의 모식도는 다음 그림과 같음

(2) 낮은 압력에서는 건조 측인 경우가 결합력이 커 압축성이 적고 높은 압력에서는 입자의 재배열로 오히려 압축성이 커짐

(3) 습윤 측 다짐은 압력이 커지면 더 차곡차곡한 이산구조로 압축성이 감소됨

(4) 압력이 매우 크다면 건조 측과 습윤 측의 간극비는 대략 동일함

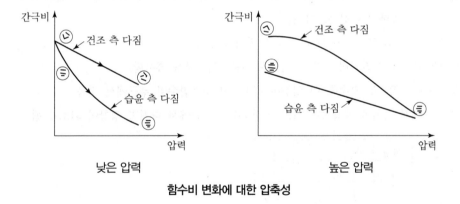

**함수비 변화에 대한 압축성**

## 4. 투수성

(1) 건조 측에서 최적함수비 상태로 갈수록 투수계수가 감소하며 최적함수비보다 약간 큰 함수비에서 투수계수가 최소로 되는데, 이는 흙구조가 이산구조로 되기 때문임

(2) 최적함수비보다 많은 함수비로 가면 흙이 포화되어 투수성이 커짐

(3) 또한 함수비에 대한 투수성의 변화가 건조 측이 더 예민함

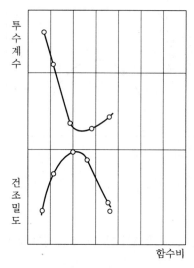

**함수비에 따른 투수성 변화**

## 5. 팽창성

(1) 점성토를 다지면 함수비의 증가에 따라 입자의 배열이 달라지며, 최적함수비 건조 측에서 면모구 조가, 습윤 측에서 이산구조가 됨

(2) 건조 측은 포화도가 낮기 때문에 물을 많이 흡수함

(3) 팽창을 허용하면 간극비가 더 커지므로 더욱 많은 물을 흡수함

(4) 최적함수비 쪽으로 갈수록 이 영향은 감소하고 최적함수비 부근에서 적음

(5) 건조 측에서 다지면 팽창성이 크고 최적함수비 부근에서 다지면 팽창이 최소가 됨

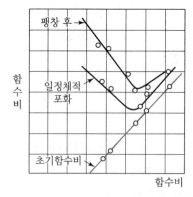
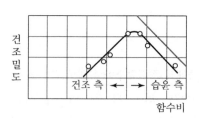

**팽창성에 따른 다짐함수비 영향**

## 6. 평가

(1) 다짐조건인 건조 측과 습윤 측에 따라 전단강도(Shear Strength), 압축성, 투수성과 팽창성거동이 다름을 알 수 있음

(2) 이는 사용 목적에 따라 다짐조건을 다르게 적용함을 의미함

(3) 예로, 차수층인 경우 전단강도는 다소 작더라도 투수성과 팽창성에서 유리한 습윤 측 다짐이 타당함

---

**【문제 2】**
표준압밀시험 결과를 이용하여 흙의 물성치를 결정하는 방법에 대하여 설명하시오.

---

## 1. 표준압밀시험(Standard Consolidation Test)

공시체를 성형하여 압밀상자에 시료를 넣은 후 가압판을 시료 위에 올려놓고 변형량 측정장치를 설치함. 압밀하중($0.05 \sim 12.8 \text{kg/cm}^2$)을 한 단계의 재하시간을 24시간으로 하여 단계적으로 재하된 하중만큼 증가시킨 하중을 재하한 후 각 하중단계에 대한 압밀침하량의 변화를 측정함

(1) 시료준비(보통 직경 6cm, 높이 2cm)

(2) 하중재하 : $\dfrac{\Delta P}{P} = 1$

(3) 각 하중재하시간 : 24시간

(4) 각 하중재하에 대해 시간－침하량 측정

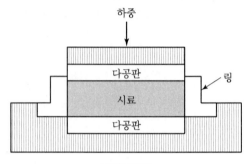

**압밀시험기**

## 2. 압밀 물성치 결정방법

- 압밀상태 : $P_c$
- 침하 : $C_c$, $C_r$, $m_v$, $C_\alpha$
- 시간 : $C_v$

(1) 선행압밀하중[응력, Preconsolidation Pressure(Stress)]

① Casagrande

- 최대곡률점 $A$
- $A$에서 수평선($L$)과 접선($M$) 작도
- 수평선과 접선의 2등분선($N$) 작도
- 직선부 연장하여 2등분선과 교점의 하중

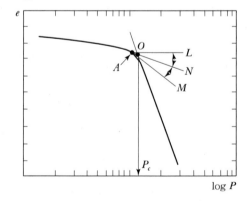

② 변형률에너지법(becker)

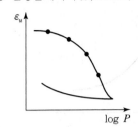

- 변형률 $(\varepsilon_v)-\log P$ 곡선에서 변형률에너지(Strain Energy)를 구함
- $SE=$ 평균 $P\times\Delta\varepsilon_v$

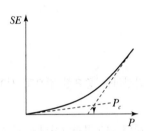

- 각 하중 단계별로 누적하여 $SE-P$ 곡선 작성
- $SE-P$ 곡선의 양 직선부를 연장하여 교점을 $P_c$로 함

(2) 압축지수(Compression Index)

① $C_c=\dfrac{\Delta e}{\Delta\log p}$ (정규압밀구간)

② $C_r,\ C_S=\dfrac{\Delta e}{\Delta\log p}$ (과압밀구간)

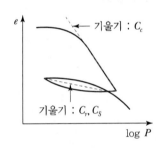

(3) 체적압축계수

① $m_v=\dfrac{\dfrac{\Delta V}{V}}{\Delta P}=\dfrac{\Delta V}{\Delta PV}=\dfrac{a_v}{1+e}$

② $a_v=\dfrac{\Delta V}{\Delta P}$ (압축계수)

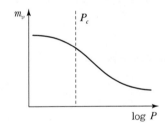

(4) 2차 압축지수

① $C_\alpha=\dfrac{\Delta e}{\Delta\log t}$

② $C_\alpha=(3\sim5)\%\ C_c$

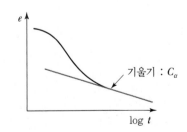

(5) 압밀계수(Coefficient of Consolidation)

① $C_v = \dfrac{K}{m_v \cdot \gamma_w}$

② 산정

• $\sqrt{t}$ 법

• $\log t$ 법

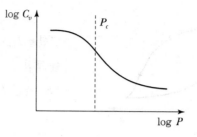

## 3. 평가

(1) 압밀물성치는 압밀과 관련된 침하량 산정, 침하소요시간을 결정하는 중요한 값으로 시험과정이 잘 진행되어야 함

(2) 특히 시료채취 시 교란을 최소하하여 양질의 시료가 되도록 하며 피조콘관입시험과 같은 현장시험과 병행하여 결정함

【문제 3】
구조물이 지하수위 아래에 건설된 경우 발생되는 양압력의 정의와 대책 방안 및 설계 시 고려사항에 대하여 설명하시오.

## 1. 부력(Buoyancy)

(1) 정의

① 물속에 잠겨 있는 구조물에 상향으로 작용하는 물의 힘

② 부력 크기 $B = \gamma_w V$

여기서, $\gamma_w$ : 물 단위중량

$V$ : 물속 부분 구조물 체적

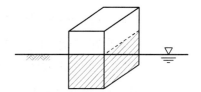

(2) 부력 검토방법

물속에 잠겨 있는 체적에 대한 상향의 물압력과 구조물의 자중, 흙하중에 의한 저항력을 비교해서 검토하며 기준안전율은 1.2를 적용함

즉, $F_s = \dfrac{W + Q}{B} \geq 1.2$

여기서, $F_s$ : 안전율

$W$ : 구조물 자중(흙하중이 있는 경우 고려)

$Q$ : 구조물 측면과 흙의 마찰저항

$B$ : 부력($\gamma_w V$)

$\gamma_w$ : 물 단위중량

$V$ : 물속의 구조물 체적

## 2. 대책방안

(1) 사하중 증가방법

① 구조물 자중을 증가시키기 위해 기초를 MAT 기초로 하거나 지하실에 공간을 확보하여 잡석 등으로 채우는 방법임

② 구조물 측면에 저판크기를 크게 돌출시켜 흙하중 증가와 토사와 토사의 마찰저항에 의한 방법임

③ 이 방법의 적용성은 부력에 대한 안전율이 크게 부족한 경우는 단면이 커지고 굴착깊이 증가가 있게 되므로 안전율이 크게 부족하지 않은 경우에 적합함

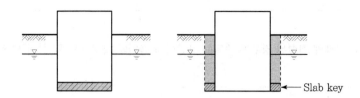

(2) 부력 Anchor 방법

 ① 부력에 대한 부족분을 Anchor의 마찰력으로 저항하
  는 방법임

 ② Ground Anchor와 같이 PS 강선 파괴, Anchor체와
  지반의 인발파괴, PS 강선과 Grout재의 부착파괴 등
  3가지 조건에 안정하도록 해야 함

 ③ 부력에 크게 안전율이 작은 경우에 적합하며 Anchor
  간격에 따라 Slab에 작용하는 모멘트 감소 효과가 큼

 ④ 부력 Anchor는 영구앵커 개념으로 해야 하며, 특히
  부식에 대한 이중처리가 필요함

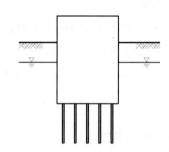

(3) 외부 배수처리방법

 ① 지하벽체 외부에 배수층을 만들고 집수정으로 유공관
  에 의해 집수한 후 Pump로 배수처리하는 방법임

 ② 영구적으로 계속 수위를 유지하기 위해 Pumping되
  어야 하고, 유지관리가 필요하며 지하수 저하로 인한
  인접부지의 지반침하 우려가 있음

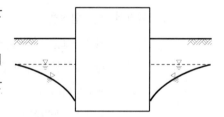

(4) 기초 바닥 배수방법

 ① 기초 슬래브에 배수층을 설치하여 집수정에서 배수처
  리하는 방법임

 ② 저면이 투수성이 적은 지반에 위치하는 경우 효과적임

 ③ 유입수만 처리하므로 수위저하로 인한 침하문제가 없
  게 됨

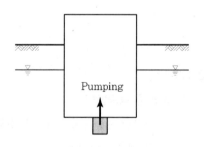

3. 설계 시 고려사항

 (1) **저항력** : 구체자중, 상재하중, 측면마찰력

  ① 상재하중에서 활하중은 제외

② 측면마찰력은 지중부의 지반과 구조물 구간은 저항력 무시, 이는 방수시트의 미끌어짐을 감안하기 때문임

(2) **부력** : 물속 구조물 체적 $\times \gamma_w$

(3) **대책** : 부력크기, 투수성과 유입량, 인근 부지조건을 고려하여 선정

(4) 공사 완료 후는 물론 공사 중에도 발생되지 않게 배려함

① 호우 시 양수작업만으로 우수처리가 곤란할 가능성이 크므로 지하수조 상부에 토사 등으로 하중을 증가시킴

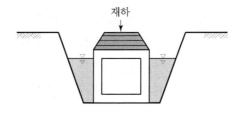

② 지하부를 시공하고 뒤채움을 실시하면 지하수위가 회복하게 되며 지상부 구조물이 축조되기 전이므로 부력에 의해 구조물이 뜨게 될 수 있음. 따라서 뒤채움부에 관 등을 설치한 후 양수하여 처리시킴

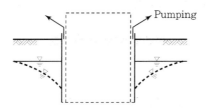

참고  양압력(Uplift Pressure)

(1) 구조물의 저부에 작용하는 물의 압력

(2) 정수위 조건 : $\gamma_w \times$ 수심

(3) 침투조건 : 유선망(Flow Net)을 통한 압력수두 $\times \gamma_w$

여기서, 전수두 $-$ 위치수두 $=$ 압력수두

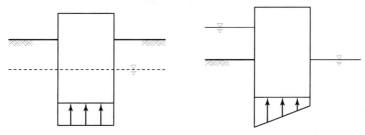

【문제 4】
터널 안정해석 시 굴착과정을 모사하기 위해서는 3차원 해석이 필요하지만 실무에서는 2차원 해석을 실시하기도 한다. 터널 안정해석의 2차원 모델링 기법의 개념과 2차원 해석을 위한 응력분배법 및 강성변화법에 대하여 설명하시오.

## 1. 2차원 Modelling 기법

(1) 터널굴착 시 지반거동

   ① 터널굴착 시 그림과 같이 종방향과 횡방향 Arching이 발생

   ② 발생되는 3차원 아칭을 고려하기 위해 3차원 해석을 하여야 함

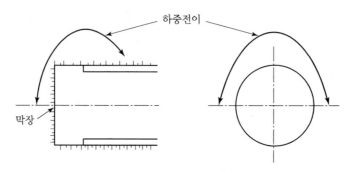

**터널막장에서 3차원 거동**

(2) 3차원 모델링

   ① 횡방향과 종방향 Arching을 3차원 해석으로 고려

   ② 지형이 급변하는 갱구부, 막장전방의 연약대, 단층대에서 적용성이 큼

**3차원**

(3) 2차원 모델링

   ① 횡방향 Arching은 2차원으로 고려

   ② 종방향 Arching은 하중분담률이나 강성변화방법으로 고려

**2차원**

## 2. 응력분배법(하중분담률법)

(1) 터널시공에 따라 하중분담을 증가시키는 방법  예 50 → 25 → 25%

(2) 굴착 : 하중분담률 50%, 누계분담률 50%

(3) 지보 중 : 하중분담률 25%, 누계분담률 75%

(4) 지보 완료 : 하중분담률 25%, 누계분담률 100%

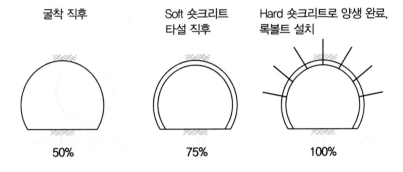

| 굴착 직후 | Soft 숏크리트 타설 직후 | Hard 숏크리트로 양생 완료, 록볼트 설치 |

50%  75%  100%

## 3. 강성변화법

(1) 터널시공에 따라 터널 내부의 강성인 변형계수를 감소시키고(예 50 → 75 → 100%) Shotcrete의 강성은 증가시키는 방법

(2) 굴착 : 원지반의 변형계수를 50% 감소 적용

(3) 지보 중 : 원지반의 변형계수를 75% 감소 적용

(4) 지보 완료 : 원지반의 변형계수(Deformation Modulus)를 100% 감소 적용

굴착(50% 감소)  지보 중(75% 감소)  지보 완료(100% 감소)

## 4. 평가

(1) Arching이 형성되기 위해서는 막장부와 주면부에서 적당한 변위와 전이하중을 지지(Support)할 수 있어야 하며, 필요시 보조공법을 적용하여야 함

(2) 본선구간은 실무적으로 2차원 해석을 적용할 수 있음

(3) 3차원의 구조인 횡갱, 연직갱과 취약구간인 지층급변화구간, 갱구부, 연약대, 단층대 등은 3차원 해석을 하여야 함

(4) 분담률과 감소율은 터널굴착에 따른 종단변형곡선, 예비적 3차원 해석, 유사조건의 계측자료 등을 고려하여 결정해야 함

참고 내부압력조절법

• 터널시공에 따라 터널 내부의 압력을 감소시키는 방법 예 50 → 75 → 100%
• 굴착 : 터널 내부의 압력을 불평형력의 50% 감소 적용
• 지보 중 : 터널 내부의 압력을 불평형력의 75% 감소 적용
• 지보 완료 : 터널 내부의 압력을 불평형력의 100% 감소 적용

굴착(50% 감소)    지보 중(75% 감소)    지보 완료(100% 감소)

【문제 5】
액상화가 예상되는 지반에 교각 말뚝기초, 건물의 직접기초, 지중 박스구조물을 설치하고자 한다. 각 구조물에 대한 예상 문제점 및 대책에 대하여 설명하시오.

## 1. 액상화(Liquefaction) 정의

(1) 느슨하고 포화된 모래지반이 진동이나 충격 시 비배수조건
   이 될 수 있음

(2) (−)Dilatancy 성향으로 (+)과잉간극수압이 발생됨

(3) 반복진동으로 간극수압이 누적되어 지반이 액체처럼 강도를
   잃게 됨

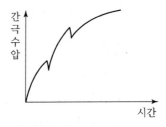

(4) 즉, $s = c' + (\sigma - u)\tan\phi' \rightarrow s = (\sigma - u)\tan'\phi'$이고, $\sigma = u$이면 $s = 0$이 됨

## 2. 교각의 말뚝기초

(1) 예상 피해

① 말뚝기초의 경우 축방향지지력은 문제가 없으나 액상화로 전단강도가 작아지거나 없어지게 되면
   말뚝의 수평지지력이 크게 작아짐

② 과도한 수평변위가 생길 수 있으며 최악의 경우 낙교가 생길 수 있음

(2) 대책

① 수평저항이 큰 기초로 함 : 대구경말뚝, 경사말뚝 적용

② Sand Compaction Pile로 전단강도를 증가시켜 액상화를 억제함

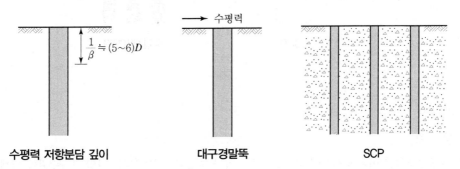

수평력 저항분담 깊이          대구경말뚝          SCP

## 3. 건물의 얕은 기초

### (1) 예상 피해

① 사질토 전단강도 $\tau = \bar{\sigma} \tan \phi'$에서 $\bar{\sigma} = \sigma - u$이므로 간극수압 증가로 유효응력이 감소되고 결국 전단강도가 감소됨

② 지지력 부족에 의해 국부 전단파괴, 관입파괴가 발생될 수 있으며, 이때 침하는 계산식에 의해 예측이 곤란함

③ 침하에 수반하여 부등침하가 발생되어 구조적 피해, 계획고 유지 곤란, 문 개폐 등의 지장을 초래함

### (2) 대책

① 액상화 시 지지력이 상부 구조물을 지지되도록 함이 중요하므로 Gravel Drain에 의한 배수로를 설치함. 즉, 간극수압의 발생을 억제함

② SCP나 동다짐공법에 의한 간극비 감소로 전단강도를 증가시킴

③ 지지력이 얕은 기초로 크게 부족되는 경우 말뚝기초, 약액주입에 의한 지반개량을 실시함

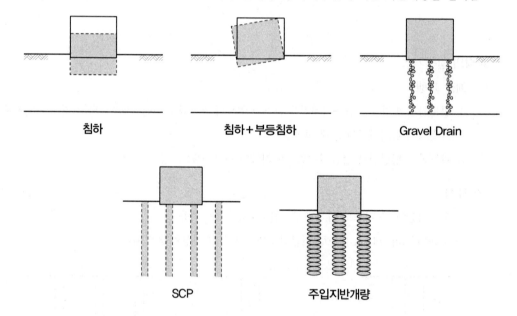

침하 침하+부등침하 Gravel Drain

SCP 주입지반개량

## 4. 박스 구조물

### (1) 예상 피해

① 지중구조물은 비교적 하중이 적으므로 정수압과 액상화 시 발생되는 과잉 간극수압에 의해 구조물이 부상되거나 부상이 안 되면 큰 양압력이 구조물 저판에 작용하게 됨

② 부상으로 구배, 계획고 유지가 곤란하고 상부 포장면 등에 균열과 같은 피해가 발생되며 양압력 작용 시 구조물에 치명적인 피해가 발생함

(2) 대책

① 간극수압이 발생되지 않도록 Gravel Drain을 설치함

② 마찰말뚝에 의해 부상을 방지토록 함

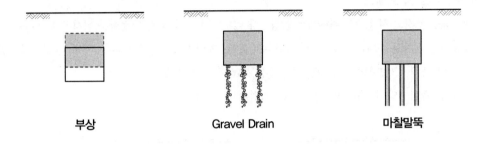

　　　부상　　　　　　　　Gravel Drain　　　　　　마찰말뚝

【문제 6】
폐기물 매립지를 건설부지로 활용 시 지반공학적 문제점과 지반환경공학적 검토사항에 대하여 설명하시오.

## 1. 건설부지 이용 시 문제점

(1) 매립장을 부지로 사용하기 위해서는 안정화가 이루어진 후나 조기 안정화를 실시한 후 사용해야 함

(2) 예상되는 문제는 악취, 가스 발생, 지하수 오염, 지반침하, 지지력 부족 등과 부식 등이 있음

　① 지반 측면 : 지반침하, 지지력, 사면안정, 부식을 고려한 설계

　② 환경 측면 : 악취, 가스발생량, 포집, 지하수 오염, 부식성

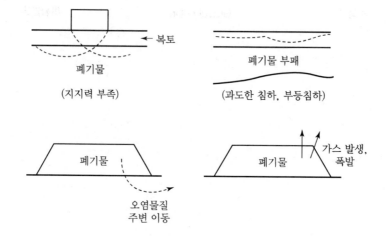

(3) 따라서 지반 측면과 환경 측면에서 구조물, 매설물, 가스, 침출수 등에 대한 해결이 필요함

## 2. 지반환경공학적 검토사항

| 구분 | 고려사항 | 대책 | 비고 |
|---|---|---|---|
| 구조물 | • 과다 지반침하<br>• 연약층 심도<br>• 구조물 부식 | • 큰 구조물은 말뚝기초 사용<br>• 작은 구조물은 얕은 기초 사용<br>• 허용침하량을 넘는 경우에는 주입공법 적용<br>• 공사 중 가스, 악취문제, 가스탐지기 설치 | 부마찰력 고려 |
| 도로 | • CBR 값<br>• 지반 균일성<br>• 주행에 따른 폐기물 이동<br>• 부등침하 | • 폐기물층을 2m 정도 굴착 후 모래층을 깔아 지지층을 만듦<br>• 경사면 보호 | 부등침하 고려 |
| 지중매설관 | • 부등침하<br>• 기초 형식 | • 공동구 형식을 취함<br>• 전단, 균열 방지를 위해 말뚝 기초로 지지된 구조물을 강선 등으로 연결함<br>• 이음부를 연성 리브 등으로 연결함 | 수도관, 가스관,<br>전선, 하수도,<br>상수도 등 |
| 가스 | • 폭발, 화재<br>• 악취<br>• 통기방법 | • 건물 밑에 매설된 가스추출관 주위에 쇄석 및 차수 사이트 포설<br>• 가스탐지기 설치, 강제 흡입장치 설치 | |
| 침출수 | • 매립지반 내로 강우 침투<br>• 지반 내의 침출수 이동<br>• 침출수관 침하, 균열 | • 복토층 다짐<br>• 지표에 아스팔트 포설<br>• 증발량이 큰 초목류 식재 | 표면유출을<br>크게 함 |
| 식생 | • 객토층 두께, 토양개량제<br>• 식물 종류 | • 표면 복토층 1m 위에 30cm 객토 후 식재<br>• 불량토에 식종 선정 | |

## 3. 평가

(1) 지지력(Bearing Capacity) 문제는 물론 침하문제가 보다 심각할 수 있음

(2) 구체적인 해당 구조물에 대한 검토로 안정성을 파악하고 대책공법을 적용해야 함

(3) 설계검토를 위해 매립두께, 매립물질, 경과시간 등과 지반물성치인 전단강도(Shear Strength), 압축성 관련 정수 산정의 중요성을 인식함

## 4 교 시 ( 6문 중 4문 선택, 각 25점 )

【문제 1】
연약지반의 비배수전단강도($C_u$)가 17.0kPa인 연약지반에 무한궤도장비의 주행성 확보를 위하여 Sand Mat를 포설하는 경우 적절한 두께를 산정하고 실무 적용 시 유의사항을 설명하시오.(단, 장비본체의 중량＝500kN, Leader 중량＝200kN, Casing 중량＝25kN, Vibro Hammer 중량＝25kN, 궤도 길이＝4.8m, 궤도 폭＝0.8m, 기준 안전율＝1.5, 하중분산각＝30°, $N_c$＝5.14, 형상계수 $\alpha$＝1, 한쪽 무한궤도에 작용하는 접지압을 이용하여 검토)

### 1. Sand Mat의 기능

　(1) 지반개량에 따른 배수 원활

　(2) 장비 진입성(Trafficability) 확보

　(3) 성토층 내로 수위상승 억제

### 2. 두께 산정

　(1) 조건

　　　① $C_u$＝17kPa＝17kN/m², 장비중량 : 750kN

　　　② 궤도길이 : 4.8m, 궤도폭 : 0.8m

　　　③ 기준안전율 : 1.5, 하중분산각 : 30도, $N_c$ : 5.14,
　　　　$\alpha$＝1

　　　④ 한쪽 무한궤도에 접지압 작용

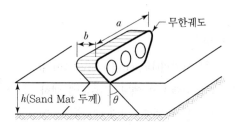

　(2) 두께 110cm 가정

　　　① 극한지지력 $Q_{ult} = \alpha c N_c + \beta B \gamma_1 N_r + \gamma_2 D_f N_q$에서 $\phi$＝0이면 $N_r$＝0, $N_q$＝1, $D_f$＝0으로 하면

　　　　$Q_{ult} = 5.14C = 5.14 \times 17\,\text{kN/m}^2 = 87.38\,\text{kN/m}^2$

② 장비접지압

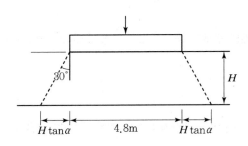

$$P = \frac{장비중량}{(4.8+2H\tan\alpha)(0.8+2H\tan\alpha)} = \frac{750}{(4.8+2\times1.1\times\tan30)(0.8+2\times1.1\times\tan30)}$$

$$= 59.73\text{kN/m}^2$$

③ 안전율 $= \dfrac{Q_{ult}}{P} = \dfrac{87.38}{59.73} = 1.46 < 1.5$ ······ N.G

**(3) 두께 120cm 가정**

① 극한지지력 $Q_{ult} = 87.38\text{kN/m}^2$ ((2)−① 참조)

② 장비접지압은 (2)−② 식에서 1.1m를 1.2m로 변경하여 계산하면 $P = 55.5\text{kN/m}^2$

③ 안전율 $= \dfrac{87.38}{55.5} = 1.57 > 1.5$ ······ O.K

## 3. 실무 적용 시 유의사항

(1) Sand Mat의 주요 기능은 지반개량에 따른 배수원활, 시공장비 주행성 확보에 있으므로 연약지반의 표층부 전단강도와 시공장비의 접지압과 배수성을 고려하여 포설두께가 산정되어야 함

(2) Sand Mat와 원지반, 즉 점토와의 혼입으로 두께 감소 방지, 국부적 침하, 성토하중 균등분포와 시공성 향상을 위해 저면에 토목섬유(재질 PP : Polypropylene, 폴리프로필렌)를 포설토록 계획함

(3) Sand Mat는 입도와 투수계수가 매우 중요한바 시방입도를 준수하며 $75\mu m$체 통과량이 15% 이하, 투수계수가 $1\times10^{-3}\text{cm/sec}$ 이상인 재료를 사용토록 함

(4) Sand Mat는 배수단면을 위해 두께가 규정 이상이어야 하고, 원활한 배수를 위해 단절 없이 연속적으로 포설되어야 함

(5) 고성토 시 성토하중으로 Sand Mat가 압축이 되면 투수성이 저하되므로 사전에 현장밀도에 따른 투수계수 관리가 필요함. 예로, 양산택지 개발의 경우 건조단위중량이 $1.4\text{ton/m}^3$에서 $1.6\text{ton/m}^3$로 증가 시 투수계수가 10배나 감소되었음

(6) Sand Mat 두께는 시공사례에 의하면 서해안 군산 이북은 50cm, 서해안 남부, 남해안 등은 50~80cm가 많으며 PP MAT는 자외선에 약하므로 포설 후 조기(예 고속도로 전문시방서 : 10일 이내)에 Sand Mat를 포설하여 손상을 막도록 해야 함

【문제 2】
동하중에 의해 발생되는 모래와 점토의 동적 물성치 특성에 대하여 설명하시오.

## 1. 개요

(1) 동하중재하 시 지반의 특성이 달라지게 되는데 이는 동하중의 재하시간과 반복횟수, 즉 속도효과에 따라 크게 의존됨

(2) 동하중에 의해 발생되는 전단변형률에 따라 다음과 같이 소·중·대 변형률로 구분할 수 있으며, 변형률에 따라 지반거동이 달라지게 되고 따라서 변형률을 고려한 시험으로 동적물성치를 결정해야 함

(3) 전단변형률에 따른 지반거동

| | $10^{-3}\%$ | | $10^{-1}\%$ | |
|---|---|---|---|---|
| 소변형률 | | 중변형률 | | 대변형률 |
| 주행하중<br>기계하중<br>소규모지진<br>$M=(3)$ | | 항타<br>발파<br>중규모지진<br>$M=(5)$ | | 강진<br><br><br>$M=(7)$ |
| 동탄성 거동<br>감쇠 발생 없음 | | 부등침하<br>부분피해<br>감쇠 발생 | | 액상화<br>점토 강도저하<br>사면붕괴 |

## 2. 전단변형률에 따른 동적 물성치 특성

(1) 전단탄성계수(Dynamic Shear Modulus)

① $G_0$ : 미소변형률에 대한 전단탄성계수

$G$ : $G_0$ 해당 변형률보다 큰 변형률에서의 임의 변형률에 대한 전단탄성계수

② 전단변형률이 커짐에 따라 $\dfrac{G}{G_0}$ 가 감소하여, 즉 전단탄성계수가 적어짐을 나타냄

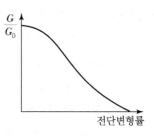

(2) 감쇠비(Damping Ratio)

    ① 전단변형률이 커짐에 따라 감쇠비가 커짐

    ② 점토보다 모래의 감쇠비가 큼(약 1.5배)

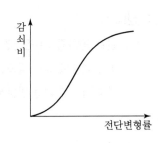

## 3. 모래

(1) 일회 동하중 시 전단강도

    ① 동하중에 의한 강도가 정하중에 비해 약 10% 정도 큼

    ② 변형계수는 차이가 거의 없음

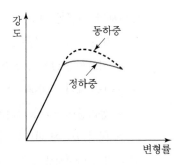

(2) 반복재하 시 전단강도

    ① 간극수압은 응력을 가하는 즉시 증대하기 시작하며
간극수압이 구속응력과 같은 크기가 되었을 때, 즉
유효응력이 0으로 될 때 전단변형이 시작됨

    ② 조밀한 모래는 변형의 증대가 서서히 일어나고 액상화는 발생되지 않음

    ③ 느슨한 모래는 변형이 급증하여 액상화가 발생됨

(3) 간극비 Void Ratio, $\dfrac{V_v}{V_s}$ 영향

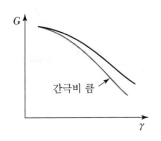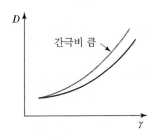

## 4. 점토

### (1) 일회 동하중 시 전단강도

① 동하중에 의한 강도는 정하중의 1.5~2배 정도임

② 동하중에 의한 변형계수는 정하중에 대한 값보다 약 2배 큼

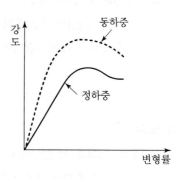

### (2) 반복재하 시 전단강도

① 그림은 일시적 반복하중 후의 거동을 나타내며 파괴에 이르지는 않는 경우라도 변형이 크게 증가됨

② 동하중 제거 후의 거동은 정하중의 거동과 유사함

③ 큰 동하중이나 하중크기가 작더라도 반복횟수가 크게 되면 파괴에 이르고 강도저하가 생김(피로파괴)

④ 따라서 반복하중에 따른 전단강도 감소로 지반파괴가 생길 수 있고, 지반파괴가 생기지 않더라도 큰 변형이 생기게 될 수 있음

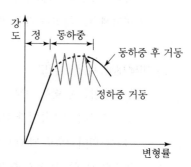

### (3) 소성지수(Plasticity Index, $PI = LL - PL$) 영향

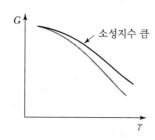

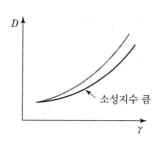

**【문제 3】**
케이슨 기초의 침하 발생 요인 및 침하량 산정방법에 대하여 설명하시오.

## 1. Caisson 기초

수상 또는 육상에서 제작한 우물통을 자중이나 적재하중으로 지지층까지 침하시키고 바닥 콘크리트 타설 및 속채움한 기초

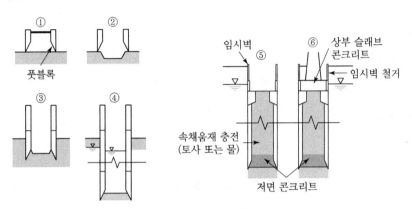

Open Caisson 시공

## 2. 침하 발생 요인

### (1) 지반지지력 부족

지반선의 변화, 시공 시 지반연약화 등으로 상부 하중에 비해 지반의 지지력(Bearing Capacity)이 부족한 경우로 침하가 크게 발생되므로 유의해야 함

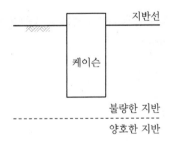

### (2) 상부 하중의 과다 작용

설계에 비해 큰 하중작용에 따른 침하 발생

### (3) 지반의 탄성적 침하(Elastic Settlement)

하중에 대해 지지력이 확보되는 가운데 발생되는 침하로 지반의 압축성에 따라 크기가 결정됨

(4) 케이슨 자체의 압축침하

상부 하중이나 케이슨 자체 중량에 의해 압축되는 변형량임

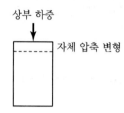

# 3. 침하량 산정방법

(1) **침하량** : 케이슨 저면지반침하＋케이슨 자체 변형 침하

(2) **지반침하(예)**

$$S_i = qB\frac{1-\nu^2}{E_s}$$

여기서, $E_s$ : 지반변형계수(Deformation Modulus)

(3) **지반접지압력**

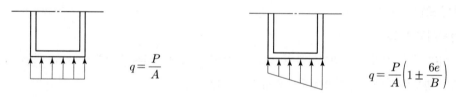

여기서, $P$(하중) : 케이슨 상단 작용 하중＋케이슨 자중(속채움 포함)－저면작용부력

$A$(면적) : 케이슨 저면적

$e$(편심) : $\dfrac{M}{P}$ ($M$ : 모멘트)

(4) **본체침하**

$$S_c = \frac{PL}{A_c E_c}$$

여기서, $P$(하중) : 케이슨 상단 작용하중＋$\dfrac{케이슨\ 자중}{2}$－$\dfrac{저면부력}{2}$

$A_c$ : 케이슨 실단면

$E_c$ : 케이슨 탄성계수

$L$ : 케이슨 길이

【문제 4】
전면접착형 록볼트(Rock Bolt)를 소성영역에 설치하는 경우와 탄성영역까지 확대 설치하는 경우, 축력
분포의 차이 및 지반의 강도 증가 효과와 지반반응곡선의 변화에 대하여 설명하시오.

## 1. 개요

### (1) Rock Bolt 기능(역할)

| 봉합 작용 | 아치 형성 효과 | 보형성 작용 | 내압효과 |
|---|---|---|---|
|  | | | |
| 원지반 고정 | 아치 형성 | 절리면 사이 조임 | 내하력 저하 억제 |

### (2) 터널굴착에 따른 주변 지반 상태

① 터널굴착 전 : 삼축응력상태로 압축응력조건

② 터널굴착 : 평면변형상태로 굴착면 접선응력(Tangential Stress)이 최대주응력이 되고, 반경응력이 최소주응력이 됨

③ 따라서 지반강도가 적거나 토피압이 크면 소성영역 발생이 커지고 변위 증가로 터널이 불안정하게 됨

## 2. 축력분포 차이

### (1) 소성영역 내 설치한 경우

① 소성영역에 설치되면 이 부분은 이완된 것으로 터널 쪽으로 변위가 발생하여 축력이 없거나 작게 분포됨

② 계측 시 축력이 작다고 안정함으로 판단하는 것을 주의해야 함

### (2) 탄성영역까지 설치한 경우

① 소성영역을 지나 탄성영역까지 록볼트가 설치되면 변위가 작게 발생하게 되고 소성영역에서 이완하중이 축력으로 작용하게 됨

② 개략적 분포는 그림과 같으며 두 영역의 경계에서 큰 축력이 발생됨

## 3. 지반의 강도 증가 효과

(1) 소성영역 내 설치한 경우

① 소성영역은 이완되어 느슨해지는 상태이며 지반과 함께 록볼트가 변위하게 됨

② 이는 상대적 변위가 없어 지반의 강도가 증가하지 않음을 의미함

(2) 탄성영역까지 설치 경우

① '개요'에서 언급된 록볼트의 내압작용과 굴착에 따른 주변 지반상태에서 록볼트의 보강으로 삼축
응력상태가 되며 구속응력이 증가함

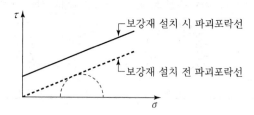

② 강도의 증가는 보강토옹벽과 같이 복합지반효과로 점착력이 증가하게 됨

## 4. 지반반응곡선의 변화

(1) 지반반응곡선(Ground Reaction Curve)은 지보력의 감소에 따른 터널 내 공변위의 증가관계로
정의됨

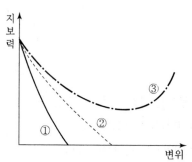

(2) 소성영역 내 설치한 경우

그림의 ③과 같은 형태가 됨. 이는 변위가 크게 되며 지보력이 상승함을 의미

(3) 탄성영역까지 설치한 경우

• 그림의 ①은 탄성영역에 설치되어 조기에 안정되는 형태

• 그림의 ②는 소성영역 내지만 Shotcrete나 Lining으로 지지되어 변위가 다소 크게 발생

(4) 변화

①→②→③은 록볼트를 탄성영역에 설치 → 소성영역이지만 안정 → 소성영역에 설치이며 큰 변위발생으로 불안정

**참고**  록볼트 모형 시험 예

| 모형 록볼트 설치 패턴 | $c(kg/cm^2)$ | $\phi$ | 비고 |
|---|---|---|---|
| 록볼트가 없을 때 | 0.0000 | 32.97 | |
| 간격 32mm(S=40D) | 0.1361 | 32.96 | |
| 간격 24mm(S=30D) | 0.2168 | 32.98 | 3Set 시험 실시 |
| 간격 16mm(S=20D) | 0.2763 | 33.25 | |
| 간격 8mm(S=10D) | 0.3212 | 32.92 | |

【문제 5】
포화된 점토지반에 압밀이 발생하게 되면 강도 증가와 함께 토질 특성의 변화가 발생한다. 압밀 진행에 따른 투수계수와 체적압축계수의 변화 특성에 대하여 설명하시오.

## 1. 시험방법

공시체를 성형하여 압밀상자에 시료를 넣은 후 가압판을 시료 위에 올려놓고 변형량 측정장치를 설치함. 압밀하중(0.05~12.8kg/cm²)을 한 단계의 재하시간을 24시간으로 하여 단계적으로 재하된 하중만큼 증가시킨 하중을 재하한 후 각 하중단계에 대한 압밀침하량의 변화를 측정함

(1) 시료준비(보통 직경 6cm, 높이 2cm)

(2) 하중재하 : $\dfrac{\Delta P}{P} = 1$

(3) 각 하중재하시간 : 24시간

(4) 각 하중재하에 대해 시간-침하량 측정

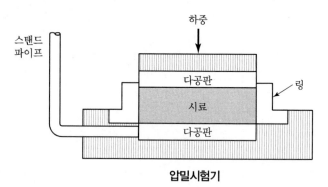

**압밀시험기**

## 2. 압밀 진행에 따른 점토 변화

(1) 압밀에 따라 면모구조 상태에서 하중에 순응하기 위해 이산구조 형태로 변화함

(2) 압밀로 물이 배출되면서 간극이 감소하여 간극비(Void Ratio)가 작아짐

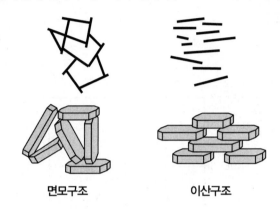

면모구조 　　　　　　　이산구조

## 3. 투수계수

1.의 압밀시험 결과로부터 투수계수를 다음 식으로 산정함

$$K = C_v m_v \gamma_w = C_v \frac{a_v}{1+e} \gamma_w$$

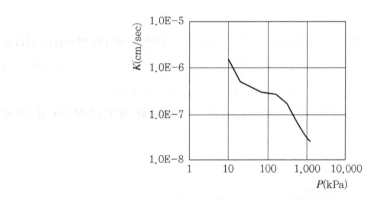

압밀응력에 대한 투수계수의 변화모식도

## 4. 체적압축계수

1.의 압밀시험결과로 다음 식으로 체적압축계수를 산정

$$m_v = \frac{\dfrac{\Delta V}{V}}{\Delta P} = \frac{\Delta V}{\Delta PV} = \frac{a_v}{1+e}$$

$$a_v = \frac{\Delta V}{\Delta P}\,(\text{압축계수})$$

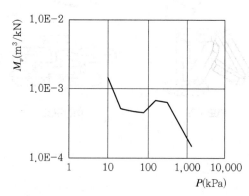

**압밀응력에 대한 체적압축계수의 변화모식도**

## 5. 평가

(1) 투수계수는 압밀의 진행속도와 관련되며 압밀 진행에 따라 압밀이 서서히 발생됨을 나타냄

(2) 체적압축계수는 침하량의 크기와 관련되며 하중 증가에 따라 침하량의 증가가 감소함을 의미함.
   예로, 5m 성토 시 1m 침하하면 10m 성토 시 2m보다 작게 발생되게 됨

(3) 압밀 진행에 따라 이산구조로의 변화, 간극비의 감소로 투수계수와 체적압축계수가 감소하게 됨

【문제 6】
기존 시설물의 내진보강 공사에 사용되는 저유동성 모르타르 주입공법의 품질관리 방안에 대하여 설명하시오.

## 1. 개요

(1) Slump 값이 2.5cm 이하의 비유동성 모르타르로서 주입재의 유동성 확보를 위한 세립토와 전단강도 증대를 위한 모래질 조립토로 구성됨

(2) 지중에 원기둥 형태의 균질한 고결체를 형성하여 지중에 방사형으로 압력을 가함으로써 주변 지반을 압축시키고 간극 속의 물과 공기를 강제배출, 지반의 조밀화를 이루는 개량공법임

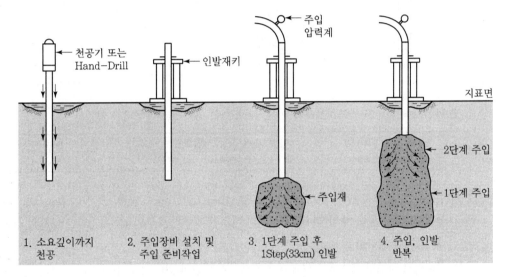

## (3) 장점

① 고결체강도가 큼(말뚝 대용 가능)

② 저Slump로 변위 작음(침하방지대책 유리)

③ 공동 등 충전용 적용

④ 비유동 모르타르로 부등침하 구조물 복원 적용

## (4) 단점

① 주입과 강도 확보를 위한 배합비 필요

② 강제치환으로 주변 지반의 변위 발생

③ 양생시간 소요

④ 구근 확보가 중요함

## 2. 품질관리 방안

### (1) 재료

① 재료는 시멘트, 골재와 세립토로 골재와 세립토의 입도분포곡선 범위를 준수함

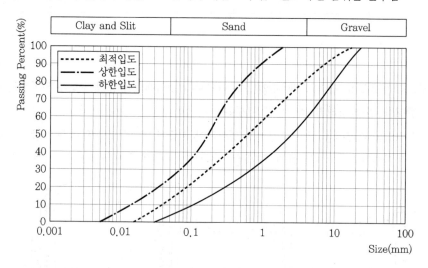

② 다음의 배합비를 기본으로하여 설계기준강도를 만족하는 배합비를 결정함

| 시멘트(kg) | 골재 및 세립토($m^3$) | 물($m^3$) |
|---|---|---|
| 240~280 | 0.84~1.00 | 0.2~0.4 |

### (2) 장비

① 장비는 계량, 혼합, 주입장비로 구성되며 재료의 계량은 적정오차를 유지함(시멘트와 물 : 1% 이내, 골재와 세립토 : 3% 이내)

② 모르타르 주입량 측정의 유량계가 허용오차에 있어야 함(−3% 이내)

③ 주입펌프의 주입속도는 0.06$m^3$/분 이내로 관리함

### (3) 시험시공

설계조건 부합 여부를 확인하기 위한 검사시험을 실시하여야 하며 검사항목 및 방법은 아래와 같음

① 개량심도, 개량체 지름, 개량체 연속성, 개량체의 일축압축강도

② 시험시공된 개량체에 대해 시추조사를 실시하여 개량심도, 개량체 지름 및 연속성을 확인하고 채취된 코어로 일축압축강도시험을 실시하여 설계기준강도 만족 여부를 확인

| 구분 | 연약지반 보강 | 내진 보강 |
|---|---|---|
| 수량<br>(위치) | 개량체 외곽에서 D/8 내부 지점<br> | 개량체 외곽에서 D/6-D/5 내부<br> |

③ 개량체의 지름(범위, 연속성)은 시추조사에 의한 확인방법 또는 육안 확인에 의한 방법으로 검사 하여야 하며, 육안 확인에 의한 방법은 육상공사에서 적용 가능하고 개량체를 3m 이상 노출되게 터파기를 실시하여야 함

(4) 본시공품질관리

① 공사를 착수하기 전에는 실내시험을 통하여 개량체의 강도를 확인하고 공사 완료 후에는 코어채 취를 실시하여 개량체의 강도를 확인함. 그라우팅 개량체의 강도는 실내배합과 현장에서 채취된 코어를 이용한 시험결과로 확인함

② 현장 코어 채취는 공사감독자와 합의하여 충분한 개소에 대하여 개량체 선단하 1.0m까지 연속적 으로 코어를 회수(All Sampling)하여야 함

③ 내진보강인 경우 개량체의 시공 완료 후 코어회수율은 80% 이상, 사석을 제외한 공극길이의 60% 이상 충전함을 확인함

④ 품질 확인을 위해 필요시 시추공영상촬영, 공내재하시험, Cross-hole 시험 등을 실시함

〈관리항목과 관리기준 예〉

| 구분 | 관리기준 |
|---|---|
| 배합시험 | 실내배합시험을 실시하여 시멘트 배합량, 물-시멘트 중량비, 골재(석분) 및 세립토 량을 확정 |
| 토출량 시험 | • 주입펌프의 토출량 확인(체적 0.125m³)<br>• 유동성 모르타르 압밀주입 펌프의 주입속도 0.06m³/min 이내 확인 |
| Slump Test | 저유동성 모르타르 품질 확보를 위하여 Slump S≤5cm 확인 |
| 코어 시료채취 | 개량체 확산 확인(φ1,000mm), 코어회수율 80%를 제외한 공극부는 공극길이의 60% 이상 충전된 것을 확인 |
| 압축강도시험 | 재령 28일 때 실내배합 일축압축강도 12MPa, 현장 채취코어 8MPa 이상 확인 |

# 제128회
# 과년도 출제문제

## 128 회 출제문제

## 1 교 시 ( 13문 중 10문 선택, 각 10점 )

【문제】

1. 비압밀비배수 전단강도($\phi_u = 0$) 산정을 위한 시험법

2. 암석의 점하중 강도시험

3. 점토의 활성도

4. 투수계수가 이방성인 지반의 유선망 작도

5. 흙댐에서의 간극수압비($B$)와 사면안정해석에서의 간극수압비($\gamma_u$)

6. 쉴드 TBM 챔버압 관리

7. 침윤선(Seepage Line)과 침투압(Seepage Pressure)

8. 말뚝기초에서 하중전달 메커니즘(Load Transfer Mechanism)

9. 터널설계에서 지반의 측압계수

10. 깎기비탈면의 표준경사 및 소단기준

11. 앵커 지반보강에서 내적 안정해석과 설계 앵커력

12. 내진설계에서 지반운동

13. 쌓기비탈면의 표준경사 및 소단기준

## 2 교 시 ( 6문 중 4문 선택, 각 25점 )

### 【문제 1】
1차원 압밀시험으로부터 구할 수 있는 토질정수들과 압밀해석에서 각각의 용도에 대하여 설명하시오.

### 【문제 2】
Coulomb 토압이론에서 주동 및 수동 토압의 합력 산정과정과 설계적용에 대하여 설명하시오.

### 【문제 3】
억지말뚝보강 비탈면 설계에 대하여 설명하시오.

### 【문제 4】
필댐(Fill Dam) 축조재료의 시험성토에 대하여 설명하시오.

### 【문제 5】
도심지 대심도 대단면 NATM 터널의 설계 시 고려사항에 대하여 설명하시오.

### 【문제 6】
지반구조물 굴착과정에서는 주변구조물의 침하(땅꺼짐), 지하수 유출, 매설물 파손 등의 피해가 발생하며, 이러한 피해를 방지하기 위한 공법 중 약액주입에 관한 다음 사항에 대하여 설명하시오.
1) 약액주입이 주변 환경에 미치는 영향
2) 약액주입 공법 설계 시 고려사항(문제점 및 개선대책)

## 3 교 시 ( 6문 중 4문 선택, 각 25점 )

---

**【문제 1】**

비압밀비배수(UU), 등방압밀비배수(CIU), $K_0$압밀비배수($CK_0U$) 삼축압축시험에 대하여 설명하시오.

---

**【문제 2】**

아래 그림은 습윤단위중량이 15.7kN/m³인 지반을 터파기 한 후 되메우기하는 과정을 도시한 것이다. 터파기한 원지반의 중량은 100kN이고, 되메움 흙의 비중은 2.66이다.

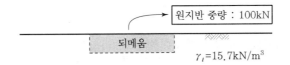

되메움 흙의 현장다짐 계획을 수립하기 위해 현장 다짐에너지와 동일한 조건으로 실내다짐시험을 수행하였고, 그 결과는 다음 표와 같다.

〈되메움 흙의 실내다짐시험 결과〉

| 함수비(%) | 11 | 13 | 15 | 17 | 19 | 21 |
|---|---|---|---|---|---|---|
| 건조단위중량(kN/m³) | 16.4 | 17.2 | 17.5 | 17.3 | 16.9 | 15.8 |

되메우기 시 다짐조건(상대다짐도 ≥ 95%)을 만족시키기 위한 흙의 현장함수비의 범위와 습윤 중량 범위를 구하시오.(단, 다짐에너지가 달라지더라도 최적함수비 상태의 포화도는 일정한 것으로 가정한다.)

---

**【문제 3】**

비탈면의 내진설계 기준 및 절차에 대하여 설명하시오.

---

**【문제 4】**

깎기비탈면 계측에 대하여 설명하시오.

---

**【문제 5】**

도심지 터널의 경우 「지하안전관리에 관한 특별법」에 근거하여 의무적으로 터널 지하안전영향평가를 수행하여야 한다. 도심지 대심도 터널의 설계 및 사업승인 시 필요한 지하안전영향평가 방법에 대하여 설명하시오.

---

**【문제 6】**

교대 측방유동 판정법 및 대책에 대하여 설명하시오.

## 4 교 시 ( 6문 중 4문 선택, 각 25점 )

### 【문제 1】
흙의 응력－변형률 곡선으로부터 얻을 수 있는 역학정수들과 활용방안에 대하여 설명하시오.

### 【문제 2】
사질토의 전단강도를 최대 전단저항각, 한계상태 전단저항각, 잔류 전단저항각으로 각각 구분하여 정의하고 활용방안에 대하여 설명하시오.

### 【문제 3】
흙막이가시설 구조물의 버팀보와 띠장 설계에 대하여 설명하시오.

### 【문제 4】
낙석방지울타리의 설계에 대하여 설명하시오.

### 【문제 5】
도심지 대심도 터널 굴착에서 소음 및 진동 방지를 위한 조사, 설계 및 시공단계별 대책에 대하여 설명하시오.

### 【문제 6】
Seed & Idriss(1987)는 표준관입시험 N값을 사용하여 액상화를 예측하는 간편법을 제안하였다. 아래 지반조건, 표 및 그림을 활용하여 액상화 발생 가능성에 대하여 설명하시오.

#### 〈지반조건〉

1) 지하수가 지표면 GL-2m 깊이 위치
2) 사질토 지반의 평균간극비(e)는 0.82, 비중(Gs)은 2.65, 통일분류법상 SM 분류
3) 지진규모(M) 7.5에 대한 지표면 수평가속도는 0.16g(중력가속도) 가정

#### 〈심도별 N값〉

| 심도(m) | 1 | 2 | 4 | 8 | 10 | 15 | 20 | 25 |
|---|---|---|---|---|---|---|---|---|
| N값 | 4 | 6 | 8 | 10 | 15 | 20 | 25 | 30 |

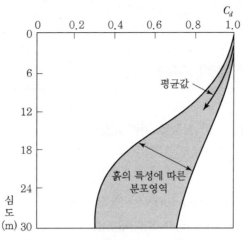

**심도와 동적 전단응력 감소계수 관계곡선**
(Seed & Idriss, 1987)

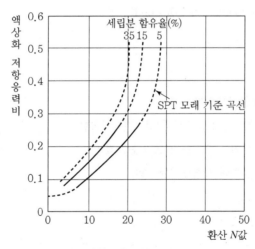

**환산 *N*값에 대한 액상화 저항응력비의 상관관계 곡선**
(Seed & Idriss, 1987)

## 128 회 출제문제

## 1 교 시 ( 13문 중 10문 선택, 각 10점 )

**1** 비압밀비배수 전단강도($\phi_u = 0$) 산정을 위한 시험법

### 1. 삼축압축시험 종류

(1) UU시험(비압밀 비배수 : Unconsolidated−Undrained)

(2) CU시험(압밀비배수 : Consolidated−Undrained)

   ① CIU, $\overline{CIU}$ ⎤ Ⅰ : 등방(Isotropic)

   ② CAU, $\overline{CAU}$ ⎦ A : 비등방(Anisotropic)

(3) CD시험(압밀배수 : Consolidated−Drained)

### 2. 시험방법과 결과

(1) 시험방법(직경 > 최대입경×6배)

   ① 시료에 대해 구속압을 가하고 축하중으로 전단시험함

   ② 구속압은 전응력시험이므로 전응력 토피하중 적용

   ③ 변형률 1%/분 제어, 최대 시험변형률 15%

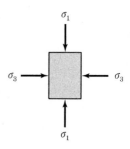

(2) 시험결과

   ① 축차응력(편차응력, 주응력차, Deviator Stress)을 직경으로 하는 Mohr 원 작도

   ② 공통되는 Mohr 원 접선으로 파괴포락선(Failure Envolope) 작도

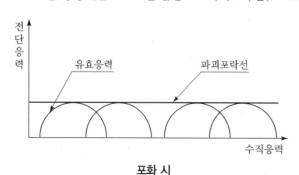

포화 시

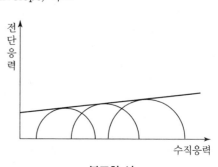

불포화 시

3. 평가

(1) UU시험은 비압밀 비배수조건의 전단시험이므로 일정체적으로 유효응력 증가가 없게 됨. 즉, 강도가 일정함을 의미함(주의사항 : 불포화 시는 배압(Back Pressure) 적용 후 B계수로 확인함)

(2) 시공속도가 과잉간극수압 소산속도보다 빠를 때

(3) 성토 직후 사면안정, 절토 중 사면안정

(4) UU조건에서 기초의 지지력

## 2 암석의 점하중 강도시험

### 1. 시험방법

시료에 점하중(Point Load)을 가하여 암석의 일축압축강도를 추정하
는 시험

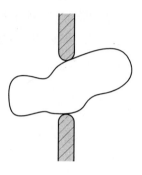

### 2. 일축압축강도 산정

(1) 점하중 강도지수$\left(I_s = \dfrac{P}{D_e^2},\ D_e : 등가직경\right)$로 Data Base 또는 압축강도 관계식(압축강도＝24×

점하중 강도지수)으로 산정

(2) 이때, 가급적 현장 암석에 대한 압축강도와 점하중 강도지수의 관계를 미리 설정함이 필요함

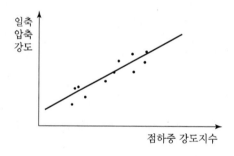

### 3. 이용

(1) 암석압축강도 추정
(2) 암반분류 RMR 인자의 한 요소
(3) 암석의 강도에 의한 분류

## 3 점토의 활성도

### 1. 정의

$$A = \frac{\text{소성지수}(\%)}{2\mu\text{m 통과율}(\%)}$$

(1) 소성지수는 액성한계−소성한계로 산정할 수 있으며, $2\mu$m 통과율은 입도 분석시험결과로 구할 수 있음

(2) 예로, 소성지수＝30%이고 $2\mu$m통과율＝20%이면 활성도＝1.5가 됨

### 2. 활성도 구분

(1) **비활성 점토** : A < 0.75 : Kaolinite 주성분 점토(예 ML)

(2) **보통활성 점토** : 0.75 ≤ A ≤ 1.25 : Lllite 주성분 점토(예 CL)

(3) **활성 점토** : A > 1.25 : Montmorillonite 주성분 점토(예 CH) 또는 유기질 점토(예 OH)

### 3. 팽창성

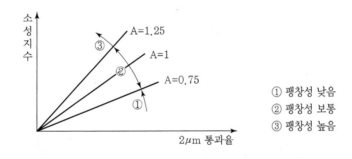

① 팽창성 낮음
② 팽창성 보통
③ 팽창성 높음

### 4. 평가

(1) 활성도로 점토광물을 개략적으로 구분할 수 있으며, 또한 소성도, 주사전자현미경과 x−선회절시험으로 파악이 가능함

(2) 활성도로 팽창성을 정성적으로 파악할 수 있으며, 정량적으로는 팽창성 시험으로 팽창량이나 팽창압력을 산정할 수 있음

## 4 투수계수가 이방성인 지반의 유선망 작도

### 1. 유선망(Flow Net) 정의

 (1) 유선망은 유선(Flow Line)과 등수두선(Equipotential Line)으로 이루어진 곡선군

 (2) 유선은 물이 지반 내로 침투하는 경로의 경계

 (3) 등수두선은 전수두의 높이가 같은 위치의 연결선

### 2. 유선망 작도방법

 (1) 유선 2개 설정

 (2) 등수두선 2개 설정

 (3) 경계조건인 유선 2개로부터 적당 간격으로 지반 내 유선 작도

 (4) 작도된 유선과 경계조건인 등수두선 2개로부터 지반 내 등수두선 작도

 (5) 가급적 정방형이 되도록 수정함

### 3. 이방성지반 시 유선망 작도

 (1) 제체의 단면을 투수계수에 따라 수평방향을 축소하여 그림

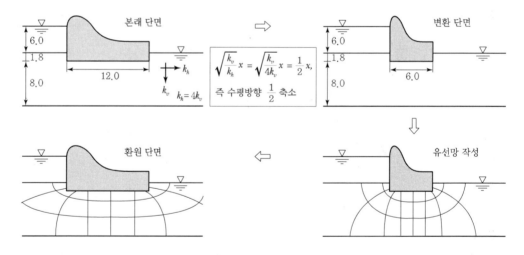

 (2) 축소된 단면에서 유선망을 그리고 유선으로 나눈 간격 수와 등수두선으로 나눈 간격 수를 산정함

### 4. 유량 산정

$$Q = \sqrt{K_v \cdot K_h}\, H \frac{n_f}{n_d}\, \text{로 유량 산정}$$

**5** 흙댐에서의 간극수압비($B$)와 사면안정해석에서의 간극수압비($\gamma_u$)

## 1. 흙댐에서 간극수압비

### (1) 정의

① 균질한 흙댐에서 수위 강하 시의 간극수압은 유선망을 그려 임의의 활동면에 따라 작용하는 간극수압 분포를 결정할 수 있음

② Bishop은 실용적인 방법으로 간극수압을 구하는 방법을 제안하였으며, 간극수압비는 다음과 같이 정의됨

$$\overline{B} = \frac{\Delta u}{\Delta \sigma_1}$$

여기서, $\overline{B}$ : 간극수압비(Pore Pressure Ratio)

$\Delta u$ : 수위강하에 따른 간극수압 변화량

$\Delta \sigma_1$ : 수위강하에 따른 연직응력 변화량

### (2) 적용

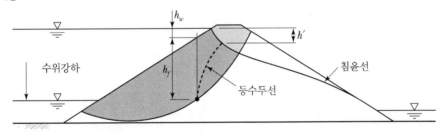

① $u_0$(수위강하 이전 상류 측 사면의 한 점에서 간극수압) $= \gamma_w(h_f + h_w - h')$

② $\Delta u = \overline{B}\Delta\sigma_1 = \overline{B}\gamma_w h_w$

③ $u$(수위 급강하 후의 간극수압) $= u_0 - \Delta u = \gamma_w\left[h_f + h_w(1 - \overline{B}) - h'\right]$

여기서, $\overline{B} = 1$로 가정하고 $h' = 0$으로 하면 $u = \gamma_w h_f$가 됨

## 2. 사면안정해석에서 간극수압비

### (1) 정의

$$R_u = \frac{u}{\gamma z}$$

여기서, $R_u$ : 간극수압비, $u$ : 사면 내 임의지점의 간극수압

$z$ : 지표면으로부터 임의지점까지의 깊이

(2) 적용

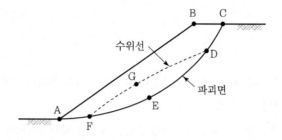

$$R_u = \frac{\text{Area FGDEF}}{\text{Area ABCDEFA}} \times \frac{\gamma_w}{\gamma_s}$$

여기서, $\gamma_w$ : 물의 단위중량

$\gamma_s$ : 흙의 단위중량

## 6 쉴드 TBM 챔버압 관리

### 1. Shield TBM 개요

(1) 굴착된 단면은 강제원형통(Skin Plate)에 의해 지지하게 되며 Tail부에서 토압이나 수압에 의해 설계된 Segment를 조립해 지반침하나 변형을 억제하게 됨

(2) Shield에서는 반드시 Tail Void가 발생하게 되고 Shield 굴착 중 막장지반 이완, Shield 굴진으로 마찰교란이 되므로 조기에 주입되어야 함

### 2. 이수식 쉴드 챔버(Chamber)압 관리

(1) 굴진면에 난투수성의 이막을 형성하여 멤브레인 역할로 이수압력을 유효하게 작용

(2) 굴진면에서 어느 정도의 범위에 침투하여 지반에 점착성 부여

(3) 가압된 압력으로 굴진면의 토압·수압에 저항하여 안정을 도모하면서 변형을 억제하고 지반침하를 억제

(4) 이수압이 작으면 지표침하, 막장면 붕괴가 발생될 수 있으며, 반대로 이수압이 크면 이수지반 침투, 할렬, 지반융기가 발생되어 적정 주입 압력이 중요함

(5) 이수압

① 개념 : 작용이수압 > 소요지보압+정수압

② 실용 : 작용이수압 > 정수압+(20~30)kPa

③ 주의 : 정지토압과 수압 정도로 클 필요 없음

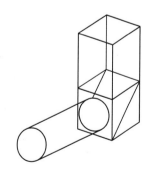

### 3. 토압식 쉴드 챔버압 관리

(1) 커터에 의해 굴착한 토사를 소성 유동화시키면서 챔버 내에 충만·압축시켜 굴진면을 지지

(2) 스크류 컨베이어 및 배토조정장치로 배토량을 조정하여 굴착토량과 맞추면서 챔버 내의 토사에 압력을 갖게 하여 굴진면의 토압·수압에 저항

(3) 챔버와 스크류 컨베이어 내에 충만·압축시킨 토사로 지수

(4) 작용토압이 작으면 지표침하, 막장면 붕괴가 발생될 수 있으며 반대로 작용토압이 크면 지반융기,
기계의 큰 부하작용, 토사배출이 곤란해짐

① 지하수 유입이 없는 조건(투수계수가 작고 굴진속도가 빠름) : 작용토압 > 소요지보압+정수압

② 지하수 유입이 있는 조건(투수계수가 적당히 크고 굴진속도가 느림) : 작용토압 > 소요지보압+
침투압

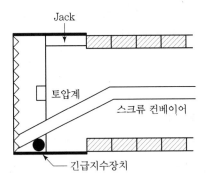

## 4. 평가

(1) 쉴드터널에서 시공을 위해 막장압력의 관리가 매우 중요하며, 지표침하, 막장붕괴, 지반융기가
발생됨

(2) 시공 시 지표와 압력계측을 통해 지반변형을 관리하여야 함

## 7 침윤선(Seepage Line)과 침투압(Seepage Pressure)

### 1. 침윤선(Seepage Line)

#### (1) 정의

① 침윤선은 하천제방이나 Fill Dam과 같은 제체에서 흙속을 침투하는 자유수면을 나타내는 선으로서 수압이 "0"이 되는 하나의 유선임

② 제체에서 침윤선이 결정되어야 유선망을 그리는 4가지 경계조건을 알게 됨

즉, $AB$, $CD$ : 등수두선, $AD$, $BC$ : 유선($D$ 미정)

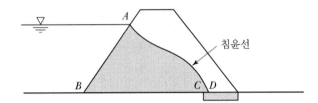

#### (2) 작도방법

① 유입점 : $AE = 0.3 \times AG$

② 유출점 : $CD = \dfrac{1}{2}S$, $S = \sqrt{H^2 + X^2} - X$

③ 침윤선 : $X = \dfrac{H^2 - S^2}{2S}$ 에서 여러 $H$에 대해 $X$값 산정

④ 수정 : $ED$ 그리고 수정 → $A$

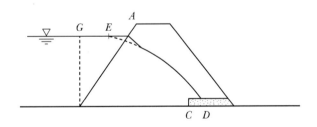

## 2. 침투압(Seepage Pressure)

(1) 그림과 같이 상향의 흐름이 발생하게 되면 유효응력이 변화하게 됨

$$\sigma = h_w \gamma_w + Z \gamma_{sat}$$

$$u = h_w \gamma_w + Z \gamma_w + \Delta h \gamma_w$$

$$\overline{\sigma} = \sigma - u = Z \gamma_{sub} - \Delta h \gamma_w$$

(2) 유효응력 식에서 $\Delta h \cdot \gamma_w$를 침투압이라 함

(3) 하향의 흐름 시 침투압은 상향과 같으나 유효응력은 상향과 반대로 증가하게 됨

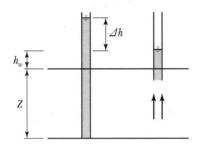

## 3. 평가

(1) 침윤선은 하천제방이나 댐에서 유선망을 결정하기 위해 필요하게 됨

(2) 침투압은 흐름에 따른 유효응력 변화와 관련됨

## 8 말뚝기초에서 하중전달 메커니즘(Load Transfer Mechanism)

### 1. 하중전이(Load Transfer)

(1) 말뚝지지력의 개념

① $Q_{ult} = Q_p + Q_s$

여기서, $Q_{ult}$ : 극한지지력

$Q_p$ : 선단지지력

$Q_s$ : 주면마찰력

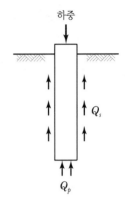

② 주면마찰저항을 발휘하는 데 필요한 변위량은 1~2cm를 초과하지 않음

③ 선단저항을 발휘하는 데 변위는 타입말뚝은 직경의 10%, 천공말뚝은 직경의 20~30%의 변위가 필요함

(2) 하중전이

① 하중재하 초기단계에는 전체하중이 주면저항으로 부담함

② 하중이 증가하여 주면저항 초과 시 하중전이(Load Transfer)는 선단으로 이동하여 선단저항으로 분담하게 됨

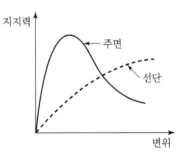

### 2. 파악방법

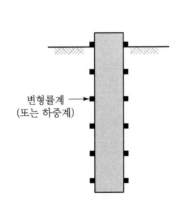

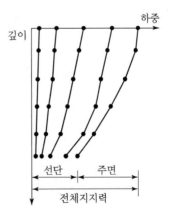

(1) 재하시험에 의해 하중전이 개념이 반영되도록 지중부 말뚝에 계측기 부착이 필수

(2) 특히, Preboring 형태의 말뚝은 시공방법, 수준, 시멘트풀 등에 따라 지지력 범위가 크게 되므로 재하시험이 중요함

## 3. 평가

(1) 하중전이(Load Transfer)를 고려하면 주면마찰저항력의 비중이 크게 될 수 있음

(2) 국내의 경우 주면마찰력을 무시하고 선단지지만으로 지지력을 계산하는 경향이 있음

(3) 실제 말뚝지지력의 발휘는 주면저항력이 크게 분담하고 재하중의 대부분이 주면마찰저항으로 지지되는 경향임

## 9 터널설계에서 지반의 측압계수

### 1. 정의와 형태

(1) 초기응력(Initial Ground Stress)

① 초기응력은 터널 등 굴착 전에 작용하고 있는 지반응력임

② 원인은 암석결합력, 조산운동(단층, 습곡), 침식, 풍화, 지형 등임

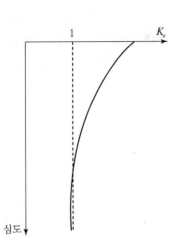

(2) 초기지압비($K_0$) 형태

① 초기지압비($K_0$)

$K_0 = \dfrac{\sigma_h}{\sigma_v}$ 로 토질의 정지토압계수와 같게 정의됨

② $K_0 > 1$이면 수평응력이 연직응력보다 큼을 의미함

③ 일반 토압개념과 다른 것은 (1)의 원인과 같으며, 주로 지질구조응력(Tectonic Stress)에 기인하여 지표부에서 $K_0$가 1보다 커 2~3까지 분포

### 2. 측정방법

(1) 현장 : 응력해방법, 응력회복법, 수압파쇄법

(2) 실내 : AE법, DRA법

(3) 응력해방법 예시

① 암반굴착

② 계측기 설치

③ 주변 암반 Overcoring

④ 연직, 수평응력 계산

⑤ 초기지압비 산정

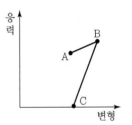

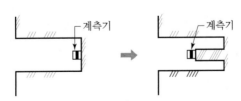

## 3. 평가

  (1) 설계 시 수압파쇄, AE, DRA로 산정할 수 있고 시공 시 응력해방, 응력회복방법을 추가할 수 있음

  (2) 초기지압은 반드시 시험한 값을 적용해야 하고 대표성과 신뢰성 향상을 위해 3~5회 시험되어야 함

  (3) AE, DRA는 응력방향을 모르고 최대~최소치 사이로 시험됨

  (4) 터널 등의 설계 및 시공 시 변위형태, 보강, 공동방향 등 영향이 큼을 인지하고 신뢰성 있는 시험이 되도록 해야 함

## 10 깎기비탈면의 표준경사 및 소단기준

### 1. 표준경사

(1) 깎기비탈면의 경사는 별도의 안정해석을 수행하여 결정하는 것이 원칙이나 풍화암 이하의 강도를 갖는 비탈면의 경우, 지반분야 책임기술자의 판단에 따라 다음 표의 표준경사를 적용할 수 있음

〈토사원지반 깎기비탈면 표준경사〉

| 토질조건 | | 비탈면 높이(m) | 경사 | 비고 |
|---|---|---|---|---|
| 모래 | | | 1:1.5 이상 | SW, SP |
| 사질토 | 밀실한 것 | 5 이하 | 1:0.8~1:1.0 | SM, SP |
| | | 5~10 | 1:1.0~1:1.2 | |
| | 밀실하지 않고 입도분포가 나쁨 | 5 이하 | 1:1.0~1:1.2 | |
| | | 5~10 | 1:1.2~1:1.5 | |
| 자갈 또는 암괴 섞인 사질토 | 밀실하고 입도분포가 좋음 | 10 이하 | 1:0.8~1:1.0 | SM, SC |
| | | 10~15 | 1:1.0~1:1.2 | |
| | 밀실하지 않거나 입도분포가 나쁨 | 10 이하 | 1:1.0~1:1.2 | |
| | | 10~15 | 1:1.2~1:1.5 | |
| 점성토 | | 0~10 | 1:0.8~1:1.2 | ML, MH, CL, CH |
| 암괴 또는 호박돌 섞인 점성토 | | 5 이하 | 1:1.0~1:1.2 | GM, GC |
| | | 5~10 | 1:1.2~1:1.5 | |
| 풍화암 | | – | 1:1.0~1:1.2 | 시편이 형성되지 않는 암 |

주) 1. 실트는 점성토로 간주. 표에 표시한 토질 이외에 대해서는 별도로 고려한다.
　　2. 위 표의 경사는 소단을 포함하지 않는 단일비탈면의 경사이다.

(2) 연암 이상 암반비탈면의 경사는 암반 내에 발달하는 단층 및 주요 불연속면의 경사 및 방향을 이용한 평사투영해석을 실시하고 발생 가능한 파괴형태에 대한 안정해석을 실시하여 비탈면의 경사를 결정함. 다만, 해당 구간 불연속면 등의 암반 특성을 정확히 파악할 수 없을 경우 시추조사에 의해 파악된 암반 특성(TCR, RQD 등)을 고려하여 암반비탈면의 경사를 결정할 수 있으나 반드시 시공 중 조사 및 이를 반영한 안정해석을 통해 안정성을 확인하여야 함

### 2. 소단

(1) 깎기비탈면의 높이가 10m 이상인 비탈면에서는 비탈면 안정성 확보와 유지관리를 위한 점검 및 배수시설의 설치공간으로 활용하기 위하여 원칙적으로 소단을 설치하며, 비탈면 중간에 5~20m 높이마다 폭은 1~3m의 소단을 설치함. 장비 진입 등과 같은 작업공간의 확보가 필요한 경우에는 소단 폭을 여건에 맞게 조정할 수 있음

(2) 단층이나 파쇄대, 층분리 지반 또는 지하수 유출이 있는 지반층의 경우 안정성을 위해 별도의 소단을 설치할 수 있음

## 11 앵커 지반보강에서 내적 안정해석과 설계 앵커력

### 1. 내적 안정해석

(1) 인장재 본수

$$n = \frac{T}{P_a}$$

여기서, $T$ : 앵커축력

$P_a$ : 앵커의 허용인장력

(2) 부착길이

$$L_{a2} = \frac{T}{\pi \cdot d \cdot n \cdot \tau_b} \text{ : PS 강재와 Grout재 부착}$$

여기서, $d$ : 인장재 직경

$n$ : 인장재 본수

$\tau_b$ : 허용 부착응력

(3) 정착길이

$$L_{a1} = \frac{T \cdot F_s}{\pi \cdot D \cdot \tau} \text{ : 앵커체와 지반마찰}$$

여기서, $F_s$ : 안전율

$D$ : 앵커체 직경

$\tau$ : 앵커체 주면마찰력(현장인발시험으로 구할 수 있으며 설계 시는 경험치를 보통 적용함)

### 2. 설계 앵커력

앵커축력($T$) = $\dfrac{P \cdot a}{\cos \alpha}$

여기서, $P$ : 작용하중

$a$ : 앵커 수평간격

$\alpha$ : 앵커 경사각

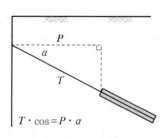

설계 앵커력은 앵커의 배치, 작용하중에 따라 1본의 Anchor가 부담해야 하는 하중으로 내적 안정검토에서 결정되는 허용앵커력보다 작아야 함

## 3. 평가

(1) 앵커는 기본적으로 내적 안정조건을 만족해야 하고 자유길이 확보, 정착장의 진행성 파괴, 전체사 면안정에도 안정해야 함

(2) 특히 지반불량조건에서 사면안정 검토는 반드시 수행되어야 함

## 12 내진설계에서 지반운동

### 1. 설계지반운동

(1) 설계지반운동은 설계에 적용할 지반운동으로 내진설계 기준방법과 지반응답해석에 의한 방법이 있음

(2) 내진설계 기준방법은 행정구역이나 지진재해도를 이용할 수 있음

### 2. 행정구역 이용

(1) **지진구역계수**

지진 발생과 규모를 기준으로 2구역으로 구분됨. 1구역은 0.11, 2구역은 0.07이며 이는 재현주기가 500년, 보통암조건임을 유의함

(2) **위험도계수**

구조물의 중요도를 고려한 것으로 재현주기에 따른 보정임. 예로 1,000년 빈도 시 1.4가 됨

(3) **지반증폭계수**

기반암의 분포심도와 토층의 전단파속도로 지반을 분류하고 지반증폭계수를 적용함

(4) 상기의 3계수를 곱하여 적용함

### 3. 지진재해도

(1) 과거의 지진기록으로부터 미래의 지진에 대한 지반운동크기 예측

(2) 어떤 지역의 확률기간 동안에 발생할 가속도를 나타낸 지도

　예 재현주기 1,000년 지반운동은 100년 내 초과확률 10%를 의미

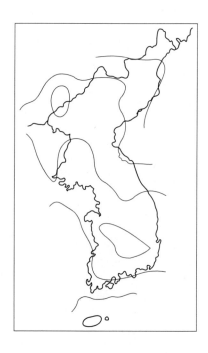

## 4. 지반응답해석

### (1) 자료

① 지층 구성

② 각 지층의 단위중량, $G_{\max}$, $G{\sim}\gamma$ 관계도, $D{\sim}\gamma$ 관계도

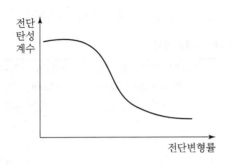
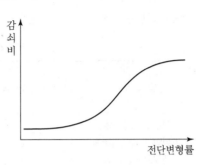

### (2) 방법

① 전단변형률 작은 상태의 초기가정치 $G$, $D$를 산정

② 입력지진(장주기와 단주기의 실지진기록, 인공지진파)에 대해 유효변형률 산정(예 최대변형률의 65%). 이는 그림과 같이 실지진과 시험 시 지진모사의 차이 보정임

③ 유효변형률의 $G$, $D$로 재계산하고 반복하여 수렴된 $G$, $D$ 확정

④ 최종 결정된 $G$, $D$로 지반응답해석하여 지반의 비선형을 간접적으로 고려함

## 5. 평가

(1) 행정구역으로 지반운동 결정 시 시추주상도와 Down Hole 시험 등에 의한 전단파속도를 시험하여야 함

(2) 지반응답해석을 위해 지층별로 현장과 실내의 동적시험을 실시하여 전단탄성계수와 감쇠비곡선을 시험해야 함

## 🔞 쌓기비탈면의 표준경사 및 소단기준

### 1. 표준경사

쌓기비탈면의 경사는 별도의 비탈면 안정해석을 통해 결정하는 것이 원칙이나, 높이 10m 미만일 경우에는 지반분야 책임기술자의 판단에 따라 다음 표의 표준경사를 적용할 수 있음

<쌓기비탈면의 표준경사>

| 쌓기 재료 | 비탈면 높이(m) | 비탈면 상하부에 고정 시설물이 없는 경우 (도로 등) | 비탈면 상하부에 고정 시설물이 있는 경우 (주택, 건물 등) |
|---|---|---|---|
| 입도분포가 좋은 양질의 모래, 암버력, 모래자갈 암괴 | 0~5 | 1:1.5 | 1:1.5 |
| | 5~10 | 1:1.8 | 1:1.8~1:2.0 |
| | 10 초과 | 별도 검토 | 별도 검토 |
| 입도분포가 나쁜 모래, 점토질 사질토, 점성토 | 0~5 | 1:1.8 | 1:1.8 |
| | 5~10 | 1:1.8~1:2.0 | 1:2.0 |
| | 10 초과 | 별도 검토 | 별도 검토 |

주) 1. 상기 표는 기초지반의 지지력이 충분한 경우에 적용함
    2. 비탈면 높이는 비탈 어깨에서 비탈 끝까지 수직높이임

### 2. 소단기준

높이가 5m 이상인 비탈면에서는 비탈면의 안정성 확보와 유지관리를 위한 점검 및 배수시설의 설치 공간으로 활용하기 위하여 원칙적으로 소단을 설치하며, 비탈면 중간에 5~10m 높이에 폭 1~3m의 소단을 설치함. 장비진입 등과 같은 작업공간의 확보가 필요한 경우에는 소단 폭을 여건에 맞게 조정할 수 있음

**2 교 시 ( 6문 중 4문 선택, 각 25점 )**

**【문제 1】**
1차원 압밀시험으로부터 구할 수 있는 토질정수들과 압밀해석에서 각각의 용도에 대하여 설명하시오.

## 1. 표준압밀시험(Standard Consolidation Test)

공시체를 성형하여 압밀상자에 시료를 넣은 후 가압판을 시료 위에 올려놓고 변형량 측정장치를 설치함. 압밀하중($0.05{\sim}12.8kg/cm^2$)을 한 단계의 재하시간을 24시간으로 하여 단계적으로 재하된 하중만큼 증가시킨 하중을 재하한 후 각 하중단계에 대한 압밀침하량의 변화를 측정함

(1) 시료준비(보통 직경 6cm, 높이 2cm)

(2) 하중재하 : $\dfrac{\Delta P}{P}=1$

(3) 각 하중재하시간 : 24시간

(4) 각 하중재하에 대해 시간 - 침하량 측정

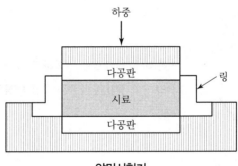

**압밀시험기**

## 2. 압밀물성치와 용도

### (1) 선행압밀하중[응력, Preconsolidation Pressure(Stress)]

#### ① Casagrande

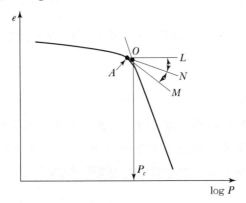

- 최대곡률점 $A$
- $A$에서 수평선($L$)과 접선($M$) 작도
- 수평선과 접선의 2등분선($N$) 작도
- 직선부 연장하여 2등분선과 교점의 하중

#### ② 변형률에너지법(becker)

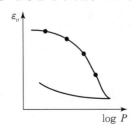

- 변형률 $(\varepsilon_v) - \log P$ 곡선에서 변형률에너지(Strain Energy)를 구함
- $SE =$ 평균 $P \times \Delta\varepsilon_v$

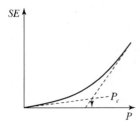

- 각 하중 단계별로 누적하여 $SE-P$ 곡선 작성
- $SE-P$ 곡선의 양 직선부를 연장하여 교점을 $P_c$로 함

#### ③ 용도

- 과압밀비$\left(OCR = \dfrac{P_c}{P_o}\right)$를 이용해 정규압밀, 과압밀, 과소압밀상태를 판단

- 과압밀과 과소압밀점토의 압밀침하량 산정

  - 과압밀 $\begin{cases} P_o + \Delta P \le P_c : S = \dfrac{C_r}{1+e_o} H \log \dfrac{P_o + \Delta P}{P_o} \\[3mm] P_o + \Delta P > P_c : S = \dfrac{C_r}{1+e_o} H \log \dfrac{P_c}{P_o} + \dfrac{C_c}{1+e_o} H \log \dfrac{P_o + \Delta P}{P_c} \end{cases}$

  - 과소압밀 $S = \dfrac{C_c}{1+e_o} H \log \dfrac{P_o + \Delta P}{P_c}$

(2) 압축지수(Compression Index)

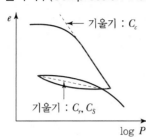

- $C_c = \dfrac{\Delta e}{\Delta \log p}$ (정규압밀구간)

- $C_r,\ C_S = \dfrac{\Delta e}{\Delta \log p}$ (과압밀구간)

- 정규압밀과 과압밀점토의 침하량 산정, 응력 제거 시 팽창량 산정

  정규압밀 $S = \dfrac{C_c}{1+e_o} H \log \dfrac{P_o + \Delta P}{P_o}$

(3) 체적압축계수

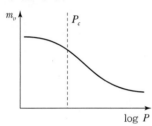

- $m_v = \dfrac{\dfrac{\Delta V}{V}}{\Delta P} = \dfrac{\Delta V}{\Delta PV} = \dfrac{a_v}{1+e}$

- $a_v = \dfrac{\Delta V}{\Delta P}$ (압축계수)

① 침하량 산정

  체적 변화 계수 이용 $S = m_v \Delta PH$

② 투수계수 산정

  $K = C_v \cdot m_v \cdot \gamma_v$

(4) 2차 압축지수

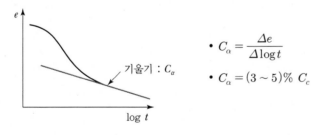

- $C_\alpha = \dfrac{\Delta e}{\Delta \log t}$

- $C_\alpha = (3 \sim 5)\%\ C_c$

① 2차 압밀침하량 산정

  $S = \dfrac{C_\alpha}{1+e_p} H_p \log \dfrac{t_2}{t_1}$

(5) 압밀계수(Coefficient of Consolidation)

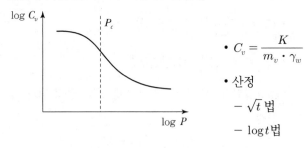

- $C_v = \dfrac{K}{m_v \cdot \gamma_w}$

- 산정
  - $\sqrt{t}$ 법
  - $\log t$ 법

① 압밀소요시간 산정

$$t = \frac{TD^2}{C_v}$$

여기서, $T$ : 압밀도에 따른 시간계수

$D$ : 배수거리

## 3. 평가

(1) 압밀물성치는 압밀과 관련된 침하량 산정, 침하소요시간을 결정하는 중요한 값으로 시험과정이 잘 진행되어야 함

(2) 특히 시료채취 시 교란을 최소화하여 양질의 시료가 되도록 하며 피조콘관입시험과 같은 현장시험과 병행하여 결정함

【문제 2】
Coulomb 토압이론에서 주동 및 수동 토압의 합력 산정과정과 설계적용에 대하여 설명하시오.

## 1. Coulomb 토압

(1) Coulomb 토압은 흙이 쐐기상태로 활동하면서 벽에 작용하는 토압으로 구함

(2) 실제 토압은 벽마찰각이 발생되므로 이러한 점에서 실제적이며 주동토압은 실제에 근사함이 입증되고 있음

(3) Rankine 또는 Coulomb 토압은 파괴면을 직선으로 가정하는데, 실제 파괴면은 원호＋직선 또는 대수나선형임

(4) Coulomb의 수동토압은 실제보다 과대평가되므로 신뢰성이 결여되어 적용성이 없음

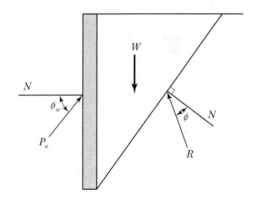

## 2. 주동토압 산정

(1) 평상시

① 흙쐐기가 아래로 내려오면서 옹벽을 밀면 옹벽배면과 파괴면에 전단이 발생함

② $R$(저항력 Resistance)은 $N$(수직응력, Normal Stress)에서 시계방향으로 $\phi$(전단저항각 Angle of Shear Resistance)만큼 경사지고 $P_A$(주동토압 Active Earth Pressure)는 $N$에서 반시계방향으로 $\phi_w$(벽마찰각 Angle of Wall Friction)만큼 경사짐

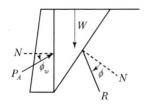
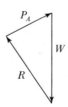

$W$ : 크기와 방향을 앎

$P$, $P_A$ : 방향만 앎

③ 산정과정

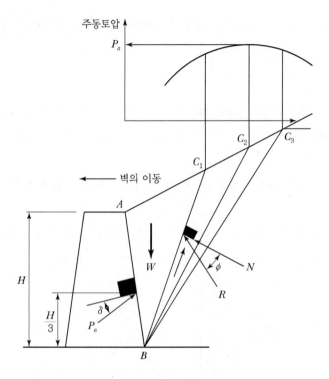

(2) **지진 시**

정적 작용력 외에 추가적인 등가정적력(kW)을 고려하며 $P_{AE} = P_A + \Delta P_{AE}$가 됨

여기서, $P_A$ : 정적토압

$\Delta P_{AE}$ : 동적토압증분

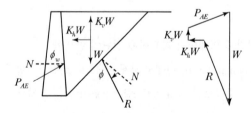

$W, k_h W, k_v W$ : 크기와 방향을 앎

$R, P_{AE}$ : 방향만 앎

※ 산정과정은 평상시와 같은 방법임

## 3. 수동토압 산정

### (1) 평상시

① 흙쐐기가 밀려 올라가므로 옹벽배면과 피괴면에 전단이 발생함

② $R$은 $N$에서 반시계방향으로 $\phi$만큼 경사지고 $P_P$는 $N$에서 시계방향으로 $\phi_w$만큼 경사짐

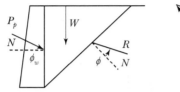

$W$ : 크기와 방향을 앎
$R$, $P_P$ : 방향만 앎

③ 산정과정

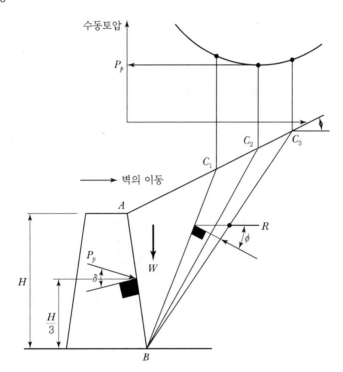

### (2) 지진 시 : 수동상태의 동적토압증분은 등가정적력을 고려하며 $P_{PE} = P_P - \Delta P_{PE}$가 됨

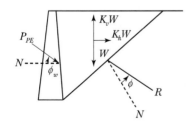

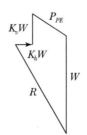

$W$, $k_h W$, $k_v W$ : 크기와 방향을 앎
$R$, $P_{PE}$ : 방향만 앎

※ 산정과정은 평상시와 같은 방법임

## 4. 설계 적용방법

1. Coulomb 토압에서 언급된 바와 같이 벽마찰이 발생되는 조건에 적용함

(1) 중력식 옹벽

　• 안정계산 : Coulomb 적용

　• 벽체계산 : Coulomb 적용

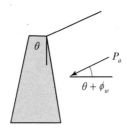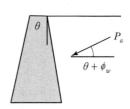

(2) 역T형식 옹벽

　• 안정계산 : Rankine 적용(벽마찰각 무시)

　• 벽체계산 : Coulomb 적용

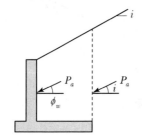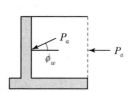

(3) 위의 내용 (1), (2)는 평상시 안정검토에 사용되며 지진 시에는 지진 시 토압(Mononobe-okabe 제안)을 적용함

【문제 3】
억지말뚝보강 비탈면 설계에 대하여 설명하시오.

## 1. 억지말뚝(Stabilized Pile)

(1) 활동토괴를 관통하여 부동지반까지 말뚝을 설치함으로써 말뚝의 수평저항으로 사면의 활동력을 부동지반에 전달시키는 공법으로 시공순서와 개요도는 다음과 같음

(2) 시공순서

① 소요깊이까지 천공

② 말뚝삽입(보통 강말뚝 이용)

③ 콘크리트 또는 시멘트 그라우팅 말뚝피복(영구 구조물 부식 방지)

④ 두부 연결(변위 억제)

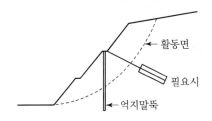

## 2. 측방토압 개념

(1) 억지말뚝 주변의 지반 변형

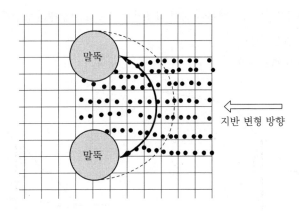

① 점선의 원호는 주변 지반의 흐름 방향이 변경되기 시작하는 영역으로 평행하게 진행되던 변형의 방향이 바뀜

② 이는 지중에 Arching이 발생됨을 의미하며 이 Arching으로 말뚝에는 응력전이가 발생하게 됨

### (2) 측방토압 개념적 식

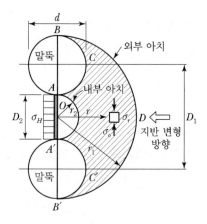

① 빗금 친 부분 : 소성영역

② $P = P_{BB'} - P_{AA'}$

$\quad = \sigma_r D_1 - \sigma_H D_2$

## 3. 안정 검토방법

### (1) 말뚝안정

① 말뚝안정이 사면안정에 우선하여야 하며 작용하는 측방토압에 대해 안전해야 함

② 허용휨응력 > 발생휨응력

③ 허용전단력 > 발생전단력

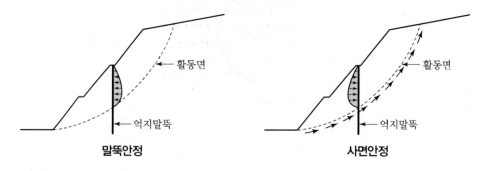

(2) 사면안정

① 말뚝안정이 확보되면 수평저항력을 부가하여 사면안정을 검토함

② 안전율 $= \dfrac{\text{지반저항력} + \text{말뚝저항력}}{\text{활동력}}$

## 4. 말뚝간격, 열수, 위치의 사면안전율 영향

(1) **말뚝간격 영향**(말뚝간격비 $= D_2/D_1$, $D_2$ : 말뚝순간격, $D_1$ : 말뚝중심간격)

① 말뚝간격비가 작아지면 동일 직경 말뚝에 대해 말뚝간격이 좁아짐을 나타냄

② 따라서 사면안전율이 크게 됨

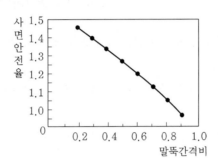

(2) **말뚝의 열수 영향**

말뚝의 열수가 증가하면 사면의 활동에 대한 저항력이 커지게 되므로 안전율이 커짐

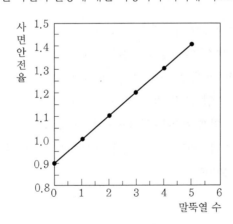

(3) 말뚝의 위치 영향(예시)

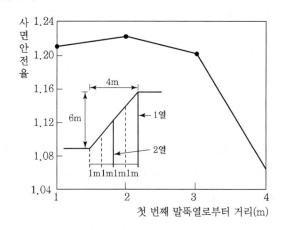

① 1열에 대해 1m 간격으로 위치를 변경하여 안전율을 계산하고 안전율이 상대적으로 큰 위치를 선정함

② 1열로 할 때 기준안전율에 미달하여 2열을 배치하는데 1m 간격으로 2열도 위치를 변경하여 안전율이 큰 위치를 선정함

③ 예에서는 1열과 2열의 간격이 2m일 때 안전율이 크게 됨

## 5. 평가

(1) 사면안정효과가 커 보급이 많아지고 있는 공법임

(2) 적정한 측방토압산정이 억지말뚝공법에서 매우 중요함

① 측방토압을 크게 산정 : 말뚝안전 측, 사면위험 측 초래

② 측방토압을 작게 산정 : 말뚝위험 측, 사면안전 측 초래

③ 두부를 구속하여 변위 억제 및 말뚝 일체거동 유도가 필요함

④ 보강효과 확인을 위해 지표변위말뚝, 경사계, 지하수위계, 토압계 등의 계측관리가 필요함

⑤ 관련 프로그램 : SLOPILE

**【문제 4】**

필댐(Fill Dam) 축조재료의 시험성토에 대하여 설명하시오.

## 1. Core형 Fill Dam

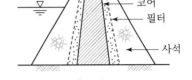

(1) **단면 구성** : 외곽 사석, Filter, Core층

(2) **사석** : 사면안정유지로 단면 형성을 위해 무겁고 전단강도
가 크며 풍화나 침식 등에 내구성이 큰 재료여야 함

(3) **Filter** : 간극수압 발생 억제, Core재의 유실 방지를 위해
Filter로서의 입도가 중요함

(4) **Core** : 담수와 차수기능을 위해 중요한 부위로 투수계수가 비교적 작아야 함(Dam 시설기준
$1 \times 10^{-5}$cm/s 이하)

## 2. 축조재료의 시험성토

(1) **시험성토 개요**

시험성토는 본 공사에 앞서 축조재료에 대해 품질을 확보할 수 있도록 시공방법과 시공 후 문제점을
사전에 도출하기 위한 수단임

① 수급인은 댐 축조를 시작하기 전에 효율적인 댐 축조방법을 결정하기 위하여 현장 시험성토를 시
행하여야 함

② 현장 시험성토를 하여야 하는 축조재료

- 불투수성 재료

- 필터(Filter) 재료

- 사력 및 암석 재료

③ 현장 시험성토에서 평가하여야 할 사항

- 축조재료의 취급 및 포설방법

- 각 층의 포설두께

- 다짐장비의 다짐횟수 및 주행속도에 따른 다짐효과

- 기타 공사감독자가 필요하다고 판단하는 사항

④ 축조재료의 취급 및 포설에 대한 시험은 각 존(Zone)에 포설하는 축조재료가 존 전반에 걸쳐서
적절한 입도분포를 고르게 할 수 있는 시공방법을 얻을 수 있도록 시행하여야 함

### (2) 시험성토 재료 및 장비

① 시험성토에 사용할 축조재료는 각 존의 재료원으로 지정되어 있는 장소에서 채취

② 축조재료의 시험성토에 사용하는 장비는 댐축조공사에 사용할 장비와 동일한 규격이어야 함

### (3) 시험장소

① 시험성토를 하는 장소의 기초지반은 초목, 검불더미 및 기타 유해한 물질들을 완전히 제거하여야 하며, 시험성토에 앞서 표면을 수평이 되도록 고르고 다져서 시험성토 작업 중이나 작업 후에 기초지반의 침하가 없도록 하여야 함

② 시험성토 주변 지역은 필요할 경우 정지작업을 하고 배수가 원활히 되도록 하여 시험성토에 지장이 없도록 하여야 함

### (4) 시험성토 방법

① 시험성토는 다짐기계의 종류, 다짐횟수, 포설두께, 다짐함수비, 다짐기계의 주행속도 등의 인자에 대하여 2~4개 경우의 시험조건을 설정하여 밀도, 투수계수, 표면침하량, 다짐 후 입도 변화 등의 측정을 실시하여야 함

② 축조재료는 시험성토 지역의 전체 길이와 폭에 걸쳐 대체적으로 균일한 층을 이루도록 포설하여야 함

③ 시험성토에 사용되는 축조재료의 최대입경은 포설층 두께의 2/3를 초과하여서는 안 됨

④ 시험성토 재료의 운반, 포설 및 고르기는 재료의 분리를 최소로 줄일 수 있는 방법으로 하여야 함

⑤ 각 층의 포설두께를 고르게 한 후 시험성토 경계선 밖에 설치한 기준점을 이용하여 시험성토 표면에 격자망을 형성하여야 함. 침하판을 격자망의 교차점에 설치하고 다짐이 진행됨에 따른 표고의 변화를 연속적으로 관찰할 수 있도록 표시

⑥ 불투수성 재료 함수비는 공사감독자가 설정한 변동 허용치 범위 내의 함수비가 되도록 조절하여야 함

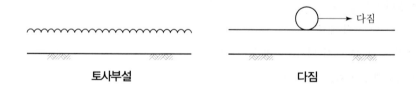

토사부설　　　　　　　　　　　다짐

### (5) 다짐

① 시험성토에서 필요한 밀도를 얻을 때까지 여러 조건의 다짐횟수별로 규정된 다짐장비를 연속적으로 시험성토면에 통행시켜 다져야 함

② 축조재료의 운반, 포설 및 물뿌리기를 위하여 시험성토면을 통과하는 장비의 운행횟수는 밀도와 침하평가에 고려하지 않아야 하며, 이러한 장비들의 운행은 일정한 장소에 부분적으로 과다하게 집중되지 않고 시험성토면 전체에 고루 분포될 수 있도록 하여야 함

## 3. 품질관리

### (1) 일반사항

① 축조재료는 관련 규정의 조건을 만족하는지 여부를 확인하기 위한 모든 시험을 시행하여야 함

② 재료의 특성, 포설조건, 시험결과 또는 기타 여건에 의하여 공사감독자는 시험빈도를 조정하거나 추가시험을 지시할 수 있음. 다짐이 불확실한 지역과 특수 다짐을 하는 장소에 대하여는 시험횟수를 증가하여 시행할 수 있음

③ 축조재료에 대한 모든 현장 및 실내시험은 한국산업규격(이하 KS)에 명시된 가장 최근의 시험방법을 따라야 함

④ 관련 규정에 따라 시험실 설비 및 시험기기를 공급, 설치, 운영 및 유지관리하여야 함

### (2) 시험 종류 및 방법

① 품질관리 시험종목, 시험방법은 아래와 같으며, 관련 법령 및 공사조건에 따르고 공사감독자의 승인을 받아 시험을 시행하여야 함

② 차수층

| 시험종목 | 시험방법 |
|---|---|
| 함수량 시험 | KS F 2306 |
| 비중시험 | KS F 2308 |
| 액성한계 · 소성한계 시험 | KS F 2303 |
| 입도시험 | KS F 2302 |
| 다짐시험 | KS F 2312 |
| 현장밀도시험 | KS F 2311(모래치환법) |
| 현장투수시험 | USBR(Pit에 의한 방법) |
| 실내투수시험 | KS F 2322(변수위, 정수위) |
| 삼축압축시험 | KS F 2346 |

주) USBR : 미개척국(US Bureau of Reclamation)

③ 필터층

| 시험종목 | 시험방법 |
| --- | --- |
| 함수비 시험 | KS F 2306 |
| 체가름 시험 | KS F 2502 |
| 현장밀도시험 | USBR(물치환법) |
| 상대밀도시험 | KS F 2345 |
| 현장투수시험 | USBR(Pit에 의한 방법) |
| 실내투수시험 | KS F 2322 |
| 대형암전단시험 | – |

④ 사석층

| 시험종목 | 시험방법 |
| --- | --- |
| 체가름 시험 | KS F 2502 |
| 현장밀도시험 | USBR(물치환법) |
| 대형암전단시험 | – |

【문제 5】
도심지 대심도 대단면 NATM 터널의 설계 시 고려사항에 대하여 설명하시오.

## 1. 개요

(1) 도심지의 재개발과 신도시 건설 등에 따른 자동차 보급 증가, 교통상습지, 정체구간, 물류비용 등으로 추가적 도로시설이 필요함

(2) 지상도로의 많은 보상비로 확충 곤란, 민원으로 공사기간 연장, 건설비 증가로 지상도로 확보가 현실적으로 한계에 도달함

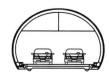
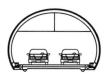

**지하도로 개념도**

(3) 이에 따른 기술적 주요 검토사항은 터널단면, 굴착공법, 접속부, 병설부, 교차부 등이며 지하안전 평가, 환기와 방재대책 등임

## 2. 터널 단면 형식

(1) 적용 가능 단면

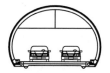
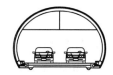

**병설터널(서부간선도로)**

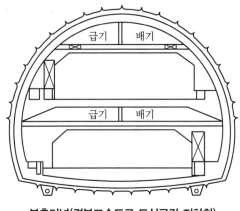

**복층터널(경부고속도로 도심구간 지하화)**

(2) 적용성 비교(안정성, 시공성, 경제성 등)

① 병설터널 : 안정성과 시공성에서 유리함

• 병설터널이 소단면으로 구성되므로 안정성에 유리함

• 소단면의 분기구 · 교차부 터널시공에 유리함

• 피난연락갱으로 장비, 버력처리 등에 유리함

② 복층터널 : 경제성에서 유리함

• 1개의 너털로 굴착면적과 지보재 감소로 공사비가 다소 저렴

• 원형 형태로 TBM 터널공법에 유리함

• 양호한 지반에 적용성이 큼

3. 굴착공법

(1) NATM 공법

① 지반조건 변화나 불량지반에 대처 용이, 변단면에 적용성 높음

② 복층터널은 공동구, 방재설비 추가적 공사 필요

③ 병설터널에 적합한 터널공법

(2) Shield TBM 공법

① 공기 단축, 경제성, 주변 구조물의 근접 시공에 유리

② 대구경장비(직경 10~15m)가 필요하며, 국내의 시공 경험 부족

③ 복층터널에 적합한 터널공법

## 4. 접속부

(1) 근접된 터널의 횡방향 Arching 효과 감소로 주변 지반에 보조공법 적용이 필요함

(2) 이격거리에 따라 지반조건을 고려한 안정성 검토가 필요함

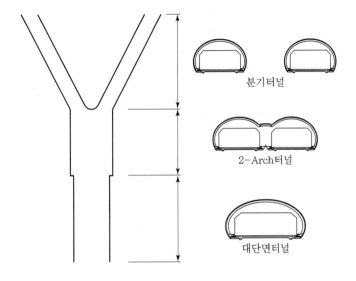

분기터널

2-Arch터널

대단면터널

## 5. 병설부(병설터널)

(1) 선시공되는 기존 터널이 후시공되는 신설터널 쪽으로 변형하는 현상이 발생

(2) 이격거리가 좁으면 후시공 터널 시공 시 아칭에 따른 선시공 터널에 지보량의 증가가 필요할 수 있음을 고려하여 적정한 검토가 필요함

(3) **적정성 검토와 보강 검토방법**

① 수식적 검토 : Hoek-Brown 파괴기준의 강도와 Pillar부의 작용하중

② 간섭체적비 : 1차 터널(선시공 터널)을 굴착하고 2차 터널(후시공 터널) 굴착에 따른 1차 터널부에 지표침하량이 증가하는 증가 체적

③ 강도응력비 : Mohr 원과 파괴포락선의 강도와 수치해석의 응력

④ 보강 예시

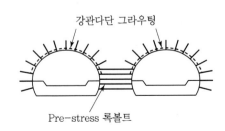

강관다단 그라우팅

Pre-stress 록볼트

## 6. 교차부(교차터널)

### (1) 신설터널이 기존 터널 상부에 시공

① 기존 터널이 상부로, 즉 신설터널 쪽으로 변형 가능

② 이격거리가 좁으면 아칭 부족으로 기존 터널에 추가 하중 작용

### (2) 신설터널이 기존 터널 하부에 시공

① 기존 터널이 하부로, 즉 신설터널 쪽으로 변형 가능

② 이격거리가 좁으면 기존 터널의 기초지반 상실로 기존 터널 붕괴 가능

③ (1)의 경우보다 안정성 측면에서 불리함

### (3) 검토방법

① 기존 터널과 신설터널의 크기, 형태, 지보, 시공방법과 이격거리 및 이격부의 지반상태를 고려하여 안정성을 검토함

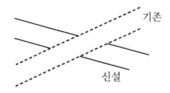

② 안정성 검토는 교차부로 3차원적 수치해석을 하고, 기존 사례를 참조하며 지반불량 시 모형시험 등을 통해 검증하도록 함

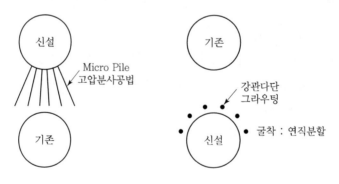

## 7. 평가

(1) 지상도로 확충의 어려움으로 지하도로 건설의 필요성이 대두되고 있음
  (예 서부간선도로 하부 지하도로, 서울 도심 U-smartway, 부산지하고속도로 등)

(2) 지하터널에는 접속부, 병설부, 교차부가 반드시 생기게 되며, 일반터널과 다르게 지반공학적 검토가 중요하고 적절한 보강계획이 필수가 됨

(3) 안정한 터널이 되도록 안정성을 검토해야 하고 이격거리가 중요한 변수가 되므로 터널 사이의 지반조건에 따라 보강방법과 규모가 결정되어야 함

(4) 따라서 지반조사의 중요성이 강조되며 지층분포와 변화, 지반의 전단강도, 변형성, 투수성, 동적 성질과 관련된 물성치의 신뢰성 있는 자료가 필수임을 인식함

【문제 6】

지반구조물 굴착과정에서는 주변구조물의 침하(땅꺼짐), 지하수 유출, 매설물 파손 등의 피해가 발생하며, 이러한 피해를 방지하기 위한 공법 중 약액주입에 관한 다음 사항에 대하여 설명하시오.

1) 약액주입이 주변 환경에 미치는 영향

2) 약액주입 공법 설계 시 고려사항(문제점 및 개선대책)

## 1. 지반구조물 굴착과 약액주입공법

(1) 지하구조물을 시공하기 위해 지반을 굴착하게 되며 지하수의 유출이나 토사이동, 지반침하, 매설물 파손의 피해를 방지하기 위해 약액주입공법을 적용하게 됨

(2) 약액주입으로 차수벽을 형성하여 피해를 최소화함

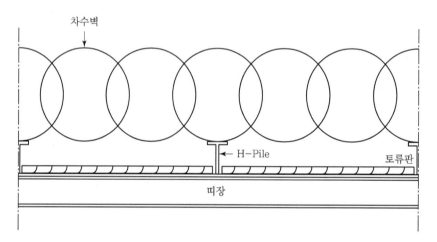

## 2. 약액주입 시 주변 환경에 미치는 영향

(1) **주입압력**

주입압에 따라 지반에 균열이 발생할 수 있으며, 주변 부실한 구조물의 파손 등을 유발함

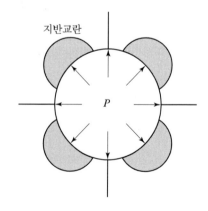

(2) 내구성 저하

시간이 지남에 따라 규산소다가 지하수위 흐름에 희석되고 유실
되어 압축강도가 감소하고, 투수계수의 증가로 용탈현상이 생겨
내구성이 저하됨

(3) 지하수 오염

일반시멘트의 제조과정에서 $Cr^{+6}$이 포함될 수 있으며, 다량의 경우 주변 지하수를 오염시키고 지하
수 흐름에 따라 이동하게 됨

## 3. 설계 시 고려사항(문제점 및 개선 대책)

(1) 목적

취약지반을 대상으로 지반함몰 발생의 선제
적인 예방 기술

(2) 차수용 박층 멤브레인

지하 굴착구간에 대한 비배수(차수·방수) 대
책으로서 지하수의 내부 유입을 사전에 차단
하여 지반함을 억제(공사 중─운용 중)

차수용 박층 멤브레인

(3) 무시멘트 고화제 활용 동시주입공법

지반교란과 지하수 오염을 최소화하면서 신
속한 지반 사전보강이 가능한 고품질공법

(4) 암반 및 토사지반의 터널, 터파기구간, 지중연
속벽 등의 일반적인 굴착공사에 적용할 수 있는
차수용 박층 멤브레인 기술 개발→ 굴착공사
구간으로의 내부 유입수 차단(전면 또는 부분
적) 및 구조적 보강

(5) 무시멘트 고화제를 사용하는 다중 동시주입 그
라우팅 기술 개발→ 시멘트를 사용하지 않으
므로 그라우트 주입으로 인한 환경피해 방지
및 신속한 지반보강·차수

멤브레인 타설구간(유입수 없음)

참고 지반굴착 시 차수성능 향상을 위한 보강기술개발 3세부 최종보고서, 2020.8, 국토부.

## 3 교 시 ( 6문 중 4문 선택, 각 25점 )

【문제 1】
비압밀비배수(UU), 등방압밀비배수(CIU), K。압밀비배수(CK。U) 삼축압축시험에 대하여 설명하시오.

### 1. UU 삼축압축시험

(1) 시험방법(직경 > 최대입경×6배)

① 시료에 대해 구속압을 가하고 축하중으로 전단시험함

② 구속압은 전응력시험이므로 전응력 토피하중 적용

③ 변형률 1%/분 제어, 최대시험변형률 15%

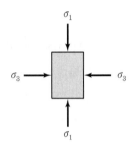

(2) 시험결과

① 축차응력(편차응력, 주응력차, Deviator Stress)을 직경으로 하는 Mohr 원 작도

② 공통되는 Mohr 원 접선으로 파괴포락선(Failure Envelope) 작도

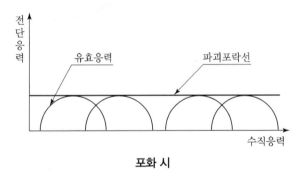

포화 시

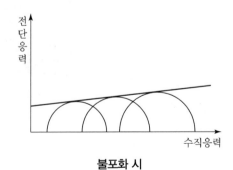

불포화 시

## 2. CIU와 CK$_o$U 삼축압축시험

### (1) 시험방법

① 시료에 대해 구속압을 가하고 압밀시킨 후 비배수 상태로 전단시험함

② 구속압력은 등방과 비등방시험으로 구분되며 현장응력체계(Stress System)와 부합된 CK$_o$U 시험이 타당함

③ 간극수압 측정 시 유효응력시험이므로 유효응력 토피하중을 적용해야 하며, 변형률 1%/분 제어, 15% 변형 또는 파괴 시까지 함

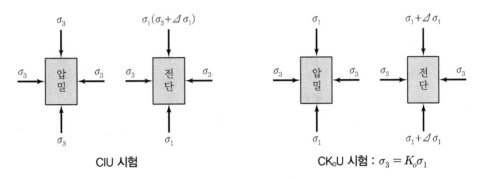

CIU 시험                                   CK$_o$U 시험 : $\sigma_3 = K_o \sigma_1$

### (2) 시험결과

① Mohr 원 작도는 UU 시험과 같음

② 유효응력 파괴포락선은 $\bar{\sigma} = \sigma - u$로 하여 측정된 간극수압을 적용하여 작도함

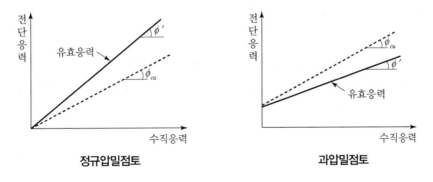

정규압밀점토                                      과압밀점토

## 3. UU, CK$_o$U, CIU 시험의 실무적용

### (1) UU 시험

① 비교적 급속재하 시 재하단계에서 비배수 취급

② 이에 대한 안정성 검토에 적용

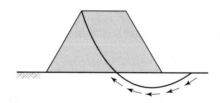

### (2) CK$_o$U 시험

① 재하에 대해 압밀되고 파괴 시 비배수 조건에 대한 안정성 검토에 적용

② 간극수압을 파악하여 유효응력해석 가능

③ 현장조건에 부합됨

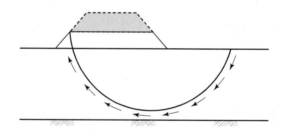

### (3) CIU 시험

① 기본적으로 CK$_o$U 시험과 같음

② 압밀압력과다로 전단강도(Shear Strength)가 과다평가됨

③ 따라서 실무 적용성을 위해 등방압밀 시 연직응력에 대해 약 60% 수준을 적용한 결과로 안정성 검토가 필요함

【문제 2】

아래 그림은 습윤단위중량이 15.7kN/m³인 지반을 터파기 한 후 되메우기하는 과정을 도시한 것이다. 터파기한 원지반의 중량은 100kN이고, 되메움 흙의 비중은 2.66이다.

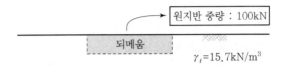

되메움 흙의 현장다짐 계획을 수립하기 위해 현장 다짐에너지와 동일한 조건으로 실내다짐시험을 수행하였고, 그 결과는 다음 표와 같다.

〈되메움 흙의 실내다짐시험 결과〉

| 함수비(%) | 11 | 13 | 15 | 17 | 19 | 21 |
|---|---|---|---|---|---|---|
| 건조단위중량(kN/m³) | 16.4 | 17.2 | 17.5 | 17.3 | 16.9 | 15.8 |

되메우기 시 다짐조건(상대다짐도 ≥ 95%)을 만족시키기 위한 흙의 현장함수비의 범위와 습윤 중량 범위를 구하시오. (단, 다짐에너지가 달라지더라도 최적함수비 상태의 포화도는 일정한 것으로 가정한다.)

## 1. 다짐곡선

(1) **다짐곡선** : 여러 함수비로 다져진 토질의 함수비와 건조단위중량(Dry Unit Weight)과의 관계 곡선

(2) **최적함수비**(OMC : Optimum Moisture Content) : 최대 건조단위중량을 얻을 수 있는 함수비로 변형 최소 조건의 함수비를 의미

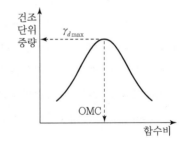

## 2. 현장함수비의 범위

(1) 다짐도를 95% 이상으로 요구하므로 17.5kN/m³ × 0.95 = 16.6kN/m³이 됨

(2) 다짐도에 만족하는 건조단위중량에 해당하는 현장 함수비의 범위는 그림에 표시한 바와 같이 11.5~ 20%로 산정됨

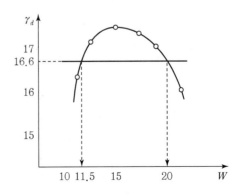

### 3. 습윤중량의 범위

(1) 터파기 부분의 체적

단위중량 = $\dfrac{중량}{체적}$ 이고 단위중량 = 15.7kN/m³, 원지반중량 = 100kN이므로 체적 = $\dfrac{100}{15.7}$ = 6.4m³

가 됨

(2) 함수비범위에 따른 건조단위중량(그림에서 구함)

① 함수비 = 11.5% 시 건조단위중량 = 16.7kN/m³

② 함수비 = 13.0% 시 건조단위중량 = 17.2kN/m³

③ 함수비 = 15.0% 시 건조단위중량 = 17.5kN/m³

④ 함수비 = 17.0% 시 건조단위중량 = 17.3kN/m³

⑤ 함수비 = 19.0% 시 건조단위중량 = 16.9kN/m³

⑥ 함수비 = 20.0% 시 건조단위중량 = 16.6kN/m³

(3) 습윤중량의 범위

습윤단위중량 = 건조단위중량(1 + 함수비)이고 단위중량 = 중량/체적이므로 습윤중량 = 습윤단위중량 × 체적임

① 함수비 = 11.5% 시 습윤단위중량 = 18.6kN/m³, 습윤중량 = 119.0kN(18.6kN/m³ × 6.4m³)

② 함수비 = 13.0% 시 습윤단위중량 = 19.4kN/m³, 습윤중량 = 124.2kN

③ 함수비 = 15.0% 시 습윤단위중량 = 20.1kN/m³, 습윤중량 = 128.6kN

④ 함수비 = 17.0% 시 습윤단위중량 = 20.2kN/m³, 습윤중량 = 129.3kN

⑤ 함수비 = 19.0% 시 습윤단위중량 = 20.1kN/m³, 습윤중량 = 128.6kN

⑥ 함수비 = 20.0% 시 습윤단위중량 = 19.9kN/m³, 습윤중량 = 127.4kN

⑦ 함수비에 따라 습윤중량은 119.0~129.3kN으로 산정됨

【문제 3】
비탈면의 내진설계 기준 및 절차에 대하여 설명하시오.

## 1. 내진설계 기준

(1) **내진등급 적용** : 주 구조물의 내진등급에 따라 내진특등급, 내진 I 등급, 내진 II 등급으로 적용함

(2) **내진성능 수준**

① 비탈면의 내진성능 수준은 붕괴 방지 수준으로 함

② 붕괴 방지 수준은 설계지진하중 작용 시 비탈면에 인장균열, 부분적 탈락, 배부름 등의 손상이 매우 클 수는 있지만, 이로 인하여 주변 구조물의 붕괴로 인한 대규모 피해가 발생하지 않고, 인명피해를 최소화하는 성능 수준임

(3) **설계지반 운동수준과 내진성능 목표**

| 내진성능 수준 ＼ 내진등급 | 내진특등급 | 내진 I 등급 | 내진 II 등급 |
|---|---|---|---|
| 기능 수행 수준 | 평균재현주기 200년 | 평균재현주기 100년 | 평균재현주기 50년 |
| 붕괴 방지 수준 | 평균재현주기 2,400년 | 평균재현주기 1,000년 | 평균재현주기 500년 |

(4) **설계지반운동 결정**

① 유효수평지반가속도($S$)는 지진구역계수($Z$)를 이용하는 방법과 행정안전부의 국가지진위험지도를 이용하는 방법을 사용할 수 있음

- 지진구역계수($Z$)를 이용하는 방법 : 비탈면의 지역적 위치에 따른 지진구역계수($Z$)와 비탈면의 내진등급에 따른 재현주기를 고려한 위험도계수($I$)를 곱하여 산정함
- 국가지진위험지도를 이용하는 방법 : 비탈면의 내진등급에 따른 재현주기와 재현주기별 국가지진위험지도를 참조하여 구하며, 지진구역계수($Z$)를 이용하여 산정한 값의 80% 보다 작지 않아야 함

② 지진구역계수 및 국가지진위험지도에서의 유효수평지반가속도($S$)는 보통암 노두를 기준으로 평가하므로, 지표면에서의 유효수평지반가속도($S$)는 국지적인 토질조건, 지질조건과 지표 및 지하 지형이 지반운동에 미치는 영향을 고려하여야 함

③ 깎기비탈면에서 보통암 상태의 노두가 노출되는 경우에는 국가지진위험지도 및 지진구역계수($Z$)를 통하여 결정된 유효수평지반가속도($S$)를 직접적으로 이용할 수 있음

(5) **내진설계를 위한 지반조사**

① 내진설계를 위한 지반조사는 크게 대상부지의 지반응답특성 평가, 지반 또는 구조물의 액상화에 대한 저항성 평가로 나뉘며 각각의 평가를 위해 필요한 정보를 획득하기 위해서 다음 ②와 ③의

기준에 따라 지반조사를 실시함

② 대상부지의 지반응답특성평가를 위해서는 다음의 시험을 실시함

- 시추조사 : 지층의 구성, 지하수위, 실내시험용 시료채취 등
- 현장시험 : 각 지층의 탄성파전파특성을 얻을 수 있는 현장시험
- 실내시험 : 각 지층별 물성시험 및 역학시험, 다양한 변형률 상태에서의 동적물성치를 획득하기 위한 실내시험

③ 지반 또는 구조물의 액상화에 대한 저항성 평가를 위해서는 다음의 시험을 실시함

- 현장시험 : 지반의 지층별 전단강도와 강성을 추정할 수 있는 시험(표준관입시험, 콘관입시험, 탄성과 시험 등)
- 실내시험 : 다양한 지진동을 모사하여 변형률 크기별 변형계수와 감쇠특성을 얻을 수 있는 시험 (진동삼축시험, 단순전단시험 등)
- 모형시험 : 진동대 시험, 원심모형시험 등

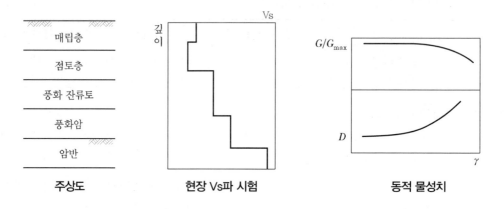

| 주상도 | 현장 Vs파 시험 | 동적 물성치 |

## 2. 내진설계 절차

### (1) 검토항목

① 비탈면 기초지반의 액상화 가능성

② 비탈면 자체의 활동에 대한 안정성

### (2) 설계절차

① 비탈면의 내진설계는 비탈면과 비탈면 하부 기초지반의 지반조건에 따라 우선적으로 액상화 발생가능성을 검토하고 비탈면 안정성 검토를 수행

② 액상화

- 기초 및 지반은 액상화의 피해를 입지 않도록 액상화 발생 가능성을 검토
- 설계지진 규모는 지진구역 I, II 모두 규모 6.5를 적용한다.

- 액상화 평가는 구조물 내진등급에 관계없이 예비평가와 본평가의 2단계로 구분하여 수행
- 예비평가는 지반 조건을 고려하여 액상화평가 생략 여부를 결정
- 본평가에서 액상화 발생 가능성은 대상 현장에서 액상화를 유발시키는 진동저항전단응력비를 지진에 의해 발생되는 진동전단응력비로 나눈 안전율로 평가
- 진동전단응력비는 구조물의 내진등급을 고려하여 지반응답해석을 수행하여 결정하고, 진동저항진단응력비는 현장시험 결과($N$값, $q_c$값, $V_s$값 등)를 이용하여 결정
- 본평가에서 액상화에 대한 안전율은 1.0을 적용. 안전율이 1.0 미만인 경우 액상화에 따른 기초 및 지반 안전성을 평가하고, 1.0 이상인 경우에는 액상화에 대해 안전한 것으로 판정

③ 유사정적해석은 한계평형해석에서 파괴토체의 중심에 지진계수를 적용한 등가의 지진관성력을 수평방향으로 작용시키고 정적인 방법과 동일한 방법으로 해석을 수행

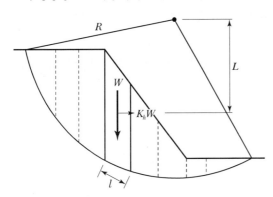

$$F_s = \frac{\sum[c'l + (w\cos\alpha - ul)\tan\phi']}{\sum w\sin\alpha + \sum K_h W \frac{L}{R}}$$

| 구분 | 기준안전율 | 참조 |
|---|---|---|
| 지진 시 안정해석 | FS > 1.1 | • 지진관성력은 파괴토체의 중심에 수평방향으로 작용<br>• 지하수위는 실제 측정 또는 평상시의 지하수위 적용 |

④ 안정해석에서 기준안전율을 확보하지 못하는 경우 Newmark의 변위해석법을 추가로 수행허용 변위기준은 비탈어깨에서 비탈면높이의 1% 변위 이내로 함

변위($d$) 관련식  $d = \frac{V_{max}}{2\alpha_y}\frac{\alpha_{max}}{\alpha_y}$

여기서, $V_{max}$, $\alpha_{max}$ : 최대속도, 최대가속도. 지반응답해석으로 구함

$\alpha_y$ : 항복가속도. 등가정적해석으로 사면안전율이 1일 때 가속도

즉, $K_h g$($g$ : 중력가속도)

⑤ 동적해석은 유한요소해석 또는 유한차분해석 프로그램을 이용하여 수행하며, 입력하중은 기반암에서의 가속도 시간이력을 이용함

참고 KDS 11 90 00 비탈면내진설계기준, 2020.8.
　　　 KDS 17 00 00 내진설계일반, 2018.12.

【문제 4】
깎기비탈면 계측에 대하여 설명하시오.

## 1. 계측계획 수립

(1) 계측계획의 수립 시 계측관리는 자동화 계측방법을 원칙으로 하되, 현장 여건에 따라 수동계측을
할 수 있음. 자동화 계측의 경우 이상 작동에 대비하여 수동측정이 가능하도록 조치하여야 함

(2) 지표의 변위, 기울기, 균열 변화 및 지중 수직, 수평 변위, 지하수위, 간극수압, 강우량, 옹벽과
같은 구조물이 있는 경우 구조물 변위, 기울기, 배면 지중 공극수압, 구조물 응력, 토압, 그 외
낙석 감지, 비탈면 감시 등에서 비탈면 시공 중 목적에 부합한 계측계획을 수립하여야 함. 이때
비탈면 상부 배면 및 비탈면 하부의 시설물의 중요도, 차량 및 통행 인구 유무 등의 제반 여건에
따라 가감하거나 생략할 수 있음

(3) 비탈면 굴착의 영향권 내 특정 구조물의 안전성을 판단하기 위한 지중수평변위 측정, 시설물경사
도 측정, 균열 폭 측정, 지하수위 측정, 발파진동 및 소음측정 등도 필요에 따라 비탈면 공사 중
계측에 포함함

## 2. 계측단면의 선정

(1) 계측은 구조적인 거동 및 안전성에 결정적인 영향을 미칠 수 있는 구간과 대표적인 단면을 선정하
여 계측함

(2) 계측위치의 선정은 현장 상황을 대표할 수 있는 장소, 또는 큰 변형이 예측되는 장소를 선정하여
야 하고, 구조적으로 가장 위험한 단면을 주 계측단면으로 선정하되, 계측기가 설치된 위치가 선
시공되어 시험시공의 의미를 가질 수 있도록 하여야 함. 이러한 조건을 고려하여 최종 설치위치는
사전에 감리원 또는 공사감독자에게 보고 후 시행하도록 함

(3) 계측기간 중 계측기기의 파손 또는 고장 가능성을 고려하여 계측단면을 선정하여야 하며, 계측기
기의 설치 및 배선을 확실히 할 수 있는 위치를 선정하여야 함

## 3. 계측기 위치

### (1) 토사사면

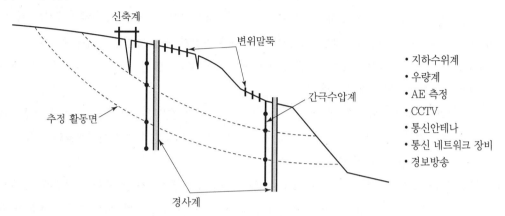

- 지하수위계
- 우량계
- AE 측정
- CCTV
- 통신안테나
- 통신 네트워크 장비
- 경보방송

### (2) 암반사면

① 원형파괴

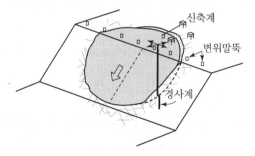

**원호활동 붕괴에 대한 계측기기의 배치**

② 평면파괴

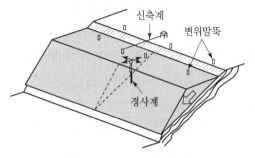

**평면활동 붕괴에 대한 계측기기의 배치**

③ 쐐기파괴

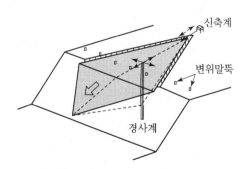

**쐐기활동 붕괴에 대한 계측기기의 배치**

④ 전도파괴

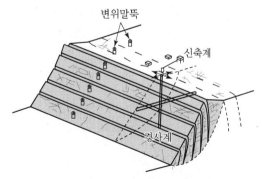

**토플링 붕괴에 대한 계측기기의 배치**

## 4. 계측 정리와 기록 유지

(1) 계측은 해당 공정의 시공이 완료되어 충분히 안전이 확보된 것으로 판단될 때까지 수행하며, 계측 결과 및 계측 중 실시한 조치방안을 요약한 계측완료보고서를 작성하여 발주자에게 제출함

(2) 계측결과는 측정일자, 경과일수, 초기치, 금회/누계 측정치 등을 정해진 양식에 계측항목별로 정리하여 보고하여야 하며, 대상시설물의 안전 여부를 쉽게 판단할 수 있도록 '시간−측정치' 변화를 그래프로 작성하여 제출하여야 함

(3) 계측결과의 분석은 대상시설물의 종류에 따라 구조 및 지반을 전공한 특급기술자가 수행하여야 하며, 계측결과와 해석결과 및 유사 계측결과와의 비교·분석을 통해 대상시설물의 안전성 여부를 정확하게 판단하여야 함

(4) 계측책임기술자는 계측분석 결과, 대상시설물에 이상이 발생한 것으로 판단될 경우에는 이를 즉시 발주자에게 통보하여야 하며, 발주자와 건설사업관리기술자와 같이 조치방안을 수립하여 적용하여야 함

(5) 계측책임기술자는 태풍, 지진, 홍수 등 이상기후에 의한 천재지변이 발생하였을 경우에도 전체 계측항목에 대한 계측분석을 즉시 실시함으로써 대상시설물의 안전성을 즉시 판단하여 조치 여부를 발주자에게 통보하여야 함

(6) 계측책임기술자는 계측결과를 발주자에게 다음의 내용을 포함하여 일일보고, 주간보고, 월간보고의 형태로 보고하여야 함

① 일일보고 : 작업내용, 계측기기 이상 유무, 이상거동 발생 등

② 주간보고 : 대상시설물의 거동변화량, 증감속도, 계측관리치와의 비교·분석 결과 그래프 및 요약결과 등

③ 월간보고 : 전체 계측항목 측정결과 정리 및 분석결과, 시공 현황과의 비교·분석, 추후 대상시설물의 예상거동추정 등

【문제 5】

도심지 터널의 경우 「지하안전관리에 관한 특별법」에 근거하여 의무적으로 터널 지하안전영향평가를 수행하여야 한다. 도심지 대심도 터널의 설계 및 사업승인 시 필요한 지하안전영향평가 방법에 대하여 설명하시오.

## 1. 「지하안전관리에 관한 특별법」 개요

(1) 지하를 안전하게 개발하고 이용을 위한 안전관리를 하여 지반침하로 인한 위해를 방지하고 안전을 확보하기 위함

(2) 지하안전에 영향을 미치는 사업에서 지하안전의 영향을 미리 조사하고 예측 · 평가함

(3) 필요시 지반침하를 예방하거나 감소시킬 수 있는 방안을 수립함

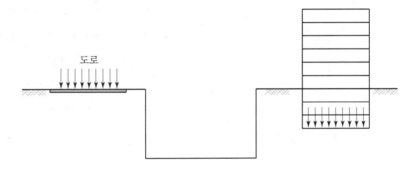

## 2. 대상지역 설정

(1) 평가대상지역 설정

① 지하수 변화 영향 검토를 위한 대상지역 설정

㉠ 광역지하수 흐름 분석을 위한 검토범위와 침투해석을 위한 검토범위로 구분하여 설정함

㉡ 광역지하수 분석을 위한 검토범위는 지형과 주변 하천, 수치지형도(국토지리정보원 제공)를 이용하며, 조성된 사업부지는 지반데이터베이스의 시추조사 지하수위를 참고하여 설정함

㉢ 침투해석을 위한 검토범위는 인접 구조물과 지하매설물을 포함하여 침투해석결과로 하며 $2H$ ($H$ : 굴착깊이)를 적용함

② 지반안정성 검토를 위한 대상지역 설정(터널공사 적용)

    ㉠ 이론 및 경험적 방법과 수치해석방법으로 구분하여 산정함

    ㉡ 이론 및 경험적 방법(Peck)

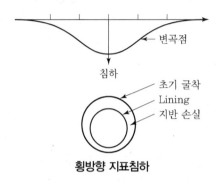

**횡방향 지표침하**

- 횡방향지표 침하는 터널 중심에서 멀어질수록 감소하는 형태임
- 침하분포는 '요'자 형으로 변곡점과 지반 손실에 대한 합리적 결정이 중요함

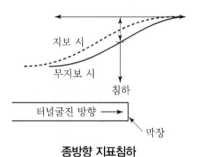

**종방향 지표침하**

- 종방향 지표침하는 터널막장 위치를 기준으로 하여 앞쪽에서 침하가 시작되고 적당한 거리 뒤쪽에서 최대침하가 발생됨
- 무지보 시(약 $0.5S_{max}$)보다 지보 시(약 $0.25S_{max}$) 침하가 막장부에 적음

③ 수치해석은 취약한 구간, 지보패턴, 인접 구조물 위치 등 불리한 구간에 실시함

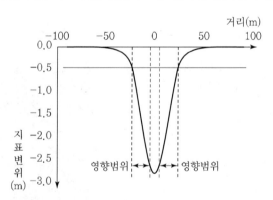

(2) **평가대상시설물**

    ① 대상지역범위 내 시설물에 대해 조사를 수행함

    ② 인접 건물 : 빌딩, 아파트, 단독주택 등

    ③ 인접도로

④ 지하매설물 : 상수도관, 하수도관, 가스관, 전력관 등

⑤ 지하구조물 : 지하철, 전력구, 공동구 등

## 3. 지하수 변화에 의한 영향 검토

### (1) 지하수 수리 특성 분석

① 기존 자료

- 국가지하수정보센터 : 지하수 이용, 조사, 관측자료인 지하수 정보

- 국가수자원관리시스템 : 하천의 수위변동, 강수량 정보인 수자원 정보

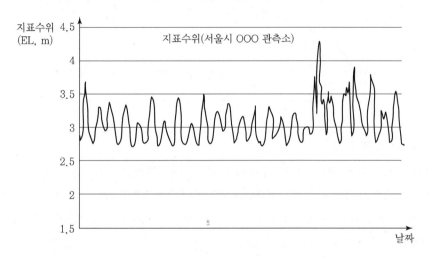

② 현장지하수조사

- 지하수위 분포 : 시추조사자료 이용

- 지하수시험 : 현장투수시험, 수압시험, 유향유속시험, 순간충격시험 등의 결과

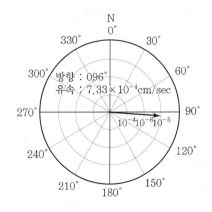

③ 설계지하수위 산정

• 강우에 따른 지하수위 상승고, 인근관측망의 수위변화량으로 지반안전성 검토에 적용할 지하수위를 산정함

• 과업지역의 최근 50년간 최대강우량이 발생한 시점을 기준으로 30일 이상의 강우를 적용함

• 침투해석하여 지하수위상승 경향을 분석하고 여러 방법을 종합하여 보수적으로 함

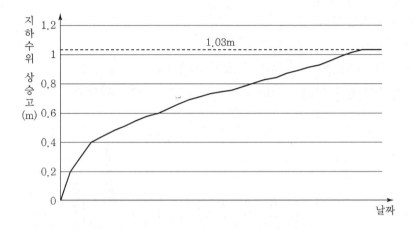

(2) 광역지하수 흐름 분석

① 대상지역 설정 시 선정된 산계, 수계 등을 고려하여 모델링함

② 굴착으로 인한 유출지하수량, 지하수위 변화에 따른 검토범위 파악

③ 굴착 전 지하수 흐름을 파악하기 위해 정상류(Steady State Flow)를 해석하고 굴착에 따른 수위변화를 위해 부정류(Transient Flow)를 해석함

④ 적용프로그램 예 : Modflow

(3) 침투해석에 의한 지하수 흐름 분석

① 인접 건물, 도로, 지하매설물이 있는 단면 위치에 실시함

② 강우, 공사기간, 유출량에 따라 지하수위 저하량 산정, 유효응력(Effect Stress) 증가로 인한 침하량을 산정함

③ 적용프로그램 예 : SEEP/W

4. 지반안전성 검토

(1) 수치해석에 의한 지반안정성

① 해석모델링 예시도(다음 그림 참조)

② 터널의 굴착공법, 지보패턴, 보조공법, 인접 구조물, 지반조건 등을 고려하여 수행함

③ 수행결과로 터널의 천단변위, 내공변위, 지보재응력 등의 적정성을 판단함

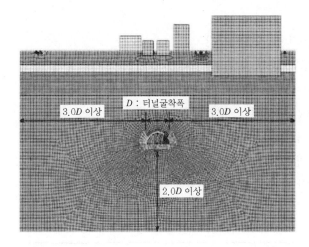

(2) 이론 및 경험적 방법에 의한 지반안정성

① 2.–(1)–② 지반안정성 검토를 위한 대상지역설정의 방법에 따라 지반안전성을 수행함

② 4.–(1) 수치해석에 의한 지반안전성과 같이 안정성을 평가함

## 5. 지하안전확보 방안

(1) 계측계획

① 계측목적에 맞는 계측위치와 계측기, 계측빈도, 관리기준 설정, 이상 시 조치 등을 수립함

② 예시

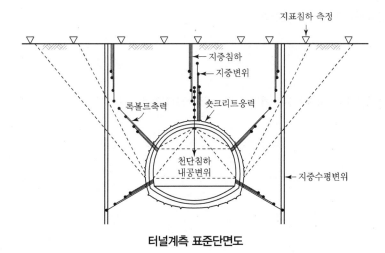

**터널계측 표준단면도**

(2) **지반침하 취약구간 보강 및 차수방안**

① 위치 선정

- 사업구간 중 최대굴착깊이 구간
- 지반조사 결과 지반조건이 가장 불리한 구간
- 인접 구조물과 근접한 구간
- 중요도가 높은 매설물이 근접한 구간
- 지하수 저하량이 크며 이에 따른 침하량이 높게 평가된 구간
- 지반안정성 평가 시 지반 변형이 높게 평가된 구간
- 공동의심구간(지하안전영향평가)

② 터널 예시

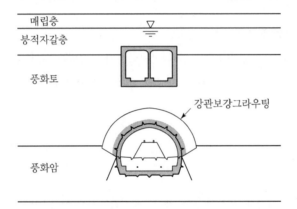

(3) **현장안전관리**

① 공사장지하수와 토사유출관리
② 공동보강 및 관리

참고 지하안전영향평가서 표준매뉴얼, 2020.6, 국토교통부.

【문제 6】
교대 측방유동 판정법 및 대책에 대하여 설명하시오.

## 1. 정의

연약지반 위에 설치된 교대나 옹벽과 같이 성토재하중을 받는 구조물에서는 배면성토중량이 하중으로 작용하면서 연약지반이 붕괴되어 지반이 수평방향으로 이동하는 현상

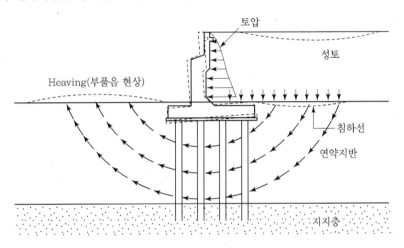

## 2. 판정방법

(1) 안정수(Tschebotarioff)

안정수 : $N_s = \dfrac{\gamma h}{c}$

여기서, $\gamma$ : 쌓기의 단위중량

$h$ : 높이

$c$ : 연약지반의 비배수전단강도, 즉 점착력(Cohesion)

안정수가 크면 수평변위가 크게 됨

($N_s = 3$에 해당 변위 50mm, $N_s = 5.14$에 해당 변위 100mm 정도 : 국내 연직배수공법이 적용된 200개소 계측분석자료 결과)

(2) 원호활동의 안전율에 의한 방법

• $F_s < 1.5$(말뚝 무시) : 발생

• $F_s < 1.8$(말뚝 고려) : 발생

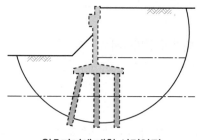

**원호파괴에 대한 사면안정**

(3) 측방유동지수

$$F = \frac{\bar{c}}{\gamma HD}$$

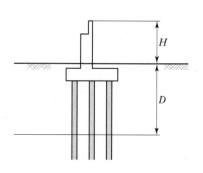

여기서, $\bar{c}$ : 연약층의 평균점착력

$\gamma$ : 성토의 단위중량

$H$ : 성토의 높이

$D$ : 연약층의 두께

$F \geq 0.04$ : 측방유동 위험성이 없음

$F < 0.04$ : 측방유동 위험성이 있음

(4) 측방유동 판정수

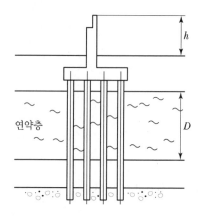

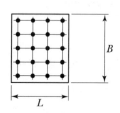

$$I = \mu_1 \cdot \mu_2 \cdot \mu_3 \cdot \frac{\gamma h}{c}$$

• $I \leq 1.2$ : 측방유동 위험성이 없음

• $I > 1.2$ : 측방유동 위험성이 있음

여기서, $I$ : 측방유동 판정수

$\mu_1$ : 연약층 두께에 관한 보정계수($\mu_1 = D/l$)

$D$ : 연약층의 두께

$l$ : 말뚝의 근입깊이

$\mu_2$ : 말뚝 자체 저항폭에 관한 보정계수($\mu_2 = b/B$)

$b$ : 교축직각 방향 말뚝지름의 합계

$B$ : 교축직각 방향 기초의 길이

$\mu_3$ : 교대길이에 대한 보정계수($\mu_3 = D/L \leq 3.0$)

$L$ : 교축 방향 기초의 길이

$\gamma$ : 성토의 단위중량

$h$ : 성토의 높이

$\bar{c}$ : 연약층의 평균점착력

## 3. 대책

### (1) 소형 교대공법

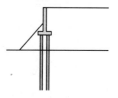

① 성토 내에 푸팅을 가지는 소형 교대를 설치하여 배면토압을 경감시키는 공법

② 본 공법은 Preloading에 유리하고 압성토 시공이 용이함

③ 교대에 작용하는 토압을 완화시킬 수 있음

④ 성토층에 의한 부마찰력이 증가함

### (2) Box 및 Pipe 매설공법

① Box

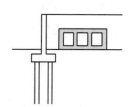

• Box의 부등침하가 문제될 수 있음

• 작용하중이 불균일하게 되며 다짐작업이 곤란함

• 내진성이 부족함

• 지하수위가 높은 경우 부력에 대한 대비가 필요함

② Pipe

• 교대배면에 파이프, 흄관, PC관 등을 매설하여 편재하중을 경감시키는 공법

• 성토하중을 경감시켜 편재하중을 줄이는 데 효과적임

• 교대배면의 다짐이 곤란함

• 파이프 사용 시에는 휘어질 우려가 있어 뒤채움 재료의 선택 및 다짐에 유의하여야 함

• 지반에 작용하는 하중이 불균일하게 됨

(3) 경량 성토(EPS, 슬래그)

① EPS

- 타 공법에 비하여 편재하중을 상당히 경감시킬 수 있어 성토부의 지반 침하도 상당 부분 줄일 수 있음
- 구조물과의 접속부에 있어서 단차방지효과가 큼
- 시공이 간단하고 공사기간이 짧음

② 슬래그

- 단위중량이 EPS보다는 무거우나 일반토사보다 가벼워 성토하중을 경감시킬 수 있음
- 시공이 간단하고 공사기간이 짧음

(4) 교량 연장

① 측방유동이 생기지 않는 안정구배로 토공처리

② 교량연장이 길어짐

③ 효과가 큼

(5) 주입공법

① 주입재를 혼합하여 지반을 고결시킴으로써 강도를 향상시키는 공법

② 주입공법 중에서는 시멘트 그라우트가 가장 사용하기 쉽고 신뢰성이 높으며 경제적임

③ 지반개량의 불확실성, 주입효과의 판정방법, 주입재의 내구성 등의 문제점을 내포

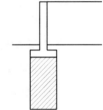
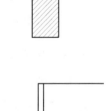

(6) SCP 말뚝

① 연약층에 충격하중 또는 진동하중으로 모래를 강제 압입시켜 지반 내에 다짐모래기둥을 설치함으로써 지반의 강도를 증가시켜 측방유동을 방지

② 해성점토층에서는 지반의 교란에 의한 강도저하 현상이 크고 강도회복이 늦어지는 경우가 많음

③ 시공 시 소음·진동이 발생

④ 효과가 큼

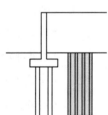

(7) Preloading

① 교대 설치위치에 성토하중을 미리 가하여 잔류침하를 저지시키고 압밀에 의하여 지반의 강도 증가를 꾀하는 공법

② 상부 모래층이 두꺼운 경우에는 부적합

③ 공사비가 저렴함

④ 최저 6개월 정도의 방치기간이 요구되므로 공사기간이 충분하여야 함

⑤ Preloading에 따른 용지 확보가 필요함

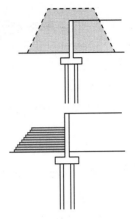

(8) 압성토

① 교대 전면에 압성토를 실시하여 배면성토에 의한 측방토압에 대처하도록 하는 공법

② 비교적 공사기간이 짧고 공사비가 저렴함

③ 측방토압이 큰 경우에는 별로 효과가 없음

④ 압성토 부지 확보가 가능한 곳에 적용이 가능함

(9) 성토지지말뚝

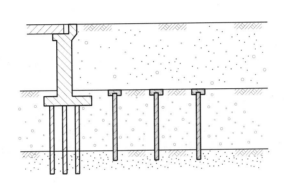

## 4. 평가

(1) **판정방법** : 여러 가지로 종합평가함이 바람직하며, 가장 신뢰도 있는 방법은 원호활동방법임

(2) **원호활동** : 응력해석이므로 수치해석하여 변위를 함께 평가하도록 함

(3) **대책 방향**

① 경감 대책 : 소형교대, Box 및 Pipe 매설, 경량성토, 교량연장

② 저항 대책 : 주입, 복합지반, 선행재하, 압성토, 성토지지말뚝

③ 주요 대책 : 경량성토, 복합지반, 성토지지말뚝이며 조합 가능

(4) **측방유동**

① 지반 : 점착력, 연약층 두께, 지반경사

② 구조물 : 성토중량, 기초제원, 성토속도

③ 간과하기 쉬운 영향 인자 : 지반경사, 성토속도

(5) **계측** : 유지관리 개념의 도입으로 내구성에 대한 안정평가가 되도록 함

**4 교 시 ( 6문 중 4문 선택, 각 25점 )**

【문제 1】
흙의 응력－변형률 곡선으로부터 얻을 수 있는 역학정수들과 활용방안에 대하여 설명하시오.

## 1. 산출되는 계수의 종류

- 변형계수
- 지반반력계수
- 전단탄성계수
- 동탄성계수

## 2. 변형계수(Deformation Modulus) 산정과 활용

(1) 산정방법

① 실내시험 : 일축압축강도, 삼축압축시험

$$E_s = \frac{\dfrac{최대응력}{2}}{\varepsilon}$$

여기서, $\varepsilon$ : $\dfrac{최대응력}{2}$에 해당 변형률

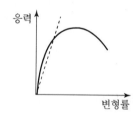

② 현장시험

- 평판재하시험 : $S = qB\dfrac{1-v^2}{E_s}I$

- 공내재하시험
  직선구간의 기울기로부터 산정

$$E_s = (1+v)K\gamma_m, \quad K = \frac{\Delta P}{\Delta \gamma}, \quad \gamma_m = \frac{\gamma_o + \gamma_y}{2}$$

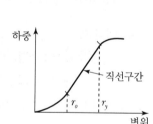

(2) 활용

① 기초의 침하량 계산

$$S_i = q \cdot B \cdot \frac{1-\mu^2}{E_s} \cdot I_s$$

여기서, $q$ : 기초에 작용하는 순하중, $B$ : 기초의 최소폭

$E_s$ : 지반의 평균탄성계수, $\mu$ : Poisson비

$I_s$ : 침하에 의한 영향계수

② 지반반력계수 계산

$$K_v = K_{VO}\left(\frac{B_V}{30}\right)^{-3/4} = \frac{1}{30}\alpha E_o\left(\frac{B_V}{30}\right)^{-3/4}$$

여기서, $K_V$ : 연직 방향 지반반력계수($\text{kg/cm}^2$)

$K_{VO}$ : 지름 30cm의 평판재하시험에 의한 연직 방향 지반반력계수

$B_V$ : 기초의 환산재하폭(cm) $B_V = \sqrt{A_V}$

$E_o$ : 지반의 변형계수($\text{kg/cm}^2$)

$\alpha$ : 변형계수 시험방법에 대한 보정계수

$A_V$ : 연직방향의 재하면적($\text{cm}^2$)

## 3. 지반반력계수(Subgrade Reaction Modulus) 산정과 활용

### (1) 산정방법

① 평판재하시험

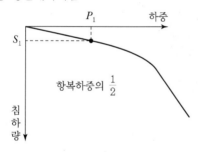

- 평판재하시험 실시
- 항복하중의 $\frac{1}{2}$ 하중($P_1$)과 그때의 침하량($S_1$) 산정
- $K_V = \dfrac{P_1}{S_1}$ ($\text{t/m}^3$, $\text{kN/m}^3$)

② 공내재하시험

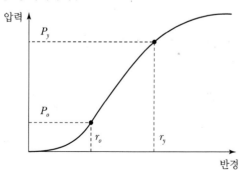

- 공내재하시험 실시
- $K_h = \dfrac{\Delta P}{\Delta \gamma} = \dfrac{P_y - P_o}{\gamma_y - \gamma_o}$

③ 변형계수로 산정

$$K_v = K_{VO}\left(\frac{B_V}{30}\right)^{-3/4} = \frac{1}{30}\alpha\, E_o\left(\frac{B_V}{30}\right)^{-3/4}$$

**(2) 활용**

① 변형계수 산정

② 연성기초접지압 : 변위량을 구하고 지반반력계수를 곱하여 계산

③ 말뚝수평지지력 : 말뚝특성치와 허용수평변위로 수평지지력 계산

$$\left(\delta = \frac{H}{4EI\beta^3},\ \beta = \sqrt[4]{\frac{K_h \cdot D}{4EI}}\right)$$

④ 토류벽탄소성해석 : 변위에 따른 토압보정 계산

⑤ 응답변위법 : 지중구조물 내진 시 변위에 대한 하중 계산

## 4. 동전단탄성계수(Dynamic Shear Modulus) 산정과 활용

**(1) 산정방법**

① 실내시험 : 공진주/비틂전단시험, 반복단순전단시험

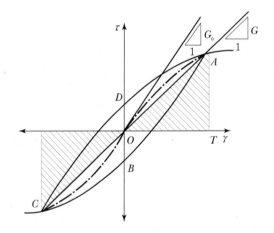

이력곡선의 양단을 이은 선의 기울기로 정의하며 $G = \dfrac{\tau}{\gamma}$ 로 표시됨

② 현장시험 : Down-hole, Cross-hole, SPS 시험

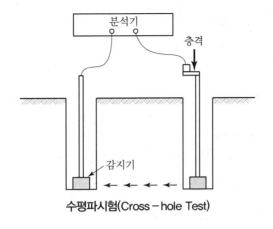

수평파시험(Cross-hole Test)

동전단탄성계수 $G = \rho V_s^2 = \dfrac{E_d}{2(1+\nu)}$

### (2) 활용

① 내진과 관련되는 지반응답해석과 구조물의 동적해석의 변형에 대한 전단저항관계 계산

② 이때 전단탄성계수는 상수가 아니고 전단변형률에 따른 비선형관계가 필요함

## 5. 동탄성계수

### (1) 산정방법

① 실내시험 : 반복삼축압축시험

② 현장시험 : 동전단탄성계수와 같음

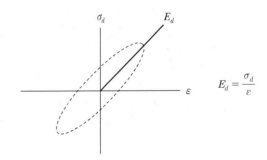

$$E_d = \dfrac{\sigma_d}{\varepsilon}$$

### (2) 활용

지하철 등 진동을 받는 구조물의 진동하중에 대한 변형량 계산

## 6. 평가

위의 각종 응력-변형 관계를 파악하는 지반물성치는 지반거동 파악에 매우 중요하므로 관련되는 시험으로 산정되어야 함

【문제 2】
사질토의 전단강도를 최대 전단저항각, 한계상태 전단저항각, 잔류 전단저항각으로 각각 구분하여 정의하고 활용방안에 대하여 설명하시오.

1. 전단저항각의 정의

  (1) 최대전단저항각($\phi_p$, p : peak)

    ① 비교적 적은 변형에서 나타나는 최대강도에 해당되는 전단강도정수임

    ② 즉, 변형경화와 변형연화의 경계위치에 해당됨

  (2) 한계상태전단저항각($\phi_{cs}$, cs : critical state)

    ① 한계상태 : 응력 변화와 체적 변화 없이 변형이 지속되는 상태로 정의됨

    ② 즉, 변형연화와 기울기가 완만한 구간의 위치에 해당됨

  (3) 잔류상태전단저항각($\phi_r$, r : residual)

    ① 변형이 매우 클 때 한계상태를 지나 더 이상 강도저하가 없게 되는 상태의 전단저항각임

    ② 즉, 최소의 전단저항을 나타냄

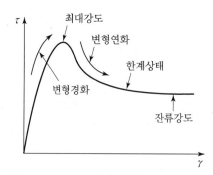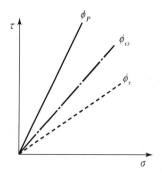

2. 활용

  (1) $\phi_p$

    ① 보통 안정검토 시 적용되고 있는 전단강도로 토압, 사면, 기초 등의 한계평형에 활용됨

    ② 비교적 안정된 지반이고 상대적으로 변형이 적은 하중조건에 적합함

(2) $\phi_{cs}$

① 간극비와 정상상태변형에서 유효구속응력과의 관계선을 정상상태선이라 함

② 즉, 정상상태선 위의 영역은 유동액상화(Flow Liquefaction)의 가능성이 큼을 의미함

　주) 정상상태변형 : 일정구속응력과 전단응력에서 일정체적과 속도로 계속되는 유동변형임

③ 따라서 정상상태선은 유동액상화의 가능성이 있는 상태 여부를 판단하는 데 유용함

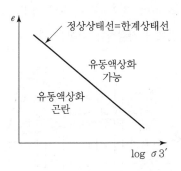

(3) $\phi_r$

① 잔류강도가 적용되는 조건, 즉 변형이 크게 되거나 지반이 비교적 느슨한 경우에 적용됨

② 즉, 그림과 같이 기존 활동면, 기초의 국부전단 파괴, 변형이 큰 느슨한 모래의 안정검토에 활용됨

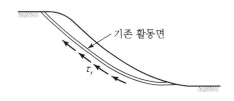

---

**【문제 3】**

흙막이가시설 구조물의 버팀보와 띠장 설계에 대하여 설명하시오.

---

## 1. 기능

   (1) 버팀보는 띠장의 지점 역할을 하며 작용하중에 대해 축력으로 토류하게 됨

   (2) 띠장은 작용하중을 받아 버팀보에 전달하는 역할을 함

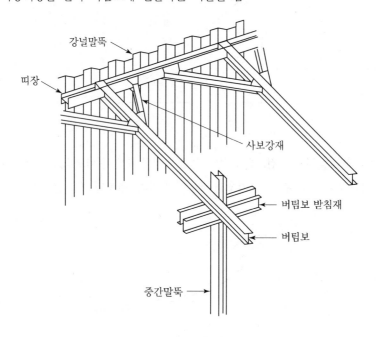

## 2. 작용하중

   (1) 지반굴착 시 가설흙막이 벽체에 작용하는 설계외력은 배면토 자중에 의한 토압, 지하수위에 의한 수압, 장비하중 등의 상재하중, 굴착 영향 범위 내에 있는 인접 건물하중, 인접 도로를 통행하는 교통하중 등이며, 이외에 벽체에 작용할 수 있는 하중을 포함하여야 함

   (2) **굴착단계별 토압**

     ① 가설흙막이 벽체 설계 시 토압은 굴착 및 지지구조 설치 또는 해체 중에는 굴착단계별 토압인 삼각형 토압을 적용하고, 굴착과 지지구조 설치가 완료된 후에는 경험토압을 사용하여야 함

     ② 가설흙막이 벽체를 본 구조체로 설계할 경우에는 굴착 및 지지구조 설치·해체 중 또는 설치 완료 후의 안정해석 시 정지토압을 적용할 수 있음

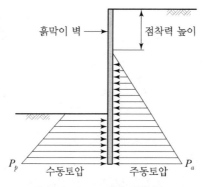

Rankine-Resal의 토압분포

- 수동토압($P_p$)

$$P_p = \gamma Z K_p + 2C\sqrt{K_p}$$

- 주동토압($P_a$)

$$P_a = \gamma Z K_a - 2C\sqrt{K_a}$$

(3) **경험토압**

경험토압 분포는 굴착과 지지구조 설치가 완료된 후에 발생하는 벽체의 변위에 따른 토압 분포로 벽체 배면지반의 종류, 상태 등에 따라 여러 연구자들이 제안한 경험토압분포가 있으며, 제안한 연구자가 기술한 제한조건 등을 검토하여 적용하여야 함

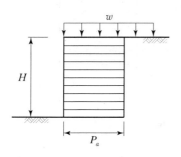

개수성 흙막이

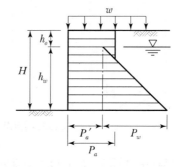

차수성 흙막이(강널말뚝, 지중연속벽, 주열식 말뚝)

**사질토 지반에서의 Peck 토압분포**

- $P_a = 0.65 K_a \gamma H + K_a w$

- $P_a' = 0.65 K_a \gamma' H + K_a w$

- $P_w = h_w \gamma_w$

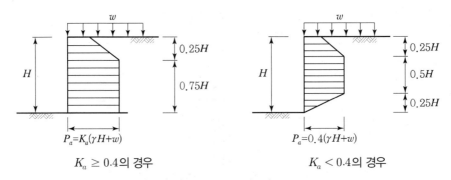

$K_a \geq 0.4$의 경우                     $K_a < 0.4$의 경우

**점성토 지반에서의 Peck 토압 분포**

## 3. 버팀보설계

(1) 버팀보 간격은 수평으로 5m 이하, 수직으로 3m 정도로 함

(2) 축력계산 시 온도 변화 12ton(1일 10℃ 온도차)을 고려하며 압축부재로 좌굴을 고려하고 자중을 포함해 0.5ton/m 하중을 적용함

(3) 버팀보 설치위치는 구조물 Slab 상부 50cm 정도에 배치함

(4) Strut는 개별부재의 좌굴 검토는 물론 전체 구조가 좌굴에 대해 안정하도록 Bracing을 배치하며 흙막이 벽 끝까지 연장함

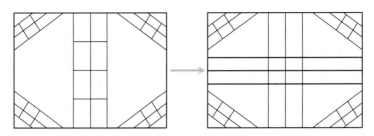

**Strut의 좌굴방지 Bracing 설계 예**

(5) 모서리 버팀대는 하중의 경사작용, 연결부, 국부좌굴 등을 고려한 25m 이하가 요망됨

(6) 버팀보 연직간격은 하부보다 상부를 작게 하여 상부의 변형을 억제하며 중간말뚝과의 연결은 강결처리함

## 4. 띠장의 설계

(1) 휨모멘트와 전단력 검토로 단면을 결정하며 수직간격은 3m 정도, 지표에서 1m 이내에 1단 띠장 설치를 원칙으로 함(복공받침보, 매설물이 있는 경우는 제외)

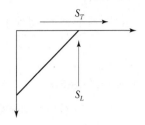

(2) 모서리 버팀대의 띠장 설계 시에는 직각하중 이외에도 축방향력도 동시에 작용하므로 이를 고려하여 부재응력을 계산해야 함

$$\sigma = \frac{S_T}{A} \pm \frac{M_{max}}{Z}$$

여기서, $S_L$ : 수직력

$S_T$ : 축력

## (3) 버팀보와 접합부보강

H형강을 띠장으로 사용할 때는 버팀보 또는 앵커와 띠장의 접합부에 압축력이 크게 작용하므로 플랜지가 변형되지 않도록 보강재(Stiffener)를 반드시 2개소 이상 설치해야 함

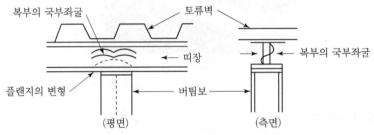

**띠장과 버팀보의 접합부에서 국부파괴**

【문제 4】
낙석방지울타리의 설계에 대하여 설명하시오.

## 1. 낙석방지울타리

(1) 낙석시설은 낙석예방대책과 낙석보호대책으로 구분되며 낙석방지울타리는 낙석보호대책으로 도로, 철도나 부지로 낙석의 유입을 차단하는 시설임

(2) 낙석방지울타리는 암반비탈면에서 풍화의 진행, 강우나 동결융해 시 낙석, 침식 등으로 발생 가능성이 있는 위치에 설치함

## 2. 울타리의 기능을 위한 조건

(1) 낙석방지울타리는 낙성방지울타리를 구성하는 부재가 일체가 되어 낙석의 에너지를 흡수하는 것으로 비교적 소규모의 낙석을 방지하는 데 효과적이며, 비탈면의 상황에 따라 종류와 규격을 결정하여야 함

(2) 낙석방지울타리는 울타리 설치위치에서의 낙석에너지와 낙석방지울타리의 흡수가능에너지를 계산하고 이 두 에너지를 비교하여 낙석방지울타리의 흡수가능에너지가 낙석에너지보다 크도록 설계함

(3) 낙석방지울타리의 하부를 지지하기 위한 기초는 콘크리트 옹벽 등을 사용할 수 있으며, 낙석방지울타리가 낙석에너지를 흡수할 수 있도록 충분히 안정하도록 설계함

(4) 낙석방지울타리의 설계 시에는 낙석의 중량, 속도, 최대도약높이, 지지지반의 강도 등을 검토하여야 함

## 3. 설계과정

(1) 설계에 적용할 낙석 크기와 위치 선정

(2) 비탈면의 경사, 높이, 표면의 요철을 고려하여 낙석이 울타리를 뛰어 넘지 않도록 울타리의 높이를 결정함

(3) 낙석에너지보다 울타리의 흡수에너지가 크도록 지주의 단면, 로프 지름, 로프 수를 결정함

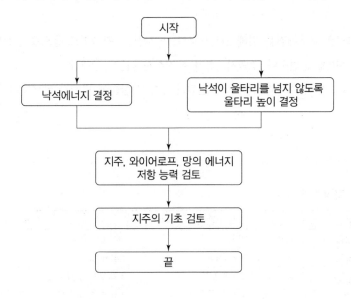

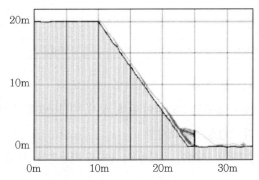

RockfaLL. 프로그램(예시)

【문제 5】
도심지 대심도 터널 굴착에서 소음 및 진동 방지를 위한 조사, 설계 및 시공단계별 대책에 대하여 설명하
시오.

## 1. 개요

(1) 도심지의 터널은 교통해결을 위해 지하도로나, 도시철도, 광역철도 등으로 건설되고 있으며 도심
지 특성상 주변에 근접하여 주택지, 상가나 지하시설물이 산재함

(2) 굴착 시 발파로 인한 소음과 진동으로 민원과 주변 시설물에 피해가 발생되지 않도록 하여야 함

## 2. 조사단계

(1) 발파진동과 발파소음 특성

| 구분 | 발파진동 | 발파소음 |
|---|---|---|
| 전파매질 | 지반(토사, 암반) | 대기(공기 중) |
| 전파속도 | 2,000~5,000m/sec | 343m/sec |
| 인체감응 | • 육체적 신경으로 느낌<br>• 인체 감응도는 크지 않음 | • 대부분 청각으로 느낌<br>• 소음을 수반하므로 인체 감응도가 크게 느껴짐 |
| 주택 및 보완건물 피해 정도 | 주택 및 구조물에 직접적인 영향을 줌 | 주택이나 구조물에 피해를 주는 경우가 거의 없음 |
| 측정단위 | 진동속도(cm/sec, Kine) | 음압(dB) |

(2) 터널과 인접 거리의 시설물 조사

① 계획되는 터널의 평면과 종단을 고려하여 주택, 상가, 지하구조물과 매설물의 위치, 구조형식, 상
태나 노후도, 사람의 생활상태를 조사함

② 이 조사자료는 터널계획의 조정이나 설계 시 소음과 진동평가, 대책 시 반영함

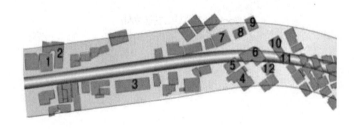

## 3. 설계단계

(1) 위치별로 소음·진동의 영향을 시험발파하는 것이 바람직하나 현실적으로 어려우므로 기존의 사례인 경험자료를 이용하여 다소 보수적으로 평가함

(2) 구조물, 인체, 가축 등의 진동허용치, 소음허용치를 판정하여 필요구간에 대한 대책을 검토하여 적용함

(3) 이격거리별 소음분석(예시)

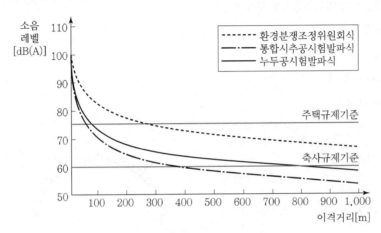

**이격거리를 고려한 발파소음 예측치**

(4) 이격거리별 진동분석(예시)

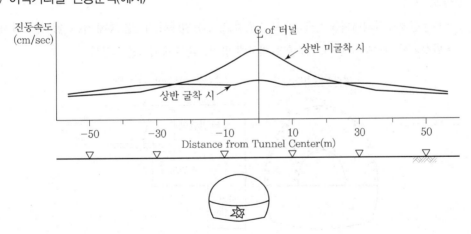

(5) 대책

발파진동을 줄이면 소음도 저감되므로 진동대책을 적극 수립하며, 진동원대책과 진동전파경로대책으로 구분됨

① 지발당 장약량 축소
  • 분할단면 발파
  • 천공장 축소
  • 다단발파기 이용
② 심빼기
  • 무장약공(Cylinder-cut)
  • 다자유면(심빼기부 4각형 연속천공)
  • 파쇄기 이용
③ 외곽공
  • Smooth 발파
  • Line Dilling

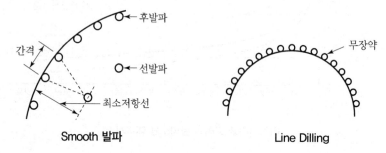

Smooth 발파　　　　　　　　Line Dilling

④ 경로 대책
  • 진동원에서 감쇠대책을 적극적으로 수립하고, 진동원에서 지반을 통해 가는 경로에서의 대책임
  • 탄성파의 파장보다 긴 방진구를 설치하여 방진효율이 증가됨을 적용함

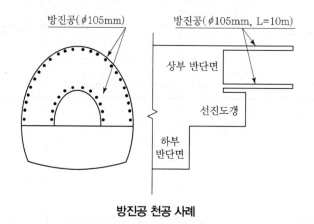

방진공 천공 사례

⑤ 방음문 설치

**알루미늄 패널**　　　　　　　**방음판 및 방음 패널**

## 4. 시공단계

(1) 설계내용에 의거하여 거리에 따라 굴착방법, 화약량 등을 조절하여 설계를 확인하고 필요시 대책을 수립할 수 있도록 시험시공을 실시함

(2) 본 공사 시 소음과 진동을 매 발파에 실시하여 관리가 되도록 함

## 【문제 6】

Seed & Idriss(1987)는 표준관입시험 $N$값을 사용하여 액상화를 예측하는 간편법을 제안하였다. 아래 지반조건, 표 및 그림을 활용하여 액상화 발생 가능성에 대하여 설명하시오.

### 〈지반조건〉

1) 지하수가 지표면 GL-2m 깊이 위치
2) 사질토 지반의 평균 간극비(e)는 0.82, 비중(Gs)은 2.65, 통일분류법상 SM 분류
3) 지진규모(M) 7.5에 대한 지표면 수평가속도는 0.16g(중력가속도) 가정

### 〈심도별 $N$값〉

| 심도(m) | 1 | 2 | 4 | 8 | 10 | 15 | 20 | 25 |
|---------|---|---|---|---|----|----|----|----|
| $N$값    | 4 | 6 | 8 | 10 | 15 | 20 | 25 | 30 |

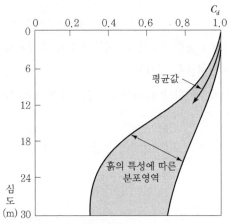

심도와 동적 전단응력 감소계수 관계곡선
(Seed & Idriss, 1987)

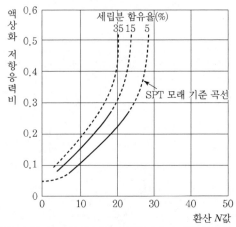

환산 $N$값에 대한 액상화 저항응력비의 상관관계 곡선
(Seed & Idriss, 1987)

## 1. 액상화(Liquefaction)

(1) 느슨, 포화된 모래지반이 지진 시 비배수조건이 될 수 있음

(2) (−)Dilatancy 성향으로 (+)과잉간극수압이 발생됨

(3) 지진의 반복으로 간극수압이 그림처럼 누적되어 전단강도를 상실하는 현상

(4) 즉, $S = (\sigma - u)\tan\phi'$에서 $\sigma = u$이면 $S = 0$

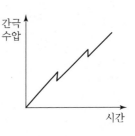

## 2. 평가 제외 조건

(1) 지하수위 상부 지반

(2) 지반심도가 20m 이상인 지반

(3) 상대밀도가 80% 이상인 지반

(4) 주상도상의 표준관입저항치에 기초하여 산정된 $(N_1)_{60}$이 25 이상인 지반

(5) 주상도상의 콘관입저항치에 기초하여 산정된 $q_{c1}$가 13MPa 이상인 지반

(6) 주상도상의 전단파속도에 기초하여 산정된 $V_{s1}$이 200m/s 이상인 지반

(7) 소성지수($PI$)가 10% 이상이고 점토 성분이 20% 이상인 지반

(8) 세립토 함유량이 35% 이상인 경우, 원위치시험법에 따른 액상화 평가 생략조건

   ① $(N_1)_{60}$이 20 이상인 지반

   ② $q_{c1}$가 7MPa 이상인 지반

   ③ $V_{s1}$이 180m/s 이상인 지반

   즉, 지하수위 지반, 깊은 심도, 조밀한 모래, 모래에 세립분이 적당히 있고 느슨하지 않은 지반

## 3. 표준관입시험에 의한 간편예측방법

(1) 안전율

   $$F_s = \frac{저항응력비}{전단응력비}, \ 기준 안전율 \ 1.5$$

(2) **저항응력비** : 환산 $N$값과 세립분 함유량 관계에서 산정

   환산 $N$=측정 $N\sqrt{\dfrac{10}{\sigma_v'}}$, $\sigma_v'$ : t/m$^2$

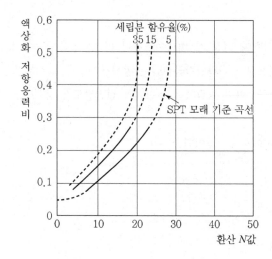

(3) 전단응력비

$$0.65\frac{\alpha_{깊이}}{g} \cdot \frac{\sigma_v}{\sigma_v{'}}$$

## 4. 액상화 발생 가능성

(1) 생략지반

① 1m 위치 : 지하수위 상부로 제외

② 20m와 25m 위치 : $N$값이 25 이상, 심도 20m 이상으로 제외

③ 2, 4, 8, 10, 15m 위치 5개소를 검토함

(2) 환산 $N$치

$\gamma_{sub} = \frac{G-1}{1+e}\gamma_w = 0.91\text{t/m}^3$, $\gamma_{sat} = \gamma_{sub} + \gamma_w = 1.91\text{t/m}^3$, $\gamma_t$는 $\gamma_{sat}$보다 다소 작으므로 $1.8\text{t/m}^3$로 가정함

① 유효연직응력

- 2m : $2\text{m} \times 1.8\text{t/m}^3 = 3.6\text{t/m}^2$
- 4m : $2\text{m} \times 1.8\text{t/m}^3 + 2\text{m} \times 0.91\text{t/m}^3 = 5.42\text{t/m}^2$
- 8m : $2\text{m} \times 1.8\text{t/m}^3 + 6\text{m} \times 0.91\text{t/m}^3 = 9.06\text{t/m}^2$
- 10m : $2\text{m} \times 1.8\text{t/m}^3 + 8\text{m} \times 0.91\text{t/m}^3 = 10.88\text{t/m}^2$
- 15m : $2\text{m} \times 1.8\text{t/m}^3 + 13\text{m} \times 0.91\text{t/m}^3 = 15.48\text{t/m}^2$

② 환산 $N$값은 상기 식에서 2m : 10, 4m : 11, 8m : 11, 10m : 14, 15m : 16

(3) 저항응력비

문제의 환산 $N$값과 저항응력비 관계도를 이용하며 토질분류가 SM으로 세립분 함유율을 15%로 가정함

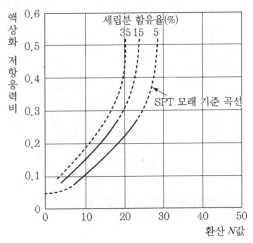

**환산 $N$값에 대한 액상화 저항응력비의 상관관계 곡선**
**(Seed & Idriss, 1987)**

- 2m : 환산 $N=10$에 대해 저항응력비$=0.15$
- 4m : 환산 $N=11$에 대해 저항응력비$=0.16$
- 8m : 환산 $N=11$에 대해 저항응력비$=0.16$
- 10m : 환산 $N=14$에 대해 저항응력비$=0.20$
- 15m : 환산 $N=16$에 대해 저항응력비$=0.21$

(4) 전단응력비

깊이별 가속도를 지반응답해석에서 산정해야 하나 본 문제는 지표면가속도에 깊이보정계수를 적용함

① 전연직응력
- 2m : $2m \times 1.8t/m^3 = 3.6t/m^2$
- 4m : $2m \times 1.8t/m^3 + 2m \times 1.91t/m^3 = 7.42t/m^2$
- 8m : $2m \times 1.8t/m^3 + 6m \times 1.91t/m^3 = 15.06t/m^2$
- 10m : $2m \times 1.8t/m^3 + 8m \times 1.91t/m^3 = 18.88t/m^2$
- 15m : $2m \times 1.8t/m^3 + 13m \times 1.91t/m^3 = 28.43t/m^2$

② 깊이감소계수 : 각 심도에 대해 그림을 이용함

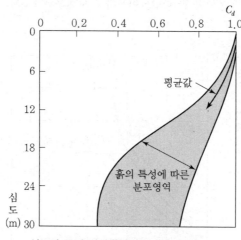

**심도와 동적 전단응력 감소계수 관계곡선**
**(Seed & Idriss, 1987)**

- 2m : 1.0, 4m : 0.95, 8m : 0.9, 10m : 0.85, 15m : 0.8

③ 전단응력비 산정 : 상기 식에 감소계수를 적용하여 계산하면

- $2m = 0.65 \times \dfrac{0.16g}{g} \times \dfrac{3.6}{3.6} = 0.10$이고 다른 깊이도 계산하면

- $4m = 0.14$

- $8m = 0.16$

- $10m = 0.15$

- $15m = 0.15$

(5) **안전율 산정** : 안전율 $= \dfrac{\text{저항응력비}}{\text{전단응력비}}$

- $2m : \dfrac{0.15}{0.1} = 1.5$이고, 다른 깊이도 계산하면

- 4m : 1.14

- 8m : 1.0

- 10m : 1.33

- 15m : 1.4

(6) **액상화 발생 가능성**

기준안전율에 1.5를 적용하면 2m 위치를 제외하고 다른 심도는 액상화 발생 가능성이 있음

## [저자 약력]

- 동국대학교 토목공학과 졸업
- 토질및기초기술사
- 건교부장관상
- 건설사업관리전문가
- 국제공인가치전문가
- **집필위원**
  - 도로교 표준시방서
  - 구조물 기초 설계기준
  - 고속철도설계기준
  - 도로교 하부구조 설계요령
  - 지반공학 '굴착및흙막이공법'
  - 고속도로설계요령토공편
- **자문위원**
  - 환경관리공단(2000~2002)
  - 한국철도시설공단(2004~2010)
  - 한국건설기술협회(2006~2010)
  - 한국전력공사(2002~2004)
  - 소방방재청(2006~2011)
- **경력**
  - 엔지니어링업체 35여 년 근무
- **저서**
  - 토질 및 기초공학 이론과 실무(예문사)
  - 토질 및 기초 용어해설(예문사)
  - 토질 및 기초 과년도 문제해설(예문사)
  - 근접시공(기술경영사)
  - 토질 및 기초 핵심 문제해설(예문사)
  - 건설기술용어사전(구미서관)
- **학술활동**
  - 기성연직배수공법의 합리적설계와 시공, 지반과기술, 2003
  - 강우와 지하수의 영향에 대한 사면안정해석적용 문제점고찰, 2004년 가을기술발표회
  - 사면굴착중 Piping 사례연구, 2005년 사면안정학술발표회
  - 저토피·편경사지형에서의 터널굴착사례 포스터발표, 2005년 공동학술발표회
  - 터널 균열발생 및 사면붕괴발생에 따른 조치 및 보강사례, 제1회 재해대책기술세미나, 2006
  - 파쇄대규모에 따른 터널의 영향범위 및 보강영역 설계, 지반과 기술, 2006
  - 기상이변(풍수해)대비 계곡부보호 및 사면안정처리[설계VE경진대회우수작, 한국도로공사], 지반과기술, 2006
  - 고속도로에서 연속터널설계사례, 지반, 2008
  - 연약지반상에 고성토시공시 발생한 슬라이딩발생사례연구, 2009년 사면안정학술발표회
  - 서부산지역 연약지반의 공학적 특성, 지반과 기술, 2010

---

토질 및 기초기술사 시험대비

# 토질 및 기초 과년도 문제해설

**발행일** | 2000. 1. 7 초판발행
2007. 1. 25 개정 6판1쇄
2008. 6. 10 개정 7판1쇄
2010. 1. 5 개정 8판1쇄
2010. 8. 2 개정 9판1쇄
2014. 5. 20 개정10판1쇄
2018. 4. 5 개정11판1쇄
2020. 3. 20 개정12판1쇄
2022. 11. 5 개정13판1쇄

**저 자** | 이춘석
**발행인** | 정용수
**발행처** | 예문사

**주 소** | 경기도 파주시 직지길 460(출판도시) 도서출판 예문사
**TEL** | 031)955-0550
**FAX** | 031)955-0660
**등록번호** | 11-76호

**정가 : 70,000원**

**ISBN 978-89-274-4838-9** 13530